中国国家标准汇编

2013年修订-17

中国标准出版社　编

中国标准出版社

北　京

图书在版编目(CIP)数据

中国国家标准汇编:2013年修订.17/中国标准出版社编.—北京:中国标准出版社,2014.9
ISBN 978-7-5066-7636-6

Ⅰ.①中… Ⅱ.①中… Ⅲ.①国家标准-汇编-中国-2013 Ⅳ.①T-652.1

中国版本图书馆CIP数据核字(2014)第187403号

中国标准出版社出版发行
北京市朝阳区和平里西街甲2号(100029)
北京市西城区三里河北街16号(100045)

网址 www.spc.net.cn
总编室:(010)64275323 发行中心:(010)51780235
读者服务部:(010)68523946
中国标准出版社秦皇岛印刷厂印刷
各地新华书店经销

*

开本 880×1230 1/16 印张 91 字数 2 814 千字
2014年9月第一版 2014年9月第一次印刷

*

定价 220.00 元

出 版 说 明

1.《中国国家标准汇编》是一部大型综合性国家标准全集。自1983年起，按国家标准顺序号以精装本、平装本两种装帧形式陆续分册汇编出版。它在一定程度上反映了我国建国以来标准化事业发展的基本情况和主要成就，是各级标准化管理机构，工矿企事业单位，农林牧副渔系统，科研、设计、教学等部门必不可少的工具书。

2.《中国国家标准汇编》收入我国每年正式发布的全部国家标准，分为“制定”卷和“修订”卷两种编辑版本。

“制定”卷收入上一年度我国发布的、新制定的国家标准，顺延前年度标准编号分成若干分册，封面和书脊上注明“20××年制定”字样及分册号，分册号一直连续。各分册中的标准是按照标准编号顺序连续排列的，如有标准顺序号缺号的，除特殊情况注明外，暂为空号。

“修订”卷收入上一年度我国发布的、被修订的国家标准，视篇幅分设若干分册，但与“制定”卷分册号无关联，仅在封面和书脊上注明“20××年修订-1，-2，-3，……”字样。“修订”卷各分册中的标准，仍按标准编号顺序排列(但不连续)；如有遗漏的，均在当年最后一分册中补齐。需提请读者注意的是，个别非顺延前年度标准编号的新制定的国家标准没有收入在“制定”卷中，而是收入在“修订”卷中。

读者配套购买《中国国家标准汇编》“制定”卷和“修订”卷则可收齐由我社出版的上一年度我国制定和修订的全部国家标准。

3. 由于读者需求的变化，自1996年起，《中国国家标准汇编》仅出版精装本。

4. 2013年我国制修订国家标准共1 979项。本分册为“2013年修订-17”，收入新制修订的国家标准1项。

中国标准出版社

2014年8月

目　　录

ICS 25.040.40
L 67

中华人民共和国国家标准

GB/T 16656.238—2013/ISO 10303-238:2007

工业自动化系统与集成 产品数据表达与交换 第238部分:应用协议: 计算机数值控制器用的应用解释模型

**Industrial automation systems and integration—
Product data representation and exchange—
Part 238: Application Protocol:
Application interpreted model for computerized numeric controllers**

(ISO 10303-238:2007,IDT)

2013-11-12 发布　　　　2014-02-01 实施

中华人民共和国国家质量监督检验检疫总局
中国国家标准化管理委员会　发布

前　言

GB/T 16656《工业自动化系统与集成　产品数据表达与交换》是一项由多部分组成的标准，各部分单独出版。GB/T 16656 的所属各部分又组成多个子系列，即：

——第 1 至第 19 部分规定了描述方法；

——第 20 至第 29 部分规定了实现方法；

——第 30 至第 39 部分规定了一致性测试方法与框架；

——第 40 至第 59 部分规定了集成通用资源；

——第 100 至第 199 部分规定了集成应用资源；

——第 200 至第 299 部分规定了应用协议；

——第 300 至第 399 部分规定了抽象测试套件；

——第 400 至第 499 部分规定了应用模块；

——第 500 至第 599 部分规定了应用解释构造；

——第 1000 至第 1999 部分规定了应用模块。

GB/T 16656《工业自动化系统与集成　产品数据表达与交换》现已发布和即将发布的包括以下部分：

——第 1 部分：概述与基本原理；

——第 11 部分：描述方法：EXPRESS 语言参考手册；

——第 21 部分：实现方法：交换文件结构的纯正文编码；

——第 28 部分：实现方法：EXPRESS 模式与数据的 XML 表达(使用 XML 模式)；

——第 31 部分：一致性测试方法论与框架：基本概念；

——第 32 部分：一致性测试方法论与框架：对测试实验室与客户的要求；

——第 34 部分：一致性测试方法论与框架：应用协议实现的抽象测试方法；

——第 41 部分：集成通用资源：产品描述与支持原理；

——第 42 部分：集成通用资源：几何与拓扑表达；

——第 43 部分：集成通用资源：表达结构；

——第 44 部分：集成通用资源：产品结构配置；

——第 45 部分：集成通用资源：材料；

——第 46 部分：集成通用资源：可视化显示；

——第 47 部分：集成通用资源：形状变化公差；

——第 49 部分：集成通用资源：工艺过程结构和特性；

——第 51 部分：集成通用资源：数学表达；

——第 54 部分：集成通用资源：分类和集合论；

——第 55 部分：集成通用资源：过程与混合表达；

——第 56 部分：集成通用资源：状态；

——第 101 部分：集成应用资源：绘图；

——第 105 部分：集成应用资源：运动学；

——第 201 部分：应用协议：显式绘图；

——第 202 部分：应用协议：相关绘图；

——第 203 部分：应用协议：配置控制设计；

——第 238 部分:应用协议:计算机数值控制器用的应用解释模型;
——第 501 部分:应用解释构造:基于边的线框;
——第 502 部分:应用解释构造:基于壳的线框;
——第 503 部分:应用解释构造:几何有界二维线框;
——第 504 部分:应用解释构造:绘图注释;
——第 505 部分:应用解释构造:图样结构与管理;
——第 506 部分:应用解释构造:绘图元素;
——第 507 部分:应用解释构造:几何有界曲面;
——第 508 部分:应用解释构造:非流形曲面;
——第 509 部分:应用解释构造:流形曲面;
——第 513 部分:应用解释构造:基本边界表达;
——第 520 部分:应用解释构造:相关绘图元素;
——第 1001 部分:应用模块:外观赋值;
——第 1002 部分:应用模块:颜色;
——第 1003 部分:应用模块:曲线外观;
——第 1004 部分:应用模块:基本几何形状;
——第 1005 部分:应用模块:基本拓扑;
——第 1006 部分:应用模块:基础表达;
——第 1007 部分:应用模块:通用曲面外观;
——第 1008 部分:应用模块:层赋值;
——第 1009 部分:应用模块:形状外观和层。

本部分为 GB/T 16656 的第 238 部分。

本部分依据 GB/T 1.1—2009 给出的规则起草。

本部分等同采用 ISO 10303-238:2007《工业自动化系统与集成 产品数据表达与交换 第 238 部分:应用协议:计算机数值控制器用的应用解释模型》,其技术内容和结构与 ISO 10303-238:2007 保持一致。

与本部分中规范性引用的国际文件有一致性对应关系的我国文件如下:

——GB/T 1800.1—2009 产品几何技术规范(GPS) 极限与配合 第 1 部分:公差、偏差和配合的基础(ISO 286-1:1988,MOD)
——GB/T 1800.2—2009 产品几何技术规范(GPS) 极限与配合 第 2 部分:标准公差等级和孔、轴极限偏差表(ISO 286-2:1988,MOD)
——GB/T 16656.1—2008 工业自动化系统与集成 产品数据表达与交换 第 1 部分:概述与基本原理(ISO 10303-1:1994,MOD)
——GB/T 16656.11—1996 工业自动化系统与集成 产品数据表达和交换 第 11 部分:描述方法:EXPRESS 语言参考手册(eqv ISO/DIS 10303-11:1993)
——GB/T 16656.21—2008 工业自动化系统与集成 产品数据的表达与交换 第 21 部分:实现方法:交换文件结构的纯正文编码(ISO 10303-21:2001,IDT)
——GB/T 16656.47—2008 工业自动化系统与集成 产品数据表达与交换 第 47 部分:集成通用资源:形状变化公差(ISO 10303-47:2000,IDT)
——GB/T 17851—1999 形状和位置公差 基准和基准体系(eqv ISO 5459:1981)

本部分做了如下编辑性修改:

——删去了 ISO 前言;
——对于带下划线的用于 EXPRESS 语言描述的各黑体英文实体名、属性名和函数名等,为了维护其英文原意，在本部分中都使用英文原名，仅当其作为标题时，在该英文名前增加了它的归属的类型说明。

本部分由中国机械工业联合会提出。

本部分由全国自动化系统与集成标准化技术委员会(SAC/TC 159)归口。

本部分起草单位：中国标准化研究院。

本部分主要起草人：刘守华、洪岩、杨青海、王志强、詹俊峰、李文武。

引　言

GB/T 16656(ISO 10303)是一个计算机可解释的用于产品信息表达和产品数据交换的技术标准。其目的是对产品全生命周期提供一种独立于任何特定系统、能够描述产品数据的中性机制。它的描述功能不仅适合于中性文件的交换，而且也是实现和共享产品数据库及存档的基础。

GB/T 16656 由一系列部分组成，每个部分单独发布。GB/T 16656 的各个部分都分属以下系列之一：描述方法、集成资源、应用解释构造、应用协议、应用模块、抽象测试套件、实现方法及一致性测试。在 ISO 10303-1 中对上述类进行了说明。本部分(即第 238 部分)属于应用协议类。

本部分规定了数控加工和相关工艺的应用协议(AP)，包括由 GB/T 19903(ISO 14649)数据模型定义的用于数值控制器的范围和信息需求，增补了产品几何、几何尺寸和公差以及产品数据管理信息。

GB/T 19903(ISO 14649)定义的用于 CAD/CAM 系统间传递信息和计算机数控(CNC)加工的模型比 ISO 6983 “G 代码和 M 代码”语言定义的模型信息更丰富。

ISO 6983[2] 描述了关于机床轴的刀具中心点路径。GB/T 19903(ISO 14649)描述了零件的加工工艺，包括零件几何、制造特征、工序、相关加工参数和对刀具的要求。

本部分规定了集成资源必需的用于描述与 GB/T 19903(ISO 14649)规定一致的零件形状、特征、几何尺寸和公差信息的需求，这些信息在设计和工艺规划中创建并按 ISO 10303-203[4]、ISO 10303-214[5]、ISO 10303-224[8] 和 ISO 10303-240[9] 进行表达。本部分的使用者应该理解数控加工的基本原理和概念以及相关工艺，并理解 GB/T 19903.1、GB/T 19903.10、GB/T 19903.11、GB/T 19903.12、ISO 14649-111 和 GB/T 19903.121。GB/T 19903.1 给出了概论和数据规划模型。该应用协议定义了数控加工和相关工艺的相关环境、范围和信息需求以及满足这些需求必需的集成资源。

应用协议给出了 GB/T 16656(ISO 10303)开发实现的基础和 AP 实现一致性测试的抽象测试套件。

第 1 章定义本应用协议的范围，概述了 AP 中所覆盖的功能性和数据。第 3 章列出了本部分中的术语以及出处。应用活动模型是附录 F 给出的范围定义的基础，第 4 章使用了适用于应用的术语给出了应用的信息需求。附录 G 给出了信息需求的图形表达，即应用参考模型。

解释资源构造以满足信息需求，解释形成了应用解释模型(AIM)。5.1 给出的解释说明了信息需求与 AIM 之间的对应关系。5.2AIM 短列表规定了集成资源的接口。

注：AIM 中使用了集成资源构造中给出的定义和 EXPRESS，包括选择列表项和没有输入到 AIM 中的子类；附录 A 给出的扩展列表包含 AIM 中不带注释的完整 EXPRESS；附录 B 给出了 EXPRESS 实体名列表和相应短名；AIM 的图形表达见附录 H。特定实现方法的附加需求见附录 C；引用计算机可理解的 AIM 列表和 EXPRESS 实体名见附录 I。

注意：

本部分提供了一种预期在软件中实现的规范。一旦软件开发是基于把国际标准翻译成非 ISO 官方语言，结果可能导致在机器与机器的通信中不兼容。因此强烈建议任何实现都只能基于官方 ISO 语言文本。

工业自动化系统与集成 产品数据表达与交换 第238部分:应用协议: 计算机数值控制器用的应用解释模型

1 范围

GB/T 16656 的本部分规定了使用数控加工及其相关工艺制造的范围和信息需求所必需的集成资源,包括由 GB/T 19903 计算机数值控制器数据模型所定义的范围及信息需求。

注 1:附录 F 中的应用活动模型提供了工艺过程和信息流的图形表达,它们是定义本部分范围的基础。

注 2:本部分是 GB/T 16656 应用协议的"STEP Manufacturing Suite"的一个成员,它包括了大量与产品制造相关的信息,例如工艺规划(ISO 10303-224[8])的输入、宏工艺规划(ISO 10303-240[9])的输出、数控加工(本部分)、铸造(ISO 10303-223[7])和尺寸检验(ISO 10303-219[6])的输出。虽然每个应用协议都有唯一的范围要素,但是其他要素对于许多应用协议来说都是通用的,例如制造特征和制造公差描述等。

本部分适用于:

——制造的机械零件;

——制造工艺描述,包括制造工序、工序中的工步和 GB/T 19903 定义的相关信息;

注 3:GB/T 19903 标准涵盖了铣削、钻削、车削等工艺,在 GB/T 19903.11—2008 和 GB/T 19903.12—2008 出版时就可以得到。如果可以得到附加的 GB/T 19903 描述,本部分的下一版可能包括附加的数控工艺。

——机械零件的当前和将来的形状;

——零件的制造特征;

——零件的制造公差;

——加工工序的刀具要求;

——加工工序的刀具路径;

——GB/T 19903(ISO 14649)定义的用于加工工艺制造机械产品;

——制造产品的专业视图。

本部分不适用于:

——复合材料零件;

——与计算机数值控制器自动执行无关的制造活动的描述;

注 4:这些活动包括诸如工厂能力规划和调度等。

——车间可用的机床种类;

——机床刀具库中可用的刀具种类;

——零件的设计特征;

——制造准备活动;

——除制造以外的产品专业视图。

2 规范性引用文件

下列文件对于本文件的应用是必不可少的。凡是注日期的引用文件,仅注日期的版本适用于本文件。凡是不注日期的引用文件,其最新版本(包括所有的修改单)适用于本文件。

GB/T 1182—2008 产品几何技术规范(GPS) 几何公差 形状、方向、位置和跳动公差标注(ISO 1101:2004,IDT);

GB/T 8129—1997 工业自动化系统与集成 机床数值控制 词汇(idt ISO 2806:1994);

GB/T 16262.1—2006 信息技术 抽象语法记法一(ASN.1) 第1部分:基本记法规范(ISO/IEC 8824-1:2002,IDT);

GB/T 16656.28—2010 工业自动化系统与集成 产品数据表达与交换 第28部分:实现方法:EXPRESS模式和数据的XML表达(使用XML模式)(ISO 10303-28:2007,IDT);

GB/T 16656.41—2010 工业自动化系统与集成 产品数据表达与交换 第41部分:集成通用资源:产品描述与支持原理(ISO 10303-41:2005,IDT);

GB/T 16656.42—2010 工业自动化系统与集成 产品数据表达与交换 第42部分:集成通用资源:几何与拓扑表达(ISO 10303-42:2003和ISO 10303-42:2003/Cor.1:2007,IDT);

GB/T 16656.43—2008 工业自动化系统与集成 产品数据表达与交换 第43部分:集成通用资源:表达结构(ISO 10303-43:2000,IDT);

GB/T 16656.44—2008 工业自动化系统与集成 产品数据表达与交换 第44部分:集成通用资源:产品结构配置(ISO 10303-44:2000,IDT);

GB/T 16656.45—2001 工业自动化系统与集成 产品数据表达与交换 第45部分:集成通用资源:材料(idt ISO 10303-45:1998);

GB/T 16656.49—2003 工业自动化系统与集成 产品数据表达与交换 第49部分:集成通用资源:工艺过程结构与特性(ISO 10303-49:1998,IDT);

GB/T 16656.501—2005 工业自动化系统与集成 产品数据表达与交换 第501部分:应用解释构造:基于边的线框(ISO 10303-501:2000,IDT);

GB/T 16656.502—2005 工业自动化系统与集成 产品数据表达与交换 第502部分:应用解释构造:基于壳的线框(ISO 10303-502:2000,IDT);

GB/T 16656.507—2010 工业自动化系统与集成 产品数据表达与交换 第507部分:应用解释构造:几何有界曲面(ISO 10303-507:2001,IDT);

GB/T 16656.508—2010 工业自动化系统与集成 产品数据表达与交换 第508部分:应用解释构造:非流形曲面(ISO 10303-508:2001,IDT);

GB/T 16656.509—2010 工业自动化系统与集成 产品数据表达与交换 第509部分:应用解释构造:流形曲面(ISO 10303-509:2001,IDT);

GB/T 17645.20—2002 工业自动化系统与集成 零件库 第20部分:逻辑资源:表达式的逻辑模型(ISO 13584-20:1998,IDT);

GB/T 19903.1—2005 工业自动化系统与集成 物理设备控制 计算机数值控制器用的数据模型 第1部分:概述和基本原理(ISO 14649-1:2003,IDT);

GB/T 19903.10—2006 工业自动化系统与集成 物理设备控制 计算机数值控制器用的数据模型 第10部分:通用工艺数据(ISO 14649-10:2004,IDT);

GB/T 19903.11—2008 工业自动化系统与集成 物理设备控制 计算机数值控制器用的数据模型 第11部分:铣削用工艺数据(ISO 14649-11:2004,IDT);

GB/T 19903.12—2008 工业自动化系统与集成 物理设备控制 计算机数值控制器用的数据模型 第12部分:车削用工艺数据(ISO 14649-12:2005,IDT);

GB/T 19903.121—2008 工业自动化系统与集成 物理设备控制 计算机数值控制器用的数据模型 第121部分:车床用刀具(ISO 14649-121:2005,IDT);

ISO 286-1:1988 ISO极限与配合 第1部分:公差、偏差和配合的基础(ISO system of limits and fits—Part 1:Bases of tolerances, deviations and fits);

ISO 286-2:1988 ISO 极限与配合 第 2 部分:孔和轴的标准公差等级和极限偏差表(ISO system of limits and fits—Part 2: Tables of standard tolerance grades and limit deviations for holes and shafts);

ISO 5459:1981 技术制图 几何公差 几何图形公差的基准和基准系统(Technical drawings—Geometric tolerancing—Datums and datum-systems for geometrical tolerances);

ISO 10303-1:1994 工业自动化系统与集成 产品数据表达与交换 第 1 部分:概述与基本原理(Industrial automation systems and integration—Product data representation and exchange—Part 1: Overview and fundamental principles);

ISO 10303-11:1994 工业自动化系统与集成 产品数据表达与交换 第 11 部分:描述方法:EXPRESS 语言参考手册(Industrial automation systems and integration—Product data representation and exchange—Part 11:Description methods:The EXPRESS language reference manual);

ISO 10303-21:2002 工业自动化系统与集成 产品数据表达与交换 第 21 部分:实现方法:交换文件结构的纯正文编码(Industrial automation systems and integration—Product data representation and exchange—Part 21:Implementation methods:Clear text encoding of the exchange structure);

ISO 10303-47:1997 工业自动化系统与集成 产品数据表达与交换 第 47 部分:集成通用资源:形状变化公差(Industrial automation systems and integration—Product data representation and exchange—Part 47:Integrated generic resource:Shape variation tolerances);

ISO 10303-510:2000 工业自动化系统与集成 产品数据表达与交换 第 510 部分:应用解释构造:几何有界线框(Industrial automation systems and integration—Product data representation and exchange—Part 510:Application interpreted construct:Geometrically bounded wireframe);

ISO 10303-511:2001 工业自动化系统与集成 产品数据表达与交换 第 511 部分:应用解释构造:拓扑有界曲面(Industrial automation systems and integration—Product data representation and exchange—Part 511:Application interpreted construct:Topologically bounded surface);

ISO 10303-512:1999 工业自动化系统与集成 产品数据表达与交换 第 512 部分:应用解释构造:小平面有界表达(Industrial automation systems and integration—Product data representation and exchange—Part 512:Application interpreted construct:Faceted boundary representation);

ISO 10303-514:1999 工业自动化系统与集成 产品数据表达与交换 第 514 部分:应用解释构造:高级边界表达(Industrial automation systems and integration—Product data representation and exchange—Part 514:Application interpreted construct:Advanced boundary representation);

ISO 10303-519:2000 工业自动化系统与集成 产品数据表达与交换 第 519 部分:应用解释构造:几何公差(Industrial automation systems and integration—Product data representation and exchange—Part 519:Application interpreted construct:Geometric tolerances);

ISO 10303-522:2006 工业自动化系统与集成 产品数据表达与交换 第 522 部分:应用解释构造:加工特征(Industrial automation systems and integration—Product data representation and exchange—Part 522:Application interpreted construct:Machining features);

ISO 14649-111:2007 工业自动化系统与集成 物理设备控制 计算机数值控制器用的数据模型 第 111 部分:铣床用刀具(Industrial automation systems and integration—Physical device control—Data model for computerized numerical controllers—Part 111:Tools for milling)。

3 术语和定义

3.1 GB/T 1182 界定的术语

GB/T 1182 界定的下列术语适用于本文件:

——尺寸　dimension;

——公差　tolerance。

3.2 GB/T 8129 界定的术语

GB/T 8129 界定的下列术语适用于本文件：

——计算机数值控制　computerized numerical control (CNC);

——数值控制　numerical control (NC);

——刀具路径　tool path。

3.3 ISO 5459 界定的术语

ISO 5459 界定的下列术语适用于本文件：

——基准　datum。

3.4 ISO 10303-1 界定的术语

ISO 10303-1 界定的下列术语适用于本文件：

——应用　application;

——应用活动模型　application activity model (AAM);

——应用解释模型　application interpreted model (AIM);

——应用对象　application object;

——应用协议　application protocol (AP);

——应用参考模型　application reference model (ARM);

——一致性测试　conformance testing;

——实现方法　implementation method;

——集成资源　integrated resource;

——协议实现的一致性声明　protocol implementation conformance statement (PICS);

——产品　product;

——产品数据　product data;

——功能单元　unit of functionality (UoF)。

3.5 ISO 10303-11 界定的术语

ISO 10303-11 界定的下列术语适用于本文件：

——复杂实体实例　complex entity instance;

——简单实体实例　simple entity instance。

3.6 GB/T 19903.1 界定的术语

GB/T 19903.1 界定的下列术语适用于本文件：

——可执行操作　executable;

——NC 功能　NC function;

——程序结构　program structure;

——项目　project;

——工作计划　workplan。

下列术语修改采用 GB/T 19903.1 界定的术语：

——加工工序　machining operation;

——工步　workingstep。

3.7　GB/T 19903.10 界定的术语

GB/T 19903.10 界定的下列术语适用于本文件：

——自由曲面加工　freeform machining。

3.8　GB/T 19903.11 界定的术语

GB/T 19903.11 界定的下列术语适用于本文件：

——精加工　finishing；

——粗加工　roughing。

4　信息需求

本章规定了使用数值控制加工和相关工艺进行制造所必需的信息，包括由 GB/T 19903 定义的计算机数值控制器数据模型的信息需求。

信息需求被规定为一组功能单元、应用对象和应用声明。这些声明专属于单个应用对象和应用对象之间的关系。使用本应用协议的主题领域术语定义该信息需求。

注 1：附录 G 给出了信息需求的图形化表达。

注 2：信息需求对应于附录 F 中本应用协议范围所标识的活动。

注 3：5.1 中规定的映射表给出了怎样使用集成资源和应用解释构造满足本应用协议的信息需求。

4.1　功能单元

本条规定了适用于计算机数值控制器应用协议的功能单元。本部分规定了下列功能单元：

——measure(测量)；

——project(项目)；

——workpiece(工件)；

——manufacturing feature(制造特征)；

——executable(可执行的)；

——toolpath(刀具路径)；

——process data for milling(铣削工艺数据)；

——cutting tools for milling(铣削刀具)；

——manufacturing feature for turning(车削制造特征)；

——process data for turning(车削工艺数据)；

——cutting tools for turning(车削刀具)；

——geometric dimensioning and tolerancing(几何尺寸和公差)；

——library reference(库索引)；

——management(管理)。

下面给出了功能单元和每个功能单元(UoF)支持的功能描述。4.2 或 GB/T 19903 规定了功能单元(UoF)中包含的应用对象，正如下文所述。

4.1.1　功能单元　measure(测量)

功能单元 measure 通过值和单位规定了物理数量的表达，以及数量方面的允许变化范围的表达。

功能单元 measure 使用下述应用对象。GB/T 19903.10—2006 的 4.2 规定了这些应用对象，但是本部分扩充了附加信息需求，附加信息需求超出了GB/T 19903.10的规定。

注：正如GB/T 19903.10所定义的，这些measure没有明确地规定单位，而是为每个数量（长度单位是毫米、角度单位是度等）规定了一个缺省单位。另外，只有长度参数才能带公差。本部分扩充了这些定义，允许明确地规定单位，允许任何measure类型的公差，对于限制可用的类型增加上限/下限的Limit_qualifier。下列的measure类型均被重新定义为任一Value_with_unit或Value_with_tolerance的子类。

——Length_measure；

——Limits_and_fits；

——Plane_angle_measure；

——Plus_minus_value；

——Pressure_measure；

——Rot_speed_measure；

——Speed_measure；

——Time_measure；

——Toleranced_length_measure。

另外，功能单元measure使用下列应用对象，并在本部分定义：

——Area_measure；

——Limit_qualifier；

——Mass_measure；

——Value_range；

——Value_with_tolerance；

——Value_with_unit；

——Volume_measure。

4.1.2 功能单元 project（项目）

功能单元project规定了加工程序的注释起始处，以及添加有关加工程序的附加管理信息。

功能单元project使用下列应用对象，并在GB/T 19903.10—2006的4.3中定义：

——Project；

——Person_and_address。

注：GB/T 19903.10中project的定义引用了来自GB/T 16656.41的“approval”集成资源实体。该引用没有为批准定义完整的信息需求，因此在management功能单元规定了Approval应用对象和其他相关对象。

4.1.3 功能单元 workpiece（工件）

功能单元workpiece规定了加工程序生产的机械产品。这种描述可以包括产品的材料、表面条件、特征和当前与将来的形状。

功能单元workpiece使用下列应用对象，并在GB/T 19903.10—2006的4.4中定义：

——Descriptive_parameter；

——Manufacturing_feature；

——Material；

——Numeric_parameter；

——Property_parameter；

——Workpiece。

本部分扩充了下列带有附加信息需求的应用对象，这些附加信息需求超出了GB/T 19903.10—2006中4.4的规定。

——Manufacturing_feature；

——Workpiece。

另外，功能单元 workpiece 使用下列应用对象，并在本部分定义：

——General_property；

——Hardness；

——Material_property；

——Part_property；

——Process_property；

——Surface_property；

——Workpiece_assembly_component。

4.1.4 功能单元 manufacturing feature（制造特征）

功能单元 manufacturing feature 规定了与机械产品相关的形状定义的必要信息。这些形状表示了一系列加工工序去除的材料体积。为了描述使用二维轮廓沿一路径扫掠而成的特征，以及描述顶部、底部和其他特征边界，本功能单元还规定了所需的信息。

功能单元 manufacturing feature 使用下列应用对象，并在 GB/T 19903.10—2006 的 4.5 中定义：

——Angle_taper；

——Blind_bottom_condition；

——Boss；

——Catalogue_thread；

——Chamfer；

——Circular_closed_profile；

——Circular_closed_shape_profile；

——Circular_offset；

——Circular_omit；

——Circular_path；

——Circular_pattern；

——Closed_pocket；

——Closed_profile；

——Complete_circular_path；

——Compound_feature；

——Conical_hole_bottom；

——Counterbore_hole；

——Countersunk_hole；

——Defined_thread；

——Diameter_taper；

——Edge_round；

——Flat_hole_bottom；

——Flat_slot_end_type；

——Flat_with_radius_hole_bottom；

——General_closed_profile；

——General_outside_profile；

——General_path；

——General_pattern;

——General_pocket_bottom_condition;

——General_profile;

——General_profile_floor;

——General_shape_profile;

——Hole_bottom_condition;

——Linear_path;

——Linear_profile;

——Loop_slot_end_type;

——Machined_surface;

——Machining_feature;

——Ngon_profile;

——Open_pocket;

——Open_profile;

——Open_slot_end_type;

——Partial_area_definition;

——Partial_circular_path;

——Partial_circular_profile;

——Partial_circular_shape_profile;

——Planar_face;

——Planar_pocket_bottom_condition;

——Planar_profile_floor;

——Pocket;

——Pocket_bottom_condition;

——Profile;

——Profile_feature;

——Profile_floor;

——Radiused_pocket_bottom_condition;

——Radiused_slot_end_type;

——Rectangular_closed_profile;

——Rectangular_closed_shape_profile;

——Rectangular_offset;

——Rectangular_omit;

——Rectangular_open_shape_profile;

——Rectangular_pattern;

——Region;

——Region_projection;

——Region_surface_list;

——Replicate_feature;

——Round_hole;

——Rounded_end;

——Rounded_u_profile;

——Shape_profile;

——Slot;

——Slot_end_type;

——Specification;

——Specification_usage_constraint;

——Spherical_cap;

——Spherical_hole_bottom;

——Square_u_profile;

——Step;

——Surface_texture_parameter;

——Tee_profile;

——Thread;

——Through_bottom_condition;

——Through_pocket_bottom_condition;

——Through_profile_floor;

——Toolpath_feature;

——Topological_region;

——Transition_feature;

——Travel_path;

——Two5d_manufacturing_feature;

——Vee_profile;

——Woodruff_slot_end_type。

本部分扩充了下列带附加信息需求的应用对象,这些附加信息需求超出了 GB/T 19903.10—2006 中 4.5 的规定。

——Boss;

——Chamfer;

——Edge_round;

——General_closed_profile;

——General_path;

——General_profile;

——Machining_feature;

——Planar_face;

——Pocket;

——Round_hole;

——Rounded_u_profile;

——Square_u_profile;

——Transition_feature;

——Vee_profile 。

4.1.5 功能单元 executable(可执行的)

功能单元 executable 规定了描述加工程序的控制流和数控执行的非加工活动的控制流所必需的信息。这包括串行的、并行的和有条件的控制流,以及描述条件控制流所必需的逻辑表达式和变量元素的条件。本功能单元还规定了描述一个机械产品、多个产品或多份复制品如何相对于任何将执行加工程序的机床进行定位和定向所需的信息。

功能单元 executable 使用下列应用对象，并在 GB/T 19903.10—2006 的 4.6 中定义：

——And_expression；
——Assignment；
——Binary_boolean_expression；
——Boolean_expression；
——Channel；
——Comparison_equal；
——Comparison_expression；
——Comparison_greater；
——Comparison_greater_equal；
——Comparison_less；
——Comparison_less_equal；
——Comparison_not_equal；
——Display_message；
——Executable；
——If_statement；
——In_process_geometry；
——Machining_tool；
——Machining_workingstep；
——Multiple_arity_boolean_expression；
——NC_constant；
——NC_function；
——NC_variable；
——Non_sequential；
——Not_expression；
——Offset_vector；
——Optional_stop；
——Or_expression；
——Parallel；
——Program_stop；
——Program_structure；
——Rapid_movement；
——Return_home；
——Selective；
——Set_mark；
——Setup；
——Setup_instruction；
——Tool_length_probing；
——Tool_probing；
——Tool_radius_probing；
——Touch_probe；
——Touch_probing；
——Unary_boolean_expression；

——Wait_for_mark；

——While_statement；

——Workingstep；

——Workpiece_complete_probing；

——Workpiece_probing；

——Workpiece_setup；

——Workplan；

——Xor_expression 。

本部分扩充了下列带附加信息需求的应用对象，这些附加信息需求超出了 GB/T 19903.10—2006 中 4.6 的规定。

——In_process_geometry；

——Machining_workingstep；

——Workplan 。

另外，功能单元 executable 使用下列应用对象，并在本部分定义：

——Extended_NC_function；

——Machine_axis_travel；

——Machine_parameters；

——Tool_usage 。

4.1.6 功能单元 operation(操作)

功能单元 operation 规定了描述数值控制器可能执行的加工活动的技术——自主状况所必需的信息。

注：本功能单元仅仅描述了所有加工活动共同的基本状况。通过铣功能单元的工艺数据(见 4.1.8)和车功能单元的工艺数据(见 4.1.11)描述加工活动的工艺规范所规定的技术方面，例如铣、钻、车等。

功能单元 operation 使用下列应用对象，并在 GB/T 19903.10—2006 的 4.7 中定义：

——Machine_functions；

——Machining_operation；

——Operation；

——Technology；

——Three_axes；

——Tool_direction；

——Toolpath_list；

——Two_axes 。

4.1.7 功能单元 toolpath(刀具路径)

功能单元 toolpath 规定了按照预先计算好的运动轨迹或由数值控制器修改的精确运动的运动参数集描述切削刀具的运动所需的信息。本功能单元还规定了描述相对于切削刀具尖端、切削刀具接触点或机器的轴的运动轨迹，以及为了使用样条曲线和其他曲线描述运动的路径和速度所需的信息。

功能单元 toolpath 使用下列应用对象，并在 GB/T 19903.10—2006 的 4.8 中定义：

——Ap_lift_path_angle；

——Ap_lift_path_tangent；

——Approach_lift_path；

——Axis_trajectory；

——Connect_direct；

——Connect_secplane；

——Connector；

——Curve_with_normal_vector；

——Cutter_contact_trajectory；

——Cutter_location_trajectory；

——Feedstop；

——Parameterised_path；

——Toolpath；

——Toolpath_speed；

——Trajectory 。

本部分扩充了下列带附加信息需求的应用对象，这些附加信息需求超出了 GB/T 19903.10—2006 中 4.8 的规定。

——Cutter_contact_trajectory；

——Cutter_location_trajectory；

——Toolpath；

——Toolpath_speed 。

4.1.8 功能单元 process data for milling(铣削工艺数据)

功能单元 process data for milling 规定了描述加工活动(可能被数值控制器执行)中专用于铣和钻的所需信息。本功能单元还包括描述铣和钻的策略和工艺参数所需的信息。

功能单元 process data for milling 使用下列应用对象，并在 GB/T 19903.11—2008 的第 4 章中定义：

——Air_strategy；

——Along_path；

——Ap_retract_angle；

——Ap_retract_tangent；

——Approach_retract_strategy；

——Back_boring；

——Bidirectional；

——Bidirectional_contour；

——Boring；

——Boring_operation；

——Bottom_and_side_finish_milling；

——Bottom_and_side_milling；

——Bottom_and_side_rough_milling；

——Center_drilling；

——Center_milling；

——Contour_bidirectional；

——Contour_parallel；

——Contour_spiral；

——Counter_sinking；

——Drilling；

——Drilling_operation；

——Drilling_type_operation;
——Drilling_type_strategy;
——Exchange_pallet;
——Explicit_strategy;
——Five_axes_const_tilt_yaw;
——Five_axes_var_tilt_yaw;
——Freeform_operation;
——Freeform_strategy;
——Index_pallet;
——Index_table;
——Leading_line_strategy;
——Load_tool;
——Milling_machine_functions;
——Milling_machining_operation;
——Milling_technology;
——Milling_type_operation;
——Multistep_drilling;
——Plane_cc_strategy;
——Plane_cl_strategy;
——Plane_finish_milling;
——Plane_milling;
——Plane_rough_milling;
——Plunge_helix;
——Plunge_ramp;
——Plunge_strategy;
——Plunge_toolaxis;
——Plunge_zigzag;
——Process_model;
——Process_model_list;
——Reaming;
——Side_finish_milling;
——Side_milling;
——Side_rough_milling;
——Tapping;
——Thread_drilling;
——Three_axes_tilted_tool;
——Tolerances;
——Tool_direction_for_milling;
——Two5d_milling_operation;
——Two5d_milling_strategy;
——Unidirectional;
——Unload_tool;
——Uv_strategy。

本部分扩充了下列带附加信息需求的应用对象，这些附加信息需求超出了 GB/T 19903.11—2008 第 4 章的规定。

——Milling_machine_functions 。

另外，功能单元 process data for milling 使用下列应用对象，并在本部分定义：

——Freeform_finish_milling；

——Freeform_rough_milling；

——Machine_axis_constraint 。

4.1.9 功能单元 cutting tools for milling(铣削刀具)

功能单元 cutting tools for milling 规定了描述加工活动中铣削和钻削专用刀具要求的所需信息。

功能单元 cutting tools for milling 使用下列应用对象，并在 ISO 14649-111:2007 的第 4 章中定义：

——Ballnose_endmill；

——Bullnose_endmill；

——Combined_drill_and_reamer；

——Combined_drill_and_tap；

——Counterbore；

——Countersink；

——Cutting_component；

——Dovetail_mill；

——Drilling_cutting_tool；

——Endmill；

——Facemill；

——Milling_cutting_tool；

——Milling_machine_cutting_tool；

——Profiled_end_mill；

——Reaming_cutting_tool；

——Rotating_boring_cutting_tool；

——Shouldermill；

——Side_mill；

——Spade_drill；

——Spotdrill；

——Step_drill；

——T_slot_mill；

——Tapered_drill；

——Tapered_reamer；

——Tapping_cutting_tool；

——Thread_mill；

——Twist_drill 。

另外，功能单元 cutting tools for milling 使用下列应用对象，并在本部分定义：

——User_defined_milling_tool 。

4.1.10 功能单元 turning feature(车削特征)

功能单元 turning feature 规定了标识机械产品上被关注形状的所需信息。这些形状表达的大量材料通常需要通过车削工序或一系列车削工序去除。

注：车削特征也可能是由铣、钻或其他操作产生，但使用与车削专用操作相关的参数描述。

功能单元 turning feature 使用下列应用对象，并在 GB/T 19903.12—2008 的 4.2 中定义：

——Diagonal_knurl；

——Diamond_knurl；

——General_revolution；

——Groove；

——Knurl；

——Outer_diameter；

——Outer_diameter_to_shoulder；

——Outer_round；

——Revolved_feature；

——Revolved_flat；

——Revolved_round；

——Straight_knurl；

——Tool_knurl；

——Turning_feature 。

4.1.11 功能单元 process data for turning（车削工艺数据）

功能单元 process data for turning 规定了描述加工活动（可能被数值控制器执行）中专用于车削方面的所需信息。本功能单元还包括描述车削的策略和工艺参数所需的信息。

功能单元 process data for turning 使用下列应用对象，并在 GB/T 19903.12—2008 的 4.3 和 4.4 中定义：

——Bidirectional_turning；

——Const_cutting_speed；

——Const_spindle_speed；

——Contour_turning；

——Contouring；

——Contouring_finish；

——Contouring_rough；

——Cutting_in；

——Explicit_turning_strategy；

——Facing；

——Facing_finish；

——Facing_rough；

——Grooving；

——Grooving_finish；

——Grooving_rough；

——Grooving_strategy；

——Knurling；

——Multistep_grooving_strategy；

——Thread_strategy；

——Threading；

——Threading_finish;

——Threading_rough;

——Turning_machine_functions;

——Turning_machining_operation;

——Turning_machining_strategy;

——Turning_technology;

——Turning_workingstep;

——Unidirectional_turning 。

4.1.12 功能单元 cutting tools for turning(车削刀具)

功能单元 cutting tools for turning 规定了描述加工活动中车削专用刀具的要求所需的信息。

功能单元 cutting tools for turning 使用下列应用对象,并在 GB/T 19903.121—2008 的第 4 章中定义:

——Chamfered_

——corner;

——Corner_transition;

——Cutting_edge_properties;

——General_turning_tool;

——Grooving_tool;

——Knurling_tool;

——Profiled_corner;

——Rounded_corner;

——Turning_machine_cutting_tool;

——Turning_threading_tool;

——User_defined_turning_tool。

4.1.13 功能单元 geometric dimensioning and tolerancing(几何尺寸和公差)

功能单元 geometric dimensioning and tolerancing 规定了描述几何尺寸以及其在制造的尺寸中的允许偏差所需的相关信息。另外,本功能单元还规定了描述带基准参考的几何公差(例如平行度或垂直度)和不带基准参考的几何公差(例如挺直度或平面度)所需的信息。这包括描述单一基准参考、公共基准参考、基准对象和公差带所需的信息。

功能单元 geometric dimensioning and tolerancing 使用下列应用对象:

注:下列应用对象与 ISO 10303-1050[15] 和 ISO 10303-1051[16] 定义的几何尺寸及公差的信息需求一致,其本身是 ISO 10303-224 和 ISO 10303-214[5] 相互一致的结果。应用对象与公差(标称值、正/负、范围等)的数值在 measure UoF 中是被编址的。

——Angular_location_dimension;

——Angular_size_dimension;

——Angularity_tolerance;

——Circular_runout_tolerance;

——Coaxiality_tolerance;

——Common_datum;

——Concentricity_tolerance;

——Curved_distance_dimension;

——Curved_size_dimension；
——Cylindricity_tolerance；
——Datum；
——Datum_defined_by_derived_shape；
——Datum_defined_by_feature；
——Datum_defined_by_targets；
——Datum_reference；
——Datum_target；
——Diameter_size_dimension；
——Externally_defined_size_dimension；
——Flatness_tolerance；
——Geometric_dimension；
——Geometric_tolerance；
——Geometric_tolerance_relationship；
——Height_size_dimension；
——Length_size_dimension；
——Line_profile_tolerance；
——Linear_distance_dimension；
——Location_dimension；
——Measurement_path；
——Parallelism_tolerance；
——Perpendicularity_tolerance；
——Placed_target；
——Position_tolerance；
——Projection；
——Radial_size_dimension；
——Roundness_tolerance；
——Single_datum；
——Size_dimension；
——Straightness_tolerance；
——Surface_profile_tolerance；
——Symmetry_tolerance；
——Target_area；
——Target_circle；
——Target_point；
——Target_rectangle；
——Target_straight_line；
——Thickness_size_dimension；
——Tolerance_condition；
——Tolerance_zone；
——Tolerance_zone_definition；
——Total_runout_tolerance；
——Width_size_dimension 。

4.1.14 功能单元 library reference(库索引)

功能单元 library reference 规定了引用外库信息的能力和机制。

功能单元 library reference 使用下列应用对象：

注：下列应用对象与 ISO 10303-240[9]定义的库引用功能单元的信息需求兼容。

——BSU;

——Class_BSU;

——Externally_defined_representation;

——Library_part_assignment;

——Library_property_value;

——Property_BSU;

——Supplier_BSU 。

4.1.15 功能单元 management(管理)

功能单元 management 规定了描述机械产品或机加工程序的管理方面所需的信息。它包括描述审批流程、安全等级、人员以及日期等必要信息。

功能单元 management 使用下列应用对象：

注：下列四个 Approval 应用对象与 ISO 10303-1012[10]定义的批准的信息需求一致。

——Approval;

——Approval_relationship;

——Approval_status;

——Approving_person_organization;

——Assigned_date;

——Assigned_organization;

——Assigned_person;

——Assigned_time;

——Last_modified_timestamp;

注：下列两个 Security_classification 应用对象与 ISO 10303-1015[13]定义的安全密级的信息需求一致。

——Security_classification;

——Security_classification_assignment。

4.2 应用对象

本条规定了适用于计算机数值控制器应用协议的应用对象。每个应用对象是一个不可分的元素，此元素具体表达一个唯一的应用概念，并包含规定该对象数据元素的属性。下文给出了应用对象和它们的定义。

注：对于 GB/T 19903 定义的应用对象，提供了源文档的规范性引用，并且包含了 GB/T 19903 的 EXPRESS 描述的信息注释。为 GB/T 19903 文档没有定义的所有对象以及 GB/T 19903 文档定义的应用对象的扩展部分提供了完整的定义。

4.2.1 应用对象 Adaptive_control

Adaptive_control 应用对象由 GB/T 19903.11—2008 的第 4 章定义。

注：GB/T 19903 中对 Adaptive_control 的 EXPRESS 描述如下。其完整定义和使用说明参见 GB/T 19903.11。

```
ENTITY adaptive_control;
```

```
END_ENTITY;
```

4.2.2 应用对象 Air_strategy

Air_strategy 应用对象由 GB/T 19903.11—2008 的第 4 章定义。

注：GB/T 19903 中对 Air_strategy 的 EXPRESS 描述如下。其完整定义和使用说明参见 GB/T 19903.11。

```
ENTITY air_strategy
    ABSTRACT SUPERTYPE OF (ONEOF (ap_retract_angle, ap_retract_tangent))
SUBTYPE OF (approach_retract_strategy);
END_ENTITY;
```

4.2.3 应用对象 Along_path

Along_path 应用对象由 GB/T 19903.11—2008 的第 4 章定义。

注：GB/T 19903 中对 Along_path 的 EXPRESS 描述如下。其完整定义和使用说明参见 GB/T 19903.11。

```
ENTITY along_path
    SUBTYPE OF (approach_retract_strategy);
    path:toolpath_list;
END_ENTITY;
```

4.2.4 应用对象 And_expression

And_expression 应用对象由 GB/T 19903.10—2006 的 4.6 定义。

注：GB/T 19903 中对 And_expression 的 EXPRESS 描述如下。其完整定义和使用说明参见 GB/T 19903.10。

```
ENTITY and_expression
    SUBTYPE OF (multiple_arity_boolean_expression);
END_ENTITY;
```

4.2.5 应用对象 Angle_taper

Angle_taper 应用对象由 GB/T 19903.10—2006 的 4.5 定义。

注：GB/T 19903 中对 Angle_taper 的 EXPRESS 描述如下。其完整定义和使用说明参见 GB/T 19903.10。

```
ENTITY angle_taper;
    angle:plane_angle_measure;
END_ENTITY;
```

4.2.6 应用对象 Angular_location_dimension

Angular_location_dimension 是一种 Location_dimension(见 4.2.187)，它规定了两个零件形状元素之间允许的角度变化。

注：本定义与 ISO 10303-1050 和 ISO 10303-214 中的 Angular_location_dimension 定义一致，并与 ISO 10303-224 中的 Angular_dimension_tolerance 定义一致。图 1 举例说明了 Angular_location_dimension。图 2 举例说明了 Angular_location_dimension 和 Angular_size_dimension 之间的差异(见 4.2.7)。

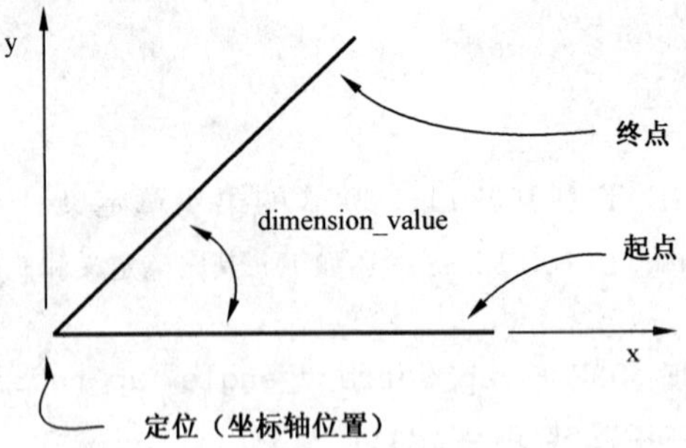

图 1　Angular_location_dimension

与 Angular_location_dimension 相关的数据如下：

——orientation。

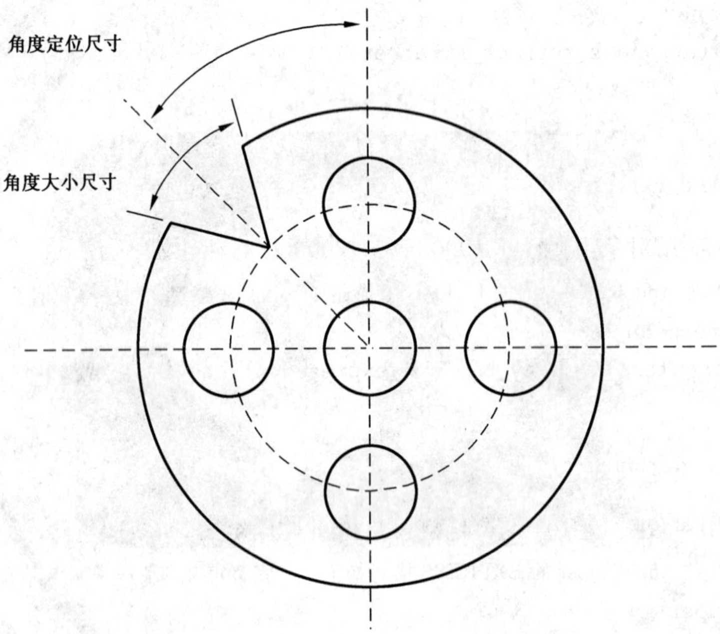

图 2　Angular_location_dimension 和 Angular_size_dimension 的对比

4.2.6.1　相关数据　orientation

orientation 规定了坐标轴的位置，它建立了 Angular_location_dimension 的正向。在 XY 平面中，角度是由 X 坐标轴绕原点向 Y 坐标轴展开得到的。

4.2.7　应用对象　Angular_size_dimension

Angular_size_dimension 是一种 Size_dimension(见 4.2.313)，它规定了零件形状元素的角度大小的允许变化。

注：本定义与 ISO 10303-1050 和 ISO 10303-214 中的 Angular_size_dimension 定义一致，并与 ISO 10303-224 中的 Angular_size_dimension 定义一致。图 3 举例说明了 Angular_size_dimension 的参数组合。

与 Angular_size_dimension 相关的数据如下：

——full；

——major_angle。

4.2.7.1 相关数据 **full**

full 规定了 Angular_size_dimension 是引用表达形状元素大小的全角,还是引用半角。

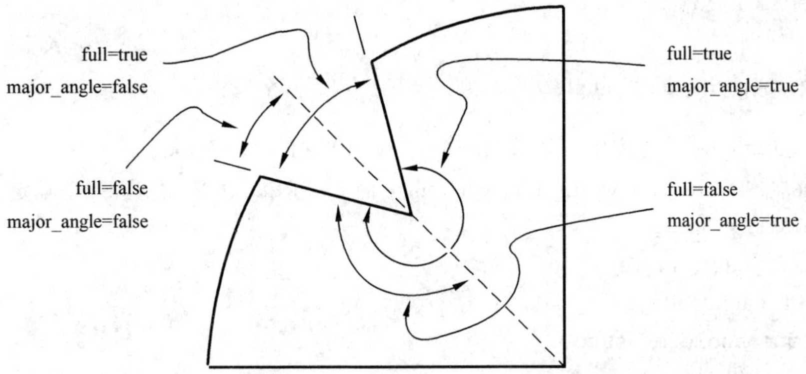

图 3 **Angular_size_dimension**

4.2.7.2 相关数据 **major_angle**

major_angle 规定了应考虑两个可能角度中的哪一个。"true"值规定了由角度元素形成的两个角度中采用比较大的那个角度。

4.2.8 应用对象 **Angularity_tolerance**

Angularity_tolerance 是一种 Geometric_tolerance(见 4.2.156),它规定了表面、中心平面、边或轴的定位约束,它们与基准面或基准坐标轴之间存在一个规定的角度(除了 90°以外)。Angularity_tolerance 规定了下列公差带之一:

注:本定义与 ISO 10303-1051、ISO 10303-214 和 ISO 10303-224 中的 Angularity_tolerance 定义一致。本定义派生于 GB/T 1182 的 14.9。图 4 举例说明了适用于一个平面的 Angularity_tolerance。

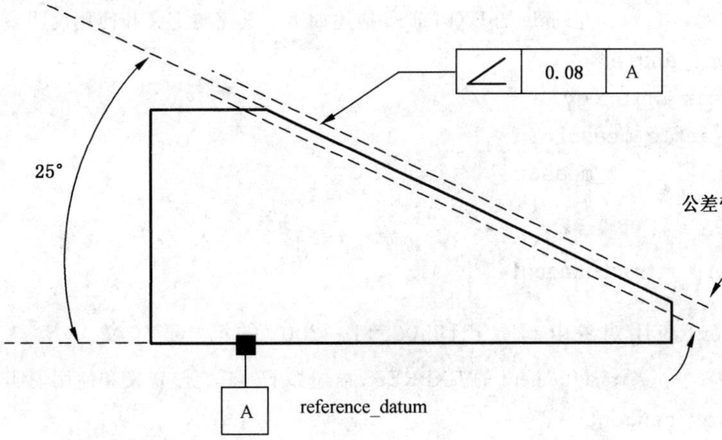

图 4 **Angularity_tolerance**

——所考虑的元素应位于两个平行平面定义的公差带内,这两个平面与基准平面或基准轴之间存在一个指定的基角。

——所考虑的元素应位于圆柱体定义的公差带内,该圆柱体与基准平面或基准轴之间存在一个指定的基角。

与 Angularity_tolerance 相关的数据如下:

——reference_datum。

4.2.8.1 相关数据 reference_datum

reference_datum 规定了一组 Datum_reference 对象,这些对象规定了适用于几何公差的坐标系。应用声明见 4.3.1。

4.2.9 应用对象 Ap_lift_path_angle

Ap_lift_path_angle 应用对象由 GB/T 19903.10—2006 的 4.8 定义。

注:GB/T 19903(ISO 14649)中对 Ap_lift_path_angle 的 EXPRESS 描述如下。其完整定义和使用说明参见 GB/T 19903.10。

```
ENTITY ap_lift_path_angle
   SUBTYPE OF (approach_lift_path);
   angle:plane_angle_measure;
   benddist:length_measure;
END_ENTITY;
```

4.2.10 应用对象 Ap_lift_path_tangent

Ap_lift_path_ tangent 应用对象由 GB/T 19903.10—2006 的 4.8 定义。

注:GB/T 19903(ISO 14649)中对 Ap_lift_path_tangent 的 EXPRESS 描述如下。其完整定义和使用说明参见 GB/T 19903.10。

```
ENTITY ap_lift_path_tangent
   SUBTYPE OF (approach_lift_path);
   radius:length_measure;
END_ENTITY;
```

4.2.11 应用对象 Ap_retract-angle

Ap_retract_angle 应用对象由 GB/T 19903.11—2008 的第 4 章定义。

注:GB/T 19903 中对 Ap_retract_angle 的 EXPRESS 描述如下。其完整定义和使用说明参见 GB/T 19903.11。

```
ENTITY ap_retract_angle
   SUBTYPE OF (air_strategy);
   angle:plane_angle_measure;
   travel_length:length_measure;
END_ENTITY;
```

4.2.12 应用对象 Ap_retract-tangent

Ap_retract_tangent 应用对象由 GB/T 19903.11—2008 的第 4 章定义。

注:GB/T 19903 中对 Ap_retract_tangent 的 EXPRESS 描述如下。其完整定义和使用说明参见 GB/T 19903.11。

```
ENTITY ap_retract_tangent
   SUBTYPE OF (air_strategy);
   radius:length_measure;
END_ENTITY;
```

4.2.13 应用对象 Ap_lift_path

Ap_lift_path 应用对象由 GB/T 19903.10—2006 的 4.8 定义。

注:GB/T 19903 中对 Ap_lift_path 的 EXPRESS 描述如下。其完整定义和使用说明参见 GB/T 19903.10。

```
ENTITY approach_lift_path
   ABSTRACT SUPERTYPE OF (ONEOF (ap_lift_path_angle, ap_lift_path_tangent))
   SUBTYPE OF (parameterised_path);
   fix_point:cartesian_point;
   fix_point_dir:OPTIONAL direction;
END_ENTITY;
```

4.2.14 应用对象 Ap_retract-strategy

Ap_retract_ strategy 应用对象由 GB/T 19903.11—2008 的第 4 章定义。

注：GB/T 19903 中对 Ap_retract_ strategy 的 EXPRESS 描述如下。其完整定义和使用说明参见 GB/T 19903.11。

```
ENTITY approach_retract_strategy
   ABSTRACT SUPERTYPE OF (ONEOF (plunge_strategy, air_strategy, along_path));
   tool_orientation:OPTIONAL direction;
END_ENTITY;
```

4.2.15 应用对象 Approval

Approval 是某些活动或产品数据质量的正式确认。

注：本定义与 ISO 10303-1012 中 Approval 的定义一致。

与 Approval 相关的数据如下：

——actual_date;

——planned_date;

——purpose;

——status。

4.2.15.1 相关数据 actual_date

actual_date 是批准生效的时间点。对于特定的 Approval，不需要规定 actual_date。

4.2.15.2 相关数据 planned_date

planned_date 是批准计划执行的时间点。对于特定的 Approval，不需要规定 planned_date。

4.2.15.3 相关数据 purpose

purpose 是对状态属性所提供的信息的一段补充文字，它明确了 Approval 的原因和目标。

示例：'released for production'或'preliminary design completed'是批准目标。

4.2.15.4 相关数据 status

status 规定了提供用户可理解的批准级别标志的 Approval_status。应用声明见 4.3.2。

4.2.16 应用对象 Approval_relationship

Approval_relationship 是 Approval 的两个实例间的一种规范化关系。

注：此定义与 ISO 10303-1012 中 Approval_relationship 的定义一致。

与 Approval_relationship 相关的数据如下：

——description;

——related_approval;

——relating_approval;

——relating_type;

4.2.16.1 相关数据 description

description 规定了提供关于 Approval_relationship 的更多信息的文本。对于特定 Approval_relationship,不需要规定 description。

4.2.16.2 相关数据 related_approval

related_approval 规定了一个 Approval 对象,它是 relationship 的一部分。如果关联关系中的一方依赖于另一方,这个属性指明依赖的一方。应用声明见 4.3.3。

4.2.16.3 相关数据 relating_approval

related_approval 规定了一个是关联零件的 Approval_relationship 对象。应用声明见 4.3.4。

4.2.16.4 相关数据 relating_type

relating_type 规定了详细说明关联意义的正文。在可适用的地方,下面的值是有用的:

——分解:Approval_relationship 规定了一种关系,related_approval 是 relating_approval 分解后的分量之一,并且没有'sequence'或'dependency'的含义。

——依赖:Approval_relationship 规定了一种关系,related_approval 的发放依赖于 relating_approval 的发放。

——优先:Approval_relationship 规定了一种关系,related_approval 比 relating_approval 具有更高的优先权。

——顺序:Approval_relationship 规定了一种关系,relating_approval 应该在 related_approval 给出前完成。

注:值'dependency'不表示值'decomposition'或'sequence'的语义。

示例 1:一个装配件的批准可能依赖于组成该装配件的所有零件的批准。

示例 2:在平行的两个装配件批准过程中,一个装配件批准的制定依赖于另外一个装配件的批准。

4.2.17 应用对象 Approval_status

Approval_status 是批准的具体级别。

注:此定义与 ISO 10303-1012 中 Approval_status 的定义一致。

与 Approval_status 相关的数据如下:

——status_name。

4.2.17.1 相关数据 status_name

status_name 规定了描述 Approval_status 的正文。

示例:'approved'和'disapproved'是 Approval_status 的例子。

4.2.18 应用对象 Approving_person_organization

Approving_person_organization 是 Approval 与授权审批的组织机构或个人之间的关系。

注:此定义与 ISO 10303-1012 中 Approving_person_organization 的定义一致。

与 Approving_person_organization 相关的数据定义如下:

——approval_date;

——authorized_approval;

——person_organization；

——role。

4.2.18.1 相关数据 approval_date

approval_date 规定了给予批准的时间点。对于特定的 Approving_person_organization，不需要规定 approval_date。

4.2.18.2 相关数据 authorized_approval

authorized_approval 规定了由有关的人或机构给予的批准。应用声明见 4.3.5。

4.2.18.3 相关数据 person_organization

person_organization 规定了颁发批准的机构或个人。

4.2.18.4 相关数据 role

role 规定了指定对批准负有责任的人或机构的角色的文本。对于特定的 Approving_person_organization，不需要规定 role。默认值为审批者。

示例：'quality insurance auditor'和'production cost examiner'是对产品数据的分配负有责任的人或机构的角色值的例子。

4.2.19 应用对象 Area_measure

Area_measure 是一种 Value_with_tolerance(见 4.2.403)，其中 value_component 描述了范围。

4.2.20 应用对象 Assigned_date

Assigned_date 是角色和日期之间的关系。

注：此定义基于 ISO 10303-1014[12] 的等价指派定义。

与 Assigned_date 相关的数据定义如下：

——date_value；

——role。

4.2.20.1 相关数据 date_value

date_value 规定了指定的日期。

4.2.20.2 相关数据 role

role 规定了与指定日期对应的角色的正文。

示例：'creation date'和'release date'是作为分配到产品数据的日期的角色值的例子。

4.2.21 应用对象 Assigned_organization

Assigned_organization 是角色和机构之间的关系。

注：此定义基于 ISO 10303-1013[11] 的等价指派定义。

与 Assigned_organization 相关的数据如下：

——organization_value；

——role。

4.2.21.1 相关数据 organization_value

organization_value 规定了被指派的机构。

4.2.21.2 相关数据 role

role 规定了与指定机构对应的角色的正文。

示例：'creator'和'part supplier'是作为分配到产品数据的机构角色的例子。

4.2.22 应用对象 Assigned_person

Assigned_person 是角色和个人或机构之间的关系。

注：此定义基于 ISO 10303-1013 的等价指派定义。

与 Assigned_person 相关的数据如下：

——person_and_organization_value；

——role。

4.2.22.1 相关数据 person_and_organization_value

person_and_organization_value 规定了被指派的个人或机构。

4.2.22.2 相关数据 role

role 规定了与指定个人或机构对应的角色的正文。

示例：'design owner'、'creator'和'part supplier'是作为分配到产品数据的个人的角色例子。

4.2.23 应用对象 Assigned_time

Assigned_time 是角色和日期时间的关系。

注：此定义基于 ISO 10303-1014 的等价指派定义。

与 Assigned_time 相关的数据定义如下：

——date_time_value；

——role。

4.2.23.1 相关数据 date_time_value

date_time_value 规定了被指定的日期和时间。

4.2.23.2 相关数据 role

role 规定了与指定日期和时间对应的角色的正文。

示例：'creation date'和'release date'是作为被分配到产品数据的日期和时间的角色例子。

4.2.24 应用对象 Assignment

Assignment 的应用对象由 GB/T 19903.10—2006 的 4.6 定义。

注：GB/T 19903（ISO 14649）中对 Assignment 的 EXPRESS 描述如下。其完整定义和使用说明参见 GB/T 19903.10。

```
ENTITY assignment
   SUBTYPE OF (program_structure);
   its_lvalue:nc_variable;
   its_rvalue:rvalue;
```

```
END_ENTITY;
TYPE rvalue = SELECT(nc_constant, nc_variable);
END_TYPE;
```

4.2.25 应用对象 Axis_trajectory

Axis_trajectory 应用对象由 GB/T 19903.10—2006 的 4.8 定义。GB/T 16656 的本部分扩充了下列信息需求。

与 Axis_trajectory 相关的数据如下：

——所有由 GB/T 19903.10 定义的数据，命令属性做如下修改。

注：GB/T 19903（ISO 14649）中对 Axis_trajectory 的 EXPRESS 描述如下。其完整定义和使用说明参见 GB/T 19903.10。

```
ENTITY axis_trajectory( * m0 * )
   SUBTYPE OF (trajectory);
   axis_list:LIST [1:?] OF identifier;
   commands:LIST [1:?] OF bounded_curve;
WHERE
   WR1:SIZEOF(QUERY(cmd <* commands |
   cmd\geometric_representation_item.dim <> 1)) = 0;
END_ENTITY;
```

4.2.25.1 相关数据 commands

commands 参数由 GB/T 19903.10 定义，但 GB/T 16656 的本部分增加了对每一 bounded_curve shall 的参数必须相同的要求。关于曲线参数的补充说明见 5.2.1.6.1。

4.2.26 应用对象 Back_boring

Back_boring 应用对象由 GB/T 19903.11—2008 的第 4 章定义。

注：GB/T 19903 中对 Back_boring 的 EXPRESS 描述如下。其完整定义和使用说明参见 GB/T 19903.11。

```
ENTITY back_boring
   SUBTYPE OF (drilling_type_operation);
WHERE
   WR1:EXISTS(SELF.its_machine_functions.oriented_spindle_stop);
END_ENTITY;
```

4.2.27 应用对象 Ballnose_endmill

Ballnose_endmill 应用对象由 ISO 14649-111:2007 的第 4 章定义。

注：GB/T 19903 中对 Ballnose_endmill 的 EXPRESS 描述如下。其完整定义和使用说明参见 ISO 14649-111。

```
ENTITY ballnose_endmill
   SUBTYPE OF (endmill);
WHERE
   WR1:NOT EXISTS(SELF.edge_radius)
   OR (EXISTS(SELF.edge_radius) AND
   EXISTS(SELF.effective_cutting_diameter) AND
   (SELF.edge_radius = SELF.effective_cutting_diameter/2));
END_ENTITY;
```

4.2.28 应用对象 Bidirectional

Bidirectinal 应用对象由 GB/T 19903.11—2008 的第 4 章定义。

注：GB/T 19903 中对 Bidirectinal 的 EXPRESS 描述如下。其完整定义和使用说明参见 GB/T 19903.11。

```
ENTITY bidirectional
   SUBTYPE OF (two5D_milling_strategy);
   feed_direction:OPTIONAL direction;
   stepover_direction:OPTIONAL left_or_right;
   its_stroke_connection_strategy:OPTIONAL stroke_connection_strategy;
END_ENTITY;
TYPE left_or_right = ENUMERATION OF (left, right);
END_TYPE;
TYPE stroke_connection_strategy = ENUMERATION OF
   (straghtline, lift_shift_plunge, degouge, loop_back);
END_TYPE;
```

4.2.29 应用对象 Bidirectional_contour

Bidirectional_contour 应用对象由 GB/T 19903.11—2008 的第 4 章定义。

注：GB/T 19903 中对 Bidirectional_contour 的 EXPRESS 描述如下。其完整定义和使用说明参见 GB/T 19903.11。

```
ENTITY bidirectional_contour
   SUBTYPE OF (two5D_milling_strategy);
   feed_direction:OPTIONAL direction;
   stepover_direction:OPTIONAL left_or_right;
   rotation_direction:OPTIONAL rot_direction;
   spiral_cutmode:OPTIONAL cutmode_type;
END_ENTITY;
TYPE rot_direction = ENUMERATION OF (cw,ccw);
END_TYPE;
```

4.2.30 应用对象 Bidirectional_turning

Bidirectional_turning 应用对象由 GB/T 19903.12—2008 的 4.4 定义。

注：GB/T 19903 中对 Bidirectional_turning 的 EXPRESS 描述如下。其完整定义和使用说明参见 GB/T 19903.12。

```
ENTITY bidirectional_turning
   SUBTYPE OF (turning_machining_strategy);
   feed_direction :OPTIONAL direction;
   stepover_direction :OPTIONAL direction;
   stepover_feed :OPTIONAL feed_select;
END_ENTITY;
```

4.2.31 应用对象 Binary_boolean_expression

Binary_boolean_expression 应用对象由 GB/T 19903.10—2006 的 4.6 定义。

注：GB/T 19903 中对 Binary_boolean_expression 的 EXPRESS 描述如下。其完整定义和使用说明参见 GB/T 19903.10。

```
ENTITY binary_boolean_expression
   ABSTRACT SUPERTYPE OF(xor_expression)
   SUBTYPE OF (boolean_expression);
```

```
    operand1:boolean_expression;
    operand2:boolean_expression;
END_ENTITY;
```

4.2.32 应用对象 Blind_bottom_condition

Blind_bottom_condition 应用对象由 GB/T 19903.10—2006 的 4.5 定义。

注：GB/T 19903 中对 Blind_bottom_condition 的 EXPRESS 描述如下。其完整定义和使用说明参见 GB/T 19903.10。

```
ENTITY blind_bottom_condition
    ABSTRACT SUPERTYPE OF (ONEOF(flat_hole_bottom, flat_with_radius_hole_bottom,
    spherical_hole_bottom, conical_hole_bottom))
    SUBTYPE OF (hole_bottom_condition);
END_ENTITY;
```

4.2.33 应用对象 Boolean_expression

Boolean_expression 应用对象由 GB/T 19903.10—2006 的 4.6 定义。

注：GB/T 19903 中对 Boolean_expression 的 EXPRESS 描述如下。其完整定义和使用说明参见 GB/T 19903.10。

```
ENTITY boolean_expression
    ABSTRACT SUPERTYPE OF(ONEOF(unary_boolean_expression, binary_boolean_expression,
    multiple_arity_boolean_expression, comparison_expression));
END_ENTITY;
```

4.2.34 应用对象 Boring

Boring 应用对象由 GB/T 19903.11—2008 的第 4 章定义。

注：GB/T 19903 中对 Boring 的 EXPRESS 描述如下。其完整定义和使用说明参见 GB/T 19903.11。

```
ENTITY boring
    SUBTYPE OF (boring_operation);
END_ENTITY;
```

4.2.35 应用对象 Boring_operation

Boring_operation 应用对象由 GB/T 19903.11—2008 的第 4 章定义。

注：GB/T 19903 中对 Boring_operation 的 EXPRESS 描述如下。它完整定义和使用说明参见 GB/T 19903.11。

```
ENTITY boring_operation
    ABSTRACT SUPERTYPE OF (ONEOF(boring, reaming))
    SUBTYPE OF (drilling_type_operation);
    spindle_stop_at_bottom:BOOLEAN;
    depth_of_testcut:OPTIONAL length_measure;
    waiting_position:OPTIONAL cartesian_point;
END_ENTITY;
```

4.2.36 应用对象 Boss

Boss 应用对象由 GB/T 19903.10—2006 的 4.5 定义。本部分对 Boss 应用对象扩充了如下要求。

与 Boss 相关的数据如下：

——GB/T 19903.10 定义的所有数据；

——Boss_height。

注：GB/T 19903 中对 Boss 的 EXPRESS 描述如下。其完整定义和使用说明参见 GB/T 19903.10。

```
ENTITY boss
   SUBTYPE OF(machining_feature);
   its_boundary:closed_profile;
   slope:OPTIONAL plane_angle_measure;
   boss_height:linear_path; - - ADDED BY 10303-238
END_ENTITY;
```

4.2.36.1 相关数据 **boss_height**

boss_height 规定 linear_path 沿着扫过的 its_boundary 轮廓定义 Boss 的体积，course_of_travel 的布局和定向与 Boos 属性相同。应用声明见 4.3.6。

注：轨道的长度就是凸台的高度。

4.2.37 应用对象 **Bottom_and_side_finish_milling**

Bottom_and_side_finish_milling 应用对象由 GB/T 19903.11—2008 的第 4 章定义。

注：GB/T 19903 中对 Bottom_and_side_finish_milling 的 EXPRESS 描述如下。其完整定义和使用说明参见 GB/T 19903.11。

```
ENTITY bottom_and_side_finish_milling
   SUBTYPE OF (bottom_and_side_milling);
END_ENTITY;
```

4.2.38 应用对象 **Bottom_and_side _milling**

Bottom_and_side_milling 应用对象由 GB/T 19903.11—2008 的第 4 章定义。

注：GB/T 19903 中对 Bottom_and_side_milling 的 EXPRESS 描述如下。其完整定义和使用说明参见GB/T 19903.11。

```
ENTITY bottom_and_side_milling
   ABSTRACT SUPERTYPE OF (ONEOF(bottom_and_side_rough_milling,
   bottom_and_side_finish_milling))
   SUBTYPE OF (two5D_milling_operation);
   axial_cutting_depth:OPTIONAL length_measure;
   radial_cutting_depth:OPTIONAL length_measure;
   allowance_side:OPTIONAL length_measure;
   allowance_bottom:OPTIONAL length_measure;
END_ENTITY;
```

4.2.39 应用对象 **Bottom_and_side_rough _milling**

Bottom_and_side_rough_milling 应用对象由 GB/T 19903.11—2008 的第 4 章定义。

注：GB/T 19903 中对 Bottom_and_side_ rough_milling 的 EXPRESS 描述如下。其完整定义和使用说明参见 GB/T 19903.11。

```
ENTITY bottom_and_side_rough_milling
   SUBTYPE OF (bottom_and_side_milling);
WHERE
   WR1:EXISTS(SELF.allowance_side) AND (SELF.allowance_side>=0.0);
   WR2:EXISTS(SELF.allowance_bottom) AND (SELF.allowance_bottom>=0.0);
END_ENTITY;
```

4.2.40 应用对象 **BSU**

BSU 是通过规定代码或和形式识别一段信息，它可以是供应商、类或者特性。BSU 可以是 Supplier_BSU(见4.2.328)、Class_BSU(见 4.2.55)或 Property_BSU(见 4.2.271)。

注 1：BSU 是基本语义单元的简称。

注 2：此定义和 ISO 10303-224 和 ISO 10303-240 中 BSU 的定义一致。

与 BSU 相关的数据如下：

——code。

4.2.40.1 相关数据 code

code 规定了信息片段的识别标记。

4.2.41 应用对象 Bullnose_endmill

Bullnose_endmill 应用对象由 ISO 14649-111:2007 第 4 章定义。

注：GB/T 19903 中对 Bullnose_endmill 的 EXPRESS 描述如下。其完整定义和使用说明参见 ISO 14649-111。

```
ENTITY bullnose_endmill
   SUBTYPE OF (endmill);
WHERE
   WR1:EXISTS(SELF.edge_radius) AND
   EXISTS(SELF.effective_cutting_diameter) AND
   (SELF.edge_radius < SELF.effective_cutting_diameter/2);
END_ENTITY;
```

4.2.42 应用对象 Catalogue_thread

Catalogue_thread 应用对象由 GB/T 19903.10—2006 的 4.5 定义。

注：GB/T 19903 中对 Catalogue_thread 的 EXPRESS 描述如下。其完整定义和使用说明参见 GB/T 19903.10。

```
ENTITY catalogue_thread
   SUBTYPE OF (thread);
   documentation:specification;
END_ENTITY;
```

4.2.43 应用对象 Center_drilling

Center_drilling 应用对象由 GB/T 19903.11—2008 的第 4 章定义。

注：GB/T 19903 中对 Center_drilling 的 EXPRESS 描述如下。其完整定义和使用说明参见 GB/T 19903.11。

```
ENTITY center_drilling
   SUBTYPE OF (drilling_operation);
END_ENTITY;
```

4.2.44 应用对象 Center_milling

Center_milling 应用对象由 GB/T 19903.11—2008 的第 4 章定义。

注：GB/T 19903 中对 Center_milling 的 EXPRESS 描述如下。其完整定义和使用说明参见 GB/T 19903.11。

```
ENTITY center_milling
   SUBTYPE OF (two5D_milling_strategy);
END_ENTITY;
```

4.2.45 应用对象 Chamfer

Chamfer 应用对象由 GB/T 19903.10—2006 的 4.5 定义。GB/T 16656 的本部分扩充了如下信息

需求，进一步讨论见5.2.1.3.7。

注1：如GB/T 19903.10原始定义，倒角仅仅描述两个特征的过渡。为了与ISO 10303-224和ISO 10303中其他部分一致，下列的特性已添加，所以倒角也能描述工件的边界表达上两个表面之间的过渡。

与Chamfer相关的数据如下：

——GB/T 19903.10定义的所有数据类型；

——chamfer_face；

——first_face_shape；

——second_face_shape。

注2：GB/T 16656修改后的GB/T 19903(ISO 14649)中Chamfer的EXPRESS描述如下。其原始定义和使用说明参见GB/T 19903.10。

```
ENTITY chamfer
   SUBTYPE OF (transition_feature);
   angle_to_plane:plane_angle_measure;
   first_offset_amount:toleranced_length_measure;
   chamfer_face:OPTIONAL SET [1:?] OF face; -- ADDED BY 10303-238
   first_face_shape:OPTIONAL SET [1:?] OF face; -- ADDED BY 10303-238
   second_face_shape:OPTIONAL SET [1:?] OF face; -- ADDED BY 10303-238
END_ENTITY;
```

4.2.45.1 相关数据 chamfer_face

chamfer_face规定了一个位于first_face_shape和second_face_shape曲面之间的平滑过渡表面。它是工件的界面表达上一个或多个面的集合。对特定倒角，不需要规定chamfer_face。

4.2.45.2 相关数据 first_face_shape

first_face_shape规定了倒角属性建立中间过渡的两个面之一的规范。它是工件的界面表达上一个或多个面的集合。对特定倒角，不需要规定first_face_shape。

4.2.45.3 相关数据 second_face_shape

second_face_shape规定了倒角属性建立中间过渡的其他面。它是工件的界面表达上一个或多个面的集合。对特定倒角，不需要规定second_face_shape 。

4.2.46 应用对象 Chamfered_corner

Chamfered_corner应用对象由GB/T 19903.121—2008的第4章定义。

注：GB/T 19903(ISO 14649)中对Chamfered_corner的EXPRESS描述如下。其完整定义和使用说明参见GB/T 19903.121。

```
ENTITY chamfered_corner;
   corner_chamfer_angle:plane_angle_measure;
   corner_chamfer_length:OPTIONAL length_measure;
   corner_chamfer_width:OPTIONAL length_measure;
END_ENTITY;
```

4.2.47 应用对象 Channel

Channel应用对象由GB/T 19903.10—2006的4.6定义。

注：GB/T 19903(ISO 14649)中对Channel的EXPRESS描述如下。其完整定义和使用说明参见GB/T 19903.10。

```
ENTITY channel;
  its_id:identifier;
END_ENTITY;
```

4.2.48 应用对象 Circular_closed_profile

Circular_closed_profile 应用对象由 GB/T 19903.10—2006 的 4.5 定义。

注：GB/T 19903(ISO 14649)中对 Circular_closed_profile 的 EXPRESS 描述如下。其完整定义和使用说明参见 GB/T 19903.10。

```
ENTITY circular_closed_profile
  SUBTYPE OF(closed_profile);
  diameter:toleranced_length_measure;
END_ENTITY;
```

4.2.49 应用对象 Circular_closed_shape_profile

Circular_closed_shape_profile 应用对象由 GB/T 19903.10—2006 的 4.5 定义。

注：GB/T 19903(ISO 14649)中对 Circular_closed_shape_profile 的 EXPRESS 描述如下。其完整定义和使用说明参见 GB/T 19903.10。

```
ENTITY circular_closed_shape_profile
  SUBTYPE OF (shape_profile);
  closed_boundary :circular_closed_profile;
END_ENTITY;
```

4.2.50 应用对象 Circular_offset

Circular_offset 应用对象由 GB/T 19903.10—2006 的 4.5 定义。

注：GB/T 19903(ISO 14649)中对 Circular_offset 的 EXPRESS 描述如下。其完整定义和使用说明参见 GB/T 19903.10。

```
ENTITY circular_offset;
  angular_offset:plane_angle_measure;
  index:INTEGER;
END_ENTITY;
```

4.2.51 应用对象 Circular_omit

Circular_omit 应用对象由 GB/T 19903.10—2006 的 4.5 定义。

注：GB/T 19903(ISO 14649)中对 Circular_omit 的 EXPRESS 描述如下。其完整定义和使用说明参见GB/T 19903.10。

```
ENTITY circular_omit;
  index:INTEGER;
END_ENTITY;
```

4.2.52 应用对象 Circular_path

Circular_path 应用对象由 GB/T 19903.10—2006 的 4.5 定义。

注：GB/T 19903(ISO 14649)中对 Circular_path 的 EXPRESS 描述如下。其完整定义和使用说明参见GB/T 19903.10。

```
ENTITY circular_path
  ABSTRACT SUPERTYPE OF(ONEOF(complete_circular_path, partial_circular_path))
```

```
    SUBTYPE OF(travel_path);
    radius:toleranced_length_measure;
END_ENTITY;
```

4.2.53 应用对象 Circular_pattern

Circular_pattern 应用对象由 ISO 1649-10 的 4.5 定义。

注：GB/T 19903(ISO 14649)中对 Circular_pattern 的 EXPRESS 描述如下。其完整定义和使用说明参见 GB/T 19903.10。

```
ENTITY circular_pattern
    SUBTYPE OF(replicate_feature);
    angle_increment:plane_angle_measure;
    number_of_feature:INTEGER;
    relocated_base_feature:SET[0:?] OF circular_offset;
    missing_base_feature:SET[0:?] OF circular_omit;
    base_feature_diameter:OPTIONAL toleranced_length_measure;
    base_feature_rotation:plane_angle_measure;
END_ENTITY;
```

4.2.54 应用对象 Circular_runout_tolerance

Circular_runout_tolerance 是一种 Geometric_tolerance(见 4.2.156)，它规定了曲线的圆度限制，这个曲线与一个由一个零件绕着轴旋转所描述的曲面有关。当零件旋转 360°时，公差可不受约束地用于圆形测量的任何位置。

注 1：此定义由 GB/T 1182—2008 的 14.13 条定义，并与 ISO 10303-1051，ISO 10303-214，ISO 10303-224 中 Circular_runout_tolerance 的定义一致。

注 2：当用于围绕基准轴构成的表面时，Circular_runout_tolerance 用来控制圆度和同轴度的累积变化。当用于和基准轴成直角的表面时，Circular_runout_tolerance 控制一个平面上的圆形要素。图 5 说明了 Circular_runout_tolerance。

与 Circular_runout_tolerance 相关的数据如下：

——angle；

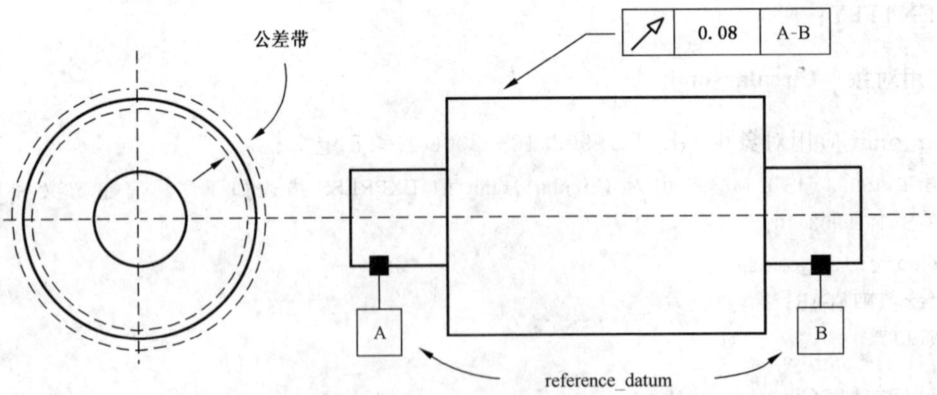

图 5 Circular_runout_tolerance

——reference_datum。

4.2.54.1 相关数据 angle

angle 规定了控制摆动度公差的方向。对于特定 Circular_runout_tolerance，不需要规定 angle。如果规定了 angle,该摆动度公差应用在该 angle 中,它由与基准轴线所成夹角值来确定,如果不规定 angle,该摆动度公差将标准应用于通过旋转产生的曲面。

4.2.54.2 相关数据 reference_datum

reference_datum 规定了定义几何公差的参考系的 datum_reference 对象的集合.

4.2.55 应用对象 Class_BSU

Class_BSU 是一种 BSU(见 4.2.40),它标识了零件库中的类。

注 1:供应商标识,代码和类的形式的组合。

注 2:此定义和 ISO 10303-224 与 ISO 10303-240 中 Class_BSU 的定义一致。

与 Class_BSU 相关的数据如下:

——defined_by;

——version。

4.2.55.1 相关数据 defined_by

defined_by 规定了一个 Supplier_BSU 对象,它描述了定义库类的库供应商。应用声明见 4.3.8。

4.2.55.2 相关数据 version

version 规定了信息块的形式的名称。

4.2.56 应用对象 Closed_pocket

Closed_pocket 应用对象由 GB/T 19903.10—2006 的 4.5 定义。

注:GB/T 19903(ISO 14649)中对 Closed_pocket 的 EXPRESS 描述如下。其完整定义和使用说明参见 GB/T 19903.10。

```
ENTITY closed_pocket
  SUBTYPE OF (pocket);
  feature_boundary:closed_profile;
END_ENTITY;
```

4.2.57 应用对象 Closed_profile

Closed_profile 应用对象由 GB/T 19903.10—2006 的 4.5 定义。

注:GB/T 19903(ISO 14649)中对 Closed_profile 的 EXPRESS 描述如下,其完整定义和使用说明参见 GB/T 19903.10。

```
ENTITY closed_profile
  ABSTRACT SUPERTYPE OF
  (ONEOF (rectangular_closed_profile, circular_closed_profile,
  ngon_profile, general_closed_profile))
  SUBTYPE OF(profile);
END_ENTITY;
```

4.2.58 应用对象 Coaxiality_tolerance

Coaxiality_tolerance 是一种 Geometric_tolerance (见 4.2.156),它规定了在由直径是公差值的柱面限定的公差带处的约束。圆柱体轴是由引用基准定义的。

注:此定义与 ISO 10303-1051 中 Coaxiality_tolerance 的定义,以及 ISO 10303-214 和 ISO 10303-224 的定义一致。图 6 说明了 Coaxiality_tolerance。

与 Coaxiality_tolerance 相关的数据如下：

——reference_datum；

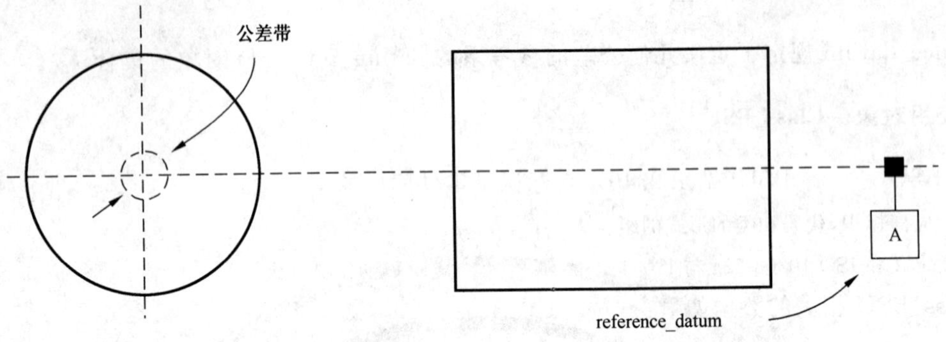

图 6 **Coaxiality_tolerance**

4.2.58.1 相关数据 reference_datum

reference_datum 规定了定义几何公差的参考系的 Datum_reference 对象的集合。应用声明见 4.3.9。

4.2.59 应用对象 Combined_drill_reamer

Combined_drill_reamer 应用对象由 ISO 14649-111:2007 的第 4 章定义。

注：GB/T 19903(ISO 14649)中对 Combined_drill_reamer 的 EXPRESS 描述如下，其完整定义和使用说明参见 ISO 14649-111。

```
ENTITY combined_drill_and_reamer
   SUBTYPE OF (reaming_cutting_tool);
   drill_length:length_measure;
END_ENTITY;
```

4.2.60 应用对象 Combined_drill_tap

Combined_drill_tap 应用对象由 ISO 14649-111:2007 的第 4 章定义。

注：GB/T 19903(ISO 14649)中对 Combined_drill_tap 的 EXPRESS 描述如下，其完整定义和使用说明参见 ISO 14649-111。

```
ENTITY combined_drill_and_tap
   SUBTYPE OF (tapping_cutting_tool);
   drill_length:OPTIONAL length_measure;
END_ENTITY;
```

4.2.61 应用对象 Common_datum

Common_datum 是一种 datum(见 4.2.100)，它由用来确定单一基准面或轴的同等重要的两个 Single_datum 的集合定义。

注：此定义与 ISO 10303-1051 中 Common_datum 的定义，以及 ISO 10303-214 和 ISO 10303-224 中 Compound_datum 的定义一致。

与 Common_datum 相关的数据如下：

——made_up_by，

4.2.61.1 相关数据 made_up_by

made_up_by 规定了组成 Common_datum 的 Single_datum 对象集合。应用声明见 4.3.10。

4.2.62 应用对象 Comparison_equal

Comparison_equal 应用对象由 GB/T 19903.10—2006 的 4.6 定义。

注：GB/T 19903(ISO 14649)中对 Comparison_equal 的 EXPRESS 描述如下，其完整定义和使用说明参见 GB/T 19903.10。

```
ENTITY comparison_equal
   SUBTYPE OF (comparison_expression);
END_ENTITY;
```

4.2.63 应用对象 Comparison_expression

Comparison_expression 应用对象由 GB/T 19903.10—2006 的 4.6 定义。

注：GB/T 19903(ISO 14649)中对 Comparison_expression 的 EXPRESS 描述如下，其完整定义和使用说明参见 GB/T 19903.10。

```
ENTITY comparison_expression
   ABSTRACT SUPERTYPE OF(ONEOF(comparison_equal, comparison_not_equal,
   comparison_greater, comparison_greater_equal, comparison_less,
   comparison_less_equal))
   SUBTYPE OF (boolean_expression);
   operand1:nc_variable;
   operand2:rvalue;
END_ENTITY;
```

4.2.64 应用对象 Comparison_greater

Comparison_greater 应用对象由 GB/T 19903.10—2006 的 4.6 定义。

注：GB/T 19903(ISO 14649)中对 Comparison_greater 的 EXPRESS 描述如下，其完整定义和使用说明参见 GB/T 19903.10。

```
ENTITY comparison_greater
   SUBTYPE OF (comparison_expression);
END_ENTITY;
```

4.2.65 应用对象 Comparison_greater_equal

Comparison_greater_equal 应用对象由 GB/T 19903.10—2006 的 4.6 定义。

注：GB/T 19903(ISO 14649)中对 Comparison_greater_equal 的 EXPRESS 描述如下，其完整定义和使用说明参见 GB/T 19903.10。

```
ENTITY comparison_greater_equal
   SUBTYPE OF (comparison_expression);
END_ENTITY;
```

4.2.66 应用对象 Comparison_less

Comparison_less 应用对象由 GB/T 19903.10—2006 的 4.6 定义。

注：GB/T 19903(ISO 14649)中对 Comparison_less 的 EXPRESS 描述如下，其完整定义和使用说明参见 GB/T 19903.10。

```
ENTITY comparison_less
   SUBTYPE OF (comparison_expression);
END_ENTITY;
```

4.2.67 应用对象 Comparison_less_equal

Comparison_less_equal 应用对象由 GB/T 19903.10—2006 的 4.6 定义。

注：GB/T 19903(ISO 14649)中对 Comparison_less_equal 的 EXPRESS 描述如下，其完整定义和使用说明参见 GB/T 19903.10。

```
ENTITY comparison_less_equal
   SUBTYPE OF (comparison_expression);
END_ENTITY;
```

4.2.68 应用对象 Comparison_not_equal

Comparison_not_equal 应用对象由 GB/T 19903.10—2006 的 4.6 定义。

注：GB/T 19903(ISO 14649)中对 Comparison_not_equal 的 EXPRESS 描述如下，其完整定义和使用说明参见 GB/T 19903.10。

```
ENTITY comparison_not_equal
   SUBTYPE OF (comparison_expression);
END_ENTITY;
```

4.2.69 应用对象 Complete_circular_path

Complete_circular_path 应用对象由 GB/T 19903.10—2006 的 4.5 定义。

注：GB/T 19903(ISO 14649)中对 Complete_circular_path 的 EXPRESS 描述如下，其完整定义和使用说明参见 GB/T 19903.10。

```
ENTITY complete_circular_path
   SUBTYPE OF(circular_path);
END_ENTITY;
```

4.2.70 应用对象 Compound_feature

Compound_feature 应用对象由 GB/T 19903.10—2006 的 4.5 定义。GB/T 16656 的本部分对 Compound_feature 应用对象扩充了以下信息需求。

注 1：为了和 ISO 10303-224 及 GB/T 16656 其他部分一致，增加了名字和特性描述。

与 Compound_feature 相关的数据如下：

——由 GB/T 19903.10 定义的所有数据；

——feature_description；

——feature_name。

注 2：GB/T 19903(ISO 14649)中对 Compound_feature 的 Express 描述如下，GB/T 16656 的本部分扩充了此内容。其完整定义和使用说明参见 GB/T 19903.10。

```
ENTITY compound_feature
   SUPERTYPE OF (ONEOF(counterbore_hole, countersunk_hole))
   SUBTYPE OF (two5D_manufacturing_feature);
   elements:SET [2:?] OF compound_featurc_sclcct;
   feature_description:OPTIONAL text; - - ADDED BY 10303-238
   feature_name:label; - - ADDED BY 10303-238
WHERE
```

```
    WR1:SIZEOF(QUERY(e <* elements |
    SIZEOF(e\manufacturing_feature.its_operations) <> 0)) = 0;
    END_ENTITY;
    TYPE compound_feature_select = SELECT(machining_feature, transition_feature);
  END_TYPE;
```

4.2.70.1 相关数据 feature_description

feature_description 规定了提供关于 feature_description 更多信息的正文。对于特定 Compound_feature,不需要规定 feature_description。

4.2.70.2 相关数据 feature_name

feature_name 为 Compound_feature 规定了名称。feature_name 不唯一。

注:feature_name 与 its_ID 特性不同,在集成表达中,its_ID 是 shape_aspect 名称,feature_name 是 characterized_object 名称。

4.2.71 应用对象 Concentricity_tolerance

Concentricity_tolerance 是一种 Geometric_tolerance(见 4.2.156),它规定了定义下面两个条件之一的限制:

——条件一,旋转垂直于基准特征轴的曲面的所有剖面元素的轴对于该轴都是相同的。它意味着有约束特性的所有横剖面轴将位在轴与基准轴相符的圆柱的公差带内。

——条件二,一个球体的中心点对另一个球体的中心点是共同的。它意味着第一个球体的中心点位于球形的公差带中。

注:此定义与 ISO 10303-1051,ISO 10303-214,ISO 10303-224 中 Concentricity_tolerance 的定义一致,该定义见 GB/T 1182—2008 的 14.11。图 7 说明了 Concentricity_tolerance。

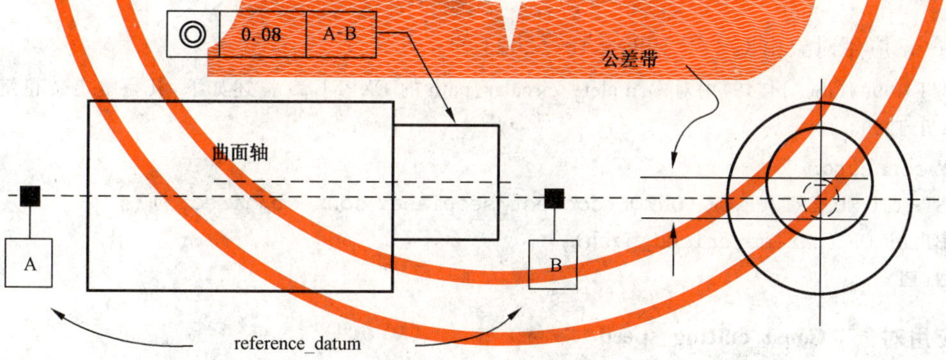

图 7 Concentricity_tolerance

与 Concentricity_tolerance 相关的数据如下:

——reference_datum。

4.2.71.1 相关数据 reference_datum

reference_datum 规定了定义几何公差的参考系的 datum_reference 对象的集合。应用声明见 4.3.11。

4.2.72 应用对象 Conical_hole_bottom

Conical_hole_bottom 的应用对象由 GB/T 19903.10—2006 的 4.5 定义。

注：GB/T 19903(ISO 14649)中对 Conical_hole_bottom 的 EXPRESS 描述如下，其完整定义和使用说明参见 GB/T 19903.10。

```
ENTITY conical_hole_bottom
   SUBTYPE OF (blind_bottom_condition);
   tip_angle:plane_angle_measure;
   tip_radius:OPTIONAL toleranced_length_measure;
END_ENTITY;
```

4.2.73 应用对象 **Connect_direct**

Connect_direct 应用对象由 GB/T 19903.10—2006 的 4.8 定义。

注：GB/T 19903(ISO 14649)中对 Connect_direct 的 EXPRESS 描述如下，其完整定义和使用说明参见 GB/T 19903.10。

```
ENTITY connect_direct
   SUBTYPE OF (connector);
END_ENTITY;
```

4.2.74 应用对象 **Connect_direct**

Connect_direct 应用对象由 GB/T 19903.10—2006 的 4.8 定义。

注：GB/T 19903(ISO 14649)中对 Connect_direct 的 EXPRESS 描述如下，其完整定义和使用说明参见 GB/T 19903.10。

```
ENTITY connect_secplane
   SUBTYPE OF (connector);
   up_dir :OPTIONAL direction;
   down_dir:OPTIONAL direction;
END_ENTITY;
```

4.2.75 应用对象 **Connector**

Connector 应用对象由 GB/T 19903.10—2006 的 4.8 定义。

注：GB/T 19903(ISO 14649)中对 Complete_circular_path 的 EXPRESS 描述如下，其完整定义和使用说明参见 GB/T 19903.10。

```
ENTITY connector
   ABSTRACT SUPERTYPE OF (ONEOF(connect_secplane, connect_direct))
   SUBTYPE OF (parameterised_path);
END_ENTITY;
```

4.2.76 应用对象 **Const_cutting_speed**

Const_cutting_speed 应用对象由 GB/T 19903.12—2008 的 4.4 定义。

注：GB/T 19903(ISO 14649)中对 Const_cutting_speed 的 EXPRESS 描述如下，其完整定义和使用说明参见 GB/T 19903.12。

```
ENTITY const_cutting_speed;
   speed :speed_measure;
   max_speed :OPTIONAL rot_speed_measure;
END_ENTITY
```

4.2.77 应用对象 **Const_spindle_speed**

Const_spindle_speed 应用对象由 GB/T 19903.12—2008 的 4.4 定义。

注：GB/T 19903(ISO 14649)中对 Const_spindle_speed 的 EXPRESS 描述如下，其完整定义和使用说明参见

GB/T 19903.12。

```
ENTITY const_spindle_speed;
   rot_speed :rot_speed_measure;
END_ENTITY;
```

4.2.78 应用对象 Contour_bidirectional

Contour_bidirectional 应用对象由 GB/T 19903.11—2008 的第 4 章定义。

注：GB/T 19903(ISO 14649)中对 Contour_bidirectional 的 EXPRESS 描述如下，其完整定义和使用说明参见 GB/T 19903.11。

```
ENTITY contour_bidirectional
   SUBTYPE OF (two5D_milling_strategy);
   feed_direction:OPTIONAL direction;
   stepover_direction:OPTIONAL left_or_right;
   rotation_direction:OPTIONAL rot_direction;
   spiral_cutmode:OPTIONAL cutmode_type;
END_ENTITY;
```

4.2.79 应用对象 Contour_parallel

Contour_parallel 应用对象由 GB/T 19903.11—2008 的第 4 章定义。

注：GB/T 19903(ISO 14649)中对 Contour_Paraller 的 EXPRESS 描述如下，其完整定义和使用说明参见 GB/T 19903.11。

```
ENTITY contour_parallel
   SUBTYPE OF (two5D_milling_strategy);
   rotation_direction:OPTIONAL rot_direction;
   cutmode:OPTIONAL cutmode_type;
END_ENTITY;
```

4.2.80 应用对象 Contour_spiral

Contour_spiral 应用对象由 GB/T 19903.11—2008 的第 4 章定义。

注：GB/T 19903(ISO 14649)中对 Contour_spiral 的 EXPRESS 描述如下，其完整定义和使用说明参见 GB/T 19903.11。

```
ENTITY contour_spiral
   SUBTYPE OF (two5D_milling_strategy);
   rotation_direction:OPTIONAL rot_direction;
   cutmode:OPTIONAL cutmode_type;
END_ENTITY;
```

4.2.81 应用对象 Contour_turning

Contour_turning 应用对象由 GB/T 19903.12—2008 的 4.4 定义。

注：GB/T 19903(ISO 14649)中对 Contour_turning 的 EXPRESS 描述如下，其完整定义和使用说明参见 GB/T 19903.12。

```
ENTITY contour_turning
   SUBTYPE OF (turning_machining_strategy);
   feed_direction:OPTIONAL direction;
   back_path_direction:OPTIONAL direction;
   lift_direction:OPTIONAL direction;
```

```
    stepover_direction:OPTIONAL direction;
    lift_height:OPTIONAL length_measure;
    lift_feed:OPTIONAL feed_select;
    stepover_feed:OPTIONAL feed_select;
    variable_stepover_feed:OPTIONAL positive_ratio_measure;
END_ENTITY;
```

4.2.82 应用对象 Contouring

Contouring 应用对象由 GB/T 19903.12—2008 的 4.4 定义。

注：GB/T 19903(ISO 14649)中对 Contouring 的 EXPRESS 描述如下，其完整定义和使用说明参见 GB/T 19903.12。

```
ENTITY contouring
    ABSTRACT SUPERTYPE OF (ONEOF(contouring_rough, contouring_finish))
    SUBTYPE OF (turning_machining_operation);
    allowance :OPTIONAL length_measure;
END_ENTITY;
```

4.2.83 应用对象 Contouring_finish

Contouring_finish 应用对象由 GB/T 19903.12—2008 的 4.4 定义。

注：GB/T 19903(ISO 14649)中对 Contouring_finish 的 EXPRESS 描述如下，其完整定义和使用说明参见 GB/T 19903.12。

```
ENTITY contouring_finish
    SUBTYPE OF (contouring);
END_ENTITY;
```

4.2.84 应用对象 Contouring_rough

Contouring_rough 应用对象由 GB/T 19903.12—2008 的 4.4 定义。

注：GB/T 19903(ISO 14649)中对 Contouring_rough 的 EXPRESS 描述如下，其完整定义和使用说明参见 GB/T 19903.12。

```
ENTITY contouring_rough
    SUBTYPE OF (contouring);
WHERE
    WR1:EXISTS(SELF.allowance) AND (SELF.allowance >= 0.0);
END_ENTITY;
```

4.2.85 应用对象 Corner_transition

Corner_transition 应用对象由 GB/T 19903.121—2008 的第 4 章定义。

注：GB/T 19903(ISO 14649)中对 Corner_transition 的 EXPRESS 描述如下，其完整定义和使用说明参见 GB/T 19903.121。

```
ENTITY corner_transition;
    corner_identity:INTEGER;
    transition:corner_transition_select;
END_ENTITY;
TYPE corner_transition_select = SELECT (
    chamfered_corner, rounded_corner, profiled_corner);
END_TYPE;
```

4.2.86 应用对象 Counter_sinking

Counter_sinking 应用对象由 GB/T 19903.11—2008 的第 4 章定义。

注：GB/T 19903(ISO 14649)中对 Counter_sinking 的 EXPRESS 描述如下，其完整定义和使用说明参见 GB/T 19903.11。

```
ENTITY counter_sinking
   SUBTYPE OF (drilling_operation);
END_ENTITY;
```

4.2.87 应用对象 Counterbore

Counterbore 应用对象由 ISO 14649-111:2007 的第 4 章定义。

注：GB/T 19903(ISO 14649)中对 Counterbore 的 EXPRESS 描述如下，其完整定义和使用说明参见 ISO 14649-111。

```
ENTITY counterbore
   SUBTYPE OF (drilling_cutting_tool);
END_ENTITY;
```

4.2.88 应用对象 Counterbore_hole

Counterbore_hole 应用对象由 GB/T 19903.10—2006 的 4.5 定义。

注：GB/T 19903(ISO 14649)中对 Counterbore_hole 的 EXPRESS 描述如下，其完整定义和使用说明参见 GB/T 19903.10。

```
ENTITY counterbore_hole
   SUBTYPE OF (compound_feature);
WHERE
   WR1:SIZEOF(elements) = 2;
   WR2:(SIZEOF(QUERY ( it <* SELF.elements |
   (('ROUND_HOLE' IN TYPEOF(it))) )) = 2);
   WR3:SELF.elements[1].diameter.theoretical_size <>
   SELF.elements[2].diameter.theoretical_size;
END_ENTITY;
```

4.2.89 应用对象 Countersink

Countersink 应用对象由 ISO 14649-111:2007 的第 4 章定义。

注：GB/T 19903(ISO 14649)中对 Countersink 的 EXPRESS 描述如下，其完整定义和使用说明参见 ISO 14649-111。

```
ENTITY countersink
   SUBTYPE OF (drilling_cutting_tool);
   minimum_cutting_diameter:OPTIONAL length_measure;
   maximum_usable_length:length_measure;
END_ENTITY;
```

4.2.90 应用对象 Countersunk_hole

Countersunk_hole 应用对象由 GB/T 19903.10—2006 的 4.5 定义。

注：GB/T 19903(ISO 14649)中对 Countersunk_hole 的 EXPRESS 描述如下，其完整定义和使用说明参见 GB/T 19903.10。

```
ENTITY countersunk_hole
```

```
  SUBTYPE OF (compound_feature);
WHERE
WR1:SIZEOF(elements) = 2;
WR2:(SIZEOF(QUERY ( it <* SELF.elements |
(('ROUND_HOLE' IN TYPEOF(it))) )) = 2);
WR3:SELF.elements[1].diameter.theoretical_size <>
  SELF.elements[2].diameter.theoretical_size;
WR4:NOT EXISTS(SELF.elements[1].change_in_diameter) AND
  EXISTS(SELF.elements[2].change_in_diameter);
END_ENTITY;
```

4.2.91 应用对象 Curve_with_normal_vector

Curve_with_normal_vector 应用对象由 GB/T 19903.10—2006 的 4.8 定义。见 5.2.1.6.1 中曲线参数化需求，它由 GB/T 19903(ISO 14649)关于 Curve_with_normal_vector 相关的 basiccurve 和 surface_normal 数据定义。

注：GB/T 19903(ISO 14649)中对 Curve_with_normal_vector 的 EXPRESS 描述如下，其完整定义和使用说明参见 GB/T 19903.10。

```
ENTITY curve_with_normal_vector;
  basiccurve:bounded_curve;
  surface_normal:bounded_curve;
END_ENTITY;
```

4.2.92 应用对象 Curve_distance_dimension

Curve_distance_dimension 是一种 Location_dimension(见 4.2.187)，它规定了沿着零件外形的两元素间的曲线弧长。

注：此定义与 ISO 10303-1050 和 ISO 10303-214 中 Curve_distance_dimension 的定义以及 ISO 10303-224 中 Distance_along_curve_tolerance 的定义一致。图 8 说明了 Curve_distance_dimension。

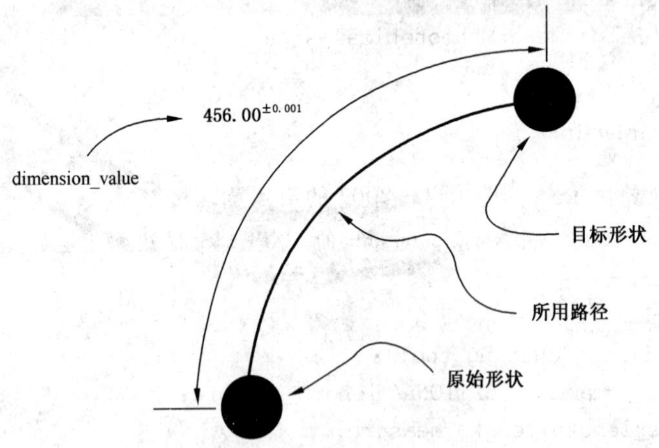

图 8 Curved_distance_dimension

与 Curve_distance_dimension 相关的数据如下：

——used_path。

4.2.92.1 相关数据 used_path

used_path 规定了测量 Curve_distance_dimension 所沿的 Measure_path。应用声明见 4.3.12。

4.2.93 应用对象 Curve_size_dimension

Curve_size_dimension 是一种 Size_dimension(见 4.2.313),它规定了沿整条曲线测量得到的曲线形状元素的长度的允许变化。

注:此定义与 ISO 10303-1050 和 ISO 10303-214 中 Curve_distance_dimension 的定义,以及 ISO 10303-224 中 Distance_dimension_tolerance 的定义一致。图 9 说明了 Curve_size_dimension。

4.2.94 应用对象 Cutter_contact_trajectory

Cutter_contact_trajectory 应用对象由 GB/T 19903.10—2006 的 4.8 定义,GB/T 16656 的本部分增加了以下信息需求。

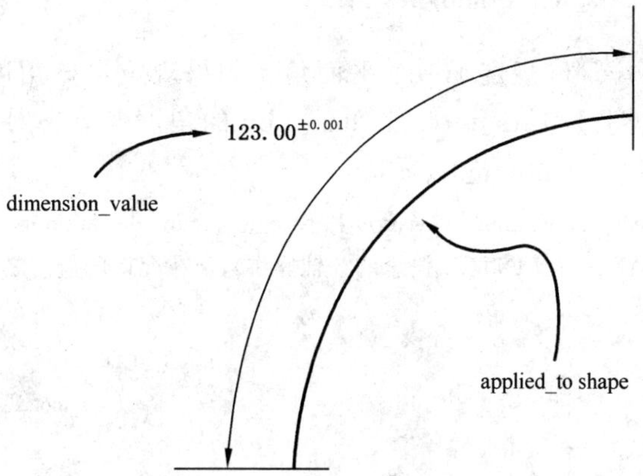

图 9 Curved_size_dimension

与 Cutter_contact_trajectory 相关的数据如下:

——GB/T 19903.10 定义的所有数据,修改了以下 its_toolaxis 属性;

——path_maximum_deviation;

——tool_axis_maximum_deviation。

更多讨论见 5.2.1.6.1 中的曲线参数化需求,由 ISO 14619 定义,是关于基本曲线以及与 Cutter_contact_trajectory 相关的 its_toolaxis 数据的需求。

注:GB/T 19903(ISO 14649)中对 Cutter_contact_trajectory 的 EXPRESS 描述如下,与 GB/T 16656(ISO 10303)相一致。其完整定义和使用说明参见 GB/T 19903.10。

```
ENTITY cutter_contact_trajectory
  SUBTYPE OF (trajectory);
  basiccurve:curve_with_surface_normal;
  its_toolaxis:OPTIONAL bounded_curve;
  its_contact_type:OPTIONAL contact_type;
  path_maximum_deviation:OPTIONAL length_measure; -- ADDED BY 10303-238
  tool_axis_maximum_deviation:OPTIONAL plane_angle_measure; -- ADDED BY 10303-238
END_ENTITY;
TYPE curve_with_surface_normal = SELECT (bounded_pcurve, curve_with_normal_vector);
END_TYPE;
TYPE contact_type = ENUMERATION OF (side, front);
END_TYPE;
```

4.2.94.1 **相关数据 its_toolaxis**

its_toolaxis 参数由 GB/T 19903.10 定义，它包含倾斜和偏角，但 GB/T 16656 的本部分做了修改，its_toolaxis 包含刀具轴向量的 IJK 部分，同 Cutter_location_trajectory 的 its_toolaxis 参数定义的一样。

4.2.94.2 **相关数据 path_maximum_deviation**

path_maximum_deviation 规定了线性距离。如果规定了该距离，NC 控制将不允许刀具中心点沿刀具路径的物理运动距离超过这个从切削轨迹形成的基本曲线的长度。对于特定 Cutter_contact_trajectory，不需要规定 path_maximum_deviation。

4.2.94.3 **相关数据 tool_axis_maximum_deviation**

tool_axis_maximum_deviation 规定了一个平面角。如果规定了该角度，NC 控制不允许沿切削轨迹切割时的刀轴的物理方向超过与 its_toolaxis direction 的角度偏差。对于特定 Cutter_contact_trajectory，不需要规定 tool_axis_maximum_deviation。

注：图 10 说明了由 tool_direction_maximum_deviation 和 path_maximim_deviation 描述的偏差范围。预期 NC 控制将既调整线性化公差(正如 APT-CL LINTOL 概念的 5 轴操作)，又在允许的偏离之下，将改变剩余的进给和速率。

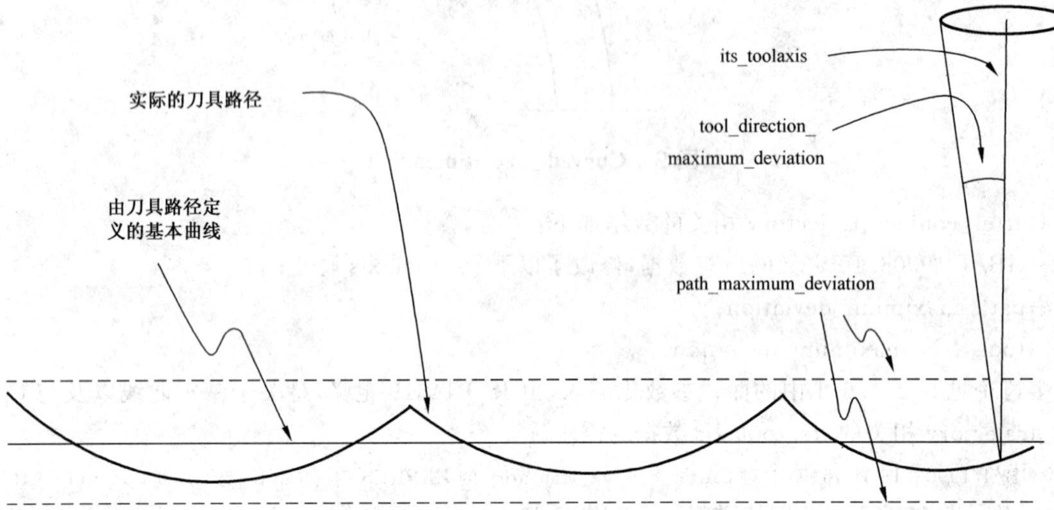

图 10 刀具路径偏差参数

4.2.95 **应用对象 Cutter_location_trajectory**

Cutter_location_trajectory 应用对象由 GB/T 19903.10—2006 的 4.8 定义，GB/T 16656 的本部分扩充了以下信息需求。

与 Cutter_location_trajectory 相关的数据如下：

——GB/T 19903.10 定义的所有数据，其中对 surface_normal 属性做如下修改；

——path_maximum_deviation；

——tool_axis_maximum_deviation。

见 5.2.1.6.1 中曲线参数表示要求，它由 ISO 14619 中 Cutter_contact_trajectory 的基础曲线、刀轴和 surface_normal 数据定义。

注：GB/T 19903(ISO 14649)中对 Cutter_location_trajectory 的 EXPRESS 描述如下，且与 GB/T 16656 的本部分一

致。其完整定义和使用说明参见 GB/T 19903.10。

```
ENTITY cutter_location_trajectory
  SUBTYPE OF (trajectory);
  basiccurve:bounded_curve;
  its_toolaxis:OPTIONAL bounded_curve;
  surface_normal:OPTIONAL bounded_curve;
  path_maximum_deviation:OPTIONAL length_measure; -- ADDED BY 10303-238
  tool_axis_maximum_deviation:OPTIONAL plane_angle_measure; -- ADDED BY 10303-238
END_ENTITY;
```

4.2.95.1 相关数据 surface_normal

由 GB/T 19903.10 定义的 surface_normal 参数保持不变,用来规定倾斜和摆动的角度限制,GB/T 16656的本部分阐明了该参数内容,以使 surface_normal 包括曲面法向矢量的 IJK 元件。

4.2.95.2 相关数据 path_maximum_deviation

path_maximum_deviation 规定了线性距离。如果规定了该距离,NC 控制将不允许刀具中心点沿刀具路径的物理运动距离超过这个从切削轨迹形成的基本曲线的长度。对于特定 Cutter_contact_trajectory,不需要规定 path_maximum_deviation。

4.2.95.3 相关数据 tool_axis_maximum_deviation

tool_axis_maximum_deviation 规定了一个平面角。如果规定了该角度,NC 控制不允许沿切削轨迹切割时的刀轴的物理方向超过与 its_toolaxis direction 的角度偏差。对于特定 Cutter_contact_trajectory,不需要规定 tool_axis_maximum_deviation。

注:图 10 说明了由 tool_direction_maximum_deviation 和 path_maximim_deviation 参数描述的偏差范围。

4.2.96 应用对象 Cutting_component

Cutting_component 应用对象由 ISO 14649-111:2007 的第 4 章定义。

注:GB/T 19903(ISO 14649)中对 Cutting_component 的 EXPRESS 描述如下。其完整定义和使用说明参见 ISO 14649-111。

```
ENTITY cutting_component;
  tool_functional_length:length_measure;
  its_material:OPTIONAL material;
  expected_tool_life:OPTIONAL time_measure;
  its_technology:OPTIONAL technology;
END_ENTITY;
```

4.2.97 应用对象 Cutting_edge_properties

Cutting_edge_properties 应用对象由 GB/T 19903.121—2008 的第 4 章定义。

注:GB/T 19903(ISO 14649)中对 Cutting_edge_properties 的 EXPRESS 描述如下。其完整定义和使用说明参见 GB/T 19903.121。

```
ENTITY cutting_edge_properties;
  its_material:OPTIONAL material;
  expected_tool_life:OPTIONAL time_measure;
  its_technology:OPTIONAL technology;
  cutting_edge_length:OPTIONAL length_measure;
```

```
    tool_cutting_edge_angle:OPTIONAL plane_angle_measure;
    tool_cutting_edge_angle_type:OPTIONAL STRING;
    tool_included_angle:OPTIONAL plane_angle_measure;
    corner_transitions:LIST [0:?] OF corner_transition;
    maximum_side_cutting_depth:OPTIONAL length_measure;
    maximum_end_cutting_depth:OPTIONAL length_measure;
END_ENTITY;
```

4.2.98 应用对象 Cutting_in

Cutting_in 应用对象由 GB/T 19903.12—2008 的 4.4 定义。

注：GB/T 19903（ISO 14649）中对 Cutting_in 的 EXPRESS 描述如下。其完整定义和使用说明参见 GB/T 19903.12。

```
ENTITY cutting_in
   SUBTYPE OF (grooving);
WHERE
   WR1:NOT(EXISTS(SELF.allowance));
END_ENTITY;
```

4.2.99 应用对象 Cylindricity_tolerance

Cylindricity_tolerance 是一种 Geometric_tolerance(见 4.2.156)，它规定了一个面偏离标称圆柱的程度。公差带由两个具有不同半径公差值的同轴圆柱限定。

注：此定义与 ISO 10303-1051，ISO 10303-214. ISO 10303-224 中 Cylindricity_tolerance 的定义一致。此定义来自 GB/T 1182 的 14.4。图 11 说明了 Cylindricity_tolerance。

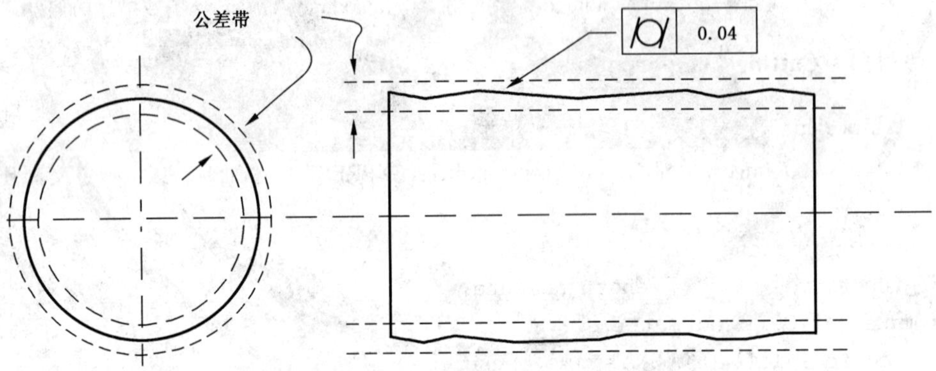

图 11 Cylindricity_tolerance

4.2.100 应用对象 Datum

Datum 是一个理论上精确的点、直线或平面，常用作定位和定向的公差带参考。

注：对于公差的 Datum 定义见 ISO 5459。

4.2.101 应用对象 Datum_defined_by_derived_shape

Datum_defined_by_derived_shape 是一种 Single_datum(见 4.2.312)和 Derived_geometry(见 4.2.107)，它们是由形状元素确定的，形状元素由零件形状的实际样子派生而来。

注：Derived_geometry 类型描述了不同的衍生形状元素的类型。5.1 的映射规范表达该类型作为基准和 derived_shape_aspect 或子类的复合实例。

4.2.102 应用对象 Datum_defined_by_feature

Datum_defined_by_feature 是一种 Single_datum(见 4.2.312),它是由零件形状的实际的样子确定。

与 Datum_defined_by_feature 相关的数据如下：

——defined_by。

4.2.102.1 相关数据 defined_by

defined_by 规定了表达 **Datum_defined_by_feature** 的形状元素。正是有一个形状元素作为 Datum_defined_by_feature 的 defined_by 出现。

4.2.103 应用对象 Datum_defined_by_targets

Datum_defined_by_ targets 是一种 Single_datum(见 4.2.312),它由定义零件的 Datum 的 **Datum_target** 对象集合制定的。

注：当使用整个特征导致过多变化或缺少测量的可重复性时,可以从基准目标集建立 Datum。

与 Datum_defined_by_feature 相关的数据如下：

——defined_by；

——rule_description。

4.2.103.1 相关数据 defined_by

defined_by 规定了形成 **Datum_defined_by_targets** 的 **Datum_target** 对象的集合。应用声明见 4.3.13 。

4.2.103.2 相关数据 rule_description

rule_description 规定了由 **Datum_defined_targets** 形成的 Datum 类型。对于特定 **Datum_defined_by_targets**，不需要规定 **rule_description**。

rule_description‘V-block’表明用于形成一个 V 形装置器接触范围的圆柱零件上的两个 **Datum_target** 对象。

4.2.104 应用对象 Datum_reference

Datum_reference 规定了在几何公差相关环境中基准的用法。

与 Datum_reference 相关的数据类型如下：

——precedence；

——referenced_datum。

4.2.104.1 相关数据 precedence

precedence 规定了当用定位或定向公差带时在基准对象的序列中 Datum_reference 的位置。

4.2.104.2 相关数据 referenced_datum

referenced_datum 规定了 Datum_reference 应用的 Datum。应用声明见 4.3.14。

4.2.105 应用对象 Datum_target

Datum_target 是一部分特征的标识,当不想使用整体特征或大范围区域时,用它建立基准。**Datum**

_target 是 **Datum_defined_by_targets** 的一个元件。

示例：一个圆柱零件在 V 形支撑物支撑下测量稳定时，建立由直线的 Datum_target 的两个实例组成的 Datum。

与 Datum_target 相关的数据如下：

——identifier。

4.2.105.1 相关数据 identifier

在 Datum_defined_by_targets 中，identifier 为 Datum_target 规定了一个唯一标识。

4.2.106 应用对象 Defined_thread

Defined_thread 应用对象由 GB/T 19903.10—2006 的 4.5 定义。

注：GB/T 19903（ISO 14649）中对 Defined_thread 的 EXPRESS 描述如下。其完整定义和使用说明参见GB/T 19903.10。

```
ENTITY defined_thread
   SUBTYPE OF (thread);
   pitch_diameter: length_measure;
   minor_diameter: OPTIONAL length_measure;
   crest: OPTIONAL length_measure;
END_ENTITY;
```

4.2.107 应用对象 Derived_geometry

Derived_geometry 是为公差目的定义的一个形状元素，它来源于零件外形的现存要素。

与 **Derived_geometry** 相关的数据如下：

——derived_from；

——role。

4.2.107.1 相关数据 derived_from

derived_from 规定了来自衍生的几何元素的一个或多个形状元素集。

4.2.107.2 相关数据 role

role 规定了 **Derived_geometry** 函数。其中下列值适用：

——顶点：派生几何是一个锥体顶点。

——对称中心：派生几何是对称中心。

——延长：派生几何是属性的空间延伸。

——几何对齐：派生几何是两个特征的对齐。

——几何相交：派生几何是两个特征的相交。

——平行偏置：派生几何是一个特征的平行偏置。

——垂直正交：派生几何是一个特征的垂直正交。

——相切：派生几何是一个特征的相切。

4.2.108 应用对象 Descriptive_parameter

Descriptive_parameter 应用对象由 GB/T 19903.10—2006 的 4.4 定义。

注：GB/T 19903(ISO 14649)中对 Descriptive_parameter 的 EXPRESS 描述如下。其完整定义和使用说明参见GB/T 19903.10。

```
ENTITY descriptive_parameter
   SUBTYPE OF (property_parameter);
   descriptive_string: text;
END_ENTITY;
```

4.2.109 应用对象 Diagonal_knurl

Diagonal_knurl 应用对象由GB/T 19903.12—2008 的 4.2 定义。

注：GB/T 19903（ISO 14649）中对 Diagonal_knurl 的 EXPRESS 描述如下。其完整定义和使用说明参见GB/T 19903.12。

```
ENTITY diagonal_knurl
   SUBTYPE OF (knurl);
   helix_angle : plane_angle_measure;
END_ENTITY;
```

4.2.110 应用对象 Diameter_size_dimension

Diameter_size_dimension 是一种 **Size_dimension**（见 4.2.313），它规定了一个圆、圆柱或球体的直径变化范围。

注：此定义与 ISO 10303-1050 和 ISO 10303-214 中 Diameter_size_dimension 的定义及 ISO 10303-224 中 Diameter_dimension_tolerance 的定义一致。图 12 说明了 Diameter_size_dimension。

图 12 **Diameter_size_dimension**

4.2.111 应用对象 Diameter_taper

Diameter_taper 应用对象由 GB/T 19903.10—2006 的 4.5 定义。

注：GB/T 19903（ISO 14649）中对 Diameter_taper 的 EXPRESS 描述如下。其完整定义和使用说明参见GB/T 19903.10。

```
ENTITY diameter_taper;
   final_diameter: toleranced_length_measure;
END_ENTITY;
```

4.2.112 应用对象 Diamond_knurl

Diamond_knurl 应用对象由GB/T 19903.12—2008 的 4.2 定义。

注：GB/T 19903(ISO 14649)中对 Diamond_knurl 的 EXPRESS 描述如下。其完整定义和使用说明参见GB/T 19903.12。

```
ENTITY diamond_knurl
   SUBTYPE OF (knurl);
   helix1_angle: plane_angle_measure;
   helix2_angle: OPTIONAL plane_angle_measure;
END_ENTITY;
```

4.2.113 应用对象 Display_message

Display_message 应用对象由 GB/T 19903.10—2006 的 4.6 定义。

注：GB/T 19903(ISO 14649)中对 Display_message 的 EXPRESS 描述如下。其完整定义和使用说明参见GB/T 19903.10。

```
ENTITY display_message
   SUBTYPE OF (nc_function);
   its_text: text;
END_ENTITY;
```

4.2.114 应用对象 Dovetail_mill

Dovetail_mill 应用对象由 ISO 14649-111:2007 的第 4 章定义。

注：GB/T 19903(ISO 14649)中对 Dovetail_mill 的 EXPRESS 描述如下。其完整定义和使用说明参见ISO 14649-111。

```
ENTITY dovetail_mill
   SUBTYPE OF (milling_cutting_tool);
   included_angle: plane_angle_measure;
END_ENTITY;
```

4.2.115 应用对象 Drilling

Drilling 应用对象由 GB/T 19903.11—2008 的第 4 章定义。

注：GB/T 19903(ISO 14649)中对 Drilling 的 EXPRESS 描述如下。其完整定义和使用说明参见GB/T 19903.11。

```
ENTITY drilling
   SUBTYPE OF (drilling_operation);
END_ENTITY;
```

4.2.116 应用对象 Drilling_cutting_tool

Drilling_cutting_tool 应用对象由 ISO 14649-111:2007 的第 4 章定义。

注：GB/T 19903(ISO 14649)中对 Drilling_cutting_tool 的 EXPRESS 描述如下。其完整定义和使用说明参见ISO 14649-111。

```
ENTITY drilling_cutting_tool
   SUPERTYPE OF (ONEOF(counterbore, countersink, spade_drill, spotdrill,
   step_drill, twist_drill))
   SUBTYPE OF (milling_machine_cutting_tool);
   point_angle: plane_angle_measure;
END_ENTITY;
```

4.2.117 应用对象 Drilling_operation

Drilling_operation 应用对象由GB/T 19903.11—2008 的第 4 章定义。

注：GB/T 19903(ISO 14649)中对 Drilling_operation 的 EXPRESS 描述如下。其完整定义和使用说明参见GB/T 19903.11。

```
ENTITY drilling_operation
  ABSTRACT SUPERTYPE OF (ONEOF(drilling, center_drilling, counter_sinking,
  multistep_drilling))
  SUBTYPE OF (drilling_type_operation);
END_ENTITY;
```

4.2.118 应用对象 Drilling_type_operation

Drilling_type_operation 应用对象由GB/T 19903.11—2008 的第 4 章定义。

注：GB/T 19903(ISO 14649)中对 Drilling_type_operation 的 EXPRESS 描述如下。其完整定义和使用说明参见GB/T 19903.11。

```
ENTITY drilling_type_operation
  ABSTRACT SUPERTYPE OF (ONEOF(drilling_operation, boring_operation, back_boring,
  tapping, thread_drilling))
  SUBTYPE OF (milling_machining_operation);
  cutting_depth: OPTIONAL length_measure;
  previous_diameter: OPTIONAL length_measure;
  dwell_time_bottom: OPTIONAL time_measure;
  feed_on_retract: OPTIONAL positive_ratio_measure;
  its_machining_strategy: OPTIONAL drilling_type_strategy;
END_ENTITY;
```

4.2.119 应用对象 Dovetail_type_strategy

Dovetail_type_strategy 应用对象由GB/T 19903.11—2008 的第 4 章定义。

注：GB/T 19903(ISO 14649)中对 Dovetail_type_strategy 的 EXPRESS 描述如下。其完整定义和使用说明参见GB/T 19903.11。

```
ENTITY drilling_type_strategy;
  reduced_cut_at_start: OPTIONAL positive_ratio_measure;
  reduced_feed_at_start: OPTIONAL positive_ratio_measure;
  depth_of_start: OPTIONAL length_measure;
  reduced_cut_at_end: OPTIONAL positive_ratio_measure;
  reduced_feed_at_end: OPTIONAL positive_ratio_measure;
  depth_of_end: OPTIONAL length_measure;
WHERE
WR1: EXISTS(depth_of_start) OR
  NOT (EXISTS(reduced_cut_at_start) OR EXISTS(reduced_feed_at_start));
WR2: EXISTS(depth_of_end) OR
  NOT (EXISTS(reduced_cut_at_end) OR EXISTS(reduced_feed_at_end));
END_ENTITY;
```

4.2.120 应用对象 Edge_round

Edge_round 应用对象由 GB/T 19903.10—2006 的 4.5 定义。GB/T 16656 的本部分扩充了如下

信息需求,进一步讨论见 5.2.1.3.7。

注 1:GB/T 19903.10 定义,倒圆角仅仅描述了两个特征间的过渡。为了和 ISO 10303-224 及 GB/T 16656 中的其他部分达成一致,增加了下列特征,所以 Edge_round 也能描述关于工件的界面表达的面的两个集合之间的过渡。

与倒圆角相关的数据如下:

——由 ISO 14619-10 定义的所有数据;

——edge_round_face;

——first_face_shape;

——second_face_shape。

注 2:GB/T 19903(ISO 14649)中对 Edge_round 的 EXPRESS 描述如下,适用 GB/T 16656 的本部分。其完整定义和使用说明参见GB/T 19903.11。

```
ENTITY edge_round
   SUBTYPE OF (transition_feature);
   radius: toleranced_length_measure;
   first_offset_amount: OPTIONAL toleranced_length_measure;
   second_offset_amount: OPTIONAL toleranced_length_measure;
   edge_round_face: OPTIONAL SET [1:?] OF face; -- ADDED BY 10303-238
   first_face_shape: OPTIONAL SET [1:?] OF face; -- ADDED BY 10303-238
   second_face_shape: OPTIONAL SET [1:?] OF face; -- ADDED BY 10303-238
END_ENTITY;
```

4.2.120.1 相关数据 edge_round_face

edge_round_face 规定了位于 **first_face_shape** 和 **second_face_shape** 表面之间圆形的过渡面。它是关于工件界面表达的一个或多个面的集合。对于特定 **Edge_round**,不需要规定 **edge_round_face**。

4.2.120.2 相关数据 first_face_shape

first_face_shape 规定了 **Edge_round** 特征过渡的两个特征中的一个。它是工件的界面表达的一个或多个面的集合。对于特定 **Edge_round**,不需要规定 **edge_round_face**。

4.2.120.3 相关数据 second_face_shape

second_face_shape 规定了 Edge_round 特征过渡的两个特征中的另一个。它是工件的界面表达的一个或多个面的集合。对于特定 Edge_round,不需要规定 edge_round_face。

4.2.121 应用对象 Endmill

Endmill 应用对象由 ISO 14649-111:2007 的第 4 章定义。

注:GB/T 19903(ISO 14649)中对 Endmill 的 EXPRESS 描述如下。其完整定义和使用说明参见 ISO 14649-111。

```
ENTITY endmill
   SUPERTYPE OF (ONEOF(ballnose_endmill, bullnose_endmill, profiled_end_mill))
   SUBTYPE OF (milling_cutting_tool);
   tool_cutting_edge_angle: plane_angle_measure;
END_ENTITY;
```

4.2.122 应用对象 Exchange_pallet

Exchange_pallet 应用对象由GB/T 19903.11—2008 的第 4 章定义。

注:GB/T 19903(ISO 14649)中对 Exchange_pallet 的 EXPRESS 描述如下。其完整定义和使用说明参

见GB/T 19903.11。

```
ENTITY exchange_pallet
  SUBTYPE OF (nc_function);
END_ENTITY;
```

4.2.123 应用对象 Executable

Executable 应用对象由 GB/T 19903.10—2006 的 4.6 定义。

注：GB/T 19903（ISO 14649）中对 Executable 的 EXPRESS 描述如下。其完整定义和使用说明参见GB/T 19903.10。

```
ENTITY executable
  ABSTRACT SUPERTYPE OF (ONEOF( workingstep, nc_function, program_structure));
  its_id: identifier;
  END_ENTITY;
```

4.2.124 应用对象 Explicit_strategy

Explicit_strategy 应用对象由GB/T 19903.11—2008 的第 4 章定义。

注：GB/T 19903（ISO 14649）中对 Explicit_strategy 的 EXPRESS 描述如下。其完整定义和使用说明参见GB/T 19903.11。

```
ENTITY explicit_strategy
  SUBTYPE OF (two5D_milling_strategy);
END_ENTITY;
```

4.2.125 应用对象 Explicit_turning_strategy

Explicit_turning_strategy 应用对象由GB/T 19903.12—2008 的 4.4 定义。

注：GB/T 19903(ISO 14649)中对 Explicit_turning_strategy 的 EXPRESS 描述如下。其完整定义和使用说明参见GB/T 19903.12。

```
ENTITY explicit_turning_strategy
  SUBTYPE OF (turning_machining_strategy);
END_ENTITY;
```

4.2.126 应用对象 Extended_NC_function

Extended_NC_function 是一种 NC_function，它规定了某些制造或处理操作。这些操作不涉及轴的插补，对于这些操作也不存在后续的 NC_function。如果使用 GB/T 16656 的本部分的其他性能能够实现相同的机床行为，则扩展的 NC 功能就不会被使用。

与 Extended_NC_function 相关的数据如下：

——description。

4.2.126.1 相关数据 description

description 规定了识别功能的字符串。

4.2.127 应用对象 Externally_defined_representation

Externally_defined_representation 被用来标识产品数据的一部分，该产品数据的定义在一个外部的说明或文档中提供。

注：此定义与 ISO 10303-224 和 ISO 10303-240 中的 Externally_defined_representation 定义一致。

与 Externally_defined_representation 相关的数据如下：

——identified_by；
——location；
——placement。

4.2.127.1 相关数据 identified_by

identified_by 规定了描述被参考零件的 Library_part_assignment 对象，它包含在外部库中。应用声明见 4.3.15.

4.2.127.2 相关数据 location

location 规定了 GB/T 16656 的本部分产品数据几何领域内部的外部产品数据方位。对特定的 Externally_defined_representation，不需要规定 location。

4.2.127.3 相关数据 placement

placement 规定了 GB/T 16656 的本部分产品数据几何领域内部的外部产品数据位置。对特定的 Externally_defined_representation，不需要规定 placement。

4.2.128 应用对象 Externally_defined_size_dimension

Externally_defined_size_dimension 是一种 Size_dimension（见 4.2.313），它规定了由外部规范提供定义的尺寸的可允许变化。

注：此定义与 ISO 10303-1050、ISO 10303-214 和 ISO 10303-224 中的 Externally_defined_size_dimension 定义一致。

与 Externally_defined_size_dimension 相关的数据如下：

—defining_document；
—name；
—used_path。

4.2.128.1 相关数据 defining_document

defining_document 规定了一个包含度量类型信息的文件。

4.2.128.2 相关数据 name

name 规定了 Externally_defined_size_dimension 的标识。

4.2.128.3 相关数据 used_path

used_path 规定了 Externally_defined_size_dimension 的测量路径。对于特定的 Externally_defined_size_dimension，不需要规定 used_path。应用声明见 4.3.16。

4.2.129 应用对象 Facemill

Facemill 应用对象由 ISO 14649-111:2007 的第 4 章定义。

注：GB/T 19903(ISO 14649) 中对 Facemill 的 EXPRESS 描述如下。其完整定义和使用说明参见 ISO 14649-111。

```
ENTITY facemill
   SUBTYPE OF (milling_cutting_tool);
   tool_cutting_edge_angle: plane_angle_measure;
END_ENTITY;
```

4.2.130 应用对象 Facing

Facing 应用对象由GB/T 19903.12—2008 的 4.4 定义。

注：GB/T 19903(ISO 14649) 中对 Facing 的 EXPRESS 描述如下。其完整定义和使用说明参见GB/T 19903.12。

```
ENTITY facing
  ABSTRACT SUPERTYPE OF (ONEOF(facing_rough, facing_finish))
  SUBTYPE OF (turning_machining_operation);
  allowance: OPTIONAL length_measure;
END_ENTITY;
```

4.2.131 应用对象 Facing_finish

Facing_finish 应用对象由GB/T 19903.12—2008 的 4.4 定义。

注：GB/T 19903 (ISO 14649) 中对 Facing_finish 的 EXPRESS 描述如下。其完整定义和使用说明参见GB/T 19903.12。

```
ENTITY facing_finish
  SUBTYPE OF (facing);
END_ENTITY;
```

4.2.132 应用对象 Facing_rough

Facing_rough 应用对象由GB/T 19903.12—2008 的 4.4 定义。

注：GB/T 19903(ISO 14649) 中对 Facing_rough 的 EXPRESS 描述如下。其完整定义和使用说明参见GB/T 19903.12。

```
ENTITY facing_rough
  SUBTYPE OF (facing);
WHERE
  WR1: EXISTS(SELF.allowance) AND (SELF.allowance >= 0.0);
END_ENTITY;
```

4.2.133 应用对象 Feedstop

Feedstop 应用对象由GB/T 19903.10—2006 的 4.8 定义。

注：GB/T 19903(ISO 14649) 中对 Feedstop 的 EXPRESS 描述如下。其完整定义和使用说明参见GB/T 19903.10。

```
ENTITY feedstop
  SUBTYPE OF (toolpath);
  dwell: time_measure;
END_ENTITY;
```

4.2.134 应用对象 Five_axes_const_tilt_yaw

Five_axes_const_tilt_yaw 应用对象由GB/T 19903.11—2008 的第 4 章定义。

注：GB/T 19903(ISO 14649) 中对 Five_axes_const_tilt_yaw 的 EXPRESS 描述如下。其完整定义和使用说明参见GB/T 19903.11。

```
ENTITY five_axes_const_tilt_yaw
  SUBTYPE OF (tool_direction_for_milling);
  tilt_angle : plane_angle_measure;
  yaw_angle : plane_angle_measure;
END_ENTITY;
```

4.2.135 应用对象 Five_axes_var_tilt_yaw

Five_axes_var_tilt_yaw 应用对象由GB/T 19903.11—2008 的第 4 章定义。

注：GB/T 19903(ISO 14649) 中对 Five_axes_var_tilt_yaw 的 EXPRESS 描述如下。其完整定义和使用说明参见GB/T 19903.11。

```
ENTITY five_axes_var_tilt_yaw
   SUBTYPE OF (tool_direction_for_milling);
END_ENTITY;
```

4.2.136 应用对象 Flat_hole_bottom

Flat_hole_bottom 应用对象由GB/T 19903.10—2006 的 4.5 定义。

注：GB/T 19903 (ISO 14649) 中对 Flat_hole_bottom 的 EXPRESS 描述如下。其完整定义和使用说明参见GB/T 19903.10。

```
ENTITY flat_hole_bottom
   SUBTYPE OF (blind_bottom_condition);
END_ENTITY;
```

4.2.137 应用对象 Flat_slot_end_type

Flat_slot_end_type 应用对象由GB/T 19903.10—2006 的 4.5 定义。

注：GB/T 19903 (ISO 14649) 中对 Flat_slot_end_type 的 EXPRESS 描述如下。其完整定义和使用说明参见GB/T 19903.10。

```
ENTITY flat_slot_end_type
   SUBTYPE OF (slot_end_type);
   corner_radius1: toleranced_length_measure;
   corner_radius2: toleranced_length_measure;
END_ENTITY;
```

4.2.138 应用对象 Flat_with_radius_hole_bottom

Flat_with_radius_hole_bottom 应用对象由GB/T 19903.10—2006 的 4.5 定义。

注：GB/T 19903(ISO 14649) 中对 Flat_with_radius_hole_bottom 的 EXPRESS 描述如下。其完整定义和使用说明参见GB/T 19903.10。

```
ENTITY flat_with_radius_hole_bottom
   SUBTYPE OF (blind_bottom_condition);
   corner_radius: toleranced_length_measure;
END_ENTITY;
```

4.2.139 应用对象 Flatness_tolerance

Flatness_tolerance 是一种 Geometric_tolerance (见 4.2.156)，它规定了曲面可允许偏离平面的数量上的约束。实际曲面上的所有点都应该位于两个平行平面之间，而这两个平行平面之间的相隔距离应该等于规定的公差。

注：此定义与 ISO 10303-1051、ISO 10303-214 和 ISO 10303-224 中的 Flatness_tolerance 定义一致。定义来自于 GB/T 1182 中的 14.2。图 13 说明了 Flatness_tolerance。

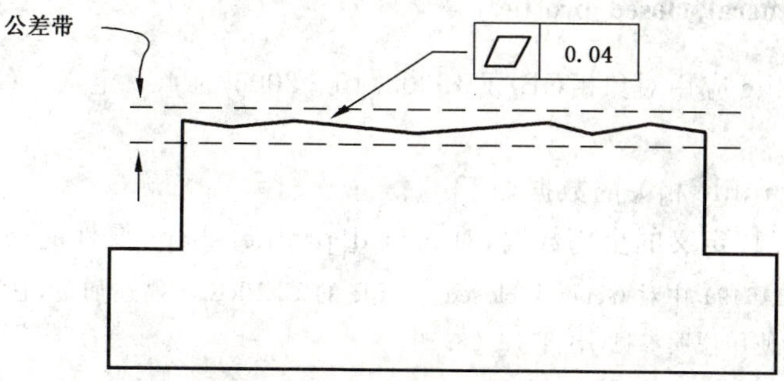

图 13 **Flatness_tolerance**

4.2.140 应用对象 Freeform_finish_milling

Freeform_finish_milling 是一种 Freeform_operation,它规定了一种精加工操作。

注：当规定一个自由曲面的铣削工序,特别是当它带有相关刀具路径时,Freeform_rough_milling 和 Freeform_finish_milling 子类可以被用来表示工序是用于粗加工还是精加工。如果提供这些信息,一些 CNC 控制能明显地提高效率。

4.2.141 应用对象 Freeform_operation

Freeform_operation 应用对象由GB/T 19903.11—2008 的第 4 章定义。

注：GB/T 19903(ISO 14649)中对 Freeform_operation 的 EXPRESS 描述如下。其完整定义和使用说明参见GB/T 19903.11。

```
ENTITY freeform_operation
   SUBTYPE OF (milling_type_operation);
   its_machining_strategy: OPTIONAL freeform_strategy;
END_ENTITY;
```

4.2.142 应用对象 Freeform_rough_milling

Freeform_rough_milling 是一种 Freeform_operation,它规定了一个粗加工工序。

4.2.143 应用对象 Freeform_strategy

Freeform_strategy 应用对象由GB/T 19903.11—2008 的第 4 章定义。

注：GB/T 19903(ISO 14649)中对 Freeform_strategy 的 EXPRESS 描述如下。其完整定义和使用说明参见GB/T 19903.11。

```
ENTITY freeform_strategy
   ABSTRACT SUPERTYPE OF (ONEOF(uv_strategy, plane_cc_strategy, plane_cl_strategy,
   leading_line_strategy));
   pathmode: pathmode_type;
   cutmode: cutmode_type;
   its_milling_tolerances: tolerances;
   stepover: OPTIONAL length_measure;
END_ENTITY;
TYPE pathmode_type = ENUMERATION OF (forward, zigzag);
END_TYPE;
TYPE cutmode_type = ENUMERATION OF (climb, conventional);
```

```
END_TYPE;
```

4.2.144 应用对象 General_closed_profile

General_closed_profile 应用对象由GB/T 19903.10—2006 的 4.5 定义。GB/T 16656 的本部分扩充了以下信息需求。

与 General_closed_profile 相关的数据如下：

——由GB/T 19903.10定义的全部数据，对 closed_profile_shape 属性的修正如下。

注：GB/T 19903(ISO 14649) 中对 General_closed_profile 的 EXPRESS 描述如下，它适用于 GB/T 16656 的本部分。其原始定义和使用说明参见GB/T 19903.10。

```
ENTITY general_closed_profile
   SUBTYPE OF(closed_profile);
   closed_profile_shape: path_shape_item; - - RELAXED BY 10303-238
END_ENTITY;
TYPE path_shape_item = SELECT (bounded_curve, edge_curve, path);
END_TYPE;
```

4.2.144.1 相关数据 closed_profile_shape

由GB/T 19903.10定义的 closed_profile_shape 参数是一种 bounded_curve，GB/T 16656 的本部分扩充了这个需求，以至于 closed_profile_shape 也可是一种 edge_curve 或 path。

注：这种扩充使得GB/T 19903.10中的 General_closed_profile 定义与 ISO 10303-224 中的定义和 GB/T 16656(ISO 10303)其他部分中的定义一致，从而可以允许使用 bounded_curve、edge_curve 或 path 来描述轮廓形状。这些附加的类型允许通过使用边和路径元素来描述轮廓，而这些元素可能存在于工件用 advanced brep(高级边界表示法)表达的形状中。

4.2.145 应用对象 General_outside_profile

General_outside_profile 应用对象由GB/T 19903.10—2006 的 4.5 定义。

注：GB/T 19903(ISO 14649)中对 General_outside_profile 的 EXPRESS 描述如下。其完整定义和使用说明参见GB/T 19903.10。

```
ENTITY general_outside_profile
   SUBTYPE OF (profile_feature);
   feature_boundary: profile;
END_ENTITY;
```

4.2.146 应用对象 Gteneral_path

Gteneral_path 应用对象由GB/T 19903.10—2006 的 4.5 定义。GB/T 16656 的本部分扩充了以下信息需求。

与 Gteneral_path 相关的数据如下：

——由GB/T 19903.10定义的全部数据，对 swept_path 属性的修正如下。

注：GB/T 19903(ISO 14649) 中对 Gteneral_path 的 EXPRESS 描述如下，适用于 GB/T 16656 的本部分。其原始定义和使用说明参见GB/T 19903.10。

```
ENTITY general_path
   SUBTYPE OF(travel_path);
   (* see general_closed_profile for description of path_shape_item *)
   swept_path: path_shape_item; - - RELAXED BY 10303-238
END_ENTITY;
```

4.2.146.1 相关数据 swept_path

由GB/T 19903.10定义的 swept_path 参数是一种 bounded_curve,GB/T 16656 的本部分扩充了这个需求,以至于 swept_path 也可是一种 bounded_curve 或 path。

注:这种扩充使得GB/T 19903.10中的 General_path 定义与 ISO 10303-224 和 GB/T 16656 其他部分中的定义一致,从而可以允许使用 bounded_curve、edge_curve 或 path 来描述传送路径形状。这些附加的类型允许通过使用边和路径元素来描述移动路径,而这些元素可能存在于工件用 advanced brep(高级边界表示法)表达的形状中。

4.2.147 应用对象 General_pattern

General_pattern 应用对象由GB/T 19903.10—2006 的 4.5 定义。

注:GB/T 19903(ISO 14649)中对 General_pattern 的 EXPRESS 描述如下。其完整定义和使用说明参见GB/T 19903.10。

```
ENTITY general_pattern
   SUBTYPE OF(replicate_feature);
   replicate_locations: LIST [2:?] OF axis2_placement_3d;
END_ENTITY;
```

4.2.148 应用对象 General_pocket_bottom_condition

General_pocket_bottom_condition 应用对象由GB/T 19903.10—2006 的 4.5 定义。

注:GB/T 19903(ISO 14649)中对 General_pocket_bottom_condition 的 EXPRESS 描述如下。其完整定义和使用说明参见GB/T 19903.10。

```
ENTITY general_pocket_bottom_condition
   SUBTYPE OF (pocket_bottom_condition);
   shape: region;
   WHERE
   WR1: SIZEOF(shape\manufacturing_feature.its_operations) = 0;
END_ENTITY;
```

4.2.149 应用对象 General_profile

General_profile 应用对象由GB/T 19903.10—2006 的 4.5 定义,GB/T 16656 的本部分扩充了如下信息需求。

与 General_profile 相关的数据如下:

——由GB/T 19903.10定义的全部数据,随着轮廓属性的变化而调整。

注:GB/T 19903(ISO 14649)中对 General_profile 的 EXPRESS 描述如下,适用于 GB/T 16656 的本部分。其原始定义和使用说明参见GB/T 19903.10。

```
ENTITY general_profile
   SUBTYPE OF (open_profile);
   (* see general_closed_profile for description of path_shape_item *)
   its_profile: path_shape_item; -- RELAXED BY 10303-238
END_ENTITY;
```

4.2.149.1 相关数据 its_profile

由GB/T 19903.10定义的 its_profile 参数是一种 bounded_curve,GB/T 16656 的本部分扩充了这个需求,以至于 its_profile 也可是一种 edge_curve 或路径。

注:这种扩充使得GB/T 19903.10中的 General_profile 定义与 ISO 10303-224 和 GB/T 16656 其他部分中的定义一

致，从而可以允许使用 bounded_curve、edge_curve 或 path 来描述轮廓形状。这些附加的类型允许通过使用边和路径元素来描述轮廓，而这些元素可能存在于工件用 advanced brep(高级边界表示法)表达的形状中。

4.2.150 应用对象 General_profile_floor

General_profile_floor 应用对象由GB/T 19903.10—2006 的 4.5 定义。

注：GB/T 19903（ISO 14649）中对 General_profile_floor 的 EXPRESS 描述如下。其完整定义和使用说明参见GB/T 19903.10。

```
ENTITY general_profile_floor
   SUBTYPE OF (profile_floor);
   floor : face;
END_ENTITY;
```

4.2.151 应用对象 General_property

General_property 是一个与零件元素的物理结构或整体性相关联的特性。每个 General_property 要么是一个 Material_property（见 4.2.201）、Part_property（见 4.2.232）、Process_property（见 4.2.261）或是一个 Surface_property(见 4.2.330)。

注：此定义建立在 ISO 10303-224 和 ISO 10303-240 中的 Property 定义基础上。

与 General_property 相关的数据如下：

—description；

—owner；

—specifications；

—related_properties。

4.2.151.1 相关数据 description

description 规定了属性经常被引用的一个词或组词。

4.2.151.2 相关数据 owner

owner 规定了 General_property 会应用的 Workpiece 对象或形状元素。应用声明见 4.3.19。

4.2.151.3 相关数据 specifications

specifications 规定一系列具有与 General_property 相关的附加信息的 specifications 对象集合。对特定的 General_property，不需要规定 specifications。应用声明见 4.3.18。

4.2.151.4 相关数据 related_properties

related_properties 规定了一系列与一个 General_property 相关的 General_property 对象集合。对特定的 General_property，不需要规定 related_properties。应用声明见 4.3.17。

4.2.152 应用对象 General_revolution

General_revolution 应用对象由GB/T 19903.12—2008 的 4.2 定义。

注：GB/T 19903（ISO 14649）中对 General_revolution 的 EXPRESS 描述如下。其完整定义和使用说明参见GB/T 19903.12。

```
ENTITY general_revolution
   SUBTYPE OF (revolved_feature);
   outer_edge_profile : general_profile;
END_ENTITY;
```

4.2.153 应用对象 General_shape_profile

General_shape_profile 应用对象由GB/T 19903.10—2006 的 4.5 定义。

注：GB/T 19903(ISO 14649) 中对 General_shape_profile 的 EXPRESS 描述如下。其完整定义和使用说明参见GB/T 19903.10。

```
ENTITY general_shape_profile
  SUBTYPE OF (shape_profile);
  profile_boundary : profile;
END_ENTITY;
```

4.2.154 应用对象 General_turning_tool

General_turning_tool 应用对象由GB/T 19903.121—2008 的第 4 章定义。

注：GB/T 19903(ISO 14649) 中对 General_turning_tool 的 EXPRESS 描述如下。其完整定义和使用说明参见GB/T 19903.121。

```
ENTITY general_turning_tool
  SUBTYPE OF (turning_machine_cutting_tool);
END_ENTITY;
```

4.2.155 应用对象 Geometric_dimension

Geometric_dimension 是对一个形状元素的尺寸说明,或是相对于另一个形状元素的一个形状元素的位移。

注：此定义与 ISO 10303-1050 和 ISO 10303-214 中的 Geometric_dimension 定义以及 ISO 10303-224 中的 Dimensional_tolerance 定义一致。

与 Geometric_dimension 相关的数据如下：

——dimension_value;

——id;

——notes。

4.2.155.1 相关数据 dimension_value

dimension_value 规定了一个 Value_with_tolerance 或 Value_range,而这个值或值范围描述了元素大小或两个元素之间距离的大小,以及值允许变化的全部数量的尺寸。应用声明见 4.3.20 和4.3.21。

4.2.155.2 相关数据 id

id 规定了 Geometric_dimension 的字符串标识符。

4.2.155.3 相关数据 notes

notes 规定了一系列提供关于 Geometric_dimension 的附加信息的一个或多个字符串值的集。对特定的 Geometric_dimension,不需要规定 notes 域。适于下列值使用的地方：

——辅助的：只为信息描述而定义的尺寸。dimension_value 将是一个没有限制的数字型单值。

——理论的：严格从理论上定义的尺寸。dimension_value 将是一个没有限制的数字型单值。

任何其他的字符串值将表示一个有效的标注。

4.2.156 应用对象 Geometric_tolerance

Geometric_tolerance 是如 GB/T 1182 定义的形状特征的可允许偏差的规范。

注：此定义与 ISO 10303-1050、ISO 10303-214 和 ISO 10303-224 中的 Geometric_tolerance 定义一致。

与 Geometric_tolerance 相关的数据如下：

——applied_to；

——modification；

——name；

——qualifying_note；

——segment_size；

——significant_digits；

——tolerance_value。

4.2.156.1 相关数据 applied_to

applied_to 规定了 Geometric_tolerance 应用的形状元素。

4.2.156.2 相关数据 modification

modification 规定了与 Geometric_tolerance 相关的 Tolerance_condition。对特定的 Geometric_tolerance，不需要规定 modification。应用声明见 4.3.22。

4.2.156.3 相关数据 name

name 规定了被 Geometric_tolerance 引用的一个词或是组词。对特定的 Geometric_tolerance，不需要规定 name。

4.2.156.4 相关数据 qualifying_note

qualifying_note 规定了提供关于 Geometric_tolerance 附加信息的正文。对特定的 Geometric_tolerance，不需要规定 qualifying_note。

示例：'not concave'和'boundary'都是 qualifying_note 的例子。

4.2.156.5 相关数据 segmet_size

segmet_size 规定了一个限制公差如何应用的线段长度。该尺寸上的任何段都带有公差元素，带公差的元素应符合公差。对特定的 Geometric_tolerance，不需要规定 segmet_size。

4.2.156.6 相关数据 significant_digits

significant_digits 规定小数位数的值表示公差值精确度。对特定的 Geometric_tolerance，不需要规定 significant_digits。

4.2.156.7 相关数据 tolerance_value

tolerance_value 规定了公差带宽度的值。这个值的含义依赖于用来解释该几何公差的标准。

4.2.157 应用对象 Geometric_tolerance_relationship

Geometric_tolerance_relationship 规定了 Geometric_tolerance 的两个实例间的关系。

注：此定义与 ISO 10303-1050 和 ISO 10303-214 中的 Geometric_tolerance_relationship 定义以及 ISO 10303-224 中的 Geometric_tolerance_precedence_relationship 定义一致。

与 Geometric_tolerance_relationship 相关的数据如下：

——relating；

——related；

——relation_type。

4.2.157.1 相关数据 relating

relating 规定了 Geometric_tolerance 的实例,它是关系的一部分。应用声明见 4.3.23。

注:这个属性的语义由属性 relation_type 定义。

4.2.157.2 相关数据 related

related 规定了 Geometric_tolerance 的实例,它是关系的一部分。应用声明见 4.3.24。

注:这个属性的语义由属性 relation_type 定义。

4.2.157.3 相关数据 relation_type

relation_type 规定了关系的含义。适于下列值使用的地方:

——优先:relating Geometric_tolerance 比 related Geometric_tolerance 要优先;

——同时:relating Geometric_tolerance 与 related 将会同时遇到,即在同一现行的基准参考系内。

4.2.158 应用对象 Groove

Groove 对象由GB/T 19903.12—2008 的 4.2 定义。

注:GB/T 19903(ISO 14649) 中对 Groove 的 EXPRESS 描述如下。其完整定义和使用说明参见GB/T 19903.12。

```
ENTITY groove
  SUBTYPE OF (revolved_feature);
  sweep : open_profile;
END_ENTITY;
```

4.2.159 应用对象 Grooving

Grooving 应用对象由GB/T 19903.12—2008 的 4.4 定义。

注:GB/T 19903 (ISO 14649)中对 Grooving 的 EXPRESS 描述如下。其完整定义和使用说明参见GB/T 19903.12。

```
ENTITY grooving
  ABSTRACT SUPERTYPE OF (ONEOF(grooving_rough, grooving_finish, cutting_in))
  SUBTYPE OF (turning_machining_operation);
  dwell: OPTIONAL dwell_select;
  allowance: OPTIONAL length_measure;
END_ENTITY;
```

4.2.160 应用对象 Grooving_finish

Grooving_finish 应用对象由GB/T 19903.12—2008 的 4.4 定义。

注:GB/T 19903(ISO 14649) 中对 Grooving_finish 的 EXPRESS 描述如下。其完整定义和使用说明参见GB/T 19903.12。

```
ENTITY grooving_finish
  SUBTYPE OF (grooving);
END_ENTITY;
```

4.2.161 应用对象 Grooving_rough

Grooving_rough 应用对象由GB/T 19903.12—2008 的 4.4 定义。

注:GB/T 19903(ISO 14649) 中对 Grooving_rough 的 EXPRESS 描述如下。其完整定义和使用说明参

见GB/T 19903.12。

```
ENTITY grooving_rough
  SUBTYPE OF (grooving);
  WHERE
  WR1: EXISTS(SELF.allowance) AND (SELF.allowance >= 0.0);
END_ENTITY;
```

4.2.162 应用对象 Grooving_strategy

Grooving_strategy 应用对象由GB/T 19903.12—2008 的 4.4 定义。

注：GB/T 19903(ISO 14649) 中对 Grooving_strategy 的 EXPRESS 描述如下。其完整定义和使用说明参见GB/T 19903.12。

```
ENTITY grooving_strategy
  SUPERTYPE OF (multistep_grooving_strategy)
  SUBTYPE OF (turning_machining_strategy);
  grooving_direction: OPTIONAL direction;
  travel_distance: OPTIONAL length_measure;
END_ENTITY;
```

4.2.163 应用对象 Grooving_tool

Grooving_tool 应用对象由GB/T 19903.121—2008 的第 4 章定义。

注：GB/T 19903(ISO 14649) 中对 Grooving_tool 的 EXPRESS 描述如下。其完整定义和使用说明参见GB/T 19903.121。

```
ENTITY grooving_tool
  SUBTYPE OF (turning_machine_cutting_tool);
  cutting_width: length_measure;
  maximum_grooving_depth: length_measure;
  corner_radius: OPTIONAL length_measure;
  maximum_axial_grooving_diameter: OPTIONAL length_measure;
  minimum_axial_grooving_diameter: OPTIONAL length_measure;
END_ENTITY;
```

4.2.164 应用对象 Hardness

Hardness 是材料对外力所能引起的变形的抵抗能力的大小。

注：此定义与 ISO 10303-224 和 ISO 10303-240 中的 Hardness 定义一致。

与 Hardness 相关的数据如下：

——high_value；

——low_value；

——nominal；

——scale。

4.2.164.1 相关数据 high_value

high_value 规定了一个具体材料类型的硬度的最高可允许值。对特定的硬度，不需要规定 high_value。

4.2.164.2 相关数据 low_value

low_value 规定了一种具体材料类型的硬度的最低可允许值。对一特定的 Hardness，不需要规定

low_value。

4.2.164.3 相关数据 nominal

nominal 规定了特殊材料类型的硬度的标称值。

4.2.164.4 相关数据 scale

scale 规定了测量硬度值的方法。适于下列值使用：

——布氏硬度：根据布氏硬度方法测量的；

——洛氏硬度：根据洛氏硬度方法测量的；

——维氏硬度：根据维氏硬度方法测量的。

4.2.165 应用对象 Height_size_dimension

Height_size_dimension 是一种 Size_dimension（见 4.2.313），它规定了产品形状元素的可允许变化的高度值。

注：此定义与 ISO 10303-1050 和 ISO 10303-214 中的 Height_size_dimension 定义以及 ISO 10303-224 中的 Height_dimension 定义一致。

与 Height_size_dimension 相关的数据如下：

——used_path。

4.2.165.1 相关数据 used_path

used_path 规定了一个沿着已测量的 Height_size_dimension 的 Measurement_path。对于特定的 Height_size_dimension，不需要规定 used_path。应用声明见 4.3.25。

4.2.166 应用对象 Hole_bottom_condition

Hole_bottom_condition 应用对象由GB/T 19903.10—2006 的 4.5 定义。

注：GB/T 19903（ISO 14649）中对 Hole_bottom_condition 的 EXPRESS 描述如下。其完整定义和使用说明参见GB/T 19903.10。

```
ENTITY hole_bottom_condition
  ABSTRACT SUPERTYPE OF (ONEOF (blind_bottom_condition, through_bottom_condition));
END_ENTITY;
```

4.2.167 应用对象 If_statement

If_statement 应用对象由GB/T 19903.10—2006 的 4.6 定义。

注：GB/T 19903（ISO 14649）中对 If_statement 的 EXPRESS 描述如下。其完整定义和使用说明参见GB/T 19903.10。

```
ENTITY if_statement
  SUBTYPE OF (program_structure);
  condition: boolean_expression;
  true_branch: executable;
  false_branch: OPTIONAL executable;
END_ENTITY;
```

4.2.168 应用对象 In_process_geometry

In_process_geometry 应用对象由GB/T 19903.10—2006 的 4.4 定义。GB/T 16656 的本部分扩充

了以下信息需求。

注 1：这个修正允许使用由其他 Aps 支持的形状表达类型。特别是，集成表达允许使用由 AIC 501（基于边的线框）、AIC 502（基于壳的线框）、AIC 507（几何有界曲面）、AIC 508（非流形曲面）、AIC 509（流形曲面）、AIC 510（几何有界线框）、AIC 512（小平面边界表达）以及初始 AIC 514（高级边界表达）描述的形状描述。

与 In_process_geometry 相关的数据如下：

——由GB/T 19903.10定义的全部数据，对 as_is，to_be 和移动属性的修正如下。

注 2：GB/T 19903（ISO 14649）中对 In_process_geometry 的 EXPRESS 描述如下，适用于 GB/T 16656 的本部分。其原始定义和使用说明参见GB/T 19903.10。

```
ENTITY in_process_geometry;
   as_is: OPTIONAL shape_representation; -- RELAXED BY 10303-238
   to_be: OPTIONAL shape_representation; -- RELAXED BY 10303-238
   removal: OPTIONAL shape_representation; -- RELAXED BY 10303-238
   WHERE
   WR1: EXISTS (as_is) OR EXISTS (to_be) OR EXISTS (removal);
END_ENTITY;
```

4.2.168.1 相关数据 as_is

由GB/T 19903.10定义的 as_is 参数是一种 advanced_brep_shape_representation，GB/T 16656 的本部分扩充了这个需求，以至于 as_is 将是更普通的一种 shape_representation。

4.2.168.2 相关数据 removal

由GB/T 19903.10定义的 removal 参数是一种 advanced_brep_shape_representation，GB/T 16656 的本部分扩充了这个需求，以至于 removal 将是更普通的一种 shape_representation。

4.2.168.3 相关数据 to_be

由GB/T 19903.10定义的 to_be 参数是一种 advanced_brep_shape_representation，GB/T 16656 的本部分扩充了这个需求，以至于 to_be 将是更普通的一种 shape_representation。

4.2.169 应用对象 Index_pallet

Index_pallet 应用对象由GB/T 19903.11—2008 的第 4 章定义。

注：GB/T 19903（ISO 14649）中对 Index_pallet 的 EXPRESS 描述如下。其完整定义和使用说明参见GB/T 19903.11。

```
ENTITY index_pallet
   SUBTYPE OF (nc_function);
   its_index: INTEGER;
END_ENTITY;
```

4.2.170 应用对象 Index_table

Index_table 应用对象由GB/T 19903.11—2008 的第 4 章定义。

注：GB/T 19903（ISO 14649）中对 Index_table 的 EXPRESS 描述如下。其完整定义和使用说明参见GB/T 19903.11。

```
ENTITY index_table
   SUBTYPE OF (nc_function);
   its_index: INTEGER;
END_ENTITY;
```

4.2.171 应用对象 Knurl

Knurl 应用对象由GB/T 19903.12—2008 的 4.2 定义。

注：GB/T 19903(ISO 14649) 中对 Knurl 的 EXPRESS 描述如下。其完整定义和使用说明参见GB/T 19903.12。

```
ENTITY knurl
   ABSTRACT SUPERTYPE OF (ONEOF(straight_knurl, diagonal_knurl,
   diamond_knurl, tool_knurl))
   SUBTYPE OF (turning_feature);
   base_feature: turning_feature;
   partial_profile: OPTIONAL partial_area_definition;
   tooth_depth: OPTIONAL toleranced_length_measure;
   diametral_pitch: OPTIONAL toleranced_length_measure;
   root_fillet: OPTIONAL toleranced_length_measure;
   number_of_teeth: OPTIONAL INTEGER;
   major_diameter: OPTIONAL toleranced_length_measure;
   nominal_diameter: OPTIONAL toleranced_length_measure;
END_ENTITY;
```

4.2.172 应用对象 Knurling

Knurling 应用对象由GB/T 19903.12—2008 的 4.4 定义。

注：GB/T 19903 (ISO 14649) 中对 Knurling 的 EXPRESS 描述如下。其完整定义和使用说明参见GB/T 19903.12。

```
ENTITY knurling
   SUBTYPE OF (turning_machining_operation);
END_ENTITY;
```

4.2.173 应用对象 Knurling_tool

Knurling_tool 应用对象由GB/T 19903.121—2008 的第 4 章定义。

注：GB/T 19903(ISO 14649) 中对 Knurling_tool 的 EXPRESS 描述如下。其完整定义和使用说明参见GB/T 19903.121。

```
ENTITY knurling_tool
   SUBTYPE OF (turning_machine_cutting_tool);
   knurl_pattern: knurl_pattern_type;
   cutting_length: OPTIONAL length_measure;
   angle: OPTIONAL plane_angle_measure;
   pitch: OPTIONAL length_measure;
   END_ENTITY;
TYPE knurl_pattern_type = ENUMERATION OF (straight, diagonal, diamond);
END_TYPE;
```

4.2.174 应用对象 Last_modified_timestamp

Last_modified_timestamp 是一个或多个工程、工件、执行程序、工序或刀具路径和它们的最近修改或建立的时间点之间的联合体。

与 Last_modified_timestamp 相关的数据如下：

——date_and_time_value；

——items。

4.2.174.1 相关数据 date_and_time_value

date_and_time_value 规定了条款被最新修改或创造时的时间点。

4.2.174.2 相关数据 items

items 规定了工程、工件、执行程序、工序或对于 date_and_time_value 应用的刀具路径集。items 集将至少包含一个对象。应用声明见 4.3.26、4.3.27、4.3.28、4.3.29 和 4.3.30。

4.2.175 应用对象 Leading_line_strategy

Leading_line_strategy 应用对象由GB/T 19903.11—2008 的第 4 章定义。

注：GB/T 19903（ISO 14649）中对 Leading_line_strategy 的 EXPRESS 描述如下。其完整定义和使用说明参见GB/T 19903.11。

```
ENTITY leading_line_strategy
   SUBTYPE OF (freeform_strategy);
   its_line : bounded_curve;
END_ENTITY;
```

4.2.176 应用对象 Length_measure

Length_measure 是一种 Value_with_unit（见 4.2.404），用 value_component 描述长度。

注：如GB/T 19903.10中所定义的，Length_measure 没有显式规定单位。而是对所有的长度规定一个缺省的毫米单位。使用继承 Value_with_unit 的'unit'属性，GB/T 16656 的本部分增加 Length_measure 到具体的专用单位。

4.2.177 应用对象 Length_size_dimension

Length_size_dimension 是一种 Size_dimension（见 4.2.313），它规定了产品形状元素长度上的可允许变化。

注：此定义与 ISO 10303-1050 和 ISO 10303-214 中的 Length_size_dimension 定义以及 ISO 10303-224 中的 Length_dimension 定义一致。

与 Length_size_dimension 相关的数据如下：

——used_path。

4.2.177.1 相关数据 used_path

used_path 规定了一个沿着已测量的 Length_size_dimension 的 Measurement_path。对一特定的 Length_size_dimension，不需要规定 used_path。应用声明见 4.3.31。

4.2.178 应用对象 Library_part_assignment

Library_part_assignment 是涉及零件库数据字典中关于类的信息的方法。

注：这个定义与 ISO 10303-224 和 ISO 10303-240 中的 Library_part_assignment 定义一致。

与 Library_part_assignment 相关的数据如下：

——definitional_class_bsu；

——definitional_property_value_pairs。

4.2.178.1 相关数据 definitional_class_bsu

definitional_class_bsu 规定了 Class_BSU 对象，它标识了 GB/T 17645 定义的零件库中的构件。

应用声明见 4.3.32。

4.2.178.2 相关数据 definitional_property_value_pairs

definitional_property_value_pairs 规定了 Library_property_value 对象的集合，这些对象规定了定义类特性的特性基本语义单位和值。对特定的 Library_part_assignment，不需要规定 definitional_property_value_pairs。应用声明见 4.3.33。

4.2.179 应用对象 Library_property_value

Library_property_value 是特性基本语义单位中规定的一个特性值。

注：此定义与 ISO 10303-224 和 ISO 10303-240 中的 Property_value 定义一致。

与 Library_property_value 相关的数据如下：

——value_property_bsu；

——value_amount。

4.2.179.1 相关数据 value_property_bsu

value_property_bsu 规定了 Property_BSU 对象，它规定了基本语义单位。应用声明见 4.3.34。

4.2.179.2 相关数据 value_amount

value_amount 规定了定义为布尔、整数、数字、逻辑、字符串或实数的那些值。

4.2.180 应用对象 Limit_qualifier

Limit_qualifier 规定了与 Value_with_tolerance 相关的限制特征。

注：当使用 Value_with_tolerance 时，它与 ISO 10303-1106[18] 和 ISO 10303-214 中的 Value_limit 应用对象以及 ISO 10303-224 中的 Value_limit 应用对象是相等的。

4.2.180.1 相关数据 qualifier

qualifier 标识了一个限制特征，适于使用下列值的地方：

——最大化：可以假设该物理数量小于任何值或等于由引用 Value_with_tolerance 的 value_component 规定的值；

——最小化：可以假设该物理数量大于任何值或等于由引用 Value_with_tolerance 的 value_component 规定的值。

4.2.181 应用对象 Limits_and_fits

Limits_and_fits 是一个公差，该公差由参考了 GB/T 1800 标准化的 limits-and-fits 系统规定。极限与配合是一个赋值与产品特征装配相关的公差的系统。

注：该定义与GB/T 19903.10、ISO 10303-1050、ISO 10303-214 和 ISO 10303-224 中的 Limits_and_fits 定义一致。极限和配合通过分类而不是给定一个具体值来赋值一个特征尺度公差。公差分类是由一个基本的偏差或“position letter”和一个公差等级组成的。这些将用来根据 GB/T 1800 中表格和公式计算公差带的大小和相对于特征的基本或标称尺寸的位置。

与 Limits_and_fits 相关的数据如下：

——deviation；

——grade；

——its_fitting_type。

4.2.181.1 相关数据 **deviation**

deviation 规定了 ISO 286-1 的 Limits_and_fits 分类中的基本偏离或"position letter"。

注：对于孔特征'A'到'ZC'或者对于轴特征'a'到'zc'将可以用于偏离。

4.2.181.2 相关数据 **grade**

grade 规定了一个公差的质量或精确度等级。

注：grade 是 ISO 286-1 定义的 18 个国际标准公差等级中的一个，比如'IT07'。

4.2.181.3 相关数据 **its_fitting_type**

its_fitting_type 规定了公差应用的装配类别。对特定的 Limits_and_fits，不需要规定 its_fitting_type。正常情况下，公差应用到工件的外部或内部特征。适于使用下列值的地方：

——孔：公差应用到工件的内部特征；

——轴：公差应用到工件的外部特征。

注：公差是否应用到内部或外部特征可以由基本偏离的位置标识决定。因此，并不需要规定 fitting_type。

4.2.182 应用对象 **Line_profile_tolerance**

Line_profile_tolerance 是一种 Geometric_tolerance（见 4.2.156），它规定了沿着真实轮廓的一致边界，而曲面的元素必须位于轮廓内部。由 Line_profile_tolerance 建立的公差带是二维的。

注：这个定义与 ISO 10303-1051 和 ISO 10303-214 中的 Line_profile_tolerance 定义以及 ISO 10303-224 中的 Line_profile_tolerance 定义一致。这个定义来自于 GB/T 1182 中的 14.5。图 14 说明了 Line_profile_tolerance。

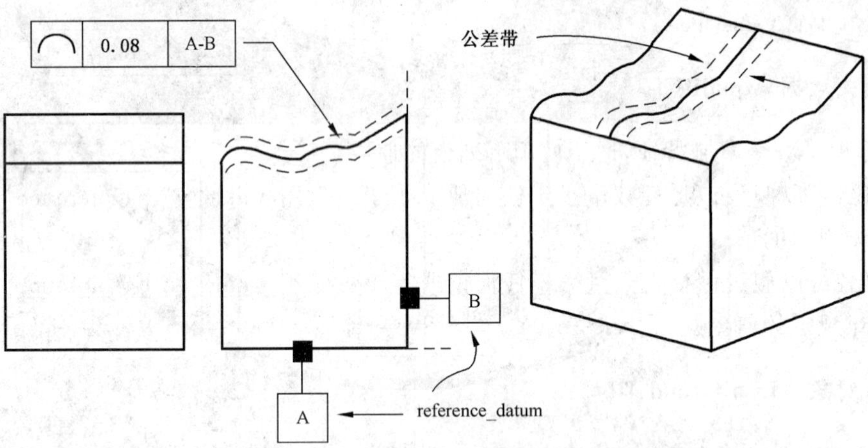

图 14 **Line_profile_tolerance**

与 Line_profile_tolerance 相关的数据如下：

——affected_plane；

——reference_datum。

4.2.182.1 相关数据 **affected_plane**

affected_plane 规定了局部坐标系，建立公差应用的 X-Y 平面。对特定的 Line_profile_tolerance，不需要规定 affected_plane。

4.2.182.2 相关数据 reference_datum

reference_datum 规定了定义几何公差的坐标系的 Datum_reference 的集合。应用声明见 4.3.35。

4.2.183 应用对象 Linear_distance_dimension

Linear_distance_dimension 是一种 Location_dimension（见 4.2.187），它规定了沿着两个零件形状元素之间直线距离的可允许变化。

注：这个定义与 ISO 10303-1050 和 ISO 10303-214 中的 Linear_distance_dimension 定义以及 ISO 10303-224 中的 Location_dimension_tolerance 定义一致。图 15 说明了 Linear_distance_dimension。

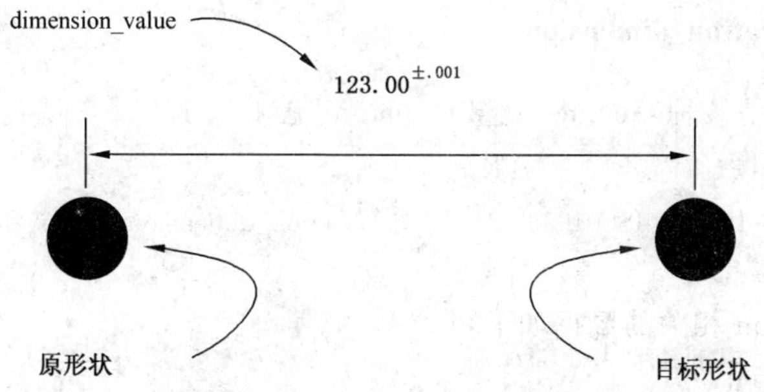

图 15 Linear_distance_dimension

与 Linear_distance_dimension 相关的数据如下：

——orientation。

4.2.183.1 相关数据 orientation

orientation 通过给定一个点和沿着被测量的 Linear_distance_dimension 方向规定了一个局部坐标系。方向是由局部坐标系 X 轴给定。对特定的 Linear_distance_dimension，不需要规定 orientation。

4.2.184 应用对象 Linear_path

Linear_path 应用对象由GB/T 19903.10—2006 的 4.5 定义。

注：GB/T 19903（ISO 14649）中对 Linear_path 的 EXPRESS 描述如下。其完整定义和使用说明参见GB/T 19903.10。

```
ENTITY linear_path
   SUBTYPE OF(travel_path);
   distance: toleranced_length_measure;
   its_direction: direction;
END_ENTITY;
```

4.2.185 应用对象 Linear_profile

Linear_profile 应用对象由GB/T 19903.10—2006 的 4.5 定义。

注：GB/T 19903（ISO 14649）中对 Linear_profile 的 EXPRESS 描述如下。其完整定义和使用说明参见GB/T 19903.10。

```
ENTITY linear_profile
   SUBTYPE OF (open_profile);
   profile_length: numeric_parameter;
```

```
END_ENTITY;
```

4.2.186 应用对象 Load_tool

Load_tool 应用对象由GB/T 19903.11—2008 的第 4 章定义。

注：GB/T 19903（ISO 14649）中对 Load_tool 的 EXPRESS 描述如下。其完整定义和使用说明参见GB/T 19903.11。

```
ENTITY load_tool
  SUBTYPE OF (nc_function);
  its_tool:machining_tool
END ENTITY;
```

4.2.187 应用对象 Location_dimension

Location_dimension 是一种 Geometric_dimension（见 4.2.155），它规定了起始形状元素是自终点形状元素位移的距离和角度。

注：此定义与 ISO 10303-1050 和 ISO 10303-214 中对 Location_dimension 的定义和 ISO 10303-224 中对 Location_dimension 的定义一致。

与 Location_dimension 相关的数据如下：

——description；

——directed；

——origin；

——target。

4.2.187.1 相关数据 description

description 规定了提供关于 Location_dimension 的更多信息的正文。对特定的 Location_dimension，不需要规定 description。

4.2.187.2 相关数据 directed

directed 规定了方向对于测量 Location_dimension 是否重要。如果值是'true'，则 Location_dimension 是从原始到目标测量的 Location_dimension。'false'值指出方向对测量 Location_dimension 是无意义的。对特定的 Location_dimension，不需要规定 directed。

4.2.187.3 相关数据 origin

origin 规定了定义 Location_dimension 起始位置的形状元素。

4.2.187.4 相关数据 target

target 规定了定义 Location_dimension 结束位置的形状元素。

4.2.188 应用对象 Loop_slot_end_type

Loop_slot_end_type 应用对象由GB/T 19903.10—2006 的 4.5 定义。

注：GB/T 19903(ISO 14649) 中对 Loop_slot_end_type 的 EXPRESS 描述如下。其完整定义和使用说明参见GB/T 19903.10。

```
  ENTITY loop_slot_end_type
  SUBTYPE OF (slot_end_type);
END_ENTITY;
```

4.2.189 应用对象 Machine_axis_constraint

Machine_axis_constraint 标识机床轴的运动范围。

注：由于这些信息是依赖于机床的，应避免使用这些信息。为了执行一个操作或刀具路径，NC 控制器必须将空间曲线转换为特定的轴运动。对于某些机床，解决方案不是唯一的。machine_axis_constraint 机械装置允许给控制器提供附加指令，通过限制一个或多个轴的运动构成部分解决方案。

示例：当一个旋转工作台 C 被放置在旋转工作台 B 上时，可能有两种 C 和 B 的角度合成得到相同的刀具方向。同样，当在有冗余轴（不一定是平行）的机床上钻孔时，如一个含有移动套筒轴（W 轴）机床，无论 W 轴还是其他轴都可以用来进行钻削加工。

与 Machine_axis_constraint 相关的数据如下：

——axis_identifier；

——axis_range。

4.2.189.1 相关数据 axis_identifier

axis_identifier 是一个描述轴名称的字符串值。

示例：字符串“x”、“y”、“z”、“a”和“b”是公共轴名称。

4.2.189.2 相关数据 axis_range

axis_range 规定了准确值 Value_range containing，它包含允许此轴的上下值尺度。

4.2.190 应用对象 Machine_axis_travel

Machine_axis_travel 标识机械轴可以来回移动的距离。

与 Machine_axis_travel 相关的数据如下：

——axis_identifier；

——travel_distance。

4.2.190.1 相关数据 axis_identifier

axis_identifier 是一个描述轴的名称的字符串值。

示例：字符串“x”、“y”、“z”、“a”和“b”是公共轴名称。

4.2.190.2 相关数据 travel_distance

travel_distance 规定了描述被标示的轴可以来回移动的距离尺度。

注：长度值尺度可被用来描述线性轴的来回移动，而平面角度值尺度用来描述倾斜的机器放料盘的来回移动和其他角度轴的来回移动。

4.2.191 应用对象 Machine_functions

Machine_functions 应用对象由GB/T 19903.10—2006 的 4.7 定义。

注：GB/T 19903（ISO 14649）中对 Machine_functions 的 EXPRESS 描述如下。其完整定义和使用说明参见GB/T 19903.10。

```
ENTITY machine_functions
  ABSTRACT SUPERTYPE;
END_ENTITY;
```

4.2.192 应用对象 Machine_parameters

Machine_parameters 标示机床的特性。

与 Machine_parameters 相关的数据如下：

——axis travel；

——feedrate；

——number_of_control_axis；

——number_of_simultaneous_axis；

——positioning_accuracy；

——spindle_power；

——spindle_torque；

——spindle_speed；

——table_indexing；

——table_length；

——table_width；

——work_volume_height；

——work_volume_length；

——work_volume_width。

4.2.192.1 相关数据 axis_travel

axis_travel 规定了零或者更多的 Machine_axis_travel 对象，这些对象描述了机床可以沿着指定轴移动切削刀具的距离。对特定的 Machine_parameters，不需要规定 axis_travel，如果 work_volume_length、work_volume_width 或 work_volume_height 已规定，axis_travel 也不需要规定。应用声明见 4.3.36。

4.2.192.2 相关数据 feedrate

feedrate 规定了机床移动刀具的线速度。对特定的 Machine_parameters，不需要规定 feedrate。

4.2.192.3 相关数据 number_of_control_axis

number_of_control_axis 规定了可以被数控的机床轴的数目。对特定的 Machine_parameters，不需要规定 number_of_control_axis。

4.2.192.4 相关数据 number_of_simultaneous_axis

number_of_simultaneous_axis 规定了可以被同时数控的机床轴的数目。对特定的 Machine_parameters，不需要规定 number_of_simultaneous_axis。

4.2.192.5 相关数据 positioning_accuracy

positioning_accuracy 规定包括位移精度和重复精度在内的机床位置精度。对特定的 Machine_parameters，不需要规定 positioning_accuracy。

4.2.192.6 相关数据 spindle_power

spindle_power 规定机床心轴旋转的功率。对特定的 Machine_parameters，不需要规定 spindle_power。

4.2.192.7 相关数据 spindle_torque

spindle_torque 规定机床心轴旋转的扭矩。对特定的 Machine_parameters，不需要规定 spindle_ torque。

注：主轴扭矩的单位通常是牛·米(国际单位制)或英尺磅(英制)。

4.2.192.8 相关数据 spindle_speed

spindle_speed 规定机床心轴旋转的角速度。对特定的 Machine_parameters，不需要规定 spindle_speed。

4.2.192.9 相关数据 table_indexing

table_indexing 规定机床工作台是否能够被编号。对特定的 Machine_parameters，不需要规定 table_indexing。

4.2.192.10 相关数据 table_length

table_length 规定机床工作台的长度。对特定的 Machine_parameters，不需要规定 table_length。

4.2.192.11 相关数据 table_width

table_width 规定机床工作台的宽度。对特定的 Machine_parameters，不需要规定 table_width。

4.2.192.12 相关数据 work_volume_height

work_volume_height 规定机床可以在其中移动刀具的工作空间高度。工作空间应对准以使得高度分量沿着机床 Z 轴。对特定的 Machine_parameters，不需要规定 work_volume_height，当 axis_travel 被规定时，工件的 work_volume_height 不应被规定。

4.2.192.13 相关数据 work_volume_length

work_volume_length 规定机床可以在其中移动刀具的工作空间长度。工作空间应对准以使得长度分量沿着机床 X 轴。对特定的 Machine_parameters，不需要规定 work_volume_length，当 axis_travel 被规定时，work_volume_length 不应被规定。

4.2.192.14 相关数据 work_volume_width

work_volume_width 规定机床可以在其中移动刀具的工作空间宽度。工作空间应对准为使得宽度分量沿着机床 Y 轴。对特定的 Machine_parameters，不需要规定 work_volume_width，当 axis_travel 被规定时，work_volume_width 不应被规定。

4.2.193 应用对象 Machined_surface

Machined_surface 应用对象由GB/T 19903.10—2006 的 4.5 定义。

注：GB/T 19903(ISO 14649)中对 Machined_surface 的 EXPRESS 描述如下。其完整定义和使用说明参见GB/T 19903.10。

```
ENTITY machined_surface;
   its_machining_feature: machining_feature;
   surface_element: bottom_or_side;
END_ENTITY;
TYPE bottom_or_side = ENUMERATION OF (bottom, side, bottom_and_side);
END_TYPE;
```

4.2.194 应用对象 Machining_feature

Machining_feature 应用对象由GB/T 19903.10—2006 的 4.5 定义。GB/T 16656 的本部分扩充了以下信息需求。

与 Machining_feature 相关的数据如下：

——所有的GB/T 19903.10定义的数据，depth 属性作如下修改。

注：GB/T 19903(ISO 14649) 中对 Machining_feature 的 EXPRESS 描述如下，适用于 GB/T 16656 的本部分。其完整定义和使用说明参见GB/T 19903.10。

```
ENTITY machining_feature
  ABSTRACT SUPERTYPE OF (ONEOF(planar_face, pocket, slot, step, round_hole,
  toolpath_feature, profile_feature, boss, spherical_cap, rounded_end, thread))
  SUBTYPE OF (two5D_manufacturing_feature);
  depth: OPTIONAL elementary_surface; - - RELAXED BY 10303-238
END_ENTITY;
```

4.2.194.1 相关数据 depth

depth 基本曲面在GB/T 19903.10中是必需的，GB/T 16656 的本部分扩充了要求，对特定的 Machining_feature，不需要规定 depth。

注：如 5.2.1.2.1.1 所述，一特征的 depth 由其隐含特征定义的轮廓和路径元素来定义。在 AIM 中，GB/T 19903.10调用基本曲面来作为 depth，并且用“maximum feature depth”这个参数来表达，该参数在 ISO 10303-224 和 ISO 10303-214 模型中是一项可选择参数。

4.2.195 应用对象 Machining_operation

Machining_operation 应用对象由GB/T 19903.10—2006 的 4.7 定义。

注：GB/T 19903 中对 Machining_operation 的 EXPRESS 描述如下。其完整定义和使用说明参见GB/T 19903.10。

```
ENTITY machining_operation
  ABSTRACT SUPERTYPE
  SUBTYPE OF (operation);
  its_id: identifier;
  retract_plane: OPTIONAL length_measure;
  start_point: OPTIONAL cartesian_point;
  its_tool: machining_tool;
  its_technology: technology;
  its_machine_functions: machine_functions;
END_ENTITY;
```

4.2.196 应用对象 Machining_tool

Machining_tool 应用对象由GB/T 19903.10—2006 的 4.6 定义。GB/T 16656 的本部分扩充了以下信息需求。

与 Machining_tool 相关的数据如下：

——所有GB/T 19903.10定义的数据；

——its_usage。

注：GB/T 19903(ISO 14649) 中对 Machining_tool 的 EXPRESS 描述如下，适用于 GB/T 16656 的本部分。其完整定义和使用说明参见GB/T 19903.10。

```
ENTITY machining_tool
```

```
    ABSTRACT SUPERTYPE;
    its_id: label;
    its_usage: OPTIONAL tool_usage; - - ADDED BY 10303-238
END_ENTITY;
```

4.2.196.1 相关数据 its_usage

its_usage 规定了一个 Tool_usage 对象来描述被选择的刀具，这种刀具用来满足 Machining_tool 所设定的刀具要求。不需要为特定的 Machining_tool 规定 its_usage。应用声明见 4.3.36。

4.2.197 应用对象 Machining_workingstep

Machining_workingstep 应用对象由 GB/T 19903.10—2006 的 4.6 定义。GB/T 16656 的本部分扩充了以下信息需求。

与 Machining_workingstep 相关的数据如下：

——所有GB/T 19903.10定义的数据；

——final_features；

——toolpath_orientation。

注：GB/T 19903(ISO 14649) 中对 Machining_workingstep 的 EXPRESS 描述如下，适用于 GB/T 16656 的本部分。其完整定义和使用说明参见GB/T 19903.10。

```
ENTITY machining_workingstep
    SUBTYPE OF (workingstep);
    its_feature: manufacturing_feature;
    its_operation: machining_operation;
    its_effect: OPTIONAL in_process_geometry;
    final_features: OPTIONAL SET [0:?] OF Manufacturing_feature; - - ADDED BY 10303-238
    toolpath_orientation: OPTIONAL axis2_placement_3d; - - ADDED BY 10303-238
END_ENTITY;
```

4.2.197.1 相关数据 final_features

final_features 规定了零个或多个 Manufacturing_feature 可见对象的集合，这些对象对于工步所确定的工件最终形式是可见的。如果 machining_workingstep 的 its_feature 是个特定于过程的将要被过程中后续的活动使用的，final_features 可能用于在工件的最终形态上的特性追溯。不需要为特定的 Machining_workingstep 规定 final_features。应用声明见 4.3.38。对这一属性的补充用法的讨论见5.2.1.2.3。

注：考虑零件从设计到制造的数据流。最终零件的特征经常是工艺规划的输入，可能被描述为一个 ISO 10303-224 数据集。宏观工艺规划的输出，可能在 ISO 10303-240 数据集中描述，包含这些特征以及相对于某一个指定工序的中间特征。GB/T 16656 的本部分描述了微观工艺规划，以及和特定工序相连的特征，但是把工步与在最终零件的终极特征相关联的能力使我们能够保存从更大的工艺规划传下来的信息。这将有利于相关的下游任务，比如检测，它可以利用追溯性来对微观和宏观工艺规划中的关键区域进行精确定位。

示例：在一个工步中钻了一个孔，这个孔在随后的型腔加工工序中作为入口点。这个在型腔加工中被切削掉的孔并不在工件的最终形态中可见。钻工步的最终特征可以引用型腔特征的建立来指示其参与。

4.2.197.2 相关数据 toolpath_orientation

toolpath_orientation 规定了一组由 its_operation its_toolpath 给出的路径的位置。对特定的 Machining_workingstep，不需要规定 toolpath_orientation。如果 toolpath_orientation 没有被规定，路径应该假设(0,0,0)为原点，轴方向为 X=(1,0,0)，Y=(0,1,0)，Z=(0,0,1)。

注：要想在不同的位置重新使用一个工序的刀具路径，GB/T 19903(ISO 14649)使用与工步操作相关的不同特征

的原点。由于特征的一致性限制,这种技术不适用于GB/T 16656的本部分,因为特征一般采用设计和规划阶段设定的原点,这可以给设计者带来方便。

4.2.198 应用对象 Manufacturing_feature

Manufacturing_feature应用对象由GB/T 19903.10—2006的4.4定义。GB/T 16656的本部分扩充了以下信息需求。

注1:在GB/T 19903.10中定义的特征只支持使用如宽度和高度这样的参数来进行特征形状的隐式定义。为了与ISO 10303-224和GB/T 16656的其他部分相一致,下述特性被加入,所以Manufacturing_feature同样可以使用几何和拓扑元素显式描述特征形状,如在工件的边界表示中的面。

与Manufacturing_feature相关的数据如下:

——所有GB/T 19903.10定义的数据;

——explicit_representation。

注2:GB/T 19903(ISO 14649)中对Manufacturing_feature的EXPRESS描述如下,适用于GB/T 16656的本部分。其完整定义和使用说明参见GB/T 19903.10。

```
ENTITY manufacturing_feature
  ABSTRACT SUPERTYPE OF (ONEOF(region, two5D_manufacturing_feature,
  transition_feature));
  its_id: identifier;
  its_workpiece: workpiece;
  its_operations: SET [0:?] OF machining_operation;
  explicit_representation: OPTIONAL SET [1:?] OF face; - - ADDED BY 10303-238
END_ENTITY;
```

4.2.198.1 相关数据 explicit_representation

explicit_representation使用几何面元素规定特征的形状。这是一组由一个或多个在工件边界表述中的面。对特定的Manufacturing_feature,不需要规定explicit_representation。此属性的进一步讨论见5.2.1.2.2。

4.2.199 应用对象 Mass_measure

Mass_measure是一种Value_with_tolerance,在其中value_component描述质量。

4.2.200 应用对象 Material

Material应用对象由GB/T 19903.10—2006的4.4定义。

注:GB/T 19903(ISO 14649)中对Material的EXPRESS描述如下。其完整定义和使用说明参见GB/T 19903.10。

```
ENTITY material;
  standard_identifier: label;
  material_identifier: label;
  material_property: SET [0:?] OF property_parameter;
END_ENTITY;
```

4.2.201 应用对象 Material_property

Material_property是一种General_property(见4.2.403),表述了用来生产Workpiece的材料特性。

注:此定义与ISO 10303-224和ISO 10303-214中Material_property的定义一致。

与Material_property相关的数据如下:

——material_characteristics;

——material_hardness。

4.2.201.1 相关数据 material_characteristics

material_characteristics 规定了一组描述了 Material_property 的 Property_parameter 对象。对特定的 Material_property，不需要规定 material_characteristics。应用声明见 4.3.40。

4.2.201.2 相关数据 material_hardness

material_hardness 规定了一组描述硬度属性的 Hardness 对象。对特定的 Material_property，不需要规定 material_hardness。应用声明见 4.3.39。

4.2.202 应用对象 Measurement_path

Measurement_path 是一个适用于尺寸或公差的路径、方向或区域。这个路径用一个 Curve 来表示。

注：此 Measurement_path 与 ISO 10303-1031[14] 中的定义一致。

与 Measurement_path 相关的数据如下：

——defined_by；

——defined_in。

4.2.202.1 相关数据 defined_by

defined_by 属性规定了测量所经过的曲线。

4.2.202.2 相关数据 defined_in

defined_in 属性规定了测量路径求值的几何相关环境。

4.2.203 应用对象 Milling_cutting_tool

Milling_cutting_tool 应用对象由 ISO 14649-111:2007 的第 4 章定义。

注：GB/T 19903(ISO 14649) 中对 Milling_cutting_tool 的 EXPRESS 描述如下。其完整定义和使用说明参见 ISO 14649-111。

```
ENTITY milling_cutting_tool
   ABSTRACT SUPERTYPE OF (ONEOF(dovetail_mill, endmill, facemill, shouldermill,
   side_mill, t_slot_mill, thread_mill))
   SUBTYPE OF (milling_machine_cutting_tool);
   number_of_effective_teeth: OPTIONAL INTEGER;
   edge_radius: OPTIONAL length_measure;
END_ENTITY;
```

4.2.204 应用对象 Milling_machine_cutting_tool

Milling_machine_cutting_tool 应用对象由 ISO 14649-111:2007 的第 4 章定义。

注：GB/T 19903 (ISO 14649)中对 Milling_machine_cutting_tool 的 EXPRESS 描述如下。其完整定义和使用说明见 ISO 14649-111。

```
ENTITY milling_machine_cutting_tool
   ABSTRACT SUPERTYPE OF ( ONEOF(milling_cutting_tool, drilling_cutting_tool,
   tapping_cutting_tool, rotating_boring_cutting_tool, reaming_cutting_tool))
   SUBTYPE OF (machining_tool);
   its_cutting_edges: SET [1:?] OF cutting_component;
```

```
    overall_assembly_length: length_measure;
    effective_cutting_diameter: length_measure;
    maximum_depth_of_cut: length_measure;
    hand_of_cut: OPTIONAL hand_of_cut_type;
    coolant_through_tool: OPTIONAL BOOLEAN;
END_ENTITY;
TYPE hand_of_cut_type = ENUMERATION OF(left, neutral, right);
END_TYPE;
```

4.2.205 应用对象 Milling_machine_functions

Milling_machine_functions 应用对象由GB/T 19903.11—2008 的第 4 章定义。GB/T 16656 的本部分扩充了以下信息需求。

与 Milling_machine_functions 相关的数据如下：

——GB/T 19903.11所定义的所有数据；

——axis_constraints。

注：GB/T 19903(ISO 14649) 中对 Milling_machine_functions 的 EXPRESS 描述如下，适用于 GB/T 16656 的本部分。其原始定义和使用说明参见GB/T 19903.11。

```
ENTITY milling_machine_functions
    SUBTYPE OF (machine_functions);
    coolant: BOOLEAN;
    coolant_pressure: OPTIONAL pressure_measure;
    mist: OPTIONAL BOOLEAN;
    through_spindle_coolant: BOOLEAN;
    through_pressure: OPTIONAL pressure_measure;
    axis_clamping: LIST [0:?] OF identifier;
    chip_removal: BOOLEAN;
    oriented_spindle_stop: OPTIONAL direction;
    its_process_model: OPTIONAL process_model_list;
    other_functions: SET [0:?] OF property_parameter;
    axis_constraints: OPTIONAL SET [0:?] OF machine_axis_constraint; -- ADDED BY
10303-238
END_ENTITY;
```

4.2.205.1 相关数据 axis_constraints

axis_constraints 规定了零个或多个 Machine_axis_constraint，在 NC 控制中，当计算轴移动时将会用到这些约束。应用声明见 4.3.41。

注：这些信息是依赖于机床的并且不可以单独应用。

4.2.206 应用对象 Milling_machining_operation

Milling_machining_operation 应用对象由GB/T 19903.11—2008 的第 4 章定义。

注：GB/T 19903(ISO 14649) 中对 Milling_machining_operation 的 EXPRESS 描述如下。其完整定义和使用说明参见GB/T 19903.11。

```
ENTITY milling_machining_operation
    ABSTRACT SUPERTYPE OF (ONEOF(milling_type_operation, drilling_type_operation))
    SUBTYPE OF (machining_operation);
    overcut_length: OPTIONAL length_measure;
```

```
    WHERE
    WR1: (EXISTS(SELF.its_technology.feedrate_per_tooth) AND
    EXISTS(SELF.its_tool.number_of_effective_teeth)) OR
    (NOT(EXISTS(SELF.its_technology.feedrate_per_tooth)));
END_ENTITY;
```

4.2.207 应用对象 **Milling_technology**

Milling_technology 应用对象由GB/T 19903.11—2008 的第 4 章定义。

注：GB/T 19903(ISO 14649)中对 Milling_technology 的 EXPRESS 描述如下。其完整定义和使用说明参见GB/T 19903.11。

```
ENTITY milling_technology
    SUBTYPE OF (technology);
    cutspeed: OPTIONAL speed_measure;
    spindle: OPTIONAL rot_speed_measure;
    feedrate_per_tooth: OPTIONAL length_measure;
    synchronize_spindle_with_feed: BOOLEAN;
    inhibit_feedrate_override: BOOLEAN;
    inhibit_spindle_override: BOOLEAN;
    its_adaptive_control: OPTIONAL adaptive_control;
WHERE
    WR1: (EXISTS(cutspeed) AND NOT EXISTS(spindle))
    OR (EXISTS(spindle) AND NOT EXISTS(cutspeed))
    OR (EXISTS(its_adaptive_control));
    WR2: (EXISTS(SELF.feedrate) AND NOT EXISTS(feedrate_per_tooth))
    OR (EXISTS(feedrate_per_tooth) AND NOT EXISTS(SELF.feedrate))
    OR (EXISTS(its_adaptive_control));
END_ENTITY;
```

4.2.208 应用对象 **Milling_type_operation**

Milling_type_operation 应用对象由GB/T 19903.11—2008 的第 4 章定义。

注：GB/T 19903(ISO 14649)中对 Milling_type_operation 的 EXPRESS 描述如下。其完整定义和使用说明参见GB/T 19903.11。

```
ENTITY milling_type_operation
    ABSTRACT SUPERTYPE OF (ONEOF(freeform_operation, two5D_milling_operation))
    SUBTYPE OF (milling_machining_operation);
    approach: OPTIONAL approach_retract_strategy;
    retract: OPTIONAL approach_retract_strategy;
END_ENTITY;
```

4.2.209 应用对象 **Multiple_arity_boolean_expression**

Multiple_arity_boolean_expression 应用对象由GB/T 19903.10—2006 的 4.6 定义。

注：GB/T 19903(ISO 14649)中对 Multiple_arity_boolean_expression 的 EXPRESS 描述如下。其完整定义和使用说明参见GB/T 19903.10。

```
ENTITY multiple_arity_boolean_expression
    ABSTRACT SUPERTYPE OF(ONEOF(and_expression, or_expression))
    SUBTYPE OF (boolean_expression);
    operands: LIST [2:?] OF boolean_expression;
```

```
END_ENTITY;
```

4.2.210 应用对象 Multistep_drilling

Multistep_drilling 应用对象由GB/T 19903.11—2008 的第 4 章定义。

注：GB/T 19903（ISO 14649）中对 Multistep_drilling 的 EXPRESS 描述如下。其完整定义和使用说明参见GB/T 19903.11。

```
ENTITY multistep_drilling
  SUBTYPE OF (drilling_operation);
  retract_distance: length_measure;
  first_depth: length_measure;
  depth_of_step: length_measure;
  dwell_time_step: OPTIONAL time_measure;
END_ENTITY;
```

4.2.211 应用对象 Multistep_grooving_strategy

Multistep_grooving_strategy 应用对象由GB/T 19903.12—2008 的 4.4 定义。

注：GB/T 19903(ISO 14649) 中对 Multistep_grooving_strategy 的 EXPRESS 描述如下。其完整定义和使用说明参见GB/T 19903.12。

```
ENTITY multistep_grooving_strategy
  SUBTYPE OF (grooving_strategy);
  retract_distance: length_measure;
END_ENTITY;
```

4.2.212 应用对象 NC_constant

NC_constant 应用对象由GB/T 19903.10—2006 的 4.6 定义。

注：GB/T 19903（ISO 14649）中对 NC_constant 的 EXPRESS 描述如下。其完整定义和使用说明参见GB/T 19903.10。

```
ENTITY nc_constant;
  its_name: LABEL;
  its_value: OPTIONAL NUMBER;
END_ENTITY;
```

4.2.213 应用对象 NC_function

NC_function 应用对象由GB/T 19903.10—2006 的 4.6 定义。

注：GB/T 19903（ISO 14649）中对 NC_function 的 EXPRESS 描述如下。其完整定义和使用说明参见GB/T 19903.10。

```
ENTITY nc_function
  ABSTRACT SUPERTYPE SUBTYPE OF (executable);
END_ENTITY;
```

4.2.214 应用对象 NC_variable

NC_variable 应用对象由GB/T 19903.10—2006 的 4.6 定义。

注：GB/T 19903（ISO 14649）中对 NC_variable 的 EXPRESS 描述如下。其完整定义和使用说明参见GB/T 19903.10。

```
ENTITY nc_variable;
  its_name: LABEL;
  initial_value: OPTIONAL NUMBER;
```

```
END_ENTITY;
```

4.2.215 应用对象 Ngon_profile

Ngon_profile 应用对象由GB/T 19903.10—2006 的 4.5 定义。

注：GB/T 19903（ISO 14649）中对 Ngon_profile 的 EXPRESS 描述如下。其完整定义和使用说明参见GB/T 19903.10。

```
ENTITY ngon_profile
   SUBTYPE OF(closed_profile);
   diameter: toleranced_length_measure;
   number_of_sides: INTEGER;
   circumscribed_or_across_flats: BOOLEAN;
END_ENTITY;
```

4.2.216 应用对象 Non_sequential

Non_sequential 应用对象由GB/T 19903.10—2006 的 4.6 定义。

注：GB/T 19903（ISO 14649）中对 Non_sequential 的 EXPRESS 描述如下。其完整定义和使用说明参见GB/T 19903.10。

```
ENTITY non_sequential
   SUBTYPE OF (program_structure);
   its_elements: SET[2:?] OF executable;
END_ENTITY;
```

4.2.217 应用对象 Not_express

Not_express 应用对象由GB/T 19903.10—2006 的 4.6 定义。

注：GB/T 19903（ISO 14649）中对 Not_express 的 EXPRESS 描述如下。其完整定义和使用说明参见GB/T 19903.10。

```
ENTITY not_expression
   SUBTYPE OF (unary_boolean_expression);
END_ENTITY;
```

4.2.218 应用对象 Numeric_parameter

Numeric_parameter 应用对象由GB/T 19903.10—2006 的 4.4 定义。

注：GB/T 19903（ISO 14649）中对 Numeric_parameter 的 EXPRESS 描述如下。其完整定义和使用说明参见GB/T 19903.10。

```
ENTITY numeric_parameter
   SUBTYPE OF (Property_parameter);
   its_parameter_value: parameter_value;
   its_parameter_unit: label;
END_ENTITY;
```

4.2.219 应用对象 Offset_vector

Offset_vector 应用对象由GB/T 19903.10—2006 的 4.6 定义。

注：GB/T 19903（ISO 14649）中对 Offset_vector 的 EXPRESS 描述如下。其完整定义和使用说明参见GB/T 19903.10。

```
ENTITY offset_vector;
```

```
    translate: LIST [3:3] OF nc_variable;
    rotate: OPTIONAL LIST [3:3] OF nc_variable;
  WHERE
    WR1: (SIZEOF(QUERY(i <* translate | NOT EXISTS(i.initial_value))) = 0)
    AND (NOT EXISTS(rotate) OR (SIZEOF(QUERY(i <* rotate |
    NOT EXISTS(i.initial_value))) = 0));
  END_ENTITY;
```

4.2.220 应用对象 Open_pocket

Open_pocket 应用对象由GB/T 19903.10—2006 的 4.5 定义。

注：GB/T 19903（ISO 14649）中对 Open_pocket 的 EXPRESS 描述如下。其完整定义和使用说明参见GB/T 19903.10。

```
ENTITY open_pocket
  SUBTYPE OF (pocket);
  open_boundary: open_profile;
  wall_boundary: OPTIONAL open_profile;
END_ENTITY;
```

4.2.221 应用对象 Open_profile

Open_profile 应用对象由GB/T 19903.10—2006 的 4.5 定义。

注：GB/T 19903（ISO 14649）中对 Open_profile 的 EXPRESS 描述如下。其完整定义和使用说明参见GB/T 19903.10。

```
ENTITY open_profile
  ABSTRACT SUPERTYPE OF (ONEOF (linear_profile, square_u_profile, rounded_u_profile,
  tee_profile, vee_profile, partial_circular_profile, general_profile))
  SUBTYPE OF(profile);
END_ENTITY;
```

4.2.222 应用对象 Open_slot_end_type

Open_slot_end_type 应用对象由GB/T 19903.10—2006 的 4.5 定义。

注：GB/T 19903（ISO 14649）中对 Open_slot_end_type 的 EXPRESS 描述如下。其完整定义和使用说明参见GB/T 19903.10。

```
ENTITY open_slot_end_type
  SUBTYPE OF (slot_end_type);
END_ENTITY;
```

4.2.223 应用对象 Operation

Operation 应用对象由GB/T 19903.10—2006 的 4.7 定义。

注：GB/T 19903（ISO 14649）中对 Operation 的 EXPRESS 描述如下。其完整定义和使用说明参见GB/T 19903.10。

```
ENTITY operation
  ABSTRACT SUPERTYPE OF (ONEOF (machining_operation, rapid_movement, touch_probing));
  its_toolpath: OPTIONAL toolpath_list;
  its_tool_direction: OPTIONAL tool_direction;
```

```
END_ENTITY;
```

4.2.224 应用对象 Optional_stop

Optional_stop 应用对象由GB/T 19903.10—2006 的 4.6 定义。

注：GB/T 19903（ISO 14649）中对 Optional_stop 的 EXPRESS 描述如下。其完整定义和使用说明参见GB/T 19903.10。

```
ENTITY optional_stop
  SUBTYPE OF (nc_function);
END_ENTITY;
```

4.2.225 应用对象 Or_expression

Or_expression 应用对象由GB/T 19903.10—2006 的 4.6 定义。

注：GB/T 19903（ISO 14649）中对 Or_expression 的 EXPRESS 描述如下。其完整定义和使用说明参见GB/T 19903.10。

```
ENTITY or_expression
  SUBTYPE OF (multiple_arity_boolean_expression);
END_ENTITY;
```

4.2.226 应用对象 Outer_diameter

Outer_diameter 应用对象由GB/T 19903.12—2008 的 4.2 定义。

注：GB/T 19903（ISO 14649）中对 Outer_diameter 的 EXPRESS 描述如下。其完整定义和使用说明参见GB/T 19903.10。

```
ENTITY outer_diameter
  SUBTYPE OF (outer_round);
  diameter_at_placement: toleranced_length_measure;
  feature_length: toleranced_length_measure;
  reduced_size: OPTIONAL taper_select;
END_ENTITY;
```

4.2.227 应用对象 Outer_diameter_to_shoulder

Outer_diameter_to_shoulder 应用对象由GB/T 19903.12—2008 的 4.2 定义。

注：GB/T 19903(ISO 14649) 中对 Outer_diameter_to_shoulder 的 EXPRESS 描述如下。其完整定义和使用说明参见GB/T 19903.10。

```
ENTITY outer_diameter_to_shoulder
  SUBTYPE OF (outer_round);
  diameter_at_placement: toleranced_length_measure;
  v_shape_boundary: vee_profile;
END_ENTITY;
```

4.2.228 应用对象 Outer_round

Outer_round 应用对象由GB/T 19903.12—2008 的 4.2 定义。

注：GB/T 19903（ISO 14649）中对 Outer_round 的 EXPRESS 描述如下。其完整定义和使用说明参见GB/T 19903.12。

```
ENTITY outer_round
   ABSTRACT SUPERTYPE OF (ONEOF (outer_diameter, outer_diameter_to_shoulder))
   SUBTYPE OF (turning_feature);
END_ENTITY;
```

4.2.229 应用对象 Parallel

Parallel 应用对象由GB/T 19903.10—2006 的 4.6 定义。

注：GB/T 19903(ISO 14649) 中对 Parallel 的 EXPRESS 描述如下。其完整定义和使用说明参见GB/T 19903.10。

```
ENTITY parallel
   SUBTYPE OF (program_structure);
   branches: SET [2:?] OF executable;
END_ENTITY;
```

4.2.230 应用对象 Parallelism_tolerance

Parallelism_tolerance 是一种 Geometric_tolerance(见 4.2.156),它规定了在允许的偏差内,一个平面或曲线应该平行于一个参考基准。这个参考基准是一个基准面或基准轴。Parallelism_tolerance 叙述了下面两种情况中的一种：

——公差带由平行于一个基准面或基准轴两个面或两条线(如果规定了该属性'affected_plane')限定,该特征的面的线性元素必须位于公差带内。

——其轴平行于基准轴的圆柱公差带,该特征的轴必须位于公差带内。

注：此定义与 ISO 10303-1051、ISO 10303-214 和 ISO 10303-224 中 Parallelism_tolerance 的定义一致,该定义源自 GB/T 1182—2008 的 14.7，图 16 说明了 Parallelism_tolerance。

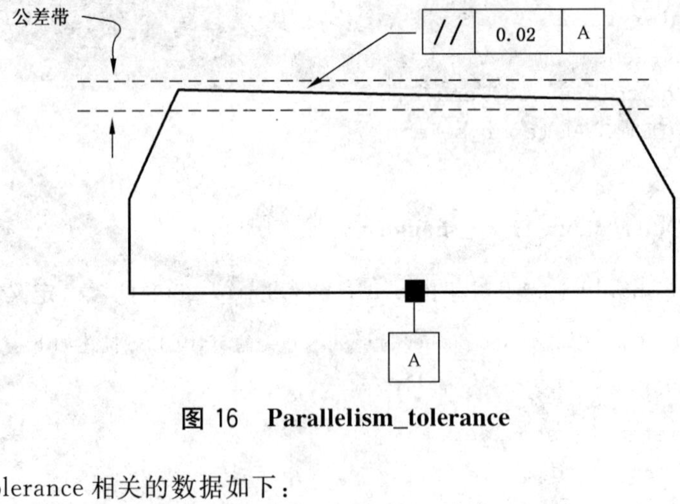

图 16 Parallelism_tolerance

与 Parallelism_tolerance 相关的数据如下：

——affected_plane;

——reference_datum。

4.2.230.1 相关数据 affected_plane

affected_plane 规定了一个局部坐标系,其 X-Y 面确定了该公差应用的平面。对特定的 Parallelism_tolerance,不需要规定 affected_plane。

4.2.230.2 相关数据 reference_datum

reference_datum 规定了一组定义几何公差的参考框架的 Datum_reference 对象。应用声明见4.3.42。

4.2.231 应用对象 Parameterised_path

Parameterised_path 应用对象由GB/T 19903.10—2006 的 4.8 定义。

注：GB/T 19903(ISO 14649)中对 Parameterised_path 的 EXPRESS 描述如下。其完整定义和使用说明参见GB/T 19903.10。

```
ENTITY parameterised_path
   ABSTRACT SUPERTYPE OF (ONEOF (approach_lift_path, connector))
   SUBTYPE OF (toolpath);
END_ENTITY;
```

4.2.232 应用对象 Part_property

Part_property 是一种 General_property (见 4.2.151),它描述了关于一个 Workpiece 的结构、装配或功能的一个规范特征。

与 Part_property 相关的数据如下：

——part_characteristics。

4.2.232.1 相关数据 part_characteristics

part_characteristics 规定了描述的 Part_property 的 Property_parameter 对象的集合。对特定的 Part_property,不需要规定 part_characteristics。应用声明见 4.3.43。

4.2.233 应用对象 Partial_area_definition

Partial_area_definition 应用对象由GB/T 19903.10—2006 的 4.5 定义。

注：GB/T 19903 (ISO 14649)中对 Partial_area_definition 的 EXPRESS 描述如下。其完整定义和使用说明参见GB/T 19903.10。

```
ENTITY partial_area_definition;
   effective_length: length_measure;
   placement: axis2_placement_3D;
   maximum_length: OPTIONAL length_measure;
END_ENTITY;
```

4.2.234 应用对象 Partial_circular_path

Partial_circular_path 应用对象由GB/T 19903.10—2006 的 4.5 定义。

注：GB/T 19903(ISO 14649)中对 Partial_circular_path 的 EXPRESS 描述如下。其完整定义和使用说明参见GB/T 19903.10。

```
ENTITY partial_circular_path
   SUBTYPE OF(circular_path);
   sweep_angle: plane_angle_measure;
END_ENTITY;
```

4.2.235 应用对象 Partial_circular_profile

Partial_circular_profile 应用对象由GB/T 19903.10—2006 的 4.5 定义。

注：GB/T 19903(ISO 14649) 中对 Partial_circular_profile 的 EXPRESS 描述如下。其完整定义和使用说明参

见GB/T 19903.10。

```
ENTITY partial_circular_profile
   SUBTYPE OF (open_profile);
   radius: toleranced_length_measure;
   sweep_angle: plane_angle_measure;
END_ENTITY;
```

4.2.236 应用对象 Partial_circular_shape_profile

Partial_circular_shape_profile 应用对象由GB/T 19903.10—2006 的 4.5 定义。

注：GB/T 19903(ISO 14649)中对 Partial_circular_shape_profile 的 EXPRESS 描述如下。其完整定义和使用说明参见GB/T 19903.10。

```
ENTITY partial_circular_shape_profile
   SUBTYPE OF (shape_profile);
   open_boundary : partial_circular_profile;
END_ENTITY;
```

4.2.237 应用对象 Perpendicularity_tolerance

Perpendicularity_tolerance 是一种 Geometric_tolerance (见 4.2.156),它规定了在允许偏差内一个曲面或一条曲线应该垂直于参考基准。该参考基准是一个基平面或基准轴。Perpendicularity_tolerance 规定了下列之一：

——所考虑的特征的曲面或中位面应位于两个平行平面限定的公差带内。这两个平面垂直于基准平面或基准轴。

——所考虑的特征的轴应位于两个平行平面限定的公差带内,这两个平面垂直于基准轴。

——所考虑的特征的轴应位于垂直于基准平面的圆柱公差带(如果该'affected_plane'属性没有规定)内。

——曲面的元素应位于两个平行平面定义的公差带内,这两个平面垂直于基准平面或基准轴。

注：此定义与 ISO 10303-1051、ISO 10303-214 以及 ISO 10303-224 中 Perpendicularity_tolerance 的定义一致。这个定义来源于 GB/T 1182 的 14.8。图 17 说明了 Perpendicularity_tolerance。

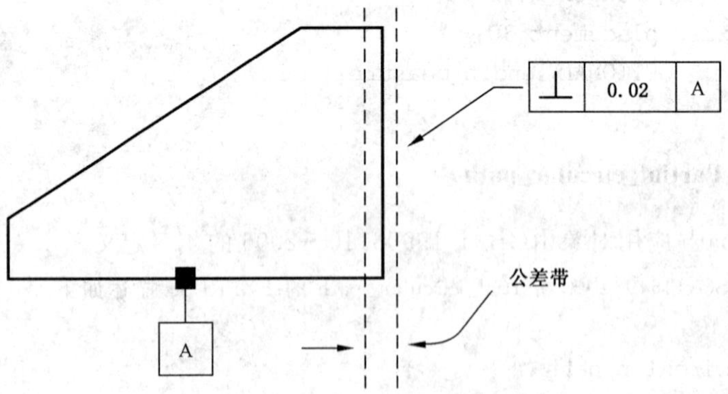

图 17 Perpendicularity_tolerance

与 Perpendicularity_tolerance 相关的数据如下：

——affected_plane;

——reference_datum。

4.2.237.1 相关数据 **affected_plane**

affected_plane 规定了局部坐标系，建立了公差应用的 X-Y 平面。对特定的 Perpendicularity_tolerance，不需要规定 affected_plane。

4.2.237.2 相关数据 **reference_datum**

reference_datum 规定了 Datum_reference 对象的集合，reference_datum 实体为尺寸公差定义了参考系。应用声明见 4.3.44。

4.2.238 应用对象 **Person_and_address**

Person_and_address 应用对象由GB/T 19903.10—2006 的 4.3 定义。

注：GB/T 19903（ISO 14649）中对 Person_and_address 的 EXPRESS 描述如下。其完整定义和使用说明参见GB/T 19903.10。

```
ENTITY person_and_address;
   its_person: person;
   its_address: OPTIONAL address;
END_ENTITY;
```

4.2.239 应用对象 **Placed_target**

Placed_target 是一种 Datum_target（见 4.2.105)，它由参数隐含地描述。

与 Placed_target 相关的数据如下：

——defined_in;

——parameter_reference。

4.2.239.1 相关数据 **defined_in**

defined_in 规定了笛卡尔坐标空间，作为 parameter_reference 的位置和方向被定义在该空间中。

注：一个 Placed_target 并不定义在其自身的局部和独立坐标空间中，而是定义在提供基准的形状坐标空间中。

4.2.239.2 相关数据 **parameter_reference**

parameter_reference 规定了参数或 Placed_target 涉及的位置和方向。

4.2.240 应用对象 **Planar_face**

Planar_face 应用对象由GB/T 19903.10—2006 的 4.5 定义。GB/T 16656 的本部分扩充了以下信息需求。

注 1：为了与 ISO 10303-224 和 GB/T 16656 其他部分相协调，增加了以下的属性。图 18 说明了与 Planar_face 相关的参数。对于特征方向和 Planar_face 应用对象其他方面的进一步讨论见 5.2.1.3.1。

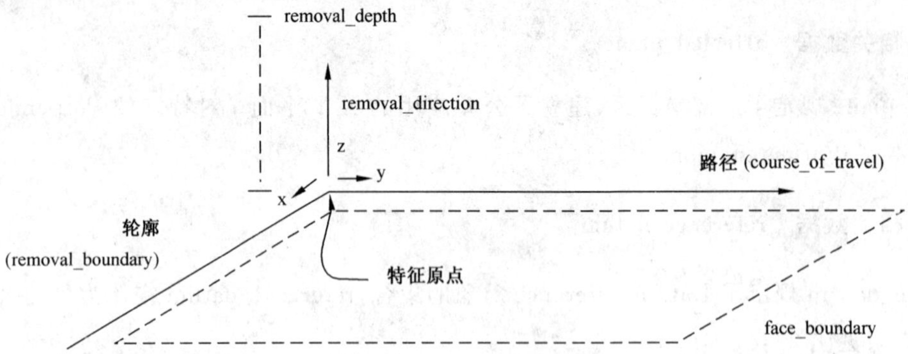

图 18 **Planar_face 参数**

与 Planar_face 相关的数据如下：

——由GB/T 19903.10定义的所有数据；

——removal_depth；

——removal_direction。

注 2：GB/T 19903(ISO 14649) 中对 Planar_face 的 EXPRESS 描述如下，适用于 GB/T 16656 的本部分。其原始定义和使用说明参见GB/T 19903.10。

```
ENTITY planar_face
  SUBTYPE OF (machining_feature);
  course_of_travel: linear_path;
  removal_boundary: linear_profile;
  face_boundary: OPTIONAL closed_profile;
  its_boss: SET [0:?] OF boss;
  removal_depth: length_measure; -- ADDED BY 10303-238
  removal_direction: direction; -- ADDED BY 10303-238
END_ENTITY;
```

4.2.240.1 相关数据 removal_depth

removal_depth 规定了材料从 Planar_face 特征切去时，沿着移动方向测量的距离。

4.2.240.2 相关数据 removal_direction

removal_direction 规定了沿着 Planar_face 特征切去时材料的方向。

4.2.241 应用对象 Planar_pocket_bottom_condition

Planar_pocket_bottom_condition 应用对象由GB/T 19903.10—2006 的 4.5 定义。

注：GB/T 19903(ISO 14649)中对 Planar_pocket_bottom_condition 的 EXPRESS 描述如下。其完整定义和使用说明参见GB/T 19903.10。

```
ENTITY planar_pocket_bottom_condition
  SUBTYPE OF (pocket_bottom_condition);
END_ENTITY;
```

4.2.242 应用对象 Planar_profile_floor

Planar_profile_floor 应用对象由GB/T 19903.10—2006 的 4.5 定义。

注：GB/T 19903(ISO 14649)中对 Planar_profile_floor 的 EXPRESS 描述如下。其完整定义和使用说明参见GB/T 19903.10。

```
ENTITY planar_profile_floor
  SUBTYPE OF (profile_floor);
  floor: plane;
END_ENTITY;
```

4.2.243 应用对象 Plane_angle_measure

Plane_angle_measure 是一种 Value_with_tolerance（见 4.2.403），其中，该 value_component 描述一平面角度的带公差的值。

注：像GB/T 19903.10中所定义的，Plane_angle_measure 并不显式地规定一个单位。而是针对所有的平面角度定义一个缺省的单位-度。GB/T 16656 的本部分扩充了 Plane_angle_measure，明确规定它使用从 Value_with_unit继承而来的“unit”属性来说明单位。此外，带有公差的度量可以是合格的，该公差使用从 Value_with_unit 继承而来的“limitation”属性。

4.2.244 应用对象 Plane_cc_strategy

Plane_cc_strategy 应用对象由GB/T 19903.11—2008 的第 4 章定义。

注：GB/T 19903（ISO 14649）中对 Plane_cc_strategy 的 EXPRESS 描述如下。其完整定义和使用说明参见GB/T 19903.11。

```
ENTITY plane_cc_strategy
  SUBTYPE OF (freeform_strategy);
  its_plane_normal: direction;
END_ENTITY;
```

4.2.245 应用对象 Plane_cl_strategy

Plane_cl_strategy 应用对象由GB/T 19903.11—2008 的第 4 章定义。

注：GB/T 19903（ISO 14649）中对 Plane_cl_strategy 的 EXPRESS 描述如下。其完整定义和使用说明参见GB/T 19903.11。

```
ENTITY plane_cl_strategy
  SUBTYPE OF (freeform_strategy);
  its_plane_normal: direction;
END_ENTITY;
```

4.2.246 应用对象 Plane_finish_milling

Plane_finish_milling 应用对象由GB/T 19903.11—2008 的第 4 章定义。

注：GB/T 19903（ISO 14649）中对 Plane_finish_milling 的 EXPRESS 描述如下。其完整定义和使用说明参见GB/T 19903.11。

```
ENTITY plane_finish_milling
  SUBTYPE OF (plane_milling);
END_ENTITY;
```

4.2.247 应用对象 Plane_milling

Plane_milling 应用对象由GB/T 19903.11—2008 的第 4 章定义。

注：GB/T 19903（ISO 14649）中对 Plane_milling 的 EXPRESS 描述如下。其完整定义和使用说明参见GB/T 19903.11。

```
ENTITY plane_milling
 ABSTRACT SUPERTYPE OF (ONEOF(plane_rough_milling, plane_finish_milling))
```

```
  SUBTYPE OF (two5D_milling_operation);
  axial_cutting_depth: OPTIONAL length_measure;
  allowance_bottom: OPTIONAL length_measure;
END_ENTITY;
```

4.2.248 应用对象 Plane_rough_milling

Plane_rough_milling 应用对象由GB/T 19903.11—2008 的第4章定义。

注：GB/T 19903(ISO 14649)中对 Plane_rough_milling 的 EXPRESS 描述如下。其完整定义和使用说明参见GB/T 19903.11。

```
ENTITY plane_rough_milling
  SUBTYPE OF (plane_milling);
  WHERE
  WR1: EXISTS(SELF.allowance_bottom) AND (SELF.allowance_bottom>= 0.0);
END_ENTITY;
```

4.2.249 应用对象 Plunge_helix

Plunge_helix 应用对象由GB/T 19903.11—2008 的第4章定义。

注：GB/T 19903(ISO 14649)中对 Plunge_helix 的 EXPRESS 描述如下。其完整定义和使用说明参见GB/T 19903.11。

```
ENTITY plunge_helix
  SUBTYPE OF (plunge_strategy);
  radius: length_measure;
  angle: plane_angle_measure;
END_ENTITY;
```

4.2.250 应用对象 Plunge_ramp

Plunge_ramp 应用对象由GB/T 19903.11—2008 的第4章定义。

注：GB/T 19903(ISO 14649)中对 Plunge_ramp 的 EXPRESS 描述如下。其完整定义和使用说明参见GB/T 19903.11。

```
ENTITY plunge_ramp
  SUBTYPE OF (plunge_strategy);
  angle: plane_angle_measure;
END_ENTITY;
```

4.2.251 应用对象 Plunge_strategy

Plunge_strategy 应用对象由GB/T 19903.11—2008 的第4章定义。

注：GB/T 19903(ISO 14649)中对 Plunge_strategy 的 EXPRESS 描述如下。其完整定义和使用说明参见GB/T 19903.11。

```
ENTITY plunge_strategy
  ABSTRACT SUPERTYPE OF (ONEOF (plunge_toolaxis, plunge_ramp,
  plunge_helix, plunge_zigzag))
  SUBTYPE OF (approach_retract_strategy);
END_ENTITY;
```

4.2.252 应用对象 Plunge_toolaxis

Plunge_toolaxis 应用对象由GB/T 19903.11—2008 的第4章定义。

注：GB/T 19903(ISO 14649)中对 Plunge_toolaxis 的 EXPRESS 描述如下。其完整定义和使用说明参

见GB/T 19903.11。

```
ENTITY plunge_toolaxis
   SUBTYPE OF (plunge_strategy);
END_ENTITY;
```

4.2.253 应用对象 Plunge_zigzag

Plunge_zigzag 应用对象由GB/T 19903.11—2008 的第 4 章定义。

注：GB/T 19903(ISO 14649)中对 Plunge_zigzag 的 EXPRESS 描述如下。其完整定义和使用说明参见GB/T 19903.11。

```
ENTITY plunge_zigzag
   SUBTYPE OF (plunge_strategy);
   angle: plane_angle_measure;
   width: length_measure;
END_ENTITY;
```

4.2.254 应用对象 Plus_minus_value

Plus_minus_value 是公差的描述，通过在 Value_with_tolerance 的 value_component 上加上下偏移量生成允许范围的两个极限。

注：此定义与 ISO 10303-1050、ISO 10303-214 和 ISO 10303-224 中的 Plus_minus_value 定义一致。GB/T 19903.10中出现的 Plus_minus_value 定义仅仅应用于长度度量。GB/T 16656 的本部分扩充了由GB/T 19903.10给定的定义到由 Value_with_tolerance 给定的物理数量任何类型。为了相协调，出现在GB/T 19903.10中的 significant_digits 数据与 Value_with_tolerance 应用对象相关。

与 Plus_minus_value 相关的数据如下：

——lower_limit;

——upper_limit。

4.2.254.1 相关数据 lower_limit

lower_limit 规定较低的偏移度量，当给 Value_with_tolerance 的 value_component 加上较低的测量偏移量时，对该物理量给出最低允许值。

4.2.254.2 相关数据 upper_limit

upper_limit 规定较高的偏移度量，当给 Value_with_tolerance 的 value_component 加上较高的测量偏移量时，对该物理量给出最高允许值。

4.2.255 应用对象 Pocket

Pocket 应用对象由GB/T 19903.10—2006 的 4.5 定义。GB/T 16656 的本部分扩充了以下信息需求。

注 1：下列增加的特性与 ISO 10303-224 和 GB/T 16656 的其他部分一致。图 19 说明了槽腔的参数，包括位于特征公共原点的底部、轮廓和路径(用 bottom_at_path_end 的值为 FALSE 来表示)。图 20 说明了另一种情况：底部位于 course_of_travel 路径的末端(用 bottom_at_path_end 的值为 TRUE 来表示)。关于该特征源点定位的进一步讨论和 Pocket 应用对象的其他方面参见 5.2.1.3.3。

与 Pocket 相关的数据如下：

——由 GB/T 19903.10定义的所有数据；

——bottom_at_path_end;

——course_of_travel;

——top_fillet_radius。

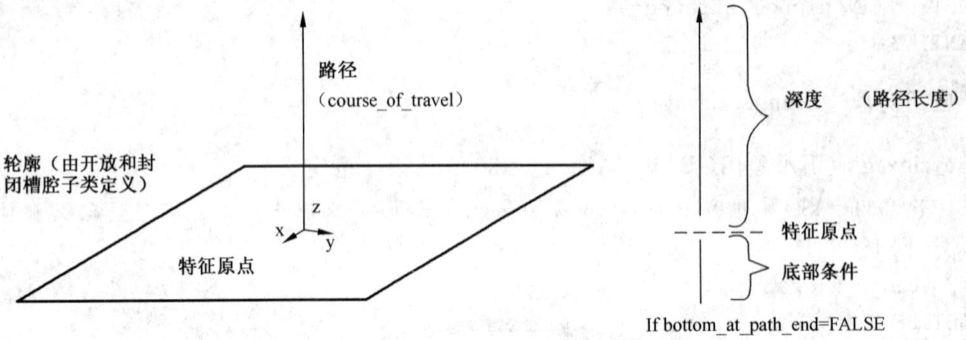

图 19 Pocket（在路径起点的底部）

注 2：GB/T 19903(ISO 14649)中对 Pocket 的 EXPRESS 描述如下，适用于 GB/T 16656 的本部分。其完整定义和使用说明参见GB/T 19903.10。

```
ENTITY pocket
ABSTRACT SUPERTYPE OF (ONEOF(closed_pocket, open_pocket))
SUBTYPE OF (machining_feature);
its_boss: SET [0:?] OF boss;
slope: OPTIONAL plane_angle_measure;
bottom_condition: pocket_bottom_condition;
planar_radius: OPTIONAL toleranced_length_measure;
orthogonal_radius: OPTIONAL toleranced_length_measure;
bottom_at_path_end: BOOLEAN; -- ADDED BY 10303-238
course_of_travel: linear_path; -- ADDED BY 10303-238
top_fillet_radius: OPTIONAL toleranced_length_measure; -- ADDED BY 10303-238
END_ENTITY;
```

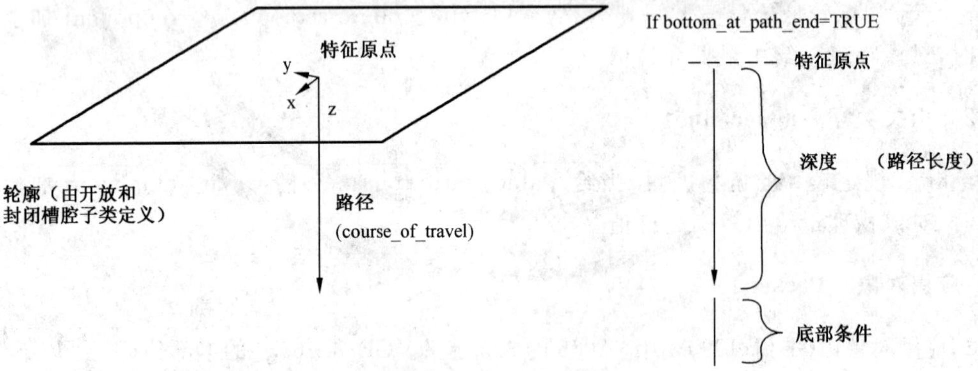

图 20 Pocket（在路径末端的底部）

4.2.255.1 相关数据 bottom_at_path_end

bottom_at_path_end 规定了 bottom_condition 的位置。如果 bottom_condition 被安置在 course_of_travel 路径的末端，bottom_at_path_end 应具有 TRUE 的值；如果 bottom_condition 被安置在 course_of_travel 路径的起点，bottom_at_path_end 应具有 FALSE 的值。

注：在 ISO 10303-224 中，该参数作为 start_or_end 被定位在 Pocket_bottom_condition 应用对象上。在集成表达

中,该值由一个连接到特定槽腔的槽腔底的特征元素关系表达。这个参数已经被移到槽腔上,以便不同槽腔的不同值可以共用同一槽腔底部实例。

4.2.255.2 相关数据 course_of_travel

course_of_travel 规定了 Linear_path ,沿着该线性路径,通过扫略一槽腔的子类型定义的轮廓(Closed_pocket 的 feature_boundary,Open_pocket 的 open_boundary)来定义该槽腔的体积。

course_of_travel 的布置和方位与该槽腔特征应是一致的。应用声明见 4.3.45。

注:该路径的长度是该槽腔的深度。

4.2.255.3 相关数据 top_fillet_radius

top_fillet_radius 规定了 Pocket 顶部与周围 Workpiece 表面连接处的圆角半径。对特定的 Pocket,不需要规定 top_fillet_radius。

注:在 ISO 10303-224 中,该参数叫做 base_radius,但为了与 orthoganal and planar radius 参数区别开来,这里叫做 top_fillet_radius。

4.2.256 应用对象 Pocket_bottom_condition

Pocket_bottom_condition 应用对象由GB/T 19903.10—2006 的 4.5 定义。

注:GB/T 19903(ISO 14649)中对 Pocket_bottom_condition 的 EXPRESS 描述如下。其完整定义和使用说明参见GB/T 19903.10。

```
ENTITY pocket_bottom_condition
   ABSTRACT SUPERTYPE OF ( ONE OF (through_pocket_bottom_condition,
   Planar_pocket_bottom_condition, radiused_pocket_bottom_condition,
   General_pocket_bottom_condition));
END ENTITY;
```

4.2.257 应用对象 Position_tolerance

Position_tolerance 是一种 Geometric_tolerance (见 4.2.156),它规定了一种形状元素的位置允许偏差。既可以是整个形状的位置范围,也可以是该形状的中心、轴、中心面的公差带。

注:此定义与 ISO 10303-1051、ISO 10303-214、ISO 10303-224 中的 Position_tolerance 定义一致。该定义源自GB/T 1182中的 14.10。位置公差的概念是在 ISO 5458[3] 定义的。图 21 说明了 Position_tolerance 的概念。

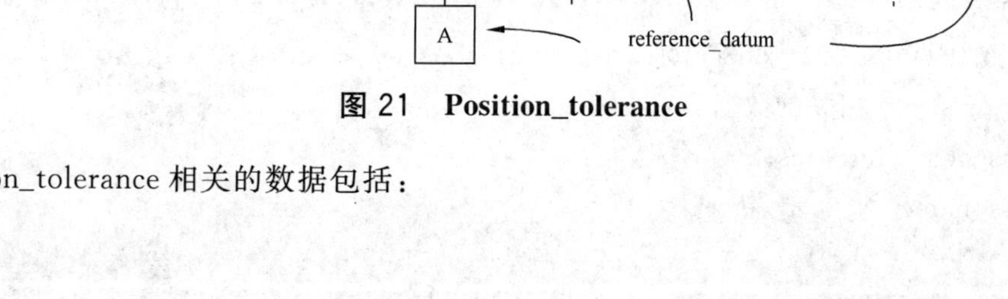

图 21 Position_tolerance

与 Position_tolerance 相关的数据包括:

——affected_plane;

——reference_datum。

4.2.257.1 相关数据 affected_plane

affected_plane 规定了一个局部坐标系,该坐标系的 X-Y 平面建立了公差应用平面。对特定的 position_tolerance,不需要规定 affected_plane。

4.2.257.2 相关数据 reference_datum

reference_datum 规定了 Datum_reference 对象的集合,它规定了用于形位公差的参考系。应用声明见 4.3.46。

注:当一个 Position_tolerance 是关联一复合公差的 Position_tolerance 特征时,不需要 reference_datum。

4.2.258 应用对象 Pressure_measure

Pressure_measure 是一种 Value_with_tolerance (见 4.2.403),其中,该 value_component 描述一压力。

注:在GB/T 19903.10的定义中,pressure_measure 不显式规定单位。帕斯卡作为所有压力的默认单位。然而GB/T 16656的本部分扩充了 pressure_measure,允许明确规定单位可以使用从 Value_with_unit 继承来的"unit"属性。此外,该度量能与使用从 Value_with_tolerance 继承来的"limitation"属性的公差相匹配。

4.2.259 应用对象 Process_model

Process_model 应用对象由GB/T 19903.11定义。

注:GB/T 19903(ISO 14649)中对 Process_model 的 EXPRESS 描述如下。其完整定义和使用说明参见GB/T 19903.11。

```
ENTITY process_model;
   Ini_data_file:label;
   Its_type:label;
END_ENTITY;
```

4.2.260 应用对象 Process_model_list

Process_model_list 应用对象由GB/T 19903.11—2008 的第 4 章定义。

注:GB/T 19903(ISO 14649)中对 Process_model_list 的 EXPRESS 描述如下。其完整定义和使用说明参见GB/T 19903.11。

```
ENTITY process_model_list;
   Its_list:    LIST[1:?]    OF process_model;
END_ENTITY;
```

4.2.261 应用对象 Process_property

Process_property 是一种 General_property(见 4.2.151),其描述了关于一 Workpiece 制造中的相关过程的特有特性。

注:此定义与在 ISO 10303-224 和 ISO 10303-240 中该 Process_property 的定义一致。

与 Process_property 相关的数据有:

——process_characteristics;

——process_name。

4.2.261.1 相关数据 process_characteristics

process_characteristics 规定了 Property_parameter 对象的集合，它描述 Process_property。对特定的 Process_property，不需要规定 process_characteristics。应用声明见 4.3.47。

4.2.261.2 相关数据 process_name

process_name 规定了一个词或一组词，Process_property 经常通过它们被引用。

4.2.262 应用对象 Profile

Profile 应用对象由GB/T 19903.10—2006 的 4.5 定义。

注：GB/T 19903(ISO 14649)中对 Profile 的 EXPRESS 描述如下。其完整定义和使用说明参见GB/T 19903.10。

```
ENTITY profile
  ABSTRACT SUPERTYPE OF (ONE OF (closed_profile, open_profile));
  Placement:    OPTIONAL    axis2_placement_3d;
END_ENTITY;
```

4.2.263 应用对象 Profile_feature

Profile_feature 应用对象由GB/T 19903.10—2006 的 4.5 定义。

注：GB/T 19903(ISO 14649)中对 Profile_feature 的 EXPRESS 描述如下。其完整定义和使用说明参见GB/T 19903.10。

```
ENTITY profile_feature
  ABSTRACT SUPERTYPE OF (ONE OF (general_outside_profile, shape_profile))
  SUBTYPE OF (machining_feature);
  Profile_swept_shape:  linear_path;
END_ENTITY;
```

4.2.264 应用对象 Profile_floor

Profile_floor 应用对象由GB/T 19903.10—2006 的 4.5 定义。

注：GB/T 19903(ISO 14649)中对 Profile_floor 的 EXPRESS 描述如下。其完整定义和使用说明参见GB/T 19903.10。

```
ENTITY profile_floor
  ABSTRACT SUPERTYPE OF(ONEOF(general_profile_floor, planar_profile_floor));
  floor_radius: OPTIONAL numeric_parameter;
  start_or_end: BOOLEAN;
END_ENTITY;
```

4.2.265 应用对象 Profiled_corner

Profiled_corner 应用对象由GB/T 19903.121—2008 的第 4 章定义。

注：GB/T 19903(ISO 14649)中对 Profiled_corner 的 EXPRESS 描述如下。其完整定义和使用说明参见GB/T 19903.121。

```
ENTITY profiled_corner;
  transition_profile: open_profile;
END_ENTITY;
```

4.2.266 应用对象 Profiled_end_mill

Profiled_end_mill 应用对象由 ISO 14649-111:2007 的第 4 章定义。

注：GB/T 19903(ISO 14649)中对 Profiled_end_mill 的 EXPRESS 描述如下。其完整定义和使用说明参见

ISO 14649-111。

```
ENTITY profiled_end_mill
   SUBTYPE OF (endmill);
END_ENTITY;
```

4.2.267 应用对象 Program_stop

Program_stop 应用对象由GB/T 19903.10—2006 的 4.6 定义。

注：GB/T 19903(ISO14649)中对 Program_stop 的 EXPRESS 描述如下。其完整定义和使用说明参见GB/T 19903.10。

```
ENTITY program_stop
   SUBTYPE OF (nc_function);
END_ENTITY;
```

4.2.268 应用对象 Program_structure

Program_structure 应用对象由GB/T 19903.10—2006 的 4.6 定义。

注：GB/T 19903(ISO 14649)中对 Program_structure 的 EXPRESS 描述如下。其完整定义和使用说明参见GB/T 19903.10。

```
ENTITY program_structure
   ABSTRACT SUPERTYPE OF (ONEOF(workplan, parallel, non_sequential, selective,
   if_statement, while_statement, assignment))
   SUBTYPE OF (executable);
END_ENTITY;
```

4.2.269 应用对象 Project

Project 应用对象由GB/T 19903.10—2006 的 4.3 定义。

注：GB/T 19903(ISO 14649)中对 Project 的 EXPRESS 描述如下。其完整定义和使用说明参见GB/T 19903.10。

```
ENTITY project;
   its_id: identifier;
   main_workplan: workplan;
   its_workpieces: SET [0:?] OF workpiece;
   its_owner: OPTIONAL person_and_address;
   its_release: OPTIONAL date_and_time;
   its_status: OPTIONAL approval;
END_ENTITY;
```

4.2.270 应用对象 Projection

Projection 是一种从零件元素投影得到的 Tolerance_zone 的 Tolerance_zone_definition（见4.2.361）。该投影在零件外部，并从元素规定长度的一端投影得到。

注：投影公差带的定义来自于 ISO 10578。

与 Projection 相关的数据有：

——projection_end；

——projection_length。

4.2.270.1 相关数据 projection_end

projection_end 规定了一个形状元素，公差带从该形状元素进行投影。

4.2.270.2 相关数据 **projection_length**

projection_length 规定了从 projection_end 到 Geometric_tolerance 应被测量的距离。

4.2.271 应用对象 **Property_BSU**

Property_BSU 是一种 BSU (见 4.2.40),它标识了零件库中类的一特性的基本语义单元。

注:此定义与 ISO 10303-224 和 ISO 10303-240 中的 Property_BSU 定义一致。

与 Property_BSU 相关的数据有:

——name_scope;

——version。

4.2.271.1 相关数据 **name_scope**

name_scope 规定了 Class_BSU 对象,它描述了该特性所属的类。应用声明见 4.3.48.

4.2.271.2 相关数据 **version**

version 规定了信息块的版本名称。

4.2.272 应用对象 **Property_parameter**

Property_parameter 应用对象由GB/T 19903.10—2006 的 4.4 定义。

注:GB/T 19903(ISO 14649)中对 Property_parameter 的 EXPRESS 描述如下。其完整定义和使用说明参见GB/T 19903.10。

```
ENTITY property_parameter
   SUPERTYPE OF (ONEOF (descriptive_parameter,numeric_parameter));
   parameter_name: label;
END_ENTITY;
```

4.2.273 应用对象 **Radial_size_dimension**

Radial_size_dimension 是一种 Size_dimension (见 4.2.313),它规定了圆、圆柱或者球形状元素的半径的允许变化。

注:此定义与 ISO 10303-1050、ISO 10303-214 中的 Radial_size_dimension 定义,以及与 ISO 10303-224 中的 Radial_dimension_tolerance 的定义一致。图 22 说明了 Radial_size_dimension 。

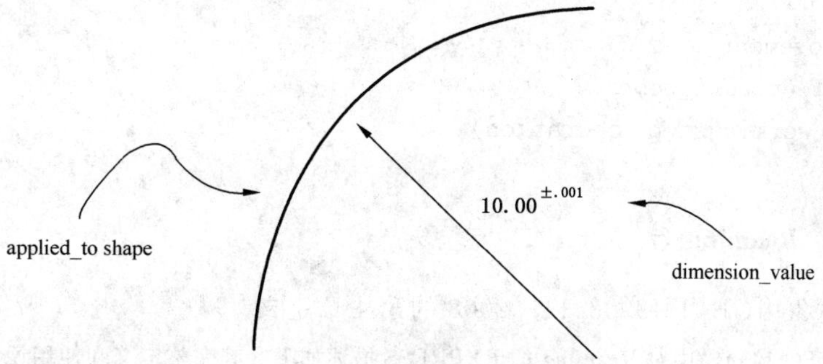

图 22 Radial_size_dimension

与 Radial_size_dimension 相关的数据有:

——radius_type。

4.2.273.1 相关数据 radius_type

radius_type 规定了公差带的格式。它是以下几种类型当中的一种。对特定的 Radial_size_dimension,不需要规定 radius_type。如果省略,应假定其值为'adjoining'。

——中心型:公差带的形状为以指定点为圆心的环形带。

注 1:中心型公差主要应用于中心定位的圆形表面如内圆面。它们可以由圆心和一条通过圆心的射线绘出。

——邻接型:公差带为由最大和最小半径的圆弧为边界形成的月牙形,其中的每条弧都是与其相邻的表面相切。

注 2:邻接型公差主要应用于邻接的圆形表面如内圆面。它们不需要圆心和射线,可只由点到面绘出。

4.2.274 应用对象 Radiused_pocket_bottom_condition

Radiused_pocket_bottom_condition 应用对象由GB/T 19903.10—2006 的 4.5 定义。

注:GB/T 19903(ISO 14649)中对 Radiused_pocket_bottom_condition 的 EXPRESS 描述如下。其完整定义和使用说明参见GB/T 19903.10。

```
ENTITY radiused_pocket_bottom_condition
   SUBTYPE OF (pocket_bottom_condition);
   floor_radius_center: cartesian_point;
   floor_radius: toleranced_length_measure;
END_ENTITY;
```

4.2.275 应用对象 Radiused_slot_end_type

Radiused_slot_end_type 应用对象由GB/T 19903.10—2006 的 4.5 定义。

注:GB/T 19903(ISO 14649)中对 Radiused_slot_end_type 的 EXPRESS 描述如下。其完整定义和使用说明参见GB/T 19903.10。

```
ENTITY radiused_slot_end_type
   SUBTYPE OF (slot_end_type);
END_ENTITY;
```

4.2.276 应用对象 Rapid_movement

Rapid_movement 应用对象由GB/T 19903.10—2006 的 4.6 定义。

注:GB/T 19903(ISO 14649)中对 Rapid_movement 的 EXPRESS 描述如下。其完整定义和使用说明参见GB/T 19903.10。

```
ENTITY rapid_movement
   SUPERTYPE OF (return_home)
   SUBTYPE OF (workingstep, operation);
END_ENTITY;
```

4.2.277 应用对象 Reaming

Reaming 应用对象由GB/T 19903.11—2008 的第 4 章定义。

注:GB/T 19903(ISO 14649)中对 Reaming 的 EXPRESS 描述如下。其完整定义和使用说明参见GB/T 19903.11。

```
ENTITY reaming
   SUBTYPE OF (boring_operation);
END_ENTITY;
```

4.2.278 应用对象 Reaming_cutting_tool

Reaming_cutting_tool 应用对象由 ISO 14649-111:2007 的第 4 章定义。

注：GB/T 19903(ISO 14649)中对 Reaming_cutting_tool 的 EXPRESS 描述如下。其完整定义和使用说明参见 ISO 14649-111。

```
ENTITY reaming_cutting_tool
  SUPERTYPE OF (ONEOF (tapered_reamer, combined_drill_and_reamer))
  SUBTYPE OF (milling_machine_cutting_tool);
  taper_length: length_measure;
END_ENTITY;
```

4.2.279 应用对象 Rectangular_closed_profile

Rectangular_closed_profile 应用对象由 GB/T 19903.10—2006 的 4.5 定义。

注：GB/T 19903(ISO 14649)中对 Rectangular_closed_profile 的 EXPRESS 描述如下。其完整定义和使用说明参见 GB/T 19903.10。

```
ENTITY rectangular_closed_profile
  SUBTYPE OF(closed_profile);
  profile_width:toleranced_length_measure;
  profile_length:toleranced_length_measure;
END_ENTITY;
```

4.2.280 应用对象 Rectangular_closed_shape_profile

Rectangular_closed_shape_profile 应用对象由 GB/T 19903.10—2006 的 4.5 定义。

注：GB/T 19903(ISO 14649)中对 Rectangular_closed_shape_profile 的 EXPRESS 描述如下。其完整定义和使用说明参见 GB/T 19903.10。

```
ENTITY rectangular_closed_shape_profile
  SUBTYPE OF (shape_profile);
  closed_boundary:rectangular_closed_profile;
END_ENTITY;
```

4.2.281 应用对象 Rectangular_offset

Rectangular_offset 应用对象由 GB/T 19903.10—2006 的 4.5 定义。

注：GB/T 19903(ISO 14649)中对 Rectangular_offset 的 EXPRESS 描述如下。其完整定义和使用说明参见 GB/T 19903.10。

```
ENTITY rectangular_offset;
  offset_direction:direction;
  offset_distance:length_measure;
  row_index:INTEGER;
  column_index:INTEGER;
END_ENTITY;
```

4.2.282 应用对象 Rectangular_omit

Rectangular_omit 应用对象由 GB/T 19903.10—2006 的 4.5 定义。

注：GB/T 19903(ISO 14649)中对 Rectangular_omit 的 EXPRESS 描述如下。其完整定义和使用说明参见GB/T 19903.10。

```
ENTITY rectangular_omit;
```

```
  row_index:INTEGER;
  column_index:INTEGER;
END_ENTITY;
```

4.2.283 应用对象 Rectangular_open_shape_profile

Rectangular_open_shape_profile 应用对象由 GB/T 19903.10—2006 的 4.5 定义。

注：GB/T 19903(ISO 14649)中对 Rectangular_open_shape_profile 的 EXPRESS 描述如下。其完整定义和使用说明参见 GB/T 19903.10。

```
ENTITY rectangular_open_shape_profile
  SUBTYPE OF (shape_profile);
  open_boundary:square_u_profile;
END_ENTITY;
```

4.2.284 应用对象 Rectangular_pattern

Rectangular_pattern 应用对象由 GB/T 19903.10—2006 的 4.5 定义。

注：GB/T 19903(ISO 14649)中对 Rectangular_pattern 的 EXPRESS 描述如下。其完整定义和使用说明参见 GB/T 19903.10。

```
ENTITY rectangular_pattern
  SUBTYPE OF(replicate_feature);
  spacing:toleranced_length_measure;
  its_direction:direction;
  number_of_rows:OPTIONAL INTEGER;
  number_of_columns:INTEGER;
  row_spacing:OPTIONAL toleranced_length_measure;
  row_layout_direction:OPTIONAL direction;
  relocated_base_feature:SET [0:?] OF Rectangular_offset;
  missing_base_feature:SET [0:?] OF Rectangular_omit;
  WHERE
  WR1:((SELF.number_of_rows >1)
  AND EXISTS(SELF.row_spacing)
  AND EXISTS(SELF.row_layout_direction));
  END_ENTITY;
```

4.2.285 应用对象 Region

Region 应用对象由 GB/T 19903.10—2006 的 4.5 定义。

注：GB/T 19903(ISO 14649)中对 Region 的 EXPRESS 描述如下。其完整定义和使用说明参见 GB/T 19903.10。

```
ENTITY region
  ABSTRACT SUPERTYPE OF (ONEOF (region_surface_list,region_projection,
  topological_region))
  SUBTYPE OF (manufacturing_feature);
  feature_placement:OPTIONAL Axis2_placement_3d;
END_ENTITY;
```

4.2.286 应用对象 Region_projection

Region_projection 应用对象由 GB/T 19903.10—2006 的 4.5 定义。

注：GB/T 19903(ISO 14649)中对 Region_projection 的 EXPRESS 描述如下。其完整定义和使用说明参见GB/T 19903.10。

```
ENTITY region_projection
   SUBTYPE OF (region);
   proj_curve:bounded_curve;
   proj_dir:direction;
   depth:toleranced_length_measure;
END_ENTITY;
```

4.2.287 应用对象 Region_surface_list

Region_surface_list 应用对象由 GB/T 19903.10—2006 的 4.5 定义。

注：GB/T 19903(ISO 14649)中对 Region_surface_list 的 EXPRESS 描述如下。其完整定义和使用说明参见 GB/T 19903.10。

```
ENTITY region_surface_list
   SUBTYPE OF (region);
   surface_list:LIST [1:?] OF bounded_surface;
END_ENTITY;
```

4.2.288 应用对象 Replicate_feature

Replicate_feature 应用对象由 GB/T 19903.10—2006 的 4.5 定义。

注：GB/T 19903(ISO 14649)中对 Replicate_feature 的 EXPRESS 描述如下。其完整定义和使用说明参见GB/T 19903.10。

```
ENTITY replicate_feature
   ABSTRACT SUPERTYPE OF (ONEOF(rectangular_pattern,circular_pattern,general_pattern))
   SUBTYPE OF (two5D_manufacturing_feature);
   replicate_base_feature:two5D_manufacturing_feature;
END_ENTITY;
```

4.2.289 应用对象 Return_home

Return_home 应用对象由 GB/T 19903.10—2006 的 4.6 定义。

注：GB/T 19903(ISO 14649)中对 Return_home 的 EXPRESS 描述如下。其完整定义和使用说明参见 GB/T 19903.10。

```
ENTITY  Return_home
   SUBTYPE OF (rapid_movement);
END_ENTITY;
```

4.2.290 应用对象 Revolved_feature

Revolved_feature 应用对象由 GB/T 19903.12—2008 的 4.2 定义。

注：GB/T 19903(ISO 14649)中对 Revolved_feature 的 EXPRESS 描述如下。其完整定义和使用说明参见 GB/T 19903.12。

```
ENTITY revolved_feature
   ABSTRACT SUPERTYPE OF (ONEOF (revolved_round,revolved_flat,groove,
   general_revolution))
   SUBTYPE OF (turning_feature);
   material_side:OPTIONAL direction;
   radius:length_measure;
END_ENTITY;
```

4.2.291 应用对象 Revolved_flat

Revolved_flat 应用对象由 GB/T 19903.12—2008 的 4.2 定义。

注：GB/T 19903(ISO 14649)中对 Revolved_flat 的 EXPRESS 描述如下。其完整定义和使用说明参见GB/T 19903.12。

```
ENTITY revolved_flat
   SUBTYPE OF (revolved_feature);
   flat_edge_shape:linear_profile;
END_ENTITY;
```

4.2.292　应用对象　**Revolved_round**

Revolved_round 应用对象由 GB/T 19903.12—2008 的 4.2 定义。

注：GB/T 19903(ISO 14649)中对 Revolved_round 的 EXPRESS 描述如下。其完整定义和使用说明参见 GB/T 19903.12。

```
ENTITY revolved_round
   SUBTYPE OF (revolved_feature);
   rounded_edge_shape:partial_circular_profile;
END_ENTITY;
```

4.2.293　应用对象　**Rot_speed_measure**

Rot_speed_measure 是一种 Value_with_tolerance （见 4.2.403)，其中，该 value_component 描述了一个转速。

注：与 GB/T 19903.10 的定义一样，Rot_speed_measure 不需显式规定单位。而为所有转速规定了转速每秒的默认单位。GB/T 16656 的本部分扩充了 Rot_speed_measure，以允许被明确规定的单位使用由 Value_with_unit 继承来的"unit"属性。另外，这个度量现在可以具有一个公差，该公差使用从 Value_with_tolerance 继承来的"limitation"属性。

4.2.294　应用对象　**Rotating_boring_cutting_tool**

Rotating_boring_cutting_tool 应用对象由 ISO 14649-111:2007 的第 4 章定义。

注：GB/T 19903(ISO 14649)中对 Rotating_boring_cutting_tool 的 EXPRESS 描述如下。其完整定义和使用说明参见 ISO 14649-111。

```
ENTITY rotating_boring_cutting_tool
   SUBTYPE OF (milling_machine_cutting_tool);
   retract_movement_forbidden:BOOLEAN;
END_ENTITY;
```

4.2.295　应用对象　**Round_hole**

Round_hole 应用对象由 GB/T 19903.10—2006 的 4.5 定义。GB/T 16656 的本部分增加入了如下信息需求。

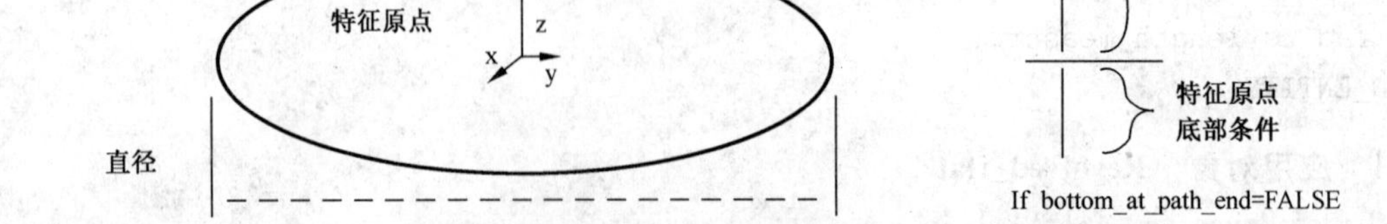

图 23　**Round_hole(在路径源的底部)**

注 1：为与 ISO 10303-224 和 GB/T 16656 的其他部分保持一致，此处又加入了如下属性。图 23 说明了带底部条件的 Round_hole 的参数,包括位于特征公共原点的底部、轮廓和路径(用 bottom_at_path_end 的值为 FALSE 来表示)。图 24 说明了 Round_hole 的底部位于 course_of_travel 路径的末端(用 bottom_at_path_end 的值为 TRUE 来表示)。关于特征原点定位的进一步讨论和 Round_hole 的其他方面的更多信息参见 5.2.1.3.2。

与 Round_hole 相关的数据有:

——所有 GB/T 19903(ISO 14649)中所定义的数据;

——bottom_at_path_end;

——course_of_travel。

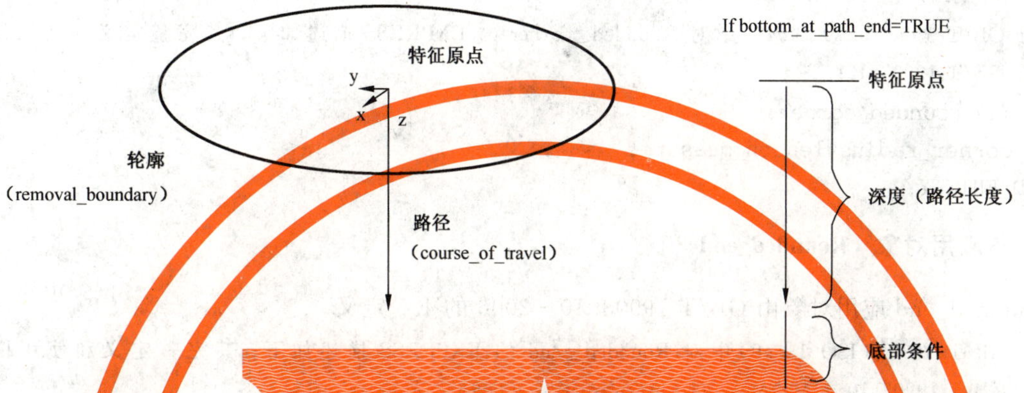

图 24 Round_hole(在路径末端的底部)

注 2:GB/T 19903(ISO 14649)中对 Round_hole 的 EXPRESS 描述如下,适用于 GB/T 16656 的本部分。其原始定义和使用说明参见 GB/T 19903.10。

```
ENTITY round_hole
  SUBTYPE OF (machining_feature);
  diameter:toleranced_length_measure;
  change_in_diameter:OPTIONAL taper_select;
  bottom_condition:hole_bottom_condition;
  bottom_at_path_end:OPTIONAL BOOLEAN; - - ADDED BY 10303-238
  course_of_travel:linear_path; - - ADDED BY 10303-238
  WHERE
  WR1:EXISTS(bottom_at_path_end) OR
  NOT ('BLIND_BOTTOM_CONDITION' IN  TYPEOF(bottom_condition));
  END_ENTITY;
  TYPE taper_select = SELECT (diameter_taper,angle_taper);
END_TYPE;
```

4.2.295.1 相关数据 bottom_at_path_end

bottom_at_path_end 规定了 bottom_condition 的位置。如果 bottom_condition 位于 course_of_travel 的末端,该 bottom_at_path_end 应有一个 TRUE 值,如果 bottom_condition 位于 course_of_travel 的起点,它有一个 FALSE 值。如果该孔底部属于 Blind_bottom_condition 类型,则应仅规定该属性。

注:在 ISO 10303-224 中,该参数叫做 start_or_end,并且位于 Blind_bottom_condition 应用对象上。然而,在这种综合表达方式中,该属性和孔底属性联系在一起,而孔底属性又与特定的孔组合在一起来表达特征。这个参数归于 Round_hole,以允许可以共享相同孔底情况的不同孔有不同的值。

4.2.295.2 相关数据 course_of_travel

course_of_travel 规定了 Linear_path,沿着它,该 removal_boundary 轮廓被剪裁,以定义该 Round_hole 的量。该 course_of_travel 的布置和方向应与 Round_hole 特征相同。应用声明见 4.3.49。

注:它的长度即为孔深。

4.2.296 应用对象 Rounded_corner

Rounded_corner 应用对象由 GB/T 19903.121—2008 的第 4 章定义。

注:GB/T 19903(ISO 14649)中对 Rounded_corner 的 EXPRESS 描述如下。其完整定义和使用说明参见 GB/T 19903.121。

```
ENTITY rounded_corner;
   corner_radius:length_measure;
END_ENTITY;
```

4.2.297 应用对象 Rounded_end

Rounded_end 应用对象由 GB/T 19903.10—2006 的 4.5 定义。

注:GB/T 19903(ISO 14649)中对 Rounded_end 的 EXPRESS 描述如下。其完整定义和使用说明参见 GB/T 19903.10。

```
ENTITY rounded_end
   SUBTYPE OF (machining_feature);
   course_of_travel:linear_path;
   partial_circular_boundary:partial_circular_profile;
END_ENTITY;
```

4.2.298 应用对象 Rounded_U_profile

Rounded_U_profile 应用对象由 GB/T 19903.10—2006 的 4.5 定义。GB/T 16656 的本部分扩充了以下信息需求。

与 Rounded_U_profile 相关的数据有:

——GB/T 19903(ISO 14649)中已定义数据;

——depth。

注:GB/T 19903(ISO 14649)中对 Rounded_u_profile 的 EXPRESS 描述如下,适用于 GB/T 16656 的本部分。其完整定义和使用说明参见 GB/T 19903.10。

```
ENTITY rounded_u_profile
   SUBTYPE OF (open_profile);
   width:toleranced_length_measure;
   depth:toleranced_length_measure; - - ADDED BY 10303-238
END_ENTITY;
```

4.2.298.1 相关数据 depth

depth 规定了从圆弧中点沿半径方向到轮廓顶部的距离。

注:图 25 说明了与 Rounded_U_profile 相关的参数。

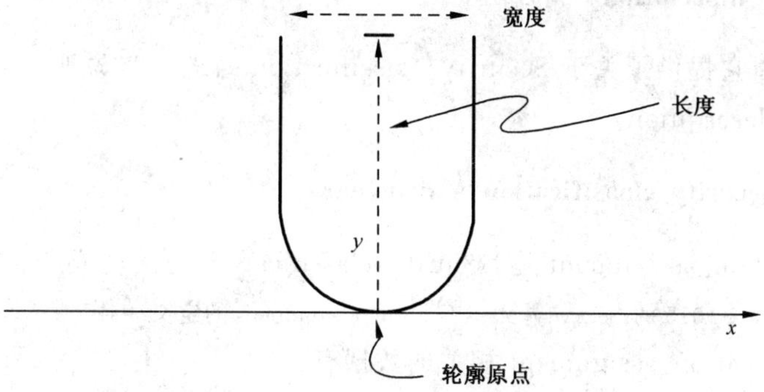

图 25　Rounded_u_profile 参数

4.2.299　应用对象　Roundness_tolerance

Roundness_tolerance 是一种 Geometric_tolerance(见 4.2.156),它规定了由两个同心圆所组成的公差带,表面的每个圆形元素必须在两圆之间。对于球面,圆形元素指通过圆心的平面与其相交所得圆上的所有点。对于其他表面,圆形元素指垂直于轴线的平面与其相交所得圆上的所有点。Roundness_tolerance 条件应用于所有平面。

注:此定义与在 ISO 10303-1051、ISO 10303-214、ISO 10303-224 中的 Roundness_tolerance 的定义一致。图 26 说明了 Roundness_tolerance

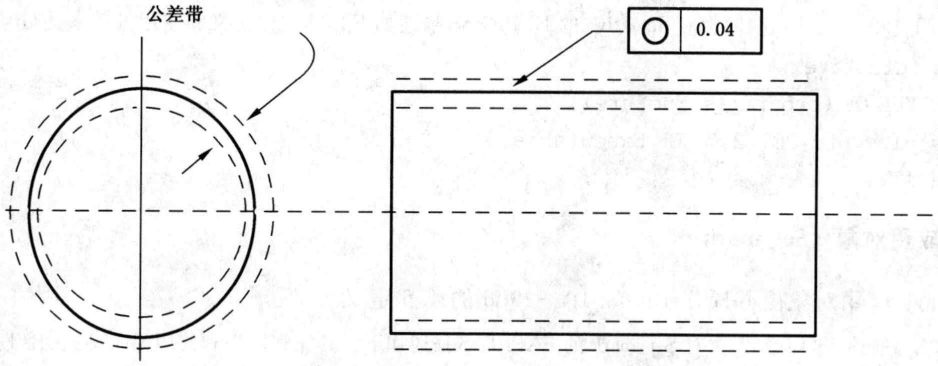

图 26　Roundness_tolerance

4.2.300　应用对象　Security_classification

Security_classification 是一种密级,它用来标示保护活动或产品数据不受非法侵害的程度。

注:此定义与在 ISO 10303-1015 中的 Security_classification 定义一致。

与 Security_classification 相关的数据有:

——classification_level;

——description。

4.2.300.1　相关数据　classification_level

classification_level 是正文,它规定安全的必需程度。

示例:'confidential'是可以使用的 classification_level 的一个示例。

4.2.300.2 相关数据 description

description 是正文,它提供了关于 Security_classification 的进一步说明。对特定的 Security_classification,不需要规定 description。

4.2.301 应用对象 Security_claasification_assignment

Security_claasification_assignment 是 Security_classification 与活动或产品数据的关联。

注:此定义与 ISO 10303-1015 的 Security_classification_assignment 的定义一致。

与 Security_claasification_assignment 相关的数据有:

——classification;

——items。

4.2.301.1 相关数据 classification

Classification 规定了与活动或产品数据相关的 Security_classification。应用声明见 4.3.53.

4.2.301.2 相关数据 items

items 规定了 Security_classification 应用的工程、工件、执行、操作或路径的集合。该 items 集合至少包含一个对象。应用声明见 4.3.50、4.3.51、4.3.52、4.3.54、4.3.55.

4.2.302 应用对象 Selective

Selective 应用对象由 GB/T 19903.10—2006 的 4.6 定义。

注:GB/T 19903(ISO 14649)中对 Selective 的 EXPRESS 描述如下。其完整定义和使用说明参见 GB/T 19903.10。

```
ENTITY selective
   SUBTYPE OF (program_structure);
   its_elements:SET[2:?] OF Executable;
END_ENTITY;
```

4.2.303 应用对象 Set_mark

Set_mark 应用对象由 GB/T 19903.10—2006 的 4.6 定义。

注:GB/T 19903(ISO 14649)中对 Set_mark 的 EXPRESS 描述如下。其完整定义和使用说明参见GB/T 19903.10。

```
ENTITY set_mark
   SUBTYPE OF (nc_function);
END_ENTITY;
```

4.2.304 应用对象 Setup

Setup 应用对象由 GB/T 19903.10—2006 的 4.6 定义。

注:GB/T 19903(ISO 14649)中对 Setup 的 EXPRESS 描述如下。其完整定义和使用说明参见 GB/T 19903.10。

```
ENTITY setup;
   its_id:identifier;
   its_origin:OPTIONAL axis2_placement_3d;
   its_secplane:elementary_surface;
   its_workpiece_setup:LIST [0:?] OF Workpiece_setup;
END_ENTITY;
```

4.2.305 应用对象 Setup_instruction

Setup_instruction 应用对象由 GB/T 19903.10—2006 的 4.6 定义。

注：GB/T 19903(ISO 14649)中对 Setup_instruction 的 EXPRESS 描述如下。其完整定义和使用说明参见 GB/T 19903.10。

```
ENTITY setup_instruction;
  description:OPTIONAL text;
  external_document:OPTIONAL identifier;
  WHERE
  WR1:EXISTS (description) OR EXISTS (external_document);
END_ENTITY;
```

4.2.306 应用对象 Shape_profile

Shape_profile 应用对象由 GB/T 19903.10—2006 的 4.5 定义。

注：GB/T 19903(ISO 14649)中对 Shape_profile 的 EXPRESS 描述如下。其完整定义和使用说明参见 GB/T 19903.10。

```
ENTITY shape_profile
  ABSTRACT SUPERTYPE OF(ONEOF(general_shape_profile,partial_circular_shape_profile,
  circular_closed_shape_profile,rectangular_open_shape_profile,
  rectangular_closed_shape_profile))
  SUBTYPE OF (profile_feature);
  floor_condition:profile_select;
  removal_direction:direction;
  END_ENTITY;
  TYPe profile_select = SELECT (through_profile_floor,profile_floor);
END_TYPE;
```

4.2.307 应用对象 Shouldermill

Shouldermill 应用对象由 ISO 14649-111:2007 的第 4 章定义。

注：GB/T 19903(ISO 14649)中对 Shouldermill 的 EXPRESS 描述如下。其完整定义和使用说明参见 ISO 14649-111。

```
ENTITY shouldermill
  SUBTYPE OF (milling_cutting_tool);
END_ENTITY;
```

4.2.308 应用对象 Side_finish_milling

Side_finish_milling 应用对象由 GB/T 19903.11—2008 的第 4 章定义。

注：GB/T 19903(ISO 14649)中对 Side_finish_milling 的 EXPRESS 描述如下。其完整定义和使用说明参见 GB/T 19903.11。

```
ENTITY side_finish_milling
  SUBTYPE OF (side_milling);
END_ENTITY;
```

4.2.309 应用对象 Side_mill

Side_mill 应用对象由 ISO 14649-111:2007 的第 4 章定义。

注：GB/T 19903(ISO 14649)中对 Side_mill 的 EXPRESS 描述如下。其完整定义和使用说明参见ISO 14649-111。

```
ENTITY side_mill
  SUBTYPE OF (milling_cutting_tool);
  cutter_width:length_measure;
END_ENTITY;
```

4.2.310 应用对象 Side_milling

Side_milling 应用对象由 GB/T 19903.11—2008 的第 4 章定义。

注：GB/T 19903（ISO 14649）中对 Side_milling 的 EXPRESS 描述如下。其完整定义和使用说明参见 GB/T 19903.11。

```
ENTITY side_milling
  ABSTRACT SUPERTYPE OF (ONEOF(side_rough_milling,side_finish_milling))
  SUBTYPE OF (two5D_milling_operation);
  axial_cutting_depth:OPTIONAL length_measure;
  radial_cutting_depth:OPTIONAL length_measure;
  allowance_side:OPTIONAL length_measure;
END_ENTITY;
```

4.2.311 应用对象 Side_rough_milling

Side_rough_milling 应用对象由 GB/T 19903.11—2008 的第 4 章定义。

注：GB/T 19903(ISO 14649)中对 Side_rough_milling 的 EXPRESS 描述如下。其完整定义和使用说明参见 GB/T 19903.11。

```
ENTITY side_rough_milling
  SUBTYPE OF (side_milling);
  WHERE
  WR1:EXISTS(SELF.allowance_side) AND (SELF.allowance_side>=0.0);
END_ENTITY;
```

4.2.312 应用对象 Single_datum

Single_datum 是一种 Datum(见 4.2.100)，它规定了用作公差带的定位和方向的参考的点、线、轴或面。与 Single_datum 相关的数据有：

——datum_name；

——modification。

4.2.312.1 相关数据 datum_name

datum_name 规定了一个词或词组，Single_datum 参考该词或词组。

示例：Single_datum 对象的典型名称是‘A’、‘B’或‘C’。

4.2.312.2 相关数据 modification

modification 规定了 Tolerance_condition，它与 Single_datum 的应用相关。对特定的 Single_datum，不需要规定 modification。应用声明见 4.3.56。

示例：材料条件，例如 LMC 或 MMC 是典型的条件。

4.2.313 应用对象 Size_dimension

Size_dimension 是一种 Geometric_dimension(见 4.2.155)，它规定了一零件外形的单个元素的大小。

注 1：此定义与 ISO 10303-1050 和 ISO 10303-214 中的 Size_dimension 的定义一致，与 ISO 10303-224 中的 Size_ tolerance 的定义一致。

注 2：作为 GB/T16656 的本部分定义的 Size_dimension 描述了零件外形的一个固有长度或角度特征。这包括传统上称为"features_of_size"，但不限于此。例如，radial_size_dimension 和 curved_size_dimension.

与 Size_dimension 相关的数据有：

——applied_to；

——envelope_principle。

4.2.313.1 相关数据 applied_to

applied_to 规定了尺寸应用的对象。

4.2.313.2 相关数据 envelope_principle

envelope_principle 规定包络原则是否用于这个 Size_dimension。"true"值表示应用包络原则。对特定的 Size_dimension，不需要规定 envelope_principle。

当应用包络原则时，对应最大材料的完全形状的包络应不大于指定的尺寸和公差。包络原则规定尺寸和形状公差不是附加的。

注：envelope_principle 的定义见 GB/T 1182。它与 ASMe Y14.5 规则 1 相一致。

4.2.314 应用对象 Slot

Slot 应用对象由 GB/T 19903.10—2006 的 4.5 定义。

注：GB/T 19903(ISO 14649)中对 Slot 的 EXPRESS 描述如下。其完整定义和使用说明参见 GB/T 19903.10。

```
ENTITY slot
   SUBTYPE OF (machining_feature);
   course_of_travel:travel_path;
   swept_shape:open_profile;
   end_conditions:LIST [0:2] OF Slot_end_type;
   WHERE
   WR1:((SIZEOF(QUERY (it <* SELF.end_conditions|
   ('LOOP_SLOT_END_TYPE' IN TYPEOF(it)) )) = 1) AND
   (SIZEOF(end_conditions) = 1)) OR
   (SIZEOF(end_conditions)<> 1);
END_ENTITY;
```

4.2.315 应用对象 Slot_end_type

Slot_end_type 应用对象由 GB/T 19903.10—2006 的 4.5 定义。

注：GB/T 19903(ISO 14649)中对 Slot_end_type 的 EXPRESS 描述如下。其完整定义和使用说明参见 GB/T 19903.10。

```
ENTITY  Slot_end_type
   ABSTRACT SUPERTYPE OF (ONEOF (woodruff_slot_end_type,radiused_slot_end_type,
   flat_slot_end_type,loop_slot_end_type,open_slot_end_type));
END_ENTITY;
```

4.2.316 应用对象 Spade_drill

Spade_drill 应用对象由 ISO 14649-111:2007 的第 4 章定义。

注：GB/T 19903(ISO 14649)中对 Spade_drill 的 EXPRESS 描述如下。其完整定义和使用说明参见 ISO 14649-111。

```
ENTITY  Spade_drill
   SUBTYPE OF (drilling_cutting_tool);
END_ENTITY;
```

4.2.317 应用对象 Specification

Specification 应用对象由 GB/T 19903.10—2006 的 4.5 定义。

注：GB/T 19903（ISO 14649）中对 Specification 的 EXPRESS 描述如下。其完整定义和使用说明参见 GB/T 19903.10。

```
ENTITY  Specification;
   constraint:SET [0:?] OF Specification_usage_constraint;
   specification_id:text;
   specification_description:OPTIONAL text;
   specification_class:OPTIONAL text;
END_ENTITY;
```

4.2.318 应用对象 Specification_usage_constraint

Specification_usage_constraint 应用对象由 GB/T 19903.10—2006 的 4.5 定义。

注：GB/T 19903(ISO 14649)中对 Specification_usage_constraint 的 EXPRESS 描述如下。其完整定义和使用说明参见 GB/T 19903.10。

```
ENTITY specification_usage_constraint;
   element:text;
   class_id:text;
END_ENTITY;
```

4.2.319 应用对象 Speed_measure

Speed_measure 是一种 Value_with_tolerance(见 4.2.403)，其中，value_component 描述了一线性速度。

注：与在 GB/T 19903.10 的定义一样，Speed_measure 不需显式规定一个单位。而米/秒作为所有速度的默认单位。GB/T 16656 的本部分扩充了 Speed_measure，以允许明确规定各单位使用通过 Value_with_unit 继承来的"unit"属性。此外，这个量度能与使用由 Value_with_tolerance 继承来的"limitation"属性的公差相匹配。

4.2.320 应用对象 Spherical_cap

Spherical_cap 应用对象由 GB/T 19903.10—2006 的 4.5 定义。

注：GB/T 19903（ISO 14649）中对 Spherical_cap 的 EXPRESS 描述如下。其完整定义和使用说明参见 GB/T 19903.10。

```
ENTITY  Spherical_cap
   SUBTYPE OF (machining_feature);
   internal_angle:numeric_parameter;
   radius:numeric_parameter;
END_ENTITY;
```

4.2.321 应用对象 Spherical_hole_bottom

Spherical_hole_bottom 应用对象由 GB/T 19903.10—2006 的 4.5 定义。

注：GB/T 19903(ISO 14649)中对 Spherical_hole_bottom 的 EXPRESS 描述如下。其完整定义和使用说明参见 GB/T 19903.10。

```
ENTITY  Spherical_hole_bottom
   SUBTYPE OF (blind_bottom_condition);
   radius:toleranced_length_measure;
END_ENTITY;
```

4.2.322 应用对象 Spotdrill

Spotdrill 应用对象由 ISO 14649-111:2007 的第 4 章定义。

注：GB/T 19903(ISO 14649)中对 Spotdrill 的 EXPRESS 描述如下。其完整定义和使用说明参见 ISO 14649-111。

```
ENTITY  Spotdrill
   SUBTYPE OF (drilling_cutting_tool);
END_ENTITY;
```

4.2.323 应用对象 Square_U_profile

Square_U_profile 应用对象由 GB/T 19903.10—2006 的 4.5 定义。GB/T 16656 的本部分扩充了以下信息需求。

与 Square_U_profile 相关的数据有：

——GB/T 19903.10 中已定义数据；

——depth。

注：GB/T 19903(ISO 14649)中对 Square_u_profile 的 EXPRESS 描述如下，GB/T 16656 的本部分扩充了如下信息需求。其完整定义和使用说明参见 GB/T 19903.10。

```
ENTITY  Square_u_profile
   SUBTYPE OF (open_profile);
   width:toleranced_length_measure;
   first_radius:toleranced_length_measure;
   first_angle:plane_angle_measure;
   second_radius:toleranced_length_measure;
   second_angle:plane_angle_measure;
   depth:toleranced_length_measure; - - ADDED BY 10303-238
END_ENTITY;
```

4.2.323.1 相关数据 depth

depth 规定了由底线中点垂直向上至轮廓顶的距离。对特定的 Square_u_profile，不需要规定 depth。

注：图 27 说明了与 Square_u_profile 相关的参数。

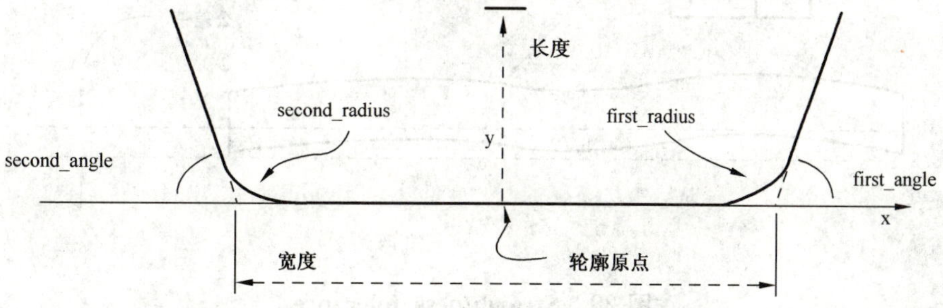

图 27 Square_u_profile 参数

4.2.324 应用对象 Step

Step 应用对象由 GB/T 19903.10—2006 的 4.5 定义。

注：GB/T 19903(ISO 14649)中对 Step 的 EXPRESS 描述如下。其完整定义和使用说明参见 GB/T 19903.10。

```
ENTITY  Step
   SUBTYPE OF (machining_feature);
   open_boundary:linear_path;
   wall_boundary:OPTIONAL vee_profile;
   its_boss:SET[0:?] OF boss;
END_ENTITY;
```

4.2.325 应用对象 Step_drill

Step_drill 应用对象由 ISO 14649-111:2007 的第 4 章定义。

注：GB/T 19903(ISO 14649)中对 Step_drill 的 EXPRESS 描述如下。其完整定义和使用说明参见 ISO 14649-111。

```
ENTITY  Step_drill
   SUBTYPE OF (drilling_cutting_tool);
   diameters:LIST[1:?] Of length_measure;
   step_length:LIST [1:?] Of length_measure;
END_ENTITY;
```

4.2.326 应用对象 Straight_knurl

Straight_knurl 应用对象由 GB/T 19903.12—2008 的 4.2 定义。

注：GB/T 19903(ISO 14649)中对 Straight_knurl 的 EXPRESS 描述如下。其完整定义和使用说明参见GB/T 19903.12。

```
ENTITY straight_knurl
   SUBTYPE OF (knurl);
END_ENTITY;
```

4.2.327 应用对象 Straightness_tolerance

Straightness_tolerance 是一种 Geometric_tolerance(见 4.2.156),它规定了表面上一条或多条曲线的与假定直线间的允许偏差。它规定了一个公差带,该曲线必须在该公差带内。

注：此定义与在 ISO 10303-1051、ISO 10303-214 和 ISO 10303-224 中 Straightness_tolerance 的定义一致。该定义源自于 GB/T 1182 的 14.1。图 28 说明了 Straightness_tolerance。

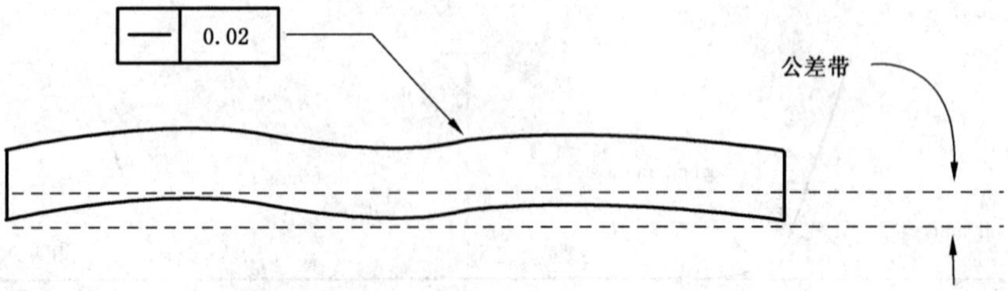

图 28 Straightness_tolerance

与 Straightness_tolerance 相关的数据有：

——affected_plane。

4.2.327.1 相关数据 affected_plane

affected_plane 规定了一个局部坐标系，它的 X-Y 平面建立了该公差的应用平面。对特定的 Straightness_tolerance，不需要规定 affected_plane。

4.2.328 应用对象 Supplier_BSU

Supplier_BSU 是一种 BSU（见 4.2.40），它标识了零件库的补充。

注：此定义与在 ISO 10303-224 和 ISO 10303-240 中 Supplier_BSU 的定义一致。

4.2.329 应用对象 Surface_profile_tolerance

Surface_profile_tolerance 是一种 Geometric_tolerance（见 4.2.156），它规定了沿理想轮廓的相一致的边界，且曲面的各元素必须位在其中。

通过 Surface_profile_tolerance 建立的公差带是三维的，且作为一个整体沿着被选特征的长度和宽度方向拓展，如果规定了 segment_size 属性则分别沿已定义好大小的各段进行延伸。如果该公差对于理论上准确的特征是非均匀的，则只有一个边界元素的 Tolerance_zone 是和 Surface_profile_tolerance 实例相关联的。

注：此定义与在 ISO 10303-1051、ISO 10303-214 和 ISO 13030-224 中 Surface_profile_tolerance 的定义一致。该定义源自于 GB/T 1182 的 14.6。图 29 说明了 Surface_profile_tolerance。

与 Surface_profile_tolerance 相关的数据有：

——reference_datum。

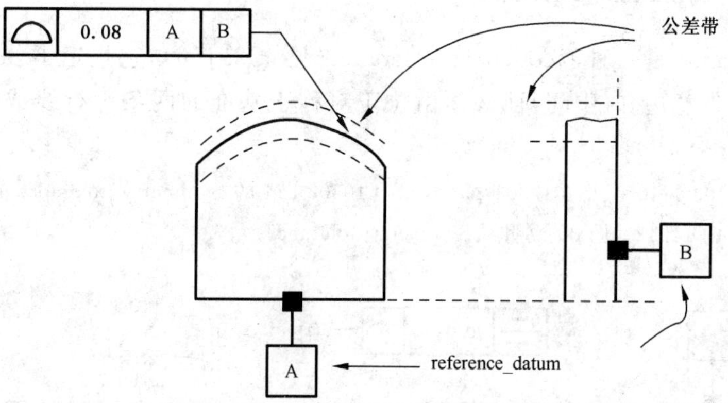

图 29 Surface_profile_tolerance

4.2.329.1 相关数据 reference_datum

reference_datum 规定了 Datum_reference 对象的集合，它规定了几何公差的参考系。应用声明见 4.3.57。

4.2.330 应用对象 Surface-property

Surface-property 是一种 General_property（见 4.2.151），它描述了关于 Workpiece 表面状况的细节特征。

注：此定义与在 ISO 10303-240、ISO 13030-224 中 Surface_property 的定义一致。

与 Surface-property 相关的数据有：

——is_surface_finish；

——surface_characteristics。

4.2.330.1 相关数据 is_surface_finish

is_surface_finish 标识了该 Surface_property 是否是一个面的精加工。

4.2.330.2 相关数据 surface_characteristics

surface_characteristics 规定了 Property_parameter 对象的集合，它描述了 Surface_property。对特定的 Surface_property，不需要规定 surface_characteristics。应用声明见 4.3.58。

4.2.331 应用对象 Surface_texture_parameter

Surface_texture_parameter 应用对象由 GB/T 19903.10—2006 的 4.5 定义。

注：GB/T 19903(ISO 14649)中对 Surface_texture_parameter 的 EXPRESS 描述如下。其完整定义和使用说明参见 GB/T 19903.10。

```
ENTITY surface_texture_parameter;
   its_value:parameter_value;
   parameter_name:label;
   measuring_method:identifier;
   parameter_index:OPTIONAL identifier;
   applied_surfaces:SET [1:?] OF machined_surface;
END_ENTITY;
```

4.2.332 应用对象 Symmetry_tolerance

Symmetry_tolerance 是一种 Geometric_tolerance(见 4.2.156)，它规定了公差元素与基准对称偏离量的约束。零件的任意边和(中间)面必须由位于对称于基准的两条平行线或平行面所限定的公差带内。

注：此定义与 ISO 10303-1051、ISO 10303-214 和 ISO 10303-224 的 Symmetry_tolerance 的定义一致。该定义源自于 GB/T 1182 的 14.12。图 30 说明了 Symmetry_tolerance。

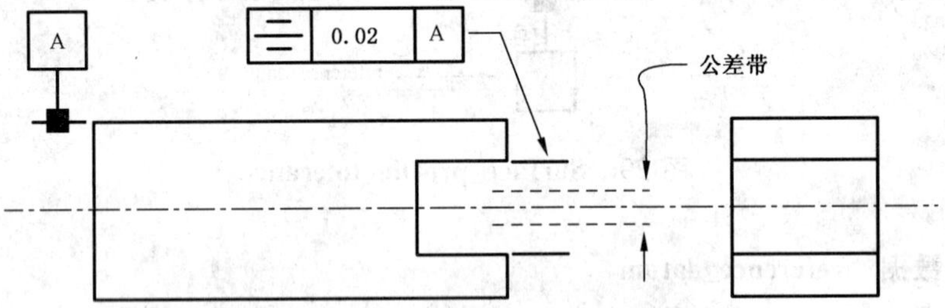

图 30 Symmetry_tolerance

与 Symmetry_tolerance 相关的数据有：

——affected_plane；

——reference_datum。

4.2.332.1 相关数据 affected_plane

affected_plane 规定了一个局部坐标系，它的 X-Y 平面建立了该公差在其中应用的平面。对特定的 Symmetry_tolerance，不需要规定 affected_plane。

4.2.332.2 相关数据 reference_datum

reference_datum 规定了 Datum_reference 对象的集合，它规定了几何公差的参考系。应用声明见 4.3.59。

4.2.333 应用对象 T_slot_mill

T_slot_mill 应用对象由 ISO 14649-111:2007 的第 4 章定义。

注：GB/T 19903（ISO 14649）中对 T_slot_mill 的 EXPRESS 描述如下。其完整定义和使用说明参见 ISO 14649-111。

```
ENTITY t_slot_mill
  SUBTYPE OF (milling_cutting_tool);
  cutting_width:length_measure;
END_ENTITY;
```

4.2.334 应用对象 Tapered_drill

Tapered_drill 应用对象由 ISO 14649-111:2007 的第 4 章定义。

注：GB/T 19903（ISO 14649）中对 Tapered_drill 的 EXPRESS 描述如下。其完整定义和使用说明参见 ISO 14649-111。

```
ENTITY  tapered_drill
  SUBTYPE OF (twist_drill);
  taper_angle:plane_angle_measure;
END_ENTITY;
```

4.2.335 应用对象 tapered_Reamer

Tapered_Reamer 应用对象由 ISO 14649-111:2007 的第 4 章定义。

注：GB/T 19903（ISO 14649）中对 Tapered_reamer 的 EXPRESS 描述如下。其完整定义和使用说明参见 ISO 14649-111。

```
ENTITY  tapered_reamer
  SUBTYPE OF (reaming_cutting_tool);
  taper_angle:plane_angle_measure;
END_ENTITY;
```

4.2.336 应用对象 Tapping

Tapping 应用对象由 GB/T 19903.11—2008 的第 4 章定义。

注：GB/T 19903(ISO 14649)中对 Tapping 的 EXPRESS 描述如下。其完整定义和使用说明参见 GB/T 19903.11。

```
ENTITY tapping
  SUBTYPE OF (drilling_type_operation);
  compensation_chuck:BOOLEAN;
END_ENTITY;
```

4.2.337 应用对象 Tapping_cutting_tool

Tapping_cutting_tool 应用对象由 ISO 14649-111:2007 的第 4 章定义。

注：GB/T 19903(ISO 14649)中对 Tapping_cutting_tool 的 EXPRESS 描述如下。其完整定义和使用说明参见 ISO 14649-111。

```
ENTITY  tapping_cutting_tool
```

```
    SUPERTYPE OF (combined_drill_and_tap)
    SUBTYPE OF (milling_machine_cutting_tool);
    thread_form_type:STRING;
    thread_size:length_measure;
    thread_pitch:REAL;
    taper_thread_count:REAL;
END_ENTITY;
```

4.2.338 应用对象 Target_area

Target_area 是一种 Datum_target(见 4.2.105),它规定了由封闭图形元素围成的区域。Target_area 的形状由与该零件坐标系相关的曲线集进行明确描述。

注:此定义与 ISO 10303-1051、ISO 10303-214 和 ISO 10303-224 的 Target_area 的定义一致。

4.2.339 应用对象 Target_circle

Target_circle 是一种 Placed_target(见 4.2.239),它规定了一个由一隐含的圆定义的 Datum_target。该 parameter_reference 的位置在该圆的中心,并且该 Target_circle 的方位在 parameter_reference 的 X-Y 平面。

与 Target_circle 相关的数据有:

——diameter。

4.2.339.1 相关数据 diameter

Diameter 规定了 Target_circle 的直径。

4.2.340 应用对象 Target_point

Target_point 是一种 Placed_target(见 4.2.239),它规定了由单一的隐含点定义的 Datum_target。该 Target_point 的位置由 parameter_reference 定义。

注:此定义与 ISO 10303-1051、ISO 10303-214 和 ISO 10303-224 的 Target_circle 的定义一致。

4.2.341 应用对象 Target_rectangle

Target_rectangle 是一种 Placed_target(见 4.2.239),它规定了由一个隐含矩形定义的 Datum_target。该 parameter_reference 的位置在该矩形中心,并且 Target_rectangle 的方位位于 X-Y 平面,该矩形长度的一半在 X 轴正向,一半在 X 轴负向,矩形宽度的一半在 Y 轴正向,一半在 Y 轴负向。

注:此定义与 ISO 10303-1051、ISO 10303-214 和 ISO 10303-224 的 Target_rectangle 的定义一致。

与 Target_rectangle 相关的数据有:

——target_length;

——target_width。

4.2.341.1 相关数据 target_length

target_length 规定了 Target_rectangle 的长度。

4.2.341.2 相关数据 target_width

target_width 规定了 Target_rectangle 的宽度。

4.2.342 应用对象 Target_straight_line

Target_straight_line 是一种 Placed_target(见 4.2.239),它规定了由一条直线定义的 Datum_target。该线的首个端点由 parameter_reference 的位置进行规定。第 2 个端点定位于该 parameter_reference 的 Z 轴的指定距离处。

注:此定义与 ISO 10303-1051 中 Target_straight_line 的定义,以及 ISO 10303-214 和 ISO 10303-224 的 Target_line 的定义一致。

与 Target_straight_line 相关的数据有:

——target_length。

4.2.342.1 相关数据 target_length

target_length 规定了 Target_straight_line 的长度。

4.2.343 应用对象 Technology

Technology 应用对象由 GB/T 19903.10—2006 的 4.7 定义。

注:GB/T 19903(ISO 14649)中对 Technology 的 EXPRESS 描述如下。其完整定义和使用说明参见 GB/T 19903.10。

```
ENTITY technology
   ABSTRACT SUPERTYPE;
   feedrate:OPTIONAL speed_measure;
   feedrate_reference:tool_reference_point;
END_ENTITY;
TYPE tool_reference_point = ENUMERATION OF (tcp,ccp);
END_TYPE;
```

4.2.344 应用对象 T_profile

T_profile 应用对象由 GB/T 19903.10—2006 的 4.5 定义。

注:GB/T 19903(ISO 14649)中对 Tee_profile 的 EXPRESS 描述如下。其完整定义和使用说明参见GB/T 19903.10。

```
ENTITY  tee_profile
   SUBTYPE OF (open_profile);
   first_angle:plane_angle_measure;
   second_angle:plane_angle_measure;
   cross_bar_width:toleranced_length_measure;
   cross_bar_depth:toleranced_length_measure;
   radius:toleranced_length_measure;
   width:toleranced_length_measure;
   first_offset:toleranced_length_measure;
   second_offset:toleranced_length_measure;
END_ENTITY;
```

4.2.345 应用对象 Thickness_size_dimension

Thickness_size_dimension 是一种 Size_dimension(见 4.2.313),它规定了在该产品外形的一个元素的厚度上的允许变化范围。

注:此定义与 ISO 10303-1051 和 ISO 10303-214 中的 Thickness_size_dimension 的定义以及与 ISO 10303-224 的 Thickness_tolerance 的定义一致。图 31 说明了 Thickness_size_dimension。

示例:必须使用 Thickness_size_dimension 来描述盲孔或涂层下的剩余厚度。

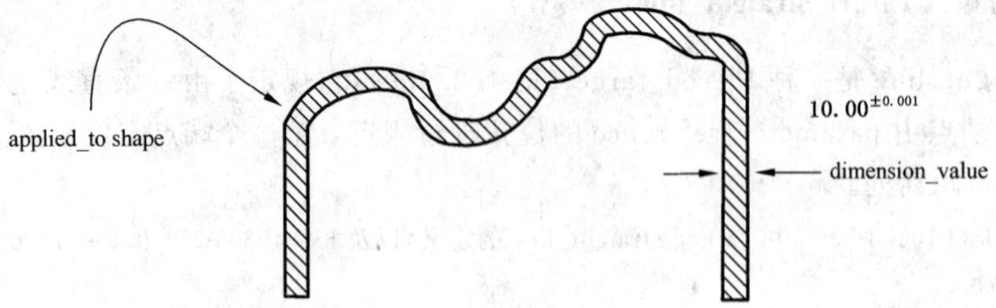

图 31 **Thickness_size_dimension**

与 Thickness_size_dimension 相关的数据有:

——used_path。

4.2.345.1 相关数据 used_path

used_path 规定了 Measurement_path,沿着它对 Thickness_size_dimension 进行测量。对特定的 Thickness_size_dimension,不需要规定 used_path。应用声明见 4.3.60。

4.2.346 应用对象 Thread

Thread 应用对象由 GB/T 19903.10—2006 的 4.5 定义。

注:GB/T 19903(ISO 14649)中对 Thread 的 EXPRESS 描述如下。其完整定义和使用说明参见 GB/T 19903.10。

```
ENTITY thread
   ABSTRACT SUPERTYPE OF(ONEOF(catalogue_thread,defined_thread))
   SUBTYPE OF(machining_feature);
   partial_profile:partial_area_definition;
   applied_shape:SET [1:?] OF machining_feature;
   inner_or_outer_thread:BOOLEAN;
   qualifier:OPTIONAL descriptive_parameter;
   fit_class:descriptive_parameter;
   form:descriptive_parameter;
   major_diameter:length_measure;
   number_of_threads:numeric_parameter;
   thread_hand:descriptive_parameter;
   WHERE
   WR1:('ROUND_HOLE' IN TYPEOF(applied_shape))OR
   ('CIRCULAR_CLOSED_SHAPE_PROFILE' IN TYPEOF(applied_shape))OR
   ('BOSS' IN TYPEOF(applied_shape));
END_ENTITY;
```

4.2.347 应用对象 Thread_drilling

Thread_drilling 应用对象由 GB/T 19903.11—2008 的第 4 章定义。

注:GB/T 19903(ISO 14649)中对 Thread_drilling 的 EXPRESS 描述如下。其完整定义和使用说明参见 GB/T 19903.11。

```
ENTITY thread_drilling
   SUBTYPE OF (drilling_type_operation);
   helical_movement_on_forward:BOOLEAN;
END_ENTITY;
```

4.2.348 应用对象 Thread_mill

Thread_mill 应用对象由 ISO 14649-111:2007 的第 4 章定义。

注：GB/T 19903(ISO 14649)中对 Thread_mill 的 EXPRESS 描述如下。其完整定义和使用说明参见 ISO 14649-111。

```
ENTITY thread_mill
  SUBTYPE OF (milling_cutting_tool);
  thread_form_type:STRING;
  thread_size:length_measure;
  thread_pitch:REAL;
END_ENTITY;
```

4.2.349 应用对象 Thread_strategy

Thread_strategy 应用对象由 GB/T 19903.12—2008 的 4.4 定义。

注：GB/T 19903(ISO 14649)中对 Thread_strategy 的 EXPRESS 描述如下。其完整定义和使用说明参见 GB/T 19903.12。

```
ENTITY  thread_strategy
  SUBTYPE OF (turning_machining_strategy);
  cut_in_amount_function:thread_cut_depth_type;
  threading_direction:threading_direction_type;
  path_return_angle:OPTIONAL plane_angle_measure;
  lift_height:OPTIONAL length_measure;
END_ENTITY;
TYPE thread_cut_depth_type = ENUMERATION OF (
  constant_depth,variable_depth,constant_removal_amount);
END_TYPE;
TYPE threading_direction_type = ENUMERATION OF (
  left,right,center,left_zigzag,right_zigzag);
END_TYPE;
```

4.2.350 应用对象 Threading

Threading 应用对象由 GB/T 19903.12—2008 的 4.4 定义。

注：GB/T 19903(ISO 14649)中对 Threading 的 EXPRESS 描述如下。其完整定义和使用说明参见GB/T 19903.12。

```
ENTITY threading
  ABSTRACT SUPERTYPE OF (ONEOF(threading_rough,threading_finish))
  SUBTYPE OF (turning_machining_operation);
  allowance:OPTIONAL length_measure;
END_ENTITY;
```

4.2.351 应用对象 Threading_finish

Threading_finish 应用对象由 GB/T 19903.12—2008 的 4.4 定义。

注：GB/T 19903(ISO 14649)中对 Threading_finish 的 EXPRESS 描述如下。其完整定义和使用说明参见 GB/T 19903.12。

```
ENTITY threading_finish
  SUBTYPE OF (threading);
END_ENTITY;
```

4.2.352 应用对象 Threading_rough

Threading_rough 应用对象由 GB/T 19903.12—2008 的 4.4 定义。

注：GB/T 19903(ISO 14649)中对 Threading_rough 的 EXPRESS 描述如下。其完整定义和使用说明参见GB/T 19903.12。

```
ENTITY threading_rough
   SUBTYPE OF (threading);
   WHERE
   WR1:EXISTS(SELF.allowance) AND (SELF.allowance> = 0.0);
END_ENTITY;
```

4.2.353 应用对象 Three_axes

Three_axes 应用对象由 GB/T 19903.10—2006 的 4.7 定义。

注：GB/T 19903(ISO 14649)中对 Three_axes 的 EXPRESS 描述如下。其完整定义和使用说明参见GB/T 19903.10。

```
ENTITY three_axes
   SUBTYPE OF (tool_direction);
END_ENTITY;
```

4.2.354 应用对象 Three_axes_titled_tool

Three_axes_titled_tool 应用对象由 GB/T 19903.11—2008 的第 4 章定义。

注：GB/T 19903(ISO 14649)中对 Three_axes_tilted_tool 的 EXPRESS 描述如下。其完整定义和使用说明参见 GB/T 19903.11。

```
ENTITY three_axes_tilted_tool
   SUBTYPE OF (tool_direction_for_milling);
   its_tool_direction:direction;
END_ENTITY;
```

4.2.355 应用对象 Through_bottom_condition

Through_bottom_condition 应用对象由 GB/T 19903.10—2006 的 4.5 定义。

注：GB/T 19903(ISO 14649)中对 Through_bottom_condition 的 EXPRESS 描述如下。其完整定义和使用说明参见 GB/T 19903.10。

```
ENTITY through_bottom_condition
   SUBTYPE OF (hole_bottom_condition);
END_ENTITY;
```

4.2.356 应用对象 Through_pocket_bottom_condition

Through_pocket_bottom_condition 应用对象由 GB/T 19903.10—2006 的 4.5 定义。

注：GB/T 19903(ISO 14649)中对 Through_pocket_bottom_condition 的 EXPRESS 描述如下。其完整定义和使用说明参见 GB/T 19903.10。

```
ENTITY through_pocket_bottom_condition
   SUBTYPE OF (pocket_bottom_condition);
END_ENTITY;
```

4.2.357 应用对象 Through_profile_floor

Through_profile_floor 应用对象由 GB/T 19903.10—2006 的 4.5 定义。

注：GB/T 19903(ISO 14649)中对 Through_profile_floor 的 EXPRESS 描述如下。其完整定义和使用说明参见

GB/T 19903.10。

```
ENTITY through_profile_floor;
END_ENTITY;
```

4.2.358 应用对象 Time_measure

Time_measure 是一种 Value_with_tolerance (see 4.2.403),其中,该 value_component 描述了一个时间段。

注:为与 GB/T 19903.10 中的定义一致,Time_measure 不显式规定单位。而定义秒作为所有时间段定义默认单位。GB/T 16656 的本部分扩充了 Time_measure,以允许明确规定使用从 Value_with_unit 继承来的"unit"作为单位。此外,这个量度能与使用从 Value_with_tolerance 继承来的"limitation"属性的公差相匹配。

4.2.359 应用对象 Tolerance_condition

Tolerance_condition 规定了尺寸特征的材料状态,这是与它的尺寸公差有关系的它的实际尺寸。

注:材料状态的应用见 ISO 2692[1]。

4.2.359.1 相关数据 condition

condition 规定了 Tolerance_condition 的种类。

示例:最大材料条件和最小材料条件都是 condition 的例子。

4.2.360 应用对象 Tolerance_zone

Tolerance_zone 是个带,该被标注公差的元素的所有点都应在该带中。

示例:图 32 说明了具有为一条线规定的 tolerance_value'0.1'的 Straightness_tolerance 的 Tolerance_zone。

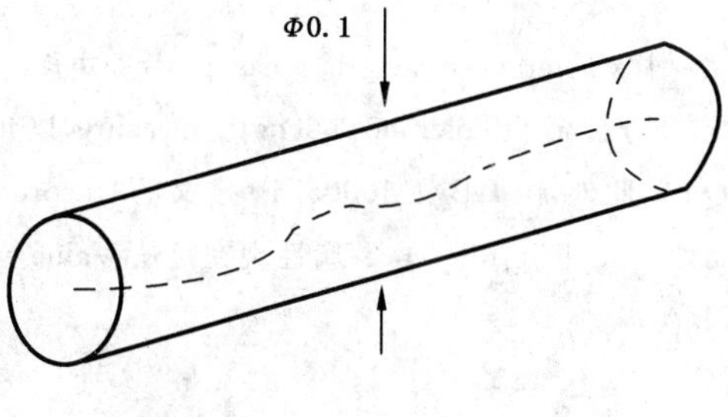

图 32 Tolerance_zone

与 Tolerance_zone 相关的数据有:

——form_type;

——zone_for。

4.2.360.1 相关数据 form_type

form_type 规定了 Tolerance_zone 的形状。

示例 1:'cylindrical'、'parallelepiped'或'spherical'都是 form_type 的例子。

示例 2:Surface_profile_tolerance 有一个基于该特征外形轮廓的公差带。form_type 是'profile'。

4.2.360.2 相关数据 zone_for

zone_for 规定了 Geometric_tolerance 对象的集合,为此该 Tolerance_zone 规定了区域。应用声明见 4.3.61。

4.2.361 应用对象 Tolerance_zone_definition

Tolerance_zone_definition 是对 Tolerance_zone 的各边界的详细说明。每一个 Tolerance_zone_definition 都可以是一个 Projection。

与 Tolerance_zone_definition 相关的数据有：

——defining；

——first_element；

——second_element。

4.2.361.1 相关数据 defining

defining 规定了由 Tolerance_zone_definition 规定的 Tolerance_zone。应用声明见 4.3.62。

4.2.361.2 相关数据 first_element

first_element 规定了第一位的形状元素，在圆柱形公差带中，Tolerance_zone_definition 的唯一界线。

4.2.361.3 相关数据 second_element

second_element 规定了第二位边界元素的形状元素。对特定的 Tolerance_zone_definition，不需要规定 second_element。

4.2.362 应用对象 Toleranced_length_measure

Toleranced_length_measure 是一种 Value_with_tolerance(见 4.2.403)，其中，该 value_component 描述一个长度。

注：与在 GB/T 19903.10 的定义一样，Toleranced_length_measure 不显式规定单位。而定义毫米作为所有长度的默认单位。GB/T 16656 的本部分扩充了 Toleranced_length_measure，以允许明确规定的各长度使用由 Value_with_unit 继承来的“unit”属性。此外，由 GB/T 19903.10 定义的“theoretical_size”现在是由 Value_with_unit 继承的“value_component”属性，“implicit_tolerance”属性现在是从 Value_with_tolerance 继承的“limitation”。

4.2.363 应用对象 Tolerance

Tolerance 应用对象由 GB/T 19903.11—2008 的第 4 章定义。

注：GB/T 19903(ISO 14649)中对 Tolerances 的 EXPRESS 描述如下。其完整定义和使用说明参见 GB/T 19903.11。

```
ENTITY tolerances;
   chordal_tolerance:length_measure;
   scallop_height:length_measure;
END_ENTITY;
```

4.2.364 应用对象 Tool_direction

Tool_direction 应用对象由 GB/T 19903.10—2006 的 4.7 定义。

注：GB/T 19903 中对 Tool_direction 的 EXPRESS 描述如下。其完整定义和使用说明参见 GB/T 19903.10。

```
ENTITY tool_direction
   ABSTRACT SUPERTYPE OF (ONEOF (two_axes, three_axes));
END_ENTITY;
```

4.2.365 应用对象 Tool_direction_for_milling

Tool_direction_for_milling 应用对象由 GB/T 19903.11—2008 的第 4 章定义。

注：GB/T 19903(ISO 14649)中对 Tool_direction_for_milling 的 EXPRESS 描述如下。其完整定义和使用说明参见 GB/T 19903.11。

```
ENTITY tool_direction_for_milling
   ABSTRACT SUPERTYPE OF (ONEOF(three_axes_tilted_tool,five_axes_var_tilt_yaw,
   five_axes_const_tilt_yaw))
   SUBTYPE OF (tool_direction);
END_ENTITY;
```

4.2.366 应用对象 Tool_knurl

Tool_knurl 应用对象由 GB/T 19903.12—2008 的 4.2 定义。

注：GB/T 19903(ISO 14649)中对 Tool_knurl 的 EXPRESS 描述如下。其完整定义和使用说明参见 GB/T 19903.12。

```
ENTITY tool_knurl
   SUBTYPE OF (knurl);
END_ENTITY;
```

4.2.367 应用对象 Tool_length_probing

Tool_length_probing 应用对象由 GB/T 19903.10—2006 的 4.6 定义。

注：GB/T 19903(ISO 14649)中对 Tool_length_probing 的 EXPRESS 描述如下。其完整定义和使用说明参见 GB/T 19903.10。

```
ENTITY tool_length_probing
   SUBTYPE OF (tool_probing);
END_ENTITY;
```

4.2.368 应用对象 Tool_probing

Tool_probing 应用对象由 GB/T 19903.10—2006 的 4.6 定义。

注：GB/T 19903(ISO 14649)中对 Tool_probing 的 EXPRESS 描述如下。其完整定义和使用说明参见 GB/T 19903.10。

```
ENTITY tool_probing
   ABSTRACT SUPERTYPE OF (ONEOF (tool_length_probing,tool_radius_probing))
   SUBTYPE OF (touch_probing);
   offset:cartesian_point;
   max_wear:length_measure;
   its_tool:machining_tool;
END_ENTITY;
```

4.2.369 应用对象 Tool_radius_probing

Tool_radius_probing 应用对象由 GB/T 19903.10—2006 的 4.6 定义。

注：GB/T 19903(ISO 14649)中对 Tool_radius_probing 的 EXPRESS 描述如下。其完整定义和使用说明参见 GB/T 19903.10。

```
ENTITY tool_radius_probing
   SUBTYPE OF (tool_probing);
END_ENTITY;
```

4.2.370 应用对象 Tool_usage

Tool_usage 规定了一满足刀具要求的实际切削刀具，如通过 Machining_tool 的实例所展示的那些要求。

注：随着加工过程由高级描述(如特征和策略)向更详细的低级描述(如刀具路径)的深入，对与工序关联的刀具需求也更加具体。为满足需要必要时应对特殊刀具进行描述。

与 Tool_usage 相关的数据有：

——its_carousel；

——its_id；

——its_library_reference；

——its_position；

——its_product。

4.2.370.1 相关数据 its_carousel

its_carousel 规定了加工刀具的刀架、刀库或卡盘。对特定的 Tool_usage，不需要规定 its_carousel。

4.2.370.2 相关数据 its_id

its_id 规定了一个词或词组，它标识了 Tool_usage。

4.2.370.3 相关数据 its_library_reference

its_library_reference 规定了 Externally_defined_representation 对象，它标识了与在外部说明书或文件中所提供的产品信息相关联的那些刀具。对特定的 Tool_usage，不需要规定 its_library_reference。应用声明见 4.3.64。

示例：ISO 13399[8] 是一种关于切削刀具及其装配的外部表述，还包括描述刀具属性的参考辞典。

4.2.370.4 相关数据 its_position

its_position 规定了刀具在刀座或刀架上的位置。对特定的 Tool_usage，不需要规定 its_position。

4.2.370.5 相关数据 its_product

its_product 规定了一 Workpiece 对象，它描述了该刀具的物理形状和相关的产品信息。对特定的 Tool_usage，不需要规定 its_product。应用声明见 4.3.63。

4.2.371 应用对象 Toolpath

Toolpath 应用对象由 GB/T 19903.10—2006 的 4.8 定义。GB/T 16656 的本部分扩充了以下信息需求。

与 Toolpath 相关的数据有：

——所有在 ISO 41649-10 中已定义数据；

—its_id。

注：GB/T 19903(ISO 14649)中对 Toolpath 的 EXPRESS 描述如下，它适用于 GB/T 16656 的本部分。原始定义与用法见 GB/T 19903.10。

```
ENTITY toolpath
  ABSTRACT SUPERTYPE OF (ONEOF(feedstop,trajectory,parameterised_path));
```

```
    its_priority:BOOLEAN;
    its_type:toolpath_type;
    its_speed:OPTIONAL toolpath_speedprofile;
    its_technology:OPTIONAL technology;
    its_machine_functions:OPTIONAL machine_functions;
    its_id:identifier; - - ADDED BY 10303-238
END_ENTITY;
TYPE toolpath_type = ENUMERATION OF (
   approach,lift,connect,non_contact,contact,trajectory_path);
END_TYPE;
TYPE toolpath_speedprofile = SELECT(
   toolpath_speed,positive_ratio_measure,speed_name);
END_TYPE;
TYPe speed_name = ENUMERATION OF(RAPID);
END_TYPE;
```

4.2.371.1 相关数据 its_id

its_id 规定了该 Toolpath 的字符串标识,对特定的 Toolpath,不需要规定 its_id。

4.2.372 应用对象 Toolpath_feature

Toolpath_feature 应用对象由 GB/T 19903.10—2006 的 4.5 定义。

注:GB/T 19903(ISO 14649)中对 Toolpath_feature 的 EXPRESS 描述如下。其完整定义和使用说明参见 GB/T 19903.10。

```
ENTITY toolpath_feature
   SUBTYPE OF (machining_feature);
END_ENTITY;
```

4.2.373 应用对象 Toolpath_list

Toolpath_list 应用对象由 GB/T 19903.10—2006 的 4.7 定义。

注:GB/T 19903(ISO 14649)中对 Toolpath_list 的 EXPRESS 描述如下。其完整定义和使用说明参见 GB/T 19903.10。

```
ENTITY toolpath_list;
   its_list:LIST [1:?] OF toolpath;
END_ENTITY;
```

4.2.374 应用对象 Toolpath_speed

Toolpath_speed 应用对象由 GB/T 19903.10—2006 的 4.8 定义。GB/T 16656 的本部分扩充了以下信息需求。

与 Toolpath_speed 相关的数据有:

——所有在 GB/T 19903.10 中已定义数据,此处有所修改。

注:GB/T 19903(ISO 14649)中对 Toolpath_speed 的 EXPRESS 描述如下,它适用于 GB/T 16656 的本部分。其原始定义与使用说明见 GB/T 19903.10。

```
ENTITY toolpath_speed;
   speed:bounded_curve; - - RELAXED BY 10303-238
   WHERE
   WR1:speed\geometric_representation_item.dim = 1;
```

END_ENTITY;

4.2.374.1 相关数据 speed

speed 参数由 GB/T 19903.10 定义，它是一种 b_spline_curve，GB/T 16656 的本部分对它放宽了需求，因此 speed 是较通用的 bounded_curve 类型。由 GB/T 19903.10 定义的曲线参数的所有约束应仍然有效。对于该曲线参数要求的进一步探讨见 5.2.1.6.1。

注：这种放宽允许使用源程序中已有的更简单的折线速度曲线，而不是强制参数化为更复杂的 B-样条曲线，例如 APT/CL 数据。由于参数化约束仍旧有效，折线速度曲线的基曲线应该是一条带有相同点的分布的折线。

4.2.375 应用对象 Topological_region

Topological_region 应用对象由 GB/T 19903.10—2006 的 4.5 定义。

注：GB/T 19903（ISO 14649）中对 Topological_region 的 EXPRESS 描述如下。其完整定义和使用说明参见 GB/T 19903.10。

```
ENTITY topological_region
   SUBTYPE OF (region,open_shell);
   WHERE
   WR1:SIZEOF(QUERY(it<* SELF.cfs_faces NOT('ADVANCED_FACE' IN TYPEOF(it)))) = 0;
END_ENTITY;
```

4.2.376 应用对象 Total_runout_tolerance

Total_runout_tolerance 是一种 Geometric_tolerance（见 4.2.156），它规定了该几何元素绕基准轴形成的圆柱面的约束。该公差同时应用于该几何元素旋转 360°的所有位置。

注 1：在用于围绕基准轴形成的曲面处，Total_runout_tolerance 用于控制曲面的圆度、直线度、同轴度、斜度、锥度和轮廓度的累计变化。

注 2：在用于垂直于基准轴形成的曲面处，Total_runout_tolerance 用于控制垂直度和平面度的累计变化。

注 3：本定义与 ISO 10303-1051、ISO 10303-214 和 ISO 10303-224 中的 Total_runout_tolerance 定义一致。这个定义来源于 GB/T 1182 的 14.13。图 33 说明了 Total_runout_tolerance。

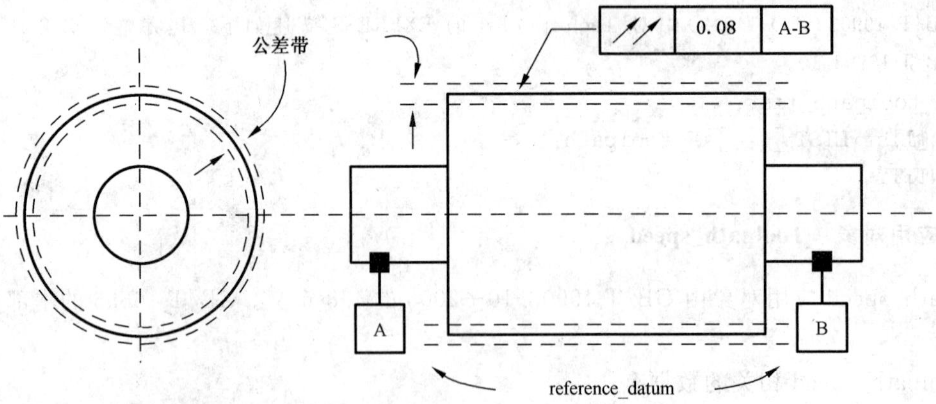

图 33 Total_runout_tolerance

与 Total_runout_tolerance 相关的数据有：

——angle；

——reference_datum。

4.2.376.1 **相关数据 angle**

angle 规定了控制摆动公差的方向。对特定的 Total_runout_tolerance,不需要规定 angle。如果规定了该角度,则摆动公差用于这个角度。如果不规定,则摆动公差一般用于外形元素面。

4.2.376.2 **相关数据 reference_datum**

reference_datum 规定了 Datum_reference 对象的集合,它规定了几何公差的公差框架。应用声明见 4.3.65。

4.2.377 **应用对象 Touch_probe**

Touch_probe 应用对象由 GB/T 19903.10—2006 的 4.6 定义。

注:注 GB/T 19903(ISO 14649)中对 Touch_probe 的 EXPRESS 描述如下。其完整定义和使用说明参见 GB/T 19903.10。

```
ENTITY touch_probe;
  its_id:identifier;
END_ENTITY;
```

4.2.378 **应用对象 Touch_probing**

Touch_probing 应用对象由 GB/T 19903.10—2006 的 4.6 定义。

注:GB/T 19903(ISO 14649)中对 Touch_probing 的 EXPRESS 描述如下。其完整定义和使用说明参见 GB/T 19903.10。

```
ENTITY touch_probing
  ABSTRACT SUPERTYPE OF (ONEOF (workpiece_probing,workpiece_complete_probing,
  tool_probing))
  SUBTYPE OF (workingstep,operation);
  measured_offset:nc_variable;
END_ENTITY;
```

4.2.379 **应用对象 Trajectory**

Trajectory 应用对象由 GB/T 19903.10—2006 的 4.8 定义。GB/T 16656 的本部分扩充了以下信息需求。

与 Trajectory 相关的数据有:

——所有 GB/T 19903.10 中已定义数据;

——its_material_removal_depth;

——its_material_removal_overcut;

——its_material_removal_volume。

注:GB/T 19903(ISO 14649)中对 Trajectory 的 EXPRESS 描述如下,它适用于 GB/T 16656 的本部分。其原始定义和使用说明参见 GB/T 19903.10。

```
ENTITY trajectory
  ABSTRACT SUPERTYPE OF (ONEOF(cutter_location_trajectory,cutter_contact_trajectory,
  axis_trajectory))
  SUBTYPE OF (toolpath);
  its_direction:OPTIONAL BOOLEAN;
  its_material_removal_depth:OPTIONAL material_removal_measure; - - ADDED BY 10303-238
  its_ material _ removal _ overcut: OPTIONAL material _ removal _ measure; - - ADDED BY
```

```
10303-238
    its_material_removal_total_volume:OPTIONALvolume_measure; - - ADDED BY 10303-238
  END_ENTITY;
  TYPe material_removal_curve = bounded_curve;END_TYPE;
  TYPe material_removal_measure = SELECT(
    length_measure,
    material_removal_curve
    );
  END_TYPE;
```

4.2.379.1 相关数据 its_material_removal_depth

its_material_removal_depth 规定了在 Trajectory 的每一点上沿切削刀具轴线方向测量的去料长度。可以规定一固定深度或在沿该刀具路径的每一个点上的一条空间曲线所限定的深度。该曲线应符合作为与 Toolpath(见 4.2.371)相关联的"its_speed"数据的相同参数化限制。对特定的 Trajectory,不需要规定 its_material_removal_depth。

注:加工策略将切削深度范围、深度域作为该刀具路径过程的输入。its_material_removal_depth 和 its_material_removal_overcut 通过每条已生成的刀具路径描述实际切削掉材料量,因此适应的控制能调整进给量与速度。

4.2.379.2 相关数据 its_material_removal_overcut

its_material_removal_overcut 规定了在 Trajectory 的每一点上沿垂直于切削刀具轴线方向测量的材料被切除的长度。可以规定它作为一个不变的 overcut 或作为一条在沿该 toolpath 的每一点上规定 overcut 的一维曲线。该曲线应符合与 Toolpath(见 4.2.371)相关联的"its_speed"数据相同的参数化限制。对特定的 Trajectory,不需要规定 its_material_removal_overcut。

4.2.379.3 相关数据 its_material_removal_volume

its_material_removal_volume 规定了通过该 Trajectory 材料被切削掉的总量。对特定的 Trajectory,不需要规定 its_material_removal_total_volume。

4.2.380 应用对象 Transition_feature

Transition_feature 应用对象由 GB/T 19903.10—2006 的 4.5 定义。GB/T 16656 的本部分扩充了以下信息需求。

注 1:如 5.2.1.3.7 所述,圆边和倒角过度特征可能涉及工件上两个特征或两组面。这两者至少用到一种或两者都用。在 GB/T 19903.10 中,第一特征与第二特征为必备属性,然而这里放松这条限制,如果用到其中一个另一个可以忽略。Chamfer(见 4.2.45)和 Edge_round(见 4.2.120)应用对象描述了对各面的信息需求。在应用解释模型(AIM)中,chamfer_requires_faces_or_features(见 5.2.4.4)和 edge_round_requires_faces_or_features(见 5.2.4.8)整体规则迫使至少使用该方法之一。

与 Transition_feature 相关的数据有:

——所有 GB/T 19903(ISO 14649)中已定义数据,除了第一第二特征有所更改。

注 2:GB/T 19903(ISO 14649)中对 Transition_feature 的 EXPRESS 描述如下,它适用于 GB/T 16656 的本部分。其原始定义和使用说明参见 GB/T 19903.10。

```
  ENTITY transition_feature
    ABSTRACT SUPERTYPE OF (ONEOF(chamfer,edge_round))
    SUBTYPE OF (manufacturing_feature);
    first_feature:OPTIONAL machining_feature; - - RELAXED BY 10303-238
    second_feature:OPTIONAL machining_feature; - - RELAXED BY 10303-238
```

```
END_ENTITY;
```

4.2.380.1 相关数据 first_feature

first_feature 在 GB/T 19903.10 中为必需的,但 GB/T 16656 的本部分扩充了该要求,以至于对特定的 Transition_feature,不需要规定 first_feature。

4.2.380.2 相关数据 second_feature

second_feature 在 GB/T 19903.10 中为必需的,GB/T 16656 的本部分扩充了该要求。对特定的 Transition_feature,不需要规定 second_feature。

4.2.381 应用对象 Travel_path

Travel_path 应用对象由 GB/T 19903.10—2006 的 4.5 定义。

注:GB/T 19903(ISO 14649)中对 Travel_path 的 EXPRESS 描述如下。其完整定义和使用说明参见 GB/T 19903.10。

```
ENTITY travel_path
   ABSTRACT SUPERTYPE OF(ONEOF(general_path,linear_path,circular_path));
   placement:OPTIONAL axis2_placement_3d;
END_ENTITY;
```

4.2.382 应用对象 Turning_feature

Turning_feature 应用对象由 GB/T 19903.12—2008 的 4.2 定义。

注:GB/T 19903(ISO 14649)中对 Turning_feature 的 EXPRESS 描述如下。其完整定义和使用说明参见 GB/T 19903.12。

```
ENTITY turning_feature
   ABSTRACT SUPERTYPE OF (ONEOF(outer_round,revolved_feature,knurl))
   SUBTYPE OF (two5D_manufacturing_feature);
END_ENTITY;
```

4.2.383 应用对象 Turning_machine_cutting_tool

Turning_machine_cutting_tool 应用对象由 GB/T 19903.121—2008 的第 4 章定义。

注:GB/T 19903(ISO 14649)中对 Turning_machine_cutting_tool 的 EXPRESS 描述如下。其完整定义和使用说明参见 GB/T 19903.121。

```
ENTITY turning_machine_cutting_tool
   SUBTYPE OF (machining_tool);
   functional_length:length_measure;
   f_dimension:length_measure;
   minimum_cutting_diameter:OPTIONAL length_measure;
   a_dimension_on_f:OPTIONAL length_measure;
   a_dimension_on_lf:OPTIONAL length_measure;
   cutting_edge:cutting_edge_properties;
   hand_of_tool:OPTIONALhand_of_tool_type;
END_ENTITY;
TYPe hand_of_tool_type = ENUMERATION OF (left,right,neutral);
END_TYPE;
```

4.2.384 应用对象 Turning_machine_functions

Turning_machine_functions 应用对象由 GB/T 19903.12—2008 的 4.4 定义。

注：GB/T 19903(ISO 14649)中对 Turning_machine_functions 的 EXPRESS 描述如下。其完整定义和使用说明参见 GB/T 19903.12。

```
ENTITY turning_machine_functions
   SUBTYPE OF (machine_functions);
   coolant:BOOLEAN;
   coolant_type:OPTIONAL coolant_select;
   coolant_pressure:OPTIONAL pressure_measure;
   axis_clamping:LIST [0:?] OF identifier;
   chip_removal:OPTIONAL BOOLEAN;
   oriented_spindle_stop:OPTIONAL direction;
   its_process_model:OPTIONAL process_model_list;
   other_functions:SET [0:?] OF property_parameter;
   tail_stock:OPTIONAL BOOLEAN;
   steady_rest:OPTIONAL BOOLEAN;
   follow_rest:OPTIONAL BOOLEAN;
END_ENTITY;
TYPe coolant_select = ENUMERATION OF (flood,mist,through_tool);
END_TYPE;
```

4.2.385 应用对象 Turning_machining_operations

Turning_machining_operations 应用对象由 GB/T 19903.12—2008 的 4.4 定义。

注：GB/T 19903(ISO 14649)中对 Turning_machining_operation 的 EXPRESS 描述如下。其完整定义和使用说明参见 GB/T 19903.12。

```
ENTITY turning_machining_operation
   ABSTRACT SUPERTYPE OF (ONEOF(facing,grooving,contouring,threading,knurling))
   SUBTYPE OF (machining_operation);
   approach:OPTIONAL approach_retract_strategy;
   retract:OPTIONAL approach_retract_strategy;
   its_machining_strategy:OPTIONAL turning_machining_strategy;
END_ENTITY;
```

4.2.386 应用对象 Turning_machining_strategy

Turning_machining_strategy 应用对象由 GB/T 19903.12—2008 的 4.4 定义。

注：GB/T 19903(ISO 14649)中对 Turning_machining_strategy 的 EXPRESS 描述如下。其完整定义和使用说明参见 GB/T 19903.12。

```
ENTITY turning_machining_strategy
   ABSTRACT SUPERTYPE OF (ONEOF (unidirectional_turning,bidirectional_turning,
   thread_strategy,contour_turning,grooving_strategy,explicit_turning_strategy));
   overcut_length:OPTIONAL length_measure;
   allow_multiple_passes:OPTIONAL BOOLEAN;
   cutting_depth:lIST [0:?] OF length_measure;
   variable_feedrate:OPTIONAL positive_ratio_measure;
END_ENTITY;
```

4.2.387 应用对象 Turning_technology

Turning_technology 应用对象由 GB/T 19903.12—2008 的 4.4 定义。

注：GB/T 19903(ISO 14649)中对 Turning_technology 的 EXPRESS 描述如下。其完整定义和使用说明参见 GB/T 19903.12。

```
ENTITY turning_technology
   SUBTYPE OF (technology);
   spindle_speed:speed_select;
   feed_per_revolution:OPTIONAL feed_per_rev_type;
   sync_spindle_and_z_feed:BOOLEAN;
   inhibit_feedrate_override:BOOLEAN;
   inhibit_spindle_override:BOOLEAN;
   its_adaptive_control:OPTIONAL adaptive_control;
   WHERE
   WR1:(EXISTS(SELF.feedrate) AND
   NOT EXISTS(SELF.feed_per_revolution)) OR
   (NOT EXISTS(SELF.feedrate) AND EXISTS(SELF.feed_per_revolution));
END_ENTITY;
TYPe speed_select = SELECT(const_spindle_speed,const_cutting_speed);
END_TYPE;
```

4.2.388 应用对象 Turning_threading_tool

Turning_threading_tool 应用对象由 GB/T 19903.121—2008 的第 4 章定义。

注：GB/T 19903(ISO 14649)中对 Turning_threading_tool 的 EXPRESS 描述如下。其完整定义和使用说明参见 GB/T 19903.121。

```
ENTITY turning_threading_tool
   SUBTYPE OF (turning_machine_cutting_tool);
   threading_pitch:length_measure;
   thread_hand:thread_hand_type;
   its_thread_type:thread_type;
   thread_profile:thread_profile_type;
   thread_form_type:STRING;
END_ENTITY;
TYPE thread_hand_type = ENUMERATION OF (left,right);
END_TYPE;
TYPE thread_type = ENUMERATION OF (internal,external);
END_TYPE;
TYPE thread_profile_type = ENUMERATION OF (full_profile,partial_profile);
END_TYPE;
```

4.2.389 应用对象 Turning_workingstep

Turning_workingstep 应用对象由 GB/T 19903.12—2008 的 4.3 定义。

注：GB/T 19903(ISO 14649)中对 Turning_workingstep 的 EXPRESS 描述如下。其完整定义和使用说明参见 GB/T 19903.12。

```
ENTITY turning_workingstep
   SUBTYPE OF (workingstep);
   its_features:LIST [2:?] OF manufacturing_feature;
```

```
    its_operation:turning_machining_operation;
    its_effect: OPTIONAL in_process_geometry;
END_ENTITY;
```

4.2.390 应用对象 Twist_drill

Twist_drill 应用对象由 ISO 14649-111:2007 的第 4 章定义。

注：GB/T 19903(ISO 14649)中对 Twist_drill 的 EXPRESS 描述如下。其完整定义和使用说明参见ISO 14649-111。

```
ENTITY twist_drill
    SUPERTYPE OF (tapered_drill)
    SUBTYPE OF (drilling_cutting_tool);
END_ENTITY;
```

4.2.391 应用对象 Two5d_manufacturing_feature

Two5d_manufacturing_feature 应用对象由 GB/T 19903.10—2006 的 4.5 定义。

注：GB/T 19903(ISO 14649)中对 Two5d_manufacturing_feature 的 EXPRESS 描述如下。其完整定义和使用说明参见 GB/T 19903.10。

```
ENTITY two5D_manufacturing_feature
    ABSTRACT SUPERTYPE OF (ONEOF(machining_feature,replicate_feature,compound_feature))
    SUBTYPE OF (manufacturing_feature);
    feature_placement:axis2_placement_3d;
END_ENTITY;
```

4.2.392 应用对象 Two5d_milling_operation

Two5d_milling_operation 应用对象由 GB/T 19903.11—2008 的第 4 章定义。

注：GB/T 19903(ISO 14649)中对 Two5d_milling_operation 的 EXPRESS 描述如下。其完整定义和使用说明参见 GB/T 19903.11。

```
ENTITY two5D_milling_operation
    ABSTRACT SUPERTYPE OF (ONEOF(plane_milling,side_milling,bottom_and_side_milling))
    SUBTYPE OF (milling_type_operation);
    its_machining_strategy:OPTIONAL two5D_milling_strategy;
END_ENTITY;
```

4.2.393 应用对象 Two5d_milling_strategy

Two5d_milling_strategy 应用对象由 GB/T 19903.11—2008 的第 4 章定义。

注：GB/T 19903(ISO 14649)中对 Two5d_milling_strategy 的 EXPRESS 描述如下。其完整定义和使用说明参见 GB/T 19903.11。

```
ENTITY two5D_milling_strategy
    ABSTRACT SUPERTYPE OF (ONEOF (unidirectional,bidirectional,contour_parallel,
    bidirectional_contour,contour_bidirectional,contour_spiral,center_milling,
    explicit_strategy));
    overlap:OPTIONAL positive_ratio_measure;
    allow_multiple_passes:OPTIONAL BOOLEAN;
END_ENTITY;
```

4.2.394 应用对象 Two_axes

Two_axes 应用对象由 GB/T 19903.10—2006 的 4.7 定义。

注：GB/T 19903(ISO 14649)中对 Two_axes 的 EXPRESS 描述如下。其完整定义和使用说明参见

GB/T 19903.10。

```
ENTITY two_axes
   SUBTYPE OF (tool_direction);
END_ENTITY;
```

4.2.395 应用对象 Unary_boolean_expression

Unary_boolean_expression 应用对象由 GB/T 19903.10—2006 的 4.6 定义。

注：GB/T 19903(ISO 14649)中对 Unary_boolean_expression 的 EXPRESS 描述如下。其完整定义和使用说明参见 GB/T 19903.10。

```
ENTITY unary_boolean_expression
   ABSTRACT SUPERTYPE OF(not_expression)
   SUBTYPE OF (boolean_expression);
   operand:boolean_expression;
END_ENTITY;
```

4.2.396 应用对象 Unidirectional

Unidirectional 应用对象由 GB/T 19903.11—2008 的第 4 章定义。

注：GB/T 19903(ISO 14649)中对 Unidirectional 的 EXPRESS 描述如下。其完整定义和使用说明参见 GB/T 19903.11。

```
ENTITY unidirectional
   SUBTYPE OF (two5D_milling_strategy);
   feed_direction:OPTIONAL direction;
   cutmode:OPTIONAL cutmode_type;
END_ENTITY;
```

4.2.397 应用对象 Unidirectional_turning

Unidirectional_turning 应用对象由 GB/T 19903.12—2008 的 4.4 定义。

注：GB/T 19903(ISO 14649)中对 Unidirectional_turning 的 EXPRESS 描述如下。其完整定义和使用说明参见 GB/T 19903.12。

```
ENTITY unidirectional_turning
   SUBTYPE OF (turning_machining_strategy);
   feed_direction:OPTIONAL direction;
   back_path_direction:OPTIONAL direction;
   lift_direction:OPTIONAL direction;
   stepover_direction:OPTIONAL direction;
   lift_height:OPTIONAL length_measure;
   lift_feed:OPTIONAL feed_select;
   stepover_feed:OPTIONAL feed_select;
END_ENTITY;
```

4.2.398 应用对象 Unload_tool

Unload_tool 应用对象由 GB/T 19903.11—2008 的第 4 章定义。

注：GB/T 19903 中对 Unload_tool 的 EXPRESS 描述如下。其完整定义和使用说明参见 GB/T 19903.11。

```
ENTITY unload_tool
   SUBTYPE OF (nc_function);
   its_tool:OPTIONAL machining_tool;
```

```
END_ENTITY;
```

4.2.399　应用对象　**User_defined_milling_tool**

User_defined_milling_tool 是一种 Milling_machine_cutting_tool，那些特征不是未知的，就是在由 ISO 14649-111 描述的铣削刀具集之外。

注：GB/T 19903.121 提供了在转弯应用中适合使用的 User_defined_turning_tool 定义。以下描述的该刀具尺寸参数来自于 APT CUUTER 定义，并体现在 ISO 14649-111 早期版本中。

与 User_defined_milling_tool 相关的数据有：

——corner_radius；

——corner_radius_center_horizontal；

——corner_radius_center_vertical；

——description；

——taper_angle；

——tip_outer_angle。

4.2.399.1　相关数据　**corner_radius**

corner_radius 规定了过度圆角半径，如图 34 所示，它描述了该刀具侧面的上下线段之间的过渡。

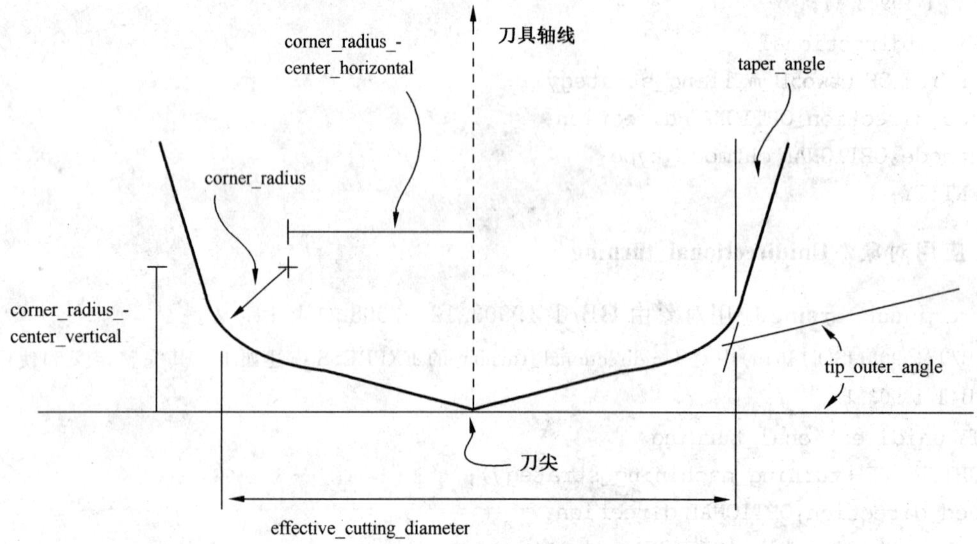

图 34　**User_defined_milling_tool 参数**

4.2.399.2　相关数据　**corner_radius_center_horizontal**

corner_radius_center_horizontal 规定了由刀具中线到该倒角圆中心的径向距离。如为正，表示该倒角圆与其中心在刀具轴线的同侧，如为负，表示该倒角圆与其中心在刀具轴线的对侧。

4.2.399.3　相关数据　**corner_radius_center_vertical**

corner_radius_center_vertical 规定了沿与刀具轴线平行进行测量的从刀具顶点到该倒角圆中心的径向距离。

4.2.399.4　相关数据　**description**

Description 规定了一个词或词组，它描述了该刀具的特征。

4.2.399.5 相关数据 taper_angle

taper_angle 规定了该刀具的上部线段与刀具轴线之间的夹角，如图 34 所示。

注：当刀具直径从刃顶到刀杆方向增大时，该角为正。当刀具直径从刃顶到刀杆方向减小时，该角为负。

4.2.399.6 相关数据 tip_outer_angle

tip_outer_angle 规定了经过刀具端点的径向线与该刀具的下部线段之间的夹角。

注：该角总是锐角（$<90°$）。

4.2.400 应用对象 User_defined_turning_tool

User_defined_turning_tool 应用对象由 GB/T 19903.121—2008 的第 4 章定义。

注：GB/T 19903(ISO 14649)中对 User_defined_turning_tool 的 EXPRESS 描述如下。其完整定义和使用说明参见 GB/T 19903.121。

```
ENTITY user_defined_turning_tool
   SUBTYPE OF (turning_machine_cutting_tool);
   identifier:label;
END_ENTITY;
```

4.2.401 应用对象 Uv_strategy

Uv_strategy 应用对象由 GB/T 19903.11—2008 的第 4 章定义。

注：GB/T 19903(ISO 14649)中对 Uv_strategy 的 EXPRESS 描述如下。其完整定义和使用说明参见 GB/T 19903.11。

```
ENTITY uv_strategy
   SUBTYPE OF (freeform_strategy);
   forward_direction:direction;
   sideward_direction:direction;
END_ENTITY;
```

4.2.402 应用对象 Value_range

Value_range 是限定数值上下界限的一数值对。

与 Value_range 相关的数据有：

——lower_range；

——Significant_digits；

——upper_range。

4.2.402.1 相关数据 lower_range

lower_range 规定了一取值范围的下界。

4.2.402.2 相关数据 significant_digits

significant_digits 规定了十进制数据的长度用来标示上下限的精确度。对特定的 Value_range，不需要规定 significant_digits。

4.2.402.3 相关数据 upper_range

upper_range 规定了一取值范围的上界。

4.2.403 应用对象 **Value_with_tolerance**

Value_with_tolerance 是一种 Value_with_unit(见 4.2.404),它限定了由 Value_with_unit 规定的公称值,以规定一物理量的允许变化。

注:该应用对象被映射到与 ISO 10303-1050、ISO 10303-214 和 ISO 10303-224 相协调的集成定义中。但它应用对象的结构又有所不同,主要是因为 GB/T 16656 的本部分需要与 GD&T 和 GB/T 19903 中的定义保持一致。

与 Value_with_tolerance 相关的数据有:

——limitation;

——significant_digits。

4.2.403.1 相关数据 **limitation**

Limitation 通过该物理量的 Limit_qualifier、Limits_and_fits 或 Plus_minus_value 规定了公差范围。对特定的 Value_with_tolerance,不需要规定 limitation。应用声明见 4.3.66、4.3.67 和 4.3.68。

4.2.403.2 相关数据 **significant_digits**

significant_digits 规定了十进制数字的数,以标示该物理量的精确度。对特定的 Value_with_tolerance,不需要规定 significant_digits。

4.2.404 应用对象 **Value_with_unit**

Value_with_unit 是用它的数值和单位对一个物理量的详细说明。

注:此定义与 ISO 10303-1054[17] 中 Value_with_unit 定义一致。

与 Value_with_unit 相关的数据有:

——unit;

——Value_component。

4.2.404.1 相关数据 **unit**

unit 规定了表示该物理量所用的单位。

4.2.404.2 相关数据 **value_component**

value_component 规定了该量的数字值。

4.2.405 应用对象 **Vee_profile**

Vee_profile 应用对象由 GB/T 19903.10—2006 的 4.5 定义。GB/T 16656 的本部分扩充了以下信息需求。

与 Vee_profile 相关的数据有:

——所有 GB/T 19903.10 中已定义数据;

——first_side_length;

——second_side_length。

注:GB/T 19903(ISO 14649)中对 Vee_profile 的 EXPRESS 描述如下,适用于 GB/T 16656 的本部分。其原始定义和使用说明参见 GB/T 19903.10。

```
ENTITY vee_profile
   SUBTYPE OF (open_profile);
   profile_radius:toleranced_length_measure;
```

```
    profile_angle:plane_angle_measure;
    tilt_angle:plane_angle_measure;
    first_side_length:toleranced_length_measure; - - ADDED BY 10303-238
    second_side_length:toleranced_length_measure; - - ADDED BY 10303-238
END_ENTITY;
```

4.2.405.1 相关数据 first_side_length

first_side_length 标识了从该轮廓原点,沿着由 tilt_angle 参数定位的 V 形的一边所测量的距离。对特定的 Vee_profile,不需要规定 first_side_length。

4.2.405.2 相关数据 second_side_length

second_side_length 标识了从该轮廓原点,沿着由 tilt_angle 和 profile_angle 之和定位的 V 形的一边所测量的距离。对特定的 Vee_profile,不需要规定 second_side_length。

注:图 35 说明了与 Vee_profile 相关联的参数。tilt_angle 被显示为第一侧面与 x 轴之间的夹角,正如由ISO 10303-224 所定义的那样。GB/T 19903.10 中的定义未显式规定该角是从那个侧面测量的。

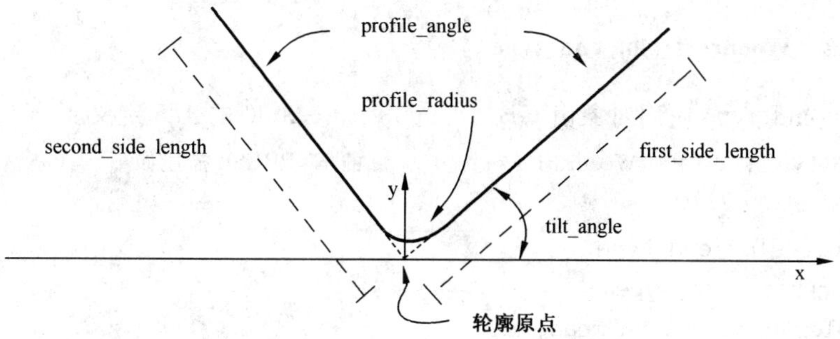

图 35 Vee_profile 参数

4.2.406 应用对象 Volume_measure

Volume_measure 是一种 Value_with_tolerance(见 4.2.403),其中,该 value_component 描述了一个体积大小。

4.2.407 应用对象 Wait_for_mark

Wait_for_mark 应用对象由 GB/T 19903.10—2006 的 4.6 定义。

注:GB/T 19903(ISO 14649)中对 Wait_for_mark 的 EXPRESS 描述如下。其完整定义和使用说明参见 GB/T 19903.10。

```
ENTITY Wait_for_mark
   SUBTYPE OF (nc_function);
   its_channel:channel;
END_ENTITY;
```

4.2.408 应用对象 While_statement

While_statement 应用对象由 GB/T 19903.10—2006 的 4.6 定义。

注:GB/T 19903(ISO 14649)中对 While_statement 的 EXPRESS 描述如下。其完整定义和使用说明参见 GB/T 19903.10。

```
ENTITY while_statement
```

```
  SUBTYPE OF (program_structure);
  condition:boolean_expression;
  body:executable;
END_ENTITY;
```

4.2.409 应用对象 Width_size_dimension

Width_size_dimension 是一种 Size_dimension(见 4.2.313),它规定了该产品形状元素的宽度的允许变化。

注：此定义与 ISO 10303-1050 和 ISO 10303-214 的 Width_size_dimension 定义以及 ISO 10303-224 中的 Width_dimension 定义一致。

与 Width_size_dimension 相关的数据有：

——used_path。

4.2.409.1 相关数据 used_path

used_path 规定了一个 Measurement_path,沿着它测量 Width_size_dimension。对特定的 Width_size_dimension,不需要规定 used_path。应用声明见 4.3.69。

4.2.410 应用对象 Woodruff_slot_end_type

Woodruff_slot_end_type 应用对象由 GB/T 19903.10—2006 的 4.5 定义。

注：GB/T 19903(ISO 14649)中对 Woodruff_slot_end_type 的 EXPRESS 描述如下。其完整定义和使用说明参见 GB/T 19903.10。

```
ENTITY woodruff_slot_end_type
  SUBTYPE OF (slot_end_type);
  radius:toleranced_length_measure;
END_ENTITY;
```

4.2.411 应用对象 Workingstep

Workingstep 应用对象由 GB/T 19903.10—2006 的 4.6 定义。

注：GB/T 19903(ISO 14649)中对 Workingstep 的 EXPRESS 描述如下。其完整定义和使用说明参见 GB/T 19903.10。

```
ENTITY workingstep
  ABSTRACT SUPERTYPE OF (ONEOF (machining_workingstep,rapid_movement,touch_probing))
  SUBTYPE OF (executable);
  its_secplane:elementary_surface;
END_ENTITY;
```

4.2.412 应用对象 Workpiece

Workpiece 应用对象由 GB/T 19903.10—2006 的 4.4 定义。GB/T 16656 的本部分扩充了以下信息需求。

与 Workpiece 相关的数据有：

——所有 GB/T 19903.10 中已定义数据,其中 its_geometry 和 its_bounding_geometry 有所修改；

——its_approvals；

——its_categories；

——its_components；

——its_datestamps；

——its_orgs;

——its_poeple;

——its_related_geometry;

——its_timestamps;

——product_approvals;

——product_datestamps;

——product_orgs;

——product_people;

——product_timestamps;

——revision_approvals;

——revision_datestamps;

——revision_id;

——revision_orgs;

——revision_people;

——revision_timestamps。

注：GB/T 19903(ISO 14649)中对 Workpiece 的 EXPRESS 描述如下，适用于 GB/T 16656 的本部分。其原始定义和使用说明参见 GB/T 19903.10。

```
ENTITY workpiece;
  its_id:identifier;
  its_material:OPTIONAL material;
  global_tolerance:OPTIONAL length_measure;
  its_rawpiece:OPTIONAL workpiece;
  its_geometry:OPTIONAL shape_representation; -- RELAXED BY 10303-238
  its_bounding_geometry:OPTIONAL bounding_geometry_select;
  clamping_positions:SET [0:?] OF cartesian_point;
  -- ADDED BY 10303-238,fields for PDM information
  its_approvals:SET [0:?] OF Approval;
  its_categories:SET [0:?] OF STRING;
  its_components:SET [0:?] OF Workpiece_assembly_component;
  its_datestamps:SET [0:?] OF Assigned_date;
  its_orgs:SET [0:?] OF Assigned_organization;
  its_people:SET [0:?] OF Assigned_person;
  its_related_geometry:SET [0:?] OF Shape_representation;
  its_timestamps:SET [0:?] OF Assigned_time;
  product_approvals:SET [0:?] OF Approval;
  product_datestamps:SET [0:?] OF Assigned_date;
  product_orgs:SET [0:?] OF Assigned_organization;
  product_people:SET [0:?] OF Assigned_person;
  product_timestamps:SET [0:?] OF Assigned_time;
  revision_approvals:SET [0:?] OF Approval;
  revision_datestamps:SET [0:?] OF Assigned_date;
  revision_id:OPTIONAL identifier;
  revision_orgs:SET [0:?] OF Assigned_organization;
  revision_people:SET [0:?] OF Assigned_person;
  revision_timestamps:SET [0:?] OF Assigned_time;
END_ENTITY;
```

```
TYPE bounding_geometry_select = SELECT(
   block,right_circular_cylinder,
   advanced_brep_shape_representation,
   edge_based_wireframe_shape_representation, - - ADDED BY 10303-238
   faceted_brep_shape_representation, - - ADDED BY 10303-238
   geometrically_bounded_surface_shape_representation, - - ADDED BY 10303-238
   geometrically_bounded_wireframe_shape_representation, - - ADDED BY 10303-238
   manifold_surface_shape_representation, - - ADDED BY 10303-238
   non_manifold_surface_shape_representation, - - ADDED BY 10303-238
   shell_based_wireframe_shape_representation- - ADDED BY 10303-238
   );
END_TYPE;
```

4.2.412.1 相关数据 its_geometry

由 GB/T 19903.10 定义的 its_geometry 是一种 advanced_brep_shape_representation。GB/T 16656的本部分扩充了这个需求,以至于 its_geometry 也可是一种更通用的 shape_representation。

注:该变化使得他的形状表达可以被其他 APs 支持。尤其是,这种综合表达方式允许使用 ATC 501(基于边的线框),ATC 502(基于壳的线框),ATC 507(几何边界曲面),ATC 508(非流形曲面),ATC 509(流形曲面),ATC 510(几何有界线框),And ATC 512(小平面边界表达),以及 ATC 514(高级边界表达)各描述所描述的形状。

4.2.412.2 相关数据 its_bounding_geometry

由 GB/T 19903.10 定义的 its_bounding_geometry 参数是一种 block、right_circular_cylinder 或 advanced_brep_shape_representation,GB/T 16656 的本部分扩充了这个需求,以至于 its_bounding_geometry 也可是一种 edge_based_wireframe_shape_representation、faceted_brep_shape_representation、geometrically_bounded_surface_shape_representation、geometrically_bounded_wireframe_shape_representation、manifold_surface_shape_representation、non_manifold_surface_shape_representation 或 Shell_based_wireframe_shape_representation。

注:该变化使得它的形状表达可以被其他 APs 支持。尤其是,这种综合表达方式允许使用 ATC 501(基于边的线框),ATC 502(基于壳的线框),ATC 507(几何边界曲面),ATC 508(非流形曲面),ATC 509(流形曲面),ATC 510(几何有界线框),and ATC 512(小平面边界表达),以及 ATC 514(高级边界表达)各描述所描述的形状。

4.2.412.3 相关数据 its-approvals

its_approvals 规定了 Approval 对象的集合,它规定了由该 Workpiece 的 revision_id 给定的该修改的制造描述的批准状态。对特定的 Workpiece,不需要规定 its_approvals。应用声明见 4.3.70。

4.2.412.4 相关数据 its_categories

its_categories 规定了名称的集合,它标识了应用于 Workpiece 的类。对特定的 Workpiece,不需要规定 its_categories。以下值将用于适当的地方:

——夹具:该 Workpiece 对象描述了在其他机械零件的生产中使用的机械夹具的几何以及相关的产品信息;

——装夹工件:该 Workpiece 对象描述了一机械零件最终状态和装配一个或多个夹具的几何以及相关的产品信息;

——毛坯:该 Workpiece 对象描述了一机械零件的最初状态;

——刀具:该 Workpiece 对象描述了机械加工刀具的几何以及相关联的产品信息;

注:被归于刀具的 Workpiece 对象能描述具体的刀具,选定以满足由 Machining_tool 应用对象唤出的该刀具要求。

——工件:该 Workpiece 对象描述了一机械零件的最终状态。

4.2.412.5 相关数据 its_components

its_components 规定了 Workpiece_assembly_component 对象的集合,它规定了一 Workpiece 的组成成分。对特定的 Workpiece,不需要规定 its_components。应用声明见 4.3.85。

4.2.412.6 相关数据 its_datestamps

its_datestamps 规定了 Assigned_date 对象的集合,它确定日期及其相关职责,它用于由 Workpiece 的 revision_id 所规定的修改的制造描述。对特定的 Workpiece,不需要规定 its_datestamps。应用声明见 4.3.73。

4.2.412.7 相关数据 its_orgs

its_orgs 规定了 Assigned_organization 对象的集合,它确定组织及其相关职责,它用于由 Workpiece 的 revision_id 所规定的修改的制造描述。对特定的 Workpiece,不需要规定 its_orgs。应用声明见 4.3.76。

4.2.412.8 相关数据 its_people

its_people 规定了 Assigned_person 对象的集合,它确定人员及其相关职责,它用于由 Workpiece 的 revision_id 所规定的修改的制造描述。对特定的 Workpiece,不需要规定 its_people。应用声明见 4.3.79。

4.2.412.9 相关数据 its_related_geometry

its_related_geometry 规定了与 its_geometry 形状相关联的零个或多个形状表达的集合,它构成了该工件的全部形状。

注:增加这个参数是为了与 ISO 10303-203[4] 和 ISO 10303-214 的零件的形状描述相一致,该零件由 shape_representation 的多个类型的形状结构组成。最常见的用法是,当 its_geometry 只包含一个 axis2_placement_3d 时,规定一工件的高级 brep 形状作为 its_related_geometry。

4.2.412.10 相关数据 its_timestamps

its_timestamps 规定了 Assigned_time 对象的集合,它明确带有时间的日期及其相关职责,它用于由 Workpiece 的 revision_id 所规定的修改的制造描述。对特定的 Workpiece,不需要规定 its_timestamps。应用声明见 4.3.82。

4.2.412.11 相关数据 product_approvals

product_approvals 规定了 Approval 对象的集合,它明确了涉及该 Workpiece 的所有修改的批准状态。对特定的 Workpiece,不需要规定 product_approvals。应用声明见 4.3.71。

4.2.412.12 相关数据 product_datestamps

product_datestamps 规定了 Assigned_date 对象的集合,它明确日期及其相关职责,它用于涉及该 Workpiece 的全部修改。对特定的 Workpiece,不需要规定 product_datestamps。应用声明见 4.3.74。

4.2.412.13 相关数据 product_orgs

product_orgs 规定了 Assigned_organization 对象的集合,它明确组织及其相关职责,它用于涉及该

Workpiece 的全部修改。对特定的 Workpiece，不需要规定 product_orgs。应用声明见 4.3.77。

4.2.412.14 相关数据 product_people

product_people 规定了 Assigned_person 对象的集合，它明确人员及其相关职责，它用于涉及该 Workpiece 的全部修改。对特定的 Workpiece，不需要规定 product_people。应用声明见 4.3.80。

4.2.412.15 相关数据 product_timestamps

product_timestamps 规定了 Assigned_time 对象的集合，它明确了带时间的日期及其相关职责，它用于涉及该 Workpiece 的全部修改。对特定的 Workpiece，不需要规定 product_timestamps。应用声明见 4.3.83。

4.2.412.16 相关数据 revision_approvals

revision_approvals 规定了 Approval 对象的集合，它明确了由该 Workpiece 的 revision_id 所规定的修改的批准状态。对特定的 Workpiece，不需要规定 revision_approvals。应用声明见 4.3.72。

4.2.412.17 相关数据 revision_datestamps

revision_datestamps 规定了 Assigned_date 对象的集合，它明确了日期及其相关职责，它用于由该 Workpiece 的 revision_id 所规定的修改。对特定的 Workpiece，不需要规定 revision_datestamps。应用声明见 4.3.75。

4.2.412.18 相关数据 revision_id

revision_id 标识了 Workpiece 的修改。对特定的 Workpiece，不需要规定 revision_id。

4.2.412.19 相关数据 revision_orgs

revision_orgs 规定了 Assigned_organization 对象的集合，它明确组织及其相关职责，它用于由该 Workpiece 的 revision_id 所规定的修改。对特定的 Workpiece，不需要规定 revision_orgs。应用声明见 4.3.78。

4.2.412.20 相关数据 revision_people

revision_people 规定了 Assigned_person 对象的集合，它明确人员及其相关职责，它用于由该 Workpiece 的 revision_id 所规定的修改。对特定的 Workpiece，不需要规定 revision_people。应用声明见 4.3.81。

4.2.412.21 相关数据 revision_timestamps

revision_timestamps 规定了 Assigned_time 对象的集合，它明确了带时间的日期及其相关职责，它用于由该 Workpiece 的 revision_id 所规定的修改。对特定的 Workpiece，不需要规定 revision_timestamps。应用声明见 4.3.84。

4.2.413 应用对象 Workpiece_assembly_component

Workpiece_assembly_component 规定了一 Workpiece 在装配中作为一构件的用法，包括在该装配中该 Workpiece 的几何位置。

与 Workpiece_assembly_component 相关的数据有：

——component；

——originating_orientation；

——resulting_orientation；

——reference_designator。

4.2.413.1 相关数据 component

component 规定了 Workpiece_assembly_component 的发行日期。应用声明见 4.3.86。

4.2.413.2 相关数据 originating_orientation

originating_orientation 规定了该构件预先规定在装配中的位置。

4.2.413.3 相关数据 resulting_orientation

resulting_orientation 规定了在装配中该构件的位置。

4.2.413.4 相关数据 reference_designator

reference_designator 规定了一个唯一代码，它标识在装配中该构件的用法。对特定的 Workpiece_assembly_component，不需要规定 reference_designator。

4.2.414 应用对象 Workpiece_complete_probing

Workpiece_complete_probing 应用对象由 GB/T 19903.10—2006 的 4.6 定义。

注：GB/T 19903(ISO 14649)中对 Workpiece_complete_probing 的 EXPRESS 描述如下。其完整定义和使用说明参见 GB/T 19903.10。

```
ENTITY workpiece_complete_probing
   SUBTYPE OF (touch_probing);
   its_workpiece:workpiece;
   probing_distance:toleranced_length_measure;
   its_probe:touch_probe;
   computed_offset:offset_vector;
END_ENTITY;
```

4.2.415 应用对象 Workpiece_probing

Workpiece _probing 应用对象由 GB/T 19903.10—2006 的 4.6 定义。

注：GB/T 19903(ISO 14649)中对 Workpiece_probing 的 EXPRESS 描述如下。其完整定义和使用说明参见 GB/T 19903.10。

```
ENTITY workpiece_probing
   SUBTYPE OF (touch_probing);
   start_position:axis2_placement_3d;
   its_workpiece:workpiece;
   its_direction:direction;
   expected_value:toleranced_length_measure;
   its_probe:touch_probe;
END_ENTITY;
```

4.2.416 应用对象 Workpiece_setup

Workpiece_setup 应用对象由 GB/T 19903.10—2006 的 4.6 定义。

注：GB/T 19903(ISO 14649)中对 Workpiece_setup 的 EXPRESS 描述如下。其完整定义和使用说明参见 GB/T 19903.10。

```
ENTITY workpiece_setup;
   its_workpiece:workpiece;
   its_origin:axis2_placement_3d;
   its_offset:OPTIONAL offset_vector;
   its_restricted_area:OPTIONAL restricted_area_select;
   its_instructions:LIST [0:?] OF Setup_instruction;
END_ENTITY;
TYPE restricted_area_select = SELECT (bounded_surface,bounding_geometry_select);
END_TYPE;
```

4.2.417 应用对象 Workplan

Workplan 应用对象由 GB/T 19903.10—2006 的 4.6 定义。GB/T 16656 的本部分扩充了以下信息需求。

与 Workplan 相关的数据有：

——所有 GB/T 19903.10 中已定义数据；

——its_minimum_machine_params。

注：GB/T 19903(ISO 14649)中对 Workplan 的 EXPRESS 描述如下，适用于 GB/T 16656 的本部分。其原始定义和使用说明参见 GB/T 19903.10。

```
ENTITY workplan
   SUBTYPE OF (program_structure);
   its_elements:LIST[0:?] OF Executable;
   its_channel:OPTIONAL channel;
   its_setup:OPTIONAL setup;
   its_effect:OPTIONAL in_process_geometry;
   its_minimum_machine_params:OPTIONAL machine_parameters; - - ADDED BY 10303-238
   WHERE
   WR1:SIZEOF(QUERY(it <* its_elements | it = SELF)) = 0;
END_ENTITY;
```

4.2.417.1 相关数据 its_minimum_machine_params

its_minimum_machine_params 规定了 Machine_parameters 对象，它描述了执行该作业计划所必需的最少的机械刀具特征。对特定的 Workplan，不需要规定 its_minimum_machine_params。应用声明见 4.3.87。

4.2.418 应用对象 Xor_expression

Xor_expression 应用对象由 GB/T 19903.10—2006 的 4.6 定义。

注：GB/T 19903(ISO 14649)中对 Xor_expression 的 EXPRESS 描述如下。其完整定义和使用说明参见 GB/T 19903.10。

```
ENTITY xor_expression
   SUBTYPE OF (binary_boolean_expression);
END_ENTITY;
```

4.3 应用声明

本条规定了计算机数控应用协议的应用声明。应用声明规定了各应用对象间的关系、各关系的载体，以及保证应用对象和 UoFs 完整合法的规则。应用声明及其定义如下。

注：本说明只适用于 GB/T 16656 的本部分所定义的应用对象。所有 GB/T 19903(ISO 14649)定义的应用对象的应用声明见 GB/T 19903。

4.3.1 应用声明 Angularity_tolerance 相对于 datum_reference

每个 Angularity_tolerance 引用一个或两个 Datum_reference 对象作为 reference_datum。每个 Datum_reference 作为零个或多个 Angularity_tolerance 对象的 reference_datum。

4.3.2 应用声明 Approval 相对于 Approval_status

每个 Approval 确切有一个 Approval_status 作为 status。每个 Approval_status 是一个或多个 Approval 的 status。

4.3.3 应用声明 Approval_relationship 相对于 Approval(作为 related_approval)

每个 Approval_relationship 确切有一个 Approval 作为 related_approval。每个 Approval 是零个或多个 Approval_relationship 的 related_approval。

4.3.4 应用声明 Approval_relationship 相对于 Approval(作为 relating_approval)

每个 Approval_relationship 确切有一个 Approval 作为 relating_approval。每个 Approval 是零个或多个 Approval_relationship 的 relating_approval。

4.3.5 应用声明 Approving_person_organization 相对于 Approval

每个 Approving_person_organization 确切有一个 Approval 作为 authorized_approval。每个 Approval 是一个或多个 Approving_person_organization 的 authorized_approval。

4.3.6 应用声明 Boss 相对于 linear_path

每个 Boss 确切有一个 Linear_path 作为 boss_height。每个 Linear_path 是零个或多个 Boss。

4.3.7 应用声明 circular_runout_tolerance 相对于 datum_reference

每个 Circular_runout_tolerance 引用一个或两个 Datum_reference 对象作为 reference_datum。每个 Datum_reference 作为零个或多个 Circular_runout_tolerance 对象的 reference_datum。

4.3.8 应用声明 Class_BSU 相对于 Supplier_BSU

每个 Class_BSU 引用一个 Supplier_BSU 对象作为 defined_by。每个 Supplier_BSU 作为零个或多个 Class_BSU 对象的 defined_by。

4.3.9 应用声明 Coaxiality_tolerance 相对于 datum_reference

每个 Coaxiality_tolerance 引用一个或两个 Datum_reference 对象作为 reference_datum。每个 Datum_reference 作为零个或多个 Coaxiality_tolerance 对象的 reference_datum。

4.3.10 应用声明 Common_datum 相对于 Single_datum

每个 Common_datum 引用两个或多个 Single_datum 对象作为 made_up_by。每个 Single_datum 被关联到零个或多个 Common_datum 对象。

4.3.11 应用声明 Concentricity_tolerance 相对于 Datum_reference

每个 Concentricity_tolerance 引用一个或两个 Datum_reference 对象作为 reference_datum。每个 Datum_reference 作为零个或多个 Concentricity_tolerance 对象的 reference_datum。

4.3.12 应用声明 Curved_distance_dimension 相对于 Measurement_path

每个 Curved_distance_dimension 确切有一个 Measurement_path 作为 used_path。每个 Measurement_path 是零个或多个 Curved_distance_dimension 的 used_path。

4.3.13 应用声明 Datum_defined_by_targets 相对于 Datum_target

每个 Datum_defined_by_targets 引用一个或多个 Datum_target 对象作为 defined_by。每个 Datum_target 作为零个或多个 Datum_defined_by_targets 对象的 target。

4.3.14 应用声明 Datum_reference 相对于 Datum

每个 Datum_reference 引用确切的一个 Datum 对象作为 referenced_datum。每个 Datum 作为零个或多个 Datum_reference 对象的 referenced_datum。

4.3.15 应用声明 Externally_defined_representation 相对于 Library_part_assignment

每个 Externally_defined_representation 引用确切的一个 Library_part_assignment 对象作为 identified_by。每个 Library_part_assignment 作为零个或多个 Externally_defined_representation 对象的identified_by。

4.3.16 应用声明 Externally_defined_size_dimension 相对于 Measurement_path

每个 Externally_defined_size_dimension 最多有一个 Measurement_path 作为 used_path。每个 Measurement_path 是零个或多个 Externally_defined_size_dimension 的 used_path。

4.3.17 应用声明 General_property 相对于 General_property

每个 General_property 引用零个或多个 General_property 对象作为 related_properties。每个 General_property 是一个或多个 General_property 的 related_properties。

4.3.18 应用声明 General_property 相对于 Specification

每个 General_property 引用零个或多个 Specification 对象作为 specifications。每个 Specification 是一个或多个 General_property 的 specification。

4.3.19 应用声明 General_property 相对于 Workpiece

每个 General_property 有零个或一个 Workpiece 作为 owner。每个 Workpiece 是零个或多个 General_property 对象的 owner。

4.3.20 应用声明 Geometric_dimension 相对于 Value_range

每个 Geometric_dimension 最多有一个 Value_range 作为 dimension_value。每个 Value_range 是零个或多个 Geometric_dimension 的 dimension_value。

4.3.21 应用声明 Geometric_dimension 相对于 Value_with_tolerance

每个 Geometric_dimension 最多有一个 Value_with_tolerance 作为 dimension_value。每个 Value_with_tolerance 是零个或多个 Geometric_dimension 的 dimension_value。

4.3.22 应用声明 Geometric_tolerance 相对于 Tolerance_condition

每个 Geometric_tolerance 最多有一个 Tolerance_condition 作为 modification。每个 Tolerance_ condition 是零个或多个 Geometric_tolerance 的 dimension_value。

4.3.23 应用声明 **Geometric_tolerance_relationship 相对于 Geometric_tolerance(作为 relating)**

每个 Geometric_tolerance_relationship 确切有一个 Geometric_tolerance 作为 relating。每个 Geometric_tolerance 是零个或多个 Geometric_tolerance_relationship 的 relating。

4.3.24 应用声明 **Geometric_tolerance_relationship 相对于 Geometric_tolerance(作为 related)**

每个 Geometric_tolerance_relationship 确切有一个 Geometric_tolerance 作为 related。每个 Geometric_tolerance 是零个或多个 Geometric_tolerance_relationship 的 related。

4.3.25 应用声明 **Height_size_dimension 相对于 Measurement_path**

每个 Height_size_dimension 最多有一个 Measurement_path 作为 used_path。每个 Measurement_path 是零个或多个 Height_size_dimension 的 used_path。

4.3.26 应用声明 **Last_modified_timestamp 相对于 Executable**

每个 Last_modified_timestamp 有零个或多个 Executable 作为 items。每个 Executable 是最多一个 Last_modified_timestamp 的 items。

4.3.27 应用声明 **Last_modified_timestamp 相对于 Operation**

每个 Last_modified_timestamp 有零个或多个 Operation 作为 items。每个 Operation 是最多一个 Last_modified_timestamp 的 items。

4.3.28 应用声明 **Last_modified_timestamp 相对于 project**

每个 Last_modified_timestamp 有零个或多个 Project 作为 items。每个 Project 是最多一个 Last_modified_timestamp 的 items。

4.3.29 应用声明 **Last_modified_timestamp 相对于 Toolpath**

每个 Last_modified_timestamp 有零个或多个 Toolpath 作为 items。每个 Toolpath 是最多一个 Last_modified_timestamp 的 items。

4.3.30 应用声明 **Last_modified_timestamp 相对于 Workpiece**

每个 Last_modified_timestamp 有零个或多个 Workpiece 作为 items。每个 Workpiece 是最多一个 Last_modified_timestamp 的 items。

4.3.31 应用声明 **Length_size_dimension 相对于 Measurement_path**

每个 Length_size_dimension 最多有一个 Measurement_path 作为 used_path。每个 Measurement_path 是零个或多个 Length_size_dimension 的 used_path。

4.3.32 应用声明 **Library_part_assignment 相对于 Class_BSU**

每个 Library_part_assignment 引用确切的一个 Class_BSU 对象作为 definitional_class_bsu。每个 Class_BSU 作为零个或多个 Library_part_assignment 对象的 value_property_bsu。

4.3.33 应用声明 **Library_part_assignment 相对于 Library_property_value**

每个 Library_part_assignment 引用零个或多个 Library_property_value 对象作为 definitional_ property_value_pairs。每个 Library_property_value 作为零个或多个 Library_part_assignment 对象的 definitional_property_value_pairs。

4.3.34 应用声明 Library_property_value 相对于 Property_BSU

每个 Library_property_value 引用确切的一个 Property_BSU 对象作为 value_property_bsu。每个 Property_BSU 作为零个或多个 Library_property_value 对象的 value_property_bsu。

4.3.35 应用声明 Line_profile_tolerance 相对于 Datum_reference

每个 Line_profile_tolerance 引用零个、一个、两个或三个 Datum_reference 对象作为 reference_datum。每个 Datum_reference 作为零个或多个 Line_profile_tolerance 对象的 reference_datum。

4.3.36 应用声明 Machine_parameters 相对于 Machine_axis_travel

每个 Machine_parameters 引用零个或多个 Machine_axis_travel 对象作为 axis_travel。每个 Machine_axis_travel 作为零个或多个 Machine_parameters 对象的 axis_travel。

4.3.37 应用声明 Machining_tool 相对于 Tool_usage

每个 Machining_tool 引用零个或一个 Tool_usage 对象作为 its_usage。每个 Tool_usage 作为零个或多个 Machining_tool 对象的 its_usage。

4.3.38 应用声明 Machining_workingstep 相对于 Manufacturing_feature(作为 final_features)

每个 Machining_workingstep 有零个或多个 Manufacturing_feature 作为 final_features。每个 Manufacturing_feature 是零个或多个 Machining_workingstep 的 final_features。

4.3.39 应用声明 Material_property 相对于 Hardness

每个 Material_property 引用零个或多个 Hardness 对象作为 material_hardness。每个 Hardness 是一个或多个 Material_property 对象的 material_hardness。

4.3.40 应用声明 Material_property 相对于 Property_parameter

每个 Material_property 引用零个或多个 Property_parameter 对象作为 material_characteristics。每个 Property_parameter 是零个或多个 Material_property 对象的 material_characteristics。

4.3.41 应用声明 Milling_machine_functions 相对于 Machine_axis_constraint

每个 Milling_machine_functions 有零个或多个 Machine_axis_constraint 对象作为 axis_constraints。每个 Machine_axis_constraint 是至少一个 Milling_machine_functions 对象的 axis_constraints。

4.3.42 应用声明 Parallelism_tolerance 相对于 Datum_reference

每个 Parallelism_tolerance 引用一个或两个 Datum_reference 对象作为 reference_datum。每个 Datum_reference 作为零个或多个 Parallelism_tolerance 对象的 reference_datum。

4.3.43 应用声明 Part_property 相对于 Property_parameter

每个 Part_property 引用零个或多个 Property_parameter 对象作为 part_characteristics。每个 Property_parameter 是零个或多个 Part_property 对象的 part_characteristics。

4.3.44 应用声明 Perpendicularity_tolerance 相对于 Datum_reference

每个 Perpendicularity_tolerance 引用一个、两个或三个 Datum_reference 对象作为 reference_datum。每个 Datum_reference 作为零个或多个 Perpendicularity_tolerance 对象的 reference_datum。

4.3.45 应用声明 Pocket 相对于 Linear_path

每个 Pocket 确切有一个 Linear_path 作为 course_of_travel。每个 Linear_path 是零个或多个 Pocket 的 course_of_travel。

4.3.46 应用声明 Position_tolerance 相对于 Datum_reference

每个 Position_tolerance 引用零个、一个、两个或三个 Datum_reference 对象作为 reference_datum。每个 Datum_reference 作为零个或多个 Position_tolerance 对象的 reference_datum。

4.3.47 应用声明 Process_property 相对于 Property_parameter

每个 Process_property 引用零个或多个 Property_parameter 对象作为 process_characteristics。每个 Property_parameter 作为零个或多个 Process_property 对象的 process_characteristics。

4.3.48 应用声明 Property_BSU 相对于 Class_BSU

每个 Property_BSU 引用确切的一个 Class_BSU 对象作为 name_scope。每个 Class_BSU 作为零个或多个 Property_BSU 对象的 name_scope。

4.3.49 应用声明 Round_hole 相对于 Linear_path

每个 Round_hole 确切有一个 Linear_path 作为 course_of_travel。每个 Linear_path 是零个或多个 Round_hole 的 course_of_travel。

4.3.50 应用声明 Security_classification_assignment 相对于 Executable

每个 Security_classification_assignment 有零个或多个 Executable 作为 items。每个 Executable 是最多一个 Security_classification_assignment 的 items。

4.3.51 应用声明 Security_classification_assignment 相对于 Operation

每个 Security_classification_assignment 有零个或多个 Operation 作为 items。每个 Operation 是最多一个 Security_classification_assignment 的 items。

4.3.52 应用声明 Security_classification_assignment 相对于 Project

每个 Security_classification_assignment 有零个或多个 Project 作为 items。每个 Project 是最多一个 Security_classification_assignment 的 items。

4.3.53 应用声明 Security_classification_assignment 相对于 Security_classification

每个 Security_classification_assignment 确切有一个 Security_classification 作为 classification。每个 Security_classification 是一个或多个 Security_classification_assignment 的 classification。

4.3.54 应用声明 Security_classification_assignment 相对于 Toolpath

每个 Security_classification_assignment 有零个或多个 Toolpath 作为 items。每个 Toolpath 是最

多一个 Security_classification_assignment 的 items。

4.3.55 应用声明 **Security_classification_assignment 相对于 Workpiece**

每个 Security_classification_assignment 有零个或多个 Workpiece 作为 items。每个 Workpiece 是最多一个 Security_classification_assignment 的 items。

4.3.56 应用声明 **Single_datum 相对于 Tolerance_condition**

每个 Single_datum 引用零个或一个 Tolerance_condition 对象作为 modification。每个 Tolerance_condition 作为零个或多个 Single_datum 对象的 modification。

4.3.57 应用声明 **Surface_profile_tolerance 相对于 Datum_reference**

每个 Surface_profile_tolerance 引用零个、一个、两个或三个 Datum_reference 对象作为 reference_datum。每个 Datum_reference 作为零个或多个 Surface_profile_tolerance 对象的 reference_datum。

4.3.58 应用声明 **Surface_property 相对于 Property_parameter**

每个 Surface_property 引用零个或多个 Property_parameter 对象作为 surface_characteristics。每个 Property_parameter 是零个或多个 Surface_property 对象的 surface_characteristics。

4.3.59 应用声明 **Symmetry_tolerance 相对于 Datum_reference**

每个 Symmetry_tolerance 引用一个、两个或三个 Datum_reference 对象作为 reference_datum。每个 Datum_reference 作为零个或多个 Symmetry_tolerance 对象的 reference_datum。

4.3.60 应用声明 **Thickness_size_dimension 相对于 Measurement_path**

每个 Thickness_size_dimension 最多有一个 Measurement_path 作为 used_path。每个 Measurement_path 是零个或多个 Thickness_size_dimension 的 used_path。

4.3.61 应用声明 **Tolerance_zone 相对于 Geometric_tolerance**

每个 Tolerance_zone 有一个或多个 Geometric_tolerance 作为 zone_for。每个 Geometric_tolerance 被关联到零个或多个 Tolerance_zone 对象。

4.3.62 应用声明 **Tolerance_zone_definition 相对于 Tolerance_zone**

每个 Tolerance_zone_definition 确切有一个 Tolerance_zone 作为 defining。每个 Tolerance_zone 被关联到零个或多个 Tolerance_zone_definition 对象。

4.3.63 应用声明 **Tool_usage 相对于 Workpiece**

每个 Tool_usage 引用零个或一个 Workpiece 对象作为 its_product。每个 Workpiece 作为零个或多个 Tool_usage 对象的 its_product。

4.3.64 应用声明 **Tool_usage 相对于 Externally_defined_representation**

每个 Tool_usage 引用零个或一个 Externally_defined_representation 对象作为 its_library_reference。每个 Externally_defined_representation 作为零个或多个 Tool_usage 对象的 its_library_reference。

4.3.65 应用声明 **Total_runout_tolerance 相对于 datum_reference**

每个 Total_runout_tolerance 引用一个或两个 Datum_reference 对象作为 reference_datum。每个

Datum_reference 作为零个或多个 Total_runout_tolerance 对象的 reference_datum。

4.3.66 应用声明 **Value_with_tolerance 相对于 Limit_qualifier**

每个 Value_with_tolerance 最多有一个 Limit_qualifier 作为 limitation。每个 Limit_qualifier 是零个或多个 Value_with_tolerance 的 limitation。

4.3.67 应用声明 **Value_with_tolerance 相对于 Limits_and_fits**

每个 Value_with_tolerance 最多有一个 Limits_and_fits 作为 limitation。每个 Limits_and_fits 是零个或多个 Value_with_tolerance 的 limitation。

4.3.68 应用声明 **Value_with_tolerance 相对于 Plus_minus_value**

每个 Value_with_tolerance 最多有一个 Plus_minus_value 作为 limitation。每个 Plus_minus_value 是零个或多个 Value_with_tolerance 的 limitation。

4.3.69 应用声明 **Width_size_dimension 相对于 Measurement_path**

每个 Width_size_dimension 最多有一个 Measurement_path 作为 used_path。每个 Measurement_path 是零个或多个 Width_size_dimension 的 used_path。

4.3.70 应用声明 **Workpiece 相对于 Approval(作为 its_approvals)**

每个 Workpiece 有零个或多个 Approval 对象作为 its_approvals。每个 Approval 是零个或多个 Workpiece 的 its_approvals。

4.3.71 应用声明 **Workpiece 相对于 Approval(作为 product_approvals)**

每个 Workpiece 有零个或多个 Approval 对象作为 product_approvals。每个 Approval 是零个或多个 Workpiece 的 product_approvals。

4.3.72 应用声明 **Workpiece 相对于 Approval(作为 Revision_approvals)**

每个 Workpiece 有零个或多个 Approval 对象作为 revision_approvals。每个 Approval 是零个或多个 Workpiece 的 revision_approvals。

4.3.73 应用声明 **Workpiece 相对于 Assigned_date(作为 its_datestamps)**

每个 Workpiece 有零个或多个 Assigned_date 对象作为 its_datestamps。每个 Assigned_date 是零个或多个 Workpiece 的 its_datestamps。

4.3.74 应用声明 **Workpiece 相对于 Assigned_date(作为 product_datestamps)**

每个 Workpiece 有零个或多个 Assigned_date 对象作为 product_datestamps。每个 Assigned_date 是零个或多个 Workpiece 的 product_datestamps。

4.3.75 应用声明 **Workpiece 相对于 Assigned_date(作为 revision_datestamps)**

每个 Workpiece 有零个或多个 Assigned_date 对象作为 revision_datestamps。每个 Assigned_date 是零个或多个 Workpiece 的 revision_datestamps。

4.3.76 应用声明 **Workpiece 相对于 Assigned_organization(作为 its_orgs)**

每个 Workpiece 有零个或多个 Assigned_organization 对象作为 its_orgs。每个 Assigned_organization 是零个或多个 Workpiece 的 its_orgs。

4.3.77 应用声明 **Workpiece 相对于 Assigned_organization(作为 product_orgs)**

每个 Workpiece 有零个或多个 Assigned_organization 对象作为 product_orgs。每个 Assigned_organization 是零个或多个 Workpiece 的 product_orgs。

4.3.78 应用声明 **Workpiece 相对于 Assigned_organization(作为 revision_orgs)**

每个 Workpiece 有零个或多个 Assigned_organization 对象作为 revision_orgs。每个 Assigned_organization 是零个或多个 Workpiece 的 revision_orgs。

4.3.79 应用声明 **Workpiece 相对于 Assigned_person(作为 its_people)**

每个 Workpiece 有零个或多个 Assigned_person 对象作为 its_people。每个 Assigned_person 是零个或多个 Workpiece 的 its_people。

4.3.80 应用声明 **Workpiece 相对于 Assigned_person(作为 product_people)**

每个 Workpiece 有零个或多个 Assigned_person 对象作为 product_people。每个 Assigned_person 是零个或多个 Workpiece 的 product_people。

4.3.81 应用声明 **Workpiece 相对于 Assigned_person(作为 revision_people)**

每个 Workpiece 有零个或多个 Assigned_person 对象作为 revision_people。每个 Assigned_person 是零个或多个 Workpiece 的 revision_people。

4.3.82 应用声明 **Workpiece 相对于 Assigned_time(作为 its_timestamps)**

每个 Workpiece 有零个或多个 Assigned_time 对象作为 its_timestamps。每个 Assigned_time 是零个或多个 Workpiece 的 its_timestamps。

4.3.83 应用声明 **Workpiece 相对于 Assigned_time(作为 product_timestamps)**

每个 Workpiece 有零个或多个 Assigned_time 对象作为 product_timestamps。每个 Assigned_time 是零个或多个 Workpiece 的 product_timestamps。

4.3.84 应用声明 **Workpiece 相对于 Assigned_time(作为 revision_timestamps)**

每个 Workpiece 有零个或多个 Assigned_time 对象作为 revision_timestamps。每个 Assigned_time 是零个或多个 Workpiece 的 revision_timestamps。

4.3.85 应用声明 **Workpiece 相对于 Workpiece_assembly_component**

每个 Workpiece 有零个或多个 Workpiece_assembly_component 对象作为 its_components。每个 Workpiece_assembly_component 是确切的一个 Workpiece 的 its_components。

4.3.86 应用声明 **Workpiece_assembly_component 相对于 Workpiece**

每个 Workpiece_assembly_component 确切有一个 Workpiece 对象作为 components。每个 Workpiece 是零个或多个 Workpiece_assembly_component 的 components。

4.3.87 应用声明 **Workplan 相对于 Machine_parameters**

每个 Workplan 引用零个或一个 Machine_parameters 对象作为 its_minimum_machine_params。

每个 Machine_parameters 作为零个或多个 Workplan 对象的 its_minimum_machine_params。

5 应用解释模型

5.1 映射表

本条包含了映射表，该映射表表明了本部分(见第 4 章)的每个 UoF 和应用元素是怎样映射到一个或几个应用解释模型(AIM)资源构造的(见附录 A)。该映射表分五列(见表 1～表 15)。

注：按惯例应按字母顺序的 UoF 名表达映射表，但是考虑到与 GB/T 19903 的排版顺序一致并便于这些文档之间的引用，本部分采用了 4.1 的排版顺序表达映射表。

列 1)应用元素：应用元素名称，同出现在 4.2 的应用对象定义中一样，应用对象名用大写字母书写。应用对象后列出的属于应用对象的属性名和命题用小写字母书写。

列 2)AIM 元素：指出现在 AIM(见附件 A)中的 AIM 元素名、术语“IDENTICAL MAPPING”或术语“PATH”。AIM 实体用小写字母书写。被引用的 AIM 实体的属性名表示成〈entity name〉.〈attribute name〉。一个应用元素的映射可以导出几个相关的 AIM 元素。每一个 AIM 元素在表中都要求占用一行。术语“IDENTICAL MAPPING”表明一个应用命题的两个应用对象映射到相同的 AIM 元素。术语“PATH”表明应用命题映射到完整的引用路径。

列 3)源：对于那些由集成资源或应用解释构造解释的 AIM 元素，这里给出了集成资源或应用解释构造的 GB/T 16656 的编号。如果在 AIC 范围内使用实体或类型的映射，集成资源定义的实体或类型用 AIC 作为引用源。

列 4)规则：可给出一个或多个序号，序号表示当前 AIM 元素或引用路径采用的规则。对于那些从应用实体之间的关系中导出的规则，同一规则被所有相关的 AIM 元素的映射实体所引用。表后列出了规则的扩展名。

列 5)引用路径：为了完整地描述应用对象的映射，有必要通过几个相关 AIM 元素来规定引用路径。引用路径列记录了这个 AIM 元素相对于下一行的 AIM 元素的所起的作用。两个或多个这样的相关 AIM 元素规定了集成资源的解释，该集成资源满足由应用对象规定的需求。对于为了用于本部分而创建的每个 AIM 元素，引用路径指到规定超类的集成资源。

为表达引用路径与 AIM 元素间的关系，应用了下列符号标记：

a) []：为满足信息需求，需要附上多个 AIM 元素或引用路径段；

b) ()：为满足信息需求，在映射中的多个 AIM 元素或引用路径段被标识为可任选其一；

c) {}：为满足信息需求，限定使用括号内的引用路径；

d) ＜＞：一个或多个必要的引用路径；

e) ||：超类实体

f) ->：属性引用下行中给出的实体或选择类型；

g) <-：实体或选择类型被下行中的属性引用；

h) [i]：属性是聚合类型，在下行中给出此类型的单个成员；

i) [n]：属性是聚合类型，下行中给出此类型的成员 n；

j) =>：该实体是下行中给出实体的超类；

k) <=：该实体是下行中给出实体的子类；

l) =：字符串、选择类型或枚举类型限制在选项或值；

m) \：在下一行表达引用路径；

n) *：表示关系实体数据类型的任何数目，可能是关系树结构的组合。

表 1　测量功能单元的映射表

应用元素	AIM 元素	源	规则	引用路径
AREA_MEASURE	measure_representation_item	10303-45		measure_representation_item <= measure_with_unit { measure_with_unit. value_component-> measure_value measure_value=area_measure area_measure }
LENGTH_MEASURE	[length_measure_with_unit] [measure_representation_item]	10303-41 10303-45		length_measure_with_unit <= measure_with_unit=> { measure_with_unit. value_component-> measure_value measure_value = length_measure length_measure } measure_representation_item <= representation_item
LIMITS_AND_FITS # 1: if used as the limitation of a value_with_tolerance that is the dimension_value of a geometric_dimension #2: if otherwise See NOTE 1	# 1:(limits_and_fits) #2: (qualified_representation_item)	10303-47 10303-45		

表 1（续）

应用元素	AIM 元素	源	规则	引用路径
deviation	#1：(limits_and_fits. form_variance) #2：(qualitative_uncertainty. uncertainty_value)	10303-47 10303-45		#1：(limits_and_fits limits_and_fits. form_variance) #2：(qualified_representation_item qualified_representation_item，qualifiers [i] -> value_qualifier value_qualifier = uncertainty_qualifier { uncertainty_qualifier. measure_name = 'form variance' } uncertainty_qualifier => qualitative_uncertainty qualitative_uncertainty. uncertainty_value)
grade	#1：(limits_and_fits. grade) #2：(qualitative_uncertainty. uncertainty_value)	10303-47 10303-45		#1：(limits_and_fits limits_and_fits. grade) #2：(qualified_representation_item qualified_representation_item. qualifiers [i] -> value_qualifier value_qualifier = uncertainty_qualifier { uncertainty_qualifier. measure_name = 'grade' } uncertainty_qualifier => qualitative_uncertainty qualitative_uncertainty. uncertainty_value)
its_fitting_type	#1：(limits_and_fits. zone_variance) #2：(qualitative_uncertainty. uncertainty_value)	10303-47 10303-45		#1：(limits_and_fits limits_and_fits. grade) #2：(qualified_representation_item qualified_representation_item. qualifiers [i] -> value_qualifier value_qualifier = uncertainty_qualifier { uncertainty_qualifier. measure_name = 'zone variance' } uncertainty_qualifier => qualitative_uncertainty qualitative_uncertainty. uncertainty_value)

表 1（续）

应用元素	AIM 元素	源	规则	引用路径
LIMIT_QUALIFIER	qualified_representation_item	10303-45		
qualifier	type_qualifier. name	10303-45		qualified_representation_item qualified_representation_item. qualifiers [i] -> value_qualifier = type_qualifier type_qualifier { (type_qualifier. name = 'maximum') (type_qualifier. name = 'minimum') }
MASS_MEASURE	[mass_measure_with_unit] [measure_representation_item]	10303-41 10303-45		mass_measure_with_unit <= measure_with_unit=> { measure_with_unit. value_component-> measure_value measure_value = mass_measure mass_measure } measure_representation_item <= representation_item
PLANE_ANGLE_MEASURE	[plane_angle_measure_with_unit] [measure_representation_item]	10303-41 10303-45		plane_angle_measure_with_unit <= measure_with_unit=> { measure_with_unit. value_component-> measure_value measure_value = plane_angle_measure plane_angle_measure } measure_representation_item <= representation_item
PLUS_MINUS_VALUE # 1: if used as the limitation of a value_with_tolerance that is the dimension_value of a geometric_dimension #2: if otherwise See NOTE 1	#1: (tolerance_value) #2: (qualified_representation_item)	10303-47 10303-45		

表 1（续）

应用元素	AIM 元素	源	规则	引用路径
lower_limit	#1:(measure_with_unit) #2:(standard_uncertainty. uncertainty_value)	10303-41 10303-45		#1:(tolerance_value tolerance_value. lower_bound-> measure_with_unit) #2:(qualified_representation_item qualified_representation_item. qualifiers [i] -> value_qualifier value_qualifier = uncertainty_qualifier { uncertainty_qualifier. measure_name = 'lower limit' } uncertainty_qualifier => standard_uncertainty standard_uncertainty. uncertainty_value)
upper_limit	#1:(measure_with_unit) #2:(standard_uncertainty. uncertainty_value)	10303-41 10303-45		#1:(tolerance_value tolerance_value. upper_bound -> measure_with_unit) #2:(qualified_representation_item qualified_representation_item. qualifiers [i] -> value_qualifier value_qualifier = uncertainty_qualifier { uncertainty_qualifier. measure_name = 'upper limit' } uncertainty_qualifier => standard_uncertainty standard_uncertainty. uncertainty_value)
PRESSURE_MEASURE	measure_representation_item	10303-45		measure_representation_item <= measure_with_unit { measure_with_unit. value_component-> measure_value measure_value = numeric_measure numeric_measure }

表 1（续）

应用元素	AIM 元素	源	规则	引用路径
ROT_SPEED_MEASURE	measure_representation_item	10303-45		measure_representation_item <= measure_with_unit { measure_with_unit. value_component-> measure_value measure_value = numeric_measure numeric_measure }
SPEED_MEASURE	measure_representation_item	10303-45		measure_representation_item <= measure_with_unit { measure_with_unit. value_component-> measure_value measure_value = numeric_measure numeric_measure }
TIME_MEASURE	[time_measure_with_unit] [measure_representation_item]	10303-41 10303-45		time_measure_with_unit <= measure_with_unit=> { measure_with_unit. value_component-> measure_value measure_value = time_measure time_measure } measure_representation_item <= representation_item
TOLERANCED_LENGTH_MEASURE	[length_measure_with_unit] [measure_representation_item]	10303-41 10303-45		length_measure_with_unit <= measure_with_unit=> { measure_with_unit. value_component-> measure_value measure_value = length_measure length_measure } measure_representation_item <= representation_item

表 1（续）

应用元素	AIM 元素	源	规则	引用路径
VALUE_RANGE # 1：if used as the dimension_value of ageometric_dimension #2：if otherwise See NOTE 2	# 1 ：(shape_dimension_representation) #2：(value_range)	10303-47 10303-238		
value_range to value_with_unit (as lower_range)	PATH			#1：(shape_dimension_representation <= shape_representation<= representation representation. items [i] -> { representation_item. name = 'lower range'} representation_item => measure_representation_item) #2：(value_range <= compound_representation_item compound_representation_item. item_element -> set_representation_item set_representation_item [i] -> { representation_item. name = 'lower limit' } representation_item => measure_representation_item)

表 1（续）

应用元素	AIM 元素	源	规则	引用路径
significant_digits	precision_qualifier. precision_value	10303-45		＃1：(shape_dimension_representation <= shape_representation <= representation representation. items [i] -> representation_item => measure_representation_item <= measure_with_unit <- measure_qualification. qualified_measure measure_qualification measure_qualification. qualifiers[i] -> value_qualifier = precision_qualifier precision_qualifier precision_qualifier. precision_value) ＃2：(value_range <= compound_representation_item <= representation_item => qualified_representation_item qualified_representation_item. qualifiers [i] -> value_qualifier value_qualifier = precision_qualifier precision_qualifier precision_qualifier. precision_value)

表 1（续）

应用元素	AIM 元素	源	规则	引用路径
value_range to value_with_unit (as upper_range)	PATH			#1:(shape_dimension_representation <= shape_representation<= representation representation. items [i] -> { representation_item. name = 'upper range'} representation_item => measure_representation_item) #2:(value_range <= compound_representation_item compound_representation_item. item_element -> set_representation_item set_representation_item [i] -> { representation_item. name = 'upper limit' } representation_item => measure_representation_item)
VALUE_WITH_TOLERANCE # 1:if significant_digits is specified,or if limitation is specified and either the limitation is limit_qualifier or the value_with_tolerance is not the dimension_value of a geometric_dimension #2: if otherwise See NOTE 1	#1:[measure_representation_item] [qualified_representation_item] #2: measure_representation_item			# 1:(measure_representation_item <= representation_item => qualified_representation_item) #2:(measure_representation_item <= representation_item)

表 1（续）

应用元素	AIM 元素	源	规则	引用路径
value_with_tolerance to plus_minus_value, limits_and_fits, or limit_qualifier (as limitation) ＃ 1：if value_with_tolerance is the dimension_value of a geometric_dimension and limitation is plus_minus_value or limits_and_fits ＃2：if otherwise See NOTE 1	PATH			＃ 1 (measure_representation_item <= representation_item <- representation. items[i] representation => shape_representation => shape_dimension_representation <- dimensional_characteristic_representation. representation dimensional_characteristic_representation dimensional_characteristic_representation. dimension -> dimensional_characteristic (dimensional_characteristic = dimensional_size dimensional_size <-) (dimensional_characteristic = dimensional_location dimensional_location <-) plus_minus_tolerance. toleranced_dimension plus_minus_tolerance plus_minus_tolerance. range -> tolerance_method_definition (tolerance_method_definition = tolerance_value tolerance_value) (tolerance_method_definition = limits_and_fits limits_and_fits)) ＃2：(measure_representation_item <= representation_item => qualified_representation_item)
significant_digits	precision_qualifier. precision_value	10303-45		measure_representation_item <= representation_item => qualified_representation_item qualified_representation_item. qualifiers [i] -> value_qualifier value_qualifier = precision_qualifier precision_qualifier precision_qualifier. precision_value

表 1（续）

应用元素	AIM 元素	源	规则	引用路径
VALUE_WITH_UNIT	measure_representation_item	10303-45		measure_representation_item <= measure_with_unit
unit	unit	10303-41	5,6	measure_representation_item <= measure_with_unit measure_with_unit. unit_component -> unit
value_component	measure_value	10303-41		measure_with_unit measure_with_unit. value_component -> measure_value
VOLUME_MEASURE	measure_representation_item	10303-45		measure_representation_item <= measure_with_unit { measure_with_unit. value_component-> measure_value measure_value = volume_measure volume_measure }

表 2　项目功能单元的映射表

应用元素	AIM 元素	源	规则	引用路径
PERSON_AND_ADDRESS	person	10303-41		
its_person	IDENTICAL MAPPING	10303-41		
its_address	personal_address	10303-41		person <- personal_address. people[i] personal_address
PROJECT	product_definition_formation	10303-41		product_definition_formation { product_definition_formation. of_product-> product => machining_project }
its_id	product. id	10303-41		product_definition_formation product_definition_formation. of_product -> product product. id
project to workplan (as main_workplan)	PATH			product_definition_formation <- product_definition. formation product_definition characterized_product_definition = product_definition characterized_product_definition <- process_product_association. defined_product process_product_association process_product_association. process -> product_definition_process <= action { action. name = 'machining' } action. chosen_method-> action_method => machining_process_executable => machining_workplan

表 2（续）

应用元素	AIM 元素	源	规则	引用路径
project to workpiece (as its_workpieces)	PATH			product_definition_formation <- product_definition. formation product_definition <- product_definition_relationship. relating_product_definition product_definition_relationship { product_definition_relationship => machining_project_workpiece_relationship } prduct_definition_relationship. related_product_definition -> product_definition
project to person_and_address (as its_owner)	PATH			product_definition_formation person_and_organization_item = product_definition_formation person_and_organization_item <- applied_person_and_organization_assignment. items[i] applied_person_and_organization_assignment <= person_and_organization_assignment { person_and_organization_assignment. role-> person_and_organization_role person_and_organization_role_name = 'owner' } person_and_organization_assignment. - assigned_person_and_organization -> person_and_organization person_and_organization. the_person -> person
its_release	date_and_time	10303-41		product_definition_formation date_and_time_item = product_definition_formation date_and_time_item <- applied_date_and_time_assignment. items [i] applied_date_and_time_assignment <= date_and_time_assignment { date_and_time_assignment. role-> date_time_role date_time_role. name = 'release date' } date_and_time_assignment. assigned_ date_and_time - > date_and_time

表 2（续）

应用元素	AIM 元素	源	规则	引用路径
project to approval (as its_status)	PATH			product_definition_formation approval_item = product_definition_formation approval_item <- applied_approval_assignment. items [i] applied_approval_assignment <= approval_assignment approval_assignment. assigned_approval -> approval

表 3　工段功能单元的映射表

应用元素	AIM 元素	源	规则	引用路径
DESCRIPTIVE_PARAMETER	descriptive_representation_item	10303-45		
descriptive_string	descriptive_representation_item. - description	10303-45		
GENERAL_PROPERTY	property_definition	10303-41		
description	property_definition. description	10303-41		
general_property to workpiece or shape_aspect (as owner) ＃ 1：if owner is a workpiece ＃2：if owner is a shape_aspect	PATH			property_definition property_definition. definition -> characterized_definition ＃ 1：(characterized_definition ＝ characterized_product_definition characterized_product_definition characterized_product_definition ＝ product_definition product_definition) ＃2：(characterized_definition ＝ shape_definition shape_definition shape_definition ＝ shape_aspect shape_aspect)
general_property to general_property (as related_properties)	PATH			property_definition <- property_definition_relationship. relating_property_definition property_definition_relationship property_definition_relationship. related_property_definition-> property_definition
general_property to specification (as specifications)	PATH			property_definition document_reference_item ＝ property_definition document_reference_item <- applied_document_reference. items[i] applied_document_reference <＝ document_reference document_reference. assigned_document -> document

表 3（续）

应用元素	AIM 元素	源	规则	引用路径
HARDNESS	material_property_representation	10303-45		material_property_representation {material_property_representation. dependent_environment-> data_environment data_environment. name = ‘hardness’ }
high_value	measure_with_unit	10303-41		material_property_representation <= property definition_representation property_definition_representation. used_representation-> representation representation. items [i] -> { representation_item=> qualified_representation_item qualified_representation_item. qualifiers [i]-> value_qualifier=type_qualifier type_qualifier type_qualifier. name=‘high value’} { representation_item. name = ‘high value’} representation_item => measure_representation_item <= measure_with_unit
low_value	measure_with_unit	10303-41		material_property_representation <= property_definition_representation property_definition_representation. used_representation-> representation representation. items [i] -> { representation_item=> qualified_representation_item qualified_representation_item. qualifiers [i]-> value_qualifier=type_qualifier type_qualifier type_qualifier. name=‘low value’} { representation_item. name = ‘low value’} representation_item => measure_representation_item <= measure_with_unit

表 3（续）

应用元素	AIM 元素	源	规则	引用路径
nominal	measure_with_unit	10303-41		material_property_representation <= property_definition_representation property_definition_representation. used_representation->\ representation representation. items [i] -> { representation_item=> qualified_representation_item qualified_representation_item. qualifiers [i]-> value_qualifier=type_qualifier type_qualifier type_qualifier. name='nominal'} { representation_item. name = 'nominal'} representation_item => measure_representation_item <= measure_with_unit
scale	data_environment. description	10303-45		material_property_representation material_property_representation. dependent_environment-> data_environment { (data_environment. description = 'brinell') (data_environment. description = 'rockwell') (data_environment. description = 'vickers') (data_environment. description) } data_environment. description
MANUFACTURING_FEATURE	shape_aspect	10303-41		
its_id	shape_aspect. name See NOTE 3			

表 3（续）

应用元素	AIM 元素	源	规则	引用路径
manufacturing_feature to workpiece (as its_workpiece)	PATH			shape_aspect shape_aspect. of_shape -> product_definition_shape <= property_definition property_definition. definition -> characterized_definition characterized_definition = characterized_product_definition characterized_product_definition characterized_product_definition = product_definition product_definition

表 3（续）

应用元素	AIM 元素	源	规则	引用路径
manufacturing_feature to machining_operation (as its_operations) See NOTE 4. This attribute and the resulting path is redundant.	PATH		8	shape_aspect shape_definition = shape_aspect shape_definition property_or_shape_select = shape_definition property_or_shape_select <- process_property_association. property_or_shape process_property_association process_property_association. process -> property_process <= action { action. name = 'machining' } action. chosen_method-> { action_method => machining_feature_process } action_method <- action_method_relationship. related_method action_method_relationship { action_method_relationship => machining_feature_relationship } action_method_relationship. relating_method -> { action_method => machining_workingstep } action_method <- action_method_relationship. relating_method action_method_relationship { action_method_relationship => machining_operation_relationship } action_method_relationship. related_method -> action_method => machining_operation

表 3（续）

应用元素	AIM 元素	源	规则	引用路径
explicit_representation #1：preferred #2：alternate，compatible with observed AP 224 usage See NOTE 5	face	10303-42		shape_aspect shape_definition = shape_aspect shape_definition characterized_definition = shape_definition characterized_definition <- property_definition. definition property_definition represented_definition = property_definition represented_definition <- property_definition_representation. definition property_definition_representation #1：{ property_definition_representation => shape_definition_representation } property_definition_representation. used_representation -> #1：({ representation. name = 'explicit feature shape'} { representation => shape_representation } representation) #2：(representation) representation. items [i] -> representation_item => face
MATERIAL	material_designation	10303-45		
standard_identifier	document. id	10303-41		material_designation document_reference_item = material_designation document_reference_item <- applied_document_reference. items[i] applied_document_reference <= document_reference document_reference. assigned_document -> document document. id
material_identifier：	material_designation. name	10303-45		

表 3（续）

应用元素	AIM 元素	源	规则	引用路径
material to property_parameter (as material_property)	PATH			material_designation <- material_designation_characterization. designation material_designation_characterization material_designation_characterization. property -> characterized_material_property characterized_material_property=material_property_representation material_property_representation <= property_definition_representation property_definition_representation. used_representation-> representation representation. items [i] -> representation_item
MATERIAL_PROPERTY	material_property	10303-45		material_property <= property_definition
material_property to property_parameter (as material_characteristics)	PATH			material_property <= property_definition represented_definition = property_definition represented_definition <- property_definition_representation. definition { property_definition_representation=> material_property_representation } property_definition_representation. used_representation-> representation representation. items [i] -> representation_item
material_property to hardness (as material_hardness)	PATH			material_property <= property_definition represented_definition = property_definition represented_definition <- property_definition_representation. definition property_definition_representation=> material_property_representation
NUMERIC_PARAMETER	measure_representation_item	10303-45		

表 3（续）

应用元素	AIM 元素	源	规则	引用路径
its_parameter_value	measure_value	10303-41		measu_rerepresentation_item <= measure_with_unit measure_with_unit. value_component -> measure_value
its_parameter_unit	unit	10303-41	5,6	measure_representation_item <= measure_with_unit measure_with_unit. unit_component -> unit
PART_PROPERTY	property_definition	10303-41		property_definition {property_definition. name = ‘part property’}
part_property to property_parameter (as part_characteristics)	PATH			property_definition property_definition = represented_definition represented_definition<- property_definition_representation. definition property_definition_representation property_definition_representation. used_representation-> representation representation. items [i] -> representation_item
PROPERTY_PARAMETER	representation_item	10303-43		
parameter_name	representation_item. name	10303-43		
PROCESS_PROPERTY	property_definition	10303-41		property_definition {property_definition. name = ‘process property’}

表 3（续）

应用元素	AIM 元素	源	规则	引用路径
process_property to property_parameter (as process_characteristics)	PATH			property_definition represented_definition = property_definition represented_definition<- property_definition_representation. definition property_definition_representation property_definition_representation. used_representation-> representation representation. items [i] -> representation_item
process_name	representation. name	10303-43		property_definition property_definition = represented_definition represented_definition<- property_definition_representation. definition property_definition_representation property_definition_representation. used_representation-> representation representation. name
SURFACE_PROPERTY	property_definition	10303-41		property_definition {property_definition. name = 'surface property'}
is_surface_finish #1 if value is true #2 if value is false	property_definition. description			property_definition property_definition. description # 1: (property_definition. description = 'surface finish') #2: (property_definition. description)
surface_property to property_parameter (as surface_characteristics)				property_definition property_definition = represented_definition represented_definition<- property_definition_representation. definition property_definition_representation property_definition_representation. used_representation-> representation representation. items [i] -> representation_item

表 3（续）

应用元素	AIM 元素	源	规则	引用路径
WORKPIECE	product_definition	10303-41		
its_id	product. id	10303-41		product_definition product_definition. formation -> product_definition_formation product_definition_formation. of_product -> product product. id
workpiece to material (as its_material)	PATH			product_definition <- product_definition_relationship. relating_product_definition { product_definition_relationship => product_definition_usage => make_from_usage_option } product_definition_relationship product_definition_relationship. related_product_definition -> product_definition characterized_product_definition = product_definition characterized_product_definition characterized_definition = characterized_product_definition characterized_definition <- material_designation. definitions[i] material_designation

表 3（续）

应用元素	AIM 元素	源	规则	引用路径
global_tolerance	length_measure_with_unit	10303-41		product_definition characterized_product_definition = product_definition characterized_product_definition characterized_definition = characterized_product_definition characterized_definition <- property_definition. definition { property_definition. name = 'global tolerance' } property_definition represented_definition = property_definition represented_definition <- property_definition_representation. definition property_definition_representation property_definition_representation. used_representation -> representation => shape_representation representation. items[i]-> representation_item => measure_representation_item <= measure_with_unit=> length_measure_with_unit
workpiece to workpiece (as its_rawpiece)	PATH			product_definition <- product_definition_relationship. relating_product_definition { product_definition_relationship => product_definition_usage => make_from_usage_option } product_definition_relationship. related_product_definition -> product_definition

表 3（续）

应用元素	AIM 元素	源	规则	引用路径
its_geometry	shape_representation	10303-41		product_definition characterized_product_definition = product_definition characterized_product_definition characterized_definition = characterized_product_definition characterized_definition <- property_definition. definition { property_definition => product_definition_shape } property_definition represented_definition = property_definition represented_definition <- property_definition_representation. definition {property_definition_representation => shape_definition_representation } property_definition_representation property_definition_representation. used_representation -> representation => shape_representation { shape_representation => (advanced_brep_shape_representation) (edge_based_wireframe_shape_representation) (faceted_brep_shape_representation) (geometrically_bounded_surface_shape_representation) (geometrically_bounded_wireframe_shape_representation) (manifold_surface_shape_representation) (non_manifold_surface_shape_representation) (shell_based_wireframe_shape_representation) }

表 3（续）

应用元素	AIM 元素	源	规则	引用路径
its_bounding_geometry #1：if bounding geometry is a block #2：if bounding geometry is a right_circular_cylinder #3：if bounding geometry is any other shape representation See NOTE 6	#1：block_shape_representation #2：cylindrical_shape_representation #3：(advanced_brep_-shape_representation) (edge_based_wireframe_-shape_representation) (faceted_brep_shape_representation) (geometrically_bounded_surface_-shape_representation) (geometrically_bounded_wireframe_shape_representation) (manifold_surface_-shape_representation) (non_manifold_surface_-shape_representation) (shell_based_wireframe_-shape_representation)	10303-238 10303-238 10303-514 10303-501 10303-512 10303-507 10303-510 10303-509 10303-508 10303-502		product_definition <- product_definition_relationship. relating_product_definition {product_definition_relationship => product_definition_usage => make_from_usage_option} product_definition_relationship product_definition_relationship. related_product_definition -> product_definition characterized_product_definition = product_definition characterized_product_definition characterized_definition = characterized_product_definition characterized_definition <- property_definition. definition { property_definition => product_definition_shape } property_definition represented_definition = property_definition represented_definition <- property_definition_representation. definition {property_definition_representation => shape_definition_representation } property_definition_representation property_definition_representation. used_representation -> representation => shape_representation => #1：(shape_representation_with_parameters => block_shape_representation) #2：(shape_representation_with_parameters => cylindrical_shape_representation) #3：(advanced_brep_shape_representation) (edge_based_wireframe_shape_representation) (faceted_brep_shape_representation) (geometrically_bounded_surface_shape_representation) (geometrically_bounded_wireframe_shape_representation) (manifold_surface_shape_representation) (non_manifold_surface_shape_representation) (shell_based_wireframe_shape_representation)

表 3（续）

应用元素	AIM 元素	源	规则	引用路径
clamping_positions	cartesian_point	10303-42		product_definition characterized_product_definition = product_definition characterized_product_definition characterized_definition = characterized_product_definition characterized_definition <- property_definition. definition { property_definition. name = ‘clamping position’ } property_definition represented_definition = property_definition represented_definition <- property_definition_representation. definition property_definition_representation property_definition_representation. used_representation -> representation => shape_representation representation. items[i]-> representation_item => geometric_representation_item => point => cartesian_point
workpiece to approval (as its_approvals)	PATH			product_definition approval_item = product_definition approval_item <- applied_approval_assignment. items[i] applied_approval_assignment <= approval_assignment approval_assignment. assigned_approval -> approval

表 3（续）

应用元素	AIM 元素	源	规则	引用路径
its_categories	product_category. name	10303-41		product_definition product_definition. formation -> product_definition_formation product_definition_formation. of_product -> product <- product_related_product_category. products[i] product_related_product_category => product_category { (product_category. name = 'fixture') (product_category. name = 'fixtured workpiece') (product_category. name = 'rawpiece') (product_category. name = 'tool') (product_category. name = 'workpiece') (product_category. name) } product_category. name
workpiece to workpiece_assembly_component (as its_components)	PATH			product_definition <- product_definition_relationship. relating_product_definition product_definition_relationship => product_definition_usage => assembly_component_usage => next_assembly_usage_occurrence
workpiece to assigned_date (as its_datestamps)	PATH			product_definition date_item = product_definition date_item <- applied_date_assignment. items[i] applied_date_assignment
workpiece to assigned_organization (as its_orgs)	PATH			product_definition organization_item = product_definition organization_item <- applied_organization_assignment. items[i] applied_organization_assignment

表 3（续）

应用元素	AIM 元素	源	规则	引用路径
workpiece to assigned_person (as its_people)	PATH			product_definition person_and_organization_item = product_definition person_and_organization_item <- applied_person_and_organization_assignment. items[i] applied_person_and_organization_assignment
its_related_geometry	shape_representation	10303-41		product_definition characterized_product_definition = product_definition characterized_product_definition characterized_definition = characterized_product_definition characterized_definition <- property_definition. definition { property_definition => product_definition_shape } property_definition represented_definition = property_definition represented_definition <- property_definition_representation. definition {property_definition_representation => shape_definition_representation } property_definition_representation property_definition_representation. used_representation -> { representation => shape_representation } representation <- representation_relationship. rep_1 { representation_relationship => shape_representation_relationship } representation_relationship representation_relationship. rep_2 -> representation => shape_representation

表 3（续）

应用元素	AIM 元素	源	规则	引用路径
workpiece to assigned_time (as its_timestamps)	PATH			product_definition date_and_time_item = product_definition date_and_time_item <- applied_date_and_time_assignment. items[i] applied_date_and_time_assignment
workpiece to approval (as product_approvals)	PATH			product_definition product_definition. formation -> product_definition_formation product_definition_formation. of_product -> product approval_item = product approval_item <- applied_approval_assignment. items[i] applied_approval_assignment <= approval_assignment approval_assignment. assigned_approval -> approval
workpiece to assigned_date (as product_datestamps)	PATH			product_definition product_definition. formation -> product_definition_formation product_definition_formation. of_product -> product date_item = product date_item <- applied_date_assignment. items[i] applied_date_assignment

表 3（续）

应用元素	AIM 元素	源	规则	引用路径
workpiece to assigned_organization (as product_orgs)	PATH			product_definition product_definition. formation -> product_definition_formation product_definition_formation. of_product -> product organization_item = product organization_item <- applied_organization_assignment. items[i] applied_organization_assignment
workpiece to assigned_person (as product_people)	PATH			product_definition product_definition. formation -> product_definition_formation product_definition_formation. of_product -> product person_and_organization_item = product person_and_organization_item <- applied_person_and_organization_assignment. items[i] applied_person_and_organization_assignment
workpiece to assigned_time (as product_timestamps)	PATH			product_definition product_definition. formation -> product_definition_formation product_definition_formation. of_product -> product date_and_time_item = product date_and_time_item <- applied_date_and_time_assignment. items[i] applied_date_and_time_assignment

表 3（续）

应用元素	AIM 元素	源	规则	引用路径
workpiece to approval (as revision_approvals)	PATH			product_definition product_definition. formation -> product_definition_formation approval_item = product_definition_formation approval_item <- applied_approval_assignment. items[i] applied_approval_assignment <= approval_assignment approval_assignment. assigned_approval -> approval
workpiece to assigned_date (as revision_datestamps)	PATH			product_definition product_definition. formation -> product_definition_formation date_item = product_definition_formation date_item <- applied_date_assignment. items[i] applied_date_assignment
revision_id	product_definition_formation. id	10303-41		product_definition product_definition. formation -> product_definition_formation product_definition_formation. id See NOTE 7
workpiece to assigned_organization (as revision_orgs)	PATH			product_definition product_definition. formation -> product_definition_formation organization_item = product_definition_formation organization_item <- applied_organization_assignment. items[i] applied_organization_assignment

表 3（续）

应用元素	AIM 元素	源	规则	引用路径
workpiece to assigned_person (as revision_people)	PATH			product_definition product_definition. formation -> product_definition_formation person_and_organization_item = product_definition_formation person_and_organization_item <- applied_person_and_organization_assignment. items[i] applied_person_and_organization_assignment
workpiece to assigned_time (as revision_timestamps)	PATH			product_definition product_definition. formation -> product_definition_formation date_and_time_item = product_definition_formation date_and_time_item <- applied_date_and_time_assignment. items[i] applied_date_and_time_assignment
WORKPIECE_ASSEMBLY_- COMPONENT	next_assembly_usage_occurrence	10303-44		
component	PATH			next_assembly_usage_occurrence<= assembly_component_usage<= product_definition_usage<= product_definition_relationship product_definition_relationship. related_product_definition-> product_definition

表 3（续）

应用元素	AIM 元素	源	规则	引用路径
originating_orientation #1：if component is placed using mapped_item #2：if component is placed using context_dependent_shape_representation See NOTE 8	axis2_placement_3d	10303-42		next_assembly_usage_occurrence<= product_definition_relationship characterized_product_definition = product_definition_relationship characterized_definition = characterized_product_definition characterized_definition <- property_definition.definition #1:(property_definition {property_definition => product_definition_shape} represented_definition = property_definition represented_definition <- property_definition_representation.definition property_definition_representation {property_definition_representation => shape_definition_representation} property_definition_representation.used_representation -> {representation => shape_representation} representation representation.items[i]-> mapped_item mapped_item.mapping_source-> representation_map representation_map.mapping_origin->) #2：(property_definition => product_definition_shape <- context_dependent_shape_representation.- represented_product_relation context_dependent_shape_representation context_dependent_shape_representation.representation_relation -> [shape_representation_relationship] [representation_relationship_with_transformation] representation_relationship_with_transformation.- transformation_operator -> transformation transformation = item_defined_transformation item_defined_transformation item_defined_transformation.transform_item_1 ->) representation_item=> axis2_placement_3d

表 3（续）

应用元素	AIM 元素	源	规则	引用路径
resulting_orientation #1：if component is placed using mapped_item #2：if component is placed using context_dependent_shape_representation See NOTE 8	axis2_placement_3d	10303-42		next_assembly_usage_occurrence<= product_definition_relationship characterized_product_definition = product_definition_relationship characterized_definition = characterized_product_definition characterized_definition <- property_definition.definition #1:(property_definition {property_definition => product_definition_shape} represented_definition = property_definition represented_definition <- property_definition_representation.definition property_definition_representation {property_definition_representation => shape_definition_representation} property_definition_representation.used_representation -> {representation => shape_representation} representation representation.items[i]-> mapped_item mapped_item.mapping_target->) #2：(property_definition => product_definition_shape <- context_dependent_shape_representation.- represented_product_relation context_dependent_shape_representation context_dependent_shape_representation.representation_relation -> [shape_representation_relationship] [representation_relationship_with_transformation] representation_relationship_with_transformation.- transformation_operator -> transformation transformation = item_defined_transformation item_defined_transformation item_defined_transformation.transform_item_2 ->) representation_item=> axis2_placement_3d

表 3（续）

应用元素	AIM 元素	源	规则	引用路径
reference_designator	assembly_component_usage.\ reference_designator	10303-44		next_assembly_usage_occurrence<= assembly_component_usage assembly_component_usage.reference_designator

表 4　制造特征功能单元的映射表

应用元素	AIM 元素	源	规则	引用路径
ANGLE_TAPER	taper	10303-522		taper <= shape_aspect {shape_aspect. description = 'angle taper'} { shape_aspect. of_shape -> product_definition_shape <= property_definition property_definition. definition -> characterized_definition characterized_definition = characterized_object characterized_object => feature_component_definition}
angle	plane_angle_measure_with_unit	10303-41		taper <= shape_aspect shape_definition = shape_aspect shape_definition characterized_definition = shape_definition characterized_definition <- property_definition. definition property_definition <- property_definition_representation. definition { property_definition_representation => shape_definition_representation } property_definition_representation property_definition_representation. used_representation -> {representation => shape_representation => shape_representation_with_parameters} representation representation. items[i] -> {representation_item. name = 'taper angle'} representation_item => measure_representation_item <= measure_with_unit => plane_angle_measure_with_unit

表 4（续）

应用元素	AIM 元素	源	规则	引用路径
BLIND_BOTTOM_CONDITION	hole_bottom	10303-522		hole_bottom <= shape_aspect {(shape_aspect. description = ‘conical’) (shape_aspect. description = ‘flat’) (shape_aspect. description = ‘flat with radius’) (shape_aspect. description = ‘flat with taper’) (shape_aspect. description = ‘spherical’)} {shape_aspect. of_shape -> product_definition_shape <= property_definition property_definition. definition -> characterized_definition characterized_definition = characterized_object characterized_object => feature_component_definition}
BOSS	boss	10303-522		boss <= {feature_definition => instanced_feature} feature_definition <= characterized_object {(characterized_object. description = ‘circular’) (characterized_object. description = ‘complex’) (characterized_object. description = ‘rectangular’)}

表 4（续）

应用元素	AIM 元素	源	规则	引用路径
boss to closed_profile (as its_boundary)	PATH			boss <= feature_definition <= characterized_object #1:{(characterized_object. description = 'circular') #2:(characterized_object. description = 'complex') #3:(characterized_object. description = 'rectangular')} characterized_definition = characterized_object characterized_definition <- property_definition. definition property_definition => product_definition_shape <- shape_aspect. of_shape #1:{(shape_aspect. description = 'circular profile occurrence') #2:(shape_aspect. description = 'enclosed profile occurrence') #3:(shape_aspect. description = 'rectangular profile occurrence')} shape_aspect <- shape_aspect_relationship. related_shape_aspect {shape_aspect_relationship => shape_defining_relationship} {shape_aspect_relationship. description = 'profile usage'} shape_aspect_relationship shape_aspect_relationship. relating_shape_aspect -> shape_aspect => #1:(circular_closed_profile) #2:(closed_path_profile) #2:(ngon_closed_profile) #3:(rectangular_closed_profile)

表 4（续）

应用元素	AIM 元素	源	规则	引用路径
slope	plane_angle_measure_with_unit	10303-41		boss <= feature_definition <= characterized_object characterized_definition = characterized_object characterized_definition <- property_definition. definition property_definition => product_definition_shape <- shape_aspect. of_shape {shape_aspect. description = 'change in boundary occurrence'} shape_aspect <- shape_aspect_relationship. related_shape_aspect {shape_aspect_relationship => feature_component_relationship} {shape_aspect_relationship. description = 'taper usage'} shape_aspect_relationship shape_aspect_relationship. relating_shape_aspect -> {shape_aspect. description = 'angle taper'} shape_aspect => taper NOTE See mapping for ANGLE_TAPER. angle for path from here to plane angle measure

表 4（续）

应用元素	AIM 元素	源	规则	引用路径
boss to linear_profile (as boss_height)	PATH			boss <= feature_definition <= characterized_object characterized_definition = characterized_object characterized_definition <- property_definition. definition property_definition => product_definition_shape <- shape_aspect. of_shape { shape_aspect. description = 'boss height occurrence' } shape_aspect <- shape_aspect_relationship. related_shape_aspect { shape_aspect_relationship => shape_defining_relationship } { shape_aspect_relationship. name = 'boss height' } { shape_aspect_relationship. description = \\ 'path feature component usage' } shape_aspect_relationship shape_aspect_relationship. relating_shape_aspect -> { shape_aspect. description = 'linear' } shape_aspect => path_feature_component

表 4（续）

应用元素	AIM 元素	源	规则	引用路径
CATALOGUE_THREAD	externally_defined_feature_-definition	10303-522		externally_defined_feature_definition <= [externally_defined_item {externally_defined_item. item_id-> source_item source_item = 'external thread'} {externally_defined_item. source-> external_source external_source. source_id-> source_item source_item = 'external feature specification'}] [{feature_definition => instanced_feature} feature_definition <= characterized_object {characterized_object. description = 'thread'}]

表 4（续）

应用元素	AIM 元素	源	规则	引用路径
catalogue_thread to specification (as documentation) #1：(if specification has zero constrants) #2：(if specification has one or more constrants)	PATH			#1：(externally_defined_feature_definition document_reference_item = externally_defined_feature_definition document_reference_item <- applied_document_reference. items[i] applied_document_reference <= document_reference document_reference. assigned_document -> document) #2：(externally_defined_feature_definition document_reference_item = externally_defined_feature_definition document_reference_item <- applied_document_usage_constraint_assignment. items[i] applied_document_usage_constraint_assignment <= document_usage_constraint_assignment document_usage_constraint_assignment. - assigned_document_usage -> document_usage_constraint document_usage_constraint. source-> document) {document <- document_representation_type. represented_document document_representation_type} {document => document_file <= characterized_object}
CHAMFER	chamfer	10303-522		chamfer <= transition_feature <= shape_aspect

表 4（续）

应用元素	AIM 元素	源	规则	引用路径
angle_to_plane	plane_angle_measure_with_unit	10303-41		chamfer <= transition_feature <= shape_aspect <- shape_aspect_relationship. relating_shape_aspect {shape_aspect_relationship => feature_component_relationship} shape_aspect_relationship shape_aspect_relationship. related_shape_aspect -> { shape_aspect. description = 'second offset' } { shape_aspect => chamfer_offset } shape_aspect shape_definition = shape_aspect shape_definition characterized_definition = shape_definition characterized_definition <- property_definition. definition property_definition <- property_definition_representation. definition { property_definition_representation => shape_definition_representation } property_definition_representation property_definition_representation. used_representation -> {representation => shape_representation => shape_representation_with_parameters} representation representation. items[i] -> {representation_item. name = 'offset angle'} representation_item => measure_representation_item <= measure_with_unit => plane_angle_measure_with_unit

表 4（续）

应用元素	AIM 元素	源	规则	引用路径
first_offset_amount	length_measure_with_unit	10303-41		chamfer <= transition_feature <= shape_aspect <- shape_aspect_relationship. relating_shape_aspect {shape_aspect_relationship => feature_component_relationship} shape_aspect_relationship shape_aspect_relationship. related_shape_aspect -> { shape_aspect. description = 'first offset' } { shape_aspect => chamfer_offset } shape_aspect shape_definition = shape_aspect shape_definition characterized_definition = shape_definition characterized_definition <- property_definition. definition property_definition <- property_definition_representation. definition { property_definition_representation => shape_definition_representation } property_definition_representation property_definition_representation. used_representation -> {representation => shape_representation => shape_representation_with_parameters} representation representation. items[i] -> {representation_item. name = 'offset amount'} representation_item => measure_representation_item <= measure_with_unit => length_measure_with_unit

表 4（续）

应用元素	AIM 元素	源	规则	引用路径
chamfer_face	face	10303-42	3	chamfer <= transition_feature <= shape_aspect shape_definition = shape_aspect shape_definition characterized_definition = shape_definition characterized_definition <- property_definition. definition property_definition <- property_definition_representation. definition { property_definition_representation => shape_definition_representation } property_definition_representation property_definition_representation. used_representation -> { representation => shape_representation=> face_shape_representation } representation {representation. name = 'chamfer face'} representation. items[i] -> representation_item => topological_representation_item => face

表 4（续）

应用元素	AIM 元素	源	规则	引用路径
first_face_shape	face	10303-42	3	chamfer <= transition_feature <= shape_aspect <- shape_aspect_relationship. relating_shape_aspect {shape_aspect_relationship => feature_component_relationship} shape_aspect_relationship shape_aspect_relationship. related_shape_aspect -> { shape_aspect. description = 'first offset' } { shape_aspect => chamfer_offset } shape_aspect shape_definition = shape_aspect shape_definition characterized_definition = shape_definition characterized_definition <- property_definition. definition property_definition <- property_definition_representation. definition property_definition_representation property_definition_representation. used_representation -> { representation => shape_representation=> face_shape_representation } representation {representation. name = 'first face shape'} representation. items[i] -> representation_item => topological_representation_item => face

表 4（续）

应用元素	AIM 元素	源	规则	引用路径
second_face_shape	face	10303-42	3	chamfer <= transition_feature <= shape_aspect <- shape_aspect_relationship. relating_shape_aspect {shape_aspect_relationship => feature_component_relationship} shape_aspect_relationship shape_aspect_relationship. related_shape_aspect -> { shape_aspect. description = 'second offset' } { shape_aspect => chamfer_offset } shape_aspect shape_definition = shape_aspect shape_definition characterized_definition = shape_definition characterized_definition <- property_definition. definition property_definition <- property_definition_representation. definition property_definition_representation property_definition_representation. used_representation -> { representation => shape_representation=> face_shape_representation } representation {representation. name = 'second face shape'} representation. items[i] -> representation_item => topological_representation_item => face
CIRCULAR_CLOSED_PROFILE	circular_closed_profile	10303-522		circular_closed_profile <= shape_aspect

表 4（续）

应用元素	AIM 元素	源	规则	引用路径
diameter	length_measure_with_unit	10303-41		circular_closed_profile <= shape_aspect shape_definition = shape_aspect shape_definition characterized_definition = shape_definition characterized_definition <- property_definition. definition property_definition <- property_definition_representation. definition { property_definition_representation => shape_definition_representation } property_definition_representation property_definition_representation. used_representation -> {representation => shape_representation => shape_representation_with_parameters} representation representation. items[i] -> {representation_item. name = 'diameter'} representation_item => measure_representation_item <= measure_with_unit => length_measure_with_unit

表 4（续）

应用元素	AIM 元素	源	规则	引用路径
CIRCULAR_CLOSED_SHAPE_- PROFILE	outside_profile	10303-522		outside_profile <= { feature_definition => instanced_feature } feature definition <= characterized_object characterized_definition=characterized_object characterized definition <- property_definition. definition property_definition => product_definition_shape <- shape_aspect. of_shape shape_aspect { shape_aspect. description=‘closed circular boundary occurrence’}
circular_closed_shape_profile to circular_closed_profile (as closed_boundary)	PATH			outside_profile <= feature_definition <= characterized_object characterized_definition = characterized_object characterized_definition <- property_definition. definition property_definition => product_definition_shape <- shape_aspect. of_shape { shape_aspect. description = ‘closed circular boundary occurrence’} shape_aspect <- shape_aspect_relationship. related_shape_aspect { shape_aspect_relationship => shape_defining_relationship } { shape_aspect_relationship. description=‘profile usage’} shape_aspect_relationship shape_aspect_relationship. relating_shape_aspect-> shape_aspect=> circular_closed_profile

表 4（续）

应用元素	AIM 元素	源	规则	引用路径
CIRCULAR_OFFSET	shape_aspect	10303-41		[shape_aspect <- shape_aspect_relationship. related_shape_aspect shape_aspect_relationship => feature_component_relationship => pattern_offset_membership] [shape_aspect <- shape_aspect_relationship. related_shape_aspect { shape_aspect_relationship => feature_component_relationship} shape_aspect_relationship. relating_shape_aspect_> shape_aspect => modified_pattern]
angular_offset	plane_angle_measure_with_unit	10303-41		shape_aspect shape_definition=shape_aspect shape_definition characterized_definition=shape_definition characterized_definition <- property_definition. definition property_definition <- property_definition_representation. definition { property_definition_representation => shape_definition_representation } property_definition_representation property_definition_representation. used_representation -> {representation=> shape_representation=> shape_representation_with_parameters } representation representation. items [i]-> {representation_item. name='offset'} representation_item => measure_representation_item <= measure_with_unit=> plane_angle_measure_with_unit

表 4（续）

应用元素	AIM 元素	源	规则	引用路径
index	count_measure	10303-41		shape_aspect shape_definition＝shape_aspect shape_definition characterized_definition＝shape_definition characterized_definition <- property_definition. definition property_definition <- property_definition_representation. definition { property_definition_representation=> shape_definition_representation} property_definition_representation property_definition_representation. used_representation -> {representation=> shape_representation=> shape_representation_with_parameters } representation representation. items [i]-> {representation_item. name=‘offset index’} representation_item=> measure_representation_item<= measure_with_unit measure_with_unit. value_component-> measure_value measure_value＝count_measure count_measure

表 4（续）

应用元素	AIM 元素	源	规则	引用路径
CIRCULAR_OMIT	shape_aspect	10303-41		[shape_aspect <- shape_aspect_relationship. related_shape_aspect shape_aspect_relationship=> feature_component_relationship=> pattern_omit_membership] [shape_aspect<- shape_aspect_relationship. related_shape_aspect {shape_aspect_relationship => feature_component_relationship} shape_aspect_relationship. relating_shape_aspect-> shape_aspect=> modified_pattern]

表 4（续）

应用元素	AIM 元素	源	规则	引用路径
index	count_measure	10303-41		shape_aspect shape_definition=shape_aspect shape_definition characterized_definition=shape_definition characterized_definition<- property_definition.definition property_definition<- property_definition_representation.definition { property_definition_representation => shape_definition_representation } property_definition_representation property_definition_representation.used_representation -> {representation=> shape_representation=> shape_representation_with_parameters } representation representation.items [i]-> {representation_item.name = 'omit index'} representation_item => measure_representation_item <= measure_with_unit measure_with_unit.value_component -> measure_value measure_value=count_measure count_measure
CIRCULAR_PATH	path_feature_component	10303-522		path_feature_component <= shape_aspect { (shape_aspect.description='partial circular') (shape_aspect.description='complete circular') }

表 4（续）

应用元素	AIM 元素	源	规则	引用路径
radius	length_measure_with_unit	10303-41		path_feature_component <= shape_aspect shape_definition=shape_aspect shape_definition characterized_definition=shape_definition characterized_definition <- property_definition. definition property_definition <- property_definition_representation. definition { property_definition_representation => shape_definition_representation } property_definition_representation property_definition_representation. used_representation -> {representation=> shape_representation=> shape_representation_with_parameters} representation representation. items [i]-> {representation_item. name='radius'} representation_item=> measure_representation_item<= measure_with_unit=> length_measure_with_unit
CIRCULAR_PATTERN	circular_pattern	10303-522		circular_pattern <= replicate_feature <= {feature_definition => instanced_feature} feature_definition<= characterized_object

表 4（续）

应用元素	AIM 元素	源	规则	引用路径
angle_increment	plane_angle_measure_with_unit	10303-41		circular_pattern <= replicate_feature <= feature_definition <= characterized_object characterized_definition=characterized_object characterized_definition <- property_definition. definition {property_definition=> product_definition_shape } property_definition <- property_definition_representation. definition { property_definition_representation => shape_definition_representation} property_definition_representation property_definition_representation. used_representation -> {representation => shape_representation => shape_representation_with_parameters } representation representation. items [i]-> {representation_item. name=‘angular spacing’} representation_item=> measure_representation_item <= measure_with_unit=> plane_angle_measure_with_unit

表 4（续）

应用元素	AIM 元素	源	规则	引用路径
number_of_feature	count_measure	10303-41		circular_pattern <= replicate_feature <= feature_definition <= characterized_object characterized_definition=characterized_object characterized_definition <- property_definition. definition {property_definition=> product_definition_shape} property_definition <- property_definition_representation. definition { property_definition_representation => shape_definition_representation } property_definition_representation property_definition_representation. used_representation -> {representation => shape_representation => shape_representation_with_parameters } representation representation. items [i] -> {representation_item. name='number of features'} representation_item => measure_representation_item <= measure_with_unit measure_with_unit. value_component-> measure_value measure_value=count_measure count_measure

表 4（续）

应用元素	AIM 元素	源	规则	引用路径
circular_pattern to circular_offset (as relocated_base_feature)	PATH			circular_pattern <= replicate_feature <= feature_definition <= characterized_object characterized_definition=characterized_object characterized_definition <- property_definition. definition property_definition => product_definition_shape <- shape_aspect. of_shape shape_aspect <- [shape_aspect_relationship. relating_shape_aspect { shape_aspect_relationship => feature_component_relationship => pattern_offset_membership } shape_aspect_relationship shape_aspect_relationship. related_shape_aspect -> shape_aspect] [shape_aspect_relationship. related_shape_aspect { shape_aspect_relationship => feature_component_relationship } { shape_aspect_relationship. description='base pattern'} shape_aspect_relationship. relating_shape_aspect-> shape_aspect <- { shape_aspect => modified_pattern} shape_aspect_relationship. relating_shape_aspect { shape_aspect_relationship => feature_component_relationship } { shape_aspect_relationship. description='modified pattern'} shape_aspect_relationship. related_shape_aspect-> shape_aspect]

表 4（续）

应用元素	AIM 元素	源	规则	引用路径
circular_pattern to circular_omit (as missing_base_feature)	PATH			circular_pattern <= replicate_feature <= feature_definition <= characterized_object characterized_definition=characterized_object characterized_definition <- property_definition. definition property_definition => product_definition_shape <- shape_aspect. of_shape shape_aspect <- [shape_aspect_relationship. relating_shape_aspect { shape_aspect_relationship => feature_component_relationship => pattern_omit_membership } shape_aspect_relationship shape_aspect_relationship. related_shape_aspect-> shape_aspect] [shape_aspect_relationship. related_shape_aspect { shape_aspect_relationship => feature_component_relationship } { shape_aspect_relationship. description='base pattern'} shape_aspect_relationship. relating_shape_aspect-> shape_aspect <- { shape_aspect => modified_pattern} shape_aspect_relationship. relating_shape_aspect { shape_aspect_relationship => feature_component_relationship } { shape_aspect_relationship. description='modified pattern'} shape_aspect_relationship. related_shape_aspect-> shape_aspect]

表 4（续）

应用元素	AIM 元素	源	规则	引用路径
base_feature_diameter	length_measure_with_unit	10303-41		circular_pattern <= replicate_feature <= feature_definition <= characterized_object characterized_definition=characterized_object characterized_definition <- property_definition. definition { property_definition => product_definition_shape } property_definition <- property_definition_representation. definition { property_definition_representation => shape_definition_representation } property_definition_representation property_definition_representation. used_representation -> {representation => shape_representation => shape_representation_with_parameters } representation representation. items [i] -> {representation_item. name='diameter' } representation_item => measure_representation_item <= measure_with_unit=> length_measure_with_unit

表 4（续）

应用元素	AIM 元素	源	规则	引用路径
base_feature_rotation	plane_angle_measure_with_unit	10303-41		circular_pattern <= replicate_feature <= feature_definition <= characterized_object characterized_definition = characterized_object characterized_definition <- property_definition. definition { property_definition => product_definition_shape } property_definition <- property_definition_representation. definition { property_definition_representation => shape_definition_representation } property_definition_representation property_definition_representatio n. used_representation -> {representation => shape_representation => shape_representation_with_parameters } representation representation. items [i] -> {representation_item. name='base feature rotation'} representation_item => measure_representation_item <= measure_with_unit=> plane_angle_measure_with_unit
CLOSED_POCKET	pocket	10303-522		pocket <= { feature_definition => instanced_feature} feature_definition <= characterized_object

表 4（续）

应用元素	AIM 元素	源	规则	引用路径
closed_pocket to closed_profile (as feature_boundary) #1: preferred #2: alternate, compatible with AP 224rectangular_closed_pocket usage See NOTE 9	PATH			pocket <= feature_definition <= characterized_object #2: { characterized_object. description = 'closed rectangular'} characterized_definition = characterized_object characterized_definition <- property_definition. definition property_definition => product_definition_shape <- shape_aspect. of_shape # 1: { shape_aspect. description = 'boundary occurrence'} #2: { shape_aspect. description = 'closed boundary occurrence'} shape_aspect <- shape_aspect_relationship. related_shape_aspect { shape_aspect_relationship => shape_defining_relationship } { shape_aspect_relationship. description = 'profile usage'} shape_aspect_relationship shape_aspect_relationship. relating_shape_aspect -> #1: { shape_aspect. description = 'boundary'} shape_aspect => #1: (circular_closed_profile) #1: (closed_path_profile) #1: (ngon_closed_profile) #1, #2: (rectangular_closed_profile)
CLOSED_PROFILE	(circular_closed_profile) (closed_path_profile) (ngon_closed_profile) (rectangular_closed_profile)	10303-522 10303-522 10303-522 10303-522		(circular_closed_profile <=) (closed_path_profile <=) (ngon_closed_profile <=) (rectangular_closed_profile <=) shape_aspect
COMPLETE_CIRCULAR_PATH	path_feature_component	10303-522		path_feature_component <= shape_aspect { shape_aspect. description = 'complete circular'}

表 4（续）

应用元素	AIM 元素	源	规则	引用路径
COMPOUND_FEATURE	compound_feature	10303-522		compound_feature <= { feature_definition => instanced_feature } feature_definition<= characterized_object characterized_definition = characterized_object characterized_definition <- property_definition. definition property_definition => product_definition_shape <- shape_aspect. of_shape shape_aspect {shape_aspect. name = 'compound feature in solid'}
compound_feature to compound_feature_select (as elements) #1: as machining_feature #2: as transition_feature	PATH			compound_feature <= feature_definition <= characterized_object characterized_definition = characterized_object characterized_definition <- property_definition. definition property_definition => product_definition_shape <- shape_aspect. of_shape { shape_aspect => composite_shape_aspect} shape_aspect <- shape_aspect_relationship. relating_shape_aspect { shape_aspect_relationship=> feature_component_relationship } shape_aspect_relationship. related_shape_aspect-> shape_aspect => #1: (instanced_feature) #2: (transition_feature)

表 4（续）

应用元素	AIM 元素	源	规则	引用路径
feature_description	characterized_object. description	10303-41		compound_feature <= feature_definition <= characterized_object characterized_object. description
feature_name	characterized_object. name	10303-41		compound_feature <= feature_definition <= characterized_object characterized_object. name
CONICAL_HOLE_BOTTOM	hole_bottom	10303-522		hole_bottom <= shape_aspect { shape_aspect. description = 'conical'}

表 4（续）

应用元素	AIM 元素	源	规则	引用路径
tip_angle	plane_angle_measure_with_unit	10303-41		hole_bottom <= shape_aspect shape_definition = shape_aspect shape_definition characterized_definition = shape_definition characterized_definition <- property_definition. definition property_definition <- property_definition_representation. definition { property_definition_representation => shape_definition_representation } property_definition_representation property_definition_representation. used_representation -> {representation => shape_representation => shape_representation_with_parameters } representation representation. items [i] -> {representation_item. name = ‘tip angle’} representation_item => measure_representation_item <= measure_with unit=> plane_angle_measure_with_unit

表 4（续）

应用元素	AIM 元素	源	规则	引用路径
tip_radius	length_measure_with_unit	10303-41		hole_bottom <= shape_aspect shape_definition = shape_aspect shape_definition characterized_definition = shape_definition characterized_definition <- property_definition. definition property_definition <- property_definition_representation. definition { property_definition_representation => shape_definition_representation } property_definition_representation property_definition_representation. used_representation -> {representation => shape_representation => shape_representation_with_parameters } representation representation. items [i] -> {representation_item. name = ‘tip radius’} representation_item => measure_representation_item <= measure_with_unit=> length_measure_with_unit

表 4（续）

应用元素	AIM 元素	源	规则	引用路径
COUNTERBORE_HOLE	composite_hole	10303-522		composite_hole <= compound_feature <= { feature_definition => instanced_feature } feature_definition <= characterized_object { characterized_object. description = ‘counterbore’} { characterized_definition = characterized_object characterized_definition <- property_definition. definition property_definition => product_definition_shape <- shape_aspect. of_shape { shape_aspect => composite_shape_aspect} shape_aspect <- shape_aspect_relationship. relating_shape_aspect { shape_aspect_relationship. name = ‘large hole’} shape_aspect_relationship=> feature_component_relationship } { characterized_definition = characterized_object characterized_definition <- property_definition. definition property_definition => product_definition_shape <- shape_aspect. of_shape { shape_aspect => composite_shape_aspect} shape_aspect <- shape_aspect_relationship. relating_shape_aspect { shape_aspect_relationship. name = ‘small hole’} shape_aspect_relationship=> feature_component_relationship }

表 4（续）

应用元素	AIM 元素	源	规则	引用路径
COUNTERSUNK_HOLE	composite_hole	10303-522		composite_hole <= compound_feature <= { feature_definition => instanced_feature } feature_definition <= characterized_object { characterized_object. description = 'countersunk'} { characterized_definition = characterized_object characterized_definition <- property_definition. definition property_definition => product_definition_shape <- shape_aspect. of_shape { shape_aspect => composite_shape_aspect} shape_aspect <- shape_aspect_relationship. relating_shape_aspect { shape_aspect_relationship. name = 'tapered hole'} shape_aspect_relationship=> feature_component_relationship } { characterized_definition = characterized_object characterized_definition <- property_definition. definition property_definition => product_definition_shape <- shape_aspect. of_shape { shape_aspect => composite_shape_aspect} shape_aspect <- shape_aspect_relationship. relating_shape_aspect { shape_aspect_relationship. name = 'constant diameter hole'} shape_aspect_relationship=> feature_component_relationship }

表 4（续）

应用元素	AIM 元素	源	规则	引用路径
DEFINED_THREAD	thread	10303-522		thread <= { feature_definition => instanced_feature } feature_definition <= characterized_object
pitch_diameter	length_measure_with_unit	10303-41		thread <= feature_definition <= characterized_object characterized_definition = characterized_object characterized_definition <- property_definition. definition { property_definition => product_definition_shape } property_definition <- property_definition_representation. definition { property_definition_representation => shape_definition_representation } property_definition_representation property_definition_representation. used_representation -> {representation => shape_representation => shape_representation_with_parameters } representation representation. items [i] -> {representation_item. name = ‘pitch diameter’} representation_item => measure_representation_item <= measure_with_unit=> length_measure_with_unit

表 4（续）

应用元素	AIM 元素	源	规则	引用路径
minor_diameter	length_measure_with_unit	10303-41		thread <= feature_definition <= characterized_object characterized_definition = characterized_object characterized_definition <- property_definition. definition { property_definition => product_definition_shape } property_definition <- property_definition_representation. definition { property_definition_representation => shape_definition_representation } property_definition_representation property_definition_representation. used_representation -> {representation => shape_representation => shape_representation_with_parameters } representation representation. items [i] -> {representation_item. name = 'minor diameter'} representation_item => measure_representation_item <= measure_with_unit=> length_measure_with_unit

表 4(续)

应用元素	AIM 元素	源	规则	引用路径
crest	length_measure_with_unit	10303-41		thread <= feature_definition <= characterized_object characterized_definition = characterized_object characterized_definition <- property_definition. definition { property_definition => product_definition_shape } property_definition <- property_definition_representation. definition { property_definition_representation => shape_definition_representation } property_definition_representation property_definition_representation. used_representation -> {representation => shape_representation => shape_representation_with_parameters } representation representation. items [i] -> {representation_item. name = 'crest'} representation_item => measure_representation_item <= measure_with_unit=> length_measure_with_unit
DIAMETER_TAPER	taper	10303-522		taper <= shape_aspect { shape_aspect. description = 'diameter taper'} { shape_aspect. of_shape-> product_definition_shape <= property_definition property_definition. definition-> characterized_definition characterized_definition = characterized_object characterized_object => feature_component_definition }

表 4（续）

应用元素	AIM 元素	源	规则	引用路径
final_diameter	length_measure_with_unit	10303-41		taper <= shape_aspect shape_definition = shape_aspect shape_definition characterized_definition = shape_definition characterized_definition <- property_definition. definition property_definition <- property_definition_representation. definition { property_definition_representation => shape_definition_representation } property_definition_representation property_definition_representation. used_representation -> {representation => shape_representation => shape_representation_with_parameters } representation representation. items [i] -> {representation_item. name = 'final diameter'} representation_item => measure_representation_item <= measure_with_unit=> length_measure_with_unit
EDGE_ROUND	edge_round	10303-522		edge_round <= transition_feature <= shape_aspect { shape_aspect. description = 'constant radius'}

表 4（续）

应用元素	AIM 元素	源	规则	引用路径
radius	length_measure_with_unit	10303-41		edge_round <= transition_feature <= shape_aspect shape_definition = shape_aspect shape_definition characterized_definition = shape_definition characterized_definition <- property_definition. definition property_definition <- property_definition_representation. definition { property_definition_representation => shape_definition_representation } property_definition_representation property_definition_representation. used_representation -> {representation => shape_representation => shape_representation_with_parameters } representation representation. items [i] -> {representation_item. name = 'radius'} representation_item => measure_representation_item <= measure_with_unit=> length_measure_with_unit

表 4（续）

应用元素	AIM 元素	源	规则	引用路径
first_offset_amount	length_measure_with_unit	10303-41		edge_round <= transition_feature <= shape_aspect shape_definition = shape_aspect shape_definition characterized_definition = shape_definition characterized_definition <- property_definition. definition property_definition <- property_definition_representation. definition { property_definition_representation => shape_definition_representation } property_definition_representation property_definition_representation. used_representation -> { representation => shape_representation => shape_representation_with_parameters } representation representation. items [i] -> { representation_item. name = ‘first offset’} representation_item => measure_representation_item <= measure_with_unit=> length_measure_with_unit

表 4（续）

应用元素	AIM 元素	源	规则	引用路径
second_offset_amount	length_measure_with_unit	10303-41		edge_round <= transition_feature <= shape_aspect shape_definition = shape_aspect shape_definition characterized_definition = shape_definition characterized_definition <- property_definition. definition property_definition <- property_definition_representation. definition { property_definition_representation => shape_definition_representation } property_definition_representation property_definition_representation. used_representation -> {representation => shape_representation => shape_representation_with_parameters } representation representation. items [i] -> {representation_item. name = 'second offset'} representation_item => measure_representation_item <= measure_with_unit=> length_measure_with_unit

表 4（续）

应用元素	AIM 元素	源	规则	引用路径
edge_round_face	face	10303-42	7	edge_round <= transition_feature <= shape_aspect shape_definition = shape_aspect shape_definition characterized_definition = shape_definition characterized_definition <- property_definition. definition property_definition <- property_definition_representation. definition { property_definition_representation => shape_definition_representation } property_definition_representation property_definition_representation. used_representation -> { representation => shape_representation=> face_shape_representation } representation { representation. name = 'edge round face'} representation. items [i] -> representation_item => topological_representation_item => face

表 4（续）

应用元素	AIM 元素	源	规则	引用路径
first_face_shape	face	10303-42	7	edge_round <= transition_feature <= shape_aspect shape_definition = shape_aspect shape_definition characterized_definition = shape_definition characterized_definition <- property_definition. definition property_definition <- property_definition_representation. definition property_definition_representation property_definition_representation. used_representation -> { representation => shape_representation=> face_shape_representation } representation { representation. name = 'first face shape'} representation. items [i] -> representation_item => topological_representation_item => face

表 4（续）

应用元素	AIM 元素	源	规则	引用路径
second_face_shape	face	10303-42	7	edge_round <= transition_feature <= shape_aspect shape_definition = shape_aspect shape_definition characterized_definition = shape_definition characterized_definition <- property_definition. definition property_definition <- property_definition_representation. definition property_definition_representation property_definition_representation. used_representation -> { representation => shape_representation=> face_shape_representation } representation { representation. name = ‘second face shape’} representation. items [i] -> representation_item => topological_representation_item => face
FLAT_HOLE_BOTTOM	hole_bottom	10303-522		hole_bottom <= shape_aspect { shape_aspect. description=‘flat’}
FLAT_SLOT_END_TYPE	slot_end	10303-522		slot_end <= shape_aspect { shape_aspect. description=‘flat’}

表 4（续）

应用元素	AIM 元素	源	规则	引用路径
corner_radius 1	length_measure_with_unit	10303-41		slot_end <= shape_aspect shape_definition = shape_aspect shape_definition characterized_definition = shape_definition characterized_definition <- property_definition. definition property_definition <- property_definition_representation. definition { property_definition_representation => shape_definition_representation } property_definition_representation property_definition_representation. used_representation -> {representation => shape_representation_with_parameters } representation representation. items [i] -> {representation_item. name = 'first radius'} representation_item => measure_representation_item <= measure_with_unit=> length_measure_with_unit

表 4（续）

应用元素	AIM 元素	源	规则	引用路径
corner_radius2	length_measure_with_unit	10303-41		slot_end <= shape_aspect shape_definition = shape_aspect shape_definition characterized_definition = shape_definition characterized_definition <- property_definition. definition property_definition <- property_definition_representation. definition { property_definition_representation => shape_definition_representation } property_definition_representation property_definition_representation. used_representation -> {representation => shape_representation_with_parameters } representation representation. items [i] -> {representation_item. name = 'second radius'} representation_item => measure_representation_item <= measure_with_unit=> length_measure_with_unit
FLAT_WITH_RADIUS_HOLE_-BOTTOM	hole_bottom	10303-522		hole_bottom <= shape_aspect { shape_aspect. description = 'flat with radius'}

表 4（续）

应用元素	AIM 元素	源	规则	引用路径
corner_radius	length_measure_with_unit	10303-41		hole_bottom <= shape_aspect shape_definition = shape_aspect shape_definition characterized_definition = shape_definition characterized_definition <- property_definition. definition property_definition <- property_definition_representation. definition { property_definition_representation => shape_definition_representation } property_definition_representation property_definition_representation. used_representation -> {representation => shape_representation => shape_representation_with_parameters } representation representation. items [i] -> {representation_item. name = 'corner radius'} representation_item => measure_representation_item <= measure_with_unit=> length_measure_with_unit
GENERAL_CLOSED_PROFILE	closed_path_profile	10303-522		closed_path_profile <= shape_aspect

表 4（续）

应用元素	AIM 元素	源	规则	引用路径
closed_profile_shape #1：if a bounded_curve #2：if an edge_curve #3：if a path	#1：(bounded_curve) #2：(edge_curve) #3：(path)	10303-42 10303-42 10303-42		closed_path_profile <= shape_aspect shape_definition = shape_aspect shape_definition characterized_definition = shape_definition characterized_definition <- property_definition. definition property_definition <- property_definition_representation. definition property_definition_representation property_definition_representation. used_representation -> { representation => shape_representation=> path_shape_representation } representation representation. items [i] -> representation_item => #1：(geometric_representation_item => curve => bounded_curve) #2：(geometric_representation_item => edge_curve) #3：(topological_representation_item => path)

表 4（续）

应用元素	AIM 元素	源	规则	引用路径
GENERAL_OUTSIDE_PROFILE	outside_profile	10303-522		outside_profile <= { feature_definition => instanced_feature } feature_definition <= characterized_object characterized_definition = characterized_object characterized_definition <- property_definition.definition property_definition => product_definition_shape <- shape_aspect.of_shape shape_aspect { shape_aspect.description = 'outside boundary'}

表 4（续）

应用元素	AIM 元素	源	规则	引用路径
general_outside_profile to profile (as feature_boundary)	PATH			outside_profile <= feature_definition <= characterized_object characterized_definition = characterized_object characterized_definition <- property_definition. definition property_definition => product_definition_shape <- shape_aspect. of_shape { shape_aspect. description = 'boundary occurrence' } shape_aspect <- shape_aspect_relationship. related_shape_aspect { shape_aspect_relationship => shape_defining_relationship } { shape_aspect_relationship. description = 'profile usage' } shape_aspect_relationship shape_aspect_relationship. relating_shape_aspect -> { shape_aspect. description = 'outside boundary' } shape_aspect => (circular_closed_profile) (closed_path_profile) (ngon_closed_profile) (rectangular_closed_profile) (linear_profile) (open_path_profile) (partial_circular_profile) (rounded_u_profile) (square_u_profile) (tee_profile) (vee_profile)
GENERAL_PATH	path_feature_component	10303-522		path_feature_component <= shape_aspect { shape_aspect. description='complex'}

表 4（续）

应用元素	AIM 元素	源	规则	引用路径
swept_path #1：if a bounded_curve #2：if an edge_curve #3：if a path	#1：(bounded_curve) #2：(edge_curve) #3：(path)	10303-42 10303-42 10303-42		shape_aspect shape_definition = shape_aspect shape_definition characterized_definition = shape_definition characterized_definition <- property_definition. definition property_definition <- property_definition_representation. definition property_definition_representation property_definition_representation. used_representation -> {representation. name = 'sweep path'} { representation => shape_representation=> path_shape_representation } representation representation. items [i] -> representation_item => #1：(geometric_representation_item => curve => bounded_curve) #2：(geometric_representation_item => edge_curve) #3：(topological_representation_item => path)
GENERAL_PATTERN	feature_pattern	10303-522		feature_pattern <= replicate_feature <= { feature_definition => instanced_feature} feature_definition<= characterized_object

表 4（续）

应用元素	AIM 元素	源	规则	引用路径
replicate_locations	axis2_placement_3 d	10303-42		feature_pattern <= replicate_feature <= feature_definition<= characterized_object characterized_definition = characterized_object characterized_definition<- property_definition. definition { property_definition => product_definition_shape } property_definition <- property_definition_representation. definition { property_definition_representation => shape_definition_representation } property_definition_representation property_definition_representation. used_representation -> {representation => shape_representation => shape_representation_with_parameters } representation representation. items [i] -> {representation_item. name = ‘base feature placement’ } representation_item => geometric_representation_item => placement => axis2_placement_3d
GENERAL_POCKET_BOTTOM_- CONDITION	pocket_bottom	10303-522		pocket_bottom <= shape_aspect { shape_aspect. description = ‘complex’}

表 4（续）

应用元素	AIM 元素	源	规则	引用路径
general_pocket_bottom_condition to region (as shape)	PATH			pocket_bottom <= shape_aspect shape_definition = shape_aspect shape_definition characterized_definition = shape_definition characterized_definition <- property_definition.definition property_definition <- property_definition_representation.definition property_definition_representation property_definition_representation.used_representation -> {representation.name = 'floor face'} representation => shape_representation=> face_shape_representation
				See NOTE 11
GENERAL_PROFILE	open_path_profile	10303-522		open_path_profile <= shape_aspect

表 4（续）

应用元素	AIM 元素	源	规则	引用路径
its_profile #1：if a bounded_curve #2：if an edge_curve #3：if a path	#1：(bounded_curve) #2：(edge_curve) #3：(path)	10303-42 10303-42 10303-42		open_path_profile <= shape_aspect shape_definition = shape_aspect shape_definition characterized_definition = shape_definition characterized_definition <- property_definition. definition property_definition <- property_definition_representation. definition property_definition_representation property_definition_representation. used_representation -> { representation => shape_representation=> path_shape_representation } representation representation. items [i] -> representation_item => #1：(geometric_representation_item => curve => bounded_curve) #2：(geometric_representation_item => edge_curve) #3：(topological_representation_item => path)
GENERAL_PROFILE_FLOOR	profile_floor	10303-522		profile_floor <= shape_aspect { shape_aspect. description = 'complex' }

表 4（续）

应用元素	AIM 元素	源	规则	引用路径
floor	face	10303-42		profile_floor <= shape_aspect shape_definition = shape_aspect shape_definition characterized_definition = shape_definition characterized_definition <- property_definition. definition property_definition <- property_definition_representation. definition property_definition_representation property_definition_representation. used_representation -> { representation => shape_representation=> face_shape_representation } representation {representation. name = 'floor' } representation. items [i] -> representation_item => topological_representation_item => face
GENERAL_SHAPE_PROFILE	outside_profile	10303-522		outside_profile <= { feature_definition => instanced_feature } feature_definition <= characterized_object characterized_definition = characterized_object characterized_definition <- property_definition. definition property_definition => product_definition_shape <- shape_aspect. of_shape shape_aspect { shape_aspect. description = 'complex boundary occurrence'}

表 4（续）

应用元素	AIM 元素	源	规则	引用路径
general_shape_profile to profile (as profile_boundary)	PATH			outside_profile <= feature_definition <= characterized_object characterized_definition = characterized_object characterized_definition <- property_definition. definition property_definition => product_definition_shape <- shape_aspect. of_shape { shape_aspect. description = ‘complex boundary occurrence’ } shape_aspect <- shape_aspect_relationship. related_shape_aspect { shape_aspect_relationship => shape_defining_relationship } { shape_aspect_relationship. description = ‘profile usage’} shape_aspect_relationship shape_aspect_relationship. relating_shape_aspect — > { shape_aspect. description = ‘boundary’ } shape_aspect => (circular_closed_profile) (closed_path_profile) (ngon_closed_profile) (rectangular_closed_profile) (open_path_profile) (partial_circular_profile) (rounded_u_profile) (square_u_profile) (tee_profile) (vee_profile)
HOLE_BOTTOM_CONDITION	hole_bottom	10303-522		hole_bottom <= shape_aspect
LINEAR_PATH	path_feature_component	10303-522		path_feature_component <= shape_aspect { shape_aspect. description= ‘linear’ }

表 4（续）

应用元素	AIM 元素	源	规则	引用路径
distance	length_measure_with_unit	10303-41		path_feature_component <= shape_aspect shape_definition = shape_aspect shape_definition characterized_definition = shape_definition characterized_definition <- property_definition. definition property_definition <- property_definition_representation. definition { property_definition_representation => shape_definition_representation } property_definition_representation property_definition_representation. used_representation -> {representation => shape_representation => shape_representation_with_parameters } representation representation. items [i] -> {representation_item. name = 'distance' } representation_item => measure_representation_item <= measure_with_unit=> length_measure_with_unit

表 4（续）

应用元素	AIM 元素	源	规则	引用路径
its_direction	direction	10303-42		path_feature_component <= shape_aspect shape_definition = shape_aspect shape_definition characterized_definition = shape_definition characterized_definition <- property_definition. definition property_definition <- property_definition_representation. definition property_definition_representation property_definition_representation. used_representation -> representation { representation => shape_representation=> direction_shape_representation } representation. items [i] -> representation_item => geometric_representation_item => direction
LINEAR_PROFILE	linear_profile	10303-522		linear_profile <= shape_aspect

表 4（续）

应用元素	AIM 元素	源	规则	引用路径
profile_length	length_measure_with_unit	10303-41		linear_profile <= shape_aspect shape_definition = shape_aspect shape_definition characterized_definition = shape_definition characterized_definition <- property_definition.definition property_definition <- property_definition_representation. definition { property_definition_representation => shape_definition_representation } property_definition_representation property_definition_representation.used_representation -> {representation => shape_representation => shape_representation_with_parameters } representation representation.items [i] -> {representation_item.name = 'profile length'} representation_item => measure_representation_item <= measure_with_unit=> length_measure_with_unit
LOOP_SLOT_END_TYPE	slot_end	10303-522		slot_end <= shape_aspect { shape_aspect. description = 'loop'}
MACHINED_SURFACE	property_definition	10303-41		property_definition property_definition.name { (property_definition.name = 'bottom surface condition') (property_definition.name = 'bottom and side surface condition') (property_definition.name = 'side surface condition') }

表 4（续）

应用元素	AIM 元素	源	规则	引用路径
machined_surface to machining_feature (as its_machining_feature)	PATH			property_definition property_definition. definition -> characterized_definition characterized_definition = shape_definition shape_definition shape_definition = shape_aspect shape_aspect => instanced_feature
surface_element	property_definition. name	10303-41		property_definition property_definition. name { (property_definition. name = 'bottom surface condition') (property_definition. name = 'bottom and side surface condition') (property_definition. name = 'side surface condition') }
MACHINING_FEATURE	instanced_feature	10303-522		instanced_feature <= [shape_aspect] [feature_definition <= characterized_object]

表 4（续）

应用元素	AIM 元素	源	规则	引用路径
depth NOTE This is an optional attribute. See 5.2.1.2.1.1 and 4.2.194 for the procedure to determine the depth of features.	elementary_surface	10303-42		instanced_feature <= shape_aspect shape_definition = shape_aspect shape_definition characterized_definition = shape_definition characterized_definition <- property_definition.definition { property_definition => product_definition_shape } property_definition <- property_definition_representation.definition { property_definition_representation => shape_definition_representation } property_definition_representation property_definition_representation.used_representation-> { representation => shape_representation } {representation.name = 'maximum feature limit' } representation representation.items[i] -> representation_item => elementary_surface
NGON_PROFILE	ngon_closed_profile	10303-522		ngon_closed_profile <= shape_aspect

表 4（续）

应用元素	AIM 元素	源	规则	引用路径
diameter	length_measure_with_unit	10303-41		ngon_closed_profile <= shape_aspect shape_definition = shape_aspect shape_definition characterized_definition = shape_definition characterized_definition <- property_definition. definition property_definition <- property_definition_representation. definition { property_definition_representation => shape_definition_representation } property_definition_representation property_definition_representation. used_representation -> {representation => shape_representation => shape_representation_with_parameters } representation representation. items [i] -> { (representation_item. name = 'circumscribed diameter') (representation_item. name = 'diameter across flats') } representation_item => measure_representation_item <= measure_with_unit=> length_measure_with_unit

表 4（续）

应用元素	AIM 元素	源	规则	引用路径
number_of_sides	count_measure	10303-41		ngon_closed_profile <= shape_aspect shape_definition = shape_aspect shape_definition characterized_definition = shape_definition characterized_definition <- property_definition. definition property_definition <- property_definition_representation. definition { property_definition_representation => shape_definition_representation } property_definition_representation property_definition_representation. used_representation -> {representation => shape_representation => shape_representation_with_parameters } representation representation. items [i] -> {representation_item. name = 'number of sides'} representation_item => measure_representation_item <= measure_with_unit measure_with_unit. value_component -> measure_value measure_value = count_measure count_measure

表 4（续）

应用元素	AIM 元素	源	规则	引用路径
circumscribed_or_across_fiats	(representation_item. name = 'circumscribed diameter') (representation_item. name = 'diameter across flats')	10303-41 10303-41		ngon_closed_profile <= shape_aspect shape_definition = shape_aspect shape_definition characterized_definition = shape_definition characterized_definition <- property_definition. definition property_definition <- property_definition_representation. definition { property_definition_representation => shape_definition_representation } property_definition_representation property_definition_representation. used_representation -> {representation => shape_representation => shape_representation_with_parameters } representation representation. items [i] -> representation_item { (representation_item. name = 'circumscribed diameter') (representation_item. name = 'diameter across flats') }
OPEN_POCKET	pocket	10303-522		pocket <= { feature_definition => instanced_feature} feature_definition <= characterized_object

表 4（续）

应用元素	AIM 元素	源	规则	引用路径
open_pocket to open_profile (as open_boundary) ＃ 1：preferred ＃2：alternate，compatible with AP 224 rectangular_open_pocket usage See NOTE 9	PSTH			pocket <= feature_definition <= characterized_object ＃2：{ characterized_object. description=‘open rectangular’} characterized_definition = characterized_object characterized_definition <- property_definition. definition property_definition => product_definition_shape <- shape_aspect. of_shape ＃ 1：{shape_aspect. description =‘boundary occurrence’} ＃2：{ shape_aspect. description =‘open boundary occurrence’} shape_aspect <- shape_aspect_relationship. related_shape_aspect { shape_aspect_relationship => shape_defining_relationship } { shape_aspect_relationship. description =‘profile usage’} shape_aspect_relationship shape_aspect_relationship. relating_shape_aspect − > ＃ 1：{ shape_aspect. description =‘boundary’} shape_aspect => ＃ 1：(open_path_profile) ＃ 1：(partial_circular_profile) ＃ 1：(rounded_u_profile) ＃ 1，＃2：(square_u_profile) ＃ 1：(tee_profile) ＃ 1：(vee_profile)

表 4（续）

应用元素	AIM 元素	源	规则	引用路径
open_pocket to open_profile (as wall_boundary)	PATH			pocket <= feature_definition <= characterized_object characterized_definition = characterized_object characterized_definition <- property_definition. definition property_definition => product_definition_shape <- shape_aspect. of_shape { shape_aspect. description = 'wall boundary occurrence' } shape_aspect <- shape_aspect_relationship. related_shape_aspect { shape_aspect_relationship => shape_defining_relationship } { shape_aspect_relationship. description = 'wall boundary usage' } shape_aspect_relationship shape_aspect_relationship. relating_shape_aspect -> { shape_aspect. description = 'wall boundary' } shape_aspect => (open_path_profile) (partial_circular_profile) (rounded_u_profile) (square_u_profile) (tee_profile) (vee_profile)
OPEN_PROFILE	(linear_profile) (open_path_profile) (partial_circular_profile) (rounded_u_profile) (square_u_profile) (tee_profile) (vee_profile)	10303-522 10303-522 10303-522 10303-522 10303-522 10303-522 10303-522		(linear_profile <=) (open_path_profile <=) (partial_circular_profile <=) (rounded_u_profile <=) (square_u_profile <=) (tee_profile <=) (vee_profile <=) shape_aspect

表 4（续）

应用元素	AIM 元素	源	规则	引用路径
OPEN_SLOT_END_TYPE	slot_end	10303-522		slot_end <= shape_aspect { shape_aspect.description= 'open' }
PARTIAL_AREA_DEFINITION	applied_area	10303-522		applied_area <= shape_aspect { shape_aspect shape_aspect.of_shape-> product_definition_shape }
effective_length	length_measure_with_unit	10303-41		applied_area <= shape_aspect shape_definition = shape_aspect shape_definition characterized_definition = shape_definition characterized_definition <- property_definition.definition property_definition <- property_definition_representation.definition { property_definition_representation => shape_definition_representation } property_definition_representation property_definition_representation.used_representation -> {representation => shape_representation => shape_representation_with_parameters } representation representation. items [i] -> {representation_item.name = 'effective length'} representation_item => measure_representation_item <= measure_with_unit=> length_measure_with_unit

表 4（续）

应用元素	AIM 元素	源	规则	引用路径
placement	axis2_placement_3d	10303-42		applied_area <= shape_aspect shape_definition = shape_aspect shape_definition characterized_definition = shape_definition characterized_definition <- property_definition. definition property_definition <- property_definition_representation. definition { property_definition_representation => shape_definition_representation } property_definition_representation property_definition_representation. used_representation -> {representation => shape_representation => shape_representation_with_parameters } representation representation. items [i] -> {representation_item. name = 'orientation'} representation_item => geometric_representation_item => placement => axis2_placement_3d

表 4（续）

应用元素	AIM 元素	源	规则	引用路径
maximum_length	length_measure_with_unit	10303-41		applied_area <= shape_aspect shape_definition = shape_aspect shape_definition characterized_definition = shape_definition characterized_definition <- property_definition. definition property_definition <- property_definition_representation. definition { property_definition_representation => shape_definition_representation } property_definition_representation property_definition_representation. used_representation -> {representation => shape_representation => shape_representation_with_parameters } representation representation. items [i] -> {representation_item. name = 'maximum length'} representation_item => measure_representation_item <= measure_with_unit=> length_measure_with_unit
PARTIAL_CIRCULAR_PATH	path_feature_component	10303-522		path_feature_component <= shape_aspect { shape_aspect. description = 'partial circular'}

表 4（续）

应用元素	AIM 元素	源	规则	引用路径
sweep_angle	plane_angle_measure_with_unit	10303-41		path_feature_component <= shape_aspect shape_definition = shape_aspect shape_definition characterized_definition = shape_definition characterized_definition <- property_definition. definition property_definition <- property_definition_representation. definition { property_definition_representation => shape_definition_representation } property_definition_representation property_definition_representation. used_representation -> {representation => shape_representation => shape_representation_with_parameters } representation representation. items [i] -> {representation_item. name ='sweep angle'} representation_item => measure_representation_item <= measure_with_unit=> plane_angle_measure_with_unit
PARTIAL_CIRCULAR_PROFILE	partial_circular_profile	10303-522		partial_circular_profile <= shape_aspect

表 4（续）

应用元素	AIM 元素	源	规则	引用路径
radius	length_measure_with_unit	10303-41		partial_circular_profile <= shape_aspect shape_definition = shape_aspect shape_definition characterized_definition = shape_definition characterized_definition <- property_definition. definition property_definition <- property_definition_representation. definition { property_definition_representation => shape_definition_representation } property_definition_representation property_definition_representation. used_representation -> {representation => shape_representation => shape_representation_with_parameters } representation representation. items [i] -> {representation_item. name = 'radius'} representation_item => measure_representation_item <= measure_with_unit=> length_measure_with_unit

表 4（续）

应用元素	AIM 元素	源	规则	引用路径
sweep_angle	plane_angle_measure_with_unit	10303-41		partial_circular_profile <= shape_aspect shape_definition = shape_aspect shape_definition characterized_definition = shape_definition characterized_definition <- property_definition. definition property_definition <- property_definition_representation. definition { property_definition_representation => shape_definition_representation } property_definition_representation property_definition_representation. used_representation -> {representation => shape_representation => shape_representation_with_parameters } representation representation. items [i] -> {representation_item. name = 'sweep angle'} representation_item => measure_representation_item <= measure_with_unit=> plane_angle_measure_with_unit

表 4（续）

应用元素	AIM 元素	源	规则	引用路径
PARTIAL _ CIRCULAR _ SHAPE _- PROFILE	outside_profile	10303-522		outside_profile <= { feature_definition => instanced_feature } feature_definition <= characterized_object characterized_definition = characterized_object characterized_definition <- property_definition. definition property_definition => product_definition_shape <- shape_aspect. of_shape shape_aspect {shape_aspect. description=‘partial circular boundary occurrence’}
partial_circular_shape_profile to partial_circular_profile (as open_boundary)	PATH			outside_profile <= feature_definition <= characterized_object characterized_definition = characterized_object characterized_definition <- property_definition. definition property_definition => product_definition_shape <- shape_aspect. of_shape {shape_aspect. description =‘partial circular boundary occurrence’} shape_aspect <- shape_aspect_relationship. related_shape_aspect { shape_aspect_relationship => shape_defining_relationship } { shape_aspect_relationship. description =‘profile usage’} shape_aspect_relationship shape_aspect_relationship. relating_shape_aspect - > shape_aspect => partial_circular_profile

表 4（续）

应用元素	AIM 元素	源	规则	引用路径
PLANAR_FACE	flat_face	10303-522		flat_face <= { feature_definition => instanced_feature } feature_definition <= characterized_object
planar_face to linear_path (as course_of_travel)	PATH			flat_face <= feature_definition <= characterized_object characterized_definition=characterized_object characterized_definition <- property_definition. definition property_definition => product_definition_shape <- shape_aspect. of_shape { shape_aspect. description ='course of travel occurrence'} shape_aspect <- shape_aspect_relationship. related_shape_aspect { shape_aspect_relationship => shape_defining_relationship } { shape_aspect_relationship. name ='course of travel'} { shape_aspect_relationship. description = \\ 'path feature component usage'} shape_aspect_relationship shape_aspect relationship. relating_shape_aspect-> { shape_aspect. description='linear'} shape_aspect => path_feature_component

表 4（续）

应用元素	AIM 元素	源	规则	引用路径
planar_face to linear_profile (as removal_boundary)	PATH			flat_face <= feature_definition <= characterized_object characterized_definition=characterized_object characterized_definition <- property_definition. definition property_definition=> product_definition_shape <- shape_aspect. of_shape {shape_aspect. description = 'removal boundary occurrence'} shape_aspect <- shape_aspect_relationship. related_shape_aspect { shape_aspect_relationship => shape_defining_relationship } { shape_aspect_relationship. name = 'removal boundary'} { shape_aspect_relationship. description = 'profile usage'} shape_aspect_relationship shape_aspect_relationship. relating_shape_aspect-> shape_aspect => linear_profile

表 4（续）

应用元素	AIM 元素	源	规则	引用路径
planar_face to closed_profile (as face_boundary)	PATH			flat_face <= feature_definition <= characterized_object characterized_definition=characterized_object characterized_definition <- property_definition. definition property_definition => product_definition_shape <- shape_aspect. of_shape { shape_aspect. description ='enclosed boundary occurrence'} shape_aspect <- shape_aspect_relationship. related_shape_aspect { shape_aspect_relationship => shape_defining_relationship } { shape_aspect_relationship. name ='boundary'} { shape_aspect_relationship. description ='profile usage'} shape_aspect_relationship shape_aspect_relationship. relating_shape_aspect-> shape_aspect => (circular_closed_profile) (ngon_closed_profile) (rectangular_closed_profile) (closed_path_profile)

表 4（续）

应用元素	AIM 元素	源	规则	引用路径
planar_face to boss (as its_boss)	PATH			flat_face <= feature_definition <= characterized_object characterized_definition=characterized_object characterized_definition <- property_definition. definition property_definition => product_definition_shape <- shape_aspect. of_shape { shape_aspect => composite_shape_aspect} shape_aspect <- shape_aspect_relationship. relating_shape_aspect { shape_aspect_relationship. description = 'uncut volume' } { shape_aspect_relationship=> feature_component_relationship } shape_aspect_relationship shape_aspect_relationship. related_shape_aspect-> shape_aspect => instanced_feature <= feature_definition=> boss

表 4（续）

应用元素	AIM 元素	源	规则	引用路径
removal_depth	length_measure_with_unit	10303-41		flat_face <= feature_definition <= characterized_object characterized_definition = characterized_object characterized_definition <- property_definition. definition { property_definition => product_definition_shape } property_definition <- property_definition_representation. definition { property_definition_representation => shape_definition_representation } property_definition_representation property_definition_representation. used_representation -> {representation => shape_representation => shape_representation_with_parameters } representation representation. items [i] -> {representation_item. name = 'removal depth'} representation_item => measure_representation_item <= measure_with_unit=> length_measure_with_unit

表 4（续）

应用元素	AIM 元素	源	规则	引用路径
removal_direction	direction	10303-42		flat_face <= feature_definition <= characterized_object characterized_definition = characterized_object characterized_definition <- property_definition. definition property_definition <- { property_definition => product_definition_shape } property_definition_representation. definition property_definition_representation property_definition_representation. used_representation -> representation { representation. name =‘removal direction’} { representation => shape_representation=> direction_shape_representation } representation. items [i] -> representation_item => geometric_representation_item => direction
PLANAR _ POCKET _ BOTTOM _-CONDITION	pocket_bottom	10303-522		pocket_bottom <= shape_aspect { shape_aspect. description =‘planar’}
PLANAR_PROFILE_FLOOR	profile_floor	10303-522		profile_floor <= shape_aspect { shape_aspect. description =‘planar’}

表 4（续）

应用元素	AIM 元素	源	规则	引用路径
floor	plane	10303-42		profile_floor <= shape_aspect shape_definition = shape_aspect shape_definition characterized_definition = shape_definition characterized_definition <- property_definition. definition property_definition <- property_definition_representation. definition property_definition_representation property_definition_representation. used_representation -> { representation => shape_representation=> planar_shape_representation } representation {representation. name = 'floor'} representation. items [i] -> representation_item => geometric_representation_item => surface => elementary_surface => plane
POCKET	pocket	10303-522		pocket <= { feature_definition => instanced_feature} feature_definition <= characterized_object

表 4（续）

应用元素	AIM 元素	源	规则	引用路径
pocket to boss (as its_boss)	PATH			pocket <= feature_definition <= characterized_object characterized_definition = characterized_object characterized_definition <- property_definition. definition property_definition => product_definition_shape <- shape_aspect. of_shape { shape_aspect => composite_shape_aspect} shape_aspect <- shape_aspect_relationship. relating_shape_aspect { shape_aspect_relationship. description = 'uncut volume'} { shape_aspect_relationship=> feature_component_relationship } shape_aspect_relationship shape_aspect_relationship. related_shape_aspect-> shape_aspect => instanced_feature <= feature_definition=> boss

表 4（续）

应用元素	AIM 元素	源	规则	引用路径
pocket to angle_taper (as slope)	PATH			pocket <= feature_definition <= characterized_object characterized_definition = characterized_object characterized_definition <- property_definition. definition property_definition => product_definition_shape <- shape_aspect. of_shape { shape_aspect. description = 'change in boundary occurrence'} shape_aspect <- shape_aspect_relationship. related_shape_aspect { shape_aspect_relationship => feature_component_relationship } { shape_aspect_relationship. description = 'taper usage'} shape_aspect_relationship shape_aspect_relationship. relating_shape_aspect-> { shape_aspect. description = 'angle taper'} shape_aspect => taper

表 4（续）

应用元素	AIM 元素	源	规则	引用路径
pocket to pocket_bottom_condition (as bottom_condition)	PATH			pocket <= feature_definition <= characterized_object characterized_definition=characterized_object characterized_definition <- property_definition.definition property_definition => product_definition_shape <- shape_aspect.of_shape { shape_aspect.description = 'bottom condition occurrence'} shape_aspect <- shape_aspect_relationship.related_shape_aspect { shape_aspect_relationship => feature_component_relationship } { shape_aspect_relationship.description = 'pocket bottom usage'} shape_aspect_relationship shape_aspect_relationship. relating_shape_aspect-> shape_aspect => pocket_bottom

表 4（续）

应用元素	AIM 元素	源	规则	引用路径
planar_radius See NOTE 10.	length_measure_with_unit	10303-41		pocket <= characterized_object characterized_definition = characterized_object characterized_definition <- property_definition. definition property_definition => product_definition_shape <- shape_aspect. of_shape shape_aspect <- shape_aspect_relationship. related_shape_aspect { shape_aspect_relationship => feature_component_relationship } shape_aspect_relationship shape_aspect_relationship. relating_shape_aspect-> { shape_aspect => pocket_bottom } shape_aspect shape_definition = shape_aspect shape_definition characterized_definition = shape_definition characterized_definition <- property_definition. definition property_definition <- property_definition_representation. definition { property_definition_representation => shape_definition_representation } property_definition_representation property_definition_representation. used_representation -> {representation => shape_representation_with_parameters} representation representation. items [i] -> {representation_item. name = 'radius'} representation_item => measure_representation_item <= length_measure_with_unit

表 4（续）

应用元素	AIM 元素	源	规则	引用路径
orthogonal_radius	length_measure_with_unit	10303-41		pocket <= feature_definition <= characterized_object characterized_definition = characterized_object characterized_definition <- property_definition. definition { property_definition => product_definition_shape } property_definition <- property_definition_representation. definition { property_definition_representation => shape_definition_representation } property_definition_representation property_definition_representation. used_representation -> {representation => shape_representation => shape_representation_with_parameters } representation representation. items [i] -> {representation_item. name =‘orthogonal fillet radius’} representation_item => measure_representation_item <= measure_with_unit=> length_measure_with_unit

表 4（续）

应用元素	AIM 元素	源	规则	引用路径
bottom_at_path_end See NOTE 12，preferred mapping ＃ 1:if value is true ＃2：if value is false	shape_aspect_relationship. name	10303-41		pocket <= feature_definition <= characterized_object characterized_definition = characterized_object characterized_definition <- property_definition. definition property_definition => product_definition_shape <- shape_aspect. of_shape {shape_aspect. description = 'bottom condition occurrence'} shape_aspect <- shape_aspect_relationship. related_shape_aspect { shape_aspect_relationship => feature_component_relationship } shape_aspect_relationship shape_aspect_relationship. name { ＃ 1：(shape_aspect_relationship. name = 'pocket depth end') ＃2：(shape_aspect_relationship. name = 'pocket depth start') }

表 4（续）

应用元素	AIM 元素	源	规则	引用路径
bottom_at_path_end See NOTE 12, alternate mapping based on observed AP 224 usage # 1：if value is true # 2：if value is false	descriptive_rep resentation_item. -description	10303-45		pocket <= characterized_object characterized_definition = characterized_object characterized_definition <- property_definition. definition property_definition => product_definition_shape <- shape_aspect. of_shape {shape_aspect. description = ‘bottom condition occurrence’} shape_aspect <- shape_aspect_relationship. related_shape_aspect { shape_aspect_relationship => feature_component_relationship } shape_aspect_relationship shape_aspect_relationship. relating_shape_aspect-> shape_aspect { shape_aspect => pocket_bottom} shape_definition = shape_aspect shape_definition characterized_definition = shape_definition characterized_definition <- property_definition. definition property_definition <- property_definition_representation. definition property_definition_representation property_definition_representation. used_representation -> {representation => shape_representation_with_parameters} representation representation. items [i] -> {representation_item. name = ‘pocket bottom orientation’ } representation_item => descriptive_representation_item descriptive_representation_item. description {# 1：(descriptive_representation_item. description = \ ‘pocket depth end’) #2：(descriptive_representation_item. description = \ ‘pocket depth start’) }

表 4（续）

应用元素	AIM 元素	源	规则	引用路径
pocket to linear_path (as course_of_travel)	PATH			pocket <= feature_definition <= characterized_object characterized_definition = characterized_object characterized_definition <- property_definition. definition property_definition => product_definition_shape <- shape_aspect. of_shape { shape_aspect. description = 'pocket depth occurrence'} shape_aspect <- shape_aspect_relationship. related_shape_aspect { shape_aspect_relationship => shape_defining_relationship } { shape_aspect relationship. name = 'pocket depth'} { shape_aspect_relationship. description = \\ 'path feature component usage'} shape_aspect_relationship shape_aspect_relationship. relating_shape_aspect-> { shape_aspect. description = 'linear'} shape_aspect => path_feature_component

表 4（续）

应用元素	AIM 元素	源	规则	引用路径
top_fillet_radius	length_measure_with_unit	10303-41		pocket <= feature_definition <= characterized_object characterized_definition = characterized_object characterized_definition <- property_definition. definition { property_definition => product_definition_shape } property_definition <- property_definition_representation. definition { property_definition_representation => shape_definition_representation } property_definition_representation property_definition_representation. used_representation -> {representation => shape_representation => shape_representation_with_parameters } representation representation. items [i] -> {representation_item. name = 'fillet radius'} representation_item => measure_representation_item <= measure_with_unit=> length_measure_with_unit
POCKET_BOTTOM_CONDITION	pocket_bottom	10303-522		pocket_bottom <= shape_aspect { shape_aspect. of_shape-> product_definition_shape <= property_definition property_definition. definition -> characterized_definition characterized_definition = characterized_object characterized_object => feature_component_definition }

表 4(续)

应用元素	AIM 元素	源	规则	引用路径
PROFILE	(circular_closed_profile)	10303-522		(circular_closed_profile <=)
	(closed_path__profile)	10303-522		(closed_path_profile <=)
	(ngon_closed_profile)	10303-522		(ngon_closed_profile <=)
	(rectangular_closed_profile)	10303-522		(rectangular_closed_profile <=)
	(linear_profile)	10303-522		(linear_profile <=)
	(open_path_profile)	10303-522		(open_path_profile <=)
	(partial_circular_profile)	10303-522		(partial_circular_profile <=)
	(rounded_u_profile)	10303-522		(rounded_u_profile <=)
	(square_u_profile)	10303-522		(square_u_profile <=)
	(tee_profile)	10303-522		(tee_profile <=)
	(vee_profile)	10303-522		(vee_profile <=)
				shape_aspect
				{ shape_aspect
				shape_aspect. of_shape->
				product_definition_shape <=
				property_definition
				property_definition. definition->
				characterized_definition
				characterized_definition = characterized_object
				characterized_object =>
				feature_component_definition }

表 4（续）

应用元素	AIM 元素	源	规则	引用路径
placement	axis2_placement_3d	10303-42		(circular_closed_profile <=) (closed_path_profile <=) (ngon_closed_profile <=) (rectangular_closed_profile <=) (linear_profile <=) (open_path_profile <=) (partial_circular_profile <=) (rounded_u_profile <=) (square_u_profile <=) (tee_profile <=) (vee_profile <=) shape_aspect shape_definition = shape_aspect shape_definition characterized_definition = shape_definition characterized_definition <- property_definition. definition property_definition <- property_definition_representation. definition { property_definition_representation => shape_definition_representation } property_definition_representation property_definition_representation. used_representation -> {representation => shape_representation => shape_representation_with_parameters } representation representation. items [i] -> {representation_item. name = 'orientation'} representation_item => geometric_representation_item => placement => axis2_placement_3d

表 4（续）

应用元素	AIM 元素	源	规则	引用路径
PROFILE_FEATURE	outside_profile	10303-522		outside_profile <= {feature_definition => instanced_feature} feature_definition <= characterized_object

表 4（续）

应用元素	AIM 元素	源	规则	引用路径
profile_feature to linear_path (as profile_swept_shape) # 1：if profile_feature is a general_outside_profile #2：if profile_feature is general_shape_profile #3：if profile_feature is a partial_circular_shape_profile #4：if profile_feature is a circular_closed_shape_profile #5：if profile_feature is a rectangular_open_shape_profile #6：if profile_feature is a rectangular_closed_shape_profile See NOTE 13	PATH			outside_profile<= feature_definition <= characterized_object characterized_definition = characterized_object characterized_definition <- property_definition. definition property_definition => product_definition_shape <- shape_aspect. of_shape { # 1：(shape_aspect. description =‘outside boundary’) #2：(shape_aspect. description =‘complex boundary occurrence’) #3：(shape_aspect. description = \\ ‘partial circular boundary occurrence’) #4：(shape_aspect. description = \\ ‘closed circular boundary occurrence’) #5：(shape_aspect. description = \\ ‘open rectangular boundary occurrence’) #6：(shape_aspect. description = \\ ‘closed rectangular boundary occurrence’) } shape_aspect <- shape_aspect_relationship. related_shape_aspect { shape_aspect_relationship => shape_defining_relationship } {shape_aspect_relationship. name =‘profile swept shape’} { shape_aspect_relationship. description = \\ ‘path feature component usage’} shape_aspect_relationship shape_aspect_relationship. relating_shape_aspect-> { shape_aspect. description=‘linear’} shape_aspect => path_feature_component

表 4（续）

应用元素	AIM 元素	源	规则	引用路径
PROFILE_FLOOR	profile_floor	10303-522		profile_floor <= shape_aspect { shape_aspect. of_shape -> product_definition_shape <= property_definition property_definition. definition -> characterized_definition characterized_definition = characterized_object characterized_object => feature_component_definition }
floor_radius	length_measure_with_unit	10303-41		profile_floor <= shape_aspect shape_definition = shape_aspect shape_definition characterized_definition = shape_definition characterized_definition <- property_definition. definition property_definition <- property_definition_representation. definition { property_definition_representation => shape_definition_representation } property_definition_representation property_definition_representation. used_representation -> {representation => shape_representation => shape_representation_with_parameters } representation representation. items [i] -> {representation_item. name = 'radius'} representation_item => measure_representation_item <= measure_with_unit=> length_measure_with_unit

表 4（续）

应用元素	AIM 元素	源	规则	引用路径
start_or_end #1：if value is true #2：if value is false	descriptive_representation_item.- description	10303-45		profile_floor <= shape_aspect shape_definition = shape_aspect shape_definition characterized_definition = shape_definition characterized_definition <- property_definition.definition property_definition <- property_definition_representation.definition { property_definition_representation => shape_definition_representation } property_definition_representation property_definition_representation.used_representation -> {representation => shape_representation => shape_representation_with_parameters } representation representation.items[i] -> {representation_item.name ='shape profile floor orientation'} representation_item => descriptive_representation_item descriptive_representation_item.description {# 1：(descriptive_representation_item.description = \\ 'shape profile end') #2：(descriptive_representation_item.description = \\ 'shape profile start') }
RADIUSED_POCKET_BOTTOM_- CONDITION	pocket_bottom	10303-522		pocket_bottom <= shape_aspect { shape_aspect.description ='radiused'}

表 4（续）

应用元素	AIM 元素	源	规则	引用路径
floor_radius	length_measure_with_unit	10303-41		pocket_bottom <= shape_aspect shape_definition = shape_aspect shape_definition characterized_definition = shape_definition characterized_definition <- property_definition. definition property_definition <- property_definition_representation. definition { property_definition_representation => shape_definition_representation } property_definition_representation property_definition_representation. used_representation -> {representation => shape_representation_with_parameters } representation representation. items [i] -> {representation_item. name =‘pocket bottom radius’} representation_item => measure_representation_item <= measure_with_unit=> length_measure_with_unit

表 4（续）

应用元素	AIM 元素	源	规则	引用路径
floor_radius_center	cartesian_point	10303-42		pocket_bottom <= shape_aspect shape_definition = shape_aspect shape_definition characterized_definition = shape_definition characterized_definition <- property_definition. definition property_definition <- property_definition_representation. definition { property_definition_representation => shape_definition_representation } property_definition_representation property_definition_representation. used_representation -> representation {representation. name =‘pocket bottom radius location’} { representation => shape_representation=> location_shape_representation } representation. items [i] -> representation_item => geometric_representation_item => point => cartesian_point
RADIUSED_SLOT_END_TYPE	slot_end	10303-522		slot_end <= shape_aspect { shape_aspect. description =‘radiused’}
RECTANGULAR _ CLOSED _ PROFILE	rectangular_closed_profile	10303-522		rectangular_closed_profile <= shape_aspect

表 4（续）

应用元素	AIM 元素	源	规则	引用路径
profile_width	length_measure_with_unit	10303-41		rectangular_closed_profile <= shape_aspect shape_definition = shape_aspect shape_definition characterized_definition = shape_definition characterized_definition <- property_definition. definition property_definition <- property_definition_representation. definition { property_definition_representation => shape_definition_representation } property_definition_representation property_definition_representation. used_representation -> {representation => shape_representation => shape_representation_with_parameters } representation representation. items [i] -> {representation_item. name ='width'} representation_item => measure_representation_item <= measure_with_unit=> length_measure_with_unit

表 4（续）

应用元素	AIM 元素	源	规则	引用路径
profile_length	length_measure_with_unit	10303-41		rectangular_closed_profile <= shape_aspect shape_definition = shape_aspect shape_definition characterized_definition = shape_definition characterized_definition <- property_definition. definition property_definition <- property_definition_representation. definition { property_definition_representation => shape_definition_representation } property_definition_representation property_definition_representation. used_representation -> {representation => shape_representation => shape_representation_with_parameters } representation representation. items [i] -> {representation_item. name = 'length'} representation_item => measure_representation_item <= measure_with_unit=> length_measure_with_unit

表 4（续）

应用元素	AIM 元素	源	规则	引用路径
RECTANGULAR_CLOSED_SHAPE_PROFILE	outside_profile	10303-522		outside_profile <= { feature_definition => instanced_feature } feature_definition <= characterized_object characterized_definition = characterized_object characterized_definition <- property_definition. definition property_definition => product_definition_shape <- shape_aspect. of_shape shape_aspect { shape_aspect. description = \\ ‘ closed rectangular boundary occurrence’}
rectangular_closed_shape_profile to rectangular_closed_profile (as closed_boundary)	PATH			outside_profile <= feature_definition <= characterized_object characterized_definition = characterized_object characterized_definition <- property_definition. definition property_definition => product_definition_shape <- shape_aspect. of_shape { shape_aspect. description = \\ ‘closed rectangular boundary occurrence’} shape_aspect <- shape_aspect_relationship. related_shape_aspect { shape_aspect_relationship => shape_defining_relationship } { shape_aspect_relationship. description =‘profile usage’} shape_aspect_relationship shape_aspect_relationship. relating_shape_aspect-> shape_aspect => rectangular_closed_profile

表 4（续）

应用元素	AIM 元素	源	规则	引用路径
RECTANGULAR_OFFSET	shape_aspect	10303-41		[shape_aspect <- shape_aspect_relationship. related_shape_aspect shape_aspect_relationship => feature_component_relationship => pattern_offset_membership] [shape_aspect <- shape_aspect_relationship. related_shape_aspect { shape_aspect_relationship => feature_component_relationship} shape_aspect_relationship. relating_shape_aspect-> shape_aspect => modified_pattern]
offset_direction	direction	10303-42		shape_aspect shape_definition = shape_aspect shape_definition characterized_definition = shape_definition characterized_definition <- property_definition. definition property_definition <- property_definition_representation. definition property_definition_representation property_definition_representation. used_representation -> representation {representation. name = 'offset direction'} { representation => shape_representation=> direction_shape_representation } representation. items [i] -> representation_item => geometric_representation_item => direction

表 4（续）

应用元素	AIM 元素	源	规则	引用路径
offset_distance	length_measure_with_unit	10303-41		shape_aspect shape_definition = shape_aspect shape_definition characterized_definition = shape_definition characterized_definition <- property_definition. definition property_definition <- property_definition_representation. definition { property_definition_representation => shape_definition_representation } property_definition_representation property_definition_representation. used_representation -> {representation => shape_representation => shape_representation_with_parameters } representation representation. items [i] -> {representation_item. name =‘offset distance’} representation_item => measure_representation_item <= measure_with_unit=> length_measure_with_unit

表 4（续）

应用元素	AIM 元素	源	规则	引用路径
row_index	count_measure	10303-41		shape_aspect shape_definition = shape_aspect shape_definition characterized_definition = shape_definition characterized_definition <- property_definition. definition property_definition <- property_definition_representation. definition { property_definition_representation => shape_definition_representation } property_definition_representation property_definition_representation. used_representation -> {representation => shape_representation => shape_representation_with_parameters } representation representation. items [i] -> {representation_item. name = 'row index'} representation_item => measure_representation_item <= measure_with_unit measure_with_unit. value_component -> measure_value measure_value = count_measure count_measure

表 4（续）

应用元素	AIM 元素	源	规则	引用路径
column_index	count_measure	10303-41		shape_aspect shape_definition = shape_aspect shape_definition characterized_definition = shape_definition characterized_definition <- property_definition. definition property_definition <- property_definition_representation. definition { property_definition_representation => shape_definition_representation } property_definition_representation property_definition_representation. used_representation -> {representation => shape_representation => shape_representation_with_parameters } representation representation. items [i] -> {representation_item. name = 'column index'} representation_item => measure_representation_item <= measure_with_unit measure_with_unit. value_component -> measure_value measure_value = count_measure count_measure

表 4（续）

应用元素	AIM 元素	源	规则	引用路径
RECTANGULAR_OMIT	shape_aspect	10303-41		[shape_aspect <- shape_aspect_relationship. related_shape_aspect shape_aspect_relationship => feature_component_relationship => pattern_omit_membership] [shape_aspect <- shape_aspect_relationship. related_shape_aspect { shape_aspect_relationship => feature_component_relationship} shape_aspect_relationship. relating_shape_aspect-> shape_aspect => modified_pattern]

表 4（续）

应用元素	AIM 元素	源	规则	引用路径
row_index	count_measure	10303-41		shape_aspect shape_definition = shape_aspect shape_definition characterized_definition = shape_definition characterized_definition <- property_definition. definition property_definition <- property_definition_representation. definition { property_definition_representation => shape_definition_representation } property_definition_representation property_definition_representation. used_representation -> {representation => shape_representation => shape_representation_with_parameters } representation representation. items [i] -> {representation_item. name = 'row index'} representation_item => measure_representation_item <= measure_with_unit measure_with_unit. value_component -> measure_value measure_value = count_measure count_measure

表 4（续）

应用元素	AIM 元素	源	规则	引用路径
column_index	count_measure	10303-41		shape_aspect shape_definition = shape_aspect shape_definition characterized_definition = shape_definition characterized_definition <- property_definition. definition property_definition <- property_definition_representation. definition { property_definition_representation => shape_definition_representation } property_definition_representation property_definition_representation. used_representation -> {representation => shape_representation => shape_representation_with_parameters } representation representation. items [i] -> {representation_item. name = 'column index'} representation_item => measure_representation_item <= measure_with_unit measure_with_unit. value_component -> measure_value measure_value = count_measure count_measure

表 4（续）

应用元素	AIM 元素	源	规则	引用路径
RECTANGULAR_OPEN_SHAPE_-PROFILE	outside_profile	10303-522		outside_profile <= { feature_definition => instanced_feature } feature_definition <= characterized_object characterized_definition = characterized_object characterized_definition <- property_definition. definition property_definition => product_definition_shape <- shape_aspect. of_shape shape_aspect { shape_aspect. description = \ 'open rectangular boundary occurrence'}
rectangular_open_shape_profile to square_u_profile (as open_boundary)	PATH			outside_profile <= feature_definition <= characterized_object characterized_definition = characterized_object characterized_definition <- property_definition. definition property_definition => product_definition_shape <- shape_aspect. of_shape { shape_aspect. description = \ 'open rectangular boundary occurrence'} shape_aspect <- shape_aspect_relationship. related_shape_aspect { shape_aspect_relationship => shape_defining_relationship } { shape_aspect_relationship. description = 'profile usage'} shape_aspect_relationship shape_aspect_relationship. relating_shape_aspect-> shape_aspect => square_u_profile

表 4（续）

应用元素	AIM 元素	源	规则	引用路径
RECTANGULAR_PATTERN	rectangular_pattern	10303-522		rectangular_pattern <= replicate_feature <= { feature_definition => instanced_feature} feature_definition<= characterized_object
spacing	length_measure_with_unit	10303-41		rectangular_pattern <= replicate_feature <= feature_definition<= characterized_object characterized_definition = characterized_object characterized_definition <- property_definition. definition { property_definition => product_definition_shape } property_definition <- property_definition_representation. definition { property_definition_representation => shape_definition_representation } property_definition_representation property_definition_representation. used_representation -> {representation => shape_representation => shape_representation_with_parameters } representation representation. items [i] -> {representation_item. name =‘column spacing’} representation_item => measure_representation_item <= measure_with_unit=> length_measure_with_unit

表 4（续）

应用元素	AIM 元素	源	规则	引用路径
its_direction	direction	10303-42		rectangular_pattern <= replicate_feature <= feature_definition<= characterized_object characterized_definition = characterized_object characterized_definition <- property_definition. definition property_definition <- { property_definition => product_definition_shape } property_definition_representation. definition property_definition_representation property_definition_representation. used_representation -> representation {representation. name ='column layout direction'} { representation => shape_representation=> direction_shape_representation } representation. items [i] -> representation_item => geometric_representation_item => direction

表 4（续）

应用元素	AIM 元素	源	规则	引用路径
number_of_rows	count_measure	10303-41		rectangular_pattern <= replicate_feature <= feature_definition<= characterized_object characterized_definition = characterized_object characterized_definition <- property_definition. definition { property_definition => product_definition_shape } property_definition <- property_definition_representation. definition { property_definition_representation => shape_definition_representation } property_definition_representation property_definition_representation. used_representation -> {representation => shape_representation => shape_representation_with_parameters } representation representation. items [i] -> {representation_item. name = 'number of rows'} representation_item => measure_representation_item {measure_representation_item <= measure_with_unit measure_with_unit. value_component -> measure_value measure_value=count_measure count_measure}

表 4（续）

应用元素	AIM 元素	源	规则	引用路径
number_of_columns	count_measure	10303-41		rectangular_pattern <= replicate_feature <= feature_definition<= characterized_object characterized_definition = characterized_object characterized_definition <- property_definition. definition { property_definition => product_definition_shape } property_definition <- property_definition_representation. definition { property_definition_representation => shape_definition_representation } property_definition_representation property_definition_representation. used_representation -> {representation => shape_representation => shape_representation_with_parameters } representation representation. items [i] -> {representation_item. name = 'number of columns'} representation_item => measure_representation_item {measure_representation_item <= measure_with_unit measure_with_unit. value_component -> measure_value measure_value = count_measure count_measure}

表 4（续）

应用元素	AIM 元素	源	规则	引用路径
row_spacing	length_measure_with_unit	10303-41		rectangular_pattern <= replicate_feature <= feature_definition<= characterized_object characterized_definition = characterized_object characterized_definition <- property_definition. definition { property_definition => product_definition_shape } property_definition <- property_definition_representation. definition { property_definition_representation => shape_definition_representation } property_definition_representation property_definition_representation. used_representation -> {representation => shape_representation => shape_representation_with_parameters } representation representation. items [i] -> {representation_item. name ='row spacing'} representation_item => measure_representation_item <= measure_with_unit=> length_measure_with_unit

表 4（续）

应用元素	AIM 元素	源	规则	引用路径
row_layout_direction	direction	10303-42		rectangular_pattern <= replicate_feature <= feature_definition<= characterized_object characterized_definition = characterized_object characterized_definition <- property_definition. definition { property_definition => product_definition_shape } property_definition <- property_definition_representation. definition property_definition_representation property_definition_representation. used_representation -> representation {representation. name ='row layout direction'} { representation => shape_representation=> direction_shape_representation } representation. items [i] -> representation_item => geometric_representation_item => direction

表 4（续）

应用元素	AIM 元素	源	规则	引用路径
rectangular_pattern to rectangular_offset (as relocated_base_feature)	PATH			rectangular_pattern <= replicate_feature <= feature_definition <= characterized_object characterized_definition = characterized_object characterized_definition <- property_definition. definition property_definition => product_definition_shape <- shape_aspect. of_shape shape_aspect <- [shape_aspect_relationship. relating_shape_aspect { shape_aspect_relationship => feature_component_relationship => pattern_offset_membership } shape_aspect_relationship shape_aspect_relationship. related_shape_aspect -> shape_aspect] [shape_aspect_relationship. related_shape_aspect { shape_aspect_relationship => feature_component_relationship } { shape_aspect_relationship. description = 'base pattern' } shape_aspect_relationship. relating_shape_aspect-> shape_aspect <- { shape_aspect => modified_pattern} shape_aspect_relationship. relating_shape_aspect { shape_aspect_relationship => feature_component_relationship } { shape_aspect_relationship. description = 'modified pattern' } shape_aspect_relationship. related_shape_aspect-> shape_aspect]

表 4（续）

应用元素	AIM 元素	源	规则	引用路径
rectangular_pattern to rectangular_omit (as missing_base_feature)	PATH			rectangular_pattern <= replicate_feature <= feature_definition <= characterized_object characterized_definition = characterized_object characterized_definition <- property_definition. definition property_definition => product_definition_shape <- shape_aspect. of_shape shape_aspect <- [shape_aspect_relationship. relating_shape_aspect { shape_aspect_relationship => feature_component_relationship => pattern_omit_membership } shape_aspect_relationship shape_aspect_relationship. related_shape_aspect -> shape_aspect] [shape_aspect_relationship. related_shape_aspect { shape_aspect_relationship => feature_component_relationship } { shape_aspect_relationship. description = 'base pattern' } shape_aspect_relationship. relating_shape_aspect-> shape_aspect <- { shape_aspect => modified_pattern} shape_aspect_relationship. relating_shape_aspect { shape_aspect_relationship => feature_component_relationship } { shape_aspect_relationship. description = 'modified pattern' } shape_aspect_relationship. related_shape_aspect-> shape_aspect]

表 4（续）

应用元素	AIM 元素	源	规则	引用路径
REGION	removal_volume	10303-522		removal_volume <= {feature_definition => instanced_feature} feature_definition <= characterized_object
feature_placement	axis2_placement_3d	10303-42		removal_volume <= feature_definition <= characterized_object characterized_definition = characterized_object characterized_definition <- property_definition. definition { property_definition => product_definition_shape } property_definition <- property_definition_representation. definition { property_definition_representation => shape_definition_representation } property_definition_representation property_definition_representation. used_representation -> {representation => shape_representation => shape_representation_with_parameters} representation representation. items[i] -> {representation_item. name = 'orientation'} representation_item => geometric_representation_item => placement => axis2_placement_3d

表 4（续）

应用元素	AIM 元素	源	规则	引用路径
REGION_PROJECTION	shape_representation	10303-41		shape_representation <= representation <- property_definition_representation.used_representation property_definition_representation { property_definition_representation => shape_definition_representation } property_definition_representation.definition -> property_definition property_definition.definition -> characterized_definition characterized_definition = shape_definition shape_definition shape_definition = shape_aspect { shape_aspect.description = 'volume shape'} shape_aspect <- shape_aspect_relationship.relating_shape_aspect { shape_aspect_relationship => shape_defining_relationship } { shape_aspect_relationship.description = 'volume shape usage' } shape_aspect_relationship shape_aspect_relationship.related_shape_aspect -> shape_aspect { shape_aspect.description = 'shape volume occurrence' } shape_aspect.of_shape -> product_definition_shape <= property_definition property_definition.definition -> characterized_definition characterized_definition = characterized_object characterized_object => removal_volume

表 4（续）

应用元素	AIM 元素	源	规则	引用路径
proj_curve	surface_of_linear_extrusion.-swept_curve	10303-42		shape_representation <= representation representation.items[i] -> representation_item=> geometric_representation_item=> surface=> swept_surface {swept_surface => surface_of_linear_extrusion} swept_surface.swept_curve
proj_dir	vector.orientation	10303-42		shape_representation <= representation representation.items[i] -> representation_item=> surface_of_linear_extrusion surface_of_linear_extrusion.extrusion_axis -> vector vector.orientation
depth	vector.magnitude	10303-42		shape_representation <= representation representation.items[i] -> representation_item=> surface_of_linear_extrusion surface_of_linear_extrusion.extrusion_axis -> vector vector.magnitude

表 4（续）

应用元素	AIM 元素	源	规则	引用路径
REGION_SURFACE_LIST	geometric_set	10303-507		geometric_set <= representation_item <- representation. items[i] {representation => geometrically_bounded_surface_shape_representation } representation <- property_definition_representation. used_representation property_definition_representation { property_definition_representation => shape_definition_representation } property_definition_representation. definition -> property_definition property_definition. definition -> characterized_definition characterized_definition = shape_definition shape_definition shape_definition = shape_aspect { shape_aspect. description = 'volume shape'} shape_aspect <- shape_aspect_relationship. relating_shape_aspect { shape_aspect_relationship => shape_defining_relationship } { shape_aspect_relationship. description = 'volume shape usage' } shape_aspect_relationship shape_aspect_relationship. related_shape_aspect -> shape_aspect { shape_aspect. description = 'shape volume occurrence' } shape_aspect. of_shape -> product_definition_shape <= property_definition property_definition. definition -> characterized_definition characterized_definition = characterized_object characterized_object => removal_volume

表 4（续）

应用元素	AIM 元素	源	规则	引用路径
region_surface_list to bounded_surface (as surface_list)	bounded_surface	10303-42		geometric_set geometric_set.elements[i] -> geometric_set_select geometric_set_select = surface surface => bounded_surface
REPLICATE_FEATURE	replicate_feature			replicate_feature <= {feature_definition <= instanced_feature} feature_definition<= characterized_object
replicate_feature to two5D_manufacturing_feature (as replicate_base_feature)	PATH			replicate_feature <= feature_definition => instanced_feature <= shape_aspect <- shape_aspect_relationship.relating_shape_aspect {shape_aspect_relationship.name = 'pattern basis'} {shape_aspect_relationship => feature_component_relationship} shape_aspect_relationship shape_aspect_relationship.related_shape_aspect -> shape_aspect => instanced_feature
ROUND_HOLE	round_hole	10303-522		round_hole <= {feature_definition => instanced_feature} feature_definition <= characterized_object

表 4（续）

应用元素	AIM 元素	源	规则	引用路径
diameter	length_measure_with_unit	10303-41		round_hole <= feature_definition <= characterized_object characterized_definition = characterized_object characterized_definition <- property_definition. definition property_definition => product_definition_shape <- shape_aspect. of_shape {shape_aspect. description = 'diameter occurrence'} shape_aspect <- shape_aspect_relationship. related_shape_aspect {shape_aspect_relationship => shape_defining_relationship} {shape_aspect_relationship. name = 'diameter'} {shape_aspect_relationship. description = 'profile usage'} shape_aspect_relationship shape_aspect_relationship. relating_shape_aspect -> shape_aspect => circular_closed_profile NOTE See mapping for CIRCULAR_CLOSED_PROFILE. - diameter for the path from here to diameter measure

表 4（续）

应用元素	AIM 元素	源	规则	引用路径
round_hole to taper_select (as change_in_diameter) #1：as angle_taper #2：as diameter_taper	PATH			round_hole <= feature_definition <= characterized_object characterized_definition = characterized_object characterized_definition <- property_definition.definition property_definition => product_definition_shape <- shape_aspect.of_shape {shape_aspect.description = 'change in diameter occurrence'} shape_aspect <- shape_aspect_relationship.related_shape_aspect {shape_aspect_relationship => feature_component_relationship} {shape_aspect_relationship.description = 'taper usage'} shape_aspect_relationship shape_aspect_relationship.relating_shape_aspect -> { #1：(shape_aspect.description = 'angle taper') #2：(shape_aspect.description = 'diameter taper') } shape_aspect => taper

表 4（续）

应用元素	AIM 元素	源	规则	引用路径
round_hole to hole_bottom_condition (as bottom_condition)	PATH			round_hole <= feature_definition <= characterized_object characterized_definition = characterized_object characterized_definition <- property_definition.definition property_definition => product_definition_shape <- shape_aspect.of_shape {shape_aspect.description = 'bottom condition occurrence'} shape_aspect <- shape_aspect_relationship.related_shape_aspect {shape_aspect_relationship => feature_component_relationship} {shape_aspect_relationship.description = 'hole bottom usage'} shape_aspect_relationship shape_aspect_relationship.relating_shape_aspect -> {(shape_aspect.description = 'conical') (shape_aspect.description = 'flat') (shape_aspect.description = 'flat with radius') (shape_aspect.description = 'flat with taper') (shape_aspect.description = 'spherical') (shape_aspect.description = 'through')} shape_aspect => hole_bottom

表 4（续）

应用元素	AIM 元素	源	规则	引用路径
bottom_at_path_end See NOTE 12，preferred mapping #1：if value is true #2：if value is false	shape_aspect_relationship. name	10303-41		round_hole <= feature_definition <= characterized_object characterized_definition = characterized_object characterized_definition <- property_definition. definition property_definition => product_definition_shape <- shape_aspect. of_shape {shape_aspect. description = 'bottom condition occurrence'} shape_aspect <- shape_aspect_relationship. related_shape_aspect {shape_aspect_relationship => feature_component_relationship} shape_aspect_relationship shape_aspect_relationship. name { #1：(shape_aspect_relationship. name = 'hole depth end') #2：(shape_aspect_relationship. name = 'hole depth start') }

表 4（续）

应用元素	AIM 元素	源	规则	引用路径
bottom_at_path_end See NOTE 12，alternate mapping based on observed AP 224 usage #1：if value is true #2：if value is false	descriptive_representation_item.-description	10303-45		round_hole <= characterized_object characterized_definition = characterized_object characterized_definition <- property_definition.definition property_definition => product_definition_shape <- shape_aspect.of_shape {shape_aspect.description = 'bottom condition occurrence'} shape_aspect <- shape_aspect_relationship.related_shape_aspect {shape_aspect_relationship => feature_component_relationship} shape_aspect_relationship shape_aspect_relationship.relating_shape_aspect -> shape_aspect {shape_aspect =>hole_bottom} shape_definition = shape_aspect shape_definition characterized_definition = shape_definition characterized_definition <- property_definition.definition property_definition <- property_definition_representation.definition property_definition_representation property_definition_representation.used_representation -> {representation =>shape_representation_with_parameters} representation representation.items[i] -> {representation_item.name = 'blind bottom orientation'} representation_item => descriptive_representation_item descriptive_representation_item.description {#1：(descriptive_representation_item.description = \\ 'hole depth end' #2：(descriptive_representation_item.description = \\ 'hole depth start'}

表 4（续）

应用元素	AIM 元素	源	规则	引用路径
round_hole to linear_path (as course_of_travel)	PATH			round_hole <= feature_definition <= characterized_object characterized_definition = characterized_object characterized_definition <- property_definition. definition property_definition => product_definition_shape <- shape_aspect. of_shape {shape_aspect. description = ‘hole depth occurrence’} shape_aspect <- shape_aspect_relationship. related_shape_aspect {shape_aspect_relationship => shape_defining_relationship} {shape_aspect_relationship. name = ‘hole depth’} {shape_aspect_relationship. description = \\ ‘path feature component usage’} shape_aspect_relationship shape_aspect_relationship. relating_shape_aspect -> {shape_aspect. description = ‘linear’} shape_aspect => path_feature_component
ROUNDED_END	rounded_end	10303-522		rounded_end <= {feature_definition => instanced_feature} feature_definition <= characterized_object

表 4（续）

应用元素	AIM 元素	源	规则	引用路径
rounded_end to linear_path (as course_of_travel)	PATH			rounded_end <= feature_definition <= characterized_object characterized_definition = characterized_object characterized_definition <- property_definition. definition property_definition => product_definition_shape <- shape_aspect. of_shape {shape_aspect. description = 'course of travel occurrence'} shape_aspect <- shape_aspect_relationship. related_shape_aspect {shape_aspect_relationship => shape_defining_relationship} {shape_aspect_relationship. description = \\ 'path feature component usage'} shape_aspect_relationship shape_aspect_relationship. relating_shape_aspect -> {shape_aspect. description = 'linear'} shape_aspect => path_feature_component

表 4（续）

应用元素	AIM 元素	源	规则	引用路径
rounded_end to partial_circular_profile(as partial_circular_boundary)	PATH			rounded_end <= feature_definition <= characterized_object characterized_definition = characterized_object characterized_definition <- property_definition. definition property_definition => product_definition_shape <- shape_aspect. of_shape {shape_aspect. description = 'partial circular boundary occurrence'} shape_aspect <- shape_aspect_relationship. related_shape_aspect {shape_aspect_relationship => shape_defining_relationship} {shape_aspect_relationship. description = 'profile usage'} shape_aspect_relationship shape_aspect_relationship. relating_shape_aspect -> shape_aspect => partial_circular_profile
ROUNDED_U_PROFILE	rounded_u_profile	10303-522		rounded_u_profile <= shape_aspect

表 4（续）

应用元素	AIM 元素	源	规则	引用路径
width	length_measure_with_unit	10303-41		rounded_u_profile <= shape_aspect shape_definition = shape_aspect shape_definition characterized_definition = shape_definition characterized_definition <- property_definition. definition property_definition <- property_definition_representation. definition { property_definition_representation => shape_definition_representation } property_definition_representation property_definition_representation. used_representation -> {representation => shape_representation => shape_representation_with_parameters} representation representation. items[i] -> {representation_item. name = 'width'} representation_item => measure_representation_item <= measure_with_unit => length_measure_with_unit

表 4（续）

应用元素	AIM 元素	源	规则	引用路径
depth	length_measure_with_unit	10303-41		rounded_u_profile <= shape_aspect shape_definition = shape_aspect shape_definition characterized_definition = shape_definition characterized_definition <- property_definition. definition property_definition <- property_definition_representation. definition { property_definition_representation => shape_definition_representation } property_definition_representation property_definition_representation. used_representation -> {representation => shape_representation => shape_representation_with_parameters} representation representation. items[i] -> {representation_item. name = 'depth'} representation_item => measure_representation_item <= measure_with_unit => length_measure_with_unit
SHAPE_PROFILE	outside_profile	10303-522		outside_profile <= {feature_definition => instanced_feature} feature_definition <= characterized_object

表 4（续）

应用元素	AIM 元素	源	规则	引用路径
shape_profile to profile_select (as floor_condition) #1: as profile_floor #2: as through_profile_floor	PATH			outside_profile <= feature_definition <= characterized_object characterized_definition = characterized_object characterized_definition <- property_definition.definition property_definition => product_definition_shape <- shape_aspect.of_shape {(shape_aspect.description = 'complex boundary occurrence') (shape_aspect.description = 'partial circular boundary occurrence') (shape_aspect.description = 'closed circular boundary occurrence') (shape_aspect.description = \ 'open rectangular boundary occurrence') (shape_aspect.description = \ 'closed rectangular boundary occurrence')} shape_aspect <- shape_aspect_relationship.related_shape_aspect {shape_aspect_relationship => feature_component_relationship} {shape_aspect_relationship.description = 'profile floor usage'} shape_aspect_relationship shape_aspect_relationship.relating_shape_aspect -> { #1: (shape_aspect.description = 'planar') #1: (shape_aspect.description = 'complex') #2: (shape_aspect.description = 'through') } shape_aspect => profile_floor

表 4（续）

应用元素	AIM 元素	源	规则	引用路径
removal_direction	direction	10303-42		outside_profile <= feature_definition <= characterized_object characterized_definition = characterized_object characterized_definition <- property_definition. definition property_definition <- {property_definition => product_definition_shape <- shape_aspect. of_shape shape_aspect (shape_aspect. description = 'complex boundary occurrence') (shape_aspect. description = 'partial circular boundary occurrence') (shape_aspect. description = 'closed circular boundary occurrence') (shape_aspect. description = \\ 'open rectangular boundary occurrence') (shape_aspect. description = \\ 'closed rectangular boundary occurrence') } property_definition_representation. definition property_definition_representation property_definition_representation. used_representation -> representation {representation. name = 'removal direction'} { representation => shape_representation=> direction_shape_representation } representation. items[i] -> representation_item => geometric_representation_item => direction
SLOT	slot	10303-522		slot <= {feature_definition => instanced_feature} feature_definition <= characterized_object

表 4（续）

应用元素	AIM 元素	源	规则	引用路径
slot to travel_path (as course_of_travel)	PATH			slot <= feature_definition <= characterized_object characterized_definition = characterized_object characterized_definition <- property_definition. definition property_definition => product_definition_shape <- shape_aspect. of_shape {shape_aspect. description = 'course of travel occurrence'} shape_aspect <- shape_aspect_relationship. related_shape_aspect {shape_aspect_relationship => shape_defining_relationship} {shape_aspect_relationship. name = 'course of travel'} {shape_aspect_relationship. description = \\ 'path feature component usage'} shape_aspect_relationship shape_aspect_relationship. relating_shape_aspect -> shape_aspect => path_feature_component

表 4（续）

应用元素	AIM 元素	源	规则	引用路径
slot to open_profile (as swept_shape)	PATH			slot <= feature_definition <= characterized_object characterized_definition = characterized_object characterized_definition <- property_definition. definition property_definition => product_definition_shape <- shape_aspect. of_shape {shape_aspect. description = 'swept shape occurrence'} shape_aspect <- shape_aspect_relationship. related_shape_aspect {shape_aspect_relationship => shape_defining_relationship} {shape_aspect_relationship. description = 'profile usage'} shape_aspect_relationship shape_aspect_relationship. relating_shape_aspect -> shape_aspect => (open_path_profile) (partial_circular_profile) (rounded_u_profile) (square_u_profile) (tee_profile) (vee_profile)

表 4（续）

应用元素	AIM 元素	源	规则	引用路径
slot to slot_end_type (as end_conditions)	PATH			slot <= feature_definition <= characterized_object characterized_definition = characterized_object characterized_definition <- property_definition. definition property_definition => product_definition_shape <- shape_aspect. of_shape {shape_aspect. description = 'end condition occurrence'} shape_aspect <- shape_aspect_relationship. related_shape_aspect {shape_aspect_relationship => feature_component_relationship} {shape_aspect_relationship. description = 'slot end usage'} {(shape_aspect_relationship. name = 'course of travel start') (shape_aspect_relationship. name = 'course of travel end')} shape_aspect_relationship shape_aspect_relationship. relating_shape_aspect -> shape_aspect => slot_end
SLOT_END_TYPE	slot_end	10303-522		slot_end <= shape_aspect {shape_aspect. of_shape -> product_definition_shape <= property_definition property_definition. definition -> characterized_definition characterized_definition = characterized_object characterized_object => feature_component_definition}
SPECIFICATION	document	10303-41		

表 4（续）

应用元素	AIM 元素	源	规则	引用路径
specification to specification_usage_constraint (as constraint)	PATH			document <- document_usage_constraint. source document_usage_constraint
specification_id	document. id	10303-41		
specification_description	document. description	10303-41		
specification_class	document_with_class. class	10303-41		document=> document_with_class document_with_class. class
SPECIFICATION_USAGE_- CONSTRAINT	document_usage_constraint	10303-41		
element	document_usage_constraint. - subject_element	10303-41		
class_id	document_usage_constraint. - subject_element_value	10303-41		
SPHERICAL_CAP	spherical_cap	10303-522		spherical_cap <= {feature_definition => instanced_feature} feature_definition <= characterized_object

表 4（续）

应用元素	AIM 元素	源	规则	引用路径
internal_angle	plane_angle_measure_with_unit	10303-41		spherical_cap <= feature_definition <= characterized_object characterized_definition = characterized_object characterized_definition <- property_definition. definition { property_definition => product_definition_shape } property_definition <- property_definition_representation. definition { property_definition_representation => shape_definition_representation } property_definition_representation property_definition_representation. used_representation -> {representation => shape_representation => shape_representation_with_parameters} representation representation. items[i] -> {representation_item. name = 'internal angle'} representation_item => measure_representation_item <= measure_with_unit => plane_angle_measure_with_unit

表 4（续）

应用元素	AIM 元素	源	规则	引用路径
radius	length_measure_with_unit	10303-41		spherical_cap <= feature_definition <= characterized_object characterized_definition = characterized_object characterized_definition <- property_definition. definition { property_definition => product_definition_shape } property_definition <- property_definition_representation. definition { property_definition_representation => shape_definition_representation } property_definition_representation property_definition_representation. used_representation -> {representation => shape_representation => shape_representation_with_parameters} representation representation. items[i] -> {representation_item. name = 'radius'} representation_item => measure_representation_item <= measure_with_unit => length_measure_with_unit
SPHERICAL_HOLE_BOTTOM	hole_bottom	10303-522		hole_bottom <= shape_aspect { shape_aspect. description = 'spherical' }

表 4（续）

应用元素	AIM 元素	源	规则	引用路径
radius	length_measure_with_unit	10303-41		hole_bottom <= shape_aspect shape_definition = shape_aspect shape_definition characterized_definition = shape_definition characterized_definition <- property_definition. definition property_definition <- property_definition_representation. definition { property_definition_representation => shape_definition_representation } property_definition_representation property_definition_representation. used_representation -> {representation => shape_representation => shape_representation_with_parameters} representation representation. items[i] -> {representation_item. name = ‘radius’} representation_item => measure_representation_item <= measure_with_unit => length_measure_with_unit
SQUARE_U_PROFILE	square_u_profile	10303-522		square_u_profile <= shape_aspect

表 4（续）

应用元素	AIM 元素	源	规则	引用路径
width	length_measure_with_unit	10303-41		square_u_profile <= shape_aspect shape_definition = shape_aspect shape_definition characterized_definition = shape_definition characterized_definition <- property_definition. definition property_definition <- property_definition_representation. definition { property_definition_representation => shape_definition_representation } property_definition_representation property_definition_representation. used_representation -> {representation => shape_representation => shape_representation_with_parameters} representation representation. items[i] -> {representation_item. name = 'width'} representation_item => measure_representation_item <= measure_with_unit => length_measure_with_unit

表 4（续）

应用元素	AIM 元素	源	规则	引用路径
first_radius	length_measure_with_unit	10303-41		square_u_profile <= shape_aspect shape_definition = shape_aspect shape_definition characterized_definition = shape_definition characterized_definition <- property_definition. definition property_definition <- property_definition_representation. definition { property_definition_representation => shape_definition_representation } property_definition_representation property_definition_representation. used_representation -> {representation => shape_representation => shape_representation_with_parameters} representation representation. items[i] -> {representation_item. name = 'first radius'} representation_item => measure_representation_item <= measure_with_unit => length_measure_with_unit

表 4（续）

应用元素	AIM 元素	源	规则	引用路径
first_angle	plane_angle_measure_with_unit	10303-41		square_u_profile <= shape_aspect shape_definition = shape_aspect shape_definition characterized_definition = shape_definition characterized_definition <- property_definition. definition property_definition <- property_definition_representation. definition { property_definition_representation => shape_definition_representation } property_definition_representation property_definition_representation. used_representation -> {representation => shape_representation => shape_representation_with_parameters} representation representation. items[i] -> {representation_item. name = 'first angle'} representation_item => measure_representation_item <= measure_with_unit => plane_angle_measure_with_unit

表 4（续）

应用元素	AIM 元素	源	规则	引用路径
second_radius	length_measure_with_unit	10303-41		square_u_profile <= shape_aspect shape_definition = shape_aspect shape_definition characterized_definition = shape_definition characterized_definition <- property_definition. definition property_definition <- property_definition_representation. definition { property_definition_representation => shape_definition_representation } property_definition_representation property_definition_representation. used_representation -> {representation => shape_representation => shape_representation_with_parameters} representation representation. items[i] -> {representation_item. name = ‘second radius’} representation_item => measure_representation_item <= measure_with_unit => length_measure_with_unit

表 4（续）

应用元素	AIM 元素	源	规则	引用路径
second_angle	plane_angle_measure_with_unit	10303-41		square_u_profile <= shape_aspect shape_definition = shape_aspect shape_definition characterized_definition = shape_definition characterized_definition <- property_definition. definition property_definition <- property_definition_representation. definition { property_definition_representation => shape_definition_representation } property_definition_representation property_definition_representation. used_representation -> {representation => shape_representation => shape_representation_with_parameters} representation representation. items[i] -> {representation_item. name = 'second angle'} representation_item => measure_representation_item <= measure_with_unit => plane_angle_measure_with_unit

表 4（续）

应用元素	AIM 元素	源	规则	引用路径
depth	length_measure_with_unit	10303-41		square_u_profile <= shape_aspect shape_definition = shape_aspect shape_definition characterized_definition = shape_definition characterized_definition <- property_definition. definition property_definition <- property_definition_representation. definition { property_definition_representation => shape_definition_representation } property_definition_representation property_definition_representation. used_representation -> {representation => shape_representation => shape_representation_with_parameters} representation representation. items[i] -> {representation_item. name = ‘depth’} representation_item => measure_representation_item <= measure_with_unit => length_measure_with_unit
STEP	step	10303-522		step <= {feature_definition => instanced_feature} feature_definition <= characterized_object

表 4（续）

应用元素	AIM 元素	源	规则	引用路径
step to linear_path (as open_boundary)	PATH			step <= feature_definition <= characterized_object characterized_definition = characterized_object characterized_definition <- property_definition. definition property_definition => product_definition_shape <- shape_aspect. of_shape {shape_aspect. description = 'course of travel occurrence'} shape_aspect <- shape_aspect_relationship. related_shape_aspect {shape_aspect_relationship => shape_defining_relationship} {shape_aspect_relationship. description = \\ 'path feature component usage'} shape_aspect_relationship shape_aspect_relationship. relating_shape_aspect -> {shape_aspect. description = 'linear'} shape_aspect => path_feature_component

表 4（续）

应用元素	AIM 元素	源	规则	引用路径
step to vee_profile (as wall_boundary)	PATH			step <= feature_definition <= characterized_object characterized_definition = characterized_object characterized_definition <- property_definition. definition property_definition => product_definition_shape <- shape_aspect. of_shape {shape_aspect. description = 'removal boundary occurrence'} shape_aspect <- shape_aspect_relationship. related_shape_aspect {shape_aspect_relationship => shape_defining_relationship} {shape_aspect_relationship. description = 'profile usage'} shape_aspect_relationship shape_aspect_relationship. relating_shape_aspect -> shape_aspect => vee_profile

表 4（续）

应用元素	AIM 元素	源	规则	引用路径
step to boss (as its_boss)	PATH			step <= feature_definition <= characterized_object characterized_definition = characterized_object characterized_definition <- property_definition. definition property_definition => product_definition_shape <- shape_aspect. of_shape {shape_aspect => composite_shape_aspect} shape_aspect <- shape_aspect_relationship. relating_shape_aspect {shape_aspect_relationship. description = 'uncut volume'} {shape_aspect_relationship=> feature_component_relationship} shape_aspect_relationship shape_aspect_relationship. related_shape_aspect-> shape_aspect => instanced_feature <= feature_definition => boss
SURFACE_TEXTURE_PARAMETER	surface_texture_representation	10303-238		surface_texture_representation <= representation
surface_texture_parameter to parameter_value (as its_value)	measure_representation_item	10303-45		surface_texture_representation <= representation representation. items[i] -> representation_item => measure_representation_item

表 4（续）

应用元素	AIM 元素	源	规则	引用路径
parameter_name	representation_item. name	10303-43		surface_texture_representation <= representation representation. items[i] -> { representation_item => measure_representation_item } representation_item representation_item. name
measuring_method	descriptive_representation_item. - description	10303-45		surface_texture_representation <= representation representation. items[i] -> representation_item => {representation_item. name = 'measuring method'} descriptive_representation_item descriptive_representation_item. description {(descriptive_representation_item. description) (descriptive_representation_item. description = 'ISO 4287') (descriptive_representation_item. description = 'ISO 12085') (descriptive_representation_item. description = 'ISO 13565')}
parameter_index	representation_item. name	10303-43		surface_texture_representation <= representation representation. items[i] -> { representation_item => measure_representation_item } representation_item representation_item. name See NOTE 14
surface_texture_parameter to machined_surface (as applied_surfaces)	PATH			surface_texture_representation <= representation <- property_definition_representation. used_representation property_definition_representation property_definition_representation. definition -> property_definition

表 4（续）

应用元素	AIM 元素	源	规则	引用路径
TEE_PROFILE	tee_profile	10303-522		tee_profile <= shape_aspect
first_angle	plane_angle_measure_with_unit	10303-41		tee_profile <= shape_aspect shape_definition = shape_aspect shape_definition characterized_definition = shape_definition characterized_definition <- property_definition. definition property_definition <- property_definition_representation. definition { property_definition_representation => shape_definition_representation } property_definition_representation property_definition_representation. used_representation -> {representation => shape_representation => shape_representation_with_parameters} representation representation. items[i] -> {representation_item. name = 'first angle'} representation_item => measure_representation_item <= measure_with_unit => plane_angle_measure_with_unit

表 4（续）

应用元素	AIM 元素	源	规则	引用路径
second_angle	plane_angle_measure_with_unit	10303-41		tee_profile <= shape_aspect shape_definition = shape_aspect shape_definition characterized_definition = shape_definition characterized_definition <- property_definition.definition property_definition <- property_definition_representation.definition { property_definition_representation => shape_definition_representation } property_definition_representation property_definition_representation.used_representation -> {representation => shape_representation => shape_representation_with_parameters} representation representation.items[i] -> {representation_item.name = ‘second angle’} representation_item => measure_representation_item <= measure_with_unit => plane_angle_measure_with_unit

表 4（续）

应用元素	AIM 元素	源	规则	引用路径
cross_bar_width	length_measure_with_unit	10303-41		tee_profile <= shape_aspect shape_definition = shape_aspect shape_definition characterized_definition = shape_definition characterized_definition <- property_definition. definition property_definition <- property_definition_representation. definition { property_definition_representation => shape_definition_representation } property_definition_representation property_definition_representation. used_representation -> {representation => shape_representation => shape_representation_with_parameters} representation representation. items[i] -> {representation_item. name = 'cross bar width'} representation_item => measure_representation_item <= measure_with_unit => length_measure_with_unit

表 4（续）

应用元素	AIM 元素	源	规则	引用路径
cross_bar_depth	length_measure_with_unit	10303-41		tee_profile <= shape_aspect shape_definition = shape_aspect shape_definition characterized_definition = shape_definition characterized_definition <- property_definition. definition property_definition <- property_definition_representation. definition { property_definition_representation => shape_definition_representation } property_definition_representation property_definition_representation. used_representation -> {representation => shape_representation => shape_representation_with_parameters} representation representation. items[i] -> {representation_item. name = 'cross bar depth'} representation_item => measure_representation_item <= measure_with_unit => length_measure_with_unit

表 4（续）

应用元素	AIM 元素	源	规则	引用路径
radius	length_measure_with_unit	10303-41		tee_profile <= shape_aspect shape_definition = shape_aspect shape_definition characterized_definition = shape_definition characterized_definition <- property_definition. definition property_definition <- property_definition_representation. definition { property_definition_representation => shape_definition_representation } property_definition_representation property_definition_representation. used_representation -> {representation => shape_representation => shape_representation_with_parameters} representation representation. items[i] -> {representation_item. name = ‘radius’} representation_item => measure_representation_item <= measure_with_unit => length_measure_with_unit

表 4（续）

应用元素	AIM 元素	源	规则	引用路径
width	length_measure_with_unit	10303-41		tee_profile <= shape_aspect shape_definition = shape_aspect shape_definition characterized_definition = shape_definition characterized_definition <- property_definition. definition property_definition <- property_definition_representation. definition { property_definition_representation => shape_definition_representation } property_definition_representation property_definition_representation. used_representation -> {representation => shape_representation => shape_representation_with_parameters} representation representation. items[i] -> {representation_item. name = 'width'} representation_item => measure_representation_item <= measure_with_unit => length_measure_with_unit

表 4（续）

应用元素	AIM 元素	源	规则	引用路径
first_offset	length_measure_with_unit	10303-41		tee_profile <= shape_aspect shape_definition = shape_aspect shape_definition characterized_definition = shape_definition characterized_definition <- property_definition. definition property_definition <- property_definition_representation. definition { property_definition_representation => shape_definition_representation } property_definition_representation property_definition_representation. used_representation -> {representation => shape_representation => shape_representation_with_parameters} representation representation. items[i] -> {representation_item. name = 'first offset'} representation_item => measure_representation_item <= measure_with_unit => length_measure_with_unit

表 4（续）

应用元素	AIM 元素	源	规则	引用路径
second_offset	length_measure_with_unit	10303-41		tee_profile <= shape_aspect shape_definition = shape_aspect shape_definition characterized_definition = shape_definition characterized_definition <- property_definition. definition property_definition <- property_definition_representation. definition { property_definition_representation => shape_definition_representation } property_definition_representation property_definition_representation. used_representation -> {representation => shape_representation => shape_representation_with_parameters} representation representation. items[i] -> {representation_item. name = 'second offset'} representation_item => measure_representation_item <= measure_with_unit => length_measure_with_unit
THREAD	(thread) (externally_defined_feature_-definition)	10303-522 10303-522		(thread <= {feature_definition => instanced_feature} feature_definition <= characterized_object) (externally_defined_feature_definition <= [externally_defined_item] [{feature_definition => instanced_feature} feature_definition <= characterized_object {characterized_object. description = 'thread'}])

表 4（续）

应用元素	AIM 元素	源	规则	引用路径
thread to partial_area_definition (as partial_profile)	PATH			(thread <=) (externally_defined_feature_definition <=) feature_definition <= characterized_object characterized_definition = characterized_object characterized_definition <- property_definition. definition property_definition => product_definition_shape <- shape_aspect. of_shape shape_aspect <- shape_aspect_relationship. related_shape_aspect {shape_aspect_relationship. description = 'applied area usage'} {shape_aspect_relationship => shape_defining_relationship} shape_aspect_relationship shape_aspect_relationship. relating_shape_aspect -> shape_aspect => applied_area

表 4（续）

应用元素	AIM 元素	源	规则	引用路径
thread to machining_feature (as applied_shape)	PATH			(thread <=) (externally_defined_feature_definition <=) feature_definition <= characterized_object characterized_definition = characterized_object characterized_definition <- property_definition. definition property_definition => product_definition_shape <- shape_aspect. of_shape shape_aspect <- shape_aspect_relationship. related_shape_aspect { shape_aspect_relationship. description = 'applied shape' } { shape_aspect_relationship => shape_defining_relationship } shape_aspect_relationship shape_aspect_relationship. relating_shape_aspect -> shape_aspect => instanced_feature

表 4（续）

应用元素	AIM 元素	源	规则	引用路径
inner_or_outer_thread	descriptive_representation_- item. description	10303-45		(thread <=) (externally_defined_feature_definition <=) feature_definition <= characterized_object characterized_definition = characterized_object characterized_definition <- property_definition. definition { property_definition => product_definition_shape } property_definition <- property_definition_representation. definition { property_definition_representation => shape_definition_representation } property_definition_representation property_definition_representation. used_representation -> {representation => shape_representation => shape_representation_with_parameters} representation representation. items[i] -> {representation_item. name = 'thread side'} representation_item => descriptive_representation_item descriptive_representation_item. description {(descriptive_representation_item. description = 'internal') (descriptive_representation_item. description = 'external')}

表 4（续）

应用元素	AIM 元素	源	规则	引用路径
qualifier	descriptive_representation_item	10303-45		(thread <=) (externally_defined_feature_definition <=) feature_definition <= characterized_object characterized_definition = characterized_object characterized_definition <- property_definition.definition { property_definition => product_definition_shape } property_definition <- property_definition_representation.definition { property_definition_representation => shape_definition_representation } property_definition_representation property_definition_representation.used_representation -> {representation => shape_representation => shape_representation_with_parameters} representation representation.items[i] -> {representation_item.name = 'qualifier'} representation_item => descriptive_representation_item

表 4（续）

应用元素	AIM 元素	源	规则	引用路径
fit_class	descriptive_representation_item	10303-45		(thread <=) (externally_defined_feature_definition <=) feature_definition <= characterized_object characterized_definition = characterized_object characterized_definition <- property_definition. definition { property_definition => product_definition_shape } property_definition <- property_definition_representation. definition { property_definition_representation => shape_definition_representation } property_definition_representation property_definition_representation. used_representation -> {representation => shape_representation => shape_representation_with_parameters} representation representation. items[i] -> {representation_item. name = 'fit class'} representation_item => descriptive_representation_item

表 4（续）

应用元素	AIM 元素	源	规则	引用路径
form	descriptive_representation_item	10303-45		（thread <=） （externally_defined_feature_definition <=） feature_definition <= characterized_object characterized_definition = characterized_object characterized_definition <- property_definition. definition { property_definition => product_definition_shape } property_definition <- property_definition_representation. definition { property_definition_representation => shape_definition_representation } property_definition_representation property_definition_representation. used_representation -> {representation => shape_representation => shape_representation_with_parameters} representation representation. items[i] -> {representation_item. name = ‘form’} representation_item => descriptive_representation_item

表 4（续）

应用元素	AIM 元素	源	规则	引用路径
major_diameter	length_measure_with_unit	10303-41		(thread<=) (externally_defined_feature_definition<=) feature_definition<= characterized_object characterized_definition=characterized_object characterized_definition<- property_definition.definition { property_definition=> product_definition_shape } property_definition<- property_definition_representation.definition { property_definition_representation=> shape_definition_representation } property_definition_representation property_definition_representation.used_representation-> {representation=> shape_representation=> shape_representation_with_parameters } representation representation.items [i]-> {representation_item.name='major diameter' } representation_item=> measure_representation_item<= measure_with_unit=> length_measure_with_unit

表 4（续）

应用元素	AIM 元素	源	规则	引用路径
number_of_threads	ratio_measure_with_unit			(thread<=) (externally_defined_feature_definition <=) feature_definition <= characterized_object characterized_definition=characterized_object characterized_definition <- property_definition. definition { property_definition => product_definition_shape } property_definition <- property_definition_representation. definition { property_definition_representation => shape_definition_representation } property_definition_representation property_definition_representation. used_representation -> {representation => shape_representation => shape_representation_with_parameters } representation representation. items [i] -> {representation_item. name='number of threads' } representation_item => measure_representation_item <= measure_with_unit=> ratio_measure_with_unit

表 4（续）

应用元素	AIM 元素	源	规则	引用路径
thread_hand	descriptive_representation_-item. description	10303-45		(thread <=) (externally_defined_feature_definition <=) feature_definition <= characterized_object characterized_definition=characterized_object characterized_definition <- property_definition. definition { property_definition => product_definition_shape } property_definition <- property_definition_representation. definition { property_definition_representation => shape_definition_representation } property_definition_representation property_definition_representation. used_representation -> {representation => shape_representation => shape_representation_with_parameters } representation representation. items [i] -> { representation_item. name='hand' } representation_item => descriptive_representation_item descriptive_representation_item. description {(descriptive_representation_item. description='left') (descriptive_representation_item. description='right')}

表 4（续）

应用元素	AIM 元素	源	规则	引用路径
THROUGH _ BOTTOM _ CONDITION	hole_bottom	10303-522		hole_bottom <= shape_aspect {shape_aspect. description=‘through’} {shape_aspect. of_shape -> product_definition_shape <= property_definition property_definition. definition -> characterized_definition characterized_definition=characterized_object characterized_object => feature_component_definition}
THROUGH_POCKET_BOTTOM_-CONDITION	pocket_bottom	10303-522		pocket_bottom <= shape_aspect {shape_aspect. description=‘through’}
THROUGH_PROFILE_FLOOR	profile_floor	10303-522		profile_floor <= shape_aspect {shape_aspect. description=‘through’} {shape_aspect. of_shape -> product_definition_shape <= property_definition property_definition. definition -> characterized_definition characterized_definition = characterized_object characterized_object => feature_component_definition}
TOOLPATH_FEATURE	instanced_feature	10303-522		instanced_feature <= feature_definition <= characterized_object {characterized_object. description=‘toolpath’}

表 4（续）

应用元素	AIM 元素	源	规则	引用路径
TOPOLOGICAL_REGION	open_shell	10303-42		open_shell <- shell_based_surface_model. sbsm_boundary [1] shell_based_surface_model <= representation_item <- representation. items[i] {representation => manifold_surface_shape_representation} representation <- property_definition_representation. used_representation property_definition_representation {property_definition_representation=> shape_definition_representation} property_definition_representation. definition -> property_definition property_definition. definition -> characterized_definition characterized_definition=shape_definition shape_definition = shape_aspect {shape_aspect. description=‘volume shape’} shape_aspect <- shape_aspect_relationship. relating_shape_aspect {shape_aspect_relationship => shape_defining_relationship} {shape_aspect_relationship. description=‘volume shape usage’} shape_aspect_relationship shape_aspect_relationship. related_shape_aspect -> shape_aspect {shape_aspect. description=‘shape volume occurrence’} shape_aspect. of_shape -> product_definition_shape <= property_definition property_definition. definition -> characterized_object => removal_volume

表 4（续）

应用元素	AIM 元素	源	规则	引用路径
TRANSITION_FEATURE	transistion_feature	10303-522		transition_feature <= shape_aspect
transition_feature to machining_feature (as first_feature)	PATH		3,7	transition_feature <= shape_aspect shape_definition=shape_aspect shape_definition characterized_definition=shape_definition characterized_definition <- property_definition.definition property_definition => product_definition_shape <- shape_aspect.of_shape {shape_aspect => composite_shape_aspect} shape_aspect <- shape_aspect_relationship.relating_shape_aspect {shape_aspect_relationship.name='first feature'} {shape_aspect_relationship=> feature_component_relationship} shape_aspect_relationship.related_shape_aspect-> shape_aspect => (instanced_feature) (transition_feature)

表 4（续）

应用元素	AIM 元素	源	规则	引用路径
transition_feature to machining_feature (as second_feature)	PATH		3.7	transition_feature <= shape_aspect shape_definition=shape_aspect shape_definition characterized_definition=shape_definition characterized_definition <- property_definition.definition property_definition => product_definition_shape <- shape_aspect.of_shape {shape_aspect => composite_shape_aspect} shape_aspect <- shape_aspect_relationship.relating_shape_aspect {shape_aspect_relationship.name='second feature'} {shape_aspect_relationship=> feature_component_relationship} shape_aspect_relationship.related_shape_aspect-> shape_aspect => (instanced_feature) (transition_feature)
TRAVEL_PATH	path_feature_component	10303-522		path_feature_component <= shape_aspect {shape_aspect shape_aspect.of_shape-> product_definition_shape <= property_definition property_definition.definition-> characterized_definition characterized_definition=characterized_object characterized_object => feature_component_definition}

表 4（续）

应用元素	AIM 元素	源	规则	引用路径
placement	axis2_placement_3d	10303-42		path_feature_component <= shape_aspect shape_definition=shape_aspect shape_definition characterized_definition=shape_definition characterized_definition <- property_definition.definition property_definition <- property_definition_representation.definition {property_definition_representation => shape_definition_representation} property_definition_representation property_definition_representation.used_representation -> {representation => shape_representation => shape_representation_with_parameters} representation representation.items [i] -> {representation_item.name='orientation'} representation_item => geometric_representation_item => placement => axis2_placement_3d
TWO5D_MANUFACTURING_- FEATURE	instanced_feature	10303-522		instanced_feature <= [shape_aspect] [feature_definition <= characterized_object]

表 4（续）

应用元素	AIM 元素	源	规则	引用路径
feature_placement	axis2_placement_3d	10303-42		instanced_feature <= feature_definition <= characterized_object characterized_definition=characterized_object characterized_definition <- property_definition. definition {property_definition => product_definition_shape} property_definition <- property_definition_representation. definition {property_definition_representation => shape_definition_representation} property_definition_representation property_definition_representation. used_representation -> {representation => shape_representation => shape_representation_with_parameters} representation representation. items [i] -> {representation_item. name='orientation'} representation_item => geometric_representation_item => placement => axis2_placement_3d See NOTE 15
VEE_PROFILE	vee_profile	10303-522		vee_profile <= shape_aspect

表 4（续）

应用元素	AIM 元素	源	规则	引用路径
profile_radius	length_measure_with_unit	10303-41		vee_profile <= shape_aspect shape_definition=shape_aspect shape_definition characterized_definition=shape_definition characterized_definition <- property_definition. definition property_definition <- property_definition_representation. definition {property_definition_representation => shape_definition_representation} property_definition_representation property_definition_representation. used_representation -> {representation => shape_representation => shape_representation_with_parameters} representation representation. items [i] -> {representation_item. name='profile radius'} representation_item => measure_representation_item <= measure_with_unit=> length_measure_with_unit

表 4（续）

应用元素	AIM 元素	源	规则	引用路径
profile_angle	plane_angle_measure_with_unit	10303-41		vee_profile <= shape_aspect shape_definition=shape_aspect shape_definition characterized_definition=shape_definition characterized_definition <- property_definition. definition property_definition <- property_definition_representation. definition {property_definition_representation => shape_definition_representation} property_definition_representation property_definition_representation. used_representation -> {representation => shape_representation => shape_representation_with_parameters} representation representation. items [i] -> {representation_item. name='profile angle'} representation_item => measure_representation_item <= measure_with_unit=> plane_angle_measure_with_unit

表 4（续）

应用元素	AIM 元素	源	规则	引用路径
tilt_angle	plane_angle_measure_with_unit	10303-41		vee_profile <= shape_aspect shape_definition=shape_aspect shape_definition characterized_definition=shape_definition characterized_definition <- property_definition.definition property_definition <- property_definition_representation.definition {property_definition_representation => shape_definition_representation} property_definition_representation property_definition_representation.used_representation -> {representation => shape_representation => shape_representation_with_parameters } representation representation.items [i] -> {representation_item.name='tilt angle'} representation_item => measure_representation_item <= measure_with_unit=> plane_angle_measure_with_unit

表 4（续）

应用元素	AIM 元素	源	规则	引用路径
first_side_length	length_measure_with_unit	10303-41		vee_profile <= shape_aspect shape_definition=shape_aspect shape_definition characterized_definition=shape_definition characterized_definition <- property_definition. definition property_definition <- property_definition_representation. definition {property_definition_representation => shape_definition_representation} property_definition_representation property_definition_representation. used_representation -> {representation => shape_representation => shape_representation_with_parameters } representation representation. items [i] -> {representation_item. name='first side length'} representation_item => measure_representation_item <= measure_with_unit=> length_measure_with_unit

表 4（续）

应用元素	AIM 元素	源	规则	引用路径
second_side_length	length_measure_with_unit	10303-41		vee_profile <= shape_aspect shape_definition=shape_aspect shape_definition characterized_definition=shape_definition characterized_definition <- property_definition. definition property_definition <- property_definition_representation. definition {property_definition_representation => shape_definition_representation} property_definition_representation property_definition_representation. used_representation -> {representation => shape_representation => shape_representation_with_parameters} representation representation. items [i] -> {representation_item. name='second side length'} representation_item => measure_representation_item <= measure_with_unit=> length_measure_with_unit
WOODRUFF_SLOT_END_TYPE	slot_end	10303-522		slot_end <= shape_aspect {shape_aspect. description='woodruff'}

表 4（续）

应用元素	AIM 元素	源	规则	引用路径
radius	length_measure_with_unit	10303-41		slot_end <= shape_aspect shape_definition=shape_aspect shape_definition characterized_definition=shape_definition characterized_definition <- property_definition. definition property_definition <- property_definition_representation. definition {property_definition_representation => shape_definition_representation} property_definition_representation property_definition_representation. used_representation -> {representation => shape_representation_with_parameters} representation representation. items [i] -> {representation_item. name='radius' } representation_item => measure_representation_item <= measure_with_unit=> length_measure_with_unit

表 5　执行功能单元的映射表

应用元素	AIM 元素	源	规则	引用路径
AND_EXPRESSION	and_expression	13584-20		and_expression <= multiple_arity_boolean_expression <= [boolean_expression <= expression <=] [multiple_arity_generic_expression <=] generic_expression
ASSIGNMENT	machining_process_executable	10303-238		machining_process_executable <= action_method {action_method. description=‘assignment’}
assignment to nc_variable (as its_lvalue)	PATH			machining_process_executable <= action_method characterized_action_definition=action_method characterized_action_definition <- action_property. definition {action_property. name=‘lvalue’} action_property <- action_property_representation. property action_property_representation action_property_representation. representation-> representation representation. items [i] -> representation_item => expression_representation_item

表 5（续）

应用元素	AIM 元素	源	规则	引用路径
assignment to rvalue (as its_rvalue)	PATH			machining_process_executable <= action_method characterized_action_definition=action_method characterized_action_definition <- action_property. definition {action_property. name='rvalue'} action_property <- action_property_representation. property action_property_representation action_property_representation. representation-> representation representation. items [i] -> representation_item => expression_representation_item
BINARY_BOOLEAN_EXPRESSION	binary_boolean_expression	13584-20		binary_boolean_expression <= [boolean_expression <= expression <=] [binary_generic_expression <=] generic_expression
binary_boolean_expression to boolean_expression (as operand1)	PATH			binary_boolean_expression <= binary_generic_expression binary_generic_expression. operands[1] -> generic_expression => expression => boolean_expression
binary_boolean_expression to boolean_expression (as operand2)	PATH			binary_boolean_expression <= binary_generic_expression binary_generic_expression. operands [2] -> generic_expression => expression => boolean_expression

表 5（续）

应用元素	AIM 元素	源	规则	引用路径
BOOLEAN_EXPRESSION	boolean_expression	13584-20		boolean_expression <= expression <= generic_expression
CHANNEL	representation	10303-43		representation {representation. name='channel'}
its_id	descriptive_representation_item. - description	10303-45		representation representation. items [i] -> representation_item => descriptive_representation_item descriptive_representation_item. description
COMPARISON_EQUAL	comparison_equal	13584-20		comparison_equal <= comparison_expression <= [boolean_expression <= expression <=] [binary_generic_expression <=] generic_expression
COMPARISON_EXPRESSION	comparison_expression	13584-20		comparison_expression <= [boolean_expression <= expression <=] [binary_generic_expression <=] generic_expression
comparison_expression to nc_variable (as operand1)	PATH			comparison_expression <= binary_generic_expression binary_generic_expression. operands[1] -> generic_expression => expression => numeric_expression => simple_numeric_expression => numeric_variable

表 5（续）

应用元素	AIM 元素	源	规则	引用路径
comparison_expression to rvalue (as operand2)	PATH			comparison_expression <= binary_generic_expression binary_generic_expression. operands [2] -> generic_expression => expression => numeric_expression => simple_numeric_expression => (numeric_variable) (literal_number)
COMPARISON_GREATER	comparison_greater	13584-20		comparison_greater <= comparison_expression <= [boolean_expression <= expression <=] [binary_generic_expression <=] generic_expression
COMPARISON_GREATER_EQUAL	comparison_greater_equal	13584-20		comparison_greater_equal <= comparison_expression <= [boolean_expression <= expression <=] [binary_generic_expression <=] generic_expression
COMPARISON_LESS	comparison_less	13584-20		comparison_less <= comparison_expression <= [boolean_expression <= expression <=] [binary_generic_expression <=] generic_expression
COMPARISON_LESS_EQUAL	comparison_less_equal	13584-20		comparison_less_equal <= comparison_expression <= [boolean_expression <= expression <=] [binary_generic_expression <=] generic_expression

表 5（续）

应用元素	AIM 元素	源	规则	引用路径
COMPARISON_NOT_EQUAL	comparison_not_equal	13584-20		comparison_not_equal <= comparison_expression <= [boolean_expression <= expression <=] [binary_generic_expression <=] generic_expression
DISPLAY_MESSAGE	machining_nc_function	10303-238		machining_nc_function <= machining_process_executable <= action_method { action_method. description = 'display message' }
its_text	descriptive_representation_item. description	10303-45		machining_nc_function <= machining_process_executable <= action_method characterized_action_definition=action_method characterized_action_definition <- action_property. definition { action_property. name='message text' } action_property <- action_property_representation. property action_property_representation action_property_representation. representation -> representation representation. items [i] -> representation_item => descriptive_representation_item descriptive_representation_item. description
EXECUTABLE	machining_process_executable	10303-238		machining_process_executable <= action_method
its_id	action_method. name	10303-41		machining_process_executable <= action_method action_method. name

表 5（续）

应用元素	AIM 元素	源	规则	引用路径
EXTENDED_NC_FUNCTION	machining_nc_function	10303-238		machining_nc_function <= machining_process_executable <= action_method { action_method. description = 'extended function' }
description	descriptive_representation_item. - description	10303-45		machining_nc_function <= machining_process_executable <= action_method characterized_action_definition = action_method characterized_action_definition <- action_property. definition { action_property. name = 'description' } action_property <- action_property_representation. property action_property_representation action_property_representation. representation -> representation representation. items[i] -> representation_item => descriptive_representation_item descriptive_representation_item. description
IF_STATEMENT	machining_process_executable	10303-238		machining_process_executable <= action_method { action_method. description = 'if statement' }

表 5（续）

应用元素	AIM 元素	源	规则	引用路径
if_statement to boolean_expression (as condition)	PATH			machining_process_executable <= action_method characterized_action_definition = action_method characterized_action_definition <- action_property. definition { action_property. name = 'condition' } action_property <- action_property_representation. property action_property_representation action_property_representation. representation -> representation representation. items[i] -> representation_item => expression_representation_item <= generic_expression => expression => boolean_expression
if_statement to executable (as true_branch)	PATH			machining_process_executable <= action_method <- action_method_relationship. relating_method action_method_relationship { action_method_relationship => machining_process_body_relationship => machining_process_branch_relationship } { action_method_relationship. name = 'true branch' } action_method_relationship. related_method -> action_method => machining_process_executable

表 5（续）

应用元素	AIM 元素	源	规则	引用路径
if_statement to executable (as false_branch)	PATH			machining_process_executable <= action_method <- action_method_relationship. relating_method action_method_relationship { action_method_relationship => machining_process_body_relationship => machining_process_branch_relationship } { action_method_relationship. name = 'false branch' } action_method_relationship. related_method -> action_method => machining_process_executable
IN_PROCESS_GEOMETRY	<action_property> <action_property> <action_property>	10303-49 10303-49 10303-49		< action_property { action_property. name = 'as-is shape' } > < action_property { action_property. name = 'to-be shape' } > < action_property { action_property. name = 'removal shape' } >

表 5（续）

应用元素	AIM 元素	源	规则	引用路径
as_is	shape_representation	10303-41		action_property <- { action_property. name = 'as-is shape' } action_property_representation. property action_property_representation action_property_representation. representation -> representation => shape_representation { shape_representation => (advanced_brep_shape_representation) (edge_based_wireframe_shape_representation) (faceted_brep_shape_representation) (geometrically_bounded_surface_shape_representation) (geometrically_bounded_wireframe_shape_representation) (manifold_surface_shape_representation) (non_manifold_surface_shape_representation) (shell_based_wireframe_shape_representation) }
to_be	shape_representation	10303-41		action_property <- { action_property. name = 'to-be shape' } action_property_representation. property action_property_representation action_property_representation. representation -> representation => shape_representation { shape_representation => (advanced_brep_shape_representation) (edge_based_wireframe_shape_representation) (faceted_brep_shape_representation) (geometrically_bounded_surface_shape_representation) (geometrically_bounded_wireframe_shape_representation) (manifold_surface_shape_representation) (non_manifold_surface_shape_representation) (shell_based_wireframe_shape_representation) }

表 5（续）

应用元素	AIM 元素	源	规则	引用路径
removal	shape_representation	10303-41		action_property <- { action_property. name = ‘removal shape’ } action_property_representation. property action_property_representation action_property_representation. representation -> representation => shape_representation { shape_representation => (advanced_brep_shape_representation) (edge_based_wireframe_shape_representation) (faceted_brep_shape_representation) (geometrically_bounded_surface_shape_representation) (geometrically_bounded_wireframe_shape_representation) (manifold_surface_shape_representation) (non_manifold_surface_shape_representation) (shell_based_wireframe_shape_representation) }
MACHINE_AXIS_TRAVEL	measure_with_unit	10303-41		measure_with_unit => measure_representation_item <= representation_item { representation_item <- representation. items [i] representation <- resource_property_representation. representation resource_property_representation resource_property_representation. property -> resource_property resource_property. name = ‘axis travel’ }
axis_identifier	representation_item. name	10303-41		measure_with_unit measure_representation_item <= representation_item representation_item. name
travel_distance	measure_with_unit	10303-41		IDENTICAL MAPPING

表 5（续）

应用元素	AIM 元素	源	规则	引用路径
MACHINE_PARAMETERS	machining_execution_resource	10303-238		machining_execution_resource <= action_resource
machine_parameters to machine_axis_travel (as axis_travel)	PATH			machining_execution_resource <= action_resource characterized_resource_definition = action_resource characterized_resource_definition <- resource_property. resource { resource_property. name = 'axis travel' } resource_property <- resource_property_representation. property resource_property_representation resource_property_representation. representation -> representation representation. items[i] -> representation_item => measure_representation_item <= measure_with_unit => length_measure_with_unit

表 5（续）

应用元素	AIM 元素	源	规则	引用路径
feedrate	measure_with_unit	10303-41		machining_execution_resource <= action_resource characterized_resource_definition = action_resource characterized_resource_definition <- resource_property. resource { resource_property. name = 'feedrate' } resource_property <- resource_property_representation. property resource_property_representation resource_property_representation. representation -> { representation => machining_feed_speed_representation } representation { representation. name = 'feed speed' } representation. items[i] -> { representation_item. name = 'feed speed' } representation_item => measure_representation_item <= measure_with_unit { measure_with_unit. value_component -> measure_value measure_value = numeric_measure numeric_measure }

表 5（续）

应用元素	AIM 元素	源	规则	引用路径
number_of_control_axis	count_measure	10303-41		machining_execution_resource <= action_resource characterized_resource_definition = action_resource characterized_resource_definition <- resource_property. resource { resource_property. name = 'number of control axis' } resource_property <- resource_property_representation. property resource_property_representation resource_property_representation. representation -> representation representation. items[i] -> representation_item => measure_representation_item <= measure_with_unit => measure_with_unit. value_component -> measure_value measure_value = count_measure count_measure

表 5（续）

应用元素	AIM 元素	源	规则	引用路径
number_of_simultaneous_axis	count_measure	10303-41		machining_execution_resource <= action_resource characterized_resource_definition = action_resource characterized_resource_definition <- resource_property. resource { resource_property. name = 'number of simultaneous axis' } resource_property <- resource_property_representation. property resource_property_representation resource_property_representation. representation -> representation representation. items[i] -> representation_item => measure_representation_item <= measure_with_unit => measure_with_unit. value_component -> measure_value measure_value = count_measure count_measure
positioning_accuracy	length_measure_with_unit	10303-41		machining_execution_resource <= action_resource characterized_resource_definition = action_resource characterized_resource_definition <- resource_property. resource { resource_property. name = 'positioning accuracy' } resource_property <- resource_property_representation. property resource_property_representation resource_property_representation. representation -> representation representation. items[i] -> representation_item => measure_representation_item <= measure_with_unit => length_measure_with_unit

表 5（续）

应用元素	AIM 元素	源	规则	引用路径
spindle_power	measure_with_unit	10303-41		machining_execution_resource <= action_resource characterized_resource_definition = action_resource characterized_resource_definition <- resource_property. resource { resource_property. name = 'spindle power' } resource_property <- resource_property_representation. property resource_property_representation resource_property_representation. representation -> representation representation. items[i] -> representation_item => measure_representation_item <= measure_with_unit { measure_with_unit. value_component -> measure_value measure_value = numeric_measure numeric_measure }

表 5（续）

应用元素	AIM 元素	源	规则	引用路径
spindle_torque	measure_with_unit	10303-41		machining_execution_resource <= action_resource characterized_resource_definition = action_resource characterized_resource_definition <- resource_property. resource { resource_property. name = ‘spindle torque’ } resource_property <- resource_property_representation. property resource_property_representation resource_property_representation. representation -> representation representation. items[i] -> representation_item => measure_representation_item <= measure_with_unit { measure_with_unit. value_component -> measure_value measure_value = numeric_measure numeric_measure }

表 5（续）

应用元素	AIM 元素	源	规则	引用路径
spindle_speed	measure_with_unit	10303-41		machining_execution_resource <= action_resource characterized_resource_definition = action_resource characterized_resource_definition <- resource_property. resource { resource_property. name = 'spindle' } resource_property <- resource_property_representation. property resource_property_representation resource_property_representation. representation -> { representation => machining_spindle_speed_representation } representation { representation. name = 'spindle speed' } representation. items[i] -> { representation_item. name = 'rotational speed' } representation_item => measure_representation_item <= measure_with_unit { measure_with_unit. value_component -> measure_value measure_value = numeric_measure numeric_measure }

表 5（续）

应用元素	AIM 元素	源	规则	引用路径
table_indexing	descriptive_representation_item.-description	10303-45		machining_execution_resource <= action_resource characterized_resource_definition = action_resource characterized_resource_definition <- resource_property.resource { resource_property.name = 'table indexing' } resource_property <- resource_property_representation.property resource_property_representation resource_property_representation.representation -> representation representation.items[i] -> representation_item => descriptive_representation_item descriptive_representation_item.description { (descriptive_representation_item.description = 'required') (descriptive_representation_item.description = 'not required') }
table_length	length_measure_with_unit	10303-41		machining_execution_resource <= action_resource characterized_resource_definition = action_resource characterized_resource_definition <- resource_property.resource { resource_property.name = 'table length' } resource_property <- resource_property_representation.property resource_property_representation resource_property_representation.representation -> representation representation.items[i] -> representation_item => measure_representation_item <= measure_with_unit => length_measure_with_unit

表 5（续）

应用元素	AIM 元素	源	规则	引用路径
table_width	length_measure_with_unit	10303-41		machining_execution_resource <= action_resource characterized_resource_definition = action_resource characterized_resource_definition <- resource_property. resource { resource_property. name = 'table width' } resource_property <- resource_property_representation. property resource_property_representation resource_property_representation. representation -> representation representation. items[i] -> representation_item => measure_representation_item <= measure_with_unit => length_measure_with_unit
work_volume_height	length_measure_with_unit	10303-41		machining_execution_resource <= action_resource characterized_resource_definition = action_resource characterized_resource_definition <- resource_property. resource { resource_property. name = 'work volume height' } resource_property <- resource_property_representation. property resource_property_representation resource_property_representation. representation -> representation representation. items[i] -> representation_item => measure_representation_item <= measure_with_unit => length_measure_with_unit

表 5（续）

应用元素	AIM 元素	源	规则	引用路径
work_volume_length	length_measure_with_unit	10303-41		machining_execution_resource <= action_resource characterized_resource_definition = action_resource characterized_resource_definition <- resource_property. resource { resource_property. name = 'work volume length' } resource_property <- resource_property_representation. property resource_property_representation resource_property_representation. representation -> representation representation. items[i] -> representation_item => measure_representation_item <= measure_with_unit => length_measure_with_unit
work_volume_width	length_measure_with_unit	10303-41		machining_execution_resource <= action_resource characterized_resource_definition = action_resource characterized_resource_definition <- resource_property. resource { resource_property. name = 'work volume width' } resource_property <- resource_property_representation. property resource_property_representation resource_property_representation. representation -> representation representation. items[i] -> representation_item => measure_representation_item <= measure_with_unit => length_measure_with_unit
MACHINING_TOOL	machining_tool	10303-238		machining_tool <= action_resource

表 5（续）

应用元素	AIM 元素	源	规则	引用路径
its_id	action_resource. name	10303-41		machining_tool <= action_resource action_resource. name
machining_tool to tool_usage (as its_usage)	PATH			machining_tool <= action_resource <- requirement_for_action_resource. resources[i] requirement_for_action_resource <= action_resource_requirement action_resource_requirement. operations[1] -> characterized_action_definition characterized_action_definition=action_method action_method => machining_tool_usage
MACHINING_WORKINGSTEP	machining_workingstep	10303-238		machining_workingstep <= machining_process_executable <= action_method { action_method. description = 'machining' }

表 5（续）

应用元素	AIM 元素	源	规则	引用路径
machining_workingstep to manufacturing_feature (as its_feature)	PATH		8	machining_workingstep <= machining_process_executable <= action_method <- action_method_relationship. relating_method action_method_relationship { action_method_relationship => machining_feature_relationship } action_method_relationship. related_method -> { action_method => machining_process_executable => machining_feature_process } action_method <- action. chosen_method { action. name = 'machining' } action => property_process <- process_property_association. process process_property_association process_property_association. property_or_shape -> property_or_shape_select property_or_shape_select = shape_definition shape_definition shape_definition = shape_aspect shape_aspect

表 5（续）

应用元素	AIM 元素	源	规则	引用路径
machining_workingstep to manufacturing_feature (as final_features)	PATH		8	machining_workingstep <= machining_process_executable <= action_method <- action_method_relationship. relating_method action_method_relationship { action_method_relationship => machining_final_feature_relationship } action_method_relationship. related_method -> { action_method => machining_process_executable => machining_feature_process } action_method <- action. chosen_method { action. name = 'machining' } action => property_process <- process_property_association. process process_property_association process_property_association. property_or_shape -> property_or_shape_select property_or_shape_select = shape_definition shape_definition shape_definition = shape_aspect shape_aspect
machining_workingstep to machining_operation (as its_operation)	PATH			machining_workingstep <= machining_process_executable <= action_method <- action_method_relationship. relating_method action_method_relationship { action_method_relationship => machining_operation_relationship } action_method_relationship. related_method -> action_method => machining_operation

表 5（续）

应用元素	AIM 元素	源	规则	引用路径
machining_workingstep to in_process_geometry (as its_effect)	PATH			machining_workingstep <= machining_process_executable <= action_method characterized_action_definition = action_method characterized_action_definition <- action_property.definition < action_property { action_property.name = ‘as-is shape’ } > < action_property { action_property.name = ‘to-be shape’ } > < action_property { action_property.name = ‘removal shape’ } >
toolpath_orientation	axis2_placement_3d	10303-42		machining_workingstep <= machining_process_executable <= action_method characterized_action_definition = action_method characterized_action_definition <- action_property.definition { action_property.name = ‘toolpath orientation’ } action_property <- action_property_representation.property action_property_representation action_property_representation.representation -> representation representation.items[i] -> representation_item => geometric_representation_item => placement => axis2_placement_3d
MULTIPLE_ARITY_BOOLEAN_-EXPRESSION	multiple_arity_boolean_expression	13584-20		multiple_arity_boolean_expression <= [boolean_expression <= expression <=] [multiple_arity_generic_expression <=] generic_expression

表 5（续）

应用元素	AIM 元素	源	规则	引用路径
multiple_arity_boolean_expression to boolean_expression (as operands)	PATH			multiple_arity_boolean_expression <= multiple_arity_generic_expression multiple_arity_generic_expression. operands[i] -> generic_expression => expression => boolean_expression
NC_CONSTANT	[literal_number] [expression_representation_item]	13584-20 10303-238		expression_representation_item <= generic_expression => expression => numeric_expression => simple_numeric_expression => literal_number => (int_literal) (real_literal)
its_name	representation_item. name	10303-41		expression_representation_item <= representation_item representation_item. name
its_value	literal_number. the_value	13584-20		
NC_FUNCTION	machining_nc_function	10303-238		machining_nc_function <= machining_process_executable <= action_method
NC_VARIABLE	[numeric_variable] [expression_representation_item]	13584-20 10303-238	9	expression_representation_item <= generic_expression => expression => numeric_expression => simple_numeric_expression => numeric_variable => (int_numeric_variable) (real_numeric_variable)

表 5（续）

应用元素	AIM 元素	源	规则	引用路径
its_name	representation_item. name	10303-41		expression_representation_item <= representation_item representation_item. name
initial_value See NOTE 16	literal_number. the_value	13584-20	9	expression_representation_item <= representation_item <- representation_item_relationship. relating_representation_item { representation_item_relationship. description = 'initial value' } representation_item_relationship representation_item_relationship. related_representation_item -> representation_item => expression_representation_item <= generic_expression => literal_number { literal_number => (int_literal) (real_literal) } literal_number. the_value
NON_SEQUENTIAL	machining_process_executable	10303-238		machining_process_executable <= action_method { action_method. description = 'non-sequential' }
non_sequential to executable (as its_elements)	PATH			machining_process_executable <= action_method <- action_method_relationship. relating_method action_method_relationship { action_method_relationship => machining_process_body_relationship } action_method_relationship. related_method -> action_method => machining_process_executable

表 5（续）

应用元素	AIM 元素	源	规则	引用路径
NOT_EXPRESSION	not_expression	13584-20		not_expression <= unary_boolean_expression <= [boolean_expression <= expression <=] [unary_generic_expression <=] generic_expression
OFFSET_VECTOR	machining_offset_vector_- representation	10303-43		machining_offset_vector_representation <= representation
offset_vector to nc_variable (as translate)	PATH			machining_offset_vector_representation <= representation representation. items[i] -> { representation_item. name = 'translate' } representation_item => compound_representation_item compound_representation_item. item_element -> compound_item_definition compound_item_definition = list_representation_item list_representation_item[i] -> representation_item => expression_representation_item
offset_vector to nc_variable (as rotate)	PATH			machining_offset_vector_representation <= representation representation. items[i] -> { representation_item. name = 'rotate' } representation_item => compound_representation_item compound_representation_item. item_element -> compound_item_definition compound_item_definition = list_representation_item list_representation_item[i] -> representation_item => expression_representation_item

表 5（续）

应用元素	AIM 元素	源	规则	引用路径
OPTIONAL_STOP	machining_nc_function	10303-238		machining_nc_function <= machining_process_executable <= action_method { action_method. description = 'optional stop' }
OR_EXPRESSION	or_expression	13584-20		or_expression <= multiple_arity_boolean_expression <= [boolean_expression <= expression <=] [multiple_arity_generic_expression <=] generic_expression
PARALLEL	machining_process_executable	10303-238		machining_process_executable <= action_method { action_method. description = 'parallel' }
parallel to executable (as branches)	PATH			machining_process_executable <= action_method <- action_method_relationship. relating_method action_method_relationship { action_method_relationship => [machining_process_body_relationship =>] [concurrent_action_method =>] machining_process_concurrent_relationship } action_method_relationship. related_method -> action_method => machining_process_executable
PROGRAM_STOP	machining_nc_function	10303-238		machining_nc_function <= machining_process_executable <= action_method { action_method. description = 'program stop' }
PROGRAM_STRUCTURE	machining_process_executable	10303-238		machining_process_executable <= action_method

表 5（续）

应用元素	AIM 元素	源	规则	引用路径
RAPID_MOVEMENT	machining_rapid_movement	10303-238		machining_rapid_movement <= [machining_operation <=] [machining_process_executable <=] action_method
RETURN_HOME	machining_rapid_movement	10303-238		machining_rapid_movement <= [machining_operation <=] [machining_process_executable <=] action_method { action_method. description = 'return home' }
SELECTIVE	machining_process_executable	10303-238		machining_process_executable <= action_method { action_method. description = 'selective' }
selective to executable (as its_elements)	PATH			machining_process_executable <= action_method <- action_method_relationship. relating_method action_method_relationship { action_method_relationship => machining_process_body_relationship => machining_process_branch_relationship } action_method_relationship. related_method -> action_method => machining_process_executable
SET_MARK	machining_nc_function	10303-238		machining_nc_function <= machining_process_executable <= action_method { action_method. description = 'set mark' }
SETUP	product_definition_formation	10303-41		product_definition_formation { product_definition_formation. of_product -> product => machining_setup }

表 5（续）

应用元素	AIM 元素	源	规则	引用路径
its_id	product. id	10303-41		product_definition_formation product_definition_formation. of_product -> product product. id
its_origin	axis2_placement_3d	10303-42		product_definition_formation <- product_definition. formation product_definition characterized_product_definition = product_definition characterized_product_definition characterized_definition = characterized_product_definition characterized_definition <- property_definition. definition { property_definition => product_definition_shape } property_definition represented_definition = property_definition represented_definition <- property_definition_representation. definition {property_definition_representation => shape_definition_representation } property_definition_representation property_definition_representation. used_representation -> representation representation. items[i] -> {representation_item. name = 'orientation'} representation_item => geometric_representation_item => placement => axis2_placement_3d

表 5（续）

应用元素	AIM 元素	源	规则	引用路径
setup to elementary_surface (as its_secplane)	elementary_surface	10303-42		product_definition_formation <- product_definition. formation product_definition characterized_product_definition = product_definition characterized_product_definition characterized_definition = characterized_product_definition characterized_definition <- property_definition. definition { property_definition. name = 'security plane' } property_definition represented_definition = property_definition represented_definition <- property_definition_representation. definition property_definition_representation property_definition_representation. used_representation -> representation representation. items[i] -> representation_item => geometric_representation_item => surface => elementary_surface
setup to workpiece_setup (as its_workpiece_setup)	PATH			product_definition_formation <- product_definition. formation product_definition <- product_definition_relationship. relating_product_definition product_definition_relationship => machining_setup_workpiece_relationship
SETUP_INSTRUCTION	machining_operator_instruction	10303-238		machining_operator_instruction <= action_method_with_associated_documents <= action_method

表 5（续）

应用元素	AIM 元素	源	规则	引用路径
description	action_method. description	10303-41		machining_operator_instruction <= action_method_with_associated_documents <= action_method action_method. description
external_document	document. id	10303-41		machining_operator_instruction <= action_method_with_associated_documents action_method_with_associated_documents. documents[i] -> document document. id
TOOL_LENGTH_PROBING	machining_touch_probing	10303-238		machining_touch_probing <= [machining_operation <=] [machining_process_executable <=] action_method { action_method. description = 'tool length probing' }
TOOL_PROBING	machining_touch_probing	10303-238		machining_touch_probing <= [machining_operation <=] [machining_process_executable <=] action_method { (action_method. description = 'tool length probing') (action_method. description = 'tool radius probing') }

表 5（续）

应用元素	AIM 元素	源	规则	引用路径
offset	cartesian_point	10303-42		machining_touch_probing <= [machining_operation <=] [machining_process_executable <=] action_method characterized_action_definition = action_method characterized_action_definition <- action_property. definition { action_property. name = 'offset' } action_property <- action_property_representation. property action_property_representation action_property_representation. representation -> representation representation. items[i] -> representation_item => geometric_representation_item => point => cartesian_point

表 5（续）

应用元素	AIM 元素	源	规则	引用路径
max_wear	positive_length_measure	10303-41		machining_touch_probing <= [machining_operation <=] [machining_process_executable <=] action_method characterized_action_definition = action_method characterized_action_definition <- action_property. definition { action_property. name = 'maximum wear' } action_property <- action_property_representation. property action_property_representation action_property_representation. representation -> representation representation. items[i] -> representation_item => measure_representation_item <= measure_with_unit measure_with_unit. value_component -> measure_value measure_value = positive_length_measure positive_length_measure
tool_probing to machining_tool (as its_tool)	PATH			machining_touch_probing <= [machining_operation <=] [machining_process_executable <=] action_method supported_item = action_method supported_item <- action_resource. usage[i] action_resource => machining_tool

表 5（续）

应用元素	AIM 元素	源	规则	引用路径
TOOL_RADIUS_PROBING	machining_touch_probing	10303-238		machining_tcuch_probing <= [machining_operation <=] [machining_process_executable <=] action_method { action_method. description = 'tool radius probing' }
TOOL_USAGE	machining_tool_usage	10303-238		machining_tool_usage <= action_method
its_carousel	descriptive_representation_item. - description	10303-45		machining_tool_usage <= action_method characterized_action_definition = action_method characterized_action_definition <- action_property. definition { action_property. name = 'tool carousel' } action_property <- action_property_representation. property action_property_representation action_property_representation. representation -> representation representation. items[i] -> representation_item => descriptive_representation_item descriptive_representation_item. description
its_id	action_method. name	10303-41		machining_tool_usage <= action_method action_method. name

表 5（续）

应用元素	AIM 元素	源	规则	引用路径
tool_usage to externally_defined_representation (as its_library_reference)	PATH			machining_tool_usage <= action_method characterized_action_definition=action_method characterized_action_definition <- action_property. definition { action_property. name='library reference' } action_property <- action_property_representation. property action_property_representation action_property_representation. representation-> representation => externally_defined_representation_with_parameters
its_position	descriptive_representation_item. - description	10303-45		machining_tool_usage <= action_method characterized_action_definition=action_method characterized_action_definition <- action_property. definition { action_property. name='tool position' } action_property <- action_property_representation. property action_property_representation action_property_representation. representation -> representation representation. items [i] -> representation_item => descriptive_representation_item descriptive_representation_item. description

表 5（续）

应用元素	AIM 元素	源	规则	引用路径
tool_usage to workpiece (as its_product)	PATH			machining_tool_usage <= action_method <- action. chosen_method { action. name = 'tool usage' } action => product_definition_process <- process_product_association. process process_product_association process_product_association. defined_product -> characterized_product_definition characterized_product_definition = product_definition product_definition
TOUCH_PROBE	representation	10303-43		representation { representation. name = 'touch probe' }
its_id	descriptive_representation_item. - description	10303-45		representation representation. items [i] -> representation_item => descriptive_representation_item descriptive_representation_item. description
TOUCH_PROBING	machining_touch_probing	10303-238		machining_touch_probing <= [machining_operation <=] [machining_process_executable <=] action_method

表 5（续）

应用元素	AIM 元素	源	规则	引用路径
touch_probing to nc_variable (as measured_offset)	PATH			machining_touch_probing <= [machining_operation <=] [machining_process_executable <=] action method characterized_action_definition= action_method characterized_action_definition <- action_property. definition { action_property. name = 'measured offset' } action_property <- action_property_representation. property action_property representation action_property_representatipn. representation -> representation representation. items [i] -> representation_item => expression_representation_item
UNARY_BOOLEAN_EXPRESSION	unary_boolean_expression	13584-20		unary_boolean_expression <= [boolean_expression <= expression <=] [unary_generic_expression <=] generic_expression
unary_boolean_expression to boolean_expression (as operand)	PATH			unary_boolean_expression <= unary_generic_expression unary_generic_expression. operand -> generic_expression => expression => boolean_expression
WAIT_FOR_MARK	machining_nc_function	10303-238		machining_nc_function <= machining_process_executable <= action_method { action_method. description = 'wait for mark' }

表 5（续）

应用元素	AIM 元素	源	规则	引用路径
wait_for_mark to channel (as its_channel)	PATH			machining_nc_function <= machining_process_executable <= action_method characterized_action_definition= action_method characterized_action_definition <- action_property. definition { action_property. name= 'channel' } action_property <- action_property_representation. property action_property_representation action_property_representation. representation-> representation
WHILE_STATEMENT	machining_process_executable	10303-238		machining_process_executable <= action_method { action_method. description = 'while statement' }
while_statement to boolean_expression (as condition)	PATH			machining_process_executable <= action_method characterized_action_definition= action_method characterized_action_definition <- action_property. definition { action_property. name= 'condition' } action_property <- action_property_representation. property action_property_representation action_property_representation. representation -> representation representation. items [i] -> representation_item => expression_representation_item <= generic_expression => expression => boolean_expression

表 5（续）

应用元素	AIM 元素	源	规则	引用路径
while_statement to executable (as body)	PATH			machining_process_executable <= action_method <- action_method_relationship. relating_method action_method_relationship { action_method_relationship => machining_process_body_relationship } action_method_relationship. related_method -> action_method => machining_process_executable
WORKINGSTEP #1：if workingstep is a machining_workingstep or turning_workingstep #2：if workingstep is a rapid_movement #3：if workingstep is a touch_probing	#1：(machining_workingstep) #2：(machining_rapid_movement) #3：(machining_touch_probing)	10303-238 10303-238 10303-238		# 1：(machining_workingstep <=) #2：(machining_rapid_movement <=) #3：(machining_touch_probing <=) machining_process_executable <= action_method

表 5（续）

应用元素	AIM 元素	源	规则	引用路径
its_secplane #1: if workingstep is a machining_workingstep or turning_workingstep #2: if workingstep is a rapid_movement #3: if workingstep is a touch_probing	elementary surface	10303-42		#1:(machining_workingstep <=) #2:(machining_rapid_movement <=) #3:(machining_touch_probing <=) machining_process_executable <= action_method characterized_action_definition= action_method characterized_action_definition <- action_property. definition { action_property. name = 'security plane' } action_property <- action_property_representation. property action_property_representation action_property_representation. representation -> representation representation. items [i] -> representation_item => geometric_representation_item => surface => elementary_surface
WORKPIECE_COMPLETE_PROBING	machining_touch_probing	10303-238		machining_touch_probing <= [machining_operation <=] [machining_process_executable <=] action_method { action_method. description = 'workpiece complete probing' }

表 5（续）

应用元素	AIM 元素	源	规则	引用路径
workpiece_complete_probing to workpiece (as its_workpiece)	PATH			machining_touch_probing <= [machining_operation <=] [machining_process_executable <=] action_method <- action. chosen_method { action. name = 'workpiece complete probing' } action => product_definition_process <- process_product_association. process process_product_association process_product_association. defined_product -> characterized_product_definition characterized_product_definition = product_definition product_definition
probing_distance	length_measure_with_unit	10303-41		machining_touch_probing <= [machining_operation <=] [machining_process_executable <=] action_method characterized_action_definition= action_method characterized_action_definition <- action_property. definition { action_property. name = 'probing distance' } action_property <- action_property_representation. property action_property_representation action_property_representation. representation -> representation representation. items [i] -> representation_item => measure_representation_item <= measure_with_unit=> length_measure_with_unit

表 5（续）

应用元素	AIM 元素	源	规则	引用路径
workpiece_complete_probing to touch_probe (as its_probe)	PATH			machining_touch_probing <= [machining_operation <=] [machining_process_executable <=] action_method characterized_action_definition= action_method characterized_action_definition <- action_property. definition { action_property. name = 'probe' } action_property <- action_property_representation. property action_property_representation action_property_representation. representation -> representation
workpiece_complete_probing to offset_vector (as computed_offset)	PATH			machining_touch_probing <= [machining_operation <=] [machining_process_executable <=] action_method characterized_action_definition= action_method characterized_action_definition <- action_property. definition { action_property. name = 'computed offset' } action_property <- action_property_representation. property action_property_representation action_property_representation. representation -> representation => machining_offset_vector_representation
WORKPIECE_PROBING	machining_touch_probing	10303-238		machining_touch_probing <= [machining_operation <=] [machining_process_executable <=] action_method { action_method. description = 'workpiece probing' }

表 5（续）

应用元素	AIM 元素	源	规则	引用路径
start_position	axis2_placement_3d	10303-42		machining_touch_probing <= [machining_operation <=] [machining_process_executable <=] action_method characterized_action_definition= action_method characterized_action_definition <- action_property. definition { action_property. name = 'start position' } action_property <- action_property_representation. property action_property_representation action_property_representation. representation -> representation representation. items [i] -> representation_item => geometric_representation_item => placement => axis2_placement_3d
workpiece_probing to workpiece (as its_workpiece)	PATH			machining_touch_probing <= [machining_operation <=] [machining_process_executable <=] action_method <- action. chosen_method { action. name = 'workpiece probing' } action => product_definition_process <- process_product_association. process process_product_association process_product_association. defined_product -> characterized_product_definition characterized_product_definition = product_definition product_definition

表 5（续）

应用元素	AIM 元素	源	规则	引用路径
its_direction	direction	10303-42		machining_touch_probing <= [machining_operation <=] [machining_process_executable <=] action_method characterized_action_definition= action_method characterized_action_definition <- action_property. definition { action_property. name = 'direction' } action_property <- action_property_representation. property action_property_representation action_property_representation. representation -> representation representation. items [i] -> representation_item => geometric_representation_item => direction
expected_value	length_measure_with_unit	10303-41		machining_touch_probing <= [machining_operation <=] [machining_process_executable <=] action_method characterized_action_definition= action_method characterized_action_definition <- action_property. definition { action_property. name = 'expected value' } action_property <- action_property_representation. property action_property_representation action_property_representation. representation -> representation representation. items [i] -> representation_item => measure_representation_item <= measure_with_unit=> length_measure_with_unit

表 5（续）

应用元素	AIM 元素	源	规则	引用路径
workpiece_probing to touch_probe (as its_probe)	PATH			machining_touch_probing <= [machining_operation <=] [machining_process_executable <=] action_method characterized_action_definition= action_method characterized_action_definition <- action_property. definition { action_property. name = 'probe' } action_property <- action_property_representation. property action_property_representation action_property_representation. representation -> representation
WORKPIECE_SETUP	product_definition_relationship	10303-41		machining_setup_workpiece_relationship <= product_definition_relationship
workpiece_setup to workpiece (as its_workpiece)	PATH			machining_setup_workpiece_relationship <= product_definition_relationship product_definition_relationship. related_product_definition-> product_definition

表 5（续）

应用元素	AIM 元素	源	规则	引用路径
its_origin	axis2_placement_3d	10303-42		machining_setup-workpiece_relationship <= product_definition_relationship characterized_product_definition = product_definition_relationship characterized_product_definition characterized_definition = characterized_product_definition characterized_definition <- property_definition. definition property_definition => product_definition_shape <- context_dependent_shape_representation. - represented_product_relation context_dependent_shape_representation context_dependent_shape_representation. - representation_relation -> [shape_representation_relationship] [representation_relationship_with_transformation] representation_relationship_with_transformation. - transformation_operator -> transformation transformation= item_defined_transformation item_defined_transformation item_defined_transformation. transform_item_2-> representation_item => axis2_placement_3d See NOTE 17

表 5（续）

应用元素	AIM 元素	源	规则	引用路径
workpiece_setup to offset_vector (as its_offset)	PATH			machining_setup_workpiece_relationship <= product_definition_relationship characterized_product_definition = product_definition_relationship characterized_product_definition characterized_definition = characterized_product_definition characterized_definition <- property_definition. definition { property_definition. name = 'computed offset' } property_definition represented_definition = property_definition represented_definition <- property_definition_representation. definition property_definition_representation property_definition_representation. used_representation -> representation => machining_offset_vector_representation

表 5（续）

应用元素	AIM 元素	源	规则	引用路径
workpiece_setup to restricted_area_select (as its_restricted_area) #1: if restricted_area is a block #2: if restricted_area is a right_circular_cylinder #3: if restricted_area is an advanced_brep_shape_representation #4: if restricted_area is a bounded_surface	PATH			machining_setup_workpiece_relationship <= product_definition_relationship characterized_product_definition = product_definition_relationship characterized_product_definition characterized_definition = characterized_product_definition characterized_definition <- property_definition.definition {property_definition.name = 'restricted area'} property_definition represented_definition = property_definition represented_definition <- property_definition_representation.definition property_definition_representation property_definition_representation.used_representation -> representation => shape_representation => #1: (shape_representation_with_parameters => block_shape_representation) #2: (shape_representation_with_parameters => cylindrical_shape_representation) #3: (advanced_brep_shape_representation) #4: (geometrically_bounded_surface_shape_representation <= representation representation.items[i] -> representation_item => geometric_set geometric_set.elements[i] -> geometric_set_select geometric_set_select = surface surface => bounded_surface)

表 5（续）

应用元素	AIM 元素	源	规则	引用路径
workpiece_setup to setup_instruction (as its_instructions)	PATH			machining_setup_workpiece_relationship <= product_definition_relationship characterized_product_definition = product_definition_relationship characterized_product_definition <- process_product_association. defined_product process_product_association process_product_association. process -> product_definition_process <= action { action. name = 'setup instructions' } action. chosen_method-> { action_method => machining_process_executable } { action_method. description = 'setup instructions' } action_method <- action_method_relationship. relating_method action_method_relationship { action_method_relationship => serial_action_method=> sequential_method => machining_operator_instruction_relationship } action_method_relationship. related_method -> action_method => machining_operator_instruction See NOTE 18
WORKPLAN	machining_workplan	10303-238		machining_workplan <= machining_process_executable <= action_method

表 5（续）

应用元素	AIM 元素	源	规则	引用路径
workplan to executable (as its_elements)	PATH			machining_workplan <= machining_process_executable <= action_method <- action_method_relationship. relating_method action_method_relationship { action_method_relationship => [machining_process_body_relationship =>] [serial_action_method => sequential_method =>] machining_process_sequence_relationship } action_method_relationship. related_method -> action_method => machining_process_executable See NOTE 18
workplan to channel (as its_channel)	PATH			machining_workplan <= machining_process_executable <= action_method characterized_action_definition= action_method characterized_action_definition <- action_property. definition { action_property. name= 'channel' } action_property <- action_property_representation. property action_property_representation action_property_representation. representation -> representation

表 5（续）

应用元素	AIM 元素	源	规则	引用路径
work plan to setup (as its_setup)	PATH			machining_workplan <= machining_process_executable <= action_method <- action. chosen_method { action. name= 'setup' } action => product_definition_process <- process_product_association. process process_product_association process_product_association. defined_product -> characterized_product_definition characterized_product_definition = product_definition product_definition product_definition. formation -> product_definition_formation
workplan to in_process_geometry (as its_effect)	PATH			machining_workplan <= machining_process_executable <= action_method characterized_action_definition= action_method characterized_action_definition <- action_property. definition action_property
workplan to machine_parameters (as its_minimum_machine_params)	PATH			machining_workplan <= machining_process_executable <= action_method supported_item = action_method supported_item <- action_resource. usage[i] action_resource => machining_execution_resource

表 5（续）

应用元素	AIM 元素	源	规则	引用路径
XOR_EXPRESSION	xor_expression	13584-20		xor_expression <= binary_boolean_expression <= [boolean_expression <= expression <=] [binary_generic_expression <=] generic_expression

表 6 操作功能单元的映射表

应用元素	AIM 元素	源	规则	引用路径
MACHINE_FUNCTIONS	machining_functions	10303-238		machining_functions <= action_method
MACHINING_OPERATION	machining_operation	10303-238		machining_operation <= action_method
its_id	action_method. name	10303-49		machining_operation <= action_method action_method. name
retract_plane	length_measure_with_unit	10303-41		machining_operation <= action_method characterized_action_definition= action_method characterized_action_definition <- action_property. definition { action_property. name = 'retract plane' } action_property <- action_property_representation. property action_property_representation action_property_representation. representation -> representation representation. items [i] -> representation_item => measure_representation_item <= measure_with_unit=> length_measure_with_unit

表 6（续）

应用元素	AIM 元素	源	规则	引用路径
start_point	cartesian_point	10303-42		machining_operation <= action_method characterized_action_definition= action_method characterized_action_definition <- action_property. definition { action_property. name = 'cut start point' } action_property <- action_property_representation. property action_property_representation action_property_representation. representation -> representation representation. items [i] -> representation_item => geometric_representation_item => point => cartesian_point
machining_operation to machining_tool (as its_tool)	PATH			machining_operation <= action_method supported_item = action_method supported_item <- action_resource. usage[i] action_resource => machining_tool
machining_operation to technology (as its_technology)	PATH			machining_operation <= action_method <- action_method_relationship. relating_method action_method_relationship { action_method_relationship => machining_technology_relationship } action_method_relationship. related_method -> action_method => machining_technology

表 6（续）

应用元素	AIM 元素	源	规则	引用路径
machining_operation to machine_functions (as its_machine_functions)	PATH			machining_operation <= action_method <- action_method_relationship. relating_method action_method_relationship { action_method_relationship => machining_functions_relationship } action_method_relationship. related_method -> action_method => machining_functions
OPERATION	machining_operation	10303-238		machining_operation <= action_method
operation to toolpath (as its_toolpath) See NOTE 19	PATH			machining_operation <= action_method <- action_method_relationship. relating_method action_method_relationship { action_method_relationship => serial_action_method=> sequential_method => machining_toolpath_sequence_relationship } action_method_relationship. related_method -> action_method => machining_toolpath

表 6（续）

应用元素	AIM 元素	源	规则	引用路径
operation to tool_direction (as its_tool_direction)	PATH			machining_operation <= action_method characterized_action_definition= action_method characterized_action_definition <- action_property. definition { action_property. name = 'tool direction' } action_property <- action_property_representation. property action_property_representation action_property_representation. representation -> representation => machining_tool_direction_representation
TECHNOLOGY	machining_technology	10303-238		machining_technology <= action_method

表 6（续）

应用元素	AIM 元素	源	规则	引用路径
feedrate	measure_with_unit	10303-41		machining_technology <= action_method characterized_action_definition= action_method characterized_action_definition <- action_property. definition { action_property. name = 'feedrate' } action_property <- action_property_representation. property action_property_representation action_property_representation. representation -> { representation => machining_feed_speed_representation } representation { representation. name = 'feed speed' } representation. items [i] -> { representation_item. name = 'feed speed' } representation_item => measure_representation_item <= measure_with_unit { measure_with_unit. value_component-> measure_value measure_value = numeric_measure numeric_measure }

表 6（续）

应用元素	AIM 元素	源	规则	引用路径
feedrate_reference #1：if value is tool center point (mapping may also be omitted if value is tool center point) #2：if value is cutter contact point	descriptive_representation_item	10303-45		machining_technology <= action_method characterized_action_definition= action_method characterized_action_definition <- action_property. definition { action_property. name = ‘feedrate reference’ } action_property <- action_property_representation. property action_property_representation action_property_representation. representation -> representation representation. items [i] -> representation_item => descriptive_representation_item descriptive_representation_item. description { #1：(descriptive_representation_item. description = \\ ‘tool center point’) #2：(descriptive_representation_item. description = \\ ‘cutter contact point’) }
THREE_AXES	machining_tool_direction_- representation	10303-238		machining_tool_direction_representation <= representation {representation. name = ‘three axes’ }
TOOL_DIRECTION	machining_tool_direction_- representation	10303-238		machining_tool_direction_representation <= representation
TOOLPATH_LIST	NOT MAPPED See NOTE 19			
TWO_AXES	machining_tool_direction_- representation	10303-238		machining_tool_direction_representation <= representation {representation. name= ‘two axes’ }

表 7 刀位功能单元的映射表

应用元素	AIM 元素	源	规则	引用路径
AP_LIFT_PATH_ANGLE	machining_toolpath	10303-238		machining_toolpath <= action_method { action_method. description = ‘approach lift path angle’ }
angle	plane_angle_measure_with_unit	10303-41		machining_toolpath <= action_method characterized_action_definition= action_method characterized_action_definition <- action_property. definition { action_property. name= ‘angle’ } action_property <- action_property_representation. property action_property_representation action_property_representation. representation -> representation representation. items [i] -> representation_item => measure_representation_item <= measure_with_unit=> plane_angle_measure_with_unit

表 7（续）

应用元素	AIM 元素	源	规则	引用路径
benddist	length_measure_with_unit	10303-41		machining_toolpath <= action_method characterized_action_definition= action_method characterized_action_definition <- action_property. definition { action_property. name = 'bend distance' } action_property <- action_property_representation. property action_property_representation action_property_representation. representation -> representation representation. items [i] -> representation_item => measure_representation_item <= measure_with_unit=> length_measure_with_unit
AP_LIFT_PATH_TANGENT	machining_toolpath	10303-238		machining_toolpath <= action_method { action_method. description = 'approach lift path tangent' }

表 7（续）

应用元素	AIM 元素	源	规则	引用路径
radius	length_measure_with_unit	10303-41		machining_toolpath <= action_method characterized_action_definition= action_method characterized_action_definition <- action_property. definition { action_property. name = ‘radius’ } action_property <- action_property_representation. property action_property_representation action_property_representation. representation -> representation representation. items [i] -> representation_item => measure_representation_item <= measure_with_unit=> length_measure_with_unit
APPROACH_LIFT_PATH	machining_toolpath	10303-238		machining_toolpath <= action_method { (action_method. description = ‘approach lift path angle’) (action_method. description = ‘approach lift path tangent’) }

表 7（续）

应用元素	AIM 元素	源	规则	引用路径
fix_point	cartesian_point	10303-42		machining_toolpath <= action_method characterized_action_definition= action_method characterized_action_definition <- action_property. definition { action_property. name = 'fix point' } action_property <- action_property_representation. property action_property_representation action_property_representation. representation-> representation representation. items [i] -> representation_item => geometric_representation_item => point => cartesian_point
fix_point_dir	direction	10303-42		machining_toolpath <= action_method characterized_action_definition= action_method characterized_action_definition <- action_property. definition { action_property. name = 'fix point direction' } action_property <- action_property_representation. property action_property_representation action_property_representation. representation -> representation representation. items [i] -> representation_item => geometric_representation_item => direction
AXIS_TRAJECTORY	machining_toolpath	10303-238		machining_toolpath <= action_method { action_method. description = 'axis trajectory' }

表 7（续）

应用元素	AIM 元素	源	规则	引用路径
axis_list See NOTE 20	representation_item. name	10303-43		machining_toolpath <= action_method characterized_action_definition= action_method characterized_action_definition <- action_property. definition { action_property. name = 'axis commands' } action_property <- action_property_representation. property action_property_representation action_property_representation. representation -> representation representation. items [i] -> { representation_item => geometric_representation_item => curve => bounded_curve } representation_item representation_item. name
commands See NOTE 20	bounded_curve	10303-42		machining_toolpath <= action_method characterized_action_definition= action_method characterized_action_definition <- action_property. definition { action_property. name = 'axis commands' } action_property <- action_property_representation. property action_property_representation action_property_representation. representation-> representation representation. items [i] -> representation_item => geometric_representation_item => curve => bounded_curve

表 7（续）

应用元素	AIM 元素	源	规则	引用路径
CONNECT_DIRECT	machining_toolpath	10303-238		machining_toolpath <= action_method { action_method. description = 'connect direct' }
CONNECT_SECPLANE	machining_toolpath	10303-238		machining_toolpath <= action_method { action_method. description = 'connect security plane' }
up_dir	direction	10303-42		machining_toolpath <= action_method characterized_action_definition= action_method characterized_action_definition <- action_property. definition { action_property. name = 'up direction' } action_property <- action_property_representation. property action_property_representation action_property_representation. representation -> representation representation. items [i] -> representation_item => geometric_representation_item => direction

表 7（续）

应用元素	AIM 元素	源	规则	引用路径
down_dir	direction	10303-42		machining_toolpath <= action_method characterized_action_definition= action_method characterized_action_definition <- action_property. definition { action_property. name = ‘down direction’ } action_property <- action_property_representation. property action_property_representation action_property_representation. representation -> representation representation. items [i] -> representation_item => geometric_representation_item => direction
CONNECTOR	machining_toolpath	10303-238		machining_toolpath <= action_method { (action_method. description = ‘connect direct’) (action_method. description = ‘connect security plane’) }

表 7(续)

应用元素	AIM 元素	源	规则	引用路径
CURVE_WITH_NORMAL_VECTOR	[bounded_curve] [bounded_curve]	10303-42 10303-42		[bounded_curve <= representation_item <- representation. items[i] representation <- action_property_representation. representation action_property_representation action_property_representation. property -> action_property { action_property. name = 'basic curve' }] [bounded_curve <= representation_item <- representation. items[i] representation <- action_property_representation. representation action_property_representation action_property_representation. property -> action_property { action_property. name = 'surface normal' }]
basiccurve	bounded_curve	10303-42		bounded_curve <= representation_item <- representation. items[i] representation <- action_property_representation. representation action_property_representation action_property_representation. property-> action_property { action_property. name = 'basic curve' }

表 7（续）

应用元素	AIM 元素	源	规则	引用路径
surface_normal	bounded_curve	10303-42		bounded_curve <= representation_item <- representation. items[i] representation <- action_property_representation. representation action_property_representation action_property_representation. property-> action_property { action_property. name = 'surface normal' }
CUTTER_CONTACT_TRAJECTORY	machining_toolpath	10303-238		machining_toolpath <= action_method { action_method. description= 'cutter contact trajectory' }

表 7(续)

应用元素	AIM 元素	源	规则	引用路径
basiccurve #1: if the basiccurve is a bounded_pcurve #2: if the basiccurve is a curve_with_normal_vector	#1:(bounded_pcurve) #2: ([bounded_curve] [bounded_curve])	10303-42 10303-42 10303-42		machining_toolpath <= action_method characterized_action_definition= action_method characterized_action_definition <- #1:(action_property. definition { action_property. name = 'basic curve' } action_property <- action_property_representation. property action_property_representation action_property_representation. representation -> representation representation. items [i] -> representation_item => bounded_curve => bounded_pcurve) #2: ([action_property. definition { action_property. name = 'basic curve' } action_property <- action_property_representation. property action_property_representation action_property_representation. representation -> representation representation. items [i] -> representation_item => bounded_curve] [action_property. definition { action_property. name = 'surface normal' } action_property <- action_property_representation. property action_property_representation action_property_representation. representation -> representation representation. items [i] -> representation_item => bounded_curve])

表 7（续）

应用元素	AIM 元素	源	规则	引用路径
its_toolaxis	bounded_curve	10303-42		machining_toolpath <= action_method characterized_action_definition= action_method characterized_action_definition <- action_property. definition { action_property. name = 'tool axis' } action_property <- action_property_representation. property action_property_representation action_property_representation. representation-> representation representation. items [i] -> representation_item => geometric_representation_item => curve => bounded_curve
its_contact_type	descriptive_representation_item	10303-45		machining_toolpath <= action_method characterized_action_definition= action_method characterized_action_definition <- action_property. definition { action_property. name = 'contact type' } action_property <- action_property_representation. property action_property_representation action_property_representation. representation -> representation representation. items [i] -> representation_item => descriptive_representation_item descriptive_representation_item. description { (descriptive_representation_item. description = 'side') (descriptive_representation_item. description = 'front') }

表 7（续）

应用元素	AIM 元素	源	规则	引用路径
path_maximum_deviation	length_measure_with_unit	10303-41		machining_toolpath <= action_method characterized_action_definition= action_method characterized_action_definition <- action_property. definition { action_property. name = 'path maximum deviation' } action_property <- action_property_representation. property action_property_representation action_property_representation. representation -> representation representation. items [i] -> representation_item => measure_representation_item <= measure_with_unit=> length_measure_with_unit
tool_axis_maximum_deviation	plane_angle_measure_with_unit	10303-41		machining_toolpath <= action_method characterized_action_definition= action_method characterized_action_definition <- action_property. definition { action_property. name = 'tool axis maximum deviation' } action_property <- action_property_representation. property action_property_representation action_property_representation. representation -> representation representation. items [i] -> representation_item => measure_representation_item <= measure_with_unit=> plane_angle_measure_with_unit

表 7（续）

应用元素	AIM 元素	源	规则	引用路径
CUTTER _ LOCATION _ TRAJECTORY	machining_toolpath	10303-238		machining_toolpath <= action_method { action_method. description = 'cutter location trajectory' }
basiccurve	bounded_curve	10303-42		machining_toolpath <= action_method characterized_action_definition= action_method characterized_action_definition <- action_property. definition { action_property. name = 'basic curve' } action_property <- action_property_representation. property action_property_representation action_property_representation. representation -> representation representation. items [i] -> representation_item => geometric_representation_item => curve => bounded_curve

表 7（续）

应用元素	AIM 元素	源	规则	引用路径
its_toolaxis	bounded_curve	10303-42		machining_toolpath <= action_method characterized_action_definition= action_method characterized_action_definition <- action_property. definition { action_property. name = 'tool axis' } action_property <- action_property_representation. property action_property_representation action_property_representation. representation-> representation representation. items [i] -> representation_item => geometric_representation_item => curve => bounded_curve
surface_normal	bounded_curve	10303-42		machining_toolpath <= action_method characterized_action_definition= action_method characterized_action_definition <- action_property. definition { action_property. name = 'surface normal' } action_property <- action_property_representation. property action_property_representation action_property_representation. representation -> representation representation. items [i] -> representation_item => geometric_representation_item => curve => bounded_curve

表 7（续）

应用元素	AIM 元素	源	规则	引用路径
path_maximum_deviation	length_measure_with_unit	10303-41		machining_toolpath <= action_method characterized_action_definition= action_method characterized_action_definition <- action_property. definition { action_property. name = 'path maximum deviation' } action_property <- action_property_representation. property action_property_representation action_property_representation. representation -> representation representation. items [i] -> representation_item => measure_representation_item <= measure_with_unit=> length_measure_with_unit
tool_axis_maximum_deviation	plane_angle_measure_with_unit	10303-41		machining_toolpath <= action_method characterized_action_definition= action_method characterized_action_definition <- action_property. definition { action_property. name = 'tool axis maximum deviation' } action_property <- action_property_representation. property action_property_representation action_property_representation. representation -> representation representation. items [i] -> representation_item => measure_representation_item <= measure_with_unit=> plane_angle_measure_with_unit

表 7（续）

应用元素	AIM 元素	源	规则	引用路径
FEEDSTOP	machining_toolpath	10303-238		machining_toolpath <= action_method { action_method. description = 'feedstop' }
dwell	time_measure_with_unit	10303-41		machining_toolpath <= action_method characterized_action_definition= action_method characterized_action_definition <- action_property. definition { action_property. name = 'dwell' } action_property <- action_property_representation. property action_property_representation action_property_representation. representation -> { representation => machining_dwell_time_representation } representation { representation. name = 'dwell time' } representation. items [i] -> { representation_item. name = 'dwell time' } representation_item => measure_representation_item <= measure_with_unit=> time_measure_with_unit
PARAMETERISED_PATH	machining_toolpath	10303-238		machining_toolpath <= action_method { (action_method. description = 'approach lift path angle') (action_method. description = 'approach lift path tangent') (action_method. description = 'connect direct') (action_method. description = 'connect security plane') }
TOOLPATH	machining_toolpath	10303-238		machining_toolpath <= action_method

表 7（续）

应用元素	AIM 元素	源	规则	引用路径
its_priority #1：if value is true #2：if value is false（mapping may also be omitted if value is false）	descriptive_representation_item	10303-45		machining_toolpath <= action_method characterized_action_definition= action_method characterized_action_definition <- action_property. definition { action_property. name = ‘priority’ } action_property <- action_property_representation. property action_property_representation action_property_representation. representation -> representation representation. items [i] -> representation_item => descriptive_representation_item descriptive_representation_item. description {#1：(descriptive_representation_item. description = ‘required’) #2：(descriptive_representation_item. description = ‘suggested’) }

表 7（续）

应用元素	AIM 元素	源	规则	引用路径
its_type #1：if value is approach #2：if value is lift #3：if value is connect #4：if value is non-contact #5：if value is contact #6：if value is trajectory path（mapping may also be omitted if value is trajectory path）				machining_toolpath <= action_method characterized_action_definition= action_method characterized_action_definition <- action_property. definition { action_property. name = 'trajectory type' } action_property <- action_property_representation. property action_property_representation action_property_representation. representation->. representation representation. items [i] -> representation_item => descriptive_representation_item descriptive_representation_item. description { #1：(descriptive_representation_item. description = 'approach') #2：(descriptive_representation_item. description = 'lift') #3：(descriptive_representation_item. description = 'connect') #4：(descriptive_representation_item. description = 'non-contact') #5：(descriptive_representation_item. description = 'contact') #6：(descriptive_representation_item. description = \ 'trajectory path') }

表 7（续）

应用元素	AIM 元素	源	规则	引用路径
its_speed	(descriptive_representation_item) (ratio_measure_with_unit) (bounded_curve)	10303-45 10303-41 10303-42		machining_toolpath <= action_method characterized_action_definition= action_method characterized_action_definition <- action_property. definition { action_property. name = 'speed profile' } action_property <- action_property_representation. property action_property_representation action_property_representation. representation -> { representation => machining_toolpath_speed_profile_representation } representation representation. items [i] -> (representation_item => descriptive_representation_item descriptive_representation_item. description { descriptive_representation_item. description = 'rapid' }) (representation_item => measure_representation_item <= measure_with_unit=> ratio_measure_with_unit) (representation_item => geometric_representation_item => curve => bounded_curve)

表 7（续）

应用元素	AIM 元素	源	规则	引用路径
toolpath to technology (as its_technology)	PATH			machining_toolpath <= action_method <- action_method_relationship. relating_method action_method_relationship { action_method_relationship => machining_technology_relationship } action_method_relationship. related_method -> action_method => machining_technology
toolpath to machine_functions (as its_machine_functions)	PATH			machining_toolpath <= action_method <- action_method_relationship. relating_method action_method_relationship { action_method_relationship => machining_functions_relationship } action_method_relationship. related_method -> action_method => machining_functions
its_id	action_method. name	10303-49		machining_toolpath <= action_method action_method. name
TOOLPATH_SPEED	bounded_curve	10303-42		bounded_curve { bounded_curve <- representation. items[i] representation => machining_toolpath_speed_profile_representation }
speed	IDENTICAL MAPPING			
TRAJECTORY	machining_toolpath	10303-238		machining_toolpath <= action_method { (action_method. description = 'axis trajectory') (action_method. description = 'cutter contact trajectory') (action_method. description = 'cutter location trajectory') }

表 7（续）

应用元素	AIM 元素	源	规则	引用路径
its_direction #1：if value is true（mapping may also be omitted if value is true） #2：if value is false	descriptive_representation_item	10303-45		machining_toolpath <= action_method characterized_action_definition= action_method characterized_action_definition <- action_property. definition { action_property. name = 'direction' } action_property <- action_property_representation. property action_property_representation action_property_representation. representation -> representation representation. items [i] -> representation_item => descriptive_representation_item descriptive_representation_item. description { #1：(descriptive_representation_item. description = \ 'beginning to end') #2：(descriptive_representation_item. description = \ 'end to beginning') }

表 7（续）

应用元素	AIM 元素	源	规则	引用路径
its_material_removal_depth #1：if the depth value is described as a constant length #2：if the depth value is described as a curve specifying a length at each point along the toolpath.	(length_measure_with_unit) (bounded_curve)	10303-41 10303-42		machining_toolpath <= action_method characterized_action_definition= action_method characterized_action_definition <- action_property. definition { action_property. name = 'material removal depth' } action_property <- action_property_representation. property action_property_representation action_property_representation. representation -> representation representation. items [i] -> #1：(representation_item => measure_representation_item <= measure_with_unit=> length_measure_with_unit) #2：(representation_item => geometric_representation_item => curve => bounded_curve)

表 7（续）

应用元素	AIM 元素	源	规则	引用路径
its_material_removal_overcut #1：if the overcut value is described as a constant length #2：if the overcut value is described as a curve specifying a length at each point along the toolpath.	(length_measure_with_unit) (bounded_curve)	10303-41 10303-42		machining_toolpath <= action_method characterized_action_definition= action_method characterized_action_definition <- action_property. definition { action_property. name = 'material removal overcut' } action_property <- action_property_representation. property action_property_representation action_property_representation. representation -> representation representation. items [i] -> #1：(representation_item => measure_representation_item <= measure_with_unit=> length_measure_with_unit) #2：(representation_item => geometric_representation_item => curve => bounded_curve)

表 7（续）

应用元素	AIM 元素	源	规则	引用路径
its_material_removal_total_volume	measure_with_unit	10303-41		machining_toolpath <= action_method characterized_action_definition= action_method characterized_action_definition <- action_property. definition { action_property. name = 'material removal total volume' } action_property <- action_property_representation. property action_property_representation action_property_representation. representation -> representation representation. items [i] -> representation_item => measure_representation_item <= measure_with_unit { measure_with_unit. value_component-> measure_value measure_value = volume_measure volume_measure }

表 8 铣切工艺数据功能单元的映射表

应用元素	AIM 元素	源	规则	引用路径
ADAPTIVE_CONTROL	machining_technology	10303-238		machining_technology <= action_method { action_method. description = 'adaptive control' }
AIR_STRATEGY	machining_approach_retract_strategy	10303-238		machining_approach_retract_strategy <= machining_strategy <= action_method { (action_method. description = 'approach retract angle') (action_method. description = 'approach retract tangent') }
ALONG_PATH	machining_approach_retract_strategy	10303-238		machining_approach_retract_strategy <= machining_strategy <= action_method { action_method. description = 'along path' }
along-path to toolpath (as path) See NOTE 19	PATH			machining_approach_retract_strategy <= machining_strategy <= action_method <- action_method_relationship. relating_method action_method_relationship { action_method_relationship => machining_toolpath_sequence_relationship } action_method_relationship. related_method -> action_method => machining_toolpath
AP_RETRACT_ANGLE	machining_approach_retract_strategy	10303-238		machining_approach_retract_strategy <= machining_strategy <= action_method { action_method. description = 'approach retract angle' }

表 8（续）

应用元素	AIM 元素	源	规则	引用路径
angle	plane_angle_measure_with_unit	10303-41		machining_approach_retract_strategy <= machining_strategy <= action_method characterized_action_definition = action_method characterized_action_definition <- action_property. definition { action_property. name = ‘travel angle’ } action_property <- action_property_representation. property action_property_representation action_property_representation. representation -> representation representation. items[i] -> representation_item => measure_representation_item <= measure_with_unit => plane_angle_measure_with_unit
travel_length	length_measure_with_unit	10303-41		machining_approach_retract_strategy <= machining_strategy <= action_method characterized_action_definition = action_method characterized_action_definition <- action_property. definition { action_property. name = ‘travel length’ } action_property <- action_property_representation. property action_property_representation action_property_representation. representation -> representation representation. items[i] -> representation_item => measure_representation_item <= measure_with_unit => length_measure_with_unit

表 8（续）

应用元素	AIM 元素	源	规则	引用路径
AP_RETRACT_TANGENT	machining_approach_retract_strategy	10303-238		machining_approach_retract_strategy <= machining_strategy <= action_method { action_method. description = 'approach retract tangent' }
radius	length_measure_with_unit	10303-41		machining_approach_retract_strategy <= machining_strategy <= action_method characterized_action_definition = action_method characterized_action_definition <- action_property. definition { action_property. name = 'travel radius' } action_property <- action_property_representation. property action_property_representation action_property_representation. representation -> representation representation. items[i] -> representation_item => measure_representation_item <= measure_with_unit => length_measure_with_unit
APPROACH_RETRACT_STRATE-GY	machining_approach_retract_strategy	10303-238		machining_approach_retract_strategy <= machining_strategy <= action_method

表 8（续）

应用元素	AIM 元素	源	规则	引用路径
tool_orientation	direction	10303-42		machining_approach_retract_strategy <= machining_strategy <= action_method characterized_action_definition = action_method characterized_action_definition <- action_property. definition { action_property. name = ‘tool orientation’ } action_property <- action_property_representation. property action_property_representation action_property_representation. representation -> representation representation. items[i] -> representation_item => geometric_representation_item => direction
BACK_BORING	back_boring_operation	10303-238		back_boring_operation <= drilling_type_operation <= machining_operation <= action_method
BIDIRECTIONAL	milling_type_strategy	10303-238		milling_type_strategy <= machining_strategy <= action_method { action_method. description = ‘bidirectional’ }

表 8（续）

应用元素	AIM 元素	源	规则	引用路径
feed_direction	direction	10303-42		milling_type_strategy <= machining_strategy <= action_method characterized_action_definition = action_method characterized_action_definition <- action_property. definition { action_property. name = 'feed direction' } action_property <- action_property_representation. property action_property_representation action_property_representation. representation -> representation representation. items[i] -> representation_item => geometric_representation_item => direction
stepover_direction	descriptive_representation_item. - description	10303-45		milling_type_strategy <= machining_strategy <= action_method characterized_action_definition = action_method characterized_action_definition <- action_property. definition { action_property. name = 'stepover direction' } action_property <- action_property_representation. property action_property_representation action_property_representation. representation -> representation representation. items[i] -> representation_item => descriptive_representation_item descriptive_representation_item. description { (descriptive_representation_item. description = 'left') (descriptive_representation_item. description = 'right') }

表 8（续）

应用元素	AIM 元素	源	规则	引用路径
its_stroke_connection_strategy	descriptive_representation_item.-description	10303-45		milling_type_strategy <= machining_strategy <= action_method characterized_action_definition = action_method characterized_action_definition <- action_property.definition { action_property.name = 'connection strategy' } action_property <- action_property_representation.property action_property_representation action_property_representation.representation -> representation representation.items[i] -> representation_item => descriptive_representation_item descriptive_representation_item.description { (descriptive_representation_item.description = 'straight line') (descriptive_representation_item.description = 'lift shift plunge') (descriptive_representation_item.description = 'degouge') (descriptive_representation_item.description = 'loop back') }
BIDIRECTIONAL_CONTOUR	milling_type_strategy	10303-238		milling_type_strategy <= machining_strategy <= action_method { action_method.description = 'bidirectional contour' }

表 8（续）

应用元素	AIM 元素	源	规则	引用路径
feed_direction	direction	10303-42		milling_type_strategy <= machining_strategy <= action_method characterized_action_definition = action_method characterized_action_definition <- action_property. definition { action_property. name = 'feed direction' } action_property <- action_property_representation. property action_property_representation action_property_representation. representation -> representation representation. items[i] -> representation_item => geometric_representation_item => direction
stepover_direction	descriptive_representation_item. - description	10303-45		milling_type_strategy <= machining_strategy <= action_method characterized_action_definition = action_method characterized_action_definition <- action_property. definition { action_property. name = 'stepover direction' } action_property <- action_property_representation. property action_property_representation action_property_representation. representation -> representation representation. items[i] -> representation_item => descriptive_representation_item descriptive_representation_item. description { (descriptive_representation_item. description = 'left') (descriptive_representation_item. description = 'right') }

表 8（续）

应用元素	AIM 元素	源	规则	引用路径
rotation_direction	descriptive_representation_item.-description	10303-45		milling_type_strategy <= machining_strategy <= action_method characterized_action_definition = action_method characterized_action_definition <- action_property.definition { action_property.name = 'rotation direction' } action_property <- action_property_representation.property action_property_representation action_property_representation.representation -> representation representation.items[i] -> representation_item => descriptive_representation_item descriptive_representation_item.description { (descriptive_representation_item.description = \ 'clockwise') (descriptive_representation_item.description = \ 'counterclockwise') }

表 8（续）

应用元素	AIM 元素	源	规则	引用路径
spiral_cutmode	descriptive_representation_item.-description	10303-45		milling_type_strategy <= machining_strategy <= action_method characterized_action_definition = action_method characterized_action_definition <- action_property. definition { action_property. name = ‘spiral cutmode’ } action_property <- action_property_representation. property action_property_representation action_property_representation. representation -> representation representation. items[i] -> representation_item => descriptive_representation_item descriptive_representation_item. description { (descriptive_representation_item. description = ‘climb’) (descriptive_representation_item. description = ‘conventional’) }
BORING	boring_operation	10303-238		boring_operation <= drilling_type_operation <= machining_operation <= action_method { action_method. description = ‘boring’ }
BORING_OPERATION	boring_operation	10303-238		boring_operation <= drilling_type_operation <= machining_operation <= action_method

表 8（续）

应用元素	AIM 元素	源	规则	引用路径
spindle_stop_at_bottom #1：if value is true #2：if value is false (mapping may also be omitted if value is false)	descriptive_representation_item.description	10303-45		boring_operation <= drilling_type_operation <= machining_operation <= action_method characterized_action_definition = action_method characterized_action_definition <- action_property.definition { action_property.name = 'spindle stop' } action_property <- action_property_representation.property action_property_representation action_property_representation.representation -> representation representation.items[i] -> representation_item => descriptive_representation_item descriptive_representation_item.description { #1：(descriptive_representation_item.description = \ 'spindle stop at bottom') #2：(descriptive_representation_item.description = \ 'spindle nonstop') }

表 8（续）

应用元素	AIM 元素	源	规则	引用路径
depth_of_testcut	length_measure_with_unit	10303-41		boring_operation <= drilling_type_operation <= machining_operation <= action_method characterized_action_definition = action_method characterized_action_definition <- action_property. definition { action_property. name = 'testcut depth' } action_property <- action_property_representation. property action_property_representation action_property_representation. representation -> representation representation. items[i] -> representation_item => measure_representation_item <= measure_with_unit => length_measure_with_unit

表 8（续）

应用元素	AIM 元素	源	规则	引用路径
waiting_position	cartesian_point	10303-42		boring_operation <= drilling_type_operation <= machining_operation <= action_method characterized_action_definition = action_method characterized_action_definition <- action_property. definition { action_property. name = 'waiting position' } action_property <- action_property_representation. property action_property_representation action_property_representation. representation -> representation representation. items[i] -> representation_item => geometric_representation_item => point => cartesian_point
BOTTOM_AND_SIDE_FINISH_-MILLING	bottom_and_side_milling_operation	10303-238		bottom_and_side_milling_operation <= milling_type_operation <= machining_operation <= action_method { action_method. description = 'finishing' }
BOTTOM_AND_SIDE_MILLING	bottom_and_side_milling_operation	10303-238		bottom_and_side_milling_operation <= milling_type_operation <= machining_operation <= action_method

表 8（续）

应用元素	AIM 元素	源	规则	引用路径
axial_cutting_depth	length_measure_with_unit	10303-41		bottom_and_side_milling_operation <= milling_type_operation <= machining_operation <= action_method characterized_action_definition = action_method characterized_action_definition <- action_property. definition { action_property. name = ‘axial cutting depth’ } action_property <- action_property_representation. property action_property_representation action_property_representation. representation -> representation representation. items[i] -> representation_item => measure_representation_item <= measure_with_unit => length_measure_with_unit

表 8（续）

应用元素	AIM 元素	源	规则	引用路径
radial_cutting_depth	length_measure_with_unit	10303-41		bottom_and_side_milling_operation <= milling_type_operation <= machining_operation <= action_method characterized_action_definition = action_method characterized_action_definition <- action_property. definition { action_property. name = 'radial cutting depth' } action_property <- action_property_representation. property action_property_representation action_property_representation. representation -> representation representation. items[i] -> representation_item => measure_representation_item <= measure_with_unit => length_measure_with_unit

表 8（续）

应用元素	AIM 元素	源	规则	引用路径
allowance_side	length_measure_with_unit	10303-41		bottom_and_side_milling_operation <= milling_type_operation <= machining_operation <= action_method characterized_action_definition = action_method characterized_action_definition <- action_property. definition { action_property. name = ‘allowance side’ } action_property <- action_property_representation. property action_property_representation action_property_representation. representation -> representation representation. items[i] -> representation_item => measure_representation_item <= measure_with_unit => length_measure_with_unit

表 8（续）

应用元素	AIM 元素	源	规则	引用路径
allowance_bottom	length_measure_with_unit	10303-41		bottom_and_side_milling_operation <= milling_type_operation <= machining_operation <= action_method characterized_action_definition = action_method characterized_action_definition <- action_property. definition { action_property. name = 'allowance bottom' } action_property <- action_property_representation. property action_property_representation action_property_representation. representation -> representation representation. items[i] -> representation_item => measure_representation_item <= measure_with_unit => length_measure_with_unit
BOTTOM_AND_SIDE_ROUGH_MILLING	bottom_and_side_milling_operation	10303-238		bottom_and_side_milling_operation <= milling_type_operation <= machining_operation <= action_method { action_method. description = 'roughing' }
CENTER_DRILLING	drilling_operation	10303-238		drilling_operation <= drilling_type_operation <= machining_operation <= action_method { action_method. description = 'center drilling' }
CENTER_MILLING	milling_type_strategy	10303-238		milling_type_strategy <= machining_strategy <= action_method { action_method. description = 'center milling' }

表 8（续）

应用元素	AIM 元素	源	规则	引用路径
CONTOUR_BIDIRECTIONAL	milling_type_strategy	10303-238		milling_type_strategy <= machining_strategy <= action_method { action_method. description = ‘contour bidirectional’ }
feed_direction	direction	10303-42		milling_type_strategy <= machining_strategy <= action_method characterized_action_definition = action_method characterized_action_definition <- action_property. definition { action_property. name = ‘feed direction’ } action_property <- action_property_representation. property action_property_representation action_property_representation. representation -> representation representation. items[i] -> representation_item => geometric_representation_item => direction

表 8（续）

应用元素	AIM 元素	源	规则	引用路径
stepover_direction	descriptive_representation_item.- description	10303-45		milling_type_strategy <= machining_strategy <= action_method characterized_action_definition = action_method characterized_action_definition <- action_property.definition {action_property.name = 'stepover direction'} action_property <- action_property_representation.property action_property_representation action_property_representation.representation -> representation representation.items[i] -> representation_item => descriptive_representation_item descriptive_representation_item.description {(descriptive_representation_item.description = 'left') (descriptive_representation_item.description = 'right')}

表 8（续）

应用元素	AIM 元素	源	规则	引用路径
rotation_direction	descriptive_representation_item.-description	10303-45		milling_type_strategy <= machining_strategy <= action_method characterized_action_definition = action_method characterized_action_definition <- action_property.definition { action_property.name = 'rotation direction' } action_property <- action_property_representation.property action_property_representation action_property_representation.representation -> representation representation.items[i] -> representation_item => descriptive_representation_item descriptive_representation_item.description { (descriptive_representation_item.description = \\ 'clockwise') (descriptive_representation_item.description = \\ 'counterclockwise') }

表 8（续）

应用元素	AIM 元素	源	规则	引用路径
spiral_cutmode	descriptive_representation_item. - description	10303-45		milling_type_strategy <= machining_strategy <= action_method characterized_action_definition = action_method characterized_action_definition <- action_property. definition { action_property. name = 'spiral cutmode' } action_property <- action_property_representation. property action_property_representation action_property_representation. representation -> representation representation. items[i] -> representation_item => descriptive_representation_item descriptive_representation_item. description { (descriptive_representation_item. description = 'climb') (descriptive_representation_item. description = 'conventional') }
CONTOUR_PARALLEL	milling_type_strategy	10303-238		milling_type_strategy <= machining_strategy <= action_method { action_method. description = 'contour parallel' }

表 8（续）

应用元素	AIM 元素	源	规则	引用路径
rotation_direction	descriptive_representation_item.-description	10303-45		milling_type_strategy <= machining_strategy <= action_method characterized_action_definition = action_method characterized_action_definition <- action_property. definition { action_property. name = 'rotation direction' } action_property <- action_property_representation. property action_property_representation action_property_representation. representation -> representation representation. items[i] -> representation_item => descriptive_representation_item descriptive_representation_item. description { (descriptive_representation_item. description = \\ 'clockwise') (descriptive_representation_item. description = \\ 'counterclockwise') }

表 8（续）

应用元素	AIM 元素	源	规则	引用路径
cutmode	descriptive_representation_item.- description	10303-45		milling_type_strategy <= machining_strategy <= action_method characterized_action_definition = action_method characterized_action_definition <- action_property. definition { action_property. name = 'cutmode' } action_property <- action_property_representation. property action_property_representation action_property_representation. representation -> representation representation. items[i] -> representation_item => descriptive_representation_item descriptive_representation_item. description { (descriptive_representation_item. description = 'climb') (descriptive_representation_item. description = 'conventional') }
CONTOUR_SPIRAL	milling_type_strategy	10303-238		milling_type_strategy <= machining_strategy <= action_method { action_method. description = 'contour spiral' }

表 8（续）

应用元素	AIM 元素	源	规则	引用路径
rotation_direction	descriptive_representation_item.-description	10303-45		milling_type_strategy <= machining_strategy <= action_method characterized_action_definition = action_method characterized_action_definition <- action_property.definition { action_property.name = 'rotation direction' } action_property <- action_property_representation.property action_property_representation action_property_representation.representation -> representation representation.items[i] -> representation_item => descriptive_representation_item descriptive_representation_item.description { (descriptive_representation_item.description = \ 'clockwise') (descriptive_representation_item.description = \ 'counterclockwise') }

表 8（续）

应用元素	AIM 元素	源	规则	引用路径
cutmode	descriptive_representation_item. - description	10303-45		milling_type_strategy <= machining_strategy <= action_method characterized_action_definition = action_method characterized_action_definition <- action_property. definition { action_property. name = 'cutmode' } action_property <- action_property_representation. property action_property_representation action_property_representation. representation -> representation representation. items[i] -> representation_item => descriptive_representation_item descriptive_representation_item. description { (descriptive_representation_item. description = 'climb') (descriptive_representation_item. description = 'conventional') }
COUNTER_SINKING	drilling_operation	10303-238		drilling_operation <= drilling_type_operation <= machining_operation <= action_method { action_method. description = 'counter sinking' }
DRILLING	drilling_operation	10303-238		drilling_operation <= drilling_type_operation <= machining_operation <= action_method { action_method. description = 'drilling' }
DRILLING_OPERATION	drilling_operation	10303-238		drilling_operation <= drilling_type_operation <= machining_operation <= action_method

表 8（续）

应用元素	AIM 元素	源	规则	引用路径
DRILLING_TYPE_OPERATION	drilling_type_operation	10303-238		drilling_type_operation <= machining_operation <= action_method
cutting_depth	length_measure_with_unit	10303-41		drilling_type_operation <= machining_operation <= action_method characterized_action_definition = action_method characterized_action_definition <- action_property. definition { action_property. name = ‘cutting depth’ } action_property <- action_property_representation. property action_property_representation action_property_representation. representation -> representation representation. items[i] -> representation_item => measure_representation_item <= measure_with_unit => length_measure_with_unit

表 8（续）

应用元素	AIM 元素	源	规则	引用路径
previous_diameter	length_measure_with_unit	10303-41		drilling_type_operation <= machining_operation <= action_method characterized_action_definition = action_method characterized_action_definition <- action_property. definition { action_property. name = ‘previous diameter’ } action_property <- action_property_representation. property action_property_representation action_property_representation. representation -> representation representation. items[i] -> representation_item => measure_representation_item <= measure_with_unit => length_measure_with_unit

表 8（续）

应用元素	AIM 元素	源	规则	引用路径
dwell_time_bottom	time_measure_with_unit	10303-41		drilling_type_operation <= machining_operation <= action_method characterized_action_definition = action_method characterized_action_definition <- action_property. definition { action_property. name = 'dwell time bottom' } action_property <- action_property_representation. property action_property_representation action_property_representation. representation -> { representation => machining_dwell_time_representation } representation { representation. name = 'dwell time' } representation. items[i] -> { representation_item. name = 'dwell time' } representation_item => measure_representation_item <= measure_with_unit => time_measure_with_unit

表 8（续）

应用元素	AIM 元素	源	规则	引用路径
feed_on_retract	ratio_measure_with_unit	10303-41		drilling_type_operation <= machining_operation <= action_method characterized_action_definition = action_method characterized_action_definition <- action_property. definition { action_property. name = 'feedrate on retract' } action_property <- action_property_representation. property action_property_representation action_property_representation. representation -> { representation => machining_feed_speed_representation } representation { representation. name = 'relative speed' } representation. items[i] -> { representation_item. name = 'relative speed' } representation_item => measure_representation_item <= measure_with_unit => ratio_measure_with_unit
drilling_type_operation to drilling_type_strategy (as its_machining_strategy)	PATH			drilling_type_operation <= machining_operation <= action_method <- action_method_relationship. relating_method action_method_relationship { action_method_relationship => machining_strategy_relationship } { action_method_relationship. name = 'machining' } action_method_relationship. related_method -> action_method => machining_strategy => drilling_type_strategy

表 8（续）

应用元素	AIM 元素	源	规则	引用路径
DRILLING_TYPE_STRATEGY	drilling_type_strategy	10303-238		drilling_type_strategy <= machining_strategy <= action_method
reduced_cut_at_start	ratio_measure_with_unit	10303-41		drilling_type_strategy <= machining_strategy <= action_method characterized_action_definition = action_method characterized_action_definition <- action_property. definition { action_property. name = 'reduced cut at start' } action_property <- action_property_representation. property action_property_representation action_property_representation. representation -> { representation => machining_spindle_speed_representation } representation { representation. name = 'relative speed' } representation. items[i] -> { representation_item. name = 'relative speed' } representation_item => measure_representation_item <= measure_with_unit => ratio_measure_with_unit

表 8（续）

应用元素	AIM 元素	源	规则	引用路径
reduced_feed_at_start	ratio_measure_with_unit	10303-41		drilling_type_strategy <= machining_strategy <= action_method characterized_action_definition = action_method characterized_action_definition <- action_property. definition { action_property. name = 'reduced feedrate at start' } action_property <- action_property_representation. property action_property_representation action_property_representation. representation -> { representation => machining_feed_speed_representation } representation { representation. name = 'relative speed' } representation. items[i] -> { representation_item. name = 'relative speed' } representation_item => measure_representation_item <= measure_with_unit => ratio_measure_with_unit

表 8（续）

应用元素	AIM 元素	源	规则	引用路径
depth_of_start	length_measure_with_unit	10303-41		drilling_type_strategy <= machining_strategy <= action_method characterized_action_definition = action_method characterized_action_definition <- action_property. definition { action_property. name = 'depth of start' } action_property <- action_property_representation. property action_property_representation action_property_representation. representation -> representation representation. items[i] -> representation_item => measure_representation_item <= measure_with_unit => length_measure_with_unit

表 8（续）

应用元素	AIM 元素	源	规则	引用路径
reduced_cut_at_end	ratio_measure_with_unit	10303-41		drilling_type_strategy <= machining_strategy <= action_method characterized_action_definition = action_method characterized_action_definition <- action_property. definition { action_property. name = 'reduced cut at end' } action_property <- action_property_representation. property action_property_representation action_property_representation. representation -> { representation => machining_spindle_speed_representation } representation { representation. name = 'relative speed' } representation. items[i] -> { representation_item. name = 'relative speed' } representation_item => measure_representation_item <= measure_with_unit => ratio_measure_with_unit

表 8（续）

应用元素	AIM 元素	源	规则	引用路径
reduced_feed_at_end	ratio_measure_with_unit	10303-41		drilling_type_strategy <= machining_strategy <= action_method characterized_action_definition = action_method characterized_action_definition <- action_property. definition { action_property. name = 'reduced feedrate at end' } action_property <- action_property_representation. property action_property_representation action_property_representation. representation -> { representation => machining_feed_speed_representation } representation { representation. name = 'relative speed' } representation. items[i] -> { representation_item. name = 'relative speed' } representation_item => measure_representation_item <= measure_with_unit => ratio_measure_with_unit

表 8（续）

应用元素	AIM 元素	源	规则	引用路径
depth_of_end	length_measure_with_unit	10303-41		drilling_type_strategy <= machining_strategy <= action_method characterized_action_definition = action_method characterized_action_definition <- action_property. definition { action_property. name = 'depth of end' } action_property <- action_property_representation. property action_property_representation action_property_representation. representation -> representation representation. items[i] -> representation_item => measure_representation_item <= measure_with_unit => length_measure_with_unit
EXCHANGE_PALLET	machining_nc_function	10303-238		machining_nc_function <= machining_process_executable <= action_method { action_method. description = 'exchange pallet' }
EXPLICIT_STRATEGY	milling_type_strategy	10303-238		milling_type_strategy <= machining_strategy <= action_method { action_method. description = 'explicit' }
FIVE_AXES_CONST_TILT_YAW	machining_tool_direction_- representation	10303-238		machining_tool_direction_representation <= representation {representation. name = 'five axes const tilt yaw' }

表 8（续）

应用元素	AIM 元素	源	规则	引用路径
tilt_angle	plane_angle_measure_with_unit	10303-41		machining_tool_direction_representation <= representation representation. items[i] -> { representation_item. name = 'tool direction tilt angle' } representation_item => measure_representation_item <= measure_with_unit => plane_angle_measure_with_unit
yaw_angle	plane_angle_measure_with_unit	10303-41		machining_tool_direction_representation <= representation representation. items[i] -> { representation_item. name = 'tool direction yaw angle' } representation_item => measure_representation_item <= measure_with_unit => plane_angle_measure_with_unit
FIVE_AXES_VAR_TILT_YAW	machining_tool_direction_-representation	10303-238		machining_tool_direction_representation <= representation {representation. name = 'five axes var tilt yaw' }
FREEFORM_FINISH_MILLING	freeform_milling_operation	10303-238		freeform_milling_operation <= milling_type_operation <= machining_operation <= action_method { action_method. description = 'finishing' }
FREEFORM_OPERATION	freeform_milling_operation	10303-238		freeform_milling_operation <= milling_type_operation <= machining_operation <= action_method

表 8（续）

应用元素	AIM 元素	源	规则	引用路径
freeform_operation to freeform_strategy(as its_machining_strategy)	PATH			freeform_milling_operation <= milling_type_operation <= machining_operation <= action_method <- action_method_relationship. relating_method action_method_relationship { action_method_relationship => machining_strategy_relationship } { action_method_relationship. name = 'machining' } action_method_relationship. related_method -> action_method => machining_strategy => milling_type_strategy => freeform_milling_strategy
FREEFORM_ROUGH_MILLING	freeform_milling_operation	10303-238		freeform_milling_operation <= milling_type_operation <= machining_operation <= action_method { action_method. description = 'roughing' }
FREEFORM_STRATEGY	freeform_milling_strategy	10303-238		freeform_milling_strategy <= milling_type_strategy <= machining_strategy <= action_method

表 8（续）

应用元素	AIM 元素	源	规则	引用路径
pathmode	descriptive_representation_item.-description	10303-45		freeform_milling_strategy <= milling_type_strategy <= machining_strategy <= action_method characterized_action_definition = action_method characterized_action_definition <- action_property.definition { action_property.name = 'pathmode' } action_property <- action_property_representation.property action_property_representation action_property_representation.representation -> representation representation.items[i] -> representation_item => descriptive_representation_item descriptive_representation_item.description { (descriptive_representation_item.description = 'forward') (descriptive_representation_item.description = 'zigzag') }

表 8（续）

应用元素	AIM 元素	源	规则	引用路径
cutmode	descriptive_representation_item.- description	10303-45		freeform_milling_strategy <= milling_type_strategy <= machining_strategy <= action_method characterized_action_definition = action_method characterized_action_definition <- action_property.definition { action_property.name = 'cutmode' } action_property <- action_property_representation.property action_property_representation action_property_representation.representation -> representation representation.items[i] -> representation_item => descriptive_representation_item descriptive_representation_item.description { (descriptive_representation_item.description = 'climb') (descriptive_representation_item.description = 'conventional') }
freeform_strategy to tolerances (as its_milling_tolerances)	PATH			freeform_milling_strategy <= milling_type_strategy <= machining_strategy <= action_method characterized_action_definition = action_method characterized_action_definition <- action_property.definition { action_property.name = 'milling tolerances' } action_property <- action_property_representation.property action_property_representation action_property_representation.representation -> representation => freeform_milling_tolerance_representation

表 8（续）

应用元素	AIM 元素	源	规则	引用路径
stepover	length_measure_with_unit	10303-41		freeform_milling_strategy <= milling_type_strategy <= machining_strategy <= action_method characterized_action_definition = action_method characterized_action_definition <- action_property. definition { action_property. name = 'stepover length' } action_property <- action_property_representation. property action_property_representation action_property_representation. representation -> representation representation. items[i] -> representation_item => measure_representation_item <= measure_with_unit => length_measure_with_unit
INDEX_PALLET	machining_nc_function	10303-238		machining_nc_function <= machining_process_executable <= action_method { action_method. description = 'index pallet' }

表 8（续）

应用元素	AIM 元素	源	规则	引用路径
its_index	count_measure	10303-41		machining_nc_function <= machining_process_executable <= action_method characterized_action_definition = action_method characterized_action_definition <- action_property. definition { action_property. name = ‘pallet index’ } action_property <- action_property_representation. property action_property_representation action_property_representation. representation -> representation representation. items[i] -> representation_item => measure_representation_item <= measure_with_unit => measure_with_unit. value_component -> measure_value measure_value = count_measure count_measure
INDEX_TABLE	machining_nc_function	10303-238		machining_nc_function <= machining_process_executable <= action_method { action_method. description = ‘index table’ }

表 8（续）

应用元素	AIM 元素	源	规则	引用路径
its_index	count_measure	10303-41		machining_nc_function <= machining_process_executable <= action_method characterized_action_definition = action_method characterized_action_definition <- action_property. definition { action_property. name = 'table index' } action_property <- action_property_representation. property action_property_representation action_property_representation. representation -> representation representation. items[i] -> representation_item => measure_representation_item <= measure_with_unit => measure_with_unit. value_component -> measure_value measure_value = count_measure count_measure
LEADING_LINE_STRATEGY	freeform_milling_strategy	10303-238		freeform_milling_strategy <= milling_type_strategy <= machining_strategy <= action_method { action_method. description = 'leading line' }

表 8（续）

应用元素	AIM 元素	源	规则	引用路径
its_line	bounded_curve	10303-42		freeform_milling_strategy <= milling_type_strategy <= machining_strategy <= action_method characterized_action_definition = action_method characterized_action_definition <- action_property. definition { action_property. name = 'leading line' } action_property <- action_property_representation. property action_property_representation action_property_representation. representation -> representation representation. items[i] -> representation_item => geometric_representation_item => curve => bounded_curve
LOAD_TOOL	machining_nc_function	10303-238		machining_nc_function <= machining_process_executable <= action_method { action_method. description = 'load tool' }
load_tool to machining_tool (as its_tool)	PATH			machining_nc_function <= machining_process_executable <= action_method supported_item = action_method supported_item <- action_resource. usage[i] action_resource => machining_tool

表 8（续）

应用元素	AIM 元素	源	规则	引用路径
MACHINE_AXIS_CONSTRAINT	value_range	10303-238		value_range <= compound_representation_item <= representation_item { representation_item <- representation. items[i] representation <- action_property_representation. representation action_property_representation action_property_representation. property -> action_property action_property. name = 'axis constraint' }
axis_identifier	representation_item. name	10303-41		value_range <= compound_representation_item <= representation_item representation_item. name
machine _ axis _ constraint to value _ range(as axis_range)	PATH			IDENTICAL MAPPING
MILLING_MACHINE_FUNCTIONS	machining_functions	10303-238		machining_functions <= action_method { action_method. description = 'milling' }

表 8（续）

应用元素	AIM 元素	源	规则	引用路径
coolant #1：if value is true #2：if value is false	descriptive_representation_item.- description	10303-45		machining_functions <= action_method characterized_action_definition = action_method characterized_action_definition <- action_property. definition { action_property. name = 'coolant' } action_property <- action_property_representation. property action_property_representation action_property_representation. representation -> representation representation. items[i] -> representation_item => descriptive_representation_item descriptive_representation_item. description {#1：(descriptive_representation_item. description = 'coolant on') #2：(descriptive_representation_item. description = 'coolant off')}

表 8（续）

应用元素	AIM 元素	源	规则	引用路径
coolant_pressure	measure_with_unit	10303-41		machining_functions <= action_method characterized_action_definition = action_method characterized_action_definition <- action_property. definition { action_property. name = 'coolant pressure' } action_property <- action_property_representation. property action_property_representation action_property_representation. representation -> representation representation. items[i] -> representation_item => measure_representation_item <= measure_with_unit { measure_with_unit. value_component -> measure_value measure_value = numeric_measure numeric_measure }

表 8（续）

应用元素	AIM 元素	源	规则	引用路径
mist #1：if value is true #2：if value is false（mapping may also be omitted if value is false）	descriptive_representation_item.-description	10303-45		machining_functions <= action_method characterized_action_definition = action_method characterized_action_definition <- action_property.definition { action_property.name = 'mist' } action_property <- action_property_representation.property action_property_representation action_property_representation.representation -> representation representation.items[i] -> representation_item => descriptive_representation_item descriptive_representation_item.description { #1：(descriptive_representation_item.description = 'mist on') #2：(descriptive_representation_item.description = 'mist off') }

表 8（续）

应用元素	AIM 元素	源	规则	引用路径
through_spindle_coolant #1：if value is true #2：if value is false（mapping may also be omitted if value is false）	descriptive_representation_item.-description	10303-45		machining_functions <= action_method characterized_action_definition = action_method characterized_action_definition <- action_property.definition { action_property.name = 'through spindle coolant' } action_property <- action_property_representation.property action_property_representation action_property_representation.representation -> representation representation.items[i] -> representation_item => descriptive_representation_item descriptive_representation_item.description { #1：（descriptive_representation_item.description = \\ 'through spindle coolant on' ） #2：（descriptive_representation_item.description = \\ 'through spindle coolant off' ） }

表 8（续）

应用元素	AIM 元素	源	规则	引用路径
through_pressure	measure_with_unit	10303-41		machining_functions <= action_method characterized_action_definition = action_method characterized_action_definition <- action_property. definition { action_property. name = 'through spindle pressure' } action_property <- action_property_representation. property action_property_representation action_property_representation. representation -> representation representation. items[i] -> representation_item => measure_representation_item <= measure_with_unit { measure_with_unit. value_component -> measure_value measure_value = numeric_measure numeric_measure }

表 8（续）

应用元素	AIM 元素	源	规则	引用路径
axis_clamping	descriptive_representation_item.- description	10303-45		machining_functions <= action_method characterized_action_definition = action_method characterized_action_definition <- action_property. definition { action_property. name = 'axis clamping' } action_property <- action_property_representation. property action_property_representation action_property_representation. representation -> representation representation. items[i] -> representation_item => compound_representation_item compound_representation_item. item_element -> compound_item_definition compound_item_definition = list_representation_item list_representation_item[i] -> representation_item => descriptive_representation_item descriptive_representation_item. description

表 8（续）

应用元素	AIM 元素	源	规则	引用路径
chip_removal #1：if value is true #2：if value is false（mapping may also be omitted if value is false）	descriptive_representation_item. - description	10303-45		machining_functions <= action_method characterized_action_definition = action_method characterized_action_definition <- action_property. definition { action_property. name = ‘chip removal’ } action_property <- action_property_representation. property action_property_representation action_property_representation. representation -> representation representation. items[i] -> representation_item => descriptive_representation_item descriptive_representation_item. description { #1：（descriptive_representation_item. description = \ ‘chip removal on’ ） #2：（descriptive_representation_item. description = \ ‘chip removal off’ ）}
oriented_spindle_stop	direction	10303-42		machining_functions <= action_method characterized_action_definition = action_method characterized_action_definition <- action_property. definition { action_property. name = ‘oriented spindle stop’ } action_property <- action_property_representation. property action_property_representation action_property_representation. representation -> representation representation. items[i] -> representation_item => geometric_representation_item => direction

表 8（续）

应用元素	AIM 元素	源	规则	引用路径
milling_machine_functions to process_model(as its_process_model) See NOTE 21	PATH			machining_functions <= action_method <- action_method_relationship. relating_method action_method_relationship { action_method_relationship => serial_action_method => sequential_method => machining_process_model_relationship } action_method_relationship. related_method -> action_method => machining_process_model
milling_machine_functions to property_parameter (as other_functions)	PATH			machining_functions <= action_method characterized_action_definition = action_method characterized_action_definition <- action_property. definition { action_property. name = 'other functions' } action_property <- action_property_representation. property action_property_representation action_property_representation. representation -> representation representation. items[i] -> representation_item => compound_representation_item compound_representation_item. item_element -> compound_item_definition compound_item_definition = set_representation_item set_representation_item[i] -> representation_item

表 8（续）

应用元素	AIM 元素	源	规则	引用路径
axis_constraints	value_range	10303-238		machining_functions <= action_method characterized_action_definition = action_method characterized_action_definition <- action_property. definition { action_property. name = 'axis constraint' } action_property <- action_property_representation. property action_property_representation action_property_representation. representation -> representation representation. items[i] -> representation_item => compound_representation_item => value_range
MILLING_MACHINING_OPERATION	machining_operation	10303-238		machining_operation <= { machining_operation => (milling_type_operation) (drilling_type_operation) } action_method

表 8（续）

应用元素	AIM 元素	源	规则	引用路径
overcut_length	length_measure_with_unit	10303-41		machining_operation <= action_method characterized_action_definition = action_method characterized_action_definition <- action_property. definition { action_property. name = 'overcut length' } action_property <- action_property_representation. property action_property_representation action_property_representation. representation -> representation representation. items[i] -> representation_item => measure_representation_item <= measure_with_unit => length_measure_with_unit
MILLING_TECHNOLOGY	machining_technology	10303-238		machining_technology <= action_method { action_method. description = 'milling' }

表 8（续）

应用元素	AIM 元素	源	规则	引用路径
cutspeed	measure_with_unit	10303-41		machining_technology <= action_method characterized_action_definition = action_method characterized_action_definition <- action_property. definition { action_property. name = 'spindle' } action_property <- action_property_representation. property action_property_representation action_property_representation. representation -> { representation => machining_spindle_speed_representation } representation { representation. name = 'cutting speed' } representation. items[i] -> { representation_item. name = 'surface speed' } representation_item => measure_representation_item <= measure_with_unit { measure_with_unit. value_component -> measure_value measure_value = numeric_measure numeric_measure }

表 8（续）

应用元素	AIM 元素	源	规则	引用路径
spindle	measure_with_unit	10303-41		machining_technology <= action_method characterized_action_definition = action_method characterized_action_definition <- action_property. definition { action_property. name = 'spindle' } action_property <- action_property_representation. property action_property_representation action_property_representation. representation -> { representation => machining_spindle_speed_representation } representation { representation. name = 'spindle speed' } representation. items[i] -> { representation_item. name = 'rotational speed' } representation_item => measure_representation_item <= measure_with_unit { measure_with_unit. value_component -> measure_value measure_value = numeric_measure numeric_measure }

表 8（续）

应用元素	AIM 元素	源	规则	引用路径
feedrate_per_tooth	length_measure_with_unit	10303-41		machining_technology <= action_method characterized_action_definition = action_method characterized_action_definition <- action_property. definition { action_property. name = 'feedrate' } action_property <- action_property_representation. property action_property_representation action_property_representation. representation -> { representation => machining_feed_speed_representation } representation { representation. name = 'feed per tooth' } representation. items[i] -> { representation_item. name = 'feed per tooth' } representation_item => measure_representation_item <= measure_with_unit => length_measure_with_unit

表 8（续）

应用元素	AIM 元素	源	规则	引用路径
synchronize_spindle_with_feed #1：if value is true #2：if value is false（mapping may also be omitted if value is false）	descriptive_representation_item.-description	10303-45		machining_technology <= action_method characterized_action_definition = action_method characterized_action_definition <- action_property. definition { action_property. name = 'synchronize spindle with feed' } action_property <- action_property_representation. property action_property_representation action_property_representation. representation -> representation representation. items[i] -> representation_item => descriptive_representation_item descriptive_representation_item. description { #1：(descriptive_representation_item. description = \\ 'synchronized') #2：(descriptive_representation_item. description = \\ 'not synchronized') }

表 8（续）

应用元素	AIM 元素	源	规则	引用路径
inhibit_feedrate_override #1：if value is true #2：if value is false（mapping may also be omitted if value is false）	descriptive_representation_item.-description	10303-45		machining_technology <= action_method characterized_action_definition = action_method characterized_action_definition <- action_property.definition { action_property.name = 'inhibit feedrate override' } action_property <- action_property_representation.property action_property_representation action_property_representation.representation -> representation representation.items[i] -> representation_item => descriptive_representation_item descriptive_representation_item.description { #1：（descriptive_representation_item.description = \\ 'override not allowed' ） #2：（descriptive_representation_item.description = \\ 'override allowed' ）}

表 8（续）

应用元素	AIM 元素	源	规则	引用路径
inhibit_spindle_override #1：if value is true #2：if value is false（mapping may also be omitted if value is false）	descriptive_representation_item.-description	10303-45		machining_technology <= action_method characterized_action_definition = action_method characterized_action_definition <- action_property.definition { action_property.name = 'inhibit spindle override' } action_property <- action_property_representation.property action_property_representation action_property_representation.representation -> representation representation.items[i] -> representation_item => descriptive_representation_item descriptive_representation_item.description { #1：（descriptive_representation_item.description = \\ 'override not allowed' ） #2：（descriptive_representation_item.description = \\ 'override allowed' ）}
milling_technology to adaptive_control(as its_adaptive_control)	PATH			machining_technology <= action_method <- action_method_relationship.relating_method action_method_relationship { action_method_relationship => machining_adaptive_control_relationship } action_method_relationship.related_method -> action_method => machining_technology
MILLING_TYPE_OPERATION	milling_type_operation	10303-238		milling_type_operation <= machining_operation <= action_method

表 8（续）

应用元素	AIM 元素	源	规则	引用路径
milling_type_operation to approach_retract_strategy (as approach)	PATH			milling_type_operation <= machining_operation <= action_method <- action_method_relationship. relating_method action_method_relationship { action_method_relationship => machining_strategy_relationship } { action_method_relationship. name = 'approach' } action_method_relationship. related_method -> action_method => machining_strategy => machining_approach_retract_strategy
milling_type_operation to approach_retract_strategy (as retract)	PATH			milling_type_operation <= machining_operation <= action_method <- action_method_relationship. relating_method action_method_relationship { action_method_relationship => machining_strategy_relationship } { action_method_relationship. name = 'retract' } action_method_relationship. related_method -> action_method => machining_strategy => machining_approach_retract_strategy
MULTISTEP_DRILLING	drilling_operation	10303-238		drilling_operation <= drilling_type_operation <= machining_operation <= action_method { action_method. description = 'multistep drilling' }

表 8（续）

应用元素	AIM 元素	源	规则	引用路径
retract_distance	length_measure_with_unit	10303-41		drilling_operation <= drilling_type_operation <= machining_operation <= action_method characterized_action_definition = action_method characterized_action_definition <- action_property. definition { action_property. name = 'retract distance' } action_property <- action_property_representation. property action_property_representation action_property_representation. representation -> representation representation. items[i] -> representation_item => measure_representation_item <= measure_with_unit => length_measure_with_unit

表 8（续）

应用元素	AIM 元素	源	规则	引用路径
first_depth	length_measure_with_unit	10303-41		drilling_operation <= drilling_type_operation <= machining_operation <= action_method characterized_action_definition = action_method characterized_action_definition <- action_property.definition { action_property.name = 'first depth' } action_property <- action_property_representation.property action_property_representation action_property_representation.representation -> representation representation.items[i] -> representation_item => measure_representation_item <= measure_with_unit => length_measure_with_unit

表 8（续）

应用元素	AIM 元素	源	规则	引用路径
depth_of_step	length_measure_with_unit	10303-41		drilling_operation <= drilling_type_operation <= machining_operation <= action_method characterized_action_definition = action_method characterized_action_definition <- action_property. definition { action_property. name = 'depth of step' } action_property <- action_property_representation. property action_property_representation action_property_representation. representation -> representation representation. items[i] -> representation_item => measure_representation_item <= measure_with_unit => length_measure_with_unit

表 8（续）

应用元素	AIM 元素	源	规则	引用路径
dwell_time_step	time_measure_with_unit	10303-41		drilling_operation <= drilling_type_operation <= machining_operation <= action_method characterized_action_definition = action_method characterized_action_definition <- action_property. definition { action_property. name = 'dwell time step' } action_property <- action_property_representation. property action_property_representation action_property_representation. representation -> { representation => machining_dwell_time_representation } representation { representation. name = 'dwell time' } representation. items[i] -> { representation_item. name = 'dwell time' } representation_item => measure_representation_item <= measure_with_unit => time_measure_with_unit
PLANE_CC_STRATEGY	freeform_milling_strategy	10303-238		freeform_milling_strategy <= milling_type_strategy <= machining_strategy <= action_method { action_method. description = 'plane cutter contact' }

表 8（续）

应用元素	AIM 元素	源	规则	引用路径
its_plane_normal	direction	10303-42		freeform_milling_strategy <= milling_type_strategy <= machining_strategy <= action_method characterized_action_definition = action_method characterized_action_definition <- action_property. definition { action_property. name = 'plane normal' } action_property <- action_property_representation. property action_property_representation action_property_representation. representation -> representation representation. items[i] -> representation_item => geometric_representation_item => direction
PLANE_CL_STRATEGY	freeform_milling_strategy	10303-238		freeform_milling_strategy <= milling_type_strategy <= machining_strategy <= action_method { action_method. description = 'plane cutter location' }

表 8（续）

应用元素	AIM 元素	源	规则	引用路径
its_plane_normal	direction	10303-42		freeform_milling_strategy <= milling_type_strategy <= machining_strategy <= action_method characterized_action_definition = action_method characterized_action_definition <- action_property. definition { action_property. name = 'plane normal' } action_property <- action_property_representation. property action_property_representation action_property_representation. representation -> representation representation. items[i] -> representation_item => geometric_representation_item => direction
PLANE_FINISH_MILLING	plane_milling_operation	10303-238		plane_milling_operation <= milling_type_operation <= machining_operation <= action_method { action_method. description = 'finishing' }
PLANE_MILLING	plane_milling_operation	10303-238		plane_milling_operation <= milling_type_operation <= machining_operation <= action_method

表 8（续）

应用元素	AIM元素	源	规则	引用路径
axial_cutting_depth	length_measure_with_unit	10303-41		plane_milling_operation <= milling_type_operation <= machining_operation <= action_method characterized_action_definition = action_method characterized_action_definition <- action_property. definition { action_property. name = 'axial cutting depth' } action_property <- action_property_representation. property action_property_representation action_property_representation. representation -> representation representation. items[i] -> representation_item => measure_representation_item <= measure_with_unit => length_measure_with_unit

表 8（续）

应用元素	AIM 元素	源	规则	引用路径
allowance_bottom	length_measure_with_unit	10303-41		plane_milling_operation <= milling_type_operation <= machining_operation <= action_method characterized_action_definition = action_method characterized_action_definition <- action_property. definition { action_property. name = ‘allowance bottom’ } action_property <- action_property_representation. property action_property_representation action_property_representation. representation -> representation representation. items[i] -> representation_item => measure_representation_item <= measure_with_unit => length_measure_with_unit
PLANE_ROUGH_MILLING	plane_milling_operation	10303-238		plane_milling_operation <= milling_type_operation <= machining_operation <= action_method { action_method. description = ‘roughing’ }
PLUNGE_HELIX	machining_approach_retract_strategy	10303-238		machining_approach_retract_strategy <= machining_strategy <= action_method { action_method. description = ‘plunge helix’ }

表 8（续）

应用元素	AIM 元素	源	规则	引用路径
radius	length_measure_with_unit	10303-41		machining_approach_retract_strategy <= machining_strategy <= action_method characterized_action_definition = action_method characterized_action_definition <- action_property. definition { action_property. name = 'plunge radius' } action_property <- action_property_representation. property action_property_representation action_property_representation. representation -> representation representation. items[i] -> representation_item => measure_representation_item <= measure_with_unit => length_measure_with_unit
angle	plane_angle_measure_with_unit	10303-41		machining_approach_retract_strategy <= machining_strategy <= action_method characterized_action_definition = action_method characterized_action_definition <- action_property. definition { action_property. name = 'plunge angle' } action_property <- action_property_representation. property action_property_representation action_property_representation. representation -> representation representation. items[i] -> representation_item => measure_representation_item <= measure_with_unit => plane_angle_measure_with_unit

表 8（续）

应用元素	AIM 元素	源	规则	引用路径
PLUNGE_RAMP	machining_approach_retract_strategy	10303-238		machining_approach_retract_strategy <= machining_strategy <= action_method { action_method. description = 'plunge ramp' }
angle	plane_angle_measure_with_unit	10303-41		machining_approach_retract_strategy <= machining_strategy <= action_method characterized_action_definition = action_method characterized_action_definition <- action_property. definition { action_property. name = 'plunge angle' } action_property <- action_property_representation. property action_property_representation action_property_representation. representation -> representation representation. items[i] -> representation_item => measure_representation_item <= measure_with_unit => plane_angle_measure_with_unit
PLUNGE_STRATEGY	machining_approach_retract_strategy	10303-238		machining_approach_retract_strategy <= machining_strategy <= action_method { (action_method. description = 'plunge helix') (action_method. description = 'plunge ramp') (action_method. description = 'plunge toolaxis') (action_method. description = 'plunge zigzag') }
PLUNGE_TOOLAXIS	machining_approach_retract_strategy	10303-238		machining_approach_retract_strategy <= machining_strategy <= action_method { action_method. description = 'plunge toolaxis' }

表 8（续）

应用元素	AIM 元素	源	规则	引用路径
PLUNGE_ZIGZAG	machining_approach_retract_strategy	10303-238		machining_approach_retract_strategy <= machining_strategy <= action_method { action_method. description = 'plunge zigzag' }
angle	plane_angle_measure_with_unit	10303-41		machining_approach_retract_strategy <= machining_strategy <= action_method characterized_action_definition = action_method characterized_action_definition <- action_property. definition { action_property. name = 'plunge angle' } action_property <- action_property_representation. property action_property_representation action_property_representation. representation -> representation representation. items[i] -> representation_item => measure_representation_item <= measure_with_unit => plane_angle_measure_with_unit

表 8（续）

应用元素	AIM 元素	源	规则	引用路径
width	length_measure_with_unit	10303-41		machining_approach_retract_strategy <= machining_strategy <= action_method characterized_action_definition = action_method characterized_action_definition <- action_property. definition { action_property. name = 'plunge width' } action_property <- action_property_representation. property action_property_representation action_property_representation. representation -> representation representation. items[i] -> representation_item => measure_representation_item <= measure_with_unit => length_measure_with_unit
PROCESS_MODEL	machining_process_model	10303-238		machining_process_model <= action_method
ini_data_file	descriptive_representation_item	10303-45		machining_process_model <= action_method characterized_action_definition = action_method characterized_action_definition <- action_property. definition { action_property. name = 'initialization data' } action_property <- action_property_representation. property action_property_representation action_property_representation. representation -> representation representation. items[i] -> representation_item => descriptive_representation_item descriptive_representation_item. description

表 8（续）

应用元素	AIM 元素	源	规则	引用路径
its_type	action_method. description	10303-49		machining_process_model <= action_method action_method. description
PROCESS_MODEL_LIST	NOT MAPPED See NOTE 21			
REAMING	boring_operation	10303-238		boring_operation <= drilling_type_operation <= machining_operation <= action_method { action_method. description = ‘reaming’ }
SIDE_FINISH_MILLING	side_milling_operation	10303-238		side_milling_operation <= milling_type_operation <= machining_operation <= action_method { action_method. description = ‘finishing’ }
SIDE_MILLING	side_milling_operation	10303-238		side_milling_operation <= milling_type_operation <= machining_operation <= action_method

表 8（续）

应用元素	AIM 元素	源	规则	引用路径
axial_cutting_depth	length_measure_with_unit	10303-41		side_milling_operation <= milling_type_operation <= machining_operation <= action_method characterized_action_definition = action_method characterized_action_definition <- action_property. definition { action_property. name = ‘axial cutting depth’ } action_property <- action_property_representation. property action_property_representation action_property_representation. representation -> representation representation. items[i] -> representation_item => measure_representation_item <= measure_with_unit => length_measure_with_unit

表 8（续）

应用元素	AIM 元素	源	规则	引用路径
radial_cutting_depth	length_measure_with_unit	10303-41		side_milling_operation <= milling_type_operation <= machining_operation <= action_method characterized_action_definition = action_method characterized_action_definition <- action_property. definition { action_property. name = 'radial cutting depth' } action_property <- action_property_representation. property action_property_representation action_property_representation. representation -> representation representation. items[i] -> representation_item => measure_representation_item <= measure_with_unit => length_measure_with_unit

表 8（续）

应用元素	AIM 元素	源	规则	引用路径
allowance_side	length_measure_with_unit	10303-41		side_milling_operation <= milling_type_operation <= machining_operation <= action_method characterized_action_definition = action_method characterized_action_definition <- action_property. definition { action_property. name = ‘allowance side’ } action_property <- action_property_representation. property action_property_representation action_property_representation. representation -> representation representation. items[i] -> representation_item => measure_representation_item <= measure_with_unit => length_measure_with_unit
SIDE_ROUGH_MILLING	side_milling_operation	10303-238		side_milling_operation <= milling_type_operation <= machining_operation <= action_method { action_method. description = ‘roughing’ }
TAPPING	tapping_operation	10303-238		tapping_operation <= drilling_type_operation <= machining_operation <= action_method { action_method. description = ‘tapping’ }

表 8（续）

应用元素	AIM 元素	源	规则	引用路径
compensation_chuck #1：if value is true #2：if value is false（mapping may also be omitted if value is false）	descriptive_representation_item.- description	10303-45		tapping_operation <= drilling_type_operation <= machining_operation <= action_method characterized_action_definition = action_method characterized_action_definition <- action_property. definition { action_property. name = 'compensation chuck' } action_property <- action_property_representation. property action_property_representation action_property_representation. representation -> representation representation. items[i] -> representation_item => descriptive_representation_item descriptive_representation_item. description { #1：(descriptive_representation_item. description = \ 'compensation chuck used') #2：(descriptive_representation_item. description = \ 'compensation chuck not used') }
THREAD_DRILLING	tapping_operation	10303-238		tapping_operation <= drilling_type_operation <= machining_operation <= action_method { action_method. description = 'thread drilling' }

表 8（续）

应用元素	AIM 元素	源	规则	引用路径
helical_movement_on_forward #1：if value is true #2：if value is false（mapping may also be omitted if value is false）	descriptive_representation_item.- description	10303-45		tapping_operation <= drilling_type_operation <= machining_operation <= action_method characterized_action_definition = action_method characterized_action_definition <- action_property.definition { action_property.name = 'helical movement on forward' } action_property <- action_property_representation.property action_property_representation action_property_representation.representation -> representation representation.items[i] -> representation_item => descriptive_representation_item descriptive_representation_item.description { #1：(descriptive_representation_item.description = \\ 'helical movement on forward') #2：(descriptive_representation_item.description = \\ 'no helical movement on forward') }
THREE_AXES_TILTED_TOOL	machining_tool_direction_- representation	10303-238		machining_tool_direction_representation <= representation {representation.name = 'three axes tilted tool' }
its_tool_direction	direction	10303-42		machining_tool_direction_representation <= representation representation.items[i] -> { representation_item.name = 'tool direction orientation' } representation_item => geometric_representation_item => direction
TOLERANCES	freeform_milling_tolerance_- representation	10303-238		freeform_milling_tolerance_representation <= representation

表 8（续）

应用元素	AIM 元素	源	规则	引用路径
chordal_tolerance	length_measure_with_unit	10303-41		freeform_milling_tolerance_representation <= representation representation. items[i] -> { representation_item. name = 'chordal tolerance' } representation_item => measure_representation_item <= measure_with_unit => length_measure_with_unit
scallop_height	length_measure_with_unit	10303-41		freeform_milling_tolerance_representation <= representation representation. items[i] -> { representation_item. name = 'scallop height' } representation_item => measure_representation_item <= measure_with_unit => length_measure_with_unit
TOOL_DIRECTION_FOR_MILLING	machining_tool_direction_representation	10303-238		machining_tool_direction_representation <= representation
TWO5D_MILLING_OPERATION	milling_type_operation	10303-238		milling_type_operation <= machining_operation <= action_method
two5d_milling_operation to two5d_milling_strategy (as its_machining_strategy)	PATH			milling_type_operation <= machining_operation <= action_method <- action_method_relationship. relating_method action_method_relationship { action_method_relationship => machining_strategy_relationship } { action_method_relationship. name = 'machining' } action_method_relationship. related_method -> action_method => machining_strategy => milling_type_strategy

表 8（续）

应用元素	AIM 元素	源	规则	引用路径
TWO5D_MILLING_STRATEGY	milling_type_strategy	10303-238		milling_type_strategy <= machining_strategy <= action_method { (action_method. description = 'bidirectional') (action_method. description = 'bidirectional contour') (action_method. description = 'center milling') (action_method. description = 'contour bidirectional') (action_method. description = 'contour parallel') (action_method. description = 'contour spiral') (action_method. description = 'explicit') (action_method. description = 'unidirectional') }
overlap	ratio_measure_with_unit	10303-41		milling_type_strategy <= machining_strategy <= action_method characterized_action_definition = action_method characterized_action_definition <- action_property. definition { action_property. name = 'overlap ratio' } action_property <- action_property_representation. property action_property_representation action_property_representation. representation -> representation representation. items[i] -> representation_item => measure_representation_item <= measure_with_unit => ratio_measure_with_unit

表 8（续）

应用元素	AIM 元素	源	规则	引用路径
allow_multiple_passes #1：if value is true (mapping may also be omitted if value is true) #2：if value is false	descriptive_representation_item.-description	10303-45		milling_type_strategy <= machining_strategy <= action_method characterized_action_definition = action_method characterized_action_definition <- action_property.definition { action_property.name = 'multiple passes' } action_property <- action_property_representation.property action_property_representation action_property_representation.representation -> representation representation.items[i] -> representation_item => descriptive_representation_item descriptive_representation_item.description { #1：(descriptive_representation_item.description = \ 'multiple passes allowed') #2：(descriptive_representation_item.description = \ 'multiple passes not allowed') }
UNIDIRECTIONAL	milling_type_strategy	10303-238		milling_type_strategy <= machining_strategy <= action_method { action_method.description = 'unidirectional' }

表 8（续）

应用元素	AIM 元素	源	规则	引用路径
feed_direction	direction	10303-42		milling_type_strategy <= machining_strategy <= action_method characterized_action_definition = action_method characterized_action_definition <- action_property. definition { action_property. name = ‘feed direction’ } action_property <- action_property_representation. property action_property_representation action_property_representation. representation -> representation representation. items[i] -> representation_item => geometric_representation_item => direction
cutmode	descriptive_representation_item. description	10303-45		milling_type_strategy <= machining_strategy <= action_method characterized_action_definition = action_method characterized_action_definition <- action_property. definition { action_property. name = ‘cutmode’ } action_property <- action_property_representation. property action_property_representation action_property_representation. representation -> representation representation. items[i] -> representation_item => descriptive_representation_item descriptive_representation_item. description { (descriptive_representation_item. description = ‘climb’) (descriptive_representation_item. description = ‘conventional’) }

表 8（续）

应用元素	AIM 元素	源	规则	引用路径
UNLOAD_TOOL	machining_nc_function	10303-238		machining_nc_function <= machining_process_executable <= action_method { action_method. description = 'unload tool' }
unload_tool to machining_tool (as its_tool)	PATH			machining_nc_function <= machining_process_executable <= action_method supported_item = action_method supported_item <- action_resource. usage[i] action_resource => machining_tool
UV_STRATEGY	freeform_milling_strategy	10303-238		freeform_milling_strategy <= milling_type_strategy <= machining_strategy <= action_method { action_method. description = 'uv' }

表 8（续）

应用元素	AIM 元素	源	规则	引用路径
forward_direction	direction	10303-42		freeform_milling_strategy <= milling_type_strategy <= machining_strategy <= action_method characterized_action_definition = action_method characterized_action_definition <- action_property. definition { action_property. name = 'forward direction' } action_property <- action_property_representation. property action_property_representation action_property_representation. representation -> representation representation. items[i] -> representation_item => geometric_representation_item => direction
sideward_direction	direction	10303-42		freeform_milling_strategy <= milling_type_strategy <= machining_strategy <= action_method characterized_action_definition = action_method characterized_action_definition <- action_property. definition { action_property. name = 'sideward direction' } action_property <- action_property_representation. property action_property_representation action_property_representation. representation -> representation representation. items[i] -> representation_item => geometric_representation_item => direction

表 9　铣切刀具功能单元的映射表

应用元素	AIM 元素	源	规则	引用路径
BALLNOSE_ENDMILL	machining_tool	10303-238		machining_tool <= action_resource { action_resource. description = 'ballnose endmill' }
BULLNOSE_ENDMILL	machining_tool	10303-238		machining_tool <= action_resource { action_resource. description = 'bullnose endmill' }
COMBINED_DRILL_AND_REAMER	machining_tool	10303-238		machining_tool <= action_resource { action_resource. description = 'combined drill and reamer' }
drill_length	length_measure_with_unit	10303-41		machining_tool <= action_resource characterized_resource_definition = action_resource characterized_resource_definition <- resource_property. resource { resource_property. name = 'tool body' } resource_property <- resource_property_representation. property resource_property_representation resource_property_representation. representation -> { representation => machining_tool_body_representation } representation representation. items[i] -> { representation_item. name = 'drill length' } representation_item => measure_representation_item <= measure_with_unit => length_measure_with_unit
COMBINED_DRILL_AND_TAP	machining_tool	10303-238		machining_tool <= action_resource { action_resource. description = 'combined drill and tap' }

表 9（续）

应用元素	AIM 元素	源	规则	引用路径
drill_length	length_measure_with_unit	10303-41		machining_tool <= action_resource characterized_resource_definition = action_resource characterized_resource_definition <- resource_property. resource { resource_property. name = 'tool body' } resource_property <- resource_property_representation. property resource_property_representation resource_property_representation. representation -> { representation => machining_tool_body_representation } representation representation. items[i] -> { representation_item. name = 'drill length' } representation_item => measure_representation_item <= measure_with_unit => length_measure_with_unit
COUNTERBORE	machining_tool	10303-238		machining_tool <= action_resource { action_resource. description = 'counterbore' }
COUNTERSINK	machining_tool	10303-238		machining_tool <= action_resource { action_resource. description = 'countersink' }

表 9（续）

应用元素	AIM 元素	源	规则	引用路径
minimum_cutting_diameter	length_measure_with_unit	10303-41		machining_tool <= action_resource characterized_resource_definition = action_resource characterized_resource_definition <- resource_property. resource { resource_property. name = ‘tool body’ } resource_property <- resource_property_representation. property resource_property_representation resource_property_representation. representation -> { representation => machining_tool_body_representation } representation representation. items[i] -> { representation_item. name = ‘minimum cutting diameter’ } representation_item => measure_representation_item <= measure_with_unit => length_measure_with_unit

表 9（续）

应用元素	AIM 元素	源	规则	引用路径
maximum_usable_length	length_measure_with_unit	10303-41		machining_tool <= action_resource characterized_resource_definition = action_resource characterized_resource_definition <- resource_property. resource { resource_property. name = ‘tool body’ } resource_property <- resource_property_representation. property resource_property_representation resource_property_representation. representation -> { representation => machining_tool_body_representation } representation representation. items[i] -> { representation_item. name = ‘maximum usable length’ } representation_item => measure_representation_item <= measure_with_unit => length_measure_with_unit
CUTTING_COMPONENT	machining_cutting_component	10303-238		machining_cutting_component <= [action_resource] [characterized_object] { action_resource. kind -> action_resource_type action_resource_type. name = ‘milling cutting edge’ }

表 9（续）

应用元素	AIM 元素	源	规则	引用路径
tool_functional_length	length_measure_with_unit	10303-41		machining_cutting_component <= action_resource characterized_resource_definition = action_resource characterized_resource_definition <- resource_property. resource { resource_property. name = 'functional length' } resource_property <- resource_property_representation. property resource_property_representation resource_property_representation. representation -> representation representation. items[i] -> representation_item => measure_representation_item <= measure_with_unit => length_measure_with_unit
cutting_component to material (as its_material)	PATH			machining_cutting_component <= characterized_object characterized_definition = characterized_object characterized_definition <- material_designation. definitions[i] material_designation

表 9（续）

应用元素	AIM 元素	源	规则	引用路径
expected_tool_life	time_measure_with_unit	10303-41		machining_cutting_component <= action_resource characterized_resource_definition = action_resource characterized_resource_definition <- resource_property. resource { resource_property. name = 'expected life' } resource_property <- resource_property_representation. property resource_property_representation resource_property_representation. representation -> representation representation. items[i] -> representation_item => measure_representation_item <= measure_with_unit => time_measure_with_unit
cutting_component to milling_technology (as its_technology)	PATH			machining_cutting_component <= action_resource <- requirement_for_action_resource. resources[i] requirement_for_action_resource <= action_resource_requirement { action_resource_requirement. kind -> resource_requirement_type resource_requirement_type. name = 'cutting component' } action_resource_requirement. operations[i] -> characterized_action_definition characterized_action_definition = action_method action_method => machining_technology
DOVETAIL_MILL	machining_tool	10303-238		machining_tool <= action_resource { action_resource. description = 'dovetail mill' }

表 9（续）

应用元素	AIM 元素	源	规则	引用路径
included_angle	plane_angle_measure_with_unit	10303-41		machining_tool <= action_resource characterized_resource_definition = action_resource characterized_resource_definition <- resource_property.resource { resource_property.name = 'tool body' } resource_property <- resource_property_representation.property resource_property_representation resource_property_representation.representation -> { representation => machining_tool_body_representation } representation representation.items[i] -> { representation_item.name = 'included angle' } representation_item => measure_representation_item <= measure_with_unit => plane_angle_measure_with_unit
DRILLING_CUTTING_TOOL	machining_tool	10303-238		machining_tool <= action_resource { (action_resource.description = 'drill') (action_resource.description = 'counterbore') (action_resource.description = 'countersink') (action_resource.description = 'spade drill') (action_resource.description = 'spot drill') (action_resource.description = 'step drill') (action_resource.description = 'tapered drill') (action_resource.description = 'twist drill') }

表 9（续）

应用元素	AIM 元素	源	规则	引用路径
point_angle	plane_angle_measure_with_unit	10303-41		machining_tool <= action_resource characterized_resource_definition = action_resource characterized_resource_definition <- resource_property. resource { resource_property. name = 'tool body' } resource_property <- resource_property_representation. property resource_property_representation resource_property_representation. representation -> { representation => machining_tool_body_representation } representation representation. items[i] -> { representation_item. name = 'point angle' } representation_item => measure_representation_item <= measure_with_unit => plane_angle_measure_with_unit
ENDMILL	machining_tool	10303-238		machining_tool <= action_resource { (action_resource. description = 'endmill') (action_resource. description = 'ballnose endmill') (action_resource. description = 'bullnose endmill') (action_resource. description = 'profiled endmill') }

表 9（续）

应用元素	AIM 元素	源	规则	引用路径
tool_cutting_edge_angle	plane_angle_measure_with_unit	10303-41		machining_tool <= action_resource characterized_resource_definition = action_resource characterized_resource_definition <- resource_property. resource { resource_property. name = 'tool body' } resource_property <- resource_property_representation. property resource_property_representation resource_property_representation. representation -> { representation => machining_tool_body_representation } representation representation. items[i] -> { representation_item. name = 'tool cutting edge angle' } representation_item => measure_representation_item <= measure_with_unit => plane_angle_measure_with_unit
FACEMILL	machining_tool	10303-238		machining_tool <= action_resource { action_resource. description = 'facemill' }

表 9（续）

应用元素	AIM 元素	源	规则	引用路径
tool_cutting_edge_angle	plane_angle_measure_with_unit	10303-41		machining_tool <= action_resource characterized_resource_definition = action_resource characterized_resource_definition <- resource_property. resource { resource_property. name = ‘tool body’ } resource_property <- resource_property_representation. property resource_property_representation resource_property_representation. representation -> { representation => machining_tool_body_representation } representation representation. items[i] -> { representation_item. name = ‘tool cutting edge angle’ } representation_item => measure_representation_item <= measure_with_unit => plane_angle_measure_with_unit
MILLING_CUTTING_TOOL	machining_tool	10303-238		machining_tool <= action_resource { (action_resource. description = ‘ballnose endmill’) (action_resource. description = ‘bullnose endmill’) (action_resource. description = ‘dovetail mill’) (action_resource. description = ‘endmill’) (action_resource. description = ‘facemill’) (action_resource. description = ‘profiled endmill’) (action_resource. description = ‘shoulder mill’) (action_resource. description = ‘tee slot mill’) (action_resource. description = ‘thread mill’) (action_resource. description = ‘side mill’) }

表 9（续）

应用元素	AIM 元素	源	规则	引用路径
number_of_effective_teeth	count_measure	10303-41		machining_tool <= action_resource characterized_resource_definition = action_resource characterized_resource_definition <- resource_property. resource { resource_property. name = ‘tool body’ } resource_property <- resource_property_representation. property resource_property_representation resource_property_representation. representation -> { representation => machining_tool_body_representation } representation representation. items[i] -> { representation_item. name = ‘number of effective teeth’ } representation_item => measure_representation_item <= measure_with_unit => measure_with_unit. value_component -> measure_value measure_value = count_measure count_measure

表 9（续）

应用元素	AIM 元素	源	规则	引用路径
edge_radius	length_measure_with_unit	10303-41		machining_tool <= action_resource characterized_resource_definition = action_resource characterized_resource_definition <- resource_property. resource { resource_property. name = 'tool body' } resource_property <- resource_property_representation. property resource_property_representation resource_property_representation. representation -> { representation => machining_tool_body_representation } representation representation. items[i] -> { representation_item. name = 'edge radius' } representation_item => measure_representation_item <= measure_with_unit => length_measure_with_unit
MILLING_MACHINE_CUTTING_-TOOL	machining_tool	10303-238		machining_tool <= action_resource { action_resource. kind -> action_resource_type action_resource_type. name = 'milling cutting tool' }
milling_machine_cutting_tool to cutting_component (as its_cutting_edges)	PATH			machining_tool <= action_resource <- action_resource_relationship. relating_resource action_resource_relationship action_resource_relationship. related_resource -> action_resource => machining_cutting_component

表 9（续）

应用元素	AIM 元素	源	规则	引用路径
overall_assembly_length	length_measure_with_unit	10303-41		machining_tool <= action_resource characterized_resource_definition = action_resource characterized_resource_definition <- resource_property. resource { resource_property. name = 'tool body' } resource_property <- resource_property_representation. property resource_property_representation resource_property_representation. representation -> { representation => machining_tool_body_representation } representation representation. items[i] -> { representation_item. name = 'overall assembly length' } representation_item => measure_representation_item <= measure_with_unit => length_measure_with_unit

表 9（续）

应用元素	AIM 元素	源	规则	引用路径
effective_cutting_diameter	length_measure_with_unit	10303-41		machining_tool <= action_resource characterized_resource_definition = action_resource characterized_resource_definition <- resource_property. resource { resource_property. name = 'tool body' } resource_property <- resource_property_representation. property resource_property_representation resource_property_representation. representation -> { representation => machining_tool_body_representation } representation representation. items[i] -> { representation_item. name = 'effective cutting diameter' } representation_item => measure_representation_item <= measure_with_unit => length_measure_with_unit

表 9（续）

应用元素	AIM 元素	源	规则	引用路径
maximum_depth_of_cut	length_measure_with_unit	10303-41		machining_tool <= action_resource characterized_resource_definition = action_resource characterized_resource_definition <- resource_property. resource { resource_property. name = 'tool body' } resource_property <- resource_property_representation. property resource_property_representation resource_property_representation. representation -> { representation => machining_tool_body_representation } representation representation. items[i] -> { representation_item. name = 'maximum depth of cut' } representation_item => measure_representation_item <= measure_with_unit => length_measure_with_unit

表 9（续）

应用元素	AIM 元素	源	规则	引用路径
hand_of_cut	descriptive_representation_item.-description	10303-45		machining_tool <= action_resource characterized_resource_definition = action_resource characterized_resource_definition <- resource_property. resource { resource_property. name = 'tool body' } resource_property <- resource_property_representation. property resource_property_representation resource_property_representation. representation -> { representation => machining_tool_body_representation } representation representation. items[i] -> { representation_item. name = 'hand of cut' } representation_item => descriptive_representation_item descriptive_representation_item. description { (descriptive_representation_item. description = 'left') (descriptive_representation_item. description = 'right') (descriptive_representation_item. description = 'neutral') }

表 9（续）

应用元素	AIM 元素	源	规则	引用路径
coolant_through_tool	descriptive_representation_item.- description	10303-45		machining_tool <= action_resource characterized_resource_definition = action_resource characterized_resource_definition <- resource_property.resource { resource_property.name = ‘tool body’ } resource_property <- resource_property_representation.property resource_property_representation resource_property_representation.representation -> { representation => machining_tool_body_representation } representation representation.items[i] -> { representation_item.name = ‘coolant through tool’ } representation_item => descriptive_representation_item descriptive_representation_item.description { (descriptive_representation_item.description = ‘supported’) (descriptive_representation_item.description = ‘not supported’) }
PROFILED_END_MILL	machining_tool	10303-238		machining_tool <= action_resource { action_resource.description = ‘profiled endmill’ }
REAMING_CUTTING_TOOL	machining_tool	10303-238		machining_tool <= action_resource { (action_resource.description = ‘reamer’) (action_resource.description = ‘combined drill and reamer’) (action_resource.description = ‘tapered reamer’) }

表 9（续）

应用元素	AIM 元素	源	规则	引用路径
taper_length	length_measure_with_unit	10303-41		machining_tool <= action_resource characterized_resource_definition = action_resource characterized_resource_definition <- resource_property. resource { resource_property. name = 'tool body' } resource_property <- resource_property_representation. property resource_property_representation resource_property_representation. representation -> { representation => machining_tool_body_representation } representation representation. items[i] -> { representation_item. name = 'taper length' } representation_item => measure_representation_item <= measure_with_unit => length_measure_with_unit
ROTATING_BORING_CUTTING_-TOOL	machining_tool	10303-238		machining_tool <= action_resource { action_resource. description = 'boring tool' }

表 9（续）

应用元素	AIM 元素	源	规则	引用路径
retract_movement_forbidden	descriptive_representation_item.-description	10303-45		machining_tool <= action_resource characterized_resource_definition = action_resource characterized_resource_definition <- resource_property. resource { resource_property. name = 'tool body' } resource_property <- resource_property_representation. property resource_property_representation resource_property_representation. representation -> { representation => machining_tool_body_representation } representation representation. items[i] -> { representation_item. name = 'retract movement'} representation_item => descriptive_representation_item descriptive_representation_item. description { (descriptive_representation_item. description = 'permitted') (descriptive_representation_item. description = 'forbidden') }
SHOULDERMILL	machining_tool	10303-238		machining_tool <= action_resource { action_resource. description = 'shoulder mill' }
SIDE_MILL	machining_tool	10303-238		machining_tool <= action_resource { action_resource. description = 'side mill' }

表 9（续）

应用元素	AIM 元素	源	规则	引用路径
cutter_width	length_measure_with_unit	10303-41		machining_tool <= action_resource characterized_resource_definition = action_resource characterized_resource_definition <- resource_property. resource { resource_property. name = 'tool body' } resource_property <- resource_property_representation. property resource_property_representation resource_property_representation. representation -> { representation => machining_tool_body_representation } representation representation. items[i] -> { representation_item. name = 'cutter width' } representation_item => measure_representation_item <= measure_with_unit => length_measure_with_unit
SPADE_DRILL	machining_tool	10303-238		machining_tool <= action_resource { action_resource. description = 'spade drill' }
SPOTDRILL	machining_tool	10303-238		machining_tool <= action_resource { action_resource. description = 'spot drill' }
STEP_DRILL	machining_tool	10303-238		machining_tool <= action_resource { action_resource. description = 'step drill' }

表 9（续）

应用元素	AIM 元素	源	规则	引用路径
diameters	length_measure_with_unit	10303-41		machining_tool <= action_resource characterized_resource_definition = action_resource characterized_resource_definition <- resource_property.resource { resource_property.name = 'tool body' } resource_property <- resource_property_representation.property resource_property_representation resource_property_representation.representation -> { representation => machining_tool_body_representation } representation representation.items[i] -> { representation_item.name = 'step diameters' } representation_item => compound_representation_item compound_representation_item.item_element -> compound_item_definition compound_item_definition = list_representation_item list_representation_item[i] -> representation_item => measure_representation_item <= measure_with_unit => length_measure_with_unit

表 9（续）

应用元素	AIM 元素	源	规则	引用路径
step_length	length_measure_with_unit	10303-41		machining_tool <= action_resource characterized_resource_definition = action_resource characterized_resource_definition <- resource_property. resource { resource_property. name = 'tool body' } resource_property <- resource_property_representation. property resource_property_representation resource_property_representation. representation -> { representation => machining_tool_body_representation } representation representation. items[i] -> { representation_item. name = 'step lengths' } representation_item => compound_representation_item compound_representation_item. item_element -> compound_item_definition compound_item_definition = list_representation_item list_representation_item[i] -> representation_item => measure_representation_item <= measure_with_unit => length_measure_with_unit
T_SLOT_MILL	machining_tool	10303-238		machining_tool <= action_resource { action_resource. description = 'tee slot mill' }

表 9（续）

应用元素	AIM 元素	源	规则	引用路径
cutting_width	length_measure_with_unit	10303-41		machining_tool <= action_resource characterized_resource_definition = action_resource characterized_resource_definition <- resource_property. resource { resource_property. name = 'tool body' } resource_property <- resource_property_representation. property resource_property_representation resource_property_representation. representation -> { representation => machining_tool_body_representation } representation representation. items[i] -> { representation_item. name = 'cutting width' } representation_item => measure_representation_item <= measure_with_unit => length_measure_with_unit
TAPERED_DRILL	machining_tool	10303-238		machining_tool <= action_resource { action_resource. description = 'tapered drill' }

表 9（续）

应用元素	AIM 元素	源	规则	引用路径
taper_angle	plane_angle_measure_with_unit	10303-41		machining_tool <= action_resource characterized_resource_definition = action_resource characterized_resource_definition <- resource_property. resource { resource_property. name = ‘tool body’ } resource_property <- resource_property_representation. property resource_property_representation resource_property_representation. representation -> { representation => machining_tool_body_representation } representation representation. items[i] -> { representation_item. name = ‘taper angle’ } representation_item => measure_representation_item <= measure_with_unit => plane_angle_measure_with_unit
TAPERED_REAMER	machining_tool	10303-238		machining_tool <= action_resource { action_resource. description = ‘tapered reamer’ }

表 9（续）

应用元素	AIM 元素	源	规则	引用路径
taper_angle	plane_angle_measure_with_unit	10303-41		machining_tool <= action_resource characterized_resource_definition = action_resource characterized_resource_definition <- resource_property. resource { resource_property. name = 'tool body' } resource_property <- resource_property_representation. property resource_property_representation resource_property_representation. representation -> { representation => machining_tool_body_representation } representation. items[i] -> { representation_item. name = 'taper angle' } representation_item => measure_representation_item <= measure_with_unit => plane_angle_measure_with_unit
TAPPING_CUTTING_TOOL	machining_tool	10303-238		machining_tool <= action_resource { (action_resource. description = 'tapping tool') (action_resource. description = 'combined drill and tap') }

表 9（续）

应用元素	AIM 元素	源	规则	引用路径
thread_form_type	descriptive_representation_item.-description	10303-45		machining_tool <= action_resource characterized_resource_definition = action_resource characterized_resource_definition <- resource_property.resource { resource_property.name = 'tool body' } resource_property <- resource_property_representation.property resource_property_representation resource_property_representation.representation -> { representation => machining_tool_body_representation } representation representation.items[i] -> { representation_item.name = 'thread form type' } representation_item => descriptive_representation_item descriptive_representation_item.description

表 9（续）

应用元素	AIM 元素	源	规则	引用路径
thread_size	length_measure_with_unit	10303-41		machining_tool <= action_resource characterized_resource_definition = action_resource characterized_resource_definition <- resource_property. resource { resource_property. name = 'tool body' } resource_property <- resource_property_representation. property resource_property_representation resource_property_representation. representation -> { representation => machining_tool_body_representation } representation representation. items[i] -> { representation_item. name = 'thread size' } representation_item => measure_representation_item <= measure_with_unit => length_measure_with_unit

表 9（续）

应用元素	AIM 元素	源	规则	引用路径
thread_pitch	length_measure_with_unit	10303-41		machining_tool <= action_resource characterized_resource_definition = action_resource characterized_resource_definition <- resource_property.resource { resource_property.name = 'tool body' } resource_property <- resource_property_representation.property resource_property_representation resource_property_representation.representation -> { representation => machining_tool_body_representation } representation representation.items[i] -> { representation_item.name = 'thread pitch' } representation_item => measure_representation_item <= measure_with_unit => length_measure_with_unit

表 9（续）

应用元素	AIM 元素	源	规则	引用路径
taper_thread_count	count_measure	10303-41		machining_tool <= action_resource characterized_resource_definition = action_resource characterized_resource_definition <- resource_property. resource { resource_property. name = 'tool body' } resource_property <- resource_property_representation. property resource_property_representation resource_property_representation. representation -> { representation => machining_tool_body_representation } representation representation. items[i] -> { representation_item. name = 'taper thread count' } representation_item => measure_representation_item <= measure_with_unit measure_with_unit. value_component -> measure_value measure_value = count_measure count_measure
THREAD_MILL	machining_tool	10303-238		machining_tool <= action_resource { action_resource. description = 'thread mill' }

表 9（续）

应用元素	AIM 元素	源	规则	引用路径
thread_form_type	descriptive_representation_item.-description	10303-45		machining_tool <= action_resource characterized_resource_definition = action_resource characterized_resource_definition <- resource_property. resource { resource_property. name = 'tool body' } resource_property <- resource_property_representation. property resource_property_representation resource_property_representation. representation -> { representation => machining_tool_body_representation } representation representation. items[i] -> { representation_item. name = 'thread form type' } representation_item => descriptive_representation_item descriptive_representation_item. description

表 9（续）

应用元素	AIM 元素	源	规则	引用路径
thread_size	length_measure_with_unit	10303-41		machining_tool <= action_resource characterized_resource_definition = action_resource characterized_resource_definition <- resource_property. resource { resource_property. name = 'tool body' } resource_property <- resource_property_representation. property resource_property_representation resource_property_representation. representation -> { representation => machining_tool_body_representation } representation representation. items[i] -> { representation_item. name = 'thread size' } representation_item => measure_representation_item <= measure_with_unit => length_measure_with_unit

表 9（续）

应用元素	AIM 元素	源	规则	引用路径
thread_pitch	length_measure_with_unit	10303-41		machining_tool <= action_resource characterized_resource_definition = action_resource characterized_resource_definition <- resource_property. resource { resource_property. name = 'tool body' } resource_property <- resource_property_representation. property resource_property_representation resource_property_representation. representation -> { representation => machining_tool_body_representation } representation representation. items[i] -> { representation_item. name = 'thread pitch' } representation_item => measure_representation_item <= measure_with_unit => length_measure_with_unit
TWIST_DRILL	machining_tool	10303-238		machining_tool <= action_resource { (action_resource. description = 'twist drill') (action_resource. description = 'tapered drill') }
USER_DEFINED_MILLING_TOOL	machining_tool	10303-238		machining_tool <= action_resource { action_resource. description = 'user defined milling tool' }

表 9（续）

应用元素	AIM 元素	源	规则	引用路径
corner_radius	length_measure_with_unit	10303-41		machining_tool <= action_resource characterized_resource_definition = action_resource characterized_resource_definition <- resource_property. resource { resource_property. name = 'tool body' } resource_property <- resource_property_representation. property resource_property_representation resource_property_representation. representation -> { representation => machining_tool_body_representation } representation representation. items[i] -> { representation_item. name = 'corner radius' } representation_item => measure_representation_item <= measure_with_unit => length_measure_with_unit

表 9（续）

应用元素	AIM 元素	源	规则	引用路径
corner_radius_center_horizontal	length_measure_with_unit	10303-41		machining_tool <= action_resource characterized_resource_definition = action_resource characterized_resource_definition <- resource_property. resource { resource_property. name = 'tool body' } resource_property <- resource_property_representation. property resource_property_representation resource_property_representation. representation -> { representation => machining_tool_body_representation } representation representation. items[i] -> { representation_item. name = 'corner radius center horizontal' } representation_item => measure_representation_item <= measure_with_unit => length_measure_with_unit

表 9（续）

应用元素	AIM 元素	源	规则	引用路径
corner_radius_center_vertical	length_measure_with_unit	10303-41		machining_tool <= action_resource characterized_resource_definition = action_resource characterized_resource_definition <- resource_property. resource { resource_property. name = 'tool body' } resource_property <- resource_property_representation. property resource_property_representation resource_property_representation. representation -> { representation => machining_tool_body_representation } representation representation. items[i] -> { representation_item. name = 'corner radius center vertical' } representation_item => measure_representation_item <= measure_with_unit => length_measure_with_unit

表 9（续）

应用元素	AIM 元素	源	规则	引用路径
description	descriptive_representation_item. — description	10303-45		machining_tool <= action_resource characterized_resource_definition = action_resource characterized_resource_definition <- resource_property. resource { resource_property. name = 'tool body' } resource_property <- resource_property_representation. property resource_property_representation resource_property_representation. representation -> { representation => machining_tool_body_representation } representation representation. items[i] -> { representation_item. name = 'tool description' } representation_item => descriptive_representation_item descriptive_representation_item. description

表 9（续）

应用元素	AIM 元素	源	规则	引用路径
taper_angle	plane_angle_measure_with_unit	10303-41		machining_tool <= action_resource characterized_resource_definition = action_resource characterized_resource_definition <- resource_property. resource { resource_property. name = 'tool body' } resource_property <- resource_property_representation. property resource_property_representation resource_property_representation. representation -> { representation => machining_tool_body_representation } representation representation. items[i] -> { representation_item. name = 'taper angle' } representation_item => measure_representation_item <= measure_with_unit => plane_angle_measure_with_unit

表 9（续）

应用元素	AIM 元素	源	规则	引用路径
tip_outer_angle	plane_angle_measure_with_unit	10303-41		machining_tool <= action_resource characterized_resource_definition = action_resource characterized_resource_definition <- resource_property. resource { resource_property. name = 'tool body' } resource_property <- resource_property_representation. property resource_property_representation resource_property_representation. representation -> { representation => machining_tool_body_representation } representation representation. items[i] -> { representation_item. name = 'tip outer angle' } representation_item => measure_representation_item <= measure_with_unit => plane_angle_measure_with_unit

表 10 镗特征功能单元的映射表

应用元素	AIM 元素	源	规则	引用路径
DIAGONAL_KNURL	turned_knurl	10303-522		turned_knurl <= { feature_definition => instanced_feature } feature_definition <= characterized_object { characterized_object. description = 'diagonal' }
helix_angle	plane_angle_measure_with_unit	10303-41		turned_knurl <= feature_definition <= characterized_object characterized_definition = characterized_object characterized_definition <- property_definition. definition { property_definition => product_definition_shape } property_definition <- property_definition_representation. definition { property_definition_representation => shape_definition_representation } property_definition_representation property_definition_representation. used_representation -> { representation => shape_representation => shape_representation_with_parameters } representation representation. items[i] -> { representation_item. name = 'helix angle' } representation_item => measure_representation_item <= measure_with_unit => plane_angle_measure_with_unit

表 10（续）

应用元素	AIM 元素	源	规则	引用路径
DIAMOND_KNURL	turned_knurl	10303-522		turned_knurl <= { feature_definition => instanced_feature } feature_definition <= characterized_object { characterized_object. description = 'diamond' }
helix1_angle	plane_angle_measure_with_unit	10303-41		turned_knurl <= feature_definition <= characterized_object characterized_definition = characterized_object characterized_definition <- property_definition. definition { property_definition => product_definition_shape } property_definition <- property_definition_representation. definition { property_definition_representation => shape_definition_representation } property_definition_representation property_definition_representation. used_representation -> { representation => shape_representation => shape_representation_with_parameters } representation representation. items[i] -> { representation_item. name = 'helix angle' } representation_item => measure_representation_item <= measure_with_unit => plane_angle_measure_with_unit

表 10（续）

应用元素	AIM 元素	源	规则	引用路径
helix2_angle	plane_angle_measure_with_unit	10303-41		turned_knurl <= feature_definition <= characterized_object characterized_definition = characterized_object characterized_definition <- property_definition. definition { property_definition => product_definition_shape } property_definition <- property_definition_representation. definition { property_definition_representation => shape_definition_representation } property_definition_representation property_definition_representation. used_representation -> { representation => shape_representation => shape_representation_with_parameters } representation representation. items[i] -> { representation_item. name = 'helix second angle' } representation_item => measure_representation_item <= measure_with_unit => plane_angle_measure_with_unit
GENERAL_REVOLUTION	revolved_profile	10303-522		revolved_profile <= { feature_definition => instanced_feature } feature_definition <= characterized_object { characterized_object. description = 'open profile' }

表 10（续）

应用元素	AIM 元素	源	规则	引用路径
general_revolution to general_profile (as outer_edge_profile)	PATH			revolved_profile <= feature_definition <= characterized_object characterized_definition = characterized_object characterized_definition <- property_definition. definition property_definition => product_definition_shape <- shape_aspect. of_shape { shape_aspect. description = 'outer edge shape occurrence' } shape_aspect <- shape_aspect_relationship. related_shape_aspect { shape_aspect_relationship. description = 'profile usage' } { shape_aspect_relationship => shape_defining_relationship } shape_aspect_relationship shape_aspect_relationship. relating_shape_aspect -> { shape_aspect. description = 'outer edge shape' } shape_aspect => open_path_profile
GROOVE	revolved_profile	10303-522		revolved_profile <= { feature_definition => instanced_feature } feature_definition <= characterized_object { characterized_object. description = 'groove' }

表 10（续）

应用元素	AIM 元素	源	规则	引用路径
groove to open_profile (as sweep)	PATH			revolved_profile <= feature_definition <= characterized_object characterized_definition = characterized_object characterized_definition <- property_definition. definition property_definition => product_definition_shape <- shape_aspect. of_shape { shape_aspect. description = 'sweep occurrence' } shape_aspect <- shape_aspect_relationship. related_shape_aspect { shape_aspect_relationship. description = 'profile usage' } { shape_aspect_relationship => shape_defining_relationship } shape_aspect_relationship shape_aspect_relationship. relating_shape_aspect -> { shape_aspect. description = 'sweep' } shape_aspect => (open_path_profile) (partial_circular_profile) (rounded_u_profile) (square_u_profile) (tee_profile) (vee_profile)
KNURL	turned_knurl	10303-522		turned_knurl <= { feature_definition => instanced_feature } feature_definition <= characterized_object

表 10（续）

应用元素	AIM 元素	源	规则	引用路径
knurl to turning_feature (as base_feature)	PATH			turned_knurl <= feature_definition <= characterized_object characterized_definition = characterized_object characterized_definition <- property_definition. definition property_definition => product_definition_shape <- shape_aspect. of_shape shape_aspect <- shape_aspect_relationship. related_shape_aspect { shape_aspect_relationship. description = 'applied shape' } { shape_aspect_relationship => shape_defining_relationship } shape_aspect_relationship shape_aspect_relationship. relating_shape_aspect -> shape_aspect => instanced_feature <= feature_definition => (outer_round) (revolved_profile) (turned_knurl)

表 10（续）

应用元素	AIM 元素	源	规则	引用路径
knurl to partial_area_definition (as partial_profile)	PATH			turned_knurl <= feature_definition <= characterized_object characterized_definition = characterized_object characterized_definition <- property_definition. definition property_definition => product_definition_shape <- shape_aspect. of_shape shape_aspect <- shape_aspect_relationship. related_shape_aspect { shape_aspect_relationship. description = 'applied area usage' } { shape_aspect_relationship => shape_defining_relationship } shape_aspect_relationship shape_aspect_relationship. relating_shape_aspect -> shape_aspect => applied_area

表 10（续）

应用元素	AIM 元素	源	规则	引用路径
tooth_depth	length_measure_with_unit	10303-41		turned_knurl <= feature_definition <= characterized_object characterized_definition = characterized_object characterized_definition <- property_definition. definition { property_definition => product_definition_shape } property_definition <- property_definition_representation. definition { property_definition_representation => shape_definition_representation } property_definition_representation property_definition_representation. used_representation -> { representation => shape_representation => shape_representation_with_parameters } representation representation. items[i] -> { representation_item. name = 'tooth depth' } representation_item => measure_representation_item <= measure_with_unit => length_measure_with_unit

表 10（续）

应用元素	AIM 元素	源	规则	引用路径
diametral_pitch	plane_angle_measure_with_unit	10303-41		turned_knurl <= feature_definition <= characterized_object characterized_definition = characterized_object characterized_definition <- property_definition. definition { property_definition => product_definition_shape } property_definition <- property_definition_representation. definition { property_definition_representation => shape_definition_representation } property_definition_representation property_definition_representation. used_representation -> { representation => shape_representation => shape_representation_with_parameters } representation representation. items[i] -> { representation_item. name = 'diametral pitch' } representation_item => measure_representation_item <= measure_with_unit => plane_angle_measure_with_unit

表 10（续）

应用元素	AIM 元素	源	规则	引用路径
root_fillet	length_measure_with_unit	10303-41		turned_knurl <= feature_definition <= characterized_object characterized_definition = characterized_object characterized_definition <- property_definition. definition { property_definition => product_definition_shape } property_definition <- property_definition_representation. definition { property_definition_representation => shape_definition_representation } property_definition_representation property_definition_representation. used_representation -> { representation => shape_representation => shape_representation_with_parameters } representation representation. items[i] -> { representation_item. name = 'root fillet' } representation_item => measure_representation_item <= measure_with_unit => length_measure_with_unit

表 10（续）

应用元素	AIM 元素	源	规则	引用路径
number_of_teeth	count_measure	10303-41		turned_knurl <= feature_definition <= characterized_object characterized_definition = characterized_object characterized_definition <- property_definition. definition { property_definition => product_definition_shape } property_definition <- property_definition_representation. definition { property_definition_representation => shape_definition_representation } property_definition_representation property_definition_representation. used_representation -> { representation => shape_representation => shape_representation_with_parameters } representation representation. items[i] -> { representation_item. name = 'number of teeth' } representation_item => measure_representation_item <= measure_with_unit measure_with_unit. value_component -> measure_value measure_value = count_measure count_measure

表 10（续）

应用元素	AIM 元素	源	规则	引用路径
major_diameter	length_measure_with_unit	10303-41		turned_knurl <= feature_definition <= characterized_object characterized_definition = characterized_object characterized_definition <- property_definition. definition { property_definition => product_definition_shape } property_definition <- property_definition_representation. definition { property_definition_representation => shape_definition_representation } property_definition_representation property_definition_representation. used_representation -> { representation => shape_representation => shape_representation_with_parameters } representation representation. items[i] -> { representation_item. name = 'major diameter' } representation_item => measure_representation_item <= measure_with_unit => length_measure_with_unit

表 10（续）

应用元素	AIM 元素	源	规则	引用路径
nominal_diameter	length_measure_with_unit	10303-41		turned_knurl <= feature_definition <= characterized_object characterized_definition = characterized_object characterized_definition <- property_definition. definition { property_definition => product_definition_shape } property_definition <- property_definition_representation. definition { property_definition_representation => shape_definition_representation } property_definition_representation property_definition_representation. used_representation -> { representation => shape_representation => shape_representation_with_parameters } representation representation. items[i] -> { representation_item. name = 'nominal diameter' } representation_item => measure_representation_item <= measure_with_unit => length_measure_with_unit
OUTER_DIAMETER	outer_round	10303-522		outer_round <= { feature_definition => instanced_feature } feature_definition <= characterized_object { characterized_object. description = 'outer diameter' }

表 10（续）

应用元素	AIM 元素	源	规则	引用路径
diameter_at_placement	length_measure_with_unit	10303-41		outer_round <= feature_definition <= characterized_object characterized_definition = characterized_object characterized_definition <- property_definition. definition { property_definition => product_definition_shape } property_definition <- property_definition_representation. definition { property_definition_representation => shape_definition_representation } property_definition_representation property_definition_representation. used_representation -> { representation => shape_representation => shape_representation_with_parameters } representation representation. items[i] -> { representation_item. name = 'diameter' } representation_item => measure_representation_item <= measure_with_unit => length_measure_with_unit

表 10（续）

应用元素	AIM 元素	源	规则	引用路径
feature_length	length_measure_with_unit	10303-41		outer_round <= feature_definition <= characterized_object characterized_definition = characterized_object characterized_definition <- property_definition. definition { property_definition => product_definition_shape } property_definition <- property_definition_representation. definition { property_definition_representation => shape_definition_representation } property_definition_representation property_definition_representation. used_representation -> { representation => shape_representation => shape_representation_with_parameters } representation representation. items[i] -> { representation_item. name = 'length' } representation_item => measure_representation_item <= measure_with_unit => length_measure_with_unit

表 10（续）

应用元素	AIM 元素	源	规则	引用路径
outer_diameter to taper_select (as reduced_size) #1: as angle_taper #2: as diameter_taper	PATH			outer_round <= feature_definition <= characterized_object characterized_definition = characterized_object characterized_definition <- property_definition. definition property_definition => product_definition_shape <- shape_aspect. of_shape { shape_aspect. description = 'reduced size occurrence' } shape_aspect <- shape_aspect_relationship. related_shape_aspect { shape_aspect_relationship => feature_component_relationship } { shape_aspect_relationship. name = 'reduced size' } { shape_aspect_relationship. description = 'taper usage' } shape_aspect_relationship shape_aspect_relationship. relating_shape_aspect -> { #1: (shape_aspect. description = 'angle taper') #2: (shape_aspect. description = 'diameter taper') } shape_aspect => taper
OUTER_DIAMETER_TO_SHOUL- DER	outer_round	10303-522		outer_round <= { feature_definition => instanced_feature } feature_definition <= characterized_object { characterized_object. description = 'outer diameter to shoulder' }

表 10（续）

应用元素	AIM 元素	源	规则	引用路径
diameter_at_placement	length_measure_with_unit	10303-41		outer_round <= feature_definition <= characterized_object characterized_definition = characterized_object characterized_definition <- property_definition. definition { property_definition => product_definition_shape } property_definition <- property_definition_representation. definition { property_definition_representation => shape_definition_representation } property_definition_representation property_definition_representation. used_representation -> { representation => shape_representation => shape_representation_with_parameters } representation representation. items[i] -> { representation_item. name = ‘diameter’ } representation_item => measure_representation_item <= measure_with_unit => length_measure_with_unit

表 10（续）

应用元素	AIM 元素	源	规则	引用路径
outer_diameter_to_shoulder to vee_profile (as v_shape_boundary)	PATH			outer_round <= feature_definition <= characterized_object characterized_definition = characterized_object characterized_definition <- property_definition. definition property_definition => product_definition_shape <- shape_aspect. of_shape { shape_aspect. description = 'v-shape boundary occurrence' } shape_aspect <- shape_aspect_relationship. related_shape_aspect { shape_aspect_relationship. description = 'profile usage' } { shape_aspect_relationship => shape_defining_relationship } shape_aspect_relationship shape_aspect_relationship. relating_shape_aspect -> { shape_aspect. description = 'v-shape' } shape_aspect => vee_profile
OUTER_ROUND	outer_round	10303-522		outer_round <= { feature_definition => instanced_feature } feature_definition <= characterized_object
REVOLVED_FEATURE	revolved_profile	10303-522		revolved_profile <= { feature_definition => instanced_feature } feature_definition <= characterized_object

表 10（续）

应用元素	AIM 元素	源	规则	引用路径
material_side	direction	10303-42		revolved_profile <= feature_definition <= characterized_object characterized_definition = characterized_object characterized_definition <- property_definition. definition { property_definition => product_definition_shape } property_definition <- property_definition_representation. definition property_definition_representation property_definition_representation. used_representation -> { representation. name = 'removal direction' } representation { representation => shape_representation => direction_shape_representation } representation. items[i] -> representation_item => geometric_representation_item => direction

表 10（续）

应用元素	AIM 元素	源	规则	引用路径
radius	length_measure_with_unit	10303-41		revolved_profile <= feature_definition <= characterized_object characterized_definition = characterized_object characterized_definition <- property_definition.definition { property_definition => product_definition_shape } property_definition <- property_definition_representation.definition { property_definition_representation => shape_definition_representation } property_definition_representation property_definition_representation.used_representation -> { representation => shape_representation => shape_representation_with_parameters } representation representation.items[i] -> { representation_item.name = 'radius' } representation_item => measure_representation_item <= measure_with_unit => length_measure_with_unit
REVOLVED_FLAT	revolved_profile	10303-522		revolved_profile <= { feature_definition => instanced_feature } feature_definition <= characterized_object { characterized_object.description = 'flat' }

表 10（续）

应用元素	AIM 元素	源	规则	引用路径
revolved_flat to linear_profile (as flat_edge_shape)	PATH			revolved_profile <= feature_definition <= characterized_object characterized_definition = characterized_object characterized_definition <- property_definition. definition property_definition => product_definition_shape <- shape_aspect. of_shape { shape_aspect. description = 'flat edge shape occurrence' } shape_aspect <- shape_aspect_relationship. related_shape_aspect { shape_aspect_relationship. description = 'profile usage' } { shape_aspect_relationship => shape_defining_relationship } shape_aspect_relationship shape_aspect_relationship. relating_shape_aspect -> { shape_aspect. description = 'flat edge shape' } shape_aspect => linear_profile
REVOLVED_ROUND	revolved_profile	10303-522		revolved_profile <= { feature_definition => instanced_feature } feature_definition <= characterized_object { characterized_object. description = 'round' }

表 10（续）

应用元素	AIM 元素	源	规则	引用路径
revolved_round to partial_circular_profile (as rounded_edge_shape)	PATH			revolved_profile <= feature_definition <= characterized_object characterized_definition = characterized_object characterized_definition <- property_definition. definition property_definition => product_definition_shape <- shape_aspect. of_shape { shape_aspect. description = 'rounded edge shape occurrence' } shape_aspect <- shape_aspect_relationship. related_shape_aspect { shape_aspect_relationship. description = 'profile usage' } { shape_aspect_relationship => shape_defining_relationship } shape_aspect_relationship shape_aspect_relationship. relating_shape_aspect -> { shape_aspect. description = 'rounded edge shape' } shape_aspect => partial_circular_profile
STRAIGHT_KNURL	turned_knurl	10303-522		turned_knurl <= { feature_definition => instanced_feature } feature_definition <= characterized_object { characterized_object. description = 'straight' }
TOOL_KNURL	turned_knurl	10303-522		turned_knurl <= { feature_definition => instanced_feature } feature_definition <= characterized_object { characterized_object. description = 'tool' }

表 10（续）

应用元素	AIM 元素	源	规则	引用路径
TURNING_FEATURE	(outer_round) (revolved_profile) (turned_knurl)	10303-522 10303-522 10303-522		(outer_round <=) (revolved_profile <=) (turned_knurl <=) { feature_definition => instanced_feature } feature_definition <= characterized_object

表 11　镗工艺数据功能单元的映射表

应用元素	AIM 元素	源	规则	引用路径
BIDIRECTIONAL_TURNING	turning_type_strategy	10303-238		turning_type_strategy <= machining_strategy <= action_method { action_method. description = 'bidirectional' }
feed_direction	direction	10303-42		turning_type_strategy <= machining_strategy <= action_method characterized_action_definition = action_method characterized_action_definition <- action_property. definition { action_property. name = 'feed direction' } action_property <- action_property_representation. property action_property_representation action_property_representation. representation -> representation representation. items[i] -> representation_item => geometric_representation_item => direction

表 11（续）

应用元素	AIM 元素	源	规则	引用路径
stepover_direction	direction	10303-42		turning_type_strategy <= machining_strategy <= action_method characterized_action_definition = action_method characterized_action_definition <- action_property. definition { action_property. name = 'stepover direction' } action_property <- action_property_representation. property action_property_representation action_property_representation. representation -> representation representation. items[i] -> representation_item => geometric_representation_item => direction
stepover_feed	machining_feed_speed_- representation	10303-238		turning_type_strategy <= machining_strategy <= action_method characterized_action_definition = action_method characterized_action_definition <- action_property. definition { action_property. name = 'stepover feedrate' } action_property <- action_property_representation. property action_property_representation action_property_representation. representation -> { (representation. name = 'feed speed') (representation. name = 'feed per revolution') } representation => machining_feed_speed_representation
CONST_CUTTING_SPEED	machining_spindle_speed_- representation	10303-238		machining_spindle_speed_representation <= representation {representation. name = 'cutting speed' }

表 11（续）

应用元素	AIM 元素	源	规则	引用路径
speed	measure_with_unit	10303-41		machining_spindle_speed_representation <= representation representation. items[i] -> { representation_item. name = ‘surface speed’ } representation_item => measure_representation_item <= measure_with_unit { measure_with_unit. value_component -> measure_value measure_value = numeric_measure numeric_measure }
max_speed	measure_with_unit	10303-41		machining_spindle_speed_representation <= representation representation. items[i] -> { representation_item. name = ‘maximum rotational speed’ } representation_item => measure_representation_item <= measure_with_unit { measure_with_unit. value_component -> measure_value measure_value = numeric_measure numeric_measure }
CONST_SPINDLE_SPEED	machining_spindle_speed_-representation	10303-238		machining_spindle_speed_representation <= representation {representation. name = ‘spindle speed’ }

表 11（续）

应用元素	AIM 元素	源	规则	引用路径
rot_speed	measure_with_unit	10303-41		machining_spindle_speed_representation <= representation representation. items[i] -> { representation_item. name = 'rotational speed' } representation_item => measure_representation_item <= measure_with_unit { measure_with_unit. value_component -> measure_value measure_value = numeric_measure numeric_measure }
CONTOUR_TURNING	turning_type_strategy	10303-238		turning_type_strategy <= machining_strategy <= action_method { action_method. description = 'contour' }
feed_direction	direction	10303-42		turning_type_strategy <= machining_strategy <= action_method characterized_action_definition = action_method characterized_action_definition <- action_property. definition { action_property. name = 'feed direction' } action_property <- action_property_representation. property action_property_representation action_property_representation. representation -> representation representation. items[i] -> representation_item => geometric_representation_item => direction

表 11（续）

应用元素	AIM 元素	源	规则	引用路径
back_path_direction	direction	10303-42		turning_type_strategy <= machining_strategy <= action_method characterized_action_definition = action_method characterized_action_definition <- action_property. definition { action_property. name = 'back path direction' } action_property <- action_property_representation. property action_property_representation action_property_representation. representation -> representation representation. items[i] -> representation_item => geometric_representation_item => direction
lift_direction	direction	10303-42		turning_type_strategy <= machining_strategy <= action_method characterized_action_definition = action_method characterized_action_definition <- action_property. definition { action_property. name = 'lift direction' } action_property <- action_property_representation. property action_property_representation action_property_representation. representation -> representation representation. items[i] -> representation_item => geometric_representation_item => direction

表 11（续）

应用元素	AIM 元素	源	规则	引用路径
stepover_direction	direction	10303-42		turning_type_strategy <= machining_strategy <= action_method characterized_action_definition = action_method characterized_action_definition <- action_property. definition { action_property. name = 'stepover direction' } action_property <- action_property_representation. property action_property_representation action_property_representation. representation -> representation representation. items[i] -> representation_item => geometric_representation_item => direction
lift_height	length_measure_with_unit	10303-41		turning_type_strategy <= machining_strategy <= action_method characterized_action_definition = action_method characterized_action_definition <- action_property. definition { action_property. name = 'lift height' } action_property <- action_property_representation. property action_property_representation action_property_representation. representation -> representation representation. items[i] -> representation_item => measure_representation_item <= measure_with_unit => length_measure_with_unit

表 11（续）

应用元素	AIM 元素	源	规则	引用路径
lift_feed	machining_feed_speed_-representation	10303-238		turning_type_strategy <= machining_strategy <= action_method characterized_action_definition = action_method characterized_action_definition <- action_property. definition { action_property. name = 'lift feedrate' } action_property <- action_property_representation. property action_property_representation action_property_representation. representation -> { (representation. name = 'feed speed') (representation. name = 'feed per revolution') } representation => machining_feed_speed_representation
stepover_feed	machining_feed_speed_-representation	10303-238		turning_type_strategy <= machining_strategy <= action_method characterized_action_definition = action_method characterized_action_definition <- action_property. definition { action_property. name = 'stepover feedrate' } action_property <- action_property_representation. property action_property_representation action_property_representation. representation -> { (representation. name = 'feed speed') (representation. name = 'feed per revolution') } representation => machining_feed_speed_representation

表 11（续）

应用元素	AIM 元素	源	规则	引用路径
variable_stepover_feed	ratio_measure_with_unit	10303-41		turning_type_strategy <= machining_strategy <= action_method characterized_action_definition = action_method characterized_action_definition <- action_property. definition { action_property. name = 'variable stepover feedrate' } action_property <- action_property_representation. property action_property_representation action_property_representation. representation -> { representation => machining_feed_speed_representation } representation { representation. name = 'relative speed' } representation. items[i] -> { representation_item. name = 'relative speed' } representation_item => measure_representation_item <= measure_with_unit => ratio_measure_with_unit
CONTOURING	contouring_turning_operation	10303-238		contouring_turning_operation <= turning_type_operation <= machining_operation <= action_method

表 11（续）

应用元素	AIM 元素	源	规则	引用路径
allowance	length_measure_with_unit	10303-41		contouring_turning_operation <= turning_type_operation <= machining_operation <= action_method characterized_action_definition = action_method characterized_action_definition <- action_property. definition { action_property. name = 'allowance' } action_property <- action_property_representation. property action_property_representation action_property_representation. representation -> representation representation. items[i] -> representation_item => measure_representation_item <= measure_with_unit => length_measure_with_unit
CONTOURING_FINISH	contouring_turning_operation	10303-238		contouring_turning_operation <= turning_type_operation <= machining_operation <= action_method { action_method. description = 'finishing' }
CONTOURING_ROUGH	contouring_turning_operation	10303-238		contouring_turning_operation <= turning_type_operation <= machining_operation <= action_method { action_method. description = 'roughing' }
CUTTING_IN	grooving_turning_operation	10303-238		grooving_turning_operation <= turning_type_operation <= machining_operation <= action_method { action_method. description = 'cutting in' }

表 11（续）

应用元素	AIM 元素	源	规则	引用路径
EXPLICIT_TURNING_STRATEGY	turning_type_strategy	10303-238		turning_type_strategy <= machining_strategy <= action_method { action_method. description = 'explicit' }
FACING	facing_turning_operation	10303-238		facing_turning_operation <= turning_type_operation <= machining_operation <= action_method
allowance	length_measure_with_unit	10303-41		facing_turning_operation <= turning_type_operation <= machining_operation <= action_method characterized_action_definition = action_method characterized_action_definition <- action_property. definition { action_property. name = 'allowance' } action_property <- action_property_representation. property action_property_representation action_property_representation. representation -> representation representation. items[i] -> representation_item => measure_representation_item <= measure_with_unit => length_measure_with_unit
FACING_FINISH	facing_turning_operation	10303-238		facing_turning_operation <= turning_type_operation <= machining_operation <= action_method { action_method. description = 'finishing' }

表 11（续）

应用元素	AIM 元素	源	规则	引用路径
FACING_ROUGH	facing_turning_operation	10303-238		facing_turning_operation <= turning_type_operation <= machining_operation <= action_method { action_method. description = 'roughing' }
GROOVING	grooving_turning_operation	10303-238		grooving_turning_operation <= turning_type_operation <= machining_operation <= action_method
dwell	machining_dwell_time_- representation	10303-238		grooving_turning_operation <= turning_type_operation <= machining_operation <= action_method characterized_action_definition = action_method characterized_action_definition <- action_property. definition { action_property. name = 'dwell' } action_property <- action_property_representation. property action_property_representation action_property_representation. representation -> { (representation. name = 'dwell time') (representation. name = 'dwell revolution') } representation => machining_dwell_time_representation

表 11（续）

应用元素	AIM 元素	源	规则	引用路径
allowance	length_measure_with_unit	10303-41		grooving_turning_operation <= turning_type_operation <= machining_operation <= action_method characterized_action_definition = action_method characterized_action_definition <- action_property. definition { action_property. name = 'allowance' } action_property <- action_property_representation. property action_property_representation action_property_representation. representation -> representation representation. items[i] -> representation_item => measure_representation_item <= measure_with_unit => length_measure_with_unit
GROOVING_FINISH	grooving_turning_operation	10303-238		grooving_turning_operation <= turning_type_operation <= machining_operation <= action_method { action_method. description = 'finishing' }
GROOVING_ROUGH	grooving_turning_operation	10303-238		grooving_turning_operation <= turning_type_operation <= machining_operation <= action_method { action_method. description = 'roughing' }
GROOVING_STRATEGY	turning_type_strategy	10303-238		turning_type_strategy <= machining_strategy <= action_method { (action_method. description = 'grooving') (action_method. description = 'multistep grooving') }

表 11（续）

应用元素	AIM 元素	源	规则	引用路径
grooving_direction	direction	10303-42		turning_type_strategy <= machining_strategy <= action_method characterized_action_definition = action_method characterized_action_definition <- action_property. definition { action_property. name = 'grooving direction' } action_property <- action_property_representation. property action_property_representation action_property_representation. representation -> representation representation. items[i] -> representation_item => geometric_representation_item => direction
travel_distance	length_measure_with_unit	10303-41		turning_type_strategy <= machining_strategy <= action_method characterized_action_definition = action_method characterized_action_definition <- action_property. definition { action_property. name = 'travel distance' } action_property <- action_property_representation. property action_property_representation action_property_representation. representation -> representation representation. items[i] -> representation_item => measure_representation_item <= measure_with_unit => length_measure_with_unit

表 11（续）

应用元素	AIM 元素	源	规则	引用路径
KNURLING	knurling_turning_operation	10303-238		knurling_turning_operation <= turning_type_operation <= machining_operation <= action_method
MULTISTEP_GROOVING_STRAT- EGY	turning_type_strategy	10303-238		turning_type_strategy <= machining_strategy <= action_method { action_method. description = 'multistep grooving' }
retract_distance	length_measure_with_unit	10303-41		turning_type_strategy <= machining_strategy <= action_method characterized_action_definition = action_method characterized_action_definition <- action_property. definition { action_property. name = 'retract distance' } action_property <- action_property_representation. property action_property_representation action_property_representation. representation -> representation representation. items[i] -> representation_item => measure_representation_item <= measure_with_unit => length_measure_with_unit
THREAD_STRATEGY	turning_type_strategy	10303-238		turning_type_strategy <= machining_strategy <= action_method { action_method. description = 'thread' }

表 11（续）

应用元素	AIM 元素	源	规则	引用路径
cut_in_amount_function	descriptive_representation_item.-description	10303-45		turning_type_strategy <= machining_strategy <= action_method characterized_action_definition = action_method characterized_action_definition <- action_property.definition { action_property.name = 'cut in amount' } action_property <- action_property_representation.property action_property_representation action_property_representation.representation -> representation representation.items[i] -> representation_item => descriptive_representation_item descriptive_representation_item.description { (descriptive_representation_item.description = 'constant depth') (descriptive_representation_item.description = 'variable depth') (descriptive_representation_item.description = \\ 'constant removal amount') }

表 11（续）

应用元素	AIM 元素	源	规则	引用路径
threading_direction	descriptive_representation_item.- description	10303-45		turning_type_strategy <= machining_strategy <= action_method characterized_action_definition = action_method characterized_action_definition <- action_property. definition { action_property. name = 'threading direction' } action_property <- action_property_representation. property action_property_representation action_property_representation. representation -> representation representation. items[i] -> representation_item => descriptive_representation_item descriptive_representation_item. description { (descriptive_representation_item. description = 'left') (descriptive_representation_item. description = 'right') (descriptive_representation_item. description = 'center') (descriptive_representation_item. description = 'left zigzag') (descriptive_representation_item. description = 'right zigzag') }

表 11（续）

应用元素	AIM 元素	源	规则	引用路径
path_return_angle	plane_angle_measure_with_unit	10303-41		turning_type_strategy <= machining_strategy <= action_method characterized_action_definition = action_method characterized_action_definition <- action_property. definition { action_property. name = ‘path return angle’ } action_property <- action_property_representation. property action_property_representation action_property_representation. representation -> representation representation. items[i] -> representation_item => measure_representation_item <= measure_with_unit => plane_angle_measure_with_unit
lift_height	length_measure_with_unit	10303-41		turning_type_strategy <= machining_strategy <= action_method characterized_action_definition = action_method characterized_action_definition <- action_property. definition { action_property. name = ‘lift height’ } action_property <- action_property_representation. property action_property_representation action_property_representation. representation -> representation representation. items[i] -> representation_item => measure_representation_item <= measure_with_unit => length_measure_with_unit

表 11（续）

应用元素	AIM 元素	源	规则	引用路径
THREADING	threading_turning_operation	10303-238		threading_turning_operation <= turning_type_operation <= machining_operation <= action_method
allowance	length_measure_with_unit	10303-41		threading_turning_operation <= turning_type_operation <= machining_operation <= action_method characterized_action_definition = action_method characterized_action_definition <- action_property. definition { action_property. name = 'allowance' } action_property <- action_property_representation. property action_property_representation action_property_representation. representation -> representation representation. items[i] -> representation_item => measure_representation_item <= measure_with_unit => length_measure_with_unit
THREADING_FINISH	threading_turning_operation	10303-238		threading_turning_operation <= turning_type_operation <= machining_operation <= action_method { action_method. description = 'finishing' }
THREADING_ROUGH	threading_turning_operation	10303-238		threading_turning_operation <= turning_type_operation <= machining_operation <= action_method { action_method. description = 'roughing' }

表 11（续）

应用元素	AIM 元素	源	规则	引用路径
TURNING_MACHINE_FUNCTIONS	machining_functions	10303-238		machining_functions <= action_method { action_method. description = 'turning' }
coolant #1: if value is true #2: if value is false	descriptive_representation_item.-description	10303-45		machining_functions <= action_method characterized_action_definition = action_method characterized_action_definition <- action_property. definition { action_property. name = 'coolant' } action_property <- action_property_representation. property action_property_representation action_property_representation. representation -> representation representation. items[i] -> representation_item => descriptive_representation_item descriptive_representation_item. description { #1: (descriptive_representation_item. description = 'coolant on') #2: (descriptive_representation_item. description = 'coolant off') }

表 11（续）

应用元素	AIM 元素	源	规则	引用路径
coolant_type	descriptive_representation_item.-description	10303-45		machining_functions <= action_method characterized_action_definition = action_method characterized_action_definition <- action_property.definition { action_property.name = 'coolant type' } action_property <- action_property_representation.property action_property_representation action_property_representation.representation -> representation representation.items[i] -> representation_item => descriptive_representation_item descriptive_representation_item.description { (descriptive_representation_item.description = 'flood') (descriptive_representation_item.description = 'mist') (descriptive_representation_item.description = 'through tool') }
coolant_pressure	measure_with_unit	10303-41		machining_functions <= action_method characterized_action_definition = action_method characterized_action_definition <- action_property.definition { action_property.name = 'coolant pressure' } action_property <- action_property_representation.property action_property_representation action_property_representation.representation -> representation representation.items[i] -> representation_item => measure_representation_item <= measure_with_unit

表 11（续）

应用元素	AIM 元素	源	规则	引用路径
axis_clamping	descriptive_representation_item.-description	10303-45		machining_functions <= action_method characterized_action_definition = action_method characterized_action_definition <- action_property.definition { action_property.name = ‘axis clamping’ } action_property <- action_property_representation.property action_property_representation action_property_representation.representation -> representation representation.items[i] -> representation_item => compound_representation_item compound_representation_item.item_element -> compound_item_definition compound_item_definition = list_representation_item list_representation_item[i] -> representation_item => descriptive_representation_item descriptive_representation_item.description

表 11（续）

应用元素	AIM 元素	源	规则	引用路径
chip_removal #1：if value is true #2：if value is false (mapping may also be omitted if value is false)	descriptive_representation_item.-description	10303-45		machining_functions <= action_method characterized_action_definition = action_method characterized_action_definition <- action_property.definition { action_property.name = 'chip removal' } action_property <- action_property_representation.property action_property_representation action_property_representation.representation -> representation representation.items[i] -> representation_item => descriptive_representation_item descriptive_representation_item.description { #1：(descriptive_representation_item.description = \ 'chip removal on') #2：(descriptive_representation_item.description = \ 'chip removal off') }
oriented_spindle_stop	direction	10303-42		machining_functions <= action_method characterized_action_definition = action_method characterized_action_definition <- action_property.definition { action_property.name = 'oriented spindle stop' } action_property <- action_property_representation.property action_property_representation action_property_representation.representation -> representation representation.items[i] -> representation_item => geometric_representation_item => direction

表 11（续）

应用元素	AIM 元素	源	规则	引用路径
turning_machine_functions to process_model (as its_process_model) See NOTE 21	PATH			machining_functions <= action_method <- action_method_relationship. relating_method action_method_relationship { action_method_relationship => serial_action_method => sequential_method => machining_process_model_relationship } action_method_relationship. related_method -> action_method => machining_process_model
turning_machine_functions to property_parameter (as other_functions)	PATH			machining_functions <= action_method characterized_action_definition = action_method characterized_action_definition <- action_property. definition { action_property. name = 'other functions' } action_property <- action_property_representation. property action_property_representation action_property_representation. representation -> representation representation. items[i] -> representation_item => compound_representation_item compound_representation_item. item_element -> compound_item_definition compound_item_definition = set_representation_item set_representation_item[i] -> representation_item

表 11（续）

应用元素	AIM 元素	源	规则	引用路径
tail_stock #1：if value is true #2：if value is false（mapping may also be omitted if value is false)	descriptive_representation_item.-description	10303-45		machining_functions <= action_method characterized_action_definition = action_method characterized_action_definition <- action_property. definition { action_property. name = 'tail stock' } action_property <- action_property_representation. property action_property_representation action_property_representation. representation -> representation representation. items[i] -> representation_item => descriptive_representation_item descriptive_representation_item. description { #1：(descriptive_representation_item. description = \\ 'tail stock used') #2：(descriptive_representation_item. description = \\ 'tail stock not used') }

表 11（续）

应用元素	AIM 元素	源	规则	引用路径
steady_rest #1：if value is true #2：if value is false（mapping may also be omitted if value is false）	descriptive_representation_item.-description	10303-45		machining_functions <= action_method characterized_action_definition = action_method characterized_action_definition <- action_prcperty. definition { action_property. name = ‘steady rest’ } action_property <- action_property_representation. property action_property_representation action_property_representation. representation -> representation representation. items[i] -> representation_item => descriptive_representation_item descriptive_representation_item. description { #1：(descriptive_representation_item. description = \ ‘steady rest used’) #2：(descriptive_representation_item. description = \ ‘steady rest not used’) }

表 11（续）

应用元素	AIM 元素	源	规则	引用路径
follow_rest #1：if value is true #2：if value is false (mapping may also be omitted if value is false)	descriptive_representation_item.-description	10303-45		machining_functions <= action_method characterized_action_definition = action_method characterized_action_definition <- action_property.definition { action_property.name = 'follow rest' } action_property <- action_property_representation.property action_property_representation action_property_representation.representation -> representation representation.items[i] -> representation_item => descriptive_representation_item descriptive_representation_item.description { #1:(descriptive_representation_item.description = \\ 'follow rest used') #2:(descriptive_representation_item.description = \\ 'follow rest not used') }
TURNING_MACHINING_OPERATION	turning_type_operation	10303-238		turning_type_operation <= machining_operation <= action_method
turning_type_operation to approach_retract_strategy (as approach)	PATH			turning_type_operation <= machining_operation <= action_method <- action_method_relationship.relating_method action_method_relationship { action_method_relationship => machining_strategy_relationship } { action_method_relationship.name = 'approach' } action_method_relationship.related_method -> action_method => machining_strategy => machining_approach_retract_strategy

表 11（续）

应用元素	AIM 元素	源	规则	引用路径
turning_type_operation to approach_retract_strategy (as retract)	PATH			turning_type_operation <= machining_operation <= action_method <- action_method_relationship. relating_method action_method_relationship { action_method_relationship => machining_strategy_relationship } { action_method_relationship. name = 'retract' } action_method_relationship. related_method -> action_method => machining_strategy => machining_approach_retract_strategy
turning_type_operation to turning_machining_strategy (as its_machining_strategy)	PATH			turning_type_operation <= machining_operation <= action_method <- action_method_relationship. relating_method action_method_relationship { action_method_relationship => machining_strategy_relationship } { action_method_relationship. name = 'machining' } action_method_relationship. related_method -> action_method => machining_strategy => , turning_type_strategy
TURNING_MACHINING_STRAT- EGY	turning_type_strategy	10303-238		turning_type_strategy <= machining_strategy <= action_method

表 11（续）

应用元素	AIM 元素	源	规则	引用路径
overcut_length	length_measure_with_unit	10303-41		turning_type_strategy <= machining_strategy <= action_method characterized_action_definition = action_method characterized_action_definition <- action_property. definition { action_property. name = 'overcut length' } action_property <- action_property_representation. property action_property_representation action_property_representation. representation -> representation representation. items[i] -> representation_item => measure_representation_item <= measure_with_unit => length_measure_with_unit

表 11（续）

应用元素	AIM 元素	源	规则	引用路径
allow_multiple_passes #1：if value is true (mapping may also be omitted if value is true) #2：if value is false	descriptive_representation_item.-description	10303-45		turning_type_strategy <= machining_strategy <= action_method characterized_action_definition = action_method characterized_action_definition <- action_property. definition { action_property. name = 'multiple passes' } action_property <- action_property_representation. property action_property_representation action_property_representation. representation -> representation representation. items[i] -> representation_item => descriptive_representation_item descriptive_representation_item. description { #1：(descriptive_representation_item. description = \ 'multiple passes allowed') #2：(descriptive_representation_item. description = \ 'multiple passes not allowed') }

表 11（续）

应用元素	AIM 元素	源	规则	引用路径
cutting_depth	length_measure_with_unit	10303-41		turning_type_strategy <= machining_strategy <= action_method characterized_action_definition = action_method characterized_action_definition <- action_property. definition { action_property. name = 'cutting depth' } action_property <- action_property_representation. property action_property_representation action_property_representation. representation -> representation representation. items[i] -> representation_item => compound_representation_item compound_representation_item. item_element -> compound_item_definition compound_item_definition = list_representation_item list_representation_item[i] -> representation_item => measure_representation_item <= measure_with_unit => length_measure_with_unit

表 11（续）

应用元素	AIM 元素	源	规则	引用路径
variable_feedrate	ratio_measure_with_unit	10303-41		turning_type_strategy <= machining_strategy <= action_method characterized_action_definition = action_method characterized_action_definition <- action_property.definition { action_property.name = 'variable feedrate' } action_property <- action_property_representation.property action_property_representation action_property_representation.representation -> { representation => machining_feed_speed_representation } representation { representation.name = 'relative speed' } representation.items[i] -> { representation_item.name = 'relative speed' } representation_item => measure_representation_item <= measure_with_unit => ratio_measure_with_unit
TURNING_TECHNOLOGY	machining_technology	10303-238		machining_technology <= action_method { action_method.description = 'turning' }

表 11（续）

应用元素	AIM 元素	源	规则	引用路径
spindle_speed	PATH			machining_technology <= action_method characterized_action_definition = action_method characterized_action_definition <- action_property. definition { action_property. name = 'spindle' } action_property <- action_property_representation. property action_property_representation action_property_representation. representation -> { (representation. name = 'spindle speed') (representation. name = 'cutting speed') } representation => machining_spindle_speed_representation
feed_per_revolution	measure_with_unit	10303-41		machining_technology <= action_method characterized_action_definition = action_method characterized_action_definition <- action_property. definition { action_property. name = 'feedrate' } action_property <- action_property_representation. property action_property_representation action_property_representation. representation -> { representation => machining_feed_speed_representation } representation { representation. name = 'feed per revolution' } representation. items[i] -> { representation_item. name = 'feed per revolution' } representation_item => measure_representation_item <= measure_with_unit

表 11（续）

应用元素	AIM 元素	源	规则	引用路径
sync_spindle_and_z_feed #1：if value is true #2：if value is false（mapping may also be omitted if value is false）	descriptive_representation_item.-description	10303-45		machining_technology <= action_method characterized_action_definition = action_method characterized_action_definition <- action_property. definition {action_property. name = 'synchronize spindle with z feed'} action_property <- action_property_representation. property action_property_representation action_property_representation. representation -> representation representation. items[i] -> representation_item => descriptive_representation_item descriptive_representation_item. description {#1：(descriptive_representation_item. description = \ 'synchronized') #2：(descriptive_representation_item. description = \ 'not synchronized')}

表 11（续）

应用元素	AIM 元素	源	规则	引用路径
inhibit_feedrate_override #1：if value is true #2：if value is false（mapping may also be omitted if value is false）	descriptive_representation_item.-description	10303-45		machining_technology <= action_method characterized_action_definition = action_method characterized_action_definition <- action_property.definition { action_property.name = ‘inhibit feedrate override’ } action_property <- action_property_representation.property action_property_representation action_property_representation.representation -> representation representation.items[i] -> representation_item => descriptive_representation_item descriptive_representation_item.description { #1：(descriptive_representation_item.description = \ ‘override not allowed’) #2：(descriptive_representation_item.description = \ ‘override allowed’) }

表 11（续）

应用元素	AIM 元素	源	规则	引用路径
inhibit_spindle_override #1：if value is true #2：if value is false（mapping may also be omitted if value is false)	descriptive_representation_item.-description	10303-45		machining_technology <= action_method characterized_action_definition = action_method characterized_action_definition <- action_property.definition { action_property.name = 'inhibit spindle override' } action_property <- action_property_representation.property action_property_representation action_property_representation.representation -> representation representation.items[i] -> representation_item => descriptive_representation_item descriptive_representation_item.description { #1：(descriptive_representation_item.description = \\ 'override not allowed') #2：(descriptive_representation_item.description = \\ 'override allowed') }
turning_technology to adaptive_control(as its_adaptive_control)	PATH			machining_technology <= action_method <- action_method_relationship.relating_method action_method_relationship { action_method_relationship => machining_adaptive_control_relationship } action_method_relationship.related_method -> action_method => machining_technology
TURNING_WORKINGSTEP	machining_workingstep	10303-238		machining_workingstep <= machining_process_executable <= action_method { action_method.description = 'turning' }

表 11（续）

应用元素	AIM 元素	源	规则	引用路径
turning_workingstep to manufacturing_feature (as its_features)	PATH			machining_workingstep <= machining_process_executable <= action_method <- action_method_relationship. relating_method action_method_relationship { action_method_relationship => machining_feature_relationship => machining_feature_sequence_relationship } action_method_relationship. related_method -> { action_method => machining_process_executable => machining_feature_process } action_method <- action. chosen_method { action. name = 'machining' } action => property_process <- process_property_association. process process_property_association process_property_association. property_or_shape -> property_or_shape_select property_or_shape_select = shape_definition shape_definition shape_definition = shape_aspect shape_aspect See NOTE 18

表 11（续）

应用元素	AIM 元素	源	规则	引用路径
turning_workingstep to turning_machining_operation (as its_operation)	PATH			machining_workingstep <= machining_process_executable <= action_method <- action_method_relationship. relating_method action_method_relationship { action_method_relationship => machining_operation_relationship } action_method_relationship. related_method -> action_method => machining_operation => turning_type_operation
turning_workingstep to in_process_geometry (as its_effect)	PATH			machining_workingstep <= machining_process_executable <= action_method characterized_action_definition = action_method characterized_action_definition <- action_property. definition action_property
UNIDIRECTIONAL_TURNING	turning_type_strategy	10303-238		turning_type_strategy <= machining_strategy <= action_method { action_method. description = 'unidirectional' }

表 11（续）

应用元素	AIM 元素	源	规则	引用路径
feed_direction	direction	10303-42		turning_type_strategy <= machining_strategy <= action_method characterized_action_definition = action_method characterized_action_definition <- action_property. definition { action_property. name = 'feed direction' } action_property <- action_property_representation. property action_property_representation action_property_representation. representation -> representation representation. items[i] -> representation_item => geometric_representation_item => direction
back_path_direction	direction	10303-42		turning_type_strategy <= machining_strategy <= action_method characterized_action_definition = action_method characterized_action_definition <- action_property. definition { action_property. name = 'back path direction' } action_property <- action_property_representation. property action_property_representation action_property_representation. representation -> representation representation. items[i] -> representation_item => geometric_representation_item => direction

表 11（续）

应用元素	AIM 元素	源	规则	引用路径
lift_direction	direction	10303-42		turning_type_strategy <= machining_strategy <= action_method characterized_action_definition = action_method characterized_action_definition <- action_property. definition { action_property. name = 'lift direction' } action_property <- action_property_representation. property action_property_representation action_property_representation. representation -> representation representation. items[i] -> representation_item => geometric_representation_item => direction
stepover_direction	direction	10303-42		turning_type_strategy <= machining_strategy <= action_method characterized_action_definition = action_method characterized_action_definition <- action_property. definition { action_property. name = 'stepover direction' } action_property <- action_property_representation. property action_property_representation action_property_representation. representation -> representation representation. items[i] -> representation_item => geometric_representation_item => direction

表 11（续）

应用元素	AIM 元素	源	规则	引用路径
lift_height	length_measure_with_unit	10303-41		turning_type_strategy <= machining_strategy <= action_method characterized_action_definition = action_method characterized_action_definition <- action_property. definition { action_property. name = 'lift height' } action_property <- action_property_representation. property action_property_representation action_property_representation. representation -> representation representation. items[i] -> representation_item => measure_representation_item <= measure_with_unit => length_measure_with_unit
lift_feed	machining_feed_speed_- representation	10303-238		turning_type_strategy <= machining_strategy <= action_method characterized_action_definition = action_method characterized_action_definition <- action_property. definition { action_property. name = 'lift feedrate' } action_property <- action_property_representation. property action_property_representation action_property_representation. representation -> { (representation. name = 'feed speed') (representation. name = 'feed per revolution') } representation => machining_feed_speed_representation

表 11（续）

应用元素	AIM 元素	源	规则	引用路径
stepover_feed	machining_feed_speed_-representation	10303-238		turning_type_strategy <= machining_strategy <= action_method characterized_action_definition = action_method characterized_action_definition <- action_property. definition { action_property. name = 'stepover feedrate' } action_property <- action_property_representation. property action_property_representation action_property_representation. representation -> { (representation. name = 'feed speed') (representation. name = 'feed per revolution') } representation => machining_feed_speed_representation

表 12　镗刀具功能单元的映射表

应用元素	AIM 元素	源	规则	引用路径
CHAMFERED_CORNER	machining_cutting_corner_- representation	10303-238		machining_cutting_corner_representation <= representation { representation. name = 'chamfered corner' }
corner_chamfer_angle	plane_angle_measure_with_unit	10303-41		machining_cutting_corner_representation <= representation representation. items[i] -> { representation_item. name = 'chamfer angle' } representation_item => measure_representation_item <= measure_with_unit => plane_angle_measure_with_unit
corner_chamfer_length	length_measure_with_unit	10303-41		machining_cutting_corner_representation <= representation representation. items[i] -> { representation_item. name = 'chamfer length' } representation_item => measure_representation_item <= measure_with_unit => length_measure_with_unit
corner_chamfer_width	length_measure_with_unit	10303-41		machining_cutting_corner_representation <= representation representation. items[i] -> { representation_item. name = 'chamfer width' } representation_item => measure_representation_item <= measure_with_unit => length_measure_with_unit
CORNER_TRANSITION	machining_cutting_corner_- representation	10303-238		machining_cutting_corner_representation <= representation

表 12（续）

应用元素	AIM 元素	源	规则	引用路径
corner_identity	count_measure	10303-41		machining_cutting_corner_representation <= representation representation. items[i] -> { representation_item. name = 'corner identity' } representation_item => measure_representation_item <= measure_with_unit => measure_with_unit. value_component -> measure_value measure_value = count_measure count_measure
corner_transition to chamfered_corner, rounded_corner, or profiled_corner (as transition)	IDENTICAL MAPPING			
CUTTING_EDGE_PROPERTIES	machining_cutting_component	10303-238		machining_cutting_component <= [action_resource] [characterized_object] { action_resource. kind -> action_resource_type action_resource_type. name = 'turning cutting edge' }
cutting_edge_properties to material (as its_material)	PATH			machining_cutting_component <= characterized_object characterized_definition = characterized_object characterized_definition <- material_designation. definitions[i] material_designation

表 12（续）

应用元素	AIM 元素	源	规则	引用路径
expected_tool_life	time_measure_with_unit	10303-41		machining_cutting_component <= action_resource characterized_resource_definition = action_resource characterized_resource_definition <- resource_property. resource { resource_property. name = 'expected life' } resource_property <- resource_property_representation. property resource_property_representation resource_property_representation. representation -> representation representation. items[i] -> representation_item => measure_representation_item <= measure_with_unit => time_measure_with_unit
cutting_edge_properties to milling_technology (as its_technology)	PATH			machining_cutting_component <= action_resource <- requirement_for_action_resource. resources[i] requirement_for_action_resource <= action_resource_requirement { action_resource_requirement. kind -> resource_requirement_type resource_requirement_type. name = 'cutting component' } action_resource_requirement. operations[i] -> characterized_action_definition characterized_action_definition = action_method action_method => machining_technology

表 12（续）

应用元素	AIM 元素	源	规则	引用路径
cutting_edge_length	length_measure_with_unit	10303-41		machining_cutting_component <= action_resource characterized_resource_definition = action_resource characterized_resource_definition <- resource_property. resource { resource_property. name = 'cutting edge length' } resource_property <- resource_property_representation. property resource_property_representation resource_property_representation. representation -> representation representation. items[i] -> representation_item => measure_representation_item <= measure_with_unit => length_measure_with_unit
tool_cutting_edge_angle	plane_angle_measure_with_unit	10303-41		machining_cutting_component <= action_resource characterized_resource_definition = action_resource characterized_resource_definition <- resource_property. resource { resource_property. name = 'cutting edge angle' } resource_property <- resource_property_representation. property resource_property_representation resource_property_representation. representation -> representation representation. items[i] -> representation_item => measure_representation_item <= measure_with_unit => plane_angle_measure_with_unit

表 12（续）

应用元素	AIM 元素	源	规则	引用路径
cutting_edge_properties to corner_transition (as corner_transitions)	PATH			machining_cutting_component <= action_resource characterized_resource_definition = action_resource characterized_resource_definition <- resource_property. resource { resource_property. name = 'corner transitions' } resource_property <- resource_property_representation. property resource_property_representation resource_property_representation. representation -> representation => machining_cutting_corner_representation See NOTE 22
tool_included_angle	plane_angle_measure_with_unit	10303-41		machining_cutting_component <= action_resource characterized_resource_definition = action_resource characterized_resource_definition <- resource_property. resource { resource_property. name = 'tool included angle' } resource_property <- resource_property_representation. property resource_property_representation resource_property_representation. representation -> representation representation. items[i] -> representation_item => measure_representation_item <= measure_with_unit => plane_angle_measure_with_unit

表 12（续）

应用元素	AIM 元素	源	规则	引用路径
maximum_side_cutting_depth	length_measure_with_unit	10303-41		machining_cutting_component <= action_resource characterized_resource_definition = action_resource characterized_resource_definition <- resource_property. resource { resource_property. name = 'maximum side cutting depth' } resource_property <- resource_property_representation. property resource_property_representation resource_property_representation. representation -> representation representation. items[i] -> representation_item => measure_representation_item <= measure_with_unit => length_measure_with_unit
maximum_end_cutting_depth	length_measure_with_unit	10303-41		machining_cutting_component <= action_resource characterized_resource_definition = action_resource characterized_resource_definition <- resource_property. resource { resource_property. name = 'maximum end cutting depth' } resource_property <- resource_property_representation. property resource_property_representation resource_property_representation. representation -> representation representation. items[i] -> representation_item => measure_representation_item <= measure_with_unit => length_measure_with_unit

表 12（续）

应用元素	AIM 元素	源	规则	引用路径
GENERAL_TURNING_TOOL	machining_tool	10303-238		machining_tool <= action_resource { action_resource. description = ‘general turning tool’ }
GROOVING_TOOL	machining_tool	10303-238		machining_tool <= action_resource { action_resource. description = ‘grooving tool’ }
cutting_width	length_measure_with_unit	10303-41		machining_tool <= action_resource characterized_resource_definition = action_resource characterized_resource_definition <- resource_property. resource { resource_property. name = ‘tool body’ } resource_property <- resource_property_representation. property resource_property_representation resource_property_representation. representation -> { representation => machining_tool_body_representation } representation representation. items[i] -> { representation_item. name = ‘cutting width’ } representation_item => measure_representation_item <= measure_with_unit => length_measure_with_unit

表 12（续）

应用元素	AIM 元素	源	规则	引用路径
maximum_grooving_depth	length_measure_with_unit	10303-41		machining_tool <= action_resource characterized_resource_definition = action_resource characterized_resource_definition <- resource_property. resource { resource_property. name = ‘tool body’ } resource_property <- resource_property_representation. property resource_property_representation resource_property_representation. representation -> { representation => machining_tool_body_representation } representation representation. items[i] -> { representation_item. name = ‘maximum grooving depth’ } representation_item => measure_representation_item <= measure_with_unit => length_measure_with_unit

表 12（续）

应用元素	AIM 元素	源	规则	引用路径
corner_radius	length_measure_with_unit	10303-41		machining_tool <= action_resource characterized_resource_definition = action_resource characterized_resource_definition <- resource_property. resource { resource_property. name = ‘tool body’ } resource_property <- resource_property_representation. property resource_property_representation resource_property_representation. representation -> { representation => machining_tool_body_representation } representation representation. items[i] -> { representation_item. name = ‘corner radius’ } representation_item => measure_representation_item <= measure_with_unit => length_measure_with_unit

表 12（续）

应用元素	AIM 元素	源	规则	引用路径
maximum_axial_grooving_diameter	length_measure_with_unit	10303-41		machining_tool <= action_resource characterized_resource_definition = action_resource characterized_resource_definition <- resource_property. resource { resource_property. name = 'tool body' } resource_property <- resource_property_representation. property resource_property_representation resource_property_representation. representation -> { representation => machining_tool_body_representation } representation representation. items[i] -> {representation_item. name = 'maximum axial grooving diameter'} representation_item => measure_representation_item <= measure_with_unit => length_measure_with_unit

表 12（续）

应用元素	AIM 元素	源	规则	引用路径
minimum_axial_grooving_diameter	length_measure_with_unit	10303-41		machining_tool <= action_resource characterized_resource_definition = action_resource characterized_resource_definition <- resource_property. resource { resource_property. name = 'tool body' } resource_property <- resource_property_representation. property resource_property_representation resource_property_representation. representation -> { representation => machining_tool_body_representation } representation representation. items[i] -> {representation_item. name = 'minimum axial grooving diameter'} representation_item => measure_representation_item <= measure_with_unit => length_measure_with_unit
KNURLING_TOOL	machining_tool	10303-238		machining_tool <= action_resource { action_resource. description = 'knurling tool' }

表 12（续）

应用元素	AIM 元素	源	规则	引用路径
knurl_pattern	descriptive_representation_item.- description	10303-45		machining_tool <= action_resource characterized_resource_definition = action_resource characterized_resource_definition <- resource_property. resource { resource_property. name = 'tool body' } resource_property <- resource_property_representation. property resource_property_representation resource_property_representation. representation -> { representation => machining_tool_body_representation } representation representation. items[i] -> { representation_item. name = 'knurl pattern' } representation_item => descriptive_representation_item descriptive_representation_item. description { (descriptive_representation_item. description = 'straight') (descriptive_representation_item. description = 'diagonal') (descriptive_representation_item. description = 'diamond') }

表 12（续）

应用元素	AIM 元素	源	规则	引用路径
cutting_length	length_measure_with_unit	10303-41		machining_tool <= action_resource characterized_resource_definition = action_resource characterized_resource_definition <- resource_property.resource { resource_property.name = 'tool body' } resource_property <- resource_property_representation.property resource_property_representation resource_property_representation.representation -> { representation => machining_tool_body_representation } representation representation.items[i] -> { representation_item.name = 'cutting length' } representation_item => measure_representation_item <= measure_with_unit => length_measure_with_unit

表 12（续）

应用元素	AIM 元素	源	规则	引用路径
angle	plane_angle_measure_with_unit	10303-41		machining_tool <= action_resource characterized_resource_definition = action_resource characterized_resource_definition <- resource_property. resource { resource_property. name = 'tool body' } resource_property <- resource_property_representation. property resource_property_representation resource_property_representation. representation -> { representation => machining_tool_body_representation } representation representation. items[i] -> { representation_item. name = 'cutting angle' } representation_item => measure_representation_item <= measure_with_unit => plane_angle_measure_with_unit

表 12（续）

应用元素	AIM 元素	源	规则	引用路径
pitch	length_measure_with_unit	10303-41		machining_tool <= action_resource characterized_resource_definition = action_resource characterized_resource_definition <- resource_property. resource { resource_property. name = ‘tool body’ } resource_property <- resource_property_representation. property resource_property_representation resource_property_representation. representation -> { representation => machining_tool_body_representation } representation representation. items[i] -> { representation_item. name = ‘cutting pitch’ } representation_item => measure_representation_item <= measure_with_unit => length_measure_with_unit
PROFILED_CORNER	machining_cutting_corner_- representation	10303-238		machining_cutting_corner_representation <= representation { representation. name = ‘profiled corner’ }

表 12（续）

应用元素	AIM 元素	源	规则	引用路径
profiled_corner to open_profile (as transition_profile)	PATH			machining_cutting_corner_representation <= representation <- property_definition_representation. used_representation property_definition_representation property_definition_representation. definition -> represented_definition represented_definition = shape_aspect shape_aspect (linear_profile) (open_path_profile) (partial_circular_profile) (rounded_u_profile) (square_u_profile) (tee_profile) (vee_profile)
ROUNDED_CORNER	machining_cutting_corner_- representation	10303-238		machining_cutting_corner_representation <= representation { representation. name = 'rounded corner' }
corner_radius	length_measure_with_unit	10303-41		machining_cutting_corner_representation <= representation representation. items[i] -> { representation_item. name = 'radius' } representation_item => measure_representation_item <= measure_with_unit => length_measure_with_unit
TURNING_MACHINE_CUTTING_ TOOL	machining_tool	10303-238		machining_tool <= action_resource { action_resource. kind -> action_resource_type action_resource_type. name = 'turning cutting tool' }

表 12（续）

应用元素	AIM 元素	源	规则	引用路径
functional_length	length_measure_with_unit	10303-41		machining_tool <= action_resource characterized_resource_definition = action_resource characterized_resource_definition <- resource_property. resource { resource_property. name = 'tool body' } resource_property <- resource_property_representation. property resource_property_representation resource_property_representation. representation -> { representation => machining_tool_body_representation } representation representation. items[i] -> { representation_item. name = 'functional length' } representation_item => measure_representation_item <= measure_with_unit => length_measure_with_unit

表 12（续）

应用元素	AIM 元素	源	规则	引用路径
f_dimension	length_measure_with_unit	10303-41		machining_tool <= action_resource characterized_resource_definition = action_resource characterized_resource_definition <- resource_property. resource { resource_property. name = 'tool body' } resource_property <- resource_property_representation. property resource_property_representation resource_property_representation. representation -> { representation => machining_tool_body_representation } representation representation. items[i] -> { representation_item. name = 'f dimension' } representation_item => measure_representation_item <= measure_with_unit => length_measure_with_unit

表 12（续）

应用元素	AIM 元素	源	规则	引用路径
minimum_cutting_diameter	length_measure_with_unit	10303-41		machining_tool <= action_resource characterized_resource_definition = action_resource characterized_resource_definition <- resource_property. resource { resource_property. name = 'tool body' } resource_property <- resource_property_representation. property resource_property_representation resource_property_representation. representation -> { representation => machining_tool_body_representation } representation representation. items[i] -> { representation_item. name = 'minimum cutting diameter' } representation_item => measure_representation_item <= measure_with_unit => length_measure_with_unit

表 12（续）

应用元素	AIM 元素	源	规则	引用路径
a_dimension_on_f	length_measure_with_unit	10303-41		machining_tool <= action_resource characterized_resource_definition = action_resource characterized_resource_definition <- resource_property. resource { resource_property. name = 'tool body' } resource_property <- resource_property_representation. property resource_property_representation resource_property_representation. representation -> { representation => machining_tool_body_representation } representation representation. items[i] -> { representation_item. name = 'a dimension on f' } representation_item => measure_representation_item <= measure_with_unit => length_measure_with_unit

表 12（续）

应用元素	AIM 元素	源	规则	引用路径
a_dimension_on_lf	length_measure_with_unit	10303-41		machining_tool <= action_resource characterized_resource_definition = action_resource characterized_resource_definition <- resource_property. resource { resource_property. name = 'tool body' } resource_property <- resource_property_representation. property resource_property_representation resource_property_representation. representation -> { representation => machining_tool_body_representation } representation representation. items[i] -> { representation_item. name = 'a dimension on lf' } representation_item => measure_representation_item <= measure_with_unit => length_measure_with_unit
turning_machine_cutting_tool to cutting_edge_properties (as cutting_edge)	PATH			machining_tool <= action_resource <- action_resource_relationship. relating_resource action_resource_relationship action_resource_relationship. related_resource -> action_resource => machining_cutting_component

表 12（续）

应用元素	AIM 元素	源	规则	引用路径
hand_of_tool	descriptive_representation_item.-description	10303-45		machining_tool <= action_resource characterized_resource_definition = action_resource characterized_resource_definition <- resource_property. resource { resource_property. name = 'tool body' } resource_property <- resource_property_representation. property resource_property_representation resource_property_representation. representation -> { representation => machining_tool_body_representation } representation representation. items[i] -> { representation_item. name = 'hand of cut' } representation_item => descriptive_representation_item descriptive_representation_item. description { (descriptive_representation_item. description = 'left') (descriptive_representation_item. description = 'right') (descriptive_representation_item. description = 'neutral') }
TURNING_THREADING_TOOL	machining_tool	10303-238		machining_tool <= action_resource { action_resource. description = 'turning threading tool' }

表 12（续）

应用元素	AIM 元素	源	规则	引用路径
threading_pitch	length_measure_with_unit	10303-41		machining_tool <= action_resource characterized_resource_definition = action_resource characterized_resource_definition <- resource_property. resource { resource_property. name = 'tool body' } resource_property <- resource_property_representation. property resource_property_representation resource_property_representation. representation -> { representation => machining_tool_body_representation } representation representation. items[i] -> { representation_item. name = 'thread pitch' } representation_item => measure_representation_item <= measure_with_unit => length_measure_with_unit

表 12（续）

应用元素	AIM 元素	源	规则	引用路径
thread_hand	descriptive_representation_item.-description	10303-45		machining_tool <= action_resource characterized_resource_definition = action_resource characterized_resource_definition <- resource_property.resource { resource_property.name = 'tool body' } resource_property <- resource_property_representation.property resource_property_representation resource_property_representation.representation -> { representation => machining_tool_body_representation } representation representation.items[i] -> { representation_item.name = 'thread hand' } representation_item => descriptive_representation_item descriptive_representation_item.description { (descriptive_representation_item.description = 'left') (descriptive_representation_item.description = 'right') }

表 12（续）

应用元素	AIM 元素	源	规则	引用路径
its_thread_type	descriptive_representation_item.-description	10303-45		machining_tool <= action_resource characterized_resource_definition = action_resource characterized_resource_definition <- resource_property. resource { resource_property. name = ‘tool body’ } resource_property <- resource_property_representation. property resource_property_representation resource_property_representation. representation -> { representation => machining_tool_body_representation } representation representation. items[i] -> { representation_item. name = ‘thread type’ } representation_item => descriptive_representation_item descriptive_representation_item. description { (descriptive_representation_item. description = ‘internal’) (descriptive_representation_item. description = ‘external’) }

表 12（续）

应用元素	AIM 元素	源	规则	引用路径
thread_profile	descriptive_representation_item.-description	10303-45		machining_tool <= action_resource characterized_resource_definition = action_resource characterized_resource_definition <- resource_property.resource { resource_property.name = 'tool body' } resource_property <- resource_property_representation.property resource_property_representation resource_property_representation.representation -> { representation => machining_tool_body_representation } representation representation.items[i] -> { representation_item.name = 'thread profile' } representation_item => descriptive_representation_item descriptive_representation_item.description { (descriptive_representation_item.description = 'full') (descriptive_representation_item.description = 'partial') }

表 12（续）

应用元素	AIM 元素	源	规则	引用路径
thread_form_type	descriptive_representation_item.-description	10303-45		machining_tool <= action_resource characterized_resource_definition = action_resource characterized_resource_definition <- resource_property.resource { resource_property.name = 'tool body' } resource_property <- resource_property_representation.property resource_property_representation resource_property_representation.representation -> { representation => machining_tool_body_representation } representation representation.items[i] -> { representation_item.name = 'thread form type' } representation_item => descriptive_representation_item descriptive_representation_item.description
USER_DEFINED_TURNING_TOOL	machining_tool	10303-238		machining_tool <= action_resource { action_resource.description = 'user defined turning tool' }

表 12（续）

应用元素	AIM 元素	源	规则	引用路径
identifier	descriptive_representation_item.-description	10303-45		machining_tool <= action_resource characterized_resource_definition = action_resource characterized_resource_definition <- resource_property.resource { resource_property.name = 'tool body' } resource_property <- resource_property_representation.property resource_property_representation resource_property_representation.representation -> { representation => machining_tool_body_representation } representation representation.items[i] -> { representation_item.name = 'tool identifier' } representation_item => descriptive_representation_item descriptive_representation_item.description

表 13 几何尺寸和公差功能单元的映射表

应用元素	AIM 元素	源	规则	引用路径
ANGULAR_LOCATION_DIMENSION #1: If the directed attribute is 'false' #2: If the directed attribute is 'true'	#1: (angular_location) #2:([angular_location] [directed_dimensional_location])	10303-47 10303-47 10303-238		angular_location <= #2: { dimensional_location => directed_dimensional_location } dimensional_location <= shape_aspect_relationship
orientation	placement	10303-42		angular_location <= dimensional_location <= shape_aspect_relationship shape_definition = shape_aspect_relationship shape_definition characterized_definition = shape_definition characterized_definition <- property_definition. definition property_definition <- property_definition_representation. definition property_definition_representation property_definition_representation. used_representation -> representation representation. items[i] -> { representation_item. name = 'orientation' } representation_item => geometric_representation_item => placement => (axis2_placement_2d) (axis2_placement_3d)
ANGULAR_SIZE_DIMENSION	angular_size	10303-47		

表 13（续）

应用元素	AIM 元素	源	规则	引用路径
full	descriptive_representation_item. - description	10303-45		angular_size <= dimensional_size dimensional_characteristic = dimensional_size dimensional_characteristic <- dimensional_characteristic_representation. dimension dimensional_characteristic_representation dimensional_characteristic_representation. representation -> shape_dimension_representation <= shape_representation <= representation representation. items[i] -> { representation_item. name = 'angle type' } representation_item => descriptive_representation_item descriptive_representation_item. description { (descriptive_representation_item. description = 'full angle') (descriptive_representation_item. description = 'half angle') }
major_angle	angular_size. angle_selection	10303-47		
ANGULARITY_TOLERANCE	angularity_tolerance	10303-519		angularity_tolerance <= geometric_tolerance_with_datum_reference <= geometric_tolerance
angularity_tolerance to datum_reference (as reference_datum)	PATH			angularity_tolerance <= geometric_tolerance_with_datum_reference geometric_tolerance_with_datum_reference. datum_system[i] -> datum_reference
CIRCULAR _ RUNOUT _ TOLERANCE	circular_runout_tolerance	10303-519		circular_runout_tolerance <= geometric_tolerance_with_datum_reference <= geometric_tolerance

表 13（续）

应用元素	AIM 元素	源	规则	引用路径
angle	measure_with_unit	10303-41		circular_runout_tolerance <= geometric_tolerance_with_datum_reference <= geometric_tolerance <- tolerance_zone. defining_tolerance[i] tolerance_zone <- tolerance_zone_definition. zone tolerance_zone_definition => runout_zone_definition runout_zone_definition. orientation -> runout_zone_orientation runout_zone_orientation. angle -> measure_with_unit
circular_runout_tolerance to datum_reference (as reference_datum)	PATH			circular_runout_tolerance <= geometric_tolerance_with_datum_reference geometric_tolerance_with_datum_reference. datum_system[i] -> datum_reference
COAXIALITY_TOLERANCE	coaxiality_tolerance	10303-519		coaxiality_tolerance <= geometric_tolerance_with_datum_reference <= geometric_tolerance
coaxiality_ tolerance to datum_ reference (as reference_datum)	PATH			coaxiality_tolerance <= geometric_tolerance_with_datum_reference geometric_tolerance_with_datum_reference. datum_system[i] -> datum_reference
COMMON_DATUM	common_datum	10303-519		
common_datum to single_datum (as made_up_by)	PATH			common_datum <= datum <= shape_aspect <- shape_aspect_relationship. relating_shape_aspect shape_aspect_relationship shape_aspect_relationship. related_shape_aspect -> shape_aspect => datum

表 13（续）

应用元素	AIM 元素	源	规则	引用路径
CONCENTRICITY_TOLERANCE	concentricity_tolerance	10303-519		concentricity_tolerance <= geometric_tolerance_with_datum_reference <= geometric_tolerance
concentricity_tolerance to datum_reference (as reference_datum)	PATH			concentricity_tolerance <= geometric_tolerance_with_datum_reference geometric_tolerance_with_datum_reference. datum_system[i] -> datum_reference
CURVED_DISTANCE_DIMENSION #1: If the directed attribute is 'false' #2: If the directed attribute is 'true'	#1: (dimensional_location_with_path) #2: ([dimensional_location_with_path] [directed_dimensional_location])	10303-47 10303-47 10303-238		dimensional_location_with_path <= dimensional_location <= #2: { dimensional_location => directed_dimensional_location } shape_aspect_relationship { shape_aspect_relationship. name = 'curved distance' }
curved_distance_dimension to measurement_path (as used_path)	PATH			dimensional_location_with_path dimensional_location_with_path. path -> shape_aspect shape_definition = shape_aspect characterized_definition = shape_definition characterized_definition <- property_definition. definition property_definition <- property_definition_representation. definition property_definition_representation property_definition_representation. used_representation -> representation
CURVED_SIZE_DIMENSION	dimensional_size	10303-47		dimensional_size { dimensional_size. name = 'curve length' }
CYLINDRICITY_TOLERANCE	cylindricity_tolerance	10303-519		cylindricity_tolerance <= geometric_tolerance
DATUM	datum	10303-47		

表 13（续）

应用元素	AIM 元素	源	规则	引用路径
DATUM_DEFINED_BY_DERIVED_-SHAPE	[datum] [derived_shape_aspect]	10303-47 10303-47		datum <= shape_aspect => derived_shape_aspect
DATUM_DEFINED_BY_FEATURE	datum	10303-47		
defined_by	datum_feature	10303-47		datum <= shape_aspect <- shape_aspect_relationship. related_shape_aspect shape_aspect_relationship shape_aspect_relationship. relating_shape_aspect -> shape_aspect => datum_feature See NOTE 23
DATUM_DEFINED_BY_TARGETS	datum	10303-47		
datum_defined_by_targets to datum_target (as defined_by)	PATH			datum <= shape_aspect <- shape_aspect_relationship. related_shape_aspect shape_aspect_relationship shape_aspect_relationship. relating_shape_aspect -> shape_aspect => datum_target
rule_description	shape_aspect. description	10303-41		datum <= shape_aspect shape_aspect. description
DATUM_REFERENCE	datum_reference	10303-47		
precedence	datum_reference. precedence	10303-47		datum_reference datum_reference. precedence
datum_reference to datum (as referenced_datum)	PATH			datum_reference datum_reference. referenced_datum -> datum

表 13（续）

应用元素	AIM 元素	源	规则	引用路径
DATUM_TARGET	datum_target	10303-47		
id	datum_target. target_id	10303-47		datum_target datum_target. target_id
DERIVED_GEOMETRY	derived_shape_aspect	10303-47		
derived_from	shape_aspect	10303-41		derived_shape_aspect <= shape_aspect <- shape_aspect_relationship. relating_shape_aspect shape_aspect_relationship { shape_aspect_relationship => shape_aspect_deriving_relationship} shape_aspect_relationship. related_shape_aspect -> shape_aspect
role #1: if role is 'apex' #2: if role is 'centre of symmetry' #3: if role is 'extension' #4: if role is 'geometric alignment' #5: if role is 'geometric intersection' #6: if role is 'parallel offset' #7: if role is 'perpendicular to' #8: if role is 'tangent' #9: if otherwise	#1:(apex) #2:(centre_of_symmetry) #3:(extension) #4:(geometric_alignment) #5:(geometric_intersection) #6:(parallel_offset) #7:(perpendicular_to) #8:(tangent) #9:(shape_aspect. description)	10303-47 10303-47 10303-47 10303-47 10303-47 10303-47 10303-47 10303-47 10303-41		#1:(derived_shape_aspect => apex) #2:(derived_shape_aspect => centre_of_symmetry) #3:(derived_shape_aspect => extension) #4:(derived_shape_aspect => geometric_alignment) #5:(derived_shape_aspect => geometric_intersection) #6:(derived_shape_aspect => parallel_offset) #7:(derived_shape_aspect => perpendicular_to) #8:(derived_shape_aspect => tangent) #9:(derived_shape_aspect <= shape_aspect shape_aspect. description)

表 13（续）

应用元素	AIM 元素	源	规则	引用路径
DIAMETER_SIZE_DIMENSION	dimensional_size	10303-47		dimensional_size { dimensional_size. name = ‘diameter’ }
EXTERNALLY_DEFINED_SIZE_-DIMENSION #1: If no measurement_path is specified #2: If a measurement_path is specified	#1:(externally_defined_-dimension_definition) #2:([externally_defined_-dimension_definition] [dimensional_size_with_path])	10303-238 10303-238 10303-47		externally_defined_dimension_definition <= #2: { externally_defined_dimension_definition <= dimensional_size => dimensional_size_with_path } externally_defined_item { externally_defined_item. item_id -> source_item source_item = ‘external size dimension’} { externally_defined_item. source -> external_source external_source. source_id-> source_item source_item =‘external size dimension specification’}
defining_document	document	10303-41		externally_defined_dimension_definition document_reference_item = \ externally_defined_dimension_definition document_reference_item <- applied_document_reference. items[i] applied_document_reference <= document_reference document_reference. assigned_document -> document { document. description = ‘external size dimension specification’ }
name	dimensional_size. name	10303-47		externally_defined_dimension_definition <= dimensional_size dimensional_size. name

表 13（续）

应用元素	AIM 元素	源	规则	引用路径
externally_defined_size_dimension to measurement_path (as used_path)	PATH			dimensional_size_with_path dimensional_size_with_path. path -> shape_aspect shape_definition = shape_aspect characterized_definition = shape_definition characterized_definition <- property_definition. definition property_definition <- property_definition_representation. definition property_definition_representation property_definition_representation. used_representation -> representation
FLATNESS_TOLERANCE	flatness_tolerance	10303-519		flatness_tolerance <= geometric_tolerance
GEOMETRIC_DIMENSION #1: if a location_dimension #2: if a size_dimension	#1:(dimensional_location) #2:(dimensional_size)	10303-47 10303-47		
geometric_dimension to value_with_tolerance or value_range (as dimension_value) #1: if to a value_range #2: if to a value_with_tolerance	PATH			(dimensional_location dimensional_characteristic = dimensional_location) (dimensional_size dimensional_characteristic = dimensional_size) dimensional_characteristic <- dimensional_characteristic_representation. dimension dimensional_characteristic_representation dimensional_characteristic_representation. representation -> #1: (shape_dimension_representation) #2: (shape_dimension_representation <= shape_representation <= representation representation. items[i] -> representation_item => measure_representation_item)

表 13（续）

应用元素	AIM 元素	源	规则	引用路径
id #1：if a location_dimension #2：if a size_dimension	#1：(shape_aspect_relationship. name) #2：(identification_assignment. - assigned_id)	10303-41 10303-41		#1：(dimensional_location <= shape_aspect_relationship shape_aspect_relationship. name) #2：(dimensional_size identification_item = dimensional_size identification_item <- applied_identification_assignment. items[i] applied_identification_assignment <= identification_assignment { identification_assignment. role -> identification_role identification_role. name = 'size id' } identification_assignment. assigned_id)
notes	descriptive_representation_item. - description	10303-45		(dimensional_location dimensional_characteristic = dimensional_location) (dimensional_size dimensional_characteristic = dimensional_size) dimensional_characteristic <- dimensional_characteristic_representation. dimension dimensional_characteristic_representation dimensional_characteristic_representation. representation -> shape_dimension_representation <= shape_representation <= representation representation. items[i] -> representation_item { representation_item. name = 'dimensional note' } representation_item => descriptive_representation_item { (descriptive_representation_item. description = 'auxiliary') (descriptive_representation_item. description = 'theoretical') (descriptive_representation_item. description) }
GEOMETRIC_TOLERANCE	geometric_tolerance	10303-47		

表 13（续）

应用元素	AIM元素	源	规则	引用路径
applied_to	shape_aspect	10303-41		geometric_tolerance geometric_tolerance. toleranced_shape_aspect -> shape_aspect
geometric_tolerance to tolerance_condition (as modification)	PATH			geometric_tolerance => modified_geometric_tolerance modified_geometric_tolerance. modifier
name	geometric_tolerance. name	10303-47		
qualifying_note	geometric_tolerance. description	10303-47		
segment_size	length_measure_with_unit	10303-41		geometric_tolerance => geometric_tolerance_with_defined_unit geometric_tolerance_with_defined_unit. unit_size -> measure_with_unit => length_measure_with_unit
significant_digits	precision_qualifier. precision_value	10303-45		geometric_tolerance geometric_tolerance. magnitude -> measure_with_unit <- measure_qualification. qualified_measure measure_qualification measure_qualification. qualifiers[i] -> value_qualifier value_qualifier = precision_qualifier precision_qualifier precision_qualifier. precision_value
tolerance_value	measure_with_unit	10303-41		geometric_tolerance geometric_tolerance. magnitude -> measure_with_unit => length_measure_with_unit
GEOMETRIC_TOLERANCE_- RELATIONSHIP	geometric_tolerance_relationship	10303-47		

表 13（续）

应用元素	AIM 元素	源	规则	引用路径
geometric_tolerance_relationship to geometric_tolerance (as relating)	PATH			geometric_tolerance_relationship geometric_tolerance_relationship. relating_geometric_tolerance -> geometric_tolerance
geometric_tolerance_relationship to geometric_tolerance (as related)	PATH			geometric_tolerance_relationship geometric_tolerance_relationship. related_geometric_tolerance -> geometric_tolerance
relation_type	geometric_tolerance_relationship. - name	10303-47		
HEIGHT_SIZE_DIMENSION #1：If no measurement_path is specified #2：If a measurement_path is specified	#1：(dimensional_size) #2：(dimensional_size_with_path)	10303-47 10303-47		dimensional_size #2：{ dimensional_size => dimensional_size_with_path } { dimensional_size. name = 'height' }
height_size_dimension to measurement_path (as used_path)	PATH			dimensional_size_with_path dimensional_size_with_path. path -> shape_aspect shape_definition = shape_aspect characterized_definition = shape_definition characterized_definition <- property_definition. definition property_definition <- property_definition_representation. definition property_definition_representation property_definition_representation. used_representation -> representation
LENGTH_SIZE_DIMENSION	#1：(dimensional_size) #2：(dimensional_size_with_path)	10303-47 10303-47		dimensional_size #2：{ dimensional_size => dimensional_size_with_path } { dimensional_size. name = 'length' }

表 13（续）

应用元素	AIM 元素	源	规则	引用路径
length_size_dimension to measurement_path (as used_path)	PATH			dimensional_size_with_path dimensional_size_with_path. path -> shape_aspect shape_definition = shape_aspect characterized_definition = shape_definition characterized_definition <- property_definition. definition property_definition <- property_definition_representation. definition property_definition_representation property_definition_representation. used_representation -> representation
LINE_PROFILE_TOLERANCE	line_profile_tolerance	10303-519		line_profile_tolerance <= geometric_tolerance

表 13（续）

应用元素	AIM 元素	源	规则	引用路径
affected_plane	placement	10303-42		line_profile_tolerance <= geometric_tolerance <- tolerance_zone. defining_tolerance[i] tolerance_zone <= shape_aspect <- shape_aspect_relationship. relating_shape_aspect shape_aspect_relationship shape_aspect_relationship. related_shape_aspect-> shape_aspect { shape_aspect. description = 'affected plane' } shape_definition = shape_aspect shape_definition characterized_definition = shape_definition characterized_definition <- property_definition. definition property_definition <- property_definition_representation. definition property_definition_representation property_definition_representation. used_representation -> representation representation. items[i] -> { representation_item. name = 'affected plane' } representation_item => geometric_representation_item => placement
line_profile_tolerance to datum_reference (as reference_datum)	PATH			line_profile_tolerance <= geometric_tolerance => geometric_tolerance_with_datum_reference geometric_tolerance_with_datum_reference. datum_system[i] -> datum_reference
LINEAR_DISTANCE_DIMENSION #1: If the directed attribute is 'false' #2: If the directed attribute is 'true'	#1:(dimensional_location) #2:(directed_dimensional_location)	10303-47 10303-238		dimensional_location <= #2: { dimensional_location => directed_dimensional_location } shape_aspect_relationship { shape_aspect_relationship. name = 'linear distance' }

表 13（续）

应用元素	AIM 元素	源	规则	引用路径
orientation	placement	10303-42		dimensional_location <= shape_aspect_relationship shape_definition = shape_aspect_relationship shape_definition characterized_definition = shape_definition characterized_definition <- property_definition. definition property_definition <- property_definition_representation. definition property_definition_representation property_definition_representation. used_representation -> representation representation. items[i] -> { representation_item. name = 'orientation' } representation_item => geometric_representation_item => placement => (axis2_placement_2d) (axis2_placement_3d)
LOCATION_DIMENSION #1: If the directed attribute is 'false' #2: If the directed attribute is 'true'	#1:(dimensional_location) #2:(directed_dimensional_location)	10303-47 10303-238		dimensional_location #2: { dimensional_location => directed_dimensional_location }
description	shape_aspect_relationship.- description	10303-41		dimensional_location <= shape_aspect_relationship shape_aspect_relationship. description
directed	IDENTICAL MAPPING			
origin	shape_aspect	10303-41		dimensional_location <= shape_aspect_relationship shape_aspect_relationship. relating_shape_aspect -> shape_aspect

表 13（续）

应用元素	AIM 元素	源	规则	引用路径
target	shape_aspect	10303-41		dimensional_location <= shape_aspect_relationship shape_aspect_relationship. related_shape_aspect -> shape_aspect
MEASUREMENT_PATH	representation	10303-43		representation { representation. name = 'measuring direction' }
defined_by	curve	10303-42		representation representation. items[i] -> representation_item => geometric_representation_item => curve => { (pcurve) (surface_curve) }
defined_in	geometric_representation_context	10303-42		representation representation. context_of_items -> representation_context => geometric_representation_context
PARALLELISM_TOLERANCE	parallelism_tolerance	10303-519		parallelism_tolerance <= geometric_tolerance_with_datum_reference <= geometric_tolerance

表 13（续）

应用元素	AIM 元素	源	规则	引用路径
affected_plane	placement	10303-42		parallelism_tolerance <= geometric_tolerance_with_datum_reference <= geometric_tolerance <- tolerance_zone. defining_tolerance[i] tolerance_zone <= shape_aspect <- shape_aspect_relationship. relating_shape_aspect shape_aspect_relationship shape_aspect_relationship. related_shape_aspect-> shape_aspect { shape_aspect. description = 'affected plane' } shape_definition = shape_aspect shape_definition characterized_definition = shape_definition characterized_definition <- property_definition. definition property_definition <- property_definition_representation. definition property_definition_representation property_definition_representation. used_representation -> representation representation. items[i] -> { representation_item. name = 'affected plane' } representation_item => geometric_representation_item => placement
parallelism_tolerance to datum_reference (as reference_datum)	PATH			parallelism_tolerance <= geometric_tolerance_with_datum_reference geometric_tolerance_with_datum_reference. datum_system[i] -> datum_reference
PERPENDICULARITY_TOLERANCE	perpendicularity_tolerance	10303-519		perpendicularity_tolerance <= geometric_tolerance_with_datum_reference <= geometric_tolerance

表 13（续）

应用元素	AIM 元素	源	规则	引用路径
affected_plane	placement	10303-42		perpendicularity_tolerance <= geometric_tolerance_with_datum_reference <= geometric_tolerance <- tolerance_zone. defining_tolerance[i] tolerance_zone <= shape_aspect <- shape_aspect_relationship. relating_shape_aspect shape_aspect_relationship shape_aspect_relationship. related_shape_aspect-> shape_aspect { shape_aspect. description = ‘affected plane’ } shape_definition = shape_aspect shape_definition characterized_definition = shape_definition characterized_definition <- property_definition. definition property_definition <- property_definition_representation. definition property_definition_representation property_definition_representation. used_representation -> representation representation. items[i] -> { representation_item. name = ‘affected plane’ } representation_item => geometric_representation_item => placement
perpendicularity_tolerance to datum_reference (as reference_datum)	PATH			perpendicularity_tolerance <= geometric_tolerance_with_datum_reference geometric_tolerance_with_datum_reference. datum_system[i] -> datum_reference
PLACED_TARGET	placed_datum_target_feature	10303-238		placed_datum_target_feature <= datum_target

表 13（续）

应用元素	AIM 元素	源	规则	引用路径
defined_in	geometric_representation_context	10303-42		placed_datum_target_feature <= datum_target <= shape_aspect shape_definition = shape_aspect shape_definition characterized_definition = shape_definition characterized_definition <- property_definition. definition property_definition represented_definition = property_definition represented_definition <- property_definition_representation. definition {property_definition_representation => shape_definition_representation} property_definition_representation property_definition_representation. used_representation -> {representation => shape_representation => shape_representation_with_parameters} representation representation. context_of_items -> representation_context => geometric_representation_context

表 13（续）

应用元素	AIM 元素	源	规则	引用路径
parameter_reference	placement	10303-42		placed_datum_target_feature <= datum_target <= shape_aspect shape_definition = shape_aspect shape_definition characterized_definition = shape_definition characterized_definition <- property_definition. definition property_definition represented_definition = property_definition represented_definition <- property_definition_representation. definition { property_definition_representation => shape_definition_representation } property_definition_representation property_definition_representation. used_representation -> { representation => shape_representation => shape_representation_with_parameters } representation representation. items[i] -> representation_item => { representation_item. name = 'orientation' } geometric_representation_item => placement
POSITION_TOLERANCE	position_tolerance	10303-519		position_tolerance <= geometric_tolerance

表 13（续）

应用元素	AIM 元素	源	规则	引用路径
affected_plane	placement	10303-42		position_tolerance <= geometric_tolerance <- tolerance_zone. defining_tolerance[i] tolerance_zone <= shape_aspect <- shape_aspect_relationship. relating_shape_aspect shape_aspect_relationship shape_aspect_relationship. related_shape_aspect-> shape_aspect { shape_aspect. description = 'affected plane' } shape_definition = shape_aspect shape_definition characterized_definition = shape_definition characterized_definition <- property_definition. definition property_definition <- property_definition_representation. definition property_definition_representation property_definition_representation. used_representation -> representation representation. items[i] -> { representation_item. name = 'affected plane' } representation_item => geometric_representation_item => placement
position_tolerance to datum_reference (as reference_datum)	PATH			position_tolerance <= geometric_tolerance => geometric_tolerance_with_datum_reference geometric_tolerance_with_datum_reference. datum_system[i] -> datum_reference
PROJECTION	projected_zone_definition	10303-47		projected_zone_definition <= tolerance_zone_definition

表 13（续）

应用元素	AIM 元素	源	规则	引用路径
projection_end	shape_aspect	10303-41		projected_zone_definition projected_zone_definition. projection_end -> shape_aspect
projection_length	measure_with_unit	10303-41		projected_zone_definition projected_zone_definition. projected_length -> measure_with_unit
RADIAL_SIZE_DIMENSION	dimensional_size	10303-47		dimensional_size { dimensional_size. name = 'radius' }
radius_type	descriptive_representation_item. -description	10303-45		dimensional_size dimensional_characteristic = dimensional_size dimensional_characteristic <- dimensional_characteristic_representation. dimension dimensional_characteristic_representation dimensional_characteristic_representation. representation -> shape_dimension_representation <= shape_representation <= representation representation. items[i] -> { representation_item. name = 'radius type' } representation_item => descriptive_representation_item descriptive_representation_item. description { (descriptive_representation_item. description = 'centred') (descriptive_representation_item. description = 'adjoining') }
ROUNDNESS_TOLERANCE	roundness_tolerance	10303-519		roundness_tolerance <= geometric_tolerance
SINGLE_DATUM	datum	10303-47		
datum_name	datum. identification	10303-47		

表 13（续）

应用元素	AIM 元素	源	规则	引用路径
single_datum to tolerance_condition (as modification)	referenced_modified_datum. modifier	10303-47		datum <- datum_reference. referenced_datum datum_reference datum_reference => referenced_modified_datum referenced_modified_datum. modifier
SIZE_DIMENSION	dimensional_size	10303-47		
applied_to	shape_aspect	10303-41		dimensional_size dimensional_size. applies_to -> shape_aspect
envelope_principle #1: if envelope_principle is true #2: if envelope_principle is false	representation. name	10303-43		dimensional_size dimensional_characteristic = dimensional_size dimensional_characteristic <- dimensional_characteristic_representation. dimension dimensional_characteristic_representation dimensional_characteristic_representation. representation -> shape_dimension_representation <= shape_representation <= representation representation. name #1: ({ representation. name = 'envelope tolerance' } #2: { representation. name = '' })
STRAIGHTNESS_TOLERANCE	straightness_tolerance	10303-519		straightness_tolerance <= geometric_tolerance

表 13（续）

应用元素	AIM 元素	源	规则	引用路径
affected_plane	placement	10303-42		straightness_tolerance <= geometric_tolerance <- tolerance_zone. defining_tolerance[i] tolerance_zone <= shape_aspect <- shape_aspect_relationship. relating_shape_aspect shape_aspect_relationship shape_aspect_relationship. related_shape_aspect-> shape_aspect { shape_aspect. description = 'affected plane' } shape_definition = shape_aspect shape_definition characterized_definition = shape_definition characterized_definition <- property_definition. definition property_definition <- property_definition_representation. definition property_definition_representation property_definition_representation. used_representation -> representation representation. items[i] -> { representation_item. name = 'affected plane' } representation_item => geometric_representation_item => placement
SURFACE_PROFILE_TOLERANCE	surface_profile_tolerance	10303-519		surface_profile_tolerance <= geometric_tolerance
surface_profile_tolerance to datum_reference (as reference_datum)	PATH			surface_profile_tolerance <= geometric_tolerance => geometric_tolerance_with_datum_reference geometric_tolerance_with_datum_reference. datum_system[i] -> datum_reference

表 13（续）

应用元素	AIM 元素	源	规则	引用路径
SYMMETRY_TOLERANCE	symmetry_tolerance	10303-519		symmetry_tolerance <= geometric_tolerance_with_datum_reference <= geometric_tolerance
affected_plane	placement	10303-42		symmetry_tolerance <= geometric_tolerance_with_datum_reference <= geometric_tolerance <- tolerance_zone. defining_tolerance[i] tolerance_zone <= shape_aspect <- shape_aspect_relationship. relating_shape_aspect shape_aspect_relationship shape_aspect_relationship. related_shape_aspect-> shape_aspect { shape_aspect. description = 'affected plane' } shape_definition = shape_aspect shape_definition characterized_definition = shape_definition characterized_definition <- property_definition. definition property_definition <- property_definition_representation. definition property_definition_representation property_definition_representation. used_representation -> representation representation. items[i] -> { representation_item. name = 'affected plane' } representation_item => geometric_representation_item => placement
symmetry_tolerance to datum_reference (as reference_datum)	PATH			symmetry_tolerance <= geometric_tolerance_with_datum_reference geometric_tolerance_with_datum_reference. datum_system[i] -> datum_reference
TARGET_AREA	datum_target	10303-47		

表 13（续）

应用元素	AIM 元素	源	规则	引用路径
TARGET_CIRCLE	placed_datum_target_feature	10303-238		placed_datum_target_feature <= datum_target <= shape_aspect { shape_aspect. description = 'circle' }
diameter	length_measure_with_unit	10303-41		placed_datum_target_feature <= datum_target <= shape_aspect shape_definition = shape_aspect shape_definition characterized_definition = shape_definition characterized_definition <- property_definition. definition property_definition represented_definition = property_definition represented_definition <- property_definition_representation. definition {property_definition_representation => shape_definition_representation} property_definition_representation property_definition_representation. used_representation -> {representation => shape_representation => shape_representation_with_parameters} representation representation. items[i] -> representation_item => { representation_item. name = 'target diameter' } measure_representation_item <= measure_with_unit => length_measure_with_unit
TARGET_POINT	placed_datum_target_feature	10303-238		placed_datum_target_feature <= datum_target <= shape_aspect { shape_aspect. description = 'point' }

表 13（续）

应用元素	AIM 元素	源	规则	引用路径
TARGET_RECTANGLE	placed_datum_target_feature	10303-238		placed_datum_target_feature <= datum_target <= shape_aspect { shape_aspect. description = 'rectangle' }
target_length	length_measure_with_unit	10303-41		placed_datum_target_feature <= datum_target <= shape_aspect shape_definition = shape_aspect shape_definition characterized_definition = shape_definition characterized_definition <- property_definition. definition property_definition represented_definition = property_definition represented_definition <- property_definition_representation. definition {property_definition_representation => shape_definition_representation} property_definition_representation property_definition_representation. used_representation -> {representation => shape_representation => shape_representation_with_parameters} representation representation. items[i] -> representation_item => { representation_item. name = 'target length' } measure_representation_item <= measure_with_unit => length_measure_with_unit

表 13(续)

应用元素	AIM 元素	源	规则	引用路径
target_width	length_measure_with_unit	10303-41		placed_datum_target_feature <= datum_target <= shape_aspect shape_definition = shape_aspect shape_definition characterized_definition = shape_definition characterized_definition <- property_definition. definition property_definition represented_definition = property_definition represented_definition <- property_definition_representation. definition {property_definition_representation => shape_definition_representation} property_definition_representation property_definition_representation. used_representation -> {representation => shape_representation => shape_representation_with_parameters} representation representation. items[i] -> representation_item => { representation_item. name = 'target width' } measure_representation_item <= measure_with_unit => length_measure_with_unit
TARGET_STRAIGHT_LINE	placed_datum_target_feature	10303-238		placed_datum_target_feature <= datum_target <= shape_aspect { shape_aspect. description = 'line' }

表 13（续）

应用元素	AIM 元素	源	规则	引用路径
target_length	length_measure_with_unit	10303-41		placed_datum_target_feature <= datum_target <= shape_aspect shape_definition = shape_aspect shape_definition characterized_definition = shape_definition characterized_definition <- property_definition.definition property_definition represented_definition = property_definition represented_definition <- property_definition_representation.definition {property_definition_representation => shape_definition_representation} property_definition_representation property_definition_representation.used_representation -> {representation => shape_representation => shape_representation_with_parameters} representation representation.items[i] -> representation_item => { representation_item.name = 'target length' } measure_representation_item <= measure_with_unit => length_measure_with_unit
THICKNESS_SIZE_DIMENSION	#1：(dimensional_size) #2：(dimensional_size_with_path)	10303-47 10303-47		dimensional_size #2：{ dimensional_size => dimensional_size_with_path } { dimensional_size.name = 'thickness size' }

表 13（续）

应用元素	AIM 元素	源	规则	引用路径
thickness_size_dimension to measurement_path (as used_path)	PATH			dimensional_size_with_path dimensional_size_with_path. path -> shape_aspect shape_definition = shape_aspect characterized_definition = shape_definition characterized_definition <- property_definition. definition property_definition <- property_definition_representation. definition property_definition_representation property_definition_representation. used_representation -> representation
TOLERANCE_CONDITION #1：If the tolerance_condition is referenced by a geometric_tolerance. #2：If the tolerance_condition is referenced by a single_datum.	#1：(modified_geometric_tolerance.-modifier) #2：(referenced_modified_datum.-modifier)	10303-47 10303-47		
condition	limit_condition	10303-47		#1：(modified_geometric_tolerance. modifier ->) #2：(referenced_modified_datum. modifier ->) limit_condition
TOLERANCE_ZONE	tolerance_zone	10303-47		
form_type	tolerance_zone_form. name	10303-47		tolerance_zone tolerance_zone. form -> tolerance_zone_form tolerance_zone_form. name
tolerance_zone to geometric_tolerance (as zone_for)	PATH			tolerance_zone tolerance_zone. defining_tolerance[i] -> geometric_tolerance
TOLERANCE_ZONE_DEFINITION	tolerance_zone_definition	10303-47		

表 13（续）

应用元素	AIM 元素	源	规则	引用路径
tolerance_zone_definition to tolerance_zone (as defining)	PATH			tolerance_zone_definition tolerance_zone_definition. zone -> tolerance_zone
first_element	shape_aspect	10303-41		tolerance_zone_definition tolerance_zone_definition. boundaries[i] -> shape_aspect
second_element	shape_aspect	10303-41		tolerance_zone_definition tolerance_zone_definition. boundaries[i] -> shape_aspect
TOTAL_RUNOUT_TOLERANCE	total_runout_tolerance	10303-519		total_runout_tolerance <= geometric_tolerance_with_datum_reference <= geometric_tolerance
angle	measure_with_unit	10303-41		total_runout_tolerance <= geometric_tolerance_with_datum_reference <= geometric_tolerance <- tolerance_zone. defining_tolerance[i] tolerance_zone <- tolerance_zone_definition. zone tolerance_zone_definition => runout_zone_definition runout_zone_definition. orientation -> runout_zone_orientation runout_zone_orientation. angle -> measure_with_unit
total_runout_tolerance to datum_reference (as reference_datum)	PATH			total_runout_tolerance <= geometric_tolerance_with_datum_reference geometric_tolerance_with_datum_reference. datum_system[i] -> datum_reference

表 13（续）

应用元素	AIM 元素	源	规则	引用路径
WIDTH_SIZE_DIMENSION	＃1：(dimensional_size) ＃2：(dimensional_size_with_path)	10303-47 10303-47		dimensional_size ＃2：{ dimensional_size => dimensional_size_with_path } { dimensional_size. name = 'width' }
width_size_dimension to measurement_path (as used_path)	PATH			dimensional_size_with_path dimensional_size_with_path. path -> shape_aspect shape_definition = shape_aspect characterized_definition = shape_definition characterized_definition <- property_definition. definition property_definition <- property_definition_representation. definition property_definition_representation property_definition_representation. used_representation -> representation

表 14　库引用功能单元的映射表

应用元素	AIM 元素	源	规则	引用路径
BSU #1: if BSU is a Class_BSU #2: if BSU is a Property_BSU #3: if BSU is a Supplier_BSU	#1: (externally_defined_class) #2: (externally_defined_- general_property) #3: (organization)	10303-238 10303-238 10303-41		#1: (externally_defined_class <= externally_defined_item) #2: (externally_defined_general_property <= externally_defined_item) #3: (organization)
code #1: if BSU is a Class_BSU #2: if BSU is a Property_BSU #3: if BSU is a Supplier_BSU	#1,2: (externally_defined_item.- item_id) #3: (organization.id)	10303-41 10303-41		#1: (externally_defined_class <= externally_defined_item externally_defined_item.item_id) #2: (externally_defined_general_property <= externally_defined_item externally_defined_item.item_id) #3: (organization.id)
CLASS_BSU	externally_defined_class	10303-238		[externally_defined_class <= class <= group] [externally_defined_class <= externally_defined_item {externally_defined_item.source -> external_source => known_source <= pre_defined_item pre_defined_item.name = 'ISO 13584 library'}]

表 14（续）

应用元素	AIM 元素	源	规则	引用路径
class_bsu to supplier_bsu (as defined_by)	PATH			externally_defined_class <= externally_defined_iteme xternally_defined_item. source -> external_source => known_source organization_item = known_source organization_item <- applied_organization_assignment. items[i] applied_organization_assignment <= organization_assignment {organization_assignment. role -> organization_role organization_role. name = 'library supplier'} organization_assignment. assigned_organization -> organization
version	identification_assignment. - assigned_id	10303-41		externally_defined_class external_identification_item = externally_defined_class external_identification_item <- applied_external_identification_assignment. items[i] applied_external_identification_assignment <= external_identification_assignment<= identification_assignment {identification_assignment. role -> identification_role identification_role. name = 'class version'} identification_assignment. assigned_id
EXTERNALLY_DEFINED_- REPRESENTATION	externally_defined_representation_- with_parameters	10303-238		externally_defined_representation_with_parameters <= representation

表 14（续）

应用元素	AIM 元素	源	规则	引用路径
externally_defined_representation to library_part_assignment (as identified_by)	PATH			externally_defined_representation_with_parameters classification_item = \ externally_defined_representation_with_parameters classification_item <- applied_classification_assignment. items[i] applied_classification_assignment
location	placement. location	10303-42		externally_defined_representation_with _parameters<= representation representation. items[i]-> representation_item=> geometric_representation_item=> placement placement. location
placement	placement	10303-42		externally_defined_representation_with _parameters<= representation representation. items[i]-> representation_item=> geometric_representation_item=> placement
LIBRARY_PART_ASSIGNMENT	applied_classification_assignment	10303-238		applied_classification_assignment <= classification_assignment
library_part_assignment to class_bsu (as definitional_class_bsu)	PATH			applied_classification_assignment <= classification_assignment {classification_assignment. role -> classification_role classification_role. name = 'definitional class membership'} classification_assignment. assigned_class -> group => {group. name = 'library identifier'} class => externally_defined_class

表 14（续）

应用元素	AIM 元素	源	规则	引用路径
library_part_assignment to library_property_value (as definitional_property_value_pairs)	PATH			applied_classification_assignment <= classification_assignment {classification_assignment. role -> classification_role classification_role. name = 'definitional class membership'} classification_assignment. assigned_class -> group => {group. name = 'library identifier'} class => externally_defined_class <= externally_defined_item <- externally_defined_item_relationship. related_item {externally_defined_item_relationship. name = 'name scope'} externally_defined_item_relationship externally_defined_item_relationship. relating_item-> externally_defined_item => externally_defined_general_property <= general_property <- general_property_association. base_definition general_property_association {general_property_association. name = 'definitional'} general_property_association. derived_definition-> property_definition property_definition = represented_definition represented_definition<- property_definition_representation. definition property_definition_representation property_definition_representation. used_representation-> representation {representation. name = 'property value'}
LIBRARY_PROPERTY_VALUE	representation	10303-43		representation {representation. name = 'property value'}

表 14（续）

应用元素	AIM 元素	源	规则	引用路径
library_property_value to property_bsu (as value_property_bsu)	PATH			representation <- property_definition_representation. used_representation property_definition_representation property_definition_representation. definition -> represented_definition = general_property general_property => externally_defined_general_property

表 14（续）

应用元素	AIM 元素	源	规则	引用路径
value_amount #1：if boolean value #2：if integer value #3：if logical value #4：if number value #5：if real value #6：if string value	#1，#3，#6：(descriptive_-representation_item) #2，#4，#5：(value_-representation_item)	10303-45 10303-43		representation representation. items[i] -> representation_item => #1：(descriptive_representation_item {(descriptive_representation_item. description = 'TRUE') (descriptive_representation_item. description = 'FALSE')}) #2：(value_representation_item value_representation_item. value_component {value_representation_item. value_component-> measure_value measure_value=count_measure}) #3：(descriptive_representation_item {(descriptive_representation_item. description = 'TRUE') (descriptive_representation_item. description = 'FALSE') (descriptive_representation_item. description = 'UNKNOWN')}) #4：(value_representation_item value_representation_item. value_component {value_representation_item. value_component-> measure_value measure_value=count_measure}) #5：(value_representation_item value_representation_item. value_component {value_representation_item. value_component-> measure_value measure_value=length_measure}) #6：(descriptive_representation_item descriptive_representation_item. description)

表 14（续）

应用元素	AIM 元素	源	规则	引用路径
PROPERTY_BSU	externally_defined_general_property	10303-238		[externally_defined_general_property <= general_property] [externally_defined_general_property <= externally_defined_item {externally_defined_item. source -> external_source => known_source <= pre_defined_item pre_defined_item. name = 'ISO 13584 library'}]
property_bsu to class_bsu (as name_scope)	PATH			externally_defined_general_property <= externally_defined_item <- externally_defined_item_relationship. relating_item externally_defined_item_relationship {externally_defined_item_relationship. name = 'name scope'} externally_defined_item_relationship. related_item -> externally_defined_item => externally_defined_class
version	identification_assignment. - assigned_id	10303-41		externally_defined_general_property external_identification_item = externally_defined_general_property external_identification_item <- applied_external_identification_assignment. items[i] applied_external_identification_assignment <= external_identification_assignment<= identification_assignment {identification_assignment. role-> identification_role identification_role. name = 'property_version'} identification_assignment. assigned_id

表 14（续）

应用元素	AIM 元素	源	规则	引用路径
SUPPLIER_BSU	organization	10303-41		externally_defined_class <= externally_defined_item externally_defined_item. source -> external_source => known_source organization_item = known_source organization_item <- applied_organization_assignment. items[i] applied_organization_assignment <= organization_assignment {organization_assignment. role -> organization_role organization_role. name = 'library supplier'} organization_assignment organization_assignment. assigned_organization -> organization

表 15 管理功能单元的映射表

应用元素	AIM 元素	源	规则	引用路径
APPROVAL	approval	10303-41	1，2	
actual_date	(date_and_time) (date)	10303-41 10303-41		approval <- approval_date_time. dated_approval approval_date_time {approval_date_time. role -> object_role object_role. name = 'actual'} approval_date_time. date_time -> date_time_select (date_time_select = date_and_time date_and_time) (date_time_select = date date)
planned_date	(date_and_time) (date)	10303-41 10303-41		approval <- approval_date_time. dated_approval approval_date_time {approval_date_time. role -> object_role object_role. name = 'planned'} approval_date_time. date_time -> date_time_select (date_time_select = date_and_time date_and_time) (date_time_select = date date)
purpose	approval. level	10303-41		
approval to approval_status (as status)	PATH			approval approval. status -> approval_status
APPROVAL_RELATIONSHIP	approval_relationship	10303-41		

表 15（续）

应用元素	AIM 元素	源	规则	引用路径
description	approval_relationship. description	10303-41		
approval_relationship to approval (as related_approval)	PATH			approval_relationship approval_relationship. related_approval -> approval
approval_relationship to approval (as relating_approval)	PATH			approval_relationship approval_relationship. relating_approval -> approval
relation_type	approval_relationship. name	10303-41		
APPROVAL_STATUS	approval_status	10303-41	4	
status_name	approval_status. name	10303-41		
APPROVING_PERSON_- ORGANIZATION	approval_person_organization	10303-41		
approval_date	date_and_time	10303-41		approval_person_organization date_and_time_item = approval_person_organization date_and_time_item <- applied_date_and_time_assignment. items[i] applied_date_and_time_assignment <= date_and_time_assignment {date_and_time_assignment. role -> date_time_role date_time_role. name = 'sign off'} date_and_time_assignment. assigned_date_and_time -> date_and_time
approving_person_organization to approval (as authorized_approval)	PATH			approval_person_organization approval_person_organization. authorized_approval -> approval

表 15（续）

应用元素	AIM 元素	源	规则	引用路径
person_organization	（organization） （person_and_organization）	10303-41 10303-41		approval_person_organization approval_person_organization. person_organization -> person_organization_select （person_organization_select = organization organization） （person_organization_select = person_and_organization person_and_organization）
role	approval_role. role	10303-41		approval_person_organization approval_person_organization. role -> approval_role approval_role. role
ASSIGNED_DATE	applied_date_assignment	10303-238		
date_value	date	10303-41		applied_date_assignment <= date_assignment date_assignment. assigned_date -> date
role	date_role. name	10303-41		applied_date_assignment <= date_assignment date_assignment. role -> date_role date_role. name
ASSIGNED_ORGANIZATION	applied_organization_assignment	10303-238		
organization_value	organization	10303-41		applied_organization_assignment <= organization_assignment organization_assignment. assigned_organization -> organization

表 15（续）

应用元素	AIM 元素	源	规则	引用路径
role	organization_role. name	10303-41		applied_organization_assignment <= organization_assignment organization_assignment. role -> organization_role organization_role. name
ASSIGNED_PERSON	applied_person_and_organization_- assignment	10303-238		
person_and_organization_value	person_and_organization	10303-41		applied_person_and_organization_assignment <= person_and_organization_assignment person_and_organization_assignment. assigned_person_- and_organization -> person_and_organization
role	person_and_organization_role. name	10303-41		applied_person_and_organization_assignment <= person_and_organization_assignment person_and_organization_assignment. role -> person_and_organization_role person_and_organization_role. name
ASSIGNED_TIME	applied_date_and_time_assignment	10303-238		
date_and_time_value	date_and_time	10303-41		applied_date_and_time_assignment <= date_and_time_assignment date_and_time_assignment. assigned_date_and_time -> date_and_time
role	date_time_role. name	10303-41		applied_date_and_time_assignment <= date_and_time_assignment date_and_time_assignment. role -> date_time_role date_time_role. name

表 15（续）

应用元素	AIM 元素	源	规则	引用路径
LAST_MODIFIED_TIMESTAMP	applied_date_and_time_assignment	10303-238		applied_date_and_time_assignment <= date_and_time_assignment. role -> date_time_role { date_time_role. name = 'last modified' }
date_and_time_value	date_and_time	10303-41		applied_date_and_time_assignment <= date_and_time_assignment date_and_time_assignment. assigned_date_and_time -> date_and_time
last_modified_timestamp to executable, toolpath, operation, workpiece, or project (as items)	PATH			applied_date_and_time_assignment applied_date_and_time_assignment. items[i]-> date_and_time_item (date_and_time_item = machining_process_executable machining_process_executable) (date_and_time_item = machining_toolpath machining_toolpath) (date_and_time_item = machining_operation machining_operation) (date_and_time_item = product_definition product_definition) (date_and_time_item = product_definition_formation product_definition_formation { product_definition_formation. of_product -> product => machining_project })
SECURITY_CLASSIFICATION	security_classification	10303-41		
classification_level	security_classification_level. name	10303-41		security_classification security_classification. security_level -> security_classification_level security_classification_level. name
description	security_classification. purpose	10303-41		

表 15（续）

应用元素	AIM 元素	源	规则	引用路径
SECURITY_CLASSIFICATION_- ASSIGNMENT	applied_security_classification_- assignment	10303-238		
security_classification_assignment to security_classification (as classification)	PATH			applied_security_classification_assignment <= security_classification_assignment security_classification_assignment. assigned_security_－ classification -> security_classification
security_classification_assignment to executable，toolpath，operation， workpiece，or project (as items)	PATH			applied_security_classification_assignment applied_security_classification_assignment. items[i]-> security_classification_item (security_classification_item = machining_process_executable machining_process_executable) (security_classification_item = machining_toolpath machining_toolpath) (security_classification_item = machining_operation machining_operation) (security_classification_item = product_definition product_definition) (security_classification_item = product_definition_formation product_definition_formation { product_definition_formation. of_product -> product => machining_project })

下面的规则在之前的表格中引用到：

1） approval_requires_approval_person_organization

2） approval_requires_assignment

3） chamfer_requires_faces_or_features

4） dependent_instantiable_approval_status

5） dependent_instantiable_derived_unit

6） dependent_instantiable_named_unit

7） edge_round_requires_faces_or_features

8） feature_optional_machining_property_process

9） nc_variable_compatible_initial_value

以下几条在之前的表格中引用到：

1） 作为影响到 AP224、AP214 和 ISO 10303-1050 中 GD&T 定义的一致性的部分，当正/负和极限与配合限定条件出现在一个尺寸公差中而不是其他应用中时，就对它们的映射采用不同的方式。结果，这些特殊的映射有一点旋绕。一个 measure_representation_item 和 qualified_representation_item 的复合实例经常被用到。正/负、极限与配合、限制性条件或有效数字被映射为 qualified_representation_item 的"qualifiers"属性的元素。然而，当正/负或极限与配合限定条件出现在一个尺寸公差中时，它们被映射到第 47 部分的 plus_minus_tolerance 类型，一个引用路径把这个和 measure_representation_item 相联系。

2） 作为影响到上面所描述的几条中 GD&T 定义的一致性的部分，当值范围在尺寸公差中而不是其他的应用中出现时，对值范围采用不同的映射方式。一个范围经常被映射为 compound_representation_item 的子类型，compound_representation_item 为了上限和下限而包含 measure_representation_items。然而，在一个尺寸公差中，上下限单独表现为一个 shape_dimension_representation 中的条目。

3） AP 214 有特征的名字和描述，而 AP224 仅仅关心映射到描述的 usage_name。在这儿，its_id 有一个唯一限制并且从语义上看起来跟名字更接近，所以 its_id 就映射到了名字。

4） its_operation 属性是冗余的，它将 manufacturing_feature 和 machining/turning_workingstep 结合，也将这些工作步骤类型和 machining_operation 结合。这个属性的映射路径简单地把其他关系建立的路径连接起来。

5） AP 224 不定义 explicit_representation 的映射，但是在已有工具中观察到的用法和在这部分 GB/T 16656 中所给的备用案例是相对应的。提供这个备用以允许对实例数据的使用，实例数据可能来自一个 AP 224 过程，但是更好地引用路径应该被用于任何新的实例数据。5.2.1.2.2 有明确特征几何的附加讨论。

6） 对于块或圆柱类的边界几何，GB/T 19903.10 引用了 block 和 right_circular_cylinder。为了 AP 214 和 AP 224 的一致性，这两种情况被映射为 shape_representation 的子类型 block_shape_representation 和 cylindrical_shape_representation。除了这两种情况，its_bounding_geometry 简单地映射为 its_rawpiece 的 its_geometry 参数。

7） product_definition_formation 的 product_definition_formation_with_specified_source 子类型出现在集成表达中是为了简化工件描述的使用，其中工件描述可能源自 AP203 过程。但并不推荐在普通情况下使用这个子类型。

8） 装配信息可能源于使用 AP 203 和 AP 214 的上游应用，使用 mapped_item 或 item_defined_transformation 装配组件。为了与现存的应用协议和数据集相兼容，originating_orientation 和 resulting_orientation 的映射允许使用上述技术之一。当使用 item_defined_transformation 时容易导致混淆，因为某些 AP 未明确阐明哪个属性引用了组件，哪个属性引用了所属装配，这里 transform_item_1 指的是初始的工件位置，transform_item_2 指的是装配体内的位置。在装配中对于形状处理的进一步讨论见 ISO 10303-214 的 5.2.1.6。

9） AP224 为具有矩形轮廓的开放和封闭的型腔规定了特殊的型腔类型。在 AP224 中，具有矩形轮廓的型腔可以被表达为一个普通的型腔 ARM 对象或矩形特化。特化在 GB/T 16656 的本部分中不存在，但是它的映射有一个替代方法涵盖了 AP 224 的用法。这样允许使用型腔特征数据，这个特征数据可能源自一个 AP 224 过程。

10） 为了保持与 AP224 和 AP214 的一致性，planar_radius 的映射路径穿过型腔的底部，这个映射路径不应该被用于有一个 through_pocket_bottom_condition 的型腔。

11） 为了保持与 AP224 和 AP214 一致性，型腔的底部状况被映射为一个 face surface 表达，而不是一个区域特征。

12） Pocket 和 Round_hole 的 bottom_at_path_end 的首选映射表项与 AP 224 规范所给的引用路径相匹配，并且应该用于所有新的实例数据。另一个映射表项与一个非一致用法相匹配，这个用法在现有的 AP 224 的实现中查到，它提供了允许源自这个过程的实例数据的使用。

13） 该属性名称容易混淆，它是轮廓扫描所沿的路径，而不是轮廓本身。Profile_feature 的各种 ARM 子类型规定被扫描的轮廓。这些属性的用法在 5.2.1.3.4 中描述。

14） ARM 属性 parameter_index 映射到 representation_item 的相同属性作为 ARM 属性 parameter_name. 如果 parameter_index 出现，它应该被加上 representation_item. name，representation_item. name 表达 parameter_name。

15） 尽管 feature_placement 在 GB/T 19903.10 和这部分 GB/T 16656 中都被表达为 axis2_placement3d，位置的数值将根据在 GB/T 19903 和 GB/T 16656 标准中的测量位置所使用的参考点的不同而改变。5.2.1 给出了这两种情况下不同点的完整描述和它们之间转化的指示。

16） 尽管 NC_variable 的 initial_value 被 GB/T 19903（ISO 14649）定义为一个数字，但是映射还是被构造出来了，好像这个映射确实是 NC_constant 类型，以此来避免引进处理本质上相同的概念的不同的方式。

17） item_defined_transformation 以一种类似于装配的方式在一个设置中定位工件。这里 transform_item_1 参考了初始的工件位置，transform_item_2 参考了设置之内的位置。以前的 AP 没有清楚地阐述 item_defined_transformation 的哪一面参考了封闭装配，哪一面导致了混淆。

18） 这个 ARM 属性被定义为一个列表。在表中显示的映射路径表明怎样把列表的元素相关联，排序被 sequence_position 属性所处理，sequence_position 属性在关系中，这个关系继承自 sequential_method 子类型。这个属性有一个数字，这个数字指示列表中的位置。例如：列表中的第五项就有 sequence_position＝5。

19） toolpath_list 应用对象没有被映射。而映射直接定位到了 toolpath 对象。排序被关系中的 sequence_position 属性所处理，这在第(18)条中描述。

20） ARM 模型 Axis_trajectory 有两个相似的列表，axis_list[1]包含轴名称，轴名称相当于 command[1]中的曲线，axis_list[2]包含轴名称，轴名称相当于 command[2]中的曲线，等等。在 AIM 中，相似的列表并不使用。而 representation. item 集包含一个有界曲线，这个曲线的每一个轴都被轨迹所移动，轴名称保存在每一个曲线的 representation_item. name 属性中。

21） process_model_list 应用对象没有被映射，而映射直接定位到了 process 对象。排序被关系中的 sequence_position 属性所处理，这在第(18)条中描述。

22） ARM 属性 corner_transitions 被定义为一个列表，但是列表排序没有被映射所编码。如果需要排序，corner_transitions 应该被 corner_identity 所排序。

23） 如果一个制造特征被用于建立一个 Datum_defined_by_feature，datum_feature 类型必须被添加到 shape_aspect 子类型的复杂实例中，shape_aspect 子类型用于表达制造特征。一个平面制造特征经常被映射到 instanced_feature 和 flat_face 的复合实例中。如果它被用作一个 Datum，instanced_feature、flat_face 和 datum_feature 的复合实例就必须出现。

5.2 AIM EXPRESS 短列表

本条规定了 EXPRESS 模式使用了集成资源和 AIC 中的元素。该 EXPRESS 模式包含了本部分规定的类型、实体规范、规则和功能。本条还规定如何更改引自集成资源和 AIC 的各构造文本材料。AIM 中使用的集成资源或应用解释构造中给出的定义和 EXPRESS 描述包括选择列表项和不引入 AIM 中的子类。在集成资源或应用解释构造中对选择列表项和唯一在这些选择列表项中应用的可引入到 AIM 中。

```
*)
SCHEMA integrated_cnc_schema;
USE FROM action_schema -- 10303-41
   (action,
   action_method,
   action_method_relationship,
   action_resource,
   action_resource_relationship,
   action_resource_type);
USE FROM aic_advanced_brep -- 10303-514
   (advanced_brep_shape_representation);
USE FROM aic_edge_based_wireframe -- 10303-501
   (edge_based_wireframe_shape_representation);
USE FROM aic_faceted_brep -- 10303-512
   (faceted_brep_shape_representation);
USE FROM aic_geometric_tolerances -- 10303-519
   (angularity_tolerance,
   circular_runout_tolerance,
   coaxiality_tolerance,
   common_datum,
   concentricity_tolerance,
   cylindricity_tolerance,
   flatness_tolerance,
   line_profile_tolerance,
   parallelism_tolerance,
   perpendicularity_tolerance,
   position_tolerance,
   roundness_tolerance,
   straightness_tolerance,
   surface_profile_tolerance,
   symmetry_tolerance,
   total_runout_tolerance);
USE FROM aic_geometrically_bounded_surface -- 10303-507
   (geometrically_bounded_surface_shape_representation);
USE FROM aic_geometrically_bounded_wireframe -- 10303-510
   (geometrically_bounded_wireframe_shape_representation);
USE FROM aic_machining_feature -- 10303-522
   (applied_area,
   boss,
   boss_top,
   chamfer,
```

```
chamfer_offset,
circular_closed_profile,
circular_pattern,
closed_path_profile,
composite_hole,
compound_feature,
direction_shape_representation,
edge_round,
externally_defined_feature_definition,
face_shape_representation,
feature_component_definition,
feature_component_relationship,
feature_definition,
feature_pattern,
fillet,
flat_face,
gear,
hole_bottom,
instanced_feature,
linear_profile,
location_shape_representation,
marking,
modified_pattern,
ngon_closed_profile,
open_path_profile,
outer_round,
outside_profile,
partial_circular_profile,
path_feature_component,
path_shape_representation,
pattern_offset_membership,
pattern_omit_membership,
planar_shape_representation,
pocket,
pocket_bottom,
profile_floor,
protrusion,
rectangular_closed_profile,
rectangular_pattern,
removal_volume,
replicate_feature,
revolved_profile,
rib_top,
rib_top_floor,
round_hole,
rounded_end,
rounded_u_profile,
shape_defining_relationship,
```

```
    shape_representation_with_parameters,
    slot,
    slot_end,
    spherical_cap,
    square_u_profile,
    step,
    taper,
    tee_profile,
    thread,
    thread_runout,
    transition_feature,
    turned_knurl,
    vee_profile);
USE FROM aic_manifold_surface -- 10303-509
    (manifold_surface_shape_representation);
USE FROM aic_non_manifold_surface -- 10303-508
    (non_manifold_surface_shape_representation);
USE FROM aic_shell_based_wireframe -- 10303-502
    (shell_based_wireframe_shape_representation);
USE FROM aic_topologically_bounded_surface -- 10303-511
    (advanced_face);
USE FROM application_context_schema -- 10303-41
    (application_context,
    application_context_element,
    application_protocol_definition,
    product_context,
    product_definition_context);
USE FROM approval_schema -- 10303-41
    (approval,
    approval_date_time,
    approval_person_organization,
    approval_relationship,
    approval_status);
USE FROM date_time_schema -- 10303-41
    (calendar_date,
    date,
    date_and_time,
    ordinal_date,
    week_of_year_and_day_date);
USE FROM document_schema -- 10303-41
    (document,
    document_usage_constraint,
    document_with_class);
USE FROM external_reference_schema -- 10303-41
    (externally_defined_item,
    externally_defined_item_relationship,
    pre_defined_item);
USE FROM geometric_model_schema -- 10303-42
```

```
    (block,
    right_circular_cylinder);
  USE FROM geometry_schema - - 10303-42
    (bounded_curve,
    bounded_surface,
    elementary_surface,
    geometric_representation_context);
  USE FROM group_schema - - 10303-41
    (group);
  USE FROM iso13584_expressions_schema - - 13584-20
    (and_expression,
    binary_boolean_expression,
    boolean_expression,
    comparison_equal,
    comparison_expression,
    comparison_greater,
    comparison_greater_equal,
    comparison_less,
    comparison_less_equal,
    comparison_not_equal,
    expression,
    int_literal,
    int_numeric_variable,
    literal_number,
    multiple_arity_boolean_expression,
    not_expression,
    numeric_expression,
    numeric_variable,
    or_expression,
    real_literal,
    real_numeric_variable,
    simple_numeric_expression,
    unary_boolean_expression,
    xor_expression);
  USE FROM iso13584_generic_expressions_schema - - 13584-20
    (binary_generic_expression,
    generic_expression);
  USE FROM management_resources_schema - - 10303-41
    (approval_assignment,
    classification_assignment,
    classification_role,
    date_and_time_assignment,
    date_assignment,
    document_reference,
    document_usage_constraint_assignment,
    external_identification_assignment,
    identification_assignment,
    identification_role,
```

```
    organization_assignment,
    person_and_organization_assignment,
    security_classification_assignment);
USE FROM material_property_definition_schema -- 10303-45
    (material_designation,
    material_designation_characterization,
    material_property);
USE FROM material_property_representation_schema -- 10303-45
    (material_property_representation);
USE FROM measure_schema -- 10303-41
    (area_measure,
    context_dependent_measure,
    context_dependent_unit,
    conversion_based_unit,
    count_measure,
    derived_unit,
    descriptive_measure,
    global_unit_assigned_context,
    length_measure_with_unit,
    length_unit,
    mass_measure,
    mass_measure_with_unit,
    mass_unit,
    measure_with_unit,
    named_unit,
    numeric_measure,
    parameter_value,
    plane_angle_measure_with_unit,
    plane_angle_unit,
    positive_plane_angle_measure,
    ratio_measure,
    ratio_measure_with_unit,
    ratio_unit,
    si_unit,
    solid_angle_measure,
    solid_angle_measure_with_unit,
    solid_angle_unit,
    time_measure,
    time_measure_with_unit,
    time_unit,
    volume_measure);
USE FROM method_definition_schema -- 10303-49
    (action_method_with_associated_documents,
    concurrent_action_method,
    sequential_method,
    serial_action_method);
USE FROM person_organization_schema -- 10303-41
    (organization,
```

```
    organization_role,
    organizational_address,
    person,
    person_and_organization,
    personal_address);
USE FROM process_property_representation_schema -- 10303-49
    (action_property_representation,
    resource_property_representation);
USE FROM process_property_schema -- 10303-49
    (action_property,
    action_resource_requirement,
    characterized_action_definition,
    characterized_resource_definition,
    process_product_association,
    process_property_association,
    property_process,
    requirement_for_action_resource,
    resource_property,
    resource_requirement_type);
USE FROM product_definition_schema -- 10303-41
    (product,
    product_category,
    product_category_relationship,
    product_definition,
    product_definition_formation,
    product_definition_formation_with_specified_source,
    product_definition_relationship,
    product_definition_with_associated_documents,
    product_related_product_category);
USE FROM product_property_definition_schema -- 10303-41
    (characterized_object,
    general_property,
    general_property_association,
    product_definition_shape,
    property_definition,
    shape_aspect,
    shape_aspect_relationship,
    shape_definition);
USE FROM product_property_representation_schema -- 10303-41
    (context_dependent_shape_representation,
    property_definition_representation,
    shape_definition_representation,
    shape_representation,
    shape_representation_relationship);
USE FROM product_structure_schema -- 10303-44
    (make_from_usage_option,
    next_assembly_usage_occurrence);
USE FROM qualified_measure_schema -- 10303-45
```

```
    (descriptive_representation_item,
    expanded_uncertainty,
    measure_qualification,
    measure_representation_item,
    precision_qualifier,
    qualified_representation_item,
    qualitative_uncertainty,
    standard_uncertainty,
    uncertainty_qualifier,
    value_qualifier);
USE FROM representation_schema -- 10303-43
    (compound_representation_item,
    global_uncertainty_assigned_context,
    item_defined_transformation,
    list_representation_item,
    mapped_item,
    representation,
    representation_item,
    representation_item_relationship,
    representation_relationship,
    representation_relationship_with_transformation,
    set_representation_item,
    value_representation_item);
USE FROM security_classification_schema -- 10303-41
    (security_classification,
    security_classification_level);
USE FROM shape_aspect_definition_schema -- 10303-47
    (apex,
    centre_of_symmetry,
    datum,
    datum_feature,
    datum_reference,
    datum_target,
    derived_shape_aspect,
    extension,
    geometric_alignment,
    geometric_intersection,
    parallel_offset,
    perpendicular_to,
    referenced_modified_datum,
    tangent);
USE FROM shape_dimension_schema -- 10303-47
    (angular_location,
    angular_size,
    dimensional_characteristic_representation,
    dimensional_location,
    dimensional_location_with_path,
    dimensional_size,
```

```
    dimensional_size_with_path,
    shape_dimension_representation);
USE FROM shape_tolerance_schema - - 10303-47
    (limits_and_fits,
    modified_geometric_tolerance,
    plus_minus_tolerance,
    projected_zone_definition,
    runout_zone_definition,
    tolerance_value,
    tolerance_zone,
    tolerance_zone_definition,
    tolerance_zone_form);
(*
```

5.2.1 基本概念和假设

5.2.1.1 简介

GB/T 16656(ISO 10303)应用协议描述了从设计、分析到制造等产品生命周期的各个阶段。通过把信息需求映射到一组公用的集成资源,这些应用协议以一种一致的方式描述共享概念。

GB/T 16656.238 是为利用数控机床的制造数据的表达和交换而设计的。首先是用于计算机数控的 GB/T 19903(ISO 14649)数据模型给出的信息需求,并描述如何在产品数据更大视角内表达由 GB/T 16656 应用协议组合集定义的信息。

在 GB/T 19903(ISO 14649)标准表达未被其他应用协议处理的需求之处,这个集成过程是直接的。但也有几个方面,GB/T 19903(ISO 14649)标准重新规定了被已有应用协议处理过的概念。

首先是制造特征的定义。制造特征的需求在 AP224 和 AP214 中说明。用来描述制造特征的集成资源在在 AIC522 中说明。在 GB/T 19903(ISO 14649)标准的制定过程中,尽量使 GB/T 19903(ISO 14649)中的特征定义与 ISO 中已有的特征定义相一致。这项工作取得了进步,但不一致仍然存在。5.2.1.2 讨论了通用特征的概念,5.2.1.3 解释了在本部分中特有的特征类型的不一致是如何处理的。

其次是度量单位的使用。GB/T 19903(ISO 14649)标准限制了单位的使用以简化它的模型。对于 GB/T 16656 应用协议来说,这个限制并不是恰当的。因为 GB/T 16656 集成资源是使用统一单位处理机制。5.2.1.4 更加详细地讨论了度量的概念。

另外,有几处 GB/T 19903(ISO 14649)标准直接引用了 GB/T 16656 集成资源,但在 GB/T 19903(ISO 14649)中并没有给出这几处所述标准的用法。为了涵盖这些情况,在第 4 章扩充了额外的定义,用来提供指南。GB/T 16656 集成表达也需要对一些信息类型进行额外的描述。5.2.1.5 对这些描述进行了讨论。

最后,有一些并没有被 GB/T 19903(ISO 14649)考虑的 CNC 控制输入的孤立情况的信息需求,但是这些信息需求却必须被本部分考虑以便整个生命周期的集成。例如,几何尺寸和公差。在第 4 章扩充了额外的定义来处理这些情况。

5.2.1.2 制造特征概念

5.2.1.2.1 外形轮廓和遍历路径所描述的隐含形状

在 GB/T 16656 集成表达中,许多制造特征类型的形状沿着一个移动路径能够描述一个外形轮廓。这种特征形状的隐式描述由 Profile (见 4.2.262)和 Travel_path 子类(见 4.2.381)的特征参数所控制。

示例 1:几个特征类型的外形轮廓和路径表达在图 36 中给出。特征的形状由以下的特征参数控制:移动路径的长度、圆的直径和矩形的长和宽等。

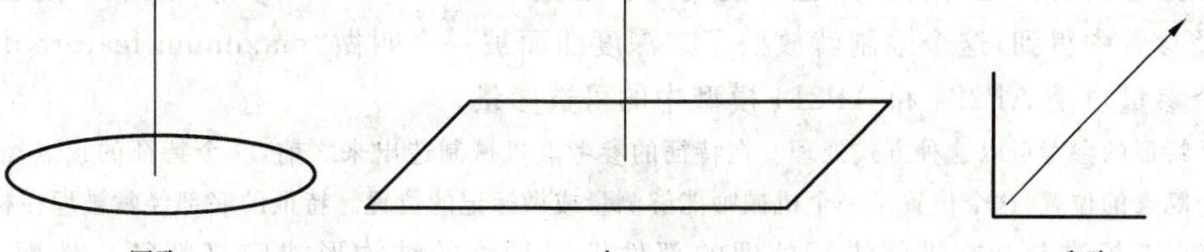

图 36　特征的外形轮廓和路径定义

由 GB/T 19903.10 定义的大多数 machining_feature 类型使用相同的外形轮廓和路径信息需求作为 GB/T 16656 的集成表达。然而，在一些情况下，GB/T 19903.10 的制定者选择把外形轮廓参量并入特征定义、选择改变方向或选择改变参考点的约定。

几种常用的情况在下面讨论。5.2.1.3 对集成表达中的特征类型的外形轮廓和路径约定作了系统回顾。5.2.1.3 也对如何转换到 GB/T 19903(ISO 14649)所使用的约定作了解释。

示例 2：GB/T 19903.10 对一个圆孔的定义有一个直径测量。在 AIM 映射中，我们把该测量和一个圆轮廓的直径测量绑定在一起。为了一致性，外观轮廓和路径表达仍然在 AIM 层中使用，即使这些概念在 ARM 中仅仅间接表达。

5.2.1.2.1.1　特征位置和深度

每个特征都有一个位置参数，位置参数描述这个特征在空间中的位置和方向。特征的原点是位置的参考点。在集成表达中，位置被表达成 axis2_placement3d 的一个实例。一个笛卡尔的点给出了在特征原点空间中的位置，一对方向向量给出了特征的 Z 轴和 X 轴的方向。

为了描述特征的深度，GB/T 16656 集成表达使用一个外形轮廓参量或路径参量。这个参量随着特征类型的变化而变化，但是在通常情况下是遍历路径的长度。特征的起点在遍历路径的开始处，特征的 Z 轴和路径成平行线。这意味着特征的起点在特征的底部，具有 Z 轴，Z 轴或者向上指向材料(沉孔、圆孔、外轮廓)外，或者沿着材料(槽，台级，平面)方向。

GB/T 19903(ISO 14649)的作者选择了一个不同的方法，把深度编码成一个曲面。这个曲面代表这个特征的最深部分。GB/T 19903(ISO 14649) 定义特征的起点在特征的顶部，因此深度能够从几何上被计算为特征位置和深度曲面之间的距离。

因此，在 GB/T 16656 集成表达中和在 GB/T 19903(ISO 14649)表达中，一个特征就可能因为放置位置和可能的方向而有不同的值。

示例：见图 37，假设一个圆孔 2 单位深，这个圆孔的底部中心在坐标为(0,0,0)的点上。在 GB/T 16656 表达中，这个孔的位置点是(0,0,0)，遍历路径的长度是 2 单位。在 GB/T 19903(ISO 14649)表达中，这个孔的位置点就是(0,0,+2)，特征指向 elementary_surface 的一个实例。elementary_surface 是用来定义 z=0 处的平面的。

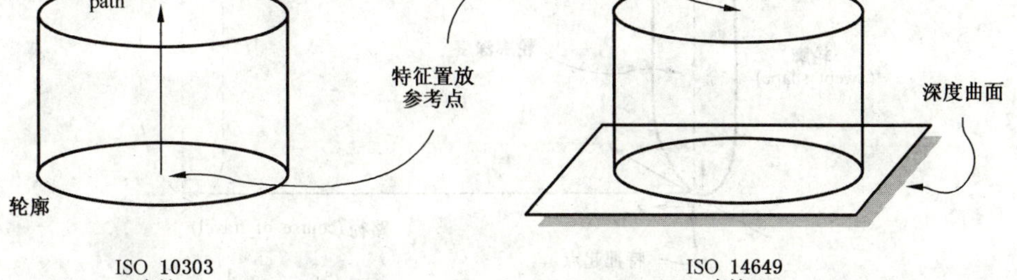

图 37　特征位置的不同点

GB/T 19903(ISO 14649)对所有的 machining_feature 类型都需要一个深度曲面，即使某一个类型的外形轮廓和路径信息都是可得到的也不能例外。在这部分 GB/T 16656 中，既然深度已经可以从外形轮廓和路径参数中得到，这个限制就放松了。深度曲面被一个叫做“maximum feature depth”的参量所表示。这个参量也是 AP224 和 AP214 模型中的可选参量。

注：为什么特征的参考点以这种方式处理？在特征的参考点机械制造出来之前，一个特征的顶点经常对应材料上的一个隐含的位置，这个位置是一个机械师能够测量或做标记的位置。特征的底部经常被埋在材料的内部。

GB/T 16656 标准起初在即将进行处理的部件上以最终的结构形式定义特征。然而，最终部件上的特征并不一定准确地与即将进行机器加工的特征相匹配。考虑一个有钻孔的平面，如果这个孔是在平面被机械加工之前钻的，这个孔的顶点就比平面被机械加工之后再钻的孔的顶点高一些。但无论经过什么机械加工，孔的底部的位置不会改变。

既然计划的活动可能探究不同的操作序列，从一个特征底部的参考点来描述位置就可以使位置的数值保持不变。即使在处理过程中特征的体积改变了，位置的数值也保持不变。为了兼容性，GB/T 16656随后的标准继续使用这个兼容性约定。

GB/T 19903(ISO 14649)选择使用顶点来更好的匹配机械师所使用的协定。根据 AP238 开发的应用软件可能发现，显示位置信息给采用 GB/T 19903(ISO 14649)协议的人更加有用，而仍然采用 GB/T 16656 协议进行数据交换。

5.2.1.2.1.2 外形轮廓的方向

特征的位置用 axis2_placement_3d 描述。axis2_placement_3d 包含一对方向向量，这对方向向量指出了特征的 Z 轴和 X 轴的方向。由此可知，Y 轴的方向由横穿产品的向量估算，其他特征方面的方向由在特征定义中确立的协定所决定。

在 GB/T 16656 集成表达中，外形轮廓被定义在 XY 平面。大多数特征沿 Z 轴扫过外形轮廓(平面是一个例外，平面用一个线性的外形轮廓沿着 X 轴，扫过 Y 轴)。一个特征的起点，它的外形轮廓和它的路径在空间中是同一个点。在 AIM 实例数据内，建议三个“placement”参量使用相同的 axis2_placement_3d 实例。

在 GB/T 19903(ISO 14649)中，外形轮廓也经常在 XY 平面定义，但有时也按照外形轮廓在 XZ 平面来解释因为特征方向被定义的方式不同。在 GB/T 19903(ISO 14649)表达中，外形轮廓的起点，路径和特征可能各不相同。5.2.1.3 列出了每一个特征类型的具体的不同点。

示例：图 38 说明了一个由圆的 U 形轮廓构成的槽。在 GB/T 16656 集成表达中，特征位置给出遍历路径和轮廓的起点，轮廓在 XY 平面，遍历沿着 Z 轴。在 GB/T 19903(ISO 14649)表达中，特征放置位置定义槽的顶部中心，外形轮廓在 XZ 平面，遍历沿着 Y 轴。为了找到外形轮廓的起点，必须抵消外形轮廓的深度。因为坐标轴的变化，遍历方向是相反的，这就意味着位置点也就在 GB/T 16656 表达中的槽的另一头。

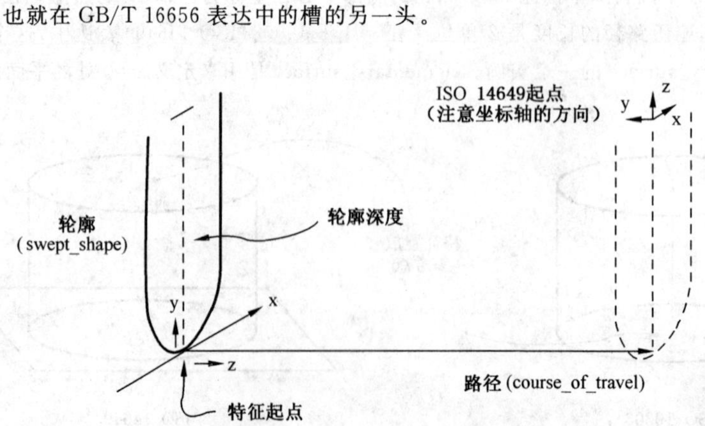

图 38 特征位置的不同点

5.2.1.2.2 显式表达的几何形状

在 GB/T 16656 集成表达中，特征形状能够用一组特有的参量例如深度、宽度等来描述。这要用到前一部分讨论过的外形轮廓和路径表达。也可以用基于边界表达中的面的隐式表达来描述特征形状。

GB/T 19903(ISO 14649) 仅仅支持特征形状的隐式表达。对于一致性，一个 explicit_representation 参量加入了 manufacturing_feature 来支持隐式表达方式。

在 AIM 实例数据中，一个隐式形状描述就像是一个 shape_representation 条目中的面实例一样。隐含形状描述中的特有参量就像是一个 shape_representation_with_parameters 条目中的 measure_representation_item 实例一样。外形轮廓和路径实例中的特有参量也是这种处理方式。

GB/T 16656 和 GB/T 19903(ISO 14649)这两种表达都通过 shape_definition_representation 实例和特征相联系，其中 shape_definition_representation 引用了 property_definition，property_definition 引用了表达形状的 shape_aspect 实例。特征继承了 characterized_object 的除过渡特征以外的全部特征。特征取而代之的使用 product_definition_shape 子类型。局部的规则只允许每一个特征有且仅有一个 product_definition_shape 实例，因此实例由隐含表达和明确表达共享，外形轮廓和路径实例的引用路径也采用同样的处理方式。

示例 1：图 39 说明了一个特征的包含隐式表达和显式表达的实例图标。描述外形轮廓和路径的实例没有给出，但每一个描述外形轮廓和路径的实例都是一个 shape_aspect 子类型，和特征实例相似。描述每一个实例的参数由 shape_representation_with_parameters 实例给出，这些参数和外形轮廓及路径有关，外形轮廓及路径采用 shape_definition_representation 实例与 product_definition_shape 实例相同的方式。

为了 explicit_representation 参量，一个替代的映射路径被给出。这个替代的映射路径不使用 shape_representation 或 shape_definition_representation 子类型。这个替代映射路径应该仅仅被用来读取实例数据，其中这些实例数据可能源自 AP 224 过程。之前的那个映射路径应该用于任何的新实例数据。示例 2 和示例 3 阐明了这两种映射。

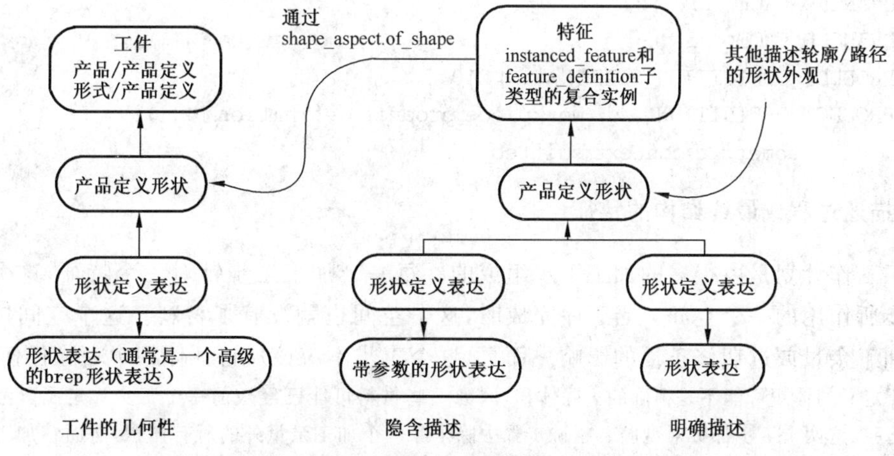

图 39 隐式的特征形状和显式的特征形状的 AIM 实例

示例 2：有关之前的 explicit_representation 的编码。在下面的交换文件片段中，#10 描述了一个工件上的一个圆孔特征。显式形状描述由 advanced_face 实例(#50，#60，#70)给出，advanced_face 实例在一个名为“explicit feature shape”的 shape_representation(#40)中。显式形状描述通过一个 shape_definition_represention(#30)及 product_definition_shape(#20)和特征相关联。

```
#10 = (
CHARACTERIZED_OBJECT('', $ )
FEATURE_DEFINITION()
INSTANCED_FEATURE()
```

```
ROUND_HOLE()
SHAPE_ASPECT('', $ ,#100,.T.)
);
#20 = PRODUCT_DEFINITION_SHAPE('','',#10);
#30 = SHAPE_DEFINITION_REPRESENTATION(#20,#40);
#40 = SHAPE_REPRESENTATION('explicit feature shape',(#50,#60,#70),#200);
#50 = ADVANCED_FACE( ... );
#60 = ADVANCED_FACE( ... );
#70 = ADVANCED_FACE( ... );
#100 = [ ... to workpiece ... ]
#200 = [ ... to geometric context ... ]
```

示例 3：有关替代 explicit_representation 的编码。下面的交换文件片段描述了和上述例子相同的特征，但是 advanced_face 实例在表达基础类型(#40)的一个无名实例中。advanced_face 通过一个 property_definition_represention(#30)及无名的 property_definition(#20)和特征相关联。既然其他的特征属性可能有包括面的表达，那么就可能存在一些歧义。

```
#10 = (
CHARACTERIZED_OBJECT('', $ )
FEATURE_DEFINITION()
INSTANCED_FEATURE()
ROUND_HOLE()
SHAPE_ASPECT('', $ ,#100,.T.)
);
#20 = PROPERTY_DEFINITION('', $ ,#10);
#30 = PROPERTY_DEFINITION_REPRESENTATION(#20,#40);
#40 = REPRESENTATION('',(#50,#60,#70),#200);
#50 = ADVANCED_FACE( ... );
#60 = ADVANCED_FACE( ... );
#70 = ADVANCED_FACE( ... );
#100 = PRODUCT_DEFINITION_SHAPE('','',#210);
#110 = PRODUCT_DEFINITION( ... workpiece product definition ... );
#200 = [ ... geometric context omitted ... ]
```

5.2.1.2.3 描述过程或最终结构的特征

一个加工工作计划是由很多的加工工步组成的。每一个加工工步针对一个特征，这个特征用来定义由加工工步所作用的一个空间。当工序完成时，这个空间也就没有了材料。这个空间体积受相关工序参数中精加工余量或过切修正量的影响。而且，这个工步不应该从特征体积中去除任何的材料。

注：由特征定义的体积可能不是精确的去除体积，因为一些材料可能已经被前一个工步移走了。考虑粗铣或精铣一个型腔，这两个工步都针对型腔。粗铣步骤去除了除一个加工余量外的所有体积，然而精加工步骤仅仅移走了一个薄的型腔。

这些特征和由工作计划定义的加工过程紧密联系着。如果一个制造工程师制定了一个替代工作计划来完成同样的工件，那么这个新的工作计划可能用一套完全不同特征。

示例 1：图 40 说明了一个阶梯形状的工件和两个不同的用来生产那个工件的加工过程。右边的例子显示一个深度优先加工工作计划，左边的例子显示一个宽度优先加工工作计划。两个工作计划产生相同的结果，但是两个工作计划调用非常不同的特征。

AP 224 和 GB/T 16656 的其他部分以工件的最终形状来标识特征，这里所说的工件不一定和特定系列的加工过程相绑定。这些特征被用作工艺规划活动的输入。宏观工艺规划的输出可能被描述为一个 AP 240 数据集，这个数据集将包含这些特征但也可能标识额外的中间的和特定过程有关的特征。

本部分描述宏观工艺规划并关注与特定工艺相联系的特征，但是很希望把最终形状的特征和有助于它们的制造的工步集联系起来。这种贯穿整个设计与制造路径的关联性有助于相关的下游工作的，例如，在微观和宏观工艺规划中的检测可使用可追溯性可以精确定位到所关注的关键区域。

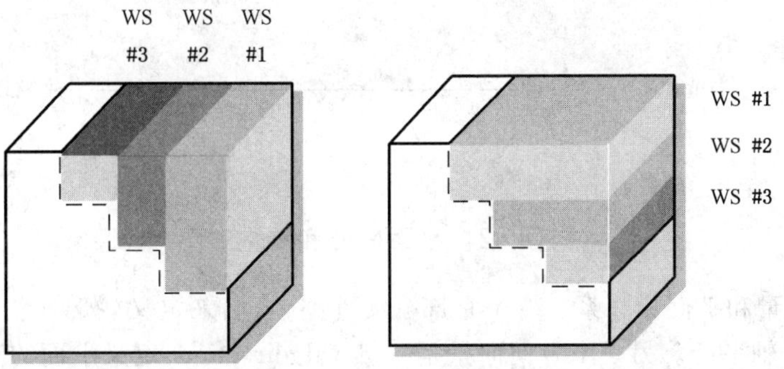

图 40 替代加工工艺和特征

示例 2：图 41 说明了一个工件，这个工件的最终结构包括一个台阶面和一个开口槽。对工艺规划者输入的是一个开口槽和台阶，不论什么原因，它决定先加工开口槽，后加工台阶。工作计划包含两个工步，第一个工步针对开口槽，第二个工步针对台阶。

在第一个工步中，GB/T 19903(ISO 14649)仅仅关心闭合的槽，没有方法追溯到最终部件上的开口槽。在第二个工步中，当然，工艺特征和最终形状特征是一样的。

一个类似的情况是“consumed”特征。例如：进刀孔，钻进刀孔的目的是为端铣提供一个起始点以便利后续加工工序。入口孔特征永远都不会出现在最终工件上，因为它被后续工序加工掉了。

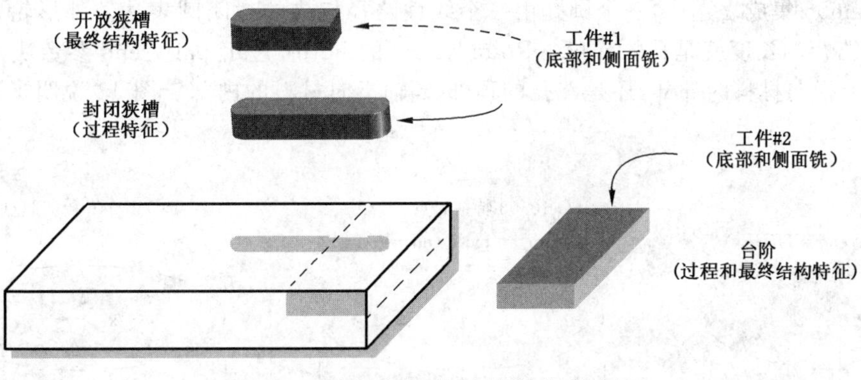

图 41 过程和最终结构特征的例子

GB/T 19903(ISO 14649)把 machining_workingstep 应用对象和特征联系起来了，特征通过 its_feature 属性定义它的去除体积。在这部分 GB/T 16656 中，一个名为“final_features”的可选属性被加入了 machining_workingstep，这个属性用来支持追溯到输入过程计划活动而使用的属性上。

如果这个属性被使用，它包含一组可在工件的最终结构上看到的特征。而这个工件也就是过程计划者添加 machining_workingstep 到加工工作计划时所针对的工件。

5.2.1.3 各类制造特征细节

5.2.1.3.1 平面

在 GB/T 16656 集成表达中，平面由一个线性路径扫描线型轮廓来表达。平面是由材料被移走所造成的。特征的来源就在平面上。所移走材料的深度由和特征相联系的 removal_depth 参数给出。图 42说明了平面参数。

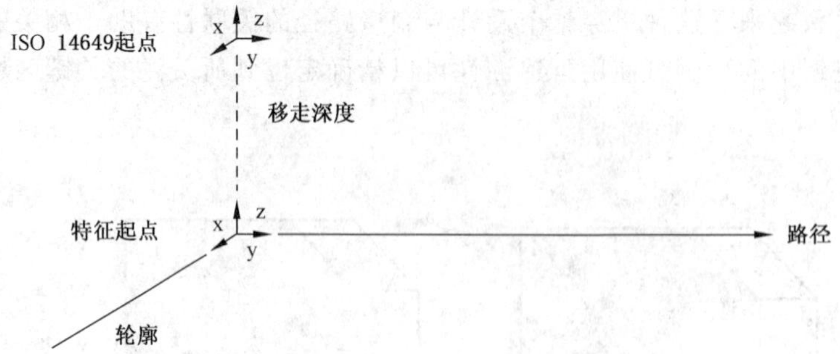

图 42 平面来源和参数

有两个方向的向量和平面相联系。一个是部分线性路径，用来定义轮廓所扫描的路径方向。这个应该和特征位置的 Y 轴平行。另一个方向向量是 removal_direction，定义平面的法线，这个方向应该和特征位置的 Z 轴平行。另外定义轮廓沿着特征位置的 X 轴延伸。

在 GB/T 19903(ISO 14649)中，特征位置被定义成位于将被移走的材料的顶部。因此必须从几何上估计这个位置和深度曲面之间的距离来决定材料的深度。

GB/T 16656 的本部分给 planar_face 应用对象增加了 removal_depth 和 removal_direction 属性。这两个属性是为和 GB/T 16656 的其他部分相一致而设立的，它们也简化了两个协定之间的转化。

为把 GB/T 16656 表达转化成 GB/T 19903(ISO 14649)的表达，只要把位置沿着 removal_direction 所给的方向移动 removal_depth 属性所给的距离即可。

5.2.1.3.2 圆孔

在 GB/T 16656 集成表达中，一个圆孔由一个线性路径扫描的封闭圆表达。外形轮廓的直径就是圆的直径，遍历路径的长度就是孔的深度。Round_hole 的 bottom_at_path_end 参数决定位置是在孔的底部，Z 轴向上指向材料的外部，还是在孔的顶部，Z 轴指向材料的内部。图 43 说明了对圆孔位置的处理。

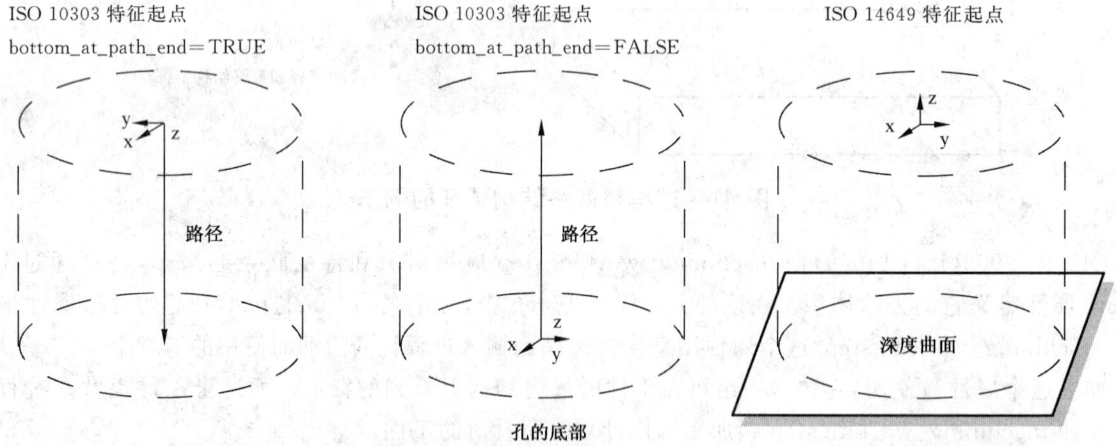

图 43 圆孔的原点

一个方向向量是部分的线性路径，定义轮廓被扫描的方向。这个方向应该和特征位置的 Z 轴相平行。轮廓在特征位置的 XY 平面，特征位置在轮廓的中心。

在 GB/T 19903(ISO 14649)中，孔并不用外形轮廓或路径定义。而直径是 Round_hole 定义的一个属性。为了表达深度，特征位置默认在孔的顶部，Z 轴从材料向外指。为了表达孔的深度，必须从几何上估计在 Z 轴负半轴方向位置和深度曲面之间的距离。

GB/T 16656(ISO 10303)的本部分给 Round_hole 应用对象增加了 course_of_travel 属性。这个属性表达遍历路径,是为和 GB/T 16656 的其他部分相一致而设立的,它也简化了两个协定之间的转化。

为把 GB/T 16656 表达转化成 GB/T 19903(ISO 14649)的表达,如果深度曲面不存在的话,需要构造深度曲面以此来适应特征位置。如果一个位置在孔的顶部(bottom_at_path_end 属性的属性值为 TRUE),那么绕着 X 轴旋转特征位置,使得 Z>=Y 并且 Y>=-Z。如果一个位置在孔的底部(bottom_at_path_end 属性的属性值为 FALSE),把位置沿着 Z 轴移动 course_of_travel 路径的长度。

5.2.1.3.3 型腔

在 GB/T 16656 集成表达中,一个型腔由一个线性路径扫描的轮廓表达。材料被移到型腔的内部,遍历路径的长度就是型腔的深度。型腔的 bottom_at_path_end 参数决定位置是在型腔的底部,Z 轴向上指向材料的外部,还是在型腔的顶部,Z 轴指向材料的内部。图 44 说明了对型腔位置的处理。

一个方向向量是部分线性路径,定义轮廓被扫描的方向。这个方向应该和特征位置的 Z 轴相平行。轮廓在特征位置的 XY 平面,轮廓的始端应该和特征位置成一条线。

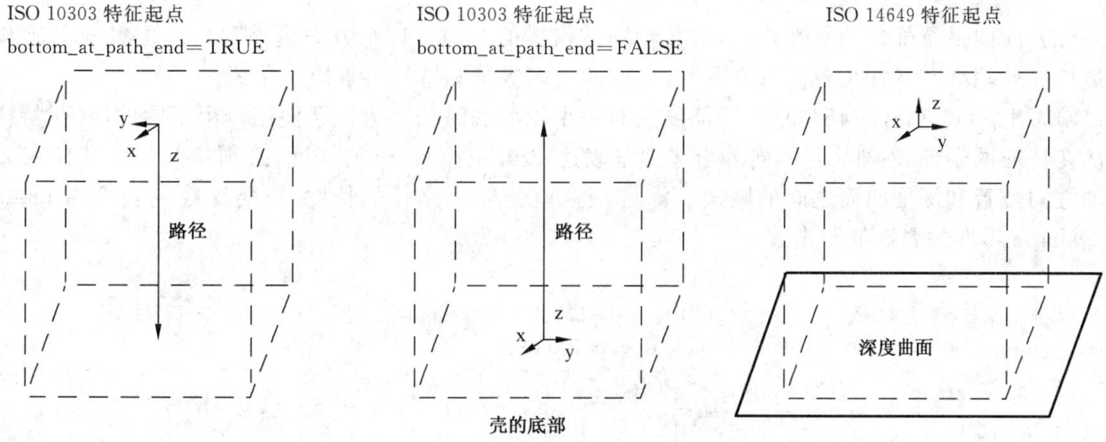

图 44　型腔的原点

在 GB/T 19903(ISO 14649)中,型腔定义有一个轮廓但没有路径属性。为了表达深度,特征位置默认在特征的顶部,Z 轴从材料向外指。为了表达型腔的深度,必须从几何上估计在 Z 轴负半轴方向位置和深度曲面之间的距离。

GB/T 16656(ISO 10303)的本部分给型腔应用对象增加了 course_of_travel 属性。这个属性表达遍历路径,是为和 GB/T 16656 的其他部分相一致而设立的,它也简化了两个协定之间的转化。

为把 GB/T 16656 表达转化成 GB/T 19903(ISO 14649)的表达,如果深度曲面不存在的话,需要构造深度曲面以此来适应特征位置。如果一个位置在型腔的顶部(bottom_at_path_end 属性的属性值为 TRUE),那么绕着 X 轴旋转特征位置,使得 Z>=Y 并且 Y>=-Z。如果一个位置在型腔的底部(bottom_at_path_end 属性的属性值为 FALSE),把位置沿着 Z 轴移动 course_of_travel 路径的长度。

5.2.1.3.4 通用外表和形状轮廓特征

在 GB/T 16656 集成表达中,一个 profile_feature(general_outside_profile(见 4.2.145)或 shape_profile(见 4.2.306))通过一个线性路径扫描的轮廓来表达。扫描轮廓外面的材料被去除。行进路径的长度就是 profile_feature 的深度。

对于一个通用外表轮廓,特征位置在底部,Z 轴向上指向材料的外部。图 45 说明了和所有的 profile_feature 及一个通用外表轮廓的位置相联系的参数。形状轮廓有一个额外的层的条件来决定特征位置。对于形状轮廓,Profile_floor(见 4.2.264)的 start_or_end 属性决定特征位置是在轮廓的底部,Z 轴向上指向材料的外部(start_or_end 属性的属性值为 FALSE),还是位置在轮廓的顶部,Z 轴向下指向材料的内部(start_or_end 属性的属性值为 TRUE)。图 46 说明了一个形状轮廓的位置。

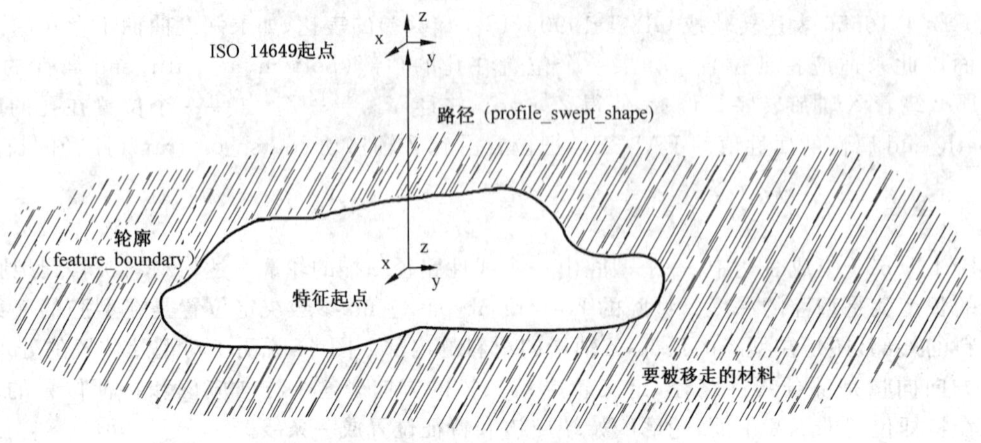

图 45 通用外表轮廓的原点

一个方向向量是部分的线性路径,定义轮廓被扫描的方向。这个方向应该和特征位置的 Z 轴相平行。被扫描的轮廓在特征位置的 XY 平面,轮廓的始端应该和特征位置成一条线。

在 GB/T 19903(ISO 14649)中,特征定义有一个轮廓和路径。为位置使用一个不同的协定,特征位置默认在特征的顶部,Z 轴从材料向外指。为了表达 Profile_feature 的深度,必须从几何上估计在 Z 轴负半轴方向位置和深度曲面之间的距离。深度经常就是遍历路径的长度,遍历路径的长度由 profile_swept_shape 属性的属性值给出。

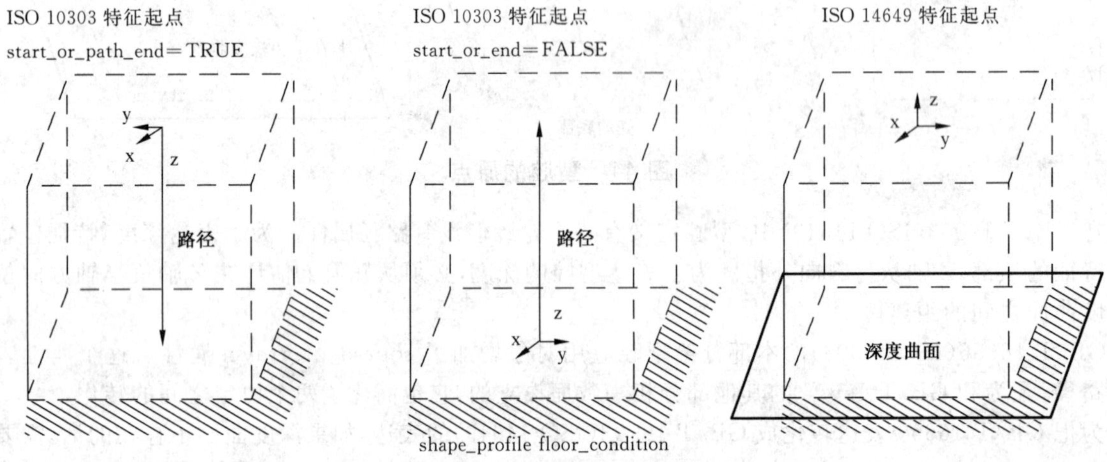

图 46 形状轮廓的原点

为了把一个 General_outside_profile 转化成 GB/T 19903(ISO 14649)的表达,如果深度曲面不存在的话,就构造一个深度曲面,把位置沿着 Z 轴方向移动 profile_swept_shape 路径的长度。

为了把一个 Shape_profile 转化成 GB/T 19903(ISO 14649)的表达,如果深度曲面不存在的话,需要构造深度曲面以此来适应特征位置。如果一个位置在 Shape_profile 的顶部(start_or_end 属性的属性值为 TRUE),那么绕着 X 轴旋转特征位置,使得 Z≥Y 并且 Y≥−Z. 如果一个位置在 Shape_profile 的底部(start_or_end 属性的属性值为 FALSE),把位置沿着 Z 轴移动 course_of_travel 路径的长度。

5.2.1.3.5 槽

在 GB/T 16656 集成表达中,一个槽通过一个移动路径扫描的开放轮廓来表达。这个轮廓的内侧材料被移除。这个开放轮廓的深度给出了这个槽特征的深度。特征位置在槽特征的底部,Z 轴沿着遍历路径。图 47 说明了槽参数。

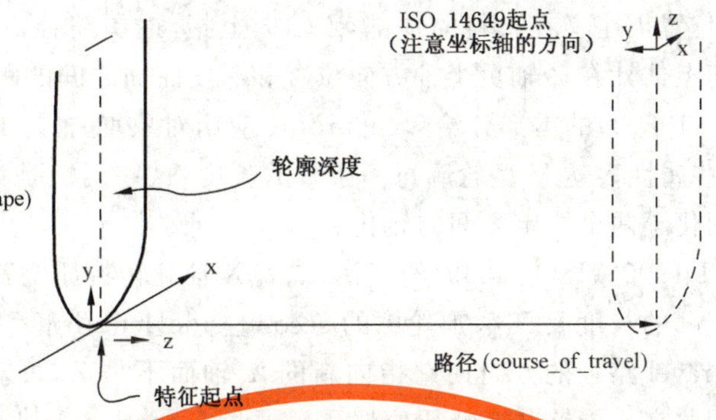

图 47　槽的原点和定位

一个方向向量是部分遍历路径，它定义轮廓被扫描的方向。这个方向应该和特征位置的 Z 轴相平行。轮廓在特征位置的 XY 平面，轮廓的始端应该和特征位置成一条线，特征位置在槽特征的底部。

在 GB/T 19903(ISO 14649)中，槽定义有一个轮廓和路径。但是为特征位置的位置和定位使用一个不同的协定。位置被定义在材料的顶部，Z 轴向上指，遍历路径沿着 Y 轴延伸。为了表达槽的深度，必须从几何上估计在 Z 轴负半轴方向位置和深度曲面之间的距离。

GB/T 16656(ISO 10303)的本部分给 Square_u_profile 及 Square_u_profile 应用对象增加了深度属性。这些属性表达轮廓的深度，这些属性是为和 GB/T 16656 的其他部分相一致而设立的，它也简化了两个协定之间的转化。其他开放轮廓类型的深度能够从现有的参数中计算出来。

为了转化成 GB/T 19903(ISO 14649)的表达，绕着 X 轴旋转特征位置，使得 Z≥Y 并且 Y≥−Z。然后沿着 course_of_travel 的长度及所扫描的轮廓的深度移动位置。

改变 course_of_travel 路径的方向使它指向新的 Y 轴而不是 Z 轴。开放轮廓的起始点定义在轮廓的底部，因此它不能够共享特征位置了。通过轮廓深度，给它分派一个单独的位置偏移量。最后，如果深度曲面不存在的话，构造深度曲面。

5.2.1.3.6　台阶面

在 GB/T 16656 集成表达中，一个台阶面特征通过一个线性路径扫描的一个 V 型轮廓来表达。V 型轮廓的内侧材料被移除。V 型轮廓的一条臂的长度给出了台阶面特征的深度。V 型轮廓的另一条臂的长度给出了台阶面特征的宽度。特征位置在 V 型轮廓的顶点上，Z 轴沿着遍历路径。图 48 说明了台阶面参数。

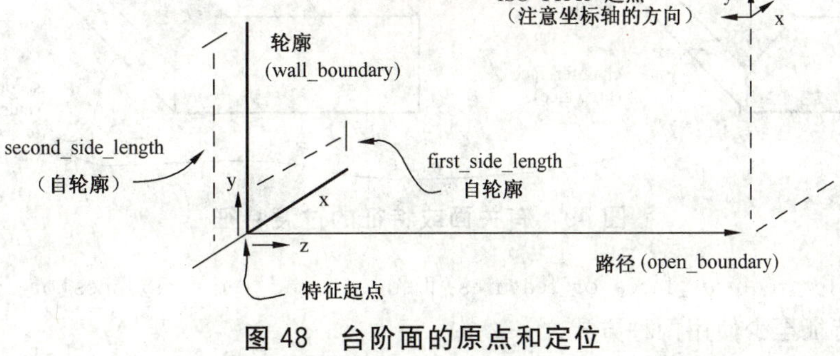

图 48　台阶面的原点和定位

一个方向向量是部分遍历路径，它定义轮廓被扫描的方向。这个方向应该和特征位置的 Z 轴相平行。轮廓在特征位置的 XY 平面，轮廓的始端应该和特征位置成一条线，特征位置在 V 型轮廓的顶点上。

在 GB/T 19903(ISO 14649)中,台阶面定义有一个轮廓和路径。但是为特征位置的位置和定位使用一个不同的协定。位置被定义在材料的顶部,Z 轴向上指,遍历路径沿着 Y 轴延伸。为了表达台阶面的深度,必须从几何上估计在 Z 轴负半轴方向位置和深度曲面之间的距离。

GB/T 16656(ISO 10303)的本部分给 Vee_profile 应用对象增加了 first_side_length 属性和 second_side_length 属性。这些属性表达 V 型轮廓每一条臂的长度,这些属性是为与 GB/T 16656 其他部分相一致而设立的,它也简化了两个协定之间的转化。

为了转化成 GB/T 19903(ISO 14649)的表达,绕着 X 轴旋转特征位置,使得 Z≥Y 并且 Y≥−Z,然后沿着 course_of_travel 的长度及 V 字形轮廓的 second_side_length 臂移动位置。

改变 course_of_travel 路径的方向使它指向新的 Y 轴而不是 Z 轴。Vee_profile 的始端定义在 V 字形轮廓的顶点上,因此它不能够共享特征位置了。通过 second_side_length,给它分派一个单独的位置偏移量。最后,如果深度曲面不存在的话,构造深度曲面。

5.2.1.3.7 过渡特征

在 GB/T 16656 应用协议中,倒角和倒圆定义为工件的边界表达上的两套几何元素之间的关系。每一个过渡特征有一个 first_face_shape 和一个 second_face_shape 参数。每一个参数都包含一套 face_surface 实例或一套 oriented_face 实例,它们都来自工件形状的描述。另外,几个特有的参数和每一个特征类型相联系。倒角有一个偏移量和面角,倒圆有两个偏移量和一个半径,用来描述过渡曲面。

GB/T 19903(ISO 14649)调用相同的特有参数,但是定义倒角和倒圆为两个特征之间的关系。每一个过渡特征有一个 first_feature 和一个 second_feature 参数,它们针对过渡的两个边的特征。

注 1:为什么有两种方式呢?从历史上说,GB/T 16656 方式是首先定义的,但是为了描述过渡特征,GB/T 16656 需要 brep 几何存在。从 GB/T 19903(ISO 14649)的角度来看,几何是可选的也是可忽略的,因此定义过渡特征为两个特征之间的关系,这种做法是有意义的。

GB/T 16656(ISO 10303)的本部分扩展了倒角和 Edge_round 应用对象,来支持两种方式的使用。这是通过添加 chamfer_face,first_face_shape,second_face_shape 属性给倒角以及添加 edge_round_face,first_face_shape,second_face_shape 属性给 edge_round 实现的。这些属性是可选的,表达和过渡特征相联系的面,它们是为和其他部分的 GB/T 16656 相一致而设立的。图 49 说明了过渡特征的两种方式。

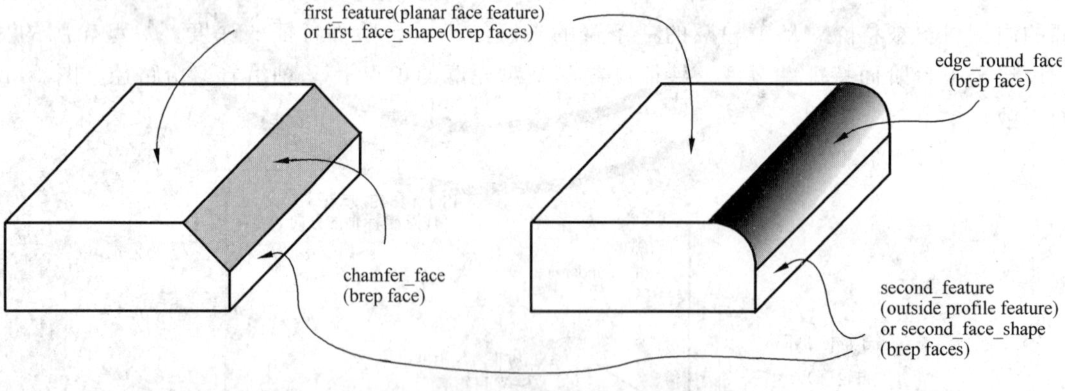

图 49 有关面或特征的过渡特征

添加了 Chamfer_requires_faces_or_features 和 edge_round_requires_faces_or_features 规则,这两个规则要求过渡特征至少使用两种方式之一。

注 2:AIC 522 规则起初要求倒角和倒圆要有相联系的面集。为了和其他的样式相一致,在 AIC 522 的第二版中,这些规则由要求("exactly one")变成了可选("at mostone")。AP 希望,如果需要的话,只允许面式样增添一个全面的规则来加强这些限制。

在起初的AP 224映射中,edge_round由三个面集,每一个映射到一个face_shape_representation。它们通过共有的product_definition_shape实例相互联系,但是映射要求edge_round_face通过一个shape_definition_representation是联系着的(因此也是特征的明确表达),而first_face_shape和second_face_shape也要求仅仅通过简单的property_definition_representation实例相互联系着。

5.2.1.4 度量概念

5.2.1.4.1 度量值和单位

在GB/T 16656集成表达中,度量,例如:长度、角度、时间,表达为一种measure_with_unit的实例。当想使用一种特殊的度量值时,就用子类型。接下来更加详细的讨论measure_with_unit的子类型。

在每一个实例中,value_component属性保存一个度量的数值,unit_component属性保存一个指向named_unit实例或derived_unit实例的引用。named_unit和derived_unit是用来定义值的度量单位的。以这种方式,每一个数值都带有一个单位来提供语义。一般而言,每一个单位仅仅需要一个实例,一个单位实例可能被很多的measure_with_unit实例所共享。

度量通常出现在action_property、resource_property或property_definition的表达中。这些条目集必须引用representation_item实例,因此度量被编码为一个measure_representation_item,measure_representation_item是measure_with_unit和representation_item的子类型。为一种特殊的值而设的measure_with_unit子类型仍然在使用中,是通过用measure_representation_item创建一个复合体实例而使用的。

示例1:没有measure_with_unit的value_specific子类型为计数度量而存在,因此,一个计数值简单地被编码为一个measure_representation_item实例。在下面的交换文件片段中,#10就是这个类型的一个实例,描述一个计数值为5的计数。值的单位被#20所编码,这个单位是一个名为“count”的context_dependent_unit。

```
#10 = MEASURE_REPRESENTATION_ITEM('', COUNT_MEASURE(5.), #20);
#20 = CONTEXT_DEPENDENT_UNIT(#30,'count');
#30 = DIMENSIONAL_EXPONENTS(0.,0.,0.,0.,0.,0.,0.);
```

示例2:一个长度度量将被编码为length_measure_with_unit和measure_representation_item的一个复合实例。在下面的交换文件片段中,#10是这些类型的一个复合实例,它描述一个值:22.5mm。毫米单位被#20编码,它也是length_unit和si_unit的一个复合实例。一般来说,measure_with_unit的每一个value_specific子类型都有一个相应的named_unit子类型,named_unit或者和si_unit或者和conversion_based_unit,作为描述那些值类型的单位,用在一个复合实例中。

```
#40 = (
        LENGTH_MEASURE_WITH_UNIT()
        MEASURE_REPRESENTATION_ITEM()
        MEASURE_WITH_UNIT(LENGTH_MEASURE(22.5),#50)
        REPRESENTATION_ITEM('')
);
#50 = (
        LENGTH_UNIT()
        NAMED_UNIT(*)
        SI_UNIT(.MILLI.,.METRE.)
);
```

在GB/T 19903(ISO 14649)中,所有的基本度量都使用特定的,固定单位(所有长度单位都是毫米,所有的平面角度单位都是度),因此单位不明显地出现在数据集中。如果没有首先从数值上把值转变到特定的单位,GB/T 19903(ISO 14649)不能传播由其他单位定义的度量。

为了转化成GB/T 19903(ISO 14649)的表达,把每一个度量的数值从度量提供的单位描述转化到GB/T 19903专有的默认单位。

5.2.1.4.2 公差限制性条件度量

在GB/T 16656集成表达中,限制性条件,例如:正/负范围,有效数字,极限与配合,或最大值/最小值,都可能被用在度量值上。通过创建 qualified_representation_item, measure_representation_item 和 measure_with_unit(如果存在的话)子类型的一个 value_specific 的一个复合体实例,限制性条件被编码。qualified_representation_item 增加了一套值识别器给描述值情况的实例。

示例 1:一个带正/负公差的长度度量被编码为 length_measure_wit_unit,measure_representation_item 和 qualified_representation_item 的一个复合实例。在下面的交换文件片段中,#10 描述一个值:值为80mm,公差为+/-0.1,精确到五位有效数字。上下限(#20 和#30)用 standard_uncertainty 实例编码,精确的数字(#40)用一个 precision_qualifier 编码。

```
#10=(
    LENGTH_MEASURE_WITH_UNIT()
    MEASURE_REPRESENTATION_ITEM()
    MEASURE_WITH_UNIT(LENGTH_MEASURE(80.),#50)
    QUALIFIED_REPRESENTATION_ITEM((#20,#30,#40))
    REPRESENTATION_ITEM('')
);
#20=STANDARD_UNCERTAINTY('upper limit','',0.1);
#30=STANDARD_UNCERTAINTY('lower limit','',0.1);
#40=PRECISION_QUALIFIER(5);
#50=(
    LENGTH_UNIT()
    NAMED_UNIT(*)
    SI_UNIT(.MILLI.,.METRE.)
);
```

示例 2:一个带值极限的长度度量也以同样的方式编码,但是一个 type_qualifier 用来指示受限的类型。在下面的交换文件片段中,#10 描述 80 mm 的最大值。

```
#10=(
    LENGTH_MEASURE_WITH_UNIT()
    MEASURE_REPRESENTATION_ITEM()
    MEASURE_WITH_UNIT(LENGTH_MEASURE(80.),#30)
    QUALIFIED_REPRESENTATION_ITEM((#20))
    REPRESENTATION_ITEM('')
);
#20=TYPE_QUALIFIER('maximum');
#30=(
    LENGTH_UNIT()
    NAMED_UNIT(*)
    SI_UNIT(.MILLI.,.METRE.)
);
```

注:qualified_representation_item 的编码被用于所有度量类型,包括长度,平面角度,但有一个例外。当一个长度或平面角度度量作为一个 Geometric_dimension 的 dimension_value 出现时(见4.2.155),为了一致性,一个正/负或极限与配合限制性条件用不同的方式编码。见 Plus_minus_value 和 limits_and_fits 的映射规范。

5.2.1.4.3 平面角度量

一个平面角用 plane_angle_measure_with_unit 的一个实例编码。这种类型的局部规则要求用于描述这种度量的单位应该是一个 plane_angle_unit,因此一个和 si_unit 或 conversion_based_unit 复合的复合体实例要被用到。

示例：在表达中的平面角度量将被编码成 plane_angle_measure_with_unit 和 measure_representation_item 的一个复合实例。在下面的交换文件片段中，#10 描述一个值：90°。

```
#10 = (
      MEASURE_REPRESENTATION_ITEM()
      MEASURE_WITH_UNIT(PLANE_ANGLE_MEASURE(90.),#30)
      PLANE_ANGLE_MEASURE_WITH_UNIT()
      REPRESENTATION_ITEM('')
);
```

度这个单位被#30 编码，它是 plane_angle_unit 和 conversion_based_unit 的一个复合实例，定义一度为平面角度弧度的 1/180。名字属性有一个值为"degree"，这不是必须写的，却是一种有益的形式。弧度单位被#20 编码，它是 plane_angle_unit 和 si_unit 的一个复合实例。

```
#20 = (
      NAMED_UNIT(*)
      PLANE_ANGLE_UNIT()
      SI_UNIT($,.RADIAN.)
);
#30 = (
      CONVERSION_BASED_UNIT('degree',#50)
      NAMED_UNIT(#40)
      PLANE_ANGLE_UNIT()
);
#40 = DIMENSIONAL_EXPONENTS(0.,0.,0.,0.,0.,0.,0.);
#50 = PLANE_ANGLE_MEASURE_WITH_UNIT(PLANE_ANGLE_MEASURE(0.01745329252),#20);
```

5.2.1.4.4 立体角度量

一个立体角用 solid_angle_measure_with_unit 的一个实例编码。这种类型的局部规则要求用于描述这种度量的单位应该是一个 solid_angle_unit，因此一个和 si_unit 或 conversion_based_unit 复合的复合体实例要被用到。

示例：在表达中的立体角度量将被编码成 solid_angle_measure_with_unit 和 measure_representation_item 的一个复合实例。在下面的交换文件片段中，#10 描述一个值：0.5 立体弧度。

```
#10 = (
      MEASURE_REPRESENTATION_ITEM()
      MEASURE_WITH_UNIT(SOLID_ANGLE_MEASURE(0.5),#20)
      REPRESENTATION_ITEM('')
      SOLID_ANGLE_MEASURE_WITH_UNIT()
);
```

立体弧度这个单位被#20 编码，它是 solid_angle_unit 和 si_unit 的一个复合实例。基于立体角单位的转化，例如：平方度，在实践中可能使用但没有使用。

```
#20 = (
      NAMED_UNIT(*)
      SI_UNIT($,.STERADIAN.)
      SOLID_ANGLE_UNIT()
);
```

5.2.1.4.5 面积度量

一个面积用 measure_with_unit(当用在表达中时，用 measure_representation_item)的一个实例编

码。一个由长度单位的平方组成的 derived_unit,用于描述度量。

注:GB/T 16656.41 规定了 value-specific 的子类型 area_measure_with_unit 和 area_unit,但是对这些的使用却是遭到反对的,因为它们不像定义时那么有用。面积的单位必须被描述为一个 derived_unit,但是 area_unit 和 derived_unit 的复合实例并不被 EXPRESS 定义所允许。

```
#10 = MEASURE_REPRESENTATION_ITEM('',AREA_MEASURE(10.),#20);
```

平方毫米这个单位被#20 所编码,它是一个基于 derived_unit_element 的 derived_unit,平方毫米参引了一个毫米单位(#50),并且有一个指数为 2。derived_unit 有一个相联系的 name_attribute 实例,其中有一个值为"square millimetre",平方毫米不是必须的,却是一种有益的形式。

```
#20 = DERIVED_UNIT((#30));
#30 = DERIVED_UNIT_ELEMENT(#50,2.);
#40 = NAME_ATTRIBUTE('square millimetre',#20);
#50 = (
      LENGTH_UNIT()
      NAMED_UNIT(*)
      SI_UNIT(.MILLI.,.METRE.)
);
```

5.2.1.4.6 计数度量

一个计数用 measure_with_unit(当用在表达中时,用 measure_representation_item)的一个实例编码。一个名为"count"的 context_dependent_unit 用于描述这个度量。

示例:用在表达中的计数将被编码为一个 measure_representation_item。在下面的交换文件片段中,#10 描述一个计数:5。计数单位在#20 编码。

```
#10 = MEASURE_WITH_UNIT(COUNT_MEASURE(5.),#20);
#20 = CONTEXT_DEPENDENT_UNIT(#30,'count');
#30 = DIMENSIONAL_EXPONENTS(0.,0.,0.,0.,0.,0.,0.);
```

5.2.1.4.7 力的度量

力用 measure_with_unit(当用在表达中时,用 measure_representation_item)的一个实例进行编码。这个实例的 value_component,是一个 numeric_measure,一个 si_unit 或 conversion_based_unit 用于描述这个度量。

示例:用在表达中的力将编码为一个 measure_representation_item。在下面的交换文件片段中,#10 描述一个值:5 牛顿(N)。#20 描述一个值:14 磅 (1bf)。

```
#10 = MEASURE_REPRESENTATION_ITEM('',NUMERIC_MEASURE(20.),#30);
#20 = MEASURE_REPRESENTATION_ITEM('',NUMERIC_MEASURE(14.),#40);
```

牛顿单位在#30 编码,它是 si_unit 的一个简单的实体实例。磅力这个单位被编码为 conversion_based_unit 的一个简单实体实例。定义 1 磅大约等于 4.448221615 牛顿。名字属性有一个值:"pound-force","pound-force"不是必须的,却是一种有益的形式。注意#50 中的 dimensional exponents 作为强制性要求用长度除以时间的平方再乘以质量的量纲来表示。

```
#30 = SI_UNIT(*,$,.NEWTON.);
#40 = CONVERSION_BASED_UNIT(#50,'pound - force',#60);
#50 = DIMENSIONAL_EXPONENTS(1.,1.,-2.,0.,0.,0.,0.);
#60 = MEASURE_WITH_UNIT(NUMERIC_MEASURE(4.448221615),#30);
```

5.2.1.4.8 长度度量

长度用 length_measure_with_unit 的一个实例进行编码。这种类型的局部规则要求用于描述这种度量的单位应该是一个 length_unit,因此一个和 si_unit 或 conversion_based_unit 的复合体实例被用到。

示例:用在表达中长度将被编码成 length_measure_with_unit 和 measure_representation_item 的一个复合实例。在下面的交换文件片段中,#10 描述一个值:12 英尺。

```
#10=(
    LENGTH_MEASURE_WITH_UNIT()
    MEASURE_REPRESENTATION_ITEM()
    MEASURE_WITH_UNIT(TIME_MEASURE(12.),#30)
    REPRESENTATION_ITEM('')
);
```

英尺这个单位在#30 编码,它是 length_unit 和 conversion_based_unit 的一个复合实例。定义 1 英尺为 25.4 毫米。名字属性有一个值:"inch","inch"不是必须的,却是一种有益的形式。毫米单位在#20编码,毫米是 si_unit 和 length_unit 的一个复合实例。

```
#20=(
    LENGTH_UNIT()
    NAMED_UNIT(*)
    SI_UNIT(.MILLI.,.METRE.)
);
#30=(
    CONVERSION_BASED_UNIT('inch',#50)
    LENGTH_UNIT()
    NAMED_UNIT(#40)
);
#40=DIMENSIONAL_EXPONENTS(1.,0.,0.,0.,0.,0.,0.);
#50=LENGTH_MEASURE_WITH_UNIT(LENGTH_MEASURE(25.4),#20);
```

5.2.1.4.9 质量度量

质量用 mass_measure_with_unit 的一个实例进行编码。这种类型的局部规则要求用于描述这种度量的单位应该是一个 mass_unit,因此一个和 si_unit 或 conversion_based_unit 复合的复合体实例将被用到。

示例:用在表达中质量将编码为 mass_measure_with_unit 和 measure_representation_item 的一个复合实例。在下面的交换文件片段中,#10 描述一个质量:2 千克。千克单位在#20 编码,千克是 mass_unit 和 si_unit 的一个复合实例。

```
#10=(
    MASS_MEASURE_WITH_UNIT()
    MEASURE_REPRESENTATION_ITEM()
    MEASURE_WITH_UNIT(PLANE_ANGLE_MEASURE(2.),#20)
    REPRESENTATION_ITEM('')
);
#20=(
    MASS_UNIT()
    NAMED_UNIT(*)
    SI_UNIT(.KILO.,.GRAM.)
);
```

5.2.1.4.10 功率度量

功率用 measure_with_unit(当用在表达中时,用 measure_representation_item)的一个实例进行编码。这个实例的 value_component 是一个 numeric_measure,一个 si_unit 或一个 conversion_based_unit

被用于描述这种度量。

示例：用在表达中功率将编码为 measure_representation_item。在下面的交换文件片段中，#10 描述一个值：15 千瓦（KW）。#20 描述一个值：14 马力(hp)。

```
#10 = MEASURE_REPRESENTATION_ITEM('',NUMERIC_MEASURE(15.),#30);
#20 = MEASURE_REPRESENTATION_ITEM('',NUMERIC_MEASURE(14.),#40);
```

千瓦特这个单位在#30 编码，它是 si_unit 的一个简单实体实例。马力这个单位被编码为 conversion_based_unit 的一个简单实体实例。定义 1 马力大约等于 0.7456999 千瓦。名字属性有一个"horsepower"的值：马力，马力不是必须的，却是一种有益的形式。注意#50 中的空间指数作为强制性要求用长度的平方乘以面积再除以时间的立方的量纲来表示。

```
#30 = SI_UNIT(*,.KILO.,.WATT.);
#40 = CONVERSION_BASED_UNIT(#50,'horsepower',#60);
#50 = DIMENSIONAL_EXPONENTS(2.,1.,-3.,0.,0.,0.,0.);
#60 = MEASURE_WITH_UNIT(NUMERIC_MEASURE(0.7456999),#30);
```

5.2.1.4.11 压强度量

压强用 measure_with_unit(当用在表达中时，用 measure_representation_item)的一个实例进行编码。这个实例的值组成部分是数值，一个 si_unit 或一个 conversion_based_unit 被用于描述这种度量。

示例：用在表达中的压强将编码为 measure_representation_item。在下面的交换文件片段中，#10 描述一个值：25 千帕(KPa)。#20 描述一个值：14 磅每平方英尺(psi)。

```
#10 = MEASURE_REPRESENTATION_ITEM('',NUMERIC_MEASURE(25.),#30);
#20 = MEASURE_REPRESENTATION_ITEM('',NUMERIC_MEASURE(14.),#40);
```

千帕这个单位在#30 编码，它是 si_unit 的一个简单实体实例。磅每平方英尺这个单位被编码为 conversion_based_unit 的一个简单实体实例。定义一磅每平方英尺大约等于 6.894757 千帕。名字属性有一个值："pound/square inch"，磅每平方英尺不是必须的，却是一种有益的形式。注意#50 中的空间指数作为强制性要求用质量除以长度与时间的平方的积来表示。

```
#30 = SI_UNIT(*,.KILO.,.PASCAL.);
#40 = CONVERSION_BASED_UNIT(#50,'pound/square inch',#60);
#50 = DIMENSIONAL_EXPONENTS(-1.,1.,-2.,0.,0.,0.,0.);
#60 = MEASURE_WITH_UNIT(NUMERIC_MEASURE(6.894757),#30);
```

5.2.1.4.12 比例和百分比度量

比例用 ratio_measure_with_unit 的一个实例进行编码。这种类型的局部规则要求用于描述这种度量的单位应该是一个 ratio_unit。百分比表达为 ratio_measure_with_unit 的一个实例，0 表示 0/100 或 0%，1 表示 100/100 或 100%。

示例：用在表达中的比例将编码为 ratio_measure_with_unit 和 measure_representation_item 的一个复合实例。在下面的交换文件片段中，#10 描述一个值：25%(0.25)。比例单位在#20 编码。

```
#10 = (
    MEASURE_REPRESENTATION_ITEM()
    MEASURE_WITH_UNIT(RATIO_MEASURE(0.25),#20)
    RATIO_MEASURE_WITH_UNIT()
    REPRESENTATION_ITEM('')
);
#20 = RATIO_UNIT(#30);
#30 = DIMENSIONAL_EXPONENTS (0.,0.,0.,0.,0.,0.,0.);
```

5.2.1.4.13 线速度度量

线速度用 measure_with_unit(当用在表达中时，用 measure_representation_item)的一个实例进行编

码。这个实例的值部分是数值,一个由长度单位/时间单位组成 derived_unit,用于描述这个度量。

示例:用在表达中的线速度将编码为一个 measure_representation_item。在下面的交换文件片段中,#10 描述一个值:10 毫米/秒。

```
#10 = MEASURE_REPRESENTATION_ITEM('',NUMERIC_MEASURE(10.),#20);
```

毫米/秒这个单位在#20 编码,它是一个基于 derived_unit_element 的 derived_unit. 毫米/秒这个单位引用了一个毫米单位(#60),指数为 1. derived_unit_element 也引用了一个秒单位(#70),指数为 −1. derived_unit 有一个相关的 name_attribute 实例,这个实例的值为:"millimetre/second","millimetre/second"不是必须的,却是一种有益的形式。

为了描述其他的速度单位,例如:米每秒,英尺每分钟,用合适的米,英尺,或分钟的单位描述代替长度单位(#60)和时间单位(#70)。

```
#20 = DERIVED_UNIT((#30,#40));
#30 = DERIVED_UNIT_ELEMENT(#60,1.);
#40 = DERIVED_UNIT_ELEMENT(#70,-1.);
#50 = NAME_ATTRIBUTE('millimetre/second',#20);
#60 = (
    LENGTH_UNIT()
    NAMED_UNIT(*)
    SI_UNIT(.MILLI.,.METRE.)
);
#70 = (
    NAMED_UNIT(*)
    SI_UNIT($,.SECOND.)
    TIME_UNIT()
);
```

5.2.1.4.14 速度(线性,每齿或每转)度量

一个线性速度被描述为一个每工具齿、转的长度或其他跟时间无关的量。这样的线性速度用 measure_with_unit(当用在表达中时,用 measure_representation_item)的一个实例进行编码。一个由一个长度单位每齿、转或其他基于语义的单位组成的 derived_unit 被用于描述这种度量。

示例:用在表达中的一个长度每齿的速度将编码为一个 measure_representation_item。在下面的交换文件片段中,#10 描述一个值:1 毫米/齿。

```
#10=MEASURE_REPRESENTATION_ITEM('',NUMERIC_MEASURE(1.),#20);
```

毫米/齿这个单位在#20 编码,它是一个基于 derived_unit_element 的 derived_unit,毫米/齿这个单位引用了一个毫米单位(#60),指数为 1。derived_unit_element 也引用了一个基于语义的齿单位(#70),指数为−1。derived_unit 有一个相关的 name_attribute 实例,这个实例的值为:"millimetre/tooth","millimetre/tooth"不是必须的,却是一种有益的形式。

为了描述长度/转这个单位,就像毫米/转,用一个基于语义的转单位描述替代基于语义的齿单位(#70)。5.2.1.4.15 有一个转单位的例子。

```
#20 = DERIVED_UNIT((#30,#40));
#30 = DERIVED_UNIT_ELEMENT(#60,1.);
#40 = DERIVED_UNIT_ELEMENT(#70,-1.);
#50 = NAME_ATTRIBUTE('millimetre/tooth',#20);
#60 = (
    LENGTH_UNIT()
    NAMED_UNIT(*)
    SI_UNIT(.MILLI.,.METRE.)
```

```
);
#70 = CONTEXT_DEPENDENT_UNIT(#80,'tooth');
#80 = DIMENSIONAL_EXPONENTS(0.,0.,0.,0.,0.,0.,0.);
```

5.2.1.4.15 转速(旋转)度量

旋转速度度量用 measure_with_unit（当用在表达中时，用 measure_representation_item）的一个实例进行编码。该实例的 value_component 是 numeric_measure，一个由基于语义的转单位乘以一个时间单位组成的 derived_unit，用于描述这个测量。

示例：用在表达中的旋转速度将编码为一个 measure_representation_item。在下面的交换文件片段中，#10 描述一个值：5 转/秒。

```
#10 = MEASURE_REPRESENTATION_ITEM('',NUMERIC_MEASURE(5.),#20);
```

转/秒这个单位在#20 编码，它是一个基于 derived_unit_element 的 derived_unit。转/秒这个单位引用了一个转单位(#60)，指数为 1 和一个秒单位(#80)，指数为 −1，derived_unit 有一个相关的 name_attribute 实例，这个实例的值为："revolution/second"，"revolution/second"不是必须的，却是一种有益的形式。

为了描述其他的旋转速度单位，就像转/秒，用合适的分钟单位描述替代时间单位(#80)。

```
#20 = DERIVED_UNIT((#30,#40));
#30 = DERIVED_UNIT_ELEMENT(#60,1.);
#40 = DERIVED_UNIT_ELEMENT(#80,-1.);
#50 = NAME_ATTRIBUTE('revolution/second',#20);
#60 = CONTEXT_DEPENDENT_UNIT(#70,'revolution');
#70 = DIMENSIONAL_EXPONENTS(0.,0.,0.,0.,0.,0.,0.);
#80 =(
    NAMED_UNIT(*)
    SI_UNIT($,.SECOND.)
    TIME_UNIT()
);
```

5.2.1.4.16 时间度量

时间度量用 time_measure_with_unit 的一个实例进行编码。这种类型的局部规则要求用于描述这种度量的单位应该是一个 time_unit，因此一个和 si_unit 或 conversion_based_unit 复合的复合体实例要被用到。

示例：用在表达中的时间将编码为一个 time_measure_with_unit 和 measure_representation_item 的一个复合实例。在下面的交换文件片段中，#10 描述一个值：5 分钟。

```
#10 =(
    MEASURE_REPRESENTATION_ITEM()
    MEASURE_WITH_UNIT(TIME_MEASURE(5.),#30)
    REPRESENTATION_ITEM('')
    TIME_MEASURE_WITH_UNIT()
);
```

分钟这个单位在#30 编码，分钟是 time_unit 和 conversion_based_unit 的一个复合实例，定义一分钟为 60 秒，名字属性有一个值"minute"，分钟不是必须的，却是一种有益的形式。秒这个单位在#20 编码，它是 time_unit 和 si_unit 的一个复合实例。

```
#20 =(
    NAMED_UNIT(*)
    SI_UNIT($,.SECOND.)
```

```
    TIME_UNIT()
);
#30 = (
    CONVERSION_BASED_UNIT('minute',#50)
    NAMED_UNIT(#40)
    TIME_UNIT()
);
#40 = DIMENSIONAL_EXPONENTS(0.,0.,1.,0.,0.,0.,0.);
#50 = TIME_MEASURE_WITH_UNIT(TIME_MEASURE(60.),#20);
```

5.2.1.4.17 力矩度量

力矩度量用 measure_with_unit(当用在表达中时,用 measure_representation_item)的一个实例进行编码。这个实例的值部分是数值,一个由一段持续时间和一个力单位组成的 derived_unit,用于描述这个度量。

示例 1:用在表达中的力矩将编码为一个 measure_representation_item。在下面的交换文件片段中,#10 描述一个值:10 牛·米。

```
#10 = MEASURE_REPRESENTATION_ITEM('',NUMERIC_MEASURE(10.),#20);
```

N-m 这个单位在#20 编码,它是一个基于 derived_unit_element 的 derived_unit. N-m 这个单位引用了一个牛顿单位(#60),指数为 1。derived_unit_element 引用了一个米单位(#70),这个米单位的指数为 1。derived_unit 有一个相关的 name_attribute 实例,这个实例的值为:"newton meter","newton meter"不是必须的,却是一种有益的形式。

```
#20 = DERIVED_UNIT((#30,#40));
#30 = DERIVED_UNIT_ELEMENT(#60,1.);
#40 = DERIVED_UNIT_ELEMENT(#70,1.);
#50 = NAME_ATTRIBUTE('newton meter',#20);
#60 = SI_UNIT(*,$,.NEWTON.);
#70 = (
    LENGTH_UNIT()
    NAMED_UNIT(*)
    SI_UNIT($,.METRE.)
);
```

示例 2:在下面的交换文件片段中,#10 描述一个值:20 磅·英尺。为了描述磅·英尺这个力矩单位,像在之前的例子中一样,一个 derived_unit 被用到。力的单位(#70)给的是磅,磅这个力单位描述在 5.2.1.4.7 中,长度单位(#110)给的是英尺。

```
#10 = MEASURE_REPRESENTATION_ITEM('',NUMERIC_MEASURE(20.),#20);
#20 = DERIVED_UNIT((#30,#40));
#30 = DERIVED_UNIT_ELEMENT(#70,1.);
#40 = DERIVED_UNIT_ELEMENT(#110,1.);
#50 = NAME_ATTRIBUTE('pound foot',#20);
#60 = SI_UNIT(*,$,.NEWTON.);
#70 = CONVERSION_BASED_UNIT(#80,'pound-force',#90);
#80 = DIMENSIONAL_EXPONENTS(1.,1.,-2.,0.,0.,0.,0.);
#90 = MEASURE_WITH_UNIT(NUMERIC_MEASURE(4.448221615),#60);
#100 = (
    LENGTH_UNIT()
    NAMED_UNIT(*)
    SI_UNIT(.MILLI.,.METRE.)
```

```
);
#110 = (
      CONVERSION_BASED_UNIT('foot',#130)
      LENGTH_UNIT()
      NAMED_UNIT(#120)
);
#120 = DIMENSIONAL_EXPONENTS(1.,0.,0.,0.,0.,0.,0.);
#130 = LENGTH_MEASURE_WITH_UNIT(LENGTH_MEASURE(304.8),#100);
```

5.2.1.4.18 体积度量

体积度量用 measure_with_unit(当用在表达中时,用 measure_representation_item)的一个实例进行编码。一个由长度单位的立方组成的 derived_unit,用于描述这个度量。

注：ISO 10303-41 定义 value-specific 的子类型 volume_measure_with_unit 和 volume_unit,但是这些子类型的使用是遭反对的,因为它们不像定义的那么有用。体积的单位必须描述为一个 derived_unit,但是 volume_unit 和 derived_unit 的一个复合实例并不被 EXPRESS 定义所允许。

示例：用在表达中的体积将编码为一个 measure_representation_item。在下面的交换文件片段中,#10 描述一个值:20 立方毫米。

```
#10 = MEASURE_REPRESENTATION_ITEM('',VOLUME_MEASURE(20.),#20);
```

立方毫米这个单位在#20 编码,它是一个基于 derived_unit_element 的 derived_unit. 立方毫米这个单位引用了一个毫米单位(#50),指数为 3。derived_unit_element 引用了一个米单位(#70),这个米单位的指数为 1。derived_unit 有一个相关的 name_attribute 实例,这个实例的值为:"cubic millimetre","cubic millimetre"不是必须的,却是一种有益的形式。

```
#20 = DERIVED_UNIT((#30));
#30 = DERIVED_UNIT_ELEMENT(#50,3.);
#40 = NAME_ATTRIBUTE('cubic millimetre',#20);
#50 = (
      LENGTH_UNIT()
      NAMED_UNIT(*)
      SI_UNIT(.MILLI.,.METRE.)
);
```

5.2.1.4.19 进给速度、主轴转速和驻留时间特性的表达

很多技术上的和加工策略应用对象的属性都描述进给速度,主轴转速或驻留时间。几个度量值的替代类型能够被用于描述这些值。

示例 1：一个进给速度可被描述为一个线速度(长度/单位时间),或者一个长度/齿,齿是正在被使用的工具的齿。

GB/T 19903(ISO 14649)文件使用不同的建模方式来描述这些事物。GB/T 19903.11 切削模型经常为每一个事物使用不同的属性,一个局部的规则禁止一次使用多于一个属性。GB/T 19903.12 车削模型经常使用一个 SELECT 类型来建模这些事物。

示例 2：在 GB/T 19903.11 中,Milling_technology 的"spindle"和 "cutspeed"是分别的属性,它们用不同的技术(不变的角速度对切削点不变的线速度)描述加工刀具主轴旋转。Milling_technology 的一个局部规则禁止两个属性都使用。GB/T 19903.12 用一个叫做"spindle_speed"的属性描述主轴旋转。spindle_speed 定义为一个 Speed_select SELECT 类型,这个类型用两种不同的方式建模。

在集成表达中,为一个特定类型的值(进给速度,主轴转速,驻留时间)而设的所有事物描述技术都用一个单一的表达子类型编码。

这些表达子类型标识一项技术,这项技术被用于表达"description"属性的一个特定的值。在这种表达中,表达条目给出数值度量值。用法和允许的合并被映射规范和 EXPRESS 定义中的局部规则所描述。

5.2.1.4.19.1 进给速度

进给速度度量用 machining_feed_speed_representation(见 5.2.3.1.45)进行编码。这个表达子类型处理描述一个进给速度度量的四种不同的方式。

——一个线速度(见 5.2.1.4.13),曾被技术上的“feedrate”和 Feed_velocity_type 应用对象所引用。

——一个长度/齿,齿是一个工具的齿,曾被 Milling_technology 的“feedrate_per_tooth”应用对象所引用。

——一个长度/主轴转数(见 5.2.1.4.14),曾被 turning_technology 的“feedrate_per_revolution”所引用,和 Feed_per_rev_type 应用对象。

——一个相对速度,解释为一个调矩器,说明一个单独的进料速度(见 5.2.1.4.12),曾被 Drilling_type_strategy 的“reduced_feed_at_start”和“reduced_feed_at_end”所引用,Drilling_type_operation 的“feed_on_retract”,Turing_machining_strategy 的“variable_feedrate”和 contour_turning 的“variable_stepover_feed”应用对象。

5.2.1.4.19.2 主轴转速

主轴转速度量用 machining_spindle_speed_representation(见 5.2.3.1.67)进行编码。这个表达子类型处理描述一个主轴转速度量的三种不同的方式。

——一个旋转速度(见 5.2.1.4.15),曾被 Milling_technology 的"spindle" 和 const_spindle_speed 应用对象所引用。

——一个线速度,这个线速度在工具和表面之间的接触点上测得,曾被 Milling_technology 的“cutspeed”和 const_cutting_speed 应用对象所引用。

——一个相对速度,解释为一个倍速器,说明一个单独的主轴转速(见 5.2.1.4.12)

曾被 Drilling_type_strategy 的“reduced_cut_at_start”和“reduced_cu_tat_end”应用对象所引用。

当作为一个正旋转速度值描述时,GB/T 19903(ISO 14649) 定义主轴旋转的方向为逆时针方向,当作为一个负旋转速度值描述时,GB/T 19903(ISO 14649) 定义心轴旋转的方向为顺时针方向。然而,当主轴转速被描述为线速度时,GB/T 19903.11 在旋转方向上没有作任何规定。

在 GB/T 16656 的本部分中,无论主轴转速被描述为旋转速度,还是线速度,都使用同样的符号惯例:正线速度描述逆时针主轴旋转,负线速度描述顺时针主轴旋转。从主轴往工件上看,观察结果是顺时针,旋转方向就是顺时针,观察结果是逆时针,旋转方向就是逆时针。零旋转速度或零线速度意味着主轴是停止的。

注:很多切削刀具要求顺时针旋转,因此主轴转速一般将为负。

5.2.1.4.19.3 驻留时间

驻留时间度量用 machining_dwell_time_representation(见 5.2.3.1.40)进行编码。这个表达子类型处理描述一个驻留时间的两种不同的方式。

——一个时间量(见 5.2.1.4.16),被 Feedstop 的 “dwell” 、Multistep_drilling 的“dwell_time_step”、Drilling_type_operation 的“dwell_time_bottom”和 Dwell_time 应用对象所引用。

——一个心轴圈的计数,被 Dwell_revolution 应用对象所引用。

5.2.1.4.20 布尔和符号的属性表达

很多应用对象属性描述布尔或枚举符号值。每一个符号值都用 descriptive_representation_item 的一个实例进行编码。实例的描述字段保存着值。

既然符号值的范围是固定的,就有了如下建议:对每一个在数据集中出现的符号值,都用例子详细地说明这个实体一次。有相同符号值的属性可以或者共享 descriptive_representation_item,或者共享附加表达。

示例:在下面的交换文件片段中,#10 和 #20 描述两个 Milling_machine_function 应用对象,每一个都有去除碎片和冷却液。在 ARM 中,去除碎片和冷却液都被描述为布尔参数。在集成表达中,它们被表达成符号值"chip removal on"、"chip removal off"、"coolant on"和"coolant off"。

仅需要一个 descriptive_representation_item 实例来描述"chip removal on"的值(#30),descriptive_representation_item 实例以及它的附加表达可以被所有的属性共享,描述"coolant on"(#40)的实例以及它的附加表达(#41)也可以被共享。

```
#10 = MACHINING_FUNCTIONS('functions one','milling','','');
#11 = ACTION_PROPERTY('chip removal','',#10);
#12 = ACTION_PROPERTY_REPRESENTATION('','',#11,#30);
#13 = ACTION_PROPERTY('coolant','',#10);
#14 = ACTION_PROPERTY_REPRESENTATION('','',#13,#40);
#20 = MACHINING_FUNCTIONS('functions two','milling','','');
#21 = ACTION_PROPERTY('chip removal','',#20);
#22 = ACTION_PROPERTY_REPRESENTATION('','',#21,#30);
#23 = ACTION_PROPERTY('coolant','',#20);
#24 = ACTION_PROPERTY_REPRESENTATION('','',#23,#40);
#30 = REPRESENTATION('constant',(#31),#50);
#31 = DESCRIPTIVE_REPRESENTATION_ITEM('','chip removal on');
#40 = REPRESENTATION('constant',(#41),#50);
#41 = DESCRIPTIVE_REPRESENTATION_ITEM('','coolant on');
#50 = REPRESENTATION_CONTEXT('','units not necessary');
```

5.2.1.5 环境概念

5.2.1.5.1 表达环境

环境形成了 GB/T 16656 集成表达的重要组成部分,尤其是关于几何属性的描述。在一个表达实例中,一个 action_property、resource_property 或 property_definition 的值被编码为一套 representation_item。表达 context_of_items 属性引用了一个 representation_context 实例,representation_context 实例提供关于值的附加的环境信息。

GB/T 16656 几何定义的局部规则要求,任何附加表达必须引用一个 geometric_representation_context 来标识几何维数(二维,三维等)。

几何定义是无单位的,因此 global_unit_assigned_context 也被用于说明长度,平面角度和立体角的单位。最后,为了保证系统间的立体模型交换都是相同的几何精确度,global_unit_assigned_context 也被用于记录一段不确定的距离,在这段距离之内的两个点就看做是一个点。

一个表达只能引用一个单一的 representation_context 实例,因此多个类型的一个复合体实例经常被使用。

示例 1:在下面的交换文件片段中,#10 是一个包含轴布置(#20,#21)的表达,这个表达描述一个起始位置(1.1,2.2,3.3)。表达环境由 #30 给出,它指出,几何是用三维描述的,长度是用毫米度量的,角度是用弧度度量的,立体角用立体弧度度量的,0.000 006 mm 之内的两点被视为一点。

```
#10 = SHAPE_REPRESENTATION('',(#20),#30);
#20 = AXIS2_PLACEMENT_3D('orientation',#21,$,$);
#21 = CARTESIAN_POINT('',(1.1,2.2,3.3));
#30 = (
    GEOMETRIC_REPRESENTATION_CONTEXT(3)
```

```
        GLOBAL_UNCERTAINTY_ASSIGNED_CONTEXT((#40))
        GLOBAL_UNIT_ASSIGNED_CONTEXT((#50,#60,#70))
        REPRESENTATION_CONTEXT('ID1','3D')
    );
    #40 = UNCERTAINTY_MEASURE_WITH_UNIT(LENGTH_MEASURE(1.E-006),#50,
        'DISTANCE_ACCURACY_VALUE',
        'Maximum model space distance between geometric entities at asserted connectivi-
ties');
    #50 = ( LENGTH_UNIT() NAMED_UNIT( * ) SI_UNIT(.MILLI.,.METRE.) );
    #60 = ( NAMED_UNIT( * ) PLANE_ANGLE_UNIT() SI_UNIT( $ ,.RADIAN.) );
    #70 = ( NAMED_UNIT( * ) SI_UNIT( $ ,.STERADIAN.) SOLID_ANGLE_UNIT() );
```

对于包含非几何学的 representation_item 实例的表达，环境仍然是需要的。在这种情况下，一个 representation_context 的实例基类型就足够了。

一般来说，每一种类型的环境仅仅需要一个实例，这个实例可以被很多的表达实例所共享。

示例 2：在下面的交换文件片段中，#10 是一个包含一个描述(#20)和一个长度(#21)的表达。长度已经完全地由它的单位(#40)来描述，长度和描述都不需要附加的环境信息。表达环境(#30)满足 EXPRESS 定义的要求，表达 context_of_items 有一个值。

```
    #10 = REPRESENTATION('',(#20,#21),#30);
    #20 = DESCRIPTIVE_REPRESENTATION_ITEM('','coolant on');
    #21 = (
        LENGTH_MEASURE_WITH_UNIT()
        MEASURE_REPRESENTATION_ITEM()
        MEASURE_WITH_UNIT(LENGTH_MEASURE(2.),#40)
        REPRESENTATION_ITEM('')
    );
    #30 = REPRESENTATION_CONTEXT('','units not necessary');
    #40 = ( LENGTH_UNIT() NAMED_UNIT( * ) SI_UNIT(.MILLI.,.METRE.) );
```

5.2.1.5.2 产品和产品定义环境

在本部分中，项目(见 4.2.269)、设置(见 4.2.304)、工件(见 4.2.412)都被编码为集成表达中的产品。对于这些产品，像表达、附加环境信息也是需要的。

一个产品需要有一个 product_context，product_context 标识工程规范观点下，被应用协议所表达的数据。反过来，应用协议也要引用一个 application_context 和一个 application_protocol_definition。application_protocol_definition 用于描述应用协议，应用协议用于描述在 ISO 标准项目中的产品，模式名称和应用协议的状态。有如下建议：在数据集中，精确的实例化 product_context 实体、application_context 实体和 application_protocol_definition 实体各一次。

一个 product_definition 需要有一个 product_definition_context，product_definition_context 标识产品生命周期的各个阶段或标识被表达数据的完备性，product_definition_context 也引用了一个应用环境描述。有如下建议：在数据集中，精确的实例化 product_definition_context 实体一次。

注：有一个值："manufacturing"被推荐给 product_context 的 discipline_type 和 product_definition_context 的 life_cycle_stage。

示例：在下面的交换文件片段中，#10，#20 和 #30 都是产品结构实例，它们用于编码一个工件，这个工件的 its_id ="1234-K789"，revision_id="1.0"。product_context(#40)标识一个设计规范，product_definition_context(#70)标识一个产品生命周期的各个阶段，例子 #50 和例子 #60 支持 GB/T 16656 的本部分。

```
    #10 = PRODUCT('1234-K789','widget','a fictional product',(#40));
    #20 = PRODUCT_DEFINITION_FORMATION('1.0','first version of our widget',#10);
```

```
#30 = PRODUCT_DEFINITION('design','example product_definition',#20,#70);
#40 = PRODUCT_CONTEXT('CNC Machining',#50,'manufacturing');
#50 = APPLICATION_CONTEXT('Application protocol for the exchange of CNC data');
#60 = APPLICATION_PROTOCOL_DEFINITION('international standard',
      'integrated_cnc_schema',2006,#50);
#70 = PRODUCT_DEFINITION_CONTEXT('CNC Machining',#50,'manufacturing');
```

5.2.1.6 刀具路径描述概念

5.2.1.6.1 匹配曲线参数化

Cutter_contact_trajectory(见 4.2.94),cutter_location_trajectory(见 4.2.95), Axis_trajectory(见 4.2.25),和 Toolpath_speed(见 4.2.374)的定义要求:描述定位、刀具轴、曲面法线、进给速度的曲线必须有相同的参数化方法。

当曲线是B样条曲线时,具体的要求是:所有曲线应该用相同的U值和V值来估算,以得到适当的XYZ或IJK值。当定位曲线用其他类型的 bounded_curve,例如:折线来描述时,对于特定定位值,GB/T 19903(ISO 14649)不描述相应的刀具轴,曲面法线和进给速度值是怎样测定的。

注:既然这些其他类型的曲线没有明确的UV参数化方法来同步,最简单的方法就是在曲线的始端和末端描述刀具轴,曲面法线,或刀具速度,然后随着刀具沿着基本曲线移动,在始末两个值之间,线性插值描述。折线和组合曲线是分段的,因此在每一段都可以给出方向。

除了下面描述的几种情况外,所有的承载曲线(刀具轴,曲面法线,或进给),应该作为给出两个点的折线而给出,第一个点给出在定位曲线始端的承载量(刀具轴,曲面法线,或进给),第二个点给出在定位曲线末端的承载量。

——考虑B样条曲线类型的一个定位曲线,每一个承载曲线应该或者是B样条曲线,对于给定的UV对,能测得适当的承载量,或者是一个给出始点和末点的折线,也给出了适当的承载量。

——考虑折线类型的一个定位曲线,每一个承载曲线应该是有相同数目折点的折线。

——考虑组合曲线类型的一个定位曲线,每一个承载曲线应该是有相同数目曲线段的组合曲线。每一个曲线段应该有一个 parent_curve,具有此处所指出的在相应的定位曲线段的潜在类型。

——考虑修剪曲线类型,有界曲线类型,或有界曲面曲线类型的一个定位曲线,每一个承载曲线应该是这里所指出的潜在定位曲线类型。

示例:下面的交换文件片段显示一个 cutter_location_trajectory 基本曲线(#10)的样例和 its_toolaxis 曲线(#60)。两个曲线都是有相同数目折点的折线。在由#20,#30和#40所描述的定位上,刀具轴由#70描述。在由#50所描述的定位上,刀具轴由#80描述。对实例#70的共享并不是必须的,但是,与复制笛卡尔点值相比,对#70的共享产生一个更节省空间的描述。

```
#10 = POLYLINE('basic curve for WS 12 TP 124',(#20,#30,#40,#50));
#20 = CARTESIAN_POINT('',(2.9164976,0.4320305,-2.2));
#30 = CARTESIAN_POINT('',(2.8524770,0.4960510,-3.2348622));
#40 = CARTESIAN_POINT('',(-0.4960510,-2.8524770,-3.2348622));
#50 = CARTESIAN_POINT('',(-0.4898882,-2.8586399,-3.1352428));
#60 = POLYLINE('tool axis for WS 12 TP 124',(#70,#70,#70,#80));
#70 = CARTESIAN_POINT('',(0.0616284,-0.0616284,0.9961947));
#80 = CARTESIAN_POINT('',(-0.0616284,-0.0616284,0.9961947));
```

5.2.1.6.2 刀具路径方向向量

Cutter_contact_trajectory(见 4.2.94)和 cutter_location_trajectory 的定义规定了曲线,这些曲线用来描述刀具轴和曲面法线的方向向量的分量。GB/T 19903(ISO 14649)没有指出由这些曲线所给出的方向向量是否应该标准化(长度转化为相同)。

建议这些方向向量应该标准化。

5.2.1.6.3 刀具路径弧

当描述一个由圆弧组成的刀具路径时，bounded_curve 的 trimmed_curve 子类型被用到。Trimmed_curve. basis_curve 属性是一个圆的实例，trim_1 和 trim_2 属性包含 cartesian_points，分别代表开始点和结束点。遍历方向由 trimmed_curve sense_agreement属性与数学意义的基础圆相比较而得到。

注： 考虑一个圆放在 XY 平面，轴布置沿着正 Z 轴方向，sense_agreement 的值为真就表示逆时针方向移动，sense_agreement的值为假就表示顺时针方向移动。

示例： 下面的交换文件片段显示一个修剪曲线(#10)，这个修剪曲线基于一个圆心在(0,0,0)点，半径为 3.5 的一个圆。圆弧开始于(3.5,0,0)(#50)，遍历 90 度到(0,3.5,0)(#60)。

```
#10 = TRIMMED_CURVE('',#20,(#50),(#60),.T.,.CARTESIAN.);
#20 = CIRCLE('',#30,3.5);
#30 = AXIS2_PLACEMENT_3D('center placement',#40,$,$);
#40 = CARTESIAN_POINT('center location',(0.,0.,0.));
#50 = CARTESIAN_POINT('start point',(3.5,0.,0.));
#60 = CARTESIAN_POINT('end point',(0.,3.5,0.));
```

5.2.1.6.4 整圆

当描述一个由整圆组成的刀具路径时，上一条描述的 trimmed_curve 方式就被用到，但是 trim_1(开始)和 trim_2(结束)这两个点应该是空间中的相同的点，并且规定切割机进入和退出圆的位置。开始和结束可能或者引用了相同的 cartesian_point 实例，或者引用了有相同的 XYZ 值的两个实例。

注： 建议使用相同的 cartesian_point 实例，因为避免了坐标值之间的数值比较。

示例： 当加工一个圆形型腔时，可能遇到圆弧和整圆。进刀圆弧、整圆以及退刀圆弧如图 50 所示。

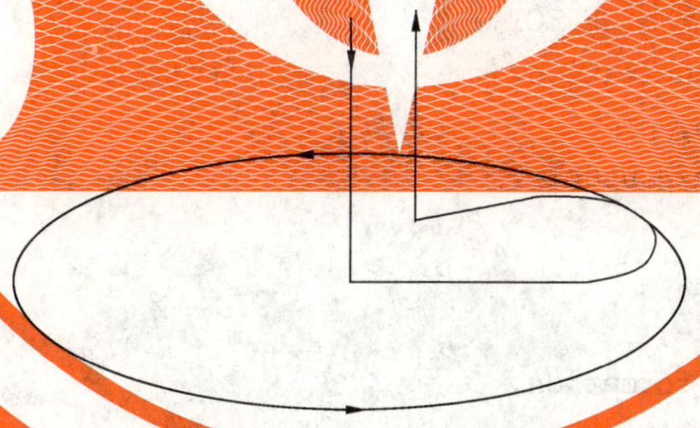

图 50 有整圆的刀具路径

5.2.2 CNC 集成类型

5.2.2.1 CNC 集成类型定义

5.2.2.1.1 类型定义 approval_item

approval_item 标识 product、product_definition、product_definition_formation 或 security_classification，approval 可能被赋值给这个 security_classification。

EXPRESS 描述：

```
*)
TYPE approval_item = SELECT (
  product,
```

```
    product_definition,
    product_definition_formation,
    security_classification
);
END_TYPE;
(*
```

5.2.2.1.2 类型定义 **classification_item**

classification_item 标识 externally_defined_representation_with_parameters，group 可能被赋值给这个 externally_defined_representation_with_parameters。

EXPRESS 描述：

```
*)
TYPE classification_item = SELECT (
    externally_defined_representation_with_parameters
);
END_TYPE;
(*
```

5.2.2.1.3 类型定义 **date_and_time_item**

date_and_time_item 标识 approval_person_organization，machining_operation、machining_process_executable、machining_toolpath，product、product_definition、product_definition_formation 或 security_classification，引用的 date_and_time 可能被赋值给这个 security_classification。

EXPRESS 描述：

```
*)
TYPE date_and_time_item = SELECT (
    approval_person_organization,
    machining_operation,
    machining_process_executable,
    machining_toolpath,
    product,
    product_definition,
    product_definition_formation,
    security_classification
);
END_TYPE;
(*
```

5.2.2.1.4 类型定义 **date_item**

date_item 标识了 product，product_definition 或 product_definition_formation，引用的 date 可能被赋值给这个 product_definition_formation。

EXPRESS 描述：

```
*)
TYPE date_item = SELECT (
    product,
    product_definition,
    product_definition_formation
```

```
);
END_TYPE;
(*
```

5.2.2.1.5 类型定义 **document_reference_item**

document_reference_item 标识 externally_defined_dimension_defintion、externally_defined_feature_defintion、material_designation 或 property_defintion，引用的 document 可能被赋值给这个 property_defintion。

EXPRESS 描述：

```
*)
TYPE document_reference_item = SELECT (
   externally_defined_dimension_definition,
   externally_defined_feature_definition,
   material_designation,
   property_definition
);
END_TYPE;
(*
```

5.2.2.1.6 类型定义 **external_identification_item**

external_identification_item 标识 externally_defined_class 或 externally_defined_ general_property，identifier 和引用的 external_source 可能被赋值给这个 externally_defined_general_property。

EXPRESS 描述：

```
*)
TYPE external_identification_item = SELECT (
   externally_defined_class,
   externally_defined_general_property
);
END_TYPE;
(*
```

5.2.2.1.7 类型定义 **identification_item**

identification_item 标识一个 dimensional_size，一个标识符可能通过 applied_identification_assignment的方式赋值给这个 dimensional_size。

EXPRESS 描述：

```
*)
TYPE identification_item = SELECT (
   dimensional_size
   );
END_TYPE;
(*
```

5.2.2.1.8 类型定义 **organization_item**

organization_item 标识一个 product、product_definition、product_definition_formation 或 known_source，引用的 organization 可能被赋值给这个 known_source。

EXPRESS 描述：

```
*)
TYPE organization_item = SELECT (
   product,
   product_definition,
   product_definition_formation,
   known_source
);
END_TYPE;
(*
```

5.2.2.1.9 类型定义 person_and_organization_item

person_and_organization_item 标识一个 product,product_definition、product_definition_ formation 或 security_classification,引用的 person_and_organization 可能被赋值给这个 security_classification。

EXPRESS 描述:

```
*)
TYPE person_and_organization_item = SELECT (
   product,
   product_definition,
   product_definition_formation,
   security_classification
);
END_TYPE;
(*
```

5.2.2.1.10 类型定义 security_classification_item

security_classification_item 标识一个 machining_operation、machining_process_executable、machining_toolpath、product_definition 或 product_definition_formation,引用的 security_classification 可能被赋值给这个 product_definition_formation。

EXPRESS 描述:

```
*)
TYPE security_classification_item = SELECT (
   machining_operation,
   machining_process_executable,
   machining_toolpath,
   product_definition,
   product_definition_formation
);
END_TYPE;
(*
```

5.2.3 CNC 集成实体

5.2.3.1 集成 CNC 实体定义

5.2.3.1.1 实体 applied_approval_assignment

applied_approval_assignment 规定了这些 approval_item 实例,引用的 approval 被赋值给这些 approval_item 实例。

EXPRESS 描述：

```
*)
ENTITY applied_approval_assignment
  SUBTYPE OF (approval_assignment);
  items : SET [1:?] OF approval_item;
END_ENTITY;
(*
```

属性定义：

items：approval_item 实例集，引用的 approval 被赋值给这个 approval_item 实例集。

5.2.3.1.2 实体 applied_classification_assignment

applied_classification_assignment 规定了 classification_item 实例，引用的 group 被赋值给这些 classification_item 实例。

EXPRESS 描述：

```
*)
ENTITY applied_classification_assignment
  SUBTYPE OF (classification_assignment);
  items : SET[1:?] OF classification_item;
END_ENTITY;
(*
```

属性定义：

items：classification_item 实例集，要用引用的 group 给 classification_item 实例集赋值。

5.2.3.1.3 实体 applied_date_and_time_assignment

applied_date_and_time_assignment 规定了 date_and_time_item 实例，引用的 date_and_time 被赋值给这些 date_and_time_item 实例。

EXPRESS 描述：

```
*)
ENTITY applied_date_and_time_assignment
  SUBTYPE OF (date_and_time_assignment);
  items : SET[1:?] OF date_and_time_item;
  END_ENTITY;
(*
```

属性定义：

items：date_and_time_item 实例集，要使用引用的 date_and_time 给 date_and_time_item 实例集赋值。

5.2.3.1.4 实体 applied_date_assignment

applied_date_assignment 规定了 date_item 实例，引用的 date 被赋值给这些 date_item 实例。

EXPRESS 描述：

```
*)
ENTITY applied_date_assignment
  SUBTYPE OF (date_assignment);
  items : SET[1:?] OF date_item;
```

```
END_ENTITY;
(*
```

属性定义：

items：date_item 实例集，要使用引用的 date 给 date_item 实例集赋值。

5.2.3.1.5 实体 applied_document_reference

applied_document_reference 规定了 document_reference_item 实例，引用的 document 被赋值给这些 document_reference_item 实例。

EXPRESS 描述：

```
*)
ENTITY applied_document_reference
   SUBTYPE OF (document_reference);
   items : SET [1:?] OF document_reference_item;
END_ENTITY;
(*
```

属性定义：

items：document_reference_item 实例集，要使用引用的 document 给 document_reference_item 实例集赋值。

5.2.3.1.6 实体 applied_document_usage_constraint_assignment

applied_document_usage_constraint_assignment 规定了 document_reference_item 实例，引用的 document 被赋值给这些 document_reference_item 实例。

EXPRESS 描述：

```
*)
ENTITY applied_document_usage_constraint_assignment
   SUBTYPE OF (document_usage_constraint_assignment);
   items : SET [1:?] OF document_reference_item;
END_ENTITY;
(*
```

属性定义：

items：document_reference_item 实例集，要用引用的那个 document 给 document_reference_item 实例集赋值。

5.2.3.1.7 实体 applied_external_identification_assignment

applied_external_identification_assignment 规定了 external_identification_item 实例，使用标识符和引用的 external_source 被赋值给这些 external_identification_item 实例。

EXPRESS 描述：

```
*)
ENTITY applied_external_identification_assignment
   SUBTYPE OF (external_identification_assignment);
   items: SET[1:?] OF external_identification_item;
END_ENTITY;
(*
```

属性定义：

items：external_identification_item 实例集，要使用标识符和引用的 external_source 给这个

external_identification_item 实例集赋值。

5.2.3.1.8 实体 applied_identification_assignment

applied_identification_assignment 规定了 identification_item 实例,使用规定的标识符给这些 identification_item 实例赋值。

EXPRESS 描述:

```
*)
ENTITY applied_identification_assignment
  SUBTYPE OF (identification_assignment);
  items : SET [1:?] OF identification_item;
END_ENTITY;
(*
```

属性定义:

items: identification_item 实例集,要使用引用的标识符给 dentification_item 实例集赋值。

5.2.3.1.9 实体 applied_organization_assignment

applied_organization_assignment 规定了 organization-item 实例,引用的 organization 被赋值给这些 organization-item 实例。

EXPRESS 描述:

```
*)
ENTITY applied_organization_assignment
  SUBTYPE OF (organization_assignment);
  items : SET [1:?] OF organization_item;
END_ENTITY;
(*
```

属性定义:

items: organization_item 实例集,要使用引用的 organization 给 organization_item 实例集赋值。

5.2.3.1.10 实体 applied_person_and_organization_assignment

applied_person_and_organization_assignment 规定了 person_and_organization_item 实例,引用的 person_and_organization 被赋值给这些 person_and_organization_item 实例。

EXPRESS 描述:

```
*)
ENTITY applied_person_and_organization_assignment
  SUBTYPE OF (person_and_organization_assignment);
  items : SET [1:?] OF person_and_organization_item;
END_ENTITY;
(*
```

属性定义:

items: person_and_organization_item 实例集,要用引用的 person_and_organization 给这个 person_and_organization_item 实例集赋值。

5.2.3.1.11 实体 applied_security_classification_assignment

applied_security_classification_assignment 规定了 security_classification_item 实例,引用的 security_classification 被赋值给这些 security_classification_item 实例。

EXPRESS 描述：

```
*)
ENTITY applied_security_classification_assignment
   SUBTYPE OF (security_classification_assignment);
   items : SET [1:?] OF security_classification_item;
END_ENTITY;
(*
```

属性定义：

items：security_classification_item 实例集，要用引用的 security_classification 给 security_classification_item 实例集赋值。

5.2.3.1.12 实体 back_boring_operation

back_boring_operation 是一种 drilling_type_operation。drilling_type_operation 表示一个工步的详情，在这个工步中，一个刀具穿过工件的一个现有的孔，并且从这个工件的后面扩大这个孔。更多信息参见 GB/T 19903.11 中给出的 Back_boring_operation 的 ARM 定义。

EXPRESS 描述：

```
*)
ENTITY back_boring_operation
   SUBTYPE OF (drilling_type_operation);
   WHERE
   WR1: (0 = SIZEOF (QUERY (amr <* get_relating_amr (SELF) |
   ('INTEGRATED_CNC_SCHEMA.MACHINING_FUNCTIONS_RELATIONSHIP'
   IN TYPEOF (amr)) AND NOT
   (verify_required_action_property
   (amr.related_method, 'oriented spindle stop')))));
END_ENTITY;
(*
```

形式限制：

WR1：back_boring_operation 中所有的 machining_functions_relationship 实例是 related_method，这个 related_method 是有且仅有 name 为“oriented spindle stop”的 action_property 的 definition。

注：对应于 GB/T 19903.11 中 ARM 实体 Back_boring 的局部约束 WR1。

5.2.3.1.13 实体 block_shape_representation

block_shape_representation 规定了一个形状的表达，这个形状是一个矩形体积，这个矩形体积被定义为一个确定长度的矩形区域。这个封闭区域由四条直边和等长的对边定义。

注：此定义与 ISO 10303-224 中给出的定义一致。

EXPRESS 描述：

```
*)
ENTITY block_shape_representation
   SUBTYPE OF (shape_representation_with_parameters);
   WHERE
   wr1: (SIZEOF(SELF.items) = 4);
   wr2: (SIZEOF(QUERY ( it <* SELF.items |
        (('INTEGRATED_CNC_SCHEMA.PLACEMENT'
        IN TYPEOF(it)) AND (it.name = 'orientation')) )) = 1);
   wr3: (SIZEOF(QUERY ( it <* SELF.items |
```

```
        ((SIZEOF(
        ['INTEGRATED_CNC_SCHEMA.MEASURE_REPRESENTATION_ITEM',
        'INTEGRATED_CNC_SCHEMA.LENGTH_MEASURE_WITH_UNIT'] *
        TYPEOF(it)) = 2) AND (it.name = 'length')) )) = 1);
    wr4: (SIZEOF(QUERY ( it <* SELF.items |
        ((SIZEOF([
        'INTEGRATED_CNC_SCHEMA.MEASURE_REPRESENTATION_ITEM',
        'INTEGRATED_CNC_SCHEMA.LENGTH_MEASURE_WITH_UNIT'] *
        TYPEOF(it)) = 2) AND (it.name = 'width')) )) = 1);
    wr5: (SIZEOF(QUERY ( it <* SELF.items |
        ((SIZEOF([
        'INTEGRATED_CNC_SCHEMA.MEASURE_REPRESENTATION_ITEM',
        'INTEGRATED_CNC_SCHEMA.LENGTH_MEASURE_WITH_UNIT'] *
        TYPEOF(it)) = 2) AND (it.name = 'height')) )) = 1);
END_ENTITY; -- block_shape_representation
(*
```

形式限制：

WR1：block_shape_representation 在它的 items 集中包括有且仅有的四个 representation_items。

WR2:用于隐式表达 block_shape_representation 的 representation_items 可以是 name 为“orientation”的 placement 类型。

WR3:用于隐式表达 block_shape_representation 的 representation_items 可以是 measure_representation_item 和 name 为“length”的 length_measure_with_unit 类型。

WR4:用于隐式表达 block_shape_representation 的 representation_items 可以是 measure_representation_item 和 name 为“width”的 length_measure_with_unit 类型。

WR5:用于隐式表达 block_shape_representation 的 representation_items 可以是 measure_representation_item 和 name 为“height”的 length_measure_with_unit 类型。

非形式限制：

IP1： 这个 block_shape_representation 可被定义在 X-Y 平面上矩形区域的中心，矩形的宽在 X 方向，高在 Y 方向，长在 Z 方向。

5.2.3.1.14 实体 **boring_operation**

boring_operation 是一种 drilling_type_operation。drilling_type_operation 表示一个钻孔工步，这个钻孔工步对已有的孔进行扩孔。更多信息参见 GB/T 19903.11 中 Boring_operation、Reaming、Boring 的 ARM 定义。

EXPRESS 描述：

```
*)
ENTITY boring_operation
    SUBTYPE OF (drilling_type_operation);
    WHERE
    WR1: (SELF.description IN ['boring','reaming']);
    WR2: (verify_optional_action_property (SELF, 'spindle stop')) AND
    (verify_enumeration_action_property (SELF, 'spindle stop',
    ['spindle stop at bottom', 'spindle nonstop']));
    WR3: (verify_optional_action_property (SELF, 'testcut depth')) AND
    (verify_length_measure_action_property (SELF, 'testcut depth'));
    WR4: (verify_optional_action_property (SELF, 'waiting position')) AND
```

```
    (verify_rep_item_for_action_property (SELF, 'waiting position',
    ['INTEGRATED_CNC_SCHEMA.CARTESIAN_POINT']));
END_ENTITY;
(*
```

形式限制：

WR1： boring_operation 的 description 可以是 'boring' 或 'reaming'。

WR2： boring_operation 是已有 action_property 的 name 为 'spindle stop' 的 definition，并且用于描述这个 action_property 的 representation 是包含 descriptive_representation_item 类型的 representation_item。

WR3： boring_operation 是已有 action_property 的 name 为 'testcut depth' 的 definition，并且用于描述这个 action_property 的 representation 是包含 measure_representation_item 和 length_measure_with_unit 类型的 representation_item。

WR4： boring_operation 是已有 action_property 的 name 为 'waiting position' 的 definition，并且用于描述这个 action_property 的 representation 是包含 cartesian_point 类型的 representation_item。

5.2.3.1.15 实体 **bottom_and_side_milling_operation**

bottom_and_side_milling_operation 是一种 milling_type_operation。milling_type_ operation 表示一个二维半的铣削工步，这个铣削工步切除与刀轴水平和垂直的材料。更多信息参见 GB/T 19903.11 中 Bottom_and_side_milling_operation 及其子类的 ARM 定义。

EXPRESS 描述：

```
*)
ENTITY bottom_and_side_milling_operation
   SUBTYPE OF (milling_type_operation);
   WHERE
   WR1: (SELF.description IN ['roughing','finishing']);
   WR2: (verify_optional_action_property (SELF, 'axial cutting depth')) AND
        (verify_length_measure_action_property (SELF, 'axial cutting depth'));
   WR3: (verify_optional_action_property (SELF, 'radial cutting depth')) AND
        (verify_length_measure_action_property (SELF, 'radial cutting depth'));
   WR4: (verify_optional_action_property (SELF, 'allowance side')) AND
        (verify_length_measure_action_property (SELF, 'allowance side'));
   WR5: (verify_optional_action_property (SELF, 'allowance bottom')) AND
        (verify_length_measure_action_property (SELF, 'allowance bottom'));
   WR6: NOT (SELF.description = 'roughing') OR
        ((verify_required_action_property (SELF, 'allowance side')) AND
        (verify_required_action_property (SELF, 'allowance bottom')));
END_ENTITY;
(*
```

形式限制：

WR1：bottom_and_side_milling_operation 的 description 可以是 'roughing' 或 'finishing '。

WR2：bottom_and_side_milling_operation 是已有 action_property 的 name 为 'axial cutting depth' 的 definition，并且用于描述这个 action_property 的 representation 是包含 measure_representation_item 和 length_measure_with_unit 类型的 representation_item。

WR3：bottom_and_side_milling_operation 是已有 action_property 的 name 为 'radial cutting depth'的 definition,并且用于描述这个 action_property 的 representation 是包含 measure_representation_item 和 length_measure_with_unit 类型的 representation_item。

WR4:bottom_and_side_milling_operation 是已有 action_property 的 name 为'allowance side '的 definition,并且用于描述这个 action_property 的 representation 是包含 measure_representation_item 和 length_measure_with_unit 类型的 representation_item。

WR5:bottom_and_side_milling_operation 是已有 action_property 的 name 为'allowance bottom'的 definition,并且用于描述这个 action_property 的 representation 是包含 measure_representation_item 和 length_measure_with_unit 类型的 representation_item。

WR6:如果这个 bottom_and_side_milling_operation 的 description 是'roughing ',这个 bottom_and_side_milling_operation 可以是 name 为'allowance side '的 action_property 或 name 为'allowance bottom'的 action_property 的 definition。

注:对应于 GB/T 19903.11 中 ARM 实体 Bottom_and_side_rough_milling 的局部约束 WR1 和 WR2。

5.2.3.1.16 实体 class

Class 规定了一种分类复制的 group。

注:此定义与 ISO 10303-214,ISO 10303-224 和 ISO 10303-240 中给出的定义一致。

EXPRESS 描述:

```
*)
ENTITY class
   SUBTYPE OF (group);
END_ENTITY;
(*
```

5.2.3.1.17 实体 contouring_turing_operation

contouring_turning_operation 是一个 turning_type_operation。更多信息参见 GB/T 19903.12 中 Contouring 及其子类的 ARM 定义。

EXPRESS 描述:

```
*)
ENTITY contouring_turning_operation
   SUBTYPE OF (turning_type_operation);
   WHERE
   WR1: (SELF.description IN ['roughing','finishing']);
   WR2: (verify_optional_action_property (SELF, 'allowance')) AND
        (verify_length_measure_action_property (SELF, 'allowance'));
   WR3: NOT (SELF.description = 'roughing') OR
        (verify_required_action_property (SELF,'allowance'));
END_ENTITY;
(*
```

形式限制:

WR1: contouring_turning_operation 的 description 可以是'roughing'或'finishing '。

WR2: contouring_turning_operation 是已有 action_property 的 name 为'allowance'的 definition,并且用于描述这个 action_property 的 representation 是包含 measure_representation_item 和 length_measure_with_unit 类型的 representation_item。

WR3:如果这个 contouring_turning_operation 的 description 是'roughing ',这个 contouring_turning_operation 是仅有的 name 为 'allowance '的 action_property 的 definition。

注：对应于 GB/T 19903.12 中 ARM 实体 Contouring_rough 的局部限制 WR1。

5.2.3.1.18 实体 cylindrical_shape_representation

cylindrical_shape_representation 规定了一个形状的表达，这个形状是被定义为一个确定长度的圆形区域的圆柱形体积。这个封闭区域的大小由圆的半径定义。

注：此定义与 ISO 10303－224 中给出的定义一致。

EXPRESS 描述：

```
*)
ENTITY cylindrical_shape_representation
   SUBTYPE OF (shape_representation_with_parameters);
   WHERE
   WR1: (SIZEOF(SELF.items) = 3);
   WR2: (SIZEOF(QUERY ( it <* SELF.items | ((
        'INTEGRATED_CNC_SCHEMA.PLACEMENT'
        IN TYPEOF(it)) AND (it.name = 'orientation')) )) = 1);
   WR3: (SIZEOF(QUERY ( it <* SELF.items | ((SIZEOF([
        'INTEGRATED_CNC_SCHEMA.MEASURE_REPRESENTATION_ITEM',
        'INTEGRATED_CNC_SCHEMA.LENGTH_MEASURE_WITH_UNIT'] *
        TYPEOF(it)) = 2) AND (it.name = 'length')) )) = 1);
   WR4: (SIZEOF(QUERY ( it <* SELF.items | ((SIZEOF([
        'INTEGRATED_CNC_SCHEMA.MEASURE_REPRESENTATION_ITEM',
        'INTEGRATED_CNC_SCHEMA.LENGTH_MEASURE_WITH_UNIT'] *
        TYPEOF(it)) = 2) AND (it.name = 'diameter')) )) = 1);
END_ENTITY; -- cylindrical_shape_representation
(*
```

形式限制：

WR1：cylindrical_shape_representation 在它的 items 集中仅包含三个 representation_items。

WR2：用于一个 cylindrical_shape_representation 的隐式表达的一个 representation_items 可以是 name 为'orientation'的 placement 类型。

WR3：用于 cylindrical_shape_representation 隐式表达的一个 representation_items 可以是 measure_representation_item 和 length_measure_with_unit 类型，并且 name 为'length'。

WR4：用于 cylindrical_shape_representation 的隐式表达的 representation_items 可以是 measure_representation_item 和 length_measure_with_unit 类型，并且 name 为'diameter'。

非形式限制：

IP1：这个 cylindrical_shape_representation 的位置可被定义在定义这个圆柱体的圆的中心。

IP2：这个 cylindrical_shape_representation 可在 X-Y 面上通过形成圆形定义，并且长度沿着 Z 方向。

5.2.3.1.19 实体 directed_dimensional_location

directed_dimensional_location 是标识度量定位尺寸方向的 dimensional_location。

注：此定义符合相关定义。

注：此定义与 ISO 10303-214、ISO 10303-224 和 ISO 10303-1050 中给出的定义一致。

EXPRESS 描述：

```
*)
ENTITY directed_dimensional_location
```

```
    SUBTYPE OF (dimensional_location);
  END_ENTITY;
  (*
```

5.2.3.1.20 实体 document_file

document_file 是表达内容包含标记、刻痕或螺纹规格等信息的物理文档的 document 和 characterized_object。

注：定义与 ISO 10303-224 中给出的定义一致。

EXPRESS 描述：

```
*)
ENTITY document_file
  SUBTYPE OF (characterized_object, document);
  WHERE
  WR1: (SIZEOF(QUERY(adr <* QUERY(dr <* USEDIN(SELF,
      'INTEGRATED_CNC_SCHEMA.DOCUMENT_REFERENCE.ASSIGNED_DOCUMENT') |
      'INTEGRATED_CNC_SCHEMA.APPLIED_DOCUMENT_REFERENCE'
      IN TYPEOF(dr)) |
      'INTEGRATED_CNC_SCHEMA.EXTERNALLY_DEFINED_FEATURE_DEFINITION'
      IN TYPEOF(adr.items)
      )) = 1) OR
      (SIZEOF(QUERY (duc <* USEDIN(SELF,
      'INTEGRATED_CNC_SCHEMA.DOCUMENT_USAGE_CONSTRAINT.SOURCE') |
      NOT
      (SIZEOF(QUERY(aduc <* QUERY(duca <* USEDIN(duc,
      'INTEGRATED_CNC_SCHEMA.DOCUMENT_USAGE_CONSTRAINT_ASSIGNMENT.' +
      'ASSIGNED_DOCUMENT_USAGE') |
      'INTEGRATED_CNC_SCHEMA.' +
      'APPLIED_DOCUMENT_USAGE_CONSTRAINT_ASSIGNMENT'
      IN TYPEOF(duca)) |
      'INTEGRATED_CNC_SCHEMA.EXTERNALLY_DEFINED_FEATURE_DEFINITION'
      IN TYPEOF(aduc.items)
      )) = 1))) = 0);
  WR2: (SIZEOF(QUERY(drt <* USEDIN(SELF,
      'INTEGRATED_CNC_SCHEMA.' +
      'DOCUMENT_REPRESENTATION_TYPE.REPRESENTED_DOCUMENT') |
      (drt.name = 'physical'))) = 1);
END_ENTITY; -- document_file
(*
```

形式限制：

WR1：document_file 可以是在它的项集中包含的一个或多个 external_defined_feature_definition 的已有 applied_document_reference 中的 associated_document，又可以是在它的项集中包括一个或多个 external_defined_feature_definition 的已有 applied_document_usage_ constraint_assignment 中的源。

WR2：document_file 可以是 name 为 'physical' 的 已有 document_representation_ type 中的 represented_file。

5.2.3.1.21 实体 drilling_operation

drilling_operation 是一种 drilling_type_operation。drilling_type_operation 表示一个工步的详情，在这个工步中去除与刀轴垂直部分的材料。更多信息参见 GB/T 19903.11 中 Drilling_operation 及其子类的 ARM 定义。

EXPRESS 描述：

```
*)
ENTITY drilling_operation
  SUBTYPE OF (drilling_type_operation);
  WHERE
  WR1: (SELF.description IN ['drilling','counter sinking',
       'center drilling','multistep drilling']);
  WR2: NOT (SELF.description = 'multistep drilling') OR
       ((verify_required_action_property (SELF, 'retract distance')) AND
       (verify_length_measure_action_property (SELF, 'retract distance')) AND
       (verify_required_action_property (SELF, 'first depth')) AND
       (verify_length_measure_action_property (SELF, 'first depth')) AND
       (verify_required_action_property (SELF, 'depth of step')) AND
       (verify_length_measure_action_property (SELF, 'depth of step')) AND
       (verify_optional_action_property (SELF, 'dwell time step')) AND
       (verify_rep_type_for_action_property (SELF, 'dwell time step',
       ['INTEGRATED_CNC_SCHEMA.MACHINING_DWELL_TIME_REPRESENTATION'])) AND
       (verify_rep_name_for_action_property (SELF, 'dwell time step',
       ['dwell time']))
);
END_ENTITY;
(*
```

形式限制：

WR1：drilling_operation 的 description 是'drilling'、'counter sinking'、'center drilling'和'multistep drilling'中的一个。

WR2：如果 drilling_operation 的 description 是'multistep drilling'，drilling_operation 要满足以下条件：

——drilling_operation 可以是 name 为'retract distance'的已有 action_property 的 definition，并且用于描述这个 action_property 的 representation 是包含 measure_representation_item 和 length_measure_with_unit 类型的 representation_item；

——drilling_operation 是已有 action_property 的 name 为'first depth'的 definition，并且用于描述这个 action_property 的 representation 是包含 measure_representation_item 和 length_measure_with_unit 类型的 representation_item；

——drilling_operation 是已有 action_property 的 name 为'depth of step'的 definition，并且用于描述这个 action_property 的 representation 是包含 measure_representation_item 和 length_measure_with_unit 类型的 representation_item；

——drilling_operation 是已有 action_property 的 name 为'dwell time step'的 definition，并且用于描述这个 action_property 的 representation 是 description 为'dwell time'的 machining_dwell_time_representation 类型。

5.2.3.1.22 实体 drilling_type_operation

drilling_type_operation 是一种 machining_operation。machining_operation 表示一个工步的详情，在这个工步中机轴通常只相对刀具的转动轴平行移动。更多信息参见 GB/T 19903.11 中 Drilling_type_operation 及其子类的 ARM 定义。

EXPRESS 描述：

```
*)
ENTITY drilling_type_operation
  SUBTYPE OF (machining_operation);
WHERE
  WR1: (verify_optional_action_property (SELF, 'overcut length')) AND
       (verify_length_measure_action_property (SELF, 'overcut length'));
  WR2: (verify_optional_action_property (SELF, 'cutting depth')) AND
       (verify_length_measure_action_property (SELF, 'cutting depth'));
  WR3: (verify_optional_action_property (SELF, 'previous diameter')) AND
       (verify_length_measure_action_property (SELF, 'previous diameter'));
  WR4: (verify_optional_action_property (SELF, 'dwell time bottom')) AND
       (verify_rep_type_for_action_property (SELF, 'dwell time bottom',
       ['INTEGRATED_CNC_SCHEMA.MACHINING_DWELL_TIME_REPRESENTATION'])) AND
       (verify_rep_name_for_action_property (SELF, 'dwell time bottom',
       ['dwell time']));
  WR5: (verify_optional_action_property (SELF, 'feedrate on retract'))
       AND
       (verify_rep_type_for_action_property (SELF, 'feedrate on retract',
       ['INTEGRATED_CNC_SCHEMA.MACHINING_FEED_SPEED_REPRESENTATION'])) AND
       (verify_rep_name_for_action_property (SELF, 'feedrate on retract',
       ['relative speed']));
  WR6: ((verify_optional_relating_amr_with_name (SELF, 'machining',
       ['INTEGRATED_CNC_SCHEMA.MACHINING_STRATEGY_RELATIONSHIP'])) AND
       (verify_related_type_for_amr_with_name (SELF, 'machining',
       ['INTEGRATED_CNC_SCHEMA.MACHINING_STRATEGY_RELATIONSHIP'],
       ['INTEGRATED_CNC_SCHEMA.DRILLING_TYPE_STRATEGY']))
  );
END_ENTITY;
(*
```

形式限制：

WR1：drilling_type_operation 可以是 name 为'overcut length' 的已有 action_property 的 definition,并且用于描述这个 action_property 的 representation 是包含 measure_representation_item 和 length_measure_with_unit 类型的 representation_item。

WR2：drilling_type_operation 可以是 name 为 'cutting depth' 的已有 action_property 的 definition,并且用于描述这个 action_property 的 representation 是包含 measure_representation_item 和 length_measure_with_unit 类型的 representation_item。

WR3：drilling_type_operation 可以是 name 为'previous diameter '的已有 action_property 的 definition,并且用于描述这个 action_property 的 representation 是包含 measure_representation_item 和 length_measure_with_unit 类型的 representation_item。

WR4：drilling_type_operation 可以是 name 为 'dwell time bottom' 的已有 action_property 的 definition,并且用于描述这个 action_property 的 representation 是 description 为 ' dwell time' 的 machining_dwell_time_representation 类型。

WR5:drilling_type_operation 可以是 name 为 'feedrate on retract' 的 action_property 的 definition,并且用于描述这个 action_property 的 representation 是 description 为 'relative speed' 的 machining_feed_speed_representation 类型。

WR6:drilling_type_operation 可以是 name 为 'machining' 的已有 machining_strategy_relationship 的 relating_method,machining_strategy_relationship 中的 related_method 可以是 drilling_type_strategy 类型。

5.2.3.1.23 实体 drilling_type_strategy

drilling_type_strategy 是一种 machining_strategy。machining_strategy 表示在钻孔操作时用于决刀具运动的方法。更多信息参见 GB/T 19903.11 中 Drilling_type_strategy 的 ARM 定义。

EXPRESS 描述

```
*)
ENTITY drilling_type_strategy
   SUBTYPE OF (machining_strategy);
WHERE
   WR1: (verify_optional_action_property (SELF, 'reduced cut at start')) AND
        (verify_rep_type_for_action_property(SELF, 'reduced cut at start',
        ['INTEGRATED_CNC_SCHEMA.MACHINING_SPINDLE_SPEED_REPRESENTATION'])) AND
        (verify_rep_name_for_action_property(SELF, 'reduced cut at start',
        ['relative speed']));
   WR2: (verify_optional_action_property(SELF, 'reduced feedrate at start')) AND
        (verify_rep_type_for_action_property(SELF, 'reduced feedrate at start',
        ['INTEGRATED_CNC_SCHEMA.MACHINING_FEED_SPEED_REPRESENTATION'])) AND
        (verify_rep_name_for_action_property(SELF, 'reduced feedrate at start',
        ['relative speed']));
   WR3: (verify_optional_action_property (SELF, 'depth of start')) AND
        (verify_length_measure_action_property (SELF, 'depth of start'));
   WR4: (verify_optional_action_property (SELF, 'reduced cut at end')) AND
        (verify_rep_type_for_action_property (SELF, 'reduced cut at end',
        ['INTEGRATED_CNC_SCHEMA.MACHINING_SPINDLE_SPEED_REPRESENTATION'])) AND
        (verify_rep_name_for_action_property (SELF, 'reduced cut at end',
        ['relative speed']));
   WR5: (verify_optional_action_property (SELF, 'reduced feedrate at end')) AND
        (verify_rep_type_for_action_property(SELF, 'reduced feedrate at end',
        ['INTEGRATED_CNC_SCHEMA.MACHINING_FEED_SPEED_REPRESENTATION'])) AND
        (verify_rep_name_for_action_property(SELF, 'reduced feedrate at end',
        ['relative speed']));
   WR6: (verify_optional_action_property (SELF, 'depth of end')) AND
        (verify_length_measure_action_property (SELF, 'depth of end'));
   WR7: (verify_required_action_property (SELF, 'depth of start')) OR
        ((0 = SIZEOF (get_action_property (SELF, 'reduced cut at start'))) AND
        (0 = SIZEOF (get_action_property (SELF, 'reduced feedrate at start'))));
   WR8: (verify_required_action_property (SELF, 'depth of end')) OR
        ((0 = SIZEOF (get_action_property (SELF, 'reduced cut at end'))) AND
        (0 = SIZEOF (get_action_property (SELF, 'reduced feedrate at end'))));
 END_ENTITY;
 (*
```

形式限制:

WR1:drilling_type_strategy 可以是 name 为 'reduced cut at start' 的已有 action_property 的 definition,并且用于描述这个 action_property 的 representation 是 description 为 'relative speed' 的 machining_spindle_speed_representation 类型。

WR2:drilling_type_strategy 可以是 name 为 'reduced feedrate at start' 的已有 action_property 的 definition,并且用于描述这个 action_property 的 representation 是 description 为 'relative speed' 的 machining_feed_speed_representation 类型。

WR3:drilling_type_strategy 可以是 name 为 'depth of start' 的已有 action_property 的 definition,并且用于描述这个 action_property 的 representation 包含 measure_representation_item 和 length_measure_with_unit 类型的 representation_item。

WR4:drilling_type_strategy 可以是 name 为 'reduced cut at end' 的已有 action_property 的 definition,并且用于描述这个 action_property 的 representation 是 description 为 'relative speed' 的 machining_spindle_speed_representation 类型。

WR5:drilling_type_strategy 可以是 name 为 'reduced feedrate at end' 的已有 action_property 的 definition,并且用于描述这个 action_property 的 representation 是 description 为 'relative speed' 的 machining_feed_speed_representation 类型。

WR6:drilling_type_strategy 可以是 name 为 'depth of end' 的已有 action_property 的 definition,'并且用于描述这个 action_property 的 representation 是包含 measure_representation_item 和 length_measure_with_unit 类型的 representation_item。

WR7: drilling_type_strategy 既可以有一个 name 为 'depth of start' 的已有 action_property 的 definition,drilling_type_strategy 又可以有 name 不为 'reduced cut at start' 或 'reduced feedrate at start'的 action_properties 的 definition。

注:对应于 GB/T 19903.11 中 ARM 实体 Drilling_type_strategy 的局部约束 WR1。

WR8: drilling_type_strategy 既可以有一个 name 为 'depth of end' 的已有 action_property 的 definition,drilling_type_strategy 又可以有 name 不为 'reduced cut at end' 或 'reduced feedrate at end' 的 action_properties 的 definition。

注:对应于 GB/T 19903.11 中 ARM 实体 Drilling_type_strategy 的局部约束 WR2。

5.2.3.1.24 实体 **expression_representation_item**

expression_representation_item 是代表了一个特定表示值的 representation_item 和 generic_expression。

注:用于表达的 expression_representation_item 定义把 representation_item 和 ISO 13584-20 PLIB 在表达式定义联系在一起。使用一个合成的实例,可以把 generic_expression 的子类和 expression_representation_item 组合起来生成一个特性表示中的表达式。这个技术类似于 measure_representation_item 与在一个属性表达中 measure_with_unit 的子类组合的方式,比如 length_measure_with_unit。

EXPRESS 描述:

```
*)
ENTITY expression_representation_item
  SUBTYPE OF (representation_item, generic_expression);
END_ENTITY;
(*
```

5.2.3.1.25 实体 **externally_defined_class**

externally_defined_class 是表示外部定义的标识和定义等分级信息的 externally_defined_item 或 class,例如不在本部分定义的信息。

注:此定义与 ISO 10303-214,ISO 10303-224 和 ISO 10303-240 中给出的定义一致。

EXPRESS 描述:

```
*)
ENTITY externally_defined_class
   SUBTYPE OF (externally_defined_item,class);
WHERE
   WR1: 'INTEGRATED_CNC_SCHEMA.KNOWN_SOURCE' IN TYPEOF(SELF.source);
   WR2: SELF.source.name = 'ISO 13584 library';
   WR3: ( SIZEOF ( QUERY ( aoa <* USEDIN ( SELF.source,
       'INTEGRATED_CNC_SCHEMA.APPLIED_ORGANIZATION_ASSIGNMENT.ITEMS' )|
       (aoa.role.name = 'library supplier'))) = 1);
   WR4: (SIZEOF ( QUERY ( aoa <* USEDIN ( SELF, 'INTEGRATED_CNC_SCHEMA.' +
       'APPLIED_EXTERNAL_IDENTIFICATION_ASSIGNMENT.ITEMS' )|
       (aoa.role.name = 'class version'))) = 1);
END_ENTITY;
(*
```

形式限制:

WR1: externally_defined_class 作为 source 应有一个 known_source 实例。

WR2: externally_defined_class 作为 source 应有一个 name 为 'ISO 13584 library' 的 known_source 实例。

WR3: externally_defined_class 作为 source 属性应有一个实例,这个实例被已有的一个 applied_organization_assignment 的 items 集引用,这个 applied_organization_assignment 有一个 name 为 'library supplier' 的 organization_role。

WR4: externally_defined_class 被已有的一个 applied_external_identification_ assignment 的 items 集引用,这个 applied_external_identification_assignment 有一个 name 为 'class version' 的 identification_role。

5.2.3.1.26 实体 externally_defined_dimension_definition

externally_defined_dimension_definition 是由外部文档定义的表示一种尺寸大小的 dimension_size 或 externally_defined_ item。

注:此定义与 ISO 10303-214,ISO 10303-224 和 ISO 10303-1050 中给出的定义一致。

EXPRESS 描述:

```
*)
ENTITY externally_defined_dimension_definition
   SUBTYPE OF (externally_defined_item, dimensional_size);
   WHERE
   WR1: (SELF\externally_defined_item.item_id =
       'external size dimension') AND
    (SELF\externally_defined_item.source.source_id =
    'external size dimension specification');
    WR2: 1 >= SIZEOF(QUERY ( adr <* USEDIN(SELF,
    'INTEGRATED_CNC_SCHEMA.APPLIED_DOCUMENT_REFERENCE.ITEMS')|
    (adr.assigned_document.description =
    'external size dimension specification')
    ));
END_ENTITY;
(*
```

形式限制：

WR1：externally_defined_dimension_definition 应有一个 'external size dimension' 的 item_id，并且作为 source 应有一个 external_source 实例，这个 external_source 实例有一个 'external size dimension specification' 的 source_id。

WR2：externally_defined_dimension_definition 应最多出现在一个 applied_document_reference 的 items 集中，在这个 applied_document_reference 中，assigned_document 有一个 'external size dimension specification' 的 description。

5.2.3.1.27 实体 externally_defined_general_property

externally_defined_general_property 是由外部定义的表示通用属性定义信息的 general_property 或 externally_defined_ item，例如不在本部分定义的信息。

注：此定义与 ISO 10303-214，ISO 10303-224 和 ISO 10303-240 中给出的定义一致。

EXPRESS 描述：

```
*)
ENTITY externally_defined_general_property
   SUBTYPE OF (general_property, externally_defined_item);
   WHERE
   WR1：'INTEGRATED_CNC_SCHEMA.KNOWN_SOURCE' IN TYPEOF(SELF.source);
   WR2：SELF.source.name = 'ISO 13584 library';
   WR3：(SIZEOF (QUERY ( aoa <* USEDIN ( SELF, 'INTEGRATED_CNC_SCHEMA.' +
        'APPLIED_EXTERNAL_IDENTIFICATION_ASSIGNMENT.ITEMS' )|
        (aoa.role.name = 'property version' ))) = 1);
   WR4：(SIZEOF(QUERY ( ap <* USEDIN(SELF, 'INTEGRATED_CNC_SCHEMA.' +
        'EXTERNALLY_DEFINED_ITEM_RELATIONSHIP.RELATING_ITEM') |
        ((ap.name = 'name scope') AND
        ('INTEGRATED_CNC_SCHEMA.EXTERNALLY_DEFINED_CLASS' IN
        TYPEOF(ap.related_item)) ))) >= 1);
END_ENTITY;
(*
```

形式限制：

WR1：externally_defined_general_property 作为 source 应有一个 known_source 实例。

WR2：externally_defined_general_property 作为 source 应有一个 name 为' ISO 13584 library' 的 known_source 实例。

WR3：externally_defined_general_property 被已有的一个 applied_external_identification-_assignment 的 items 集引用，这个 applied_external_identification_assignment 有一个 name 为 'property version' 的 identification_role。

WR4：externally_defined_general_property 至少被一个 name 为 'name scope' 的 externally_defined_item_relationship 引用为 relating_item 或类型 externally_defined_class 的 related_item。

5.2.3.1.28 实体 externally_defined_representation_with_parameters

externally_defined_representation_with_parameters 是给外部引用定义位置和方向的一种 representation。

注：此定义与 ISO 10303-224 和 ISO 10303-240 中给出的定义一致。

EXPRESS 描述：

```
*)
```

```
ENTITY externally_defined_representation_with_parameters
   SUBTYPE OF (representation);
   WHERE
   WR1: (SIZEOF(USEDIN(SELF, 'INTEGRATED_CNC_SCHEMA.' +
        'APPLIED_CLASSIFICATION_ASSIGNMENT.ITEMS')) = 1);
   WR2: (SIZEOF (QUERY(adr <* SELF.items|
        'INTEGRATED_CNC_SCHEMA.PLACEMENT' IN TYPEOF(adr))) <= 1);
END_ENTITY;
(*
```

形式限制：

WR1：externally_defined_representation_with_parameters 被一个已有的 applied_classification-_assignment 的 items 集合引用。

WR2：externally_defined_representation_with_parameters items 的集合最多包含一个 placement 实例。

5.2.3.1.29 实体 facing_turning_operation

facing_turning_operation 是一个 turning_type_operation。更多信息参见 GB/T 19903.12 中 Facing 及其子类的 ARM 定义。

EXPRESS 描述：

```
*)
ENTITY facing_turning_operation
   SUBTYPE OF (turning_type_operation);
   WHERE
   WR1: (SELF.description IN ['roughing','finishing']);
   WR2: (verify_optional_action_property (SELF, 'allowance')) AND
        (verify_length_measure_action_property (SELF, 'allowance'));
   WR3: NOT (SELF.description = 'roughing') OR
        (verify_required_action_property (SELF, 'allowance'));
END_ENTITY;
(*
```

形式限制：

WR1：facing_turning_operation 的 description 既可以是 'roughing' 又可以是 'finishing'。

WR2：facing_turning_operation 最多可以有一个 name 为 'allowance' 的 action_property 的 definition,并且用于描述这个 action_property 的 representation 包含一个 measure_representation_item 和 length_measure_with_unit 类型的 representation_item。

WR3：如果这个 facing_turning_operation 的 description 是 'cutting in'，那么这个 facing_-turning_operation 是 name 为 'allowance' 的已有 action_property 的 definition。

注：对应于 GB/T 19903.12 中 给出的 ARM 实体 Facing_rough 的局部约束 WR1。

5.2.3.1.30 实体 freeform_milling_operation

freeform_milling_operation 是描述铣削工步中切除材料以建立自由曲面几何的 milling_type_-operation。更多信息参见 GB/T 19903.11 中 Freeform_milling_operation 的 ARM 的定义。

EXPRESS 描述：

```
*)
ENTITY freeform_milling_operation
```

```
  SUBTYPE OF (milling_type_operation);
  WHERE
  WR1: ((verify_optional_relating_amr_with_name (SELF, 'machining',
       ['INTEGRATED_CNC_SCHEMA.MACHINING_STRATEGY_RELATIONSHIP'])) AND
       (verify_related_type_for_amr_with_name (SELF, 'machining',
       ['INTEGRATED_CNC_SCHEMA.MACHINING_STRATEGY_RELATIONSHIP'],
       ['INTEGRATED_CNC_SCHEMA.FREEFORM_MILLING_STRATEGY']))
       );
END_ENTITY;
(*
```

形式限制：

WR1：freeform_milling_operation 是最多有一个 name 为'machining'的 machining_strategy_relationship 的 relating_method，在这个 freeform_milling_operation 中的 related_method 是 freeform_milling_strategy 类型。

5.2.3.1.31 实体 freeform_milling_strategy

drilling_type_strategy 是一种 machining_strategy。machining_strategy 表示在自由切削工序时用于决定刀具运动的方法。更多信息参见 GB/T 19903.11 中 Freeform_strategy 及其子类的 ARM 定义。

EXPRESS 描述：

```
*)
ENTITY freeform_milling_strategy
  SUBTYPE OF (milling_type_strategy);
  WHERE
  WR1: NOT (SELF.description IN ['leading line', 'plane cutter contact',
       'plane cutter location', 'uv']) OR
       ((verify_required_action_property (SELF, 'pathmode')) AND
       (verify_enumeration_action_property (SELF, 'pathmode',
       ['forward', 'zigzag'])) AND
       (verify_required_action_property (SELF, 'cutmode')) AND
       (verify_enumeration_action_property (SELF, 'cutmode',
       ['climb', 'conventional'])) AND
       (verify_required_action_property (SELF, 'milling tolerances')) AND
       (verify_rep_type_for_action_property(SELF, 'milling tolerances',
       ['INTEGRATED_CNC_SCHEMA.FREEFORM_MILLING_TOLERANCE_REPRESENTATION'])) AND
       (verify_optional_action_property (SELF, 'stepover length')) AND
       (verify_length_measure_action_property (SELF, 'stepover length')) );
  WR2: NOT (SELF.description = 'leading line') OR
       ((verify_required_action_property (SELF, 'leading line')) AND
       (verify_rep_item_for_action_property (SELF, 'leading line',
       ['INTEGRATED_CNC_SCHEMA.BOUNDED_CURVE'])) );
  WR3: NOT (SELF.description IN ['plane cutter contact',
       'plane cutter location']) OR
       ((verify_required_action_property (SELF, 'plane normal')) AND
       (verify_rep_item_for_action_property (SELF, 'plane normal',
       ['INTEGRATED_CNC_SCHEMA.DIRECTION'])) );
  WR4: NOT (SELF.description = 'uv') OR
       ((verify_required_action_property (SELF, 'forward direction')) AND
```

```
        (verify_rep_item_for_action_property (SELF, 'forward direction',
        ['INTEGRATED_CNC_SCHEMA.DIRECTION'])) AND
        (verify_required_action_property (SELF, 'sideward direction')) AND
        (verify_rep_item_for_action_property (SELF, 'sideward direction',
        ['INTEGRATED_CNC_SCHEMA.DIRECTION'])) );
END_ENTITY;
(*
```

形式限制：

WR1：如果这个 freeform_milling_strategy 的 description 是 'leading line'、'plane cutter contact'、'plane cutter location' 或 'uv'，freeform_milling_strategy 要满足以下条件：

——freeform_milling_strategy 是已有 action_property 的 name 为 'pathmode' 的 definition，并且用于描述这个 action_property 的 representation 包含一个 description 是 'forward' 或 'zigzag' 的 descriptive_representation_item 类型的 representation_item；

——freeform_milling_strategy 是已有 action_property 的 name 为 'cutmode' 的 definition，并且用于描述这个 action_property 的 representation 包含一个 description 是 'climb' 或'conventional'的 descriptive_representation_item 类型的 representation_item ；

——freeform_milling_strategy 是已有 action_property 的 name 为 'milling tolerances' 的 definition，并且用于描述这个 action_property 的 representation 应是 freeform_milling_tolerance_representation 类型。

——freeform_milling_strategy 是已有 action_property 的 name 为 'stepover length' 的 definition，并且用于描述这个 action_property 的 representation 包含一个 measure_representation_item 和 length_measure_with_unit 类型的 representation_item。

WR2：如果这个 freeform_milling_strategy 的 description 是 'leading line'，freeform_milling_strategy 是已有 action_property 的 name 为 'leading line' 的 definition，并且用于描述这个 action_property 的 representation 包含一个 bounded_curve 类型的 representation_item。

WR3：如果这个 freeform_milling_strategy 的 description 是 'plane cutter contact' 或 'plane cutter location'，freeform_milling_strategy 是已有 action_property 的 name 为 'plane normal' 的 definition，并且用于描述这个 action_property 的 representation 可包括一个 direction 类型的 representation_item。

WR4：如果这个 freeform_milling_strategy 的 description 是 'uv'，freeform_milling_strategy 要满足以下条件：

——freeform_milling_strategy 是已有 action_property 的 name 为 'forward direction' 的 definition，并且用于描述这个 action_property 的 representation 可包括一个 direction 类型的 representation_item；

——freeform_milling_strategy 是已有 action_property 的 name 为 'sideward direction' 的 definition，并且用于描述这个 action_property 的 representation 可包括一个 direction 类型的 representation_item。

5.2.3.1.32 实体 freeform_milling_tolerance_representation

freeform_milling_tolerance_representation 是表示自由曲面加工曲面允差的 representation。更多信息参见 GB/T 19903.11 中 Tolerances 的 ARM 定义。

EXPRESS 描述：

```
*)
ENTITY freeform_milling_tolerance_representation
  SUBTYPE OF (representation);
```

```
WHERE
   WR1: (verify_required_rep_item (SELF, 'chordal tolerance')) AND
        (verify_length_measure_rep_item (SELF, 'chordal tolerance'));
   WR2: (verify_required_rep_item (SELF, 'scallop height')) AND
        (verify_length_measure_rep_item (SELF, 'scallop height'));
END_ENTITY;
(*
```

形式限制:

WR1:items 集可包含已有 representation_item 的 name 为 'chordal tolerance',representation_item 是 measure_representation_item 和 length_measure_with_unit 类型。

WR2:items 集可包含已有 representation_item 的 name 为 'scallop height' 的 representation_item,representation_item 是 measure_representation_item 和 length_measure_with_unit 类型。

5.12.3.1.33 实体 grooving_turning_operation

grooving_turning_operation 是一个 turning_type_operation。更多信息参见 GB/T 19903.12 中 Grooving 及其子类的 ARM 定义。

EXPRESS 描述:

```
*)
ENTITY grooving_turning_operation
   SUBTYPE OF (turning_type_operation);
   WHERE
   WR1: (SELF.description IN ['roughing', 'finishing', 'cutting in']);
   WR2: (verify_optional_action_property (SELF, 'dwell')) AND
        (verify_rep_type_for_action_property (SELF, 'dwell',
        ['INTEGRATED_CNC_SCHEMA.MACHINING_DWELL_TIME_REPRESENTATION']));
   WR3: (verify_optional_action_property (SELF, 'allowance')) AND
        (verify_length_measure_action_property (SELF, 'allowance'));
        --allowance propery required for roughing
   WR4: NOT (SELF.description = 'roughing') OR
        (verify_required_action_property (SELF, 'allowance'));
        --allowance propery forbidden for cutting in
   WR5: NOT (SELF.description = 'cutting in') OR
        (0 = SIZEOF (get_action_property (SELF, 'allowance')));
END_ENTITY;
(*
```

形式限制:

WR1: grooving_turning_operation 的 description 可以是 'roughing'、'finishing' 或 'cutting in'。

WR2: grooving_turning_operation 是已有 action_property 的 name 为'dwell'的 definition,并且用于描述这个 action_property 的 representation 是 turning_dwell_time_representation 类型。

WR3: grooving_turning_operation 最多是一个 name 为 'allowance' 的 action_property 的 definition,并且用于描述这个 action_property 的 representation 是包含 measure_representation_item 和 length_measure_with_unit 类型的 representation_item。

WR4:如果这个 grooving_turning_operation 的 description 是 'roughing',那么这个 grooving_turning_operation 是已有 action_property 的 name 为 'allowance' 的 definition。

注:对应于 GB/T 19903.12 中 ARM 实体 Grooving_rough 的局部约束 WR1。

WR5:如果 grooving_turning_operation 的 description 是 'cutting in',那么 grooving_turning_-Operation 是 name 不为 'allowance' 的 action_property 的 definition。

注：对应于 GB/T 19903.12 中 ARM 实体 Cutting_in 的局部约束 WR1。

5.2.3.1.34 实体 known_source

known_source 是一种 external_source 或 pre_defined_item。pre_defined_item 的名字和内容是预定义的。它提供了引用外部库实体的机制。

注：此定义与 ISO 10303-214、ISO 10303-224 和 ISO 10303-240 中给出的定义一致。

EXPRESS 描述：

```
*)
ENTITY known_source
   SUBTYPE OF (external_source,pre_defined_item);
END_ENTITY;
(*
```

5.2.3.1.35 实体 knurling_turning_operation

knurling_turning_operation 是一个 turning_type_operation。更多信息参见 GB/T 19903.12 中 Knurling 的 ARM 定义。

EXPRESS 描述：

```
*)
ENTITY knurling_turning_operation
   SUBTYPE OF (turning_type_operation);
END_ENTITY;
(*
```

5.2.3.1.36 实体 machining_adaptive_control_relationship

machining_adaptive_control_relationship 是表示在相关环境使用 Adaptive_control 的 action_method_relationship。更多信息参见 GB/T 19903.11 和 GB/T 19903.12 中 Technology 子类的 ARM 定义。

EXPRESS 描述：

```
*)
ENTITY machining_adaptive_control_relationship
   SUBTYPE OF (action_method_relationship);
END_ENTITY;
(*
```

5.2.3.1.37 实体 machining_approach_retract_strategy

machining_approach_retract_strategy 是表示在加工工步开始时刀具靠近工件或者在加工工步结束时刀具离开工件方式的 machining_strategy。更多信息参见 GB/T 19903.11 中 Approach_retract_strategy 及其子类的 ARM 定义。

EXPRESS 描述：

```
*)
ENTITY machining_approach_retract_strategy
   SUBTYPE OF (machining_strategy);
   WHERE
   WR1：(SELF.description IN ['along path',
```

```
    'approach retract angle', 'approach retract tangent',
    'plunge helix', 'plunge ramp', 'plunge toolaxis',
    'plunge zigzag']);
WR2: (verify_optional_action_property (SELF, 'tool orientation')) AND
    (verify_rep_item_for_action_property (SELF, 'tool orientation',
    ['INTEGRATED_CNC_SCHEMA.DIRECTION']));
WR3: NOT (SELF.description = 'along path') OR
    ((1 <= get_count_of_relating_amr (SELF,
    ['INTEGRATED_CNC_SCHEMA.MACHINING_TOOLPATH_SEQUENCE_RELATIONSHIP']))
    AND
    (verify_related_type_for_amr (SELF,
    ['INTEGRATED_CNC_SCHEMA.MACHINING_TOOLPATH_SEQUENCE_RELATIONSHIP'],
    ['INTEGRATED_CNC_SCHEMA.MACHINING_TOOLPATH']))
    );
WR4: NOT (SELF.description = 'approach retract angle') OR
    ((verify_required_action_property (SELF, 'travel angle')) AND
    (verify_angle_measure_action_property (SELF, 'travel angle')) AND
    (verify_required_action_property (SELF, 'travel length')) AND
    (verify_length_measure_action_property (SELF, 'travel length')));
WR5: NOT (SELF.description = 'approach retract tangent') OR
    ((verify_required_action_property (SELF, 'travel radius')) AND
    (verify_length_measure_action_property (SELF, 'travel radius')));
WR6: NOT (SELF.description IN ['plunge helix', 'plunge ramp', 'plunge
    zigzag']) OR
    ((verify_required_action_property (SELF, 'plunge angle')) AND
    (verify_angle_measure_action_property (SELF, 'plunge angle')));
WR7: NOT (SELF.description = 'plunge helix') OR
    ((verify_required_action_property (SELF, 'plunge radius')) AND
    (verify_length_measure_action_property (SELF, 'plunge radius')));
WR8: NOT (SELF.description = 'plunge zigzag') OR
    ((verify_required_action_property (SELF, 'plunge width')) AND
    (verify_length_measure_action_property (SELF, 'plunge width')));
END_ENTITY;
(*
```

形式限制：

WR1:machining_approach_retract_strategy 的 description 是 'along path'、'approach retract angle'、'approach retract tangent'、'plunge helix'、'plunge ramp'、'plunge toolaxis' 和 'plunge zigzag' 中的一个。

WR2:machining_approach_retract_strategy 最多可以有一个 name 为 'tool orientation' 的 action_property 的 definition，并且用于描述这个 action_property 的 representation 包含一个 direction 类型的 representation_item。

WR3:如果 machining_approach_retract_strategy 的 description 是 'along path'，那么 machining_approach_retract_strategy 可以是至少一个 machining_toolpath_sequence_ relationship 的 relating_method，在 machining_toolpath_sequence_relationship 中 related_method 是 machining_toolpath 类型。

WR4:如果 machining_approach_retract_strategy 的 description 是 'approach retract angle'，那么 machining_approach_retract_strateg 要满足以下条件：

——machining_approach_retract_strategy 是已有 action_property 的 name 为 'travel angle' 的

definition,并且用于描述这个 action_property 的 representation 是包含 measure_representation_item 和 plane_angle_measure_with_unit 类型的 representation_item;

——machining_approach_retract_strategy 是已有 action_property 的 name 为 'travel length' 的 definition,并且用于描述这个 action_property 的 representation 是包含 measure_representation_item 和 length_measure_with_unit 类型 的 representation_item。

WR5:如果这个 machining_approach_retract_strategy 的 description 是'approach retract tangent',那么这个 machining_approach_retract_strategy 可以是有且仅有的一个 name 为'travel radius'的 action_property 的 definition,并且用于描述这个 action_property 的 representation 是包含 measure_representation_item 和 length_measure_with_unit 类型的 representation_item。

WR6:如果这个 machining_approach_retract_strategy 的 description 是'plunge helix'、'plunge ramp'、'plunge zigzag' 中的一个,那么这个 machining_approach_retract_strategy 是已有 action_property 的 name 为 'plunge angle"' 的 definition,并且用于描述这个 action_property 的 representation 是包含 measure_representation_item 和 plane_angle_measure_with_unit 类型的 representation_item。

WR7:如果这个 machining_approach_retract_strategy 的 description 是 ' plunge helix',那么这个 machining_approach_retract_strategy 是已有 action_property 的 name 为 ' plunge radius' 的 definition,并且用于描述这个 action_property 的 representation 是包含 measure_representation_item 和 length_measure_with_unit 类型的 representation_item。

WR8:如果这个 machining_approach_retract_strategy 的 description 是'plunge zigzag',那么这个 machining_approach_retract_strategy 是已有 action_property 的 name 为 'plunge width' 的 definition,并且用于描述这个 action_property 的 representation 是包含 measure_representation_item 和 length_measure_with_unit 类型的 representation_item。

非形式限制:

IP1:通过 relating_method 引用同一个 machining_approach_retract_strategy 的所有 machining_toolpath_sequence_relationship 实例有唯一的 sequence_position 值。

5.2.3.1.38 实体 machining_cutting_component

machining_cutting_component 是表示加工的刀具刀刃特征的 action_resource 和 characterized_object。更多信息参见 ISO 14649-111 中 Cutting_component 的和 GB/T 19903.121 中 Cutting_edge_properties 的 ARM 定义。

EXPRESS 描述:

```
*)
ENTITY machining_cutting_component
   SUBTYPE OF (action_resource,characterized_object);
   WHERE
   WR1: (1 >= SIZEOF (USEDIN (SELF, 'INTEGRATED_CNC_SCHEMA.' +
        'MATERIAL_DESIGNATION.DEFINITIONS')));
   WR2: (1 >= SIZEOF (QUERY (arr <* USEDIN (SELF,
        'INTEGRATED_CNC_SCHEMA.REQUIREMENT_FOR_ACTION_RESOURCE.RESOURCES') |
        (arr.kind.name = 'cutting component') AND
        (0 < SIZEOF (QUERY (mt <* arr.operations |
        'INTEGRATED_CNC_SCHEMA.MACHINING_TECHNOLOGY' IN TYPEOF (mt))))
        )));
   WR3: (verify_optional_resource_property (SELF, 'expected life')) AND
        (verify_time_measure_resource_property (SELF, 'expected life'));
```

```
WR4: NOT (SELF.kind.name = 'milling cutting edge') OR
     ((verify_required_resource_property
     (SELF, 'functional length')) AND
     (verify_length_measure_resource_property
     (SELF, 'functional length'))
     );
WR5: NOT (SELF.kind.name = 'turning cutting edge') OR
     ((verify_optional_resource_property
     (SELF, 'cutting edge length')) AND
     (verify_length_measure_resource_property
     (SELF, 'cutting edge length')) AND
     (verify_optional_resource_property
     (SELF, 'cutting edge angle')) AND
     (verify_angle_measure_resource_property
     (SELF, 'cutting edge angle')) AND
     (verify_optional_resource_property
     (SELF, 'cutting edge angle type')) AND
     (verify_rep_item_for_resource_property
     (SELF, 'cutting edge angle type',
     ['INTEGRATED_CNC_SCHEMA.DESCRIPTIVE_REPRESENTATION_ITEM'])) AND
     (verify_optional_resource_property
     (SELF, 'tool included angle')) AND
     (verify_angle_measure_resource_property
     (SELF, 'tool included angle')) AND
     (verify_rep_type_for_resource_property
     (SELF, 'corner transitions',
     ['INTEGRATED_CNC_SCHEMA.' +
     'MACHINING_CUTTING_CORNER_REPRESENTATION'])) AND
     (verify_optional_resource_property
     (SELF, 'maximum side cutting depth')) AND
     (verify_length_measure_resource_property
     (SELF, 'maximum side cutting depth')) AND
     (verify_optional_resource_property
     (SELF, 'maximum end cutting depth')) AND
     (verify_length_measure_resource_property
     (SELF, 'maximum end cutting depth'))
     );
END_ENTITY;
(*
```

形式限制：

WR1：machining_cutting_component 最多出现在一个 material_designation 的 definitions 集中。

WR2：machining_cutting_component 最少出现在一个 action_resource_requirement 的 resources 集中，在 action_resource_requirement 中，resource_requirement_type 有一个'cutting component'的 name，并且 operations 集仅包含一个 machining_technology。

WR3：machining_cutting_component 最多是一个 name 为'expected life'的 resource_property 的 resource，并且用于描述这个 resource_property 的 representation 是包含 measure_representation_item 和 time_measure_with_unit 类型的 representation_item。

WR4：如果 machining_cutting_component 的 kind 是一个 name 为'milling cutting edge'的 action_resource_type，machining_cutting_component 应满足以下条件：

——machining_cutting_component 是仅有一个 name 为'functional length'的 resource_property 的 resource，并且用于描述这个 resource_property 的 representation 是包含 measure_representation_item 和 length_measure_with_unit 类型的 representation_item。

WR5：如果 machining_cutting_component 的 kind 是一个 name 为'turning cutting edge'的 action_-resource_type，machining_cutting_component 应满足以下条件：

——machining_cutting_component 最多是 name 为'cutting edge length'的 resource_property 的 resource，并且用于描述这个 resource_property 的 representation 是包含 measure_representation_item 和 length_measure_with_unit 类型的 representation_item；

——machining_cutting_component 最多是 name 为'cutting edge angle'的 resource_property 的 resource，并且用于描述这个 resource_property 的 representation 是包含 measure_representation_item 和 plane_angle_measure_with_unit 类型的 representation_item；

——machining_cutting_component 最多是 name 为'cutting edge angle type'的 resource_property 的 resource，并且用于描述这个 resource_property 的 representation 是包含 descriptive_representation_item 类型的 representation_item；

——machining_cutting_component 最多是 name 为"tool included angle"的 resource_property 的 resource，并且用于描述这个 resource_property 的 representation 是包含 measure_representation_item 和 plane_angle_measure_with_unit 类型的 representation_item；

——machining_cutting_component 是零个或多个 name 为'corner transitions'的 resource_property 的 resource，并且用于描述这个 resource_property 的 representation 是 machining_cutting_corner_representation 类型；

——machining_cutting_component 最多是 name 为'maximum side cutting depth'的 resource_property 的 resource，并且用于描述这个 resource_property 的 representation 是包含 measure_representation_item 和 length_measure_with_unit 类型的 representation_item；

——machining_cutting_component 最多是 name 为'maximum end cutting depth'的 resource_property 的 resource，并且用于描述这个 resource_property 的 representation 是包含 measure_representation_item 和 length_measure_with_unit 类型的 representation_item. 。

5.2.3.1.39 实体 machining_cutting_corner_representation

machining_cutting_corner_representation 是一种 representation。representation 表示一个加工刀具的刀刃的角变换。更多信息参见 GB/T 19903.12 中 Corner_transition 的 ARM 定义。

EXPRESS 描述：

```
*)
ENTITY machining_cutting_corner_representation
  SUBTYPE OF (representation);
  WHERE
  WR1: ((verify_required_rep_item (SELF, 'corner identity')) AND
       (verify_count_measure_rep_item (SELF, 'corner identity'))
       );
  WR2: NOT (SELF.name = 'chamfered corner') OR
       ((verify_required_rep_item (SELF, 'chamfer angle')) AND
       (verify_angle_measure_rep_item (SELF, 'chamfer angle')) AND
       (verify_optional_rep_item (SELF, 'chamfer length')) AND
```

```
        (verify_length_measure_rep_item (SELF, 'chamfer length')) AND
        (verify_optional_rep_item (SELF, 'chamfer width')) AND
        (verify_length_measure_rep_item (SELF, 'chamfer width'))
        );
    WR3: NOT (SELF.name = 'rounded corner') OR
        ((verify_required_rep_item (SELF, 'radius')) AND
        (verify_length_measure_rep_item (SELF, 'radius'))
        );
    WR4: NOT (SELF.name = 'profiled corner') OR
        (1 = SIZEOF (QUERY (prep <* USEDIN (SELF, 'INTEGRATED_CNC_SCHEMA.' +
        'PROPERTY_DEFINITION_REPRESENTATION.USED_REPRESENTATION') |
        (('INTEGRATED_CNC_SCHEMA.LINEAR_PROFILE'
        IN TYPEOF(prep.definition)) OR
        ('INTEGRATED_CNC_SCHEMA.OPEN_PATH_PROFILE'
        IN TYPEOF(prep.definition)) OR
        ('INTEGRATED_CNC_SCHEMA.PARTIAL_CIRCULAR_PROFILE'
        IN TYPEOF(prep.definition)) OR
        ('INTEGRATED_CNC_SCHEMA.ROUNDED_U_PROFILE'
        IN TYPEOF(prep.definition)) OR
        ('INTEGRATED_CNC_SCHEMA.SQUARE_U_PROFILE'
        IN TYPEOF(prep.definition)) OR
        ('INTEGRATED_CNC_SCHEMA.TEE_PROFILE'
        IN TYPEOF(prep.definition)) OR
        ('INTEGRATED_CNC_SCHEMA.VEE_PROFILE'
        IN TYPEOF(prep.definition)))
        )));
END_ENTITY;
(*
```

形式限制：

WR1:items 集可包括有且仅有的一个 name 为'corner identity'的 representation_item，representation_item 是 measure_representation_item 类型，measure_representation_item 有一个 count_measure 类型的 value_component。

WR2:如果 machining_cutting_corner_representation 的 name 为'chamfered corner'，这个 items 集要包括下列各项：

——有且仅有的一个 name 为'chamfer angle'的 representation_item，representation_item 是 measure_representation_item 和 plane_angle_measure_with_unit 类型；

——至多一个 name 为'chamfer length'的 representation_item，representation_item 是 measure_representation_item 和 length_measure_with_unit 类型；

——至多一个 name 为'chamfer width'的 representation_item，representation_item 是 measure_representation_item 和 length_measure_with_unit 类型；

WR3:如果 machining_cutting_corner_representation 的 name 为'rounded corner'，items 集可包括有且仅有的一个 name 为"radius"的 representation_item，representation_item 是 measure_representation_-item和 length_measure_with_unit 类型。

WR4:如果 machining_cutting_corner_representation 的 name 为 'profiled corner'，machining_cutting_corner_representation 是有且仅有的一个 property_definition_representation 的 used_representation，在 property_definition_representation 中，definition 引用一个 shape_aspect，shape_aspect 是 linear_profile、open_path_profile、partial_circular_profile、rounded_u_profile，square_u_profile、tee_profile 或 vee_profile 类型。

5.2.3.1.40 实体 machining_dwell_time_representation

machining_dwell_time_representation 是表示机床执行一些活动的持续时间的 representation。停留时间描述如下：

——时间量与 GB/T 19903.10 中给出的 Feedstop 'dwell' 属性、GB/T 19903.11 中给出的 Multistep_drilling 'dwell_time_step' 、Drilling_type_operation 'dwell_time_bottom'属性和 GB/T 19903.12 中给出的 Dwell_time 的 ARM 定义所描述的一样；

——轴旋转速度与 GB/T 19903.12 中给出的 Dwell_revolution 的 ARM 定义所描述的一样；

EXPRESS 描述：

```
*)
ENTITY machining_dwell_time_representation
   SUBTYPE OF (representation);
   WHERE
   WR1: (SELF.name IN ['dwell time', 'dwell revolution']);
   WR2: NOT (SELF.name = 'dwell time') OR
        ((verify_required_rep_item (SELF, 'dwell time')) AND
        (verify_time_measure_rep_item (SELF, 'dwell time'))
        );
   WR3: NOT (SELF.name = 'dwell revolution') OR
        ((verify_required_rep_item (SELF, 'dwell revolution')) AND
        (verify_count_measure_rep_item (SELF, 'dwell revolution'))
        );
END_ENTITY;
(*
```

形式限制：

WR1：machining_dwell_time_representation 的 name 既可以是 'dwell time' 又可以是 'dwell revolution'。

WR2：如果 machining_dwell_time_representation 的 name 是' dwell time',那么 items 集仅包含一个 name 为 'dwell time' 的 representation_item，representation_item 是 measure_representation_item 和 time_measure_with_unit 类型。

WR3：如果 machining_dwell_time_representation 的 name 是 'dwell revolution',那么 items 集仅包含一个 name 为 ' dwell revolution' 的 representation_item，representation_item 是有一个 count_measure 的 value_component 的 measure_representation_item 类型。

5.2.3.1.41 实体 machining_execution_resource

machining_execution_resource 是表示机床加工能力的 action_resource。更多信息参见 4.2.192 中 Machine_parameters 的 ARM 定义。

EXPRESS 描述：

```
*)
ENTITY machining_execution_resource
   SUBTYPE OF (action_resource);
   WHERE
   WR1: ((verify_optional_resource_property (SELF, 'feedrate')) AND
```

```
    (verify_rep_type_for_resource_property (SELF, ´feedrate´,
    [´INTEGRATED_CNC_SCHEMA.MACHINING_FEED_SPEED_REPRESENTATION´])));
WR2: ((verify_optional_resource_property (SELF, ´spindle´)) AND
    (verify_rep_type_for_resource_property (SELF, ´spindle´,
    [´INTEGRATED_CNC_SCHEMA.MACHINING_SPINDLE_SPEED_REPRESENTATION´])));
WR3: ((verify_optional_resource_property (SELF, ´spindle power´)) AND
    (verify_rep_item_for_resource_property (SELF, ´spindle power´,
    [´INTEGRATED_CNC_SCHEMA.MEASURE_REPRESENTATION_ITEM´])));
WR4: ((verify_optional_resource_property (SELF, ´spindle torque´)) AND
    (verify_rep_item_for_resource_property (SELF, ´spindle torque´,
    [´INTEGRATED_CNC_SCHEMA.MEASURE_REPRESENTATION_ITEM´])));
WR5: ((verify_optional_resource_property
    (SELF, ´number of control axis´)) AND
    (verify_count_measure_resource_property
    (SELF, ´number of control axis´)));
WR6: ((verify_optional_resource_property
    (SELF, ´number of simultaneous axis´)) AND
    (verify_count_measure_resource_property
    (SELF, ´number of simultaneous axis´)));
WR7: ((verify_optional_resource_property
    (SELF, ´positioning accuracy´)) AND
    (verify_length_measure_resource_property
    (SELF, ´positioning accuracy´)));
WR8: ((verify_optional_resource_property (SELF, ´table indexing´)) AND
    (verify_enumeration_resource_property (SELF, ´table indexing´,
    [´required´, ´not required´])));
WR9: ((verify_optional_resource_property
    (SELF, ´table length´)) AND
    (verify_length_measure_resource_property
    (SELF, ´table length´)) AND
    (verify_optional_resource_property
    (SELF, ´table width´)) AND
    (verify_length_measure_resource_property
    (SELF, ´table width´)));
WR10: ((verify_optional_resource_property (SELF, ´axis travel´)) AND
     (0 = SIZEOF (QUERY (prop <* get_resource_property
     (SELF, ´axis travel´) | NOT
     ((0 < SIZEOF (QUERY (prep <* USEDIN (prop,
     ´INTEGRATED_CNC_SCHEMA.RESOURCE_PROPERTY_REPRESENTATION.PROPERTY´) |
     (1 <= SIZEOF (QUERY ( it <* prep.representation.items |
     (SIZEOF([
     ´INTEGRATED_CNC_SCHEMA.MEASURE_REPRESENTATION_ITEM´,
     ´INTEGRATED_CNC_SCHEMA.LENGTH_MEASURE_WITH_UNIT´] *
     TYPEOF(it)) = 2))))
     ))))
     ))));
WR11: ((verify_optional_resource_property
     (SELF, ´work volume length´)) AND
```

```
            (verify_length_measure_resource_property
            (SELF, 'work volume length')) AND
            (verify_optional_resource_property
            (SELF, 'work volume width')) AND
            (verify_length_measure_resource_property
            (SELF, 'work volume width')) AND
            (verify_optional_resource_property
            (SELF, 'work volume height')) AND
            (verify_length_measure_resource_property
            (SELF, 'work volume height'))
            );
      WR12: (0 = SIZEOF (get_action_property (SELF, 'axis travel'))) OR
            ((0 = SIZEOF (get_action_property (SELF, 'work volume length'))) AND
            (0 = SIZEOF (get_action_property (SELF, 'work volume width'))) AND
            (0 = SIZEOF (get_action_property (SELF, 'work volume height'))));
   END_ENTITY;
   (*
```

形式限制：

WR1：machining_execution_resource 最多是一个 name 为 'feedrate' 的 resource_property 的 resource,并且用于描述这个 resource_property 的 representation 是 machining_feed_speed_representation 类型。

WR2：machining_execution_resource 最多是一个 name 为'spindle'的 resource_property 的 resource,并且用于描述这个 resource_property 的 representation 是 machining_spindle_speed_representation 类型。

WR3：machining_execution_resource 最多是一个 name 为'spindle power'的 resource_property 的 resource,并且用于描述这个 resource_property 的 representation 是包含 measure_representation_item 类型的 representation_item。

WR4：machining_execution_resource 最多是一个 name 为'spindle torque'的 resource_property 的 resource,并且用于描述这个 resource_property 的 representation 是包含 measure_representation_item 类型的 representation_item。

WR5：machining_execution_resource 最多是一个 name 为 'number of control axis' 的 resource_property 的 resource,并且用于描述这个 resource_property 的 representation 是包含 measure_representation_item 类型的 representation_item,在 measure_representation_item 中 value_component 是 count_measure 类型。

WR6：machining_execution_resource 最多是一个 name 为 'number of simultaneous axis' 的 resource_property 的 resource,并且用于描述这个 resource_property 的 representation 是包含 measure_representation_item 类型的 representation_item,在 measure_representation_item 中 value_component 是 count_measure 类型。

WR7：machining_execution_resource 最多是一个 name 为 'positioning accuracy' 的 resource_property 的 resource,并且用于描述这个 resource_property 的 representation 是包含 measure_representation_item 和 length_measure_with_unit 类型的 representation_item。

WR8：machining_execution_resource 最多是一个 name 为 'table indexing' 的 resource_property 的 resource,并且用于描述这个 resource_property 的 representation 是包含 descriptive_representation_item 类型的 representation_item, descriptive_representation_item 的 description 为 'required' 或 'not required'。

WR9：machining_execution_resource 需满足以下条件：

——machining_execution_resource 最多是一个 name 为 'table length' 的 resource_property 的 resource，并且用于描述这个 resource_property 的 representation 是包含 measure_representation_item 和 length_measure_with_unit 类型的 representation_item。

——machining_execution_resource 最多是一个 name 为 'table width' 的 resource_property 的 resource，并且用于描述这个 resource_property 的 representation 是包含 measure_representation_item 和 length_measure_with_unit 类型的 representation_item。

WR10：machining_execution_resource 最多是一个 name 为 'axis travel' 的 resource_property 的 resource，并且用于描述这个 resource_property 的 representation 是至少包含一个 measure_representation_item 和 length_measure_with_unit 类型的 representation_item。

WR11：machining_execution_resource 需满足以下条件：

——machining_execution_resource 最多是一个 name 为 'work volume length' 的 resource_property 的 resource，并且用于描述这个 resource_property 的 representation 是包含 measure_representation_item 和 length_measure_with_unit 类型的 representation_item。

——machining_execution_resource 最多是一个 name 为 'work volume width' 的 resource_property 的 resource，并且用于描述这个 resource_property 的 representation 是包含 measure_representation_item 和 length_measure_with_unit 类型的 representation_item。

——machining_execution_resource 最多是一个 name 为 'work volume height' 的 resource_property 的 resource，并且用于描述这个 resource_property 的 representation 是包含 measure_representation_item 和 length_measure_with_unit 类型的 representation_item。

WR12：machining_execution_resource 是 name 不为 'axis travel' 的 resource_property 的 resource，否则 machining_execution_resource 是 name 不为 'work volume length'、'work volume width' 或 'work volume height' 的 resource_property 的 resource。

5.2.3.1.42 实体 **machining_feature_process**

machining_feature_process 是表示制造特征的一组加工工艺手段的 machining_process_executable。更多信息参见 GB/T 19903.10 中 Manufacturing_feature 的 ARM 定义。

EXPRESS 描述：

```
*)
ENTITY machining_feature_process
   SUBTYPE OF (machining_process_executable);
   WHERE
   WR1: (1 = SIZEOF (QUERY (act <*
        USEDIN (SELF, 'INTEGRATED_CNC_SCHEMA.ACTION.CHOSEN_METHOD') |
        (act.name = 'machining')))) AND
        (0 = SIZEOF (QUERY (act <*
        USEDIN (SELF, 'INTEGRATED_CNC_SCHEMA.ACTION.CHOSEN_METHOD') |
        (act.name = 'machining') AND NOT
        ('INTEGRATED_CNC_SCHEMA.PROPERTY_PROCESS' IN TYPEOF (act))
        )));
END_ENTITY;
(*
```

形式限制：

WR1：machining_feature_process 是已有 property_process 的 name 为 'machining' 的 chosen_method。

5.2.3.1.43 实体 **machining_feature_relationship**

machining_feature_relationship 是一种表示使用特征作为工作阶段的制造目标的 action_method_relationship。更多信息参见 GB/T 19903.10 和 GB/T 19903.12 中 Workingstep 和 Turning_workingstep 的 ARM 定义。

EXPRESS 描述：

```
*)
ENTITY machining_feature_relationship
   SUBTYPE OF (action_method_relationship);
END_ENTITY;
(*
```

5.2.3.1.44 实体 **machining_feature_sequence_relationship**

machining_feature_sequence_relationship 是表示使用特征作为工作步骤的一连串制造目标的 machining_feature_relationship 和 sequential_method。更多信息参见对 GB/T 19903.12 中 Turning_workingstep 的 ARM 定义。

EXPRESS 描述：

```
*)
ENTITY machining_feature_sequence_relationship
   SUBTYPE OF (machining_feature_relationship, sequential_method);
END_ENTITY;
(*
```

5.2.3.1.45 实体 **machining_feed_speed_representation**

machining_feed_speed_representation 是表示刀具切削材料速度的 representation。可用下列的一种方式对进给速度进行描述：

——线速度可用 GB/T 19903.10 中给出的 Technology 的 'feedrate ' 属性和 GB/T 19903.12 中给出的 Feed_velocity_type 的 ARM 定义进行描述；

——长度度量，刀具每刀齿移动的距离，可按 GB/T 19903.11 中给出的 Milling_technology 'feedrate_per_tooth' 属性的 ARM 定义进行描述；

——长度度量，每一轴旋转移动的距离，可按 GB/T 19903.12 中给出的 Turning_technology 'feedrate_per_revolution' 和 Feed_per_rev_type 的 ARM 定义进行描述；

——相对速度，表示成应用到一个单独的进给速度的一个倍增器，可按 GB/T 19903.11 中给出的 Drilling_type_strategy 'reduced_feed_at_start'、'reduced_feed_at_end' 和 Drilling_type_operation ' feed_on_retract' 属性的 ARM 定义进行描述，以及 GB/T 19903.12 中给出的 Contour_turning 'variable_stepover_feed' 属性的定义进行描述。

EXPRESS 描述：

```
*)
ENTITY machining_feed_speed_representation
   SUBTYPE OF (representation);
   WHERE
   WR1: (SELF.name IN ['feed speed', 'feed per revolution',
        'feed per tooth', 'relative speed']);
   WR2: NOT (SELF.name = 'feed speed') OR
        ((verify_required_rep_item (SELF, 'feed speed')) AND
```

```
        (verify_linear_speed_measure_rep_item (SELF, 'feed speed'))
        );
    WR3: NOT (SELF.name = 'feed per revolution') OR
        ((verify_required_rep_item (SELF, 'feed per revolution')) AND
        (0 = SIZEOF (QUERY ( it <* SELF.items |
        (it.name = 'feed per revolution') AND NOT (
        'INTEGRATED_CNC_SCHEMA.MEASURE_REPRESENTATION_ITEM' IN
        TYPEOF(it)))))
        );
    WR4: NOT (SELF.name = 'feed per tooth') OR
        ((verify_required_rep_item (SELF, 'feed per tooth')) AND
        (0 = SIZEOF (QUERY ( it <* SELF.items |
        (it.name = 'feed per tooth') AND NOT (
        'INTEGRATED_CNC_SCHEMA.MEASURE_REPRESENTATION_ITEM' IN
        TYPEOF(it)))))
        );
    WR5: NOT (SELF.name = 'relative speed') OR
        ((verify_required_rep_item (SELF, 'relative speed')) AND
        (verify_ratio_measure_rep_item (SELF, 'relative speed'))
        );
END_ENTITY;
(*
```

形式限制：

WR1：machining_feed_speed_representation 的 name 可以是'feed speed'、'feed per revolution'、'feed per tooth'、'relative speed'中的一个。

WR2：如果 machining_feed_speed_representation 的 name 是'feed speed'，那么 items 集包含一个 name 为'feed speed'的 representation_item，representation_item 是 measure_representation_item 类型，measure_representation_item 有一个 numeric_measure 类型的 value_component。

WR3：如果 machining_feed_speed_representation 的 name 是'feed per revolution'，那么 items 集可包含一个 name 为'feed per revolution'的 representation_item，representation_item 是 measure_representation_item 类型。

WR4：如果 machining_feed_speed_representation 的 name 是'feed per tooth'，那么 items 集包含一个 name 为"feed per tooth"的 representation_item，representation_item 是 measure_representation_item 类型。

WR5：如果 machining_feed_speed_representation 的 name 是'relative speed'，那么 items 集包含一个 name 为'relative speed'的 representation_item，representation_item 是 measure_representation_item 和 ratio_measure_with_unit 类型。

5.2.3.1.46 实体 machining_final_feature_relationship

machining_final_feature_relationship 是表示工件最终可见形状特征的 action_method_relationship，工件不可能直接制造，需要一些加工工步完成。更多信息参见 4.2.197.1。

EXPRESS 描述：

```
*)
ENTITY machining_final_feature_relationship
   SUBTYPE OF (action_method_relationship);
END_ENTITY;
```

(*

5.2.3.1.47 实体 machining_functions

一个 machining_functions 实例是一种 action_method。action_method 表示执行一个加工过程中机床的安装。更多信息参见 GB/T 19903.10 中 Machine_functions 的、GB/T 19903.11 中 Milling_machine_functions 的和 GB/T 19903.12 中 Turning_machine_functions 的 ARM 定义。

EXPRESS 描述：

*)

```
ENTITY machining_functions
   SUBTYPE OF (action_method);
   WHERE
   WR1: NOT (SELF.description = 'milling') OR
        ((verify_required_action_property (SELF, 'coolant')) AND
        (verify_enumeration_action_property (SELF, 'coolant',
        ['coolant on', 'coolant off'])) AND
        (verify_optional_action_property
        (SELF, 'coolant pressure')) AND
        (verify_pressure_measure_action_property
        (SELF, 'coolant pressure')) AND
        (verify_optional_action_property (SELF, 'mist')) AND
        (verify_enumeration_action_property (SELF, 'mist',
        ['mist on', 'mist off'])) AND
        (verify_optional_action_property
        (SELF, 'through spindle coolant')) AND
        (verify_enumeration_action_property
        (SELF, 'through spindle coolant',
        ['through spindle coolant on', 'through spindle coolant off'])) AND
        (verify_optional_action_property
        (SELF, 'through spindle pressure')) AND
        (verify_pressure_measure_action_property
        (SELF, 'through spindle pressure')) AND
        -- axis constraints property must contain zero or more ranges
        (0 = SIZEOF (QUERY (prop <* get_action_property
        (SELF, 'axis constraints') | NOT
        ((0 < SIZEOF (QUERY (prep <* USEDIN (prop,
        'INTEGRATED_CNC_SCHEMA.ACTION_PROPERTY_REPRESENTATION.PROPERTY') |
        (0 <= SIZEOF (QUERY (it <* prep.representation.items |
        ('INTEGRATED_CNC_SCHEMA.VALUE_RANGE' in TYPEOF(it)))))
        )))))))
        );
   WR2: NOT (SELF.description = 'turning') OR
        ((verify_required_action_property (SELF, 'coolant')) AND
        (verify_enumeration_action_property (SELF, 'coolant',
        ['coolant on', 'coolant off'])) AND
        (verify_optional_action_property (SELF, 'coolant type')) AND
        (verify_enumeration_action_property (SELF, 'coolant type',
        ['flood', 'mist', 'through tool'])) AND
```

```
    (verify_optional_action_property
    (SELF, 'coolant pressure')) AND
    (verify_pressure_measure_action_property
    (SELF, 'coolant pressure')) AND
    (verify_optional_action_property (SELF, 'tail stock')) AND
    (verify_enumeration_action_property (SELF, 'tail stock',
    ['tail stock used', 'tail stock not used'])) AND
    (verify_optional_action_property (SELF, 'steady rest')) AND
    (verify_enumeration_action_property (SELF, 'steady rest',
    ['steady rest used', 'steady rest not used'])) AND
    (verify_optional_action_property (SELF, 'follow rest')) AND
    (verify_enumeration_action_property (SELF, 'follow rest',
    ['follow rest used', 'follow rest not used']))
    );
WR3: NOT (SELF.description IN ['milling', 'turning']) OR
    ((verify_optional_action_property (SELF, 'axis clamping')) AND
    (0 = SIZEOF (QUERY (prop <* 
    get_action_property (SELF, 'axis clamping') | NOT
    (0 < SIZEOF (QUERY (prep <* USEDIN (prop, 'INTEGRATED_CNC_SCHEMA.' +
    'ACTION_PROPERTY_REPRESENTATION.PROPERTY') |
    (1 = SIZEOF (QUERY (it <* prep.representation.items |
    (('INTEGRATED_CNC_SCHEMA.COMPOUND_REPRESENTATION_ITEM'
    IN TYPEOF(it)) AND
    ('INTEGRATED_CNC_SCHEMA.LIST_REPRESENTATION_ITEM'
    IN TYPEOF(it.item_element)) AND
    (0 = SIZEOF (QUERY (ie <* it.item_element | NOT
    ('INTEGRATED_CNC_SCHEMA.DESCRIPTIVE_REPRESENTATION_ITEM'
    IN TYPEOF(ie)) )))
    ))))
    )))
    ))) AND
    (verify_optional_action_property (SELF, 'chip removal')) AND
    (verify_enumeration_action_property (SELF, 'chip removal',
    ['chip removal on', 'chip removal off'])) AND
    (verify_optional_action_property (SELF, 'oriented spindle stop'))
    AND
    (verify_rep_item_for_action_property (SELF, 'oriented spindle stop',
    ['INTEGRATED_CNC_SCHEMA.DIRECTION'])) AND
    (verify_related_type_for_amr (SELF,
    ['INTEGRATED_CNC_SCHEMA.MACHINING_PROCESS_MODEL_RELATIONSHIP'],
    ['INTEGRATED_CNC_SCHEMA.MACHINING_PROCESS_MODEL'])) AND
    (verify_optional_action_property (SELF, 'other functions')) AND
    (0 = SIZEOF (QUERY (prop <* get_action_property
    (SELF, 'other functions') | NOT
    (0 < SIZEOF (QUERY (prep <* USEDIN (prop, 'INTEGRATED_CNC_SCHEMA.' +
    'ACTION_PROPERTY_REPRESENTATION.PROPERTY') |
    (1 = SIZEOF (QUERY (it <* prep.representation.items |
    (('INTEGRATED_CNC_SCHEMA.COMPOUND_REPRESENTATION_ITEM'
```

```
        IN TYPEOF(it)) AND
        ('INTEGRATED_CNC_SCHEMA.SET_REPRESENTATION_ITEM'
        IN TYPEOF(it.item_element)))
        )))
        )))
        )))
        );
END_ENTITY;
(*
```

形式限制：

WR1：如果 machining_functions 的 description 是‘milling’，machining_functions 应满足以下条件：

——machining_functions 是已有 action_property 的 name 为‘coolant’ 的 definition，并且用于描述这个的 representation 包含一个 descriptive_representation_item 类型的 representation_item，descriptive_representation_item 的 description 是‘coolant on’或 ‘coolant off ’；

——machining_functions 最多是已有 action_property 的 name 为 ‘coolant pressure’ 的 definition，并且用于描述这个 action_property 的 representation 包含一个 representation_item，representation_item 是 measure_representation_item 类型，并且有一个 numeric_measure 类型的 value_component；

——machining_functions 最多是已有 action_property 的 name 为 ‘mist’ 的 definition，并且用于描述这个 action_property 的 representation 包含一个 descriptive_representation_item 类型的 representation_item，descriptive_representation_item 的 description 是 ‘mist on’ 或 ‘mist off’；

——machining_functions 最多是已有 action_property 的 name 为 ‘through spindle coolant’ 的 definition，并且用于描述这个 action_property 的 representation 包含一个 descriptive_representation_item 类型的 representation_item，descriptive_representation_item 的 description 是‘ through spindle coolant on’ 或 ‘ through spindle coolant off’；

——machining_functions 最多是已有 action_property 的 name 为 ‘through spindle pressure’ 的 definition，并且用于描述这个 action_property 的 representation 包含一个 representation_item，representation_item 是 measure_representation_item 类型，并且有一个 numeric_measure 类型的 value_component；

——machining_functions 最多是已有 action_property 的 name 为 ‘axis constraints’ 的 definition，并且用于描述这个 action_property 的 representation 可包含零个或多个 value_range 类型的 representation_items。

WR2：如果 machining_functions 的 description 是‘turning’，machining_functions 应满足以下条件：

——machining_functions 是已有 action_property 的 name 为‘coolant’的 definition，并且用于描述这个 action_property 的 representation 可包含一个 descriptive_representation_item 类型的 representation_item，descriptive_representation_item 的 description 是‘coolant on’或 ‘coolant off ’；

——machining_functions 最多是已有 action_property 的 name 为 ‘coolant type’ 的 definition，并且用于描述这个 action_property 的 representation 可包含一个 descriptive_representation_item 类型的 representation_item，descriptive_representation_item 的 description 是‘flood’、‘mist’或 ‘through tool’；

——machining_functions 最多是已有 action_property 的 name 为‘coolant pressure’的 definition，并且用于描述这个 action_property 的 representation 可包含一个 representation_item，representation_item 是 measure_representation_item 类型，并且有一个 numeric_measure 类型的 value_component；

——machining_functions 最多是已有 action_property 的 name 为'tail stock'的 definition，并且用于描述这个 action_property 的 representation 可包含一个 descriptive_representation_item 类型的 representation_item，descriptive_representation_item 的 description 是'tail stock used'或 'tail stock not used'；

——machining_functions 最多是已有 action_property 的 name 为'steady rest'的 definition，并且用于描述这个 action_property 的 representation 可包含一个 descriptive_representation_item 类型的 representation_item，descriptive_representation_item 的 description 是'steady rest used'或 'steady rest not used'；

——machining_functions 最多是已有 action_property 的 name 为'follow rest'的 definition，并且用于描述这个 action_property 的 representation 可包含一个 descriptive_representation_item 类型的 representation_item，descriptive_representation_item 的 description 是' follow rest used'或 'follow rest not used'。

WR3：如果 machining_functions 的 description 是'milling'或 'turning'，machining_functions 应满足以下条件：

——machining_functions 最多是已有 action_property 的 name 为'axis clamping'的 definition，并且用于描述这个 action_property 的 representation 仅包含一个 compound_representation_item，在 compound_representation_item 中，item_element 是 list_representation_item 类型，并且只包括 descriptive_representation_item 类型的实例；

——machining_functions 最多是已有 action_property 的 name 为'chip removal'的 definition，并且用于描述这个 action_property 的 representation 可包含一个 descriptive_representation_item 类型的 representation_item，descriptive_representation_item 的 description 是'chip removal on'或 'chip removal off'；

——machining_functions 最多是已有 action_property 的 name 为'oriented spindle stop'的 definition，并且用于描述这个 action_property 的 representation 可包含一个 direction 类型的 representation_item；

——machining_functions 可以是零个或多个 machining_process_model_relationship 的 relating_method，在 machining_process_model_relationship 中，related_method 是 machining_process_model 类型；

——machining_functions 最多是已有 action_property 的 name 为 'other functions'的 definition，并且用于描述这个 action_property 的 representation 仅包含一个 compound_representation_item，在 compound_representation_item 中，item_element 是 set_representation_item 类型。

非形式限制：

IP1：所有通过 relating_method 引用同一个 machining_functions 的 machining_process_model_relationship 实例有唯一的 sequence_position 值。

5.2.3.1.48 实体 **machining_functions_relationship**

machining_functions_relationship 是一种 action_method_relationship，action_method_relationship 表示在某个背景下一个 Machine_functions 描述的使用。更多信息参见 GB/T 19903.10，GB/T 19903.11 和 GB/T 19903.12 中 Operation、Toolpath 的 ARM 定义。

EXPRESS 描述：

```
*)
ENTITY machining_functions_relationship
  SUBTYPE OF (action_method_relationship);
END_ENTITY;
(*
```

5.2.3.1.49 实体 **machining_nc_function**

machining_nc_function 是一种 machining_process_executable。machining_process_executable 表示

一个加工过程中的一个步骤。更多信息参见 GB/T 19903.10 和 GB/T 19903.11 中 NC_function 及其子类的 ARM 定义。

EXPRESS 描述：

```
*)
ENTITY machining_nc_function
  SUBTYPE OF (machining_process_executable);
  WHERE
  WR1: (SELF.description IN ['display message',
       'optional stop', 'program stop', 'set mark', 'wait for mark',
       'exchange pallet', 'index pallet', 'load tool', 'unload tool',
       'legacy function']);
  WR2: NOT (SELF.description = 'display message') OR
       ((verify_required_action_property (SELF, 'message text')) AND
       (verify_descriptive_action_property (SELF, 'message text')));
  WR3: NOT (SELF.description = 'wait for mark') OR
       ((verify_required_action_property (SELF, 'channel')));
  WR4: NOT (SELF.description = 'index pallet') OR
       ((verify_required_action_property (SELF, 'pallet index')) AND
       (verify_count_measure_action_property (SELF, 'pallet index')));
  WR5: NOT (SELF.description = 'index table') OR
       ((verify_required_action_property (SELF, 'table index')) AND
       (verify_count_measure_action_property (SELF, 'table index')));
  WR6: NOT (SELF.description = 'load tool') OR
       (1 = SIZEOF (QUERY (mt <*
       USEDIN (SELF, 'INTEGRATED_CNC_SCHEMA.ACTION_RESOURCE.USAGE') |
       ('INTEGRATED_CNC_SCHEMA.MACHINING_TOOL' in TYPEOF(mt)))));
  WR7: NOT (SELF.description = 'unload tool') OR
       (1 >= SIZEOF (QUERY (mt <*
       USEDIN (SELF, 'INTEGRATED_CNC_SCHEMA.ACTION_RESOURCE.USAGE') |
       ('INTEGRATED_CNC_SCHEMA.MACHINING_TOOL' in TYPEOF(mt)))));
  WR8: NOT (SELF.description = 'legacy function') OR
       ((verify_required_action_property (SELF, 'function text')) AND
       (verify_descriptive_action_property (SELF, 'function text')));
END_ENTITY;
(*
```

形式限制：

WR1：machining_nc_function 的 description 是 'display message'、'optional stop'，'program stop''、set mark'、'wait for mark'、'exchange pallet'、'index pallet'、'index table'、'load tool'、'unload tool' 和 'legacy function' 中的一个。

WR2：如果 machining_nc_function 的 description 是'display message'，machining_nc_function 是已有 action_property 的 name 为 'message text' 的 definition，并且用于描述这个 action_property 的 representation 是包含一个 descriptive_representation_item 类型的 representation_item。

WR3：如果 machining_nc_function 的 description 是 'wait for mark'，machining_nc_function 是已有 action_property 的 name 为 'channel' 的 definition。

WR4：如果 machining_nc_function 的 description 是 'index pallet'，machining_nc_function 是已有 action_property 的 name 为 'pallet index' 的 definition，并且用于描述这个 action_property 的 representation 是包含一个 measure_representation_item 类型的 representation_item，在 measure_representation_item 中，value_component 是 count_measure 类型。

WR5：如果 machining_nc_function 的 description 是'index table'，machining_nc_function 是已有 action_property 的 name 为 'table index' 的 definition，并且用于描述这个 action_property 的 representation 是包含一个 measure_representation_item 类型的 representation_item，在 measure_representation_item中，value_component 是 count_measure 类型。

WR6：如果 machining_nc_function 的 description 是 'load tool'，machining_nc_function 可出现在有且仅有的一个 machining_tool 的 usage 集中。

WR7：如果 machining_nc_function 的 description 是 'unload tool'，machining_nc_function 最多出现在一个 machining_tool 的 usage 集中。

WR8：如果 machining_nc_function 的 description 是 'legacy function'，machining_nc_function 是已有 action_property 的 name 为 'function text' 的 definition，并且用于描述这个 action_property 的 representation 是包含一个 descriptive_representation_item 类型的 representation_item。

5.2.3.1.50 实体 machining_offset_vector_representation

machining_offset_vector_representation 是标识加工工件的平移和旋转 NC 变量的 representation，representation。更多信息参见 GB/T 19903.10 中 Offset_vector 和 NC_variable 的 ARM 定义。

EXPRESS 描述：

```
*)
ENTITY machining_offset_vector_representation
  SUBTYPE OF (representation);
  WHERE
  WR1: (1 = SIZEOF (QUERY ( it <* SELF.items | (it.name = 'translate')))) AND
       (0 = SIZEOF (QUERY ( it <* SELF.items | (it.name = 'translate') AND NOT
       (('INTEGRATED_CNC_SCHEMA.COMPOUND_REPRESENTATION_ITEM'
       IN TYPEOF(it)) AND
       ('INTEGRATED_CNC_SCHEMA.LIST_REPRESENTATION_ITEM'
       IN TYPEOF(it.item_element)) AND
       (SIZEOF(it.item_element) = 3) AND
       (0 = SIZEOF (QUERY (ie <* it.item_element | NOT
       (('INTEGRATED_CNC_SCHEMA.EXPRESSION_REPRESENTATION_ITEM'
       IN TYPEOF(ie)) AND
       ('INTEGRATED_CNC_SCHEMA.NUMERIC_VARIABLE' IN TYPEOF(ie))))))
       )
       )));
  WR2: (1 >= SIZEOF (QUERY ( it <* SELF.items | (it.name = 'rotate')))) AND
       (0 = SIZEOF (QUERY ( it <* SELF.items | (it.name = 'rotate') AND NOT
       (('INTEGRATED_CNC_SCHEMA.COMPOUND_REPRESENTATION_ITEM' IN TYPEOF(it))
       AND
       ('INTEGRATED_CNC_SCHEMA.LIST_REPRESENTATION_ITEM'
       IN TYPEOF(it.item_element)) AND
       (SIZEOF(it.item_element) = 3) AND
       (0 = SIZEOF (QUERY (ie <* it.item_element | NOT
       (('INTEGRATED_CNC_SCHEMA.EXPRESSION_REPRESENTATION_ITEM' IN
       TYPEOF(ie)) AND
       ('INTEGRATED_CNC_SCHEMA.NUMERIC_VARIABLE' IN TYPEOF(ie))))))
```

```
        )
        )));
END_ENTITY;
(*
```

形式限制：

WR1：items 集最多包含一个 name 为'translate'的 representation_item，representation_item 是 compound_representation_item 类型，compound_representation_item 有一个 list_representation_item 类型的 item_element。这个列表可包括有且仅有的三个成员，并且所有的成员都是 expression_representation_item和 numeric_variable 类型。

WR2：items 集最多包含一个 name 为'rotate'的 representation_item，representation_item 是 compound_representation_item 类型，compound_representation_item 有一个 list_representation_item 类型的 item_element。这个列表可包括有且仅有的三个成员，并且所有的成员都是 expression_representation_item和 numeric_variable 类型。

5.2.3.1.51 实体 **machining_operation**

machining_operation 是表示加工工艺一个步骤的 action_method。更多信息参见 GB/T 19903.10 和 GB/T 19903.11 中 Operation 及其子类的 ARM 定义。

EXPRESS 描述：

```
*)
ENTITY machining_operation
   SUBTYPE OF (action_method);
   WHERE
   WR1: ((verify_related_type_for_amr (SELF,
        ['INTEGRATED_CNC_SCHEMA.MACHINING_TOOLPATH_SEQUENCE_RELATIONSHIP'],
        ['INTEGRATED_CNC_SCHEMA.MACHINING_TOOLPATH']))
        );
   WR2: (verify_optional_action_property (SELF, 'tool direction')) AND
        (verify_rep_type_for_action_property (SELF, 'tool direction',
        ['INTEGRATED_CNC_SCHEMA.MACHINING_TOOL_DIRECTION_REPRESENTATION']));
   WR3: ('INTEGRATED_CNC_SCHEMA.MACHINING_RAPID_MOVEMENT' IN TYPEOF(SELF)) OR
        ('INTEGRATED_CNC_SCHEMA.MACHINING_TOUCH_PROBING' IN TYPEOF(SELF)) OR
        ((verify_optional_action_property (SELF, 'retract plane')) AND
        (verify_length_measure_action_property (SELF, 'retract plane')) AND
        (verify_optional_action_property (SELF, 'cut start point')) AND
        (verify_rep_item_for_action_property (SELF, 'cut start point',
        ['INTEGRATED_CNC_SCHEMA.CARTESIAN_POINT'])) AND
        (1 = SIZEOF (QUERY (mt <*
        USEDIN (SELF, 'INTEGRATED_CNC_SCHEMA.ACTION_RESOURCE.USAGE') |
        ('INTEGRATED_CNC_SCHEMA.MACHINING_TOOL' in TYPEOF(mt))))) AND
        (verify_required_relating_amr (SELF,
        ['INTEGRATED_CNC_SCHEMA.MACHINING_TECHNOLOGY_RELATIONSHIP'])) AND
        (verify_related_type_for_amr (SELF,
        ['INTEGRATED_CNC_SCHEMA.MACHINING_TECHNOLOGY_RELATIONSHIP'],
        ['INTEGRATED_CNC_SCHEMA.MACHINING_TECHNOLOGY'])) AND
        (verify_required_relating_amr (SELF,
        ['INTEGRATED_CNC_SCHEMA.MACHINING_FUNCTIONS_RELATIONSHIP'])) AND
```

```
    (verify_related_type_for_amr (SELF,
    ['INTEGRATED_CNC_SCHEMA.MACHINING_FUNCTIONS_RELATIONSHIP'],
    ['INTEGRATED_CNC_SCHEMA.MACHINING_FUNCTIONS']))
    );
END_ENTITY;
(*
```

形式限制：

WR1：machining_operation 是零个或多个 machining_toolpath_sequence_relationship 实例的 relating_method，在 machining_toolpath_sequence_relationship 中，related_method 是 machining_toolpath 类型。

WR2：machining_operation 是已有 action_property 的 name 为 'tool direction' 的 definition，并且用于描述这个 action_property 的 representation 应是 machining_tool_direction_representation 类型。

WR3：如果 machining_operation 既不是 machining_rapid_movement 的实例，也不是 machining_touch_probing 的实例，machining_operation 应满足以下条件：

——machining_operation 是已有 action_property 的 name 为'retract plane' 的 definition，并且用于描述这个 action_property 的 representation 是包含一个 measure_representation_item 和 length_measure_with_unit 类型的 representation_item；

——machining_operation 是已有 action_property 的 name 为'cut start point'的 definition，并且用于描述这个 action_property 的 representation 是包含一个 cartesian_point 类型的 representation_item；

——machining_operation 可出现在有且仅有的一个 machining_tool 的 usage 集中；

——machining_operation 可以是有且仅有的一个 machining_technology_relationship 的 relating_method，在 machining_technology_relationship 中，related_method 是 machining_technology 类型；

——machining_operation 可以是有且仅有的一个 machining_functions_relationship 的 relating_method，在 machining_functions_relationship 中，related_method 是 machining_functions 类型；

非形式限制：

IP1：所有通过 relating_method 引用同一个 machining_operation 的 machining_toolpath_sequence_relationship 实例有唯一的 sequence_position 值。

5.2.3.1.52 实体 machining_operation_relationship

machining_operation_relationship 是表示使用 Operation 描述一个工作步骤执行的活动的 action_method_relationship。更多信息参见 GB/T 19903.10 和 GB/T 19903.12 中 Workingstep 和 Turning_workingstep 的 ARM 定义。

EXPRESS 描述：

```
*)
ENTITY machining_operation_relationship
  SUBTYPE OF (action_method_relationship);
END_ENTITY;
(*
```

5.2.3.1.53 实体 machining_operator_instruction

machining_operator_instruction 是表示加工过程中操作员命令的 action_method_with_associated_documents。更多信息参见 GB/T 19903.10 中 Setup_instruction 的 ARM 定义。

EXPRESS 描述：

```
*)
```

```
ENTITY machining_operator_instruction
   SUBTYPE OF (action_method_with_associated_documents);
   WHERE
   WR1: EXISTS (self.description) OR (0 < SIZEOF(self.documents));
END_ENTITY;
(*
```

形式限制：

WR1：machining_operator_instruction 的 description 要么是一个值，要么 documents 属性包含至少一个元素。

注：对应于 GB/T 19903.10 中 ARM 实体 Setup_instruction 的局部约束 WR1 。

5.2.3.1.54 实体 **machining_operator_instruction_relationship**

machining_operator_instruction_relationship 是表示使用 Setup_instruction 作为 Workpiece_setup 中一序列指令的一个元件的 sequential_method。更多信息参见 GB/T 19903.10 中 Workpiece_setup 的 ARM 定义。

EXPRESS 描述：

```
*)
ENTITY machining_operator_instruction_relationship
   SUBTYPE OF (sequential_method);
END_ENTITY;
(*
```

5.2.3.1.55 实体 **machining_process_body_relationship**

machining_process_body_relationship 是一种 action_method_relationship。该 action_method_relationship 把一个 Executable 的使用描述成控制流中的一个元件，这个控制流由另一个 Executable 描述。更多信息参见 GB/T 19903.10 中 Executable 子类的 ARM 定义。

EXPRESS 描述：

```
*)
ENTITY machining_process_body_relationship
   SUBTYPE OF (action_method_relationship);
END_ENTITY;
(*
```

5.2.3.1.56 实体 **machining_process_branch_relationship**

machining_process_branch_relationship 是一种 machining_process_body_relationship，该 machining_process_body_relationship 把一个 Executable 的使用描述成分支控制流中的一个元件，这个分支控制流由另一个 Executable 描述。更多信息参见 GB/T 19903.10 中 If_statement，Selective 和其他 Executable 子类的 ARM 定义。

EXPRESS 描述：

```
*)
ENTITY machining_process_branch_relationship
   SUBTYPE OF (machining_process_body_relationship);
END_ENTITY;
(*
```

5.2.3.1.57 实体 machining_process_concurrent_relationship

machining_process_concurrent_relationship 是一种 machining_process_body_relationship 和 concurrent_action_method，该 concurrent_action_method 把一个 Executable 的使用描述成控制流中可能同时存在的元件之一，这个控制流由另一个 Executable 描述。更多信息参见 GB/T 19903.10 中 Parallel 和其他 Executable 子类的 ARM 定义。

EXPRESS 描述：

```
*)
ENTITY machining_process_concurrent_relationship
   SUBTYPE OF (machining_process_body_relationship, concurrent_action_method);
END_ENTITY;
(*
```

5.2.3.1.58 实体 machining_process_executable

machining_process_executable 是一种 action_method，该 action_method 表示一个加工过程中的一个可执行步骤。更多信息参见 GB/T 19903.10 中 Executable 及其子类的 ARM 定义。

EXPRESS 描述：

```
*)
ENTITY machining_process_executable
   SUBTYPE OF (action_method);
   WHERE
   WR1: NOT (0 = SIZEOF (TYPEOF (SELF) *
        ['INTEGRATED_CNC_SCHEMA.MACHINING_FEATURE_PROCESS',
        'INTEGRATED_CNC_SCHEMA.MACHINING_NC_FUNCTION',
        'INTEGRATED_CNC_SCHEMA.MACHINING_RAPID_MOVEMENT',
        'INTEGRATED_CNC_SCHEMA.MACHINING_TOUCH_PROBING',
        'INTEGRATED_CNC_SCHEMA.MACHINING_WORKINGSTEP',
        'INTEGRATED_CNC_SCHEMA.MACHINING_WORKPLAN']
        )) OR
        (SELF.description IN ['assignment', 'if statement',
        'non-sequential', 'parallel', 'selective',
        'while statement', 'setup instructions']);
   WR2: NOT (SELF.description = 'assignment') OR
        ((verify_required_action_property (SELF, 'lvalue')) AND
        (verify_rep_item_for_action_property (SELF, 'lvalue',
        ['INTEGRATED_CNC_SCHEMA.EXPRESSION_REPRESENTATION_ITEM',
        'INTEGRATED_CNC_SCHEMA.NUMERIC_VARIABLE'])) AND
        (verify_required_action_property (SELF, 'rvalue')) AND
        (verify_rep_item_for_action_property (SELF, 'rvalue',
        ['INTEGRATED_CNC_SCHEMA.EXPRESSION_REPRESENTATION_ITEM'])));
   WR3: NOT (SELF.description = 'if statement') OR
        ((verify_required_action_property (SELF, 'condition')) AND
        (verify_rep_item_for_action_property (SELF, 'condition',
        ['INTEGRATED_CNC_SCHEMA.EXPRESSION_REPRESENTATION_ITEM',
        'INTEGRATED_CNC_SCHEMA.BOOLEAN_EXPRESSION'])) AND
        (verify_required_relating_amr_with_name (SELF, 'true branch',
        ['INTEGRATED_CNC_SCHEMA.MACHINING_PROCESS_BRANCH_RELATIONSHIP']))
```

```
    AND
    (verify_related_type_for_amr_with_name (SELF, 'true branch',
    ['INTEGRATED_CNC_SCHEMA.MACHINING_PROCESS_BRANCH_RELATIONSHIP'],
    ['INTEGRATED_CNC_SCHEMA.MACHINING_PROCESS_EXECUTABLE'])) AND
    (verify_optional_relating_amr_with_name (SELF, 'false branch',
    ['INTEGRATED_CNC_SCHEMA.MACHINING_PROCESS_BRANCH_RELATIONSHIP']))
    AND
    (verify_related_type_for_amr_with_name (SELF, 'false branch',
    ['INTEGRATED_CNC_SCHEMA.MACHINING_PROCESS_BRANCH_RELATIONSHIP'],
    ['INTEGRATED_CNC_SCHEMA.MACHINING_PROCESS_EXECUTABLE']))
    );
WR4: NOT (SELF.description = 'while statement') OR
    ((verify_required_action_property (SELF, 'condition')) AND
    (verify_rep_item_for_action_property (SELF, 'condition',
    ['INTEGRATED_CNC_SCHEMA.EXPRESSION_REPRESENTATION_ITEM',
    'INTEGRATED_CNC_SCHEMA.BOOLEAN_EXPRESSION'])) AND
    (verify_required_relating_amr (SELF,
    ['INTEGRATED_CNC_SCHEMA.MACHINING_PROCESS_BODY_RELATIONSHIP']))
    AND
    (verify_related_type_for_amr (SELF,
    ['INTEGRATED_CNC_SCHEMA.MACHINING_PROCESS_BODY_RELATIONSHIP'],
    ['INTEGRATED_CNC_SCHEMA.MACHINING_PROCESS_EXECUTABLE']))
    );
WR5: NOT (SELF.description = 'parallel') OR
    ((2 <= get_count_of_relating_amr (SELF,
    ['INTEGRATED_CNC_SCHEMA.MACHINING_PROCESS_CONCURRENT_RELATIONSHIP']
    ))AND
    (verify_related_type_for_amr (SELF,
    ['INTEGRATED_CNC_SCHEMA.MACHINING_PROCESS_CONCURRENT_RELATIONSHIP'],
    ['INTEGRATED_CNC_SCHEMA.MACHINING_PROCESS_EXECUTABLE']))
    );
WR6: NOT (SELF.description = 'non-sequential') OR
    ((2 <= get_count_of_relating_amr (SELF,
    ['INTEGRATED_CNC_SCHEMA.MACHINING_PROCESS_BODY_RELATIONSHIP'])) AND
    (verify_related_type_for_amr (SELF,
    ['INTEGRATED_CNC_SCHEMA.MACHINING_PROCESS_BODY_RELATIONSHIP'],
    ['INTEGRATED_CNC_SCHEMA.MACHINING_PROCESS_EXECUTABLE']))
    );
WR7: NOT (SELF.description = 'selective') OR
    ((2 <= get_count_of_relating_amr (SELF,
    ['INTEGRATED_CNC_SCHEMA.MACHINING_PROCESS_BRANCH_RELATIONSHIP']))
    AND
    (verify_related_type_for_amr (SELF,
    ['INTEGRATED_CNC_SCHEMA.MACHINING_PROCESS_BRANCH_RELATIONSHIP'],
    ['INTEGRATED_CNC_SCHEMA.MACHINING_PROCESS_EXECUTABLE']))
    );
WR8: NOT (SELF.description = 'setup instructions') OR
    ((verify_related_type_for_amr (SELF,
```

```
        ['INTEGRATED_CNC_SCHEMA.MACHINING_OPERATOR_INSTRUCTION_RELATIONSHIP'],
        ['INTEGRATED_CNC_SCHEMA.MACHINING_OPERATOR_INSTRUCTION']))
        );
END_ENTITY;
(*
```

形式限制：

WR1：如果 machining_process_executable 确定是 machining_process_executable 类型，并且不是任何子类型 machining_workingstep，machining_workplan，machining_feature_process，machining_rapid_movement，machining_touch_probing 或 machining_nc_function 的一个实例，machining_process_executable 的 description 是"assignment"，"if statement"，"non-sequential"，"parallel"，"selective"，"while statement"或"setup instructions"中的一个。

WR2：如果 machining_process_executable 的 description 是"assignment"，那么 machining_process_executable 需满足以下条件：

——machining_process_executable 可以是有且仅有的一个 name 为"lvalue"的 action_property 的 definition，用来描述这个 action_property 的 representation 应包括一个 expression_representation_item 和 numeric_variable 类型的 representation_item；

——machining_process_executable 可以是有且仅有的一个 name 为"rvalue"的 action_property 的 definition，用来描述这个 action_property 的 representation 应包括一个 expression_representation_item 类型的 representation_item。

WR3：如果 machining_process_executable 的 description 是"if statement"，machining_process_executable 需满足以下条件：

——machining_process_executable 可以是有且仅有的一个 name 为"condition"的 action_property 的 definition，用来描述这个 action_property 的 representation 应包括一个 expression_representation_item 和 boolean_expression 类型的 representation_item；

——machining_process_executable 可以是有且仅有的一个 name 为"true branch"的 machining_process_branch_relationship 的 relating_method，在 machining_process_branch_relationship 中，related_method 是 machining_process_executable 类型；

——machining_process_executable 可以是至多一个 name 为"false branch"的 machining_process_branch_relationship 的 relating_method，在 machining_process_branch_relationship 中，related_method 是 machining_process_executable 类型。

WR4：如果 machining_process_executable 的 description 是" while statement"，machining_process_executable 需满足以下条件：

——machining_process_executable 可以是有且仅有的一个 name 为"condition"的 action_property 的 definition，用来描述这个 action_property 的 representation 应包括一个 expression_representation_item 和 boolean_expression 类型的 representation_item；

——machining_process_executable 可以是有且仅有的一个 machining_process_body_relationship 的 relating_method，在 machining_process_body_relationship 中，related_method 是 machining_process_executable 类型。

WR5：如果 machining_process_executable 的 description 是"parallel"，machining_process_executable 可以是至少两个 machining_process_concurrent_relationship 实例的 relating_method，在 machining_process_concurrent_relationship 中，related_method 是 machining_process_executable 类型。

WR6：如果 machining_process_executable 的 description 是"non-sequential"，machining_process_executable 可以是至少两个 machining_process_body_relationship 实例的 relating_method，在 machining_process_body_relationship 中,related 是 machining_process_executable 类型。

WR7:如果 machining_process_executable 的 description 是"selective", machining_process_executable 可以是至少两个 machining_process_branch_relationship 实例的 relating_method,在 machining_process_branch_relationship 中,related_method 是 machining_process_executable 类型。

WR8:如果 machining_process_executable 的 description 是"setup instructions", machining_process_executable 可以是零个或多个 machining_operator_instruction_relationship 实例的 relating_method,在 machining_operator_instruction_relationship 中,related_method 是 machining_operator_instruction 类型。

非形式限制:

IP1:machining_process_executable 的 name 在加工过程中唯一。

5.2.3.1.59 实体 machining_process_model

machining_process_model 是一种 action_method, action_method。它可表示机床上的过程控制调条,该机床用来执行一个加工过程。更多信息参见 GB/T 19903.11 中 Process_model 的 ARM 定义。

EXPRESS 描述:

```
*)
ENTITY machining_process_model
  SUBTYPE OF (action_method);
  WHERE
  WR1: (verify_required_action_property (SELF, 'initialization data')) AND
       (verify_descriptive_action_property (SELF, 'initialization data'));
END_ENTITY;
(*
```

形式限制:

WR1:machining_process_model 可以是有且仅有的一个 name 为"initialization data"的 action_property 的 definition,用来描述这个 action_property 的 representation 可包括一个 descriptive_representation_item 类型的 representation_item。

5.2.3.1.60 实体 machining_process_model_relationship

machining_process_model_relationship 是一种 sequential_method,。sequential_method 把一个 Process_model 的使用表示成一个 Machine_functions 描述中一序列模型的一个元件。更多信息参见 GB/T 19903.11 和 GB/T 19903.12 中 Machine_functions 子类的 ARM 定义。

EXPRESS 描述:

```
*)
ENTITY machining_process_model_relationship
  SUBTYPE OF (sequential_method);
END_ENTITY;
(*
```

5.2.3.1.61 实体 machining_process_sequence_relationship

machining_process_sequence_relationship 是一种 machining_process_body_relationship 和 sequential_method。sequential_method 把一个 Executable 的使用描述成控制流中序列的一个元件,这个控制流由另一个 Executable 描述。更多信息参见 GB/T 19903.10 中 Workplan 和其他 Executable 子类的 ARM 定义。

EXPRESS 描述：

```
*)
ENTITY machining_process_sequence_relationship
  SUBTYPE OF (machining_process_body_relationship, sequential_method);
END_ENTITY;
(*
```

5.2.3.1.62 实体 machining_project

machining_project 是一种 product。该 product 表示一个 Project。更多信息参见 GB/T 19903.10 中 Project 的 ARM 定义。

EXPRESS 描述：

```
*)
ENTITY machining_project
  SUBTYPE OF (product);
  WHERE
  WR1: (0 = SIZEOF (QUERY (pdf <* USEDIN (SELF,
    'INTEGRATED_CNC_SCHEMA.' +
    'PRODUCT_DEFINITION_FORMATION.OF_PRODUCT') | NOT
    -- it has at most one associated owner.
    (1 >= SIZEOF (QUERY (poa <* USEDIN (pdf,
    'INTEGRATED_CNC_SCHEMA.' +
    'APPLIED_PERSON_AND_ORGANIZATION_ASSIGNMENT.ITEMS') |
    (poa.role.name = 'owner'))))
    )));
  WR2: (0 = SIZEOF (QUERY (pdf <* USEDIN (SELF,
    'INTEGRATED_CNC_SCHEMA.' +
    'PRODUCT_DEFINITION_FORMATION.OF_PRODUCT') | NOT
    -- it has at most one associated release date.
    (1 >= SIZEOF (QUERY (dta <* USEDIN (pdf,
    'INTEGRATED_CNC_SCHEMA.' +
    'APPLIED_DATE_AND_TIME_ASSIGNMENT.ITEMS') |
    (dta.role.name = 'release date'))))
    )));
  WR3: (0 = SIZEOF (QUERY (pdf <* USEDIN (SELF,
    'INTEGRATED_CNC_SCHEMA.' +
    'PRODUCT_DEFINITION_FORMATION.OF_PRODUCT') | NOT
    (0 = SIZEOF (QUERY (pd <* USEDIN (pdf,
    'INTEGRATED_CNC_SCHEMA.PRODUCT_DEFINITION.FORMATION') | NOT
    -- it has one associated workplan.
    (1 = SIZEOF (QUERY (ppa <* USEDIN (pd,
    'INTEGRATED_CNC_SCHEMA.' +
    'PROCESS_PRODUCT_ASSOCIATION.DEFINED_PRODUCT') |
    (ppa.process.name = 'machining') AND
    ('INTEGRATED_CNC_SCHEMA.MACHINING_WORKPLAN'
    IN TYPEOF (ppa.process.chosen_method)))))
    )))
    )));
```

```
END_ENTITY;
(*
```

形式限制:

WR1:认为 machining_project 是 of_product 的每一 product_definition_formation,它本身可出现在至多一个 applied_person_and_organization_assignment 实例的 items 集中,在这个 applied_person_and_organization_assignment 实例中,role 引用 name 为"owner"的 person_and_organization_role。

WR2:认为 machining_project 是 of_product 的每一 product_definition_formation,它本身可出现在至多一个 applied_date_and_time_assignment 实例的 items 集中,在这个 applied_date_and_time_assignment 实例中,role 引用 name 为"release date"的 date_and_time_role。

WR3:引用 product_definition_formation 的每一 product_definition(其中 product_definition_formation 认为 machining_project 是 of_product),它本身看起来像有且仅有的一个 process_product_association 实例的 defined_product,在 process_product_association 实例中,process 可有一"machining"的 name,并且有一个 machining_workplan 类型的 chosen_method。

5.2.3.1.63 实体 **machining_project_workpiece_relationship**

machining_project_workpiece_relationship 是一种 product_definition_relationship。product_definition_relationship 把一个 Workpiece 的使用描述成一个 Project 的一个元件。更多信息参见 GB/T 19903.10 中 Project 的 ARM 定义。

EXPRESS 描述:

```
*)
ENTITY machining_project_workpiece_relationship
   SUBTYPE OF (product_definition_relationship);
END_ENTITY;
(*
```

5.2.3.1.64 实体 **machining_rapid_movement**

machining_rapid_movement 是一种 machining_process_executable 和 machining_operation。machining_operation 表示一个加工过程中机床轴的一个急速动作。更多信息参见 GB/T 19903.10 中 Rapid_movement 及其子类的 ARM 定义。

EXPRESS 描述:

```
*)
ENTITY machining_rapid_movement
   SUBTYPE OF (machining_process_executable, machining_operation);
   WHERE
   WR1: ((verify_required_action_property (SELF, 'security plane')) AND
        (verify_rep_item_for_action_property (SELF, 'security plane',
        ['INTEGRATED_CNC_SCHEMA.ELEMENTARY_SURFACE'])));
END_ENTITY;
(*
```

形式限制:

WR1: machining_rapid_movement 可以是有且仅有的一个 name 为"security plane"的 action_property 的 definition,用来描述这个 action_property 的 representation 可包括一个 elementary_surface 类型的 representation_item。

5.2.3.1.65 实体 machining_setup

machining_setup 是一种 product。该 product 表示一个 Setup。更多信息参见 GB/T 19903.10 中 Setup 的 ARM 定义。

EXPRESS 描述：

```
*)
ENTITY machining_setup
   SUBTYPE OF (product);
   WHERE
   WR1: (0 = SIZEOF (QUERY (pdf <* USEDIN (SELF,
        'INTEGRATED_CNC_SCHEMA.' +
        'PRODUCT_DEFINITION_FORMATION.OF_PRODUCT') | NOT
        (0 = SIZEOF (QUERY (pd <* USEDIN (pdf,
        'INTEGRATED_CNC_SCHEMA.PRODUCT_DEFINITION.FORMATION') | NOT
        -- it has one associated security plane.
        (1 = SIZEOF (QUERY (prop <* USEDIN (pd,
        'INTEGRATED_CNC_SCHEMA.PROPERTY_DEFINITION.DEFINITION') |
        (prop.name = 'security plane'))))
        )))
        )));
END_ENTITY;
(*
```

形式限制：

WR1：引用一个 product_definition_formation 的每一 product_definition(其中 product_definition_formation 引用 machining_setup)可以是有且仅有的一个 name 为"security plane"的 property_definition 的 definition。

5.2.3.1.66 实体 machining_setup_workpiece_relationship

machining_setup_workpiece_relationship 是一种 product_definition_relationship。该 product_definition_relationship 把一个 Workpiece 的使用描述成一个 Workpiece_setup 中一个 Setup 的一个元件。更多信息参见 GB/T 19903.10 中 Setup 和 Workpiece_setup 的 ARM 定义。

EXPRESS 描述：

```
*)
ENTITY machining_setup_workpiece_relationship
   SUBTYPE OF (product_definition_relationship);
END_ENTITY;
(*
```

5.2.3.1.67 实体 machining_spindle_speed_representation

machining_spindle_speed_representation 是一种 representation。该 representation 表示机床轴旋转的速度。这个旋转速度描述为以下之一：

——作为旋转速度，正如 ARM 对 GB/T 19903.11 中 Milling_technology 的"spindle"属性和 GB/T 19903.12 中 Const_spindle_speed 的定义所描述的；

——作为刀具和表面之间接触点处度量的线速度，正如 ARM 对 GB/T 19903.11 中 Milling_technology "cutspeed"属性和 GB/T 19903.12 中 Const_cutting_speed 的定义所描述的；

——作为应用到一个单独的轴旋转速度的一个由倍增器表示的相对速度,正如 ARM 对 GB/T 19903.11 中 Drilling_type_strategy "reduced_cut_at_start"和"reduced_feed_at_end"属性的定义所描述的。

EXPRESS 描述:

```
*)
ENTITY machining_spindle_speed_representation
  SUBTYPE OF (representation);
  WHERE
  WR1: (SELF.name IN ['spindle speed', 'cutting speed', 'relative speed']);
  WR2: NOT (SELF.name = 'spindle speed') OR
      ((verify_required_rep_item (SELF, 'rotational speed')) AND
      (verify_rotary_speed_measure_rep_item (SELF, 'rotational speed'))
      );
  WR3: NOT (SELF.name = 'cutting speed') OR
      ((verify_required_rep_item (SELF, 'surface speed')) AND
      (verify_linear_speed_measure_rep_item (SELF, 'surface speed')) AND
      (verify_optional_rep_item
      (SELF, 'maximum rotational speed')) AND
      (verify_rotary_speed_measure_rep_item
      (SELF, 'maximum rotational speed'))
      );
  WR4: NOT (SELF.name = 'relative speed') OR
      ((verify_required_rep_item (SELF, 'relative speed')) AND
      (verify_ratio_measure_rep_item (SELF, 'relative speed'))
      );
END_ENTITY;
(*
```

形式限制:

WR1: machining_spindle_speed_representation 的 name 可以是"spindle speed","cutting speed"或"relative speed"。

WR2:如果 machining_spindle_speed_representation 的 name 是"spindle speed",items 集应包括有且仅有的一个 name 为"rotational speed"的 representation_item,该 representation_item 是 measure_representation_item 类型,该 measure_representation_item 有一个 numeric_measure 类型的 value_component。

WR3:如果 machining_spindle_speed_representation 的 name 是"cutting speed", items 集可包括以下各项:

——有且仅有的一个 name 为"surface speed"的 representation_item,representation_item 是 measure_representation_item 类型,measure_representation_item 有一个 numeric_measure 类型的 value_component;

——至多一个 name 为"maximum rotational speed"的 representation_item,representation_item 是 measure_representation_item 类型,measure_representation_item 有一个 numeric_measure 类型的 value_component。

WR4:如果 machining_spindle_speed_representation 的 name 是"relative speed", items 集可包括有且仅有的一个 name 为"relative speed"的 representation_item,representation_item 是 measure_representation_item 和 ratio_measure_with_unit 类型。

5.2.3.1.68 实体 machining_strategy

machining_strategy 是一种 action_method。该 action_method 表示加工过程中用来执行一个步骤的某一方面的一个特定方法。

EXPRESS 描述:

```
*)
ENTITY machining_strategy
  SUBTYPE OF (action_method);
END_ENTITY;
(*
```

5.2.3.1.69 实体 machining_strategy_relationship

machining_strategy_relationship 是一种 action_method_relationship。action_method_relationship 表示某一背景下 Two5d_milling_strategy、Drilling_type_strategy、Freeform_strategy、Turning_machining_strategy 或 Approach_retract_strategy 描述的使用。更多信息参见 GB/T 19903.11 和 GB/T 19903.12 中 Operation 子类的 ARM 定义。

EXPRESS 描述:

```
*)
ENTITY machining_strategy_relationship
  SUBTYPE OF (action_method_relationship);
END_ENTITY;
(*
```

5.2.3.1.70 实体 machining_technology

machining_technology 是一种 action_method。该 action_method 表示控制一部分加工过程的技术参数。更多信息参见 GB/T 19903.10 中 Technology、GB/T 19903.11 中 Milling_technology 和 GB/T 19903.12 中 Turning_technology 的 ARM 定义。

EXPRESS 描述:

```
*)
ENTITY machining_technology
  SUBTYPE OF (action_method);
  WHERE
  WR1: (verify_optional_action_property (SELF, 'feedrate')) AND
       (verify_rep_type_for_action_property (SELF, 'feedrate',
       ['INTEGRATED_CNC_SCHEMA.MACHINING_FEED_SPEED_REPRESENTATION']));
  WR2: (verify_optional_action_property (SELF, 'feedrate reference')) AND
       (verify_enumeration_action_property (SELF, 'feedrate reference',
       ['tool center point', 'cutter contact point']));
  WR3: NOT (SELF.description = 'milling') OR
       ((verify_optional_action_property (SELF, 'spindle')) AND
       (verify_rep_type_for_action_property (SELF, 'spindle',
       ['INTEGRATED_CNC_SCHEMA.MACHINING_SPINDLE_SPEED_REPRESENTATION']))
       AND
       (verify_optional_action_property
       (SELF, 'synchronize spindle with feed')) AND
       (verify_enumeration_action_property
```

```
    (SELF, 'synchronize spindle with feed',
    ['synchronized', 'not synchronized'])) AND
    (verify_optional_action_property
    (SELF, 'inhibit feedrate override')) AND
    (verify_enumeration_action_property
    (SELF, 'inhibit feedrate override',
    ['override allowed', 'override not allowed'])) AND
    (verify_optional_action_property
    (SELF, 'inhibit spindle override')) AND
    (verify_enumeration_action_property
    (SELF, 'inhibit spindle override',
    ['override allowed', 'override not allowed'])) AND
    (verify_optional_relating_amr (SELF,
    ['INTEGRATED_CNC_SCHEMA.MACHINING_ADAPTIVE_CONTROL_RELATIONSHIP']))
    AND
    (verify_related_type_for_amr (SELF,
    ['INTEGRATED_CNC_SCHEMA.MACHINING_ADAPTIVE_CONTROL_RELATIONSHIP'],
    ['INTEGRATED_CNC_SCHEMA.MACHINING_TECHNOLOGY']))
    );
WR4: NOT (SELF.description = 'milling') OR
    ((verify_required_relating_amr (SELF,
    ['INTEGRATED_CNC_SCHEMA.MACHINING_ADAPTIVE_CONTROL_RELATIONSHIP']))
    OR
    (verify_required_action_property (SELF, 'spindle') AND
    verify_rep_name_for_action_property (SELF, 'spindle',
    ['spindle speed', 'cutting speed']))
    );
WR5: NOT (SELF.description = 'milling') OR
    ((verify_required_relating_amr (SELF,
    ['INTEGRATED_CNC_SCHEMA.MACHINING_ADAPTIVE_CONTROL_RELATIONSHIP']))
    OR
    (verify_required_action_property (SELF, 'feedrate') AND
    verify_rep_name_for_action_property (SELF, 'feedrate',
    ['feed speed', 'feed per tooth']))
    );
WR6: NOT (SELF.description = 'turning') OR
    ((verify_optional_action_property (SELF, 'spindle')) AND
    (verify_rep_type_for_action_property (SELF, 'spindle',
    ['INTEGRATED_CNC_SCHEMA.MACHINING_SPINDLE_SPEED_REPRESENTATION']))
    AND
    (verify_rep_name_for_action_property (SELF, 'spindle',
    ['spindle speed', 'cutting speed'])) AND
    (verify_rep_name_for_action_property (SELF, 'feedrate',
    ['feed speed', 'feed per revolution'])) AND
    (verify_optional_action_property
    (SELF, 'synchronize spindle with z feed')) AND
    (verify_enumeration_action_property
    (SELF, 'synchronize spindle with z feed',
```

```
        ['synchronized', 'not synchronized'])) AND
        (verify_optional_action_property
        (SELF, 'inhibit feedrate override')) AND
        (verify_enumeration_action_property
        (SELF, 'inhibit feedrate override',
        ['override allowed', 'override not allowed'])) AND
        (verify_optional_action_property
        (SELF, 'inhibit spindle override')) AND
        (verify_enumeration_action_property
        (SELF, 'inhibit spindle override',
        ['override allowed', 'override not allowed'])) AND
        (verify_optional_relating_amr (SELF,
        ['INTEGRATED_CNC_SCHEMA.MACHINING_ADAPTIVE_CONTROL_RELATIONSHIP']))
        AND
        (verify_related_type_for_amr (SELF,
        ['INTEGRATED_CNC_SCHEMA.MAHINING_ADAPTIVE_CONTROL_RELATIONSHIP'],
        ['INTEGRATED_CNC_SCHEMA.MACHINING_TECHNOLOGY']))
        );
    END_ENTITY;
    (*
```

形式限制：

WR1：machining_technology 可以是至多一个 name 为"feedrate"的 action_property 的 definition，用来描述这个 action_property 的 representation 可以是 machining_feed_speed_representation 类型。

WR2：machining_technology 可以是至多一个 name 为"feedrate reference"的 action_property 的 definition，用来描述这个 action_property 的 representation 可以包括一个 descriptive_representation_item类型的 representation_item，descriptive_representation_item 的 description 是"tool center point"或"cutter contact point"。

WR3：如果 machining_technology 的 description 是"milling"，machining_technology 需满足以下条件：

——machining_technology 可以是至多一个 name 为"spindle"的 action_property 的 definition，用来描述这个 action_property 的 representation 是 machining_spindle_speed_representation 类型；

——machining_technology 可以是至多一个 name 为"synchronize spindle with feed"的 action_property 的 definition，用来描述这个 action_property 的 representation 可包括一个 descriptive_representation_item 类型的 representation_item，descriptive_representation_item 有一个"synchronized"或"not synchronized"的 description；

——machining_technology 可以是至多一个 name 为"inhibit feedrate override"的 action_property 的 definition，用来描述这个 action_property 的 representation 可包括一个 descriptive_representation_item类型的 representation_item，descriptive_representation_item 有一个"override allowed"或"override not allowed"的 description；

——machining_technology 可以是至多一个 name 为"inhibit spindle override"的 action_property 的 definition，用来描述这个 action_property 的 representation 可包括一个 descriptive_representation_item 类型的 representation_item，descriptive_representation_item 有一个"override allowed"或"override not allowed"的 description；

——machining_technology 可以是至多一个 machining_adaptive_control_relationship 的 relating_method，在 machining_adaptive_control_relationship 中，related_method 可以是 machining_technology

类型。

WR4:如果 machining_technology 的 description 是"milling",或者 machining_technology 可以是有且仅有的一个 machining_adaptive_control_relationship 的 relating_method,否则 machining_technology 可以是有且仅有的一个 name 为"spindle"的 action_property 的 definition,用来描述这个 action_property 的 representation 有一个"spindle speed"或"cutting speed"的 description。

注:这相当于对 GB/T 19903.11 中 ARM 实体 Milling_technology 的局部限制 WR1。

WR5:如果 machining_technology 的 description 是"milling",或者 machining_technology 可以是有且仅有的一个 machining_adaptive_control_relationship 的 relating_method,否则 machining_technology 可以是有且仅有的一个 name 为"feedrate"的 action_property 的 definition,用来描述这个 action_property 的 representation 有一个"feed speed"或"feed per tooth"的 description。

注:这相当于对 GB/T 19903.11 中 ARM 实体 Milling_technology 的局部限制 WR2。

WR6:如果 machining_technology 的 description 是"turning", machining_technology 需满足以下条件:

——machining_technology 可以是至多一个 name 为"spindle"的 action_property 的 definition,用来描述这个 action_property 的 representation 是 machining_spindle_speed_representation 类型,machining_spindle_speed_representation 有一个"spindle speed"或"cutting speed"的 description;

——如果 machining_technology 是 name 为"feedrate"的 action_property 的 definition,用来描述这个 action_property 的 representation 有一个"feed speed"或"feed per revolution"的 description;

——machining_technology 可以是至多一个 name 为"synchronize spindle with z feed"的 action_property 的 definition,用来描述这个 action_property 的 representation 可包括一个 descriptive_representation_item 类型的 representation_item,descriptive_representation_item 有一个"synchronized"或"not synchronized"的 description;

——machining_technology 可以是至多一个 name 为" inhibit feedrate override"的 action_property 的 definition,用来描述这个 action_property 的 representation 可包括一个 descriptive_representation_item 类型的 representation_item,descriptive_representation_item 有一个"override allowed"或" override not allowed"的 description;

——machining_technology 可以是至多一个 name 为"inhibit spindle override"的 action_property 的 definition,用来描述这个 action_property 的 representation 可包括一个 descriptive_representation_item 类型的 representation_item,descriptive_representation_item 有一个"override allowed"或" override not allowed"的 description;

——machining_technology 可以是至多一个 machining_adaptive_control_relationship 的 relating_method,在 machining_adaptive_control_relationship 中,related_method 可以是 machining_technology 类型。

5.2.3.1.71 实体 machining_technology_relationship

machining_technology_relationship 是一种 action_method_relationship。该 action_method_relationship 表示某个背景下一个技术描述的使用。更多信息参见 GB/T 19903.10、GB/T 19903.11 和 GB/T 19903.12中 Operation、Toolpath 及其子类的 ARM 定义。

EXPRESS 描述:

```
*)
ENTITY machining_technology_relationship
   SUBTYPE OF (action_method_relationship);
END_ENTITY;
```

(*

5.2.3.1.72 实体 machining_tool

machining_tool 是一种 action_resource。该 action_resource 表示加工刀具所必需的条件。更多信息参见 GB/T 19903.10 中 Machining_tool、ISO 14649-111 中 Milling_machine_cutting_tool 和 GB/T 19903.121中 Turning_machine_cutting_tool 的 ARM 定义。

注：这里使用活动资源概念是因为该描述需要若干资源(刀具)来执行一个活动秩序(加工工作步骤)。设计关于个别刀具(不只是使用所需的刀具)的信息能够被表达为使用这个产品和 product_definition_formation 概念而不是 action_resource 概念。machining_tool_usage 类型表示这两个描述之间的桥梁。

EXPRESS 描述：

*)

```
ENTITY machining_tool
   SUBTYPE OF (action_resource);
   WHERE
   WR1: NOT (SELF.kind.name = 'milling cutting tool') OR
      ((0 <= SIZEOF (QUERY (arr <* USEDIN (SELF,
      'INTEGRATED_CNC_SCHEMA.ACTION_RESOURCE_RELATIONSHIP.RELATING_RESOURCE') |
      (('INTEGRATED_CNC_SCHEMA.MACHINING_CUTTING_COMPONENT'
      IN TYPEOF (arr.related_resource)) AND
      (arr.related_resource.kind.name = 'milling cutting edge') )))) AND
      (verify_optional_tool_body_item
      (SELF, 'overall assembly length')) AND
      (verify_length_measure_tool_body_item
      (SELF, 'overall assembly length')) AND
      (verify_optional_tool_body_item
      (SELF, 'effective cutting diameter')) AND
      (verify_length_measure_tool_body_item
      (SELF, 'effective cutting diameter')) AND
      (verify_optional_tool_body_item
      (SELF, 'maximum depth of cut')) AND
      (verify_length_measure_tool_body_item
      (SELF, 'maximum depth of cut')) AND
      (verify_optional_tool_body_item (SELF, 'hand of cut')) AND
      (verify_enumeration_tool_body_item (SELF, 'hand of cut',
      ['left', 'right', 'neutral'])) AND
      (verify_optional_tool_body_item (SELF, 'coolant through tool')) AND
      (verify_enumeration_tool_body_item (SELF, 'coolant through tool',
      ['supported', 'not supported']))
      );
   WR2: NOT ((SELF.kind.name = 'milling cutting tool') AND
      (SELF.description IN ['counterbore', 'countersink',
      'spade drill', 'spot drill', 'step drill', 'tapered drill',
      'twist drill', 'drill']))
      OR
      ((verify_optional_tool_body_item (SELF, 'point angle')) AND
      (verify_angle_measure_tool_body_item (SELF, 'point angle'))
      );
```

```
WR3: NOT ((SELF.kind.name = 'milling cutting tool') AND
     (SELF.description = 'countersink'))
     OR
     ((verify_optional_tool_body_item
     (SELF, 'minimum cutting diameter')) AND
     (verify_length_measure_tool_body_item
     (SELF, 'minimum cutting diameter')) AND
     (verify_required_tool_body_item
     (SELF, 'maximum usable length')) AND
     (verify_length_measure_tool_body_item
     (SELF, 'maximum usable length'))
     );
WR4: NOT ((SELF.kind.name = 'milling cutting tool') AND
     (SELF.description = 'tapered drill'))
     OR
     ((verify_required_tool_body_item (SELF, 'taper angle')) AND
     (verify_angle_measure_tool_body_item (SELF, 'taper angle'))
     );
WR5: NOT ((SELF.kind.name = 'milling cutting tool') AND
     (SELF.description = 'step drill'))
     OR
     ((verify_required_tool_body_item (SELF, 'step diameters')) AND
     (verify_rep_item_for_tool_body
     (SELF, 'step diameters',
     ['INTEGRATED_CNC_SCHEMA.COMPOUND_REPRESENTATION_ITEM'])) AND
     (verify_required_tool_body_item (SELF, 'step lengths')) AND
     (verify_rep_item_for_tool_body
     (SELF, 'step lengths',
     ['INTEGRATED_CNC_SCHEMA.COMPOUND_REPRESENTATION_ITEM']))
     );
WR6: NOT ((SELF.kind.name = 'milling cutting tool') AND
     (SELF.description IN [ 'ballnose endmill', 'bullnose endmill',
     'dovetail mill', 'endmill', 'facemill', 'profiled endmill',
     'shoulder mill', 'tee slot mill', 'thread mill', 'side mill']))
     OR
     ((verify_optional_tool_body_item
     (SELF, 'number of effective teeth')) AND
     (verify_count_measure_tool_body_item
     (SELF, 'number of effective teeth')) AND
     (verify_optional_tool_body_item (SELF, 'edge radius')) AND
     (verify_length_measure_tool_body_item (SELF, 'edge radius'))
     );
WR7: NOT ((SELF.kind.name = 'milling cutting tool') AND
     (SELF.description IN [ 'ballnose endmill', 'bullnose endmill',
     'endmill', 'facemill', 'profiled endmill']))
     OR
     ((verify_optional_tool_body_item
     (SELF, 'tool cutting edge angle')) AND
```

```
     (verify_angle_measure_tool_body_item
     (SELF, 'tool cutting edge angle'))
     );
WR8: NOT ((SELF.kind.name = 'milling cutting tool') AND
     (SELF.description = 'ballnose endmill'))
     OR verify_ballnose_endmill_dimensions (SELF);
WR9: NOT ((SELF.kind.name = 'milling cutting tool') AND
     (SELF.description = 'bullnose endmill'))
     OR verify_bullnose_endmill_dimensions (SELF);
WR10: NOT ((SELF.kind.name = 'milling cutting tool') AND
     (SELF.description = 'tee slot mill'))
     OR
     ((verify_optional_tool_body_item (SELF, 'cutting width')) AND
     (verify_length_measure_tool_body_item (SELF, 'cutting width'))
     );
WR11: NOT ((SELF.kind.name = 'milling cutting tool') AND
      (SELF.description = 'dovetail mill'))
      OR
      ((verify_optional_tool_body_item (SELF, 'included angle')) AND
      (verify_angle_measure_tool_body_item (SELF, 'included angle'))
      );
WR12: NOT ((SELF.kind.name = 'milling cutting tool') AND
      (SELF.description = 'side mill'))
      OR
      ((verify_optional_tool_body_item (SELF, 'cutter width')) AND
      (verify_length_measure_tool_body_item (SELF, 'cutter width'))
      );
WR13: NOT ((SELF.kind.name = 'milling cutting tool') AND
      (SELF.description IN ['thread mill', 'tapping tool',
      'combined drill and tap']))
      OR
      ((verify_required_tool_body_item (SELF, 'thread form type')) AND
      (verify_rep_item_for_tool_body (SELF, 'thread form type',
      ['INTEGRATED_CNC_SCHEMA.DESCRIPTIVE_REPRESENTATION_ITEM'])) AND
      (verify_required_tool_body_item (SELF, 'thread size')) AND
      (verify_length_measure_tool_body_item (SELF, 'thread size')) AND
      (verify_required_tool_body_item (SELF, 'thread pitch')) AND
      (verify_length_measure_tool_body_item (SELF, 'thread pitch'))
      );
WR14: NOT ((SELF.kind.name = 'milling cutting tool') AND
      (SELF.description IN ['tapping tool', 'combined drill and tap']))
      OR
      ((verify_required_tool_body_item
      (SELF, 'taper thread count')) AND
      (verify_count_measure_tool_body_item
      (SELF, 'taper thread count'))
      );
WR15: NOT ((SELF.kind.name = 'milling cutting tool') AND
```

```
        (SELF.description IN [ 'reamer', 'combined drill and reamer',
        'tapered reamer']))
        OR
        ((verify_required_tool_body_item (SELF, 'taper length')) AND
        (verify_length_measure_tool_body_item (SELF, 'taper length'))
        );
  WR16: NOT ((SELF.kind.name = 'milling cutting tool') AND
        (SELF.description = 'tapered reamer'))
        OR
        ((verify_required_tool_body_item (SELF, 'taper angle')) AND
        (verify_angle_measure_tool_body_item (SELF, 'taper angle'))
        );
  WR17: NOT ((SELF.kind.name = 'milling cutting tool') AND
        (SELF.description IN [ 'combined drill and reamer',
        'combined drill and tap']))
        OR
        ((verify_required_tool_body_item (SELF, 'drill length')) AND
        (verify_length_measure_tool_body_item (SELF, 'drill length'))
        );
  WR18: NOT ((SELF.kind.name = 'milling cutting tool') AND
        (SELF.description = 'boring tool'))
        OR
        ((verify_required_tool_body_item (SELF, 'retract movement')) AND
        (verify_enumeration_tool_body_item (SELF, 'retract movement',
        ['permitted', 'forbidden']))
        );
  WR19: NOT ((SELF.kind.name = 'milling cutting tool') AND
        (SELF.description = 'user defined milling tool'))
        OR
        ((verify_optional_tool_body_item (SELF, 'tool description')) AND
        (verify_rep_item_for_tool_body (SELF, 'tool description',
        ['INTEGRATED_CNC_SCHEMA.DESCRIPTIVE_REPRESENTATION_ITEM'])) AND
        (verify_optional_tool_body_item
        (SELF, 'corner radius')) AND
        (verify_length_measure_tool_body_item
        (SELF, 'corner radius')) AND
        (verify_optional_tool_body_item
        (SELF, 'corner radius center horizontal')) AND
        (verify_length_measure_tool_body_item
        (SELF, 'corner radius center horizontal')) AND
        (verify_optional_tool_body_item
        (SELF, 'corner radius center vertical')) AND
        (verify_length_measure_tool_body_item
        (SELF, 'corner radius center vertical')) AND
        (verify_optional_tool_body_item (SELF, 'taper angle')) AND
        (verify_angle_measure_tool_body_item (SELF, 'taper angle')) AND
        (verify_optional_tool_body_item (SELF, 'tip outer angle')) AND
```

```
      (verify_angle_measure_tool_body_item (SELF, 'tip outer angle'))
      );
WR20: NOT (SELF.kind.name = 'turning cutting tool') OR
      ((verify_required_tool_body_item (SELF, 'functional length')) AND
      (verify_length_measure_tool_body_item (SELF, 'functional length')) AND
      (verify_required_tool_body_item (SELF, 'f dimension')) AND
      (verify_length_measure_tool_body_item (SELF, 'f dimension')) AND
      (verify_optional_tool_body_item
      (SELF, 'minimum cutting diameter')) AND
      (verify_length_measure_tool_body_item
      (SELF, 'minimum cutting diameter')) AND
      (verify_optional_tool_body_item
      (SELF, 'a dimension on f')) AND
      (verify_length_measure_tool_body_item
      (SELF, 'a dimension on f')) AND
      (verify_optional_tool_body_item
      (SELF, 'a dimension on lf')) AND
      (verify_length_measure_tool_body_item
      (SELF, 'a dimension on lf')) AND
      (verify_optional_tool_body_item (SELF, 'hand of cut')) AND
      (verify_enumeration_tool_body_item (SELF, 'hand of cut',
      ['left', 'right', 'neutral'])) AND
      (0 <= SIZEOF (QUERY (arr <* USEDIN (SELF,
      'INTEGRATED_CNC_SCHEMA.ACTION_RESOURCE_RELATIONSHIP.RELATING_RESOURCE') |
      (('INTEGRATED_CNC_SCHEMA.MACHINING_CUTTING_COMPONENT'
      IN TYPEOF (arr.related_resource)) AND
      (arr.related_resource.kind.name = 'turning cutting edge')))))
      );
WR21: NOT ((SELF.kind.name = 'turning cutting tool') AND
      (SELF.description = 'turning threading tool'))
      OR
      ((verify_required_tool_body_item (SELF, 'threading pitch')) AND
      (verify_length_measure_tool_body_item (SELF, 'threading pitch')) AND
      (verify_required_tool_body_item (SELF, 'thread hand')) AND
      (verify_enumeration_tool_body_item (SELF, 'thread hand',
      ['left', 'right'])) AND
      (verify_required_tool_body_item (SELF, 'thread type')) AND
      (verify_enumeration_tool_body_item (SELF, 'thread type',
      ['internal', 'external'])) AND
      (verify_required_tool_body_item (SELF, 'thread profile')) AND
      (verify_enumeration_tool_body_item (SELF, 'thread profile',
      ['full', 'partial'])) AND
      (verify_required_tool_body_item (SELF, 'thread form type')) AND
      (verify_rep_item_for_tool_body (SELF, 'thread form type',
      ['INTEGRATED_CNC_SCHEMA.DESCRIPTIVE_REPRESENTATION_ITEM']))
      );
WR22: NOT ((SELF.kind.name = 'turning cutting tool') AND
      (SELF.description = 'grooving tool'))
```

```
        OR
        ((verify_required_tool_body_item
        (SELF, 'cutting width')) AND
        (verify_length_measure_tool_body_item
        (SELF, 'cutting width')) AND
        (verify_required_tool_body_item
        (SELF, 'maximum grooving depth')) AND
        (verify_length_measure_tool_body_item
        (SELF, 'maximum grooving depth')) AND
        (verify_optional_tool_body_item
        (SELF, 'corner radius')) AND
        (verify_length_measure_tool_body_item
        (SELF, 'corner radius')) AND
        (verify_optional_tool_body_item
        (SELF, 'maximum axial grooving diameter')) AND
        (verify_length_measure_tool_body_item
        (SELF, 'maximum axial grooving diameter')) AND
        (verify_optional_tool_body_item
        (SELF, 'minimum axial grooving diameter')) AND
        (verify_length_measure_tool_body_item
        (SELF, 'minimum axial grooving diameter'))
        );
WR23: NOT ((SELF.kind.name = 'turning cutting tool') AND
        (SELF.description = 'knurling tool'))
        OR
        ((verify_required_tool_body_item (SELF, 'knurl pattern')) AND
        (verify_enumeration_tool_body_item (SELF, 'knurl pattern',
        ['straight', 'diagonal', 'diamond'])) AND
        (verify_optional_tool_body_item (SELF, 'cutting length')) AND
        (verify_length_measure_tool_body_item (SELF, 'cutting length')) AND
        (verify_optional_tool_body_item (SELF, 'cutting angle')) AND
        (verify_angle_measure_tool_body_item (SELF, 'cutting angle')) AND
        (verify_optional_tool_body_item (SELF, 'cutting pitch')) AND
        (verify_length_measure_tool_body_item (SELF, 'cutting pitch'))
        );
WR24: NOT ((SELF.kind.name = 'turning cutting tool') AND
        (SELF.description = 'user defined turning tool'))
        OR
        ((verify_required_tool_body_item (SELF, 'tool identifier')) AND
        (verify_rep_item_for_tool_body (SELF, 'tool identifier',
        ['INTEGRATED_CNC_SCHEMA.DESCRIPTIVE_REPRESENTATION_ITEM']))
        );
WR25: (1 >= SIZEOF (QUERY (rar <* USEDIN (SELF,
        'INTEGRATED_CNC_SCHEMA.REQUIREMENT_FOR_ACTION_RESOURCE.RESOURCES') |
        ((1 = SIZEOF(rar.operations)) AND
        ('INTEGRATED_CNC_SCHEMA.MACHINING_TOOL_USAGE'
        IN TYPEOF (rar\action_resource_requirement.operations[1])))
        )));
```

END_ENTITY;

(*

形式限制：

WR1：如果 machining_tool 的 kind 是一个 name 为“milling cutting tool”的 action_resource_type，machining_tool 需满足以下条件：

——machining_tool 是零个或多个 action_resource_relationship 中的 relating，在 action_resource_relationship 中，related 是 machining_cutting_component 类型，并且 machining_cutting_component 的 kind 是一个 name 为“milling cutting edge”的 action_resource_type；

——machining_tool 与至多一个 name 为“overall assembly length”的 representation_item 有关，representation_item 是 measure_representation_item 和 length_measure_with_unit 类型。如果存在，representation_item 可出现在一个 machining_tool_body_representation 类型的 representation 的 items 集中，machining_tool_body_representation 描述一个 name 为“tool body”的 resource_property 和一个引用 machining_tool 的 resource；

——machining_tool 与至多一个 name 为“effective cutting diameter”的 representation_item 有关，representation_item 是 measure_representation_item 和 length_measure_with_unit 类型。如果存在，representation_item 可出现在一个 machining_tool_body_representation 类型的 representation 的 items 集中，machining_tool_body_representation 描述一个 name 为“tool body”的 resource_property 和一个引用 machining_tool 的 resource；

——machining_tool 与至多一个 name 为“maximum depth of cut”的 representation_item 有关，representation_item 是 measure_representation_item 和 length_measure_with_unit 类型。如果存在，representation_item 可出现在一个 machining_tool_body_representation 类型的 representation 的 items 集中，machining_tool_body_representation 描述一个 name 为“tool body”的 resource_property 和一个引用 machining_tool 的 resource；

——machining_tool 与至多一个 name 为“hand of cut”的 representation_item 有关，representation_item 是 descriptive_representation_item 类型，descriptive_representation_item 有一个“left”，“right”或“neutral”的 description。如果存在，representation_item 可出现在一个 machining_tool_body_representation 类型的 representation 的 items 集中，machining_tool_body_representation 描述一个 name 为“tool body”的 resource_property 和一个引用 machining_tool 的 resource；

——machining_tool 与至多一个 name 为“coolant through tool”的 representation_item 有关，representation_item 是 descriptive_representation_item 类型，descriptive_representation_item 有一个“supported”或“ not supported”的 description。如果存在，representation_item 可出现在一个 machining_tool_body_representation 类型的 representation 的 items 集中，machining_tool_body_representation 描述一个 name 为“tool body”的 resource_property 和一个引用 machining_tool 的 resource。

WR2：如果 machining_tool 的 kind 是一个 name 为“milling cutting tool”的 action_resource_type，并且 machining_tool 的 description 是“counterbore”，“countersink”，“spade drill”，“spot drill”，“step drill”，“tapered drill”，“twist drill”或“drill”，machining_tool 需满足以下条件：

——machining_tool 与至多一个 name 为“point angle”的 representation_item 有关，representation_item 是 measure_representation_item 和 plane_angle_measure_with_unit 类型。如果存在，representation_item 可出现在一个 machining_tool_body_representation 类型的 representation 的 items 集中，machining_tool_body_representation 描述一个 name 为“tool body”的 resource_property 和一个引用 machining_tool 的 resource。

WR3：如果 machining_tool 的 kind 是一个 name 为“milling cutting tool”的 action_resource_type，并且 machining_tool 的 description 是“countersink”，machining_tool 需满足以下条件：

——machining_tool 与至多一个 name 为“minimum cutting diameter”的 representation_item 有关，representation_item 是 measure_representation_item 和 length_measure_with_unit 类型。如果存在，representation_item 可出现在一个 machining_tool_body_representation 类型的 representation 的 items 集中，machining_tool_body_representation 描述一个 name 为“tool body”的 resource_property 和一个引用 machining_tool 的 resource；

——machining_tool 与有且仅有的一个 name 为“maximum usable length”的 representation_item 有关，representation_item 是 measure_representation_item 和 length_measure_with_unit 类型。representation_item 可出现在一个 machining_tool_body_representation 类型的 representation 的 items 集中，machining_tool_body_representation 描述一个 name 为“tool body”的 resource_property 和一个引用 machining_tool 的 resource。

WR4：如果 machining_tool 的 kind 是一个 name 为“milling cutting tool”的 action_resource_type，并且 machining_tool 的 description 是“tapered drill”，machining_tool 需满足以下条件：

——machining_tool 与有且仅有的一个 name 为“taper angle”的 representation_item 有关，representation_item 是 measure_representation_item 和 plane_angle_measure_with_unit 类型。representation_item可出现在一个 machining_tool_body_representation 类型的 representation 的 items 集中，machining_tool_body_representation 描述一个 name 为“tool body”的 resource_property 和一个引用 machining_tool 的 resource。

WR5：如果 machining_tool 的 kind 是一个 name 为“milling cutting tool”的 action_resource_type，并且 machining_tool 的 description 是“step drill”，machining_tool 需满足以下条件：

——machining_tool 与有且仅有的一个 name 为“step diameters”的 representation_item 有关，representation_item 是 compound_representation_item 类型。representation_item 可出现在一个 machining_tool_body_representation 类型的 representation 的 items 集中，machining_tool_body_representation 描述一个 name 为“tool body”的 resource_property 和一个引用 machining_tool 的 resource；

——machining_tool 与有且仅有的一个 name 为“step lengths”的 representation_item 有关，representation_item 是 compound_representation_item 类型。representation_item 可出现在一个 machining_tool_body_representation 类型的 representation 的 items 集中，machining_tool_body_representation 描述一个 name 为“tool body”的 resource_property 和一个引用 machining_tool 的 resource。

WR6：如果 machining_tool 的 kind 是一个 name 为“milling cutting tool”的 action_resource_type，并且 machining_tool 的 description 是“ballnose endmill”，“bullnose endmill”，“dovetail endmill”，“endmill”，“facemill”，“profiled endmill”，“shoulder mill”，“tee slot mill”，“thread mill”或“side mill”，machining_tool 需满足以下条件：

——machining_tool 与至多一个 name 为“number of effective teeth”的 representation_item 有关，representation_item 是 measure_representation_item 类型，measure_representation_item 有一个 count_measure 类型的 value_component。如果存在，representation_item 可出现在一个 machining_tool_body_representation 类型的 representation 的 items 集中，machining_tool_body_representation 描述一个 name 为“tool body”的 resource_property 和一个引用 machining_tool 的 resource；

——machining_tool 与至多一个 name 为“edge radius”的 representation_item 有关，representation_item 是 measure_representation_item 和 length_measure_with_unit 类型。如果存在，representation_item 可出现在一个 machining_tool_body_representation 类型的 representation 的 items 集中，machining_tool_body_representation 描述一个 name 为“tool body”的 resource_property 和一个引用 machining_tool 的 resource。

WR7：如果 machining_tool 的 kind 是一个 name 为“milling cutting tool”的 action_resource_type，并且 machining_tool 的 description 是“ballnose endmill”，“bullnose endmill”，“endmill”，“facemill”或

“profiled endmill”,machining_tool 需满足以下条件：

——machining_tool 与至多一个 name 为“tool cutting edge angle”的 representation_item 有关，representation_item 是 measure_representation_item 和 plane_angle_measure_with_unit 类型。如果存在，representation_item 可出现在一个 machining_tool_body_representation 类型的 representation 的 items 集中，machining_tool_body_representation 描述一个 name 为“tool body”的 resource_property 和一个引用 machining_tool 的 resource。

WR8：如果 machining_tool 的 kind 是一个 name 为“milling cutting tool”的 action_resource_type，并且 machining_tool 的 description 是“ballnose endmill”，满足由 verify_ballnose_endmill_dimensions 检验的条件。

注：这相当于对 ISO 14649-111 中 Ballnose_endmill 的局部限制 WR1。

WR9：如果 machining_tool 的 kind 是一个 name 为“milling cutting tool”的 action_resource_type，并且 machining_tool 的 description 是“bullnose endmill”，满足由 verify_bullnose_endmill_dimensions 检验的条件。

注：这相当于对 ISO 14649-111 中 Bullnose_endmill 的局部限制 WR1。

WR10：如果 machining_tool 的 kind 是一个 name 为“milling cutting tool”的 action_resource_type，并且 machining_tool 的 description 是“tee slot mill”，machining_tool 需满足以下条件：

——machining_tool 与至多一个 name 为“cutting width”的 representation_item 有关，representation_item 是 measure_representation_item 和 length_measure_with_unit 类型。如果存在，representation_item可出现在一个 machining_tool_body_representation 类型的 representation 的 items 集中，machining_tool_body_representation 描述一个 name 为“tool body”的 resource_property 和一个引用 machining_tool 的 resource。

WR11：如果 machining_tool 的 kind 是一个 name 为“milling cutting tool”的 action_resource_type，并且 machining_tool 的 description 是“dovetail mill”，machining_tool 需满足以下条件：

——machining_tool 与至多一个 name 为“included angle”的 representation_item 有关，representation_item 是 measure_representation_item 和 plane_angle_measure_with_unit 类型。如果存在，representation_item 可出现在一个 machining_tool_body_representation 类型的 representation 的 items 集中，machining_tool_body_representation 描述一个 name 为“tool body”的 resource_property 和一个引用 machining_tool 的 resource。

WR12：如果 machining_tool 的 kind 是一个 name 为“milling cutting tool”的 action_resource_type，并且 machining_tool 的 description 是“side mill”，machining_tool 需满足以下条件：

——machining_tool 与至多一个 name 为“cutter width”的 representation_item 有关，representation_item 是 measure_representation_item 和 length_measure_with_unit 类型。如果存在，representation_item 可出现在一个 machining_tool_body_representation 类型的 representation 的 items 集中，machining_tool_body_representation 描述一个 name 为“tool body”的 resource_property 和一个引用 machining_tool 的 resource。

WR13：如果 machining_tool 的 kind 是一个 name 为“milling cutting tool”的 action_resource_type，并且 machining_tool 的 description 是“thread mill”，“tapping tool”或“combined drill and tap”，machining_tool 需满足以下条件：

——machining_tool 与有且仅有的一个 name 为“thread form type”的 representation_item 有关，representation_item 是 descriptive_representation_item 类型。representation_item 可出现在一个 machining_tool_body_representation 类型的 representation 的 items 集中，machining_tool_body_representation 描述一个 name 为“tool body”的 resource_property 和一个引用 machining_tool 的 resource。

——machining_tool 与有且仅有的一个 name 为"thread size"的 representation_item 有关，representation_item 是 measure_representation_item 和 length_measure_with_unit 类型。representation_item 可出现在一个 machining_tool_body_representation 类型的 representation 的 items 集中，machining_tool_body_representation 描述一个 name 为"tool body"的 resource_property 和一个引用 machining_tool 的 resource。

——machining_tool 与有且仅有的一个 name 为"thread pitch"的 representation_item 有关，representation_item 是 measure_representation_item 和 length_measure_with_unit 类型。representation_item 可出现在一个 machining_tool_body_representation 类型的 representation 的 items 集中，machining_tool_body_representation 描述一个 name 为"tool body"的 resource_property 和一个引用 machining_tool 的 resource。

WR14：如果 machining_tool 的 kind 是一个 name 为"milling cutting tool"的 action_resource_type，并且 machining_tool 的 description 是"tapping tool"或"combined drill and tap"，machining_tool 需满足以下条件：

——machining_tool 与有且仅有的一个 name 为"number of effective teeth"的 representation_item 有关，representation_item 是 measure_representation_item 类型，measure_representation_item 有一个 count_measure 类型的 value_component。representation_item 可出现在一个 machining_tool_body_representation 类型的 representation 的 items 集中，machining_tool_body_representation 描述一个 name 为"tool body"的 resource_property 和一个引用 machining_tool 的 resource。

WR15：如果 machining_tool 的 kind 是一个 name 为"milling cutting tool"的 action_resource_type，并且 machining_tool 的 description 是"reamer"，"combined drill and reamer"或"tapered reamer"，machining_tool 需满足以下条件：

——machining_tool 与有且仅有的一个 name 为"taper length"的 representation_item 有关，representation_item 是 measure_representation_item 和 length_measure_with_unit 类型。representation_item 可出现在一个 machining_tool_body_representation 类型的 representation 的 items 集中，machining_tool_body_representation 描述一个 name 为"tool body"的 resource_property 和一个引用 machining_tool 的 resource。

WR16：如果 machining_tool 的 kind 是一个 name 为"milling cutting tool"的 action_resource_type，并且 machining_tool 的 description 是"tapered reamer"，machining_tool 需满足以下条件：

——machining_tool 与有且仅有的一个 name 为"taper angle"的 representation_item 有关，representation_item 是 measure_representation_item 和 plane_angle_measure_with_unit 类型。representation_item 可出现在一个 machining_tool_body_representation 类型的 representation 的 items 集中，machining_tool_body_representation 描述一个 name 为"tool body"的 resource_property 和一个引用 machining_tool 的 resource。

WR17：如果 machining_tool 的 kind 是一个 name 为"milling cutting tool"的 action_resource_type，并且 machining_tool 的 description 是"combined drill and reamer"或"combined drill and tap"，machining_tool 需满足以下条件：

——machining_tool 与有且仅有的一个 name 为"drill length"的 representation_item 有关，representation_item 是 measure_representation_item 和 length_measure_with_unit 类型。representation_item 可出现在一个 machining_tool_body_representation 类型的 representation 的 items 集中，machining_tool_body_representation 描述一个 name 为"tool body"的 resource_property 和一个引用 machining_tool 的 resource。

WR18：如果 machining_tool 的 kind 是一个 name 为"milling cutting tool"的 action_resource_type，并且 machining_tool 的 description 是"boring tool"，machining_tool 需满足以下条件：

——machining_tool 与有且仅有的一个 name 为“retract movement”的 representation_item 有关，representation_item 是 descriptive_representation_item 类型，descriptive_representation_item 有一个“permitted”或“forbidden”的 description。representation_item 可出现在一个 machining_tool_body_representation 类型的 representation 的 items 集中，machining_tool_body_representation 描述一个 name 为“tool body”的 resource_property 和一个引用 machining_tool 的 resource。

WR19：如果 machining_tool 的 kind 是一个 name 为“milling cutting tool”的 action_resource_type，并且 machining_tool 的 description 是“user defined milling tool”，machining_tool 需满足以下条件：

——machining_tool 与至多一个 name 为“tool description”的 representation_item 有关，representation_item 是 descriptive_representation_item 类型。representation_item 可出现在一个 machining_tool_body_representation 类型的 representation 的 items 集中，machining_tool_body_representation 描述一个 name 为“tool body”的 resource_property 和一个引用 machining_tool 的 resource。

——machining_tool 与至多一个 name 为“corner radius”的 representation_item 有关，representation_item 是 measure_representation_item 和 length_measure_with_unit 类型。如果存在，representation_item 可出现在一个 machining_tool_body_representation 类型的 representation 的 items 集中，machining_tool_body_representation 描述一个 name 为“tool body”的 resource_property 和一个引用 machining_tool 的 resource。

——machining_tool 与至多一个 name 为“corner radius center horizontal”的 representation_item 有关，representation_item 是 measure_representation_item 和 length_measure_with_unit 类型。如果存在，representation_item 可出现在一个 machining_tool_body_representation 类型的 representation 的 items 集中，machining_tool_body_representation 描述一个 name 为“tool body”的 resource_property 和一个引用 machining_tool 的 resource。

——machining_tool 与至多一个 name 为“corner radius center vertical”的 representation_item 有关，representation_item 是 measure_representation_item 和 length_measure_with_unit 类型。如果存在，representation_item 可出现在一个 machining_tool_body_representation 类型的 representation 的 items 集中，machining_tool_body_representation 描述一个 name 为“tool body”的 resource_property 和一个引用 machining_tool 的 resource。

——machining_tool 与至多一个 name 为“taper angle”的 representation_item 有关，representation_item 是 measure_representation_item 和 plane_angle_measure_with_unit 类型。如果存在，representation_item 可出现在一个 machining_tool_body_representation 类型的 representation 的 items 集中，machining_tool_body_representation 描述一个 name 为“tool body”的 resource_property 和一个引用 machining_tool 的 resource。

——machining_tool 与至多一个 name 为“tip outer angle 的 representation_item 有关，representation_item 是 measure_representation_item 和 plane_angle_measure_with_unit 类型。如果存在，representation_item 可出现在一个 machining_tool_body_representation 类型的 representation 的 items 集中，machining_tool_body_representation 描述一个 name 为“tool body”的 resource_property 和一个引用 machining_tool 的 resource。

WR20：如果 machining_tool 的 kind 是一个 name 为“turning cutting tool”的 action_resource_type，machining_tool 需满足以下条件：

——machining_tool 与有且仅有的一个 name 为“functional length”的 representation_item 有关，representation_item 是 measure_representation_item 和 length_measure_with_unit 类型。representation_item 可出现在一个 machining_tool_body_representation 类型的 representation 的 items 集中，machining_tool_body_representation 描述一个 name 为“tool body”的 resource_property 和一个引用 machining_tool 的 resource。

——machining_tool 与有且仅有的一个 name 为“f dimension”的 representation_item 有关，representation_item 是 measure_representation_item 和 length_measure_with_unit 类型。representation_item 可出现在一个 machining_tool_body_representation 类型的 representation 的 items 集中，machining_tool_body_representation 描述一个 name 为“tool body”的 resource_property 和一个引用 machining_tool 的 resource。

——machining_tool 与至多一个 name 为“minimum cutting diameter”的 representation_item 有关，representation_item 是 measure_representation_item 和 length_measure_with_unit 类型。如果存在，representation_item 可出现在一个 machining_tool_body_representation 类型的 representation 的 items 集中，machining_tool_body_representation 描述一个 name 为“tool body”的 resource_property 和一个引用 machining_tool 的 resource。

——machining_tool 与至多一个 name 为“a dimension on f”的 representation_item 有关，representation_item 是 measure_representation_item 和 length_measure_with_unit 类型。如果存在，representation_item 可出现在一个 machining_tool_body_representation 类型的 representation 的 items 集中，machining_tool_body_representation 描述一个 name 为“tool body”的 resource_property 和一个引用 machining_tool 的 resource。

——machining_tool 与至多一个 name 为“ a dimension on lf”的 representation_item 有关，representation_item 是 measure_representation_item 和 length_measure_with_unit 类型。如果存在，representation_item 可出现在一个 machining_tool_body_representation 类型的 representation 的 items 集中，machining_tool_body_representation 描述一个 name 为“tool body”的 resource_property 和一个引用 machining_tool 的 resource。

——machining_tool 与至多一个 name 为“hand of cut”的 representation_item 有关，representation_item 是 descriptive_representation_item 类型，descriptive_representation_item 有一个“left”，“right”或“neutral”的 description。如果存在，representation_item 可出现在一个 machining_tool_body_representation 类型的 representation 的 items 集中，machining_tool_body_representation 描述一个 name 为“tool body”的 resource_property 和一个引用 machining_tool 的 resource。

——machining_tool 是零个或多个 action_resource_relationship 中的 relating，在 action_resource_relationship 中，related 是 machining_cutting_component 类型，并且 machining_cutting_component 的 kind 是 name 为“turning cutting edge”的 action_resource_type。

WR21：如果 machining_tool 的 kind 是一个 name 为“turning cutting tool”的 action_resource_type，并且 machining_tool 的 description 是“turning threading tool”，machining_tool 需满足以下条件：

——machining_tool 与有且仅有的一个 name 为“thread pitch”的 representation_item 有关，representation_item 是 measure_representation_item 和 length_measure_with_unit 类型。representation_item 可出现在一个 machining_tool_body_representation 类型的 representation 的 items 集中，machining_tool_body_representation 描述一个 name 为“tool body”的 resource_property 和一个引用 machining_tool 的 resource。

——machining_tool 与有且仅有的一个 name 为“thread hand”的 representation_item 有关，representation_item 是 descriptive_representation_item 类型，descriptive_representation_item 有一个“left”或“right”的 description。representation_item 可出现在一个 machining_tool_body_representation 类型的 representation 的 items 集中，machining_tool_body_representation 描述一个 name 为“tool body”的 resource_property 和一个引用 machining_tool 的 resource。

——machining_tool 与有且仅有的一个 name 为“thread type”的 representation_item 有关，representation_item 是 descriptive_representation_item 类型，descriptive_representation_item 有一个“internal”或“external”的 description。representation_item 可出现在一个 machining_tool_body_representation 类型的 representation 的 items 集中，machining_tool_body_representation 描述一个 name 为"tool body"的 resource_property 和一个引用 machining_tool 的 resource。

——machining_tool 与有且仅有的一个 name 为"thread profile"的 representation_item 有关，representation_item 是 descriptive_representation_item 类型，descriptive_representation_item 有一个"full"或"partial"的 description。representation_item 可出现在一个 machining_tool_body_representation 类型的 representation 的 items 集中，machining_tool_body_representation 描述一个 name 为"tool body"的 resource_property 和一个引用 machining_tool 的 resource。

——machining_tool 与有且仅有的一个 name 为"thread form type"的 representation_item 有关，representation_item 是 descriptive_representation_item 类型。representation_item 可出现在一个 machining_tool_body_representation 类型的 representation 的 items 集中，machining_tool_body_representation 描述一个 name 为"tool body"的 resource_property 和一个引用 machining_tool 的 resource。

WR22：如果 machining_tool 的 kind 是一个 name 为"turning cutting tool"的 action_resource_type，并且 machining_tool 的 description 是"grooving tool"，machining_tool 需满足以下条件：

——machining_tool 与有且仅有的一个 name 为"cutting width"的 representation_item 有关，representation_item 是 measure_representation_item 和 length_measure_with_unit 类型。representation_item 可出现在一个 machining_tool_body_representation 类型的 representation 的 items 集中，machining_tool_body_representation 描述一个 name 为"tool body"的 resource_property 和一个引用 machining_tool 的 resource。

——machining_tool 与有且仅有的一个 name 为"maximum grooving depth"的 representation_item 有关，representation_item 是 measure_representation_item 和 length_measure_with_unit 类型。representation_item 可出现在一个 machining_tool_body_representation 类型的 representation 的 items 集中，machining_tool_body_representation 描述一个 name 为"tool body"的 resource_property 和一个引用 machining_tool 的 resource。

——machining_tool 与至多一个 name 为"corner radius"的 representation_item 有关，representation_item 是 measure_representation_item 和 length_measure_with_unit 类型。如果存在，representation_item 可出现在一个 machining_tool_body_representation 类型的 representation 的 items 集中，machining_tool_body_representation 描述一个 name 为"tool body"的 resource_property 和一个引用 machining_tool 的 resource。

——machining_tool 与至多一个 name 为"maximum axial grooving diameter"的 representation_item 有关，representation_item 是 measure_representation_item 和 length_measure_with_unit 类型。如果存在，representation_item 可出现在一个 machining_tool_body_representation 类型的 representation 的 items 集中，machining_tool_body_representation 描述一个 name 为"tool body"的 resource_property 和一个引用 machining_tool 的 resource。

——machining_tool 与至多一个 name 为"minimum axial grooving diameter"的 representation_item 有关，representation_item 是 measure_representation_item 和 length_measure_with_unit 类型。如果存在，representation_item 可出现在一个 machining_tool_body_representation 类型的 representation 的 items 集中，machining_tool_body_representation 描述一个 name 为"tool body"的 resource_property 和一个引用 machining_tool 的 resource。

WR23：如果 machining_tool 的 kind 是一个 name 为"turning cutting tool"的 action_resource_type，并且 machining_tool 的 description 是"knurling tool"，machining_tool 需满足以下条件：

——machining_tool 与有且仅有的一个 name 为"knurl pattern"的 representation_item 有关，representation_item 是 descriptive_representation_item 类型，descriptive_representation_item 有一个"straight"，"diagonal"或"diamond"的 description。representation_item 可出现在一个 machining_tool_ body_representation 类型的 representation 的 items 集中，machining_tool_body_representation 描述一个 name 为“tool body”的 resource_property 和一个引用 machining_tool 的 resource。

——machining_tool 与至多一个 name 为“cutting length”的 representation_item 有关，representation_item 是 measure_representation_item 和 length_measure_with_unit 类型。如果存在，representation_item 可出现在一个 machining_tool_body_representation 类型的 representation 的 items 集中，machining_tool_body_representation 描述一个 name 为“tool body”的 resource_property 和一个引用 machining_tool 的 resource。

——machining_tool 与至多一个 name 为“cutting angle”的 representation_item 有关，representation_item 是 measure_representation_item 和 plane_angle_measure_with_unit 类型。如果存在，representation_item 可出现在一个 machining_tool_body_representation 类型的 representation 的 items 集中，machining_tool_body_representation 描述一个 name 为“tool body”的 resource_property 和一个引用 machining_tool 的 resource。

——machining_tool 与至多一个 name 为“cutting pitch”的 representation_item 有关，representation_item 是 measure_representation_item 和 length_measure_with_unit 类型。如果存在，representation_item 可出现在一个 machining_tool_body_representation 类型的 representation 的 items 集中，machining_tool_body_representation 描述一个 name 为“tool body”的 resource_property 和一个引用 machining_tool 的 resource。

WR24：如果 machining_tool 的 kind 是一个 name 为“turning cutting tool”的 action_resource_type，并且 machining_tool 的 description 是“user defined turning tool”，machining_tool 需满足以下条件：

——machining_tool 与有且仅有的一个 name 为“tool identifier”的 representation_item 有关，representation_item 是 descriptive_representation_item 类型。representation_item 可出现在一个 machining_tool_body_representation 类型的 representation 的 items 集中，machining_tool_body_representation 描述一个 name 为“tool body”的 resource_property 和一个引用 machining_tool 的 resource。

WR25：machining_tool 可以是至多一个 requirement_for_action_resource 的 resources 属性的一个成员，requirement_for_action_resource 有一个 operations 属性，这个 operations 属性包括一个 machining_tool_usage 类型的单一实例。

非形式限制：

IP1：machining_tool 的 name 应是唯一的。

5.2.3.1.73 实体 **machining_tool_body_representation**

machining_tool_body_representation 是一种 representation。该 representation 描述加工的刀具的主体配置参数。

EXPRESS 描述：

```
*)
ENTITY machining_tool_body_representation
    SUBTYPE OF (representation);
END_ENTITY;
(*
```

5.2.3.1.74 实体 **machining_tool_direction_representation**

machining_tool_direction_representation 是一种 representation。representation 表示自由曲面加工的切削刀具的动向。更多信息参见 GB/T 19903.10 中 Tool_direction 的 ARM 定义。

EXPRESS 描述：

```
*)
ENTITY machining_tool_direction_representation
    SUBTYPE OF (representation);
    WHERE
    WR1: (SELF.name IN ['two axes', 'three axes', 'three axes tilted tool',
         'five axes const tilt yaw', 'five axes var tilt yaw']);
    WR2: NOT (SELF.name = 'three axes tilted tool') OR
         ((verify_required_rep_item (SELF, 'tool direction orientation'))
         AND
         (0 = SIZEOF (QUERY ( it <* SELF.items |
         (it.name = 'tool direction orientation') AND NOT
         ('INTEGRATED_CNC_SCHEMA.DIRECTION' IN TYPEOF(it)))))
         );
    WR3: NOT (SELF.name = 'five axes const tilt yaw') OR
         ((verify_required_rep_item (SELF, 'tool direction tilt angle')) AND
         (verify_angle_measure_rep_item (SELF, 'tool direction tilt angle')) AND
         (verify_required_rep_item (SELF, 'tool direction yaw angle')) AND
         (verify_angle_measure_rep_item (SELF, 'tool direction yaw angle'))
         );
END_ENTITY;
(*
```

形式限制：

WR1：machining_tool_direction_representation 的 name 可以是“two axes”,“three axes”,“three axes tilted tool”,“five axes const tilt yaw”或“five axes var tilt yaw”。

WR2:如果 machining_tool_direction_representation 的 name 是“three axes tilted tool”,items 集可包括有且仅有的一个 name 为“tool direction orientation”的 representation_item,representation_item 是 direction 类型。

WR3:如果 machining_tool_direction_representation 的 name 是“five axes const tilt yaw”,items 集可包括有且仅有的一个 name 为“tool direction tilt angle”的 representation_item,representation_item 是 measure_representation_item 和 plane_angle_measure_with_unit 类型,并且这个 items 集还可包括有且仅有的一个 name 为“tool direction yaw angle”的 representation_item,representation_item 是 measure_representation_item 和 plane_angle_measure_with_unit 类型。

5.2.3.1.75 实体 **machining_tool_usage**

machining_tool_usage 是一种 action_method。该 action_method 表示刀具用法以达到加工要求。更多信息参见 4.2.370 中 Tool_usage 的 ARM 定义。

EXPRESS 描述：

```
*)
ENTITY machining_tool_usage
    SUBTYPE OF (action_method);
    WHERE
    WR1: ((verify_optional_action_property (SELF, 'tool position')) AND
         (verify_descriptive_action_property (SELF, 'tool position')));
    WR2: ((verify_optional_action_property (SELF, 'tool carousel')) AND
         (verify_descriptive_action_property (SELF, 'tool carousel')));
    WR3: (1 >= SIZEOF (QUERY (act <*
```

```
        USEDIN (SELF, 'INTEGRATED_CNC_SCHEMA.ACTION.CHOSEN_METHOD') |
        (act.name = 'tool usage')))) AND
        (0 = SIZEOF (QUERY (act <*
        USEDIN (SELF, 'INTEGRATED_CNC_SCHEMA.ACTION.CHOSEN_METHOD') |
        (act.name = 'tool usage') AND NOT
        ('INTEGRATED_CNC_SCHEMA.PRODUCT_DEFINITION_PROCESS' IN TYPEOF (
        act)))));
END_ENTITY;
(*
```

形式限制：

WR1：machining_tool_usage 可以是至多一个 name 为“tool position”的 action_property 的 definition,并且用来描述这个 action_property 的 representation 可包括一个 descriptive_representation_item 类型的 representation_item。

WR2：machining_tool_usage 可以是至多一个 name 为“tool carousel”的 action_property 的 definition,并且用来描述这个 action_property 的 representation 可包括一个 descriptive_representation_item 类型的 representation_item。

WR3：machining_tool_usage 可以是至多一个 name 为“tool usage”的 product_definition_process 的 chosen_method。

5.2.3.1.76 实体 machining_toolpath

machining_toolpath 是一种 action_method。该 action_method 限制加工过程中的一步以便利用机床轴的一个特定动作。更多信息参见 GB/T 19903.10 中 Toolpath 及其子类的 ARM 定义。

EXPRESS 描述：

```
*)
ENTITY machining_toolpath
  SUBTYPE OF (action_method);
  WHERE
  WR1: (SELF.description IN ['feedstop', 'axis trajectory',
       'cutter location trajectory', 'cutter contact trajectory',
       'approach lift path angle', 'approach lift path tangent',
       'connect security plane', 'connect direct']);
  WR2: (verify_optional_action_property (SELF, 'priority')) AND
       (verify_enumeration_action_property (SELF, 'priority',
       ['required', 'suggested']));
  WR3: (verify_optional_action_property (SELF, 'trajectory type')) AND
       (verify_enumeration_action_property (SELF, 'trajectory type',
       ['approach', 'lift', 'connect', 'non-contact',
       'contact', 'trajectory path']));
  WR4: ((verify_optional_action_property (SELF, 'speed profile')) AND
       (0 = SIZEOF (QUERY (prop <*
       get_action_property (SELF, 'speed profile') | NOT
       (0 < SIZEOF (QUERY (prep <* USEDIN (prop,
       'INTEGRATED_CNC_SCHEMA.' +
       'ACTION_PROPERTY_REPRESENTATION.PROPERTY') |
       ('INTEGRATED_CNC_SCHEMA.' +
       'MACHINING_TOOLPATH_SPEED_PROFILE_REPRESENTATION'
```

```
    IN TYPEOF(prep.representation)) )))
    )))
    );
WR5: (verify_optional_relating_amr (SELF,
    ['INTEGRATED_CNC_SCHEMA.MACHINING_TECHNOLOGY_RELATIONSHIP'])) AND
    (verify_related_type_for_amr (SELF,
    ['INTEGRATED_CNC_SCHEMA.MACHINING_TECHNOLOGY_RELATIONSHIP'],
    ['INTEGRATED_CNC_SCHEMA.MACHINING_TECHNOLOGY']));
WR6: (verify_optional_relating_amr (SELF,
    ['INTEGRATED_CNC_SCHEMA.MACHINING_FUNCTIONS_RELATIONSHIP'])) AND
    (verify_related_type_for_amr (SELF,
    ['INTEGRATED_CNC_SCHEMA.MACHINING_FUNCTIONS_RELATIONSHIP'],
    ['INTEGRATED_CNC_SCHEMA.MACHINING_FUNCTIONS']));
WR7: NOT (SELF.description IN ['axis trajectory',
    'cutter location trajectory',
    'cutter contact trajectory']) OR
    ((verify_optional_action_property (SELF, 'direction')) AND
    (verify_enumeration_action_property (SELF, 'direction',
    ['beginning to end', 'end to beginning']))
    );
WR8: NOT (SELF.description = 'connect security plane') OR
    ((verify_optional_action_property (SELF, 'up direction')) AND
    (verify_rep_item_for_action_property (SELF, 'up direction',
    ['INTEGRATED_CNC_SCHEMA.DIRECTION'])) AND
    (verify_optional_action_property (SELF, 'down direction')) AND
    (verify_rep_item_for_action_property (SELF, 'down direction',
    ['INTEGRATED_CNC_SCHEMA.DIRECTION']))
    );
WR9: NOT (SELF.description = 'feedstop') OR
    ((verify_required_action_property (SELF, 'dwell')) AND
    (verify_time_measure_action_property (SELF, 'dwell'))
    );
WR10: NOT (SELF.description = 'axis trajectory') OR
    ((verify_required_action_property (SELF, 'axis commands')) AND
    -- axis commands property must contain one or more bounded curves
    (0 = SIZEOF (QUERY (prop <* get_action_property (SELF, 'axis commands')
    |
    NOT ((0 < SIZEOF (QUERY (prep <* USEDIN (prop,
    'INTEGRATED_CNC_SCHEMA.ACTION_PROPERTY_REPRESENTATION.PROPERTY')
    |
    (1 <= SIZEOF (QUERY (it <* prep.representation.items |
    ('INTEGRATED_CNC_SCHEMA.BOUNDED_CURVE' in TYPEOF(it)))))
    )))))))
    );
WR11: NOT (SELF.description IN ['approach lift path angle',
    'approach lift path tangent']) OR
    ((verify_required_action_property (SELF, 'fix point')) AND
    (verify_rep_item_for_action_property (SELF, 'fix point',
```

```
        ['INTEGRATED_CNC_SCHEMA.CARTESIAN_POINT'])) AND
        (verify_optional_action_property (SELF, 'fix point direction')) AND
        (verify_rep_item_for_action_property (SELF, 'fix point direction',
        ['INTEGRATED_CNC_SCHEMA.DIRECTION']))
        );
WR12: NOT (SELF.description = 'approach lift path angle') OR
        ((verify_required_action_property (SELF, 'angle')) AND
        (verify_angle_measure_action_property (SELF, 'angle')) AND
        (verify_required_action_property (SELF, 'bend distance')) AND
        (verify_length_measure_action_property (SELF, 'bend distance'))
        );
WR13: NOT (SELF.description = 'approach lift path tangent') OR
        ((verify_required_action_property (SELF, 'radius')) AND
        (verify_length_measure_action_property (SELF, 'radius'))
        );
WR14: NOT (SELF.description = 'cutter location trajectory') OR
        ((verify_required_action_property (SELF, 'basic curve')) AND
        (verify_rep_item_for_action_property (SELF, 'basic curve',
        ['INTEGRATED_CNC_SCHEMA.BOUNDED_CURVE'])) AND
        (verify_optional_action_property (SELF, 'surface normal')) AND
        (verify_rep_item_for_action_property (SELF, 'surface normal',
        ['INTEGRATED_CNC_SCHEMA.BOUNDED_CURVE'])) AND
        (verify_optional_action_property (SELF, 'tool axis')) AND
        (verify_rep_item_for_action_property (SELF, 'tool axis',
        ['INTEGRATED_CNC_SCHEMA.BOUNDED_CURVE'])) AND
        (verify_optional_action_property
        (SELF, 'path maximum deviation')) AND
        (verify_length_measure_action_property
        (SELF, 'path maximum deviation')) AND
        (verify_optional_action_property
        (SELF, 'tool axis maximum deviation')) AND
        (verify_angle_measure_action_property
        (SELF, 'tool axis maximum deviation'))
        );
WR15: NOT (SELF.description = 'cutter contact trajectory') OR
        ((((verify_required_action_property (SELF, 'basic curve')) AND
        (verify_rep_item_for_action_property (SELF, 'basic curve',
        ['INTEGRATED_CNC_SCHEMA.BOUNDED_PCURVE'])) )
        OR
        ((verify_required_action_property (SELF, 'basic curve')) AND
        (verify_rep_item_for_action_property (SELF, 'basic curve',
        ['INTEGRATED_CNC_SCHEMA.BOUNDED_CURVE'])) AND
        (verify_required_action_property (SELF, 'surface normal')) AND
        (verify_rep_item_for_action_property (SELF, 'surface normal',
        ['INTEGRATED_CNC_SCHEMA.BOUNDED_CURVE'])) )
        ) AND
        (verify_optional_action_property (SELF, 'tool axis')) AND
        (verify_rep_item_for_action_property (SELF, 'tool axis',
```

```
        ['INTEGRATED_CNC_SCHEMA.BOUNDED_CURVE'])) AND
        (verify_optional_action_property (SELF, 'contact type')) AND
        (verify_enumeration_action_property (SELF, 'contact type',
        ['side', 'front'])) AND
        (verify_optional_action_property
        (SELF, 'path maximum deviation')) AND
        (verify_length_measure_action_property
        (SELF, 'path maximum deviation')) AND
        (verify_optional_action_property
        (SELF, 'tool axis maximum deviation')) AND
        (verify_angle_measure_action_property
        (SELF, 'tool axis maximum deviation'))
        );
    WR16: NOT (SELF.description IN ['axis trajectory',
        'cutter location trajectory',
        'cutter contact trajectory']) OR
        ((verify_optional_action_property
        (SELF, 'material removal depth')) AND
        ((verify_length_measure_action_property
        (SELF, 'material removal depth')) OR
        (verify_rep_item_for_action_property
        (SELF, 'material removal depth',
        ['INTEGRATED_CNC_SCHEMA.BOUNDED_CURVE']))) AND
        (verify_optional_action_property
        (SELF, 'material removal overcut')) AND
        ((verify_length_measure_action_property
        (SELF, 'material removal overcut')) OR
        (verify_rep_item_for_action_property
        (SELF, 'material removal overcut',
        ['INTEGRATED_CNC_SCHEMA.BOUNDED_CURVE']))) AND
        (verify_optional_action_property
        (SELF, 'material removal total volume')) AND
        (verify_rep_item_for_action_property
        (SELF, 'material removal total volume',
        ['INTEGRATED_CNC_SCHEMA.MEASURE_REPRESENTATION_ITEM']))
        );
END_ENTITY;
(*
```

WR1：machining_toolpath 的 description 可以是“feedstop”，“axis trajectory”，“cutter location trajectory”，“cutter contact trajectory”，“approach lift path angle”，“approach lift path tangent”，“connect security plane”或“connect direct”。

WR2：machining_toolpath 可以是至多一个 name 为“priority”的 action_property 的 definition，并且用来描述这个 action_property 的 representation 可包括一个 descriptive_representation_item 类型的 representation_item，descriptive_representation_item 有一个“required”或“suggested”的 description。

WR3：machining_toolpath 可以是至多一个 name 为“trajectory type”的 action_property 的 definition，并且用来描述这个 action_property 的 representation 可包括一个 descriptive_representation_item 类型的 representation_item，descriptive_representation_item 有一个“approach”，“lift”，“connect”， “non-contact”,“contact”或“trajectory path”的 description。

WR4：machining_toolpath 可以是至多一个 name 为“speed profile”的 action_property 的 definition,并且用来描述这个 action_property 的 representation 可以是 machining_toolpath_speed_profile_representation 类型。

WR5：machining_toolpath 可以是至多一个 machining_technology_relationship 的 relating_method,在 machining_technology_relationship 中,related_method 是 machining_technology 类型。

WR6：machining_toolpath 可以是至多一个 machining_functions_relationship 的 relating_method,在 machining_functions_relationship 中,related_method 是 machining_functions 类型。

WR7：如果 machining_toolpath 的 description 是“axis trajectory”,“cutter location trajectory”或“cutter contact trajectory”, machining_toolpath 可以是至多一个 name 为“direction”的 action_property 的 definition,用来描述这个 action_property 的 representation 可包括一个 descriptive_representation_item 类型的 representation_item,descriptive_representation_item 有一个“beginning to end”或“end to beginning”的 description。

WR8：如果 machining_toolpath 的 description 是“connect security plane”, machining_toolpath 需满足以下条件：

——machining_toolpath 可以是至多一个 name 为“up direction”的 action_property 的 definition,用来描述这个 action_property 的 representation 可包括一个 direction 类型的 representation_item。

——machining_toolpath 可以是至多一个 name 为“down direction”的 action_property 的 definition,用来描述这个 action_property 的 representation 可包括一个 direction 类型的 representation_item。

WR9：如果 machining_toolpath 的 description 是“feedstop”, machining_toolpath 可以是有且仅有的一个 name 为“dwell”的 action_property 的 definition,用来描述这个 action_property 的 representation 可包括一个 measure_representation_item 和 time_measure_with_unit 类型的 representation_item。

WR10：如果 machining_toolpath 的 description 是“axis trajectory”, machining_toolpath 可以是有且仅有的一个 name 为“axis commands”的 action_property 的 definition,用来描述这个 action_property 的 representation 可包括至少一个 bounded_curve 类型的 representation_item。

WR11：如果 machining_toolpath 的 description 是“approach lift path angle”或“approach lift path tangent”, machining_toolpath 需满足以下条件：

——machining_toolpath 可以是有且仅有的一个 name 为“fix point”的 action_property 的 definition,用来描述这个 action_property 的 representation 可包括一个 cartesian_point 类型的 representation_item。

——machining_toolpath 可以是至多一个 name 为“fix point direction”的 action_property 的 definition,用来描述这个 action_property 的 representation 可包括一个 direction 类型的 representation_item。

WR12：如果 machining_toolpath 的 description 是“approach lift path angle”, machining_toolpath 需满足以下条件：

——machining_toolpath 可以是有且仅有的一个 name 为“angle”的 action_property 的 definition,用来描述这个 action_property 的 representation 可包括一个 measure_representation_item 和 plane_angle_measure_with_unit 类型的 representation_item。

——machining_toolpath 可以是有且仅有的一个 name 为“bend distance”的 action_property 的 definition,用来描述这个 action_property 的 representation 可包括一个 measure_representation_item 和 length_measure_with_unit 类型的 representation_item。

WR13：如果 machining_toolpath 的 description 是“approach lift path tangent”, machining_toolpath 可以是有且仅有的一个 name 为“radius”的 action_property 的 definition,用来描述这个 action_property 的 representation 可包括一个 measure_representation_item 和 length_measure_with_unit 类

型的 representation_item。

WR14：如果 machining_toolpath 的 description 是“cutter location trajectory”，machining_toolpath 需满足以下条件：

——machining_toolpath 可以是有且仅有的一个 name 为“basic curve”的 action_property 的 definition,用来描述这个 action_property 的 representation 可包括一个 bounded_curve 类型的 representation_item。

——machining_toolpath 可以是至多一个 name 为“surface normal”的 action_property 的 definition,用来描述这个 action_property 的 representation 可包括一个 bounded_curve 类型的 representation_item。

——machining_toolpath 可以是至多一个 name 为“tool axis”的 action_property 的 definition,用来描述这个 action_property 的 representation 可包括一个 bounded_curve 类型的 representation_item。

——machining_toolpath 可以是至多一个 name 为“path maximum deviation”的 action_property 的 definition,用来描述这个 action_property 的 representation 可包括一个 measure_representation_item 和 length_measure_with_unit 类型的 representation_item。

——machining_toolpath 可以是至多一个 name 为“tool axis maximum deviation”的 action_property 的 definition,用来描述这个 action_property 的 representation 可包括一个 measure_representation_item 和 plane_angle_measure_with_unit 类型的 representation_item。

WR15：如果 machining_toolpath 的 description 是“cutter contact trajectory”，machining_toolpath 需满足以下条件：

——machining_toolpath 要么是有且仅有的一个 name 为“basic curve”的 action_property 的 definition,action_property 有一个包括一个 bounded_pcurve 的关联的 representation,或者 machining_toolpath 是有且仅有的一个 name 为“basic curve”的 action_property 的 definition,action_property 有一个包括一个 bounded_curve 的关联的 representation,并且 machining_toolpath 可以是有且仅有的一个 name 为“surface normal”的 action_property 的 definition,action_property 有一个包括一个 bounded_curve 的关联的 representation。

——machining_toolpath 可以是至多一个 name 为“tool axis”的 action_property 的 definition,用来描述这个 action_property 的 representation 可包括一个 bounded_curve 类型的 representation_item。

——machining_toolpath 可以是至多一个 name 为“contact type”的 action_property 的 definition,用来描述这个 action_property 的 representation 可包括一个 descriptive_representation_item 类型的 representation_item,descriptive_representation_item 有一个“side”或“front”的 description。

——machining_toolpath 可以是至多一个 name 为“path maximum deviation”的 action_property 的 definition,用来描述这个 action_property 的 representation 可包括一个 measure_representation_item 和 length_measure_with_unit 类型的 representation_item。

——machining_toolpath 可以是至多一个 name 为“tool axis maximum deviation”的 action_property 的 definition,用来描述这个 action_property 的 representation 可包括一个 measure_representation_item 和 plane_angle_measure_with_unit 类型的 representation_item。

WR16：如果 machining_toolpath 的 description 是“axis trajectory”，“cutter location trajectory”或“cutter contact trajectory”,machining_toolpath 需满足以下条件：

——machining_toolpath 可以是至多一个 name 为“material removal depth”的 action_property 的 definition,用来描述这个 action_property 的 representation 可包括一个 representation_item,representation_item 要么是 measure_representation_item 和 length_measure_with_unit 类型,要么是 bounded_curve 类型。

——machining_toolpath 可以是至多一个 name 为“material removal overcut”的 action_property

的 definition，用来描述这个 action_property 的 representation 可包括一个 representation_item，representation_item 要么是 measure_representation_item 和 length_measure_with_unit 类型，要么是 bounded_curve 类型。

——machining_toolpath 可以是至多一个 name 为"material removal total volume"的 action_property 的 definition，用来描述这个 action_property 的 representation 可包括一个 measure_representation_item 类型的 representation_item。

5.2.3.1.77 实体 machining_toolpath_sequence_relationship

machining_toolpath_sequence_relationship 是一种 sequential_method。该 sequential_method 把 Toolpath 的使用描述成一个 Operation 或策略序列中的一个元素。更多信息参见 GB/T 19903.10 中 Workpiece_setup 和 GB/T 19903.11 中 Along_path 的 ARM 定义。

EXPRESS 描述：

```
*)
ENTITY machining_toolpath_sequence_relationship
    SUBTYPE OF (sequential_method);
END_ENTITY;
(*
```

5.2.3.1.78 实体 machining_toolpath_speed_profile_representation

machining_toolpath_speed_profile_representation 是一种 representation。机床轴穿过一条刀具路径时，该 representation 表示进料速度的变化。更多信息参见 GB/T 19903.10 中 Toolpath_speedprofile 的 ARM 定义。

EXPRESS 描述：

```
*)
ENTITY machining_toolpath_speed_profile_representation
    SUBTYPE OF (representation);
    WHERE
    WR1: (1 = SIZEOF (QUERY ( it <* SELF.items |
        ( ((′INTEGRATED_CNC_SCHEMA.B_SPLINE_CURVE′
        IN TYPEOF(it))) OR
        ((′INTEGRATED_CNC_SCHEMA.DESCRIPTIVE_REPRESENTATION_ITEM′
        IN TYPEOF(it)) AND
        (it.description IN [′rapid′])) OR
        ((SIZEOF([
        ′INTEGRATED_CNC_SCHEMA.MEASURE_REPRESENTATION_ITEM′,
        ′INTEGRATED_CNC_SCHEMA.RATIO_MEASURE_WITH_UNIT′] *
        TYPEOF(it)) = 2))
        )
        )));
END_ENTITY;
(*
```

形式限制：

WR1：items 集可包括有且仅有的一个 representation_item，representation_item 是 b_spline_curve 类型，有一个"side"的 description 的 descriptive_representation_item 类型或 measure_representation_item 和 ratio_measure_with_unit 类型。

5.2.3.1.79 实体 machining_touch_probing

machining_touch_probing 是一种 machining_process_executable 和 machining_operation。该 machining_operation 表示一个加工过程中的测量步骤。更多信息参见 GB/T 19903.10 中 Touch_probing 及其子类的 ARM 定义。

EXPRESS 描述：

```
*)
ENTITY machining_touch_probing
    SUBTYPE OF (machining_process_executable, machining_operation);
    WHERE
    WR1: (SELF.description IN ['tool length probing', 'tool radius probing',
         'workpiece probing', 'workpiece complete probing']);
    WR2: ((verify_required_action_property (SELF, 'security plane')) AND
         (verify_rep_item_for_action_property (SELF, 'security plane',
         ['INTEGRATED_CNC_SCHEMA.ELEMENTARY_SURFACE'])));
    WR3: ((verify_required_action_property (SELF, 'measured offset')) AND
         (verify_rep_item_for_action_property (SELF, 'measured offset',
         ['INTEGRATED_CNC_SCHEMA.EXPRESSION_REPRESENTATION_ITEM',
         'INTEGRATED_CNC_SCHEMA.NUMERIC_VARIABLE'])));
    WR4: NOT (SELF.description = 'workpiece probing') OR
         ((verify_required_action_property (SELF, 'start position')) AND
         (verify_rep_item_for_action_property (SELF, 'start position',
         ['INTEGRATED_CNC_SCHEMA.AXIS2_PLACEMENT_3D'])) AND
         (1 = SIZEOF (QUERY (act <*
         USEDIN (SELF, 'INTEGRATED_CNC_SCHEMA.ACTION.CHOSEN_METHOD') |
         (act.name = 'workpiece probing')))) AND
         (0 = SIZEOF (QUERY (act <*
         USEDIN (SELF, 'INTEGRATED_CNC_SCHEMA.ACTION.CHOSEN_METHOD') |
         (act.name = 'workpiece probing') AND NOT
         ('INTEGRATED_CNC_SCHEMA.PRODUCT_DEFINITION_PROCESS'
         IN TYPEOF (act))))) AND
         (verify_required_action_property (SELF, 'direction')) AND
         (verify_rep_item_for_action_property (SELF, 'direction',
         ['INTEGRATED_CNC_SCHEMA.DIRECTION'])) AND
         (verify_required_action_property (SELF, 'expected value')) AND
         (verify_rep_item_for_action_property (SELF, 'expected value',
         ['INTEGRATED_CNC_SCHEMA.LENGTH_MEASURE_WITH_UNIT',
         'INTEGRATED_CNC_SCHEMA.MEASURE_REPRESENTATION_ITEM',
         'INTEGRATED_CNC_SCHEMA.QUALIFIED_REPRESENTATION_ITEM'])) AND
         (verify_required_action_property (SELF, 'probe'))
         );
    WR5: NOT (SELF.description = 'workpiece complete probing') OR
         ((1 = SIZEOF (QUERY (act <*
         USEDIN (SELF, 'INTEGRATED_CNC_SCHEMA.ACTION.CHOSEN_METHOD') |
         (act.name = 'workpiece complete probing')))) AND
         (0 = SIZEOF (QUERY (act <*
         USEDIN (SELF, 'INTEGRATED_CNC_SCHEMA.ACTION.CHOSEN_METHOD') |
```

```
        (act.name = 'workpiece complete probing') AND NOT
        ('INTEGRATED_CNC_SCHEMA.PRODUCT_DEFINITION_PROCESS'
        IN TYPEOF (act))))) AND
        (verify_required_action_property (SELF, 'probing distance')) AND
        (verify_rep_item_for_action_property (SELF, 'probing distance',
        ['INTEGRATED_CNC_SCHEMA.LENGTH_MEASURE_WITH_UNIT',
        'INTEGRATED_CNC_SCHEMA.MEASURE_REPRESENTATION_ITEM',
        'INTEGRATED_CNC_SCHEMA.QUALIFIED_REPRESENTATION_ITEM'])) AND
        (verify_required_action_property (SELF, 'probe')) AND
        (verify_required_action_property (SELF, 'computed offset')) AND
        (verify_rep_type_for_action_property (SELF, 'computed offset',
        ['INTEGRATED_CNC_SCHEMA.MACHINING_OFFSET_VECTOR_REPRESENTATION']))
        );
    WR6: NOT (SELF.description IN ['tool length probing',
        'tool radius probing']) OR
        ((verify_required_action_property (SELF, 'offset')) AND
        (verify_rep_item_for_action_property (SELF, 'offset',
        ['INTEGRATED_CNC_SCHEMA.CARTESIAN_POINT'])) AND
        (verify_required_action_property (SELF, 'maximum wear')) AND
        (verify_length_measure_action_property (SELF, 'maximum wear')) AND
        (1 = SIZEOF (QUERY (mt <*
        USEDIN (SELF, 'INTEGRATED_CNC_SCHEMA.ACTION_RESOURCE.USAGE') |
        ('INTEGRATED_CNC_SCHEMA.MACHINING_TOOL' in TYPEOF(mt)))))
        );
END_ENTITY;
(*
```

形式限制：

WR1：machining_touch_probing 的 description 可以是“workpiece probing”，“workpiece complete probing”，“tool length probing”或“tool radius probing”。

WR2：machining_touch_probing 可以是有且仅有的一个 name 为“security plane”的 action_property 的 definition，用来描述这个 action_property 的 representation 可包括一个 elementary_surface 类型的 representation_item。

WR3：machining_touch_probing 可以是有且仅有的一个 name 为“measured offset”的 action_property 的 definition，用来描述这个 action_property 的 representation 可包括一个 expression_representation_item 和 numeric_variable 类型的 representation_item。

WR4：如果 machining_touch_probing 的 description 是“workpiece probing”，machining_touch_probing 需满足以下条件：

——machining_touch_probing 可以是有且仅有的一个 name 为“start position”的 action_property 的 definition，用来描述这个 action_property 的 representation 可包括一个 axis2_placement_3d 类型的 representation_item。

——machining_touch_probing 可以是有且仅有的一个 name 为“workpiece probing”的 product_definition_process 的 chosen_method。

——machining_touch_probing 可以是有且仅有的一个 name 为“direction”的 action_property 的 definition，用来描述这个 action_property 的 representation 可包括一个 direction 类型的 representation_item。

——machining_touch_probing 可以是有且仅有的一个 name 为“expected value”的 action_property 的 definition,用来描述这个 action_property 的 representation 可包括一个 length_measure_with_unit,measure_representation_item 和 qualified_representation_item 类型的 representation_item。

——machining_touch_probing 可以是有且仅有的一个 name 为"probe"的 action_property 的 definition。

WR5：如果 machining_touch_probing 的 description 是"workpiece complete probing", machining_touch_probing 需满足以下条件：

——machining_touch_probing 可以是有且仅有的一个 name 为"workpiece complete probing"的 product_definition_process 的 chosen_method。

——machining_touch_probing 可以是有且仅有的一个 name 为"probing distance"的 action_property 的 definition,用来描述这个 action_property 的 representation 可包括一个 length_measure_with_unit,measure_representation_item 和 qualified_representation_item 类型的 representation_item。

——machining_touch_probing 可以是有且仅有的一个 name 为"probe"的 action_property 的 definition。

——machining_touch_probing 可以是有且仅有的一个 name 为"computed offset"的 action_property 的 definition,用来描述这个 action_property 的 representation 可以是 machining_offset_vector_representation 类型。

WR6：如果 machining_touch_probing 的 description 是"tool length probing"或"tool radius probing", machining_touch_probing 需满足以下条件：

——machining_touch_probing 可以是有且仅有的一个 name 为"offset"的 action_property 的 definition,用来描述这个 action_property 的 representation 可包括一个 cartesian_point 类型的 representation_item。

——machining_touch_probing 可以是有且仅有的一个 name 为"maximum wear"的 action_property 的 definition,用来描述这个 action_property 的 representation 可包括一个 length_measure_with_unit 和 measure_representation_item 类型的 representation_item。

——machining_touch_probing 可出现在有且仅有的一个 machining_tool 的 usage 集中。

5.2.3.1.80 实体 machining_workingstep

machining_workingstep 是一种 machining_process_executable。machining_process_executable 表示一个加工过程中的一个步骤。更多信息参见 GB/T 19903.10 中 Machining_workingstep 和 GB/T 19903.12中 Turning_workingstep 的 ARM 定义。

EXPRESS 描述：

```
*)
ENTITY machining_workingstep
  SUBTYPE OF (machining_process_executable);
  WHERE
  WR1: ((verify_optional_action_property (SELF, 'security plane')) AND
       (verify_rep_item_for_action_property (SELF, 'security plane',
       ['INTEGRATED_CNC_SCHEMA.ELEMENTARY_SURFACE'])));
  WR2: NOT (SELF.description = 'machining') OR
       ((verify_required_relating_amr (SELF,
       ['INTEGRATED_CNC_SCHEMA.MACHINING_FEATURE_RELATIONSHIP'])) AND
       (verify_related_type_for_amr (SELF,
       ['INTEGRATED_CNC_SCHEMA.MACHINING_FEATURE_RELATIONSHIP'],
       ['INTEGRATED_CNC_SCHEMA.MACHINING_FEATURE_PROCESS'])) AND
```

```
        (verify_related_type_for_amr (SELF,
        ['INTEGRATED_CNC_SCHEMA.MACHINING_FINAL_FEATURE_RELATIONSHIP'],
        ['INTEGRATED_CNC_SCHEMA.MACHINING_FEATURE_PROCESS'])) AND
        (verify_required_relating_amr (SELF,
        ['INTEGRATED_CNC_SCHEMA.MACHINING_OPERATION_RELATIONSHIP'])) AND
        (verify_related_type_for_amr (SELF,
        ['INTEGRATED_CNC_SCHEMA.MACHINING_OPERATION_RELATIONSHIP'],
        ['INTEGRATED_CNC_SCHEMA.MACHINING_OPERATION']))
        );
    WR3: NOT (SELF.description = 'turning') OR
        ((2 <= get_count_of_relating_amr (SELF,
        ['INTEGRATED_CNC_SCHEMA.MACHINING_FEATURE_SEQUENCE_RELATIONSHIP']))
        AND
        (verify_related_type_for_amr (SELF,
        ['INTEGRATED_CNC_SCHEMA.MACHINING_FEATURE_SEQUENCE_RELATIONSHIP'],
        ['INTEGRATED_CNC_SCHEMA.MACHINING_FEATURE_PROCESS'])) AND
        (verify_required_relating_amr (SELF,
        ['INTEGRATED_CNC_SCHEMA.MACHINING_OPERATION_RELATIONSHIP'])) AND
        (verify_related_type_for_amr (SELF,
        ['INTEGRATED_CNC_SCHEMA.MACHINING_OPERATION_RELATIONSHIP'],
        ['INTEGRATED_CNC_SCHEMA.TURNING_TYPE_OPERATION']))
        );
    WR4: NOT (SELF.description IN ['machining', 'turning']) OR
        (verify_optional_in_process_geometry (SELF));
    WR5: ((verify_optional_action_property (SELF, 'toolpath orientation')) AND
        (verify_rep_item_for_action_property (SELF, 'toolpath orientation',
        ['INTEGRATED_CNC_SCHEMA.AXIS2_PLACEMENT_3D'])));
END_ENTITY;
(*
```

形式限制：

WR1：machining_workingstep 可以是至多一个 name 为“security plane”的 action_property 的 definition，用来描述这个 action_property 的 representation 可包括一个 elementary_surface 类型的 representation_item。

WR2：如果 machining_workingstep 的 description 是“machining”，machining_workingstep 需满足以下条件：

——machining_workingstep 可以是有且仅有的一个 machining_feature_relationship 的 relating_method，在 machining_feature_relationship 中，related_method 是 machining_feature_process 类型。

——machining_workingstep 可以是零个或多个 machining_final_feature_relationship 的 relating_method，在 machining_final_feature_relationship 中，related_method 是 machining_feature_process 类型。

——machining_workingstep 可以是有且仅有的一个 machining_operation_relationship 的 relating_method，在 machining_operation_relationship 中，related_method 是 machining_operation 类型。

WR3：如果 machining_workingstep 的 description 是“turning”，machining_workingstep 需满足以下条件：

——machining_workingstep 可以是两个或多个 machining_feature_sequence_relationship 实例的 relating_method，在 machining_feature_sequence_relationship 中，related_method 是 machining_feature_process 类型。

——machining_workingstep 可以是有且仅有的一个 machining_operation_relationship 的 relating_method，在 machining_operation_relationship 中，related_method 是 turning_type_operation 类型。

WR4：如果 machining_workingstep 的 description 是"machining"或"turning"，machining_workingstep 需满足 verify_optional_in_process_geometry 函数检测的条件。更多信息参见 verify_optional_in_process_geometry 函数的定义。

WR5：machining_workingstep 可以是至多一个 name 为"toolpath orientation"的 action_property 的 definition，用来描述这个 action_property 的 representation 可包括一个 axis2_placement_3d 类型的 representation_item。

非形式限制：

IP1：如果 machining_workingstep 的 description 是"turning"，所有的 name 为"process feature"的 sequential_method 实例(sequential_method 实例通过 related 属性引用 machining_workingstep)应有唯一的 sequence_position 值。

5.2.3.1.81 实体 machining_workplan

machining_workplan 是一种 machining_process_executable。machining_process_executable 表示一个加工过程中的一序列的步骤。更多信息参见 GB/T 19903.10 中 Manufacturing_feature 的 ARM 定义。

EXPRESS 描述：

```
*)
ENTITY machining_workplan
    SUBTYPE OF (machining_process_executable);
    WHERE
    WR1: (1 <= get_count_of_relating_amr (SELF,
        ['INTEGRATED_CNC_SCHEMA.MACHINING_PROCESS_SEQUENCE_RELATIONSHIP']))
        AND
        (verify_related_type_for_amr (SELF,
        ['INTEGRATED_CNC_SCHEMA.MACHINING_PROCESS_SEQUENCE_RELATIONSHIP'],
        ['INTEGRATED_CNC_SCHEMA.MACHINING_PROCESS_EXECUTABLE']));
    WR2: (verify_optional_action_property (SELF, 'channel'));
    WR3: (1 >= SIZEOF (QUERY (act <*
        USEDIN (SELF, 'INTEGRATED_CNC_SCHEMA.ACTION.CHOSEN_METHOD') |
        (act.name = 'setup')))) AND
        (0 = SIZEOF (QUERY (act <*
        USEDIN (SELF, 'INTEGRATED_CNC_SCHEMA.ACTION.CHOSEN_METHOD') |
        (act.name = 'setup') AND NOT
        ('INTEGRATED_CNC_SCHEMA.PRODUCT_DEFINITION_PROCESS' IN TYPEOF (act))
        )));
    WR4: (verify_optional_in_process_geometry (SELF));
END_ENTITY;
(*
```

形式限制：

WR1：machining_workplan 可以是至少一个 machining_process_sequence_relationship 的 relating_method，在 machining_process_sequence_relationship 中，related_method 是 machining_process_executable 类型。

WR2：machining_workplan 可以是至多一个 name 为"channel"的 action_property 的 definition。

WR3:machining_workplan 可以是至多一个 name 为“setup”的 product_definition_process 的 chosen_method。

WR4:machining_workplan 需满足 verify_optional_in_process_geometry 函数检测的条件。更多信息参见 verify_optional_in_process_geometry 函数的定义。

非形式限制：

IP1:通过 relating_method 属性引用同一个 machining_workplan 的所有 machining_process_sequence_relationship 实例应有唯一的 sequence_position 值。

5.2.3.1.82 实体 milling_type_operation

milling_type_operation 是一种表达加工过程中的磨削步骤详情的 machining_operation。更多信息参见 GB/T 19903.11 中的 Milling_type_operation 及其子类的 ARM 定义。

EXPRESS 描述：

```
*)
ENTITY milling_type_operation
    SUBTYPE OF (machining_operation);
    WHERE
    WR1: (verify_optional_action_property (SELF,'overcut length')) AND
         (verify_length_measure_action_property (SELF, 'overcut length'));
    WR2: ((verify_optional_relating_amr_with_name (SELF,'approach',
         ['INTEGRATED_CNC_SCHEMA.MACHINING_STRATEGY_RELATIONSHIP'])) AND
         (verify_related_type_for_amr_with_name (SELF,'approach',
         ['INTEGRATED_CNC_SCHEMA.MACHINING_STRATEGY_RELATIONSHIP'],
         ['INTEGRATED_CNC_SCHEMA.MACHINING_APPROACH_RETRACT_STRATEGY']))
         );
    WR3: ((verify_optional_relating_amr_with_name (SELF,'retract',
         ['INTEGRATED_CNC_SCHEMA.MACHINING_STRATEGY_RELATIONSHIP'])) AND
         (verify_related_type_for_amr_with_name (SELF,'retract',
         ['INTEGRATED_CNC_SCHEMA.MACHINING_STRATEGY_RELATIONSHIP'],
         ['INTEGRATED_CNC_SCHEMA.MACHINING_APPROACH_RETRACT_STRATEGY']))
         );
    WR4: ((verify_optional_relating_amr_with_name (SELF,'machining',
         ['INTEGRATED_CNC_SCHEMA.MACHINING_STRATEGY_RELATIONSHIP'])) AND
         (verify_related_type_for_amr_with_name (SELF,'machining',
         ['INTEGRATED_CNC_SCHEMA.MACHINING_STRATEGY_RELATIONSHIP'],
         ['INTEGRATED_CNC_SCHEMA.MILLING_TYPE_STRATEGY']))
         );
END_ENTITY;
(*
```

形式限制：

WR1:milling_type_operation 应是至多一个 name 为“切削间距长度”的 action_property 的 definition,用来描述这个 action_property 的 representation 应包括一个 measure_representation_item 和 length_measure_with_unit 类型的 representation_item。

WR2:milling_type_operation 应是至多一个 name 为“方法”的 machining_strategy_relationship 的 relating_method,在 machining_strategy_relationship 中,related_method 应是 machining_approach_retract_strategy 类型。

WR3:milling_type_operation 应是至多一个 name 为“缩进”的 machining_strategy_relationship 的

relating_method，在 machining_strategy_relationship 中，related_method 是 machining_approach_retract_strategy 类型。

WR4：milling_type_operation 应是至多一个 name 为“加工”的 machining_strategy_relationship 的 relating_method，在 machining_strategy_relationship 中，related_method 是 milling_type_strategy 类型。

5.2.3.1.83 实体 milling_type_strategy

milling_type_strategy 是一种 machining_strategy。machining_strategy 表示一个磨削操作中用来决定切削刀具运动的方法。更多信息参见 GB/T 19903.11 中 Two5D_milling_strategy，Freeform_strategy 及其子类的 ARM 定义。

EXPRESS 描述：

```
*)
ENTITY milling_type_strategy
  SUBTYPE OF (machining_strategy);
  WHERE
  WR1: NOT (SELF.description IN ['bidirectional', 'bidirectional contour',
       'center milling', 'contour bidirectional', 'contour parallel',
       'contour spiral', 'explicit', 'unidirectional']) OR
       ((verify_optional_action_property (SELF, 'overlap ratio')) AND
       (verify_ratio_measure_action_property (SELF, 'overlap ratio')) AND
       (verify_optional_action_property (SELF, 'multiple passes')) AND
       (verify_enumeration_action_property (SELF, 'multiple passes',
       ['multiple passes allowed', 'multiple passes not allowed'])) );
  WR2: NOT (SELF.description = 'bidirectional') OR
       ((verify_optional_action_property (SELF, 'feed direction')) AND
       (verify_rep_item_for_action_property (SELF, 'feed direction',
       ['INTEGRATED_CNC_SCHEMA.DIRECTION'])) AND
       (verify_optional_action_property (SELF, 'stepover direction')) AND
       (verify_enumeration_action_property (SELF, 'stepover direction',
       ['left', 'right'])) AND
       (verify_optional_action_property (SELF, 'connection strategy')) AND
       (verify_enumeration_action_property (SELF, 'connection strategy',
       ['straight line', 'lift shift plunge', 'degouge', 'loop back'])) );
  WR3: NOT (SELF.description IN ['bidirectional contour',
       'contour bidirectional']) OR
       ((verify_optional_action_property (SELF, 'feed direction')) AND
       (verify_rep_item_for_action_property (SELF, 'feed direction',
       ['INTEGRATED_CNC_SCHEMA.DIRECTION'])) AND
       (verify_optional_action_property (SELF, 'stepover direction')) AND
       (verify_enumeration_action_property (SELF, 'stepover direction',
       ['left', 'right'])) AND
       (verify_optional_action_property (SELF, 'rotation direction')) AND
       (verify_enumeration_action_property (SELF, 'rotation direction',
       ['clockwise', 'counterclockwise'])) AND
       (verify_optional_action_property (SELF, 'spiral cutmode')) AND
       (verify_enumeration_action_property (SELF, 'spiral cutmode',
       ['climb', 'conventional'])) );
  WR4: NOT (SELF.description IN ['contour parallel', 'contour spiral']) OR
```

```
        ((verify_optional_action_property (SELF, 'rotation direction')) AND
        (verify_enumeration_action_property (SELF, 'rotation direction',
        ['clockwise', 'counterclockwise'])) AND
        (verify_optional_action_property (SELF, 'cutmode')) AND
        (verify_enumeration_action_property (SELF, 'cutmode',
        ['climb', 'conventional'])) );
    WR5: NOT (SELF.description = 'unidirectional') OR
        ((verify_optional_action_property (SELF, 'feed direction')) AND
        (verify_rep_item_for_action_property (SELF, 'feed direction',
        ['INTEGRATED_CNC_SCHEMA.DIRECTION'])) AND
        (verify_optional_action_property (SELF, 'cutmode')) AND
        (verify_enumeration_action_property (SELF, 'cutmode',
        ['climb', 'conventional'])) );
END_ENTITY;
(*
```

形式限制：

WR1：如果 milling_type_strategy 的 description 是"bidirectional"，"bidirectional contour"，"center milling"，"contour bidirectional"，"contour parallel"，"contour spiral"，"explicit"或"unidirectional"，milling_type_strategy 需满足以下条件：

——milling_type_strategy 应是至多一个 name 为"overlap ratio"的 action_property 的 definition，用来描述这个 action_property 的 representation 应包含一个 measure_representation_item 和 ratio_measure_with_unit 类型的 representation_item。

——milling_type_strategy 应是至多一个 name 为"multiple passes"的 action_property 的 definition，用来描述这个 action_property 的 representation 应包含一个 descriptive_representation_item 类型的 representation_item，descriptive_representation_item 有一个"multiple passes allowed"或"multiple passes not allowed"的 description。

WR2：如果 milling_type_strategy 的 description 是"bidirectional"，milling_type_strategy 需满足以下条件：

——milling_type_strategy 应是至多一个 name 为"feed direction"的 action_property 的 definition，用来描述这个 action_property 的 representation 应包含一个 direction 类型的 representation_item。

——milling_type_strategy 应是至多一个 name 为"stepover direction"的 action_property 的 definition，用来描述这个 action_property 的 representation 应包含一个 descriptive_representation_item 类型的 representation_item，descriptive_representation_item 有一个"left"或"right"的 description。

——milling_type_strategy 应是至多一个 name 为"connection strategy"的 action_property 的 definition，用来描述这个 action_property 的 representation 应包含一个 descriptive_representation_item 类型的 representation_item，descriptive_representation_item 有一个"straight line"，"lift shift plunge"，"degouge"或"loop back"的 description。

WR3：如果 milling_type_strategy 的 description 是"bidirectional contour"或"contour bidirectional"，milling_type_strategy 需满足以下条件：

——milling_type_strategy 应是至多一个 name 为"feed direction"的 action_property 的 definition，用来描述这个 action_property 的 representation 应包含一个 direction 类型的 representation_item。

——milling_type_strategy 应是至多一个 name 为"stepover direction"的 action_property 的 definition，用来描述这个 action_property 的 representation 可包含一个 descriptive_representation_item 类型的 representation_item，descriptive_representation_item 有一个"left"或"right"的 description。

——milling_type_strategy 应是至多一个 name 为“rotation direction”的 action_property 的 definition,用来描述这个 action_property 的 representation 应包含一个 descriptive_representation_item 类型的 representation_item,descriptive_representation_item 有一个“clockwise”或“counterclockwise”的 description。

——milling_type_strategy 应是至多一个 name 为“spiral cutmode”的 action_property 的 definition,用来描述这个 action_property 的 representation 应包含一个 descriptive_representation_item 类型的 representation_item,descriptive_representation_item 有一个“climb”或“conventional”的 description。

WR4:如果 milling_type_strategy 的 description 是“contour parallel”或“contour spiral”, milling_type_strategy 需满足以下条件:

——milling_type_strategy 应是至多一个 name 为“rotation direction”的 action_property 的 definition,用来描述这个 action_property 的 representation 应包含一个 descriptive_representation_item 类型的 representation_item,descriptive_representation_item 有一个“clockwise”或“counterclockwise”的 description。

——milling_type_strategy 应是至多一个 name 为“cutmode”的 action_property 的 definition,用来描述这个 action_property 的 representation 应包含一个 descriptive_representation_item 类型的 representation_item,descriptive_representation_item 有一个“climb”或“conventional”的 description。

WR5:如果 milling_type_strategy 的 description 是“unidirectional”, milling_type_strategy 需满足以下条件:

——milling_type_strategy 应是至多一个 name 为“feed direction”的 action_property 的 definition,用来描述这个 action_property 的 representation 应包含一个 direction 类型的 representation_item。

——milling_type_strategy 应是至多一个 name 为“cutmode”的 action_property 的 definition,用来描述这个 action_property 的 representation 应包含一个 descriptive_representation_item 类型的 representation_item,descriptive_representation_item 有一个“climb”或“conventional”的 description。

5.2.3.1.84 实体 ngon_shape_representation

ngon_shape_representation 规定了一个形状的表达,这个形状是一个定义为确定长度的多边形区域的体积。该封闭区域由三条或多条直边定义。

注:此定义与 ISO 10303-224 中的定义一致。

EXPRESS 描述:

```
*)
ENTITY ngon_shape_representation
    SUBTYPE OF (shape_representation_with_parameters);
    WHERE
    WR1: (SIZEOF(SELF.items) = 5);
    WR2: (SIZEOF(QUERY ( it <* SELF.items |
        (('INTEGRATED_CNC_SCHEMA.PLACEMENT'
        IN TYPEOF(it)) AND (it.name = 'orientation')) )) = 1);
    WR3: (SIZEOF(QUERY ( it <* SELF.items |
        ((SIZEOF([
        'INTEGRATED_CNC_SCHEMA.MEASURE_REPRESENTATION_ITEM',
        'INTEGRATED_CNC_SCHEMA.LENGTH_MEASURE_WITH_UNIT'] *
        TYPEOF(it)) = 2) AND (it.name = 'length')) )) = 1);
    WR4: (SIZEOF(QUERY ( it <* SELF.items |
        ((SIZEOF([
        'INTEGRATED_CNC_SCHEMA.MEASURE_REPRESENTATION_ITEM',
```

```
        'INTEGRATED_CNC_SCHEMA.LENGTH_MEASURE_WITH_UNIT'] *
        TYPEOF(it)) = 2) AND (it.name = 'corner radius')) )) = 1);
    WR5: SIZEOF (QUERY (it <* SELF.items |
        (SIZEOF
        (['INTEGRATED_CNC_SCHEMA.MEASURE_REPRESENTATION_ITEM',
        'INTEGRATED_CNC_SCHEMA.LENGTH_MEASURE_WITH_UNIT'] *
        TYPEOF (it)) = 2) AND
        (it.name IN ['circumscribed diameter','diameter across flats']) )) = 1;
    WR6: (SIZEOF(QUERY ( it <* SELF.items |
        (('INTEGRATED_CNC_SCHEMA.MEASURE_REPRESENTATION_ITEM'
        IN TYPEOF(it)) AND
        ('INTEGRATED_CNC_SCHEMA.COUNT_MEASURE'
        IN TYPEOF(it\measure_with_unit.value_component)) AND
        (it.name = 'number of sides')) )) = 1);
END_ENTITY; -- ngon_shape_representation
(*
```

形式限制：

WR1：ngon_shape_representation 在它的 items 集中应包含五个 representation_items。

WR2：用于一个 ngon_shape_representation 的隐含表达的 representation_items 应是 name 为“orientation”的 placement 类型。

WR3：用于一个 ngon_shape_representation 的隐含表达的 representation_items 应是 measure_representation_item 和 name 为“length”的 length_measure_with_unit 类型。

WR4：用于一个 ngon_shape_representation 的隐含表达的 representation_items 应是 measure_representation_item 和 name 为“corner radius”的 length_measure_with_unit 类型。

WR5：用于一个 ngon_shape_representation 的隐含表达的 representation_items 应是 measure_representation_item 和 name 为“circumscribed diameter”或“diameter across flats”的 length_measure_with_unit 类型。

WR6：用于一个 ngon_shape_representation 的隐含表达的 representation_items 应是 measure_representation_item 类型，measure_representation_item 有一个 count_measure 类型的 value_component 和“number of sides”的 name。

非形式限制：

IP1：ngon_shape_representation 的位置应定义在封闭区域的中心。

IP2：ngon_shape_representation 应在 X－Y 面上与封闭区域一起定义，该多边形的一条边平行于 X 方向，相交于负 Y 轴。长度沿着 Z 方向。

5.2.3.1.85 实体 placed_datum_target_feature

placed_datum_target_feature 是一种 datum_target，datum_target 表示公差目的的基准目标的隐含定义。

注：此定义与 ISO 10303-214、ISO 10303-224 和 ISO 10303-1050 中的定义一致。

EXPRESS 描述：

```
*)
ENTITY placed_datum_target_feature
    SUBTYPE OF (datum_target);
    WHERE
    WR1 : (SELF.description IN ['point','line','rectangle','circle']);
```

```
WR2 : (SIZEOF(QUERY ( pd <* USEDIN(SELF,
      'INTEGRATED_CNC_SCHEMA.PROPERTY_DEFINITION.DEFINITION') |
      (NOT (SIZEOF(QUERY ( pdr <* USEDIN(pd,
      'INTEGRATED_CNC_SCHEMA.' +
      'PROPERTY_DEFINITION_REPRESENTATION.DEFINITION') |
      (('INTEGRATED_CNC_SCHEMA.' +
      'SHAPE_REPRESENTATION_WITH_PARAMETERS')
      IN TYPEOF(pdr.used_representation)) )) = 1)) )) = 0);
WR3 : (SIZEOF(QUERY ( pd <* USEDIN(SELF,
      'INTEGRATED_CNC_SCHEMA.PROPERTY_DEFINITION.DEFINITION') |
      (NOT (SIZEOF(QUERY ( dtm_rep <* QUERY ( pdr <* USEDIN(pd,
      'INTEGRATED_CNC_SCHEMA.' +
      'PROPERTY_DEFINITION_REPRESENTATION.DEFINITION') |
      (('INTEGRATED_CNC_SCHEMA.' +
      'SHAPE_REPRESENTATION_WITH_PARAMETERS')
      IN TYPEOF(pdr.used_representation)) ) |
      (NOT (SIZEOF(QUERY ( it <* dtm_rep.used_representation.items |
      (('INTEGRATED_CNC_SCHEMA.PLACEMENT'
      IN TYPEOF(it)) AND (it.name = 'orientation')) )) = 1)) ))
      = 0)) )) = 0);
WR4 : ((NOT (SELF.description = 'point')) OR
      (SIZEOF(QUERY ( pd <* USEDIN(SELF,
      'INTEGRATED_CNC_SCHEMA.PROPERTY_DEFINITION.DEFINITION') |
      (NOT (SIZEOF(QUERY ( dtm_rep <*
      QUERY ( pdr <* USEDIN(pd,'INTEGRATED_CNC_SCHEMA.' +
      'PROPERTY_DEFINITION_REPRESENTATION.DEFINITION') |
      (('INTEGRATED_CNC_SCHEMA.' +
      'SHAPE_REPRESENTATION_WITH_PARAMETERS')
      IN TYPEOF(pdr.used_representation)) ) |
      (NOT (SIZEOF(dtm_rep.used_representation.items) = 1)) ))
      = 0)) )) = 0));
WR5 : ((NOT (SELF.description IN ['line','circle'])) OR
      (SIZEOF(QUERY ( pd <* USEDIN(SELF,
      'INTEGRATED_CNC_SCHEMA.PROPERTY_DEFINITION.DEFINITION') |
      (NOT (SIZEOF(QUERY ( dtm_rep <* QUERY ( pdr <* USEDIN(pd,
      'INTEGRATED_CNC_SCHEMA.' +
      'PROPERTY_DEFINITION_REPRESENTATION.DEFINITION') |
      (('INTEGRATED_CNC_SCHEMA.' +
      'SHAPE_REPRESENTATION_WITH_PARAMETERS')
      IN TYPEOF(pdr.used_representation)) ) |
      (NOT (SIZEOF(dtm_rep.used_representation.items) = 2)) ))
      = 0)) )) = 0));
WR6 : ((NOT (SELF.description = 'rectangle')) OR
      (SIZEOF(QUERY ( pd <* USEDIN(SELF,
      'INTEGRATED_CNC_SCHEMA.PROPERTY_DEFINITION.DEFINITION') |
      (NOT (SIZEOF(QUERY ( dtm_rep <* QUERY ( pdr <* USEDIN(pd,
      'INTEGRATED_CNC_SCHEMA.' +
      'PROPERTY_DEFINITION_REPRESENTATION.DEFINITION') |
```

```
        (('INTEGRATED_CNC_SCHEMA.' +
        'SHAPE_REPRESENTATION_WITH_PARAMETERS')
        IN TYPEOF(pdr.used_representation)) ) |
        (NOT (SIZEOF(dtm_rep.used_representation.items) = 3)) ))
        = 0)) )) = 0));
  WR7 : ((NOT (SELF.description = 'circle')) OR
        (SIZEOF(QUERY ( pd <* USEDIN(SELF,
        'INTEGRATED_CNC_SCHEMA.PROPERTY_DEFINITION.DEFINITION') |
        (NOT (SIZEOF(QUERY ( dtm_rep <* QUERY ( pdr <* USEDIN(pd,
        'INTEGRATED_CNC_SCHEMA.' +
        'PROPERTY_DEFINITION_REPRESENTATION.DEFINITION') |
        (('INTEGRATED_CNC_SCHEMA.' +
        'SHAPE_REPRESENTATION_WITH_PARAMETERS')
        IN TYPEOF(pdr.used_representation)) ) |
        (NOT (SIZEOF(QUERY ( it <* dtm_rep.used_representation.items |
        ((SIZEOF([
        'INTEGRATED_CNC_SCHEMA.MEASURE_REPRESENTATION_ITEM',
        'INTEGRATED_CNC_SCHEMA.LENGTH_MEASURE_WITH_UNIT'] *
        TYPEOF(it)) = 2) AND (it.name = 'target diameter')) ))
        = 1)) )) = 0)) )) = 0));
  WR8 : ((NOT (SELF.description = 'line')) OR
        (SIZEOF(QUERY ( pd <* USEDIN(SELF,
        'INTEGRATED_CNC_SCHEMA.PROPERTY_DEFINITION.DEFINITION') |
        (NOT (SIZEOF(QUERY ( dtm_rep <* QUERY ( pdr <* USEDIN(pd,
        'INTEGRATED_CNC_SCHEMA.' +
        'PROPERTY_DEFINITION_REPRESENTATION.DEFINITION') |
        (('INTEGRATED_CNC_SCHEMA.' +
        'SHAPE_REPRESENTATION_WITH_PARAMETERS')
        IN TYPEOF(pdr.used_representation)) ) |
        (NOT (SIZEOF(QUERY ( it <* dtm_rep.used_representation.items |
        ((SIZEOF([
        'INTEGRATED_CNC_SCHEMA.MEASURE_REPRESENTATION_ITEM',
        'INTEGRATED_CNC_SCHEMA.LENGTH_MEASURE_WITH_UNIT'] *
        TYPEOF(it)) = 2) AND (it.name = 'target length')))) = 1)) ))
        = 0)) )) = 0));
  WR9 : ((NOT (SELF.description = 'rectangle')) OR
        (SIZEOF(QUERY ( pd <* USEDIN(SELF,
        'INTEGRATED_CNC_SCHEMA.PROPERTY_DEFINITION.DEFINITION') |
        (NOT (SIZEOF(QUERY ( dtm_rep <* QUERY ( pdr <* USEDIN(pd,
        'INTEGRATED_CNC_SCHEMA.' +
        'PROPERTY_DEFINITION_REPRESENTATION.DEFINITION') |
        (('INTEGRATED_CNC_SCHEMA.' +
        'SHAPE_REPRESENTATION_WITH_PARAMETERS')
        IN TYPEOF(pdr.used_representation)) ) |
        (NOT (SIZEOF(QUERY ( it <* dtm_rep.used_representation.items |
        ((SIZEOF([
        'INTEGRATED_CNC_SCHEMA.MEASURE_REPRESENTATION_ITEM',
        'INTEGRATED_CNC_SCHEMA.LENGTH_MEASURE_WITH_UNIT'] *
```

```
        TYPEOF(it)) = 2) AND (it.name = 'target length')))) = 1)) ))
        = 0)) )) = 0));
    WR10: ((NOT (SELF.description = 'rectangle')) OR
        (SIZEOF(QUERY ( pd <* USEDIN(SELF,
        'INTEGRATED_CNC_SCHEMA.PROPERTY_DEFINITION.DEFINITION') |
        (NOT (SIZEOF(QUERY ( dtm_rep <* QUERY ( pdr <* USEDIN(pd,
        'INTEGRATED_CNC_SCHEMA.' +
        'PROPERTY_DEFINITION_REPRESENTATION.DEFINITION') |
        (('INTEGRATED_CNC_SCHEMA.' +
        'SHAPE_REPRESENTATION_WITH_PARAMETERS')
        IN TYPEOF(pdr.used_representation)) ) |
        (NOT (SIZEOF(QUERY ( it <* dtm_rep.used_representation.items |
        ((SIZEOF([
        'INTEGRATED_CNC_SCHEMA.MEASURE_REPRESENTATION_ITEM',
        'INTEGRATED_CNC_SCHEMA.LENGTH_MEASURE_WITH_UNIT'] *
        TYPEOF(it)) = 2) AND (it.name = 'target width')))) = 1))))
        = 0)) )) = 0));
END_ENTITY; -- placed_datum_target_feature
(*
```

形式限制：

WR1：placed_datum_target_feature 的 description 可以是“point”，“line”，“rectangle”或“circle”。

WR2：一个 placed_datum_target_feature 应只有一个隐含表达。

WR3：有且仅有的一个用于 placed_datum_target_feature 的表达的 representation_item 应是 name 为“orientation”的 placement 类型。

WR4：如果 placed_datum_target_feature 是一个点，该表达在它的 items 集中应只包含一个 representation_items。

WR5：如果 placed_datum_target_feature 是一条线或一个圆，该表达在它的 items 集中应只包含两个 representation_item。

WR6：如果 placed_datum_target_feature 是一个矩形，该表达在它的 items 集中应只包含三个 representation_items。

WR7：如果 placed_datum_target_feature 的 description 是“circle”，用于 placed_datum_target_feature 隐含表达的仅有的一个 representation_item 可以是 measure_representation_item 和 name 为“target diameter”的 length_measure_with_unit 类型。

WR8：如果 placed_datum_target_feature 的 description 是“line”，用于 placed_datum_target_feature 隐含表达的仅有的一个 representation_item 可以是 measure_representation_item 和 name 为“target length”的 length_measure_with_unit 类型。

WR9：如果 placed_datum_target_feature 的 description 是“rectangle”，用于 placed_datum_target_feature 隐含表达的仅有的一个 representation_item 可以是 measure_representation_item 和 name 为“target length”的 length_measure_with_unit 类型。

WR10：如果 placed_datum_target_feature 的 description 是“rectangle”，用于 placed_datum_target_feature 隐含表达的仅有的一个 representation_item 可以是 measure_representation_item 和 name 为“target width”的 length_measure_with_unit 类型。

5.2.3.1.86 实体 **plane_milling_operation**

plane_milling_operation 是一种 milling_type_operation。milling_type_ operation 表示一个 2.5D

磨削步骤，在此步骤中，沿着垂直于切削刀具轴的方向切削原料。更多信息参见 GB/T 19903.11 中 Plane_milling_operation 及其子类的 ARM 定义。

EXPRESS 描述：

```
*)
ENTITY plane_milling_operation
    SUBTYPE OF (milling_type_operation);
    WHERE
    WR1: (SELF.description IN ['roughing','finishing']);
    WR2: (verify_optional_action_property (SELF, 'axial cutting depth')) AND
         (verify_length_measure_action_property (SELF, 'axial cutting depth'));
    WR3: (verify_optional_action_property (SELF, 'allowance bottom')) AND
         (verify_length_measure_action_property (SELF, 'allowance bottom'));
    WR4: NOT (SELF.description = 'roughing') OR
         (verify_required_action_property (SELF, 'allowance bottom'));
END_ENTITY;
(*
```

形式限制：

WR1：plane_milling_operation 的 description 可以是“roughing”或“finishing”。

WR2：plane_milling_operation 可以是至多一个 name 为“axial cutting depth”的 action_property 的 definition，用来描述这个 action_property 的 representation 可包括一个 measure_representation_item 和 length_measure_with_unit 类型的 representation_item。

WR3：plane_milling_operation 可以是至多一个 name 为“allowance bottom”的 action_property 的 definition，用来描述这个 action_property 的 representation 可包括一个 measure_representation_item 和 length_measure_with_unit 类型的 representation_item。

WR4：如果 plane_milling_operation 的 description 是“roughing”，plane_milling_operation 可以是有且仅有的一个 name 为“allowance bottom”的 action_property 的 definition。

注：这相当于对 GB/T 19903.11 中 ARM 实体 Plane_rough_milling 的局部限制 WR1。

5.2.3.1.87 实体 side_milling_operation

side_milling_operation 是一种 milling_type_operation。milling_type_ operation 表示一个 2.5D 磨削步骤，在此步骤中，沿着垂直于切削刀具轴的方向切削原料。更多信息参见 GB/T 19903.11 中 Side_milling_operation 及其子类的 ARM 定义。

EXPRESS 描述：

```
*)
ENTITY side_milling_operation
    SUBTYPE OF (milling_type_operation);
    WHERE
    WR1: (SELF.description IN ['roughing','finishing']);
    WR2: (verify_optional_action_property (SELF, 'axial cutting depth')) AND
         (verify_length_measure_action_property (SELF, 'axial cutting depth'));
    WR3: (verify_optional_action_property (SELF, 'radial cutting depth')) AND
         (verify_length_measure_action_property (SELF, 'radial cutting depth'));
    WR4: (verify_optional_action_property (SELF, 'allowance side')) AND
         (verify_length_measure_action_property (SELF, 'allowance side'));
    WR5: NOT (SELF.description = 'roughing') OR
         (verify_required_action_property (SELF, 'allowance side'));
```

```
END_ENTITY;
(*
```

形式限制：

WR1：side_milling_operation 的 description 可以是"roughing"或"finishing"。

WR2：side_milling_operation 可以是至多一个 name 为"axial cutting depth"的 action_property 的 definition，用来描述这个 action_property 的 representation 可包括一个 measure_representation_item 和 length_measure_with_unit 类型的 representation_item。

WR3：side_milling_operation 可以是至多一个 name 为"radial cutting depth"的 action_property 的 definition，用来描述这个 action_property 的 representation 可包括一个 measure_representation_item 和 length_measure_with_unit 类型的 representation_item。

WR4：side_milling_operation 可以是至多一个 name 为"allowance side"的 action_property 的 definition，用来描述这个 action_property 的 representation 可包括一个 measure_representation_item 和 length_measure_with_unit 类型的 representation_item。

WR5：如果 side_milling_operation 的 description 是"roughing"，side_milling_operation 可以是有且仅有的一个 name 为"allowance side"的 action_property 的 definition。

注：这相当于对 GB/T 19903.11 中 ARM 实体 Side_rough_milling 的局部限制 WR1。

5.2.3.1.88 实体 **surface_texture_representation**

surface_texture_representation 是一种 representation。representation 表示一种表面特性，比如粗糙度或波度。这种被表达的表面特性以 representation_items 的名义给出。表面特性被表达的方法和标准依据 descriptive_representation_item 描述的规定。

注：此定义与 ISO 10303-214 中的定义一致。

EXPRESS 描述：

```
*)
ENTITY surface_texture_representation
    SUBTYPE OF (representation);
END_ENTITY;
(*
```

5.2.3.1.89 实体 **tapping_operation**

tapping_operation 是一种 drilling_type_operation。drilling_type_operation 表示一种内螺纹切削钻孔的详细步骤。更多信息参见 GB/T 19903.11 中 Tapping 和 Thread_drilling 的 ARM 定义。

EXPRESS 描述：

```
*)
ENTITY tapping_operation
    SUBTYPE OF (drilling_type_operation);
    WHERE
    WR1: (SELF.description IN ['tapping','thread drilling']);
    WR2: NOT (SELF.description = 'tapping') OR
        ((verify_optional_action_property (SELF, 'compensation chuck')) AND
        (verify_enumeration_action_property (SELF, 'compensation chuck',
        ['compensation chuck used', 'compensation chuck not used'])));
    WR3: NOT (SELF.description = 'thread drilling') OR
        ((verify_optional_action_property
        (SELF, 'helical movement on forward')) AND
```

```
          (verify_enumeration_action_property
          (SELF, 'helical movement on forward',
          ['helical movement on forward',
          'no helical movement on forward']));
END_ENTITY;
(*
```

形式限制：

WR1：tapping_operation 的 description 可以是“tapping”或“thread drilling”。

WR2：如果 tapping_operation 的 description 是“tapping”，tapping_operation 可以是至多一个 name 为“compensation chuck”的 action_property 的 definition，并且用来描述这个 action_property 的 representation 可包括一个 descriptive_representation_item 类型的 representation_item，这个 descriptive_representation_item 有一个“compensation chuck used”或“compensation chuck not used”的 description。

WR3：如果 tapping_operation 的 description 是“thread drilling”，tapping_operation 可以是至多一个 name 为“helical movement on forward”的 action_property 的 definition，并且用来描述这个 action_property 的 representation 可包括一个 descriptive_representation_item 类型的 representation_item，这个 descriptive_representation_item 有一个“helical movement on forward”或“no helical movement on forward”的 description。

5.2.3.1.90 实体 threading_turning_operation

threading_turning_operation 是一种 turning_type_operation 。更多信息参见 GB/T 19903.12 中 Threading 及其子类的 ARM 定义。

EXPRESS 描述：

```
*)
ENTITY threading_turning_operation
    SUBTYPE OF (turning_type_operation);
    WHERE
    WR1: (SELF.description IN ['roughing','finishing']);
    WR2: (verify_optional_action_property (SELF, 'allowance')) AND
         (verify_length_measure_action_property (SELF, 'allowance'));
    WR3: NOT (SELF.description = 'roughing') OR
         (verify_required_action_property (SELF, 'allowance'));
END_ENTITY;
(*
```

形式限制：

WR1：threading_turning_operation 的 description 可以是“roughing”或“finishing”。

WR2：threading_turning_operation 可以是至多一个 name 为“allowance”的 action_property 的 definition，并且用来描述这个 action_property 的 representation 可包括一个 measure_representation_item 和 length_measure_with_unit 类型的 representation_item。

WR3：如果 threading_turning_operation 的 description 是“roughing”，threading_turning_operation 可以是有且仅有的一个 name 为“allowance”的 action_property 的 definition。

注：这相当于对 GB/T 19903.12 中 ARM 实体 Threading_rough 的局部约束 WR1。

5.2.3.1.91 实体 turning_type_operation

turning_type_operation 是一种 machining_operation。machining_operation 表示加工过程中一种详细的车削步骤。更多信息参见 GB/T 19903.12 中 Turning_machining_operation 及其子类的 ARM

定义。

EXPRESS 描述：

```
*)
ENTITY turning_type_operation
    SUBTYPE OF (machining_operation);
    WHERE
    WR1: ((verify_optional_relating_amr_with_name (SELF, 'approach',
        ['INTEGRATED_CNC_SCHEMA.MACHINING_STRATEGY_RELATIONSHIP'])) AND
        (verify_related_type_for_amr_with_name (SELF, 'approach',
        ['INTEGRATED_CNC_SCHEMA.MACHINING_STRATEGY_RELATIONSHIP'],
        ['INTEGRATED_CNC_SCHEMA.MACHINING_APPROACH_RETRACT_STRATEGY']))
        );
    WR2: ((verify_optional_relating_amr_with_name (SELF, 'retract',
        ['INTEGRATED_CNC_SCHEMA.MACHINING_STRATEGY_RELATIONSHIP'])) AND
        (verify_related_type_for_amr_with_name (SELF, 'retract',
        ['INTEGRATED_CNC_SCHEMA.MACHINING_STRATEGY_RELATIONSHIP'],
        ['INTEGRATED_CNC_SCHEMA.MACHINING_APPROACH_RETRACT_STRATEGY']))
        );
    WR3: ((verify_optional_relating_amr_with_name (SELF, 'machining',
        ['INTEGRATED_CNC_SCHEMA.MACHINING_STRATEGY_RELATIONSHIP'])) AND
        (verify_related_type_for_amr_with_name (SELF, 'machining',
        ['INTEGRATED_CNC_SCHEMA.MACHINING_STRATEGY_RELATIONSHIP'],
        ['INTEGRATED_CNC_SCHEMA.TURNING_TYPE_STRATEGY']))
        );
END_ENTITY;
(*
```

形式限制：

WR1：turning_type_operation 可以是至多一个 name 为"approach"的 machining_strategy_relationship 的 relating_method 和一个 machining_approach_retract_strategy 类型的 related_method。

WR2：turning_type_operation 可以是至多一个 name 为"retract"的 machining_strategy_relationship 的 relating_method 和一个 machining_approach_retract_strategy 类型的 related_method。

WR3：turning_type_operation 可以是至多一个 name 为"machining"的 machining_strategy_relationship 的 relating_method 和一个 turning_type_strategy 类型的 related_method。

5.2.3.1.92 实体 **turning_type_strategy**

turning_type_strategy 是一种 machining_strategy。machining_strategy 表示用来决定一个车削操作中切削刀具运动的方法。更多信息参见 GB/T 19903.12 中 Turning_machining_strategy 及其子类的 ARM 定义。

EXPRESS 描述：

```
*)
ENTITY turning_type_strategy
    SUBTYPE OF (machining_strategy);
    WHERE
    WR1: (SELF.description IN ['unidirectional', 'bidirectional',
        'contour', 'thread', 'grooving', 'multistep grooving',
        'explicit']);
```

```
WR2: ((verify_optional_action_property (SELF, 'overcut length')) AND
     (verify_length_measure_action_property (SELF, 'overcut length'))
     );
WR3: ((verify_optional_action_property (SELF, 'multiple passes')) AND
     (verify_enumeration_action_property (SELF, 'multiple passes',
     ['multiple passes allowed', 'multiple passes not allowed']))
     );
WR4: ((verify_optional_action_property (SELF, 'cutting depth')) AND
     (0 = SIZEOF (QUERY (prop <*
     get_action_property (SELF, 'cutting depth') | NOT
     (0 < SIZEOF (QUERY (prep <* USEDIN (prop, 'INTEGRATED_CNC_SCHEMA.' +
     'ACTION_PROPERTY_REPRESENTATION.PROPERTY') |
     (1 = SIZEOF (QUERY (it <* prep.representation.items |
     (('INTEGRATED_CNC_SCHEMA.COMPOUND_REPRESENTATION_ITEM'
     IN TYPEOF(it)) AND
     ('INTEGRATED_CNC_SCHEMA.LIST_REPRESENTATION_ITEM'
     IN TYPEOF(it.item_element)) AND
     (0 = SIZEOF (QUERY (ie <* it.item_element | NOT (SIZEOF([
     'INTEGRATED_CNC_SCHEMA.MEASURE_REPRESENTATION_ITEM',
     'INTEGRATED_CNC_SCHEMA.LENGTH_MEASURE_WITH_UNIT'] *
     TYPEOF(ie)) = 2))))
     ))))
     )))
     )))
     );
WR5: ((verify_optional_action_property (SELF, 'variable feedrate')) AND
     (verify_rep_type_for_action_property (SELF, 'variable feedrate',
     ['INTEGRATED_CNC_SCHEMA.MACHINING_FEED_SPEED_REPRESENTATION'])) AND
     (verify_rep_name_for_action_property (SELF, 'variable feedrate',
     ['relative speed']))
     );
WR6: NOT (SELF.description = 'unidirectional') OR
     ((verify_optional_action_property (SELF, 'feed direction')) AND
     (verify_rep_item_for_action_property (SELF, 'feed direction',
     ['INTEGRATED_CNC_SCHEMA.DIRECTION'])) AND
     (verify_optional_action_property (SELF, 'back path direction')) AND
     (verify_rep_item_for_action_property (SELF, 'back path direction',
     ['INTEGRATED_CNC_SCHEMA.DIRECTION'])) AND
     (verify_optional_action_property (SELF, 'lift direction')) AND
     (verify_rep_item_for_action_property (SELF, 'lift direction',
     ['INTEGRATED_CNC_SCHEMA.DIRECTION'])) AND
     (verify_optional_action_property (SELF, 'stepover direction')) AND
     (verify_rep_item_for_action_property (SELF, 'stepover direction',
     ['INTEGRATED_CNC_SCHEMA.DIRECTION'])) AND
     (verify_optional_action_property (SELF, 'lift height')) AND
     (verify_length_measure_action_property (SELF, 'lift height')) AND
     (verify_optional_action_property (SELF, 'lift feedrate')) AND
     (verify_rep_type_for_action_property (SELF, 'lift feedrate',
```

```
    ['INTEGRATED_CNC_SCHEMA.MACHINING_FEED_SPEED_REPRESENTATION'])) AND
    (verify_rep_name_for_action_property (SELF, 'lift feedrate',
    ['feed speed', 'feed per revolution'])) AND
    (verify_optional_action_property (SELF, 'stepover feedrate')) AND
    (verify_rep_type_for_action_property (SELF, 'stepover feedrate',
    ['INTEGRATED_CNC_SCHEMA.MACHINING_FEED_SPEED_REPRESENTATION'])) AND
    (verify_rep_name_for_action_property (SELF, 'stepover feedrate',
    ['feed speed', 'feed per revolution']))
    );
WR7: NOT (SELF.description = 'bidirectional') OR
    ((verify_optional_action_property (SELF, 'feed direction')) AND
    (verify_rep_item_for_action_property (SELF, 'feed direction',
    ['INTEGRATED_CNC_SCHEMA.DIRECTION'])) AND
    (verify_optional_action_property (SELF, 'stepover direction')) AND
    (verify_rep_item_for_action_property (SELF, 'stepover direction',
    ['INTEGRATED_CNC_SCHEMA.DIRECTION'])) AND
    (verify_optional_action_property (SELF, 'stepover feedrate')) AND
    (verify_rep_type_for_action_property (SELF, 'stepover feedrate',
    ['INTEGRATED_CNC_SCHEMA.MACHINING_FEED_SPEED_REPRESENTATION'])) AND
    (verify_rep_name_for_action_property (SELF, 'stepover feedrate',
    ['feed speed', 'feed per revolution']))
    );
WR8: NOT (SELF.description = 'contour') OR
    ((verify_optional_action_property (SELF, 'feed direction')) AND
    (verify_rep_item_for_action_property (SELF, 'feed direction',
    ['INTEGRATED_CNC_SCHEMA.DIRECTION'])) AND
    (verify_optional_action_property (SELF, 'back path direction')) AND
    (verify_rep_item_for_action_property (SELF, 'back path direction',
    ['INTEGRATED_CNC_SCHEMA.DIRECTION'])) AND
    (verify_optional_action_property (SELF, 'lift direction')) AND
    (verify_rep_item_for_action_property (SELF, 'lift direction',
    ['INTEGRATED_CNC_SCHEMA.DIRECTION'])) AND
    (verify_optional_action_property (SELF, 'stepover direction')) AND
    (verify_rep_item_for_action_property (SELF, 'stepover direction',
    ['INTEGRATED_CNC_SCHEMA.DIRECTION'])) AND
    (verify_optional_action_property (SELF, 'lift height')) AND
    (verify_length_measure_action_property (SELF, 'lift height')) AND
    (verify_optional_action_property (SELF, 'lift feedrate')) AND
    (verify_rep_type_for_action_property (SELF, 'lift feedrate',
    ['INTEGRATED_CNC_SCHEMA.MACHINING_FEED_SPEED_REPRESENTATION'])) AND
    (verify_rep_name_for_action_property (SELF, 'lift feedrate',
    ['feed speed', 'feed per revolution'])) AND
    (verify_optional_action_property (SELF, 'stepover feedrate')) AND
    (verify_rep_type_for_action_property (SELF, 'stepover feedrate',
    ['INTEGRATED_CNC_SCHEMA.MACHINING_FEED_SPEED_REPRESENTATION'])) AND
    (verify_rep_name_for_action_property (SELF, 'stepover feedrate',
    ['feed speed', 'feed per revolution'])) AND
    (verify_optional_action_property
```

```
        (SELF, 'variable stepover feedrate')) AND
        (verify_rep_type_for_action_property
        (SELF, 'variable stepover feedrate',
        ['INTEGRATED_CNC_SCHEMA.MACHINING_FEED_SPEED_REPRESENTATION'])) AND
        (verify_rep_name_for_action_property
        (SELF, 'variable stepover feedrate', ['relative speed']))
        );
    WR9: NOT (SELF.description = 'thread') OR
        ((verify_required_action_property (SELF, 'cut in amount')) AND
        (verify_enumeration_action_property (SELF, 'cut in amount',
        ['constant depth', 'variable depth', 'constant removal amount'])) AND
        (verify_required_action_property (SELF, 'threading direction')) AND
        (verify_enumeration_action_property (SELF, 'threading direction',
        ['left', 'right', 'center', 'left zigzag', 'right zigzag'])) AND
        (verify_optional_action_property (SELF, 'path return angle')) AND
        (verify_angle_measure_action_property (SELF, 'path return angle')) AND
        (verify_optional_action_property (SELF, 'lift height')) AND
        (verify_length_measure_action_property (SELF, 'lift height'))
        );
    WR10: NOT (SELF.description IN ['grooving', 'multistep grooving']) OR
         ((verify_optional_action_property (SELF, 'grooving direction')) AND
         (verify_rep_item_for_action_property (SELF, 'grooving direction',
         ['INTEGRATED_CNC_SCHEMA.DIRECTION'])) AND
         (verify_optional_action_property (SELF, 'travel distance')) AND
         (verify_length_measure_action_property (SELF, 'travel distance'))
         );
    WR11: NOT (SELF.description = 'multistep grooving') OR
         ((verify_optional_action_property (SELF, 'retract distance')) AND
         (verify_length_measure_action_property (SELF, 'retract distance'))
         );
END_ENTITY;
(*
```

形式限制：

WR1：turning_type_strategy 的 description 可以是“unidirectional”，“bidirectional”，“contour”，“thread”，“grooving”，“multistep grooving”或“explicit”。

WR2：turning_type_strategy 可以是至多一个 name 为“overcut length”的 action_property 的 definition，并且用来描述这个 action_property 的 representation 可包括一个 measure_representation_item 和 length_measure_with_unit 类型的 representation_item。

WR3：turning_type_strategy 可以是至多一个 name 为“multiple passes”的 action_property 的 definition，并且用来描述这个 action_property 的 representation 可包括一个 descriptive_representation_item 类型的 representation_item，descriptive_representation_item 有一个“multiple passes allowed”或“multiple passes not allowed”的 description。

WR4：turning_type_strategy 可以是至多一个 name 为“cutting depth”的 action_property 的 definition，并且用来描述这个 action_property 的 representation 可包括有且仅有一个 compound_representation_item，在 compound_representation_item 中，item_element 是 list_representation_item 类型，并且 item_element 只包括 measure_representation_item 和 length_measure_with_unit 类型的实例。

WR5:turning_type_strategy 可以是至多一个 name 为“variable feedrate”的 action_property 的 definition,并且用来描述这个 action_property 的 representation 可以是 description 为“relative speed”的 machining_feed_speed_representation 类型。

WR6:如果 turning_type_strategy 的 description 是“unidirectional”, turning_type_strategy 需满足以下条件:

——turning_type_strategy 可以是至多一个 name 为“feed direction”的 action_property 的 definition,并且用来描述这个 action_property 的 representation 可包括一个 direction 类型的 representation_item。

——turning_type_strategy 可以是至多一个 name 为“back path direction”的 action_property 的 definition,并且用来描述这个 action_property 的 representation 可包括一个 direction 类型的 representation_item。

——turning_type_strategy 可以是至多一个 name 为“lift direction”的 action_property 的 definition,并且用来描述这个 action_property 的 representation 可包括一个 direction 类型的 representation_item。

——turning_type_strategy 可以是至多一个 name 为“stepover direction”的 action_property 的 definition,并且用来描述这个 action_property 的 representation 可包括一个 direction 类型的 representation_item。

——turning_type_strategy 可以是至多一个 name 为“lift height”的 action_property 的 definition,并且用来描述这个 action_property 的 representation 可包括一个 measure_representation_item 和 length_measure_with_unit 类型的 representation_item。

——turning_type_strategy 可以是至多一个 name 为“lift feedrate”的 action_property 的 definition,并且用来描述这个 action_property 的 representation 可以是 description 为“feed speed”或“feed per revolution”的 machining_feed_speed_representation 类型。

——turning_type_strategy 可以是至多一个 name 为“stepover feedrate”的 action_property 的 definition,并且用来描述这个 action_property 的 representation 可以是 description 为“feed speed”或“feed per revolution”的 machining_feed_speed_representation 类型。

WR7:如果 turning_type_strategy 的 description 是“bidirectional”, turning_type_strategy 需满足以下条件:

——turning_type_strategy 可以是至多一个 name 为“feed direction”的 action_property 的 definition,并且用来描述这个 action_property 的 representation 可包括一个 direction 类型的 representation_item。

——turning_type_strategy 可以是至多一个 name 为“stepover direction”的 action_property 的 definition,并且用来描述这个 action_property 的 representation 可包括一个 direction 类型的 representation_item。

——turning_type_strategy 可以是至多一个 name 为“stepover feedrate”的 action_property 的 definition,并且用来描述这个 action_property 的 representation 可以是 description 为“feed speed”或“feed per revolution”的 machining_feed_speed_representation 类型。

WR8:如果 turning_type_strategy 的 description 是“contour”, turning_type_strategy 需满足以下条件:

——turning_type_strategy 可以是至多一个 name 为“feed direction”的 action_property 的 definition,并且用来描述这个 action_property 的 representation 可包括一个 direction 类型的 representation_item。

——turning_type_strategy 可以是至多一个 name 为“back path direction”的 action_property 的 definition,并且用来描述这个 action_property 的 representation 可包括一个 direction 类型的 representation_item。

——turning_type_strategy 可以是至多一个 name 为"lift direction"的 action_property 的 definition,并且用来描述这个 action_property 的 representation 可包括一个 direction 类型的 representation_item。

——turning_type_strategy 可以是至多一个 name 为"stepover direction"的 action_property 的 definition,并且用来描述这个 action_property 的 representation 可包括一个 direction 类型的 representation_item。

——turning_type_strategy 可以是至多一个 name 为"lift height"的 action_property 的 definition,并且用来描述这个 action_property 的 representation 可包括一个 measure_representation_item 和 length_measure_with_unit 类型的 representation_item。

——turning_type_strategy 可以是至多一个 name 为"lift feedrate"的 action_property 的 definition,并且用来描述这个 action_property 的 representation 可以是 description 为"feed speed"或"feed per revolution"的 machining_feed_speed_representation 类型。

——turning_type_strategy 可以是至多一个 name 为"stepover feedrate"的 action_property 的 definition,并且用来描述这个 action_property 的 representation 可以是 description 为"feed speed"或"feed per revolution"的 machining_feed_speed_representation 类型。

——turning_type_strategy 可以是至多一个 name 为"variable stepover feedrate"的 action_property 的 definition,并且用来描述这个 action_property 的 representation 可以是 description 为"relative speed"的 machining_feed_speed_representation 类型。

WR9:如果 turning_type_strategy 的 description 是"thread", turning_type_strategy 需满足以下条件:

——turning_type_strategy 可以是至多一个 name 为"cut in amount"的 action_property 的 definition,并且用来描述这个 action_property 的 representation 可包括一个 descriptive_representation_item 类型的 representation_item,descriptive_representation_item 有一个"constant depth","variable depth"或"constant removal amount"的 description。

——turning_type_strategy 可以是至多一个 name 为"threading direction"的 action_property 的 definition,并且用来描述这个 action_property 的 representation 可包括一个 descriptive_representation_item 类型的 representation_item,descriptive_representation_item 有一个"left","right"," center","left zigzag"或"right zigzag"的 description。

——turning_type_strategy 可以是至多一个 name 为"path return angle"的 action_property 的 definition,并且用来描述这个 action_property 的 representation 可包括一个 measure_representation_item 和 plane_angle_measure_with_unit 类型的 representation_item。

——turning_type_strategy 可以是至多一个 name 为"lift height"的 action_property 的 definition,并且用来描述这个 action_property 的 representation 可包括一个 measure_representation_item 和 length_measure_with_unit 类型的 representation_item。

WR10:如果 turning_type_strategy 的 description 是"grooving"或"multistep grooving", turning_type_strategy 需满足以下条件:

——turning_type_strategy 可以是至多一个 name 为"grooving direction"的 action_property 的 definition,并且用来描述这个 action_property 的 representation 可包括一个 direction 类型的 representation_item。

——turning_type_strategy 可以是至多一个 name 为"travel distance"的 action_property 的 definition,并且用来描述这个 action_property 的 representation 可包括一个 measure_representation_item 和 length_measure_with_unit 类型的 representation_item。

WR11:如果 turning_type_strategy 的 description 是"multistep grooving", turning_type_strategy

可以是至多一个 name 为"retract distance"的 action_property 的 definition,并且用来描述这个 action_property 的 representation 可包括一个 measure_representation_item 和 length_measure_with_unit 类型的 representation_item。

5.2.3.1.93 实体 value_range

value_range 是一种 compound_representation_item。compound_representation_item 规定了由两个 measure_representation_items 定义的值域。一个叫'upper limit',另一个叫'lower limit'。

注:此定义与 ISO 10303-214 和 ISO 10303-1106 中的定义一致。

EXPRESS 描述:

```
*)
ENTITY value_range
    SUBTYPE OF (compound_representation_item);
END_ENTITY;
(*
```

5.2.3.2 集成的 CNC 引进实体修改

5.2.3.2.1 实体 application_context

Application_context 实体的基本定义在 GB/T 16656.41 中给出。下列修改适用于 GB/T 16656 的本部分。

相关的全局规则:

本部分定义的下列全局规则适用于 application_context 实体:

——application_context_requires_ap_definition(见 5.2.4.1)。

5.2.3.2.2 实体 application_protocol_definition

application_protocol_definition 实体的基本定义在 GB/T 16656.41 中给出。下列修改适用于 GB/T 16656的本部分。

相关的全局规则:

本部分定义的下列全局规则适用于 application_protocol_definition 实体:

——application_context_requires_definition(见 5.2.4.1)。

5.2.3.2.3 实体 approval

approval 实体的基本定义在 GB/T 16656.41 中给出。下列修改适用于 GB/T 16656 的本部分。

相关的全局规则:

本部分定义的下列全局规则适用于 approval 实体:

——approval_requires_approval_person_organization(见 5.2.4.2);

——approval_requires_assignment(见 5.2.4.3)。

5.2.3.2.4 实体 approval_assignment

approval_assignment 实体的基本定义在 GB/T 16656.41 中给出。下列修改适用于 GB/T 16656 的本部分。

相关的全局规则:

本部分定义的下列全局规则适用于 approval_assignment 实体:

——approval_requires_assignment(见 5.2.4.3)。

5.2.3.2.5 实体 approval_person_organization

approval_person_organization 实体的基本定义在 GB/T 16656.41 中给出。下列修改适用于 GB/T 16656的本部分。

相关的全局规则：

本部分定义的下列全局规则适用于 approval_person_organization 实体：

——approval_requires_approval_person_organization(见 5.2.4.2)。

5.2.3.2.6 实体 approval_status

approval_status 实体的基本定义在 GB/T 16656.41 中给出。下列修改适用于 GB/T 16656 的本部分。

相关的全局规则：

本部分定义的下列全局规则适用于 approval_status 实体：

——dependent_instantiable_approval_status(见 5.2.4.5)。

5.2.3.2.7 实体 chamfer

chamfer 实体的基本定义在 ISO 10303-522 中给出。下列修改适用于 GB/T 16656 的本部分。

相关的全局规则：

本部分定义的下列全局规则适用于 chamfer 实体：

——chamfer_requires_face_or_features(见 5.2.4.4)。

5.2.3.2.8 实体 derived_unit

derived_unit 实体的基本定义在 GB/T 16656.41 中给出。下列修改适用于 GB/T 16656 的本部分。

相关的全局规则：

本部分定义的下列全局规则适用于 derived_unit 实体：

——dependent_instantiable_derived_unit(见 5.2.4.6)。

5.2.3.2.9 实体 edge_round

edge_round 实体的基本定义在 ISO 10303-522 中给出。下列修改适用于 GB/T 16656 的本部分。

相关的全局规则：

本部分定义的下列全局规则适用于 edge_round 实体：

——edge_round_requires_face_or_features(见 5.2.4.8)。

5.2.3.2.10 实体 named_unit

named_unit 实体的基本定义在 GB/T 16656.41 中给出。下列修改适用于 GB/T 16656 的本部分。

相关的全局规则：

本部分定义的下列全局规则适用于 name_unit 实体：

——dependent_instantiable_named_unit(见 5.2.4.7)。

5.2.3.2.11 实体 numeric_variable

numeric_variable 实体的基本定义在 ISO 13584-20 中给出。下列修改适用于 GB/T 16656 的本部分。

相关的全局规则：

本部分定义的下列全局规则适用于 numeric_variable 实体：

——nc_variable_compatible_initial_value(见 5.2.4.10)。

5.2.3.2.12 实体 Process_property_association

Process_property_association 实体的基本定义在 GB/T 16656.49 中给出。下列修改适用于 GB/T 16656的本部分。

相关的全局规则：

本部分定义的下列全局规则适用于 process_property_association 实体：

——feature_optional machining_property_process(见 5.2.4.9)。

5.2.3.2.13 实体 product

product 实体的基本定义在 GB/T 16656.41 中给出。下列修改适用于 GB/T 16656 的本部分。

相关的全局规则：

本部分定义的下列全局规则适用于 product 实体。

——product_requires_version (见 5.2.4.11)。

5.2.3.2.14 实体 Product_definition_formation

Product_definition_formation 实体的基本定义在 GB/T 16656.41 中给出。下列修改适用于 GB/T 16656的本部分。

相关的全局规则：

本部分定义的下列全局规则适用于 product_definition_formation 实体：

——product_requires_version (见 5.2.4.11)。

5.2.3.2.15 实体 representation_item_relationship

representation_item_relationship 实体的基本定义在 GB/T 16656.43 中给出。下列修改适用于 GB/T 16656 的本部分。

相关的全局规则：

本部分定义的下列全局规则适用于 representation_item_relationship 实体：

——nc_variable_compatible_initial_value (见 5.2.4.10)。

5.2.3.2.16 实体 security_classification

security_classification 实体的基本定义在 GB/T 16656.41 中给出。下列修改适用于 GB/T 16656 的本部分。

相关的全局规则：

本部分定义的下列全局规则适用于 security_classification 实体：

——security_classification_requires_assignment(见 5.2.4.13)。

5.2.3.2.17 实体 security_classification_assignment

security_classification_assignment 实体的基本定义在 GB/T 16656.41 中给出。下列修改适用于 GB/T 16656 的本部分。

相关的全局规则：

本部分定义的下列全局规则适用于 security_classification_assignment 实体：

——security_classification_requires_assignment(见 5.2.4.13)。

5.2.3.2.18 实体 shape_aspect

shape_aspect 实体的基本定义在 GB/T 16656.41 中给出。下列修改适用于 GB/T 16656 的本部分。

相关的全局规则：

本部分定义的下列全局规则适用于 shape_aspect 实体：

——feature_optional_machining_property_process(见 5.2.4.9)。

5.2.4 集成的 CNC 规则定义

5.2.4.1 规则 application_context_requires_ap_definition

application_context_requires_ap_definition 规则规定：application_context 的每一个实例只应被一个本部分描述的 application_protocol_definition 所引用。

EXPRESS 描述：

```
*)
RULE application_context_requires_ap_definition FOR
(application_context, application_protocol_definition);
WHERE
WR1: (0 = SIZEOF (QUERY (ac <* application_context | NOT
     (1 = SIZEOF (QUERY (apd <* application_protocol_definition |
     (apd.application :=: ac) AND
     (apd.application_interpreted_model_schema_name =
     'integrated_cnc_schema'))))
     )));
END_RULE;
(*
```

参数定义：

application_context:application_context 的所有实例集。

application_protocol_definition：Application_protocol_definition 的所有实例集。

形式限制：

WR1:对于 application_context 的每一个实例，应该有且仅有 application_protocol_definition 的一个实例引用了 application_context 的这个实例。application_protocol_definition 的应用有一个值：integrated_cnc_schema，而 integrated_cnc_schema 作为 application_protocol_definition 的 application_interpreted_model_schema_name.

5.2.4.2 规则 approval_requires_approval_person_organization

approval_requires_approval_person_organization 规定：approval 的每一个实例应至少被一个 approval_person_organization 所引用。

EXPRESS 描述：

```
*)
RULE approval_requires_approval_person_organization FOR
(approval, approval_person_organization);
WHERE
WR1: (0 = SIZEOF (QUERY (app <* approval | NOT
     (1 <= SIZEOF (QUERY (apo <* approval_person_organization |
```

```
      (app ：= ：apo.authorized_approval))))
      )));
END_RULE;
(*
```

参数定义：

approval:approval 的所有实例集

approval_person_organization:approval_person_organization 的所有实例集。

形式限制：

WR1:对于 approval 的每一个实例，应该至少存在 approval_person_organization 的一个实例，在实例中，批准作为 authorized_approval 出现。

5.2.4.3 规则 approval_requires_assignment

approval_requires_assignment 规定:approval 的每一个实例应至少被一个 approval_assignment 所引用。

EXPRESS 描述：

```
*)
RULE approval_requires_assignment FOR
  (approval, approval_assignment);
  WHERE
  WR1: (0 = SIZEOF (QUERY (app <* approval | NOT
      (1 <= SIZEOF (QUERY (aa <* approval_assignment |
      (app ：= ：aa.assigned_approval)))
      )));
END_RULE;
(*
```

参数定义：

Approval: approval 的所有实例集

approval_assignment:approval_assignment 的所有实例集。

形式限制：

WR1:对于 approval 的每一个实例，应该至少存在 approval_assignment 的一个实例，在实例中，approval 作为 assigned_approval 出现。

5.2.4.4 规则 chamfer_requires_faces_or_features

chamfer_requires_faces_or_features 规则规定:chamfer 的每一个实例都应定义工件上的两个特征或两组面之间的转换。

EXPRESS 描述：

```
*)
RULE chamfer_requires_faces_or_features FOR (
    chamfer,
    property_definition_representation,
    feature_component_relationship
    );
    WHERE
    WR1: (0 = SIZEOF (QUERY (cf <* chamfer | NOT (
        -- chamfer relates two sets of faces in AP 224 style
```

```
            ((1 = SIZEOF (QUERY (pdr <* property_definition_representation |
            ((pdr.used_representation.name = 'chamfer face') AND
            (pdr.definition.definition :=: cf) AND
            ('INTEGRATED_CNC_SCHEMA.FACE_SHAPE_REPRESENTATION'
            IN TYPEOF (pdr.used_representation)))))) AND
            (1 = SIZEOF (QUERY (fcr <* feature_component_relationship |
            ((fcr.relating_shape_aspect :=: cf) AND
            (fcr.related_shape_aspect.description = 'first offset') AND
            ('INTEGRATED_CNC_SCHEMA.CHAMFER_OFFSET'
            IN TYPEOF (fcr.related_shape_aspect)) AND
            ((1 = SIZEOF (QUERY (pdr <* property_definition_representation |
            ((pdr.used_representation.name = 'first face shape') AND
            (pdr.definition.definition :=: fcr.related_shape_aspect) AND
            ('INTEGRATED_CNC_SCHEMA.FACE_SHAPE_REPRESENTATION'
            IN TYPEOF (pdr.used_representation)))
            )))) )))) AND
            (1 = SIZEOF (QUERY (fcr <* feature_component_relationship |
            ((fcr.relating_shape_aspect :=: cf) AND
            (fcr.related_shape_aspect.description = 'second offset') AND
            ('INTEGRATED_CNC_SCHEMA.CHAMFER_OFFSET'
            IN TYPEOF (fcr.related_shape_aspect)) AND
            ((1 = SIZEOF (QUERY (pdr <* property_definition_representation |
            ((pdr.used_representation.name = 'second face shape') AND
            (pdr.definition.definition :=: fcr.related_shape_aspect) AND
            ('INTEGRATED_CNC_SCHEMA.FACE_SHAPE_REPRESENTATION'
            IN TYPEOF (pdr.used_representation)))
            )))) ))))
            )
      OR
            -- chamfer relates two features in ISO 14649 style
            ((1 = SIZEOF (QUERY (fcr <* feature_component_relationship |
            ((fcr.name = 'first feature') AND
            (fcr.relating_shape_aspect.of_shape.definition :=: cf) AND
            ('INTEGRATED_CNC_SCHEMA.COMPOSITE_SHAPE_ASPECT'
            IN TYPEOF (fcr.relating_shape_aspect)))))) AND
            (1 = SIZEOF (QUERY (fcr <* feature_component_relationship |
            ((fcr.name = 'second feature') AND
            (fcr.relating_shape_aspect.of_shape.definition :=: cf) AND
            ('INTEGRATED_CNC_SCHEMA.COMPOSITE_SHAPE_ASPECT'
            IN TYPEOF (fcr.relating_shape_aspect)))))))
      ))));
   END_RULE;
   (*
```

参数定义：

chamfer：chamfer 的所有实例集。

property_definition_representation：property_definition_representation 的所有实例集

feature_component_relationship：feature_component_relationship 的所有实例集

形式限制：

WR1:对于 chamfer 的每一个实例,或者:

——chamfer 应仅和一个 property_definition_representation 相关联,property_definition_representation 的 used_representation 是 name 为"chamfer face"的 face_shape_representation 类型。

——chamfer 应是一个 feature_component_relationship 的 relating_shape_aspect 和一个 chamfer_offset 类型的 related_shape_aspect,其中 feature_component_relationship 有一个 description 为:first offset。chamfer_offset 应该仅和一个 property_definition_representation 相关联,property_definition_representation 的 used_representation 是 name 为"first face shape"的 face_shape_representation 类型。

——chamfer 应是一个 feature_component_relationship 的 relating_shape_aspect 和一个 chamfer_offset 类型的 related_shape_aspect,其中 feature_component_relationship 有一个 description 为:second offset。chamfer_offset 应仅和一个 property_definition_representation 相关联,property_definition_representation 的 used_representation 是 name 为"second face shape"的 face_shape_representation 类型。

或者:

——chamfer 应是和一个 composite_shape_aspect 的 of_shape 属性相关联的,其中 composite_shape_aspect 是一个 name 为"first feature"的 feature_component_relationship 的 relating_shape_aspect。

——chamfer 应是和一个 composite_shape_aspect 的 of_shape 属性相关联的,其中 composite_shape_aspect 是一个 name 为"second feature"的 feature_component_relationship 的 relating_shape_aspect。

5.2.4.5 规则 dependent_instantiable_approval_status

dependent_instantiable_approval_status 规则规定:approval_status 的每一个实例都依赖于这个实例的用法来定义另一个实体。

EXPRESS 描述:

```
*)
RULE dependent_instantiable_approval_status FOR (approval_status);
    WHERE
    WR1: (0 = SIZEOF (QUERY (ast <* approval_status | NOT
          (1 <= SIZEOF (USEDIN (ast, ''))
          )));
END_RULE;
(*
```

参数定义:

approval_status:approval_status 的所有实例集。

形式限制:

WR1:对于 approval_status 的每一个实例,至少应引用另一个实体的一个属性用于这个 approval_status 实例。

5.2.4.6 规则 dependent_instantiable_derived_unit

dependent_instantiable_derived_unit 规则规定:derived_unit 的每一个实例都依赖于这个实例的用法来定义另一个实体。

EXPRESS 描述:

```
*)
RULE dependent_instantiable_derived_unit FOR (derived_unit);
    WHERE
    WR1: (0 = SIZEOF (QUERY (du <* derived_unit | NOT
          (1 <= SIZEOF (USEDIN (du, ''))
```

```
        )));
END_RULE;
(*
```

参数定义：

derived_unit:derived_unit 的所有实例集。

形式限制：

WR1:对于 derived_unit 的每一个实例,至少应引用另一个实体的一个属性用于这个 derived_unit 实例。

5.2.4.7 规则 **dependent_instantiable_named_unit**

dependent_instantiable_named_unit 规则规定:named_unit 的每一个实例都依赖于这个实例的用法来定义其他的实体。

EXPRESS 描述：

```
*)
RULE dependent_instantiable_named_unit FOR (named_unit);
    WHERE
    WR1: (0 = SIZEOF (QUERY (nu <* named_unit | NOT
        (1 <= SIZEOF (USEDIN (nu, ''))) 
        )));
END_RULE;
(*
```

参数定义：

named_unit:named_unit 的所有实例集。

形式限制：

WR1:对于 named_unit 的每一个实例,至少应引用另一个实体的一个属性用于这个 named_unit 实例。

5.2.4.8 规则 **edge_round_requires_faces_or_features**

edge_round_requires_faces_or_features 规则规定:edge_round 的每一个实例都应定义工件上的两个特征或两组面之间的转换。

EXPRESS 描述：

```
*)
RULE edge_round_requires_faces_or_features FOR (
    edge_round,
    property_definition_representation,
    feature_component_relationship
    );
    WHERE
    WR1: (0 = SIZEOF (QUERY (er <* edge_round | NOT (
        -- edge round relates two sets of faces in AP 224 style
        ((1 = SIZEOF (QUERY (pdr <* property_definition_representation |
        ((pdr.used_representation.name = 'edge round face') AND
        (pdr.definition.definition :=: er) AND
        ('INTEGRATED_CNC_SCHEMA.FACE_SHAPE_REPRESENTATION'
        IN TYPEOF (pdr.used_representation)))))) AND
```

```
        (1 = SIZEOF (QUERY (pdr <* property_definition_representation |
        ((pdr.used_representation.name = 'first face shape') AND
        (pdr.definition.definition :=: er) AND
        ('INTEGRATED_CNC_SCHEMA.FACE_SHAPE_REPRESENTATION'
        IN TYPEOF (pdr.used_representation)))))) AND
        (1 = SIZEOF (QUERY (pdr <* property_definition_representation |
        ((pdr.used_representation.name = 'second face shape') AND
        (pdr.definition.definition :=: er) AND
        ('INTEGRATED_CNC_SCHEMA.FACE_SHAPE_REPRESENTATION'
        IN TYPEOF (pdr.used_representation))))))
        )
    OR
        -- edge round relates two features in ISO 14649 style
        ((1 = SIZEOF (QUERY (fcr <* feature_component_relationship |
        ((fcr.name = 'first feature') AND
        (fcr.relating_shape_aspect.of_shape.definition :=: er) AND
        ('INTEGRATED_CNC_SCHEMA.COMPOSITE_SHAPE_ASPECT'
        IN TYPEOF (fcr.relating_shape_aspect)))))) AND
        (1 = SIZEOF (QUERY (fcr <* feature_component_relationship |
        ((fcr.name = 'second feature') AND
        (fcr.relating_shape_aspect.of_shape.definition :=: er) AND
        ('INTEGRATED_CNC_SCHEMA.COMPOSITE_SHAPE_ASPECT'
        IN TYPEOF (fcr.relating_shape_aspect))))))
        )));
END_RULE;
(*
```

参数定义：

edge_round：edge_round 的所有实例集。

property_definition_representation：property_definition_representation 的所有实例集。

feature_component_relationship：feature_component_relationship 的所有实例集。

形式限制：

WR1：对于 chamfer 的每一个实例，或者：

——edge_round 应仅和一个 property_definition_representation 相联系，其中 property_definition_representation 的 used_representation 是 name 为“edge round face”的 face_shape_representation 类型。

——edge_round 应仅和一个 property_definition_representation 相联系，其中 property_definition_representation 的 used_representation 是 name 为“first face shape”的 face_shape_representation 类型。

——edge_round 应仅和一个 property_definition_representation 相联系，其中 property_definition_representation 的 used_representation 是 name 为“second face shape”的 face_shape_representation 类型。

或者：

——edge_round 应是和一个 composite_shape_aspect 的 of_shape 属性相关联的，其中 composite_shape_aspect 是一个 name 为“first feature”的 feature_component_relationship 的 relating_shape_aspect。

——edge_round 应是和一个 composite_shape_aspect 的 of_shape 属性相关联的，其中 composite_shape_aspect 是一个 name 为“second feature”的 feature_component_relationship 的 relating_shape_aspect。

5.2.4.9 规则 feature_optional_machining_property_process

feature_optional_machining_property_process 规则规定:每一个 feature_definition 实例或 transition_feature 实例应最多和一个 name 为"machining"的 property_process 相联系。

EXPRESS 描述:

```
*)
RULE feature_optional_machining_property_process FOR (
    shape_aspect,
    process_property_association
    );
    WHERE
    WR1: (0 = SIZEOF (QUERY (sa <* shape_aspect |
        (('INTEGRATED_CNC_SCHEMA.FEATURE_DEFINITION' IN TYPEOF (sa)) OR
        ('INTEGRATED_CNC_SCHEMA.TRANSITION_FEATURE' IN TYPEOF (sa)))
        AND NOT
        (1 >= SIZEOF (QUERY (ppa <* process_property_association |
        ((ppa.property_or_shape :=: sa) AND
        (ppa.process.name = 'machining')))))
        )));
END_RULE;
(*
```

参数定义:

shape_aspect:shape_aspect 的所有实例集。

process_property_association:process_property_association 的所有实例集。

形式限制:

WR1:每一个 shape_aspect 或者是 feature_definition 的一个实例,或者是 transition_feature 的一个实例。每一个 shape_aspect 应作为最多一个 process_property_association 的 property_or_shape 而出现,其中在 process_property_association 中,process 属性引用一个 name 为"machining"的一个 property_process.

5.2.4.10 规则 nc_variable_compatible_initial_value

nc_variable_compatible_initial_value 规则规定:numeric_variable 的每一个实例,也是一个 expression_representation_item,应最多和一个初始值相联系,这个初始值由一个 literal_value 给出。而且,如果 numeric_variable 是 int_numeric_variable 类型的,初始值应该是 int_literal 类型的。如果 numeric_variable 是 real_numeric_variable 类型的,初始值应该是 real_literal 类型的。

EXPRESS 描述:

```
*)
RULE nc_variable_compatible_initial_value FOR
    (expression_representation_item,
    representation_item_relationship);
    WHERE
    -- each nc_variable has at most one one initial value
    WR1: (0 = SIZEOF (QUERY (nv <* expression_representation_item |
        ('INTEGRATED_CNC_SCHEMA.NUMERIC_VARIABLE'
        IN TYPEOF (nv)) AND NOT
        (1 >= SIZEOF (QUERY (rir <* representation_item_relationship |
```

```
        (rir.description = 'initial value') AND
        (rir.relating_representation_item :=: nv)
        ))))));
        -- the types on either side of the initial value relationship must match
        -- each nc_variable has at most one one initial value
    WR2: (0 = SIZEOF (QUERY (rir <* representation_item_relationship |
        (rir.description = 'initial value') AND
        ('INTEGRATED_CNC_SCHEMA.NUMERIC_VARIABLE'
        IN TYPEOF (rir.relating_representation_item))
        AND NOT
        ((('INTEGRATED_CNC_SCHEMA.INT_NUMERIC_VARIABLE'
        IN TYPEOF (rir.relating_representation_item)) AND
        ('INTEGRATED_CNC_SCHEMA.INT_LITERAL'
        IN TYPEOF (rir.related_representation_item)))
        OR
        ((('INTEGRATED_CNC_SCHEMA.REAL_NUMERIC_VARIABLE'
        IN TYPEOF (rir.relating_representation_item)) AND
        ('INTEGRATED_CNC_SCHEMA.REAL_LITERAL'
        IN TYPEOF (rir.related_representation_item)
        )))))));
END_RULE;
(*
```

参数定义：

expression_representation_item：expression_representation_item 的所有实例集。

representation_item_relationship：representation_item_relationship 的所有实例集。

形式限制：

WR1：expression_representation_item 的每一个实例，也是 numeric_variable 类型，在最多一个 representation_item_relationship 中，作为 relating 而出现。在 representation_item_relationship 中，name 是“initial value”。

WR2：representation_item_relationship 的每一个实例，应该或者有 int_numeric_variable 类型的 relating 和 int_literal 类型的 related，或者有 real_numeric_variable 类型的 relating 和 real_literal 类型的 related。

在 representation_item_relationship 中，name 是“initial value”，relating 是 numeric_variable 类型。

5.2.4.11 规则 product_requires_version

product_requires_version 规则规定：product 的每一个实例应至少被一个 product_definition_formation 的实例所引用。

EXPRESS 描述：

```
*)
RULE product_requires_version FOR (product, product_definition_formation);
    WHERE
    WR1: (0 = SIZEOF (QUERY (prod <* product | NOT
        (1 <= SIZEOF (QUERY (pdf <* product_definition_formation |
        (prod :=: pdf.of_product)))
        )));
END_RULE;
(*
```

参数定义：

product:product 的所有实例集

product_definition_formation：product_definition_formation 的所有实例集。

形式限制：

WR1:对于 product 的每一个实例,至少应该有一个包含 of_product 属性值等于 product 的 product_definition_formation 的实例。

5.2.4.12 规则 restrict_unneeded_feature_usage

restrict_unneeded_feature_usage 规则规定:feature_definition 的任何实例都不应是 fillet 类型、marking 类型、protrusion 类型、或 rib_top 类型。

注:这些附加的特征是为了和 ISO 10303-224 相兼容而设的,除非 GB/T 19903.10 或者其他部分需要它们,否则这些特征使用受限。

EXPRESS 描述：

```
*)
RULE restrict_unneeded_feature_usage FOR (feature_definition);
    WHERE
    WR1: (0 = SIZEOF (QUERY (fd <* feature_definition |
        ('INTEGRATED_CNC_SCHEMA.FILLET' IN TYPEOF(fd)) OR
        ('INTEGRATED_CNC_SCHEMA.GEAR' IN TYPEOF(fd)) OR
        ('INTEGRATED_CNC_SCHEMA.MARKING' IN TYPEOF(fd)) OR
        ('INTEGRATED_CNC_SCHEMA.PROTRUSION' IN TYPEOF(fd)) OR
        ('INTEGRATED_CNC_SCHEMA.RIB_TOP' IN TYPEOF(fd))
        )));
END_RULE;
(*
```

参数定义：

feature_definition：feature_definition 的所有实例集。

形式限制：

WR1:feature_definition 的任何实例都不应该是 fillet 类型,gear 类型,marking 类型,protrusion 类型,或 rib_top 类型。

5.2.4.13 规则 security_classification_requires_assignment

security_classification_requires_assignment 规则规定:security_classification 的每一个实例应至少被一个 security_classification_assignment 所引用。

EXPRESS 描述：

```
*)
RULE security_classification_requires_assignment FOR
   (security_classification, security_classification_assignment);
    WHERE
    WR1: (0 = SIZEOF (QUERY (sc <* security_classification | NOT
        (1 <= SIZEOF (QUERY (sca <* security_classification_assignment |
        (sc :=: sca.assigned_security_classification))))
        )));
END_RULE;
(*
```

参数定义：

security_classification:security_classification 的所有实例集。

security_classification_assignment:security_classification_assignment 的所有实例集。

形式限制：

WR1：对于 security_classification 的每一个实例，都应至少有一个 security_classification_assignment 实例，在这个 security_classification_assignment 实例中，security_classification 作为 assigned_security_classification 而出现。

5.2.5 集成的 CNC 函数定义

5.2.5.1 函数 get_action_property

get_action_property 函数返回 action_property 实例集，action_property 实例引用了输入 characterized_action_definition，并且有一个 name ，name 和输入参数 prop_name 相等。

EXPRESS 描述：

```
*)
FUNCTION get_action_property (
    cad: characterized_action_definition;
    prop_name: STRING
    ): SET OF action_property;
    RETURN (bag_to_set (QUERY (ap <* 
    USEDIN (cad, 'INTEGRATED_CNC_SCHEMA.ACTION_PROPERTY.DEFINITION') |
    (ap.name = prop_name))));
END_FUNCTION;
(*
```

参数定义：

Cad:Cad 是 characterized_action_definition，它作为用于返回的 action_property 实例的 definition 而出现。

prop_name:prop_name 是一个字符串，这个字符串作为用于返回的 action_property 实例的 name 而出现。

5.2.5.2 函数 get_count_of_relating_amr

get_count_of_relating_amr 函数返回 action_method_relationship 实例的数量，在 action_method_relationship 实例中，输入 action_method 作为 relating_method 而出现，关系由 amr_types 输入参数中的所有类型来体现。

EXPRESS 描述：

```
*)
FUNCTION get_count_of_relating_amr (
    am: action_method;
    amr_types: SET OF STRING
    ): INTEGER;
    RETURN (SIZEOF (QUERY (amr <* get_relating_amr (am) |
    (SIZEOF(amr_types * TYPEOF(amr)) =
    SIZEOF(amr_types)) )));
END_FUNCTION;
(*
```

参数定义：

am:am 是 action_method，它用于检验 action_method_relationship 实例的 relating_method。

amr_types：action_method_relationship 实例的假定类型名集。

5.2.5.3　函数 get_count_of_relating_amr_with_name

get_count_of_relating_amr_with_name 函数返回 action_method_relationship 实例的数量，在 action_method_relationship 实例中，输入 action_method 作为 relating_method 而出现，关系是在 amr_types 输入参数中出现的所有类型，并且输入参数 amr_name 作为 action_method_relationship 的 name 而出现。

EXPRESS 描述：

```
*)
FUNCTION get_count_of_relating_amr_with_name (
    am: action_method;
    amr_name: STRING
    amr_types: SET OF STRING
    ): INTEGER;
    RETURN (SIZEOF (QUERY (amr <* get_relating_amr (am) |
    ((amr.name = amr_name) AND
    (SIZEOF(amr_types * TYPEOF(amr)) =
    SIZEOF(amr_types))) )));
END_FUNCTION;
(*
```

参数定义：

am:am 是 action_method，它用于检验 action_method_relationship 实例的 relating_method。

amr_name:amr_name 是字符串，用于检验 action_method_relationship 实例的 name。

amr_types：action_method_relationship 实例的假定类型名集。

5.2.5.4　函数 get_relating_amr

get_relating_amr 函数返回 action_method_relationship 实例集，在 action_method_relationship 实例中，输入 action_method 作为 relating_method 而出现。

EXPRESS 描述：

```
*)
FUNCTION get_relating_amr (am: action_method)
    : SET OF action_method_relationship;
    RETURN (bag_to_set (USEDIN (am,
    'INTEGRATED_CNC_SCHEMA.ACTION_METHOD_RELATIONSHIP.RELATING_METHOD'
    )));
END_FUNCTION;
(*
```

参数定义：

am:am 是 action_method，它作为用于返回的 action_method_relationship 实例的 relating_method 而出现。

5.2.5.5　函数 get_resource_property

get_resource_property 函数返回 resource_property 实例集，resource_property 实例集引用了输入 characterized_resource_definition，并且有一个 name，这个 name 和输入参数 prop_name 相等。

EXPRESS 描述:

```
*)
FUNCTION get_resource_property (
    crd: characterized_resource_definition;
    prop_name: STRING
    ): SET OF resource_property;
    RETURN (bag_to_set (QUERY (rp <*
    USEDIN (crd, 'INTEGRATED_CNC_SCHEMA.RESOURCE_PROPERTY.RESOURCE') |
    (rp.name = prop_name))));
END_FUNCTION;
(*
```

参数定义:

crd:crd 是 characterized_resource_definition,它作为用于返回的 resource_property 的 resource 而出现。

prop_name:prop_name 是字符串,作为用于返回的 resource_property 实例的 name 而出现。

5.2.5.6 函数 get_tool_body_item

get_tool_body_item 函数返回 representation_item 实例集,representation_item 实例有一个 name,这个 name 和输入参数 prop_name 相等。representation_item 实例出现在 machining_tool_body_representation 类型的一个 representation 的 items 集中,其中 machining_tool_body_representation 描述一个 name 为"tool body"的 resource_property 和一个引用了输入 machining_tool 的 resource。

EXPRESS 描述:

```
*)
FUNCTION get_tool_body_item (
   mt : machining_tool;
   prop_name : STRING
   ): SET OF representation_item;
   LOCAL
   props : SET OF resource_property;
   preps : SET OF resource_property_representation;
   items : SET OF representation_item;
   END_LOCAL;
   props := get_resource_property (mt, 'tool body');
   REPEAT i := 1 TO HIINDEX(props);
   preps := preps + USEDIN (props[i], 'INTEGRATED_CNC_SCHEMA.' +
   'RESOURCE_PROPERTY_REPRESENTATION.PROPERTY');
   END_REPEAT;
   REPEAT i := 1 TO HIINDEX(preps);
   IF ('INTEGRATED_CNC_SCHEMA.MACHINING_TOOL_BODY_REPRESENTATION'
   IN TYPEOF (preps[i].representation))
   THEN
   items := items + preps[i].representation.items;
   END_IF;
   END_REPEAT;
   RETURN (bag_to_set (QUERY (it <* items | (it.name = prop_name))));
END_FUNCTION;
(*
```

参数定义：

mt:mt 是 machining_tool，它通过一个 resource_property 和用于返回的 representation_item 实例相联系。

prop_name:prop_name 是字符串，它作为用于返回 representation_item 实例的 name 而出现。

5.2.5.7 函数 **verify_angle_measure_action_property**

verify_angle_measure_action_property 函数求每一个 action_property 的值，其中每一个 action_property 都引用了输入 characterized_action_definition，并且有一个 name，name 和输入参数 prop_name 相等。当且仅当所有的这些 action_properties 都有一个相联系的 representation，在 representation 中，items 集包含一个 measure_representation_item 和 plane_angle_measure_with_unit 类型的 representation_item 时，这个函数才返回真。

EXPRESS 描述：

```
*)
FUNCTION verify_angle_measure_action_property (
   cad: characterized_action_definition;
   prop_name: STRING
   ): LOGICAL;
   RETURN (verify_rep_item_for_action_property(cad, prop_name,
   ['INTEGRATED_CNC_SCHEMA.MEASURE_REPRESENTATION_ITEM',
   'INTEGRATED_CNC_SCHEMA.PLANE_ANGLE_MEASURE_WITH_UNIT']));
END_FUNCTION;
(*
```

参数定义：

cad:cad 是 characterized_action_definition，它作为用于检验的 action_property 实例的 definition 而出现。

prop_name:prop_name 是字符串，它作为用于检验的 action_property 实例的 name 而出现。

5.2.5.8 函数 **verify_angle_measure_rep_item**

当且仅当输入 representation 的 items 集包含一个 representation_item，representation_item 的 name 和输入参数 prop_name 相等，且 prop_name 是 measure_representation_item 和 plane_angle_measure_with_unit 类型时，verify_angle_measure_rep_item 函数才返回真。

EXPRESS 描述：

```
*)
FUNCTION verify_angle_measure_rep_item (
   rep: representation;
   prop_name: STRING
   ): LOGICAL;
   RETURN (0 = SIZEOF (QUERY ( it <* rep.items |
   (it.name = prop_name) AND NOT (SIZEOF([
   'INTEGRATED_CNC_SCHEMA.MEASURE_REPRESENTATION_ITEM',
   'INTEGRATED_CNC_SCHEMA.PLANE_ANGLE_MEASURE_WITH_UNIT'] *
   TYPEOF(it)) = 2))));
END_FUNCTION;
(*
```

参数定义：

rep:rep 是用于检验的 representation。

prop_name:prop_name 是字符串,它作为用于检验的 representation_property 实例的 name 而出现。

5.2.5.9 函数 verify_angle_measure_resource_property

verify_angle_measure_resource_property 函数求每一个 action_property 的值,其中每一个 action_property 都引用了输入 characterized_resource_definition,并且有一个 name,name 和输入参数 prop_name 相等。当且仅当所有的这些 resource_properties 都有一个相联系的 representation,在 representation 中,items 集包含一个 measure_representation_item 和 plane_angle_measure_with_unit 类型的 representation_item 时,这个函数才返回真。

EXPRESS 描述:

```
*)
FUNCTION verify_angle_measure_resource_property (
    crd : characterized_resource_definition;
    prop_name : STRING
    ): LOGICAL;
    RETURN (verify_rep_item_for_resource_property (crd, prop_name,
    ['INTEGRATED_CNC_SCHEMA.MEASURE_REPRESENTATION_ITEM',
    'INTEGRATED_CNC_SCHEMA.PLANE_ANGLE_MEASURE_WITH_UNIT']));
END_FUNCTION;
(*
```

参数定义:

cad:cad 是 characterized_action_definition,它作为用于检验的 resource_property 实例的 definition 而出现。

prop_name:prop_name 是字符串,它作为用于检验的 resource_property 实例的 name 而出现。

5.2.5.10 函数 verify_angle_measure_tool_body_item

verify_angle_measure_tool_body_item 函数用于检验 representation_item 实例,representation_item 实例有一个 name,该 name 和输入参数 prop_name 相等,并且 representation_item 实例通过一个 name 为"tool body"的 resource_property 和一个 machining_tool_body_representation 类型的 representation 与输入 machining_tool 相联系。当且仅当所有的 representation_item 实例都是 measure_representation_item 和 plane_angle_measure_with_unit 类型时,这个函数才返回真。

EXPRESS 描述:

```
*)
FUNCTION verify_angle_measure_tool_body_item (
    mt : machining_tool;
    prop_name : STRING
    ): LOGICAL;
    RETURN (verify_rep_item_for_tool_body(mt, prop_name,
    ['INTEGRATED_CNC_SCHEMA.MEASURE_REPRESENTATION_ITEM',
    'INTEGRATED_CNC_SCHEMA.PLANE_ANGLE_MEASURE_WITH_UNIT']));
END_FUNCTION;
(*
```

参数定义:

mt:mt 是 machining_tool, 它通过一个 resource_property 和用于检验的 representation_item 实例相联系。

prop_name:prop_name 是字符串,它作为用于检验的 representation_item 实例的 name 而出现。

5.2.5.11 函数 verify_ballnose_endmill_dimensions

verify_ballnose_endmill_dimensions 函数用于检验 representation_item 实例,representation_item 实例通过一个 name 为"tool body"的 resource_property 和一个 machining_tool_body_representation 类型的 representation 与输入 machining_tool 相联系。当且仅当条目满足特定的值要求时,这个函数才返回真。

EXPRESS 描述:

```
*)
FUNCTION verify_ballnose_endmill_dimensions (
   mt : machining_tool
   ): LOGICAL;
   LOCAL
   rads : SET OF REPRESENTATION_ITEM : =
   get_tool_body_item (mt, 'edge radius');
   dias : SET OF REPRESENTATION_ITEM : =
   get_tool_body_item (mt, 'effective cutting diameter');
   END_LOCAL;
   RETURN ((0 = SIZEOF(rads)) OR
   ((1 = SIZEOF(rads)) AND
   (1 = SIZEOF(dias)) AND
   (rads[1].value_component = dias[1].value_component/2))
   );
END_FUNCTION;
(*
```

参数定义:

mt:mt 是 machining_tool,它通过一个 resource_property 和用于检验的 representation_item 实例相联系。

5.2.5.12 函数 verify_bullnose_endmill_dimensions

verify_bullnose_endmill_dimensions 函数用于检验 representation_item 实例,representation_item 实例通过一个 name 为"tool body"的 resource_property 和一个 machining_tool_body_representation 类型的 representation 与输入 machining_tool 相联系。当且仅当条目满足特定的值要求时,这个函数才返回真。

EXPRESS 描述:

```
*)
FUNCTION verify_bullnose_endmill_dimensions (
   mt : machining_tool
   ): LOGICAL;
   LOCAL
   rads : SET OF REPRESENTATION_ITEM : =
   get_tool_body_item (mt, 'edge radius');
   dias : SET OF REPRESENTATION_ITEM : =
   get_tool_body_item (mt, 'effective cutting diameter');
   END_LOCAL;
   RETURN ((1 = SIZEOF(rads)) AND
```

```
    (1 = SIZEOF(dias)) AND
    (rads[1].value_component < dias[1].value_component/2)
    );
END_FUNCTION;
(*
```

参数定义：

mt:mt 是 machining_tool，它通过一个 resource_property 和用于检验的 representation_item 实例相联系。

5.2.5.13 函数 verify_count_measure_action_property

verify_count_measure_action_property 函数求每一个 action_property 的值，其中每一个 action_property 都引用了输入 characterized_action_definition，并且有一个 name，name 和输入参数 prop_name 相等。当且仅当所有的这些 resource_properties 都有一个相联系的 representation，在 representation 中，items 集包含一个 measure_representation_item，measure_representation_item 有一个 count_measure 类型的 value_component 时，这个函数才返回真。

EXPRESS 描述：

```
*)
FUNCTION verify_count_measure_action_property (
    cad: characterized_action_definition;
    prop_name: STRING
    ): LOGICAL;
    RETURN (0 = SIZEOF (QUERY (prop <* get_action_property (cad, prop_name) |
    NOT (
    (0 < SIZEOF (QUERY (prep <* USEDIN (prop, 'INTEGRATED_CNC_SCHEMA.' +
    'ACTION_PROPERTY_REPRESENTATION.PROPERTY') |
    (0 < SIZEOF (QUERY (it <* prep.representation.items |
    (('INTEGRATED_CNC_SCHEMA.MEASURE_REPRESENTATION_ITEM'
    IN TYPEOF(it)) AND
    ('INTEGRATED_CNC_SCHEMA.COUNT_MEASURE'
    IN TYPEOF(it.value_component)))
    )))
    )))
    ))));
END_FUNCTION;
(*
```

参数定义：

cad:cad 是 characterized_action_definition，它作为用于检验的 action_property 实例的 definition 而出现。

prop_name:prop_name 是字符串，它作为用于检验的 action_property 实例的 name 而出现。

5.2.5.14 函数 verify_count_measure_rep_item

当且仅当输入 representation 的 items 集包含一个 representation_item，representation_item 的 name 和输入参数 prop_name 相等，prop_name 是 measure_representation_item 类型，且有一个 count_measure 类型的 value_component 时，verify_count_measure_rep_item 函数才返回真。

EXPRESS 描述：

```
*)
```

```
FUNCTION verify_count_measure_rep_item (
   rep: representation;
   prop_name: STRING
   ): LOGICAL;
   RETURN (0 = SIZEOF (QUERY ( it <* rep.items |
   (it.name = prop_name) AND NOT
   (('INTEGRATED_CNC_SCHEMA.MEASURE_REPRESENTATION_ITEM'
   IN TYPEOF(it)) AND
   ('INTEGRATED_CNC_SCHEMA.COUNT_MEASURE'
   IN TYPEOF(it.value_component))))));
END_FUNCTION;
(*
```

参数定义：

rep:rep 是用于检验的 representation。

prop_name:prop_name 是字符串，它作为用于检验的 representation_item 实例的 name 而出现。

5.2.5.15 函数 verify_count_measure_resource_property

verify_count_measure_resource_property 函数求每一个 resource_property 的值，其中每一个 resource_property 都引用了输入 characterized_resource_definition，并且有一个 name，name 和输入参数 prop_name 相等。当且仅当所有的这些 resource_properties 都有一个相联系的 representation，在 representation 中，items 集包含一个 measure_representation_item，measure_representation_item 有一个 count_measure 类型的 value_component 时，这个函数才返回真。

EXPRESS 描述：

```
*)
FUNCTION verify_count_measure_resource_property (
   crd : characterized_resource_definition;
   prop_name : STRING
   ): LOGICAL;
   RETURN (0 = SIZEOF (QUERY (prop <* get_resource_property (crd, prop_name) |
   NOT (
   (0 < SIZEOF (QUERY (prep <* USEDIN (prop, 'INTEGRATED_CNC_SCHEMA.' +
   'RESOURCE_PROPERTY_REPRESENTATION.PROPERTY') |
   (0 < SIZEOF (QUERY (it <* prep.representation.items |
   (('INTEGRATED_CNC_SCHEMA.MEASURE_REPRESENTATION_ITEM'
   IN TYPEOF(it)) AND
   ('INTEGRATED_CNC_SCHEMA.COUNT_MEASURE'
   IN TYPEOF(it.value_component)))
   )))
   )))
   ))));
END_FUNCTION;
(*
```

参数定义：

cad:cad 是 characterized_resource_definition，它作为用于检验的 resource_property 实例的 definition 而出现。

prop_name:prop_name 是字符串，它作为用于检验的 resource_property 实例的 name 而出现。

5.2.5.16 函数 verify_count_measure_tool_body_item

verify_count_measure_tool_body_item 函数用于检验 representation_item 实例，representation_item 实例有一个 name，name 和输入参数 prop_name 相等，并且 representation_item 实例通过一个 name 为"tool body"的 resource_property 和一个 machining_tool_body_representation 类型的 representation 与输入 machining_tool 相联系。当且仅当所有的这些 representation_item 实例都是带一个 count_measure 类型的 value_component 的 measure_representation_item 类型时，这个函数才返回真。

EXPRESS 描述：

```
*)
FUNCTION verify_count_measure_tool_body_item (
   mt : machining_tool;
   prop_name : STRING
   ): LOGICAL;
   RETURN (0 = SIZEOF (QUERY (it <* get_tool_body_item (mt, prop_name) | NOT
   ((′INTEGRATED_CNC_SCHEMA.MEASURE_REPRESENTATION_ITEM′
   IN TYPEOF(it)) AND
   (′INTEGRATED_CNC_SCHEMA.COUNT_MEASURE′
   IN TYPEOF(it.value_component))
   )));
END_FUNCTION;
(*
```

参数定义：

mt：mt 是 machining_tool，它通过一个 resource_property 和用于检验的 representation_item 实例相联系。

prop_name：prop_name 是字符串，它作为用于检验的 representation_item 实例的 name 而出现。

5.2.5.17 函数 verify_descriptive_action_property

verify_descriptive_action_property 函数求每一个 action_property 的值，其中每一个 action_property 都引用了输入 characterized_action_definition，并且有一个 name，name 和输入参数 prop_name 相等。当且仅当所有的这些 action_properties 都有一个相联系的 representation，在 representation 中，items 集包含一个 descriptive_representation_item 类型的 representation_item 时，这个函数才返回真。

EXPRESS 描述：

```
*)
FUNCTION verify_descriptive_action_property (
cad: characterized_action_definition;
prop_name: STRING
): LOGICAL;
RETURN (verify_rep_item_for_action_property(cad, prop_name,
[′INTEGRATED_CNC_SCHEMA.DESCRIPTIVE_REPRESENTATION_ITEM′]));
END_FUNCTION;
(*
```

参数定义：

cad：cad 是 characterized_action_definition，它作为用于检验的 action_property 实例的 definition 而出现。

prop_name：prop_name 是字符串，它作为用于检验的 action_property 实例的 name 而出现。

5.2.5.18 函数 verify_enumeration_action_property

verify_enumeration_action_property 函数评估每一个 action_property，都引用输入 characterized_action_definition，并且有一个 name，name 和输入参数 prop_name 相等。当且仅当所有的这些 action_properties 都有一个相联系的 representation，在 representation 中，items 集包含一个 descriptive_representation_item，descriptive_representation_item 有一个在 prop_values 字符串集中出现的 description 值时，这个函数才返回真。

EXPRESS 描述：

```
*)
FUNCTION verify_enumeration_action_property (
   cad: characterized_action_definition;
   prop_name: STRING;
   prop_values: SET OF STRING
   ): LOGICAL;
   RETURN (0 = SIZEOF (QUERY (prop <* get_action_property (cad, prop_name) |
   NOT (
   (0 < SIZEOF (QUERY (prep <* USEDIN (prop, 'INTEGRATED_CNC_SCHEMA.' +
   'ACTION_PROPERTY_REPRESENTATION.PROPERTY') |
   (0 < SIZEOF (QUERY (it <* prep.representation.items |
   (('INTEGRATED_CNC_SCHEMA.DESCRIPTIVE_REPRESENTATION_ITEM'
   IN TYPEOF(it)) AND
   (it.description IN prop_values))
   )))
   )))
   ))));
END_FUNCTION;
(*
```

参数定义：

cad：cad 是 characterized_action_definition，它作为用于检验的 action_property 实例的 definition 而出现。

prop_name：prop_name 是字符串，它作为用于检验的 action_property 实例的 name 而出现。

prop_values：字符串值的集合，用于与 descriptive_representation_item 的 description 属性相比较。

5.2.5.19 函数 verify_enumeration_resource_property

verify_enumeration_resource_property 函数评估每一个 resource_property，都引用输入 characterized_resource_definition，并且有一个 name，name 和输入参数 prop_name 相等。当且仅当所有的 resource_properties 都有一个相联系的 representation，在 representation 中，items 集包含一个 descriptive_representation_item，descriptive_representation_item 有一个在 prop_values 字符串集中出现的 description 值时，这个函数才返回真。

EXPRESS 描述：

```
*)
FUNCTION verify_enumeration_resource_property (
   crd : characterized_resource_definition;
   prop_name : STRING;
   prop_values : SET OF STRING
   ): LOGICAL;
```

```
    RETURN (0 = SIZEOF (QUERY (prop <* get_resource_property (crd, prop_name) |
    NOT (
    (0 < SIZEOF (QUERY (prep <* USEDIN (prop, 'INTEGRATED_CNC_SCHEMA.' +
    'RESOURCE_PROPERTY_REPRESENTATION.PROPERTY') |
    (0 < SIZEOF (QUERY (it <* prep.representation.items |
    (('INTEGRATED_CNC_SCHEMA.DESCRIPTIVE_REPRESENTATION_ITEM'
    IN TYPEOF(it)) AND
    (it.description IN prop_values))
    )))
    )))
    ))));
END_FUNCTION;
(*
```

参数定义：

crd:crd 是 characterized_resource_definition 的缩写，作为用于检验的 resource_property 实例的 definition 而出现。

prop_name:prop_name 是字符串，作为用于检验的 resource_property 实例的 name 而出现。

prop_values:字符串值的集合，用于与 descriptive_representation_item 的 description 属性相比较。

5.2.5.20 函数 verify_enumeration_measure_tool_body_item

verify_enumeration_measure_tool_body_item 函数用于检验 representation_item 实例，representation_item 实例有一个 name，name 和输入参数 prop_name 相等，并且 representation_item 实例通过一个 name 为"tool body"的 resource_property 和一个 machining_tool_body_representation 类型的 representation 与输入 machining_tool 相联系。当且仅当所有的这些 representation_item 实例都是 descriptive_representation_item 类型，descriptive_representation_item 有一个在 prop_values 字符串集中出现的 description 值时，这个函数才返回真。

EXPRESS 描述：

```
*)
FUNCTION verify_enumeration_tool_body_item (
    mt : machining_tool;
    prop_name : STRING;
    prop_values : SET OF STRING
    ): LOGICAL;
    RETURN (0 = SIZEOF (QUERY (it <* get_tool_body_item (mt, prop_name) | NOT
    (('INTEGRATED_CNC_SCHEMA.DESCRIPTIVE_REPRESENTATION_ITEM'
    IN TYPEOF(it)) AND
    (it.description IN prop_values))
    )));
END_FUNCTION;
(*
```

参数定义：

mt:mt 是 machining_tool，它通过一个 resource_property 和用于检验的 representation_item 实例相联系。

prop_name:prop_name 是字符串，它作为用于检验的 representation_item 实例的 name 而出现。

prop_values:字符串值的集合，用于与 descriptive_representation_item 的 description 属性相比较。

5.2.5.21 函数 verify_length_measure_action_property

verify_length_measure_action_property 函数评估每一个 action_property，都引用了输入 characterized_action_definition，并且有一个 name，name 和输入参数 prop_name 相等。当且仅当所有的这些 action_properties 都有一个相联系的 representation，在 representation 中，items 集包含一个 representation_item，representation_item 是 measure_representation_item 和 length_measure_with_unit 类型时，这个函数才返回真。

EXPRESS 描述：

```
*)
FUNCTION verify_length_measure_action_property (
   cad: characterized_action_definition;
   prop_name: STRING
   ): LOGICAL;
   RETURN (verify_rep_item_for_action_property (cad, prop_name,
   ['INTEGRATED_CNC_SCHEMA.MEASURE_REPRESENTATION_ITEM',
   'INTEGRATED_CNC_SCHEMA.LENGTH_MEASURE_WITH_UNIT']));
END_FUNCTION;
(*
```

参数定义：

cad:cad 是 characterized_action_definition，它作为用于检验的 action_property 实例的 definition 而出现。

prop_name:prop_name 是字符串，它作为用于检验的 action_property 实例的 name 而出现。

5.2.5.22 函数 verify_length_measure_rep_item

当且仅当输入 representation 的 items 集包含一个 representation_item，representation_item 的 name 和输入参数 prop_name 相等，prop_name 是 measure_representation_item 和 length_measure_measure_with_unit 类型的时，这个函数才返回真。

EXPRESS 描述：

```
*)
FUNCTION verify_length_measure_rep_item (
   rep: representation;
   prop_name: STRING
   ): LOGICAL;
   RETURN (0 = SIZEOF (QUERY ( it <* rep.items |
   (it.name = prop_name) AND NOT (SIZEOF([
   'INTEGRATED_CNC_SCHEMA.MEASURE_REPRESENTATION_ITEM',
   'INTEGRATED_CNC_SCHEMA.LENGTH_MEASURE_WITH_UNIT'] *
   TYPEOF(it)) = 2))));
END_FUNCTION;
(*
```

参数定义：

rep:rep 是用于检验的 representation。

prop_name:prop_name 是字符串，它作为用于检验的 representation_item 实例的 name 而出现。

5.2.5.23 函数 verify_length_measure_resource_property

verify_length_measure_resource_property 函数评估每一个 resource_property，都引用了输入 characterized_resource_definition，并且有一个 name，name 和输入参数 prop_name 相等。当且仅当所有的这些 resource_properties 都有一个相联系的 representation，在 representation 中，items 集包含一个 representation_item，representation_item 是 measure_representation_item 和 length_measure_with_unit 类型的时，这个函数才返回真。

EXPRESS 描述：

```
*)
FUNCTION verify_length_measure_resource_property (
   crd: characterized_resource_definition;
   prop_name: STRING
   ): LOGICAL;
   RETURN (verify_rep_item_for_resource_property (crd, prop_name,
   ['INTEGRATED_CNC_SCHEMA.MEASURE_REPRESENTATION_ITEM',
   'INTEGRATED_CNC_SCHEMA.LENGTH_MEASURE_WITH_UNIT']));
END_FUNCTION;
(*
```

参数定义：

crd：crd 是 characterized_resource_definition，它作为用于检验的 action_property 实例的 definition 而出现。

prop_name：prop_name 是字符串，它作为用于检验的 action_property 实例的 name 而出现。

5.2.5.24 函数 **verify_length_measure_tool_body_item**

verify_length_measure_tool_body_item 函数用于检验 representation_item 实例，representation_item 实例有一个 name，name 和输入参数 prop_name 相等，并且 representation_item 实例通过一个 name 为"tool body"的 resource_property 和一个 machining_tool_body_representation 类型的 representation 与输入 machining_tool 相联系。当且仅当所有的这些 representation_item 实例都是 measure_representation_item 类型和 length_measure_with_unit 时，这个函数才返回真。

EXPRESS 描述：

```
*)
FUNCTION verify_length_measure_tool_body_item (
   mt : machining_tool;
   prop_name : STRING
   ): LOGICAL;
   RETURN (verify_rep_item_for_tool_body(mt, prop_name,
   ['INTEGRATED_CNC_SCHEMA.MEASURE_REPRESENTATION_ITEM',
   'INTEGRATED_CNC_SCHEMA.LENGTH_MEASURE_WITH_UNIT']));
END_FUNCTION;
(*
```

参数定义：

mt：mt 是 machining_tool，它通过一个 resource_property 和用于检验的 representation_item 实例相联系。

prop_name：prop_name 是字符串，它作为用于检验的 representation_item 实例的 name 而出现。

5.2.5.25 函数 **verify_linear_speed_measure_rep_item**

当且仅当输入 representation 的 items 集包含一个 representation_item，该 representation_item 的 name 和输入参数 prop_name 相等，prop_name 是 measure_representation_item 类型。并且 items 集有

一个 numeric_measure 类型的 value_component 时，verify_linear_speed_measure_rep_item 函数才返回真。

EXPRESS 描述：

```
*)
FUNCTION verify_linear_speed_measure_rep_item (
   rep: representation;
   prop_name: STRING
   ): LOGICAL;
   RETURN (0 = SIZEOF (QUERY ( it <* rep.items |
   (it.name = prop_name) AND NOT
   ((´INTEGRATED_CNC_SCHEMA.MEASURE_REPRESENTATION_ITEM´
   IN TYPEOF(it)) AND
   (´INTEGRATED_CNC_SCHEMA.NUMERIC_MEASURE´
   IN TYPEOF(it.value_component))))));
END_FUNCTION;
(*
```

参数定义：

rep:rep 是用于检验的 representation。

prop_name:prop_name 是字符串，它作为用于检验的 representation_item 实例的 name 而出现。

5.2.5.26 函数 verify_numeric_measure_action_property

verify_numeric_measure_action_property 函数评估每一个 action_property，其中每一个 action_property 都引用了输入 characterized_action_definition，并且有一个 name，name 和输入参数 prop_name 相等。当且仅当所有的这些 action_properties 都有一个相联系的 representation，在 representation 中，items 集包含一个 measure_representation_item 类型的 representation_item，并且有一个 numeric_measure 类型的 value_component 时，这个函数才返回真。

EXPRESS 描述：

```
*)
FUNCTION verify_numeric_measure_action_property (
   cad: characterized_action_definition;
   prop_name: STRING
   ): LOGICAL;
   -- All properties have matching representations. The reason we test
   -- for "nothing matching the negation" rather than "something matching
   -- the positive" is so that we return true if there are no properties.
   --
   RETURN (0 = SIZEOF (QUERY (prop <* get_action_property (cad, prop_name) |
   -- property has no matching representations
   NOT (
   -- there is at least one rep with matching rep items
   (0 < SIZEOF (QUERY (prep <* USEDIN (prop, ´INTEGRATED_CNC_SCHEMA.´ +
   ´ACTION_PROPERTY_REPRESENTATION.PROPERTY´) |
   -- property representation has at least one matching rep item
   (0 < SIZEOF (QUERY (it <* prep.representation.items |
   ((´INTEGRATED_CNC_SCHEMA.MEASURE_REPRESENTATION_ITEM´
   IN TYPEOF(it)) AND
```

```
    ('INTEGRATED_CNC_SCHEMA.NUMERIC_MEASURE'
    IN TYPEOF(it.value_component)))
    )))
    )))
    ))));
END_FUNCTION;
(*
```

参数定义：

cad:cad 是 characterized_action_definition，它作为用于检验的 action_property 实例的 definition 而出现。

prop_name:prop_name 是字符串，它作为用于检验的 action_property 实例的 name 而出现。

5.2.5.27 函数 verify_optional_action_property

当且仅当最多有一个 action_property，action_property 引用输入 characterized_action_definition，并且有一个 name，当 name 和输入参数 prop_name 相等时，这个函数才返回真。

EXPRESS 描述：

```
*)
FUNCTION verify_optional_action_property (
    cad: characterized_action_definition;
    prop_name: STRING
    ): LOGICAL;
    RETURN (1 >= SIZEOF (get_action_property (cad, prop_name)));
END_FUNCTION;
(*
```

参数定义：

cad:cad 是 characterized_action_definition，它作为用于检验的 action_property 实例的 definition 而出现。

prop_name:prop_name 是字符串，它作为用于检验的 action_property 实例的 name 而出现。

5.2.5.28 函数 verify_optional_in_process_geometry

当且仅当输入 machining_process_executable 满足下列条件时，verify_optional_in_process_geometry 函数才返回真。

——machining_process_executable 是最多一个 name 为"as-is shape"的 action_property 的 definition，representation 用于描述 shape_representation 类型的 action_property。

——machining_process_executable 是最多一个 name 为"to-be shape"的 action_property 的 definition，representation 用于描述 shape_representation 类型的 action_property。

——machining_process_executable 是最多一个 name 为"removal shape"的 action_property 的 definition，representation 用于描述 shape_representation 类型的 action_property。

EXPRESS 描述：

```
*)
FUNCTION verify_optional_in_process_geometry (
    mpe: machining_process_executable
    ): LOGICAL;
    RETURN
    ((verify_optional_action_property (mpe, 'as - is shape')) AND
```

```
    (verify_optional_action_property (mpe, 'to - be shape')) AND
    (verify_optional_action_property (mpe, 'removal shape')) AND
    - - All properties need advanced brep shape reps
    (0 = SIZEOF (QUERY (prop <*
    USEDIN (mpe, 'INTEGRATED_CNC_SCHEMA.ACTION_PROPERTY.DEFINITION') |
    ((prop.name IN ['as - is shape', 'to - be shape', 'removal shape']) AND
    (0 = SIZEOF (QUERY (prep <* USEDIN (prop, 'INTEGRATED_CNC_SCHEMA.' +
    'ACTION_PROPERTY_REPRESENTATION.PROPERTY') |
    ('INTEGRATED_CNC_SCHEMA.SHAPE_REPRESENTATION'
    IN TYPEOF (prep.representation))))))
    )))
    );
END_FUNCTION;
(*
```

参数定义：

mpe:mpe 是用于检验的 machining_process_executable。

5.2.5.29 函数 verify_optional_relating_amr

当且仅当最多存在一个 action_method_relationship，在 action_method_relationship 中，输入 action_method 作为 relating_method 而出现，并且 action_method_relationship 是出现在 amr_types 输入参数中的所有类型时，verify_optional_relating_amr 函数才返回真。

EXPRESS 描述：

```
*)
FUNCTION verify_optional_relating_amr (
    am: action_method;
    amr_types: SET OF STRING
    ): LOGICAL;
    RETURN (1 >= get_count_of_relating_amr (am, amr_types));
END_FUNCTION;
(*
```

参数定义：

am:am 是 action_method，它作为用于检验的 action_method_relationship 实例的 relating_method 而出现。

amr_types:action_method_relationship 实例的期望类型名集。

5.2.5.30 函数 verify_optional_relating_amr_with_name

当且仅当最多存在一个 action_method_relationship，在 action_method_relationship 中，输入 action_method 作为 relating_method 而出现，并且 action_method_relationship 是出现在 amr_types 输入参数中的所有类型，并且输入参数 amr_name 作为 action_method_relationship 的 name 出现时，verify_optional_relating_amr_with_name 函数才返回真。

EXPRESS 描述：

```
*)
FUNCTION verify_optional_relating_amr_with_name (
    am: action_method;
    amr_name: STRING
    amr_types: SET OF STRING
```

```
    ): LOGICAL;
    RETURN (1 >= get_count_of_relating_amr_with_name (
    am, amr_name, amr_types));
END_FUNCTION;
(*
```

参数定义：

am：am 是 action_method，它作为用于检验的 action_method_relationship 实例的 relating_method 而出现。

arm_name：arm_name 是字符串，它作为用于检验的 action_method_relationship 实例的 name 而出现。

amr_types：action_method_relationship 实例的期望类型名集。

5.2.5.31 函数 **verify_optional_rep_item**

当且仅当输入 representation 的 items 集最多包含一个 representation_item，representation_item 的 name 和输入参数 prop_name 相等时，verify_optional_rep_item 函数才返回真。

EXPRESS 描述：

```
*)
FUNCTION verify_optional_rep_item (
    rep: representation;
    prop_name: STRING
    ): LOGICAL;
    RETURN (1 >= SIZEOF (QUERY ( it <* rep.items |
    (it.name = prop_name))));
END_FUNCTION;
(*
```

参数定义：

rep：rep 是用于检验的 representation。

prop_name：prop_name 是字符串，它作为用于检验的 representation_item 实例的 name 而出现。

5.2.5.32 函数 **verify_optional_resource_property**

当且仅当最多存在一个 resource_property，resource_property 引用输入 characterized_resource_definition 并且有一个 name 和输入参数 prop_name 相等时，verify_optional_resource_property 函数才返回真。

EXPRESS 描述：

```
*)
FUNCTION verify_optional_resource_property (
    crd: characterized_resource_definition;
    prop_name: STRING
    ): LOGICAL;
    RETURN (1 >= SIZEOF (get_resource_property (crd, prop_name)));
END_FUNCTION;
(*
```

参数定义：

crd：crd 是 characterized_resource_definition，它作为用于检验的 resource_property 实例的 definition 而出现。

prop_name:prop_name 是字符串,它作为用于检验的 resource_property 实例的 name 而出现。

5.2.5.33 函数 verify_optional_tool_body_item

verify_optional_tool_body_item 函数用于检验 representation_item 实例,representation_item 实例有一个 name,name 和输入参数 prop_name 相等,并且 representation_item 实例通过一个 name 为"tool body"的 resource_property 和一个 machining_tool_body_representation 类型的 representation 与输入 machining_tool 相联系。当且仅当最多存在一个这样的 representation_item 实例时,这个函数才返回真。

EXPRESS 描述:

```
*)
FUNCTION verify_optional_tool_body_item (
   mt : machining_tool;
   prop_name : STRING
   ): LOGICAL;
   RETURN (1 >= SIZEOF (get_tool_body_item (mt, prop_name)));
END_FUNCTION;
(*
```

参数定义:

mt:mt 是 machining_tool, 它通过一个 resource_property 和用于检验的 representation_item 实例相联系。

prop_name:prop_name 是字符串,它作为用于检验的 representation_item 实例的 name 而出现。

5.2.5.34 函数 verify_pressure_measure_action_property

verify_pressure_measure_action_property 函数评估每一个 action_property,都引用了输入 characterized_action_definition,并且有一个 name,name 和输入参数 prop_name 相等。当且仅当所有的这些 action_properties 都有一个相联系的 representation,在 representation 中,items 集包含一个 measure_representation_item 类型的 representation_item,并且有一个 numeric_measure 类型的 value_component 时,这个函数才返回真。

EXPRESS 描述:

```
*)
FUNCTION verify_pressure_measure_action_property (
   cad: characterized_action_definition;
   prop_name: STRING
   ): LOGICAL;
   RETURN (verify_numeric_measure_action_property (cad, prop_name));
END_FUNCTION;
(*
```

参数定义:

cad:cad 是 characterized_action_definition,它作为用于检验的 action_property 实例的 definition 而出现。

prop_name:prop_name 是字符串,它作为用于检验的 action_property 实例的 name 而出现。

5.2.5.35 函数 verify_ratio_measure_action_property

verify_ratio_measure_action_property 函数评估每一个 action_property,都引用了输入 characterized_action_definition,并且有一个 name,name 和输入参数 prop_name 相等。当且仅当所有的这些 action_properties 都有一个相联系的 representation，在 representation 中，items 集包含一个 measure_representation_item 和 ratio_measure_with_unit 类型的 representation_item 时，这个函数才返回真。

EXPRESS 描述：

```
*)
FUNCTION verify_ratio_measure_action_property (
   cad: characterized_action_definition;
   prop_name: STRING
   ): LOGICAL;
   RETURN (verify_rep_item_for_action_property (cad, prop_name,
   ['INTEGRATED_CNC_SCHEMA.MEASURE_REPRESENTATION_ITEM',
   'INTEGRATED_CNC_SCHEMA.RATIO_MEASURE_WITH_UNIT']));
END_FUNCTION;
(*
```

参数定义：

cad:cad 是 characterized_action_definition，它作为用于检验的 action_property 实例的 definition 而出现。

prop_name:prop_name 是字符串，它作为用于检验的 action_property 实例的 name 而出现。

5.2.5.36 函数 verify_ratio_measure_rep_item

当且仅当输入 representation 的 items 集包含一个 representation_item，representation_item 的 name 和输入参数 prop_name 相等，prop_name 是 measure_representation_item 和 ratio_measure_with_unit 类型时，verify_ratio_measure_rep_item 函数才返回真。

EXPRESS 描述：

```
*)
FUNCTION verify_ratio_measure_rep_item (
   rep: representation;
   prop_name: STRING
   ): LOGICAL;
   RETURN (0 = SIZEOF (QUERY ( it <* rep.items |
   (it.name = prop_name) AND NOT (SIZEOF([
   'INTEGRATED_CNC_SCHEMA.MEASURE_REPRESENTATION_ITEM',
   'INTEGRATED_CNC_SCHEMA.RATIO_MEASURE_WITH_UNIT'] *
   TYPEOF(it)) = 2))));
END_FUNCTION;
(*
```

参数定义：

rep:rep 用于检验的 representation.

prop_name:prop_name 是字符串，它作为用于检验的 representation_item 实例的 name 而出现。

5.2.5.37 函数 verify_related_type_for_amr

verify_related_type_for_amr 函数评估 action_method_relationship 实例，在 action_method_relationship 实例中，输入 action_method 作为 relating_method 而出现，关系是出现在 amr_types 输入参数中的所有类型。当且仅当所有的这些 action_method_relationship 都有一个 related_method，且 related_method 是出现在 types 输入参数中的所有类型时，这个函数才返回真。

EXPRESS 描述：

```
*)
FUNCTION verify_related_type_for_amr (
   am: action_method;
   amr_types: SET OF STRING
   types: SET OF STRING
   ): LOGICAL;
   RETURN (0 = SIZEOF (QUERY (amr <* get_relating_amr (am) |
   (SIZEOF(amr_types * TYPEOF(amr)) =
   SIZEOF(amr_types)) AND
   NOT
   (SIZEOF(types * TYPEOF(amr.related_method)) =
   SIZEOF(types)) )));
END_FUNCTION;
(*
```

参数定义：

am:am 是 action_method,它作为用于检验的 action_method_relationship 实例的 relating_method 而出现。

amr_types:action_method_relationship 实例的期望类型名的集合。

types:作为 action_method_relationship 实例的 related_method 而出现的 action_method 的期望类型名的集合。

5.2.5.38 函数 verify_related_type_for_amr_with_name

verify_related_type_for_amr_with_name 函数评估 action_method_relationship 实例,在 action_method_relationship 实例中,输入 action_method 作为 relating_method 而出现,关系是出现在 amr_types 输入参数中的所有类型,并且 name 和 amr_name 输入参数相等。当且仅当所有的这些 action_method_relationship 都有一个 related_method,而 related_method 是出现在 types 输入参数中的所有类型时,这个函数才返回真。

EXPRESS 描述：

```
*)
FUNCTION verify_related_type_for_amr_with_name (
   am: action_method;
   amr_name: STRING;
   amr_types: SET OF STRING
   types: SET OF STRING
   ): LOGICAL;
   RETURN (0 = SIZEOF (QUERY (amr <* get_relating_amr (am) |
   (amr.name = amr_name) AND
   (SIZEOF(amr_types * TYPEOF(amr)) =
   SIZEOF(amr_types)) AND
   NOT
   (SIZEOF(types * TYPEOF(amr.related_method)) =
   SIZEOF(types)) )));
END_FUNCTION;
(*
```

参数定义：

am:am 是 action_method,它作为用于检验的 action_method_relationship 实例的 relating_method 而出现。

amr_name:amr_name 是字符串,它作为用于检验的 action_method_relationship 实例的 name 而出现。

amr_types:action_method_relationship 实例的期望类型名的集合。

types:作为 action_method_relationship 实例的 related_method 而出现的 action_method 的期望类型名的集合。

5.2.5.39 函数 **verify_rep_item_for_action_property**

verify_rep_item_for_action_property 函数评估每一个 action_property,其中每一个 action_property 都引用了输入 characterized_action_definition,并且有一个 name,name 和输入参数 prop_name 相等。当且仅当所有的这些 action_properties 都有一个相联系的 representation,在 representation 中,items 集包含一个 representation_item,representation_item 是出现在 rep_item_types 输入参数中的所有类型时,这个函数才返回真。

EXPRESS 描述:

```
*)
FUNCTION verify_rep_item_for_action_property (
  cad: characterized_action_definition;
  prop_name: STRING;
  rep_item_types: SET OF STRING
  ): LOGICAL;
  -- All properties have matching representations. The reason we test
  -- for "nothing matching the negation" rather than "something matching
  -- the positive" is so that we return true if there are no properties.
  --
  RETURN (0 = SIZEOF (QUERY (prop <* get_action_property (cad, prop_name) |
  NOT (
  (0 < SIZEOF (QUERY (prep <* USEDIN (prop, 'INTEGRATED_CNC_SCHEMA.' +
  'ACTION_PROPERTY_REPRESENTATION.PROPERTY') |
  (0 < SIZEOF (QUERY (it <* prep.representation.items |
  (SIZEOF (rep_item_types * TYPEOF(it)) =
  SIZEOF (rep_item_types))))
  )))
  ))
  )));
END_FUNCTION;
(*
```

参数定义:

cad:cad 是 characterized_action_definition,它作为用于检验的 action_property 实例的 definition 而出现。

prop_name:prop_name 是字符串,它作为用于检验的 action_property 实例的 name 而出现。

rep_item_types:期望的 representation_item 类型名的集合。

5.2.5.40 函数 **verify_rep_item_for_resource_property**

verify_rep_item_for_resource_property 函数评估每一个 resource_property,其中每一个 resource_ property 都引用了输入 characterized_resource_definition，并且有一个 name，name 和输入参数 prop_name 相等。当且仅当所有的这些 resource_properties 都有一个相联系的 representation，在 representation 中，items 集包含一个 representation_item，representation_item 是出现在 rep_item_types 输入参数中的所有类型时，这个函数才返回真。

EXPRESS 描述：

```
*)
FUNCTION verify_rep_item_for_resource_property (
   crd: characterized_resource_definition;
   prop_name: STRING;
   rep_item_types: SET OF STRING
   ): LOGICAL;
   RETURN (0 = SIZEOF (QUERY (prop <* get_resource_property (crd, prop_name) |
   NOT (0 < SIZEOF (QUERY (prep <* USEDIN (prop, 'INTEGRATED_CNC_SCHEMA.' +
   'RESOURCE_PROPERTY_REPRESENTATION.PROPERTY') |
   (0 < SIZEOF (QUERY (it <* prep.representation.items |
   (SIZEOF (rep_item_types * TYPEOF(it)) =
   SIZEOF (rep_item_types)))))
   )))
   )));
END_FUNCTION;
(*
```

参数定义：

cad：cad 是 characterized_resource_definition，它作为用于检验的 resource_property 实例的 definition 而出现。

prop_name：prop_name 是字符串，它作为用于检验的 resource_property 实例的 name 而出现。

rep_item_types：期望的 representation_item 类型名的集合。

5.2.5.41 函数 verify_rep_item_for_tool_body

verify_rep_item_for_tool_body 函数用于检验 representation_item 实例，representation_item 实例有一个 name，name 和输入参数 prop_name 相等，并且 representation_item 实例通过一个 name 为"tool body"的 resource_property 和一个 machining_tool_body_representation 类型的 representation 与输入 machining_tool 相联系。当且仅当所有的这些 representation_item 实例都是出现在 rep_item_types 输入参数中的所有类型时，这个函数才返回真。

EXPRESS 描述：

```
*)
FUNCTION verify_rep_item_for_tool_body (
   mt : machining_tool;
   prop_name : STRING;
   rep_item_types : SET OF STRING
   ): LOGICAL;
   RETURN (0 = SIZEOF (QUERY (it <* get_tool_body_item (mt, prop_name) | NOT
   ((SIZEOF (rep_item_types * TYPEOF(it)) =
   SIZEOF (rep_item_types)))
   )));
END_FUNCTION;
(*
```

参数定义：

mt:mt 是 machining_tool，它的 machining_tool 通过一个 resource_property 和用于检验的 representation_item 实例相联系。

prop_name:prop_name 是字符串,它作为用于检验的 representation_item 实例的 name 而出现。

rep_item_types:期望的 representation_item 类型名的集合。

5.2.5.42 函数 **verify_rep_name_for_action_property**

verify_rep_name_for_action_property 函数评估每一个 action_property,都引用了输入 characterized_action_definition,并且有一个 name,name 和输入参数 prop_name 相等。当且仅当所有的这些 action_properties 都有一个相联系的 representation,并且 representation 有一个 name,这个 name 出现在 desc_names 输入参数中时,这个函数才返回真。

EXPRESS 描述：

```
*)
FUNCTION verify_rep_name_for_action_property (
   cad: characterized_action_definition;
   prop_name: STRING;
   desc_names: SET OF STRING
   ): LOGICAL;
   RETURN (0 = SIZEOF (QUERY (prop <*
   get_action_property (cad, prop_name) | NOT
   (0 < SIZEOF (QUERY (prep <* USEDIN (prop, 'INTEGRATED_CNC_SCHEMA.' +
   'ACTION_PROPERTY_REPRESENTATION.PROPERTY') |
   (prep.representation.name IN desc_names)
   )))
   )));
END_FUNCTION;
(*
```

参数定义：

cad:cad 是 characterized_action_definition,它作为用于检验的 action_property 实例的 definition 而出现。

prop_name:prop_name 是字符串,它作为用于检验的 action_property 实例的 name 而出现。

desc_names:与每一个 representation 的 name 相比较的字符串值的集合。

5.2.5.43 函数 **verify_rep_type_for_action_property**

verify_rep_type_for_action_property 函数评估每一个 action_property,都引用了输入 characterized_action_definition,并且有一个 name,name 和输入参数 prop_name 相等。当且仅当所有的这些 action_properties 都有一个相联系的 representation,并且 representation 是出现在 rep_types 输入参数中的所有类型时,这个函数才返回真。

EXPRESS 描述：

```
*)
FUNCTION verify_rep_type_for_action_property (
   cad: characterized_action_definition;
   prop_name: STRING;
   rep_types: SET OF STRING
```

```
  ): LOGICAL;
  RETURN (0 = SIZEOF (QUERY (prop <*
  get_action_property (cad, prop_name) | NOT
  (0 < SIZEOF (QUERY (prep <* USEDIN (prop, 'INTEGRATED_CNC_SCHEMA.' +
  'ACTION_PROPERTY_REPRESENTATION.PROPERTY') |
  (SIZEOF(rep_types * TYPEOF(prep.representation)) =
  SIZEOF(rep_types))
  )))
  )));
END_FUNCTION;
(*
```

参数定义：

cad:cad 是 characterized_action_definition，它作为用于检验的 action_property 实例的 definition 而出现。

prop_name:prop_name 是字符串，它作为用于检验的 action_property 实例的 name 而出现。

rep_types:期望 representation 类型名的集合。

5.2.5.44 函数 verify_rep_type_for_resource_property

verify_rep_type_for_resource_property 函数评估每一个 resource_property，都引用了输入 characterized_resource_definition，并且有一个 name，name 和输入参数 prop_name 相等。当且仅当所有的这些 resource_properties 都有一个相联系的 representation，并且 representation 是出现在 rep_types 输入参数中的所有类型时，这个函数才返回真。

EXPRESS 描述：

```
*)
FUNCTION verify_rep_type_for_resource_property (
  crd: characterized_resource_definition;
  prop_name: STRING;
  rep_types: SET OF STRING
  ): LOGICAL;
  RETURN (0 = SIZEOF (QUERY (prop <*
  get_resource_property (crd, prop_name) | NOT
  (0 < SIZEOF (QUERY (prep <* USEDIN (prop, 'INTEGRATED_CNC_SCHEMA.' +
  'RESOURCE_PROPERTY_REPRESENTATION.PROPERTY') |
  (SIZEOF(rep_types * TYPEOF(prep.representation)) =
  SIZEOF(rep_types))
  )))
  )));
END_FUNCTION;
(*
```

参数定义：

crd:crd 是 characterized_resource_definition，它作为用于检验的 resource_property 实例的 definition 而出现。

prop_name:prop_name 是字符串，它作为用于检验的 resource_property 实例的 name 而出现。

rep_types:期望 representation 类型名的集合。

5.2.5.45 函数 **verify_required_action_property**

当且仅当只存在一个 action_property,这个 action_property 引用了输入 characterized_action_definition,并且有一个 name,name 和输入参数 prop_name 相等时,verify_required_action_property 函数才返回真。

EXPRESS 描述:

```
*)
FUNCTION verify_required_action_property (
   cad: characterized_action_definition;
   prop_name: STRING
   ): LOGICAL;
   RETURN (1 = SIZEOF (get_action_property (cad, prop_name)));
END_FUNCTION;
(*
```

参数定义:

cad:cad 是 characterized_action_definition,它作为用于检验的 action_property 实例的 definition 而出现。

prop_name:prop_name 是字符串,它作为用于检验的 action_property 实例的 name 而出现。

5.2.5.46 函数 **verify_required_relating_amr**

当且仅当只存在一个 action_method_relationship,在 action_method_relationship 中,输入 action_method 作为 relating_method 而出现,并且 action_method_relationship 是出现在 amr_types 输入参数中的所有类型时,verify_required_relating_amr 函数才返回真。

EXPRESS 描述:

```
*)
FUNCTION verify_required_relating_amr (
   am: action_method;
   amr_types: SET OF STRING
   ): LOGICAL;
   RETURN (1 = get_count_of_relating_amr (am, amr_types));
END_FUNCTION;
(*
```

参数定义:

am:am 是 action_method,它作为用于检验的 action_method_relationship 实例的 relating_method 而出现。

amr_types:action_method_relationship 实例的期望类型名的集合。

5.2.5.47 函数 **verify_required_relating_amr_with_name**

当且仅当只存在一个 action_method_relationship,在 action_method_relationship 中,输入 action_method 作为 relating_method 而出现,action_method_relationship 是出现在 amr_types 输入参数中的所有类型,并且输入参数 amr_name 作为 action_method_relationship 的 name 出现时,verify_required_relating_amr_with_name 函数才返回真。

EXPRESS 描述:

```
*)
FUNCTION verify_required_relating_amr_with_name (
```

```
    am: action_method;
    amr_name: STRING
    amr_types: SET OF STRING
    ): LOGICAL;
    RETURN (1 = get_count_of_relating_amr_with_name (
    am, amr_name, amr_types));
END_FUNCTION;
(*
```

参数定义：

am:am 是 action_method,它作为用于检验的 action_method_relationship 实例的 relating_method 而出现。

amr_name:amr_name 是字符串,它作为用于检验的 action_method_relationship 实例的 name 而出现。

amr_types:action_method_relationship 实例的期望类型名的集合。

5.2.5.48 函数 verify_required_rep_item

当且仅当输入 representation 的 items 集包含并且只包含一个 representation_item,并且这个 representation_item 有一个 name 和输入参数 prop_name 相等时,verify_required_rep_item 函数才返回真。

EXPRESS 描述：

```
*)
FUNCTION verify_required_rep_item (
    rep: representation;
    prop_name: STRING
    ): LOGICAL;
    RETURN (1 = SIZEOF (QUERY ( it <* rep.items |
    (it.name = prop_name))));
END_FUNCTION;
(*
```

参数定义：

rep:rep 是用于检验的 representation。

prop_name:prop_name 是字符串,它作为用于检验的 representation_item 实例的 name 而出现。

5.2.5.49 函数 verify_required_resource_property

当且仅当只存在一个 resource_property,这个 resource_property 引用了输入 characterized_action_definition,并且有一个 name,name 和输入参数 prop_name 相等时,verify_required_resource_property 函数才返回真。

EXPRESS 描述：

```
*)
FUNCTION verify_required_resource_property (
    crd: characterized_resource_definition;
    prop_name: STRING
    ): LOGICAL;
    RETURN (1 = SIZEOF (get_resource_property (crd, prop_name)));
END_FUNCTION;
(*
```

参数定义：

crd:crd 是 characterized_resource_definition,它作为用于检验的 resource_property 实例的 definition 而出现。

prop_name:prop_name 是字符串,它作为用于检验的 resource_property 实例的 name 而出现。

5.2.5.50 函数 verify_required_tool_body_item

verify_required_tool_body_item 函数用于检验 representation_item 实例,representation_item 实例有一个 name,name 和输入参数 prop_name 相等,并且 representation_item 实例通过一个 name 为"tool body"的 resource_property 和一个 machining_tool_body_representation 类型的 representation 与输入 machining_tool 相联系。当且仅当最多存在一个这样的 representation_item 实例时,这个函数才返回真。

EXPRESS 描述：

```
*)
FUNCTION verify_required_tool_body_item (
   mt : machining_tool;
   prop_name : STRING
   ): LOGICAL;
   RETURN (1 = SIZEOF (get_tool_body_item (mt, prop_name)));
END_FUNCTION;
(*
```

参数定义：

mt:mt 是 machining_tool,它的 machining_tool 通过一个 resource_property 和用于检验的 representation_item 实例相联系。

prop_name:prop_name 是字符串,它作为用于检验的 representation_item 实例的 name 而出现。

5.2.5.51 函数 verify_rotary_speed_measure_rep_item

当且仅当输入 representation 的 items 集包含并且只包含一个 representation_item，这个 representation_item 的 name 和输入参数 prop_name 相等,prop_name 是 measure_representation_item 类型。并且 items 集有一个 numeric_measure 类型的 value_component 时,verify_rotary_speed_measure_rep_item 函数才返回真。

EXPRESS 描述：

```
*)
FUNCTION verify_rotary_speed_measure_rep_item (
   rep: representation;
   prop_name: STRING
   ): LOGICAL;
   RETURN (0 = SIZEOF (QUERY ( it <* rep.items |
   (it.name = prop_name) AND NOT
   (('INTEGRATED_CNC_SCHEMA.MEASURE_REPRESENTATION_ITEM'
   IN TYPEOF(it)) AND
   ('INTEGRATED_CNC_SCHEMA.NUMERIC_MEASURE'
   IN TYPEOF(it.value_component))))));
END_FUNCTION;
(*
```

参数定义：

rep:rep 是用于检验的 representation.

prop_name:prop_name 是字符串,它作为用于检验的 representation_item 实例的 name 而出现。

5.2.5.52 函数 verify_time_measure_action_property

verify_time_measure_action_property 函数评估每一个 action_property,都引用了输入 characterized_action_definition,并且有一个 name,name 和输入参数 prop_name 相等。当且仅当所有的这些 action_properties 都有一个相联系的 representation,在 representation 中,items 集包含一个 measure_representation_item 和 time_measure_with_unit 类型的 representation_item 时,这个函数才返回真。

EXPRESS 描述:

```
*)
FUNCTION verify_time_measure_action_property (
   cad: characterized_action_definition;
   prop_name: STRING
   ): LOGICAL;
   RETURN (verify_rep_item_for_action_property(cad, prop_name,
   ['INTEGRATED_CNC_SCHEMA.MEASURE_REPRESENTATION_ITEM',
   'INTEGRATED_CNC_SCHEMA.TIME_MEASURE_WITH_UNIT']));
END_FUNCTION;
(*
```

参数定义:

cad:cad 是 characterized_action_definition,它作为用于检验的 action_property 实例的 definition 而出现。

prop_name:prop_name 是字符串,它作为用于检验的 action_property 实例的 name 而出现。

5.2.5.53 函数 verify_time_measure_rep_item

当且仅当输入 representation 的 items 集包含一个 representation_item, representation_item 的 name 和输入参数 prop_name 相等,prop_name 是 measure_representation_item 和 ratio_measure_with_unit 类型时,verify_time_measure_rep_item 函数才返回真。

EXPRESS 描述:

```
*)
FUNCTION verify_time_measure_rep_item (
   rep: representation;
   prop_name: STRING
   ): LOGICAL;
   RETURN (0 = SIZEOF (QUERY ( it <* rep.items |
   (it.name = prop_name) AND NOT (SIZEOF([
   'INTEGRATED_CNC_SCHEMA.MEASURE_REPRESENTATION_ITEM',
   'INTEGRATED_CNC_SCHEMA.TIME_MEASURE_WITH_UNIT'] *
   TYPEOF(it)) = 2))));
END_FUNCTION;
(*
```

参数定义:

rep:rep 是用于检验的 representation.

prop_name:prop_name 是字符串,它作为用于检验的 representation_item 实例的 name 而出现。

5.2.5.54 函数 verify_time_measure_resource_property

verify_time_measure_resource_property 函数评估每一个 resource_property,都引用了输入 characterized_resource_definition,并且有一个 name,name 和输入参数 prop_name 相等。当且仅当所有的这些 resource_properties 都有一个相联系的 representation,在 representation 中,items 集包含一个 measure_representation_item 和 time_measure_with_unit 类型的 representation_item 时,这个函数才返回真。

EXPRESS 描述:

```
*)
FUNCTION verify_time_measure_resource_property (
  crd: characterized_resource_definition;
  prop_name: STRING
  ): LOGICAL;
  RETURN (verify_rep_item_for_resource_property (crd, prop_name,
  ['INTEGRATED_CNC_SCHEMA.MEASURE_REPRESENTATION_ITEM',
  'INTEGRATED_CNC_SCHEMA.TIME_MEASURE_WITH_UNIT']));
END_FUNCTION;
(*
```

参数定义:

crd:crd 是 characterized_resource_definition,它作为用于检验的 resource_property 实例的 definition 而出现。

prop_name:prop_name 是字符串,它作为用于检验的 resource_property 实例的 name 而出现。

6 一致性要求

GB/T 16656(ISO 10303)的本部分的一致性包括:满足在这部分中所陈述的要求,满足所支持的实现方法的要求,满足规范性引用的相关要求。

实现应该至少支持一种下列实现方法:

——ISO 10303-21。

关于实现方法的要求——特定要求,在附录 C 中详细说明。

协议实现一致性申明文件(PICS)形式上列出了可能包含在实现中的选择项或选择项的组合。PICS 在附录 D 中提供。

本部分提供可能被一个实现所支持的一些选择项,这些选择项被分成了下面几个一致性类:

——刀具路径编程(CC1);

——闭环编程(CC2);

——基于特征的编程(CC3);

——创成式编程(CC4)。

这些一致性类是这样定义的:每一个类都包含由它之前的类所规定的所有选择项。支持一个特定的一致性类,就需要支持那个类中规定的所有选择项。

示例:CC2 包含 CC1 中的一切选择项,另加附加的选择项,CC3 包含 CC2 中的一切选择项,另加附加的选择项,CC4 包含 CC3 中的一切选择项,另加附加的选择项。

一个特定的类的一致性要求:所有的作为那个类的一部分而定义的 AIM 元素都应该被支持。表 16定义每一个 AIM 元素所属的类,一致性类由下面几节详细的描述。

在附录 J 中,为一系列一致性类提供了多个注释示例数据集。

6.1 刀具路径编程的一致性类(CC1)

这个一致性类支持加工编程的描述,该加工编程包含一系列的工序,每个工序用独立于机床的刀具中心点轨迹、曲线类型的一个简化集、还有刀具需求、关于程序的管理信息和所有特定技术工艺参数来描述。

这个一致性类包含来自度量、工序、项目、工件、铣削的工艺数据、铣削的切削刀具、车削的工艺数据、车削的切削刀具、库目录和管理 UoF 的所有的应用对象。

注:因为该一致性类别对每一个工序都要求一个刀具路径,那么任何特定的策略只是简单地增加了附加信息。在没有其他任何有用信息的情况下,建议:加工工序应该规定为自由形式操作,并且不带相关联的策略。

这个一致性类包含下列应用对象和它们的子类型,它们来自可执行操作 UoF:

——Machining_tool;

——Machining_workingstep;

——NC_function、子类型 Display_message、NC_legacy_function、Optional_stop、Program_stop、Set_mark、Wait_for_mark 和支持对象 Channel;

——Rapid_movement 和 Return_home 子类型;

——Setup 和支持对象 Workpiece_setup 和 Setup_instruction;

——Workplan。

这个一致性类包括下列应用对象和它们的子类型,它们来自刀具路径 UoF:

——Cutter_location_trajectory;

——Feedstop;

——Toolpath_speed。

另外,在使用这个一致性类的应用对象时,遵从下列说明:

——应该为每一个 Operation 操作对象都规定 its_toolpath;

——对于特定的 Machining_workingstep 对象不需要规定 its_feature;

——对于特定的 Machining_workingstep 对象不需要规定 its_secplane;

——dataset 数据集应该包含并且只包含一个 Workplan 工作计划对象;

——不应该为 Machining_workingstep 的 its_effect,manufacturing_feature 的 explicit_representation,workpiece 的 its_geometry 或 its_bounding_geometry,workpiece_setup 的 its_restricted_area 或者 workplan 的 its_effect 规定几何形状信息。

6.2 闭环编程的一致性类(CC2)

这个一致性类扩展了上一个一致性类,它支持加工编程描述的整个范围的刀具路径详细说明,以及工件,原料和装夹的受限区域的整个形状信息。

这个一致性类包括 CC1 所规定的一切,另外还包括刀具路径 UoF 中所有剩余的应用对象和可执行操作 UoF 中所有 Parallel 应用对象。

另外,在使用这个一致性类的应用对象时,遵从下列说明:

——数据集可以包括很多嵌套的 Workplan 工作计划对象;

——每一个 cutter_location_trajectory 对象的基本曲线,its_toolaxis 和 surface_normal 可以被任何 bounded_curve 类型描述。

——几何形状信息可以为 Machining_workingstep 的 its_effect,workpiece 的 its_geometry 或 its_bounding_geometry,workpiece_setup 的 its_restricted_area 或者 workplan 的 its_effect 而规定。

6.3 基于特征编程的一致性类(CC3)

这个一致性类扩展了上一个一致性类别,它支持加工编程的描述,这个加工编程使用整个范围的可执行操作结构和由内在参数所定义的制造工艺特征。

这个一致性类包括 CC2 所规定的一切，另外还包括来自制造特征的所有应用对象，车削 UoF 的制造特征和可执行操作 UoF 中所有剩余的应用对象。

另外，在使用这个一致性类的应用对象时，遵从下列说明：

——对一个特定的 Operation 操作对象不需要规定 its_toolpath；

——应该为所有的 machining_workingstep 对象规定 its_feature；

——应该为所有的 machining_workingstep 对象规定 its_secplane。

6.4 创成式编程的一致性类(CC4)

这个一致性类扩展了上一个一致性类，它支持几何尺寸和公差信息的描述，几何尺寸和公差信息足以计算最佳的速度和进给，制造出最终产品外观上出现的特征，以及与外在几何相联系特征。

这个一致性类包括 CC3 所规定的一切，另外还包括来自几何尺寸和公差 UoF 的所有应用对象和其他 UoF 中所有剩余的应用对象。

另外，在使用这个一致性类的应用对象时，遵从下列说明：

——可以为任何的 machining_workingstep 对象规定 final_features；

——可以为任何的 manufacturing_feature 对象规定 explicit_representation。

表 16 一致性类元素

AIM 元素	一致性类			
	1	2	3	4
action	×	×	×	×
action_method	×	×	×	×
action_method_relationship	×	×	×	×
action_method_with_associated_documents	×	×	×	×
action_property	×	×	×	×
action_property_representation	×	×	×	×
action_relationship			×	×
action_resource	×	×	×	×
action_resource_relationship	×	×	×	×
action_resource_requirement	×	×	×	×
action_resource_requirement_relationship	×	×	×	×
action_resource_type	×	×	×	×
address	×	×	×	×
advanced_brep_shape_representation		×	×	×
advanced_face		×	×	×
and_expression			×	×
angular_location			×	×
angular_size			×	×
angularity_tolerance			×	×

表 16（续）

AIM 元素	一致性类			
	1	2	3	4
apex				×
application_context	×	×	×	×
application_context_element	×	×	×	×
application_protocol_definition	×	×	×	×
applied_approval_assignment	×	×	×	×
applied_area			×	×
applied_classification_assignment	×	×	×	×
applied_date_and_time_assignment	×	×	×	×
applied_date_assignment	×	×	×	×
applied_document_reference	×	×	×	×
applied_document_usage_constraint_assignment	×	×	×	×
applied_external_identification_assignment	×	×	×	×
applied_identification_assignment				×
applied_organization_assignment	×	×	×	×
applied_person_and_organization_assignment	×	×	×	×
applied_security_classification_assignment	×	×	×	×
approval	×	×	×	×
approval_assignment	×	×	×	×
approval_date_time	×	×	×	×
approval_person_organization	×	×	×	×
approval_relationship	×	×	×	×
approval_role	×	×	×	×
approval_status	×	×	×	×
assembly_component_usage	×	×	×	×
axis1_placement	×	×	×	×
axis2_placement_2d	×	×	×	×
axis2_placement_3d	×	×	×	×
b_spline_curve	×	×	×	×
b_spline_curve_with_knots	×	×	×	×
b_spline_surface		×	×	×
b_spline_surface_with_knots		×	×	×
back_boring_operation	×	×	×	×
bezier_curve	×	×	×	×

表 16（续）

AIM 元素	一致性类			
	1	2	3	4
bezier_surface		×	×	×
binary_boolean_expression			×	×
binary_generic_expression			×	×
block		×	×	×
block_shape_representation		×	×	×
boolean_expression			×	×
boring_operation	×	×	×	×
boss			×	×
boss_top			×	×
bottom_and_side_milling_operation	×	×	×	×
boundary_curve	×	×	×	×
bounded_curve	×	×	×	×
bounded_pcurve		×	×	×
bounded_surface		×	×	×
bounded_surface_curve	×	×	×	×
brep_with_voids		×	×	×
calendar_date	×	×	×	×
cartesian_point	×	×	×	×
cartesian_transformation_operator	×	×	×	×
cartesian_transformation_operator_3d	×	×	×	×
centre_of_symmetry				×
chamfer			×	×
chamfer_offset			×	×
characterized_object	×	×	×	×
circle	×	×	×	×
circular_closed_profile			×	×
circular_pattern			×	×
circular_runout_tolerance				×
class	×	×	×	×
classification_assignment	×	×	×	×
classification_role	×	×	×	×
closed_path_profile			×	×
closed_shell		×	×	×

表 16（续）

AIM 元素	一致性类			
	1	2	3	4
coaxiality_tolerance				×
common_datum				×
comparison_equal			×	×
comparison_expression			×	×
comparison_greater			×	×
comparison_greater_equal			×	×
comparison_less			×	×
comparison_less_equal			×	×
comparison_not_equal			×	×
composite_curve	×	×	×	×
composite_curve_on_surface	×	×	×	×
composite_curve_segment	×	×	×	×
composite_hole			×	×
composite_shape_aspect			×	×
compound_feature			×	×
compound_representation_item			×	×
concentricity_tolerance				×
concurrent_action_method		×	×	×
conic	×	×	×	×
conical_surface		×	×	×
connected_edge_set		×	×	×
connected_face_set		×	×	×
context_dependent_shape_representation	×	×	×	×
context_dependent_unit	×	×	×	×
contouring_turning_operation	×	×	×	×
conversion_based_unit	×	×	×	×
coordinated_universal_time_offset	×	×	×	×
curve	×	×	×	×
curve_bounded_surface		×	×	×
curve_replica		×	×	×
cylindrical_shape_representation		×	×	×
cylindrical_surface		×	×	×
cylindricity_tolerance				×

表 16（续）

AIM 元素	一致性类			
	1	2	3	4
data_environment			×	×
date	×	×	×	×
date_and_time	×	×	×	×
date_and_time_assignment	×	×	×	×
date_assignment	×	×	×	×
date_role	×	×	×	×
date_time_role	×	×	×	×
datum				×
datum_feature				×
datum_reference				×
datum_target				×
definitional_representation		×	×	×
degenerate_pcurve		×	×	×
degenerate_toroidal_surface		×	×	×
derived_shape_aspect			×	×
derived_unit	×	×	×	×
derived_unit_element	×	×	×	×
description_attribute	×	×	×	×
descriptive_representation_item	×	×	×	×
dimension_related_tolerance_zone_element				×
dimensional_characteristic_representation				×
dimensional_exponents	×	×	×	×
dimensional_location				×
dimensional_location_with_path				×
dimensional_size				×
dimensional_size_with_path				×
directed_dimensional_location				×
direction	×	×	×	×
direction_shape_representation			×	×
document	×	×	×	×
document_file	×	×	×	×
document_reference	×	×	×	×
document_representation_type	×	×	×	×

表 16（续）

AIM 元素	一致性类			
	1	2	3	4
document_type	×	×	×	×
document_usage_constraint	×	×	×	×
document_usage_constraint_assignment	×	×	×	×
document_usage_role	×	×	×	×
document_with_class	×	×	×	×
drilling_operation	×	×	×	×
drilling_type_operation	×	×	×	×
drilling_type_strategy	×	×	×	×
edge		×	×	×
edge_based_wireframe_model		×	×	×
edge_based_wireframe_shape_representation		×	×	×
edge_curve		×	×	×
edge_loop		×	×	×
edge_round			×	×
elementary_surface	×	×	×	×
ellipse	×	×	×	×
environment			×	×
evaluated_degenerate_pcurve		×	×	×
expanded_uncertainty			×	×
expression			×	×
expression_representation_item			×	×
extension				×
external_identification_assignment	×	×	×	×
external_source			×	×
externally_defined_class	×	×	×	×
externally_defined_dimension_definition				×
externally_defined_feature_definition			×	×
externally_defined_general_property	×	×	×	×
externally_defined_item			×	×
externally_defined_item_relationship	×	×	×	×
externally_defined_representation_with_parameters	×	×	×	×
face		×	×	×
face_based_surface_model		×	×	×

表 16（续）

AIM 元素	一致性类			
	1	2	3	4
face_bound		×	×	×
face_outer_bound		×	×	×
face_shape_representation			×	×
face_surface		×	×	×
faceted_brep		×	×	×
faceted_brep_shape_representation		×	×	×
facing_turning_operation	×	×	×	×
feature_component_definition			×	×
feature_component_relationship			×	×
feature_definition			×	×
feature_pattern			×	×
fillet			×	×
flat_face			×	×
flatness_tolerance				×
founded_item	×	×	×	×
freeform_milling_operation	×	×	×	×
freeform_milling_strategy	×	×	×	×
freeform_milling_tolerance_representation	×	×	×	×
functionally_defined_transformation			×	×
gear			×	×
general_property	×	×	×	×
general_property_association	×	×	×	×
generic_expression			×	×
generic_literal			×	×
generic_variable			×	×
geometric_alignment				×
geometric_curve_set		×	×	×
geometric_intersection				×
geometric_representation_context	×	×	×	×
geometric_representation_item	×	×	×	×
geometric_set		×	×	×
geometric_tolerance				×
geometric_tolerance_relationship				×

表 16（续）

AIM 元素	一致性类			
	1	2	3	4
geometric_tolerance_with_datum_reference				×
geometric_tolerance_with_defined_unit				×
geometrically_bounded_surface_shape_representation		×	×	×
geometrically_bounded_wireframe_shape_representation		×	×	×
global_uncertainty_assigned_context	×	×	×	×
global_unit_assigned_context	×	×	×	×
grooving_turning_operation	×	×	×	×
group	×	×	×	×
hole_bottom			×	×
hyperbola	×	×	×	×
id_attribute	×	×	×	×
identification_assignment				×
identification_role				×
instanced_feature			×	×
int_literal			×	×
int_numeric_variable			×	×
intersection_curve			×	×
item_defined_transformation	×	×	×	×
known_source	×	×	×	×
knurling_turning_operation	×	×	×	×
length_measure_with_unit	×	×	×	×
length_unit	×	×	×	×
limits_and_fits				×
line	×	×	×	×
line_profile_tolerance				×
linear_profile			×	×
literal_number			×	×
local_time	×	×	×	×
location_shape_representation			×	×
loop		×	×	×
machining_adaptive_control_relationship	×	×	×	×
machining_approach_retract_strategy	×	×	×	×
machining_cutting_component	×	×	×	×

表 16（续）

AIM 元素	一致性类			
	1	2	3	4
machining_cutting_corner_representation	×	×	×	×
machining_dwell_time_representation	×	×	×	×
machining_execution_resource	×	×	×	×
machining_feature_process			×	×
machining_feature_relationship			×	×
machining_feature_sequence_relationship			×	×
machining_feed_speed_representation	×	×	×	×
machining_final_feature_relationship				×
machining_functions	×	×	×	×
machining_functions_relationship	×	×	×	×
machining_nc_function	×	×	×	×
machining_offset_vector_representation			×	×
machining_operation	×	×	×	×
machining_operation_relationship	×	×	×	×
machining_operator_instruction	×	×	×	×
machining_operator_instruction_relationship	×	×	×	×
machining_process_body_relationship	×	×	×	×
machining_process_branch_relationship			×	×
machining_process_concurrent_relationship		×	×	×
machining_process_executable	×	×	×	×
machining_process_model	×	×	×	×
machining_process_model_relationship	×	×	×	×
machining_process_sequence_relationship	×	×	×	×
machining_project	×	×	×	×
machining_project_workpiece_relationship	×	×	×	×
machining_rapid_movement	×	×	×	×
machining_setup	×	×	×	×
machining_setup_workpiece_relationship	×	×	×	×
machining_spindle_speed_representation	×	×	×	×
machining_strategy	×	×	×	×
machining_strategy_relationship	×	×	×	×
machining_technology	×	×	×	×
machining_technology_relationship	×	×	×	×

表 16（续）

AIM 元素	一致性类			
	1	2	3	4
machining_tool	×	×	×	×
machining_tool_body_representation	×	×	×	×
machining_tool_direction_representation	×	×	×	×
machining_tool_usage	×	×	×	×
machining_toolpath	×	×	×	×
machining_toolpath_sequence_relationship	×	×	×	×
machining_toolpath_speed_profile_representation	×	×	×	×
machining_touch_probing			×	×
machining_workingstep	×	×	×	×
machining_workplan	×	×	×	×
make_from_usage_option	×	×	×	×
manifold_solid_brep		×	×	×
manifold_surface_shape_representation			×	×
mapped_item		×	×	×
marking			×	×
mass_measure_with_unit	×	×	×	×
mass_unit	×	×	×	×
material_designation	×	×	×	×
material_designation_characterization	×	×	×	×
material_property	×	×	×	×
material_property_representation	×	×	×	×
measure_qualification			×	×
measure_representation_item	×	×	×	×
measure_with_unit	×	×	×	×
milling_type_operation	×	×	×	×
milling_type_strategy	×	×	×	×
modified_geometric_tolerance				×
modified_pattern			×	×
multiple_arity_boolean_expression			×	×
multiple_arity_generic_expression			×	×
name_attribute	×	×	×	×
named_unit	×	×	×	×
next_assembly_usage_occurrence	×	×	×	×

表 16（续）

AIM 元素	一致性类			
	1	2	3	4
ngon_closed_profile			×	×
ngon_shape_representation			×	×
non_manifold_surface_shape_representation		×	×	×
not_expression			×	×
numeric_expression			×	×
numeric_variable			×	×
object_role	×	×	×	×
offset_curve_3d		×	×	×
offset_surface		×	×	×
open_path_profile			×	×
open_shell		×	×	×
or_expression			×	×
ordinal_date	×	×	×	×
organization	×	×	×	×
organization_assignment	×	×	×	×
organization_role	×	×	×	×
organizational_address	×	×	×	×
oriented_closed_shell		×	×	×
oriented_edge		×	×	×
oriented_face		×	×	×
oriented_open_shell		×	×	×
oriented_path		×	×	×
outer_boundary_curve	×	×	×	×
outer_round			×	×
outside_profile			×	×
parabola	×	×	×	×
parallel_offset				×
parallelism_tolerance				×
parametric_representation_context		×	×	×
partial_circular_profile			×	×
path		×	×	×
path_feature_component			×	×
path_shape_representation			×	×

表 16（续）

AIM 元素	一致性类			
	1	2	3	4
pattern_offset_membership			×	×
pattern_omit_membership			×	×
pcurve		×	×	×
perpendicular_to				×
perpendicularity_tolerance				×
person	×	×	×	×
person_and_organization	×	×	×	×
person_and_organization_assignment	×	×	×	×
person_and_organization_role	×	×	×	×
personal_address	×	×	×	×
placed_datum_target_feature				×
placement	×	×	×	×
planar_shape_representation			×	×
plane	×	×	×	×
plane_angle_measure_with_unit	×	×	×	×
plane_angle_unit	×	×	×	×
plane_milling_operation	×	×	×	×
plus_minus_tolerance				×
pocket			×	×
pocket_bottom			×	×
point	×	×	×	×
point_on_curve		×	×	×
point_on_surface		×	×	×
point_replica		×	×	×
poly_loop		×	×	×
polyline	×	×	×	×
position_tolerance				×
pre_defined_item	×	×	×	×
precision_qualifier	×	×	×	×
process_product_association	×	×	×	×
process_property_association			×	×
product	×	×	×	×
product_category			×	×

表 16（续）

AIM 元素	一致性类			
	1	2	3	4
product_category_relationship			×	×
product_context	×	×	×	×
product_definition	×	×	×	×
product_definition_context	×	×	×	×
product_definition_formation	×	×	×	×
product_definition_formation_with_specified_source	×	×	×	×
product_definition_process	×	×	×	×
product_definition_relationship	×	×	×	×
product_definition_shape		×	×	×
product_definition_usage	×	×	×	×
product_definition_with_associated_documents	×	×	×	×
product_related_product_category			×	×
profile_floor			×	×
projected_zone_definition				×
property_definition	×	×	×	×
property_definition_representation	×	×	×	×
property_process			×	×
protrusion				×
qualified_representation_item	×	×	×	×
qualitative_uncertainty	×	×	×	×
quasi_uniform_curve	×	×	×	×
quasi_uniform_surface		×	×	×
ratio_measure_with_unit	×	×	×	×
ratio_unit	×	×	×	×
rational_b_spline_curve	×	×	×	×
rational_b_spline_surface		×	×	×
real_literal			×	×
real_numeric_variable			×	×
rectangular_closed_profile			×	×
rectangular_composite_surface		×	×	×
rectangular_pattern			×	×
rectangular_trimmed_surface		×	×	×
referenced_modified_datum				×

表 16（续）

AIM 元素	一致性类			
	1	2	3	4
removal_volume			×	×
reparametrised_composite_curve_segment	×	×	×	×
replicate_feature			×	×
representation	×	×	×	×
representation_context	×	×	×	×
representation_item	×	×	×	×
representation_item_relationship	×	×	×	×
representation_map	×	×	×	×
representation_relationship	×	×	×	×
representation_relationship_with_transformation	×	×	×	×
requirement_for_action_resource	×	×	×	×
resource_property	×	×	×	×
resource_property_representation	×	×	×	×
resource_requirement_type	×	×	×	×
revolved_profile			×	×
rib_top			×	×
rib_top_floor			×	×
right_circular_cylinder		×	×	×
role_association	×	×	×	×
round_hole			×	×
rounded_end			×	×
rounded_u_profile			×	×
roundness_tolerance				×
runout_zone_definition				×
runout_zone_orientation				×
runout_zone_orientation_reference_direction				×
seam_curve		×	×	×
security_classification	×	×	×	×
security_classification_assignment	×	×	×	×
security_classification_level	×	×	×	×
sequential_method	×	×	×	×
serial_action_method	×	×	×	×
shape_aspect			×	×

表 16（续）

AIM 元素	一致性类			
	1	2	3	4
shape_aspect_deriving_relationship			×	×
shape_aspect_relationship			×	×
shape_defining_relationship			×	×
shape_definition_representation		×	×	×
shape_dimension_representation				×
shape_representation		×	×	×
shape_representation_relationship		×	×	×
shape_representation_with_parameters			×	×
shell_based_surface_model		×	×	×
shell_based_wireframe_model		×	×	×
shell_based_wireframe_shape_representation		×	×	×
si_unit	×	×	×	×
side_milling_operation	×	×	×	×
simple_generic_expression			×	×
simple_numeric_expression			×	×
slot			×	×
slot_end			×	×
solid_angle_measure_with_unit	×	×	×	×
solid_angle_unit	×	×	×	×
solid_model		×	×	×
spherical_cap			×	×
spherical_surface		×	×	×
square_u_profile			×	×
standard_uncertainty	×	×	×	×
step			×	×
straightness_tolerance				×
surface		×	×	×
surface_curve		×	×	×
surface_of_linear_extrusion		×	×	×
surface_of_revolution	×	×	×	×
surface_patch		×	×	×
surface_profile_tolerance				×
surface_replica		×	×	×

表 16（续）

AIM 元素	一致性类			
	1	2	3	4
surface_texture_representation	×	×	×	×
swept_surface		×	×	×
symmetric_shape_aspect				×
symmetry_tolerance				×
tangent				×
taper			×	×
tapping_operation	×	×	×	×
tee_profile			×	×
thread			×	×
thread_runout			×	×
threading_turning_operation	×	×	×	×
time_measure_with_unit	×	×	×	×
time_unit	×	×	×	×
tolerance_value				×
tolerance_zone				×
tolerance_zone_definition				×
tolerance_zone_form				×
topological_representation_item		×	×	×
toroidal_surface		×	×	×
total_runout_tolerance				×
transition_feature			×	×
trimmed_curve	×	×	×	×
turned_knurl			×	×
turning_type_operation	×	×	×	×
turning_type_strategy	×	×	×	×
type_qualifier	×	×	×	×
unary_boolean_expression			×	×
unary_generic_expression			×	×
uncertainty_measure_with_unit			×	×
uncertainty_qualifier			×	×
uniform_curve	×	×	×	×
uniform_surface		×	×	×
value_range	×	×	×	×

表 16（续）

AIM 元素	一致性类			
	1	2	3	4
value_representation_item	×	×	×	×
variable			×	×
variable_semantics			×	×
vector	×	×	×	×
vee_profile			×	×
vertex		×	×	×
vertex_loop		×	×	×
vertex_point		×	×	×
vertex_shell		×	×	×
week_of_year_and_day_date	×	×	×	×
wire_shell		×	×	×
xor_expression			×	×

附 录 A
（规范性附录）
应用解释模型的 EXPRESS 扩展列表

下面的 EXPRESS 是 5.2 中所给的简表模式的扩展形式，当简表和这个扩展列表之间存在差误的情况下，应该使用扩展列表。

```
SCHEMA integrated_cnc_schema;
CONSTANT
  dummy_gri : geometric_representation_item := representation_item('') ||
              geometric_representation_item();
  dummy_tri : topological_representation_item := representation_item('')
              || topological_representation_item();
END_CONSTANT;
TYPE ahead_or_behind = ENUMERATION OF
  (ahead,
  exact,
  behind);
END_TYPE; -- 10303-41: date_time_schema
TYPE angle_relator = ENUMERATION OF
  (equal,
  large,
  small);
END_TYPE; -- 10303-47: shape_dimension_schema
TYPE approval_item = SELECT
  (product,
  product_definition,
  product_definition_formation,
  security_classification);
END_TYPE; -- 10303-238: integrated_cnc_schema
TYPE area_measure = REAL;
END_TYPE; -- 10303-41: measure_schema
TYPE axis2_placement = SELECT
  (axis2_placement_2d,
  axis2_placement_3d);
END_TYPE; -- 10303-42: geometry_schema
TYPE b_spline_curve_form = ENUMERATION OF
  (polyline_form,
  circular_arc,
  elliptic_arc,
  parabolic_arc,
  hyperbolic_arc,
  unspecified);
END_TYPE; -- 10303-42: geometry_schema
TYPE b_spline_surface_form = ENUMERATION OF
  (plane_surf,
  cylindrical_surf,
```

```
  conical_surf,
  spherical_surf,
  toroidal_surf,
  surf_of_revolution,
  ruled_surf,
  generalised_cone,
  quadric_surf,
  surf_of_linear_extrusion,
  unspecified);
END_TYPE; -- 10303-42: geometry_schema
TYPE characterized_action_definition = SELECT
  (action,
  action_method,
  action_method_relationship,
  action_relationship);
  END_TYPE; -- 10303-49: process_property_schema
  TYPE characterized_definition = SELECT
  (characterized_object,
  characterized_product_definition,
  shape_definition);
END_TYPE; -- 10303-41: product_property_definition_schema
TYPE characterized_material_property = SELECT
  (material_property_representation);
END_TYPE; -- 10303-45: material_property_definition_schema
TYPE characterized_product_definition = SELECT
  (product_definition,
  product_definition_relationship);
END_TYPE; -- 10303-41: product_property_definition_schema
TYPE characterized_resource_definition = SELECT
  (action_resource,
  action_resource_relationship,
  action_resource_requirement,
  action_resource_requirement_relationship);
END_TYPE; -- 10303-49: process_property_schema
TYPE classification_item = SELECT
  (externally_defined_representation_with_parameters);
END_TYPE; -- 10303-238: integrated_cnc_schema
TYPE compound_item_definition = SELECT
  (list_representation_item,
  set_representation_item);
END_TYPE; -- 10303-43: representation_schema
TYPE context_dependent_measure = REAL;
END_TYPE; -- 10303-41: measure_schema
TYPE count_measure = NUMBER;
END_TYPE; -- 10303-41: measure_schema
TYPE curve_on_surface = SELECT
  (pcurve,
  surface_curve,
```

```
  composite_curve_on_surface);
END_TYPE; -- 10303-42: geometry_schema
TYPE date_and_time_item = SELECT
  (approval_person_organization,
  machining_operation,
  machining_process_executable,
  machining_toolpath,
  product,
  product_definition,
  product_definition_formation,
  security_classification);
END_TYPE; -- 10303-238: integrated_cnc_schema
TYPE date_item = SELECT
  (product,
  product_definition,
  product_definition_formation);
END_TYPE; -- 10303-238: integrated_cnc_schema
TYPE date_time_select = SELECT
  (date,
  local_time,
  date_and_time);
END_TYPE; -- 10303-41: date_time_schema
TYPE day_in_month_number = INTEGER;
  WHERE
    WR1: (1 <= SELF) AND (SELF <= 31);
END_TYPE; -- 10303-41: date_time_schema
TYPE day_in_week_number = INTEGER;
  WHERE
    WR1: (1 <= SELF) AND (SELF <= 7);
END_TYPE; -- 10303-41: date_time_schema
TYPE day_in_year_number = INTEGER;
  WHERE
    WR1: (1 <= SELF) AND (SELF <= 366);
END_TYPE; -- 10303-41: date_time_schema
TYPE derived_property_select = SELECT
  (property_definition,
  action_property,
  resource_property);
END_TYPE; -- 10303-41: product_property_definition_schema
TYPE description_attribute_select = SELECT
  (application_context,
  approval_role,
  date_role,
  date_time_role,
  context_dependent_shape_representation,
  external_source,
  organization_role,
  person_and_organization_role,
```

```
  person_and_organization,
  property_definition_representation,
  representation);
END_TYPE; -- 10303-41: basic_attribute_schema
TYPE descriptive_measure = STRING;
END_TYPE; -- 10303-41: measure_schema
TYPE dimension_count = INTEGER;
  WHERE
    WR1: SELF > 0;
END_TYPE; -- 10303-42: geometry_schema
TYPE dimensional_characteristic = SELECT
  (dimensional_location,
  dimensional_size);
END_TYPE; -- 10303-47: shape_dimension_schema
TYPE document_reference_item = SELECT
  (externally_defined_dimension_definition,
  externally_defined_feature_definition,
  material_designation,
  property_definition);
END_TYPE; -- 10303-238: integrated_cnc_schema
TYPE external_identification_item = SELECT
  (externally_defined_class,
  externally_defined_general_property);
END_TYPE; -- 10303-238: integrated_cnc_schema
TYPE founded_item_select = SELECT
  (founded_item,
  representation_item);
END_TYPE; -- 10303-43: representation_schema
TYPE geometric_set_select = SELECT
  (point,
  curve,
  surface);
END_TYPE; -- 10303-42: geometric_model_schema
TYPE hour_in_day = INTEGER;
  WHERE
     WR1: (0 <= SELF) AND (SELF < 24);
END_TYPE; -- 10303-41: date_time_schema
TYPE id_attribute_select = SELECT
  (action,
  address,
  product_category,
  property_definition,
  shape_aspect,
  shape_aspect_relationship,
  application_context,
  group,
  representation);
END_TYPE; -- 10303-41: basic_attribute_schema
```

```
TYPE identification_item = SELECT
  (dimensional_size);
END_TYPE; -- 10303-238: integrated_cnc_schema
TYPE identifier = STRING;
END_TYPE; -- 10303-41: support_resource_schema
TYPE knot_type = ENUMERATION OF
  (uniform_knots,
  quasi_uniform_knots,
  piecewise_bezier_knots,
  unspecified);
END_TYPE; -- 10303-42: geometry_schema
TYPE label = STRING;
END_TYPE; -- 10303-41: support_resource_schema
TYPE length_measure = REAL;
END_TYPE; -- 10303-41: measure_schema
TYPE limit_condition = ENUMERATION OF
  (maximum_material_condition,
  least_material_condition,
  regardless_of_feature_size);
END_TYPE; -- 10303-47: shape_aspect_definition_schema
TYPE list_of_reversible_topology_item = LIST [0:?] OF reversible_topology_item;
END_TYPE; -- 10303-42: topology_schema
TYPE list_representation_item = LIST [1:?] OF representation_item;
END_TYPE; -- 10303-43: representation_schema
TYPE mass_measure = REAL;
END_TYPE; -- 10303-41: measure_schema
TYPE measure_value = SELECT
  (length_measure,
  mass_measure,
  time_measure,
  plane_angle_measure,
  solid_angle_measure,
  area_measure,
  volume_measure,
  ratio_measure,
  parameter_value,
  numeric_measure,
  context_dependent_measure,
  descriptive_measure,
  positive_length_measure,
  positive_plane_angle_measure,
  count_measure);
END_TYPE; -- 10303-41: measure_schema
TYPE minute_in_hour = INTEGER;
  WHERE
     WR1: (0 <= SELF) AND (SELF <= 59);
END_TYPE; -- 10303-41: date_time_schema
TYPE month_in_year_number = INTEGER;
```

```
  WHERE
    WR1: (1 <= SELF) AND (SELF <= 12);
END_TYPE; -- 10303-41: date_time_schema
TYPE name_attribute_select = SELECT
  (address,
  context_dependent_shape_representation,
  derived_unit,
  person_and_organization,
  product_definition,
  property_definition_representation);
END_TYPE; -- 10303-41: basic_attribute_schema
TYPE numeric_measure = NUMBER;
END_TYPE; -- 10303-41: measure_schema
TYPE organization_item = SELECT
  (product,
  product_definition,
  product_definition_formation,
  known_source);
END_TYPE; -- 10303-238: integrated_cnc_schema
TYPE parameter_value = REAL;
END_TYPE; -- 10303-41: measure_schema
TYPE pcurve_or_surface = SELECT
  (pcurve,
  surface);
END_TYPE; -- 10303-42: geometry_schema
TYPE person_and_organization_item = SELECT
  (product,
  product_definition,
  product_definition_formation,
  security_classification);
END_TYPE; -- 10303-238: integrated_cnc_schema
TYPE person_organization_select = SELECT
  (person,
  organization,
  person_and_organization);
END_TYPE; -- 10303-41: person_organization_schema
TYPE plane_angle_measure = REAL;
END_TYPE; -- 10303-41: measure_schema
TYPE positive_length_measure = length_measure;
  WHERE
    WR1: SELF > 0.0;
END_TYPE; -- 10303-41: measure_schema
TYPE positive_plane_angle_measure = plane_angle_measure;
  WHERE
    WR1: SELF > 0.0;
END_TYPE; -- 10303-41: measure_schema
TYPE preferred_surface_curve_representation = ENUMERATION OF
  (curve_3d,
```

```
    pcurve_s1,
    pcurve_s2);
  END_TYPE; -- 10303-42: geometry_schema
  TYPE property_or_shape_select = SELECT
    (property_definition,
    shape_definition);
  END_TYPE; -- 10303-49: process_property_schema
  TYPE ratio_measure = REAL;
  END_TYPE; -- 10303-41: measure_schema
  TYPE represented_definition = SELECT
    (general_property,
    property_definition,
    shape_aspect,
    shape_aspect_relationship);
  END_TYPE; -- 10303-41: product_property_representation_schema
  TYPE reversible_topology = SELECT
    (reversible_topology_item,
    list_of_reversible_topology_item,
    set_of_reversible_topology_item);
  END_TYPE; -- 10303-42: topology_schema
  TYPE reversible_topology_item = SELECT
    (edge,
    path,
    face,
    face_bound,
    closed_shell,
    open_shell);
  END_TYPE; -- 10303-42: topology_schema
  TYPE role_select = SELECT
    (approval_assignment,
    approval_date_time,
    document_reference,
    security_classification_assignment);
  END_TYPE; -- 10303-41: basic_attribute_schema
  TYPE second_in_minute = REAL;
    WHERE
       WR1: (0 <= SELF) AND (SELF <= 60.0);
  END_TYPE; -- 10303-41: date_time_schema
  TYPE security_classification_item = SELECT
    (machining_operation,
    machining_process_executable,
    machining_toolpath,
    product_definition,
    product_definition_formation);
  END_TYPE; -- 10303-238: integrated_cnc_schema
  TYPE set_of_reversible_topology_item = SET [0:?] OF reversible_topology_item;
  END_TYPE; -- 10303-42: topology_schema
  TYPE set_representation_item = SET [1:?] OF representation_item;
```

```
END_TYPE; -- 10303-43: representation_schema
TYPE shape_definition = SELECT
  (product_definition_shape,
  shape_aspect,
  shape_aspect_relationship);
END_TYPE; -- 10303-41: product_property_definition_schema
TYPE shell = SELECT
  (vertex_shell,
  wire_shell,
  open_shell,
  closed_shell);
END_TYPE; -- 10303-42: topology_schema
TYPE si_prefix = ENUMERATION OF
  (exa,
  peta,
  tera,
  giga,
  mega,
  kilo,
  hecto,
  deca,
  deci,
  centi,
  milli,
  micro,
  nano,
  pico,
  femto,
  atto);
END_TYPE; -- 10303-41: measure_schema
TYPE si_unit_name = ENUMERATION OF
  (metre,
  gram,
  second,
  ampere,
  kelvin,
  mole,
  candela,
  radian,
  steradian,
  hertz,
  newton,
  pascal,
  joule,
  watt,
  coulomb,
  volt,
  farad,
```

```
  ohm,
  siemens,
  weber,
  tesla,
  henry,
  degree_celsius,
  lumen,
  lux,
  becquerel,
  gray,
  sievert);
END_TYPE; -- 10303-41: measure_schema
TYPE solid_angle_measure = REAL;
END_TYPE; -- 10303-41: measure_schema
TYPE source = ENUMERATION OF
  (made,
  bought,
  not_known);
END_TYPE; -- 10303-41: product_definition_schema
TYPE source_item = SELECT
  (identifier);
END_TYPE; -- 10303-41: external_reference_schema
TYPE supported_item = SELECT
  (action,
  action_method);
END_TYPE; -- 10303-41: action_schema
TYPE text = STRING;
END_TYPE; -- 10303-41: support_resource_schema
TYPE time_measure = REAL;
END_TYPE; -- 10303-41: measure_schema
TYPE tolerance_method_definition = SELECT
  (tolerance_value,
  limits_and_fits);
END_TYPE; -- 10303-47: shape_tolerance_schema
TYPE transformation = SELECT
  (item_defined_transformation,
  functionally_defined_transformation);
END_TYPE; -- 10303-43: representation_schema
TYPE transition_code = ENUMERATION OF
  (discontinuous,
  continuous,
  cont_same_gradient,
  cont_same_gradient_same_curvature);
END_TYPE; -- 10303-42: geometry_schema
TYPE trimming_preference = ENUMERATION OF
  (cartesian,
  parameter,
  unspecified);
```

```
END_TYPE; -- 10303-42: geometry_schema
TYPE trimming_select = SELECT
  (cartesian_point,
  parameter_value);
END_TYPE; -- 10303-42: geometry_schema
TYPE unit = SELECT
  (named_unit,
  derived_unit);
END_TYPE; -- 10303-41: measure_schema
TYPE value_qualifier = SELECT
  (precision_qualifier,
  type_qualifier,
  uncertainty_qualifier);
END_TYPE; -- 10303-45: qualified_measure_schema
TYPE vector_or_direction = SELECT
  (vector,
  direction);
END_TYPE; -- 10303-42: geometry_schema
TYPE volume_measure = REAL;
END_TYPE; -- 10303-41: measure_schema
TYPE week_in_year_number = INTEGER;
  WHERE
     WR1: (1 <= SELF) AND (SELF <= 53);
END_TYPE; -- 10303-41: date_time_schema
TYPE wireframe_model = SELECT
  (shell_based_wireframe_model,
  edge_based_wireframe_model);
END_TYPE; -- 10303-42: geometric_model_schema
TYPE year_number = INTEGER;
END_TYPE; -- 10303-41: date_time_schema
ENTITY action;
  name : label;
  description : OPTIONAL text;
  chosen_method : action_method;
DERIVE
  id : identifier := get_id_value(SELF);
  WHERE
     WR1: SIZEOF(USEDIN(SELF, 'INTEGRATED_CNC_SCHEMA.' +
  'ID_ATTRIBUTE.IDENTIFIED_ITEM')) <= 1;
END_ENTITY; -- 10303-41: action_schema
ENTITY action_method;
  name : label;
  description : OPTIONAL text;
  consequence : text;
  purpose : text;
END_ENTITY; -- 10303-41: action_schema
ENTITY action_method_relationship;
  name : label;
```

```
    description : OPTIONAL text;
    relating_method : action_method;
    related_method : action_method;
  END_ENTITY; -- 10303-41: action_schema
  ENTITY action_method_with_associated_documents
    SUBTYPE OF (action_method);
    documents : SET [1:?] OF document;
  END_ENTITY; -- 10303-49: method_definition_schema
  ENTITY action_property;
    name : label;
    description : text;
    definition : characterized_action_definition;
  END_ENTITY; -- 10303-49: process_property_schema
  ENTITY action_property_representation;
    name : label;
    description : text;
    property : action_property;
    representation : representation;
  END_ENTITY; -- 10303-49: process_property_representation_schema
  ENTITY action_relationship;
    name : label;
    description : OPTIONAL text;
    relating_action : action;
    related_action : action;
  END_ENTITY; -- 10303-41: action_schema
  ENTITY action_resource;
    name : label;
    description : OPTIONAL text;
    usage : SET [1:?] OF supported_item;
    kind : action_resource_type;
  END_ENTITY; -- 10303-41: action_schema
  ENTITY action_resource_relationship;
    name : label;
    description : OPTIONAL text;
    relating_resource : action_resource;
    related_resource : action_resource;
  END_ENTITY; -- 10303-41: action_schema
  ENTITY action_resource_requirement;
    name : label;
    description : text;
    kind : resource_requirement_type;
    operations : SET [1:?] OF characterized_action_definition;
  END_ENTITY; -- 10303-49: process_property_schema
  ENTITY action_resource_requirement_relationship;
    name : label;
    description : text;
    relating_action_resource_requirement : action_resource_requirement;
    related_action_resource_requirement : action_resource_requirement;
```

```
  WHERE
    WR1: relating_action_resource_requirement :<>:
  related_action_resource_requirement;
END_ENTITY; -- 10303-49: process_property_schema
ENTITY action_resource_type;
  name : label;
END_ENTITY; -- 10303-41: action_schema
ENTITY address;
  internal_location : OPTIONAL label;
  street_number : OPTIONAL label;
  street : OPTIONAL label;
  postal_box : OPTIONAL label;
  town : OPTIONAL label;
  region : OPTIONAL label;
  postal_code : OPTIONAL label;
  country : OPTIONAL label;
  facsimile_number : OPTIONAL label;
  telephone_number : OPTIONAL label;
  electronic_mail_address : OPTIONAL label;
  telex_number : OPTIONAL label;
  DERIVE
  name : label := get_name_value(SELF);
  url : identifier := get_id_value(SELF);
  WHERE
     WR1: (((((((((EXISTS(internal_location) OR EXISTS(street_number)) OR
          EXISTS(street)) OR EXISTS(postal_box)) OR EXISTS(town)) OR
          EXISTS(region)) OR EXISTS(postal_code)) OR EXISTS(country))
          OR EXISTS(facsimile_number)) OR EXISTS(telephone_number)) OR
          EXISTS(electronic_mail_address)) OR EXISTS(telex_number);
END_ENTITY; -- 10303-41: person_organization_schema
ENTITY advanced_brep_shape_representation
  SUBTYPE OF (shape_representation);
    WHERE
     WR1: SIZEOF(QUERY (it <* SELF.items| NOT (SIZEOF([
          'INTEGRATED_CNC_SCHEMA.MANIFOLD_SOLID_BREP',
          'INTEGRATED_CNC_SCHEMA.FACETED_BREP',
          'INTEGRATED_CNC_SCHEMA.MAPPED_ITEM',
          'INTEGRATED_CNC_SCHEMA.AXIS2_PLACEMENT_3D' ] * TYPEOF(it)) =
          1))) = 0;
     WR2: SIZEOF(QUERY (it <* SELF.items| (SIZEOF([
          'INTEGRATED_CNC_SCHEMA.MANIFOLD_SOLID_BREP',
          'INTEGRATED_CNC_SCHEMA.MAPPED_ITEM' ] * TYPEOF(it)) = 1))) >
          0;
     WR3: SIZEOF(QUERY (msb <* QUERY (it <* SELF.items| (
          'INTEGRATED_CNC_SCHEMA.MANIFOLD_SOLID_BREP' IN TYPEOF(it)))|
          NOT (SIZEOF(QUERY (csh <* msb_shells(msb)| NOT (SIZEOF(QUERY
          (fcs <* csh\connected_face_set.cfs_faces| NOT (
          'INTEGRATED_CNC_SCHEMA.ADVANCED_FACE' IN TYPEOF(fcs)))) = 0))
```

```
            ) = 0))) = 0;
        WR4: SIZEOF(QUERY (msb <* QUERY (it <* items| (
            'INTEGRATED_CNC_SCHEMA.MANIFOLD_SOLID_BREP' IN TYPEOF(it)))|
            ('INTEGRATED_CNC_SCHEMA.ORIENTED_CLOSED_SHELL' IN TYPEOF(msb\
            manifold_solid_brep.outer)))) = 0;
        WR5: SIZEOF(QUERY (brv <* QUERY (it <* items| (
            'INTEGRATED_CNC_SCHEMA.BREP_WITH_VOIDS' IN TYPEOF(it)))| NOT
            (SIZEOF(QUERY (csh <* brv\brep_with_voids.voids| csh\
            oriented_closed_shell.orientation)) = 0))) = 0;
        WR6: SIZEOF(QUERY (mi <* QUERY (it <* items| (
            'INTEGRATED_CNC_SCHEMA.MAPPED_ITEM' IN TYPEOF(it)))| NOT (
            'INTEGRATED_CNC_SCHEMA.ADVANCED_BREP_SHAPE_REPRESENTATION' IN
            TYPEOF(mi\mapped_item.mapping_source.mapped_representation))
            )) = 0;
  END_ENTITY; -- 10303-514: aic_advanced_brep
  ENTITY advanced_face
    SUBTYPE OF (face_surface);
      WHERE
        WR1: SIZEOF([ 'INTEGRATED_CNC_SCHEMA.ELEMENTARY_SURFACE',
            'INTEGRATED_CNC_SCHEMA.B_SPLINE_SURFACE',
            'INTEGRATED_CNC_SCHEMA.SWEPT_SURFACE' ] * TYPEOF(
            face_geometry)) = 1;
        WR2: SIZEOF(QUERY (elp_fbnds <* QUERY (bnds <* bounds| (
            'INTEGRATED_CNC_SCHEMA.EDGE_LOOP' IN TYPEOF(bnds.bound)))|
            NOT (SIZEOF(QUERY (oe <* elp_fbnds.bound\path.edge_list| NOT
            ('INTEGRATED_CNC_SCHEMA.EDGE_CURVE' IN TYPEOF(oe\
            oriented_edge.edge_element)))) = 0))) = 0;
        WR3: SIZEOF(QUERY (elp_fbnds <* QUERY (bnds <* bounds| (
            'INTEGRATED_CNC_SCHEMA.EDGE_LOOP' IN TYPEOF(bnds.bound)))|
            NOT (SIZEOF(QUERY (oe <* elp_fbnds.bound\path.edge_list| NOT
            (SIZEOF([ 'INTEGRATED_CNC_SCHEMA.LINE',
            'INTEGRATED_CNC_SCHEMA.CONIC',
            'INTEGRATED_CNC_SCHEMA.POLYLINE',
            'INTEGRATED_CNC_SCHEMA.SURFACE_CURVE',
            'INTEGRATED_CNC_SCHEMA.B_SPLINE_CURVE' ] * TYPEOF(oe.
            edge_element\edge_curve.edge_geometry)) = 1))) = 0))) = 0;
        WR4: SIZEOF(QUERY (elp_fbnds <* QUERY (bnds <* bounds| (
            'INTEGRATED_CNC_SCHEMA.EDGE_LOOP' IN TYPEOF(bnds.bound)))|
            NOT (SIZEOF(QUERY (oe <* elp_fbnds.bound\path.edge_list| NOT
            ((('INTEGRATED_CNC_SCHEMA.VERTEX_POINT' IN TYPEOF(oe\edge.
            edge_start)) AND ('INTEGRATED_CNC_SCHEMA.CARTESIAN_POINT' IN
            TYPEOF(oe\edge.edge_start\vertex_point.vertex_geometry))) AND
            (('INTEGRATED_CNC_SCHEMA.VERTEX_POINT' IN TYPEOF(oe\edge.
            edge_end)) AND ('INTEGRATED_CNC_SCHEMA.CARTESIAN_POINT' IN
            TYPEOF(oe\edge.edge_end\vertex_point.vertex_geometry)))))) =
            0))) = 0;
        WR5: SIZEOF(QUERY (elp_fbnds <* QUERY (bnds <* bounds| (
            'INTEGRATED_CNC_SCHEMA.EDGE_LOOP' IN TYPEOF(bnds.bound)))| (
```

```
        'INTEGRATED_CNC_SCHEMA.ORIENTED_PATH' IN TYPEOF(elp_fbnds.
        bound)))) = 0;
    WR6: NOT ('INTEGRATED_CNC_SCHEMA.SWEPT_SURFACE' IN TYPEOF(face_geometry
        )) OR (SIZEOF([ 'INTEGRATED_CNC_SCHEMA.LINE',
        'INTEGRATED_CNC_SCHEMA.CONIC',
        'INTEGRATED_CNC_SCHEMA.POLYLINE',
        'INTEGRATED_CNC_SCHEMA.B_SPLINE_CURVE'] * TYPEOF(
        face_geometry\swept_surface.swept_curve)) = 1);
    WR7: SIZEOF(QUERY (vlp_fbnds <* QUERY (bnds <* bounds| (
        'INTEGRATED_CNC_SCHEMA.VERTEX_LOOP' IN TYPEOF(bnds.bound)))|
        NOT (('INTEGRATED_CNC_SCHEMA.VERTEX_POINT' IN TYPEOF(
        vlp_fbnds\face_bound.bound\vertex_loop.loop_vertex)) AND (
        'INTEGRATED_CNC_SCHEMA.CARTESIAN_POINT' IN TYPEOF(vlp_fbnds\
        face_bound.bound\vertex_loop.loop_vertex\vertex_point.
        vertex_geometry))))) = 0;
    WR8: SIZEOF(QUERY (bnd <* bounds| NOT (SIZEOF([
        'INTEGRATED_CNC_SCHEMA.EDGE_LOOP',
        'INTEGRATED_CNC_SCHEMA.VERTEX_LOOP' ] * TYPEOF(bnd.bound)) =
        1))) = 0;
    WR9: SIZEOF(QUERY (elp_fbnds <* QUERY (bnds <* bounds| (
        'INTEGRATED_CNC_SCHEMA.EDGE_LOOP' IN TYPEOF(bnds.bound)))|
        NOT (SIZEOF(QUERY (oe <* elp_fbnds.bound\path.edge_list| (
        'INTEGRATED_CNC_SCHEMA.SURFACE_CURVE' IN TYPEOF(oe\
        oriented_edge.edge_element\edge_curve.edge_geometry)) AND NOT
        (SIZEOF(QUERY (sc_ag <* oe.edge_element\edge_curve.
        edge_geometry\surface_curve.associated_geometry| NOT (
        'INTEGRATED_CNC_SCHEMA.PCURVE' IN TYPEOF(sc_ag)))) = 0))) = 0
        ))) = 0;
    WR10: (NOT ('INTEGRATED_CNC_SCHEMA.SWEPT_SURFACE' IN TYPEOF(
         face_geometry)) OR (NOT ('INTEGRATED_CNC_SCHEMA.POLYLINE' IN
         TYPEOF(face_geometry\swept_surface.swept_curve)) OR (SIZEOF(
         face_geometry\swept_surface.swept_curve\polyline.points) >= 3
         ))) AND (SIZEOF(QUERY (elp_fbnds <* QUERY (bnds <* bounds| (
         'INTEGRATED_CNC_SCHEMA.EDGE_LOOP' IN TYPEOF(bnds.bound)))|
         NOT (SIZEOF(QUERY (oe <* elp_fbnds.bound\path.edge_list| (
         'INTEGRATED_CNC_SCHEMA.POLYLINE' IN TYPEOF(oe\oriented_edge.
         edge_element\edge_curve.edge_geometry)) AND NOT (SIZEOF(oe\
         oriented_edge.edge_element\edge_curve.edge_geometry\polyline.
         points) >= 3))) = 0))) = 0);
END_ENTITY; -- 10303-511: aic_topologically_bounded_surface
ENTITY and_expression
  SUBTYPE OF (multiple_arity_boolean_expression);
END_ENTITY; -- 13584-20: iso13584_expressions_schema
ENTITY angular_location
SUBTYPE OF (dimensional_location);
  angle_selection : angle_relator;
END_ENTITY; -- 10303-47: shape_dimension_schema
ENTITY angular_size
```

```
SUBTYPE OF (dimensional_size);
  angle_selection : angle_relator;
END_ENTITY; - - 10303-47: shape_dimension_schema
ENTITY angularity_tolerance
  SUBTYPE OF (geometric_tolerance_with_datum_reference);
    WHERE
     WR1: SIZEOF(SELF\geometric_tolerance_with_datum_reference.datum_system)
       < 3;
END_ENTITY; - - 10303-519: aic_geometric_tolerances
ENTITY apex
  SUBTYPE OF (derived_shape_aspect);
END_ENTITY; - - 10303-47: shape_aspect_definition_schema
ENTITY application_context;
  application : label;
  DERIVE
  description : text := get_description_value(SELF);
  id : identifier := get_id_value(SELF);
  INVERSE
  context_elements : SET [1:?] OF application_context_element FOR
  frame_of_reference;
     WHERE
       WR 1: SIZEOF(USEDIN(SELF, 'INTEGRATED_CNC_SCHEMA.' +
         'DESCRIPTION_ATTRIBUTE.DESCRIBED_ITEM')) <= 1;
       WR 2: SIZEOF(USEDIN(SELF, 'INTEGRATED_CNC_SCHEMA.' +
         'ID_ATTRIBUTE.IDENTIFIED_ITEM')) <= 1;
END_ENTITY; - - 10303-41: application_context_schema
ENTITY application_context_element
  SUPERTYPE OF (ONEOF(product_context, product_definition_context));
  name : label;
  frame_of_reference : application_context;
END_ENTITY; - - 10303-41: application_context_schema
ENTITY application_protocol_definition;
  status : label;
  application_interpreted_model_schema_name : label;
  application_protocol_year : year_number;
  application : application_context;
END_ENTITY; - - 10303-41: application_context_schema
ENTITY applied_approval_assignment
  SUBTYPE OF (approval_assignment);
    items : SET [1:?] OF approval_item;
END_ENTITY; - - 10303-238: integrated_cnc_schema
ENTITY applied_area
SUBTYPE OF (shape_aspect);
  WHERE
   WR1: 'INTEGRATED_CNC_SCHEMA.PRODUCT_DEFINITION_SHAPE' IN TYPEOF(SELF.
       of_shape);
   WR2: SIZEOF(QUERY (pd <* USEDIN(SELF,
       'INTEGRATED_CNC_SCHEMA.PROPERTY_DEFINITION.DEFINITION')| NOT
```

```
    (SIZEOF(QUERY (pdr <* USEDIN(pd, 'INTEGRATED_CNC_SCHEMA.' +
    'PROPERTY_DEFINITION_REPRESENTATION.DEFINITION')| (
    'INTEGRATED_CNC_SCHEMA.' +
    'SHAPE_REPRESENTATION_WITH_PARAMETERS' IN TYPEOF(pdr.
    used_representation)))) = 1))) = 0;
WR3: SIZEOF(QUERY (pd <* USEDIN(SELF,
    'INTEGRATED_CNC_SCHEMA.PROPERTY_DEFINITION.DEFINITION')| NOT
    (SIZEOF(QUERY (impl_rep <* QUERY (pdr <* USEDIN(pd,
    'INTEGRATED_CNC_SCHEMA.' +
    'PROPERTY_DEFINITION_REPRESENTATION.DEFINITION')| (
    'INTEGRATED_CNC_SCHEMA.' +
    'SHAPE_REPRESENTATION_WITH_PARAMETERS' IN TYPEOF(pdr.
    used_representation)))| NOT ((2 <= SIZEOF(impl_rep.
    used_representation.items)) AND (SIZEOF(impl_rep.
    used_representation.items) <= 3)))) = 0))) = 0;
WR4: SIZEOF(QUERY (pd <* USEDIN(SELF,
    'INTEGRATED_CNC_SCHEMA.PROPERTY_DEFINITION.DEFINITION')| (
    SIZEOF(QUERY (pdr <* USEDIN(pd, 'INTEGRATED_CNC_SCHEMA.' +
    'PROPERTY_DEFINITION_REPRESENTATION.DEFINITION')| (
    'INTEGRATED_CNC_SCHEMA.' +
    'SHAPE_REPRESENTATION_WITH_PARAMETERS' IN TYPEOF(pdr.
    used_representation)) AND (SIZEOF(QUERY (srwp_i <* pdr.
    used_representation.items| NOT (srwp_i.name IN [
    'orientation', 'effective length', 'maximum length' ))) > 0)
    )) = 0))) = 0;
WR5: SIZEOF(QUERY (pd <* USEDIN(SELF,
    'INTEGRATED_CNC_SCHEMA.PROPERTY_DEFINITION.DEFINITION')| NOT
    (SIZEOF(QUERY (impl_rep <* QUERY (pdr <* USEDIN(pd,
    'INTEGRATED_CNC_SCHEMA.' +
    'PROPERTY_DEFINITION_REPRESENTATION.DEFINITION')| (
    'INTEGRATED_CNC_SCHEMA.' +
    'SHAPE_REPRESENTATION_WITH_PARAMETERS' IN TYPEOF(pdr.
    used_representation)))| NOT (SIZEOF(QUERY (it <* impl_rep.
    used_representation.items| (SIZEOF([
    'INTEGRATED_CNC_SCHEMA.MEASURE_REPRESENTATION_ITEM',
    'INTEGRATED_CNC_SCHEMA.LENGTH_MEASURE_WITH_UNIT' ] * TYPEOF(
    it)) = 2) AND (it.name = 'effective length'))) = 1))) = 0)))
    <= 1;
WR6: SIZEOF(QUERY (pd <* USEDIN(SELF,
    'INTEGRATED_CNC_SCHEMA.PROPERTY_DEFINITION.DEFINITION')| NOT
    (SIZEOF(QUERY (impl_rep <* QUERY (pdr <* USEDIN(pd,
    'INTEGRATED_CNC_SCHEMA.' +
    'PROPERTY_DEFINITION_REPRESENTATION.DEFINITION')| (
    'INTEGRATED_CNC_SCHEMA.' +
    'SHAPE_REPRESENTATION_WITH_PARAMETERS' IN TYPEOF(pdr.
    used_representation)))| NOT (SIZEOF(QUERY (it <* impl_rep.
    used_representation.items| (SIZEOF([
    'INTEGRATED_CNC_SCHEMA.MEASURE_REPRESENTATION_ITEM',
```

```
        'INTEGRATED_CNC_SCHEMA.LENGTH_MEASURE_WITH_UNIT' ] * TYPEOF(
        it)) = 2) AND (it.name = 'maximum length'))) <= 1))) = 0))) =
        0;
    WR7: SIZEOF(QUERY (pd <* USEDIN(SELF,
        'INTEGRATED_CNC_SCHEMA.PROPERTY_DEFINITION.DEFINITION')| NOT
        (SIZEOF(QUERY (impl_rep <* QUERY (pdr <* USEDIN(pd,
        'INTEGRATED_CNC_SCHEMA.' +
        'PROPERTY_DEFINITION_REPRESENTATION.DEFINITION')| (
        'INTEGRATED_CNC_SCHEMA.' +
        'SHAPE_REPRESENTATION_WITH_PARAMETERS' IN TYPEOF(pdr.
        used_representation)))| NOT (SIZEOF(QUERY (it <* impl_rep.
        used_representation.items| ('INTEGRATED_CNC_SCHEMA.PLACEMENT'
        IN TYPEOF(it)) AND (it.name = 'orientation'))) = 1))) = 0)))
        = 0;
END_ENTITY; -- 10303-522: aic_machining_feature
ENTITY applied_classification_assignment
  SUBTYPE OF (classification_assignment);
    items : SET [1:?] OF classification_item;
END_ENTITY; -- 10303-238: integrated_cnc_schema
ENTITY applied_date_and_time_assignment
  SUBTYPE OF (date_and_time_assignment);
    items : SET [1:?] OF date_and_time_item;
END_ENTITY; -- 10303-238: integrated_cnc_schema
ENTITY applied_date_assignment
  SUBTYPE OF (date_assignment);
    items : SET [1:?] OF date_item;
END_ENTITY; -- 10303-238: integrated_cnc_schema
ENTITY applied_document_reference
  SUBTYPE OF (document_reference);
    items : SET [1:?] OF document_reference_item;
END_ENTITY; -- 10303-238: integrated_cnc_schema
ENTITY applied_document_usage_constraint_assignment
  SUBTYPE OF (document_usage_constraint_assignment);
    items : SET [1:?] OF document_reference_item;
END_ENTITY; -- 10303-238: integrated_cnc_schema
ENTITY applied_external_identification_assignment
  SUBTYPE OF (external_identification_assignment);
    items : SET [1:?] OF external_identification_item;
END_ENTITY; -- 10303-238: integrated_cnc_schema
ENTITY applied_identification_assignment
  SUBTYPE OF (identification_assignment);
    items : SET [1:?] OF identification_item;
END_ENTITY; -- 10303-238: integrated_cnc_schema
ENTITY applied_organization_assignment
  SUBTYPE OF (organization_assignment);
    items : SET [1:?] OF organization_item;
END_ENTITY; -- 10303-238: integrated_cnc_schema
ENTITY applied_person_and_organization_assignment
```

```
  SUBTYPE OF (person_and_organization_assignment);
     items : SET [1:?] OF person_and_organization_item;
END_ENTITY; -- 10303-238: integrated_cnc_schema
ENTITY applied_security_classification_assignment
  SUBTYPE OF (security_classification_assignment);
     items : SET [1:?] OF security_classification_item;
END_ENTITY; -- 10303-238: integrated_cnc_schema
ENTITY approval;
   status : approval_status;
        level : label;
END_ENTITY; -- 10303-41: approval_schema
ENTITY approval_assignment
   ABSTRACT SUPERTYPE;
      assigned_approval : approval;
   DERIVE
      role : object_role := get_role(SELF);
   WHERE
      WR1: SIZEOF(USEDIN(SELF, 'INTEGRATED_CNC_SCHEMA.' +
        'ROLE_ASSOCIATION.ITEM_WITH_ROLE')) <= 1;
END_ENTITY; -- 10303-41: management_resources_schema
ENTITY approval_date_time;
   date_time : date_time_select;
        dated_approval : approval;
   DERIVE
      role : object_role := get_role(SELF);
     WHERE
        WR1: SIZEOF(USEDIN(SELF, 'INTEGRATED_CNC_SCHEMA.' +
          'ROLE_ASSOCIATION.ITEM_WITH_ROLE')) <= 1;
END_ENTITY; -- 10303-41: approval_schema
ENTITY approval_person_organization;
   person_organization : person_organization_select;
       authorized_approval : approval;
       role : approval_role;
END_ENTITY; -- 10303-41: approval_schema
ENTITY approval_relationship;
   name : label;
      description : OPTIONAL text;
      relating_approval : approval;
      related_approval : approval;
END_ENTITY; -- 10303-41: approval_schema
ENTITY approval_role;
   role : label;
   DERIVE
      description : text := get_description_value(SELF);
   WHERE
    WR1: SIZEOF(USEDIN(SELF, 'INTEGRATED_CNC_SCHEMA.' +
         'DESCRIPTION_ATTRIBUTE.DESCRIBED_ITEM')) <= 1;
END_ENTITY; -- 10303-41: approval_schema
```

```
ENTITY approval_status;
   name : label;
      END_ENTITY; - - 10303-41: approval_schema
ENTITY assembly_component_usage
   SUPERTYPE OF (next_assembly_usage_occurrence)
      SUBTYPE OF (product_definition_usage);
      reference_designator : OPTIONAL identifier;
END_ENTITY; - - 10303-44: product_structure_schema
ENTITY axis1_placement
   SUBTYPE OF (placement);
      axis : OPTIONAL direction;
   DERIVE
    z : direction := NVL(normalise(axis), dummy_gri || direction([ 0.0, 0.0, 1.0 ]));
WHERE
WR1: SELF\geometric_representation_item.dim = 3;
END_ENTITY; - - 10303-42: geometry_schema
ENTITY axis2_placement_2d
SUBTYPE OF (placement);
ref_direction : OPTIONAL direction;
    DERIVE
       p : LIST [2:2] OF direction := build_2axes(ref_direction);
    WHERE
      WR1: SELF\geometric_representation_item.dim = 2;
END_ENTITY; - - 10303-42: geometry_schema
ENTITY axis2_placement_3d
   SUBTYPE OF (placement);
      axis : OPTIONAL direction;
      ref_direction : OPTIONAL direction;
   DERIVE
     p : LIST [3:3] OF direction := build_axes(axis, ref_direction);
   WHERE
      WR1: SELF\placement.location.dim = 3;
      WR2: NOT EXISTS(axis) OR (axis.dim = 3);
      WR3: NOT EXISTS(ref_direction) OR (ref_direction.dim = 3);
      WR4: (NOT EXISTS(axis) OR NOT EXISTS(ref_direction)) OR (cross_product(
           axis, ref_direction).magnitude > 0.0);
END_ENTITY; - - 10303-42: geometry_schema
ENTITY b_spline_curve
   SUPERTYPE OF (ONEOF(uniform_curve, b_spline_curve_with_knots,
      quasi_uniform_curve, bezier_curve) ANDOR rational_b_spline_curve)
      SUBTYPE OF (bounded_curve);
         degree : INTEGER;
         control_points_list : LIST [2:?] OF cartesian_point;
         curve_form : b_spline_curve_form;
         closed_curve : LOGICAL;
         self_intersect : LOGICAL;
     DERIVE
        upper_index_on_control_points : INTEGER := SIZEOF(control_points_list)
```

```
                                        - 1;
      control_points : ARRAY [0:upper_index_on_control_points]
                          OF cartesian_point := list_to_array
                            (control_points_list, 0,
                            upper_index_on_control_points);
    WHERE
      WR1: ((('INTEGRATED_CNC_SCHEMA.UNIFORM_CURVE' IN
                  TYPEOF(SELF)) OR
'INTEGRATED_CNC_SCHEMA.QUASI_UNIFORM_CURVE' IN
    TYPEOF(SELF)))
          OR ('INTEGRATED_CNC_SCHEMA.BEZIER_CURVE' IN TYPEOF(SELF)))
               OR ('INTEGRATED_CNC_SCHEMA.B_SPLINE_CURVE_WITH_KNOTS'
IN
          TYPEOF(SELF));
END_ENTITY; -- 10303-42: geometry_schema
ENTITY b_spline_curve_with_knots
  SUBTYPE OF (b_spline_curve);
    knot_multiplicities : LIST [2:?] OF INTEGER;
    knots : LIST [2:?] OF parameter_value;
    knot_spec : knot_type;
 DERIVE
   upper_index_on_knots : INTEGER := SIZEOF(knots);
 WHERE
  WR1: constraints_param_b_spline(degree, upper_index_on_knots,
     upper_index_on_control_points, knot_multiplicities, knots);
  WR2: SIZEOF(knot_multiplicities) = upper_index_on_knots;
END_ENTITY; -- 10303-42: geometry_schema
ENTITY b_spline_surface
  SUPERTYPE OF (ONEOF(b_spline_surface_with_knots, uniform_surface,
    quasi_uniform_surface, bezier_surface) ANDOR
    rational_b_spline_surface)
    SUBTYPE OF (bounded_surface);
      u_degree : INTEGER;
      v_degree : INTEGER;
      control_points_list : LIST [2:?] OF LIST [2:?] OF cartesian_point;
      surface_form : b_spline_surface_form;
      u_closed : LOGICAL;
      v_closed : LOGICAL;
      self_intersect : LOGICAL;
   DERIVE
     u_upper : INTEGER := SIZEOF(control_points_list) - 1;
     v_upper : INTEGER := SIZEOF(control_points_list[1]) - 1;
     control_points : ARRAY [0:u_upper] OF ARRAY [0:v_upper] OF
     cartesian_point := make_array_of_array(
     control_points_list, 0, u_upper, 0, v_upper);
   WHERE
     WR 1: ((('INTEGRATED_CNC_SCHEMA.UNIFORM_SURFACE' IN TYPEOF(SELF)) OR (
       'INTEGRATED_CNC_SCHEMA.QUASI_UNIFORM_SURFACE' IN TYPEOF(SELF)))
```

```
            OR ('INTEGRATED_CNC_SCHEMA.BEZIER_SURFACE' IN TYPEOF(SELF)))
            OR ('INTEGRATED_CNC_SCHEMA.B_SPLINE_SURFACE_WITH_KNOTS' IN
            TYPEOF(SELF));
END_ENTITY; -- 10303-42: geometry_schema
ENTITY b_spline_surface_with_knots
  SUBTYPE OF (b_spline_surface);
  u_multiplicities : LIST [2:?] OF INTEGER;
  v_multiplicities : LIST [2:?] OF INTEGER;
  u_knots : LIST [2:?] OF parameter_value;
  v_knots : LIST [2:?] OF parameter_value;
  knot_spec : knot_type;
  DERIVE
    knot_u_upper : INTEGER := SIZEOF(u_knots);
    knot_v_upper : INTEGER := SIZEOF(v_knots);
    WHERE
      WR1: constraints_param_b_spline(SELF\b_spline_surface.u_degree,
          knot_u_upper, SELF\b_spline_surface.u_upper, u_multiplicities
          , u_knots);
      WR2: constraints_param_b_spline(SELF\b_spline_surface.v_degree,
          knot_v_upper, SELF\b_spline_surface.v_upper, v_multiplicities
          , v_knots);
      WR3: SIZEOF(u_multiplicities) = knot_u_upper;
      WR4: SIZEOF(v_multiplicities) = knot_v_upper;
END_ENTITY; -- 10303-42: geometry_schema
ENTITY back_boring_operation
  SUBTYPE OF (drilling_type_operation);
    WHERE
    WR1: (0 = SIZEOF (QUERY (amr <* get_relating_amr (SELF) |
        ('INTEGRATED_CNC_SCHEMA.MACHINING_FUNCTIONS_RELATIONSHIP'
        IN TYPEOF (amr)) AND NOT
        (verify_required_action_property
        (amr.related_method, 'oriented spindle stop')))));
END_ENTITY; -- 10303-238: integrated_cnc_schema
ENTITY bezier_curve
  SUBTYPE OF (b_spline_curve);
END_ENTITY; -- 10303-42: geometry_schema
ENTITY bezier_surface
     SUBTYPE OF (b_spline_surface);
END_ENTITY; -- 10303-42: geometry_schema
ENTITY binary_boolean_expression
  ABSTRACT SUPERTYPE OF (xor_expression)
    SUBTYPE OF (boolean_expression, binary_generic_expression);
END_ENTITY; -- 13584-20: iso13584_expressions_schema
ENTITY binary_generic_expression
  ABSTRACT SUPERTYPE
    SUBTYPE OF (generic_expression);
    operands : LIST [2:2] OF generic_expression;
END_ENTITY; -- 13584-20: iso13584_generic_expressions_schema
```

```
ENTITY block
      SUBTYPE OF (geometric_representation_item);
        position : axis2_placement_3d;
        x : positive_length_measure;
        y : positive_length_measure;
        z : positive_length_measure;
END_ENTITY; -- 10303-42: geometric_model_schema
ENTITY block_shape_representation
   SUBTYPE OF (shape_representation_with_parameters);
      WHERE
      WR1: SIZEOF(SELF.items) = 4;
      WR2: SIZEOF(QUERY (it <* SELF.items| ('INTEGRATED_CNC_SCHEMA.PLACEMENT'
           IN TYPEOF(it)) AND (it.name = 'orientation'))) = 1;
      WR3: SIZEOF(QUERY (it <* SELF.items| (SIZEOF([
           'INTEGRATED_CNC_SCHEMA.MEASURE_REPRESENTATION_ITEM',
           'INTEGRATED_CNC_SCHEMA.LENGTH_MEASURE_WITH_UNIT' ] * TYPEOF(
           it)) = 2) AND (it.name = 'length'))) = 1;
      WR4: SIZEOF(QUERY (it <* SELF.items| (SIZEOF([
           'INTEGRATED_CNC_SCHEMA.MEASURE_REPRESENTATION_ITEM',
           'INTEGRATED_CNC_SCHEMA.LENGTH_MEASURE_WITH_UNIT' ] * TYPEOF(
           it)) = 2) AND (it.name = 'width'))) = 1;
      WR5: SIZEOF(QUERY (it <* SELF.items| (SIZEOF([
           'INTEGRATED_CNC_SCHEMA.MEASURE_REPRESENTATION_ITEM',
           'INTEGRATED_CNC_SCHEMA.LENGTH_MEASURE_WITH_UNIT' ] * TYPEOF(
           it)) = 2) AND (it.name = 'height'))) = 1;
END_ENTITY; -- 10303-238: integrated_cnc_schema
ENTITY boolean_expression
  ABSTRACT SUPERTYPE OF (ONEOF (unary_boolean_expression,
     binary_boolean_expression,multiple_arity_boolean_expression, comparison_expres-
sion))
     SUBTYPE OF (expression);
END_ENTITY; -- 13584-20: iso13584_expressions_schema
ENTITY boring_operation
   SUBTYPE OF (drilling_type_operation);
      WHERE
      WR1: (SELF.description IN ['boring','reaming']);
      WR2: (verify_optional_action_property (SELF, 'spindle stop')) AND
           (verify_enumeration_action_property (SELF, 'spindle stop',
           ['spindle stop at bottom', 'spindle nonstop']));
      WR3: (verify_optional_action_property (SELF, 'testcut depth')) AND
           (verify_length_measure_action_property (SELF, 'testcut depth'));
      WR4: (verify_optional_action_property (SELF, 'waiting position')) AND
           (verify_rep_item_for_action_property (SELF, 'waiting position',
           ['INTEGRATED_CNC_SCHEMA.CARTESIAN_POINT']));
END_ENTITY; -- 10303-238: integrated_cnc_schema
ENTITY boss
   SUBTYPE OF (feature_definition);
   WHERE
```

```
WR1: SELF\characterized_object.description IN [ 'circular', 'complex',
    'rectangular' ];
WR2: SIZEOF(QUERY (pds <* QUERY (pd <* USEDIN(SELF,
    'INTEGRATED_CNC_SCHEMA.PROPERTY_DEFINITION.DEFINITION')| (
    'INTEGRATED_CNC_SCHEMA.PRODUCT_DEFINITION_SHAPE' IN TYPEOF(pd
    )))| NOT (SIZEOF(QUERY (sa_occ <* USEDIN(pds,
    'INTEGRATED_CNC_SCHEMA.SHAPE_ASPECT.OF_SHAPE')| (sa_occ.
        description = 'boss height occurrence') AND (SIZEOF(QUERY (
        sdr <* QUERY (sar <* USEDIN(sa_occ,
    'INTEGRATED_CNC_SCHEMA.SHAPE_ASPECT_RELATIONSHIP.' +
    'RELATED_SHAPE_ASPECT')| (sar.description =
        'path feature component usage') AND ('INTEGRATED_CNC_SCHEMA.'
        + 'SHAPE_DEFINING_RELATIONSHIP' IN TYPEOF(sar)))| ((
    'INTEGRATED_CNC_SCHEMA.PATH_FEATURE_COMPONENT' IN TYPEOF(sdr.
        relating_shape_aspect)) AND (sdr.relating_shape_aspect.
        description = 'linear')) AND (sdr.name = 'boss height'))) = 1
    ))) = 1))) = 0;
WR3: SIZEOF(QUERY (pd <* USEDIN(SELF,
    'INTEGRATED_CNC_SCHEMA.PROPERTY_DEFINITION.DEFINITION')| (
    SIZEOF(QUERY (pdr <* USEDIN(pd, 'INTEGRATED_CNC_SCHEMA.' +
    'PROPERTY_DEFINITION_REPRESENTATION.DEFINITION')| (
    'INTEGRATED_CNC_SCHEMA.' +
    'SHAPE_REPRESENTATION_WITH_PARAMETERS' IN TYPEOF(pdr.
    used_representation)) AND ((1 <= SIZEOF(pdr.
    used_representation.items)) AND (SIZEOF(pdr.
    used_representation.items) <= 2)))) = 1))) = 1;
WR4: SIZEOF(QUERY (pd <* USEDIN(SELF,
    'INTEGRATED_CNC_SCHEMA.PROPERTY_DEFINITION.DEFINITION')| (
    SIZEOF(QUERY (pdr <* USEDIN(pd, 'INTEGRATED_CNC_SCHEMA.' +
    'PROPERTY_DEFINITION_REPRESENTATION.DEFINITION')| (
    'INTEGRATED_CNC_SCHEMA.' +
    'SHAPE_REPRESENTATION_WITH_PARAMETERS' IN TYPEOF(pdr.
    used_representation)) AND (SIZEOF(QUERY (srwp_i <* pdr.
    used_representation.items| (srwp_i.name = 'orientation') OR (
    srwp_i.name = 'fillet radius'))) = SIZEOF(pdr.
    used_representation.items)))) = 1))) = 1;
WR5: SIZEOF(QUERY (pd <* USEDIN(SELF,
    'INTEGRATED_CNC_SCHEMA.PROPERTY_DEFINITION.DEFINITION')| NOT
    (SIZEOF(QUERY (impl_rep <* QUERY (pdr <* USEDIN(pd,
    'INTEGRATED_CNC_SCHEMA.' +
    'PROPERTY_DEFINITION_REPRESENTATION.DEFINITION')| (
    'INTEGRATED_CNC_SCHEMA.' +
    'SHAPE_REPRESENTATION_WITH_PARAMETERS' IN TYPEOF(pdr.
    used_representation)))| NOT (SIZEOF(QUERY (it <* impl_rep.
    used_representation.items| (SIZEOF([
    'INTEGRATED_CNC_SCHEMA.MEASURE_REPRESENTATION_ITEM',
    'INTEGRATED_CNC_SCHEMA.LENGTH_MEASURE_WITH_UNIT' ] * TYPEOF(
        it)) = 2) AND (it.name = 'fillet radius'))) <= 1))) = 0))) =0;
```

```
WR6: NOT (SELF\characterized_object.description = 'circular') OR (
     SIZEOF(QUERY (pds <* QUERY (pd <* USEDIN(SELF,
     'INTEGRATED_CNC_SCHEMA.PROPERTY_DEFINITION.DEFINITION')| (
     'INTEGRATED_CNC_SCHEMA.PRODUCT_DEFINITION_SHAPE' IN TYPEOF(pd
     )))| NOT (SIZEOF(QUERY (sa_occ <* USEDIN(pds,
     'INTEGRATED_CNC_SCHEMA.SHAPE_ASPECT.OF_SHAPE')| (sa_occ.
     description = 'circular profile occurrence') AND (SIZEOF(
  QUERY (sdr <* QUERY (sar <* USEDIN(sa_occ,
  'INTEGRATED_CNC_SCHEMA.SHAPE_ASPECT_RELATIONSHIP.' +
    'RELATED_SHAPE_ASPECT')| (sar.description = 'profile usage')
    AND ('INTEGRATED_CNC_SCHEMA.SHAPE_DEFINING_RELATIONSHIP' IN
    TYPEOF(sar)))| (
    'INTEGRATED_CNC_SCHEMA.CIRCULAR_CLOSED_PROFILE' IN TYPEOF(sdr
    .relating_shape_aspect)))) = 1))) = 1))) = 0);
WR7: SIZEOF(QUERY (pds <* QUERY (pd <* USEDIN(SELF,
     'INTEGRATED_CNC_SCHEMA.PROPERTY_DEFINITION.DEFINITION')| (
     'INTEGRATED_CNC_SCHEMA.PRODUCT_DEFINITION_SHAPE' IN TYPEOF(pd
     )))| NOT (SIZEOF(QUERY (sa_occ <* USEDIN(pds,
     'INTEGRATED_CNC_SCHEMA.SHAPE_ASPECT.OF_SHAPE')| (sa_occ.
     description = 'top condition occurrence') AND (SIZEOF(QUERY (
     fcr <* QUERY (sar <* USEDIN(sa_occ,
'INTEGRATED_CNC_SCHEMA.SHAPE_ASPECT_RELATIONSHIP.RELATED_SHAPE_ASPECT'
     )| (sar.description = 'boss top usage') AND (
    'INTEGRATED_CNC_SCHEMA.FEATURE_COMPONENT_RELATIONSHIP' IN
       TYPEOF(sar)))| ('INTEGRATED_CNC_SCHEMA.BOSS_TOP' IN TYPEOF(
          fcr.relating_shape_aspect)))) = 1))) = 1))) = 0;
WR8: NOT (SELF\characterized_object.description = 'circular') OR (
     SIZEOF(QUERY (pds <* QUERY (pd <* USEDIN(SELF,
     'INTEGRATED_CNC_SCHEMA.PROPERTY_DEFINITION.DEFINITION')| (
        'INTEGRATED_CNC_SCHEMA.PRODUCT_DEFINITION_SHAPE' IN TYPEOF(pd
       )))| NOT (SIZEOF(QUERY (sa_occ <* USEDIN(pds,
       'INTEGRATED_CNC_SCHEMA.SHAPE_ASPECT.OF_SHAPE')| (sa_occ.
       description = 'change in diameter occurrence') AND (SIZEOF(
  QUERY (fcr <* QUERY (sar <* USEDIN(sa_occ,
     'INTEGRATED_CNC_SCHEMA.SHAPE_ASPECT_RELATIONSHIP.' +
     'RELATED_SHAPE_ASPECT')| (sar.description = 'taper usage')
     AND
('INTEGRATED_CNC_SCHEMA.FEATURE_COMPONENT_RELATIONSHIP'
        IN TYPEOF(sar)))| ('INTEGRATED_CNC_SCHEMA.TAPER' IN TYPEOF(
        fcr.related_shape_aspect)) AND ('INTEGRATED_CNC_SCHEMA.BOSS'
        IN TYPEOF(fcr.relating_shape_aspect)))) = 1))) <= 1))) = 0);
WR9: NOT (SELF\characterized_object.description = 'complex') OR (SIZEOF
     (QUERY (pds <* QUERY (pd <* USEDIN(SELF,
     'INTEGRATED_CNC_SCHEMA.PROPERTY_DEFINITION.DEFINITION')| (
     'INTEGRATED_CNC_SCHEMA.PRODUCT_DEFINITION_SHAPE' IN TYPEOF(pd
     )))| NOT (SIZEOF(QUERY (sa_occ <* USEDIN(pds,
     'INTEGRATED_CNC_SCHEMA.SHAPE_ASPECT.OF_SHAPE')| (sa_occ.
     description = 'enclosed boundary occurrence') AND (SIZEOF(
```

```
        QUERY (sdr <* QUERY (sar <* USEDIN(sa_occ,
        'INTEGRATED_CNC_SCHEMA.SHAPE_ASPECT_RELATIONSHIP.' +
        'RELATED_SHAPE_ASPECT')| (sar.description = 'profile usage')
        AND ('INTEGRATED_CNC_SCHEMA.SHAPE_DEFINING_RELATIONSHIP' IN
        TYPEOF(sar)))| (SIZEOF([
        'INTEGRATED_CNC_SCHEMA.NGON_CLOSED_PROFILE',
        'INTEGRATED_CNC_SCHEMA.CLOSED_PATH_PROFILE' ] * TYPEOF(sdr.
        relating_shape_aspect)) = 1))) = 1))) = 1))) = 0);
    WR10: NOT (SELF\characterized_object.description IN [ 'complex',
         'rectangular' ]) OR (SIZEOF(QUERY (pds <* QUERY (pd <* USEDIN
         (SELF, 'INTEGRATED_CNC_SCHEMA.PROPERTY_DEFINITION.DEFINITION'
         )| ('INTEGRATED_CNC_SCHEMA.PRODUCT_DEFINITION_SHAPE' IN
         TYPEOF(pd)))| NOT (SIZEOF(QUERY (sa_occ <* USEDIN(pds,
         'INTEGRATED_CNC_SCHEMA.SHAPE_ASPECT.OF_SHAPE')| (sa_occ.
         description = 'change in boundary occurrence') AND (SIZEOF(
         QUERY (fcr <* QUERY (sar <* USEDIN(sa_occ,
         'INTEGRATED_CNC_SCHEMA.SHAPE_ASPECT_RELATIONSHIP.' +
         'RELATING_SHAPE_ASPECT')| (sar.description = 'taper usage')
         AND ('INTEGRATED_CNC_SCHEMA.FEATURE_COMPONENT_RELATIONSHIP'
         IN TYPEOF(sar)))| (('INTEGRATED_CNC_SCHEMA.TAPER' IN TYPEOF(
         fcr.related_shape_aspect)) AND ('INTEGRATED_CNC_SCHEMA.BOSS'
         IN TYPEOF(fcr.relating_shape_aspect))) AND (fcr.
         related_shape_aspect.description IN [ 'angle taper',
         'directed taper' ]))) = 1))) <= 1))) = 0);
    WR11: NOT (SELF\characterized_object.description = 'rectangular') OR (
         SIZEOF(QUERY (pds <* QUERY (pd <* USEDIN(SELF,
         'INTEGRATED_CNC_SCHEMA.PROPERTY_DEFINITION.DEFINITION')| (
         'INTEGRATED_CNC_SCHEMA.PRODUCT_DEFINITION_SHAPE' IN TYPEOF(pd
         )))| NOT (SIZEOF(QUERY (sa_occ <* USEDIN(pds,
         'INTEGRATED_CNC_SCHEMA.SHAPE_ASPECT.OF_SHAPE')| (sa_occ.
         description = 'rectangular profile occurrence') AND (SIZEOF(
         QUERY (sdr <* QUERY (sar <* USEDIN(sa_occ,
             'INTEGRATED_CNC_SCHEMA.SHAPE_ASPECT_RELATIONSHIP.' +
             'RELATED_SHAPE_ASPECT')| (sar.description = 'profile usage')
             AND ('INTEGRATED_CNC_SCHEMA.SHAPE_DEFINING_RELATIONSHIP' IN
         TYPEOF(sar)))| (
         'INTEGRATED_CNC_SCHEMA.RECTANGULAR_CLOSED_PROFILE' IN TYPEOF(
             sdr.relating_shape_aspect)))) = 1))) = 1))) = 0);
    WR12: SIZEOF(QUERY (pdr <* get_property_definition_representations(SELF
         )| ('INTEGRATED_CNC_SCHEMA.PLANAR_SHAPE_REPRESENTATION' IN
         TYPEOF(pdr.used_representation)) AND (pdr.used_representation
         .name = 'maximum feature limit'))) >= 0;
END_ENTITY; -- 10303-522: aic_machining_feature
ENTITY boss_top
   SUBTYPE OF (shape_aspect);
      WHERE
      WR1: 'INTEGRATED_CNC_SCHEMA.FEATURE_COMPONENT_DEFINITION' IN TYPEOF(
           SELF.of_shape.definition);
```

```
WR2: SELF.description IN [ 'planar', 'complex' ];
WR3: NOT (SELF.description = 'planar') OR (SIZEOF(QUERY (pd <* USEDIN(
     SELF, 'INTEGRATED_CNC_SCHEMA.PROPERTY_DEFINITION.DEFINITION')
     | NOT (SIZEOF(QUERY (pdr <* USEDIN(pd,
     'INTEGRATED_CNC_SCHEMA.' +
     'PROPERTY_DEFINITION_REPRESENTATION.DEFINITION')| (
     'INTEGRATED_CNC_SCHEMA.DIRECTION_SHAPE_REPRESENTATION' IN
     TYPEOF(pdr.used_representation)))) = 1))) = 0);
WR4: NOT (SELF.description = 'planar') OR (SIZEOF(QUERY (pd <* USEDIN(
     SELF, 'INTEGRATED_CNC_SCHEMA.PROPERTY_DEFINITION.DEFINITION')
     | NOT (SIZEOF(QUERY (pdr <* USEDIN(pd,
     'INTEGRATED_CNC_SCHEMA.' +
     'PROPERTY_DEFINITION_REPRESENTATION.DEFINITION')| (
     'INTEGRATED_CNC_SCHEMA.LOCATION_SHAPE_REPRESENTATION' IN
     TYPEOF(pdr.used_representation)))) = 1))) = 0);
WR5: NOT (SELF.description = 'complex') OR (SIZEOF(QUERY (pd <* USEDIN(
     SELF, 'INTEGRATED_CNC_SCHEMA.PROPERTY_DEFINITION.DEFINITION')
     | NOT (SIZEOF(QUERY (pdr <* USEDIN(pd,
     'INTEGRATED_CNC_SCHEMA.' +
     'PROPERTY_DEFINITION_REPRESENTATION.DEFINITION')| (
     'INTEGRATED_CNC_SCHEMA.FACE_SHAPE_REPRESENTATION' IN TYPEOF(
     pdr.used_representation)))) = 1))) = 0);
WR6: SIZEOF(QUERY (fcr <* QUERY (sar <* USEDIN(SELF,
     'INTEGRATED_CNC_SCHEMA.SHAPE_ASPECT_RELATIONSHIP.' +
     'RELATING_SHAPE_ASPECT')| ((sar.description =
     'boss top usage') AND (sar.name IN [ 'boss height start',
     'boss height end' ])) AND (
     'INTEGRATED_CNC_SCHEMA.FEATURE_COMPONENT_RELATIONSHIP' IN
     TYPEOF(sar)))| ((fcr.related_shape_aspect.description =
     'top condition occurrence') AND ('INTEGRATED_CNC_SCHEMA.BOSS'
     IN TYPEOF(fcr.related_shape_aspect.of_shape.definition))
     AND ('INTEGRATED_CNC_SCHEMA.BOSS_TOP' IN TYPEOF(fcr.
     relating_shape_aspect)))) >= 1;
WR7: SIZEOF(QUERY (pd <* USEDIN(SELF,
     'INTEGRATED_CNC_SCHEMA.PROPERTY_DEFINITION.DEFINITION')| NOT
     (SIZEOF(QUERY (pdr <* USEDIN(pd, 'INTEGRATED_CNC_SCHEMA.' +
     'PROPERTY_DEFINITION_REPRESENTATION.DEFINITION')| (
     'INTEGRATED_CNC_SCHEMA.' +
     'SHAPE_REPRESENTATION_WITH_PARAMETERS' IN TYPEOF(pdr.
     used_representation)))) <= 1))) = 0;
WR8: SIZEOF(QUERY (pd <* USEDIN(SELF,
     'INTEGRATED_CNC_SCHEMA.PROPERTY_DEFINITION.DEFINITION')| NOT
     (SIZEOF(QUERY (impl_rep <* QUERY (pdr <* USEDIN(pd,
     'INTEGRATED_CNC_SCHEMA.' +
     'PROPERTY_DEFINITION_REPRESENTATION.DEFINITION')| (
     'INTEGRATED_CNC_SCHEMA.' +
     'SHAPE_REPRESENTATION_WITH_PARAMETERS' IN TYPEOF(pdr.
     used_representation)))| NOT (SIZEOF(impl_rep.
```

```
        used_representation.items) = 1))) = 0))) = 0;
    WR9: SIZEOF(QUERY (pd <* USEDIN(SELF,
         'INTEGRATED_CNC_SCHEMA.PROPERTY_DEFINITION.DEFINITION')| NOT
         (SIZEOF(QUERY (impl_rep <* QUERY (pdr <* USEDIN(pd,
                'INTEGRATED_CNC_SCHEMA.' +
                'PROPERTY_DEFINITION_REPRESENTATION.DEFINITION')| (
                'INTEGRATED_CNC_SCHEMA.' +
                'SHAPE_REPRESENTATION_WITH_PARAMETERS' IN TYPEOF(pdr.
                used_representation)))| NOT (SIZEOF(QUERY (it <* impl_rep.
                used_representation.items| (SIZEOF([

    'INTEGRATED _CNC_SCHEMA.MEASURE_REPRESENTATION_ITEM',
               'INTEGRATED_CNC_SCHEMA.LENGTH_MEASURE_WITH_UNIT' ] *
               TYPEOF(
               it)) = 2) AND (it.name = 'top radius'))) <= 1))) = 0))) = 0;
END_ENTITY; -- 10303-522: aic_machining_feature
ENTITY bottom_and_side_milling_operation
   SUBTYPE OF (milling_type_operation);
   WHERE
   WR1: (SELF.description IN ['roughing','finishing']);
   WR2: (verify_optional_action_property (SELF, 'axial cutting depth')) AND
        (verify_length_measure_action_property (SELF, 'axial cutting depth'));
   WR3: (verify_optional_action_property (SELF, 'radial cutting depth')) AND
        (verify_length_measure_action_property (SELF, 'radial cutting depth'));
   WR4: (verify_optional_action_property (SELF, 'allowance side')) AND
        (verify_length_measure_action_property (SELF, 'allowance side'));
   WR5: (verify_optional_action_property (SELF, 'allowance bottom')) AND
        (verify_length_measure_action_property (SELF, 'allowance bottom'));
   WR6: NOT (SELF.description = 'roughing') OR
        ((verify_required_action_property (SELF, 'allowance side')) AND
        (verify_required_action_property (SELF, 'allowance bottom')));
END_ENTITY; -- 10303-238: integrated_cnc_schema
ENTITY boundary_curve
   SUBTYPE OF (composite_curve_on_surface);
   WHERE
      WR1: SELF\composite_curve.closed_curve;
END_ENTITY; -- 10303-42: geometry_schema
ENTITY bounded_curve
   SUPERTYPE OF (ONEOF(polyline, b_spline_curve, trimmed_curve,
      bounded_pcurve, bounded_surface_curve, composite_curve))
      SUBTYPE OF (curve);
END_ENTITY; -- 10303-42: geometry_schema
ENTITY bounded_pcurve
   SUBTYPE OF (pcurve, bounded_curve);
      WHERE
     WR1: 'INTEGRATED_CNC_SCHEMA.BOUNDED_CURVE' IN TYPEOF(SELF\pcurve.
          reference_to_curve.items[1]);
END_ENTITY; -- 10303-42: geometry_schema
```

```
ENTITY bounded_surface
   SUPERTYPE OF (ONEOF(b_spline_surface, rectangular_trimmed_surface,
        curve_bounded_surface, rectangular_composite_surface))
   SUBTYPE OF (surface);
END_ENTITY; -- 10303-42: geometry_schema
ENTITY bounded_surface_curve
   SUBTYPE OF (surface_curve, bounded_curve);
        WHERE
   WR1: 'INTEGRATED_CNC_SCHEMA.BOUNDED_CURVE' IN TYPEOF(SELF\surface_curve
       .curve_3d);
END_ENTITY; -- 10303-42: geometry_schema
ENTITY brep_with_voids
   SUBTYPE OF (manifold_solid_brep);
      voids : SET [1:?] OF oriented_closed_shell;
END_ENTITY; -- 10303-42: geometric_model_schema
ENTITY calendar_date
   SUBTYPE OF (date);
      day_component : day_in_month_number;
      month_component : month_in_year_number;
WHERE
WR1: valid_calendar_date(SELF);
END_ENTITY; -- 10303-41: date_time_schema
ENTITY cartesian_point
SUBTYPE OF (point);
coordinates : LIST [1:3] OF length_measure;
END _ENTITY; -- 10303-42: geometry_schema
    ENTITY cartesian_transformation_operator
       SUPERTYPE OF (cartesian_transformation_operator_3d)
       SUBTYPE OF (geometric_representation_item,
          functionally_defined_transformation);
          axis1 : OPTIONAL direction;
          axis2 : OPTIONAL direction;
          local_origin : cartesian_point;
          scale : OPTIONAL REAL;
   DERIVE
     scl : REAL := NVL(scale, 1.0);
   WHERE
     WR1: scl > 0.0;
END_ENTITY; -- 10303-42: geometry_schema
ENTITY cartesian_transformation_operator_3d
  SUBTYPE OF (cartesian_transformation_operator);
     axis3 : OPTIONAL direction;
  DERIVE
      u : LIST [3:3] OF direction := base_axis(3, SELF\
cartesian_transformation_operator.axis1, SELF\
cartesian_transformation_operator.axis2, axis3);
  WHERE
  WR1: SELF\geometric_representation_item.dim = 3;
```

```
        END_ENTITY; -- 10303-42: geometry_schema
  ENTITY centre_of_symmetry
    SUBTYPE OF (derived_shape_aspect);
      WHERE
    WR1: SIZEOF(QUERY (sadr <* SELF\derived_shape_aspect.
      deriving_relationships| NOT (
      'INTEGRATED_CNC_SCHEMA.SYMMETRIC_SHAPE_ASPECT' IN TYPEOF(sadr
      \shape_aspect_relationship.related_shape_aspect)))) = 0;
  END_ENTITY; -- 10303-47: shape_aspect_definition_schema
  ENTITY chamfer
    SUBTYPE OF (transition_feature);
      WHERE
    WR1: SIZEOF(QUERY (pd <* USEDIN(SELF,
      'INTEGRATED_CNC_SCHEMA.PROPERTY_DEFINITION.DEFINITION')| NOT
      (SIZEOF(QUERY (pdr <* USEDIN(pd, 'INTEGRATED_CNC_SCHEMA.' +
      'PROPERTY_DEFINITION_REPRESENTATION.DEFINITION')| (
      'INTEGRATED_CNC_SCHEMA.FACE_SHAPE_REPRESENTATION' IN TYPEOF(
      pdr.used_representation)) AND (pdr.used_representation.name =
      'chamfer face'))) <= 1))) = 0;
    WR2: SIZEOF(QUERY (fcr <* QUERY (sar <* USEDIN(SELF,
      'INTEGRATED_CNC_SCHEMA.SHAPE_ASPECT_RELATIONSHIP.' +
      'RELATING_SHAPE_ASPECT')| (
      'INTEGRATED_CNC_SCHEMA.FEATURE_COMPONENT_RELATIONSHIP' IN
      TYPEOF(sar)))| (('INTEGRATED_CNC_SCHEMA.CHAMFER_OFFSET' IN
      TYPEOF(fcr.related_shape_aspect)) AND (
      'INTEGRATED_CNC_SCHEMA.CHAMFER' IN TYPEOF(fcr.
      relating_shape_aspect))) AND (fcr.related_shape_aspect.
      description = 'first offset'))) = 1;
    WR3: SIZEOF(QUERY (fcr <* QUERY (sar <* USEDIN(SELF,
      'INTEGRATED_CNC_SCHEMA.SHAPE_ASPECT_RELATIONSHIP.' +
      'RELATING_SHAPE_ASPECT')| (
      'INTEGRATED_CNC_SCHEMA.FEATURE_COMPONENT_RELATIONSHIP' IN
      TYPEOF(sar)))| (('INTEGRATED_CNC_SCHEMA.CHAMFER_OFFSET' IN
      TYPEOF(fcr.related_shape_aspect)) AND (
      'INTEGRATED_CNC_SCHEMA.CHAMFER' IN TYPEOF(fcr.
      relating_shape_aspect))) AND (fcr.related_shape_aspect.
      description = 'second offset'))) = 1;
  END_ENTITY; -- 10303-522: aic_machining_feature
  ENTITY chamfer_offset
    SUBTYPE OF (shape_aspect);
      WHERE
      WR1: SELF.description IN ['first offset', 'second offset'];
      WR2: SIZEOF(QUERY (pd <* USEDIN(SELF,
        'INTEGRATED_CNC_SCHEMA.PROPERTY_DEFINITION.DEFINITION')| NOT
        (SIZEOF(QUERY (pdr <* USEDIN(pd, 'INTEGRATED_CNC_SCHEMA.' +
        'PROPERTY_DEFINITION_REPRESENTATION.DEFINITION')| (
        'INTEGRATED_CNC_SCHEMA.' +
        'SHAPE_REPRESENTATION_WITH_PARAMETERS' IN TYPEOF(pdr.
```

```
    used_representation)))) = 1))) = 0;
WR3: SIZEOF(QUERY (pd <* USEDIN(SELF,
    'INTEGRATED_CNC_SCHEMA.PROPERTY_DEFINITION.DEFINITION')| NOT
    (SIZEOF(QUERY (impl_rep <* QUERY (pdr <* USEDIN(pd,
    'INTEGRATED_CNC_SCHEMA.' +
    'PROPERTY_DEFINITION_REPRESENTATION.DEFINITION')| (
    'INTEGRATED_CNC_SCHEMA.' +
    'SHAPE_REPRESENTATION_WITH_PARAMETERS' IN TYPEOF(pdr.
    used_representation)))| NOT (SIZEOF(impl_rep.
    used_representation.items) = 1))) = 0))) = 0;
WR4: NOT (SELF.description = 'first offset') OR (SIZEOF(QUERY (pd <*
    USEDIN(SELF,
    'INTEGRATED_CNC_SCHEMA.PROPERTY_DEFINITION.DEFINITION')| NOT
    (SIZEOF(QUERY (impl_rep <* QUERY (pdr <* USEDIN(pd,
    'INTEGRATED_CNC_SCHEMA.' +
    'PROPERTY_DEFINITION_REPRESENTATION.DEFINITION')| (
    'INTEGRATED_CNC_SCHEMA.' +
    'SHAPE_REPRESENTATION_WITH_PARAMETERS' IN TYPEOF(pdr.
    used_representation)))| NOT (SIZEOF(QUERY (it <* impl_rep.
    used_representation.items| (SIZEOF([
    'INTEGRATED_CNC_SCHEMA.MEASURE_REPRESENTATION_ITEM',
    'INTEGRATED_CNC_SCHEMA.LENGTH_MEASURE_WITH_UNIT'] * TYPEOF(
    it)) = 2) AND (it.name = 'offset amount'))) = 1))) = 0))) = 0
    );
WR5: NOT (SELF.description = 'first offset') OR (SIZEOF(QUERY (pd <*
    USEDIN(SELF,
    'INTEGRATED_CNC_SCHEMA.PROPERTY_DEFINITION.DEFINITION')| NOT
    (SIZEOF(QUERY (pdr <* USEDIN(pd, 'INTEGRATED_CNC_SCHEMA.' +
    'PROPERTY_DEFINITION_REPRESENTATION.DEFINITION')| (
    'INTEGRATED_CNC_SCHEMA.FACE_SHAPE_REPRESENTATION' IN TYPEOF(
    pdr.used_representation)) AND (pdr.used_representation.name =
    'first face shape'))) <= 1))) = 0);
WR6: NOT (SELF.description = 'second offset') OR (SIZEOF(QUERY (pd <*
    USEDIN(SELF,
    'INTEGRATED_CNC_SCHEMA.PROPERTY_DEFINITION.DEFINITION')| NOT
    (SIZEOF(QUERY (impl_rep <* QUERY (pdr <* USEDIN(pd,
    'INTEGRATED_CNC_SCHEMA.' +
    'PROPERTY_DEFINITION_REPRESENTATION.DEFINITION')| (
    'INTEGRATED_CNC_SCHEMA.' +
    'SHAPE_REPRESENTATION_WITH_PARAMETERS' IN TYPEOF(pdr.
    used_representation)))| NOT (SIZEOF(QUERY (it <* impl_rep.
    used_representation.items| (SIZEOF([
    'INTEGRATED_CNC_SCHEMA.MEASURE_REPRESENTATION_ITEM',
    'INTEGRATED_CNC_SCHEMA.LENGTH_MEASURE_WITH_UNIT'] * TYPEOF(
    it)) = 2) AND (it.name = 'offset amount') OR (SIZEOF([
    'INTEGRATED_CNC_SCHEMA.MEASURE_REPRESENTATION_ITEM',
    'INTEGRATED_CNC_SCHEMA.PLANE_ANGLE_MEASURE_WITH_UNIT'] *
    TYPEOF(it)) = 2) AND (it.name = 'offset angle'))) = 1))) = 0)
```

```
      )) = 0);
   WR7: NOT (SELF.description = 'second offset') OR (SIZEOF(QUERY (pd <*
      USEDIN(SELF,
      'INTEGRATED_CNC_SCHEMA.PROPERTY_DEFINITION.DEFINITION')| NOT
      (SIZEOF(QUERY (pdr <* USEDIN(pd, 'INTEGRATED_CNC_SCHEMA.' +
      'PROPERTY_DEFINITION_REPRESENTATION.DEFINITION')| (
      'INTEGRATED_CNC_SCHEMA.FACE_SHAPE_REPRESENTATION' IN TYPEOF(
      pdr.used_representation)) AND (pdr.used_representation.name =
      'second face shape'))) <= 1))) = 0);
  WR8: SIZEOF(QUERY (sdr <* QUERY (sar <* USEDIN(SELF,
     'INTEGRATED_CNC_SCHEMA.SHAPE_ASPECT_RELATIONSHIP.' +
     'RELATED_SHAPE_ASPECT')| ('INTEGRATED_CNC_SCHEMA.' +
     'FEATURE_COMPONENT_RELATIONSHIP' IN TYPEOF(sar)))| (
     'INTEGRATED_CNC_SCHEMA.CHAMFER' IN TYPEOF(sdr.
     relating_shape_aspect)) AND (
     'INTEGRATED_CNC_SCHEMA.CHAMFER_OFFSET' IN TYPEOF(sdr.
     related_shape_aspect)))) = 1;
END_ENTITY; -- 10303-522: aic_machining_feature
ENTITY characterized_object;
  name : label;
  description : OPTIONAL text;
END_ENTITY; -- 10303-41: product_property_definition_schema
ENTITY circle
 SUBTYPE OF (conic);
 radius : positive_length_measure;
END_ENTITY; -- 10303-42: geometry_schema
ENTITY circular_closed_profile
 SUBTYPE OF (shape_aspect);
  WHERE
  WR1: 'INTEGRATED_CNC_SCHEMA.FEATURE_COMPONENT_DEFINITION' IN TYPEOF(
     SELF.of_shape.definition);
   WR2: SIZEOF(QUERY (pd <* USEDIN(SELF,
     'INTEGRATED_CNC_SCHEMA.PROPERTY_DEFINITION.DEFINITION')| NOT
     (SIZEOF(QUERY (pdr <* USEDIN(pd, 'INTEGRATED_CNC_SCHEMA.' +
     'PROPERTY_DEFINITION_REPRESENTATION.DEFINITION')| (
     'INTEGRATED_CNC_SCHEMA.' +
     'SHAPE_REPRESENTATION_WITH_PARAMETERS' IN TYPEOF(pdr.
     used_representation)))) = 1))) = 0;
   WR3: SIZEOF(QUERY (pd <* USEDIN(SELF,
     'INTEGRATED_CNC_SCHEMA.PROPERTY_DEFINITION.DEFINITION')| NOT
     (SIZEOF(QUERY (impl_rep <* QUERY (pdr <* USEDIN(pd,
     'INTEGRATED_CNC_SCHEMA.' +
     'PROPERTY_DEFINITION_REPRESENTATION.DEFINITION')| (
     'INTEGRATED_CNC_SCHEMA.' +
     'SHAPE_REPRESENTATION_WITH_PARAMETERS' IN TYPEOF(pdr.
     used_representation)))| NOT (SIZEOF(impl_rep.
     used_representation.items) = 2))) = 0))) = 0;
   WR4: SIZEOF(QUERY (pd <* USEDIN(SELF,
```

```
        'INTEGRATED_CNC_SCHEMA.PROPERTY_DEFINITION.DEFINITION')| NOT
        (SIZEOF(QUERY (impl_rep <* QUERY (pdr <* USEDIN(pd,
        'INTEGRATED_CNC_SCHEMA.' +
        'PROPERTY_DEFINITION_REPRESENTATION.DEFINITION')| (
        'INTEGRATED_CNC_SCHEMA.' +
        'SHAPE_REPRESENTATION_WITH_PARAMETERS' IN TYPEOF(pdr.
        used_representation)))| NOT (SIZEOF(QUERY (it <* impl_rep.
        used_representation.items| ('INTEGRATED_CNC_SCHEMA.PLACEMENT'
        IN TYPEOF(it)) AND (it.name = 'orientation'))) = 1))) = 0)))
        = 0;
    WR5: SIZEOF(QUERY (pd <* USEDIN(SELF,
        'INTEGRATED_CNC_SCHEMA.PROPERTY_DEFINITION.DEFINITION')| NOT
        (SIZEOF(QUERY (impl_rep <* QUERY (pdr <* USEDIN(pd,
        'INTEGRATED_CNC_SCHEMA.' +
        'PROPERTY_DEFINITION_REPRESENTATION.DEFINITION')| (
        'INTEGRATED_CNC_SCHEMA.' +
        'SHAPE_REPRESENTATION_WITH_PARAMETERS' IN TYPEOF(pdr.
        used_representation)))| NOT (SIZEOF(QUERY (it <* impl_rep.
        used_representation.items| (SIZEOF([
        'INTEGRATED_CNC_SCHEMA.MEASURE_REPRESENTATION_ITEM',
        'INTEGRATED_CNC_SCHEMA.LENGTH_MEASURE_WITH_UNIT' ] * TYPEOF(
        it)) = 2) AND (it.name = 'diameter'))) = 1))) = 0))) = 0;
END_ENTITY; -- 10303-522: aic_machining_feature
ENTITY circular_pattern
  SUBTYPE OF (replicate_feature);
    WHERE
    WR1: SIZEOF(QUERY (pds <* QUERY (pd <* USEDIN(SELF,
        'INTEGRATED_CNC_SCHEMA.PROPERTY_DEFINITION.DEFINITION')| (
        'INTEGRATED_CNC_SCHEMA.PRODUCT_DEFINITION_SHAPE' IN TYPEOF(pd
        )))| NOT (SIZEOF(QUERY (sa_occ <* USEDIN(pds,
        'INTEGRATED_CNC_SCHEMA.SHAPE_ASPECT.OF_SHAPE')| (SIZEOF(QUERY
        (sdr <* QUERY (sar <* USEDIN(sa_occ,
        'INTEGRATED_CNC_SCHEMA.SHAPE_ASPECT_RELATIONSHIP.' +
        'RELATING_SHAPE_ASPECT')| (
        'INTEGRATED_CNC_SCHEMA.FEATURE_COMPONENT_RELATIONSHIP' IN
        TYPEOF(sar)))| ('INTEGRATED_CNC_SCHEMA.SHAPE_ASPECT' IN
        TYPEOF(sdr.related_shape_aspect)))) = 1))) <= 3))) = 0;
    WR2: SIZEOF(QUERY (pd <* USEDIN(SELF,
        'INTEGRATED_CNC_SCHEMA.PROPERTY_DEFINITION.DEFINITION')| NOT
        (SIZEOF(QUERY (pdr <* USEDIN(pd, 'INTEGRATED_CNC_SCHEMA.' +
        'PROPERTY_DEFINITION_REPRESENTATION.DEFINITION')| (
        'INTEGRATED_CNC_SCHEMA.' +
        'SHAPE_REPRESENTATION_WITH_PARAMETERS' IN TYPEOF(pdr.
        used_representation)))) = 1))) = 0;
    WR3: SIZEOF(QUERY (pd <* USEDIN(SELF,
        'INTEGRATED_CNC_SCHEMA.PROPERTY_DEFINITION.DEFINITION')| NOT
        (SIZEOF(QUERY (impl_rep <* QUERY (pdr <* USEDIN(pd,
        'INTEGRATED_CNC_SCHEMA.' +
```

```
        'PROPERTY_DEFINITION_REPRESENTATION.DEFINITION')| (
        'INTEGRATED_CNC_SCHEMA.' +
        'SHAPE_REPRESENTATION_WITH_PARAMETERS' IN TYPEOF(pdr.
        used_representation)))| NOT ((SIZEOF(impl_rep.
        used_representation.items) >= 3) AND (SIZEOF(impl_rep.
        used_representation.items) <= 5)))) = 0))) = 0;
    WR4: SIZEOF(QUERY (pd <* USEDIN(SELF,
        'INTEGRATED_CNC_SCHEMA.PROPERTY_DEFINITION.DEFINITION')| NOT
        (SIZEOF(QUERY (impl_rep <* QUERY (pdr <* USEDIN(pd,
        'INTEGRATED_CNC_SCHEMA.' +
        'PROPERTY_DEFINITION_REPRESENTATION.DEFINITION')| (
        'INTEGRATED_CNC_SCHEMA.' +
        'SHAPE_REPRESENTATION_WITH_PARAMETERS' IN TYPEOF(pdr.
        used_representation)))| NOT (SIZEOF(QUERY (it <* impl_rep.
        used_representation.items| (SIZEOF([
        'INTEGRATED_CNC_SCHEMA.MEASURE_REPRESENTATION_ITEM',
        'INTEGRATED_CNC_SCHEMA.LENGTH_MEASURE_WITH_UNIT' ] * TYPEOF(
        it)) = 2) AND (it.name = 'diameter'))) <= 1))) = 0))) = 0;
    WR5: SIZEOF(QUERY (pd <* USEDIN(SELF,
        'INTEGRATED_CNC_SCHEMA.PROPERTY_DEFINITION.DEFINITION')| NOT
        (SIZEOF(QUERY (impl_rep <* QUERY (pdr <* USEDIN(pd,
        'INTEGRATED_CNC_SCHEMA.' +
        'PROPERTY_DEFINITION_REPRESENTATION.DEFINITION')| (
        'INTEGRATED_CNC_SCHEMA.' +
        'SHAPE_REPRESENTATION_WITH_PARAMETERS' IN TYPEOF(pdr.
        used_representation)))| NOT (SIZEOF(QUERY (it <* impl_rep.
        used_representation.items| (SIZEOF([
        'INTEGRATED_CNC_SCHEMA.MEASURE_REPRESENTATION_ITEM',
        'INTEGRATED_CNC_SCHEMA.PLANE_ANGLE_MEASURE_WITH_UNIT' ] *
        TYPEOF(it)) = 2) AND (it.name = 'base feature rotation'))) <=
        1))) = 0))) = 0;
    WR6: SIZEOF(QUERY (pd <* USEDIN(SELF,
        'INTEGRATED_CNC_SCHEMA.PROPERTY_DEFINITION.DEFINITION')| NOT
        (SIZEOF(QUERY (impl_rep <* QUERY (pdr <* USEDIN(pd,
        'INTEGRATED_CNC_SCHEMA.' +
        'PROPERTY_DEFINITION_REPRESENTATION.DEFINITION')| (
        'INTEGRATED_CNC_SCHEMA.' +
        'SHAPE_REPRESENTATION_WITH_PARAMETERS' IN TYPEOF(pdr.
        used_representation)))| NOT (SIZEOF(QUERY (it <* impl_rep.
        used_representation.items| ((
        'INTEGRATED_CNC_SCHEMA.MEASURE_REPRESENTATION_ITEM' IN TYPEOF
        (it)) AND ('INTEGRATED_CNC_SCHEMA.COUNT_MEASURE' IN TYPEOF(it
        \measure_with_unit.value_component))) AND (it.name =
        'number of features'))) = 1))) = 0))) = 0;
    WR7: SIZEOF(QUERY (pd <* USEDIN(SELF,
        'INTEGRATED_CNC_SCHEMA.PROPERTY_DEFINITION.DEFINITION')| NOT
        (SIZEOF(QUERY (impl_rep <* QUERY (pdr <* USEDIN(pd,
        'INTEGRATED_CNC_SCHEMA.' +
```

```
        'PROPERTY_DEFINITION_REPRESENTATION.DEFINITION')| (
        'INTEGRATED_CNC_SCHEMA.' +
        'SHAPE_REPRESENTATION_WITH_PARAMETERS' IN TYPEOF(pdr.
        used_representation)))| NOT (SIZEOF(QUERY (it <* impl_rep.
        used_representation.items| (SIZEOF([
        'INTEGRATED_CNC_SCHEMA.MEASURE_REPRESENTATION_ITEM',
        'INTEGRATED_CNC_SCHEMA.PLANE_ANGLE_MEASURE_WITH_UNIT' ] *
        TYPEOF(it)) = 2) AND (it.name = 'angular spacing'))) = 1))) =
        0))) = 0;
    WR8: SIZEOF(QUERY (pd <* USEDIN(SELF,
        'INTEGRATED_CNC_SCHEMA.PROPERTY_DEFINITION.DEFINITION')| NOT
        (SIZEOF(QUERY (impl_rep <* QUERY (pdr <* USEDIN(pd,
        'INTEGRATED_CNC_SCHEMA.' +
        'PROPERTY_DEFINITION_REPRESENTATION.DEFINITION')| (
        'INTEGRATED_CNC_SCHEMA.' +
        'SHAPE_REPRESENTATION_WITH_PARAMETERS' IN TYPEOF(pdr.
        used_representation)))| NOT (SIZEOF(QUERY (it <* impl_rep.
        used_representation.items| ('INTEGRATED_CNC_SCHEMA.PLACEMENT'
        IN TYPEOF(it)) AND (it.name = 'orientation'))) = 1))) = 0)))
        = 0;
END_ENTITY; -- 10303-522: aic_machining_feature
ENTITY circular_runout_tolerance
  SUBTYPE OF (geometric_tolerance_with_datum_reference);
    WHERE
    WR1: SIZEOF(SELF\geometric_tolerance_with_datum_reference.datum_system)
        <= 2;
END_ENTITY; -- 10303-519: aic_geometric_tolerances
ENTITY class
  SUBTYPE OF (group);
END_ENTITY; -- 10303-238: integrated_cnc_schema
ENTITY classification_assignment
    ABSTRACT SUPERTYPE;
    assigned_class : group;
    role : classification_role;
END_ENTITY; -- 10303-41: management_resources_schema
ENTITY classification_role;
    name : label;
    description : OPTIONAL text;
END_ENTITY; -- 10303-41: management_resources_schema
ENTITY closed_path_profile
  SUBTYPE OF (shape_aspect);
    WHERE
    WR1: 'INTEGRATED_CNC_SCHEMA.FEATURE_COMPONENT_DEFINITION' IN TYPEOF(
        SELF.of_shape.definition);
    WR2: SIZEOF(QUERY (pd <* USEDIN(SELF,
        'INTEGRATED_CNC_SCHEMA.PROPERTY_DEFINITION.' + 'DEFINITION')|
        NOT (SIZEOF(QUERY (pdr <* USEDIN(pd,
        'INTEGRATED_CNC_SCHEMA.' +
```

```
        'PROPERTY_DEFINITION_REPRESENTATION.DEFINITION')| (
        'INTEGRATED_CNC_SCHEMA.' +
        'SHAPE_REPRESENTATION_WITH_PARAMETERS' IN TYPEOF(pdr.
        used_representation)))) = 1))) = 0;
    WR3: SIZEOF(QUERY (pd <* USEDIN(SELF,
        'INTEGRATED_CNC_SCHEMA.PROPERTY_DEFINITION.DEFINITION')| NOT
        (SIZEOF(QUERY (impl_rep <* QUERY (pdr <* USEDIN(pd,
        'INTEGRATED_CNC_SCHEMA.' +
        'PROPERTY_DEFINITION_REPRESENTATION.DEFINITION')| (
        'INTEGRATED_CNC_SCHEMA.' +
        'SHAPE_REPRESENTATION_WITH_PARAMETERS' IN TYPEOF(pdr.
        used_representation)))| NOT (SIZEOF(impl_rep.
        used_representation.items) = 1))) = 0))) = 0;
    WR4: SIZEOF(QUERY (pd <* USEDIN(SELF,
        'INTEGRATED_CNC_SCHEMA.PROPERTY_DEFINITION.DEFINITION')| NOT
        (SIZEOF(QUERY (impl_rep <* QUERY (pdr <* USEDIN(pd,
        'INTEGRATED_CNC_SCHEMA.' +
        'PROPERTY_DEFINITION_REPRESENTATION.DEFINITION')| (
        'INTEGRATED_CNC_SCHEMA.' +
        'SHAPE_REPRESENTATION_WITH_PARAMETERS' IN TYPEOF(pdr.
        used_representation)))| NOT (SIZEOF(QUERY (it <* impl_rep.
        used_representation.items| ('INTEGRATED_CNC_SCHEMA.PLACEMENT'
        IN TYPEOF(it)) AND (it.name = 'orientation'))) = 1))) = 0)))
        = 0;
    WR5: SIZEOF(QUERY (pd <* USEDIN(SELF,
        'INTEGRATED_CNC_SCHEMA.PROPERTY_DEFINITION.' + 'DEFINITION')|
        NOT (SIZEOF(QUERY (pdr <* USEDIN(pd,
        'INTEGRATED_CNC_SCHEMA.' +
        'PROPERTY_DEFINITION_REPRESENTATION.DEFINITION')| (
        'INTEGRATED_CNC_SCHEMA.PATH_SHAPE_REPRESENTATION' IN TYPEOF(
        pdr.used_representation)))) = 1))) = 0;
END_ENTITY; -- 10303-522: aic_machining_feature
ENTITY closed_shell
  SUBTYPE OF (connected_face_set);
END_ENTITY; -- 10303-42: topology_schema
ENTITY coaxiality_tolerance
  SUBTYPE OF (geometric_tolerance_with_datum_reference);
    WHERE
    WR1: SIZEOF(SELF\geometric_tolerance_with_datum_reference.datum_system)
        <= 2;
END_ENTITY; -- 10303-519: aic_geometric_tolerances
ENTITY common_datum
  SUBTYPE OF (composite_shape_aspect, datum);
   WHERE
   WR1: SIZEOF(SELF.component_relationships) = 2;
   WR2: SIZEOF(QUERY (sar <* SELF.component_relationships| NOT ((
        'INTEGRATED_CNC_SCHEMA.DATUM' IN TYPEOF(sar.
        related_shape_aspect)) AND NOT (
```

```
        'INTEGRATED_CNC_SCHEMA.COMMON_DATUM' IN TYPEOF(sar.
        related_shape_aspect))))) = 0;
END_ENTITY; -- 10303-519: aic_geometric_tolerances
ENTITY comparison_equal
  SUBTYPE OF (comparison_expression);
END_ENTITY; -- 13584-20: iso13584_expressions_schema
ENTITY comparison_expression
  ABSTRACT SUPERTYPE OF (ONEOF (comparison_equal,comparison_greater,
  comparison_greater_equal,comparison_less,comparison_less_equal,
  comparison_not_equal))
  SUBTYPE OF (boolean_expression, binary_generic_expression);
  SELF\binary_generic_expression.operands : LIST [2:2] OF expression;
    WHERE
    WR1: (('INTEGRATED_CNC_SCHEMA.NUMERIC_EXPRESSION'
         IN TYPEOF(SELF\binary_generic_expression.operands[1])) AND
         ('INTEGRATED_CNC_SCHEMA.NUMERIC_EXPRESSION'
         IN TYPEOF(SELF\binary_generic_expression.operands[2]))
         OR
         (('INTEGRATED_CNC_SCHEMA.BOOLEAN_EXPRESSION'
         IN TYPEOF(SELF\binary_generic_expression.operands[1])) AND
         ('INTEGRATED_CNC_SCHEMA.BOOLEAN_EXPRESSION'
         IN TYPEOF(SELF\binary_generic_expression.operands[2]))));
END_ENTITY; -- 13584-20: iso13584_expressions_schema
ENTITY comparison_greater
  SUBTYPE OF (comparison_expression);
END_ENTITY; -- 13584-20: iso13584_expressions_schema
ENTITY comparison_greater_equal
  SUBTYPE OF (comparison_expression);
END_ENTITY; -- 13584-20: iso13584_expressions_schema
ENTITY comparison_less
  SUBTYPE OF (comparison_expression);
END_ENTITY; -- 13584-20: iso13584_expressions_schema
ENTITY comparison_less_equal
  SUBTYPE OF (comparison_expression);
END_ENTITY; -- 13584-20: iso13584_expressions_schema
ENTITY comparison_not_equal
  SUBTYPE OF (comparison_expression);
END_ENTITY; -- 13584-20: iso13584_expressions_schema
ENTITY composite_curve
  SUBTYPE OF (bounded_curve);
  segments : LIST [1:?] OF composite_curve_segment;
  self_intersect : LOGICAL;
      DERIVE
        n_segments : INTEGER := SIZEOF(segments);
closed_curve : LOGICAL := segments[n_segments].transition <>
discontinuous;
  WHERE
    WR1: NOT closed_curve AND (SIZEOF(QUERY (temp <* segments| (temp.
```

```
        transition = discontinuous))) = 1) OR closed_curve AND (
        SIZEOF(QUERY (temp <* segments| (temp.transition =
        discontinuous))) = 0);
END_ENTITY; -- 10303-42: geometry_schema
ENTITY composite_curve_on_surface
  SUPERTYPE OF (boundary_curve)
    SUBTYPE OF (composite_curve);
  DERIVE
    basis_surface : SET [0:2] OF surface := get_basis_surface(SELF);
  WHERE
    WR1: SIZEOF(basis_surface) > 0;
    WR2: constraints_composite_curve_on_surface(SELF);
END_ENTITY; -- 10303-42: geometry_schema
ENTITY composite_curve_segment
  SUBTYPE OF (founded_item);
    transition : transition_code;
    same_sense : BOOLEAN;
    parent_curve : curve;
  INVERSE
    using_curves : BAG [1:?] OF composite_curve FOR segments;
  WHERE
    WR1: 'INTEGRATED_CNC_SCHEMA.BOUNDED_CURVE' IN TYPEOF(parent_curve);
END_ENTITY; -- 10303-42: geometry_schema
ENTITY composite_hole
  SUBTYPE OF (compound_feature);
    WHERE
    WR1: SELF\characterized_object.description IN [ 'counterbore',
        'countersunk' ];
    WR2: SIZEOF(QUERY (pds <* USEDIN(SELF,
        'INTEGRATED_CNC_SCHEMA.PROPERTY_DEFINITION.DEFINITION')| (
        'INTEGRATED_CNC_SCHEMA.PRODUCT_DEFINITION_SHAPE' IN TYPEOF(
        pds)) AND (SIZEOF(QUERY (csa <* USEDIN(pds,
        'INTEGRATED_CNC_SCHEMA.SHAPE_ASPECT.OF_SHAPE')| (
        'INTEGRATED_CNC_SCHEMA.COMPOSITE_SHAPE_ASPECT' IN TYPEOF(csa)
        ) AND (SIZEOF(QUERY (sar <* csa.component_relationships| (
        'INTEGRATED_CNC_SCHEMA.FEATURE_COMPONENT_RELATIONSHIP' IN
        TYPEOF(sar)) AND ('INTEGRATED_CNC_SCHEMA.ROUND_HOLE' IN
        TYPEOF(sar.related_shape_aspect)))) = 2))) = 1))) = 1;
    WR3: NOT (SELF\characterized_object.description = 'countersunk') OR (
        SIZEOF(QUERY (pds <* USEDIN(SELF,
        'INTEGRATED_CNC_SCHEMA.PROPERTY_DEFINITION.DEFINITION')| (
        'INTEGRATED_CNC_SCHEMA.PRODUCT_DEFINITION_SHAPE' IN TYPEOF(
        pds)) AND (SIZEOF(QUERY (csa <* USEDIN(pds,
        'INTEGRATED_CNC_SCHEMA.SHAPE_ASPECT.OF_SHAPE')| (
        'INTEGRATED_CNC_SCHEMA.COMPOSITE_SHAPE_ASPECT' IN TYPEOF(csa)
        ) AND (SIZEOF(QUERY (sar <* csa.component_relationships| (
        'INTEGRATED_CNC_SCHEMA.ROUND_HOLE' IN TYPEOF(sar.
        related_shape_aspect)) AND NOT (SIZEOF(QUERY (pds <* QUERY (
```

```
        pd <* USEDIN(sar.related_shape_aspect,
        'INTEGRATED_CNC_SCHEMA.PROPERTY_DEFINITION.DEFINITION')| (
        'INTEGRATED_CNC_SCHEMA.PRODUCT_DEFINITION_SHAPE' IN TYPEOF(pd
        )))| NOT (SIZEOF(QUERY (sa_occ <* USEDIN(pds,
        'INTEGRATED_CNC_SCHEMA.SHAPE_ASPECT.OF_SHAPE')| (sa_occ.
        description = 'change in diameter occurrence') AND (SIZEOF(
        QUERY (fcr2 <* QUERY (sar2 <* USEDIN(sa_occ,
      'INTEGRATED_CNC_SCHEMA.SHAPE_ASPECT_RELATIONSHIP.RELATING_SHAPE_ASPECT'
        )| (sar2.description = 'taper usage') AND (
        'INTEGRATED_CNC_SCHEMA.FEATURE_COMPONENT_RELATIONSHIP' IN
        TYPEOF(sar2)))| ('INTEGRATED_CNC_SCHEMA.TAPER' IN TYPEOF(fcr2
        .related_shape_aspect)))) = 1))) = 0))) = 0))) = 1))) = 1)))
         = 1);
END_ENTITY; -- 10303-522: aic_machining_feature
ENTITY composite_shape_aspect
    SUBTYPE OF (shape_aspect);
        INVERSE
            component_relationships : SET [2:?] OF shape_aspect_relationship FOR
            relating_shape_aspect;
END_ENTITY; -- 10303-47: shape_aspect_definition_schema
ENTITY compound_feature
    SUBTYPE OF (feature_definition);
        WHERE
    WR1: SIZEOF(QUERY (pds <* USEDIN(SELF,
        'INTEGRATED_CNC_SCHEMA.PROPERTY_DEFINITION.DEFINITION')| (
        'INTEGRATED_CNC_SCHEMA.PRODUCT_DEFINITION_SHAPE' IN TYPEOF(
        pds)) AND (SIZEOF(QUERY (csa <* USEDIN(pds,
        'INTEGRATED_CNC_SCHEMA.SHAPE_ASPECT.OF_SHAPE')| (csa.name =
        'compound feature in solid') AND (
        'INTEGRATED_CNC_SCHEMA.COMPOSITE_SHAPE_ASPECT' IN TYPEOF(csa)
        ))) = 1))) = 1;
    WR2: SIZEOF(QUERY (pds <* USEDIN(SELF,
        'INTEGRATED_CNC_SCHEMA.PROPERTY_DEFINITION.DEFINITION')| (
        'INTEGRATED_CNC_SCHEMA.PRODUCT_DEFINITION_SHAPE' IN TYPEOF(
        pds)) AND (SIZEOF(QUERY (csa <* USEDIN(pds,
        'INTEGRATED_CNC_SCHEMA.SHAPE_ASPECT.OF_SHAPE')| (
        'INTEGRATED_CNC_SCHEMA.COMPOSITE_SHAPE_ASPECT' IN TYPEOF(csa)
        ))) = 1))) = 1;
    WR3: SIZEOF(QUERY (pds <* USEDIN(SELF,
        'INTEGRATED_CNC_SCHEMA.PROPERTY_DEFINITION.DEFINITION')| (
        'INTEGRATED_CNC_SCHEMA.PRODUCT_DEFINITION_SHAPE' IN TYPEOF(
            pds)) AND (SIZEOF(QUERY (csa <* USEDIN(pds,
        'INTEGRATED_CNC_SCHEMA.SHAPE_ASPECT.OF_SHAPE')| (
        'INTEGRATED_CNC_SCHEMA.COMPOSITE_SHAPE_ASPECT' IN TYPEOF(csa)
        ) AND (SIZEOF(QUERY (fcr <* csa.component_relationships| NOT
        ('INTEGRATED_CNC_SCHEMA.FEATURE_COMPONENT_RELATIONSHIP' IN
        TYPEOF(fcr)))) = 0))) = 1))) = 1;
    WR4: SIZEOF(QUERY (pds <* USEDIN(SELF,
```

```
        'INTEGRATED_CNC_SCHEMA.PROPERTY_DEFINITION.DEFINITION')| (
        'INTEGRATED_CNC_SCHEMA.PRODUCT_DEFINITION_SHAPE' IN TYPEOF(
        pds)) AND (SIZEOF(QUERY (csa <* USEDIN(pds,
        'INTEGRATED_CNC_SCHEMA.SHAPE_ASPECT.OF_SHAPE')| (
        'INTEGRATED_CNC_SCHEMA.COMPOSITE_SHAPE_ASPECT' IN TYPEOF(csa)
        ))) = 1))) = 1;
    WR5: SIZEOF(QUERY (pds <* USEDIN(SELF,
        'INTEGRATED_CNC_SCHEMA.PROPERTY_DEFINITION.DEFINITION')| (
        'INTEGRATED_CNC_SCHEMA.PRODUCT_DEFINITION_SHAPE' IN TYPEOF(
        pds)) AND (SIZEOF(QUERY (csa <* USEDIN(pds,
        'INTEGRATED_CNC_SCHEMA.SHAPE_ASPECT.OF_SHAPE')| (
        'INTEGRATED_CNC_SCHEMA.COMPOSITE_SHAPE_ASPECT' IN TYPEOF(csa)
        ) AND (SIZEOF(QUERY (sar <* csa.component_relationships| (
        'INTEGRATED_CNC_SCHEMA.THREAD' IN TYPEOF(sar.
        related_shape_aspect)))) = 0))) = 1))) = 1;
    WR6: SIZEOF(QUERY (pds <* USEDIN(SELF,
        'INTEGRATED_CNC_SCHEMA.PROPERTY_DEFINITION.DEFINITION')| (
        'INTEGRATED_CNC_SCHEMA.PRODUCT_DEFINITION_SHAPE' IN TYPEOF(
        pds)) AND (SIZEOF(QUERY (csa <* USEDIN(pds,
        'INTEGRATED_CNC_SCHEMA.SHAPE_ASPECT.OF_SHAPE')| (
        'INTEGRATED_CNC_SCHEMA.COMPOSITE_SHAPE_ASPECT' IN TYPEOF(csa)
        ) AND (SIZEOF(QUERY (sar <* csa.component_relationships| (
        'INTEGRATED_CNC_SCHEMA.COMPOUND_FEATURE' IN TYPEOF(sar.
        related_shape_aspect)) AND (sar.related_shape_aspect\
        characterized_object.name <> SELF\characterized_object.name))
        ) = 0))) = 1))) = 1;
END_ENTITY; -- 10303-522: aic_machining_feature
ENTITY compound_representation_item
    SUBTYPE OF (representation_item);
        item_element : compound_item_definition;
END_ENTITY; -- 10303-43: representation_schema
ENTITY concentricity_tolerance
    SUBTYPE OF (geometric_tolerance_with_datum_reference);
        WHERE
    WR1: SIZEOF(SELF\geometric_tolerance_with_datum_reference.datum_system)
        = 1;
END_ENTITY; -- 10303-519: aic_geometric_tolerances
ENTITY concurrent_action_method
    SUBTYPE OF (action_method_relationship);
END_ENTITY; -- 10303-49: method_definition_schema
ENTITY conic
    SUPERTYPE OF (ONEOF(circle, ellipse, hyperbola, parabola))
    SUBTYPE OF (curve);
    position : axis2_placement;
END_ENTITY; -- 10303-42: geometry_schema
ENTITY conical_surface
    SUBTYPE OF (elementary_surface);
        radius : length_measure;
```

```
        semi_angle : plane_angle_measure;
    WHERE
    WR1: radius >= 0.0;
END_ENTITY; -- 10303-238: integrated_cnc_schema
ENTITY connected_edge_set
    SUBTYPE OF (topological_representation_item);
        ces_edges : SET [1:?] OF edge;
END_ENTITY; -- 10303-42: topology_schema
ENTITY connected_face_set
    SUPERTYPE OF (ONEOF(closed_shell, open_shell))
        SUBTYPE OF (topological_representation_item);
        cfs_faces : SET [1:?] OF face;
END_ENTITY; -- 10303-42: topology_schema
ENTITY context_dependent_shape_representation;
    representation_relation : shape_representation_relationship;
    represented_product_relation : product_definition_shape;
    DERIVE
        description : text := get_description_value(SELF);
        name : label := get_name_value(SELF);
    WHERE
    WR1: 'INTEGRATED_CNC_SCHEMA.PRODUCT_DEFINITION_RELATIONSHIP' IN TYPEOF(
        SELF.represented_product_relation.definition);
    WR2: SIZEOF(USEDIN(SELF, 'INTEGRATED_CNC_SCHEMA.' +
        'DESCRIPTION_ATTRIBUTE.DESCRIBED_ITEM')) <= 1;
    WR3: SIZEOF(USEDIN(SELF, 'INTEGRATED_CNC_SCHEMA.' +
        'NAME_ATTRIBUTE.NAMED_ITEM')) <= 1;
END_ENTITY; -- 10303-41: product_property_representation_schema
ENTITY context_dependent_unit
    SUBTYPE OF (named_unit);
        name : label;
END_ENTITY; -- 10303-41: measure_schema
ENTITY contouring_turning_operation
    SUBTYPE OF (turning_type_operation);
    WHERE
    WR1: (SELF.description IN ['roughing','finishing']);
    WR2: (verify_optional_action_property (SELF, 'allowance')) AND
        (verify_length_measure_action_property (SELF, 'allowance'));
    WR3: NOT (SELF.description = 'roughing') OR
        (verify_required_action_property (SELF, 'allowance'));
END_ENTITY; -- 10303-238: integrated_cnc_schema
ENTITY conversion_based_unit
    SUBTYPE OF (named_unit);
        name : label;
        conversion_factor : measure_with_unit;
END_ENTITY; -- 10303-41: measure_schema
ENTITY coordinated_universal_time_offset;
hour_offset : INTEGER;
minute_offset : OPTIONAL INTEGER;
```

```
sense : ahead_or_behind;
DERIVE
actual_minute_offset : INTEGER := NVL(minute_offset, 0);
WHERE
WR1: (0 <= hour_offset) AND (hour_offset < 24);
WR2: (0 <= actual_minute_offset) AND (actual_minute_offset <= 59);
WR3: NOT (((hour_offset <> 0) OR (actual_minute_offset <> 0)) AND (
sense = exact));
END_ENTITY; -- 10303-41: date_time_schema
    ENTITY curve
        SUPERTYPE OF (ONEOF(line, conic, pcurve, surface_curve, offset_curve_3d,
            curve_replica))
        SUBTYPE OF (geometric_representation_item);
END_ENTITY; -- 10303-42: geometry_schema
ENTITY curve_bounded_surface
SUBTYPE OF (bounded_surface);
basis_surface : surface;
boundaries : SET [1:?] OF boundary_curve;
implicit_outer : BOOLEAN;
WHERE
WR1: NOT implicit_outer OR (SIZEOF(QUERY (temp <* boundaries| (
'INTEGRATED_CNC_SCHEMA.OUTER_BOUNDARY_CURVE' IN TYPEOF(temp))
)) = 0);
WR2: NOT implicit_outer OR ('INTEGRATED_CNC_SCHEMA.BOUNDED_SURFACE' IN
TYPEOF(basis_surface));
WR3: SIZEOF(QUERY (temp <* boundaries| (
'INTEGRATED_CNC_SCHEMA.OUTER_BOUNDARY_CURVE' IN TYPEOF(temp))
)) <= 1;
WR4: SIZEOF(QUERY (temp <* boundaries| (temp\composite_curve_on_surface
.basis_surface[1] <> SELF.basis_surface))) = 0;
END_ENTITY; -- 10303-42: geometry_schema
ENTITY curve_replica
    SUBTYPE OF (curve);
        parent_curve : curve;
        transformation : cartesian_transformation_operator;
    WHERE
        WR1: transformation.dim = parent_curve.dim;
        WR2: acyclic_curve_replica(SELF, parent_curve);
        END_ENTITY; -- 10303-42: geometry_schema
ENTITY cylindrical_shape_representation
    SUBTYPE OF (shape_representation_with_parameters);
        WHERE
        WR1: SIZEOF(SELF.items) = 3;
        WR2: SIZEOF(QUERY (it <* SELF.items| ('INTEGRATED_CNC_SCHEMA.PLACEMENT'
            IN TYPEOF(it)) AND (it.name = 'orientation'))) = 1;
        WR3: SIZEOF(QUERY (it <* SELF.items| (SIZEOF([
            'INTEGRATED_CNC_SCHEMA.MEASURE_REPRESENTATION_ITEM',
            'INTEGRATED_CNC_SCHEMA.LENGTH_MEASURE_WITH_UNIT'] * TYPEOF(
```

```
          it)) = 2) AND (it.name = 'length'))) = 1;
      WR4: SIZEOF(QUERY (it <* SELF.items| (SIZEOF([
          'INTEGRATED_CNC_SCHEMA.MEASURE_REPRESENTATION_ITEM',
          'INTEGRATED_CNC_SCHEMA.LENGTH_MEASURE_WITH_UNIT' ] * TYPEOF(
          it)) = 2) AND (it.name = 'diameter'))) = 1;
          END_ENTITY; -- 10303-238: integrated_cnc_schema
ENTITY cylindrical_surface
    SUBTYPE OF (elementary_surface);
        radius : positive_length_measure;
END_ENTITY; -- 10303-42: geometry_schema
ENTITY cylindricity_tolerance
    SUBTYPE OF (geometric_tolerance);
    WHERE
    WR1: NOT ('INTEGRATED_CNC_SCHEMA.' +
        'GEOMETRIC_TOLERANCE_WITH_DATUM_REFERENCE' IN TYPEOF(SELF));
END_ENTITY; -- 10303-519: aic_geometric_tolerances
ENTITY data_environment;
    name : label;
    description : text;
    elements : SET [1:?] OF property_definition_representation;
END_ENTITY; -- 10303-45: material_property_representation_schema
ENTITY date
    SUPERTYPE OF (ONEOF(calendar_date, ordinal_date,
        week_of_year_and_day_date));
        year_component : year_number;
END_ENTITY; -- 10303-41: date_time_schema
ENTITY date_and_time;
    date_component : date;
        time_component : local_time;
END_ENTITY; -- 10303-41: date_time_schema
ENTITY date_and_time_assignment
    ABSTRACT SUPERTYPE;
        assigned_date_and_time : date_and_time;
        role : date_time_role;
END_ENTITY; -- 10303-41: management_resources_schema
ENTITY date_assignment
    ABSTRACT SUPERTYPE;
        assigned_date : date;
        role : date_role;
END_ENTITY; -- 10303-41: management_resources_schema
ENTITY date_role;
    name : label;
        DERIVE
        description : text := get_description_value(SELF);
        WHERE
            WR1: SIZEOF(USEDIN(SELF, 'INTEGRATED_CNC_SCHEMA.' +
                'DESCRIPTION_ATTRIBUTE.DESCRIBED_ITEM')) <= 1;
END_ENTITY; -- 10303-41: date_time_schema
```

```
ENTITY date_time_role;
    name : label;
        DERIVE
        description : text := get_description_value(SELF);
        WHERE
            WR1: SIZEOF(USEDIN(SELF, 'INTEGRATED_CNC_SCHEMA.' +
                'DESCRIPTION_ATTRIBUTE.DESCRIBED_ITEM')) <= 1;
END_ENTITY; -- 10303-41: date_time_schema
ENTITY datum
    SUBTYPE OF (shape_aspect);
        identification : identifier;
        INVERSE
            established_by_relationships : SET [1:?] OF shape_aspect_relationship
        FOR related_shape_aspect;
    WHERE
        WR1: SIZEOF(QUERY (x <* SELF\datum.established_by_relationships| (
            SIZEOF(TYPEOF(x\shape_aspect_relationship.
            relating_shape_aspect) * [
        'INTEGRATED_CNC_SCHEMA.DATUM_FEATURE',
        'INTEGRATED_CNC_SCHEMA.DATUM_TARGET' ]) <> 1))) = 0;
END_ENTITY; -- 10303-47: shape_aspect_definition_schema
ENTITY datum_feature
    SUBTYPE OF (shape_aspect);
    INVERSE
        feature_basis_relationship : shape_aspect_relationship FOR
        relating_shape_aspect;
    WHERE
    WR1: SIZEOF(QUERY (sar <* bag_to_set(USEDIN(SELF,
        'INTEGRATED_CNC_SCHEMA.SHAPE_ASPECT_RELATIONSHIP.' +
        'RELATING_SHAPE_ASPECT'))| NOT ('INTEGRATED_CNC_SCHEMA.DATUM'
        IN TYPEOF(sar\shape_aspect_relationship.related_shape_aspect
        )))) = 0;
    WR2: SELF\shape_aspect.product_definitional = TRUE;
END_ENTITY; -- 10303-47: shape_aspect_definition_schema
ENTITY datum_reference;
    precedence : INTEGER;
    referenced_datum : datum;
    WHERE
    WR1: precedence > 0;
END_ENTITY; -- 10303-47: shape_aspect_definition_schema
ENTITY datum_target
    SUBTYPE OF (shape_aspect);
        target_id : identifier;
    INVERSE
        target_basis_relationship : shape_aspect_relationship FOR
        relating_shape_aspect;
    WHERE
        WR1: SIZEOF(QUERY (sar <* bag_to_set(USEDIN(SELF,
```

```
´INTEGRATED_CNC_SCHEMA.SHAPE_ASPECT_RELATIONSHIP.´ +
´RELATING_SHAPE_ASPECT´))| NOT (´INTEGRATED_CNC_SCHEMA.DATUM´
IN TYPEOF(sar\shape_aspect_relationship.related_shape_aspect
)))) = 0;
WR2: SELF\shape_aspect.product_definitional = TRUE;
END_ENTITY; - - 10303-47: shape_aspect_definition_schema
ENTITY definitional_representation
SUBTYPE OF (representation);
WHERE
WR1: ´INTEGRATED_CNC_SCHEMA.PARAMETRIC_REPRESENTATION_CONTEXT´ IN
TYPEOF(SELF\representation.context_of_items);
END_ENTITY; - - 10303-43: representation_schema
ENTITY degenerate_pcurve
SUBTYPE OF (point);
basis_surface : surface;
reference_to_curve : definitional_representation;
WHERE
WR1: SIZEOF(reference_to_curve\representation.items) = 1;
WR2: ´INTEGRATED_CNC_SCHEMA.CURVE´ IN TYPEOF(reference_to_curve\
representation.items[1]);
WR3: reference_to_curve\representation.items[1]\
geometric_representation_item.dim = 2;
END_ENTITY; - - 10303-42: geometry_schema
ENTITY degenerate_toroidal_surface
SUBTYPE OF (toroidal_surface);
select_outer : BOOLEAN;
WHERE
WR1: major_radius < minor_radius;
END_ENTITY; - - 10303-42: geometry_schema
    ENTITY derived_shape_aspect
        SUPERTYPE OF (ONEOF(apex, centre_of_symmetry, geometric_alignment,
geometric_intersection, parallel_offset, perpendicular_to, extension,
tangent))
SUBTYPE OF (shape_aspect);
INVERSE
deriving_relationships : SET [1:?] OF shape_aspect_relationship FOR
relating_shape_aspect;
    WHERE
        WR1: SIZEOF(QUERY (dr <* SELF\derived_shape_aspect.
            deriving_relationships| NOT (´INTEGRATED_CNC_SCHEMA.´ +
    ´SHAPE_ASPECT_DERIVING_RELATIONSHIP´ IN TYPEOF(dr)))) = 0;
END_ENTITY; - - 10303-47: shape_aspect_definition_schema
ENTITY derived_unit;
        elements : SET [1:?] OF derived_unit_element;
    DERIVE
        name : label := get_name_value(SELF);
    WHERE
        WR1: (SIZEOF(elements) > 1) OR (SIZEOF(elements) = 1) AND (elements[1].
```

```
            exponent <> 1.0);
        WR2: SIZEOF(USEDIN(SELF,'INTEGRATED_CNC_SCHEMA.' +
            'NAME_ATTRIBUTE.NAMED_ITEM')) <= 1;
END_ENTITY; -- 10303-41: measure_schema
ENTITY derived_unit_element;
        unit : named_unit;
        exponent : REAL;
END_ENTITY; -- 10303-41: measure_schema
ENTITY description_attribute;
    attribute_value : text;
    described_item : description_attribute_select;
END_ENTITY; -- 10303-41: basic_attribute_schema
ENTITY descriptive_representation_item
    SUBTYPE OF (representation_item);
        description : text;
END_ENTITY; -- 10303-45: qualified_measure_schema
ENTITY dimension_related_tolerance_zone_element;
    related_dimension : dimensional_location;
        related_element : tolerance_zone_definition;
END_ENTITY; -- 10303-47: shape_tolerance_schema
ENTITY dimensional_characteristic_representation;
    dimension : dimensional_characteristic;
        representation : shape_dimension_representation;
END_ENTITY; -- 10303-47: shape_dimension_schema
ENTITY dimensional_exponents;
    length_exponent : REAL;
    mass_exponent : REAL;
    time_exponent : REAL;
    electric_current_exponent : REAL;
    thermodynamic_temperature_exponent : REAL;
    amount_of_substance_exponent : REAL;
    luminous_intensity_exponent : REAL;
END_ENTITY; -- 10303-41: measure_schema
ENTITY dimensional_location
    SUPERTYPE OF (ONEOF(angular_location, dimensional_location_with_path))
        SUBTYPE OF (shape_aspect_relationship);
END_ENTITY; -- 10303-47: shape_dimension_schema
ENTITY dimensional_location_with_path
    SUBTYPE OF (dimensional_location);
    path : shape_aspect;
END_ENTITY; -- 10303-47: shape_dimension_schema
ENTITY dimensional_size
    SUPERTYPE OF (ONEOF(angular_size, dimensional_size_with_path));
        applies_to : shape_aspect;
        name : label;
    WHERE
    WR1: applies_to.product_definitional = TRUE;
END_ENTITY; -- 10303-47: shape_dimension_schema
```

```
ENTITY dimensional_size_with_path
    SUBTYPE OF (dimensional_size);
        path : shape_aspect;
END_ENTITY; -- 10303-47: shape_dimension_schema
ENTITY directed_dimensional_location
    SUBTYPE OF (dimensional_location);
END_ENTITY; -- 10303-238: integrated_cnc_schema
ENTITY direction
    SUBTYPE OF (geometric_representation_item);
        direction_ratios : LIST [2:3] OF REAL;
    WHERE
        WR1: SIZEOF(QUERY (tmp <* direction_ratios| (tmp <> 0.0))) > 0;
END_ENTITY; -- 10303-42: geometry_schema
ENTITY direction_shape_representation
    SUBTYPE OF (shape_representation);
    WHERE
        WR1: SIZEOF(SELF.items) = 1;
        WR2: SIZEOF(QUERY (it <* SELF.items| NOT (
          'INTEGRATED_CNC_SCHEMA.DIRECTION' IN TYPEOF(it)))) = 0;
END_ENTITY; -- 10303-522: aic_machining_feature
ENTITY document;
    id : identifier;
    name : label;
    description : OPTIONAL text;
    kind : document_type;
    INVERSE
        representation_types : SET [0:?] OF document_representation_type FOR
        represented_document;
END_ENTITY; -- 10303-41: document_schema
ENTITY document_file
    SUBTYPE OF (characterized_object, document);
    WHERE
        WR1: (SIZEOF(QUERY (adr <* QUERY (dr <* USEDIN(SELF,
    'INTEGRATED_CNC_SCHEMA.DOCUMENT_REFERENCE.ASSIGNED_DOCUMENT')
              | ('INTEGRATED_CNC_SCHEMA.APPLIED_DOCUMENT_REFERENCE' IN
              TYPEOF(dr)))| (
    'INTEGRATED_CNC_SCHEMA.EXTERNALLY_DEFINED_FEATURE_DEFINITION'
              IN TYPEOF(adr.items)))) = 1) OR (SIZEOF(QUERY (duc <* USEDIN
              (SELF,
              'INTEGRATED_CNC_SCHEMA.DOCUMENT_USAGE_CONSTRAINT.SOURCE')|
              NOT (SIZEOF(QUERY (aduc <* QUERY (duca <* USEDIN(duc,

    'INTEGRATED_CNC_SCHEMA.DOCUMENT_USAGE_CONSTRAINT_ASSIGNMENT.'
              + 'ASSIGNED_DOCUMENT_USAGE')| ('INTEGRATED_CNC_SCHEMA.' +
              'APPLIED_DOCUMENT_USAGE_CONSTRAINT_ASSIGNMENT' IN TYPEOF(duca
              )))| (

    'INTEGRATED_CNC_SCHEMA.EXTERNALLY_DEFINED_FEATURE_DEFINITION'
```

```
            IN TYPEOF(aduc.items)))) = 1))) = 0);
        WR2: SIZEOF(QUERY (drt <* USEDIN(SELF, 'INTEGRATED_CNC_SCHEMA.' +
            'DOCUMENT_REPRESENTATION_TYPE.REPRESENTED_DOCUMENT')| (drt.
            name = 'physical'))) = 1;
END_ENTITY; -- 10303-238: integrated_cnc_schema
ENTITY document_reference
    ABSTRACT SUPERTYPE;
        assigned_document : document;
        source : label;
    DERIVE
        role : object_role := get_role(SELF);
    WHERE
        WR1: SIZEOF(USEDIN(SELF, 'INTEGRATED_CNC_SCHEMA.' +
            'ROLE_ASSOCIATION.ITEM_WITH_ROLE')) <= 1;
END_ENTITY; -- 10303-41: management_resources_schema
ENTITY document_representation_type;
    name : label;
    represented_document : document;
END_ENTITY; -- 10303-41: document_schema
ENTITY document_type;
    product_data_type : label;
END_ENTITY; -- 10303-41: document_schema
ENTITY document_usage_constraint;
    source : document;
    subject_element : label;
    subject_element_value : text;
END_ENTITY; -- 10303-41: document_schema
ENTITY document_usage_constraint_assignment
    ABSTRACT SUPERTYPE;
        assigned_document_usage : document_usage_constraint;
        role : document_usage_role;
END_ENTITY; -- 10303-41: management_resources_schema
ENTITY document_usage_role;
    name : label;
    description : OPTIONAL text;
END_ENTITY; -- 10303-41: management_resources_schema
ENTITY document_with_class
    SUBTYPE OF (document);
        class : identifier;
END_ENTITY; -- 10303-41: document_schema
ENTITY drilling_operation
    SUBTYPE OF (drilling_type_operation);
    WHERE
        WR1: (SELF.description IN ['drilling','counter sinking',
            'center drilling', 'multistep drilling']);
        WR2: NOT (SELF.description = 'multistep drilling') OR
            ((verify_required_action_property (SELF, 'retract distance')) AND
            (verify_length_measure_action_property (SELF, 'retract distance')) AND
```

```
            (verify_required_action_property (SELF, 'first depth')) AND
            (verify_length_measure_action_property (SELF, 'first depth')) AND
            (verify_required_action_property (SELF, 'depth of step')) AND
            (verify_length_measure_action_property (SELF, 'depth of step')) AND
            (verify_optional_action_property (SELF, 'dwell time step')) AND
            (verify_rep_type_for_action_property (SELF, 'dwell time step',

        ['INTEGRATED_CNC_SCHEMA.MACHINING_DWELL_TIME_REPRESENTATION'])) AND
            (verify_rep_name_for_action_property (SELF, 'dwell time step',
            ['dwell time']))
        );
END_ENTITY; -- 10303-238: integrated_cnc_schema
ENTITY drilling_type_operation
    SUBTYPE OF (machining_operation);
    WHERE
        WR1: (verify_optional_action_property (SELF, 'overcut length')) AND
            (verify_length_measure_action_property (SELF, 'overcut length'));
        WR2: (verify_optional_action_property (SELF, 'cutting depth')) AND
            (verify_length_measure_action_property (SELF, 'cutting depth'));
        WR3: (verify_optional_action_property (SELF, 'previous diameter')) AND
            (verify_length_measure_action_property (SELF, 'previous diameter'));
        WR4: (verify_optional_action_property (SELF, 'dwell time bottom')) AND
            (verify_rep_type_for_action_property (SELF, 'dwell time bottom',

    ['INTEGRATED_CNC_SCHEMA.MACHINING_DWELL_TIME_REPRESENTATION'])) AND
            (verify_rep_name_for_action_property (SELF, 'dwell time bottom',
            ['dwell time']));
        WR5: (verify_optional_action_property (SELF, 'feedrate on retract'))
    AND
            (verify_rep_type_for_action_property (SELF, 'feedrate on retract',

    ['INTEGRATED_CNC_SCHEMA.MACHINING_FEED_SPEED_REPRESENTATION'])) AND
            (verify_rep_name_for_action_property (SELF, 'feedrate on retract',
            ['relative speed']));
        WR6: ((verify_optional_relating_amr_with_name (SELF, 'machining',
            ['INTEGRATED_CNC_SCHEMA.MACHINING_STRATEGY_RELATIONSHIP'])) AND
            (verify_related_type_for_amr_with_name (SELF, 'machining',
            ['INTEGRATED_CNC_SCHEMA.MACHINING_STRATEGY_RELATIONSHIP'],
            ['INTEGRATED_CNC_SCHEMA.DRILLING_TYPE_STRATEGY']))
        );
END_ENTITY; -- 10303-238: integrated_cnc_schema
ENTITY drilling_type_strategy
    SUBTYPE OF (machining_strategy);
    WHERE
        WR1: (verify_optional_action_property (SELF, 'reduced cut at start')) AND
              (verify_rep_type_for_action_property (SELF, 'reduced cut at start',
    ['INTEGRATED_CNC_SCHEMA.MACHINING_SPINDLE_SPEED_REPRESENTATION']))
        AND
```

```
            (verify_rep_name_for_action_property (SELF, 'reduced cut at start',
            ['relative speed']));
        WR2: (verify_optional_action_property
            (SELF, 'reduced feedrate at start')) AND
            (verify_rep_type_for_action_property
            (SELF, 'reduced feedrate at start',

    ['INTEGRATED_CNC_SCHEMA.MACHINING_FEED_SPEED_REPRESENTATION'])) AND
            (verify_rep_name_for_action_property
            (SELF, 'reduced feedrate at start',
            ['relative speed']));
        WR3: (verify_optional_action_property (SELF, 'depth of start')) AND
            (verify_length_measure_action_property (SELF, 'depth of start'));
        WR4: (verify_optional_action_property
            (SELF, 'reduced cut at end')) AND
            (verify_rep_type_for_action_property
            (SELF, 'reduced cut at end',

    ['INTEGRATED_CNC_SCHEMA.MACHINING_SPINDLE_SPEED_REPRESENTATION']))
        AND
            (verify_rep_name_for_action_property (SELF, 'reduced cut at end',
            ['relative speed']));
        WR5: (verify_optional_action_property
            (SELF, 'reduced feedrate at end')) AND
            (verify_rep_type_for_action_property
            (SELF, 'reduced feedrate at end',

    ['INTEGRATED_CNC_SCHEMA.MACHINING_FEED_SPEED_REPRESENTATION'])) AND
            (verify_rep_name_for_action_property
            (SELF, 'reduced feedrate at end',
            ['relative speed']));
        WR6: (verify_optional_action_property (SELF, 'depth of end')) AND
            (verify_length_measure_action_property (SELF, 'depth of end'));
        WR7: (verify_required_action_property (SELF, 'depth of start')) OR
            ((0 = SIZEOF (get_action_property (SELF, 'reduced cut at start'))) AND
            (0 = SIZEOF (get_action_property (SELF, 'reduced feedrate at
            start'))));
        WR8: (verify_required_action_property (SELF, 'depth of end')) OR
            ((0 = SIZEOF (get_action_property (SELF, 'reduced cut at end'))) AND
            (0 = SIZEOF (get_action_property (SELF, 'reduced feedrate at end'))));
END_ENTITY; -- 10303-238: integrated_cnc_schema
ENTITY edge
    SUPERTYPE OF (ONEOF(edge_curve, oriented_edge))
    SUBTYPE OF (topological_representation_item);
        edge_start : vertex;
        edge_end : vertex;
END_ENTITY; -- 10303-42: topology_schema
ENTITY edge_based_wireframe_model
```

```
    SUBTYPE OF (geometric_representation_item);
      ebwm_boundary : SET [1:?] OF connected_edge_set;
END_ENTITY; -- 10303-42: geometric_model_schema
ENTITY edge_based_wireframe_shape_representation
    SUBTYPE OF (shape_representation);
    WHERE
      WR1 : SIZEOF(QUERY (it <* SELF.items| NOT (SIZEOF([
        'INTEGRATED_CNC_SCHEMA.EDGE_BASED_WIREFRAME_MODEL',
        'INTEGRATED_CNC_SCHEMA.MAPPED_ITEM',
        'INTEGRATED_CNC_SCHEMA.AXIS2_PLACEMENT_3D' ] * TYPEOF(it)) =
        1))) = 0;
      WR2 : SIZEOF(QUERY (it <* SELF.items| (SIZEOF([
        'INTEGRATED_CNC_SCHEMA.EDGE_BASED_WIREFRAME_MODEL',
        'INTEGRATED_CNC_SCHEMA.MAPPED_ITEM' ] * TYPEOF(it)) = 1))) >=
        1;
      WR3 : SIZEOF(QUERY (ebwm <* QUERY (it <* SELF.items| (
        'INTEGRATED_CNC_SCHEMA.EDGE_BASED_WIREFRAME_MODEL' IN TYPEOF(
            it)))| NOT (SIZEOF(QUERY (eb <* ebwm\
            edge_based_wireframe_model.ebwm_boundary| NOT (SIZEOF(QUERY (
        edges <* eb.ces_edges| NOT (
        'INTEGRATED_CNC_SCHEMA.EDGE_CURVE' IN TYPEOF(edges)))) = 0))
        = 0))) = 0;
      WR4 : SIZEOF(QUERY (ebwm <* QUERY (it <* SELF.items| (
        'INTEGRATED_CNC_SCHEMA.EDGE_BASED_WIREFRAME_MODEL' IN TYPEOF(
        it)))| NOT (SIZEOF(QUERY (eb <* ebwm\
        edge_based_wireframe_model.ebwm_boundary| NOT (SIZEOF(QUERY (
        pline_edges <* QUERY (edges <* eb.ces_edges| (
        'INTEGRATED_CNC_SCHEMA.POLYLINE' IN TYPEOF(edges\edge_curve.
        edge_geometry)))| NOT (SIZEOF(pline_edges\edge_curve.
        edge_geometry\polyline.points) > 2))) = 0))) = 0))) = 0;
      WR5 : SIZEOF(QUERY (ebwm <* QUERY (it <* SELF.items| (
        'INTEGRATED_CNC_SCHEMA.EDGE_BASED_WIREFRAME_MODEL' IN TYPEOF(
        it)))| NOT (SIZEOF(QUERY (eb <* ebwm\
        edge_based_wireframe_model.ebwm_boundary| NOT (SIZEOF(QUERY (
        edges <* eb.ces_edges| NOT ((
        'INTEGRATED_CNC_SCHEMA.VERTEX_POINT' IN TYPEOF(edges.
        edge_start)) AND ('INTEGRATED_CNC_SCHEMA.VERTEX_POINT' IN
        TYPEOF(edges.edge_end))))) = 0))) = 0))) = 0;
      WR6 : SIZEOF(QUERY (ebwm <* QUERY (it <* SELF.items| (
        'INTEGRATED_CNC_SCHEMA.EDGE_BASED_WIREFRAME_MODEL' IN TYPEOF(
        it)))| NOT (SIZEOF(QUERY (eb <* ebwm\
        edge_based_wireframe_model.ebwm_boundary| NOT (SIZEOF(QUERY (
        edges <* eb.ces_edges| NOT valid_wireframe_edge_curve(edges\
        edge_curve.edge_geometry))) = 0))) = 0))) = 0;
      WR7 : SIZEOF(QUERY (ebwm <* QUERY (it <* SELF.items| (
        'INTEGRATED_CNC_SCHEMA.EDGE_BASED_WIREFRAME_MODEL' IN TYPEOF(
        it)))| NOT (SIZEOF(QUERY (eb <* ebwm\
        edge_based_wireframe_model.ebwm_boundary| NOT (SIZEOF(QUERY (
```

```
            edges <* eb.ces_edges| NOT (valid_wireframe_vertex_point(
            edges.edge_start\vertex_point.vertex_geometry) AND
            valid_wireframe_vertex_point(edges.edge_end\vertex_point.
            vertex_geometry)))) = 0))) = 0))) = 0;
        WR8 : SIZEOF(QUERY (mi <* QUERY (it <* SELF.items| (
            'INTEGRATED_CNC_SCHEMA.MAPPED_ITEM' IN TYPEOF(it)))| NOT (
            'INTEGRATED_CNC_SCHEMA.' +
            'EDGE_BASED_WIREFRAME_SHAPE_REPRESENTATION' IN TYPEOF(mi\
            mapped_item.mapping_source.mapped_representation)))) = 0;
        WR9 : SELF.context_of_items\geometric_representation_context.
            coordinate_space_dimension = 3;
    END_ENTITY; -- 10303-501: aic_edge_based_wireframe
ENTITY edge_curve
    SUBTYPE OF (edge, geometric_representation_item);
        edge_geometry : curve;
        same_sense : BOOLEAN;
END_ENTITY; -- 10303-42: topology_schema
ENTITY edge_loop
    SUBTYPE OF (loop, path);
        DERIVE
        ne : INTEGER := SIZEOF(SELF\path.edge_list);
        WHERE
        WR1 : SELF\path.edge_list[1].edge_start :=: SELF\path.edge_list[ne].
            edge_end;
END_ENTITY; -- 10303-42: topology_schema
ENTITY edge_round
    SUBTYPE OF (transition_feature);
          WHERE
          WR1 : NOT (SELF\shape_aspect.description = 'constant radius') OR (SIZEOF
              (QUERY (pd <* USEDIN(SELF,
              'INTEGRATED_CNC_SCHEMA.PROPERTY_DEFINITION.DEFINITION')| NOT
              (SIZEOF(QUERY (pdr <* USEDIN(pd, 'INTEGRATED_CNC_SCHEMA.' +
              'PROPERTY_DEFINITION_REPRESENTATION.DEFINITION')| (

    'INTEGRATED_CNC_SCHEMA.SHAPE_REPRESENTATION_WITH_PARAMETERS'
            IN TYPEOF(pdr.used_representation)))) = 1))) = 0);
          WR2 : NOT (SELF\shape_aspect.description = 'constant radius') OR (SIZEOF
              (QUERY (pd <* USEDIN(SELF,
              'INTEGRATED_CNC_SCHEMA.PROPERTY_DEFINITION.DEFINITION')| NOT
              (SIZEOF(QUERY (impl_rep <* QUERY (pdr <* USEDIN(pd,
              'INTEGRATED_CNC_SCHEMA.' +
              'PROPERTY_DEFINITION_REPRESENTATION.DEFINITION')| (

    'INTEGRATED_CNC_SCHEMA.SHAPE_REPRESENTATION_WITH_PARAMETERS'
            IN TYPEOF(pdr.used_representation)))| NOT (SIZEOF(impl_rep.
            used_representation.items) >= 1) AND (SIZEOF(impl_rep.
            used_representation.items) <= 3))) = 0))) = 0);
          WR3 : NOT (SELF.description = 'constant radius') OR (SIZEOF(QUERY (pd <*
```

```
      USEDIN(SELF,
      'INTEGRATED_CNC_SCHEMA.PROPERTY_DEFINITION.DEFINITION')| NOT
      (SIZEOF(QUERY (impl_rep <* QUERY (pdr <* USEDIN(pd,
      'INTEGRATED_CNC_SCHEMA.' +
      'PROPERTY_DEFINITION_REPRESENTATION.DEFINITION')| (

'INTEGRATED_CNC_SCHEMA.SHAPE_REPRESENTATION_WITH_PARAMETERS'
     IN TYPEOF(pdr.used_representation)))| NOT (SIZEOF(QUERY (it
     <* impl_rep.used_representation.items| (SIZEOF([
     'INTEGRATED_CNC_SCHEMA.MEASURE_REPRESENTATION_ITEM',
     'INTEGRATED_CNC_SCHEMA.LENGTH_MEASURE_WITH_UNIT' ] * TYPEOF(
     it)) = 2) AND (it.name = 'radius'))) = 1))) = 0))) = 0);
    WR4 : NOT (SELF.description = 'constant radius') OR (SIZEOF(QUERY (pd <*
      USEDIN(SELF,
      'INTEGRATED_CNC_SCHEMA.PROPERTY_DEFINITION.DEFINITION')| NOT
      (SIZEOF(QUERY (impl_rep <* QUERY (pdr <* USEDIN(pd,
      'INTEGRATED_CNC_SCHEMA.' +
      'PROPERTY_DEFINITION_REPRESENTATION.DEFINITION')| (

'INTEGRATED_CNC_SCHEMA.SHAPE_REPRESENTATION_WITH_PARAMETERS'
     IN TYPEOF(pdr.used_representation)))| NOT (SIZEOF(QUERY (it
     <* impl_rep.used_representation.items| (SIZEOF([
     'INTEGRATED_CNC_SCHEMA.MEASURE_REPRESENTATION_ITEM',
     'INTEGRATED_CNC_SCHEMA.LENGTH_MEASURE_WITH_UNIT' ] * TYPEOF(
     it)) = 2) AND (it.name = 'first offset'))) <= 1))) = 0))) = 0
     );
WR5 : NOT (SELF.description = 'constant radius') OR (SIZEOF(QUERY (pd <*
   USEDIN(SELF,
   'INTEGRATED_CNC_SCHEMA.PROPERTY_DEFINITION.DEFINITION')| NOT
   (SIZEOF(QUERY (impl_rep <* QUERY (pdr <* USEDIN(pd,
   'INTEGRATED_CNC_SCHEMA.' +
   'PROPERTY_DEFINITION_REPRESENTATION.DEFINITION')| (
   'INTEGRATED_CNC_SCHEMA.SHAPE_REPRESENTATION_WITH_PARAMETERS'
   IN TYPEOF(pdr.used_representation)))| NOT (SIZEOF(QUERY (it
   <* impl_rep.used_representation.items| (SIZEOF([
   'INTEGRATED_CNC_SCHEMA.MEASURE_REPRESENTATION_ITEM',
   'INTEGRATED_CNC_SCHEMA.LENGTH_MEASURE_WITH_UNIT' ] * TYPEOF(
   it)) = 2) AND (it.name = 'second offset'))) <= 1))) = 0))) =
   0);
WR6 : SIZEOF(QUERY (pd <* USEDIN(SELF,
   'INTEGRATED_CNC_SCHEMA.PROPERTY_DEFINITION.DEFINITION')| NOT
   (SIZEOF(QUERY (pdr <* USEDIN(pd, 'INTEGRATED_CNC_SCHEMA.' +
   'PROPERTY_DEFINITION_REPRESENTATION.DEFINITION')| (
   'INTEGRATED_CNC_SCHEMA.FACE_SHAPE_REPRESENTATION' IN TYPEOF(
   pdr.used_representation)) AND (pdr.used_representation.name =
   'edge round face'))) <= 1))) = 0;
WR7 : SIZEOF(QUERY (pd <* USEDIN(SELF,
   'INTEGRATED_CNC_SCHEMA.PROPERTY_DEFINITION.DEFINITION')| NOT
```

```
        (SIZEOF(QUERY (pdr <* USEDIN(pd, 'INTEGRATED_CNC_SCHEMA.' +
        'PROPERTY_DEFINITION_REPRESENTATION.DEFINITION')| (
        'INTEGRATED_CNC_SCHEMA.FACE_SHAPE_REPRESENTATION' IN TYPEOF(
        pdr.used_representation)) AND (pdr.used_representation.name =
        'first face shape'))) <= 1))) = 0;
    WR8 : SIZEOF(QUERY (pd <* USEDIN(SELF,
        'INTEGRATED_CNC_SCHEMA.PROPERTY_DEFINITION.DEFINITION')| NOT
        (SIZEOF(QUERY (pdr <* USEDIN(pd, 'INTEGRATED_CNC_SCHEMA.' +
        'PROPERTY_DEFINITION_REPRESENTATION.DEFINITION')| (
        'INTEGRATED_CNC_SCHEMA.FACE_SHAPE_REPRESENTATION' IN TYPEOF(
        pdr.used_representation)) AND (pdr.used_representation.name =
        'second face shape'))) <= 1))) = 0;
END_ENTITY; -- 10303-522: aic_machining_feature
ENTITY elementary_surface
    SUPERTYPE OF (ONEOF(plane, cylindrical_surface, conical_surface,
        spherical_surface, toroidal_surface))
    SUBTYPE OF (surface);
        position : axis2_placement_3d;
END_ENTITY; -- 10303-42: geometry_schema
ENTITY ellipse
    SUBTYPE OF (conic);
        semi_axis_1 : positive_length_measure;
        semi_axis_2 : positive_length_measure;
END_ENTITY; -- 10303-42: geometry_schema
ENTITY environment;
    syntactic_representation : generic_variable;
        semantics : variable_semantics;
END_ENTITY; -- 13584-20: iso13584_generic_expressions_schema
ENTITY evaluated_degenerate_pcurve
    SUBTYPE OF (degenerate_pcurve);
        equivalent_point : cartesian_point;
END_ENTITY; -- 10303-42: geometry_schema
ENTITY expanded_uncertainty
    SUBTYPE OF (standard_uncertainty);
        coverage_factor : REAL;
END_ENTITY; -- 10303-45: qualified_measure_schema
ENTITY expression
    ABSTRACT SUPERTYPE OF (ONEOF(numeric_expression, boolean_expression))
    SUBTYPE OF (generic_expression);
END_ENTITY; -- 13584-20: iso13584_expressions_schema
ENTITY expression_representation_item
SUBTYPE OF (representation_item, generic_expression);
END_ENTITY; -- 10303-238: integrated_cnc_schema
ENTITY extension
    SUBTYPE OF (derived_shape_aspect);
    WHERE
        WR1: SIZEOF(SELF\derived_shape_aspect.deriving_relationships) = 1;
END_ENTITY; -- 10303-47: shape_aspect_definition_schema
```

```
ENTITY external_identification_assignment
   ABSTRACT SUPERTYPE
      SUBTYPE OF (identification_assignment);
      source : external_source;
END_ENTITY; -- 10303-41: management_resources_schema
ENTITY external_source;
       source_id : source_item;
   DERIVE
      description : text := get_description_value(SELF);
   WHERE
     WR1 : SIZEOF(USEDIN(SELF, 'INTEGRATED_CNC_SCHEMA.' +
        'DESCRIPTION_ATTRIBUTE.DESCRIBED_ITEM')) <= 1;
        END_ENTITY; -- 10303-41: external_reference_schema
ENTITY externally_defined_class
       SUBTYPE OF (externally_defined_item, class);
       WHERE
         WR1: 'INTEGRATED_CNC_SCHEMA.KNOWN_SOURCE' IN
TYPEOF(SELF.source);
         WR2: SELF.source.name = 'ISO 13584 library';
         WR3: SIZEOF(QUERY (aoa <* USEDIN(SELF.source,

'INTEGRATED_CNC_SCHEMA.APPLIED_ORGANIZATION_ASSIGNMENT.ITEMS'
           )| (aoa.role.name = 'library supplier'))) = 1;
         WR4 : SIZEOF(QUERY (aoa <* USEDIN(SELF, 'INTEGRATED_CNC_SCHEMA.' +
           'APPLIED_EXTERNAL_IDENTIFICATION_ASSIGNMENT.ITEMS')| (aoa.
           role.name = 'class version'))) = 1;
END_ENTITY; -- 10303-238: integrated_cnc_schema
ENTITY externally_defined_dimension_definition
   SUBTYPE OF (externally_defined_item, dimensional_size);
    WHERE
      WR1 : (SELF\externally_defined_item.item_id = 'external size dimension')
         AND (SELF\externally_defined_item.source.source_id =
           'external size dimension specification');
      WR2 : 1 >= SIZEOF(QUERY (adr <* USEDIN(SELF,
         'INTEGRATED_CNC_SCHEMA.APPLIED_DOCUMENT_REFERENCE.ITEMS')| (
                      adr.assigned_document.description =
                      'external size dimension specification')));
END_ENTITY; -- 10303-238: integrated_cnc_schema
ENTITY externally_defined_feature_definition
   SUBTYPE OF (feature_definition, externally_defined_item);
   WHERE
   WR1 : ((((SELF\characterized_object.description = 'thread') AND (SELF\
       externally_defined_item.item_id = 'external thread')) AND (
       SELF\externally_defined_item.source.source_id =
       'external feature specification') OR ((SELF\
       characterized_object.description = 'gear') AND (SELF\
       externally_defined_item.item_id = 'external gear')) AND (SELF
       \externally_defined_item.source.source_id =
```

```
        'external feature specification')) OR ((SELF\
        characterized_object.description = 'marking') AND (SELF\
        externally_defined_item.item_id = 'external marking')) AND (
        SELF\externally_defined_item.source.source_id =
        'external feature specification')) OR ((SELF\
        characterized_object.description = 'knurl') AND (SELF\
        externally_defined_item.item_id = 'external knurl')) AND (
        SELF\externally_defined_item.source.source_id =
        'external feature specification');
    WR2 : NOT (SELF\characterized_object.description = 'thread') OR (SIZEOF(
        QUERY (pd <* USEDIN(SELF,
        'INTEGRATED_CNC_SCHEMA.PROPERTY_DEFINITION.DEFINITION')| (
        SIZEOF(QUERY (pdr <* USEDIN(pd, 'INTEGRATED_CNC_SCHEMA.' +
        'PROPERTY_DEFINITION_REPRESENTATION.DEFINITION')| (
        'INTEGRATED_CNC_SCHEMA.' +
        'SHAPE_REPRESENTATION_WITH_PARAMETERS' IN TYPEOF(pdr.
        used_representation)) AND ((5 <= SIZEOF(pdr.
        used_representation.items)) AND (SIZEOF(pdr.
        used_representation.items) <= 10)))) = 1))) = 1);
    WR3 : NOT (SELF\characterized_object.description = 'marking') OR (SIZEOF
        (QUERY (pd <* USEDIN(SELF,
        'INTEGRATED_CNC_SCHEMA.PROPERTY_DEFINITION.DEFINITION')| (
        SIZEOF(QUERY (pdr <* USEDIN(pd, 'INTEGRATED_CNC_SCHEMA.' +
        'PROPERTY_DEFINITION_REPRESENTATION.DEFINITION')| (
        'INTEGRATED_CNC_SCHEMA.' +
        'SHAPE_REPRESENTATION_WITH_PARAMETERS' IN TYPEOF(pdr.
        used_representation)) AND (SIZEOF(pdr.used_representation.
        items) = 2))) = 1))) = 1);
    WR4 : NOT (SELF\characterized_object.description = 'knurl') OR (SIZEOF(
        QUERY (pd <* USEDIN(SELF,
        'INTEGRATED_CNC_SCHEMA.PROPERTY_DEFINITION.DEFINITION')| (
        SIZEOF(QUERY (pdr <* USEDIN(pd, 'INTEGRATED_CNC_SCHEMA.' +
        'PROPERTY_DEFINITION_REPRESENTATION.DEFINITION')| (
        'INTEGRATED_CNC_SCHEMA.' +
        'SHAPE_REPRESENTATION_WITH_PARAMETERS' IN TYPEOF(pdr.
        used_representation)) AND (SIZEOF(pdr.used_representation.
        items) = 1))) = 1))) = 1);
    WR5 : NOT (SELF\characterized_object.description IN [ 'knurl', 'thread'
        ]) OR (SIZEOF(QUERY (pds <* QUERY (pd <* USEDIN(SELF,
        'INTEGRATED_CNC_SCHEMA.PROPERTY_DEFINITION.DEFINITION')| (
        'INTEGRATED_CNC_SCHEMA.PRODUCT_DEFINITION_SHAPE' IN TYPEOF(pd
        )))| NOT (SIZEOF(QUERY (sa_occ <* USEDIN(pds,
        'INTEGRATED_CNC_SCHEMA.SHAPE_ASPECT.OF_SHAPE')| (sa_occ.
        description = 'partial area occurrence') AND (SIZEOF(QUERY (
        sdr <* QUERY (sar <* USEDIN(sa_occ,
        'INTEGRATED_CNC_SCHEMA.SHAPE_ASPECT_RELATIONSHIP.' +
        'RELATED_SHAPE_ASPECT')| (sar.description =
        'applied area usage') AND (
```

```
    'INTEGRATED_CNC_SCHEMA.SHAPE_DEFINING_RELATIONSHIP' IN TYPEOF
    (sar)))| ('INTEGRATED_CNC_SCHEMA.APPLIED_AREA' IN TYPEOF(sdr.
    relating_shape_aspect)))) = 1))) <= 1))) = 0);
WR6 : NOT (SELF\characterized_object.description = 'marking') OR (SIZEOF
    (QUERY (pd <* USEDIN(SELF,
    'INTEGRATED_CNC_SCHEMA.PROPERTY_DEFINITION.DEFINITION')| NOT
    (SIZEOF(QUERY (impl_rep <* QUERY (pdr <* USEDIN(pd,
    'INTEGRATED_CNC_SCHEMA.' +
    'PROPERTY_DEFINITION_REPRESENTATION.DEFINITION')| (
    'INTEGRATED_CNC_SCHEMA.' +
    'SHAPE_REPRESENTATION_WITH_PARAMETERS' IN TYPEOF(pdr.
    used_representation)))| NOT (SIZEOF(QUERY (it <* impl_rep.
    used_representation.items| (
    'INTEGRATED_CNC_SCHEMA.DESCRIPTIVE_REPRESENTATION_ITEM' IN
    TYPEOF(it)) AND (it.name = 'marking text'))) = 1))) = 0))) =
    0);
WR7 : NOT (SELF\characterized_object.description = 'thread') OR (SIZEOF(
    QUERY (pd <* USEDIN(SELF,
    'INTEGRATED_CNC_SCHEMA.PROPERTY_DEFINITION.DEFINITION')| NOT
    (SIZEOF(QUERY (impl_rep <* QUERY (pdr <* USEDIN(pd,
    'INTEGRATED_CNC_SCHEMA.' +
    'PROPERTY_DEFINITION_REPRESENTATION.DEFINITION')| (
    'INTEGRATED_CNC_SCHEMA.' +
    'SHAPE_REPRESENTATION_WITH_PARAMETERS' IN TYPEOF(pdr.
    used_representation)))| NOT (SIZEOF(QUERY (it <* impl_rep.
    used_representation.items| ((
    'INTEGRATED_CNC_SCHEMA.DESCRIPTIVE_REPRESENTATION_ITEM' IN
    TYPEOF(it)) AND (it.name = 'removal direction')) AND ((it.
    description = 'internal') OR (it.description = 'external'))))
    = 1))) = 0))) = 0);
WR8 : NOT (SELF\characterized_object.description = 'thread') OR (SIZEOF(
    QUERY (pd <* USEDIN(SELF,
    'INTEGRATED_CNC_SCHEMA.PROPERTY_DEFINITION.DEFINITION')| NOT
    (SIZEOF(QUERY (impl_rep <* QUERY (pdr <* USEDIN(pd,
    'INTEGRATED_CNC_SCHEMA.' +
    'PROPERTY_DEFINITION_REPRESENTATION.DEFINITION')| (
    'INTEGRATED_CNC_SCHEMA.' +
    'SHAPE_REPRESENTATION_WITH_PARAMETERS' IN TYPEOF(pdr.
    used_representation)))| NOT (SIZEOF(QUERY (it <* impl_rep.
    used_representation.items| (
    'INTEGRATED_CNC_SCHEMA.DESCRIPTIVE_REPRESENTATION_ITEM' IN
    TYPEOF(it)) AND (it.name = 'qualifier'))) <= 1))) = 0))) = 0);
WR9 : NOT (SELF\characterized_object.description = 'thread') OR (SIZEOF(
    QUERY (pd <* USEDIN(SELF,
    'INTEGRATED_CNC_SCHEMA.PROPERTY_DEFINITION.DEFINITION')| NOT
    (SIZEOF(QUERY (impl_rep <* QUERY (pdr <* USEDIN(pd,
    'INTEGRATED_CNC_SCHEMA.' +
    'PROPERTY_DEFINITION_REPRESENTATION.DEFINITION')| (
```

```
    'INTEGRATED_CNC_SCHEMA.' +
    'SHAPE_REPRESENTATION_WITH_PARAMETERS' IN TYPEOF(pdr.
    used_representation)))| NOT (SIZEOF(QUERY (it <* impl_rep.
    used_representation.items| (
    'INTEGRATED_CNC_SCHEMA.DESCRIPTIVE_REPRESENTATION_ITEM' IN
    TYPEOF(it)) AND (it.name = 'hand'))) = 1))) = 0))) = 0);
WR10 : NOT (SELF\characterized_object.description = 'thread') OR (SIZEOF
     (QUERY (pd <* USEDIN(SELF,
     'INTEGRATED_CNC_SCHEMA.PROPERTY_DEFINITION.DEFINITION')| NOT
     (SIZEOF(QUERY (impl_rep <* QUERY (pdr <* USEDIN(pd,
     'INTEGRATED_CNC_SCHEMA.' +
     'PROPERTY_DEFINITION_REPRESENTATION.DEFINITION')| (
     'INTEGRATED_CNC_SCHEMA.' +
     'SHAPE_REPRESENTATION_WITH_PARAMETERS' IN TYPEOF(pdr.
     used_representation)))| NOT (SIZEOF(QUERY (it <* impl_rep.
     used_representation.items| (
     'INTEGRATED_CNC_SCHEMA.DESCRIPTIVE_REPRESENTATION_ITEM' IN
     TYPEOF(it)) AND (it.name = 'fit class'))) = 1))) = 0))) = 0);
WR11 : NOT (SELF\characterized_object.description = 'thread') OR (SIZEOF
     (QUERY (pd <* USEDIN(SELF,
     'INTEGRATED_CNC_SCHEMA.PROPERTY_DEFINITION.DEFINITION')| NOT
     (SIZEOF(QUERY (impl_rep <* QUERY (pdr <* USEDIN(pd,
     'INTEGRATED_CNC_SCHEMA.' +
     'PROPERTY_DEFINITION_REPRESENTATION.DEFINITION')| (
     'INTEGRATED_CNC_SCHEMA.' +
     'SHAPE_REPRESENTATION_WITH_PARAMETERS' IN TYPEOF(pdr.
     used_representation)))| NOT (SIZEOF(QUERY (it <* impl_rep.
     used_representation.items| (
     'INTEGRATED_CNC_SCHEMA.DESCRIPTIVE_REPRESENTATION_ITEM' IN
     TYPEOF(it)) AND (it.name = 'form'))) = 1))) = 0))) = 0);
WR12 : NOT (SELF\characterized_object.description = 'thread') OR (SIZEOF
     (QUERY (pd <* USEDIN(SELF,
     'INTEGRATED_CNC_SCHEMA.PROPERTY_DEFINITION.DEFINITION')| NOT
     (SIZEOF(QUERY (impl_rep <* QUERY (pdr <* USEDIN(pd,
     'INTEGRATED_CNC_SCHEMA.' +
     'PROPERTY_DEFINITION_REPRESENTATION.DEFINITION')| (
     'INTEGRATED_CNC_SCHEMA.' +
     'SHAPE_REPRESENTATION_WITH_PARAMETERS' IN TYPEOF(pdr.
     used_representation)))| NOT (SIZEOF(QUERY (it <* impl_rep.
     used_representation.items| (SIZEOF([
     'INTEGRATED_CNC_SCHEMA.MEASURE_REPRESENTATION_ITEM',
     'INTEGRATED_CNC_SCHEMA.LENGTH_MEASURE_WITH_UNIT' ] * TYPEOF(
     it)) = 2) AND (it.name = 'major diameter'))) <= 1))) = 0))) =
     0);
WR13 : NOT (SELF\characterized_object.description = 'thread') OR (SIZEOF
     (QUERY (pd <* USEDIN(SELF,
     'INTEGRATED_CNC_SCHEMA.PROPERTY_DEFINITION.DEFINITION')| NOT
     (SIZEOF(QUERY (impl_rep <* QUERY (pdr <* USEDIN(pd,
```

```
     ´INTEGRATED_CNC_SCHEMA.´ +
     ´PROPERTY_DEFINITION_REPRESENTATION.DEFINITION´)| (
     ´INTEGRATED_CNC_SCHEMA.´ +
     ´SHAPE_REPRESENTATION_WITH_PARAMETERS´ IN TYPEOF(pdr.
     used_representation)))| NOT (SIZEOF(QUERY (it <* impl_rep.
     used_representation.items| (SIZEOF([
     ´INTEGRATED_CNC_SCHEMA.MEASURE_REPRESENTATION_ITEM´,
     ´INTEGRATED_CNC_SCHEMA.RATIO_MEASURE_WITH_UNIT´ ] * TYPEOF(it
     )) = 2) AND (it.name = ´number of threads´))) = 1))) = 0))) =
     0);
WR14 : SIZEOF(QUERY (pd <* USEDIN(SELF,
     ´INTEGRATED_CNC_SCHEMA.PROPERTY_DEFINITION.DEFINITION´)| NOT
     (SIZEOF(QUERY (impl_rep <* QUERY (pdr <* USEDIN(pd,
     ´INTEGRATED_CNC_SCHEMA.´ +
     ´PROPERTY_DEFINITION_REPRESENTATION.DEFINITION´)| (
     ´INTEGRATED_CNC_SCHEMA.´ +
     ´SHAPE_REPRESENTATION_WITH_PARAMETERS´ IN TYPEOF(pdr.
     used_representation)))| NOT (SIZEOF(QUERY (it <* impl_rep.
     used_representation.items| (
     ´INTEGRATED_CNC_SCHEMA.DESCRIPTIVE_REPRESENTATION_ITEM´ IN
     TYPEOF(it)) AND (it.name = ´fit class 2´))) <= 1))) = 0))) =
     0;
WR15 : SIZEOF(QUERY (pd <* USEDIN(SELF,
     ´INTEGRATED_CNC_SCHEMA.PROPERTY_DEFINITION.DEFINITION´)| NOT
     (SIZEOF(QUERY (impl_rep <* QUERY (pdr <* USEDIN(pd,
     ´INTEGRATED_CNC_SCHEMA.´ +
     ´PROPERTY_DEFINITION_REPRESENTATION.DEFINITION´)| (
     ´INTEGRATED_CNC_SCHEMA.´ +
     ´SHAPE_REPRESENTATION_WITH_PARAMETERS´ IN TYPEOF(pdr.
     used_representation)))| NOT (SIZEOF(QUERY (it <* impl_rep.
     used_representation.items| (SIZEOF([
     ´INTEGRATED_CNC_SCHEMA.MEASURE_REPRESENTATION_ITEM´,
     ´INTEGRATED_CNC_SCHEMA.LENGTH_MEASURE_WITH_UNIT´ ] * TYPEOF(
     it)) = 2) AND (it.name = ´nominal size´))) <= 1))) = 0))) = 0;
WR16 : NOT (SELF\characterized_object.description IN [ ´knurl´, ´gear´,
     ´thread´ ]) OR (SIZEOF(QUERY (pds <* QUERY (pd <* USEDIN(SELF
     , ´INTEGRATED_CNC_SCHEMA.PROPERTY_DEFINITION.DEFINITION´)| (
     ´INTEGRATED_CNC_SCHEMA.PRODUCT_DEFINITION_SHAPE´ IN TYPEOF(pd
     )))| NOT (SIZEOF(QUERY (sa_occ <* USEDIN(pds,
     ´INTEGRATED_CNC_SCHEMA.SHAPE_ASPECT.OF_SHAPE´)| (SIZEOF(QUERY
     (sdr <* QUERY (sar <* USEDIN(sa_occ,
     ´INTEGRATED_CNC_SCHEMA.SHAPE_ASPECT_RELATIONSHIP.´ +
     ´RELATED_SHAPE_ASPECT´)| (sar.description = ´applied shape´)
     AND (´INTEGRATED_CNC_SCHEMA.SHAPE_DEFINING_RELATIONSHIP´ IN
     TYPEOF(sar)))| (´INTEGRATED_CNC_SCHEMA.SHAPE_ASPECT´ IN
     TYPEOF(sdr.relating_shape_aspect)))) = 1))) <= 1))) = 0);
WR17 : NOT (SELF\characterized_object.description IN [ ´gear´ ]) OR (
     SIZEOF(QUERY (pd <* USEDIN(SELF,
```

```
        'INTEGRATED_CNC_SCHEMA.PROPERTY_DEFINITION.DEFINITION')| (
        SIZEOF(QUERY (pdr <* USEDIN(pd, 'INTEGRATED_CNC_SCHEMA.' +
        'PROPERTY_DEFINITION_REPRESENTATION.DEFINITION')| ((
        'INTEGRATED_CNC_SCHEMA.' +
        'SHAPE_REPRESENTATION_WITH_PARAMETERS' IN TYPEOF(pdr.
        used_representation)) AND (10 <= SIZEOF(pdr.
        used_representation.items))) AND (SIZEOF(pdr.
        used_representation.items) >= 11))) = 1))) = 1);
WR18 : NOT (SELF\characterized_object.description IN ['gear']) OR (
        SIZEOF(QUERY (pd <* USEDIN(SELF,
        'INTEGRATED_CNC_SCHEMA.PROPERTY_DEFINITION.DEFINITION')| NOT
        (SIZEOF(QUERY (impl_rep <* QUERY (pdr <* USEDIN(pd,
        'INTEGRATED_CNC_SCHEMA.' +
        'PROPERTY_DEFINITION_REPRESENTATION.DEFINITION')| (
        'INTEGRATED_CNC_SCHEMA.' +
        'SHAPE_REPRESENTATION_WITH_PARAMETERS' IN TYPEOF(pdr.
        used_representation)))| NOT (SIZEOF(QUERY (it <* impl_rep.
        used_representation.items| (SIZEOF([
        'INTEGRATED_CNC_SCHEMA.MEASURE_REPRESENTATION_ITEM',
        'INTEGRATED_CNC_SCHEMA.RATIO_MEASURE_WITH_UNIT'] * TYPEOF(it
        )) = 2) AND (it.name = 'number of teeth'))) = 1))) = 0))) = 0
        );
WR19 : NOT (SELF\characterized_object.description IN ['gear']) OR (
        SIZEOF(QUERY (pd <* USEDIN(SELF,
        'INTEGRATED_CNC_SCHEMA.PROPERTY_DEFINITION.DEFINITION')| NOT
        (SIZEOF(QUERY (impl_rep <* QUERY (pdr <* USEDIN(pd,
        'INTEGRATED_CNC_SCHEMA.' +
        'PROPERTY_DEFINITION_REPRESENTATION.DEFINITION')| (
        'INTEGRATED_CNC_SCHEMA.' +
        'SHAPE_REPRESENTATION_WITH_PARAMETERS' IN TYPEOF(pdr.
        used_representation)))| NOT (SIZEOF(QUERY (it <* impl_rep.
        used_representation.items| (SIZEOF([
        'INTEGRATED_CNC_SCHEMA.MEASURE_REPRESENTATION_ITEM',
        'INTEGRATED_CNC_SCHEMA.PLANE_ANGLE_MEASURE_WITH_UNIT'] *
        TYPEOF(it)) = 2) AND (it.name = 'reference pressure angle')))
        = 1))) = 0))) = 0);
WR20 : NOT (SELF\characterized_object.description IN ['gear']) OR (
        SIZEOF(QUERY (pd <* USEDIN(SELF,
        'INTEGRATED_CNC_SCHEMA.PROPERTY_DEFINITION.DEFINITION')| NOT
        (SIZEOF(QUERY (impl_rep <* QUERY (pdr <* USEDIN(pd,
        'INTEGRATED_CNC_SCHEMA.' +
        'PROPERTY_DEFINITION_REPRESENTATION.DEFINITION')| (
        'INTEGRATED_CNC_SCHEMA.' +
        'SHAPE_REPRESENTATION_WITH_PARAMETERS' IN TYPEOF(pdr.
        used_representation)))| NOT (SIZEOF(QUERY (it <* impl_rep.
        used_representation.items| (SIZEOF([
        'INTEGRATED_CNC_SCHEMA.MEASURE_REPRESENTATION_ITEM',
        'INTEGRATED_CNC_SCHEMA.LENGTH_MEASURE_WITH_UNIT'] * TYPEOF(
```

```
    it)) = 2) AND (it.name = 'rake shift factor'))) = 1))) = 0)))
    = 0);
WR21 : NOT (SELF\characterized_object.description IN [ 'gear' ]) OR (
    SIZEOF(QUERY (pd <* USEDIN(SELF,
    'INTEGRATED_CNC_SCHEMA.PROPERTY_DEFINITION.DEFINITION')| NOT
    (SIZEOF(QUERY (impl_rep <* QUERY (pdr <* USEDIN(pd,
    'INTEGRATED_CNC_SCHEMA.' +
    'PROPERTY_DEFINITION_REPRESENTATION.DEFINITION')| (
    'INTEGRATED_CNC_SCHEMA.' +
    'SHAPE_REPRESENTATION_WITH_PARAMETERS' IN TYPEOF(pdr.
    used_representation)))| NOT (SIZEOF(QUERY (it <* impl_rep.
    used_representation.items| (SIZEOF([
    'INTEGRATED_CNC_SCHEMA.MEASURE_REPRESENTATION_ITEM',
    'INTEGRATED_CNC_SCHEMA.LENGTH_MEASURE_WITH_UNIT' ] * TYPEOF(
    it)) = 2) AND (it.name = 'nominal tooth depth'))) = 1))) = 0)
    )) = 0);
WR22 : NOT (SELF\characterized_object.description IN [ 'gear' ]) OR (
    SIZEOF(QUERY (pd <* USEDIN(SELF,
    'INTEGRATED_CNC_SCHEMA.PROPERTY_DEFINITION.DEFINITION')| NOT
    (SIZEOF(QUERY (impl_rep <* QUERY (pdr <* USEDIN(pd,
    'INTEGRATED_CNC_SCHEMA.' +
    'PROPERTY_DEFINITION_REPRESENTATION.DEFINITION')| (
    'INTEGRATED_CNC_SCHEMA.' +
    'SHAPE_REPRESENTATION_WITH_PARAMETERS' IN TYPEOF(pdr.
    used_representation)))| NOT (SIZEOF(QUERY (it <* impl_rep.
    used_representation.items| (SIZEOF([
    'INTEGRATED_CNC_SCHEMA.MEASURE_REPRESENTATION_ITEM',
    'INTEGRATED_CNC_SCHEMA.LENGTH_MEASURE_WITH_UNIT' ] * TYPEOF(
    it)) = 2) AND (it.name = 'face width'))) = 1))) = 0))) = 0);
WR23 : NOT (SELF\characterized_object.description IN [ 'gear' ]) OR (
    SIZEOF(QUERY (pd <* USEDIN(SELF,
    'INTEGRATED_CNC_SCHEMA.PROPERTY_DEFINITION.DEFINITION')| NOT
    (SIZEOF(QUERY (impl_rep <* QUERY (pdr <* USEDIN(pd,
    'INTEGRATED_CNC_SCHEMA.' +
    'PROPERTY_DEFINITION_REPRESENTATION.DEFINITION')| (
    'INTEGRATED_CNC_SCHEMA.' +
    'SHAPE_REPRESENTATION_WITH_PARAMETERS' IN TYPEOF(pdr.
    used_representation)))| NOT (SIZEOF(QUERY (it <* impl_rep.
    used_representation.items| (SIZEOF([
    'INTEGRATED_CNC_SCHEMA.MEASURE_REPRESENTATION_ITEM',
    'INTEGRATED_CNC_SCHEMA.LENGTH_MEASURE_WITH_UNIT' ] * TYPEOF(
    it)) = 2) AND (it.name = 'tip diameter'))) = 1))) = 0))) = 0);
WR24 : NOT (SELF\characterized_object.description IN [ 'gear' ]) OR (
    SIZEOF(QUERY (pd <* USEDIN(SELF,
    'INTEGRATED_CNC_SCHEMA.PROPERTY_DEFINITION.DEFINITION')| NOT
    (SIZEOF(QUERY (impl_rep <* QUERY (pdr <* USEDIN(pd,
    'INTEGRATED_CNC_SCHEMA.' +
    'PROPERTY_DEFINITION_REPRESENTATION.DEFINITION')| (
```

```
    'INTEGRATED_CNC_SCHEMA.' +
    'SHAPE_REPRESENTATION_WITH_PARAMETERS' IN TYPEOF(pdr.
    used_representation)))| NOT (SIZEOF(QUERY (it <* impl_rep.
    used_representation.items| ((
    'INTEGRATED_CNC_SCHEMA.DESCRIPTIVE_REPRESENTATION_ITEM' IN
    TYPEOF(it)) AND (it.name = 'module or diametral pitch')) AND
    ((it.description = 'module') OR (it.description =
    'diametral pitch')))) = 1))) = 0))) = 0);
WR25 : NOT (SELF\characterized_object.description IN ['gear']) OR (
    SIZEOF(QUERY (pd <* USEDIN(SELF,
    'INTEGRATED_CNC_SCHEMA.PROPERTY_DEFINITION.DEFINITION')| NOT
    (SIZEOF(QUERY (impl_rep <* QUERY (pdr <* USEDIN(pd,
    'INTEGRATED_CNC_SCHEMA.' +
    'PROPERTY_DEFINITION_REPRESENTATION.DEFINITION')| (
    'INTEGRATED_CNC_SCHEMA.' +
    'SHAPE_REPRESENTATION_WITH_PARAMETERS' IN TYPEOF(pdr.
    used_representation)))| NOT (SIZEOF(QUERY (it <* impl_rep.
    used_representation.items| (SIZEOF([
    'INTEGRATED_CNC_SCHEMA.MEASURE_REPRESENTATION_ITEM',
    'INTEGRATED_CNC_SCHEMA.LENGTH_MEASURE_WITH_UNIT'] * TYPEOF(
    it)) = 2) AND (it.name = 'normal attribute'))) = 1))) = 0)))
    = 0);
WR26 : NOT (SELF\characterized_object.description IN ['gear']) OR (
    SIZEOF(QUERY (pd <* USEDIN(SELF,
    'INTEGRATED_CNC_SCHEMA.PROPERTY_DEFINITION.DEFINITION')| NOT
    (SIZEOF(QUERY (impl_rep <* QUERY (pdr <* USEDIN(pd,
    'INTEGRATED_CNC_SCHEMA.' +
    'PROPERTY_DEFINITION_REPRESENTATION.DEFINITION')| (
    'INTEGRATED_CNC_SCHEMA.' +
    'SHAPE_REPRESENTATION_WITH_PARAMETERS' IN TYPEOF(pdr.
    used_representation)))| NOT (SIZEOF(QUERY (it <* impl_rep.
    used_representation.items| ((
    'INTEGRATED_CNC_SCHEMA.DESCRIPTIVE_REPRESENTATION_ITEM' IN
    TYPEOF(it)) AND (it.name = 'internal or external gear')) AND
    ((it.description = 'internal') OR (it.description =
    'external')))) = 1))) = 0))) = 0);
WR27 : NOT (SELF\characterized_object.description IN ['gear']) OR (
    SIZEOF(QUERY (pd <* USEDIN(SELF,
    'INTEGRATED_CNC_SCHEMA.PROPERTY_DEFINITION.DEFINITION')| NOT
    (SIZEOF(QUERY (impl_rep <* QUERY (pdr <* USEDIN(pd,
    'INTEGRATED_CNC_SCHEMA.' +
    'PROPERTY_DEFINITION_REPRESENTATION.DEFINITION')| (
    'INTEGRATED_CNC_SCHEMA.' +
    'SHAPE_REPRESENTATION_WITH_PARAMETERS' IN TYPEOF(pdr.
    used_representation)))| NOT (SIZEOF(QUERY (it <* impl_rep.
    used_representation.items| (SIZEOF([
    'INTEGRATED_CNC_SCHEMA.MEASURE_REPRESENTATION_ITEM',
    'INTEGRATED_CNC_SCHEMA.PLANE_ANGLE_MEASURE_WITH_UNIT'] *
```

```
        TYPEOF(it)) = 2) AND (it.name = 'root fillet radius'))) <= 1)
        )) = 0))) = 0);
END_ENTITY; -- 10303-522: aic_machining_feature
ENTITY externally_defined_general_property
   SUBTYPE OF (general_property, externally_defined_item);
      WHERE
      WR1 : 'INTEGRATED_CNC_SCHEMA.KNOWN_SOURCE' IN TYPEOF(SELF.source);
      WR2: SELF.source.name = 'ISO 13584 library';
      WR3: SIZEOF(QUERY (aoa <* USEDIN(SELF, 'INTEGRATED_CNC_SCHEMA.' +
           'APPLIED_EXTERNAL_IDENTIFICATION_ASSIGNMENT.ITEMS')| (aoa.
           role.name = 'property version'))) = 1;
      WR4 : SIZEOF(QUERY (ap <* USEDIN(SELF, 'INTEGRATED_CNC_SCHEMA.' +
          'EXTERNALLY_DEFINED_ITEM_RELATIONSHIP.RELATING_ITEM')| (ap.
          name = 'name scope') AND (
          'INTEGRATED_CNC_SCHEMA.EXTERNALLY_DEFINED_CLASS' IN TYPEOF(ap
          .related_item)))) >= 1;
END_ENTITY; -- 10303-238: integrated_cnc_schema
ENTITY externally_defined_item;
   item_id : source_item;
   source : external_source;
END_ENTITY; -- 10303-41: external_reference_schema
ENTITY externally_defined_item_relationship;
   name : label;
   description : OPTIONAL text;
   relating_item : externally_defined_item;
   related_item : externally_defined_item;
END_ENTITY; -- 10303-41: external_reference_schema
ENTITY externally_defined_representation_with_parameters
   SUBTYPE OF (representation);
   WHERE
      WR1 : SIZEOF(USEDIN(SELF, 'INTEGRATED_CNC_SCHEMA.' +
          'APPLIED_CLASSIFICATION_ASSIGNMENT.ITEMS')) = 1;
      WR2 : SIZEOF(QUERY (adr <* SELF.items| (
          'INTEGRATED_CNC_SCHEMA.PLACEMENT' IN TYPEOF(adr)))) <= 1;
ND_ENTITY; -- 10303-238: integrated_cnc_schema
ENTITY face
   SUPERTYPE OF (ONEOF(face_surface, oriented_face))
   SUBTYPE OF (topological_representation_item);
      bounds : SET [1:?] OF face_bound;
      WHERE
       WR1: NOT mixed_loop_type_set(list_to_set(list_face_loops(SELF)));
       WR2 : SIZEOF(QUERY (temp <* bounds| (
           NTEGRATED_CNC_SCHEMA.FACE_OUTER_BOUND' IN TYPEOF(temp))))
           <= 1;
END_ENTITY; -- 10303-42: topology_schema
ENTITY face_based_surface_model
   SUBTYPE OF (geometric_representation_item);
   fbsm_faces : SET [1:?] OF connected_face_set;
```

```
END_ENTITY; -- 10303-42: geometric_model_schema
ENTITY face_bound
   SUBTYPE OF (topological_representation_item);
      bound : loop;
      orientation : BOOLEAN;
END_ENTITY; -- 10303-42: topology_schema
ENTITY face_outer_bound
   SUBTYPE OF (face_bound);
END_ENTITY; -- 10303-42: topology_schema
ENTITY face_shape_representation
   SUBTYPE OF (shape_representation);
   WHERE
      WR1: SIZEOF(SELF.items) >= 1;
      WR2 : SIZEOF(QUERY (it <* SELF.items| NOT ((
         INTEGRATED_CNC_SCHEMA.FACE_SURFACE' IN TYPEOF(it)) OR (
         INTEGRATED_CNC_SCHEMA.ORIENTED_FACE' IN TYPEOF(it))))) = 0;
END_ENTITY; -- 10303-522: aic_machining_feature
ENTITY face_surface
   SUBTYPE OF (face, geometric_representation_item);
      face_geometry : surface;
      same_sense : BOOLEAN;
   -- WHERE
   -- WR1 : NOT ('INTEGRATED_CNC_SCHEMA.ORIENTED_SURFACE' IN TYPEOF(
   -- face_geometry));
END_ENTITY; -- 10303-42: topology_schema
ENTITY faceted_brep
   SUBTYPE OF (manifold_solid_brep);
END_ENTITY; -- 10303-42: geometric_model_schema
ENTITY faceted_brep_shape_representation
   SUBTYPE OF (shape_representation);
   WHERE
      WR1 : SIZEOF(QUERY (it <* items| NOT (SIZEOF([
         INTEGRATED_CNC_SCHEMA.FACETED_BREP',
         INTEGRATED_CNC_SCHEMA.MAPPED_ITEM',
         INTEGRATED_CNC_SCHEMA.AXIS2_PLACEMENT_3D' ] * TYPEOF(it)) =
         ))) = 0;
      WR2 : SIZEOF(QUERY (it <* items| (SIZEOF([
         INTEGRATED_CNC_SCHEMA.FACETED_BREP',
         INTEGRATED_CNC_SCHEMA.MAPPED_ITEM' ] * TYPEOF(it)) = 1))) >;
      WR3 : SIZEOF(QUERY (fbrep <* QUERY (it <* items| (
         INTEGRATED_CNC_SCHEMA.FACETED_BREP' IN TYPEOF(it)))| NOT (
         IZEOF(QUERY (csh <* msb_shells(fbrep)| NOT (SIZEOF(QUERY (
         cs <* csh\connected_face_set.cfs_faces| NOT ((
         INTEGRATED_CNC_SCHEMA.FACE_SURFACE' IN TYPEOF(fcs)) AND ((
         INTEGRATED_CNC_SCHEMA.PLANE' IN TYPEOF(fcs\face_surface.
         ace_geometry)) AND ('INTEGRATED_CNC_SCHEMA.CARTESIAN_POINT'
         TYPEOF(fcs\face_surface.face_geometry\elementary_surface.
         sition.location)))))) = 0))) = 0))) = 0;
```

```
        WR4 : SIZEOF(QUERY (fbrep <* QUERY (it <* items| (
            'INTEGRATED_CNC_SCHEMA.FACETED_BREP' IN TYPEOF(it)))| NOT (
            SIZEOF(QUERY (csh <* msb_shells(fbrep)| NOT (SIZEOF(QUERY (
            fcs <* csh\connected_face_set.cfs_faces| NOT (SIZEOF(QUERY (
            bnds <* fcs.bounds| ('INTEGRATED_CNC_SCHEMA.FACE_OUTER_BOUND'
            IN TYPEOF(bnds)))) = 1))) = 0))) = 0))) = 0;
        WR5 : SIZEOF(QUERY (msb <* QUERY (it <* items| (
            'INTEGRATED_CNC_SCHEMA.MANIFOLD_SOLID_BREP' IN TYPEOF(it)))|
            ('INTEGRATED_CNC_SCHEMA.ORIENTED_CLOSED_SHELL' IN TYPEOF(msb\
            manifold_solid_brep.outer)))) = 0;
        WR6 : SIZEOF(QUERY (brv <* QUERY (it <* items| (
            'INTEGRATED_CNC_SCHEMA.BREP_WITH_VOIDS' IN TYPEOF(it)))| NOT
            (SIZEOF(QUERY (csh <* brv\brep_with_voids.voids| csh\
            oriented_closed_shell.orientation)) = 0))) = 0;
        WR7 : SIZEOF(QUERY (mi <* QUERY (it <* items| (
            'INTEGRATED_CNC_SCHEMA.MAPPED_ITEM' IN TYPEOF(it)))| NOT (
            'INTEGRATED_CNC_SCHEMA.FACETED_BREP_SHAPE_REPRESENTATION' IN
            TYPEOF(mi\mapped_item.mapping_source.mapped_representation)))
            ) = 0;
      END_ENTITY; -- 10303-512: aic_faceted_brep
ENTITY facing_turning_operation
   SUBTYPE OF (turning_type_operation);
   WHERE
      WR1: (SELF.description IN ['roughing','finishing']);
      WR2 : (verify_optional_action_property (SELF, 'allowance')) AND
         (verify_length_measure_action_property (SELF, 'allowance'));
      WR3 : NOT (SELF.description = 'roughing') OR
         (verify_required_action_property (SELF, 'allowance'));
END_ENTITY; -- 10303-238: integrated_cnc_schema
ENTITY feature_component_definition
   SUBTYPE OF (characterized_object);
   WHERE
      WR1 : SIZEOF(QUERY (pd <* USEDIN(SELF,
         'INTEGRATED_CNC_SCHEMA.PROPERTY_DEFINITION.DEFINITION')| NOT
         (SIZEOF(USEDIN(pd,
         'INTEGRATED_CNC_SCHEMA.SHAPE_ASPECT.OF_SHAPE')) = 1))) = 0;
END _ENTITY; -- 10303-522: aic_machining_feature
    ENTITY feature_component_relationship
    SUPERTYPE OF (ONEOF(pattern_omit_membership, pattern_offset_membership))
    SUBTYPE OF (shape_aspect_relationship);
    WHERE
       WR1 : ((SIZEOF(['INTEGRATED_CNC_SCHEMA.COMPOSITE_SHAPE_ASPECT',
          'INTEGRATED_CNC_SCHEMA.REPLICATE_FEATURE',
          'INTEGRATED_CNC_SCHEMA.TRANSITION_FEATURE',
          'INTEGRATED_CNC_SCHEMA.MODIFIED_PATTERN' ] * TYPEOF(SELF.
          relating_shape_aspect)) = 1) OR (
          'INTEGRATED_CNC_SCHEMA.FEATURE_DEFINITION' IN TYPEOF(SELF.
          relating_shape_aspect.of_shape.definition))) OR (
```

```
        'INTEGRATED_CNC_SCHEMA.FEATURE_COMPONENT_DEFINITION' IN
        TYPEOF(SELF.relating_shape_aspect.of_shape.definition));
END_ENTITY; -- 10303-522: aic_machining_feature
ENTITY feature_definition
  SUBTYPE OF (characterized_object);
  WHERE
    WR1 : SIZEOF(QUERY (pdr <* get_property_definition_representations(SELF)
        |
('INTEGRATED_CNC_SCHEMA.SHAPE_REPRESENTATION_WITH_PARAMETERS'
        IN TYPEOF(pdr.used_representation)))) <= 1;
    WR2 : SIZEOF(QUERY (pd <* USEDIN(SELF,
        'INTEGRATED_CNC_SCHEMA.PROPERTY_DEFINITION.DEFINITION')| NOT
        (SIZEOF(QUERY (impl_rep <* QUERY (pdr <* USEDIN(pd,
        'INTEGRATED_CNC_SCHEMA.' +
        'PROPERTY_DEFINITION_REPRESENTATION.DEFINITION')| (
        'INTEGRATED_CNC_SCHEMA.' +
        'SHAPE_REPRESENTATION_WITH_PARAMETERS' IN TYPEOF(pdr.
        used_representation)))| NOT (SIZEOF(QUERY (it <* impl_rep.
        used_representation.items| ('INTEGRATED_CNC_SCHEMA.PLACEMENT'
        IN TYPEOF(it)) AND (it.name = 'orientation'))) = 1))) = 0)))
        = 0;
    WR3 : SIZEOF([ 'INTEGRATED_CNC_SCHEMA.BOSS',
        'INTEGRATED_CNC_SCHEMA.TURNED_KNURL',
        'INTEGRATED_CNC_SCHEMA.THREAD', 'INTEGRATED_CNC_SCHEMA.GEAR',
        'INTEGRATED_CNC_SCHEMA.MARKING',
        'INTEGRATED_CNC_SCHEMA.RIB_TOP',
        'INTEGRATED_CNC_SCHEMA.ROUND_HOLE',
        'INTEGRATED_CNC_SCHEMA.OUTSIDE_PROFILE',
        'INTEGRATED_CNC_SCHEMA.POCKET',
        'INTEGRATED_CNC_SCHEMA.REMOVAL_VOLUME',
        'INTEGRATED_CNC_SCHEMA.REVOLVED_PROFILE',
        'INTEGRATED_CNC_SCHEMA.OUTER_ROUND',
        'INTEGRATED_CNC_SCHEMA.FLAT_FACE',
        'INTEGRATED_CNC_SCHEMA.PROTRUSION',
        'INTEGRATED_CNC_SCHEMA.ROUNDED_END',
        'INTEGRATED_CNC_SCHEMA.SLOT',
        'INTEGRATED_CNC_SCHEMA.SPHERICAL_CAP',
        'INTEGRATED_CNC_SCHEMA.STEP',
        'INTEGRATED_CNC_SCHEMA.COMPOUND_FEATURE',
        'INTEGRATED_CNC_SCHEMA.REPLICATE_FEATURE',

    'INTEGRATED_CNC_SCHEMA.EXTERNALLY_DEFINED_FEATURE_DEFINITION'
          ] * TYPEOF(SELF)) <= 1;
    WR4 : NOT (SIZEOF([ 'INTEGRATED_CNC_SCHEMA.ROUND_HOLE',
        'INTEGRATED_CNC_SCHEMA.BOSS',
        'INTEGRATED_CNC_SCHEMA.OUTSIDE_PROFILE',
        'INTEGRATED_CNC_SCHEMA.REMOVAL_VOLUME',
        'INTEGRATED_CNC_SCHEMA.FLAT_FACE',
```

```
        ´INTEGRATED_CNC_SCHEMA.POCKET´,
        ´INTEGRATED_CNC_SCHEMA.PROTRUSION´,
        ´INTEGRATED_CNC_SCHEMA.RIB_TOP´,
        ´INTEGRATED_CNC_SCHEMA.ROUNDED_END´,
        ´INTEGRATED_CNC_SCHEMA.SLOT´, ´INTEGRATED_CNC_SCHEMA.STEP´]
        * TYPEOF(SELF)) = 1) OR (SIZEOF(QUERY (pdr <*
        get_property_definition_representations(SELF)| (
        ´INTEGRATED_CNC_SCHEMA.PLANAR_SHAPE_REPRESENTATION´ IN TYPEOF
        (pdr.used_representation)) AND (pdr.used_representation.name
        = ´maximum feature limit´))) >= 0);
END_ENTITY; -- 10303-522: aic_machining_feature
ENTITY feature_pattern
  SUBTYPE OF (replicate_feature);
  WHERE
    WR1 : SIZEOF(QUERY (pd <* USEDIN(SELF,
        ´INTEGRATED_CNC_SCHEMA.PROPERTY_DEFINITION.DEFINITION´)| (
        SIZEOF(QUERY (pdr <* USEDIN(pd, ´INTEGRATED_CNC_SCHEMA.´ +
        ´PROPERTY_DEFINITION_REPRESENTATION.DEFINITION´)| (
        ´INTEGRATED_CNC_SCHEMA.´ +
        ´SHAPE_REPRESENTATION_WITH_PARAMETERS´ IN TYPEOF(pdr.
        used_representation)) AND (SIZEOF(QUERY (srwp_i <* pdr.
        used_representation.items| NOT (
        ´INTEGRATED_CNC_SCHEMA.PLACEMENT´ IN TYPEOF(srwp_i)))) > 0)))
        > 0))) = 0;
    WR2 : SIZEOF(QUERY (pd <* USEDIN(SELF,
        ´INTEGRATED_CNC_SCHEMA.PROPERTY_DEFINITION.DEFINITION´)| NOT
        (SIZEOF(QUERY (impl_rep <* QUERY (pdr <* USEDIN(pd,
        ´INTEGRATED_CNC_SCHEMA.´ +
        ´PROPERTY_DEFINITION_REPRESENTATION.DEFINITION´)| (
        ´INTEGRATED_CNC_SCHEMA.´ +
        ´SHAPE_REPRESENTATION_WITH_PARAMETERS´ IN TYPEOF(pdr.
        used_representation)))| NOT (SIZEOF(QUERY (it <* impl_rep.
    used_representation.items| (´INTEGRATED_CNC_SCHEMA.PLACEMENT´
    IN TYPEOF(it)) AND (it.name = ´base feature placement´))) >
    1))) = 0))) = 0;
END_ENTITY; -- 10303-522: aic_machining_feature
ENTITY fillet
  SUBTYPE OF (transition_feature);
  WHERE
    WR1 : NOT (SELF\shape_aspect.description = ´constant radius´) OR (SIZEOF
        (QUERY (pd <* USEDIN(SELF,
        ´INTEGRATED_CNC_SCHEMA.PROPERTY_DEFINITION.DEFINITION´)| NOT
        (SIZEOF(QUERY (pdr <* USEDIN(pd, ´INTEGRATED_CNC_SCHEMA.´ +
        ´PROPERTY_DEFINITION_REPRESENTATION.DEFINITION´)| (
        ´INTEGRATED_CNC_SCHEMA.´ +
        ´SHAPE_REPRESENTATION_WITH_PARAMETERS´ IN TYPEOF(pdr.
        used_representation)))) = 1))) = 0);
    WR2 : NOT (SELF\shape_aspect.description = ´constant radius´) OR (SIZEOF
```

```
    (QUERY (pd <* USEDIN(SELF,
    'INTEGRATED_CNC_SCHEMA.PROPERTY_DEFINITION.DEFINITION')| NOT
    (SIZEOF(QUERY (impl_rep <* QUERY (pdr <* USEDIN(pd,
    'INTEGRATED_CNC_SCHEMA.' +
    'PROPERTY_DEFINITION_REPRESENTATION.DEFINITION')| (
    'INTEGRATED_CNC_SCHEMA.' +
    'SHAPE_REPRESENTATION_WITH_PARAMETERS' IN TYPEOF(pdr.
    used_representation)))| NOT (SIZEOF(impl_rep.
    used_representation.items) >= 1) AND (SIZEOF(impl_rep.
    used_representation.items) <= 3))) = 0))) = 0);
WR3 : NOT (SELF.description = 'constant radius') OR (SIZEOF(QUERY (pd <*
    USEDIN(SELF,
    'INTEGRATED_CNC_SCHEMA.PROPERTY_DEFINITION.DEFINITION')| NOT
    (SIZEOF(QUERY (impl_rep <* QUERY (pdr <* USEDIN(pd,
    'INTEGRATED_CNC_SCHEMA.' +
    'PROPERTY_DEFINITION_REPRESENTATION.DEFINITION')| (
    'INTEGRATED_CNC_SCHEMA.' +
    'SHAPE_REPRESENTATION_WITH_PARAMETERS' IN TYPEOF(pdr.
    used_representation)))| NOT (SIZEOF(QUERY (it <* impl_rep.
    used_representation.items| (SIZEOF([
    'INTEGRATED_CNC_SCHEMA.MEASURE_REPRESENTATION_ITEM',
    'INTEGRATED_CNC_SCHEMA.LENGTH_MEASURE_WITH_UNIT' ] * TYPEOF(
    it)) = 2) AND (it.name = 'radius'))) = 1))) = 0))) = 0);
WR4 : NOT (SELF.description = 'constant radius') OR (SIZEOF(QUERY (pd <*
    USEDIN(SELF,
    'INTEGRATED_CNC_SCHEMA.PROPERTY_DEFINITION.DEFINITION')| NOT
    (SIZEOF(QUERY (impl_rep <* QUERY (pdr <* USEDIN(pd,
    'INTEGRATED_CNC_SCHEMA.' +
    'PROPERTY_DEFINITION_REPRESENTATION.DEFINITION')| (
    'INTEGRATED_CNC_SCHEMA.' +
    'SHAPE_REPRESENTATION_WITH_PARAMETERS' IN TYPEOF(pdr.
    used_representation)))| NOT (SIZEOF(QUERY (it <* impl_rep.
    used_representation.items| (SIZEOF([
    'INTEGRATED_CNC_SCHEMA.MEASURE_REPRESENTATION_ITEM',
    'INTEGRATED_CNC_SCHEMA.LENGTH_MEASURE_WITH_UNIT' ] * TYPEOF(
    it)) = 2) AND (it.name = 'first offset'))) <= 1))) = 0))) = 0
    );
WR5 : NOT (SELF.description = 'constant radius') OR (SIZEOF(QUERY (pd <*
    USEDIN(SELF,
    'INTEGRATED_CNC_SCHEMA.PROPERTY_DEFINITION.DEFINITION')| NOT
    (SIZEOF(QUERY (impl_rep <* QUERY (pdr <* USEDIN(pd,
    'INTEGRATED_CNC_SCHEMA.' +
    'PROPERTY_DEFINITION_REPRESENTATION.DEFINITION')| (
    'INTEGRATED_CNC_SCHEMA.' +
    'SHAPE_REPRESENTATION_WITH_PARAMETERS' IN TYPEOF(pdr.
    used_representation)))| NOT (SIZEOF(QUERY (it <* impl_rep.
    used_representation.items| (SIZEOF([
    'INTEGRATED_CNC_SCHEMA.MEASURE_REPRESENTATION_ITEM',
```

```
    'INTEGRATED_CNC_SCHEMA.LENGTH_MEASURE_WITH_UNIT' ] * TYPEOF(
    it)) = 2) AND (it.name = 'second offset'))) <= 1))) = 0))) =
    0);
  WR6 : SIZEOF(QUERY (pd <* USEDIN(SELF,
    'INTEGRATED_CNC_SCHEMA.PROPERTY_DEFINITION.' + 'DEFINITION')|
    NOT (SIZEOF(QUERY (pdr <* USEDIN(pd,
    'INTEGRATED_CNC_SCHEMA.' +
    'PROPERTY_DEFINITION_REPRESENTATION.DEFINITION')| (
    'INTEGRATED_CNC_SCHEMA.FACE_SHAPE_REPRESENTATION' IN TYPEOF(
    pdr.used_representation)) AND (pdr.used_representation.name =
    'fillet face'))) = 1))) = 0;
  WR7 : SIZEOF(QUERY (pd <* USEDIN(SELF,
    'INTEGRATED_CNC_SCHEMA.PROPERTY_DEFINITION.' + 'DEFINITION')|
    NOT (SIZEOF(QUERY (pdr <* USEDIN(pd,
    'INTEGRATED_CNC_SCHEMA.' +
    'PROPERTY_DEFINITION_REPRESENTATION.DEFINITION')| (
    'INTEGRATED_CNC_SCHEMA.FACE_SHAPE_REPRESENTATION' IN TYPEOF(
    pdr.used_representation)) AND (pdr.used_representation.name =
    'first face shape'))) = 1))) = 0;
  WR8 : SIZEOF(QUERY (pd <* USEDIN(SELF,
    'INTEGRATED_CNC_SCHEMA.PROPERTY_DEFINITION.' + 'DEFINITION')|
    NOT (SIZEOF(QUERY (pdr <* USEDIN(pd,
    'INTEGRATED_CNC_SCHEMA.' +
    'PROPERTY_DEFINITION_REPRESENTATION.DEFINITION')| (
    'INTEGRATED_CNC_SCHEMA.FACE_SHAPE_REPRESENTATION' IN TYPEOF(
  pdr.used_representation)) AND (pdr.used_representation.name =
  'second face shape'))) = 1))) = 0;
END_ENTITY; -- 10303-522: aic_machining_feature
ENTITY flat_face
  SUBTYPE OF (feature_definition);
  WHERE
  WR1 : SIZEOF(QUERY (pd <* USEDIN(SELF,
    'INTEGRATED_CNC_SCHEMA.PROPERTY_DEFINITION.DEFINITION')| NOT
    (SIZEOF(QUERY (pdr <* USEDIN(pd, 'INTEGRATED_CNC_SCHEMA.' +
    'PROPERTY_DEFINITION_REPRESENTATION.DEFINITION')| (
    'INTEGRATED_CNC_SCHEMA.DIRECTION_SHAPE_REPRESENTATION' IN
    TYPEOF(pdr.used_representation)) AND (pdr.used_representation
    .name = 'removal direction'))) = 1))) = 0;
  WR2 : SIZEOF(QUERY (pds <* QUERY (pd <* USEDIN(SELF,
    'INTEGRATED_CNC_SCHEMA.PROPERTY_DEFINITION.DEFINITION')| (
    'INTEGRATED_CNC_SCHEMA.PRODUCT_DEFINITION_SHAPE' IN TYPEOF(pd
    )))| NOT (SIZEOF(QUERY (sa_occ <* USEDIN(pds,
    'INTEGRATED_CNC_SCHEMA.SHAPE_ASPECT.OF_SHAPE')| (sa_occ.
    description = 'course of travel occurrence') AND (SIZEOF(
    QUERY (sdr <* QUERY (sar <* USEDIN(sa_occ,
    'INTEGRATED_CNC_SCHEMA.SHAPE_ASPECT_RELATIONSHIP.' +
    'RELATED_SHAPE_ASPECT')| (sar.description =
    'path feature component usage') AND (
```

```
    'INTEGRATED_CNC_SCHEMA.SHAPE_DEFINING_RELATIONSHIP' IN TYPEOF
    (sar)))| (('INTEGRATED_CNC_SCHEMA.PATH_FEATURE_COMPONENT' IN
    TYPEOF(sdr.relating_shape_aspect)) AND (sdr.
    relating_shape_aspect.description = 'linear')) AND (sdr.name
    = 'course of travel'))) = 1))) = 1))) = 0;
WR3 : SIZEOF(QUERY (pds <* QUERY (pd <* USEDIN(SELF,
    'INTEGRATED_CNC_SCHEMA.PROPERTY_DEFINITION.DEFINITION')| (
    'INTEGRATED_CNC_SCHEMA.PRODUCT_DEFINITION_SHAPE' IN TYPEOF(pd
    )))| NOT (SIZEOF(QUERY (sa_occ <* USEDIN(pds,
    'INTEGRATED_CNC_SCHEMA.SHAPE_ASPECT.OF_SHAPE')| (sa_occ.
    description = 'removal boundary occurrence') AND (SIZEOF(
    QUERY (sdr <* QUERY (sar <* USEDIN(sa_occ,
    'INTEGRATED_CNC_SCHEMA.SHAPE_ASPECT_RELATIONSHIP.' +
    'RELATED_SHAPE_ASPECT')| (sar.description = 'profile usage')
    AND ('INTEGRATED_CNC_SCHEMA.SHAPE_DEFINING_RELATIONSHIP' IN
    TYPEOF(sar)))| ('INTEGRATED_CNC_SCHEMA.LINEAR_PROFILE' IN
    TYPEOF(sdr.relating_shape_aspect)) AND (sdr.name =
    'removal boundary'))) = 1))) = 1))) = 0;
WR4 : SIZEOF(QUERY (pds <* QUERY (pd <* USEDIN(SELF,
    'INTEGRATED_CNC_SCHEMA.PROPERTY_DEFINITION.DEFINITION')| (
    'INTEGRATED_CNC_SCHEMA.PRODUCT_DEFINITION_SHAPE' IN TYPEOF(pd
    )))| NOT (SIZEOF(QUERY (sa_occ <* USEDIN(pds,
    'INTEGRATED_CNC_SCHEMA.SHAPE_ASPECT.OF_SHAPE')| (sa_occ.
    description = 'enclosed boundary occurrence') AND (SIZEOF(
    QUERY (sdr <* QUERY (sar <* USEDIN(sa_occ,
    'INTEGRATED_CNC_SCHEMA.SHAPE_ASPECT_RELATIONSHIP.' +
    'RELATED_SHAPE_ASPECT')| (sar.description = 'profile usage')
    AND ('INTEGRATED_CNC_SCHEMA.SHAPE_DEFINING_RELATIONSHIP' IN
    TYPEOF(sar)))| (SIZEOF([
    'INTEGRATED_CNC_SCHEMA.CIRCULAR_CLOSED_PROFILE',
    'INTEGRATED_CNC_SCHEMA.NGON_CLOSED_PROFILE',
    'INTEGRATED_CNC_SCHEMA.RECTANGULAR_CLOSED_PROFILE',
    'INTEGRATED_CNC_SCHEMA.CLOSED_PATH_PROFILE' ] * TYPEOF(sdr.
    relating_shape_aspect)) = 1) AND (sdr.relating_shape_aspect.
    description = 'boundary'))) = 1))) <= 1))) = 0;
WR5 : SIZEOF(QUERY (pdr <* get_property_definition_representations(SELF)
    | ('INTEGRATED_CNC_SCHEMA.PLANAR_SHAPE_REPRESENTATION' IN
    TYPEOF(pdr.used_representation)) AND (pdr.used_representation
    .name = 'maximum feature limit'))) >= 0;
WR6 : SIZEOF(QUERY (pds <* USEDIN(SELF,
    'INTEGRATED_CNC_SCHEMA.PROPERTY_DEFINITION.DEFINITION')| (
    'INTEGRATED_CNC_SCHEMA.PRODUCT_DEFINITION_SHAPE' IN TYPEOF(
    pds)) AND (SIZEOF(QUERY (csa <* USEDIN(pds,
    'INTEGRATED_CNC_SCHEMA.SHAPE_ASPECT.OF_SHAPE')| ((
    'INTEGRATED_CNC_SCHEMA.COMPOSITE_SHAPE_ASPECT' IN TYPEOF(csa)
    ) AND (csa.name = 'uncut volume')) AND (SIZEOF(QUERY (sar <*
    csa.component_relationships| (
    'INTEGRATED_CNC_SCHEMA.FEATURE_COMPONENT_RELATIONSHIP' IN
```

```
      TYPEOF(sar)) AND (SIZEOF([ 'INTEGRATED_CNC_SCHEMA.BOSS',
      'INTEGRATED_CNC_SCHEMA.PROTRUSION' ] * TYPEOF(sar.
      related_shape_aspect)) = 1))) = 1))) <= 1))) = 1;
   WR7 : SIZEOF(QUERY (pd <* USEDIN(SELF,
      'INTEGRATED_CNC_SCHEMA.PROPERTY_DEFINITION.DEFINITION')| NOT
      (SIZEOF(QUERY (impl_rep <* QUERY (pdr <* USEDIN(pd,
      'INTEGRATED_CNC_SCHEMA.' +
      'PROPERTY_DEFINITION_REPRESENTATION.DEFINITION')| (
      'INTEGRATED_CNC_SCHEMA.' +
      'SHAPE_REPRESENTATION_WITH_PARAMETERS' IN TYPEOF(pdr.
      used_representation)))| NOT (SIZEOF(QUERY (it <* impl_rep.
      used_representation.items| (SIZEOF([
      'INTEGRATED_CNC_SCHEMA.MEASURE_REPRESENTATION_ITEM',
      'INTEGRATED_CNC_SCHEMA.LENGTH_MEASURE_WITH_UNIT' ] * TYPEOF(
      it)) = 2) AND (it.name = 'removal depth'))) <= 1))) = 0))) =
      0;
  END_ENTITY; -- 10303-522: aic_machining_feature
ENTITY flatness_tolerance
   SUBTYPE OF (geometric_tolerance);
   WHERE
     WR1 : NOT ('INTEGRATED_CNC_SCHEMA.' +
      'GEOMETRIC_TOLERANCE_WITH_DATUM_REFERENCE' IN TYPEOF(SELF));
END_ENTITY; -- 10303-519: aic_geometric_tolerances
ENTITY founded_item;
END_ENTITY; -- 10303-43: representation_schema
ENTITY freeform_milling_operation
   SUBTYPE OF (milling_type_operation);
   WHERE
     WR1 : ((verify_optional_relating_amr_with_name (SELF, 'machining',
      ['INTEGRATED_CNC_SCHEMA.MACHINING_STRATEGY_RELATIONSHIP']))
AND
       (verify_related_type_for_amr_with_name (SELF, 'machining',
       ['INTEGRATED_CNC_SCHEMA.MACHINING_STRATEGY_RELATIONSHIP'],
       ['INTEGRATED_CNC_SCHEMA.FREEFORM_MILLING_STRATEGY']))
       );
END_ENTITY; -- 10303-238: integrated_cnc_schema
ENTITY freeform_milling_strategy
   SUBTYPE OF (milling_type_strategy);
   WHERE
     WR1 : NOT (SELF.description IN ['leading line', 'plane cutter contact',
      'plane cutter location', 'uv']) OR
      ((verify_required_action_property (SELF, 'pathmode')) AND
      (verify_enumeration_action_property (SELF, 'pathmode',
      ['forward', 'zigzag'])) AND
      (verify_required_action_property (SELF, 'cutmode')) AND
      (verify_enumeration_action_property (SELF, 'cutmode',
      ['climb', 'conventional'])) AND
      (verify_required_action_property (SELF, 'milling tolerances')) AND
```

```
        (verify_rep_type_for_action_property (SELF, 'milling tolerances',

    'INTEGRATED_CNC_SCHEMA.FREEFORM_MILLING_TOLERANCE_REPRESENTATION']))
          AND
          (verify_optional_action_property (SELF, 'stepover length')) AND
          (verify_length_measure_action_property (SELF, 'stepover length')) );
    WR2 : NOT (SELF.description = 'leading line') OR
        (verify_required_action_property (SELF, 'leading line')) AND
        verify_rep_item_for_action_property (SELF, 'leading line',
        'INTEGRATED_CNC_SCHEMA.BOUNDED_CURVE'])) );
    WR3 : NOT (SELF.description IN ['plane cutter contact', 'plane cutter
        ocation']) OR
        (verify_required_action_property (SELF, 'plane normal')) AND
        verify_rep_item_for_action_property (SELF, 'plane normal',
        'INTEGRATED_CNC_SCHEMA.DIRECTION'])) );
    WR4 : NOT (SELF.description = 'uv') OR
        (verify_required_action_property (SELF, 'forward direction')) AND
        verify_rep_item_for_action_property (SELF, 'forward direction',
        ['INTEGRATED_CNC_SCHEMA.DIRECTION'])) AND
        (verify_required_action_property (SELF, 'sideward direction')) AND
        (verify_rep_item_for_action_property (SELF, 'sideward direction',
        ['INTEGRATED_CNC_SCHEMA.DIRECTION'])) );
END_ENTITY; -- 10303-238: integrated_cnc_schema
ENTITY freeform_milling_tolerance_representation
   SUBTYPE OF (representation);
   WHERE
      WR1 : (verify_required_rep_item (SELF, 'chordal tolerance')) AND
          (verify_length_measure_rep_item (SELF, 'chordal tolerance'));
      WR2 : (verify_required_rep_item (SELF, 'scallop height')) AND
          (verify_length_measure_rep_item (SELF, 'scallop height'));
END_ENTITY; -- 10303-238: integrated_cnc_schema
ENTITY functionally_defined_transformation;
   name : label;
   description : OPTIONAL text;
END_ENTITY; -- 10303-43: representation_schema
ENTITY gear
    SUBTYPE OF (feature_definition);
    WHERE
       WR1: SIZEOF(QUERY (pd <* USEDIN(SELF,
         'INTEGRATED_CNC_SCHEMA.PROPERTY_DEFINITION.DEFINITION')| (
         SIZEOF(QUERY (pdr <* USEDIN(pd,

    'INTEGRATED_CNC_SCHEMA.PROPERTY_DEFINITION_REPRESENTATION.DEFINITION'

         )| ((

    'INTEGRATED_CNC_SCHEMA.SHAPE_REPRESENTATION_WITH_PARAMETERS'
         IN TYPEOF(pdr.used_representation)) AND (10 <= SIZEOF(pdr.
```

```
        used_representation.items))) AND (SIZEOF(pdr.
        used_representation.items) <= 13))) = 1))) = 1;
    WR2: NOT (SELF\characterized_object.description IN [
      'straight bevel gear', 'helical bevel gear', 'spur gear',
      'helical gear' ]) OR (SIZEOF(QUERY (pd <* USEDIN(SELF,
      'INTEGRATED_CNC_SCHEMA.PROPERTY_DEFINITION.DEFINITION')| NOT
      (SIZEOF(QUERY (impl_rep <* QUERY (pdr <* USEDIN(pd,

'INTEGRATED_CNC_SCHEMA.PROPERTY_DEFINITION_REPRESENTATION.DEFINITION'

      )| (

'INTEGRATED_CNC_SCHEMA.SHAPE_REPRESENTATION_WITH_PARAMETERS'
      IN TYPEOF(pdr.used_representation)))| NOT (SIZEOF(QUERY (it
      <* impl_rep.used_representation.items| (SIZEOF([
      'INTEGRATED_CNC_SCHEMA.MEASURE_REPRESENTATION_ITEM',
      'INTEGRATED_CNC_SCHEMA.RATIO_MEASURE_WITH_UNIT' ] * TYPEOF(it
      )) = 2) AND (it.name = 'number of teeth'))) = 1))) = 0))) = 0
      );
    WR3: NOT (SELF\characterized_object.description IN [
      'straight bevel gear', 'helical bevel gear', 'spur gear',
      'helical gear' ]) OR (SIZEOF(QUERY (pd <* USEDIN(SELF,
      'INTEGRATED_CNC_SCHEMA.PROPERTY_DEFINITION.DEFINITION')| NOT
      (SIZEOF(QUERY (impl_rep <* QUERY (pdr <* USEDIN(pd,

'INTEGRATED_CNC_SCHEMA.PROPERTY_DEFINITION_REPRESENTATION.DEFINITION'

      )| (

'INTEGRATED_CNC_SCHEMA.SHAPE_REPRESENTATION_WITH_PARAMETERS'
      IN TYPEOF(pdr.used_representation)))| NOT (SIZEOF(QUERY (it
      <* impl_rep.used_representation.items| (SIZEOF([
      'INTEGRATED_CNC_SCHEMA.MEASURE_REPRESENTATION_ITEM',
      'INTEGRATED_CNC_SCHEMA.PLANE_ANGLE_MEASURE_WITH_UNIT' ] *
      TYPEOF(it)) = 2) AND (it.name = 'reference pressure angle')))
       = 1))) = 0))) = 0);
    WR4: NOT (SELF\characterized_object.description IN [
      'straight bevel gear', 'helical bevel gear', 'spur gear',
      'helical gear' ]) OR (SIZEOF(QUERY (pd <* USEDIN(SELF,
      'INTEGRATED_CNC_SCHEMA.PROPERTY_DEFINITION.DEFINITION')| NOT
      (SIZEOF(QUERY (impl_rep <* QUERY (pdr <* USEDIN(pd,

'INTEGRATED_CNC_SCHEMA.PROPERTY_DEFINITION_REPRESENTATION.DEFINITION'

      )| (

'INTEGRATED_CNC_SCHEMA.SHAPE_REPRESENTATION_WITH_PARAMETERS'
      IN TYPEOF(pdr.used_representation)))| NOT (SIZEOF(QUERY (it
```

```
<* impl_rep.used_representation.items| (SIZEOF([
'INTEGRATED_CNC_SCHEMA.MEASURE_REPRESENTATION_ITEM',
'INTEGRATED_CNC_SCHEMA.LENGTH_MEASURE_WITH_UNIT' ] * TYPEOF(
it)) = 2) AND (it.name = 'rake shift factor'))) = 1))) = 0)))
= 0);
WR5: NOT (SELF\characterized_object.description IN [
'straight bevel gear', 'helical bevel gear', 'spur gear',
'helical gear' ]) OR (SIZEOF(QUERY (pd <* USEDIN(SELF,
'INTEGRATED_CNC_SCHEMA.PROPERTY_DEFINITION.DEFINITION')| NOT
(SIZEOF(QUERY (impl_rep <* QUERY (pdr <* USEDIN(pd,

'INTEGRATED_CNC_SCHEMA.PROPERTY_DEFINITION_REPRESENTATION.DEFINITION'

)| (
'INTEGRATED_CNC_SCHEMA.SHAPE_REPRESENTATION_WITH_PARAMETERS'
IN TYPEOF(pdr.used_representation)))| NOT (SIZEOF(QUERY (it
<* impl_rep.used_representation.items| (SIZEOF([
'INTEGRATED_CNC_SCHEMA.MEASURE_REPRESENTATION_ITEM',
'INTEGRATED_CNC_SCHEMA.LENGTH_MEASURE_WITH_UNIT' ] * TYPEOF(
it)) = 2) AND (it.name = 'nominal tooth depth'))) = 1))) = 0)
)) = 0);
WR6: NOT (SELF\characterized_object.description IN [
'straight bevel gear', 'helical bevel gear', 'spur gear',
'helical gear' ]) OR (SIZEOF(QUERY (pd <* USEDIN(SELF,
'INTEGRATED_CNC_SCHEMA.PROPERTY_DEFINITION.DEFINITION')| NOT
(SIZEOF(QUERY (impl_rep <* QUERY (pdr <* USEDIN(pd,

'INTEGRATED_CNC_SCHEMA.PROPERTY_DEFINITION_REPRESENTATION.DEFINITION'

)| (

'INTEGRATED_CNC_SCHEMA.SHAPE_REPRESENTATION_WITH_PARAMETERS'
IN TYPEOF(pdr.used_representation)))| NOT (SIZEOF(QUERY (it
<* impl_rep.used_representation.items| (SIZEOF([
'INTEGRATED_CNC_SCHEMA.MEASURE_REPRESENTATION_ITEM',
'INTEGRATED_CNC_SCHEMA.LENGTH_MEASURE_WITH_UNIT' ] * TYPEOF(
it)) = 2) AND (it.name = 'face width'))) = 1))) = 0))) = 0);
WR7: NOT (SELF\characterized_object.description IN [
'straight bevel gear', 'helical bevel gear', 'spur gear',
'helical gear' ]) OR (SIZEOF(QUERY (pd <* USEDIN(SELF,
'INTEGRATED_CNC_SCHEMA.PROPERTY_DEFINITION.DEFINITION')| NOT
(SIZEOF(QUERY (impl_rep <* QUERY (pdr <* USEDIN(pd,

'INTEGRATED_CNC_SCHEMA.PROPERTY_DEFINITION_REPRESENTATION.DEFINITION'

)| (

'INTEGRATED_CNC_SCHEMA.SHAPE_REPRESENTATION_WITH_PARAMETERS'
```

```
    IN TYPEOF(pdr.used_representation)))| NOT (SIZEOF(QUERY (it
    <* impl_rep.used_representation.items| (SIZEOF([
    'INTEGRATED_CNC_SCHEMA.MEASURE_REPRESENTATION_ITEM',
    'INTEGRATED_CNC_SCHEMA.LENGTH_MEASURE_WITH_UNIT' ] * TYPEOF(
    it)) = 2) AND (it.name = 'tip diameter'))) = 1))) = 0))) = 0);
  WR8: NOT (SELF\characterized_object.description IN [
    'straight bevel gear', 'helical bevel gear', 'spur gear',
    'helical gear' ]) OR (SIZEOF(QUERY (pd <* USEDIN(SELF,
    'INTEGRATED_CNC_SCHEMA.PROPERTY_DEFINITION.DEFINITION')| NOT
    (SIZEOF(QUERY (impl_rep <* QUERY (pdr <* USEDIN(pd,

'INTEGRATED_CNC_SCHEMA.PROPERTY_DEFINITION_REPRESENTATION.DEFINITION'

    )| (

'INTEGRATED_CNC_SCHEMA.SHAPE_REPRESENTATION_WITH_PARAMETERS'
    IN TYPEOF(pdr.used_representation)))| NOT (SIZEOF(QUERY (it
    <* impl_rep.used_representation.items| ((
    'INTEGRATED_CNC_SCHEMA.DESCRIPTIVE_REPRESENTATION_ITEM' IN
    TYPEOF(it)) AND (it.name = 'module or diametral pitch')) AND
    ((it.description = 'module') OR (it.description =
    'diametral pitch')))) = 1))) = 0))) = 0);
  WR9: NOT (SELF\characterized_object.description IN [
    'straight bevel gear', 'helical bevel gear', 'spur gear',
    'helical gear' ]) OR (SIZEOF(QUERY (pd <* USEDIN(SELF,
    'INTEGRATED_CNC_SCHEMA.PROPERTY_DEFINITION.DEFINITION')| NOT
    (SIZEOF(QUERY (impl_rep <* QUERY (pdr <* USEDIN(pd,

'INTEGRATED_CNC_SCHEMA.PROPERTY_DEFINITION_REPRESENTATION.DEFINITION'

    )| (

'INTEGRATED_CNC_SCHEMA.SHAPE_REPRESENTATION_WITH_PARAMETERS'
    IN TYPEOF(pdr.used_representation)))| NOT (SIZEOF(QUERY (it
    <* impl_rep.used_representation.items| ((
    'INTEGRATED_CNC_SCHEMA.DESCRIPTIVE_REPRESENTATION_ITEM' IN
    TYPEOF(it)) AND (it.name = 'internal or external gear')) AND
    ((it.description = 'internal') OR (it.description =
    'external')))) = 1))) = 0))) = 0);
  WR10: NOT (SELF\characterized_object.description IN [
    'straight bevel gear', 'helical bevel gear', 'spur gear',
    'helical gear' ]) OR (SIZEOF(QUERY (pd <* USEDIN(SELF,
    'INTEGRATED_CNC_SCHEMA.PROPERTY_DEFINITION.DEFINITION')| NOT
    (SIZEOF(QUERY (impl_rep <* QUERY (pdr <* USEDIN(pd,

'INTEGRATED_CNC_SCHEMA.PROPERTY_DEFINITION_REPRESENTATION.DEFINITION'

    )| (
```

```
'INTEGRATED_CNC_SCHEMA.SHAPE_REPRESENTATION_WITH_PARAMETERS'
          IN TYPEOF(pdr.used_representation)))| NOT (SIZEOF(QUERY (it
          <* impl_rep.used_representation.items| (SIZEOF([
          'INTEGRATED_CNC_SCHEMA.MEASURE_REPRESENTATION_ITEM',
          'INTEGRATED_CNC_SCHEMA.LENGTH_MEASURE_WITH_UNIT' ] * TYPEOF(
          it)) = 2) AND (it.name = 'normal attribute'))) = 1))) = 0)))
          = 0);
      WR11: NOT (SELF\characterized_object.description IN [
          'straight bevel gear', 'helical bevel gear', 'spur gear',
          'helical gear' ]) OR (SIZEOF(QUERY (pd <* USEDIN(SELF,
          'INTEGRATED_CNC_SCHEMA.PROPERTY_DEFINITION.DEFINITION')| NOT
          (SIZEOF(QUERY (impl_rep <* QUERY (pdr <* USEDIN(pd,

'INTEGRATED_CNC_SCHEMA.PROPERTY_DEFINITION_REPRESENTATION.DEFINITION'

          )| (

'INTEGRATED_CNC_SCHEMA.SHAPE_REPRESENTATION_WITH_PARAMETERS'
          IN TYPEOF(pdr.used_representation)))| NOT (SIZEOF(QUERY (it
          <* impl_rep.used_representation.items| (SIZEOF([
          'INTEGRATED_CNC_SCHEMA.MEASURE_REPRESENTATION_ITEM',
          'INTEGRATED_CNC_SCHEMA.LENGTH_MEASURE_WITH_UNIT' ] * TYPEOF(
          it)) = 2) AND (it.name = 'root fillet radius'))) <= 1))) = 0)
          )) = 0);
      WR12: NOT (SELF\characterized_object.description IN [ 'helix gear',
          'helical bevel gear' ]) OR (SIZEOF(QUERY (pd <* USEDIN(SELF,
          'INTEGRATED_CNC_SCHEMA.PROPERTY_DEFINITION.DEFINITION')| NOT
          (SIZEOF(QUERY (impl_rep <* QUERY (pdr <* USEDIN(pd,

'INTEGRATED_CNC_SCHEMA.PROPERTY_DEFINITION_REPRESENTATION.DEFINITION'
          )| (

'INTEGRATED_CNC_SCHEMA.SHAPE_REPRESENTATION_WITH_PARAMETERS'
          IN TYPEOF(pdr.used_representation)))| NOT (SIZEOF(QUERY (it
          <* impl_rep.used_representation.items| (SIZEOF([
          'INTEGRATED_CNC_SCHEMA.MEASURE_REPRESENTATION_ITEM',
          'INTEGRATED_CNC_SCHEMA.PLANE_ANGLE_MEASURE_WITH_UNIT' ] *
          TYPEOF(it)) = 2) AND (it.name = 'reference helix angle'))) =
          1))) = 0))) = 0);
      WR13: NOT (SELF\characterized_object.description IN [ 'helix gear',
          'helical bevel gear' ]) OR (SIZEOF(QUERY (pd <* USEDIN(SELF,
          'INTEGRATED_CNC_SCHEMA.PROPERTY_DEFINITION.DEFINITION')| NOT
          (SIZEOF(QUERY (impl_rep <* QUERY (pdr <* USEDIN(pd,

'INTEGRATED_CNC_SCHEMA.PROPERTY_DEFINITION_REPRESENTATION.DEFINITION'

          )| (
```

```
'INTEGRATED_CNC_SCHEMA.SHAPE_REPRESENTATION_WITH_PARAMETERS'
      IN TYPEOF(pdr.used_representation)))| NOT (SIZEOF(QUERY (it
      <* impl_rep.used_representation.items| ((
      'INTEGRATED_CNC_SCHEMA.DESCRIPTIVE_REPRESENTATION_ITEM' IN
      TYPEOF(it)) AND (it.name = 'gear tooth')) AND ((it.
      description = 'left hand tooth') OR (it.description =
      'right hand tooth')))) = 1))) = 0))) = 0);
    WR14: NOT (SELF\characterized_object.description IN [
      'straight bevel gear', 'helical bevel gear' ]) OR (SIZEOF(
      QUERY (pd <* USEDIN(SELF,
      'INTEGRATED_CNC_SCHEMA.PROPERTY_DEFINITION.DEFINITION')| NOT
      (SIZEOF(QUERY (impl_rep <* QUERY (pdr <* USEDIN(pd,

'INTEGRATED_CNC_SCHEMA.PROPERTY_DEFINITION_REPRESENTATION.DEFINITION'

      )| (

'INTEGRATED_CNC_SCHEMA.SHAPE_REPRESENTATION_WITH_PARAMETERS'
      IN TYPEOF(pdr.used_representation)))| NOT (SIZEOF(QUERY (it
      <* impl_rep.used_representation.items| (SIZEOF([
      'INTEGRATED_CNC_SCHEMA.MEASURE_REPRESENTATION_ITEM',
      'INTEGRATED_CNC_SCHEMA.PLANE_ANGLE_MEASURE_WITH_UNIT' ] *
      TYPEOF(it)) = 2) AND (it.name = 'tip angle'))) = 1))) = 0)))
      = 0);
    WR15: NOT (SELF\characterized_object.description IN [
      'straight bevel gear', 'helical bevel gear' ]) OR (SIZEOF(
      QUERY (pd <* USEDIN(SELF,
      'INTEGRATED_CNC_SCHEMA.PROPERTY_DEFINITION.DEFINITION')| NOT
      (SIZEOF(QUERY (impl_rep <* QUERY (pdr <* USEDIN(pd,

'INTEGRATED_CNC_SCHEMA.PROPERTY_DEFINITION_REPRESENTATION.DEFINITION'

      )| (

'INTEGRATED_CNC_SCHEMA.SHAPE_REPRESENTATION_WITH_PARAMETERS'
      IN TYPEOF(pdr.used_representation)))| NOT (SIZEOF(QUERY (it
      <* impl_rep.used_representation.items| (SIZEOF([
      'INTEGRATED_CNC_SCHEMA.MEASURE_REPRESENTATION_ITEM',
      'INTEGRATED_CNC_SCHEMA.PLANE_ANGLE_MEASURE_WITH_UNIT' ] *
      TYPEOF(it)) = 2) AND (it.name = 'root angle'))) = 1))) = 0)))
      = 0);
    WR16: SIZEOF(QUERY (pds <* QUERY (pd <* USEDIN(SELF,
      'INTEGRATED_CNC_SCHEMA.PROPERTY_DEFINITION.DEFINITION')| (
      'INTEGRATED_CNC_SCHEMA.PRODUCT_DEFINITION_SHAPE' IN TYPEOF(pd
      )))| NOT (SIZEOF(QUERY (sa_occ <* USEDIN(pds,
      'INTEGRATED_CNC_SCHEMA.SHAPE_ASPECT.OF_SHAPE')| (SIZEOF(QUERY
      (sdr <* QUERY (sar <* USEDIN(sa_occ,
```

```
    'INTEGRATED_CNC_SCHEMA.SHAPE_ASPECT_RELATIONSHIP.RELATED_SHAPE_ASPECT'
          )| (sar.description = 'applied shape') AND (
          'INTEGRATED_CNC_SCHEMA.SHAPE_DEFINING_RELATIONSHIP' IN TYPEOF
          (sar)))| ('INTEGRATED_CNC_SCHEMA.SHAPE_ASPECT' IN TYPEOF(sdr.
          relating_shape_aspect)))) = 1))) = 1))) = 0;
END_ENTITY; -- 10303-522: aic_machining_feature
ENTITY general_property;
    id : identifier;
    name : label;
    description : OPTIONAL text;
END_ENTITY; -- 10303-41: product_property_definition_schema
ENTITY general_property_association;
    name : label;
    description : OPTIONAL text;
    base_definition : general_property;
    derived_definition : derived_property_select;
    WHERE
    WR1 : SIZEOF(USEDIN(derived_definition,'INTEGRATED_CNC_SCHEMA.' +
       'GENERAL_PROPERTY_ASSOCIATION.' + 'DERIVED_DEFINITION')) = 1;
    WR2: derived_definition.name = base_definition.name;
END_ENTITY; -- 10303-41: product_property_definition_schema
ENTITY generic_expression
    ABSTRACT SUPERTYPE OF (ONEOF(simple_generic_expression,
        unary_generic_expression, binary_generic_expression,
        multiple_arity_generic_expression));
    WHERE
        WR1: is_acyclic(SELF);
END_ENTITY; -- 13584-20: iso13584_generic_expressions_schema
    ENTITY generic_literal
        ABSTRACT SUPERTYPE
SUBTYPE OF (simple_generic_expression);
END_ENTITY; -- 13584-20: iso13584_generic_expressions_schema
ENTITY generic_variable
    ABSTRACT SUPERTYPE
    SUBTYPE OF (simple_generic_expression);
    INVERSE
        interpretation : environment FOR syntactic_representation;
END_ENTITY; -- 13584-20: iso13584_generic_expressions_schema
ENTITY geometric_alignment
    SUBTYPE OF (derived_shape_aspect);
    WHERE
    WR1: SIZEOF(SELF\derived_shape_aspect.deriving_relationships) > 1;
END_ENTITY; -- 10303-47: shape_aspect_definition_schema
ENTITY geometric_curve_set
    SUBTYPE OF (geometric_set);
    WHERE
    WR1: SIZEOF(QUERY (temp <* SELF\geometric_set.elements| (
       'INTEGRATED_CNC_SCHEMA.SURFACE' IN TYPEOF(temp)))) = 0;
```

```
END_ENTITY; -- 10303-42: geometric_model_schema
ENTITY geometric_intersection
    SUBTYPE OF (derived_shape_aspect);
    WHERE
        WR1: SIZEOF(SELF\derived_shape_aspect.deriving_relationships) > 1;
END_ENTITY; -- 10303-47: shape_aspect_definition_schema
ENTITY geometric_representation_context
    SUBTYPE OF (representation_context);
        coordinate_space_dimension : dimension_count;
END_ENTITY; -- 10303-42: geometry_schema
ENTITY geometric_representation_item
    SUPERTYPE OF (ONEOF(point, direction, vector, placement,
        cartesian_transformation_operator, curve, surface, edge_curve,
        face_surface, poly_loop, vertex_point, solid_model,
        right_circular_cylinder, block, shell_based_surface_model,
        face_based_surface_model, shell_based_wireframe_model,
        edge_based_wireframe_model, geometric_set))
    SUBTYPE OF (representation_item);
    DERIVE
        dim : dimension_count := dimension_of(SELF);
    WHERE
        WR1: SIZEOF(QUERY (using_rep <* using_representations(SELF)| NOT (
        'INTEGRATED_CNC_SCHEMA.GEOMETRIC_REPRESENTATION_CONTEXT' IN
        TYPEOF(using_rep.context_of_items)))) = 0;
END_ENTITY; -- 10303-42: geometry_schema
ENTITY geometric_set
    SUPERTYPE OF (geometric_curve_set)
        SUBTYPE OF (geometric_representation_item);
            elements : SET [1:?] OF geometric_set_select;
END_ENTITY; -- 10303-42: geometric_model_schema
ENTITY geometric_tolerance;
name : label;
description : text;
magnitude : measure_with_unit;
toleranced_shape_aspect : shape_aspect;
WHERE
WR1: ('NUMBER' IN TYPEOF(magnitude\measure_with_unit.value_component))
AND (magnitude\measure_with_unit.value_component >= 0.0);
END_ENTITY; -- 10303-47: shape_tolerance_schema
ENTITY geometric_tolerance_relationship;
    name : label;
    description : text;
    relating_geometric_tolerance : geometric_tolerance;
    related_geometric_tolerance : geometric_tolerance;
END_ENTITY; -- 10303-47: shape_tolerance_schema
ENTITY geometric_tolerance_with_datum_reference
    SUBTYPE OF (geometric_tolerance);
        datum_system : SET [1:?] OF datum_reference;
```

```
END_ENTITY; -- 10303-47: shape_tolerance_schema
ENTITY geometric_tolerance_with_defined_unit
    SUBTYPE OF (geometric_tolerance);
        unit_size : measure_with_unit;
    WHERE
    WR1: ('NUMBER' IN TYPEOF(unit_size\measure_with_unit.value_component))
        AND (unit_size\measure_with_unit.value_component > 0.0);
END_ENTITY; -- 10303-47: shape_tolerance_schema
ENTITY geometrically_bounded_surface_shape_representation
    SUBTYPE OF (shape_representation);
        WHERE
    WR1: SIZEOF(QUERY (it <* SELF.items| NOT (SIZEOF([
        'INTEGRATED_CNC_SCHEMA.GEOMETRIC_SET',
        'INTEGRATED_CNC_SCHEMA.MAPPED_ITEM',
        'INTEGRATED_CNC_SCHEMA.AXIS2_PLACEMENT_3D' ] * TYPEOF(it)) =
        1))) = 0;
    WR2: SIZEOF(QUERY (it <* SELF.items| (SIZEOF([
        'INTEGRATED_CNC_SCHEMA.GEOMETRIC_SET',
        'INTEGRATED_CNC_SCHEMA.MAPPED_ITEM' ] * TYPEOF(it)) = 1))) >
        0;
    WR3: SIZEOF(QUERY (mi <* QUERY (it <* SELF.items| (
        'INTEGRATED_CNC_SCHEMA.MAPPED_ITEM' IN TYPEOF(it)))| NOT ((
        'INTEGRATED_CNC_SCHEMA.' +
        'GEOMETRICALLY_BOUNDED_SURFACE_SHAPE_REPRESENTATION' IN
        TYPEOF(mi\mapped_item.mapping_source.mapped_representation))
        AND (SIZEOF(QUERY (mr_it <* mi\mapped_item.mapping_source.
        mapped_representation.items| (
        'INTEGRATED_CNC_SCHEMA.GEOMETRIC_SET' IN TYPEOF(mr_it)))) > 0
        )))) = 0;
    WR4: SIZEOF(QUERY (gs <* QUERY (it <* SELF.items| (
        'INTEGRATED_CNC_SCHEMA.GEOMETRIC_SET' IN TYPEOF(it)))| NOT (
        SIZEOF(QUERY (pnt <* QUERY (gsel <* gs\geometric_set.elements
        | ('INTEGRATED_CNC_SCHEMA.POINT' IN TYPEOF(gsel)))| NOT
        gbsf_check_point(pnt))) = 0))) = 0;
    WR5: SIZEOF(QUERY (gs <* QUERY (it <* SELF.items| (
        'INTEGRATED_CNC_SCHEMA.GEOMETRIC_SET' IN TYPEOF(it)))| NOT (
        SIZEOF(QUERY (cv <* QUERY (gsel <* gs\geometric_set.elements|
        ('INTEGRATED_CNC_SCHEMA.CURVE' IN TYPEOF(gsel)))| NOT
        gbsf_check_curve(cv))) = 0))) = 0;
    WR6: SIZEOF(QUERY (gs <* QUERY (it <* SELF.items| (
        'INTEGRATED_CNC_SCHEMA.GEOMETRIC_SET' IN TYPEOF(it)))| NOT (
        SIZEOF(QUERY (sf <* QUERY (gsel <* gs\geometric_set.elements|
        ('INTEGRATED_CNC_SCHEMA.SURFACE' IN TYPEOF(gsel)))| NOT
        gbsf_check_surface(sf))) = 0))) = 0;
    WR7: SIZEOF(QUERY (gs <* QUERY (it <* SELF.items| (
        'INTEGRATED_CNC_SCHEMA.GEOMETRIC_SET' IN TYPEOF(it)))| (
        SIZEOF(QUERY (gsel <* gs\geometric_set.elements| (
        'INTEGRATED_CNC_SCHEMA.SURFACE' IN TYPEOF(gsel)))) > 0))) > 0;
```

```
END_ENTITY; - - 10303 - 507: aic_geometrically_bounded_surface
ENTITY geometrically_bounded_wireframe_shape_representation
    SUBTYPE OF (shape_representation);
    WHERE
        WR1: SIZEOF(QUERY (it <* SELF.items| NOT (SIZEOF(TYPEOF(it) * [
            'INTEGRATED_CNC_SCHEMA.GEOMETRIC_CURVE_SET',
            'INTEGRATED_CNC_SCHEMA.AXIS2_PLACEMENT_3D',
            'INTEGRATED_CNC_SCHEMA.MAPPED_ITEM' ]) = 1))) = 0;
        WR2: SIZEOF(QUERY (it <* SELF.items| (SIZEOF(TYPEOF(it) * [
            'INTEGRATED_CNC_SCHEMA.GEOMETRIC_CURVE_SET',
            'INTEGRATED_CNC_SCHEMA.MAPPED_ITEM' ]) = 1))) >= 1;
        WR3: SIZEOF(QUERY (gcs <* QUERY (it <* SELF.items| (
            'INTEGRATED_CNC_SCHEMA.GEOMETRIC_CURVE_SET' IN TYPEOF(it)))|
            NOT (SIZEOF(QUERY (crv <* QUERY (elem <* gcs\geometric_set.
            elements| ('INTEGRATED_CNC_SCHEMA.CURVE' IN TYPEOF(elem)))|
            NOT valid_geometrically_bounded_wf_curve(crv))) = 0))) = 0;
        WR4: SIZEOF(QUERY (gcs <* QUERY (it <* SELF.items| (
            'INTEGRATED_CNC_SCHEMA.GEOMETRIC_CURVE_SET' IN TYPEOF(it)))|
            NOT (SIZEOF(QUERY (pnts <* QUERY (elem <* gcs\geometric_set.
            elements| ('INTEGRATED_CNC_SCHEMA.POINT' IN TYPEOF(elem)))|
            NOT valid_geometrically_bounded_wf_point(pnts))) = 0))) = 0;
        WR5: SIZEOF(QUERY (gcs <* QUERY (it <* SELF.items| (
            'INTEGRATED_CNC_SCHEMA.GEOMETRIC_CURVE_SET' IN TYPEOF(it)))|
            NOT (SIZEOF(QUERY (cnc <* QUERY (elem <* gcs\geometric_set.
            elements| ('INTEGRATED_CNC_SCHEMA.CONIC' IN TYPEOF(elem)))|
            NOT ('INTEGRATED_CNC_SCHEMA.AXIS2_PLACEMENT_3D' IN TYPEOF(cnc
            \conic.position)))) = 0))) = 0;
        WR6: SIZEOF(QUERY (gcs <* QUERY (it <* SELF.items| (
            'INTEGRATED_CNC_SCHEMA.GEOMETRIC_CURVE_SET' IN TYPEOF(it)))|
            NOT (SIZEOF(QUERY (pline <* QUERY (elem <* gcs\geometric_set.
            elements| ('INTEGRATED_CNC_SCHEMA.POLYLINE' IN TYPEOF(elem)))
            | NOT (SIZEOF(pline\polyline.points) > 2))) = 0))) = 0;
        WR7: SIZEOF(QUERY (mi <* QUERY (it <* SELF.items| (
            'INTEGRATED_CNC_SCHEMA.MAPPED_ITEM' IN TYPEOF(it)))| NOT (
            'INTEGRATED_CNC_SCHEMA.' +
            'GEOMETRICALLY_BOUNDED_WIREFRAME_SHAPE_REPRESENTATION' IN
            TYPEOF(mi\mapped_item.mapping_source.mapped_representation)))
             = 0;
END_ENTITY; - - 10303 - 510: aic_geometrically_bounded_wireframe
ENTITY global_uncertainty_assigned_context
    SUBTYPE OF (representation_context);
        uncertainty : SET [1:?] OF uncertainty_measure_with_unit;
END_ENTITY; - - 10303 - 43: representation_schema
ENTITY global_unit_assigned_context
    SUBTYPE OF (representation_context);
    units : SET [1:?] OF unit;
END_ENTITY; - - 10303 - 41: measure_schema
ENTITY grooving_turning_operation
```

```
    SUBTYPE OF (turning_type_operation);
    WHERE
        WR1: (SELF.description IN ['roughing', 'finishing', 'cutting in']);
        WR2: (verify_optional_action_property (SELF, 'dwell')) AND
            (verify_rep_type_for_action_property (SELF, 'dwell',

    ['INTEGRATED_CNC_SCHEMA.MACHINING_DWELL_TIME_REPRESENTATION']));
            WR3: (verify_optional_action_property (SELF, 'allowance')) AND
            (verify_length_measure_action_property (SELF, 'allowance'));
            -- allowance propery required for roughing
        WR4: NOT (SELF.description = 'roughing') OR
            (verify_required_action_property (SELF, 'allowance'));
            -- allowance propery forbidden for cutting in
        WR5: NOT (SELF.description = 'cutting in') OR
            (0 = SIZEOF (get_action_property (SELF, 'allowance')));
END_ENTITY; -- 10303-238: integrated_cnc_schema
ENTITY group;
    name : label;
    description : OPTIONAL text;
    DERIVE
    id : identifier := get_id_value(SELF);
    WHERE
    WR1: SIZEOF(USEDIN(SELF, 'INTEGRATED_CNC_SCHEMA.' +
        'ID_ATTRIBUTE.IDENTIFIED_ITEM')) <= 1;
END_ENTITY; -- 10303-41: group_schema
ENTITY hole_bottom
    SUBTYPE OF (shape_aspect);
    WHERE
    WR1: 'INTEGRATED_CNC_SCHEMA.FEATURE_COMPONENT_DEFINITION' IN TYPEOF(
        SELF.of_shape.definition);
    WR2: SELF.description IN [ 'through', 'flat', 'flat with radius',
        'flat with taper', 'spherical', 'conical' ];
    WR3: NOT (SELF.description = 'through') OR (SIZEOF(QUERY (pd <* USEDIN(
        SELF, 'INTEGRATED_CNC_SCHEMA.PROPERTY_DEFINITION.DEFINITION')
        | NOT (SIZEOF(USEDIN(pd, 'INTEGRATED_CNC_SCHEMA.' +
        'PROPERTY_DEFINITION_REPRESENTATION.DEFINITION')) = 0))) = 0);
    WR4: NOT (SELF.description IN [ 'flat with radius', 'flat with taper',
        'spherical', 'conical' ]) OR (SIZEOF(QUERY (pd <* USEDIN(SELF,
        'INTEGRATED_CNC_SCHEMA.PROPERTY_DEFINITION.DEFINITION')|
        NOT (SIZEOF(QUERY (pdr <* USEDIN(pd, 'INTEGRATED_CNC_SCHEMA.'
        + 'PROPERTY_DEFINITION_REPRESENTATION.DEFINITION')| (
        'INTEGRATED_CNC_SCHEMA.' +
        'SHAPE_REPRESENTATION_WITH_PARAMETERS' IN TYPEOF(pdr.
        used_representation)))) = 1))) = 0);
    WR5: NOT (SELF.description = 'flat') OR (SIZEOF(QUERY (pd <* USEDIN(
        SELF, 'INTEGRATED_CNC_SCHEMA.PROPERTY_DEFINITION.DEFINITION')
        | NOT (SIZEOF(QUERY (impl_rep <* QUERY (pdr <* USEDIN(pd,
        'INTEGRATED_CNC_SCHEMA.' +
```

```
    'PROPERTY_DEFINITION_REPRESENTATION.DEFINITION')| (
    'INTEGRATED_CNC_SCHEMA.' +
    'SHAPE_REPRESENTATION_WITH_PARAMETERS' IN TYPEOF(pdr.
    used_representation)))| NOT (SIZEOF(impl_rep.
    used_representation.items) = 0))) = 0))) = 0);
WR6: NOT (SELF.description IN ['flat with radius', 'spherical']) OR (
    SIZEOF(QUERY (pd <* USEDIN(SELF,
    'INTEGRATED_CNC_SCHEMA.PROPERTY_DEFINITION.DEFINITION')| NOT
    (SIZEOF(QUERY (impl_rep <* QUERY (pdr <* USEDIN(pd,
    'INTEGRATED_CNC_SCHEMA.' +
    'PROPERTY_DEFINITION_REPRESENTATION.DEFINITION')| (
    'INTEGRATED_CNC_SCHEMA.' +
    'SHAPE_REPRESENTATION_WITH_PARAMETERS' IN TYPEOF(pdr.
    used_representation)))| NOT (SIZEOF(impl_rep.
    used_representation.items) = 1))) = 0))) = 0);
WR7: NOT (SELF.description = 'flat with taper') OR (SIZEOF(QUERY (pd <*
    USEDIN(SELF,
    'INTEGRATED_CNC_SCHEMA.PROPERTY_DEFINITION.DEFINITION')| NOT
    (SIZEOF(QUERY (impl_rep <* QUERY (pdr <* USEDIN(pd,
    'INTEGRATED_CNC_SCHEMA.' +
    'PROPERTY_DEFINITION_REPRESENTATION.DEFINITION')| (
    'INTEGRATED_CNC_SCHEMA.' +
    'SHAPE_REPRESENTATION_WITH_PARAMETERS' IN TYPEOF(pdr.
    used_representation)))| NOT (SIZEOF(impl_rep.
    used_representation.items) = 2))) = 0))) = 0);
WR8: NOT (SELF.description = 'conical') OR (SIZEOF(QUERY (pd <* USEDIN(
    SELF, 'INTEGRATED_CNC_SCHEMA.PROPERTY_DEFINITION.DEFINITION')
    | NOT (SIZEOF(QUERY (impl_rep <* QUERY (pdr <* USEDIN(pd,
    'INTEGRATED_CNC_SCHEMA.' +
    'PROPERTY_DEFINITION_REPRESENTATION.DEFINITION')| (
    'INTEGRATED_CNC_SCHEMA.' +
    'SHAPE_REPRESENTATION_WITH_PARAMETERS' IN TYPEOF(pdr.
    used_representation)))| NOT (SIZEOF(impl_rep.
    used_representation.items) >= 1) AND (SIZEOF(impl_rep.
    used_representation.items) <= 2))) = 0))) = 0);
WR9: (SELF.description = 'through') OR (SIZEOF(QUERY (fcr <* QUERY (sar
    <* USEDIN(SELF,
    'INTEGRATED_CNC_SCHEMA.SHAPE_ASPECT_RELATIONSHIP.' +
    'RELATING_SHAPE_ASPECT')| (sar.description =
    'hole bottom usage') AND (
    'INTEGRATED_CNC_SCHEMA.FEATURE_COMPONENT_RELATIONSHIP' IN
    TYPEOF(sar)))| (fcr.name IN ['hole depth start',
    'hole depth end']))) >= 1);
WR10: NOT (SELF.description = 'flat with radius') OR (SIZEOF(QUERY (pd
    <* USEDIN(SELF,
    'INTEGRATED_CNC_SCHEMA.PROPERTY_DEFINITION.DEFINITION')| NOT
    (SIZEOF(QUERY (impl_rep <* QUERY (pdr <* USEDIN(pd,
    'INTEGRATED_CNC_SCHEMA.' +
```

```
    'PROPERTY_DEFINITION_REPRESENTATION.DEFINITION')| (
    'INTEGRATED_CNC_SCHEMA.' +
    'SHAPE_REPRESENTATION_WITH_PARAMETERS' IN TYPEOF(pdr.
    used_representation)))| NOT (SIZEOF(QUERY (it <* impl_rep.
    used_representation.items| (SIZEOF([
    'INTEGRATED_CNC_SCHEMA.MEASURE_REPRESENTATION_ITEM',
    'INTEGRATED_CNC_SCHEMA.LENGTH_MEASURE_WITH_UNIT' ] * TYPEOF(
    it)) = 2) AND (it.name = 'corner radius'))) = 1))) = 0))) = 0
    );
WR11: NOT (SELF.description = 'spherical') OR (SIZEOF(QUERY (pd <*
    USEDIN(SELF,
    'INTEGRATED_CNC_SCHEMA.PROPERTY_DEFINITION.DEFINITION')| NOT
    (SIZEOF(QUERY (impl_rep <* QUERY (pdr <* USEDIN(pd,
    'INTEGRATED_CNC_SCHEMA.' +
    'PROPERTY_DEFINITION_REPRESENTATION.DEFINITION')| (
    'INTEGRATED_CNC_SCHEMA.' +
    'SHAPE_REPRESENTATION_WITH_PARAMETERS' IN TYPEOF(pdr.
    used_representation)))| NOT (SIZEOF(QUERY (it <* impl_rep.
    used_representation.items| (SIZEOF([
    'INTEGRATED_CNC_SCHEMA.MEASURE_REPRESENTATION_ITEM',
    'INTEGRATED_CNC_SCHEMA.LENGTH_MEASURE_WITH_UNIT' ] * TYPEOF(
    it)) = 2) AND (it.name = 'radius'))) = 1))) = 0))) = 0);
WR12: NOT (SELF.description = 'conical') OR (SIZEOF(QUERY (pd <* USEDIN
    (SELF, 'INTEGRATED_CNC_SCHEMA.PROPERTY_DEFINITION.DEFINITION'
    )| NOT (SIZEOF(QUERY (impl_rep <* QUERY (pdr <* USEDIN(pd,
    'INTEGRATED_CNC_SCHEMA.' +
    'PROPERTY_DEFINITION_REPRESENTATION.DEFINITION')| (
    'INTEGRATED_CNC_SCHEMA.' +
    'SHAPE_REPRESENTATION_WITH_PARAMETERS' IN TYPEOF(pdr.
    used_representation)))| NOT (SIZEOF(QUERY (it <* impl_rep.
    used_representation.items| (SIZEOF([
    'INTEGRATED_CNC_SCHEMA.MEASURE_REPRESENTATION_ITEM',
    'INTEGRATED_CNC_SCHEMA.LENGTH_MEASURE_WITH_UNIT' ] * TYPEOF(
    it)) = 2) AND (it.name = 'tip radius'))) <= 1))) = 0))) = 0);
WR13: NOT (SELF.description = 'conical') OR (SIZEOF(QUERY (pd <* USEDIN
    (SELF, 'INTEGRATED_CNC_SCHEMA.PROPERTY_DEFINITION.DEFINITION'
    )| NOT (SIZEOF(QUERY (impl_rep <* QUERY (pdr <* USEDIN(pd,
    'INTEGRATED_CNC_SCHEMA.' +
    'PROPERTY_DEFINITION_REPRESENTATION.DEFINITION')| (
    'INTEGRATED_CNC_SCHEMA.' +
    'SHAPE_REPRESENTATION_WITH_PARAMETERS' IN TYPEOF(pdr.
    used_representation)))| NOT (SIZEOF(QUERY (it <* impl_rep.
    used_representation.items| (SIZEOF([
    'INTEGRATED_CNC_SCHEMA.MEASURE_REPRESENTATION_ITEM',
    'INTEGRATED_CNC_SCHEMA.PLANE_ANGLE_MEASURE_WITH_UNIT' ] *
    TYPEOF(it)) = 2) AND (it.name = 'tip angle'))) = 1))) = 0)))
    = 0);
WR14: SIZEOF(QUERY (fcr <* QUERY (sar <* USEDIN(SELF,
```

```
        'INTEGRATED_CNC_SCHEMA.SHAPE_ASPECT_RELATIONSHIP.' +
        'RELATING_SHAPE_ASPECT')| (sar.description =
        'hole bottom usage') AND (
        'INTEGRATED_CNC_SCHEMA.FEATURE_COMPONENT_RELATIONSHIP' IN
        TYPEOF(sar)))| ((fcr.related_shape_aspect.description =
        'bottom condition occurrence') AND (
        'INTEGRATED_CNC_SCHEMA.ROUND_HOLE' IN TYPEOF(fcr.
        related_shape_aspect.of_shape.definition))) AND (
        'INTEGRATED_CNC_SCHEMA.HOLE_BOTTOM' IN TYPEOF(fcr.
        relating_shape_aspect)))) >= 1;
    WR15: NOT (SELF.description = 'flat with taper') OR (SIZEOF(QUERY (pd
        <* USEDIN(SELF,
        'INTEGRATED_CNC_SCHEMA.PROPERTY_DEFINITION.DEFINITION')| NOT
        (SIZEOF(QUERY (impl_rep <* QUERY (pdr <* USEDIN(pd,
        'INTEGRATED_CNC_SCHEMA.' +
        'PROPERTY_DEFINITION_REPRESENTATION.DEFINITION')| (
        'INTEGRATED_CNC_SCHEMA.' +
        'SHAPE_REPRESENTATION_WITH_PARAMETERS' IN TYPEOF(pdr.
        used_representation)))| NOT (SIZEOF(QUERY (it <* impl_rep.
        used_representation.items| (SIZEOF([
        'INTEGRATED_CNC_SCHEMA.MEASURE_REPRESENTATION_ITEM',
        'INTEGRATED_CNC_SCHEMA.LENGTH_MEASURE_WITH_UNIT' ] * TYPEOF(
        it)) = 2) AND (it.name = 'final diameter'))) = 1))) = 0))) =
        0);
    WR16: NOT (SELF.description = 'flat with taper') OR (SIZEOF(QUERY (pd
        <* USEDIN(SELF,
        'INTEGRATED_CNC_SCHEMA.PROPERTY_DEFINITION.DEFINITION')| NOT
        (SIZEOF(QUERY (impl_rep <* QUERY (pdr <* USEDIN(pd,
        'INTEGRATED_CNC_SCHEMA.' +
        'PROPERTY_DEFINITION_REPRESENTATION.DEFINITION')| (
        'INTEGRATED_CNC_SCHEMA.' +
        'SHAPE_REPRESENTATION_WITH_PARAMETERS' IN TYPEOF(pdr.
        used_representation)))| NOT (SIZEOF(QUERY (it <* impl_rep.
        used_representation.items| (SIZEOF([
        'INTEGRATED_CNC_SCHEMA.MEASURE_REPRESENTATION_ITEM',
        'INTEGRATED_CNC_SCHEMA.PLANE_ANGLE_MEASURE_WITH_UNIT' ] *
        TYPEOF(it)) = 2) AND (it.name = 'taper diameter'))) = 1))) =
        0))) = 0);
END_ENTITY; -- 10303-522: aic_machining_feature
ENTITY hyperbola
    SUBTYPE OF (conic);
    semi_axis : positive_length_measure;
    semi_imag_axis : positive_length_measure;
END_ENTITY; -- 10303-42: geometry_schema
ENTITY id_attribute;
    attribute_value : identifier;
    identified_item : id_attribute_select;
END_ENTITY; -- 10303-41: basic_attribute_schema
```

```
ENTITY identification_assignment
    ABSTRACT SUPERTYPE;
    assigned_id : identifier;
    role : identification_role;
END_ENTITY; -- 10303-41: management_resources_schema
ENTITY identification_role;
    name : label;
    description : OPTIONAL text;
END_ENTITY; -- 10303-41: management_resources_schema
ENTITY instanced_feature
SUBTYPE OF (feature_definition, shape_aspect);
WHERE
WR1: 'INTEGRATED_CNC_SCHEMA.PRODUCT_DEFINITION' IN TYPEOF(SELF.of_shape
.definition);
WR2: SELF.product_definitional;
END_ENTITY; -- 10303-522: aic_machining_feature
    ENTITY int_literal
    SUBTYPE OF (literal_number);
    SELF\literal_number.the_value : INTEGER;
END_ENTITY; -- 13584-20: iso13584_expressions_schema
ENTITY int_numeric_variable
    SUBTYPE OF (numeric_variable);
END_ENTITY; -- 13584-20: iso13584_expressions_schema
ENTITY intersection_curve
    SUBTYPE OF (surface_curve);
    WHERE
        WR1: SIZEOF(SELF\surface_curve.associated_geometry) = 2;
        WR2: associated_surface(SELF\surface_curve.associated_geometry[1]) <>
            associated_surface(SELF\surface_curve.associated_geometry[2]);
END_ENTITY; -- 10303-42: geometry_schema
ENTITY item_defined_transformation;
    name : label;
    description : OPTIONAL text;
    transform_item_1 : representation_item;
    transform_item_2 : representation_item;
END_ENTITY; -- 10303-43: representation_schema
ENTITY known_source
    SUBTYPE OF (external_source, pre_defined_item);
END_ENTITY; -- 10303-238: integrated_cnc_schema
ENTITY knurling_turning_operation
    SUBTYPE OF (turning_type_operation);
END_ENTITY; -- 10303-238: integrated_cnc_schema
ENTITY length_measure_with_unit
    SUBTYPE OF (measure_with_unit);
    WHERE
        WR1: 'INTEGRATED_CNC_SCHEMA.LENGTH_UNIT' IN TYPEOF(SELF\
            measure_with_unit.unit_component);
END_ENTITY; -- 10303-41: measure_schema
```

```
ENTITY length_unit
    SUBTYPE OF (named_unit);
    WHERE
        WR1: ((((((SELF\named_unit.dimensions.length_exponent = 1.0) AND (SELF\
            named_unit.dimensions.mass_exponent = 0.0)) AND (SELF\
            named_unit.dimensions.time_exponent = 0.0)) AND (SELF\
            named_unit.dimensions.electric_current_exponent = 0.0)) AND (
            SELF\named_unit.dimensions.thermodynamic_temperature_exponent
             = 0.0)) AND (SELF\named_unit.dimensions.
            amount_of_substance_exponent = 0.0)) AND (SELF\named_unit.
            dimensions.luminous_intensity_exponent = 0.0);
END_ENTITY; - - 10303 - 41: measure_schema
ENTITY limits_and_fits;
    form_variance : label;
    zone_variance : label;
    grade : label;
    source : text;
END_ENTITY; - - 10303 - 47: shape_tolerance_schema
ENTITY line
    SUBTYPE OF (curve);
    pnt : cartesian_point;
    dir : vector;
    WHERE
        WR1: dir.dim = pnt.dim;
END_ENTITY; - - 10303 - 42: geometry_schem
ENTITY line_profile_tolerance
    SUBTYPE OF (geometric_tolerance);
    WHERE
        WR1: NOT (´INTEGRATED_CNC_SCHEMA.´ +
            ´GEOMETRIC_TOLERANCE_WITH_DATUM_REFERENCE´ IN TYPEOF(SELF))
            OR (SIZEOF(SELF\geometric_tolerance_with_datum_reference.
            datum_system) <= 3);
        WR2: SIZEOF(QUERY (sar <* USEDIN(SELF\geometric_tolerance.
            toleranced_shape_aspect, ´INTEGRATED_CNC_SCHEMA.´ +
            ´SHAPE_ASPECT_RELATIONSHIP.RELATING_SHAPE_ASPECT´)| (sar.name
            IN [ ´affected plane association´,
            ´resulting intersection curve association´ ]))) = 1;
END_ENTITY; - - 10303 - 519: aic_geometric_tolerances
ENTITY linear_profile
    SUBTYPE OF (shape_aspect);
    WHERE
        WR1: ´INTEGRATED_CNC_SCHEMA.FEATURE_COMPONENT_DEFINITION´ IN
    TYPEOF(
            SELF.of_shape.definition);
        WR2: SIZEOF(QUERY (pd <* USEDIN(SELF,
            ´INTEGRATED_CNC_SCHEMA.PROPERTY_DEFINITION.DEFINITION´)| NOT
            (SIZEOF(QUERY (pdr <* USEDIN(pd, ´INTEGRATED_CNC_SCHEMA.´ +
            ´PROPERTY_DEFINITION_REPRESENTATION.DEFINITION´)| (
```

```
            'INTEGRATED_CNC_SCHEMA.' +
            'SHAPE_REPRESENTATION_WITH_PARAMETERS' IN TYPEOF(pdr.
            used_representation)))) = 1))) = 0;
        WR3: SIZEOF(QUERY (pd <* USEDIN(SELF,
            'INTEGRATED_CNC_SCHEMA.PROPERTY_DEFINITION.DEFINITION')| NOT
            (SIZEOF(QUERY (impl_rep <* QUERY (pdr <* USEDIN(pd,
            'INTEGRATED_CNC_SCHEMA.' +
            'PROPERTY_DEFINITION_REPRESENTATION.DEFINITION')| (
            'INTEGRATED_CNC_SCHEMA.' +
            'SHAPE_REPRESENTATION_WITH_PARAMETERS' IN TYPEOF(pdr.
            used_representation)))| NOT (SIZEOF(impl_rep.
            used_representation.items) = 2))) = 0))) = 0;
        WR4: SIZEOF(QUERY (pd <* USEDIN(SELF,
            'INTEGRATED_CNC_SCHEMA.PROPERTY_DEFINITION.DEFINITION')| NOT
            (SIZEOF(QUERY (impl_rep <* QUERY (pdr <* USEDIN(pd,
            'INTEGRATED_CNC_SCHEMA.' +
            'PROPERTY_DEFINITION_REPRESENTATION.DEFINITION')| (
            'INTEGRATED_CNC_SCHEMA.' +
            'SHAPE_REPRESENTATION_WITH_PARAMETERS' IN TYPEOF(pdr.
            used_representation)))| NOT (SIZEOF(QUERY (it <* impl_rep.
            used_representation.items| ('INTEGRATED_CNC_SCHEMA.PLACEMENT'
            IN TYPEOF(it)) AND (it.name = 'orientation'))) = 1))) = 0)))
            = 0;
        WR5: SIZEOF(QUERY (pd <* USEDIN(SELF,
            'INTEGRATED_CNC_SCHEMA.PROPERTY_DEFINITION.DEFINITION')| NOT
            (SIZEOF(QUERY (impl_rep <* QUERY (pdr <* USEDIN(pd,
            'INTEGRATED_CNC_SCHEMA.' +
            'PROPERTY_DEFINITION_REPRESENTATION.DEFINITION')| (
            'INTEGRATED_CNC_SCHEMA.' +
            'SHAPE_REPRESENTATION_WITH_PARAMETERS' IN TYPEOF(pdr.
            used_representation)))| NOT (SIZEOF(QUERY (it <* impl_rep.
            used_representation.items| (SIZEOF([
            'INTEGRATED_CNC_SCHEMA.MEASURE_REPRESENTATION_ITEM',
            'INTEGRATED_CNC_SCHEMA.LENGTH_MEASURE_WITH_UNIT' ] * TYPEOF(
            it)) = 2) AND (it.name = 'profile length'))) = 1))) = 0))) =
            0;
        END_ENTITY; -- 10303-522: aic_machining_feature
ENTITY literal_number
    ABSTRACT SUPERTYPE OF (ONEOF(int_literal, real_literal))
    SUBTYPE OF (simple_numeric_expression, generic_literal);
        the_value : NUMBER;
END_ENTITY; -- 13584-20: iso13584_expressions_schema
ENTITY local_time;
    hour_component : hour_in_day;
    minute_component : OPTIONAL minute_in_hour;
    second_component : OPTIONAL second_in_minute;
    zone : coordinated_universal_time_offset;
    WHERE
```

```
        WR1: valid_time(SELF);
END_ENTITY; -- 10303-41: date_time_schema
ENTITY location_shape_representation
    SUBTYPE OF (shape_representation);
    WHERE
    WR1: SIZEOF(SELF.items) = 1;
    WR2: SIZEOF(QUERY (it <* SELF.items| NOT ('INTEGRATED_CNC_SCHEMA.POINT'
        IN TYPEOF(it)))) = 0;
END_ENTITY; -- 10303-522: aic_machining_feature
ENTITY loop
    SUPERTYPE OF (ONEOF(vertex_loop, edge_loop, poly_loop))
    SUBTYPE OF (topological_representation_item);
END_ENTITY; -- 10303-42: topology_schema
ENTITY machining_adaptive_control_relationship
    SUBTYPE OF (action_method_relationship);
END_ENTITY; -- 10303-238: integrated_cnc_schema
ENTITY machining_approach_retract_strategy
    SUBTYPE OF (machining_strategy);
    WHERE
        WR1: (SELF.description IN ['along path',
            'approach retract angle', 'approach retract tangent',
            'plunge helix', 'plunge ramp', 'plunge toolaxis',
            'plunge zigzag']);
        WR2: (verify_optional_action_property (SELF, 'tool orientation')) AND
            (verify_rep_item_for_action_property (SELF, 'tool orientation',
            ['INTEGRATED_CNC_SCHEMA.DIRECTION']));
        WR3: NOT (SELF.description = 'along path') OR
            ((1 <= get_count_of_relating_amr (SELF,

    ['INTEGRATED_CNC_SCHEMA.MACHINING_TOOLPATH_SEQUENCE_RELATIONSHIP']))
        AND
        (verify_related_type_for_amr (SELF,

    ['INTEGRATED_CNC_SCHEMA.MACHINING_TOOLPATH_SEQUENCE_RELATIONSHIP'],
        ['INTEGRATED_CNC_SCHEMA.MACHINING_TOOLPATH']))
        );
    WR4: NOT (SELF.description = 'approach retract angle') OR
        ((verify_required_action_property (SELF, 'travel angle')) AND
        (verify_angle_measure_action_property (SELF, 'travel angle')) AND
        (verify_required_action_property (SELF, 'travel length')) AND
        (verify_length_measure_action_property (SELF, 'travel length')));
    WR5: NOT (SELF.description = 'approach retract tangent') OR
        ((verify_required_action_property (SELF, 'travel radius')) AND
        (verify_length_measure_action_property (SELF, 'travel radius')));
    WR6: NOT (SELF.description IN ['plunge helix', 'plunge ramp', 'plunge
        zigzag']) OR
        ((verify_required_action_property (SELF, 'plunge angle')) AND
        (verify_angle_measure_action_property (SELF, 'plunge angle')));
```

```
    WR7: NOT (SELF.description = ´plunge helix´) OR
        ((verify_required_action_property (SELF, ´plunge radius´)) AND
        (verify_length_measure_action_property (SELF, ´plunge radius´)));
    WR8: NOT (SELF.description = ´plunge zigzag´) OR
        ((verify_required_action_property (SELF, ´plunge width´)) AND
        (verify_length_measure_action_property (SELF, ´plunge width´)));
END_ENTITY; - - 10303 - 238: integrated_cnc_schema
ENTITY machining_cutting_component
    SUBTYPE OF (action_resource,characterized_object);
    WHERE
        WR1: (1 >= SIZEOF (USEDIN (SELF, ´INTEGRATED_CNC_SCHEMA.´ +
            ´MATERIAL_DESIGNATION.DEFINITIONS´)));
        WR2: (1 >= SIZEOF (QUERY (arr <* USEDIN (SELF,

    ´INTEGRATED_CNC_SCHEMA.REQUIREMENT_FOR_ACTION_RESOURCE.RESOURCES´)
|(arr.kind.name = ´cutting component´) AND
            (0 < SIZEOF (QUERY (mt <* arr.operations |
            ´INTEGRATED_CNC_SCHEMA.MACHINING_TECHNOLOGY´ IN TYPEOF (mt))))
            )));
        WR3: (verify_optional_resource_property (SELF, ´expected life´)) AND
            (verify_time_measure_resource_property (SELF, ´expected life´));
        WR4: NOT (SELF.kind.name = ´milling cutting edge´) OR
            ((verify_required_resource_property
            (SELF, ´functional length´)) AND
            (verify_length_measure_resource_property
            (SELF, ´functional length´))
        );
    WR5: NOT (SELF.kind.name = ´turning cutting edge´) OR
        ((verify_optional_resource_property
        (SELF, ´cutting edge length´)) AND
        (verify_length_measure_resource_property
        (SELF, ´cutting edge length´)) AND
        (verify_optional_resource_property
        (SELF, ´cutting edge angle´)) AND
        (verify_angle_measure_resource_property
        (SELF, ´cutting edge angle´)) AND
        (verify_optional_resource_property
        (SELF, ´cutting edge angle type´)) AND
        (verify_rep_item_for_resource_property
        (SELF, ´cutting edge angle type´,
        [´INTEGRATED_CNC_SCHEMA.DESCRIPTIVE_REPRESENTATION_ITEM´])) AND
        (verify_optional_resource_property
        (SELF, ´tool included angle´)) AND
        (verify_angle_measure_resource_property
        (SELF, ´tool included angle´)) AND
        (verify_rep_type_for_resource_property
        (SELF, ´corner transitions´,
        [´INTEGRATED_CNC_SCHEMA.´ +
```

```
        'MACHINING_CUTTING_CORNER_REPRESENTATION'])) AND
        (verify_optional_resource_property
        (SELF, 'maximum side cutting depth')) AND
        (verify_length_measure_resource_property
        (SELF, 'maximum side cutting depth')) AND
        (verify_optional_resource_property
        (SELF, 'maximum end cutting depth')) AND
        (verify_length_measure_resource_property
        (SELF, 'maximum end cutting depth'))
        );
END_ENTITY; -- 10303-238: integrated_cnc_schema
ENTITY machining_cutting_corner_representation
    SUBTYPE OF (representation);
    WHERE
        WR1: ((verify_required_rep_item (SELF, 'corner identity')) AND
            (verify_count_measure_rep_item (SELF, 'corner identity'))
            );
        WR2: NOT (SELF.name = 'chamfered corner') OR
            ((verify_required_rep_item (SELF, 'chamfer angle')) AND
            (verify_angle_measure_rep_item (SELF, 'chamfer angle')) AND
            (verify_optional_rep_item (SELF, 'chamfer length')) AND
            (verify_length_measure_rep_item (SELF, 'chamfer length')) AND
            (verify_optional_rep_item (SELF, 'chamfer width')) AND
            (verify_length_measure_rep_item (SELF, 'chamfer width'))
            );
        WR3: NOT (SELF.name = 'rounded corner') OR
            ((verify_required_rep_item (SELF, 'radius')) AND
            (verify_length_measure_rep_item (SELF, 'radius'))
            );
        WR4: NOT (SELF.name = 'profiled corner') OR
            (1 = SIZEOF (QUERY (prep <* USEDIN (SELF, 'INTEGRATED_CNC_SCHEMA.' +
            'PROPERTY_DEFINITION_REPRESENTATION.USED_REPRESENTATION') |
            (('INTEGRATED_CNC_SCHEMA.LINEAR_PROFILE'
            IN TYPEOF(prep.definition)) OR
            ('INTEGRATED_CNC_SCHEMA.OPEN_PATH_PROFILE'
            IN TYPEOF(prep.definition)) OR
            ('INTEGRATED_CNC_SCHEMA.PARTIAL_CIRCULAR_PROFILE'
            IN TYPEOF(prep.definition)) OR
            ('INTEGRATED_CNC_SCHEMA.ROUNDED_U_PROFILE'
            IN TYPEOF(prep.definition)) OR
            ('INTEGRATED_CNC_SCHEMA.SQUARE_U_PROFILE'
            IN TYPEOF(prep.definition)) OR
            ('INTEGRATED_CNC_SCHEMA.TEE_PROFILE'
            IN TYPEOF(prep.definition)) OR
            ('INTEGRATED_CNC_SCHEMA.VEE_PROFILE'
            IN TYPEOF(prep.definition)))
            )));
END_ENTITY; -- 10303-238: integrated_cnc_schema
```

```
ENTITY machining_dwell_time_representation
     SUBTYPE OF (representation);
     WHERE
          WR1: (SELF.name IN ['dwell time', 'dwell revolution']);
          WR2: NOT (SELF.name = 'dwell time') OR
               ((verify_required_rep_item (SELF, 'dwell time')) AND
               (verify_time_measure_rep_item (SELF, 'dwell time'))
               );
          WR3: NOT (SELF.name = 'dwell revolution') OR
               ((verify_required_rep_item (SELF, 'dwell revolution')) AND
               (verify_count_measure_rep_item (SELF, 'dwell revolution'))
               );
END_ENTITY; -- 10303-238: integrated_cnc_schema
ENTITY machining_execution_resource
     SUBTYPE OF (action_resource);
     WHERE
          WR1: ((verify_optional_resource_property (SELF, 'feedrate')) AND
               (verify_rep_type_for_resource_property (SELF, 'feedrate',

     ['INTEGRATED_CNC_SCHEMA.MACHINING_FEED_SPEED_REPRESENTATION'])));
          WR2: ((verify_optional_resource_property (SELF, 'spindle')) AND
               (verify_rep_type_for_resource_property (SELF, 'spindle',

     ['INTEGRATED_CNC_SCHEMA.MACHINING_SPINDLE_SPEED_REPRESENTATION'])));
          WR3: ((verify_optional_resource_property (SELF, 'spindle power')) AND
               (verify_rep_item_for_resource_property (SELF, 'spindle power',
               ['INTEGRATED_CNC_SCHEMA.MEASURE_REPRESENTATION_ITEM'])));
          WR4: ((verify_optional_resource_property (SELF, 'spindle torque')) AND
               (verify_rep_item_for_resource_property (SELF, 'spindle torque',
               ['INTEGRATED_CNC_SCHEMA.MEASURE_REPRESENTATION_ITEM'])));
          WR5: ((verify_optional_resource_property
               (SELF, 'number of control axis')) AND
               (verify_count_measure_resource_property
               (SELF, 'number of control axis')));
          WR6: ((verify_optional_resource_property
               (SELF, 'number of simultaneous axis')) AND
               (verify_count_measure_resource_property
               (SELF, 'number of simultaneous axis')));
          WR7: ((verify_optional_resource_property
               (SELF, 'positioning accuracy')) AND
               (verify_length_measure_resource_property
               (SELF, 'positioning accuracy')));
          WR8: ((verify_optional_resource_property (SELF, 'table indexing')) AND
               (verify_enumeration_resource_property (SELF, 'table indexing',
               ['required', 'not required'])));
          WR9: ((verify_optional_resource_property
               (SELF, 'table length')) AND
               (verify_length_measure_resource_property
```

```
            (SELF, 'table length')) AND
            (verify_optional_resource_property
            (SELF, 'table width')) AND
            (verify_length_measure_resource_property
            (SELF, 'table width')));
        WR10: ((verify_optional_resource_property (SELF, 'axis travel')) AND
            (0 = SIZEOF (QUERY (prop <* get_resource_property
            (SELF, 'axis travel') | NOT
            ((0 < SIZEOF (QUERY (prep <* USEDIN (prop,
    'INTEGRATED_CNC_SCHEMA.RESOURCE_PROPERTY_REPRESENTATION.PROPERTY')
            |(1 <= SIZEOF (QUERY ( it <* prep.representation.items |
            (SIZEOF([
            'INTEGRATED_CNC_SCHEMA.MEASURE_REPRESENTATION_ITEM',
            'INTEGRATED_CNC_SCHEMA.LENGTH_MEASURE_WITH_UNIT'] *
            TYPEOF(it)) = 2))))
            ))))
            ))));
        WR11: ((verify_optional_resource_property
            (SELF, 'work volume length')) AND
            (verify_length_measure_resource_property
            (SELF, 'work volume length')) AND
            (verify_optional_resource_property
            (SELF, 'work volume width')) AND
            (verify_length_measure_resource_property
            (SELF, 'work volume width')) AND
            (verify_optional_resource_property
            (SELF, 'work volume height')) AND
            (verify_length_measure_resource_property
            (SELF, 'work volume height'))
            );
        WR12: (0 = SIZEOF (get_action_property (SELF, 'axis travel'))) OR
            ((0 = SIZEOF (get_action_property (SELF, 'work volume length'))) AND
            (0 = SIZEOF (get_action_property (SELF, 'work volume width'))) AND
            (0 = SIZEOF (get_action_property (SELF, 'work volume height'))));
END_ENTITY; -- 10303-238: integrated_cnc_schema
ENTITY machining_feature_process
    SUBTYPE OF (machining_process_executable);
    WHERE
        WR1: (1 = SIZEOF (QUERY (act <*
            USEDIN (SELF, 'INTEGRATED_CNC_SCHEMA.ACTION.CHOSEN_METHOD') |
            (act.name = 'machining')))) AND
            (0 = SIZEOF (QUERY (act <*
            USEDIN (SELF, 'INTEGRATED_CNC_SCHEMA.ACTION.CHOSEN_METHOD') |
            (act.name = 'machining') AND NOT
            ('INTEGRATED_CNC_SCHEMA.PROPERTY_PROCESS' IN TYPEOF (act))
            )));
END_ENTITY; -- 10303-238: integrated_cnc_schema
ENTITY machining_feature_relationship
```

```
    SUBTYPE OF (action_method_relationship);
END_ENTITY; -- 10303-238: integrated_cnc_schema
ENTITY machining_feature_sequence_relationship
    SUBTYPE OF (machining_feature_relationship, sequential_method);
END_ENTITY; -- 10303-238: integrated_cnc_schema
ENTITY machining_feed_speed_representation
    SUBTYPE OF (representation);
    WHERE
        WR1: (SELF.name IN ['feed speed', 'feed per revolution',
            'feed per tooth', 'relative speed']);
        WR2: NOT (SELF.name = 'feed speed') OR
            ((verify_required_rep_item (SELF, 'feed speed')) AND
            (verify_linear_speed_measure_rep_item (SELF, 'feed speed'))
            );
        WR3: NOT (SELF.name = 'feed per revolution') OR
            ((verify_required_rep_item (SELF, 'feed per revolution')) AND
            (0 = SIZEOF (QUERY ( it <* SELF.items |
            (it.name = 'feed per revolution') AND NOT (
            'INTEGRATED_CNC_SCHEMA.MEASURE_REPRESENTATION_ITEM' IN
            TYPEOF(it)))))
            );
        WR4: NOT (SELF.name = 'feed per tooth') OR
            ((verify_required_rep_item (SELF, 'feed per tooth')) AND
            (0 = SIZEOF (QUERY ( it <* SELF.items |
            (it.name = 'feed per tooth') AND NOT (
            'INTEGRATED_CNC_SCHEMA.MEASURE_REPRESENTATION_ITEM' IN
            TYPEOF(it)))))
            );
        WR5: NOT (SELF.name = 'relative speed') OR
            ((verify_required_rep_item (SELF, 'relative speed')) AND
            (verify_ratio_measure_rep_item (SELF, 'relative speed'))
            );
END_ENTITY; -- 10303-238: integrated_cnc_schema
ENTITY machining_final_feature_relationship
    SUBTYPE OF (action_method_relationship);
END_ENTITY; -- 10303-238: integrated_cnc_schema
ENTITY machining_functions
    SUBTYPE OF (action_method);
    WHERE
        WR1: NOT (SELF.description = 'milling') OR
            ((verify_required_action_property (SELF, 'coolant')) AND
            (verify_enumeration_action_property (SELF, 'coolant',
            ['coolant on', 'coolant off'])) AND
            (verify_optional_action_property
            (SELF, 'coolant pressure')) AND
            (verify_pressure_measure_action_property
            (SELF, 'coolant pressure')) AND
            (verify_optional_action_property (SELF, 'mist')) AND
```

```
        (verify_enumeration_action_property (SELF, 'mist',
        ['mist on', 'mist off'])) AND
        (verify_optional_action_property
        (SELF, 'through spindle coolant')) AND
        (verify_enumeration_action_property
        (SELF, 'through spindle coolant',
        ['through spindle coolant on', 'through spindle coolant off'])) AND
        (verify_optional_action_property
        (SELF, 'through spindle pressure')) AND
        (verify_pressure_measure_action_property
        (SELF, 'through spindle pressure')) AND
        -- axis constraints property must contain zero or more ranges
        (0 = SIZEOF (QUERY (prop <* get_action_property
        (SELF, 'axis constraints') | NOT
        ((0 < SIZEOF (QUERY (prep <* USEDIN (prop,

'INTEGRATED_CNC_SCHEMA.ACTION_PROPERTY_REPRESENTATION.PROPERTY') |
        (0 <= SIZEOF (QUERY (it <* prep.representation.items |
        ('INTEGRATED_CNC_SCHEMA.VALUE_RANGE' in TYPEOF(it))))
        )))))))
        );
    WR2: NOT (SELF.description = 'turning') OR
        ((verify_required_action_property (SELF, 'coolant')) AND
        (verify_enumeration_action_property (SELF, 'coolant',
        ['coolant on', 'coolant off'])) AND
        (verify_optional_action_property (SELF, 'coolant type')) AND
        (verify_enumeration_action_property (SELF, 'coolant type',
        ['flood', 'mist', 'through tool'])) AND
        (verify_optional_action_property
        (SELF, 'coolant pressure')) AND
        (verify_pressure_measure_action_property
        (SELF, 'coolant pressure')) AND
        (verify_optional_action_property (SELF, 'tail stock')) AND
        (verify_enumeration_action_property (SELF, 'tail stock',
        ['tail stock used', 'tail stock not used'])) AND
        (verify_optional_action_property (SELF, 'steady rest')) AND
        (verify_enumeration_action_property (SELF, 'steady rest',
        ['steady rest used', 'steady rest not used'])) AND
        (verify_optional_action_property (SELF, 'follow rest')) AND
        (verify_enumeration_action_property (SELF, 'follow rest',
        ['follow rest used', 'follow rest not used']))
        );
    WR3: NOT (SELF.description IN ['milling', 'turning']) OR
        ((verify_optional_action_property (SELF, 'axis clamping')) AND
        (0 = SIZEOF (QUERY (prop <*
        get_action_property (SELF, 'axis clamping') | NOT
        (0 < SIZEOF (QUERY (prep <* USEDIN (prop, 'INTEGRATED_CNC_SCHEMA.' +
        'ACTION_PROPERTY_REPRESENTATION.PROPERTY') |
```

```
            (1 = SIZEOF (QUERY (it <* prep.representation.items |
            ((′INTEGRATED_CNC_SCHEMA.COMPOUND_REPRESENTATION_ITEM′
            IN TYPEOF(it)) AND
            (′INTEGRATED_CNC_SCHEMA.LIST_REPRESENTATION_ITEM′
            IN TYPEOF(it.item_element)) AND
            (0 = SIZEOF (QUERY (ie <* it.item_element | NOT
            (′INTEGRATED_CNC_SCHEMA.DESCRIPTIVE_REPRESENTATION_ITEM′
            IN TYPEOF(ie)) )))
            ))))
            )))
            ))) AND
            (verify_optional_action_property (SELF, ′chip removal′)) AND
            (verify_enumeration_action_property (SELF, ′chip removal′,
            [′chip removal on′, ′chip removal off′])) AND
            (verify_optional_action_property (SELF, ′oriented spindle stop′))
            AND
            (verify_rep_item_for_action_property (SELF, ′oriented spindle stop′,
            [′INTEGRATED_CNC_SCHEMA.DIRECTION′])) AND
            (verify_related_type_for_amr (SELF,
        [′INTEGRATED_CNC_SCHEMA.MACHINING_PROCESS_MODEL_RELATIONSHIP′],
            [′INTEGRATED_CNC_SCHEMA.MACHINING_PROCESS_MODEL′])) AND
            (verify_optional_action_property (SELF, ′other functions′)) AND
            (0 = SIZEOF (QUERY (prop <* get_action_property
            (SELF, ′other functions′) | NOT
            (0 < SIZEOF (QUERY (prep <* USEDIN (prop, ′INTEGRATED_CNC_SCHEMA.′ +
            ′ACTION_PROPERTY_REPRESENTATION.PROPERTY′) |
            (1 = SIZEOF (QUERY (it <* prep.representation.items |
            ((′INTEGRATED_CNC_SCHEMA.COMPOUND_REPRESENTATION_ITEM′
            IN TYPEOF(it)) AND
            (′INTEGRATED_CNC_SCHEMA.SET_REPRESENTATION_ITEM′
            IN TYPEOF(it.item_element)))
            )))
            )))
            )))
            );
  END_ENTITY; -- 10303-238: integrated_cnc_schema
  ENTITY machining_functions_relationship
    SUBTYPE OF (action_method_relationship);
  END_ENTITY; -- 10303-238: integrated_cnc_schema
  ENTITY machining_nc_function
    SUBTYPE OF (machining_process_executable);
    WHERE
      WR1: (SELF.description IN [′display message′,
          ′optional stop′, ′program stop′, ′set mark′, ′wait for mark′,
          ′exchange pallet′, ′index pallet′, ′index table′, ′load tool′,
          ′unload tool′, ′legacy function′]);
      WR2: NOT (SELF.description = ′display message′) OR
          ((verify_required_action_property (SELF, ′message text′)) AND
          (verify_descriptive_action_property (SELF, ′message text′)));
```

```
        WR3: NOT (SELF.description = 'wait for mark') OR
            ((verify_required_action_property (SELF, 'channel')));
        WR4: NOT (SELF.description = 'index pallet') OR
            ((verify_required_action_property (SELF, 'pallet index')) AND
            (verify_count_measure_action_property (SELF, 'pallet index')));
        WR5: NOT (SELF.description = 'index table') OR
            ((verify_required_action_property (SELF, 'table index')) AND
            (verify_count_measure_action_property (SELF, 'table index')));
        WR6: NOT (SELF.description = 'load tool') OR
            (1 = SIZEOF (QUERY (mt <*
            USEDIN (SELF, 'INTEGRATED_CNC_SCHEMA.ACTION_RESOURCE.USAGE') |
            ('INTEGRATED_CNC_SCHEMA.MACHINING_TOOL' in TYPEOF(mt)))));
        WR7: NOT (SELF.description = 'unload tool') OR
            (1 >= SIZEOF (QUERY (mt <*
            USEDIN (SELF, 'INTEGRATED_CNC_SCHEMA.ACTION_RESOURCE.USAGE') |
            ('INTEGRATED_CNC_SCHEMA.MACHINING_TOOL' in TYPEOF(mt)))));
        WR8: NOT (SELF.description = 'legacy function') OR
            ((verify_required_action_property (SELF, 'function text')) AND
            (verify_descriptive_action_property (SELF, 'function text')));
END_ENTITY; -- 10303-238: integrated_cnc_schema
ENTITY machining_offset_vector_representation
    SUBTYPE OF (representation);
    WHERE
        WR1: (1 = SIZEOF (QUERY ( it <* SELF.items | (it.name = 'translate')))) AND
            (0 = SIZEOF (QUERY ( it <* SELF.items | (it.name = 'translate') AND NOT
            (('INTEGRATED_CNC_SCHEMA.COMPOUND_REPRESENTATION_ITEM'
            IN TYPEOF(it)) AND
            ('INTEGRATED_CNC_SCHEMA.LIST_REPRESENTATION_ITEM'
            IN TYPEOF(it.item_element)) AND
            (SIZEOF(it.item_element) = 3) AND
            (0 = SIZEOF (QUERY (ie <* it.item_element | NOT
            (('INTEGRATED_CNC_SCHEMA.EXPRESSION_REPRESENTATION_ITEM'
            IN TYPEOF(ie)) AND
            ('INTEGRATED_CNC_SCHEMA.NUMERIC_VARIABLE'
            IN TYPEOF(ie))))))
            )
            )));
        WR2: (1 >= SIZEOF (QUERY ( it <* SELF.items | (it.name = 'rotate')))) AND
            (0 = SIZEOF (QUERY ( it <* SELF.items | (it.name = 'rotate') AND NOT
            (('INTEGRATED_CNC_SCHEMA.COMPOUND_REPRESENTATION_ITEM'
            IN TYPEOF(it)) AND
            ('INTEGRATED_CNC_SCHEMA.LIST_REPRESENTATION_ITEM'
            IN TYPEOF(it.item_element)) AND
            (SIZEOF(it.item_element) = 3) AND
            (0 = SIZEOF (QUERY (ie <* it.item_element | NOT
            (('INTEGRATED_CNC_SCHEMA.EXPRESSION_REPRESENTATION_ITEM'
            IN TYPEOF(ie)) AND
            ('INTEGRATED_CNC_SCHEMA.NUMERIC_VARIABLE'
```

```
                IN TYPEOF(ie))))))
                )
            )));
    END_ENTITY; -- 10303-238: integrated_cnc_schema
    ENTITY machining_operation
        SUBTYPE OF (action_method);
        WHERE
            WR1: ((verify_related_type_for_amr (SELF,

        ['INTEGRATED_CNC_SCHEMA.MACHINING_TOOLPATH_SEQUENCE_RELATIONSHIP'],
                ['INTEGRATED_CNC_SCHEMA.MACHINING_TOOLPATH']))
                );
            WR2: (verify_optional_action_property (SELF, 'tool direction')) AND
                (verify_rep_type_for_action_property (SELF, 'tool direction',

        ['INTEGRATED_CNC_SCHEMA.MACHINING_TOOL_DIRECTION_REPRESENTATION']));
            WR3: ('INTEGRATED_CNC_SCHEMA.MACHINING_RAPID_MOVEMENT' IN
                TYPEOF(SELF)) OR
                ('INTEGRATED_CNC_SCHEMA.MACHINING_TOUCH_PROBING' IN
                TYPEOF(SELF)) OR
                ((verify_optional_action_property (SELF, 'retract plane')) AND
                (verify_length_measure_action_property (SELF, 'retract plane')) AND
                (verify_optional_action_property (SELF, 'cut start point')) AND
                (verify_rep_item_for_action_property (SELF, 'cut start point',
                ['INTEGRATED_CNC_SCHEMA.CARTESIAN_POINT'])) AND
                (1 = SIZEOF (QUERY (mt <*
                USEDIN (SELF, 'INTEGRATED_CNC_SCHEMA.ACTION_RESOURCE.USAGE') |
                ('INTEGRATED_CNC_SCHEMA.MACHINING_TOOL' in TYPEOF(mt))))) AND
                (verify_required_relating_amr (SELF,
                ['INTEGRATED_CNC_SCHEMA.MACHINING_TECHNOLOGY_RELATIONSHIP'])) AND
                (verify_related_type_for_amr (SELF,
                ['INTEGRATED_CNC_SCHEMA.MACHINING_TECHNOLOGY_RELATIONSHIP'],
                ['INTEGRATED_CNC_SCHEMA.MACHINING_TECHNOLOGY'])) AND
                (verify_required_relating_amr (SELF,
                ['INTEGRATED_CNC_SCHEMA.MACHINING_FUNCTIONS_RELATIONSHIP'])) AND
                (verify_related_type_for_amr (SELF,
                ['INTEGRATED_CNC_SCHEMA.MACHINING_FUNCTIONS_RELATIONSHIP'],
                ['INTEGRATED_CNC_SCHEMA.MACHINING_FUNCTIONS']))
            );
    END_ENTITY; -- 10303-238: integrated_cnc_schema
    ENTITY machining_operation_relationship
        SUBTYPE OF (action_method_relationship);
    END_ENTITY; -- 10303-238: integrated_cnc_schema
    ENTITY machining_operator_instruction
        SUBTYPE OF (action_method_with_associated_documents);
        WHERE
            WR1: EXISTS (self.description) OR (0 < SIZEOF(self.documents));
    END_ENTITY; -- 10303-238: integrated_cnc_schema
    ENTITY machining_operator_instruction_relationship
        SUBTYPE OF (sequential_method);
```

```
END_ENTITY; -- 10303-238: integrated_cnc_schema
ENTITY machining_process_body_relationship
    SUBTYPE OF (action_method_relationship);
END_ENTITY; -- 10303-238: integrated_cnc_schema
ENTITY machining_process_branch_relationship
    SUBTYPE OF (machining_process_body_relationship);
END_ENTITY; -- 10303-238: integrated_cnc_schema
ENTITY machining_process_concurrent_relationship
    SUBTYPE OF (machining_process_body_relationship, concurrent_action_method);
END_ENTITY; -- 10303-238: integrated_cnc_schema
ENTITY machining_process_executable
    SUBTYPE OF (action_method);
    WHERE
        WR1: NOT (0 = SIZEOF (TYPEOF (SELF) *
            ['INTEGRATED_CNC_SCHEMA.MACHINING_FEATURE_PROCESS',
            'INTEGRATED_CNC_SCHEMA.MACHINING_NC_FUNCTION',
            'INTEGRATED_CNC_SCHEMA.MACHINING_RAPID_MOVEMENT',
            'INTEGRATED_CNC_SCHEMA.MACHINING_TOUCH_PROBING',
            'INTEGRATED_CNC_SCHEMA.MACHINING_WORKINGSTEP',
            'INTEGRATED_CNC_SCHEMA.MACHINING_WORKPLAN']
            )) OR
            (SELF.description IN ['assignment', 'if statement',
            'non-sequential', 'parallel', 'selective',
            'while statement', 'setup instructions']);
        WR2: NOT (SELF.description = 'assignment') OR
            ((verify_required_action_property (SELF, 'lvalue')) AND
            (verify_rep_item_for_action_property (SELF, 'lvalue',
            ['INTEGRATED_CNC_SCHEMA.EXPRESSION_REPRESENTATION_ITEM',
            'INTEGRATED_CNC_SCHEMA.NUMERIC_VARIABLE'])) AND
            (verify_required_action_property (SELF, 'rvalue')) AND
            (verify_rep_item_for_action_property (SELF, 'rvalue',
            ['INTEGRATED_CNC_SCHEMA.EXPRESSION_REPRESENTATION_ITEM'])));
        WR3: NOT (SELF.description = 'if statement') OR
            ((verify_required_action_property (SELF, 'condition')) AND
            (verify_rep_item_for_action_property (SELF, 'condition',
            ['INTEGRATED_CNC_SCHEMA.EXPRESSION_REPRESENTATION_ITEM',
            'INTEGRATED_CNC_SCHEMA.BOOLEAN_EXPRESSION'])) AND
            (verify_required_relating_amr_with_name (SELF, 'true branch',

    ['INTEGRATED_CNC_SCHEMA.MACHINING_PROCESS_BRANCH_RELATIONSHIP'])) AND
            (verify_related_type_for_amr_with_name (SELF, 'true branch',

    ['INTEGRATED_CNC_SCHEMA.MACHINING_PROCESS_BRANCH_RELATIONSHIP'],
            ['INTEGRATED_CNC_SCHEMA.MACHINING_PROCESS_EXECUTABLE'])) AND
            (verify_optional_relating_amr_with_name (SELF, 'false branch',

    ['INTEGRATED_CNC_SCHEMA.MACHINING_PROCESS_BRANCH_RELATIONSHIP'])) AND
            (verify_related_type_for_amr_with_name (SELF, 'false branch',
```

```
    ['INTEGRATED_CNC_SCHEMA.MACHINING_PROCESS_BRANCH_RELATIONSHIP'],
          ['INTEGRATED_CNC_SCHEMA.MACHINING_PROCESS_EXECUTABLE']))
          );
       WR4: NOT (SELF.description = 'while statement') OR
          ((verify_required_action_property (SELF, 'condition')) AND
          (verify_rep_item_for_action_property (SELF, 'condition',
          ['INTEGRATED_CNC_SCHEMA.EXPRESSION_REPRESENTATION_ITEM',
          'INTEGRATED_CNC_SCHEMA.BOOLEAN_EXPRESSION'])) AND
          (verify_required_relating_amr (SELF,

    ['INTEGRATED_CNC_SCHEMA.MACHINING_PROCESS_BODY_RELATIONSHIP'])) AND
          (verify_related_type_for_amr (SELF,

    ['INTEGRATED_CNC_SCHEMA.MACHINING_PROCESS_BODY_RELATIONSHIP'],
          ['INTEGRATED_CNC_SCHEMA.MACHINING_PROCESS_EXECUTABLE']))
          );
       WR5: NOT (SELF.description = 'parallel') OR
          ((2 <= get_count_of_relating_amr (SELF,

    ['INTEGRATED_CNC_SCHEMA.MACHINING_PROCESS_CONCURRENT_RELATIONSHIP']))
          AND
          (verify_related_type_for_amr (SELF,

    ['INTEGRATED_CNC_SCHEMA.MACHINING_PROCESS_CONCURRENT_RELATIONSHIP'],

          ['INTEGRATED_CNC_SCHEMA.MACHINING_PROCESS_EXECUTABLE']))
          );
       WR6: NOT (SELF.description = 'non-sequential') OR
          ((2 <= get_count_of_relating_amr (SELF,

 ['INTEGRATED_CNC_SCHEMA.MACHINING_PROCESS_BODY_RELATIONSHIP'])) AND
          (verify_related_type_for_amr (SELF,
    ['INTEGRATED_CNC_SCHEMA.MACHINING_PROCESS_BODY_RELATIONSHIP'],
          ['INTEGRATED_CNC_SCHEMA.MACHINING_PROCESS_EXECUTABLE']))
          );
       WR7: NOT (SELF.description = 'selective') OR
          ((2 <= get_count_of_relating_amr (SELF,
    ['INTEGRATED_CNC_SCHEMA.MACHINING_PROCESS_BRANCH_RELATIONSHIP'])) AND
          (verify_related_type_for_amr (SELF,

    ['INTEGRATED_CNC_SCHEMA.MACHINING_PROCESS_BRANCH_RELATIONSHIP'],
          ['INTEGRATED_CNC_SCHEMA.MACHINING_PROCESS_EXECUTABLE']))
          );
       WR8: NOT (SELF.description = 'setup instructions') OR
          ((verify_related_type_for_amr (SELF,

    ['INTEGRATED_CNC_SCHEMA.MACHINING_OPERATOR_INSTRUCTION_RELATIONSHIP'],
          ['INTEGRATED_CNC_SCHEMA.MACHINING_OPERATOR_INSTRUCTION']))
```

```
    );
END_ENTITY; -- 10303-238: integrated_cnc_schema
ENTITY machining_process_model
    SUBTYPE OF (action_method);
    WHERE
        WR1: (verify_required_action_property (SELF, 'initialization data')) AND
            (verify_descriptive_action_property (SELF, 'initialization data'));
END_ENTITY; -- 10303-238: integrated_cnc_schema
ENTITY machining_process_model_relationship
    SUBTYPE OF (sequential_method);
END_ENTITY; -- 10303-238: integrated_cnc_schema
ENTITY machining_process_sequence_relationship
    SUBTYPE OF (machining_process_body_relationship, sequential_method);
END_ENTITY; -- 10303-238: integrated_cnc_schema
ENTITY machining_project
    SUBTYPE OF (product);
    WHERE
        WR1: (0 = SIZEOF (QUERY (pdf <* USEDIN (SELF,
            'INTEGRATED_CNC_SCHEMA.' +
            'PRODUCT_DEFINITION_FORMATION.OF_PRODUCT') | NOT
            -- it has at most one associated owner.
            (1 >= SIZEOF (QUERY (poa <* USEDIN (pdf,
            'INTEGRATED_CNC_SCHEMA.' +
            'APPLIED_PERSON_AND_ORGANIZATION_ASSIGNMENT.ITEMS') |
            (poa.role.name = 'owner'))))
            )));
        WR2: (0 = SIZEOF (QUERY (pdf <* USEDIN (SELF,
            'INTEGRATED_CNC_SCHEMA.' +
            'PRODUCT_DEFINITION_FORMATION.OF_PRODUCT') | NOT
            -- it has at most one associated release date.
            (1 >= SIZEOF (QUERY (dta <* USEDIN (pdf,
            'INTEGRATED_CNC_SCHEMA.' +
            'APPLIED_DATE_AND_TIME_ASSIGNMENT.ITEMS') |
            (dta.role.name = 'release date'))))
            )));
        WR3: (0 = SIZEOF (QUERY (pdf <* USEDIN (SELF,
            'INTEGRATED_CNC_SCHEMA.' +
            'PRODUCT_DEFINITION_FORMATION.OF_PRODUCT') | NOT
            (0 = SIZEOF (QUERY (pd <* USEDIN (pdf,
            'INTEGRATED_CNC_SCHEMA.PRODUCT_DEFINITION.FORMATION') | NOT
            -- it has one associated workplan.
            (1 = SIZEOF (QUERY (ppa <* USEDIN (pd,
            'INTEGRATED_CNC_SCHEMA.' +
            'PROCESS_PRODUCT_ASSOCIATION.DEFINED_PRODUCT') |
            (ppa.process.name = 'machining') AND
            ('INTEGRATED_CNC_SCHEMA.MACHINING_WORKPLAN'
            IN TYPEOF (ppa.process.chosen_method)))))
               )))
```

```
            )));
    END_ENTITY; - - 10303-238: integrated_cnc_schema
    ENTITY machining_project_workpiece_relationship
        SUBTYPE OF (product_definition_relationship);
    END_ENTITY; - - 10303-238: integrated_cnc_schema
    ENTITY machining_rapid_movement
        SUBTYPE OF (machining_process_executable, machining_operation);
        WHERE
            WR1: ((verify_required_action_property (SELF, 'security plane')) AND
                (verify_rep_item_for_action_property (SELF, 'security plane',
                ['INTEGRATED_CNC_SCHEMA.ELEMENTARY_SURFACE'])));
    END_ENTITY; - - 10303-238: integrated_cnc_schema
    ENTITY machining_setup
        SUBTYPE OF (product);
        WHERE
            WR1: (0 = SIZEOF (QUERY (pdf <* USEDIN (SELF,
                'INTEGRATED_CNC_SCHEMA.' +
                'PRODUCT_DEFINITION_FORMATION.OF_PRODUCT') | NOT
                (0 = SIZEOF (QUERY (pd <* USEDIN (pdf,
                'INTEGRATED_CNC_SCHEMA.PRODUCT_DEFINITION.FORMATION') | NOT
                - - it has one associated security plane.
                (1 = SIZEOF (QUERY (prop <* USEDIN (pd,
                'INTEGRATED_CNC_SCHEMA.PROPERTY_DEFINITION.DEFINITION') |
                (prop.name = 'security plane'))))
                )))
            )));
    END_ENTITY; - - 10303-238: integrated_cnc_schema
    ENTITY machining_setup_workpiece_relationship
        SUBTYPE OF (product_definition_relationship);
    END_ENTITY; - - 10303-238: integrated_cnc_schema
    ENTITY machining_spindle_speed_representation
        SUBTYPE OF (representation);
        WHERE
            WR1: (SELF.name IN ['spindle speed', 'cutting speed', 'relative speed']);
            WR2: NOT (SELF.name = 'spindle speed') OR
                ((verify_required_rep_item (SELF, 'rotational speed')) AND
                (verify_rotary_speed_measure_rep_item (SELF, 'rotational speed'))
            );
            WR3: NOT (SELF.name = 'cutting speed') OR
                ((verify_required_rep_item (SELF, 'surface speed')) AND
                (verify_linear_speed_measure_rep_item (SELF, 'surface speed')) AND
                (verify_optional_rep_item
                (SELF, 'maximum rotational speed')) AND
                (verify_rotary_speed_measure_rep_item
                    (SELF, 'maximum rotational speed'))
                );
            WR4: NOT (SELF.name = 'relative speed') OR
                ((verify_required_rep_item (SELF, 'relative speed')) AND
```

```
          (verify_ratio_measure_rep_item (SELF, 'relative speed'))
          );
END_ENTITY; -- 10303-238: integrated_cnc_schema
ENTITY machining_strategy
    SUBTYPE OF (action_method);
END_ENTITY; -- 10303-238: integrated_cnc_schema
ENTITY machining_strategy_relationship
    SUBTYPE OF (action_method_relationship);
END_ENTITY; -- 10303-238: integrated_cnc_schema
ENTITY machining_technology
    SUBTYPE OF (action_method);
    WHERE
        WR1: (verify_optional_action_property (SELF, 'feedrate')) AND
          (verify_rep_type_for_action_property (SELF, 'feedrate',

    ['INTEGRATED_CNC_SCHEMA.MACHINING_FEED_SPEED_REPRESENTATION']));
        WR2: (verify_optional_action_property (SELF, 'feedrate reference')) AND
          (verify_enumeration_action_property (SELF, 'feedrate reference',
          ['tool center point', 'cutter contact point']));
        WR3: NOT (SELF.description = 'milling') OR
          ((verify_optional_action_property (SELF, 'spindle')) AND
          (verify_rep_type_for_action_property (SELF, 'spindle',
        ['INTEGRATED_CNC_SCHEMA.MACHINING_SPINDLE_SPEED_REPRESENTATION'])) AND
          (verify_optional_action_property
          (SELF, 'synchronize spindle with feed')) AND
          (verify_enumeration_action_property
          (SELF, 'synchronize spindle with feed',
          ['synchronized', 'not synchronized'])) AND
          (verify_optional_action_property
          (SELF, 'inhibit feedrate override')) AND
          (verify_enumeration_action_property
          (SELF, 'inhibit feedrate override',
          ['override allowed', 'override not allowed'])) AND
          (verify_optional_action_property
          (SELF, 'inhibit spindle override')) AND
          (verify_enumeration_action_property
          (SELF, 'inhibit spindle override',
          ['override allowed', 'override not allowed'])) AND
          (verify_optional_relating_amr (SELF,

    ['INTEGRATED_CNC_SCHEMA.MACHINING_ADAPTIVE_CONTROL_RELATIONSHIP']))
          AND
          (verify_related_type_for_amr (SELF,

    ['INTEGRATED_CNC_SCHEMA.MACHINING_ADAPTIVE_CONTROL_RELATIONSHIP'],
          ['INTEGRATED_CNC_SCHEMA.MACHINING_TECHNOLOGY']))
          );
        WR4: NOT (SELF.description = 'milling') OR
```

```
        ((verify_required_relating_amr (SELF,

['INTEGRATED_CNC_SCHEMA.MACHINING_ADAPTIVE_CONTROL_RELATIONSHIP']))
        OR
        (verify_required_action_property (SELF, 'spindle') AND
        verify_rep_name_for_action_property (SELF, 'spindle',
        ['spindle speed', 'cutting speed']))
        );
    WR5: NOT (SELF.description = 'milling') OR
        ((verify_required_relating_amr (SELF,

['INTEGRATED_CNC_SCHEMA.MACHINING_ADAPTIVE_CONTROL_RELATIONSHIP']))
        OR
        (verify_required_action_property (SELF, 'feedrate') AND
        verify_rep_name_for_action_property (SELF, 'feedrate',
        ['feed speed', 'feed per tooth']))
        );
    WR6: NOT (SELF.description = 'turning') OR
        ((verify_optional_action_property (SELF, 'spindle')) AND
        (verify_rep_type_for_action_property (SELF, 'spindle',

['INTEGRATED_CNC_SCHEMA.MACHINING_SPINDLE_SPEED_REPRESENTATION']))
        AND
        (verify_rep_name_for_action_property (SELF, 'spindle',
        ['spindle speed', 'cutting speed'])) AND
        (verify_rep_name_for_action_property (SELF, 'feedrate',
        ['feed speed', 'feed per revolution'])) AND
        (verify_optional_action_property
        (SELF, 'synchronize spindle with z feed')) AND
        (verify_enumeration_action_property
        (SELF, 'synchronize spindle with z feed',
        ['synchronized', 'not synchronized'])) AND
        (verify_optional_action_property
        (SELF, 'inhibit feedrate override')) AND
        (verify_enumeration_action_property
        (SELF, 'inhibit feedrate override',
        ['override allowed', 'override not allowed'])) AND
        (verify_optional_action_property
        (SELF, 'inhibit spindle override')) AND
        (verify_enumeration_action_property
        (SELF, 'inhibit spindle override',
        ['override allowed', 'override not allowed'])) AND
        (verify_optional_relating_amr (SELF,

['INTEGRATED_CNC_SCHEMA.MACHINING_ADAPTIVE_CONTROL_RELATIONSHIP']))
        AND
        (verify_related_type_for_amr (SELF,
```

```
    ['INTEGRATED_CNC_SCHEMA.MACHINING_ADAPTIVE_CONTROL_RELATIONSHIP'],
            ['INTEGRATED_CNC_SCHEMA.MACHINING_TECHNOLOGY']))
            );
END_ENTITY; -- 10303-238: integrated_cnc_schema
ENTITY machining_technology_relationship
    SUBTYPE OF (action_method_relationship);
END_ENTITY; -- 10303-238: integrated_cnc_schema
ENTITY machining_tool
    SUBTYPE OF (action_resource);
    WHERE
        WR1: NOT (SELF.kind.name = 'milling cutting tool') OR
            ((0 <= SIZEOF (QUERY (arr <* USEDIN (SELF,
    'INTEGRATED_CNC_SCHEMA.ACTION_RESOURCE_RELATIONSHIP.RELATING_RESOURCE') |
            (('INTEGRATED_CNC_SCHEMA.MACHINING_CUTTING_COMPONENT'
            IN TYPEOF (arr.related_resource)) AND
            (arr.related_resource.kind.name = 'milling cutting edge') )))) AND
            (verify_optional_tool_body_item
            (SELF, 'overall assembly length')) AND
            (verify_length_measure_tool_body_item
            (SELF, 'overall assembly length')) AND
            (verify_optional_tool_body_item
            (SELF, 'effective cutting diameter')) AND
            (verify_length_measure_tool_body_item
            (SELF, 'effective cutting diameter')) AND
            (verify_optional_tool_body_item
            (SELF, 'maximum depth of cut')) AND
            (verify_length_measure_tool_body_item
            (SELF, 'maximum depth of cut')) AND
            (verify_optional_tool_body_item (SELF, 'hand of cut')) AND
            (verify_enumeration_tool_body_item (SELF, 'hand of cut',
            ['left', 'right', 'neutral'])) AND
            (verify_optional_tool_body_item (SELF, 'coolant through tool')) AND
            (verify_enumeration_tool_body_item (SELF, 'coolant through tool',
            ['supported', 'not supported']))
            );
        WR2: NOT ((SELF.kind.name = 'milling cutting tool') AND
            (SELF.description IN [ 'counterbore', 'countersink',
            'spade drill', 'spot drill', 'step drill', 'tapered drill',
            'twist drill', 'drill']))
            OR
            ((verify_optional_tool_body_item (SELF, 'point angle')) AND
            (verify_angle_measure_tool_body_item (SELF, 'point angle'))
            );
        WR3: NOT ((SELF.kind.name = 'milling cutting tool') AND
            (SELF.description = 'countersink'))
            OR
            ((verify_optional_tool_body_item
            (SELF, 'minimum cutting diameter')) AND
```

```
        (verify_length_measure_tool_body_item
        (SELF, 'minimum cutting diameter')) AND
        (verify_required_tool_body_item
        (SELF, 'maximum usable length')) AND
        (verify_length_measure_tool_body_item
        (SELF, 'maximum usable length'))
        );
    WR4: NOT ((SELF.kind.name = 'milling cutting tool') AND
        (SELF.description = 'tapered drill'))
        OR
        ((verify_required_tool_body_item (SELF, 'taper angle')) AND
        (verify_angle_measure_tool_body_item (SELF, 'taper angle'))
        );
        -- Could make this stronger if we want
    WR5: NOT ((SELF.kind.name = 'milling cutting tool') AND
        (SELF.description = 'step drill'))
        OR
        ((verify_required_tool_body_item (SELF, 'step diameters')) AND
        (verify_rep_item_for_tool_body
        (SELF, 'step diameters',
        ['INTEGRATED_CNC_SCHEMA.COMPOUND_REPRESENTATION_ITEM'])) AND
        (verify_required_tool_body_item (SELF, 'step lengths')) AND
        (verify_rep_item_for_tool_body
        (SELF, 'step lengths',
        ['INTEGRATED_CNC_SCHEMA.COMPOUND_REPRESENTATION_ITEM']))
        );
    WR6: NOT ((SELF.kind.name = 'milling cutting tool') AND
        (SELF.description IN ['ballnose endmill', 'bullnose endmill',
        'dovetail mill', 'endmill', 'facemill', 'profiled endmill',
        'shoulder mill', 'tee slot mill', 'thread mill', 'side mill']))
        OR
        ((verify_optional_tool_body_item
        (SELF, 'number of effective teeth')) AND
        (verify_count_measure_tool_body_item
        (SELF, 'number of effective teeth')) AND
        (verify_optional_tool_body_item (SELF, 'edge radius')) AND
        (verify_length_measure_tool_body_item (SELF, 'edge radius'))
    );
    WR7: NOT ((SELF.kind.name = 'milling cutting tool') AND
        (SELF.description IN ['ballnose endmill', 'bullnose endmill',
        'endmill', 'facemill', 'profiled endmill']))
        OR
        ((verify_optional_tool_body_item
        (SELF, 'tool cutting edge angle')) AND
        (verify_angle_measure_tool_body_item
        (SELF, 'tool cutting edge angle'))
        );
    WR8: NOT ((SELF.kind.name = 'milling cutting tool') AND
```

```
    (SELF.description = 'ballnose endmill'))
    OR verify_ballnose_endmill_dimensions (SELF);
WR9: NOT ((SELF.kind.name = 'milling cutting tool') AND
    (SELF.description = 'bullnose endmill'))
    OR verify_bullnose_endmill_dimensions (SELF);
WR10: NOT ((SELF.kind.name = 'milling cutting tool') AND
    (SELF.description = 'tee slot mill'))
    OR
    ((verify_optional_tool_body_item (SELF, 'cutting width')) AND
    (verify_length_measure_tool_body_item (SELF, 'cutting width'))
    );
WR11: NOT ((SELF.kind.name = 'milling cutting tool') AND
    (SELF.description = 'dovetail mill'))
    OR
    ((verify_optional_tool_body_item (SELF, 'included angle')) AND
    (verify_angle_measure_tool_body_item (SELF, 'included angle'))
    );
WR12: NOT ((SELF.kind.name = 'milling cutting tool') AND
    (SELF.description = 'side mill'))
    OR
    ((verify_optional_tool_body_item (SELF, 'cutter width')) AND
    (verify_length_measure_tool_body_item (SELF, 'cutter width'))
    );
WR13: NOT ((SELF.kind.name = 'milling cutting tool') AND
    (SELF.description IN ['thread mill', 'tapping tool',
    'combined drill and tap']))
    OR
    ((verify_required_tool_body_item (SELF, 'thread form type')) AND
    (verify_rep_item_for_tool_body (SELF, 'thread form type',
    ['INTEGRATED_CNC_SCHEMA.DESCRIPTIVE_REPRESENTATION_ITEM'])) AND
    (verify_required_tool_body_item (SELF, 'thread size')) AND
    (verify_length_measure_tool_body_item (SELF, 'thread size')) AND
    (verify_required_tool_body_item (SELF, 'thread pitch')) AND
    (verify_length_measure_tool_body_item (SELF, 'thread pitch'))
    );
WR14: NOT ((SELF.kind.name = 'milling cutting tool') AND
    (SELF.description IN ['tapping tool', 'combined drill and tap']))
    OR
    ((verify_required_tool_body_item
    (SELF, 'taper thread count')) AND
    (verify_count_measure_tool_body_item
    (SELF, 'taper thread count'))
    );
WR15: NOT ((SELF.kind.name = 'milling cutting tool') AND
    (SELF.description IN ['reamer', 'combined drill and reamer',
    'tapered reamer']))
    OR
    ((verify_required_tool_body_item (SELF, 'taper length')) AND
```

```
        (verify_length_measure_tool_body_item (SELF, 'taper length'))
        );
    WR16: NOT ((SELF.kind.name = 'milling cutting tool') AND
        (SELF.description = 'tapered reamer'))
        OR
        ((verify_required_tool_body_item (SELF, 'taper angle')) AND
        (verify_angle_measure_tool_body_item (SELF, 'taper angle'))
        );
    WR17: NOT ((SELF.kind.name = 'milling cutting tool') AND
        (SELF.description IN [ 'combined drill and reamer',
        'combined drill and tap']))
        OR
        ((verify_required_tool_body_item (SELF, 'drill length')) AND
        (verify_length_measure_tool_body_item (SELF, 'drill length'))
        );
    WR18: NOT ((SELF.kind.name = 'milling cutting tool') AND
        (SELF.description = 'boring tool'))
        OR
        ((verify_required_tool_body_item (SELF, 'retract movement')) AND
        (verify_enumeration_tool_body_item (SELF, 'retract movement',
        ['permitted', 'forbidden']))
        );
    WR19: NOT ((SELF.kind.name = 'milling cutting tool') AND
        (SELF.description = 'user defined milling tool'))
        OR
        ((verify_optional_tool_body_item (SELF, 'tool description')) AND
        (verify_rep_item_for_tool_body (SELF, 'tool description',
        ['INTEGRATED_CNC_SCHEMA.DESCRIPTIVE_REPRESENTATION_ITEM'])) AND
        (verify_optional_tool_body_item
        (SELF, 'corner radius')) AND
        (verify_length_measure_tool_body_item
        (SELF, 'corner radius')) AND
        (verify_optional_tool_body_item
        (SELF, 'corner radius center horizontal')) AND
        (verify_length_measure_tool_body_item
        (SELF, 'corner radius center horizontal')) AND
        (verify_optional_tool_body_item
        (SELF, 'corner radius center vertical')) AND
        (verify_length_measure_tool_body_item
        (SELF, 'corner radius center vertical')) AND
        (verify_optional_tool_body_item (SELF, 'taper angle')) AND
        (verify_angle_measure_tool_body_item (SELF, 'taper angle')) AND
        (verify_optional_tool_body_item (SELF, 'tip outer angle')) AND
        (verify_angle_measure_tool_body_item (SELF, 'tip outer angle'))
        );
    WR20: NOT (SELF.kind.name = 'turning cutting tool') OR
        ((verify_required_tool_body_item (SELF, 'functional length')) AND
        (verify_length_measure_tool_body_item (SELF, 'functional length')) AND
```

```
(verify_required_tool_body_item (SELF, 'f dimension')) AND
(verify_length_measure_tool_body_item (SELF, 'f dimension')) AND
(verify_optional_tool_body_item
(SELF, 'minimum cutting diameter')) AND
(verify_length_measure_tool_body_item
(SELF, 'minimum cutting diameter')) AND
(verify_optional_tool_body_item
(SELF, 'a dimension on f')) AND
(verify_length_measure_tool_body_item
(SELF, 'a dimension on f')) AND
(verify_optional_tool_body_item
(SELF, 'a dimension on lf')) AND
(verify_length_measure_tool_body_item
(SELF, 'a dimension on lf')) AND
(verify_optional_tool_body_item (SELF, 'hand of cut')) AND
(verify_enumeration_tool_body_item (SELF, 'hand of cut',
['left', 'right', 'neutral'])) AND
(0 <= SIZEOF (QUERY (arr <* USEDIN (SELF,
'INTEGRATED_CNC_SCHEMA.ACTION_RESOURCE_RELATIONSHIP.RELATING_RESOURCE') |
(('INTEGRATED_CNC_SCHEMA.MACHINING_CUTTING_COMPONENT'
IN TYPEOF (arr.related_resource)) AND
(arr.related_resource.kind.name = 'turning cutting edge') ))))
);
WR21: NOT ((SELF.kind.name = 'turning cutting tool') AND
(SELF.description = 'turning threading tool'))
OR
((verify_required_tool_body_item (SELF, 'thread pitch')) AND
(verify_length_measure_tool_body_item (SELF, 'thread pitch')) AND
(verify_required_tool_body_item (SELF, 'thread hand')) AND
(verify_enumeration_tool_body_item (SELF, 'thread hand',
['left', 'right'])) AND
(verify_required_tool_body_item (SELF, 'thread type')) AND
(verify_enumeration_tool_body_item (SELF, 'thread type',
['internal', 'external'])) AND
(verify_required_tool_body_item (SELF, 'thread profile')) AND
(verify_enumeration_tool_body_item (SELF, 'thread profile',
['full', 'partial'])) AND
(verify_required_tool_body_item (SELF, 'thread form type')) AND
(verify_rep_item_for_tool_body (SELF, 'thread form type',
['INTEGRATED_CNC_SCHEMA.DESCRIPTIVE_REPRESENTATION_ITEM']))
);
WR22: NOT ((SELF.kind.name = 'turning cutting tool') AND
(SELF.description = 'grooving tool'))
OR
((verify_required_tool_body_item
(SELF, 'cutting width')) AND
(verify_length_measure_tool_body_item
(SELF, 'cutting width')) AND
```

```
        (verify_required_tool_body_item
        (SELF, 'maximum grooving depth')) AND
        (verify_length_measure_tool_body_item
        (SELF, 'maximum grooving depth')) AND
        (verify_optional_tool_body_item
        (SELF, 'corner radius')) AND
        (verify_length_measure_tool_body_item
        (SELF, 'corner radius')) AND
        (verify_optional_tool_body_item
        (SELF, 'maximum axial grooving diameter')) AND
        (verify_length_measure_tool_body_item
        (SELF, 'maximum axial grooving diameter')) AND
        (verify_optional_tool_body_item
        (SELF, 'minimum axial grooving diameter')) AND
        (verify_length_measure_tool_body_item
        (SELF, 'minimum axial grooving diameter'))
        );
    WR23: NOT ((SELF.kind.name = 'turning cutting tool') AND
        (SELF.description = 'knurling tool'))
        OR
        ((verify_required_tool_body_item (SELF, 'knurl pattern')) AND
        (verify_enumeration_tool_body_item (SELF, 'knurl pattern',
        ['straight', 'diagonal', 'diamond'])) AND
        (verify_optional_tool_body_item (SELF, 'cutting length')) AND
        (verify_length_measure_tool_body_item (SELF, 'cutting length')) AND
        (verify_optional_tool_body_item (SELF, 'cutting angle')) AND
        (verify_angle_measure_tool_body_item (SELF, 'cutting angle')) AND
        (verify_optional_tool_body_item (SELF, 'cutting pitch')) AND
        (verify_length_measure_tool_body_item (SELF, 'cutting pitch'))
        );
    WR24: NOT ((SELF.kind.name = 'turning cutting tool') AND
        (SELF.description = 'user defined turning tool'))
        OR
        ((verify_required_tool_body_item (SELF, 'tool identifier')) AND
        (verify_rep_item_for_tool_body (SELF, 'tool identifier',
        ['INTEGRATED_CNC_SCHEMA.DESCRIPTIVE_REPRESENTATION_ITEM']))
        );
    WR25: (1 >= SIZEOF (QUERY (rar <* USEDIN (SELF,

        'INTEGRATED_CNC_SCHEMA.REQUIREMENT_FOR_ACTION_RESOURCE.RESOURCES') |
        ((1 = SIZEOF(rar.operations)) AND
        ('INTEGRATED_CNC_SCHEMA.MACHINING_TOOL_USAGE'
        IN TYPEOF (rar\action_resource_requirement.operations[1])))
        )));
  END_ENTITY; -- 10303-238: integrated_cnc_schema
ENTITY machining_tool_body_representation
  SUBTYPE OF (representation);
END_ENTITY; -- 10303-238: integrated_cnc_schema
```

```
ENTITY machining_tool_direction_representation
    SUBTYPE OF (representation);
    WHERE
        WR1: (SELF.name IN ['two axes', 'three axes', 'three axes tilted tool',
            'five axes const tilt yaw', 'five axes var tilt yaw']);
        WR2: NOT (SELF.name = 'three axes tilted tool') OR
            ((verify_required_rep_item (SELF, 'tool direction orientation'))
            AND
            (0 = SIZEOF (QUERY ( it <* SELF.items |
            (it.name = 'tool direction orientation') AND NOT
            ('INTEGRATED_CNC_SCHEMA.DIRECTION' IN TYPEOF(it)))))
            );
        WR3: NOT (SELF.name = 'five axes const tilt yaw') OR
            ((verify_required_rep_item (SELF, 'tool direction tilt angle')) AND
            (verify_angle_measure_rep_item (SELF, 'tool direction tilt angle'))
            AND
            (verify_required_rep_item (SELF, 'tool direction yaw angle')) AND
            (verify_angle_measure_rep_item (SELF, 'tool direction yaw angle'))
            );
END_ENTITY; -- 10303-238: integrated_cnc_schema
ENTITY machining_tool_usage
    SUBTYPE OF (action_method);
    WHERE
        WR1: ((verify_optional_action_property (SELF, 'tool position')) AND
            (verify_descriptive_action_property (SELF, 'tool position')) AND
            (verify_optional_action_property (SELF, 'tool carousel')) AND
            (verify_descriptive_action_property (SELF, 'tool carousel'))
            );
END_ENTITY; -- 10303-238: integrated_cnc_schema
ENTITY machining_toolpath
    SUBTYPE OF (action_method);
    WHERE
        WR1: (SELF.description IN ['feedstop', 'axis trajectory',
            'cutter location trajectory', 'cutter contact trajectory',
            'approach lift path angle', 'approach lift path tangent',
            'connect security plane', 'connect direct']);
        WR2: (verify_optional_action_property (SELF, 'priority')) AND
            (verify_enumeration_action_property (SELF, 'priority',
            ['required', 'suggested']));
        WR3: (verify_optional_action_property (SELF, 'trajectory type')) AND
            (verify_enumeration_action_property (SELF, 'trajectory type',
            ['approach', 'lift', 'connect', 'non-contact',
            'contact', 'trajectory path']));
        WR4: ((verify_optional_action_property (SELF, 'speed profile')) AND
            (0 = SIZEOF (QUERY (prop <*
            get_action_property (SELF, 'speed profile') | NOT
            (0 < SIZEOF (QUERY (prep <* USEDIN (prop,
            'INTEGRATED_CNC_SCHEMA.' +
```

```
'ACTION_PROPERTY_REPRESENTATION.PROPERTY') |
('INTEGRATED_CNC_SCHEMA.' +
'MACHINING_TOOLPATH_SPEED_PROFILE_REPRESENTATION'
IN TYPEOF(prep.representation)) )))
)))
);
WR5: (verify_optional_relating_amr (SELF,
['INTEGRATED_CNC_SCHEMA.MACHINING_TECHNOLOGY_RELATIONSHIP'])) AND
(verify_related_type_for_amr (SELF,
['INTEGRATED_CNC_SCHEMA.MACHINING_TECHNOLOGY_RELATIONSHIP'],
['INTEGRATED_CNC_SCHEMA.MACHINING_TECHNOLOGY']));
WR6: (verify_optional_relating_amr (SELF,
['INTEGRATED_CNC_SCHEMA.MACHINING_FUNCTIONS_RELATIONSHIP'])) AND
(verify_related_type_for_amr (SELF,
['INTEGRATED_CNC_SCHEMA.MACHINING_FUNCTIONS_RELATIONSHIP'],
['INTEGRATED_CNC_SCHEMA.MACHINING_FUNCTIONS']));
WR7: NOT (SELF.description IN ['axis trajectory',
'cutter location trajectory',
'cutter contact trajectory']) OR
((verify_optional_action_property (SELF, 'direction')) AND
(verify_enumeration_action_property (SELF, 'direction',
['beginning to end', 'end to beginning']))
);
WR8: NOT (SELF.description = 'connect security plane') OR
((verify_optional_action_property (SELF, 'up direction')) AND
(verify_rep_item_for_action_property (SELF, 'up direction',
['INTEGRATED_CNC_SCHEMA.DIRECTION'])) AND
(verify_optional_action_property (SELF, 'down direction')) AND
(verify_rep_item_for_action_property (SELF, 'down direction',
['INTEGRATED_CNC_SCHEMA.DIRECTION']))
);
WR9: NOT (SELF.description = 'feedstop') OR
((verify_required_action_property (SELF, 'dwell')) AND
(verify_time_measure_action_property (SELF, 'dwell'))
);
WR10: NOT (SELF.description = 'axis trajectory') OR
((verify_required_action_property (SELF, 'axis commands')) AND
-- axis commands property must contain one or more bounded curves
(0 = SIZEOF (QUERY (prop <* get_action_property (SELF, 'axis commands')
|
NOT ((0 < SIZEOF (QUERY (prep <* USEDIN (prop,

'INTEGRATED_CNC_SCHEMA.ACTION_PROPERTY_REPRESENTATION.PROPERTY')
|
(1 <= SIZEOF (QUERY (it <* prep.representation.items |
('INTEGRATED_CNC_SCHEMA.BOUNDED_CURVE' in TYPEOF(it)))))
)))))))
);
```

```
WR11: NOT (SELF.description IN ['approach lift path angle',
    'approach lift path tangent']) OR
    ((verify_required_action_property (SELF, 'fix point')) AND
    (verify_rep_item_for_action_property (SELF, 'fix point',
    ['INTEGRATED_CNC_SCHEMA.CARTESIAN_POINT'])) AND
    (verify_optional_action_property (SELF, 'fix point direction')) AND
    (verify_rep_item_for_action_property (SELF, 'fix point direction',
    ['INTEGRATED_CNC_SCHEMA.DIRECTION']))
    );
WR12: NOT (SELF.description = 'approach lift path angle') OR
    ((verify_required_action_property (SELF, 'angle')) AND
    (verify_angle_measure_action_property (SELF, 'angle')) AND
    (verify_required_action_property (SELF, 'bend distance')) AND
    (verify_length_measure_action_property (SELF, 'bend distance'))
    );
WR13: NOT (SELF.description = 'approach lift path tangent') OR
    ((verify_required_action_property (SELF, 'radius')) AND
    (verify_length_measure_action_property (SELF, 'radius'))
    );
WR14: NOT (SELF.description = 'cutter location trajectory') OR
    ((verify_required_action_property (SELF, 'basic curve')) AND
    (verify_rep_item_for_action_property (SELF, 'basic curve',
    ['INTEGRATED_CNC_SCHEMA.BOUNDED_CURVE'])) AND
    (verify_optional_action_property (SELF, 'surface normal')) AND
    (verify_rep_item_for_action_property (SELF, 'surface normal',
    ['INTEGRATED_CNC_SCHEMA.BOUNDED_CURVE'])) AND
    (verify_optional_action_property (SELF, 'tool axis')) AND
    (verify_rep_item_for_action_property (SELF, 'tool axis',
    ['INTEGRATED_CNC_SCHEMA.BOUNDED_CURVE'])) AND
    (verify_optional_action_property
    (SELF, 'path maximum deviation')) AND
    (verify_length_measure_action_property
    (SELF, 'path maximum deviation')) AND
    (verify_optional_action_property
    (SELF, 'tool axis maximum deviation')) AND
    (verify_angle_measure_action_property
    (SELF, 'tool axis maximum deviation'))
    );
WR15: NOT (SELF.description = 'cutter contact trajectory') OR
    ((((verify_required_action_property (SELF, 'basic curve')) AND
    (verify_rep_item_for_action_property (SELF, 'basic curve',
    ['INTEGRATED_CNC_SCHEMA.BOUNDED_PCURVE'])) )
    OR
    ((verify_required_action_property (SELF, 'basic curve')) AND
    (verify_rep_item_for_action_property (SELF, 'basic curve',
    ['INTEGRATED_CNC_SCHEMA.BOUNDED_CURVE'])) AND
    (verify_required_action_property (SELF, 'surface normal')) AND
    (verify_rep_item_for_action_property (SELF, 'surface normal',
```

```
        ['INTEGRATED_CNC_SCHEMA.BOUNDED_CURVE'])) )
        ) AND
        (verify_optional_action_property (SELF, 'tool axis')) AND
        (verify_rep_item_for_action_property (SELF, 'tool axis',
        ['INTEGRATED_CNC_SCHEMA.BOUNDED_CURVE'])) AND
        (verify_optional_action_property (SELF, 'contact type')) AND
        (verify_enumeration_action_property (SELF, 'contact type',
        ['side', 'front'])) AND
        (verify_optional_action_property
        (SELF, 'path maximum deviation')) AND
        (verify_length_measure_action_property
        (SELF, 'path maximum deviation')) AND
        (verify_optional_action_property
        (SELF, 'tool axis maximum deviation')) AND
        (verify_angle_measure_action_property
        (SELF, 'tool axis maximum deviation'))
        );
    WR16: NOT (SELF.description IN ['axis trajectory',
        'cutter location trajectory',
        'cutter contact trajectory']) OR
        ((verify_optional_action_property
        (SELF, 'material removal depth')) AND
        ((verify_length_measure_action_property
        (SELF, 'material removal depth')) OR
        (verify_rep_item_for_action_property
        (SELF, 'material removal depth',
        ['INTEGRATED_CNC_SCHEMA.BOUNDED_CURVE']))) AND
        (verify_optional_action_property
        (SELF, 'material removal overcut')) AND
        ((verify_length_measure_action_property
        (SELF, 'material removal overcut')) OR
        (verify_rep_item_for_action_property
        (SELF, 'material removal overcut',
        ['INTEGRATED_CNC_SCHEMA.BOUNDED_CURVE']))) AND
        (verify_optional_action_property
        (SELF, 'material removal total volume')) AND
        (verify_rep_item_for_action_property
        (SELF, 'material removal total volume',
        ['INTEGRATED_CNC_SCHEMA.MEASURE_REPRESENTATION_ITEM']))
        );
END_ENTITY; -- 10303-238: integrated_cnc_schema
ENTITY machining_toolpath_sequence_relationship
    SUBTYPE OF (sequential_method);
END_ENTITY; -- 10303-238: integrated_cnc_schema
ENTITY machining_toolpath_speed_profile_representation
    SUBTYPE OF (representation);
    WHERE
    WR1: (1 = SIZEOF (QUERY ( it <* SELF.items |
```

```
        ( ((′INTEGRATED_CNC_SCHEMA.BOUNDED_CURVE′
        IN TYPEOF(it))) OR
        ((′INTEGRATED_CNC_SCHEMA.DESCRIPTIVE_REPRESENTATION_ITEM′
        IN TYPEOF(it)) AND
        (it.description IN [′rapid′])) OR
        ((SIZEOF([
        ′INTEGRATED_CNC_SCHEMA.MEASURE_REPRESENTATION_ITEM′,
        ′INTEGRATED_CNC_SCHEMA.RATIO_MEASURE_WITH_UNIT′]*
        TYPEOF(it)) = 2))
        )
        )));
END_ENTITY; -- 10303-238: integrated_cnc_schema
ENTITY machining_touch_probing
    SUBTYPE OF (machining_process_executable, machining_operation);
    WHERE
        WR1: (SELF.description IN [′tool length probing′, ′tool radius probing′,
        ′workpiece probing′, ′workpiece complete probing′]);
        WR2: ((verify_required_action_property (SELF, ′security plane′)) AND
        (verify_rep_item_for_action_property (SELF, ′security plane′,
        [′INTEGRATED_CNC_SCHEMA.ELEMENTARY_SURFACE′])));
        WR3: ((verify_required_action_property (SELF, ′measured offset′)) AND
        (verify_rep_item_for_action_property (SELF, ′measured offset′,
        [′INTEGRATED_CNC_SCHEMA.EXPRESSION_REPRESENTATION_ITEM′,
        ′INTEGRATED_CNC_SCHEMA.NUMERIC_VARIABLE′])));
        WR4: NOT (SELF.description = ′workpiece probing′) OR
        ((verify_required_action_property (SELF, ′start position′)) AND
        (verify_rep_item_for_action_property (SELF, ′start position′,
        [′INTEGRATED_CNC_SCHEMA.AXIS2_PLACEMENT_3D′])) AND
        (1 = SIZEOF (QUERY (act <*
        USEDIN (SELF, ′INTEGRATED_CNC_SCHEMA.ACTION.CHOSEN_METHOD′) |
        (act.name = ′workpiece probing′)))) AND
        (0 = SIZEOF (QUERY (act <*
        USEDIN (SELF, ′INTEGRATED_CNC_SCHEMA.ACTION.CHOSEN_METHOD′) |
        (act.name = ′workpiece probing′) AND NOT
        (′INTEGRATED_CNC_SCHEMA.PRODUCT_DEFINITION_PROCESS′
        IN TYPEOF (act))))) AND
        (verify_required_action_property (SELF, ′direction′)) AND
        (verify_rep_item_for_action_property (SELF, ′direction′,
        [′INTEGRATED_CNC_SCHEMA.DIRECTION′])) AND
        (verify_required_action_property (SELF, ′expected value′)) AND
        (verify_rep_item_for_action_property (SELF, ′expected value′,
        [′INTEGRATED_CNC_SCHEMA.LENGTH_MEASURE_WITH_UNIT′,
        ′INTEGRATED_CNC_SCHEMA.MEASURE_REPRESENTATION_ITEM′,
        ′INTEGRATED_CNC_SCHEMA.QUALIFIED_REPRESENTATION_ITEM′])) AND
        (verify_required_action_property (SELF, ′probe′))
        );
        WR5: NOT (SELF.description = ′workpiece complete probing′) OR
        ((1 = SIZEOF (QUERY (act <*
```

```
        USEDIN (SELF, 'INTEGRATED_CNC_SCHEMA.ACTION.CHOSEN_METHOD') |
        (act.name = 'workpiece complete probing')))) AND
        (0 = SIZEOF (QUERY (act <*
        USEDIN (SELF, 'INTEGRATED_CNC_SCHEMA.ACTION.CHOSEN_METHOD') |
        (act.name = 'workpiece complete probing') AND NOT
        ('INTEGRATED_CNC_SCHEMA.PRODUCT_DEFINITION_PROCESS'
        IN TYPEOF (act))))) AND
        (verify_required_action_property (SELF, 'probing distance')) AND
        (verify_rep_item_for_action_property (SELF, 'probing distance',
        ['INTEGRATED_CNC_SCHEMA.LENGTH_MEASURE_WITH_UNIT',
        'INTEGRATED_CNC_SCHEMA.MEASURE_REPRESENTATION_ITEM',
        'INTEGRATED_CNC_SCHEMA.QUALIFIED_REPRESENTATION_ITEM'])) AND
        (verify_required_action_property (SELF, 'probe')) AND
        (verify_required_action_property (SELF, 'computed offset')) AND
        (verify_rep_type_for_action_property (SELF, 'computed offset',

['INTEGRATED_CNC_SCHEMA.MACHINING_OFFSET_VECTOR_REPRESENTATION']))
        );
    WR6: NOT (SELF.description IN ['tool length probing',
        'tool radius probing']) OR
        ((verify_required_action_property (SELF, 'offset')) AND
        (verify_rep_item_for_action_property (SELF, 'offset',
        ['INTEGRATED_CNC_SCHEMA.CARTESIAN_POINT'])) AND
        (verify_required_action_property (SELF, 'maximum wear')) AND
        (verify_length_measure_action_property (SELF, 'maximum wear')) AND
        (1 = SIZEOF (QUERY (mt <*
        USEDIN (SELF, 'INTEGRATED_CNC_SCHEMA.ACTION_RESOURCE.USAGE') |
        ('INTEGRATED_CNC_SCHEMA.MACHINING_TOOL' in TYPEOF(mt)))))
        );
END_ENTITY; -- 10303-238: integrated_cnc_schema
ENTITY machining_workingstep
    SUBTYPE OF (machining_process_executable);
    WHERE
    WR1: ((verify_optional_action_property (SELF, 'security plane')) AND
        (verify_rep_item_for_action_property (SELF, 'security plane',
        ['INTEGRATED_CNC_SCHEMA.ELEMENTARY_SURFACE'])));
    WR2: NOT (SELF.description = 'machining') OR
        ((verify_required_relating_amr (SELF,
        ['INTEGRATED_CNC_SCHEMA.MACHINING_FEATURE_RELATIONSHIP'])) AND
        (verify_related_type_for_amr (SELF,
        ['INTEGRATED_CNC_SCHEMA.MACHINING_FEATURE_RELATIONSHIP'],
        ['INTEGRATED_CNC_SCHEMA.MACHINING_FEATURE_PROCESS'])) AND
        (verify_related_type_for_amr (SELF,
['INTEGRATED_CNC_SCHEMA.MACHINING_FINAL_FEATURE_RELATIONSHIP'],
        ['INTEGRATED_CNC_SCHEMA.MACHINING_FEATURE_PROCESS'])) AND
        (verify_required_relating_amr (SELF,
        ['INTEGRATED_CNC_SCHEMA.MACHINING_OPERATION_RELATIONSHIP'])) AND
        (verify_related_type_for_amr (SELF,
```

```
            ['INTEGRATED_CNC_SCHEMA.MACHINING_OPERATION_RELATIONSHIP'],
            ['INTEGRATED_CNC_SCHEMA.MACHINING_OPERATION']))
            );
        WR3: NOT (SELF.description = 'turning') OR
            ((2 <= get_count_of_relating_amr (SELF,

    ['INTEGRATED_CNC_SCHEMA.MACHINING_FEATURE_SEQUENCE_RELATIONSHIP']))
            AND
            (verify_related_type_for_amr (SELF,

    ['INTEGRATED_CNC_SCHEMA.MACHINING_FEATURE_SEQUENCE_RELATIONSHIP'],
            ['INTEGRATED_CNC_SCHEMA.MACHINING_FEATURE_PROCESS'])) AND
            (verify_required_relating_amr (SELF,
            ['INTEGRATED_CNC_SCHEMA.MACHINING_OPERATION_RELATIONSHIP'])) AND
            (verify_related_type_for_amr (SELF,
            ['INTEGRATED_CNC_SCHEMA.MACHINING_OPERATION_RELATIONSHIP'],
            ['INTEGRATED_CNC_SCHEMA.TURNING_TYPE_OPERATION']))
            );
        WR4: NOT (SELF.description IN ['machining', 'turning']) OR
            (verify_optional_in_process_geometry (SELF));
        WR5: ((verify_optional_action_property (SELF, 'toolpath orientation')) AND
            (verify_rep_item_for_action_property (SELF, 'toolpath orientation',
            ['INTEGRATED_CNC_SCHEMA.AXIS2_PLACEMENT_3D'])));
END_ENTITY; -- 10303-238: integrated_cnc_schema
ENTITY machining_workplan
    SUBTYPE OF (machining_process_executable);
    WHERE
        WR1: (1 <= get_count_of_relating_amr (SELF,

    ['INTEGRATED_CNC_SCHEMA.MACHINING_PROCESS_SEQUENCE_RELATIONSHIP']))
            AND
            (verify_related_type_for_amr (SELF,

    ['INTEGRATED_CNC_SCHEMA.MACHINING_PROCESS_SEQUENCE_RELATIONSHIP'],
            ['INTEGRATED_CNC_SCHEMA.MACHINING_PROCESS_EXECUTABLE']));
        WR2: (verify_optional_action_property (SELF, 'channel'));
        WR3: (1 >= SIZEOF (QUERY (act <*
            USEDIN (SELF, 'INTEGRATED_CNC_SCHEMA.ACTION.CHOSEN_METHOD') |
            (act.name = 'setup')))) AND
            (0 = SIZEOF (QUERY (act <*
            USEDIN (SELF, 'INTEGRATED_CNC_SCHEMA.ACTION.CHOSEN_METHOD') |
            (act.name = 'setup') AND NOT
            ('INTEGRATED_CNC_SCHEMA.PRODUCT_DEFINITION_PROCESS' IN TYPEOF (act))
            )));
        WR4: (verify_optional_in_process_geometry (SELF));
END_ENTITY; -- 10303-238: integrated_cnc_schema
ENTITY make_from_usage_option
    SUBTYPE OF (product_definition_usage);
```

```
        ranking : INTEGER;
        ranking_rationale : text;
        quantity : measure_with_unit;
        WHERE
            WR1: NOT ('NUMBER' IN TYPEOF(quantity.value_component)) OR (quantity.
                value_component > 0);
    END_ENTITY; -- 10303-44: product_structure_schema
    ENTITY manifold_solid_brep
        SUBTYPE OF (solid_model);
        outer : closed_shell;
    END_ENTITY; -- 10303-42: geometric_model_schema
    ENTITY manifold_surface_shape_representation
        SUBTYPE OF (shape_representation);
        WHERE
          WR1: SIZEOF(QUERY (it <* SELF.items| NOT (SIZEOF([
                'INTEGRATED_CNC_SCHEMA.SHELL_BASED_SURFACE_MODEL',
                'INTEGRATED_CNC_SCHEMA.MAPPED_ITEM',
                'INTEGRATED_CNC_SCHEMA.AXIS2_PLACEMENT_3D' ] * TYPEOF(it)) =
                1))) = 0;
            WR2: SIZEOF(QUERY (it <* SELF.items| (SIZEOF([
                'INTEGRATED_CNC_SCHEMA.SHELL_BASED_SURFACE_MODEL',
                'INTEGRATED_CNC_SCHEMA.MAPPED_ITEM' ] * TYPEOF(it)) = 1))) >
                0;
            WR3: SIZEOF(QUERY (mi <* QUERY (it <* SELF.items| (
                'INTEGRATED_CNC_SCHEMA.MAPPED_ITEM' IN TYPEOF(it)))| NOT ((

        'INTEGRATED_CNC_SCHEMA.MANIFOLD_SURFACE_SHAPE_REPRESENTATION'
                IN TYPEOF(mi\mapped_item.mapping_source.
                mapped_representation)) AND (SIZEOF(QUERY (mr_it <* mi\
                mapped_item.mapping_source.mapped_representation.items| (
                'INTEGRATED_CNC_SCHEMA.SHELL_BASED_SURFACE_MODEL' IN TYPEOF(
                mr_it)))) > 0)))) = 0;
            WR4: SIZEOF(QUERY (sbsm <* QUERY (it <* SELF.items| (
                'INTEGRATED_CNC_SCHEMA.SHELL_BASED_SURFACE_MODEL' IN TYPEOF(
                it)))| NOT (SIZEOF(QUERY (sh <* sbsm\
                shell_based_surface_model.sbsm_boundary| NOT (SIZEOF([
                'INTEGRATED_CNC_SCHEMA.OPEN_SHELL',
                'INTEGRATED_CNC_SCHEMA.ORIENTED_CLOSED_SHELL',
                'INTEGRATED_CNC_SCHEMA.CLOSED_SHELL' ] * TYPEOF(sh)) = 1))) =
                0))) = 0;
            WR5: SIZEOF(QUERY (sbsm <* QUERY (it <* SELF.items| (
                'INTEGRATED_CNC_SCHEMA.SHELL_BASED_SURFACE_MODEL' IN TYPEOF(
                it)))| NOT (SIZEOF(QUERY (cfs <* sbsm\
                shell_based_surface_model.sbsm_boundary| NOT (SIZEOF(QUERY (
                fa <* cfs\connected_face_set.cfs_faces| NOT (
                'INTEGRATED_CNC_SCHEMA.FACE_SURFACE' IN TYPEOF(fa)))) = 0)))
                = 0))) = 0;
            WR6: SIZEOF(QUERY (sbsm <* QUERY (it <* SELF.items| (
```

```
    'INTEGRATED_CNC_SCHEMA.SHELL_BASED_SURFACE_MODEL' IN TYPEOF(
    it)))| NOT (SIZEOF(QUERY (cfs <* sbsm\
    shell_based_surface_model.sbsm_boundary| NOT (SIZEOF(QUERY (
    fa <* cfs\connected_face_set.cfs_faces| NOT ((
    'INTEGRATED_CNC_SCHEMA.ADVANCED_FACE' IN TYPEOF(fa)) OR
    msf_surface_check(fa\face_surface.face_geometry)))) = 0))) =
    0))) = 0;
WR7: SIZEOF(QUERY (sbsm <* QUERY (it <* SELF.items| (
    'INTEGRATED_CNC_SCHEMA.SHELL_BASED_SURFACE_MODEL' IN TYPEOF(
    it)))| NOT (SIZEOF(QUERY (cfs <* sbsm\
    shell_based_surface_model.sbsm_boundary| NOT (SIZEOF(QUERY (
    fa <* cfs\connected_face_set.cfs_faces| NOT ((
    'INTEGRATED_CNC_SCHEMA.ADVANCED_FACE' IN TYPEOF(fa)) OR (
    SIZEOF(QUERY (bnds <* fa.bounds| NOT (SIZEOF([
    'INTEGRATED_CNC_SCHEMA.EDGE_LOOP',
    'INTEGRATED_CNC_SCHEMA.VERTEX_LOOP' ] * TYPEOF(bnds.bound)) =
    1))) = 0)))) = 0))) = 0))) = 0;
WR8: SIZEOF(QUERY (sbsm <* QUERY (it <* SELF.items| (
    'INTEGRATED_CNC_SCHEMA.SHELL_BASED_SURFACE_MODEL' IN TYPEOF(
    it)))| NOT (SIZEOF(QUERY (cfs <* sbsm\
    shell_based_surface_model.sbsm_boundary| NOT (SIZEOF(QUERY (
    fa <* cfs\connected_face_set.cfs_faces| NOT ((
    'INTEGRATED_CNC_SCHEMA.ADVANCED_FACE' IN TYPEOF(fa)) OR (
    SIZEOF(QUERY (elp_fbnds <* QUERY (bnds <* fa.bounds| (
    'INTEGRATED_CNC_SCHEMA.EDGE_LOOP' IN TYPEOF(bnds.bound)))|
    NOT (SIZEOF(QUERY (oe <* elp_fbnds\path.edge_list| NOT (
    'INTEGRATED_CNC_SCHEMA.EDGE_CURVE' IN TYPEOF(oe.edge_element)
    ))) = 0))) = 0)))) = 0))) = 0))) = 0;
WR9: SIZEOF(QUERY (sbsm <* QUERY (it <* SELF.items| (
    'INTEGRATED_CNC_SCHEMA.SHELL_BASED_SURFACE_MODEL' IN
          TYPEOF(it)))| NOT (SIZEOF(QUERY (cfs <* sbsm\
    shell_based_surface_model.sbsm_boundary| NOT (SIZEOF(QUERY (
    fa <* cfs\connected_face_set.cfs_faces| NOT ((
    'INTEGRATED_CNC_SCHEMA.ADVANCED_FACE' IN TYPEOF(fa)) OR (
    SIZEOF(QUERY (elp_fbnds <* QUERY (bnds <* fa.bounds| (
    'INTEGRATED_CNC_SCHEMA.EDGE_LOOP' IN TYPEOF(bnds.bound)))|
    NOT (SIZEOF(QUERY (oe_cv <* QUERY (oe <* elp_fbnds\path.
    edge_list| ('INTEGRATED_CNC_SCHEMA.EDGE_CURVE' IN TYPEOF(oe.
    edge_element)))| NOT (SIZEOF([
    'INTEGRATED_CNC_SCHEMA.B_SPLINE_CURVE',
    'INTEGRATED_CNC_SCHEMA.CONIC',
    'INTEGRATED_CNC_SCHEMA.CURVE_REPLICA',
    'INTEGRATED_CNC_SCHEMA.LINE',
    'INTEGRATED_CNC_SCHEMA.OFFSET_CURVE_3D',
    'INTEGRATED_CNC_SCHEMA.PCURVE',
    'INTEGRATED_CNC_SCHEMA.POLYLINE',
    'INTEGRATED_CNC_SCHEMA.SURFACE_CURVE' ] * TYPEOF(oe_cv.
    edge_element\edge_curve.edge_geometry)) = 1))) = 0))) = 0))))
```

```
      = 0))) = 0))) = 0;
  WR10: SIZEOF(QUERY (sbsm <* QUERY (it <* SELF.items| (
      'INTEGRATED_CNC_SCHEMA.SHELL_BASED_SURFACE_MODEL' IN TYPEOF(
      it)))| NOT (SIZEOF(QUERY (cfs <* sbsm\
      shell_based_surface_model.sbsm_boundary| NOT (SIZEOF(QUERY (
      fa <* cfs\connected_face_set.cfs_faces| NOT ((
      'INTEGRATED_CNC_SCHEMA.ADVANCED_FACE' IN TYPEOF(fa)) OR (
      SIZEOF(QUERY (elp_fbnds <* QUERY (bnds <* fa.bounds| (
      'INTEGRATED_CNC_SCHEMA.EDGE_LOOP' IN TYPEOF(bnds.bound)))|
      NOT (SIZEOF(QUERY (oe <* elp_fbnds\path.edge_list| NOT
      msf_curve_check(oe.edge_element\edge_curve.edge_geometry))) =
      0))) = 0))))) = 0))) = 0))) = 0;
  WR11: SIZEOF(QUERY (sbsm <* QUERY (it <* SELF.items| (
      'INTEGRATED_CNC_SCHEMA.SHELL_BASED_SURFACE_MODEL' IN TYPEOF(
      it)))| NOT (SIZEOF(QUERY (cfs <* sbsm\
      shell_based_surface_model.sbsm_boundary| NOT (SIZEOF(QUERY (
      fa <* cfs\connected_face_set.cfs_faces| NOT ((
      'INTEGRATED_CNC_SCHEMA.ADVANCED_FACE' IN TYPEOF(fa)) OR (
      SIZEOF(QUERY (elp_fbnds <* QUERY (bnds <* fa.bounds| (
      'INTEGRATED_CNC_SCHEMA.EDGE_LOOP' IN TYPEOF(bnds.bound)))|
      NOT (SIZEOF(QUERY (oe <* elp_fbnds\path.edge_list| NOT ((
      'INTEGRATED_CNC_SCHEMA.VERTEX_POINT' IN TYPEOF(oe.
      edge_element.edge_start)) AND (
      'INTEGRATED_CNC_SCHEMA.VERTEX_POINT' IN TYPEOF(oe.
      edge_element.edge_end))))) = 0))) = 0)))) = 0))) = 0))) = 0;
    WR12: SIZEOF(QUERY (sbsm <* QUERY (it <* SELF.items| (
      'INTEGRATED_CNC_SCHEMA.SHELL_BASED_SURFACE_MODEL' IN TYPEOF(
      it)))| NOT (SIZEOF(QUERY (cfs <* sbsm\
      shell_based_surface_model.sbsm_boundary| NOT (SIZEOF(QUERY (
      fa <* cfs\connected_face_set.cfs_faces| NOT ((
      'INTEGRATED_CNC_SCHEMA.ADVANCED_FACE' IN TYPEOF(fa)) OR (
      SIZEOF(QUERY (elp_fbnds <* QUERY (bnds <* fa.bounds| (
      'INTEGRATED_CNC_SCHEMA.EDGE_LOOP' IN TYPEOF(bnds.bound)))|
      NOT (SIZEOF(QUERY (oe <* elp_fbnds\path.edge_list| NOT ((
      SIZEOF(['INTEGRATED_CNC_SCHEMA.CARTESIAN_POINT',
      'INTEGRATED_CNC_SCHEMA.DEGENERATE_PCURVE',
      'INTEGRATED_CNC_SCHEMA.POINT_ON_CURVE',
      'INTEGRATED_CNC_SCHEMA.POINT_ON_SURFACE'] * TYPEOF(oe.
      edge_element.edge_start\vertex_point.vertex_geometry)) = 1)
      AND (SIZEOF(['INTEGRATED_CNC_SCHEMA.CARTESIAN_POINT',
      'INTEGRATED_CNC_SCHEMA.DEGENERATE_PCURVE',
      'INTEGRATED_CNC_SCHEMA.POINT_ON_CURVE',
      'INTEGRATED_CNC_SCHEMA.POINT_ON_SURFACE'] * TYPEOF(oe.
      edge_element.edge_end\vertex_point.vertex_geometry)) = 1))))
      = 0))) = 0)))) = 0))) = 0))) = 0;
    WR13: SIZEOF(QUERY (sbsm <* QUERY (it <* SELF.items| (
      'INTEGRATED_CNC_SCHEMA.SHELL_BASED_SURFACE_MODEL' IN TYPEOF(
      it)))| NOT (SIZEOF(QUERY (cfs <* sbsm\
```

```
        shell_based_surface_model.sbsm_boundary| NOT (SIZEOF(QUERY (
        fa <* cfs\connected_face_set.cfs_faces| NOT ((
        'INTEGRATED_CNC_SCHEMA.ADVANCED_FACE' IN TYPEOF(fa)) OR (
        SIZEOF(QUERY (vlp_fbnds <* QUERY (bnds <* fa.bounds| (
        'INTEGRATED_CNC_SCHEMA.VERTEX_LOOP' IN TYPEOF(bnds.bound)))|
        NOT ('INTEGRATED_CNC_SCHEMA.VERTEX_POINT' IN TYPEOF(vlp_fbnds
        \vertex_loop.loop_vertex)))) = 0)))) = 0))) = 0))) = 0;
    WR14: SIZEOF(QUERY (sbsm <* QUERY (it <* SELF.items| (
        'INTEGRATED_CNC_SCHEMA.SHELL_BASED_SURFACE_MODEL' IN TYPEOF(
        it)))| NOT (SIZEOF(QUERY (cfs <* sbsm\
        shell_based_surface_model.sbsm_boundary| NOT (SIZEOF(QUERY (
        fa <* cfs\connected_face_set.cfs_faces| NOT ((
        'INTEGRATED_CNC_SCHEMA.ADVANCED_FACE' IN TYPEOF(fa)) OR (
        SIZEOF(QUERY (vlp_fbnds <* QUERY (bnds <* fa.bounds| (
        'INTEGRATED_CNC_SCHEMA.VERTEX_LOOP' IN TYPEOF(bnds.bound)))|
        NOT (SIZEOF([ 'INTEGRATED_CNC_SCHEMA.CARTESIAN_POINT',
        'INTEGRATED_CNC_SCHEMA.DEGENERATE_PCURVE',
        'INTEGRATED_CNC_SCHEMA.POINT_ON_CURVE',
        'INTEGRATED_CNC_SCHEMA.POINT_ON_SURFACE' ] * TYPEOF(vlp_fbnds
        \vertex_loop.loop_vertex\vertex_point.vertex_geometry)) = 1))
        ) = 0)))) = 0))) = 0))) = 0;
  END_ENTITY; -- 10303-509: aic_manifold_surface
  ENTITY mapped_item
    SUBTYPE OF (representation_item);
    mapping_source : representation_map;
  mapping_target : representation_item;
  WHERE
    WR1: acyclic_mapped_representation(using_representations(SELF), [ SELF]);
END_ENTITY; -- 10303-43: representation_schema
ENTITY marking
  SUBTYPE OF (feature_definition);
  WHERE
    WR1: SIZEOF(QUERY (pd <* USEDIN(SELF,
        'INTEGRATED_CNC_SCHEMA.PROPERTY_DEFINITION.DEFINITION')| (
        SIZEOF(QUERY (pdr <* USEDIN(pd, 'INTEGRATED_CNC_SCHEMA.' +
        'PROPERTY_DEFINITION_REPRESENTATION.DEFINITION')| (
        'INTEGRATED_CNC_SCHEMA.' +
        'SHAPE_REPRESENTATION_WITH_PARAMETERS' IN TYPEOF(pdr.
        used_representation)) AND ((2 <= SIZEOF(pdr.
        used_representation.items)) AND (SIZEOF(pdr.
        used_representation.items) <= 6)))) = 1))) = 1;
    WR2: SIZEOF(QUERY (pd <* USEDIN(SELF,
        'INTEGRATED_CNC_SCHEMA.PROPERTY_DEFINITION.DEFINITION')| NOT
        (SIZEOF(QUERY (impl_rep <* QUERY (pdr <* USEDIN(pd,
        'INTEGRATED_CNC_SCHEMA.' +
        'PROPERTY_DEFINITION_REPRESENTATION.DEFINITION')| (
        'INTEGRATED_CNC_SCHEMA.' +
        'SHAPE_REPRESENTATION_WITH_PARAMETERS' IN TYPEOF(pdr.
```

```
    used_representation)))| NOT (SIZEOF(QUERY (it <* impl_rep.
    used_representation.items| (
    'INTEGRATED_CNC_SCHEMA.DESCRIPTIVE_REPRESENTATION_ITEM' IN
    TYPEOF(it)) AND (it.name = 'marking text'))) = 1))) = 0))) =
    0;
WR3: SIZEOF(QUERY (pd <* USEDIN(SELF,
    'INTEGRATED_CNC_SCHEMA.PROPERTY_DEFINITION.DEFINITION')| NOT
    (SIZEOF(QUERY (impl_rep <* QUERY (pdr <* USEDIN(pd,
    'INTEGRATED_CNC_SCHEMA.' +
    'PROPERTY_DEFINITION_REPRESENTATION.DEFINITION')| (
    'INTEGRATED_CNC_SCHEMA.' +
    'SHAPE_REPRESENTATION_WITH_PARAMETERS' IN TYPEOF(pdr.
    used_representation)))| NOT (SIZEOF(QUERY (it <* impl_rep.
    used_representation.items| (
    'INTEGRATED_CNC_SCHEMA.DESCRIPTIVE_REPRESENTATION_ITEM' IN
    TYPEOF(it)) AND (it.name = 'special instructions'))) <= 1)))
    = 0))) = 0;
WR4: SIZEOF(QUERY (pd <* USEDIN(SELF,
    'INTEGRATED_CNC_SCHEMA.PROPERTY_DEFINITION.DEFINITION')| NOT
    (SIZEOF(QUERY (impl_rep <* QUERY (pdr <* USEDIN(pd,
    'INTEGRATED_CNC_SCHEMA.' +
    'PROPERTY_DEFINITION_REPRESENTATION.DEFINITION')| (
    'INTEGRATED_CNC_SCHEMA.' +
    'SHAPE_REPRESENTATION_WITH_PARAMETERS' IN TYPEOF(pdr.
    used_representation)))| NOT (SIZEOF(QUERY (it <* impl_rep.
    used_representation.items| (
    'INTEGRATED_CNC_SCHEMA.DESCRIPTIVE_REPRESENTATION_ITEM' IN
    TYPEOF(it)) AND (it.name = 'font name'))) <= 1))) = 0))) = 0;
WR5: SIZEOF(QUERY (pd <* USEDIN(SELF,
    'INTEGRATED_CNC_SCHEMA.PROPERTY_DEFINITION.DEFINITION')| NOT
    (SIZEOF(QUERY (impl_rep <* QUERY (pdr <* USEDIN(pd,
    'INTEGRATED_CNC_SCHEMA.' +
    'PROPERTY_DEFINITION_REPRESENTATION.DEFINITION')| (
    'INTEGRATED_CNC_SCHEMA.' +
    'SHAPE_REPRESENTATION_WITH_PARAMETERS' IN TYPEOF(pdr.
    used_representation)))| NOT (SIZEOF(QUERY (it <* impl_rep.
    used_representation.items| (SIZEOF([
    'INTEGRATED_CNC_SCHEMA.MEASURE_REPRESENTATION_ITEM',
    'INTEGRATED_CNC_SCHEMA.LENGTH_MEASURE_WITH_UNIT' ] * TYPEOF(
    it)) = 2) AND (it.name = 'character height'))) <= 1))) = 0)))
    = 0;
WR6: SIZEOF(QUERY (pd <* USEDIN(SELF,
    'INTEGRATED_CNC_SCHEMA.PROPERTY_DEFINITION.DEFINITION')| NOT
    (SIZEOF(QUERY (impl_rep <* QUERY (pdr <* USEDIN(pd,
    'INTEGRATED_CNC_SCHEMA.' +
    'PROPERTY_DEFINITION_REPRESENTATION.DEFINITION')| (
    'INTEGRATED_CNC_SCHEMA.' +
    'SHAPE_REPRESENTATION_WITH_PARAMETERS' IN TYPEOF(pdr.
```

```
        used_representation)))| NOT (SIZEOF(QUERY (it <* impl_rep.
        used_representation.items| (SIZEOF([
        'INTEGRATED_CNC_SCHEMA.MEASURE_REPRESENTATION_ITEM',
        'INTEGRATED_CNC_SCHEMA.LENGTH_MEASURE_WITH_UNIT' ] * TYPEOF(
        it)) = 2) AND (it.name = 'character spacing'))) <= 1))) = 0))
        ) = 0;
      WR7: SIZEOF(QUERY (pds <* QUERY (pd <* USEDIN(SELF,
        'INTEGRATED_CNC_SCHEMA.PROPERTY_DEFINITION.DEFINITION')| (
        'INTEGRATED_CNC_SCHEMA.PRODUCT_DEFINITION_SHAPE' IN TYPEOF(pd
        )))| NOT (SIZEOF(QUERY (sa_occ <* USEDIN(pds,
        'INTEGRATED_CNC_SCHEMA.SHAPE_ASPECT.OF_SHAPE')| (SIZEOF(QUERY
        (sdr <* QUERY (sar <* USEDIN(sa_occ,
        'INTEGRATED_CNC_SCHEMA.SHAPE_ASPECT_RELATIONSHIP.' +
        'RELATED_SHAPE_ASPECT')| (sar.description = 'applied shape')
        AND ('INTEGRATED_CNC_SCHEMA.SHAPE_DEFINING_RELATIONSHIP' IN
        TYPEOF(sar)))| ('INTEGRATED_CNC_SCHEMA.SHAPE_ASPECT' IN
        TYPEOF(sdr.relating_shape_aspect)))) = 1))) = 1))) = 0;
END_ENTITY; -- 10303-522: aic_machining_feature
ENTITY mass_measure_with_unit
    SUBTYPE OF (measure_with_unit);
    WHERE
      WR1: 'INTEGRATED_CNC_SCHEMA.MASS_UNIT' IN TYPEOF(SELF\measure_with_unit
        .unit_component);
END_ENTITY; -- 10303-41: measure_schema
ENTITY mass_unit
    SUBTYPE OF (named_unit);
    WHERE
      WR1: ((((((SELF\named_unit.dimensions.length_exponent = 0.0) AND (SELF\
        named_unit.dimensions.mass_exponent = 1.0)) AND (SELF\
        named_unit.dimensions.time_exponent = 0.0)) AND (SELF\
        named_unit.dimensions.electric_current_exponent = 0.0)) AND (
        SELF\named_unit.dimensions.thermodynamic_temperature_exponent
        = 0.0)) AND (SELF\named_unit.dimensions.
        amount_of_substance_exponent = 0.0)) AND (SELF\named_unit.
        dimensions.luminous_intensity_exponent = 0.0);
END_ENTITY; -- 10303-41: measure_schema
ENTITY material_designation;
    name : label;
    definitions : SET [1:?] OF characterized_definition;
END_ENTITY; -- 10303-45: material_property_definition_schema
ENTITY material_designation_characterization;
    name : label;
    description : text;
    designation : material_designation;
    property : characterized_material_property;
END_ENTITY; -- 10303-45: material_property_definition_schema
ENTITY material_property
    SUBTYPE OF (property_definition);
```

```
    UNIQUE
        UR1: SELF\property_definition.name, SELF\property_definition.definition;
    WHERE
        WR1: ('INTEGRATED_CNC_SCHEMA.CHARACTERIZED_OBJECT' IN TYPEOF(SELF\
            property_definition.definition)) OR (SIZEOF(bag_to_set(USEDIN
            (SELF, 'INTEGRATED_CNC_SCHEMA.' +
            'PROPERTY_DEFINITION_REPRESENTATION.DEFINITION')) - QUERY (
            temp <* bag_to_set(USEDIN(SELF, 'INTEGRATED_CNC_SCHEMA.' +
            'PROPERTY_DEFINITION_REPRESENTATION.DEFINITION'))| (
            'INTEGRATED_CNC_SCHEMA.' + 'MATERIAL_PROPERTY_REPRESENTATION'
            IN TYPEOF(temp)))) = 0);
END_ENTITY; -- 10303-45: material_property_definition_schema
ENTITY material_property_representation
    SUBTYPE OF (property_definition_representation);
    dependent_environment : data_environment;
END_ENTITY; -- 10303-45: material_property_representation_schema
ENTITY measure_qualification;
    name : label;
    description : text;
    qualified_measure : measure_with_unit;
    qualifiers : SET [1:?] OF value_qualifier;
    WHERE
        WR1: SIZEOF(QUERY (temp <* qualifiers| (
            'INTEGRATED_CNC_SCHEMA.PRECISION_QUALIFIER' IN TYPEOF(temp)))
            ) < 2;
END_ENTITY; -- 10303-45: qualified_measure_schema
ENTITY measure_representation_item
    SUBTYPE OF (representation_item, measure_with_unit);
END_ENTITY; -- 10303-45: qualified_measure_schema
ENTITY measure_with_unit
    SUPERTYPE OF (ONEOF(length_measure_with_unit, mass_measure_with_unit,
    time_measure_with_unit, plane_angle_measure_with_unit,
    solid_angle_measure_with_unit, ratio_measure_with_unit));
    value_component : measure_value;
    unit_component : unit;
    WHERE
        WR1: valid_units(SELF);
END_ENTITY; -- 10303-41: measure_schema
ENTITY milling_type_operation
    SUBTYPE OF (machining_operation);
    WHERE
        WR1: (verify_optional_action_property (SELF, 'overcut length')) AND
            (verify_length_measure_action_property (SELF, 'overcut length'));
        WR2: ((verify_optional_relating_amr_with_name (SELF, 'approach',
            ['INTEGRATED_CNC_SCHEMA.MACHINING_STRATEGY_RELATIONSHIP'])) AND
            (verify_related_type_for_amr_with_name (SELF, 'approach',
            ['INTEGRATED_CNC_SCHEMA.MACHINING_STRATEGY_RELATIONSHIP'],
```

```
    ['INTEGRATED_CNC_SCHEMA.MACHINING_APPROACH_RETRACT_STRATEGY']))
            );
        WR3: ((verify_optional_relating_amr_with_name (SELF, 'retract',
            ['INTEGRATED_CNC_SCHEMA.MACHINING_STRATEGY_RELATIONSHIP'])) AND
            (verify_related_type_for_amr_with_name (SELF, 'retract',
            ['INTEGRATED_CNC_SCHEMA.MACHINING_STRATEGY_RELATIONSHIP'],
    ['INTEGRATED_CNC_SCHEMA.MACHINING_APPROACH_RETRACT_STRATEGY']))
            );
        WR4: ((verify_optional_relating_amr_with_name (SELF, 'machining',
            ['INTEGRATED_CNC_SCHEMA.MACHINING_STRATEGY_RELATIONSHIP'])) AND
            (verify_related_type_for_amr_with_name (SELF, 'machining',
            ['INTEGRATED_CNC_SCHEMA.MACHINING_STRATEGY_RELATIONSHIP'],
            ['INTEGRATED_CNC_SCHEMA.MILLING_TYPE_STRATEGY']))
            );
END_ENTITY; -- 10303-238: integrated_cnc_schema
ENTITY milling_type_strategy
    SUBTYPE OF (machining_strategy);
    WHERE
        WR1: NOT (SELF.description IN ['bidirectional', 'bidirectional contour',
            'center milling', 'contour bidirectional', 'contour parallel',
            'contour spiral', 'explicit', 'unidirectional']) OR
            ((verify_optional_action_property (SELF, 'overlap ratio')) AND
            (verify_ratio_measure_action_property (SELF, 'overlap ratio')) AND
            (verify_optional_action_property (SELF, 'multiple passes')) AND
            (verify_enumeration_action_property (SELF, 'multiple passes',
            ['multiple passes allowed', 'multiple passes not allowed'])) );
        WR2: NOT (SELF.description = 'bidirectional') OR
            ((verify_optional_action_property (SELF, 'feed direction')) AND
            (verify_rep_item_for_action_property (SELF, 'feed direction',
            ['INTEGRATED_CNC_SCHEMA.DIRECTION'])) AND
            (verify_optional_action_property (SELF, 'stepover direction')) AND
            (verify_enumeration_action_property (SELF, 'stepover direction',
            ['left', 'right'])) AND
            (verify_optional_action_property (SELF, 'connection strategy'))
            AND
            (verify_enumeration_action_property (SELF, 'connection strategy',
            ['straight line', 'lift shift plunge', 'degouge', 'loop back'])) );
        WR3: NOT (SELF.description IN ['bidirectional contour',
            'contour bidirectional']) OR
            ((verify_optional_action_property (SELF, 'feed direction')) AND
            (verify_rep_item_for_action_property (SELF, 'feed direction',
            ['INTEGRATED_CNC_SCHEMA.DIRECTION'])) AND
            (verify_optional_action_property (SELF, 'stepover direction')) AND
            (verify_enumeration_action_property (SELF, 'stepover direction',
            ['left', 'right'])) AND
            (verify_optional_action_property (SELF, 'rotation direction')) AND
            (verify_enumeration_action_property (SELF, 'rotation direction',
```

```
            ['clockwise', 'counterclockwise'])) AND
            (verify_optional_action_property (SELF, 'spiral cutmode')) AND
            (verify_enumeration_action_property (SELF, 'spiral cutmode',
            ['climb', 'conventional'])) );
        WR4: NOT (SELF.description IN ['contour parallel', 'contour spiral']) OR
            ((verify_optional_action_property (SELF, 'rotation direction')) AND
            (verify_enumeration_action_property (SELF, 'rotation direction',
            ['clockwise', 'counterclockwise'])) AND
            (verify_optional_action_property (SELF, 'cutmode')) AND
            (verify_enumeration_action_property (SELF, 'cutmode',
            ['climb', 'conventional'])) );
        WR5: NOT (SELF.description = 'unidirectional') OR
            ((verify_optional_action_property (SELF, 'feed direction')) AND
            (verify_rep_item_for_action_property (SELF, 'feed direction',
            ['INTEGRATED_CNC_SCHEMA.DIRECTION'])) AND
            (verify_optional_action_property (SELF, 'cutmode')) AND
            (verify_enumeration_action_property (SELF, 'cutmode',
            ['climb', 'conventional'])) );
END_ENTITY; -- 10303-238: integrated_cnc_schema
ENTITY modified_geometric_tolerance
    SUBTYPE OF (geometric_tolerance);
    modifier : limit_condition;
END_ENTITY; -- 10303-47: shape_tolerance_schema
ENTITY modified_pattern
    SUBTYPE OF (shape_aspect);
    WHERE
        WR1: SIZEOF(QUERY (fcr <* QUERY (sar <* USEDIN(SELF,
            'INTEGRATED_CNC_SCHEMA.SHAPE_ASPECT_RELATIONSHIP.' +
            'RELATING_SHAPE_ASPECT')| (
            'INTEGRATED_CNC_SCHEMA.FEATURE_COMPONENT_RELATIONSHIP' IN
            TYPEOF(sar)))| (SIZEOF([
            'INTEGRATED_CNC_SCHEMA.REPLICATE_FEATURE',
            'INTEGRATED_CNC_SCHEMA.INSTANCED_FEATURE' ] * TYPEOF(fcr.
            related_shape_aspect.of_shape.definition)) >= 1) AND (fcr.
            description = 'base shape'))) = 1;
        WR2: SIZEOF(QUERY (fcr <* QUERY (sar <* USEDIN(SELF,
            'INTEGRATED_CNC_SCHEMA.SHAPE_ASPECT_RELATIONSHIP.' +
            'RELATING_SHAPE_ASPECT')| (
            'INTEGRATED_CNC_SCHEMA.FEATURE_COMPONENT_RELATIONSHIP' IN
            TYPEOF(sar)))| (SIZEOF([
            'INTEGRATED_CNC_SCHEMA.CIRCULAR_PATTERN',
            'INTEGRATED_CNC_SCHEMA.RECTANGULAR_PATTERN' ] * TYPEOF(fcr.
            related_shape_aspect.of_shape.definition)) = 1) AND (fcr.
            description = 'base pattern'))) = 1;
        WR3: SIZEOF(QUERY (sar <* USEDIN(SELF,
            'INTEGRATED_CNC_SCHEMA.SHAPE_ASPECT_RELATIONSHIP.' +
            'RELATING_SHAPE_ASPECT')| (SIZEOF(QUERY (msar <* USEDIN(sar.
            related_shape_aspect,
```

```
            'INTEGRATED_CNC_SCHEMA.SHAPE_ASPECT_RELATIONSHIP.' +
            'RELATED_SHAPE_ASPECT')| ((SIZEOF([
            'INTEGRATED_CNC_SCHEMA.PATTERN_OFFSET_MEMBERSHIP',
            'INTEGRATED_CNC_SCHEMA.PATTERN_OMIT_MEMBERSHIP' ] * TYPEOF(
            sar)) = 1) AND (sar.description = 'modified pattern')) AND (
            sar :<>: msar))) >= 1))) = 0;
END_ENTITY; -- 10303-522: aic_machining_feature
ENTITY multiple_arity_boolean_expression
    ABSTRACT SUPERTYPE OF (ONEOF(and_expression, or_expression))
    SUBTYPE OF (boolean_expression, multiple_arity_generic_expression);
    SELF\multiple_arity_generic_expression.operands : LIST [2:?] OF
    boolean_expression;
END_ENTITY; -- 13584-20: iso13584_expressions_schema
ENTITY multiple_arity_generic_expression
    ABSTRACT SUPERTYPE
    SUBTYPE OF (generic_expression);
    operands : LIST [2:?] OF generic_expression;
END_ENTITY; -- 13584-20: iso13584_generic_expressions_schema
ENTITY name_attribute;
    attribute_value : label;
    named_item : name_attribute_select;
END_ENTITY; -- 10303-41: basic_attribute_schema
ENTITY named_unit
    SUPERTYPE OF (ONEOF(si_unit, conversion_based_unit,
    context_dependent_unit) ANDOR ONEOF(length_unit, mass_unit, time_unit,
    plane_angle_unit, solid_angle_unit, ratio_unit));
    dimensions : dimensional_exponents;
    END_ENTITY; -- 10303-41: measure_schema
ENTITY next_assembly_usage_occurrence
    SUBTYPE OF (assembly_component_usage);
    END_ENTITY; -- 10303-44: product_structure_schema
ENTITY ngon_closed_profile
    SUBTYPE OF (shape_aspect);
    WHERE
        WR1: 'INTEGRATED_CNC_SCHEMA.FEATURE_COMPONENT_DEFINITION' IN
            TYPEOF(SELF.of_shape.definition);
        WR2: SIZEOF(QUERY (pd <* USEDIN(SELF,
            'INTEGRATED_CNC_SCHEMA.PROPERTY_DEFINITION.DEFINITION')| NOT
            (SIZEOF(QUERY (pdr <* USEDIN(pd, 'INTEGRATED_CNC_SCHEMA.' +
            'PROPERTY_DEFINITION_REPRESENTATION.DEFINITION')| (
            'INTEGRATED_CNC_SCHEMA.' +
            'SHAPE_REPRESENTATION_WITH_PARAMETERS' IN TYPEOF(pdr.
            used_representation)))) = 1))) = 0;
        WR3: SIZEOF(QUERY (pd <* USEDIN(SELF,
            'INTEGRATED_CNC_SCHEMA.PROPERTY_DEFINITION.DEFINITION')| NOT
            (SIZEOF(QUERY (impl_rep <* QUERY (pdr <* USEDIN(pd,
            'INTEGRATED_CNC_SCHEMA.' +
            'PROPERTY_DEFINITION_REPRESENTATION.DEFINITION')| (
```

```
    'INTEGRATED_CNC_SCHEMA.' +
    'SHAPE_REPRESENTATION_WITH_PARAMETERS' IN TYPEOF(pdr.
    used_representation)))| NOT ((SIZEOF(impl_rep.
    used_representation.items) >= 3) AND (SIZEOF(impl_rep.
    used_representation.items) <= 4)))) = 0))) = 0;
WR4: SIZEOF(QUERY (pd <* USEDIN(SELF,
    'INTEGRATED_CNC_SCHEMA.PROPERTY_DEFINITION.DEFINITION')| (
    SIZEOF(QUERY (pdr <* USEDIN(pd, 'INTEGRATED_CNC_SCHEMA.' +
    'PROPERTY_DEFINITION_REPRESENTATION.DEFINITION')| (
    'INTEGRATED_CNC_SCHEMA.' +
    'SHAPE_REPRESENTATION_WITH_PARAMETERS' IN TYPEOF(pdr.
    used_representation)) AND (SIZEOF(QUERY (srwp_i <* pdr.
    used_representation.items| ((((srwp_i.name = 'orientation')
    OR (srwp_i.name = 'number of sides')) OR (srwp_i.name =
    'circumscribed diameter')) OR (srwp_i.name = 'corner radius')
    ) OR (srwp_i.name = 'diameter across flats'))) = SIZEOF(pdr.
    used_representation.items)))) = 1))) = 1;
WR5: SIZEOF(QUERY (pd <* USEDIN(SELF,
    'INTEGRATED_CNC_SCHEMA.PROPERTY_DEFINITION.DEFINITION')| NOT
    (SIZEOF(QUERY (impl_rep <* QUERY (pdr <* USEDIN(pd,
    'INTEGRATED_CNC_SCHEMA.' +
    'PROPERTY_DEFINITION_REPRESENTATION.DEFINITION')| (
    'INTEGRATED_CNC_SCHEMA.' +
    'SHAPE_REPRESENTATION_WITH_PARAMETERS' IN TYPEOF(pdr.
    used_representation)))| NOT (SIZEOF(QUERY (it <* impl_rep.
    used_representation.items| ('INTEGRATED_CNC_SCHEMA.PLACEMENT'
    IN TYPEOF(it)) AND (it.name = 'orientation'))) = 1))) = 0)))
    = 0;
WR6: SIZEOF(QUERY (pd <* USEDIN(SELF,
    'INTEGRATED_CNC_SCHEMA.PROPERTY_DEFINITION.DEFINITION')| NOT
    (SIZEOF(QUERY (impl_rep <* QUERY (pdr <* USEDIN(pd,
    'INTEGRATED_CNC_SCHEMA.' +
    'PROPERTY_DEFINITION_REPRESENTATION.DEFINITION')| (
    'INTEGRATED_CNC_SCHEMA.' +
    'SHAPE_REPRESENTATION_WITH_PARAMETERS' IN TYPEOF(pdr.
    used_representation)))| NOT (SIZEOF(QUERY (it <* impl_rep.
    used_representation.items| ((
    'INTEGRATED_CNC_SCHEMA.MEASURE_REPRESENTATION_ITEM' IN TYPEOF
    (it)) AND ('INTEGRATED_CNC_SCHEMA.COUNT_MEASURE' IN TYPEOF(it
    \measure_with_unit.value_component))) AND (it.name =
    'number of sides'))) = 1))) = 0))) = 0;
WR7: SIZEOF(QUERY (pd <* USEDIN(SELF,
    'INTEGRATED_CNC_SCHEMA.PROPERTY_DEFINITION.DEFINITION')|
        NOT
    (SIZEOF(QUERY (impl_rep <* QUERY (pdr <* USEDIN(pd,
    'INTEGRATED_CNC_SCHEMA.' +
    'PROPERTY_DEFINITION_REPRESENTATION.DEFINITION')| (
    'INTEGRATED_CNC_SCHEMA.' +
```

```
            'SHAPE_REPRESENTATION_WITH_PARAMETERS' IN TYPEOF(pdr.
            used_representation)))| NOT (SIZEOF(QUERY (it <* impl_rep.
            used_representation.items| (SIZEOF([
            'INTEGRATED_CNC_SCHEMA.MEASURE_REPRESENTATION_ITEM',
            'INTEGRATED_CNC_SCHEMA.LENGTH_MEASURE_WITH_UNIT' ] * TYPEOF(
            it)) = 2) AND (it.name IN [ 'circumscribed diameter',
            'diameter across flats' ]))) = 1))) = 0))) = 0;
        WR8: SIZEOF(QUERY (pd <* USEDIN(SELF,
            'INTEGRATED_CNC_SCHEMA.PROPERTY_DEFINITION.DEFINITION')| NOT
            (SIZEOF(QUERY (impl_rep <* QUERY (pdr <* USEDIN(pd,
            'INTEGRATED_CNC_SCHEMA.' +
            'PROPERTY_DEFINITION_REPRESENTATION.DEFINITION')| (
            'INTEGRATED_CNC_SCHEMA.' +
            'SHAPE_REPRESENTATION_WITH_PARAMETERS' IN TYPEOF(pdr.
            used_representation)))| NOT (SIZEOF(QUERY (it <* impl_rep.
            used_representation.items| (SIZEOF([
            'INTEGRATED_CNC_SCHEMA.MEASURE_REPRESENTATION_ITEM',
            'INTEGRATED_CNC_SCHEMA.LENGTH_MEASURE_WITH_UNIT' ] * TYPEOF(
            it)) = 2) AND (it.name = 'corner radius'))) <= 1))) = 0))) =
            0;
END_ENTITY; -- 10303-522: aic_machining_feature
ENTITY ngon_shape_representation
    SUBTYPE OF (shape_representation_with_parameters);
    WHERE
        WR1: SIZEOF(SELF.items) = 5;
        WR2: SIZEOF(QUERY (it <* SELF.items| ('INTEGRATED_CNC_SCHEMA.PLACEMENT'
            IN TYPEOF(it)) AND (it.name = 'orientation'))) = 1;
        WR3: SIZEOF(QUERY (it <* SELF.items| (SIZEOF([
            'INTEGRATED_CNC_SCHEMA.MEASURE_REPRESENTATION_ITEM',
            'INTEGRATED_CNC_SCHEMA.LENGTH_MEASURE_WITH_UNIT' ] * TYPEOF(
            it)) = 2) AND (it.name = 'length'))) = 1;
        WR4: SIZEOF(QUERY (it <* SELF.items| (SIZEOF([
            'INTEGRATED_CNC_SCHEMA.MEASURE_REPRESENTATION_ITEM',
            'INTEGRATED_CNC_SCHEMA.LENGTH_MEASURE_WITH_UNIT' ] * TYPEOF(
            it)) = 2) AND (it.name = 'corner radius'))) = 1;
        WR5: SIZEOF(QUERY (it <* SELF.items| (SIZEOF([
            'INTEGRATED_CNC_SCHEMA.MEASURE_REPRESENTATION_ITEM',
            'INTEGRATED_CNC_SCHEMA.LENGTH_MEASURE_WITH_UNIT' ] * TYPEOF(
            it)) = 2) AND (it.name IN [ 'circumscribed diameter',
            'diameter across flats' ]))) = 1;
        WR6: SIZEOF(QUERY (it <* SELF.items| ((
            'INTEGRATED_CNC_SCHEMA.MEASURE_REPRESENTATION_ITEM' IN TYPEOF
            (it)) AND ('INTEGRATED_CNC_SCHEMA.COUNT_MEASURE' IN TYPEOF(it
            \measure_with_unit.value_component))) AND (it.name =
            'number of sides'))) = 1;
END_ENTITY; -- 10303-238: integrated_cnc_schema
ENTITY non_manifold_surface_shape_representation
    SUBTYPE OF (shape_representation);
```

```
WHERE
    WR1: SIZEOF(QUERY (it <* SELF.items| NOT (SIZEOF([
      'INTEGRATED_CNC_SCHEMA.FACE_BASED_SURFACE_MODEL',
      'INTEGRATED_CNC_SCHEMA.MAPPED_ITEM',
      'INTEGRATED_CNC_SCHEMA.AXIS2_PLACEMENT_3D' ] * TYPEOF(it)) =
      1))) = 0;
    WR2: SIZEOF(QUERY (it <* SELF.items| (SIZEOF([
      'INTEGRATED_CNC_SCHEMA.FACE_BASED_SURFACE_MODEL',
      'INTEGRATED_CNC_SCHEMA.MAPPED_ITEM' ] * TYPEOF(it)) = 1))) >
      0;
    WR3: SIZEOF(QUERY (mi <* QUERY (it <* SELF.items| (
      'INTEGRATED_CNC_SCHEMA.MAPPED_ITEM' IN TYPEOF(it)))| NOT ((
      'INTEGRATED_CNC_SCHEMA.' +
      'NON_MANIFOLD_SURFACE_SHAPE_REPRESENTATION' IN TYPEOF(mi\
      mapped_item.mapping_source.mapped_representation)) AND (
      SIZEOF(QUERY (mr_it <* mi\mapped_item.mapping_source.
      mapped_representation.items| (
      'INTEGRATED_CNC_SCHEMA.FACE_BASED_SURFACE_MODEL' IN
      TYPEOF(mr_it)))) > 0)))) = 0;
    WR4: SIZEOF(QUERY (fbsm <* QUERY (it <* SELF.items| (
    'INTEGRATED_CNC_SCHEMA.FACE_BASED_SURFACE_MODEL' IN TYPEOF(it
      )))| NOT (SIZEOF(QUERY (cfs <* fbsm\face_based_surface_model.
      fbsm_faces| NOT (SIZEOF(QUERY (fa <* cfs.cfs_faces| NOT (
      SIZEOF([ 'INTEGRATED_CNC_SCHEMA.FACE_SURFACE',
      'INTEGRATED_CNC_SCHEMA.ORIENTED_FACE' ] * TYPEOF(fa)) = 1)))
      = 0))) = 0))) = 0;
    WR5: SIZEOF(QUERY (fbsm <* QUERY (it <* SELF.items| (
      'INTEGRATED_CNC_SCHEMA.FACE_BASED_SURFACE_MODEL' IN
      TYPEOF(it)))| NOT (SIZEOF(QUERY (cfs <* fbsm\face_based_surface_model.
      fbsm_faces| NOT (SIZEOF(QUERY (f_sf <* QUERY (fa <* cfs.
      cfs_faces| ('INTEGRATED_CNC_SCHEMA.FACE_SURFACE' IN TYPEOF(fa
      )))| NOT (('INTEGRATED_CNC_SCHEMA.ADVANCED_FACE' IN TYPEOF(
      f_sf)) OR nmsf_surface_check(f_sf\face_surface.face_geometry)
      ))) = 0))) = 0))) = 0;
    WR6: SIZEOF(QUERY (fbsm <* QUERY (it <* SELF.items| (
      'INTEGRATED_CNC_SCHEMA.FACE_BASED_SURFACE_MODEL' IN TYPEOF(it
      )))| NOT (SIZEOF(QUERY (cfs <* fbsm\face_based_surface_model.
      fbsm_faces| NOT (SIZEOF(QUERY (o_fa <* QUERY (fa <* cfs.
      cfs_faces| ('INTEGRATED_CNC_SCHEMA.ORIENTED_FACE' IN TYPEOF(
      fa)))| NOT (('INTEGRATED_CNC_SCHEMA.ADVANCED_FACE' IN TYPEOF(
      o_fa\oriented_face.face_element)) OR nmsf_surface_check(o_fa\
      oriented_face.face_element\face_surface.face_geometry)))) = 0
      ))) = 0))) = 0;
    WR7: SIZEOF(QUERY (fbsm <* QUERY (it <* SELF.items| (
      'INTEGRATED_CNC_SCHEMA.FACE_BASED_SURFACE_MODEL' IN TYPEOF(it
      )))| NOT (SIZEOF(QUERY (cfs <* fbsm\face_based_surface_model.
      fbsm_faces| NOT (SIZEOF(QUERY (fa <* cfs.cfs_faces| NOT ((
      'INTEGRATED_CNC_SCHEMA.ADVANCED_FACE' IN TYPEOF(fa)) OR (
```

```
    SIZEOF(QUERY (bnds <* fa.bounds| NOT (SIZEOF([
    'INTEGRATED_CNC_SCHEMA.EDGE_LOOP',
    'INTEGRATED_CNC_SCHEMA.VERTEX_LOOP' ] * TYPEOF(bnds.bound)) =
    1))) = 0)))) = 0))) = 0))) = 0;
WR8: SIZEOF(QUERY (fbsm <* QUERY (it <* SELF.items| (
    'INTEGRATED_CNC_SCHEMA.FACE_BASED_SURFACE_MODEL' IN TYPEOF(it
    )))| NOT (SIZEOF(QUERY (cfs <* fbsm\face_based_surface_model.
    fbsm_faces| NOT (SIZEOF(QUERY (fa <* cfs.cfs_faces| NOT ((
    'INTEGRATED_CNC_SCHEMA.ADVANCED_FACE' IN TYPEOF(fa)) OR (
    SIZEOF(QUERY (elp_fbnds <* QUERY (bnds <* fa.bounds| (
    'INTEGRATED_CNC_SCHEMA.EDGE_LOOP' IN TYPEOF(bnds.bound)))|
    NOT (SIZEOF(QUERY (oe <* elp_fbnds\path.edge_list| NOT (
    'INTEGRATED_CNC_SCHEMA.EDGE_CURVE' IN TYPEOF(oe.edge_element)
    ))) = 0))) = 0)))) = 0))) = 0))) = 0;
WR9: SIZEOF(QUERY (fbsm <* QUERY (it <* SELF.items| (
    'INTEGRATED_CNC_SCHEMA.FACE_BASED_SURFACE_MODEL' IN TYPEOF(it
    )))| NOT (SIZEOF(QUERY (cfs <* fbsm\face_based_surface_model.
    fbsm_faces| NOT (SIZEOF(QUERY (fa <* cfs.cfs_faces| NOT ((
    'INTEGRATED_CNC_SCHEMA.ADVANCED_FACE' IN TYPEOF(fa)) OR (
    SIZEOF(QUERY (elp_fbnds <* QUERY (bnds <* fa.bounds| (
    'INTEGRATED_CNC_SCHEMA.EDGE_LOOP' IN TYPEOF(bnds.bound)))|
    NOT (SIZEOF(QUERY (oe_cv <* QUERY (oe <* elp_fbnds\path.
    edge_list| ('INTEGRATED_CNC_SCHEMA.EDGE_CURVE' IN TYPEOF(oe.
    edge_element)))| NOT (SIZEOF([
    'INTEGRATED_CNC_SCHEMA.B_SPLINE_CURVE',
    'INTEGRATED_CNC_SCHEMA.CONIC',
    'INTEGRATED_CNC_SCHEMA.CURVE_REPLICA',
    'INTEGRATED_CNC_SCHEMA.LINE',
    'INTEGRATED_CNC_SCHEMA.OFFSET_CURVE_3D',
    'INTEGRATED_CNC_SCHEMA.PCURVE',
    'INTEGRATED_CNC_SCHEMA.POLYLINE',
    'INTEGRATED_CNC_SCHEMA.SURFACE_CURVE' ] * TYPEOF(oe_cv.
    edge_element\edge_curve.edge_geometry)) = 1))) = 0))) = 0))))
    = 0))) = 0))) = 0;
WR10: SIZEOF(QUERY (fbsm <* QUERY (it <* SELF.items| (
    'INTEGRATED_CNC_SCHEMA.FACE_BASED_SURFACE_MODEL' IN TYPEOF(it
    )))| NOT (SIZEOF(QUERY (cfs <* fbsm\face_based_surface_model.
    fbsm_faces| NOT (SIZEOF(QUERY (fa <* cfs.cfs_faces| NOT ((
    'INTEGRATED_CNC_SCHEMA.ADVANCED_FACE' IN TYPEOF(fa)) OR (
    SIZEOF(QUERY (elp_fbnds <* QUERY (bnds <* fa.bounds| (
    'INTEGRATED_CNC_SCHEMA.EDGE_LOOP' IN TYPEOF(bnds.bound)))|
    NOT (SIZEOF(QUERY (oe <* elp_fbnds\path.edge_list| NOT
    nmsf_curve_check(oe.edge_element\edge_curve.edge_geometry)))
    = 0))) = 0)))) = 0))) = 0))) = 0;
WR11: SIZEOF(QUERY (fbsm <* QUERY (it <* SELF.items| (
    'INTEGRATED_CNC_SCHEMA.FACE_BASED_SURFACE_MODEL' IN TYPEOF(it
    )))| NOT (SIZEOF(QUERY (cfs <* fbsm\face_based_surface_model.
    fbsm_faces| NOT (SIZEOF(QUERY (fa <* cfs.cfs_faces| NOT ((
```

```
    'INTEGRATED_CNC_SCHEMA.ADVANCED_FACE' IN TYPEOF(fa)) OR (
    SIZEOF(QUERY (elp_fbnds <* QUERY (bnds <* fa.bounds| (
    'INTEGRATED_CNC_SCHEMA.EDGE_LOOP' IN TYPEOF(bnds.bound)))|
    NOT (SIZEOF(QUERY (oe <* elp_fbnds\path.edge_list| NOT ((
    'INTEGRATED_CNC_SCHEMA.VERTEX_POINT' IN TYPEOF(oe.
    edge_element.edge_start)) AND (
    'INTEGRATED_CNC_SCHEMA.VERTEX_POINT' IN TYPEOF(oe.
    edge_element.edge_end))))) = 0))) = 0)))) = 0))) = 0))) = 0;
WR12: SIZEOF(QUERY (fbsm <* QUERY (it <* SELF.items| (
    'INTEGRATED_CNC_SCHEMA.FACE_BASED_SURFACE_MODEL' IN TYPEOF(it
    )))| NOT (SIZEOF(QUERY (cfs <* fbsm\face_based_surface_model.
    fbsm_faces| NOT (SIZEOF(QUERY (fa <* cfs.cfs_faces| NOT ((
    'INTEGRATED_CNC_SCHEMA.ADVANCED_FACE' IN TYPEOF(fa)) OR (
    SIZEOF(QUERY (elp_fbnds <* QUERY (bnds <* fa.bounds| (
    'INTEGRATED_CNC_SCHEMA.EDGE_LOOP' IN TYPEOF(bnds.bound)))|
    NOT (SIZEOF(QUERY (oe <* elp_fbnds\path.edge_list| NOT ((
    SIZEOF([ 'INTEGRATED_CNC_SCHEMA.CARTESIAN_POINT',
    'INTEGRATED_CNC_SCHEMA.DEGENERATE_PCURVE',
    'INTEGRATED_CNC_SCHEMA.POINT_ON_CURVE',
    'INTEGRATED_CNC_SCHEMA.POINT_ON_SURFACE' ] * TYPEOF(oe.
    edge_element.edge_start\vertex_point.vertex_geometry)) = 1)
    AND (SIZEOF([ 'INTEGRATED_CNC_SCHEMA.CARTESIAN_POINT',
    'INTEGRATED_CNC_SCHEMA.DEGENERATE_PCURVE',
    'INTEGRATED_CNC_SCHEMA.POINT_ON_CURVE',
    'INTEGRATED_CNC_SCHEMA.POINT_ON_SURFACE' ] * TYPEOF(oe.
    edge_element.edge_end\vertex_point.vertex_geometry)) = 1))))
    = 0))) = 0)))) = 0))) = 0))) = 0;
WR13: SIZEOF(QUERY (fbsm <* QUERY (it <* SELF.items| (
    'INTEGRATED_CNC_SCHEMA.FACE_BASED_SURFACE_MODEL' IN TYPEOF(it
    )))| NOT (SIZEOF(QUERY (cfs <* fbsm\face_based_surface_model.
    fbsm_faces| NOT (SIZEOF(QUERY (fa <* cfs.cfs_faces| NOT ((
    'INTEGRATED_CNC_SCHEMA.ADVANCED_FACE' IN TYPEOF(fa)) OR (
    SIZEOF(QUERY (vlp_fbnds <* QUERY (bnds <* fa.bounds| (
    'INTEGRATED_CNC_SCHEMA.VERTEX_LOOP' IN TYPEOF(bnds.bound)))|
    NOT ('INTEGRATED_CNC_SCHEMA.VERTEX_POINT' IN TYPEOF(vlp_fbnds
    \vertex_loop.loop_vertex)))) = 0)))) = 0))) = 0))) = 0;
WR14: SIZEOF(QUERY (fbsm <* QUERY (it <* SELF.items| (
    'INTEGRATED_CNC_SCHEMA.FACE_BASED_SURFACE_MODEL' IN TYPEOF(it
    )))| NOT (SIZEOF(QUERY (cfs <* fbsm\face_based_surface_model.
    fbsm_faces| NOT (SIZEOF(QUERY (fa <* cfs.cfs_faces| NOT ((
    'INTEGRATED_CNC_SCHEMA.ADVANCED_FACE' IN TYPEOF(fa)) OR (
    SIZEOF(QUERY (vlp_fbnds <* QUERY (bnds <* fa.bounds| (
    'INTEGRATED_CNC_SCHEMA.VERTEX_LOOP' IN TYPEOF(bnds.bound)))|
    NOT (SIZEOF([ 'INTEGRATED_CNC_SCHEMA.CARTESIAN_POINT',
    'INTEGRATED_CNC_SCHEMA.DEGENERATE_PCURVE',
    'INTEGRATED_CNC_SCHEMA.POINT_ON_CURVE',
    'INTEGRATED_CNC_SCHEMA.POINT_ON_SURFACE' ] * TYPEOF(vlp_fbnds
    \vertex_loop.loop_vertex\vertex_point.vertex_geometry)) = 1))
```

```
        ) = 0)))) = 0))) = 0))) = 0;
END_ENTITY; -- 10303-508: aic_non_manifold_surface
ENTITY not_expression
    SUBTYPE OF (unary_boolean_expression);
    SELF\unary_generic_expression.operand : boolean_expression;
END_ENTITY; -- 13584-20: iso13584_expressions_schema
ENTITY numeric_expression
    ABSTRACT SUPERTYPE OF (ONEOF(simple_numeric_expression))
    SUBTYPE OF (expression);
        DERIVE
            is_int : BOOLEAN := is_int_expr(SELF);
            sql_mappable : BOOLEAN := is_SQL_mappable(SELF);
END_ENTITY; -- 13584-20: iso13584_expressions_schema
ENTITY numeric_variable
    SUPERTYPE OF (ONEOF(int_numeric_variable, real_numeric_variable))
    SUBTYPE OF (simple_numeric_expression, variable);
        WHERE
            WR1: ('INTEGRATED_CNC_SCHEMA.INT_NUMERIC_VARIABLE' IN TYPEOF(SELF)) OR
                ('INTEGRATED_CNC_SCHEMA.REAL_NUMERIC_VARIABLE' IN TYPEOF(SELF
                ));
END_ENTITY; -- 13584-20: iso13584_expressions_schema
ENTITY object_role;
    name : label;
    description : OPTIONAL text;
END_ENTITY; -- 10303-41: basic_attribute_schema
ENTITY offset_curve_3d
    SUBTYPE OF (curve);
    basis_curve : curve;
    distance : length_measure;
    self_intersect : LOGICAL;
    ref_direction : direction;
    WHERE
        WR1: (basis_curve.dim = 3) AND (ref_direction.dim = 3);
END_ENTITY; -- 10303-42: geometry_schema
ENTITY offset_surface
    SUBTYPE OF (surface);
    basis_surface : surface;
    distance : length_measure;
    self_intersect : LOGICAL;
END_ENTITY; -- 10303-42: geometry_schema
ENTITY open_path_profile
    SUBTYPE OF (shape_aspect);
    WHERE
        WR1: 'INTEGRATED_CNC_SCHEMA.FEATURE_COMPONENT_DEFINITION' IN TYPEOF(
            SELF.of_shape.definition);
        WR2: SIZEOF(QUERY (pd <* USEDIN(SELF,
            'INTEGRATED_CNC_SCHEMA.PROPERTY_DEFINITION.DEFINITION')| NOT
            (SIZEOF(QUERY (pdr <* USEDIN(pd, 'INTEGRATED_CNC_SCHEMA.' +
```

```
        'PROPERTY_DEFINITION_REPRESENTATION.DEFINITION')| (
        'INTEGRATED_CNC_SCHEMA.' +
        'SHAPE_REPRESENTATION_WITH_PARAMETERS' IN TYPEOF(pdr.
        used_representation)))) = 1))) = 0;
    WR3: SIZEOF(QUERY (pd <* USEDIN(SELF,
        'INTEGRATED_CNC_SCHEMA.PROPERTY_DEFINITION.DEFINITION')| NOT
        (SIZEOF(QUERY (impl_rep <* QUERY (pdr <* USEDIN(pd,
        'INTEGRATED_CNC_SCHEMA.' +
        'PROPERTY_DEFINITION_REPRESENTATION.DEFINITION')| (
        'INTEGRATED_CNC_SCHEMA.' +
        'SHAPE_REPRESENTATION_WITH_PARAMETERS' IN TYPEOF(pdr.
        used_representation)))| NOT (SIZEOF(impl_rep.
        used_representation.items) = 1))) = 0))) = 0;
    WR4: SIZEOF(QUERY (pd <* USEDIN(SELF,
        'INTEGRATED_CNC_SCHEMA.PROPERTY_DEFINITION.DEFINITION')| NOT
        (SIZEOF(QUERY (impl_rep <* QUERY (pdr <* USEDIN(pd,
        'INTEGRATED_CNC_SCHEMA.' +
        'PROPERTY_DEFINITION_REPRESENTATION.DEFINITION')| (
        'INTEGRATED_CNC_SCHEMA.' +
        'SHAPE_REPRESENTATION_WITH_PARAMETERS' IN TYPEOF(pdr.
        used_representation)))| NOT (SIZEOF(QUERY (it <* impl_rep.
        used_representation.items| ('INTEGRATED_CNC_SCHEMA.PLACEMENT'
        IN TYPEOF(it)) AND (it.name = 'orientation'))) = 1))) = 0)))
        = 0;
    WR5: SIZEOF(QUERY (pd <* USEDIN(SELF,
        'INTEGRATED_CNC_SCHEMA.PROPERTY_DEFINITION.DEFINITION')| NOT
        (SIZEOF(QUERY (pdr <* USEDIN(pd, 'INTEGRATED_CNC_SCHEMA.' +
        'PROPERTY_DEFINITION_REPRESENTATION.DEFINITION')| (
        'INTEGRATED_CNC_SCHEMA.PATH_SHAPE_REPRESENTATION' IN TYPEOF(
        pdr.used_representation)))) = 1))) = 0;
    WR6: SIZEOF(QUERY (pd <* USEDIN(SELF,
        'INTEGRATED_CNC_SCHEMA.PROPERTY_DEFINITION.DEFINITION')| NOT
        (SIZEOF(QUERY (pdr <* USEDIN(pd, 'INTEGRATED_CNC_SCHEMA.' +
        'PROPERTY_DEFINITION_REPRESENTATION.DEFINITION')| (
        'INTEGRATED_CNC_SCHEMA.PLANAR_SHAPE_REPRESENTATION' IN TYPEOF
        (pdr.used_representation)) AND (pdr.used_representation.name
        = 'profile limit'))) <= 1))) = 0;
END_ENTITY; -- 10303-522: aic_machining_feature
ENTITY open_shell
    SUBTYPE OF (connected_face_set);
END_ENTITY; -- 10303-42: topology_schema
ENTITY or_expression
    SUBTYPE OF (multiple_arity_boolean_expression);
END_ENTITY; -- 13584-20: iso13584_expressions_schema
ENTITY ordinal_date
    SUBTYPE OF (date);
    day_component : day_in_year_number;
    WHERE
```

```
        WR1: NOT leap_year(SELF.year_component) AND ((1 <= day_component) AND (
            day_component <= 365)) OR leap_year(SELF.year_component) AND
            ((1 <= day_component) AND (day_component <= 366));
END_ENTITY; -- 10303-41: date_time_schema
    ENTITY organization;
    id : OPTIONAL identifier;
    name : label;
    description : OPTIONAL text;
END_ENTITY; -- 10303-41: person_organization_schema
ENTITY organization_assignment
    ABSTRACT SUPERTYPE;
    assigned_organization : organization;
    role : organization_role;
END_ENTITY; -- 10303-41: management_resources_schema
ENTITY organization_role;
    name : label;
    DERIVE
        description : text := get_description_value(SELF);
    WHERE
        WR1: SIZEOF(USEDIN(SELF, 'INTEGRATED_CNC_SCHEMA.' +
            'DESCRIPTION_ATTRIBUTE.DESCRIBED_ITEM')) <= 1;
            END_ENTITY; -- 10303-41: person_organization_schema
            ENTITY organizational_address
            SUBTYPE OF (address);
            organizations : SET [1:?] OF organization;
            description : OPTIONAL text;
END_ENTITY; -- 10303-41: person_organization_schema
ENTITY oriented_closed_shell
    SUBTYPE OF (closed_shell);
        closed_shell_element : closed_shell;
    orientation : BOOLEAN;
    DERIVE
    SELF\connected_face_set.cfs_faces : SET [1:?] OF face :=
    conditional_reverse(SELF.orientation, SELF.
    closed_shell_element.cfs_faces);
    WHERE
        WR1: NOT ('INTEGRATED_CNC_SCHEMA.ORIENTED_CLOSED_SHELL' IN TYPEOF(SELF.
            closed_shell_element));
END_ENTITY; -- 10303-42: topology_schema
ENTITY oriented_edge
    SUBTYPE OF (edge);
    edge_element : edge;
    orientation : BOOLEAN;
    DERIVE
        SELF\edge.edge_start : vertex := boolean_choose(SELF.orientation, SELF.
        edge_element.edge_start, SELF.edge_element.edge_end);
        SELF\edge.edge_end : vertex := boolean_choose(SELF.orientation, SELF.
        edge_element.edge_end, SELF.edge_element.edge_start);
```

```
        WHERE
            WR1: NOT ('INTEGRATED_CNC_SCHEMA.ORIENTED_EDGE' IN TYPEOF(SELF.
                edge_element));
    END_ENTITY; -- 10303-42: topology_schema
    ENTITY oriented_face
        SUBTYPE OF (face);
        face_element : face;
        orientation : BOOLEAN;
        DERIVE
            SELF\face.bounds : SET [1:?] OF face_bound := conditional_reverse(SELF.
            orientation, SELF.face_element.bounds);
        WHERE
            WR1: NOT ('INTEGRATED_CNC_SCHEMA.ORIENTED_FACE' IN TYPEOF(SELF.
                face_element));
    END_ENTITY; -- 10303-42: topology_schema
    ENTITY oriented_open_shell
        SUBTYPE OF (open_shell);
        open_shell_element : open_shell;
        orientation : BOOLEAN;
        DERIVE
            SELF\connected_face_set.cfs_faces : SET [1:?] OF face :=
        conditional_reverse(SELF.orientation, SELF.
        open_shell_element.cfs_faces);
        WHERE
            WR1: NOT ('INTEGRATED_CNC_SCHEMA.ORIENTED_OPEN_SHELL' IN TYPEOF(SELF.
                open_shell_element));
    END_ENTITY; -- 10303-42: topology_schema
    ENTITY oriented_path
        SUBTYPE OF (path);
        path_element : path;
        orientation : BOOLEAN;
        DERIVE
            SELF\path.edge_list : LIST [1:?] OF UNIQUE oriented_edge :=
                conditional_reverse(SELF.orientation, SELF.path_element.
                edge_list);
            WHERE
                WR1: NOT ('INTEGRATED_CNC_SCHEMA.ORIENTED_PATH' IN TYPEOF(SELF.
                    path_element));
    END_ENTITY; -- 10303-42: topology_schema
    ENTITY outer_boundary_curve
        SUBTYPE OF (boundary_curve);
    END_ENTITY; -- 10303-42: geometry_schema
    ENTITY outer_round
        SUBTYPE OF (feature_definition);
        WHERE
            WR1: NOT (SELF\characterized_object.description = 'outer diameter') OR
                (SIZEOF(QUERY (pd <* USEDIN(SELF,
                'INTEGRATED_CNC_SCHEMA.PROPERTY_DEFINITION.DEFINITION')| (
```

```
        SIZEOF(QUERY (pdr <* USEDIN(pd, 'INTEGRATED_CNC_SCHEMA.' +
        'PROPERTY_DEFINITION_REPRESENTATION.DEFINITION')| (

'INTEGRATED_CNC_SCHEMA.SHAPE_REPRESENTATION_WITH_PARAMETERS'
        IN TYPEOF(pdr.used_representation)) AND (SIZEOF(pdr.
        used_representation.items) = 3))) = 1))) = 1);
    WR2: NOT (SELF\characterized_object.description =
        'outer diameter to shoulder') OR (SIZEOF(QUERY (pd <* USEDIN(
        SELF, 'INTEGRATED_CNC_SCHEMA.PROPERTY_DEFINITION.DEFINITION')
        | (SIZEOF(QUERY (pdr <* USEDIN(pd, 'INTEGRATED_CNC_SCHEMA.' +
        'PROPERTY_DEFINITION_REPRESENTATION.DEFINITION')| (

'INTEGRATED_CNC_SCHEMA.SHAPE_REPRESENTATION_WITH_PARAMETERS'
        IN TYPEOF(pdr.used_representation)) AND ((2 <= SIZEOF(pdr.
        used_representation.items)) AND (SIZEOF(pdr.
        used_representation.items) <= 3)))) = 1))) = 1);
    WR3: SELF\characterized_object.description IN [ 'outer diameter',
        'outer diameter to shoulder' ];
    WR4: NOT (SELF\characterized_object.description = 'outer diameter') OR
        (SIZEOF(QUERY (pd <* USEDIN(SELF,
        'INTEGRATED_CNC_SCHEMA.PROPERTY_DEFINITION.DEFINITION')| NOT
        (SIZEOF(QUERY (impl_rep <* QUERY (pdr <* USEDIN(pd,
        'INTEGRATED_CNC_SCHEMA.' +
        'PROPERTY_DEFINITION_REPRESENTATION.DEFINITION')| (
        'INTEGRATED_CNC_SCHEMA.' +
        'SHAPE_REPRESENTATION_WITH_PARAMETERS' IN TYPEOF(pdr.
        used_representation)))| NOT (SIZEOF(QUERY (it <* impl_rep.
        used_representation.items| (SIZEOF([
        'INTEGRATED_CNC_SCHEMA.MEASURE_REPRESENTATION_ITEM',
        'INTEGRATED_CNC_SCHEMA.LENGTH_MEASURE_WITH_UNIT' ] * TYPEOF(
        it)) = 2) AND (it.name = 'length'))) = 1))) = 0))) = 0);
    WR5: SIZEOF(QUERY (pd <* USEDIN(SELF,
        'INTEGRATED_CNC_SCHEMA.PROPERTY_DEFINITION.DEFINITION')| NOT
        (SIZEOF(QUERY (impl_rep <* QUERY (pdr <* USEDIN(pd,
        'INTEGRATED_CNC_SCHEMA.' +
        'PROPERTY_DEFINITION_REPRESENTATION.DEFINITION')| (
        'INTEGRATED_CNC_SCHEMA.' +
        'SHAPE_REPRESENTATION_WITH_PARAMETERS' IN TYPEOF(pdr.
        used_representation)))| NOT (SIZEOF(QUERY (it <* impl_rep.
        used_representation.items| (SIZEOF([
        'INTEGRATED_CNC_SCHEMA.MEASURE_REPRESENTATION_ITEM',
        'INTEGRATED_CNC_SCHEMA.LENGTH_MEASURE_WITH_UNIT' ] * TYPEOF(
        it)) = 2) AND (it.name = 'diameter'))) = 1))) = 0))) = 0;
    WR6: NOT (SELF\characterized_object.description =
        'outer diameter to shoulder') OR (SIZEOF(QUERY (pds <* QUERY
        (pd <* USEDIN(SELF,
        'INTEGRATED_CNC_SCHEMA.PROPERTY_DEFINITION.DEFINITION')| (
        'INTEGRATED_CNC_SCHEMA.PRODUCT_DEFINITION_SHAPE' IN TYPEOF(pd
```

```
        )))| NOT (SIZEOF(QUERY (sa_occ < * USEDIN(pds,
        'INTEGRATED_CNC_SCHEMA.SHAPE_ASPECT.OF_SHAPE')| (sa_occ.
        description = 'v - shape boundary occurrence') AND (SIZEOF(
        QUERY (sdr < * QUERY (sar < * USEDIN(sa_occ,
        'INTEGRATED_CNC_SCHEMA.SHAPE_ASPECT_RELATIONSHIP.' +
        'RELATED_SHAPE_ASPECT')| (sar.description = 'profile usage')
        AND ('INTEGRATED_CNC_SCHEMA.SHAPE_DEFINING_RELATIONSHIP' IN
        TYPEOF(sar)))| ('INTEGRATED_CNC_SCHEMA.VEE_PROFILE' IN TYPEOF
        (sdr.relating_shape_aspect)) AND (sdr.relating_shape_aspect.
        description = 'v - shape'))) = 1))) = 1))) = 0);
    WR7: NOT (SELF\characterized_object.description = 'outer diameter') OR
        (SIZEOF(QUERY (pds < * QUERY (pd < * USEDIN(SELF,
        'INTEGRATED_CNC_SCHEMA.PROPERTY_DEFINITION.DEFINITION')| (
        'INTEGRATED_CNC_SCHEMA.PRODUCT_DEFINITION_SHAPE' IN TYPEOF(pd
        )))| NOT (SIZEOF(QUERY (sa_occ < * USEDIN(pds,
        'INTEGRATED_CNC_SCHEMA.SHAPE_ASPECT.OF_SHAPE')| (sa_occ.
        description = 'reduced size occurrence') AND (SIZEOF(QUERY (
        sdr < * QUERY (sar < * USEDIN(sa_occ,
        'INTEGRATED_CNC_SCHEMA.SHAPE_ASPECT_RELATIONSHIP.' +
        'RELATED_SHAPE_ASPECT')| (sar.description = 'taper usage')
        AND ('INTEGRATED_CNC_SCHEMA.FEATURE_COMPONENT_RELATIONSHIP'
        IN TYPEOF(sar)))| (('INTEGRATED_CNC_SCHEMA.TAPER' IN TYPEOF(
        sdr.relating_shape_aspect)) AND (
        'INTEGRATED_CNC_SCHEMA.OUTER_ROUND' IN TYPEOF(sdr.
        related_shape_aspect.of_shape.definition))) AND (sdr.name =
        'reduced size'))) = 1))) <= 1))) = 0);
    WR8: NOT (SELF\characterized_object.description =
        'outer diameter to shoulder') OR (SIZEOF(QUERY (pd < * USEDIN(
        SELF, 'INTEGRATED_CNC_SCHEMA.PROPERTY_DEFINITION.DEFINITION')
        | NOT (SIZEOF(QUERY (impl_rep < * QUERY (pdr < * USEDIN(pd,
        'INTEGRATED_CNC_SCHEMA.' +
        'PROPERTY_DEFINITION_REPRESENTATION.DEFINITION')| (
        'INTEGRATED_CNC_SCHEMA.' +
        'SHAPE_REPRESENTATION_WITH_PARAMETERS' IN TYPEOF(pdr.
        used_representation)))| NOT (SIZEOF(QUERY (it < * impl_rep.
        used_representation.items| (SIZEOF([
        'INTEGRATED_CNC_SCHEMA.MEASURE_REPRESENTATION_ITEM',
        'INTEGRATED_CNC_SCHEMA.LENGTH_MEASURE_WITH_UNIT' ] * TYPEOF(
        it)) = 2) AND (it.name = 'length'))) <= 1))) = 0))) = 0);
    WR9: NOT (SELF\characterized_object.description =
        'outer diameter to shoulder') OR (SIZEOF(QUERY (pd < * USEDIN(
        SELF, 'INTEGRATED_CNC_SCHEMA.PROPERTY_DEFINITION.DEFINITION')
        | NOT (SIZEOF(QUERY (impl_rep < * QUERY (pdr < * USEDIN(pd,
        'INTEGRATED_CNC_SCHEMA.' +
        'PROPERTY_DEFINITION_REPRESENTATION.DEFINITION')| (
        'INTEGRATED_CNC_SCHEMA.' +
        'SHAPE_REPRESENTATION_WITH_PARAMETERS' IN TYPEOF(pdr.
        used_representation)))| NOT (SIZEOF(QUERY (it < * impl_rep.
```

```
            used_representation.items| (SIZEOF([
            'INTEGRATED_CNC_SCHEMA.MEASURE_REPRESENTATION_ITEM',
            'INTEGRATED_CNC_SCHEMA.LENGTH_MEASURE_WITH_UNIT' ] * TYPEOF(
            it)) = 2) AND (it.name = 'feature length'))) <= 1))) = 0))) =
            0);
END_ENTITY; -- 10303-522: aic_machining_feature
ENTITY outside_profile
    SUBTYPE OF (feature_definition);
    WHERE
        WR1: SIZEOF(QUERY (pd <* USEDIN(SELF,
            'INTEGRATED_CNC_SCHEMA.PROPERTY_DEFINITION.DEFINITION')| (
            SIZEOF(QUERY (pdr <* USEDIN(pd, 'INTEGRATED_CNC_SCHEMA.' +
            'PROPERTY_DEFINITION_REPRESENTATION.DEFINITION')| (

     'INTEGRATED_CNC_SCHEMA.SHAPE_REPRESENTATION_WITH_PARAMETERS'
            IN TYPEOF(pdr.used_representation)) AND (SIZEOF(pdr.
            used_representation.items) = 1))) = 1))) = 1;
        WR2: SIZEOF(QUERY (pds <* QUERY (pd <* USEDIN(SELF,
            'INTEGRATED_CNC_SCHEMA.PROPERTY_DEFINITION.DEFINITION')| (
            'INTEGRATED_CNC_SCHEMA.PRODUCT_DEFINITION_SHAPE' IN TYPEOF(pd
            )))| NOT (SIZEOF(QUERY (sa_occ <* USEDIN(pds,
            'INTEGRATED_CNC_SCHEMA.SHAPE_ASPECT.OF_SHAPE')| (sa_occ.
            description IN [ 'boundary occurrence',
            'non-planar boundary occurrence',
            'partial circular boundary occurrence',
            'closed circular boundary occurrence',
            'open rectangular boundary occurrence',
            'closed rectangular boundary occurrence' ]))) = 1))) = 0;
        WR3: NOT (SIZEOF(QUERY (pds <* QUERY (pd <* USEDIN(SELF,
            'INTEGRATED_CNC_SCHEMA.PROPERTY_DEFINITION.DEFINITION')| (
            'INTEGRATED_CNC_SCHEMA.PRODUCT_DEFINITION_SHAPE' IN TYPEOF(pd
            )))| NOT (SIZEOF(QUERY (sa_occ <* USEDIN(pds,
            'INTEGRATED_CNC_SCHEMA.SHAPE_ASPECT.OF_SHAPE')| (sa_occ.
            description = 'boundary occurrence'))) = 1))) = 0) OR (SIZEOF
            (QUERY (pds <* QUERY (pd <* USEDIN(SELF,
            'INTEGRATED_CNC_SCHEMA.PROPERTY_DEFINITION.DEFINITION')| (
            'INTEGRATED_CNC_SCHEMA.PRODUCT_DEFINITION_SHAPE' IN TYPEOF(pd
            )))| NOT (SIZEOF(QUERY (sa_occ <* USEDIN(pds,
            'INTEGRATED_CNC_SCHEMA.SHAPE_ASPECT.OF_SHAPE')| (SIZEOF(QUERY
            (sdr <* QUERY (sar <* USEDIN(sa_occ,
            'INTEGRATED_CNC_SCHEMA.SHAPE_ASPECT_RELATIONSHIP.' +
            'RELATED_SHAPE_ASPECT')| (sar.description = 'profile usage')
            AND ('INTEGRATED_CNC_SCHEMA.' + 'SHAPE_DEFINING_RELATIONSHIP'
            IN TYPEOF(sar)))| (SIZEOF([
            'INTEGRATED_CNC_SCHEMA.CIRCULAR_CLOSED_PROFILE',
            'INTEGRATED_CNC_SCHEMA.NGON_CLOSED_PROFILE',
            'INTEGRATED_CNC_SCHEMA.RECTANGULAR_CLOSED_PROFILE',
            'INTEGRATED_CNC_SCHEMA.CLOSED_PATH_PROFILE',
```

```
        'INTEGRATED_CNC_SCHEMA.SQUARE_U_PROFILE',
        'INTEGRATED_CNC_SCHEMA.PARTIAL_CIRCULAR_PROFILE',
        'INTEGRATED_CNC_SCHEMA.ROUNDED_U_PROFILE',
        'INTEGRATED_CNC_SCHEMA.LINEAR_PROFILE',
        'INTEGRATED_CNC_SCHEMA.VEE_PROFILE',
        'INTEGRATED_CNC_SCHEMA.TEE_PROFILE',
        'INTEGRATED_CNC_SCHEMA.OPEN_PATH_PROFILE' ] * TYPEOF(sdr.
        relating_shape_aspect)) = 1) AND (sdr.relating_shape_aspect.
        description = 'outside boundary'))) = 1))) = 1))) = 0);
    WR4: NOT (SIZEOF(QUERY (pds <* QUERY (pd <* USEDIN(SELF,
        'INTEGRATED_CNC_SCHEMA.PROPERTY_DEFINITION.DEFINITION')| (
        'INTEGRATED_CNC_SCHEMA.PRODUCT_DEFINITION_SHAPE' IN TYPEOF(pd
        )))| NOT (SIZEOF(QUERY (sa_occ <* USEDIN(pds,
        'INTEGRATED_CNC_SCHEMA.SHAPE_ASPECT.OF_SHAPE')| (sa_occ.
        description IN [ 'complex boundary occurrence',
        'partial circular boundary occurrence',
        'closed circular boundary occurrence',
        'open rectangular boundary occurrence',
        'closed rectangular boundary occurrence' ]))) = 1))) = 0) OR
        (SIZEOF(QUERY (pds <* QUERY (pd <* USEDIN(SELF,
        'INTEGRATED_CNC_SCHEMA.PROPERTY_DEFINITION.DEFINITION')| (
        'INTEGRATED_CNC_SCHEMA.PRODUCT_DEFINITION_SHAPE' IN TYPEOF(pd
        )))| NOT (SIZEOF(QUERY (sa_occ <* USEDIN(pds,
        'INTEGRATED_CNC_SCHEMA.SHAPE_ASPECT.OF_SHAPE')| NOT (SIZEOF(
        QUERY (sdr <* QUERY (sar <* USEDIN(sa_occ,
        'INTEGRATED_CNC_SCHEMA.SHAPE_ASPECT_RELATIONSHIP.' +
        'RELATED_SHAPE_ASPECT')| (sar.description =
        'profile floor usage') AND (
        'INTEGRATED_CNC_SCHEMA.FEATURE_COMPONENT_RELATIONSHIP' IN
        TYPEOF(sar)))| ('INTEGRATED_CNC_SCHEMA.PROFILE_FLOOR' IN
        TYPEOF(sdr.relating_shape_aspect)) AND (
        'INTEGRATED_CNC_SCHEMA.OUTSIDE_PROFILE' IN TYPEOF(sdr.
        related_shape_aspect.of_shape.definition)))) = 1))) = 0))) =
        0);
    WR5: NOT (SIZEOF(QUERY (pds <* QUERY (pd <* USEDIN(SELF,
        'INTEGRATED_CNC_SCHEMA.PROPERTY_DEFINITION.DEFINITION')| (
        'INTEGRATED_CNC_SCHEMA.PRODUCT_DEFINITION_SHAPE' IN TYPEOF(pd
        )))| NOT (SIZEOF(QUERY (sa_occ <* USEDIN(pds,
        'INTEGRATED_CNC_SCHEMA.SHAPE_ASPECT.OF_SHAPE')| (sa_occ.
        description IN [ 'outside boundary',
        'complex boundary occurrence',
        'partial circular boundary occurrence',
        'closed circular boundary occurrence',
        'open rectangular boundary occurrence',
        'closed rectangular boundary occurrence' ]))) = 1))) = 0) OR
        (SIZEOF(QUERY (pds <* QUERY (pd <* USEDIN(SELF,
        'INTEGRATED_CNC_SCHEMA.PROPERTY_DEFINITION.DEFINITION')| (
        'INTEGRATED_CNC_SCHEMA.PRODUCT_DEFINITION_SHAPE' IN TYPEOF(pd
```

```
    )))| NOT (SIZEOF(QUERY (sa_occ <* USEDIN(pds,
    'INTEGRATED_CNC_SCHEMA.SHAPE_ASPECT.OF_SHAPE')| (SIZEOF(QUERY
    (sdr <* QUERY (sar <* USEDIN(sa_occ,
    'INTEGRATED_CNC_SCHEMA.SHAPE_ASPECT_RELATIONSHIP.' +
    'RELATED_SHAPE_ASPECT')| (sar.description =
    'path feature component usage') AND ('INTEGRATED_CNC_SCHEMA.'
    + 'SHAPE_DEFINING_RELATIONSHIP' IN TYPEOF(sar)))| ((SIZEOF([
    'INTEGRATED_CNC_SCHEMA.PATH_FEATURE_COMPONENT' ] * TYPEOF(
    sdr.relating_shape_aspect)) = 1) AND (sdr.name =
    'profile swept shape')) AND (sdr.relating_shape_aspect.
    description = 'linear'))) = 1))) = 1))) = 0);
  WR6: NOT (SIZEOF(QUERY (pds <* QUERY (pd <* USEDIN(SELF,
    'INTEGRATED_CNC_SCHEMA.PROPERTY_DEFINITION.DEFINITION')| (
    'INTEGRATED_CNC_SCHEMA.PRODUCT_DEFINITION_SHAPE' IN TYPEOF(pd
    )))| NOT (SIZEOF(QUERY (sa_occ <* USEDIN(pds,
    'INTEGRATED_CNC_SCHEMA.SHAPE_ASPECT.OF_SHAPE')| (sa_occ.
    description = 'complex boundary occurrence'))) = 1))) = 0) OR
    (SIZEOF(QUERY (pds <* QUERY (pd <* USEDIN(SELF,
    'INTEGRATED_CNC_SCHEMA.PROPERTY_DEFINITION.DEFINITION')| (
    'INTEGRATED_CNC_SCHEMA.PRODUCT_DEFINITION_SHAPE' IN TYPEOF(pd
    )))| NOT (SIZEOF(QUERY (sa_occ <* USEDIN(pds,
    'INTEGRATED_CNC_SCHEMA.SHAPE_ASPECT.OF_SHAPE')| (SIZEOF(QUERY
    (sdr <* QUERY (sar <* USEDIN(sa_occ,
    'INTEGRATED_CNC_SCHEMA.SHAPE_ASPECT_RELATIONSHIP.' +
    'RELATED_SHAPE_ASPECT')| (sar.description = 'profile usage')
    AND ('INTEGRATED_CNC_SCHEMA.SHAPE_DEFINING_RELATIONSHIP' IN
    TYPEOF(sar)))| (SIZEOF([
    'INTEGRATED_CNC_SCHEMA.CIRCULAR_CLOSED_PROFILE',
    'INTEGRATED_CNC_SCHEMA.NGON_CLOSED_PROFILE',
    'INTEGRATED_CNC_SCHEMA.RECTANGULAR_CLOSED_PROFILE',
    'INTEGRATED_CNC_SCHEMA.CLOSED_PATH_PROFILE',
    'INTEGRATED_CNC_SCHEMA.SQUARE_U_PROFILE',
    'INTEGRATED_CNC_SCHEMA.PARTIAL_CIRCULAR_PROFILE',
    'INTEGRATED_CNC_SCHEMA.ROUNDED_U_PROFILE',
    'INTEGRATED_CNC_SCHEMA.VEE_PROFILE',
    'INTEGRATED_CNC_SCHEMA.TEE_PROFILE',
    'INTEGRATED_CNC_SCHEMA.LINEAR_PROFILE',
    'INTEGRATED_CNC_SCHEMA.OPEN_PATH_PROFILE' ] * TYPEOF(sdr.
    relating_shape_aspect)) = 1))) = 1))) = 1))) = 0);
WR7: NOT (SIZEOF(QUERY (pds <* QUERY (pd <* USEDIN(SELF,
    'INTEGRATED_CNC_SCHEMA.PROPERTY_DEFINITION.DEFINITION')| (
    'INTEGRATED_CNC_SCHEMA.PRODUCT_DEFINITION_SHAPE' IN TYPEOF(pd
    )))| NOT (SIZEOF(QUERY (sa_occ <* USEDIN(pds,
    'INTEGRATED_CNC_SCHEMA.SHAPE_ASPECT.OF_SHAPE')| (sa_occ.
    description = 'partial circular boundary occurrence'))) = 1))
    ) = 0) OR (SIZEOF(QUERY (pds <* QUERY (pd <* USEDIN(SELF,
    'INTEGRATED_CNC_SCHEMA.PROPERTY_DEFINITION.DEFINITION')| (
    'INTEGRATED_CNC_SCHEMA.PRODUCT_DEFINITION_SHAPE' IN TYPEOF(pd
```

```
))) | NOT (SIZEOF(QUERY (sa_occ <* USEDIN(pds,
    'INTEGRATED_CNC_SCHEMA.SHAPE_ASPECT.OF_SHAPE') | (SIZEOF(QUERY
    (sdr <* QUERY (sar <* USEDIN(sa_occ,
    'INTEGRATED_CNC_SCHEMA.SHAPE_ASPECT_RELATIONSHIP.' +
    'RELATED_SHAPE_ASPECT') | (sar.description = 'profile usage')
    AND ('INTEGRATED_CNC_SCHEMA.SHAPE_DEFINING_RELATIONSHIP' IN
    TYPEOF(sar))) | (
    'INTEGRATED_CNC_SCHEMA.PARTIAL_CIRCULAR_PROFILE' IN TYPEOF(
    sdr.relating_shape_aspect)))) = 1))) = 1))) = 0);
  WR8: NOT (SIZEOF(QUERY (pds <* QUERY (pd <* USEDIN(SELF,
    'INTEGRATED_CNC_SCHEMA.PROPERTY_DEFINITION.DEFINITION') | (
    'INTEGRATED_CNC_SCHEMA.PRODUCT_DEFINITION_SHAPE' IN TYPEOF(pd
    ))) | NOT (SIZEOF(QUERY (sa_occ <* USEDIN(pds,
    'INTEGRATED_CNC_SCHEMA.SHAPE_ASPECT.OF_SHAPE') | (sa_occ.
    description = 'closed circular boundary occurrence'))) = 1)))
    = 0) OR (SIZEOF(QUERY (pds <* QUERY (pd <* USEDIN(SELF,
    'INTEGRATED_CNC_SCHEMA.PROPERTY_DEFINITION.DEFINITION') | (
    'INTEGRATED_CNC_SCHEMA.PRODUCT_DEFINITION_SHAPE' IN TYPEOF(pd
    ))) | NOT (SIZEOF(QUERY (sa_occ <* USEDIN(pds,
    'INTEGRATED_CNC_SCHEMA.SHAPE_ASPECT.OF_SHAPE') | (SIZEOF(QUERY
    (sdr <* QUERY (sar <* USEDIN(sa_occ,
    'INTEGRATED_CNC_SCHEMA.SHAPE_ASPECT_RELATIONSHIP.' +
    'RELATED_SHAPE_ASPECT') | (sar.description = 'profile usage')
    AND ('INTEGRATED_CNC_SCHEMA.SHAPE_DEFINING_RELATIONSHIP' IN
    TYPEOF(sar))) | (
    'INTEGRATED_CNC_SCHEMA.CIRCULAR_CLOSED_PROFILE' IN TYPEOF(sdr
    .relating_shape_aspect)))) = 1))) = 1))) = 0);
  WR9: NOT (SIZEOF(QUERY (pds <* QUERY (pd <* USEDIN(SELF,
    'INTEGRATED_CNC_SCHEMA.PROPERTY_DEFINITION.DEFINITION') | (
    'INTEGRATED_CNC_SCHEMA.PRODUCT_DEFINITION_SHAPE' IN TYPEOF(pd
    ))) | NOT (SIZEOF(QUERY (sa_occ <* USEDIN(pds,
    'INTEGRATED_CNC_SCHEMA.SHAPE_ASPECT.OF_SHAPE') | (sa_occ.
    description = 'open rectangular boundary occurrence'))) = 1))
    ) = 0) OR (SIZEOF(QUERY (pds <* QUERY (pd <* USEDIN(SELF,
    'INTEGRATED_CNC_SCHEMA.PROPERTY_DEFINITION.DEFINITION') | (
    'INTEGRATED_CNC_SCHEMA.PRODUCT_DEFINITION_SHAPE' IN TYPEOF(pd
    ))) | NOT (SIZEOF(QUERY (sa_occ <* USEDIN(pds,
    'INTEGRATED_CNC_SCHEMA.SHAPE_ASPECT.OF_SHAPE') | (SIZEOF(QUERY
    (sdr <* QUERY (sar <* USEDIN(sa_occ,
    'INTEGRATED_CNC_SCHEMA.SHAPE_ASPECT_RELATIONSHIP.' +
    'RELATED_SHAPE_ASPECT') | (sar.description = 'profile usage')
    AND ('INTEGRATED_CNC_SCHEMA.SHAPE_DEFINING_RELATIONSHIP' IN
    TYPEOF(sar))) | ('INTEGRATED_CNC_SCHEMA.SQUARE_U_PROFILE' IN
    TYPEOF(sdr.relating_shape_aspect)))) = 1))) = 1))) = 0);
  WR10: NOT (SIZEOF(QUERY (pds <* QUERY (pd <* USEDIN(SELF,
    'INTEGRATED_CNC_SCHEMA.PROPERTY_DEFINITION.DEFINITION') | (
    'INTEGRATED_CNC_SCHEMA.PRODUCT_DEFINITION_SHAPE' IN TYPEOF(pd
    ))) | NOT (SIZEOF(QUERY (sa_occ <* USEDIN(pds,
```

```
        'INTEGRATED_CNC_SCHEMA.SHAPE_ASPECT.OF_SHAPE')| (sa_occ.
        description = 'closed rectangular boundary occurrence'))) = 1
        ))) = 0) OR (SIZEOF(QUERY (pds <* QUERY (pd <* USEDIN(SELF,
        'INTEGRATED_CNC_SCHEMA.PROPERTY_DEFINITION.DEFINITION')| (
        'INTEGRATED_CNC_SCHEMA.PRODUCT_DEFINITION_SHAPE' IN TYPEOF(pd
        )))| NOT (SIZEOF(QUERY (sa_occ <* USEDIN(pds,
        'INTEGRATED_CNC_SCHEMA.SHAPE_ASPECT.OF_SHAPE')| (SIZEOF(QUERY
        (sdr <* QUERY (sar <* USEDIN(sa_occ,
        'INTEGRATED_CNC_SCHEMA.SHAPE_ASPECT_RELATIONSHIP.' +
        'RELATED_SHAPE_ASPECT')| (sar.description = 'profile usage')
        AND ('INTEGRATED_CNC_SCHEMA.SHAPE_DEFINING_RELATIONSHIP' IN
        TYPEOF(sar)))| (
        'INTEGRATED_CNC_SCHEMA.RECTANGULAR_CLOSED_PROFILE' IN TYPEOF(
        sdr.relating_shape_aspect)))) = 1))) = 1))) = 0);
    WR11: (SIZEOF(QUERY (pds <* QUERY (pd <* USEDIN(SELF,
        'INTEGRATED_CNC_SCHEMA.PROPERTY_DEFINITION.DEFINITION')| (
        'INTEGRATED_CNC_SCHEMA.PRODUCT_DEFINITION_SHAPE' IN TYPEOF(pd
        )))| NOT (SIZEOF(QUERY (sa_occ <* USEDIN(pds,
        'INTEGRATED_CNC_SCHEMA.SHAPE_ASPECT.OF_SHAPE')| (sa_occ.
        description IN [ 'boundary occurrence',
        'complex boundary occurrence',
        'partial circular boundary occurrence',
        'closed circular boundary occurrence',
        'open rectangular boundary occurrence',
        'closed rectangular boundary occurrence' ]))) = 1))) = 0) OR
        (SIZEOF(QUERY (pd <* USEDIN(SELF,
        'INTEGRATED_CNC_SCHEMA.PROPERTY_DEFINITION.DEFINITION')| NOT
        (SIZEOF(QUERY (pdr <* USEDIN(pd, 'INTEGRATED_CNC_SCHEMA.' +
        'PROPERTY_DEFINITION_REPRESENTATION.DEFINITION')| (
        'INTEGRATED_CNC_SCHEMA.DIRECTION_SHAPE_REPRESENTATION' IN
        TYPEOF(pdr.used_representation)) AND (pdr.used_representation
        .name = 'removal direction'))) = 1))) = 0);
    WR12: SIZEOF(QUERY (pdr <* get_property_definition_representations(SELF
        )| ('INTEGRATED_CNC_SCHEMA.PLANAR_SHAPE_REPRESENTATION' IN
        TYPEOF(pdr.used_representation)) AND (pdr.used_representation
        .name = 'maximum feature limit'))) >= 0;
END_ENTITY; -- 10303-522: aic_machining_feature
ENTITY parabola
    SUBTYPE OF (conic);
    focal_dist : length_measure;
    WHERE
      WR1: focal_dist <> 0.0;
END_ENTITY; -- 10303-42: geometry_schema
ENTITY parallel_offset
  SUBTYPE OF (derived_shape_aspect);
  offset : measure_with_unit;
  WHERE
    WR1: SIZEOF(SELF\derived_shape_aspect.deriving_relationships) = 1;
```

```
END_ENTITY; - - 10303-47: shape_aspect_definition_schema
ENTITY parallelism_tolerance
    SUBTYPE OF (geometric_tolerance_with_datum_reference);
    WHERE
        WR1: SIZEOF(SELF\geometric_tolerance_with_datum_reference.datum_system) < 3;
END_ENTITY; - - 10303-519: aic_geometric_tolerances
ENTITY parametric_representation_context
    SUBTYPE OF (representation_context);
END_ENTITY; - - 10303-43: representation_schema
ENTITY partial_circular_profile
SUBTYPE OF (shape_aspect);
WHERE
WR1: 'INTEGRATED_CNC_SCHEMA.FEATURE_COMPONENT_DEFINITION' IN TYPEOF(
SELF.of_shape.definition);
WR2: SIZEOF(QUERY (pd <* USEDIN(SELF,
'INTEGRATED_CNC_SCHEMA.PROPERTY_DEFINITION.DEFINITION')| NOT
(SIZEOF(QUERY (pdr <* USEDIN(pd, 'INTEGRATED_CNC_SCHEMA.' +
'PROPERTY_DEFINITION_REPRESENTATION.DEFINITION')| (
'INTEGRATED_CNC_SCHEMA.' +
'SHAPE_REPRESENTATION_WITH_PARAMETERS' IN TYPEOF(pdr.
used_representation)))) = 1))) = 0;
WR3: SIZEOF(QUERY (pd <* USEDIN(SELF,
'INTEGRATED_CNC_SCHEMA.PROPERTY_DEFINITION.DEFINITION')| NOT
(SIZEOF(QUERY (impl_rep <* QUERY (pdr <* USEDIN(pd,
'INTEGRATED_CNC_SCHEMA.' +
'PROPERTY_DEFINITION_REPRESENTATION.DEFINITION')| (
'INTEGRATED_CNC_SCHEMA.' +
'SHAPE_REPRESENTATION_WITH_PARAMETERS' IN TYPEOF(pdr.
used_representation)))| NOT (SIZEOF(impl_rep.
used_representation.items) >= 3))) = 0))) = 0;
WR4: SIZEOF(QUERY (pd <* USEDIN(SELF,
'INTEGRATED_CNC_SCHEMA.PROPERTY_DEFINITION.DEFINITION')| NOT
(SIZEOF(QUERY (impl_rep <* QUERY (pdr <* USEDIN(pd,
'INTEGRATED_CNC_SCHEMA.' +
'PROPERTY_DEFINITION_REPRESENTATION.DEFINITION')| (
'INTEGRATED_CNC_SCHEMA.' +
'SHAPE_REPRESENTATION_WITH_PARAMETERS' IN TYPEOF(pdr.
used_representation)))| NOT (SIZEOF(QUERY (it <* impl_rep.
used_representation.items| ('INTEGRATED_CNC_SCHEMA.PLACEMENT'
IN TYPEOF(it)) AND (it.name = 'orientation'))) = 1))) = 0)))
 = 0;
WR5: SIZEOF(QUERY (pd <* USEDIN(SELF,
'INTEGRATED_CNC_SCHEMA.PROPERTY_DEFINITION.DEFINITION')| NOT
(SIZEOF(QUERY (impl_rep <* QUERY (pdr <* USEDIN(pd,
'INTEGRATED_CNC_SCHEMA.' +
'PROPERTY_DEFINITION_REPRESENTATION.DEFINITION')| (
'INTEGRATED_CNC_SCHEMA.' +
'SHAPE_REPRESENTATION_WITH_PARAMETERS' IN TYPEOF(pdr.
```

```
used_representation)))| NOT (SIZEOF(QUERY (it <* impl_rep.
used_representation.items| (SIZEOF([
'INTEGRATED_CNC_SCHEMA.MEASURE_REPRESENTATION_ITEM',
'INTEGRATED_CNC_SCHEMA.LENGTH_MEASURE_WITH_UNIT' ] * TYPEOF(
it)) = 2) AND (it.name = 'radius'))) = 1))) = 0))) = 0;
WR6: SIZEOF(QUERY (pd <* USEDIN(SELF,
'INTEGRATED_CNC_SCHEMA.PROPERTY_DEFINITION.DEFINITION')| NOT
(SIZEOF(QUERY (impl_rep <* QUERY (pdr <* USEDIN(pd,
'INTEGRATED_CNC_SCHEMA.' +
'PROPERTY_DEFINITION_REPRESENTATION.DEFINITION')| (
'INTEGRATED_CNC_SCHEMA.' +
'SHAPE_REPRESENTATION_WITH_PARAMETERS' IN TYPEOF(pdr.
used_representation)))| NOT (SIZEOF(QUERY (it <* impl_rep.
used_representation.items| (SIZEOF([
'INTEGRATED_CNC_SCHEMA.MEASURE_REPRESENTATION_ITEM',
'INTEGRATED_CNC_SCHEMA.PLANE_ANGLE_MEASURE_WITH_UNIT' ] *
TYPEOF(it)) = 2) AND (it.name = 'sweep angle'))) = 1))) = 0))
) = 0;
WR7: SIZEOF(QUERY (pd <* USEDIN(SELF,
'INTEGRATED_CNC_SCHEMA.PROPERTY_DEFINITION.DEFINITION')| NOT
(SIZEOF(QUERY (pdr <* USEDIN(pd, 'INTEGRATED_CNC_SCHEMA.' +
'PROPERTY_DEFINITION_REPRESENTATION.DEFINITION')| (
'INTEGRATED_CNC_SCHEMA.PLANAR_SHAPE_REPRESENTATION' IN TYPEOF
(pdr.used_representation)) AND (pdr.used_representation.name
 = 'profile limit'))) <= 1))) = 0;
END_ENTITY; -- 10303-522: aic_machining_feature
ENTITY path
    SUPERTYPE OF (ONEOF(edge_loop, oriented_path))
    SUBTYPE OF (topological_representation_item);
    edge_list : LIST [1:?] OF UNIQUE oriented_edge;
    WHERE
        WR1: path_head_to_tail(SELF);
END_ENTITY; -- 10303-42: topology_schema
ENTITY path_feature_component
    SUBTYPE OF (shape_aspect);
    WHERE
        WR1: 'INTEGRATED_CNC_SCHEMA.FEATURE_COMPONENT_DEFINITION' IN TYPEOF(
            SELF.of_shape.definition);
        WR2: SELF.description IN [ 'partial circular', 'complete circular',
            'linear', 'complex' ];
        WR3: NOT (SELF.description = 'complex') OR (SIZEOF(QUERY (pd <* USEDIN(
            SELF, 'INTEGRATED_CNC_SCHEMA.PROPERTY_DEFINITION.DEFINITION')
            | NOT (SIZEOF(QUERY (pdr <* USEDIN(pd,
            'INTEGRATED_CNC_SCHEMA.' +
            'PROPERTY_DEFINITION_REPRESENTATION.DEFINITION')| (
            'INTEGRATED_CNC_SCHEMA.' +
            'SHAPE_REPRESENTATION_WITH_PARAMETERS' IN TYPEOF(pdr.
            used_representation)))) = 1))) = 0);
```

```
WR4: SIZEOF(QUERY (pd <* USEDIN(SELF,
    'INTEGRATED_CNC_SCHEMA.PROPERTY_DEFINITION.DEFINITION')| NOT
    (SIZEOF(QUERY (impl_rep <* QUERY (pdr <* USEDIN(pd,
    'INTEGRATED_CNC_SCHEMA.' +
    'PROPERTY_DEFINITION_REPRESENTATION.DEFINITION')| (
    'INTEGRATED_CNC_SCHEMA.' +
    'SHAPE_REPRESENTATION_WITH_PARAMETERS' IN TYPEOF(pdr.
    used_representation)))| NOT (SIZEOF(QUERY (it <* impl_rep.
    used_representation.items| ('INTEGRATED_CNC_SCHEMA.PLACEMENT'
    IN TYPEOF(it)) AND (it.name = 'orientation'))) = 1))) = 0)))
    = 0;
WR5: NOT (SELF.description = 'partial circular') OR (SIZEOF(QUERY (pd
    <* USEDIN(SELF,
    'INTEGRATED_CNC_SCHEMA.PROPERTY_DEFINITION.DEFINITION')| NOT
    (SIZEOF(QUERY (impl_rep <* QUERY (pdr <* USEDIN(pd,
    'INTEGRATED_CNC_SCHEMA.' +
    'PROPERTY_DEFINITION_REPRESENTATION.DEFINITION')| (
    'INTEGRATED_CNC_SCHEMA.' +
    'SHAPE_REPRESENTATION_WITH_PARAMETERS' IN TYPEOF(pdr.
    used_representation)))| NOT (SIZEOF(impl_rep.
    used_representation.items) = 3))) = 0))) = 0);
WR6: NOT (SELF.description = 'partial circular') OR (SIZEOF(QUERY (pd
    <* USEDIN(SELF,
    'INTEGRATED_CNC_SCHEMA.PROPERTY_DEFINITION.DEFINITION')| NOT
    (SIZEOF(QUERY (impl_rep <* QUERY (pdr <* USEDIN(pd,
    'INTEGRATED_CNC_SCHEMA.' +
    'PROPERTY_DEFINITION_REPRESENTATION.DEFINITION')| (
    'INTEGRATED_CNC_SCHEMA.' +
    'SHAPE_REPRESENTATION_WITH_PARAMETERS' IN TYPEOF(pdr.
    used_representation)))| NOT (SIZEOF(QUERY (it <* impl_rep.
    used_representation.items| (SIZEOF([
    'INTEGRATED_CNC_SCHEMA.MEASURE_REPRESENTATION_ITEM',
    'INTEGRATED_CNC_SCHEMA.LENGTH_MEASURE_WITH_UNIT' ] * TYPEOF(
    it)) = 2) AND (it.name = 'radius'))) = 1))) = 0))) = 0);
WR7: NOT (SELF.description = 'partial circular') OR (SIZEOF(QUERY (pd
    <* USEDIN(SELF,
    'INTEGRATED_CNC_SCHEMA.PROPERTY_DEFINITION.DEFINITION')| NOT
    (SIZEOF(QUERY (impl_rep <* QUERY (pdr <* USEDIN(pd,
    'INTEGRATED_CNC_SCHEMA.' +
    'PROPERTY_DEFINITION_REPRESENTATION.DEFINITION')| (
    'INTEGRATED_CNC_SCHEMA.' +
    'SHAPE_REPRESENTATION_WITH_PARAMETERS' IN TYPEOF(pdr.
    used_representation)))| NOT (SIZEOF(QUERY (it <* impl_rep.
    used_representation.items| (SIZEOF([
    'INTEGRATED_CNC_SCHEMA.MEASURE_REPRESENTATION_ITEM',
    'INTEGRATED_CNC_SCHEMA.PLANE_ANGLE_MEASURE_WITH_UNIT' ] *
    TYPEOF(it)) = 2) AND (it.name = 'sweep angle'))) = 1))) = 0))
    ) = 0);
```

```
WR8: NOT (SELF.description = 'complete circular') OR (SIZEOF(QUERY (pd
    <* USEDIN(SELF,
    'INTEGRATED_CNC_SCHEMA.PROPERTY_DEFINITION.DEFINITION')| NOT
    (SIZEOF(QUERY (impl_rep <* QUERY (pdr <* USEDIN(pd,
    'INTEGRATED_CNC_SCHEMA.' +
    'PROPERTY_DEFINITION_REPRESENTATION.DEFINITION')| (
    'INTEGRATED_CNC_SCHEMA.' +
    'SHAPE_REPRESENTATION_WITH_PARAMETERS' IN TYPEOF(pdr.
    used_representation)))| NOT (SIZEOF(impl_rep.
    used_representation.items) = 2))) = 0))) = 0);
WR9: NOT (SELF.description = 'complete circular') OR (SIZEOF(QUERY (pd
    <* USEDIN(SELF,
    'INTEGRATED_CNC_SCHEMA.PROPERTY_DEFINITION.DEFINITION')| NOT
    (SIZEOF(QUERY (impl_rep <* QUERY (pdr <* USEDIN(pd,
    'INTEGRATED_CNC_SCHEMA.' +
    'PROPERTY_DEFINITION_REPRESENTATION.DEFINITION')| (
    'INTEGRATED_CNC_SCHEMA.' +
    'SHAPE_REPRESENTATION_WITH_PARAMETERS' IN TYPEOF(pdr.
    used_representation)))| NOT (SIZEOF(QUERY (it <* impl_rep.
    used_representation.items| (SIZEOF([
    'INTEGRATED_CNC_SCHEMA.MEASURE_REPRESENTATION_ITEM',
    'INTEGRATED_CNC_SCHEMA.LENGTH_MEASURE_WITH_UNIT' ] * TYPEOF(
    it)) = 2) AND (it.name = 'radius'))) = 1))) = 0))) = 0);
WR10: NOT (SELF.description = 'linear') OR (SIZEOF(QUERY (pd <* USEDIN(
    SELF, 'INTEGRATED_CNC_SCHEMA.PROPERTY_DEFINITION.DEFINITION')
    | NOT (SIZEOF(QUERY (impl_rep <* QUERY (pdr <* USEDIN(pd,
    'INTEGRATED_CNC_SCHEMA.' +
    'PROPERTY_DEFINITION_REPRESENTATION.DEFINITION')| (
    'INTEGRATED_CNC_SCHEMA.' +
    'SHAPE_REPRESENTATION_WITH_PARAMETERS' IN TYPEOF(pdr.
    used_representation)))| NOT (SIZEOF(impl_rep.
    used_representation.items) = 2))) = 0))) = 0);
WR11: NOT (SELF.description = 'linear') OR (SIZEOF(QUERY (pd <* USEDIN(
    SELF, 'INTEGRATED_CNC_SCHEMA.PROPERTY_DEFINITION.DEFINITION')
    | NOT (SIZEOF(QUERY (impl_rep <* QUERY (pdr <* USEDIN(pd,
    'INTEGRATED_CNC_SCHEMA.' +
    'PROPERTY_DEFINITION_REPRESENTATION.DEFINITION')| (
    'INTEGRATED_CNC_SCHEMA.' +
    'SHAPE_REPRESENTATION_WITH_PARAMETERS' IN TYPEOF(pdr.
    used_representation)))| NOT (SIZEOF(QUERY (it <* impl_rep.
    used_representation.items| (SIZEOF([
    'INTEGRATED_CNC_SCHEMA.MEASURE_REPRESENTATION_ITEM',
    'INTEGRATED_CNC_SCHEMA.LENGTH_MEASURE_WITH_UNIT' ] * TYPEOF(
    it)) = 2) AND (it.name = 'distance'))) = 1))) = 0))) = 0);
WR12: NOT (SELF.description = 'linear') OR (SIZEOF(QUERY (pd <* USEDIN(
    SELF, 'INTEGRATED_CNC_SCHEMA.PROPERTY_DEFINITION.DEFINITION')
    | NOT (SIZEOF(QUERY (pdr <* USEDIN(pd,
    'INTEGRATED_CNC_SCHEMA.' +
```

```
            'PROPERTY_DEFINITION_REPRESENTATION.DEFINITION')| (
            'INTEGRATED_CNC_SCHEMA.DIRECTION_SHAPE_REPRESENTATION' IN
            TYPEOF(pdr.used_representation)))) = 1))) = 0);
        WR13: NOT (SELF.description = 'complex') OR (SIZEOF(QUERY (pd <* USEDIN
            (SELF, 'INTEGRATED_CNC_SCHEMA.PROPERTY_DEFINITION.DEFINITION'
            )| NOT (SIZEOF(QUERY (pdr <* USEDIN(pd,'INTEGRATED_CNC_SCHEMA.' +
            'PROPERTY_DEFINITION_REPRESENTATION.DEFINITION')| ((
            'INTEGRATED_CNC_SCHEMA.PATH_SHAPE_REPRESENTATION' IN TYPEOF(
            pdr.used_representation)) AND (pdr.used_representation.name =
            'sweep path')) AND (SIZEOF(QUERY (srwp_i <* pdr.
            used_representation.items| (srwp_i.name = 'profile shape')))
            = 1))) = 1))) = 0);
END_ENTITY; --10303-522: aic_machining_feature
ENTITY path_shape_representation
    SUBTYPE OF (shape_representation);
    WHERE
        WR1: SIZEOF(SELF.items) >= 1;
        WR2: SIZEOF(QUERY (i <* SELF.items| (SIZEOF([
            'INTEGRATED_CNC_SCHEMA.BOUNDED_CURVE',
            'INTEGRATED_CNC_SCHEMA.EDGE_CURVE',
            'INTEGRATED_CNC_SCHEMA.PATH' ] * TYPEOF(i)) = 1))) >= 1;
END_ENTITY; --10303-522: aic_machining_feature
ENTITY pattern_offset_membership
    SUBTYPE OF (feature_component_relationship);
    WHERE
        WR1: SIZEOF(QUERY (fcr <* QUERY (sar <* USEDIN(SELF.
            relating_shape_aspect,
            'INTEGRATED_CNC_SCHEMA.SHAPE_ASPECT_RELATIONSHIP.' +
            'RELATING_SHAPE_ASPECT')| (
            'INTEGRATED_CNC_SCHEMA.FEATURE_COMPONENT_RELATIONSHIP' IN
            TYPEOF(sar)) AND (sar :<>: SELF))| (SIZEOF(QUERY (pdr <*
            QUERY (pd <* USEDIN(fcr.related_shape_aspect.of_shape,
            'INTEGRATED_CNC_SCHEMA.PROPERTY_DEFINITION.DEFINITION')| (
            'INTEGRATED_CNC_SCHEMA.PRODUCT_DEFINITION_SHAPE' IN TYPEOF(pd
            )))| (SIZEOF([ 'INTEGRATED_CNC_SCHEMA.CIRCULAR_PATTERN',
            'INTEGRATED_CNC_SCHEMA.RECTANGULAR_PATTERN' ] * TYPEOF(pdr.
            definition)) = 1))) = 0))) = 0;
        WR2: SIZEOF(QUERY (fcr <* QUERY (sar <* USEDIN(SELF.
            related_shape_aspect,
            'INTEGRATED_CNC_SCHEMA.SHAPE_ASPECT_RELATIONSHIP.' +
            'RELATED_SHAPE_ASPECT')| (
            'INTEGRATED_CNC_SCHEMA.FEATURE_COMPONENT_RELATIONSHIP' IN
            TYPEOF(sar)) AND (sar :<>: SELF))| (fcr.description =
            'modified pattern') AND (
            'INTEGRATED_CNC_SCHEMA.MODIFIED_PATTERN' IN TYPEOF(fcr.
            relating_shape_aspect)))) >= 1;
        WR3: SIZEOF(QUERY (fcr <* QUERY (sar <* USEDIN(SELF.
            related_shape_aspect,
```

```
    'INTEGRATED_CNC_SCHEMA.SHAPE_ASPECT_RELATIONSHIP.' +
    'RELATED_SHAPE_ASPECT')| (
    'INTEGRATED_CNC_SCHEMA.FEATURE_COMPONENT_RELATIONSHIP' IN
    TYPEOF(sar)) AND (sar :<>: SELF))| (
    'INTEGRATED_CNC_SCHEMA.MODIFIED_PATTERN' IN TYPEOF(fcr.
    relating_shape_aspect)) AND NOT (SIZEOF(QUERY (modfcr <*
    QUERY (modsar <* USEDIN(fcr.relating_shape_aspect,
    'INTEGRATED_CNC_SCHEMA.' +
    'SHAPE_ASPECT_RELATIONSHIP.RELATING_SHAPE_ASPECT')| (SIZEOF([
    'INTEGRATED_CNC_SCHEMA.CIRCULAR_PATTERN',
    'INTEGRATED_CNC_SCHEMA.RECTANGULAR_PATTERN'] * TYPEOF(modsar
    .related_shape_aspect.of_shape.definition)) = 1) AND (modsar
    :<>: fcr))| NOT (modfcr.related_shape_aspect.of_shape.
    definition :=: SELF.relating_shape_aspect.of_shape.definition
    ))) = 0))) = 0;
WR4: NOT ('INTEGRATED_CNC_SCHEMA.RECTANGULAR_PATTERN' IN TYPEOF(SELF.
    relating_shape_aspect.of_shape.definition)) OR (SIZEOF(QUERY
    (pd <* USEDIN(SELF.related_shape_aspect,
    'INTEGRATED_CNC_SCHEMA.PROPERTY_DEFINITION.DEFINITION')| NOT
    (SIZEOF(USEDIN(pd, 'INTEGRATED_CNC_SCHEMA.' +
    'PROPERTY_DEFINITION_REPRESENTATION.DEFINITION')) = 2))) = 0);
WR5: NOT ('INTEGRATED_CNC_SCHEMA.CIRCULAR_PATTERN' IN TYPEOF(SELF.
    relating_shape_aspect.of_shape.definition)) OR (SIZEOF(QUERY
    (pd <* USEDIN(SELF.related_shape_aspect,
    'INTEGRATED_CNC_SCHEMA.PROPERTY_DEFINITION.DEFINITION')| NOT
    (SIZEOF(USEDIN(pd, 'INTEGRATED_CNC_SCHEMA.' +
    'PROPERTY_DEFINITION_REPRESENTATION.DEFINITION')) = 1))) = 0);
WR6: NOT ('INTEGRATED_CNC_SCHEMA.CIRCULAR_PATTERN' IN TYPEOF(SELF.
    relating_shape_aspect.of_shape.definition)) OR (SIZEOF(QUERY
    (pd <* USEDIN(SELF.related_shape_aspect,
    'INTEGRATED_CNC_SCHEMA.PROPERTY_DEFINITION.DEFINITION')| NOT
    (SIZEOF(QUERY (pdr <* USEDIN(pd, 'INTEGRATED_CNC_SCHEMA.' +
    'PROPERTY_DEFINITION_REPRESENTATION.DEFINITION')| NOT (SIZEOF
    (pdr.used_representation.items) = 2))) = 0))) = 0);
WR7: NOT ('INTEGRATED_CNC_SCHEMA.CIRCULAR_PATTERN' IN TYPEOF(SELF.
    relating_shape_aspect.of_shape.definition)) OR (SIZEOF(QUERY
    (pd <* USEDIN(SELF.related_shape_aspect,
    'INTEGRATED_CNC_SCHEMA.PROPERTY_DEFINITION.DEFINITION')| NOT
    (SIZEOF(QUERY (impl_rep <* QUERY (pdr <* USEDIN(pd,
    'INTEGRATED_CNC_SCHEMA.' +
    'PROPERTY_DEFINITION_REPRESENTATION.DEFINITION')| (
    'INTEGRATED_CNC_SCHEMA.' +
    'SHAPE_REPRESENTATION_WITH_PARAMETERS' IN TYPEOF(pdr.
    used_representation)))| NOT (SIZEOF(QUERY (it <* impl_rep.
    used_representation.items| ((
    'INTEGRATED_CNC_SCHEMA.MEASURE_REPRESENTATION_ITEM' IN TYPEOF
    (it)) AND ('INTEGRATED_CNC_SCHEMA.COUNT_MEASURE' IN TYPEOF(it
    \measure_with_unit.value_component))) AND (it.name =
```

```
    'index number'))) = 1))) = 0))) = 0);
WR8: NOT ('INTEGRATED_CNC_SCHEMA.CIRCULAR_PATTERN' IN TYPEOF(SELF.
    relating_shape_aspect.of_shape.definition)) OR (SIZEOF(QUERY
    (pd <* USEDIN(SELF.related_shape_aspect,
    'INTEGRATED_CNC_SCHEMA.PROPERTY_DEFINITION.DEFINITION')| NOT
    (SIZEOF(QUERY (impl_rep <* QUERY (pdr <* USEDIN(pd,
    'INTEGRATED_CNC_SCHEMA.' +
    'PROPERTY_DEFINITION_REPRESENTATION.DEFINITION')| (
    'INTEGRATED_CNC_SCHEMA.' +
    'SHAPE_REPRESENTATION_WITH_PARAMETERS' IN TYPEOF(pdr.
    used_representation)))| NOT (SIZEOF(QUERY (it <* impl_rep.
    used_representation.items| (
    'INTEGRATED_CNC_SCHEMA.PLANE_ANGLE_MEASURE_WITH_UNIT' IN
    TYPEOF(it)) AND (it.name = 'offset'))) = 1))) = 0))) = 0);
WR9: NOT ('INTEGRATED_CNC_SCHEMA.RECTANGULAR_PATTERN' IN
        TYPEOF(SELF.relating_shape_aspect.of_shape.definition)) OR
    (SIZEOF(QUERY
    (pd <* USEDIN(SELF.related_shape_aspect,
    'INTEGRATED_CNC_SCHEMA.PROPERTY_DEFINITION.DEFINITION')| NOT
    (SIZEOF(QUERY (impl_rep <* QUERY (pdr <* USEDIN(pd,
    'INTEGRATED_CNC_SCHEMA.' +
    'PROPERTY_DEFINITION_REPRESENTATION.DEFINITION')| (
    'INTEGRATED_CNC_SCHEMA.' +
    'SHAPE_REPRESENTATION_WITH_PARAMETERS' IN TYPEOF(pdr.
    used_representation)))| NOT (SIZEOF(impl_rep.
    used_representation.items) = 3))) = 0))) = 0);
WR10: NOT ('INTEGRATED_CNC_SCHEMA.RECTANGULAR_PATTERN' IN TYPEOF(SELF.
    relating_shape_aspect.of_shape.definition)) OR (SIZEOF(QUERY
    (pd <* USEDIN(SELF.related_shape_aspect,
    'INTEGRATED_CNC_SCHEMA.PROPERTY_DEFINITION.DEFINITION')| NOT
    (SIZEOF(QUERY (impl_rep <* QUERY (pdr <* USEDIN(pd,
    'INTEGRATED_CNC_SCHEMA.' +
    'PROPERTY_DEFINITION_REPRESENTATION.DEFINITION')| (
    'INTEGRATED_CNC_SCHEMA.' +
    'SHAPE_REPRESENTATION_WITH_PARAMETERS' IN TYPEOF(pdr.
    used_representation)))| NOT (SIZEOF(QUERY (it <* impl_rep.
    used_representation.items| ((
    'INTEGRATED_CNC_SCHEMA.MEASURE_REPRESENTATION_ITEM' IN TYPEOF
    (it)) AND ('INTEGRATED_CNC_SCHEMA.COUNT_MEASURE' IN TYPEOF(it
    \measure_with_unit.value_component))) AND (it.name =
    'row index'))) = 1))) = 0))) = 0);
WR11: NOT ('INTEGRATED_CNC_SCHEMA.RECTANGULAR_PATTERN' IN
        TYPEOF(SELF.relating_shape_aspect.of_shape.definition)) OR (SIZEOF
    (QUERY
    (pd <* USEDIN(SELF.related_shape_aspect,
    'INTEGRATED_CNC_SCHEMA.PROPERTY_DEFINITION.DEFINITION')| NOT
    (SIZEOF(QUERY (impl_rep <* QUERY (pdr <* USEDIN(pd,
    'INTEGRATED_CNC_SCHEMA.' +
```

```
        'PROPERTY_DEFINITION_REPRESENTATION.DEFINITION')| (
        'INTEGRATED_CNC_SCHEMA.' +
        'SHAPE_REPRESENTATION_WITH_PARAMETERS' IN TYPEOF(pdr.
        used_representation)))| NOT (SIZEOF(QUERY (it <* impl_rep.
        used_representation.items| ((
        'INTEGRATED_CNC_SCHEMA.MEASURE_REPRESENTATION_ITEM' IN TYPEOF
        (it)) AND ('INTEGRATED_CNC_SCHEMA.COUNT_MEASURE' IN TYPEOF(it
        \measure_with_unit.value_component))) AND (it.name =
        'column index'))) = 1))) = 0))) = 0);
    WR12: NOT ('INTEGRATED_CNC_SCHEMA.RECTANGULAR_PATTERN' IN
          TYPEOF(SELF.
        relating_shape_aspect.of_shape.definition)) OR (SIZEOF(QUERY
        (pd <* USEDIN(SELF.related_shape_aspect,
        'INTEGRATED_CNC_SCHEMA.PROPERTY_DEFINITION.DEFINITION')| NOT
        (SIZEOF(QUERY (impl_rep <* QUERY (pdr <* USEDIN(pd,
        'INTEGRATED_CNC_SCHEMA.' +
        'PROPERTY_DEFINITION_REPRESENTATION.DEFINITION')| (
        'INTEGRATED_CNC_SCHEMA.' +
        'SHAPE_REPRESENTATION_WITH_PARAMETERS' IN TYPEOF(pdr.
        used_representation)))| NOT (SIZEOF(QUERY (it <* impl_rep.
        used_representation.items| (
        'INTEGRATED_CNC_SCHEMA.LENGTH_MEASURE_WITH_UNIT' IN TYPEOF(it
        )) AND (it.name = 'offset distance'))) = 1))) = 0))) = 0);
    WR13: NOT ('INTEGRATED_CNC_SCHEMA.RECTANGULAR_PATTERN' IN
            TYPEOF(SELF.relating_shape_aspect.of_shape.definition)) OR
          (SIZEOF(QUERY
        (pd <* USEDIN(SELF.related_shape_aspect,
        'INTEGRATED_CNC_SCHEMA.PROPERTY_DEFINITION.DEFINITION')| NOT
        (SIZEOF(QUERY (pdr <* USEDIN(pd, 'INTEGRATED_CNC_SCHEMA.' +
        'PROPERTY_DEFINITION_REPRESENTATION.DEFINITION')| (
        'INTEGRATED_CNC_SCHEMA.DIRECTION_SHAPE_REPRESENTATION' IN
        TYPEOF(pdr.used_representation)) AND (pdr.used_representation
        .name = 'offset direction'))) = 1))) = 0);
END_ENTITY; -- 10303-522: aic_machining_feature
ENTITY pattern_omit_membership
    SUBTYPE OF (feature_component_relationship);
    WHERE
      WR1: SIZEOF(QUERY (fcr <* QUERY (sar <* USEDIN(SELF.
        relating_shape_aspect,
        'INTEGRATED_CNC_SCHEMA.SHAPE_ASPECT_RELATIONSHIP.' +
        'RELATING_SHAPE_ASPECT')| (
        'INTEGRATED_CNC_SCHEMA.FEATURE_COMPONENT_RELATIONSHIP' IN
        TYPEOF(sar)) AND (sar :<>: SELF))| (SIZEOF(QUERY (pdr <*
        QUERY (pd <* USEDIN(fcr.related_shape_aspect.of_shape,
        'INTEGRATED_CNC_SCHEMA.PROPERTY_DEFINITION.DEFINITION')| (
        'INTEGRATED_CNC_SCHEMA.PRODUCT_DEFINITION_SHAPE' IN TYPEOF(pd
        )))| (SIZEOF([ 'INTEGRATED_CNC_SCHEMA.CIRCULAR_PATTERN',
        'INTEGRATED_CNC_SCHEMA.RECTANGULAR_PATTERN' ] * TYPEOF(pdr.
```

```
        definition)) = 1))) = 0))) = 0;
    WR2: SIZEOF(QUERY (fcr <* QUERY (sar <* USEDIN(SELF.
        related_shape_aspect,
        'INTEGRATED_CNC_SCHEMA.SHAPE_ASPECT_RELATIONSHIP.' +
        'RELATED_SHAPE_ASPECT')| (
        'INTEGRATED_CNC_SCHEMA.FEATURE_COMPONENT_RELATIONSHIP' IN
        TYPEOF(sar)) AND (sar :<>: SELF))| (fcr.description =
        'modified pattern') AND (
        'INTEGRATED_CNC_SCHEMA.MODIFIED_PATTERN' IN TYPEOF(fcr.
        relating_shape_aspect)))) >= 1;
    WR3: SIZEOF(QUERY (fcr <* QUERY (sar <* USEDIN(SELF.
        related_shape_aspect,
        'INTEGRATED_CNC_SCHEMA.SHAPE_ASPECT_RELATIONSHIP.' +
        'RELATED_SHAPE_ASPECT')| (
        'INTEGRATED_CNC_SCHEMA.FEATURE_COMPONENT_RELATIONSHIP' IN
        TYPEOF(sar)) AND (sar :<>: SELF))| (
        'INTEGRATED_CNC_SCHEMA.MODIFIED_PATTERN' IN TYPEOF(fcr.
        relating_shape_aspect)) AND NOT (SIZEOF(QUERY (modfcr <*
        QUERY (modsar <* USEDIN(fcr.relating_shape_aspect,
        'INTEGRATED_CNC_SCHEMA.' +
        'SHAPE_ASPECT_RELATIONSHIP.RELATING_SHAPE_ASPECT')| (SIZEOF([
        'INTEGRATED_CNC_SCHEMA.CIRCULAR_PATTERN',
        'INTEGRATED_CNC_SCHEMA.RECTANGULAR_PATTERN' ] * TYPEOF(modsar
        .related_shape_aspect.of_shape.definition)) = 1) AND (modsar
        :<>: fcr))| NOT (modfcr.related_shape_aspect.of_shape.
        definition :=: SELF.relating_shape_aspect.of_shape.definition
        ))) = 0))) = 0;
    WR4: SIZEOF(QUERY (pd <* USEDIN(SELF.related_shape_aspect,
        'INTEGRATED_CNC_SCHEMA.PROPERTY_DEFINITION.DEFINITION')| NOT
        (SIZEOF(USEDIN(pd, 'INTEGRATED_CNC_SCHEMA.' +
        'PROPERTY_DEFINITION_REPRESENTATION.DEFINITION')) = 1))) = 0;
    WR5: NOT ('INTEGRATED_CNC_SCHEMA.CIRCULAR_PATTERN' IN TYPEOF(SELF.
        relating_shape_aspect.of_shape.definition)) OR (SIZEOF(QUERY
        (pd <* USEDIN(SELF.related_shape_aspect,
        'INTEGRATED_CNC_SCHEMA.PROPERTY_DEFINITION.DEFINITION')| NOT
        (SIZEOF(QUERY (pdr <* USEDIN(pd, 'INTEGRATED_CNC_SCHEMA.' +
        'PROPERTY_DEFINITION_REPRESENTATION.DEFINITION')| NOT (SIZEOF
        (pdr.used_representation.items) = 1))) = 0))) = 0);
    WR6: NOT ('INTEGRATED_CNC_SCHEMA.CIRCULAR_PATTERN' IN TYPEOF(SELF.
        relating_shape_aspect.of_shape.definition)) OR (SIZEOF(QUERY
        (pd <* USEDIN(SELF.related_shape_aspect,
        'INTEGRATED_CNC_SCHEMA.PROPERTY_DEFINITION.DEFINITION')| NOT
        (SIZEOF(QUERY (impl_rep <* QUERY (pdr <* USEDIN(pd,
        'INTEGRATED_CNC_SCHEMA.' +
        'PROPERTY_DEFINITION_REPRESENTATION.DEFINITION')| (
        'INTEGRATED_CNC_SCHEMA.' +
        'SHAPE_REPRESENTATION_WITH_PARAMETERS' IN TYPEOF(pdr.
        used_representation)))| NOT (SIZEOF(QUERY (it <* impl_rep.
```

```
        used_representation.items| ((
        'INTEGRATED_CNC_SCHEMA.MEASURE_REPRESENTATION_ITEM' IN TYPEOF
        (it)) AND ('INTEGRATED_CNC_SCHEMA.COUNT_MEASURE' IN TYPEOF(it
        \measure_with_unit.value_component))) AND (it.name =
        'index number'))) = 1))) = 0))) = 0);
    WR7: NOT ('INTEGRATED_CNC_SCHEMA.RECTANGULAR_PATTERN' IN
         TYPEOF(SELF.
        relating_shape_aspect.of_shape.definition)) OR (SIZEOF(QUERY
        (pd <* USEDIN(SELF.related_shape_aspect,
        'INTEGRATED_CNC_SCHEMA.PROPERTY_DEFINITION.DEFINITION')| NOT
        (SIZEOF(QUERY (pdr <* USEDIN(pd, 'INTEGRATED_CNC_SCHEMA.' +
        'PROPERTY_DEFINITION_REPRESENTATION.DEFINITION')| NOT (SIZEOF
        (pdr.used_representation.items) = 2))) = 0))) = 0);
    WR8: NOT ('INTEGRATED_CNC_SCHEMA.RECTANGULAR_PATTERN' IN
              TYPEOF(SELF.relating_shape_aspect.of_shape.definition)) OR
         (SIZEOF(QUERY
        (pd <* USEDIN(SELF.related_shape_aspect,
        'INTEGRATED_CNC_SCHEMA.PROPERTY_DEFINITION.DEFINITION')| NOT
        (SIZEOF(QUERY (impl_rep <* QUERY (pdr <* USEDIN(pd,
        'INTEGRATED_CNC_SCHEMA.' +
        'PROPERTY_DEFINITION_REPRESENTATION.DEFINITION')| (
        'INTEGRATED_CNC_SCHEMA.' +
        'SHAPE_REPRESENTATION_WITH_PARAMETERS' IN TYPEOF(pdr.
        used_representation)))| NOT (SIZEOF(QUERY (it <* impl_rep.
        used_representation.items| ((
        'INTEGRATED_CNC_SCHEMA.MEASURE_REPRESENTATION_ITEM' IN TYPEOF
        (it)) AND ('INTEGRATED_CNC_SCHEMA.COUNT_MEASURE' IN TYPEOF(it
        \measure_with_unit.value_component))) AND (it.name =
        'row index'))) = 1))) = 0))) = 0);
    WR9: NOT ('INTEGRATED_CNC_SCHEMA.RECTANGULAR_PATTERN' IN
              TYPEOF(SELF.relating_shape_aspect.of_shape.definition)) OR
         (SIZEOF(QUERY
        (pd <* USEDIN(SELF.related_shape_aspect,
        'INTEGRATED_CNC_SCHEMA.PROPERTY_DEFINITION.DEFINITION')| NOT
        (SIZEOF(QUERY (impl_rep <* QUERY (pdr <* USEDIN(pd,
        'INTEGRATED_CNC_SCHEMA.' +
        'PROPERTY_DEFINITION_REPRESENTATION.DEFINITION')| (
        'INTEGRATED_CNC_SCHEMA.' +
        'SHAPE_REPRESENTATION_WITH_PARAMETERS' IN TYPEOF(pdr.
        used_representation)))| NOT (SIZEOF(QUERY (it <* impl_rep.
        used_representation.items| ((
        'INTEGRATED_CNC_SCHEMA.MEASURE_REPRESENTATION_ITEM' IN TYPEOF
        (it)) AND ('INTEGRATED_CNC_SCHEMA.COUNT_MEASURE' IN TYPEOF(it
        \measure_with_unit.value_component))) AND (it.name =
        'column index'))) = 1))) = 0))) = 0);
END_ENTITY; -- 10303-522: aic_machining_feature
ENTITY pcurve
    SUBTYPE OF (curve);
```

```
        basis_surface : surface;
        reference_to_curve : definitional_representation;
        WHERE
            WR1: SIZEOF(reference_to_curve\representation.items) = 1;
            WR2: 'INTEGRATED_CNC_SCHEMA.CURVE' IN TYPEOF(reference_to_curve\
                representation.items[1]);
            WR3: reference_to_curve\representation.items[1]\
                geometric_representation_item.dim = 2;
    END_ENTITY; --10303-42: geometry_schema
    ENTITY perpendicular_to
        SUBTYPE OF (derived_shape_aspect);
        WHERE
            WR1: SIZEOF(SELF\derived_shape_aspect.deriving_relationships) = 1;
    END_ENTITY; --10303-47: shape_aspect_definition_schema
    ENTITY perpendicularity_tolerance
        SUBTYPE OF (geometric_tolerance_with_datum_reference);
        WHERE
            WR1: SIZEOF(SELF\geometric_tolerance_with_datum_reference.datum_system)<= 3;
    END_ENTITY; --10303-519: aic_geometric_tolerances
    ENTITY person;
        id : identifier;
        last_name : OPTIONAL label;
        first_name : OPTIONAL label;
        middle_names : OPTIONAL LIST [1:?] OF label;
        prefix_titles : OPTIONAL LIST [1:?] OF label;
        suffix_titles : OPTIONAL LIST [1:?] OF label;
        WHERE
            WR1: EXISTS(last_name) OR EXISTS(first_name);
    END_ENTITY; --10303-41: person_organization_schema
    ENTITY person_and_organization;
        the_person : person;
        the_organization : organization;
        DERIVE
            name : label := get_name_value(SELF);
            description : text := get_description_value(SELF);
        WHERE
            WR1: SIZEOF(USEDIN(SELF,'INTEGRATED_CNC_SCHEMA.' +
                'NAME_ATTRIBUTE.NAMED_ITEM')) <= 1;
                WR2: SIZEOF(USEDIN(SELF,'INTEGRATED_CNC_SCHEMA.' +
                'DESCRIPTION_ATTRIBUTE.DESCRIBED_ITEM')) <= 1;
    END_ENTITY; --10303-41: person_organization_schema
    ENTITY person_and_organization_assignment
        ABSTRACT SUPERTYPE;
        assigned_person_and_organization : person_and_organization;
        role : person_and_organization_role;
    END_ENTITY; --10303-41: management_resources_schema
    ENTITY person_and_organization_role;
        name : label;
```

```
    DERIVE
    description : text := get_description_value(SELF);
    WHERE
        WR1: SIZEOF(USEDIN(SELF, 'INTEGRATED_CNC_SCHEMA.' +
            'DESCRIPTION_ATTRIBUTE.DESCRIBED_ITEM')) <= 1;
END_ENTITY; -- 10303-41: person_organization_schema
ENTITY personal_address
    SUBTYPE OF (address);
    people : SET [1:?] OF person;
    description : OPTIONAL text;
END_ENTITY; -- 10303-41: person_organization_schema
ENTITY placed_datum_target_feature
    SUBTYPE OF (datum_target);
    WHERE
        WR1: SELF.description IN ['point', 'line', 'rectangle', 'circle'];
        WR2: SIZEOF(QUERY (pd <* USEDIN(SELF,
            'INTEGRATED_CNC_SCHEMA.PROPERTY_DEFINITION.DEFINITION')| NOT
            (SIZEOF(QUERY (pdr <* USEDIN(pd, 'INTEGRATED_CNC_SCHEMA.' +
            'PROPERTY_DEFINITION_REPRESENTATION.DEFINITION')| (
            'INTEGRATED_CNC_SCHEMA.' +
            'SHAPE_REPRESENTATION_WITH_PARAMETERS' IN TYPEOF(pdr.
            used_representation)))) = 1))) = 0;
        WR3: SIZEOF(QUERY (pd <* USEDIN(SELF,
            'INTEGRATED_CNC_SCHEMA.PROPERTY_DEFINITION.DEFINITION')| NOT
            (SIZEOF(QUERY (dtm_rep <* QUERY (pdr <* USEDIN(pd,
            'INTEGRATED_CNC_SCHEMA.' +
            'PROPERTY_DEFINITION_REPRESENTATION.DEFINITION')| (
            'INTEGRATED_CNC_SCHEMA.' +
            'SHAPE_REPRESENTATION_WITH_PARAMETERS' IN TYPEOF(pdr.
            used_representation)))| NOT (SIZEOF(QUERY (it <* dtm_rep.
            used_representation.items| ('INTEGRATED_CNC_SCHEMA.PLACEMENT'
            IN TYPEOF(it)) AND (it.name = 'orientation'))) = 1))) = 0)))
            = 0;
        WR4: NOT (SELF.description = 'point') OR (SIZEOF(QUERY (pd <* USEDIN(
            SELF, 'INTEGRATED_CNC_SCHEMA.PROPERTY_DEFINITION.DEFINITION')
            | NOT (SIZEOF(QUERY (dtm_rep <* QUERY (pdr <* USEDIN(pd,
            'INTEGRATED_CNC_SCHEMA.' +
            'PROPERTY_DEFINITION_REPRESENTATION.DEFINITION')| (
            'INTEGRATED_CNC_SCHEMA.' +
            'SHAPE_REPRESENTATION_WITH_PARAMETERS' IN TYPEOF(pdr.
            used_representation)))| NOT (SIZEOF(dtm_rep.
            used_representation.items) = 1))) = 0))) = 0);
        WR5: NOT (SELF.description IN ['line', 'circle']) OR (SIZEOF(QUERY (pd <*
            USEDIN(SELF,
            'INTEGRATED_CNC_SCHEMA.PROPERTY_DEFINITION.DEFINITION')| NOT
            (SIZEOF(QUERY (dtm_rep <* QUERY (pdr <* USEDIN(pd,
            'INTEGRATED_CNC_SCHEMA.' +
            'PROPERTY_DEFINITION_REPRESENTATION.DEFINITION')| (
```

```
    'INTEGRATED_CNC_SCHEMA.' +
    'SHAPE_REPRESENTATION_WITH_PARAMETERS' IN TYPEOF(pdr.
    used_representation)))| NOT (SIZEOF(dtm_rep.
    used_representation.items) = 2))) = 0))) = 0);
WR6: NOT (SELF.description = 'rectangle') OR (SIZEOF(QUERY (pd <*
    USEDIN(SELF,
    'INTEGRATED_CNC_SCHEMA.PROPERTY_DEFINITION.DEFINITION')| NOT
    (SIZEOF(QUERY (dtm_rep <* QUERY (pdr <* USEDIN(pd,
    'INTEGRATED_CNC_SCHEMA.' +
    'PROPERTY_DEFINITION_REPRESENTATION.DEFINITION')| (
    'INTEGRATED_CNC_SCHEMA.' +
    'SHAPE_REPRESENTATION_WITH_PARAMETERS' IN TYPEOF(pdr.
    used_representation)))| NOT (SIZEOF(dtm_rep.
    used_representation.items) = 3))) = 0))) = 0);
WR7: NOT (SELF.description = 'circle') OR (SIZEOF(QUERY (pd <* USEDIN(
    SELF, 'INTEGRATED_CNC_SCHEMA.PROPERTY_DEFINITION.DEFINITION')
    | NOT (SIZEOF(QUERY (dtm_rep <* QUERY (pdr <* USEDIN(pd,
    'INTEGRATED_CNC_SCHEMA.' +
    'PROPERTY_DEFINITION_REPRESENTATION.DEFINITION')| (
    'INTEGRATED_CNC_SCHEMA.' +
    'SHAPE_REPRESENTATION_WITH_PARAMETERS' IN TYPEOF(pdr.
    used_representation)))| NOT (SIZEOF(QUERY (it <* dtm_rep.
    used_representation.items| (SIZEOF([
    'INTEGRATED_CNC_SCHEMA.MEASURE_REPRESENTATION_ITEM',
    'INTEGRATED_CNC_SCHEMA.LENGTH_MEASURE_WITH_UNIT' ] * TYPEOF(
    it)) = 2) AND (it.name = 'target diameter'))) = 1))) = 0))) =0);
WR8: NOT (SELF.description = 'line') OR (SIZEOF(QUERY (pd <* USEDIN(
    SELF, 'INTEGRATED_CNC_SCHEMA.PROPERTY_DEFINITION.DEFINITION')
    | NOT (SIZEOF(QUERY (dtm_rep <* QUERY (pdr <* USEDIN(pd,
    'INTEGRATED_CNC_SCHEMA.' +
    'PROPERTY_DEFINITION_REPRESENTATION.DEFINITION')| (
    'INTEGRATED_CNC_SCHEMA.' +
    'SHAPE_REPRESENTATION_WITH_PARAMETERS' IN TYPEOF(pdr.
    used_representation)))| NOT (SIZEOF(QUERY (it <* dtm_rep.
    used_representation.items| (SIZEOF([
    'INTEGRATED_CNC_SCHEMA.MEASURE_REPRESENTATION_ITEM',
    'INTEGRATED_CNC_SCHEMA.LENGTH_MEASURE_WITH_UNIT' ] * TYPEOF(
    it)) = 2) AND (it.name = 'target length'))) = 1))) = 0))) = 0);
WR9: NOT (SELF.description = 'rectangle') OR (SIZEOF(QUERY (pd <*
    USEDIN(SELF,
    'INTEGRATED_CNC_SCHEMA.PROPERTY_DEFINITION.DEFINITION')| NOT
    (SIZEOF(QUERY (dtm_rep <* QUERY (pdr <* USEDIN(pd,
    'INTEGRATED_CNC_SCHEMA.' +
    'PROPERTY_DEFINITION_REPRESENTATION.DEFINITION')| (
    'INTEGRATED_CNC_SCHEMA.' +
    'SHAPE_REPRESENTATION_WITH_PARAMETERS' IN TYPEOF(pdr.
    used_representation)))| NOT (SIZEOF(QUERY (it <* dtm_rep.
    used_representation.items| (SIZEOF([
```

```
            'INTEGRATED_CNC_SCHEMA.MEASURE_REPRESENTATION_ITEM',
            'INTEGRATED_CNC_SCHEMA.LENGTH_MEASURE_WITH_UNIT' ] * TYPEOF(
            it)) = 2) AND (it.name = 'target length'))) = 1))) = 0))) = 0
            );
        WR10: NOT (SELF.description = 'rectangle') OR (SIZEOF(QUERY (pd <*
            USEDIN(SELF,
            'INTEGRATED_CNC_SCHEMA.PROPERTY_DEFINITION.DEFINITION')| NOT
            (SIZEOF(QUERY (dtm_rep <* QUERY (pdr <* USEDIN(pd,
            'INTEGRATED_CNC_SCHEMA.' +
            'PROPERTY_DEFINITION_REPRESENTATION.DEFINITION')| (
            'INTEGRATED_CNC_SCHEMA.' +
            'SHAPE_REPRESENTATION_WITH_PARAMETERS' IN TYPEOF(pdr.
            used_representation)))| NOT (SIZEOF(QUERY (it <* dtm_rep.
            used_representation.items| (SIZEOF([
            'INTEGRATED_CNC_SCHEMA.MEASURE_REPRESENTATION_ITEM',
            'INTEGRATED_CNC_SCHEMA.LENGTH_MEASURE_WITH_UNIT' ] * TYPEOF(
            it)) = 2) AND (it.name = 'target width'))) = 1))) = 0))) = 0);
END_ENTITY; -- 10303-238: integrated_cnc_schema
ENTITY placement
    SUPERTYPE OF (ONEOF(axis1_placement, axis2_placement_2d,
        axis2_placement_3d))
    SUBTYPE OF (geometric_representation_item);
    location : cartesian_point;
END_ENTITY; -- 10303-42: geometry_schema
ENTITY planar_shape_representation
    SUBTYPE OF (shape_representation);
    WHERE
        WR1: SIZEOF(SELF.items) = 1;
        WR2: SIZEOF(QUERY (it <* SELF.items| ('INTEGRATED_CNC_SCHEMA.PLANE' IN
            TYPEOF(it)))) = 1;
END_ENTITY; -- 10303-522: aic_machining_feature
ENTITY plane
    SUBTYPE OF (elementary_surface);
END_ENTITY; -- 10303-42: geometry_schema
ENTITY plane_angle_measure_with_unit
    SUBTYPE OF (measure_with_unit);
    WHERE
        WR1: 'INTEGRATED_CNC_SCHEMA.PLANE_ANGLE_UNIT' IN TYPEOF(SELF\
            measure_with_unit.unit_component);
END_ENTITY; -- 10303-41: measure_schema
ENTITY plane_angle_unit
    SUBTYPE OF (named_unit);
    WHERE
        WR1: (((((SELF\named_unit.dimensions.length_exponent = 0.0) AND (SELF\
            named_unit.dimensions.mass_exponent = 0.0)) AND (SELF\
            named_unit.dimensions.time_exponent = 0.0)) AND (SELF\
            named_unit.dimensions.electric_current_exponent = 0.0)) AND (
            SELF\named_unit.dimensions.thermodynamic_temperature_exponent
```

```
            = 0.0)) AND (SELF\named_unit.dimensions.
            amount_of_substance_exponent = 0.0)) AND (SELF\named_unit.
            dimensions.luminous_intensity_exponent = 0.0);
END_ENTITY; - -10303-41: measure_schema
ENTITY plane_milling_operation
    SUBTYPE OF (milling_type_operation);
    WHERE
        WR1: (SELF.description IN ['roughing','finishing']);
        WR2: (verify_optional_action_property (SELF, 'axial cutting depth'))
            AND
            (verify_length_measure_action_property (SELF, 'axial cutting depth'));
        WR3: (verify_optional_action_property (SELF, 'allowance bottom')) AND
            (verify_length_measure_action_property (SELF, 'allowance bottom'));
        WR4: NOT (SELF.description = 'roughing') OR
            (verify_required_action_property (SELF, 'allowance bottom'));
END_ENTITY; - -10303-238: integrated_cnc_schema
ENTITY plus_minus_tolerance;
    range : tolerance_method_definition;
    toleranced_dimension : dimensional_characteristic;
    UNIQUE
        UR1: toleranced_dimension;
END_ENTITY; - -10303-47: shape_tolerance_schema
ENTITY pocket
    SUBTYPE OF (feature_definition);
    WHERE
        WR1: SELF\characterized_object.description IN [ 'closed rectangular',
            'open rectangular', 'complex', 'circular cutout',
            'complex cutout', 'recess' ];
        WR2: SIZEOF(QUERY (pds <* QUERY (pd <* USEDIN(SELF,
            'INTEGRATED_CNC_SCHEMA.PROPERTY_DEFINITION.DEFINITION')| (
            'INTEGRATED_CNC_SCHEMA.PRODUCT_DEFINITION_SHAPE' IN TYPEOF(pd
            )))| NOT (SIZEOF(QUERY (sa_occ <* USEDIN(pds,
            'INTEGRATED_CNC_SCHEMA.SHAPE_ASPECT.OF_SHAPE')| (sa_occ.
            description = 'pocket depth occurrence') AND (SIZEOF(QUERY (
            sdr <* QUERY (sar <* USEDIN(sa_occ,
            'INTEGRATED_CNC_SCHEMA.SHAPE_ASPECT_RELATIONSHIP.' +
            'RELATED_SHAPE_ASPECT')| ((sar.description =
            'path feature component usage') AND (sar.name =
            'pocket depth')) AND (
            'INTEGRATED_CNC_SCHEMA.SHAPE_DEFINING_RELATIONSHIP' IN TYPEOF
            (sar)))| ('INTEGRATED_CNC_SCHEMA.PATH_FEATURE_COMPONENT' IN
            TYPEOF(sdr.relating_shape_aspect)) AND (sdr.
            relating_shape_aspect.description = 'linear'))) = 1))) = 1)))
            = 0;
        WR3: SIZEOF(QUERY (pdr <* get_property_definition_representations(SELF)
            | (
    'INTEGRATED_CNC_SCHEMA.SHAPE_REPRESENTATION_WITH_PARAMETERS'
            IN TYPEOF(pdr.used_representation)))) = 1;
```

```
WR4: SIZEOF(QUERY (pd <* USEDIN(SELF,
    'INTEGRATED_CNC_SCHEMA.PROPERTY_DEFINITION.DEFINITION')| (
    SIZEOF(QUERY (pdr <* USEDIN(pd, 'INTEGRATED_CNC_SCHEMA.' +
    'PROPERTY_DEFINITION_REPRESENTATION.DEFINITION')| (
    'INTEGRATED_CNC_SCHEMA.' +
    'SHAPE_REPRESENTATION_WITH_PARAMETERS' IN TYPEOF(pdr.
    used_representation)) AND ((1 <= SIZEOF(pdr.
    used_representation.items)) AND (SIZEOF(pdr.
    used_representation.items) <= 2)))) = 1))) = 1;
WR5: SIZEOF(QUERY (pd <* USEDIN(SELF,
    'INTEGRATED_CNC_SCHEMA.PROPERTY_DEFINITION.DEFINITION')| (
    SIZEOF(QUERY (pdr <* USEDIN(pd, 'INTEGRATED_CNC_SCHEMA.' +
    'PROPERTY_DEFINITION_REPRESENTATION.DEFINITION')| (
    'INTEGRATED_CNC_SCHEMA.' +
    'SHAPE_REPRESENTATION_WITH_PARAMETERS' IN TYPEOF(pdr.
    used_representation)) AND (SIZEOF(QUERY (srwp_i <* pdr.
    used_representation.items| (srwp_i.name = 'orientation') OR (
    srwp_i.name = 'fillet radius'))) = SIZEOF(pdr.
    used_representation.items)))) = 1))) = 1;
WR6: SIZEOF(QUERY (pd <* USEDIN(SELF,
    'INTEGRATED_CNC_SCHEMA.PROPERTY_DEFINITION.DEFINITION')| NOT
    (SIZEOF(QUERY (impl_rep <* QUERY (pdr <* USEDIN(pd,
    'INTEGRATED_CNC_SCHEMA.' +
    'PROPERTY_DEFINITION_REPRESENTATION.DEFINITION')| (
    'INTEGRATED_CNC_SCHEMA.' +
    'SHAPE_REPRESENTATION_WITH_PARAMETERS' IN TYPEOF(pdr.
    used_representation)))| NOT (SIZEOF(QUERY (it <* impl_rep.
    used_representation.items| (SIZEOF([
    'INTEGRATED_CNC_SCHEMA.MEASURE_REPRESENTATION_ITEM',
    'INTEGRATED_CNC_SCHEMA.LENGTH_MEASURE_WITH_UNIT' ] * TYPEOF(
    it)) = 2) AND (it.name = 'fillet radius'))) <= 1))) = 0))) =
    0;
WR7: NOT (SELF\characterized_object.description IN [ 'complex',
    'non-circular cutout', 'recess' ]) OR (SIZEOF(QUERY (pds <*
    QUERY (pd <* USEDIN(SELF,
    'INTEGRATED_CNC_SCHEMA.PROPERTY_DEFINITION.DEFINITION')| (
    'INTEGRATED_CNC_SCHEMA.PRODUCT_DEFINITION_SHAPE' IN TYPEOF(pd
    )))| NOT (SIZEOF(QUERY (sa_occ <* USEDIN(pds,
    'INTEGRATED_CNC_SCHEMA.SHAPE_ASPECT.OF_SHAPE')| (sa_occ.
    description = 'boundary occurrence') AND (SIZEOF(QUERY (sdr
    <* QUERY (sar <* USEDIN(sa_occ,
    'INTEGRATED_CNC_SCHEMA.SHAPE_ASPECT_RELATIONSHIP.' +
    'RELATED_SHAPE_ASPECT')| (sar.description = 'profile usage')
    AND ('INTEGRATED_CNC_SCHEMA.SHAPE_DEFINING_RELATIONSHIP' IN
    TYPEOF(sar)))| (SIZEOF([
    'INTEGRATED_CNC_SCHEMA.CIRCULAR_CLOSED_PROFILE',
    'INTEGRATED_CNC_SCHEMA.NGON_CLOSED_PROFILE',
    'INTEGRATED_CNC_SCHEMA.RECTANGULAR_CLOSED_PROFILE',
```

```
    'INTEGRATED_CNC_SCHEMA.CLOSED_PATH_PROFILE',
    'INTEGRATED_CNC_SCHEMA.SQUARE_U_PROFILE',
    'INTEGRATED_CNC_SCHEMA.PARTIAL_CIRCULAR_PROFILE',
    'INTEGRATED_CNC_SCHEMA.ROUNDED_U_PROFILE',
    'INTEGRATED_CNC_SCHEMA.VEE_PROFILE',
    'INTEGRATED_CNC_SCHEMA.TEE_PROFILE',
    'INTEGRATED_CNC_SCHEMA.OPEN_PATH_PROFILE' ] * TYPEOF(sdr.
    relating_shape_aspect)) = 1))) = 1))) = 1))) = 0);
WR8: NOT (SELF\characterized_object.description = 'closed rectangular')
    OR (SIZEOF(QUERY (pds <* QUERY (pd <* USEDIN(SELF,
    'INTEGRATED_CNC_SCHEMA.PROPERTY_DEFINITION.DEFINITION')| (
    'INTEGRATED_CNC_SCHEMA.PRODUCT_DEFINITION_SHAPE' IN TYPEOF(pd
    )))| NOT (SIZEOF(QUERY (sa_occ <* USEDIN(pds,
    'INTEGRATED_CNC_SCHEMA.SHAPE_ASPECT.OF_SHAPE')| (sa_occ.
    description = 'closed boundary occurrence') AND (SIZEOF(QUERY
    (sdr <* QUERY (sar <* USEDIN(sa_occ,
    'INTEGRATED_CNC_SCHEMA.SHAPE_ASPECT_RELATIONSHIP.' +
    'RELATED_SHAPE_ASPECT')| (sar.description = 'profile usage')
    AND ('INTEGRATED_CNC_SCHEMA.SHAPE_DEFINING_RELATIONSHIP' IN
    TYPEOF(sar)))| (
    'INTEGRATED_CNC_SCHEMA.RECTANGULAR_CLOSED_PROFILE' IN TYPEOF(
    sdr.relating_shape_aspect)))) = 1))) = 1))) = 0);
WR9: NOT (SELF\characterized_object.description = 'open rectangular')
    OR (SIZEOF(QUERY (pds <* QUERY (pd <* USEDIN(SELF,
    'INTEGRATED_CNC_SCHEMA.PROPERTY_DEFINITION.DEFINITION')| (
    'INTEGRATED_CNC_SCHEMA.PRODUCT_DEFINITION_SHAPE' IN TYPEOF(pd
    )))| NOT (SIZEOF(QUERY (sa_occ <* USEDIN(pds,
    'INTEGRATED_CNC_SCHEMA.SHAPE_ASPECT.OF_SHAPE')| (sa_occ.
    description = 'open boundary occurrence') AND (SIZEOF(QUERY (
    sdr <* QUERY (sar <* USEDIN(sa_occ,
    'INTEGRATED_CNC_SCHEMA.SHAPE_ASPECT_RELATIONSHIP.' +
    'RELATED_SHAPE_ASPECT')| (sar.description = 'profile usage')
    AND ('INTEGRATED_CNC_SCHEMA.SHAPE_DEFINING_RELATIONSHIP' IN
    TYPEOF(sar)))| ('INTEGRATED_CNC_SCHEMA.SQUARE_U_PROFILE' IN
    TYPEOF(sdr.relating_shape_aspect)))) = 1))) = 1))) = 0);
WR10: SIZEOF(QUERY (pds <* QUERY (pd <* USEDIN(SELF,
    'INTEGRATED_CNC_SCHEMA.PROPERTY_DEFINITION.DEFINITION')| (
    'INTEGRATED_CNC_SCHEMA.PRODUCT_DEFINITION_SHAPE' IN TYPEOF(pd
    )))| NOT (SIZEOF(QUERY (sa_occ <* USEDIN(pds,
    'INTEGRATED_CNC_SCHEMA.SHAPE_ASPECT.OF_SHAPE')| (sa_occ.
    description = 'bottom condition occurrence') AND (SIZEOF(
    QUERY (sdr <* QUERY (sar <* USEDIN(sa_occ,
    'INTEGRATED_CNC_SCHEMA.SHAPE_ASPECT_RELATIONSHIP.' +
    'RELATED_SHAPE_ASPECT')| (sar.description =
    'pocket bottom usage') AND (
    'INTEGRATED_CNC_SCHEMA.FEATURE_COMPONENT_RELATIONSHIP' IN
    TYPEOF(sar)))| ('INTEGRATED_CNC_SCHEMA.POCKET_BOTTOM' IN
    TYPEOF(sdr.relating_shape_aspect)) AND (
```

```
        'INTEGRATED_CNC_SCHEMA.POCKET' IN TYPEOF(sdr.
        related_shape_aspect.of_shape.definition)))) = 1))) = 1))) =
        0;
    WR11: NOT (SELF\characterized_object.description IN [ 'complex',
        'non-circular cutout', 'recess' ]) OR (SIZEOF(QUERY (pds <*
        QUERY (pd <* USEDIN(SELF,
        'INTEGRATED_CNC_SCHEMA.PROPERTY_DEFINITION.DEFINITION')| (
        'INTEGRATED_CNC_SCHEMA.PRODUCT_DEFINITION_SHAPE' IN TYPEOF(pd
        )))| NOT (SIZEOF(QUERY (sa_occ <* USEDIN(pds,
        'INTEGRATED_CNC_SCHEMA.SHAPE_ASPECT.OF_SHAPE')| (sa_occ.
        description = 'change in boundary occurrence') AND (SIZEOF(
        QUERY (fcr <* QUERY (sar <* USEDIN(sa_occ,
        'INTEGRATED_CNC_SCHEMA.SHAPE_ASPECT_RELATIONSHIP.' +
        'RELATING_SHAPE_ASPECT')| (sar.description = 'taper usage')
        AND ('INTEGRATED_CNC_SCHEMA.FEATURE_COMPONENT_RELATIONSHIP'
        IN TYPEOF(sar)))| (('INTEGRATED_CNC_SCHEMA.TAPER' IN TYPEOF(
        fcr.relating_shape_aspect)) AND (
        'INTEGRATED_CNC_SCHEMA.POCKET' IN TYPEOF(fcr.
        related_shape_aspect.of_shape.definition))) AND (fcr.
        related_shape_aspect.description IN [ 'angle taper',
        'directed taper' ]))) = 1))) <= 1))) = 0);
    WR12: NOT (SELF\characterized_object.description = 'circular cutout')
        OR (SIZEOF(QUERY (pds <* QUERY (pd <* USEDIN(SELF,
        'INTEGRATED_CNC_SCHEMA.PROPERTY_DEFINITION.DEFINITION')| (
        'INTEGRATED_CNC_SCHEMA.PRODUCT_DEFINITION_SHAPE' IN TYPEOF(pd
        )))| NOT (SIZEOF(QUERY (sa_occ <* USEDIN(pds,
        'INTEGRATED_CNC_SCHEMA.SHAPE_ASPECT.OF_SHAPE')| (sa_occ.
        description = 'enclosed boundary occurrence') AND (SIZEOF(
        QUERY (sdr <* QUERY (sar <* USEDIN(sa_occ,
        'INTEGRATED_CNC_SCHEMA.SHAPE_ASPECT_RELATIONSHIP.' +
        'RELATED_SHAPE_ASPECT')| (sar.description = 'profile usage')
        AND ('INTEGRATED_CNC_SCHEMA.SHAPE_DEFINING_RELATIONSHIP' IN
        TYPEOF(sar)))| (
        'INTEGRATED_CNC_SCHEMA.CIRCULAR_CLOSED_PROFILE' IN TYPEOF(sdr
        .relating_shape_aspect)))) = 1))) = 1))) = 0);
    WR13: NOT (SELF\characterized_object.description IN [ 'circular cutout'
        , 'complex cutout' ]) OR (SIZEOF(QUERY (pds <* QUERY (pd <*

USEDIN(SELF,'INTEGRATED_CNC_SCHEMA.PROPERTY_DEFINITION.DEFINITION')| (
        'INTEGRATED_CNC_SCHEMA.PRODUCT_DEFINITION_SHAPE' IN TYPEOF(pd
        )))| NOT (SIZEOF(QUERY (sa_occ <* USEDIN(pds,
        'INTEGRATED_CNC_SCHEMA.SHAPE_ASPECT.OF_SHAPE')| (sa_occ.
        description = 'bottom condition occurrence') AND (SIZEOF(
        QUERY (sdr <* QUERY (sar <* USEDIN(sa_occ,
        'INTEGRATED_CNC_SCHEMA.SHAPE_ASPECT_RELATIONSHIP.' +
        'RELATED_SHAPE_ASPECT')| (sar.description =
        'pocket bottom usage') AND (
        'INTEGRATED_CNC_SCHEMA.FEATURE_COMPONENT_RELATIONSHIP' IN
```

```
        TYPEOF(sar)))| ((´INTEGRATED_CNC_SCHEMA.POCKET_BOTTOM´ IN
        TYPEOF(sdr.relating_shape_aspect)) AND (
        ´INTEGRATED_CNC_SCHEMA.POCKET´ IN TYPEOF(sdr.
        related_shape_aspect.of_shape.definition))) AND (sdr.
        relating_shape_aspect.description = ´through´))) = 1))) = 1))
        ) = 0);
    WR14: NOT (SELF\characterized_object.description = ´recess´) OR (SIZEOF
        (QUERY (pds <* QUERY (pd <* USEDIN(SELF,
        ´INTEGRATED_CNC_SCHEMA.PROPERTY_DEFINITION.DEFINITION´)| (
        ´INTEGRATED_CNC_SCHEMA.PRODUCT_DEFINITION_SHAPE´ IN TYPEOF(pd
        )))| NOT (SIZEOF(QUERY (sa_occ <* USEDIN(pds,
        ´INTEGRATED_CNC_SCHEMA.SHAPE_ASPECT.OF_SHAPE´)| (sa_occ.
        description = ´bottom condition occurrence´) AND (SIZEOF(
        QUERY (sdr <* QUERY (sar <* USEDIN(sa_occ,
        ´INTEGRATED_CNC_SCHEMA.SHAPE_ASPECT_RELATIONSHIP.´ +
        ´RELATED_SHAPE_ASPECT´)| (sar.description =
        ´pocket bottom usage´) AND (
        ´INTEGRATED_CNC_SCHEMA.FEATURE_COMPONENT_RELATIONSHIP´ IN
        TYPEOF(sar)))| ((´INTEGRATED_CNC_SCHEMA.POCKET_BOTTOM´ IN
        TYPEOF(sdr.relating_shape_aspect)) AND (
        ´INTEGRATED_CNC_SCHEMA.POCKET´ IN TYPEOF(sdr.
        related_shape_aspect.of_shape.definition))) AND (sdr.
        relating_shape_aspect.description IN [´planar´, ´complex´])
        )) = 1))) = 1))) = 0);
    WR15: SIZEOF(QUERY (pdr <* get_property_definition_representations(SELF
        )| (´INTEGRATED_CNC_SCHEMA.PLANAR_SHAPE_REPRESENTATION´ IN
        TYPEOF(pdr.used_representation)) AND (pdr.used_representation
        .name = ´maximum feature limit´))) >= 0;
    WR16: NOT (SELF\characterized_object.description IN [
        ´closed rectangular´, ´open rectangular´, ´complex´, ´recess´
        ]) OR (SIZEOF(QUERY (pds <* USEDIN(SELF,
        ´INTEGRATED_CNC_SCHEMA.PROPERTY_DEFINITION.DEFINITION´)| (
        ´INTEGRATED_CNC_SCHEMA.PRODUCT_DEFINITION_SHAPE´ IN TYPEOF(
        pds)) AND (SIZEOF(QUERY (csa <* USEDIN(pds,
        ´INTEGRATED_CNC_SCHEMA.SHAPE_ASPECT.OF_SHAPE´)| ((
        ´INTEGRATED_CNC_SCHEMA.COMPOSITE_SHAPE_ASPECT´ IN TYPEOF(csa)
        ) AND (csa.name = ´uncut volume´)) AND (SIZEOF(QUERY (sar <*
        csa.component_relationships| (
        ´INTEGRATED_CNC_SCHEMA.FEATURE_COMPONENT_RELATIONSHIP´ IN
        TYPEOF(sar)) AND (SIZEOF([´INTEGRATED_CNC_SCHEMA.BOSS´,
        ´INTEGRATED_CNC_SCHEMA.PROTRUSION´] * TYPEOF(sar.
        related_shape_aspect)) = 1))) = 1))) <= 1))) = 1);
    WR17: NOT (SELF\characterized_object.description IN [
        ´closed rectangular´, ´open rectangular´]) OR (SIZEOF(QUERY
        (pds <* QUERY (pd <* USEDIN(SELF,
        ´INTEGRATED_CNC_SCHEMA.PROPERTY_DEFINITION.DEFINITION´)| (
        ´INTEGRATED_CNC_SCHEMA.PRODUCT_DEFINITION_SHAPE´ IN TYPEOF(pd
        )))| NOT (SIZEOF(QUERY (sa_occ <* USEDIN(pds,
```

```
        'INTEGRATED_CNC_SCHEMA.SHAPE_ASPECT.OF_SHAPE')| (sa_occ.
        description = 'change in boundary occurrence') AND (SIZEOF(
        QUERY (fcr <* QUERY (sar <* USEDIN(sa_occ,
        'INTEGRATED_CNC_SCHEMA.SHAPE_ASPECT_RELATIONSHIP.' +
        'RELATING_SHAPE_ASPECT')| (sar.description = 'taper usage')
        AND ('INTEGRATED_CNC_SCHEMA.FEATURE_COMPONENT_RELATIONSHIP'
        IN TYPEOF(sar)))| (('INTEGRATED_CNC_SCHEMA.TAPER' IN TYPEOF(
        fcr.relating_shape_aspect)) AND (
        'INTEGRATED_CNC_SCHEMA.POCKET' IN TYPEOF(fcr.
        related_shape_aspect.of_shape.definition))) AND (fcr.
        related_shape_aspect.description IN ['angle taper',
        'directed taper']))) >= 1))) <= 1))) = 0);
END_ENTITY; -- 10303-522: aic_machining_feature
ENTITY pocket_bottom
    SUBTYPE OF (shape_aspect);
    WHERE
        WR1: 'INTEGRATED_CNC_SCHEMA.FEATURE_COMPONENT_DEFINITION' IN
         TYPEOF(
        SELF.of_shape.definition);
        WR2: SELF.description IN ['planar', 'complex', 'through'];
        WR3: NOT (SELF.description = 'planar') OR (SIZEOF(QUERY (pd <* USEDIN(
        SELF, 'INTEGRATED_CNC_SCHEMA.PROPERTY_DEFINITION.DEFINITION')
        | NOT (SIZEOF(QUERY (pdr <* USEDIN(pd,
        'INTEGRATED_CNC_SCHEMA.' +
        'PROPERTY_DEFINITION_REPRESENTATION.DEFINITION')| (
        'INTEGRATED_CNC_SCHEMA.DIRECTION_SHAPE_REPRESENTATION' IN
        TYPEOF(pdr.used_representation)) AND (pdr.used_representation
        .name = 'floor normal'))) = 1))) = 0);
        WR4: NOT (SELF.description = 'planar') OR (SIZEOF(QUERY (pd <* USEDIN(
        SELF, 'INTEGRATED_CNC_SCHEMA.PROPERTY_DEFINITION.DEFINITION')
        | NOT (SIZEOF(QUERY (pdr <* USEDIN(pd,
        'INTEGRATED_CNC_SCHEMA.' +
        'PROPERTY_DEFINITION_REPRESENTATION.DEFINITION')| (
        'INTEGRATED_CNC_SCHEMA.LOCATION_SHAPE_REPRESENTATION' IN
        TYPEOF(pdr.used_representation)) AND (pdr.used_representation
        .name = 'floor location'))) = 1))) = 0);
        WR5: NOT (SELF.description = 'complex') OR (SIZEOF(QUERY (pd <* USEDIN(
        SELF, 'INTEGRATED_CNC_SCHEMA.PROPERTY_DEFINITION.DEFINITION')
        | NOT (SIZEOF(QUERY (pdr <* USEDIN(pd,
        'INTEGRATED_CNC_SCHEMA.' +
        'PROPERTY_DEFINITION_REPRESENTATION.DEFINITION')| (
        'INTEGRATED_CNC_SCHEMA.FACE_SHAPE_REPRESENTATION' IN TYPEOF(
        pdr.used_representation)) AND (pdr.used_representation.name =
        'floor face'))) = 1))) = 0);
        WR6: NOT (SELF.description IN ['planar', 'complex']) OR (SIZEOF(QUERY
        (pd <* USEDIN(SELF,
        'INTEGRATED_CNC_SCHEMA.PROPERTY_DEFINITION.DEFINITION')| NOT
        (SIZEOF(QUERY (pdr <* USEDIN(pd, 'INTEGRATED_CNC_SCHEMA.' +
```

```
    'PROPERTY_DEFINITION_REPRESENTATION.DEFINITION')| (
    'INTEGRATED_CNC_SCHEMA.' +
    'SHAPE_REPRESENTATION_WITH_PARAMETERS' IN TYPEOF(pdr.
    used_representation)))) = 1))) = 0);
WR7: NOT (SELF.description IN ['planar', 'complex']) OR (SIZEOF(QUERY
    (pd <* USEDIN(SELF,
    'INTEGRATED_CNC_SCHEMA.PROPERTY_DEFINITION.DEFINITION')| NOT
    (SIZEOF(QUERY (impl_rep <* QUERY (pdr <* USEDIN(pd,
    'INTEGRATED_CNC_SCHEMA.' +
    'PROPERTY_DEFINITION_REPRESENTATION.DEFINITION')| (
    'INTEGRATED_CNC_SCHEMA.' +
    'SHAPE_REPRESENTATION_WITH_PARAMETERS' IN TYPEOF(pdr.
    used_representation)))| NOT (SIZEOF(impl_rep.
    used_representation.items) <= 1))) = 0))) = 0);
WR8: NOT (SELF.description = 'through') OR (SIZEOF(QUERY (pd <* USEDIN(
    SELF, 'INTEGRATED_CNC_SCHEMA.PROPERTY_DEFINITION.DEFINITION')
    | NOT (SIZEOF(QUERY (pdr <* USEDIN(pd,
    'INTEGRATED_CNC_SCHEMA.' +
    'PROPERTY_DEFINITION_REPRESENTATION.DEFINITION')| (
    'INTEGRATED_CNC_SCHEMA.' +
    'SHAPE_REPRESENTATION_WITH_PARAMETERS' IN TYPEOF(pdr.
    used_representation)))) = 0))) = 0);
WR9: NOT (SELF.description IN ['planar', 'complex']) OR (SIZEOF(QUERY
    (pd <* USEDIN(SELF,
    'INTEGRATED_CNC_SCHEMA.PROPERTY_DEFINITION.DEFINITION')| NOT
    (SIZEOF(QUERY (impl_rep <* QUERY (pdr <* USEDIN(pd,
    'INTEGRATED_CNC_SCHEMA.' +
    'PROPERTY_DEFINITION_REPRESENTATION.DEFINITION')| (
    'INTEGRATED_CNC_SCHEMA.' +
    'SHAPE_REPRESENTATION_WITH_PARAMETERS' IN TYPEOF(pdr.
    used_representation)))| NOT (SIZEOF(QUERY (it <* impl_rep.
    used_representation.items| (SIZEOF([
    'INTEGRATED_CNC_SCHEMA.MEASURE_REPRESENTATION_ITEM',
    'INTEGRATED_CNC_SCHEMA.LENGTH_MEASURE_WITH_UNIT'] * TYPEOF(
    it)) = 2) AND (it.name = 'radius'))) <= 1))) = 0))) = 0);
WR10: SIZEOF(QUERY (fcr <* QUERY (sar <* USEDIN(SELF,
    'INTEGRATED_CNC_SCHEMA.SHAPE_ASPECT_RELATIONSHIP.' +
    'RELATING_SHAPE_ASPECT')| (sar.description =
    'pocket bottom usage') AND (
    'INTEGRATED_CNC_SCHEMA.FEATURE_COMPONENT_RELATIONSHIP' IN
    TYPEOF(sar)))| ((fcr.related_shape_aspect.description =
    'bottom condition occurrence') AND (
    'INTEGRATED_CNC_SCHEMA.POCKET' IN TYPEOF(fcr.
    related_shape_aspect.of_shape.definition))) AND (
    'INTEGRATED_CNC_SCHEMA.POCKET_BOTTOM' IN TYPEOF(fcr.
    relating_shape_aspect)))) >= 1;
WR11: NOT (SELF.description IN ['planar', 'complex']) OR (SIZEOF(
    QUERY (fcr <* QUERY (sar <* USEDIN(SELF,
```

```
            'INTEGRATED_CNC_SCHEMA.SHAPE_ASPECT_RELATIONSHIP.' +
            'RELATING_SHAPE_ASPECT')| (sar.description =
            'pocket bottom usage') AND (
            'INTEGRATED_CNC_SCHEMA.FEATURE_COMPONENT_RELATIONSHIP' IN
            TYPEOF(sar)))| (fcr.related_shape_aspect.description =
            'bottom condition occurrence') AND (fcr.related_shape_aspect.
            name IN [ 'pocket depth start', 'pocket depth end' ]))) = 0);
END_ENTITY; -- 10303-522: aic_machining_feature
ENTITY point
    SUPERTYPE OF (ONEOF(cartesian_point, point_on_curve, point_on_surface,
    point_replica, degenerate_pcurve))
    SUBTYPE OF (geometric_representation_item);
END_ENTITY; -- 10303-42: geometry_schema
ENTITY point_on_curve
    SUBTYPE OF (point);
    basis_curve : curve;
    point_parameter : parameter_value;
END_ENTITY; -- 10303-42: geometry_schema
ENTITY point_on_surface
    SUBTYPE OF (point);
    basis_surface : surface;
    point_parameter_u : parameter_value;
    point_parameter_v : parameter_value;
END_ENTITY; -- 10303-42: geometry_schema
ENTITY point_replica
    SUBTYPE OF (point);
    parent_pt : point;
    transformation : cartesian_transformation_operator;
    WHERE
    WR1: transformation.dim = parent_pt.dim;
    WR2: acyclic_point_replica(SELF, parent_pt);
END_ENTITY; -- 10303-42: geometry_schema
ENTITY poly_loop
    SUBTYPE OF (loop, geometric_representation_item);
    polygon : LIST [3:?] OF UNIQUE cartesian_point;
END_ENTITY; -- 10303-42: topology_schema
ENTITY polyline
    SUBTYPE OF (bounded_curve);
    points : LIST [2:?] OF cartesian_point;
END_ENTITY; -- 10303-42: geometry_schema
ENTITY position_tolerance
    SUBTYPE OF (geometric_tolerance);
    WHERE
        WR1: NOT ('INTEGRATED_CNC_SCHEMA.' +
            'GEOMETRIC_TOLERANCE_WITH_DATUM_REFERENCE' IN TYPEOF(SELF))
            OR (SIZEOF(SELF\geometric_tolerance_with_datum_reference.
            datum_system) <= 3);
END_ENTITY; -- 10303-519: aic_geometric_tolerances
```

```
ENTITY pre_defined_item;
    name : label;
END_ENTITY; - - 10303-41: external_reference_schema
ENTITY precision_qualifier;
    precision_value : INTEGER;
END_ENTITY; - - 10303-45: qualified_measure_schema
ENTITY process_product_association;
    name : label;
    description : text;
    defined_product : characterized_product_definition;
    process : product_definition_process;
END_ENTITY; - - 10303-49: process_property_schema
ENTITY process_property_association;
    name : label;
    description : text;
    process : property_process;
    property_or_shape : property_or_shape_select;
END_ENTITY; - - 10303-49: process_property_schema
ENTITY product;
    id : identifier;
    name : label;
    description : OPTIONAL text;
    frame_of_reference : SET [1:?] OF product_context;
END_ENTITY; - - 10303-41: product_definition_schema
ENTITY product_category;
    name : label;
    description : OPTIONAL text;
    DERIVE
        id : identifier := get_id_value(SELF);
    WHERE
        WR1: SIZEOF(USEDIN(SELF, 'INTEGRATED_CNC_SCHEMA.' +
            'ID_ATTRIBUTE.IDENTIFIED_ITEM')) <= 1;
END_ENTITY; - - 10303-41: product_definition_schema
ENTITY product_category_relationship;
    name : label;
    description : OPTIONAL text;
    category : product_category;
    sub_category : product_category;
    WHERE
        WR1: acyclic_product_category_relationship(SELF, [ SELF.sub_category ]);
END_ENTITY; - - 10303-41: product_definition_schema
ENTITY product_context
    SUBTYPE OF (application_context_element);
    discipline_type : label;
END_ENTITY; - - 10303-41: application_context_schema
ENTITY product_definition;
    id : identifier;
    description : OPTIONAL text;
```

```
    formation : product_definition_formation;
    frame_of_reference : product_definition_context;
    DERIVE
        name : label := get_name_value(SELF);
    WHERE
        WR1: SIZEOF(USEDIN(SELF, 'INTEGRATED_CNC_SCHEMA.' +
               'NAME_ATTRIBUTE.NAMED_ITEM')) <= 1;
END_ENTITY; -- 10303-41: product_definition_schema
ENTITY product_definition_context
    SUBTYPE OF (application_context_element);
    life_cycle_stage : label;
END_ENTITY; -- 10303-41: application_context_schema
ENTITY product_definition_formation;
    id : identifier;
    description : OPTIONAL text;
    of_product : product;
    UNIQUE
        UR1: id, of_product;
END_ENTITY; -- 10303-41: product_definition_schema
ENTITY product_definition_formation_with_specified_source
    SUBTYPE OF (product_definition_formation);
    make_or_buy : source;
END_ENTITY; -- 10303-41: product_definition_schema
ENTITY product_definition_process
    SUBTYPE OF (action);
    identification : identifier;
    INVERSE
        product_definitions : SET [1:?] OF process_product_association FOR process;
END_ENTITY; -- 10303-49: process_property_schema
ENTITY product_definition_relationship;
    id : identifier;
    name : label;
    description : OPTIONAL text;
    relating_product_definition : product_definition;
    related_product_definition : product_definition;
END_ENTITY; -- 10303-41: product_definition_schema
ENTITY product_definition_shape
    SUBTYPE OF (property_definition);
    UNIQUE
    UR1: SELF\property_definition.definition;
    WHERE
        WR1:
SIZEOF([ 'INTEGRATED_CNC_SCHEMA.CHARACTERIZED_PRODUCT_DEFINITION',
           'INTEGRATED_CNC_SCHEMA.CHARACTERIZED_OBJECT' ] * TYPEOF(SELF
           \property_definition.definition)) > 0;
END_ENTITY; -- 10303-41: product_property_definition_schema
ENTITY product_definition_usage
    SUPERTYPE OF (ONEOF(make_from_usage_option, assembly_component_usage))
```

```
        SUBTYPE OF (product_definition_relationship);
        UNIQUE
            UR1: SELF\product_definition_relationship.id,
                SELF\product_definition_relationship.relating_product_definition,
                SELF\product_definition_relationship.related_product_definition;
        WHERE
            WR1: acyclic_product_definition_relationship(SELF, [ SELF\
                product_definition_relationship.related_product_definition ],
                'INTEGRATED_CNC_SCHEMA.PRODUCT_DEFINITION_USAGE');
    END_ENTITY; -- 10303-44: product_structure_schema
    ENTITY product_definition_with_associated_documents
        SUBTYPE OF (product_definition);
        documentation_ids : SET [1:?] OF document;
    END_ENTITY; -- 10303-41: product_definition_schema
    ENTITY product_related_product_category
        SUBTYPE OF (product_category);
        products : SET [1:?] OF product;
    END_ENTITY; -- 10303-41: product_definition_schema
    ENTITY profile_floor
        SUBTYPE OF (shape_aspect);
        WHERE
            WR1: 'INTEGRATED_CNC_SCHEMA.FEATURE_COMPONENT_DEFINITION' IN
TYPEOF(
                SELF.of_shape.definition);
            WR2: SELF.description IN [ 'planar', 'complex', 'through' ];
            WR3: NOT (SELF.description IN [ 'planar', 'complex' ]) OR (SIZEOF(QUERY
                (pd <* USEDIN(SELF,
                'INTEGRATED_CNC_SCHEMA.PROPERTY_DEFINITION.DEFINITION')| NOT
                (SIZEOF(QUERY (pdr <* USEDIN(pd, 'INTEGRATED_CNC_SCHEMA.' +
                'PROPERTY_DEFINITION_REPRESENTATION.DEFINITION')| (
                'INTEGRATED_CNC_SCHEMA.' +
                'SHAPE_REPRESENTATION_WITH_PARAMETERS' IN TYPEOF(pdr.
                used_representation)))) = 1))) = 0);
            WR4: NOT (SELF.description IN [ 'planar', 'complex' ]) OR (SIZEOF(QUERY
                (pd <* USEDIN(SELF,
                'INTEGRATED_CNC_SCHEMA.PROPERTY_DEFINITION.DEFINITION')| NOT
                (SIZEOF(QUERY (impl_rep <* QUERY (pdr <* USEDIN(pd,
                'INTEGRATED_CNC_SCHEMA.' +
                'PROPERTY_DEFINITION_REPRESENTATION.DEFINITION')| (
                'INTEGRATED_CNC_SCHEMA.' +
                'SHAPE_REPRESENTATION_WITH_PARAMETERS' IN TYPEOF(pdr.
                used_representation)))| NOT (SIZEOF(impl_rep.
                used_representation.items) >= 1) AND (SIZEOF(impl_rep.
                used_representation.items) <= 2))) = 0))) = 0);
            WR5: NOT (SELF.description = 'through') OR (SIZEOF(QUERY (pd <* USEDIN(
                SELF, 'INTEGRATED_CNC_SCHEMA.PROPERTY_DEFINITION.DEFINITION')
                | NOT (SIZEOF(QUERY (pdr <* USEDIN(pd,
                'INTEGRATED_CNC_SCHEMA.' +
```

```
    'PROPERTY_DEFINITION_REPRESENTATION.DEFINITION')| (
    'INTEGRATED_CNC_SCHEMA.' +
    'SHAPE_REPRESENTATION_WITH_PARAMETERS' IN TYPEOF(pdr.
    used_representation)))) = 0))) = 0);
WR6: NOT (SELF.description IN ['planar', 'complex']) OR (SIZEOF(QUERY
    (pd <* USEDIN(SELF,
    'INTEGRATED_CNC_SCHEMA.PROPERTY_DEFINITION.DEFINITION')| NOT
    (SIZEOF(QUERY (impl_rep <* QUERY (pdr <* USEDIN(pd,
    'INTEGRATED_CNC_SCHEMA.' +
    'PROPERTY_DEFINITION_REPRESENTATION.DEFINITION')| (
    'INTEGRATED_CNC_SCHEMA.' +
    'SHAPE_REPRESENTATION_WITH_PARAMETERS' IN TYPEOF(pdr.
    used_representation)))| NOT (SIZEOF(QUERY (it <* impl_rep.
    used_representation.items| (SIZEOF([
    'INTEGRATED_CNC_SCHEMA.MEASURE_REPRESENTATION_ITEM',
    'INTEGRATED_CNC_SCHEMA.LENGTH_MEASURE_WITH_UNIT'] * TYPEOF(
    it)) = 2) AND (it.name = 'radius'))) = 1))) = 0))) = 0);
WR7: SIZEOF(QUERY (fcr <* QUERY (sar <* USEDIN(SELF,
    'INTEGRATED_CNC_SCHEMA.SHAPE_ASPECT_RELATIONSHIP.' +
    'RELATING_SHAPE_ASPECT')| (sar.description =
    'profile floor usage') AND (
    'INTEGRATED_CNC_SCHEMA.FEATURE_COMPONENT_RELATIONSHIP' IN
    TYPEOF(sar)))| ('INTEGRATED_CNC_SCHEMA.OUTSIDE_PROFILE' IN
    TYPEOF(fcr.related_shape_aspect.of_shape.definition)) AND (
    'INTEGRATED_CNC_SCHEMA.PROFILE_FLOOR' IN TYPEOF(fcr.
    relating_shape_aspect)))) >= 1;
WR8: NOT (SELF.description IN ['planar', 'complex']) OR (SIZEOF(QUERY
    (pd <* USEDIN(SELF,
    'INTEGRATED_CNC_SCHEMA.PROPERTY_DEFINITION.DEFINITION')| NOT
    (SIZEOF(QUERY (impl_rep <* QUERY (pdr <* USEDIN(pd,
    'INTEGRATED_CNC_SCHEMA.' +
    'PROPERTY_DEFINITION_REPRESENTATION.DEFINITION')| (
    'INTEGRATED_CNC_SCHEMA.' +
    'SHAPE_REPRESENTATION_WITH_PARAMETERS' IN TYPEOF(pdr.
    used_representation)))| NOT (SIZEOF(QUERY (it <* impl_rep.
    used_representation.items| ((
    'INTEGRATED_CNC_SCHEMA.DESCRIPTIVE_REPRESENTATION_ITEM' IN
    TYPEOF(it)) AND (it.name = 'shape profile floor orientation')
    ) AND (it.description IN ['shape profile start',
    'shape profile end']))) = 1))) = 0))) = 0);
WR9: NOT (SELF.description = 'complex') OR (SIZEOF(QUERY (pd <* USEDIN(
    SELF, 'INTEGRATED_CNC_SCHEMA.PROPERTY_DEFINITION.DEFINITION')
    | NOT (SIZEOF(QUERY (pdr <* USEDIN(pd,
    'INTEGRATED_CNC_SCHEMA.' +
    'PROPERTY_DEFINITION_REPRESENTATION.DEFINITION')| (
    'INTEGRATED_CNC_SCHEMA.FACE_SHAPE_REPRESENTATION' IN TYPEOF(
    pdr.used_representation)) AND (pdr.used_representation.name =
    'floor'))) = 1))) = 1);
```

```
        WR10: NOT (SELF.description = 'planar') OR (SIZEOF(QUERY (pd <* USEDIN(
            SELF, 'INTEGRATED_CNC_SCHEMA.PROPERTY_DEFINITION.DEFINITION')
            | NOT (SIZEOF(QUERY (pdr <* USEDIN(pd,
            'INTEGRATED_CNC_SCHEMA.' +
            'PROPERTY_DEFINITION_REPRESENTATION.DEFINITION') | (
            'INTEGRATED_CNC_SCHEMA.PLANAR_SHAPE_REPRESENTATION' IN TYPEOF
            (pdr.used_representation)) AND (pdr.used_representation.name
            = 'floor'))) = 1))) = 1);
END_ENTITY; -- 10303-522: aic_machining_feature
ENTITY projected_zone_definition
    SUBTYPE OF (tolerance_zone_definition);
    projection_end : shape_aspect;
    projected_length : measure_with_unit;
    WHERE
        WR1: ('NUMBER' IN TYPEOF(projected_length\measure_with_unit.
            value_component)) AND (projected_length\measure_with_unit.
            value_component > 0.0);
        WR2: derive_dimensional_exponents(projected_length\measure_with_unit.
            unit_component) = dimensional_exponents(1, 0, 0, 0, 0, 0, 0);
END_ENTITY; -- 10303-47: shape_tolerance_schema
ENTITY property_definition;
    name : label;
    description : OPTIONAL text;
    definition : characterized_definition;
    DERIVE
    id : identifier := get_id_value(SELF);
    WHERE
        WR1: SIZEOF(USEDIN(SELF, 'INTEGRATED_CNC_SCHEMA.' +
        'ID_ATTRIBUTE.IDENTIFIED_ITEM')) <= 1;
END_ENTITY; -- 10303-41: product_property_definition_schema
ENTITY property_definition_representation;
    definition : represented_definition;
    used_representation : representation;
    DERIVE
    description : text := get_description_value(SELF);
    name : label := get_name_value(SELF);
    WHERE
        WR1: SIZEOF(USEDIN(SELF, 'INTEGRATED_CNC_SCHEMA.' +
            'DESCRIPTION_ATTRIBUTE.DESCRIBED_ITEM')) <= 1;
        WR2: SIZEOF(USEDIN(SELF, 'INTEGRATED_CNC_SCHEMA.' +
            'NAME_ATTRIBUTE.NAMED_ITEM')) <= 1;
END_ENTITY; -- 10303-41: product_property_representation_schema
ENTITY property_process
    SUBTYPE OF (action);
    identification : identifier;
    INVERSE
    properties : SET [1:?] OF process_property_association FOR process;
END_ENTITY; -- 10303-49: process_property_schema
```

```
ENTITY protrusion
    SUBTYPE OF (feature_definition);
    WHERE
        WR1: SIZEOF(QUERY (pd <* USEDIN(SELF,
         'INTEGRATED_CNC_SCHEMA.PROPERTY_DEFINITION.DEFINITION')| NOT
         (SIZEOF(QUERY (impl_rep <* QUERY (pdr <* USEDIN(pd,
         'INTEGRATED_CNC_SCHEMA.' +
         'PROPERTY_DEFINITION_REPRESENTATION.DEFINITION')| (
         'INTEGRATED_CNC_SCHEMA.' +
         'SHAPE_REPRESENTATION_WITH_PARAMETERS' IN TYPEOF(pdr.
         used_representation)))| NOT (SIZEOF(impl_rep.
         used_representation.items) = 1))) = 0))) = 0;
        WR2: SIZEOF(QUERY (pds <* QUERY (pd <* USEDIN(SELF,
         'INTEGRATED_CNC_SCHEMA.PROPERTY_DEFINITION.DEFINITION')| (
         'INTEGRATED_CNC_SCHEMA.PRODUCT_DEFINITION_SHAPE' IN TYPEOF(pd
         )))| NOT (SIZEOF(QUERY (sa_occ <* USEDIN(pds,
         'INTEGRATED_CNC_SCHEMA.SHAPE_ASPECT.OF_SHAPE')| (sa_occ.
         description = 'shape volume occurrence') AND (SIZEOF(QUERY (
         sdr <* QUERY (sar <* USEDIN(sa_occ,
         'INTEGRATED_CNC_SCHEMA.SHAPE_ASPECT_RELATIONSHIP.' +
         'RELATED_SHAPE_ASPECT')| (sar.description =
         'volume shape usage') AND (
         'INTEGRATED_CNC_SCHEMA.SHAPE_DEFINING_RELATIONSHIP' IN TYPEOF
         (sar)))| (sdr.relating_shape_aspect.description =
         'volume shape'))) = 1))) = 1))) = 0;
        WR3: SIZEOF(QUERY (pdr <* get_property_definition_representations(SELF)
         | ('INTEGRATED_CNC_SCHEMA.PLANAR_SHAPE_REPRESENTATION' IN
         TYPEOF(pdr.used_representation)) AND (pdr.used_representation
         .name = 'maximum feature limit'))) >= 0;
END_ENTITY; -- 10303-522: aic_machining_feature
ENTITY qualified_representation_item
    SUBTYPE OF (representation_item);
    qualifiers : SET [1:?] OF value_qualifier;
    WHERE
        WR1: SIZEOF(QUERY (temp <* qualifiers| (
         'INTEGRATED_CNC_SCHEMA.PRECISION_QUALIFIER' IN TYPEOF(temp)))
         ) < 2;
END_ENTITY; -- 10303-45: qualified_measure_schema
ENTITY qualitative_uncertainty
    SUBTYPE OF (uncertainty_qualifier);
    uncertainty_value : text;
END_ENTITY; -- 10303-45: qualified_measure_schema
ENTITY quasi_uniform_curve
    SUBTYPE OF (b_spline_curve);
END_ENTITY; -- 10303-42: geometry_schema
ENTITY quasi_uniform_surface
    SUBTYPE OF (b_spline_surface);
END_ENTITY; -- 10303-42: geometry_schema
```

```
ENTITY ratio_measure_with_unit
    SUBTYPE OF (measure_with_unit);
    WHERE
        WR1: 'INTEGRATED_CNC_SCHEMA.RATIO_UNIT' IN TYPEOF(SELF\
            measure_with_unit.unit_component);
END_ENTITY; --10303-41: measure_schema
ENTITY ratio_unit
    SUBTYPE OF (named_unit);
    WHERE
        WR1: ((((((SELF\named_unit.dimensions.length_exponent = 0.0) AND (SELF\
            named_unit.dimensions.mass_exponent = 0.0)) AND (SELF\
            named_unit.dimensions.time_exponent = 0.0)) AND (SELF\
            named_unit.dimensions.electric_current_exponent = 0.0)) AND (
            SELF\named_unit.dimensions.thermodynamic_temperature_exponent
             = 0.0)) AND (SELF\named_unit.dimensions.
            amount_of_substance_exponent = 0.0)) AND (SELF\named_unit.
            dimensions.luminous_intensity_exponent = 0.0);
END_ENTITY; --10303-41: measure_schema
ENTITY rational_b_spline_curve
    SUBTYPE OF (b_spline_curve);
    weights_data : LIST [2:?] OF REAL;
    DERIVE
    weights : ARRAY [0:upper_index_on_control_points] OF REAL :=
    list_to_array(weights_data, 0,
    upper_index_on_control_points);
    WHERE
        WR1: SIZEOF(weights_data) = SIZEOF(SELF\b_spline_curve.
            control_points_list);
        WR2: curve_weights_positive(SELF);
END_ENTITY; --10303-42: geometry_schema
ENTITY rational_b_spline_surface
    SUBTYPE OF (b_spline_surface);
    weights_data : LIST [2:?] OF LIST [2:?] OF REAL;
    DERIVE
    weights : ARRAY [0:u_upper] OF ARRAY [0:v_upper] OF REAL :=
    make_array_of_array(weights_data, 0, u_upper, 0, v_upper);
    WHERE
        WR1: (SIZEOF(weights_data) = SIZEOF(SELF\b_spline_surface.
            control_points_list)) AND (SIZEOF(weights_data[1]) = SIZEOF(
            SELF\b_spline_surface.control_points_list[1]));
        WR2: surface_weights_positive(SELF);
END_ENTITY; --10303-42: geometry_schema
ENTITY real_literal
    SUBTYPE OF (literal_number);
    SELF\literal_number.the_value : REAL;
END_ENTITY; --13584-20: iso13584_expressions_schema
ENTITY real_numeric_variable
    SUBTYPE OF (numeric_variable);
```

```
END_ENTITY; -- 13584-20: iso13584_expressions_schema
ENTITY rectangular_closed_profile
    SUBTYPE OF (shape_aspect);
    WHERE
        WR1: 'INTEGRATED_CNC_SCHEMA.FEATURE_COMPONENT_DEFINITION' IN
TYPEOF(
            SELF.of_shape.definition);
        WR2: SIZEOF(QUERY (pd <* USEDIN(SELF,
            'INTEGRATED_CNC_SCHEMA.PROPERTY_DEFINITION.DEFINITION')| NOT
            (SIZEOF(QUERY (pdr <* USEDIN(pd, 'INTEGRATED_CNC_SCHEMA.' +
            'PROPERTY_DEFINITION_REPRESENTATION.DEFINITION')| (
            'INTEGRATED_CNC_SCHEMA.' +
            'SHAPE_REPRESENTATION_WITH_PARAMETERS' IN TYPEOF(pdr.
            used_representation)))) = 1))) = 0;
        WR3: SIZEOF(QUERY (pd <* USEDIN(SELF,
            'INTEGRATED_CNC_SCHEMA.PROPERTY_DEFINITION.DEFINITION')| NOT
            (SIZEOF(QUERY (impl_rep <* QUERY (pdr <* USEDIN(pd,
            'INTEGRATED_CNC_SCHEMA.' +
            'PROPERTY_DEFINITION_REPRESENTATION.DEFINITION')| (
            'INTEGRATED_CNC_SCHEMA.' +
            'SHAPE_REPRESENTATION_WITH_PARAMETERS' IN TYPEOF(pdr.
            used_representation)))| NOT ((SIZEOF(impl_rep.
            used_representation.items) >= 3) AND (SIZEOF(impl_rep.
            used_representation.items) <= 4)))) = 0))) = 0;
        WR4: SIZEOF(QUERY (pd <* USEDIN(SELF, 'INTEGRATED_CNC_SCHEMA.' +
            'PROPERTY_DEFINITION.DEFINITION')| (SIZEOF(QUERY (pdr <*
            USEDIN(pd, 'INTEGRATED_CNC_SCHEMA.' +
            'PROPERTY_DEFINITION_REPRESENTATION.DEFINITION')| (

    'INTEGRATED_CNC_SCHEMA.SHAPE_REPRESENTATION_WITH_PARAMETERS'
            IN TYPEOF(pdr.used_representation)) AND (SIZEOF(QUERY (srwp_i
            <* pdr.used_representation.items| (((srwp_i.name =
            'orientation') OR (srwp_i.name = 'length')) OR (srwp_i.name =
            'width')) OR (srwp_i.name = 'corner radius'))) = SIZEOF(pdr.
            used_representation.items)))) = 1))) = 1;
        WR5: SIZEOF(QUERY (pd <* USEDIN(SELF,
            'INTEGRATED_CNC_SCHEMA.PROPERTY_DEFINITION.DEFINITION')| NOT
            (SIZEOF(QUERY (impl_rep <* QUERY (pdr <* USEDIN(pd,
            'INTEGRATED_CNC_SCHEMA.' +
            'PROPERTY_DEFINITION_REPRESENTATION.DEFINITION')| (
            'INTEGRATED_CNC_SCHEMA.' +
            'SHAPE_REPRESENTATION_WITH_PARAMETERS' IN TYPEOF(pdr.
            used_representation)))| NOT (SIZEOF(QUERY (it <* impl_rep.
            used_representation.items| ('INTEGRATED_CNC_SCHEMA.PLACEMENT'
            IN TYPEOF(it)) AND (it.name = 'orientation'))) = 1))) = 0)))
            = 0;
        WR6: SIZEOF(QUERY (pd <* USEDIN(SELF,
            'INTEGRATED_CNC_SCHEMA.PROPERTY_DEFINITION.DEFINITION')| NOT
```

```
        (SIZEOF(QUERY (impl_rep <* QUERY (pdr <* USEDIN(pd,
        'INTEGRATED_CNC_SCHEMA.' +
        'PROPERTY_DEFINITION_REPRESENTATION.DEFINITION')| (
        'INTEGRATED_CNC_SCHEMA.' +
        'SHAPE_REPRESENTATION_WITH_PARAMETERS' IN TYPEOF(pdr.
        used_representation)))| NOT (SIZEOF(QUERY (it <* impl_rep.
        used_representation.items| (SIZEOF([
        'INTEGRATED_CNC_SCHEMA.MEASURE_REPRESENTATION_ITEM',
        'INTEGRATED_CNC_SCHEMA.LENGTH_MEASURE_WITH_UNIT' ] * TYPEOF(
        it)) = 2) AND (it.name = 'width'))) = 1))) = 0))) = 0;
    WR7: SIZEOF(QUERY (pd <* USEDIN(SELF,
        'INTEGRATED_CNC_SCHEMA.PROPERTY_DEFINITION.DEFINITION')| NOT
        (SIZEOF(QUERY (impl_rep <* QUERY (pdr <* USEDIN(pd,
        'INTEGRATED_CNC_SCHEMA.' +
        'PROPERTY_DEFINITION_REPRESENTATION.DEFINITION')| (
        'INTEGRATED_CNC_SCHEMA.' +
        'SHAPE_REPRESENTATION_WITH_PARAMETERS' IN TYPEOF(pdr.
        used_representation)))| NOT (SIZEOF(QUERY (it <* impl_rep.
        used_representation.items| (SIZEOF([
        'INTEGRATED_CNC_SCHEMA.MEASURE_REPRESENTATION_ITEM',
        'INTEGRATED_CNC_SCHEMA.LENGTH_MEASURE_WITH_UNIT' ] * TYPEOF(
        it)) = 2) AND (it.name = 'length'))) = 1))) = 0))) = 0;
    WR8: SIZEOF(QUERY (pd <* USEDIN(SELF,
        'INTEGRATED_CNC_SCHEMA.PROPERTY_DEFINITION.DEFINITION')| NOT
        (SIZEOF(QUERY (impl_rep <* QUERY (pdr <* USEDIN(pd,
        'INTEGRATED_CNC_SCHEMA.' +
        'PROPERTY_DEFINITION_REPRESENTATION.DEFINITION')| (
        'INTEGRATED_CNC_SCHEMA.' +
        'SHAPE_REPRESENTATION_WITH_PARAMETERS' IN TYPEOF(pdr.
        used_representation)))| NOT (SIZEOF(QUERY (it <* impl_rep.
        used_representation.items| (SIZEOF([
        'INTEGRATED_CNC_SCHEMA.MEASURE_REPRESENTATION_ITEM',
        'INTEGRATED_CNC_SCHEMA.LENGTH_MEASURE_WITH_UNIT' ] * TYPEOF(
        it)) = 2) AND (it.name = 'corner radius'))) <= 1))) = 0))) =
        0;
END_ENTITY; -- 10303-522: aic_machining_feature
ENTITY rectangular_composite_surface
    SUBTYPE OF (bounded_surface);
    segments : LIST [1:?] OF LIST [1:?] OF surface_patch;
    DERIVE
    n_u : INTEGER := SIZEOF(segments);
    n_v : INTEGER := SIZEOF(segments[1]);
    WHERE
        WR1: SIZEOF(QUERY (s <* segments| (n_v <> SIZEOF(s)))) = 0;
        WR2: constraints_rectangular_composite_surface(SELF);
END_ENTITY; -- 10303-42: geometry_schema
ENTITY rectangular_pattern
    SUBTYPE OF (replicate_feature);
```

```
WHERE
    WR1: SIZEOF(QUERY (pds <* QUERY (pd <* USEDIN(SELF,
        'INTEGRATED_CNC_SCHEMA.PROPERTY_DEFINITION.DEFINITION')| (
        'INTEGRATED_CNC_SCHEMA.PRODUCT_DEFINITION_SHAPE' IN TYPEOF(pd
        )))| NOT (SIZEOF(QUERY (sa_occ <* USEDIN(pds,
        'INTEGRATED_CNC_SCHEMA.SHAPE_ASPECT.OF_SHAPE')| (SIZEOF(QUERY
        (sdr <* QUERY (sar <* USEDIN(sa_occ,
        'INTEGRATED_CNC_SCHEMA.SHAPE_ASPECT_RELATIONSHIP.' +
        'RELATING_SHAPE_ASPECT')| (
        'INTEGRATED_CNC_SCHEMA.FEATURE_COMPONENT_RELATIONSHIP' IN
        TYPEOF(sar)))| ('INTEGRATED_CNC_SCHEMA.SHAPE_ASPECT' IN
        TYPEOF(sdr.related_shape_aspect)))) = 1))) <= 5))) = 0;
    WR2: SIZEOF(QUERY (pd <* USEDIN(SELF,
        'INTEGRATED_CNC_SCHEMA.PROPERTY_DEFINITION.DEFINITION')| NOT
        (SIZEOF(QUERY (pdr <* USEDIN(pd, 'INTEGRATED_CNC_SCHEMA.' +
        'PROPERTY_DEFINITION_REPRESENTATION.DEFINITION')| (
        'INTEGRATED_CNC_SCHEMA.DIRECTION_SHAPE_REPRESENTATION' IN
        TYPEOF(pdr.used_representation)) AND (pdr.used_representation
        .name = 'row layout direction'))) = 1))) = 0;
    WR3: SIZEOF(QUERY (pd <* USEDIN(SELF,
        'INTEGRATED_CNC_SCHEMA.PROPERTY_DEFINITION.DEFINITION')| NOT
        (SIZEOF(QUERY (pdr <* USEDIN(pd, 'INTEGRATED_CNC_SCHEMA.' +
        'PROPERTY_DEFINITION_REPRESENTATION.DEFINITION')| (
        'INTEGRATED_CNC_SCHEMA.DIRECTION_SHAPE_REPRESENTATION' IN
        TYPEOF(pdr.used_representation)) AND (pdr.used_representation
        .name = 'column layout direction'))) = 1))) = 0;
    WR4: SIZEOF(QUERY (pd <* USEDIN(SELF,
        'INTEGRATED_CNC_SCHEMA.PROPERTY_DEFINITION.' + 'DEFINITION')|
        NOT (SIZEOF(QUERY (pdr <* USEDIN(pd,
        'INTEGRATED_CNC_SCHEMA.' +
        'PROPERTY_DEFINITION_REPRESENTATION.DEFINITION')| (
        'INTEGRATED_CNC_SCHEMA.' +
        'SHAPE_REPRESENTATION_WITH_PARAMETERS' IN TYPEOF(pdr.
        used_representation)))) = 1))) = 0;
    WR5: SIZEOF(QUERY (pd <* USEDIN(SELF,
        'INTEGRATED_CNC_SCHEMA.PROPERTY_DEFINITION.DEFINITION')| NOT
        (SIZEOF(QUERY (impl_rep <* QUERY (pdr <* USEDIN(pd,
        'INTEGRATED_CNC_SCHEMA.' +
        'PROPERTY_DEFINITION_REPRESENTATION.DEFINITION')| (
        'INTEGRATED_CNC_SCHEMA.' +
        'SHAPE_REPRESENTATION_WITH_PARAMETERS' IN TYPEOF(pdr.
        used_representation)))| NOT (SIZEOF(impl_rep.
        used_representation.items) = 5))) = 0))) = 0;
    WR6: SIZEOF(QUERY (pd <* USEDIN(SELF,
        'INTEGRATED_CNC_SCHEMA.PROPERTY_DEFINITION.DEFINITION')| NOT
        (SIZEOF(QUERY (impl_rep <* QUERY (pdr <* USEDIN(pd,
        'INTEGRATED_CNC_SCHEMA.' +
        'PROPERTY_DEFINITION_REPRESENTATION.DEFINITION')| (
```

```
    ´INTEGRATED_CNC_SCHEMA.´ +
    ´SHAPE_REPRESENTATION_WITH_PARAMETERS´ IN TYPEOF(pdr.
    used_representation)))| NOT (SIZEOF(QUERY (it <* impl_rep.
    used_representation.items| ((
    ´INTEGRATED_CNC_SCHEMA.MEASURE_REPRESENTATION_ITEM´ IN TYPEOF
    (it)) AND (´INTEGRATED_CNC_SCHEMA.COUNT_MEASURE´ IN TYPEOF(it
    \measure_with_unit.value_component))) AND (it.name =
    ´number of rows´))) = 1))) = 0))) = 0;
WR7: SIZEOF(QUERY (pd <* USEDIN(SELF,
    ´INTEGRATED_CNC_SCHEMA.PROPERTY_DEFINITION.DEFINITION´)| NOT
    (SIZEOF(QUERY (impl_rep <* QUERY (pdr <* USEDIN(pd,
    ´INTEGRATED_CNC_SCHEMA.´ +
    ´PROPERTY_DEFINITION_REPRESENTATION.DEFINITION´)| (
    ´INTEGRATED_CNC_SCHEMA.´ +
    ´SHAPE_REPRESENTATION_WITH_PARAMETERS´ IN TYPEOF(pdr.
    used_representation)))| NOT (SIZEOF(QUERY (it <* impl_rep.
    used_representation.items| ((
    ´INTEGRATED_CNC_SCHEMA.MEASURE_REPRESENTATION_ITEM´ IN TYPEOF
    (it)) AND (´INTEGRATED_CNC_SCHEMA.COUNT_MEASURE´ IN TYPEOF(it
    \measure_with_unit.value_component))) AND (it.name =
    ´number of columns´))) = 1))) = 0))) = 0;
WR8: SIZEOF(QUERY (pd <* USEDIN(SELF,
    ´INTEGRATED_CNC_SCHEMA.PROPERTY_DEFINITION.DEFINITION´)| NOT
    (SIZEOF(QUERY (impl_rep <* QUERY (pdr <* USEDIN(pd,
    ´INTEGRATED_CNC_SCHEMA.´ +
    ´PROPERTY_DEFINITION_REPRESENTATION.DEFINITION´)| (
    ´INTEGRATED_CNC_SCHEMA.´ +
    ´SHAPE_REPRESENTATION_WITH_PARAMETERS´ IN TYPEOF(pdr.
    used_representation)))| NOT (SIZEOF(QUERY (it <* impl_rep.
    used_representation.items| (SIZEOF([
    ´INTEGRATED_CNC_SCHEMA.MEASURE_REPRESENTATION_ITEM´,
    ´INTEGRATED_CNC_SCHEMA.LENGTH_MEASURE_WITH_UNIT´ ] * TYPEOF(
    it)) = 2) AND (it.name = ´row spacing´))) = 1))) = 0))) = 0;
WR9: SIZEOF(QUERY (pd <* USEDIN(SELF,
    ´INTEGRATED_CNC_SCHEMA.PROPERTY_DEFINITION.DEFINITION´)| NOT
    (SIZEOF(QUERY (impl_rep <* QUERY (pdr <* USEDIN(pd,
    ´INTEGRATED_CNC_SCHEMA.´ +
    ´PROPERTY_DEFINITION_REPRESENTATION.DEFINITION´)| (
    ´INTEGRATED_CNC_SCHEMA.´ +
    ´SHAPE_REPRESENTATION_WITH_PARAMETERS´ IN TYPEOF(pdr.
    used_representation)))| NOT (SIZEOF(QUERY (it <* impl_rep.
    used_representation.items| (SIZEOF([
    ´INTEGRATED_CNC_SCHEMA.MEASURE_REPRESENTATION_ITEM´,
    ´INTEGRATED_CNC_SCHEMA.LENGTH_MEASURE_WITH_UNIT´ ] * TYPEOF(
    it)) = 2) AND (it.name = ´column spacing´))) = 1))) = 0))) =
    0;
WR10: SIZEOF(QUERY (pd <* USEDIN(SELF,
    ´INTEGRATED_CNC_SCHEMA.PROPERTY_DEFINITION.DEFINITION´)| NOT
```

```
        (SIZEOF(QUERY (impl_rep <* QUERY (pdr <* USEDIN(pd,
        'INTEGRATED_CNC_SCHEMA.' +
        'PROPERTY_DEFINITION_REPRESENTATION.DEFINITION')| (
        'INTEGRATED_CNC_SCHEMA.' +
        'SHAPE_REPRESENTATION_WITH_PARAMETERS' IN TYPEOF(pdr.
        used_representation)))| NOT (SIZEOF(QUERY (it <* impl_rep.
        used_representation.items| ('INTEGRATED_CNC_SCHEMA.PLACEMENT'
        IN TYPEOF(it)) AND (it.name = 'orientation'))) = 1))) = 0)))
        = 0;
END_ENTITY; -- 10303-522: aic_machining_feature
ENTITY rectangular_trimmed_surface
   SUBTYPE OF (bounded_surface);
   basis_surface : surface;
   u1 : parameter_value;
   u2 : parameter_value;
   v1 : parameter_value;
   v2 : parameter_value;
   usense : BOOLEAN;
   vsense : BOOLEAN;
   WHERE
      WR1: u1 <> u2;
      WR2: v1 <> v2;
      WR3: (('INTEGRATED_CNC_SCHEMA.ELEMENTARY_SURFACE' IN TYPEOF(
         basis_surface)) AND NOT ('INTEGRATED_CNC_SCHEMA.PLANE' IN
         TYPEOF(basis_surface)) OR (
         'INTEGRATED_CNC_SCHEMA.SURFACE_OF_REVOLUTION' IN TYPEOF(
         basis_surface))) OR (usense = (u2 > u1));
      WR4: (('INTEGRATED_CNC_SCHEMA.SPHERICAL_SURFACE' IN TYPEOF(
         basis_surface)) OR ('INTEGRATED_CNC_SCHEMA.TOROIDAL_SURFACE'
         IN TYPEOF(basis_surface))) OR (vsense = (v2 > v1));
END_ENTITY; -- 10303-42: geometry_schema
ENTITY referenced_modified_datum
   SUBTYPE OF (datum_reference);
   modifier : limit_condition;
END_ENTITY; -- 10303-47: shape_aspect_definition_schema
ENTITY removal_volume
   SUBTYPE OF (feature_definition);
   WHERE
      WR1: SIZEOF(QUERY (pd <* USEDIN(SELF,
         'INTEGRATED_CNC_SCHEMA.PROPERTY_DEFINITION.DEFINITION')| NOT
         (SIZEOF(QUERY (impl_rep <* QUERY (pdr <* USEDIN(pd,
         'INTEGRATED_CNC_SCHEMA.' +
         'PROPERTY_DEFINITION_REPRESENTATION.DEFINITION')| (
         'INTEGRATED_CNC_SCHEMA.' +
         'SHAPE_REPRESENTATION_WITH_PARAMETERS' IN TYPEOF(pdr.
         used_representation)))| NOT (SIZEOF(impl_rep.
         used_representation.items) = 1))) = 0))) = 0;
      WR2: SIZEOF(QUERY (pds <* QUERY (pd <* USEDIN(SELF,
```

```
            'INTEGRATED_CNC_SCHEMA.PROPERTY_DEFINITION.DEFINITION')| (
            'INTEGRATED_CNC_SCHEMA.PRODUCT_DEFINITION_SHAPE' IN TYPEOF(pd
            )))| NOT (SIZEOF(QUERY (sa_occ <* USEDIN(pds,
            'INTEGRATED_CNC_SCHEMA.SHAPE_ASPECT.OF_SHAPE')| (sa_occ.
            description = 'shape volume occurrence') AND (SIZEOF(QUERY (
            sdr <* QUERY (sar <* USEDIN(sa_occ,
            'INTEGRATED_CNC_SCHEMA.SHAPE_ASPECT_RELATIONSHIP.' +
            'RELATED_SHAPE_ASPECT')| (sar.description =
            'volume shape usage') AND ('INTEGRATED_CNC_SCHEMA.' +
            'SHAPE_DEFINING_RELATIONSHIP' IN TYPEOF(sar)))| (sdr.
            relating_shape_aspect.description = 'volume shape'))) = 1)))
            = 1))) = 0;
END_ENTITY; -- 10303-522: aic_machining_feature
ENTITY reparametrised_composite_curve_segment
    SUBTYPE OF (composite_curve_segment);
    param_length : parameter_value;
    WHERE
        WR1: param_length > 0.0;
END_ENTITY; -- 10303-42: geometry_schema
ENTITY replicate_feature
    SUPERTYPE OF (ONEOF(circular_pattern, rectangular_pattern,
    feature_pattern))
    SUBTYPE OF (feature_definition);
    WHERE
        WR1: SIZEOF(QUERY (pd <* USEDIN(SELF,
            'INTEGRATED_CNC_SCHEMA.PROPERTY_DEFINITION.DEFINITION')| NOT
            (SIZEOF(QUERY (pdr <* USEDIN(pd, 'INTEGRATED_CNC_SCHEMA.' +
            'PROPERTY_DEFINITION_REPRESENTATION.DEFINITION')| (
            'INTEGRATED_CNC_SCHEMA.' +
            'SHAPE_REPRESENTATION_WITH_PARAMETERS' IN TYPEOF(pdr.
            used_representation)))) = 1))) = 0;
        WR2: SIZEOF(QUERY (fcr <* QUERY (sar <* USEDIN(SELF,
            'INTEGRATED_CNC_SCHEMA.SHAPE_ASPECT_RELATIONSHIP.' +
            'RELATING_SHAPE_ASPECT')| (
            'INTEGRATED_CNC_SCHEMA.FEATURE_COMPONENT_RELATIONSHIP' IN
            TYPEOF(sar)))| (SIZEOF([
            'INTEGRATED_CNC_SCHEMA.REPLICATE_FEATURE',
            'INTEGRATED_CNC_SCHEMA.INSTANCED_FEATURE' ] * TYPEOF(fcr.
            related_shape_aspect)) >= 1) AND (fcr.name = 'pattern basis')
            )) = 1;
        WR3: SIZEOF(QUERY (sar <* USEDIN(SELF,
            'INTEGRATED_CNC_SCHEMA.SHAPE_ASPECT_RELATIONSHIP.' +
            'RELATING_SHAPE_ASPECT')| NOT (
            'INTEGRATED_CNC_SCHEMA.FEATURE_COMPONENT_RELATIONSHIP' IN
            TYPEOF(sar)))) + SIZEOF(QUERY (sar <* USEDIN(SELF,
            'INTEGRATED_CNC_SCHEMA.SHAPE_ASPECT_RELATIONSHIP.' +
            'RELATED_SHAPE_ASPECT')| NOT (
            'INTEGRATED_CNC_SCHEMA.FEATURE_COMPONENT_RELATIONSHIP' IN
```

```
            TYPEOF(sar)))) = 0;
END_ENTITY; -- 10303-522: aic_machining_feature
ENTITY representation;
    name : label;
    items : SET [1:?] OF representation_item;
    context_of_items : representation_context;
    DERIVE
        id : identifier := get_id_value(SELF);
        description : text := get_description_value(SELF);
    WHERE
        WR1: SIZEOF(USEDIN(SELF, 'INTEGRATED_CNC_SCHEMA.' +
            'ID_ATTRIBUTE.IDENTIFIED_ITEM')) <= 1;
        WR2: SIZEOF(USEDIN(SELF, 'INTEGRATED_CNC_SCHEMA.' +
            'DESCRIPTION_ATTRIBUTE.DESCRIBED_ITEM')) <= 1;
END_ENTITY; -- 10303-43: representation_schema
ENTITY representation_context;
    context_identifier : identifier;
    context_type : text;
    INVERSE
    representations_in_context : SET [1:?] OF representation FOR
    context_of_items;
END_ENTITY; -- 10303-43: representation_schema
ENTITY representation_item;
    name : label;
    WHERE
        WR1: SIZEOF(using_representations(SELF)) > 0;
END_ENTITY; -- 10303-43: representation_schema
ENTITY representation_item_relationship;
    name : label;
    description : OPTIONAL text;
    relating_representation_item : representation_item;
    related_representation_item : representation_item;
END_ENTITY; -- 10303-43: representation_schema
ENTITY representation_map;
    mapping_origin : representation_item;
    mapped_representation : representation;
    INVERSE
        map_usage : SET [1:?] OF mapped_item FOR mapping_source;
    WHERE
        WR1: item_in_context(SELF.mapping_origin, SELF.mapped_representation.
            context_of_items);
END_ENTITY; -- 10303-43: representation_schema
ENTITY representation_relationship;
    name : label;
    description : OPTIONAL text;
    rep_1 : representation;
    rep_2 : representation;
END_ENTITY; -- 10303-43: representation_schema
```

```
ENTITY representation_relationship_with_transformation
    SUBTYPE OF (representation_relationship);
    transformation_operator : transformation;
    WHERE
        WR1: SELF\representation_relationship.rep_1.context_of_items :<>: SELF\
            representation_relationship.rep_2.context_of_items;
END_ENTITY; -- 10303-43: representation_schema
ENTITY requirement_for_action_resource
    SUBTYPE OF (action_resource_requirement);
    resources : SET [1:?] OF action_resource;
END_ENTITY; -- 10303-49: process_property_schema
ENTITY resource_property;
    name : label;
    description : text;
    resource : characterized_resource_definition;
END_ENTITY; -- 10303-49: process_property_schema
ENTITY resource_property_representation;
    name : label;
    description : text;
    property : resource_property;
    representation : representation;
END_ENTITY; -- 10303-49: process_property_representation_schema
ENTITY resource_requirement_type;
    name : label;
    description : text;
END_ENTITY; -- 10303-49: process_property_schema
ENTITY revolved_profile
    SUBTYPE OF (feature_definition);
    WHERE
        WR1: SELF\characterized_object.description IN [ 'groove', 'flat',
            'round', 'open profile' ];
        WR2: SIZEOF(QUERY (pd <* USEDIN(SELF,
            'INTEGRATED_CNC_SCHEMA.PROPERTY_DEFINITION.DEFINITION')| NOT
            (SIZEOF(QUERY (impl_rep <* QUERY (pdr <* USEDIN(pd,
            'INTEGRATED_CNC_SCHEMA.' +
            'PROPERTY_DEFINITION_REPRESENTATION.DEFINITION')| (
            'INTEGRATED_CNC_SCHEMA.' +
            'SHAPE_REPRESENTATION_WITH_PARAMETERS' IN TYPEOF(pdr.
            used_representation)))| NOT (SIZEOF(impl_rep.
            used_representation.items) = 2))) = 0))) = 0;
        WR3: SIZEOF(QUERY (pd <* USEDIN(SELF,
            'INTEGRATED_CNC_SCHEMA.PROPERTY_DEFINITION.DEFINITION')| NOT
            (SIZEOF(QUERY (impl_rep <* QUERY (pdr <* USEDIN(pd,
            'INTEGRATED_CNC_SCHEMA.' +
            'PROPERTY_DEFINITION_REPRESENTATION.DEFINITION')| (
            'INTEGRATED_CNC_SCHEMA.' +
            'SHAPE_REPRESENTATION_WITH_PARAMETERS' IN TYPEOF(pdr.
            used_representation)))| NOT (SIZEOF(QUERY (it <* impl_rep.
```

```
    used_representation.items| (SIZEOF([
    'INTEGRATED_CNC_SCHEMA.MEASURE_REPRESENTATION_ITEM',
    'INTEGRATED_CNC_SCHEMA.LENGTH_MEASURE_WITH_UNIT' ] * TYPEOF(
    it)) = 2) AND (it.name = 'radius'))) = 1))) = 0))) = 0;
WR4: SIZEOF(QUERY (pdr <* get_property_definition_representations(SELF)
    | ('INTEGRATED_CNC_SCHEMA.DIRECTION_SHAPE_REPRESENTATION' IN
    TYPEOF(pdr.used_representation)) AND (pdr.used_representation
    .name = 'removal direction'))) = 1;
WR5: NOT (SELF\characterized_object.description = 'open profile') OR (
    SIZEOF(QUERY (pds <* QUERY (pd <* USEDIN(SELF,
    'INTEGRATED_CNC_SCHEMA.PROPERTY_DEFINITION.DEFINITION')| (
    'INTEGRATED_CNC_SCHEMA.PRODUCT_DEFINITION_SHAPE' IN TYPEOF(pd
    )))| NOT (SIZEOF(QUERY (sa_occ <* USEDIN(pds,
    'INTEGRATED_CNC_SCHEMA.SHAPE_ASPECT.OF_SHAPE')| (sa_occ.
    description = 'outer edge shape occurrence') AND (SIZEOF(
    QUERY (sdr <* QUERY (sar <* USEDIN(sa_occ,
    'INTEGRATED_CNC_SCHEMA.SHAPE_ASPECT_RELATIONSHIP.' +
    'RELATED_SHAPE_ASPECT')| (sar.description = 'profile usage')
    AND ('INTEGRATED_CNC_SCHEMA.SHAPE_DEFINING_RELATIONSHIP' IN
    TYPEOF(sar)))| ('INTEGRATED_CNC_SCHEMA.OPEN_PATH_PROFILE' IN
    TYPEOF(sdr.relating_shape_aspect)) AND (sdr.
    relating_shape_aspect.description = 'outer edge shape'))) = 1
    ))) = 1))) = 0);
WR6: NOT (SELF\characterized_object.description = 'flat') OR (SIZEOF(
    QUERY (pds <* QUERY (pd <* USEDIN(SELF,
    'INTEGRATED_CNC_SCHEMA.PROPERTY_DEFINITION.DEFINITION')| (
    'INTEGRATED_CNC_SCHEMA.PRODUCT_DEFINITION_SHAPE' IN TYPEOF(pd
    )))| NOT (SIZEOF(QUERY (sa_occ <* USEDIN(pds,
    'INTEGRATED_CNC_SCHEMA.SHAPE_ASPECT.OF_SHAPE')| (sa_occ.
    description = 'flat edge shape occurrence') AND (SIZEOF(QUERY
    (sdr <* QUERY (sar <* USEDIN(sa_occ,
    'INTEGRATED_CNC_SCHEMA.SHAPE_ASPECT_RELATIONSHIP.' +
    'RELATED_SHAPE_ASPECT')| (sar.description = 'profile usage')
    AND ('INTEGRATED_CNC_SCHEMA.SHAPE_DEFINING_RELATIONSHIP' IN
    TYPEOF(sar)))| ('INTEGRATED_CNC_SCHEMA.LINEAR_PROFILE' IN
    TYPEOF(sdr.relating_shape_aspect)) AND (sdr.
    relating_shape_aspect.description = 'flat edge shape'))) = 1)
    )) = 1))) = 0);
WR7: NOT (SELF\characterized_object.description = 'round') OR (SIZEOF(
    QUERY (pds <* QUERY (pd <* USEDIN(SELF,
    'INTEGRATED_CNC_SCHEMA.PROPERTY_DEFINITION.DEFINITION')| (
    'INTEGRATED_CNC_SCHEMA.PRODUCT_DEFINITION_SHAPE' IN TYPEOF(pd
    )))| NOT (SIZEOF(QUERY (sa_occ <* USEDIN(pds,
    'INTEGRATED_CNC_SCHEMA.SHAPE_ASPECT.OF_SHAPE')| (sa_occ.
    description = 'rounded edge shape occurrence') AND (SIZEOF(
    QUERY (sdr <* QUERY (sar <* USEDIN(sa_occ,
    'INTEGRATED_CNC_SCHEMA.SHAPE_ASPECT_RELATIONSHIP.' +
    'RELATED_SHAPE_ASPECT')| (sar.description = 'profile usage')
```

```
            AND ('INTEGRATED_CNC_SCHEMA.SHAPE_DEFINING_RELATIONSHIP' IN
            TYPEOF(sar)))| (
            'INTEGRATED_CNC_SCHEMA.PARTIAL_CIRCULAR_PROFILE' IN TYPEOF(
            sdr.relating_shape_aspect)) AND (sdr.relating_shape_aspect.
            description = 'rounded edge shape'))) = 1))) = 1))) = 0);
        WR8: NOT (SELF\characterized_object.description = 'groove') OR (SIZEOF(
            QUERY (pds <* QUERY (pd <* USEDIN(SELF,
            'INTEGRATED_CNC_SCHEMA.PROPERTY_DEFINITION.DEFINITION')| (
            'INTEGRATED_CNC_SCHEMA.PRODUCT_DEFINITION_SHAPE' IN TYPEOF(pd
            )))| NOT (SIZEOF(QUERY (sa_occ <* USEDIN(pds,
            'INTEGRATED_CNC_SCHEMA.SHAPE_ASPECT.OF_SHAPE')| (sa_occ.
            description = 'sweep occurrence') AND (SIZEOF(QUERY (sdr <*
            QUERY (sar <* USEDIN(sa_occ,
            'INTEGRATED_CNC_SCHEMA.SHAPE_ASPECT_RELATIONSHIP.' +
            'RELATED_SHAPE_ASPECT')| (sar.description = 'profile usage')
            AND ('INTEGRATED_CNC_SCHEMA.SHAPE_DEFINING_RELATIONSHIP' IN
            TYPEOF(sar)))| (SIZEOF([
            'INTEGRATED_CNC_SCHEMA.SQUARE_U_PROFILE',
            'INTEGRATED_CNC_SCHEMA.PARTIAL_CIRCULAR_PROFILE',
            'INTEGRATED_CNC_SCHEMA.ROUNDED_U_PROFILE',
            'INTEGRATED_CNC_SCHEMA.VEE_PROFILE',
            'INTEGRATED_CNC_SCHEMA.TEE_PROFILE',
            'INTEGRATED_CNC_SCHEMA.OPEN_PATH_PROFILE' ] * TYPEOF(sdr.
            relating_shape_aspect)) = 1) AND (sdr.relating_shape_aspect.
            description = 'sweep'))) = 1))) = 1))) = 0);
        WR9: SIZEOF(QUERY (pdr <* get_property_definition_representations(SELF)
            | ('INTEGRATED_CNC_SCHEMA.PLANAR_SHAPE_REPRESENTATION' IN
            TYPEOF(pdr.used_representation)) AND (pdr.used_representation
            .name = 'maximum feature limit'))) >= 0;
END_ENTITY; -- 10303-522: aic_machining_feature
ENTITY rib_top
    SUBTYPE OF (feature_definition);
    WHERE
        WR1: SIZEOF(QUERY (pds <* QUERY (pd <* USEDIN(SELF,
            'INTEGRATED_CNC_SCHEMA.PROPERTY_DEFINITION.DEFINITION')| (
            'INTEGRATED_CNC_SCHEMA.PRODUCT_DEFINITION_SHAPE' IN TYPEOF(pd
            )))| NOT (SIZEOF(QUERY (sa_occ <* USEDIN(pds,
            'INTEGRATED_CNC_SCHEMA.SHAPE_ASPECT.OF_SHAPE')| (sa_occ.
            description = 'rib top condition occurrence') AND (SIZEOF(
            QUERY (sdr <* QUERY (sar <* USEDIN(sa_occ,
            'INTEGRATED_CNC_SCHEMA.SHAPE_ASPECT_RELATIONSHIP.' +
            'RELATED_SHAPE_ASPECT')| (sar.description = 'rib top usage')
            AND ('INTEGRATED_CNC_SCHEMA.FEATURE_COMPONENT_RELATIONSHIP'
            IN TYPEOF(sar)))| ('INTEGRATED_CNC_SCHEMA.RIB_TOP_FLOOR' IN
            TYPEOF(sdr.relating_shape_aspect)) AND (
            'INTEGRATED_CNC_SCHEMA.RIB_TOP' IN TYPEOF(sdr.
            related_shape_aspect.of_shape.definition)))) = 1))) = 1))) =
            0;
```

```
        WR2: SIZEOF(QUERY (pd <* USEDIN(SELF,
            'INTEGRATED_CNC_SCHEMA.PROPERTY_DEFINITION.DEFINITION')| NOT
            (SIZEOF(QUERY (pdr <* USEDIN(pd, 'INTEGRATED_CNC_SCHEMA.' +
            'PROPERTY_DEFINITION_REPRESENTATION.DEFINITION')| (
            'INTEGRATED_CNC_SCHEMA.DIRECTION_SHAPE_REPRESENTATION' IN
            TYPEOF(pdr.used_representation)) AND (pdr.used_representation
            .name = 'removal direction'))) = 1))) = 1;
        WR3: SIZEOF(QUERY (pdr <* get_property_definition_representations(SELF)
            | ('INTEGRATED_CNC_SCHEMA.PLANAR_SHAPE_REPRESENTATION' IN
            TYPEOF(pdr.used_representation)) AND (pdr.used_representation
            .name = 'maximum feature limit'))) >= 0;
END_ENTITY; -- 10303-522: aic_machining_feature
ENTITY rib_top_floor
    SUBTYPE OF (shape_aspect);
    WHERE
        WR1: 'INTEGRATED_CNC_SCHEMA.FEATURE_COMPONENT_DEFINITION' IN
TYPEOF(
            SELF.of_shape.definition);
        WR2: SELF.description IN ['planar', 'complex'];
        WR3: SIZEOF(QUERY (fcr <* QUERY (sar <* USEDIN(SELF,
            'INTEGRATED_CNC_SCHEMA.SHAPE_ASPECT_RELATIONSHIP.' +
            'RELATING_SHAPE_ASPECT')| (sar.description = 'rib top usage')
            AND ('INTEGRATED_CNC_SCHEMA.FEATURE_COMPONENT_RELATIONSHIP'
            IN TYPEOF(sar)))| ((fcr.related_shape_aspect.description =
            'rib top condition occurrence') AND (
            'INTEGRATED_CNC_SCHEMA.RIB_TOP' IN TYPEOF(fcr.
            related_shape_aspect.of_shape.definition))) AND (
            'INTEGRATED_CNC_SCHEMA.RIB_TOP_FLOOR' IN TYPEOF(fcr.
            relating_shape_aspect)))) >= 1;
        WR4: NOT (SELF.description = 'complex') OR (SIZEOF(QUERY (pd <* USEDIN(
            SELF, 'INTEGRATED_CNC_SCHEMA.PROPERTY_DEFINITION.DEFINITION')
            | NOT (SIZEOF(QUERY (pdr <* USEDIN(pd,
            'INTEGRATED_CNC_SCHEMA.' +
            'PROPERTY_DEFINITION_REPRESENTATION.DEFINITION')| (
            'INTEGRATED_CNC_SCHEMA.FACE_SHAPE_REPRESENTATION' IN TYPEOF(
            pdr.used_representation)) AND (pdr.used_representation.name =
            'rib top face'))) = 1))) = 0);
        WR5: NOT (SELF.description = 'planar') OR (SIZEOF(QUERY (pd <* USEDIN(
            SELF, 'INTEGRATED_CNC_SCHEMA.PROPERTY_DEFINITION.DEFINITION')
            | NOT (SIZEOF(QUERY (pdr <* USEDIN(pd,
            'INTEGRATED_CNC_SCHEMA.' +
            'PROPERTY_DEFINITION_REPRESENTATION.DEFINITION')| (
            'INTEGRATED_CNC_SCHEMA.PLANAR_SHAPE_REPRESENTATION' IN TYPEOF
            (pdr.used_representation)) AND (pdr.used_representation.name
            = 'rib top face'))) = 1))) = 0);
        WR6: NOT (SELF.description = 'planar') OR (SIZEOF(QUERY (pds <* QUERY (
            pd <* USEDIN(SELF,
            'INTEGRATED_CNC_SCHEMA.PROPERTY_DEFINITION.DEFINITION')| (
```

```
            'INTEGRATED_CNC_SCHEMA.PRODUCT_DEFINITION_SHAPE' IN TYPEOF(pd
            )))| NOT (SIZEOF(QUERY (sa_occ <* USEDIN(pds,
            'INTEGRATED_CNC_SCHEMA.SHAPE_ASPECT.OF_SHAPE')| (sa_occ.
            description = 'boundary occurrence') AND (SIZEOF(QUERY (sdr
            <* QUERY (sar <* USEDIN(sa_occ,
            'INTEGRATED_CNC_SCHEMA.SHAPE_ASPECT_RELATIONSHIP.' +
            'RELATED_SHAPE_ASPECT')| (sar.description = 'profile usage')
            AND ('INTEGRATED_CNC_SCHEMA.SHAPE_DEFINING_RELATIONSHIP' IN
            TYPEOF(sar)))| (SIZEOF([
            'INTEGRATED_CNC_SCHEMA.CIRCULAR_CLOSED_PROFILE',
            'INTEGRATED_CNC_SCHEMA.NGON_CLOSED_PROFILE',
            'INTEGRATED_CNC_SCHEMA.RECTANGULAR_CLOSED_PROFILE',
            'INTEGRATED_CNC_SCHEMA.CLOSED_PATH_PROFILE' ] * TYPEOF(sdr.
            relating_shape_aspect)) = 1) AND (sdr.relating_shape_aspect.
            description = 'rib top floor boundary'))) = 1))) = 1))) = 0);
END_ENTITY; -- 10303-522: aic_machining_feature
ENTITY right_circular_cylinder
    SUBTYPE OF (geometric_representation_item);
    position : axis1_placement;
    height : positive_length_measure;
    radius : positive_length_measure;
END_ENTITY; -- 10303-42: geometric_model_schema
ENTITY role_association;
    role : object_role;
    item_with_role : role_select;
END_ENTITY; -- 10303-41: basic_attribute_schema
ENTITY round_hole
    SUBTYPE OF (feature_definition);
    WHERE
        WR1: SIZEOF(QUERY (pds <* QUERY (pd <* USEDIN(SELF,
            'INTEGRATED_CNC_SCHEMA.PROPERTY_DEFINITION.DEFINITION')| (
            'INTEGRATED_CNC_SCHEMA.PRODUCT_DEFINITION_SHAPE' IN TYPEOF(pd
            )))| NOT (SIZEOF(QUERY (sa_occ <* USEDIN(pds,
            'INTEGRATED_CNC_SCHEMA.SHAPE_ASPECT.OF_SHAPE')| (sa_occ.
            description = 'diameter occurrence') AND (SIZEOF(QUERY (sdr
            <* QUERY (sar <* USEDIN(sa_occ,
            'INTEGRATED_CNC_SCHEMA.SHAPE_ASPECT_RELATIONSHIP.' +
            'RELATED_SHAPE_ASPECT')| (sar.description = 'profile usage')
            AND ('INTEGRATED_CNC_SCHEMA.SHAPE_DEFINING_RELATIONSHIP' IN
            TYPEOF(sar)))| (
            'INTEGRATED_CNC_SCHEMA.CIRCULAR_CLOSED_PROFILE' IN TYPEOF(sdr
            .relating_shape_aspect)) AND (sdr.name = 'diameter'))) = 1)))
            = 1))) = 0;
        WR2: SIZEOF(QUERY (pds <* QUERY (pd <* USEDIN(SELF,
            'INTEGRATED_CNC_SCHEMA.PROPERTY_DEFINITION.DEFINITION')| (
            'INTEGRATED_CNC_SCHEMA.PRODUCT_DEFINITION_SHAPE' IN TYPEOF(pd
            )))| NOT (SIZEOF(QUERY (sa_occ <* USEDIN(pds,
            'INTEGRATED_CNC_SCHEMA.SHAPE_ASPECT.OF_SHAPE')| (sa_occ.
```

```
            description = 'hole depth occurrence') AND (SIZEOF(QUERY (sdr
            <* QUERY (sar <* USEDIN(sa_occ,
            'INTEGRATED_CNC_SCHEMA.SHAPE_ASPECT_RELATIONSHIP.' +
            'RELATED_SHAPE_ASPECT')| (sar.description =
            'path feature component usage') AND (
            'INTEGRATED_CNC_SCHEMA.SHAPE_DEFINING_RELATIONSHIP' IN TYPEOF
            (sar)))| (('INTEGRATED_CNC_SCHEMA.PATH_FEATURE_COMPONENT' IN
            TYPEOF(sdr.relating_shape_aspect)) AND (sdr.name =
            'hole depth')) AND (sdr.relating_shape_aspect.description =
            'linear'))) = 1))) = 1))) = 0;
        WR3: SIZEOF(QUERY (pds <* QUERY (pd <* USEDIN(SELF,
            'INTEGRATED_CNC_SCHEMA.PROPERTY_DEFINITION.DEFINITION')| (
            'INTEGRATED_CNC_SCHEMA.PRODUCT_DEFINITION_SHAPE' IN TYPEOF(pd
            )))| NOT (SIZEOF(QUERY (sa_occ <* USEDIN(pds,
            'INTEGRATED_CNC_SCHEMA.SHAPE_ASPECT.OF_SHAPE')| (sa_occ.
            description = 'bottom condition occurrence') AND (SIZEOF(
            QUERY (fcr <* QUERY (sar <* USEDIN(sa_occ,
            'INTEGRATED_CNC_SCHEMA.SHAPE_ASPECT_RELATIONSHIP.' +
            'RELATED_SHAPE_ASPECT')| (sar.description =
            'hole bottom usage') AND (
            'INTEGRATED_CNC_SCHEMA.FEATURE_COMPONENT_RELATIONSHIP' IN
            TYPEOF(sar)))| ('INTEGRATED_CNC_SCHEMA.HOLE_BOTTOM' IN TYPEOF
            (fcr.relating_shape_aspect)) AND (
            'INTEGRATED_CNC_SCHEMA.ROUND_HOLE' IN TYPEOF(fcr.
            related_shape_aspect.of_shape.definition)))) = 1))) = 1))) =0;
        WR4: SIZEOF(QUERY (pds <* QUERY (pd <* USEDIN(SELF,
            'INTEGRATED_CNC_SCHEMA.PROPERTY_DEFINITION.DEFINITION')| (
            'INTEGRATED_CNC_SCHEMA.PRODUCT_DEFINITION_SHAPE' IN TYPEOF(pd
            )))| NOT (SIZEOF(QUERY (sa_occ <* USEDIN(pds,
            'INTEGRATED_CNC_SCHEMA.SHAPE_ASPECT.OF_SHAPE')| (sa_occ.
            description = 'change in diameter occurrence') AND (SIZEOF(
            QUERY (fcr <* QUERY (sar <* USEDIN(sa_occ,
            'INTEGRATED_CNC_SCHEMA.SHAPE_ASPECT_RELATIONSHIP.' +
            'RELATED_SHAPE_ASPECT')| (sar.description = 'taper usage')
            AND ('INTEGRATED_CNC_SCHEMA.FEATURE_COMPONENT_RELATIONSHIP'
            IN TYPEOF(sar)))| ('INTEGRATED_CNC_SCHEMA.TAPER' IN TYPEOF(
            fcr.relating_shape_aspect)) AND (
            'INTEGRATED_CNC_SCHEMA.ROUND_HOLE' IN TYPEOF(fcr.
            related_shape_aspect.of_shape.definition)))) = 1))) <= 1))) =
            0;
        WR5: SIZEOF(QUERY (pdr <* get_property_definition_representations(SELF)| (

        'INTEGRATED_CNC_SCHEMA.SHAPE_REPRESENTATION_WITH_PARAMETERS'
            IN TYPEOF(pdr.used_representation)))) = 1;
END_ENTITY; -- 10303-522: aic_machining_feature
ENTITY rounded_end
    SUBTYPE OF (feature_definition);
    WHERE
```

```
        WR1: SIZEOF(QUERY (pd <* USEDIN(SELF,
          'INTEGRATED_CNC_SCHEMA.PROPERTY_DEFINITION.DEFINITION')| NOT
          (SIZEOF(QUERY (impl_rep <* QUERY (pdr <* USEDIN(pd,
          'INTEGRATED_CNC_SCHEMA.' +
          'PROPERTY_DEFINITION_REPRESENTATION.DEFINITION')| (
          'INTEGRATED_CNC_SCHEMA.' +
          'SHAPE_REPRESENTATION_WITH_PARAMETERS' IN TYPEOF(pdr.
          used_representation)))| NOT (SIZEOF(impl_rep.
          used_representation.items) = 1))) = 0))) = 0;
        WR2: SIZEOF(QUERY (pds <* QUERY (pd <* USEDIN(SELF,
          'INTEGRATED_CNC_SCHEMA.PROPERTY_DEFINITION.DEFINITION')| (
          'INTEGRATED_CNC_SCHEMA.PRODUCT_DEFINITION_SHAPE' IN TYPEOF(pd
          )))| NOT (SIZEOF(QUERY (sa_occ <* USEDIN(pds,
          'INTEGRATED_CNC_SCHEMA.SHAPE_ASPECT.OF_SHAPE')| (sa_occ.
          description = 'partial circular boundary occurrence') AND (
          SIZEOF(QUERY (sdr <* QUERY (sar <* USEDIN(sa_occ,
          'INTEGRATED_CNC_SCHEMA.SHAPE_ASPECT_RELATIONSHIP.' +
          'RELATED_SHAPE_ASPECT')| (sar.description = 'profile usage')
          AND ('INTEGRATED_CNC_SCHEMA.SHAPE_DEFINING_RELATIONSHIP' IN
          TYPEOF(sar)))| (
          'INTEGRATED_CNC_SCHEMA.PARTIAL_CIRCULAR_PROFILE' IN TYPEOF(
          sdr.relating_shape_aspect)))) = 1))) = 1))) = 0;
        WR3: SIZEOF(QUERY (pds <* QUERY (pd <* USEDIN(SELF,
          'INTEGRATED_CNC_SCHEMA.PROPERTY_DEFINITION.DEFINITION')| (
          'INTEGRATED_CNC_SCHEMA.PRODUCT_DEFINITION_SHAPE' IN TYPEOF(pd
          )))| NOT (SIZEOF(QUERY (sa_occ <* USEDIN(pds,
          'INTEGRATED_CNC_SCHEMA.SHAPE_ASPECT.OF_SHAPE')| (sa_occ.
          description = 'course of travel occurrence') AND (SIZEOF(
          QUERY (sdr <* QUERY (sar <* USEDIN(sa_occ,
          'INTEGRATED_CNC_SCHEMA.SHAPE_ASPECT_RELATIONSHIP.' +
          'RELATED_SHAPE_ASPECT')| (sar.description =
          'path feature component usage') AND (
          'INTEGRATED_CNC_SCHEMA.SHAPE_DEFINING_RELATIONSHIP' IN TYPEOF
          (sar)))| ('INTEGRATED_CNC_SCHEMA.PATH_FEATURE_COMPONENT' IN
          TYPEOF(sdr.relating_shape_aspect)) AND (sdr.
          relating_shape_aspect.description = 'linear'))) = 1))) = 1)))
          = 0;
        WR4: SIZEOF(QUERY (pdr <* get_property_definition_representations(SELF)
          | ('INTEGRATED_CNC_SCHEMA.PLANAR_SHAPE_REPRESENTATION' IN
          TYPEOF(pdr.used_representation)) AND (pdr.used_representation
          .name = 'maximum feature limit'))) >= 0;
  END_ENTITY; -- 10303-522: aic_machining_feature
  ENTITY rounded_u_profile
     SUBTYPE OF (shape_aspect);
     WHERE
        WR1: 'INTEGRATED_CNC_SCHEMA.FEATURE_COMPONENT_DEFINITION' IN
TYPEOF(
          SELF.of_shape.definition);
```

```
WR2: SIZEOF(QUERY (pd <* USEDIN(SELF,
    'INTEGRATED_CNC_SCHEMA.PROPERTY_DEFINITION.DEFINITION')| NOT
    (SIZEOF(QUERY (pdr <* USEDIN(pd, 'INTEGRATED_CNC_SCHEMA.' +
    'PROPERTY_DEFINITION_REPRESENTATION.DEFINITION')| (
    'INTEGRATED_CNC_SCHEMA.' +
    'SHAPE_REPRESENTATION_WITH_PARAMETERS' IN TYPEOF(pdr.
    used_representation)))) = 1))) = 0;
WR3: SIZEOF(QUERY (pd <* USEDIN(SELF,
    'INTEGRATED_CNC_SCHEMA.PROPERTY_DEFINITION.DEFINITION')| NOT
    (SIZEOF(QUERY (impl_rep <* QUERY (pdr <* USEDIN(pd,
    'INTEGRATED_CNC_SCHEMA.' +
    'PROPERTY_DEFINITION_REPRESENTATION.DEFINITION')| (
    'INTEGRATED_CNC_SCHEMA.' +
    'SHAPE_REPRESENTATION_WITH_PARAMETERS' IN TYPEOF(pdr.
    used_representation)))| NOT (SIZEOF(impl_rep.
    used_representation.items) >= 1) AND (SIZEOF(impl_rep.
    used_representation.items) <= 2))) = 0))) = 0;
WR4: SIZEOF(QUERY (pd <* USEDIN(SELF,
    'INTEGRATED_CNC_SCHEMA.PROPERTY_DEFINITION.DEFINITION')| (
    SIZEOF(QUERY (pdr <* USEDIN(pd, 'INTEGRATED_CNC_SCHEMA.' +
    'PROPERTY_DEFINITION_REPRESENTATION.DEFINITION')| (
    'INTEGRATED_CNC_SCHEMA.' +
    'SHAPE_REPRESENTATION_WITH_PARAMETERS' IN TYPEOF(pdr.
    used_representation)) AND (SIZEOF(QUERY (srwp_i <* pdr.
    used_representation.items| (srwp_i.name = 'orientation') OR (
    srwp_i.name = 'depth'))) = SIZEOF(pdr.used_representation.
    items)))) = 1))) = 1;
WR5: SIZEOF(QUERY (pd <* USEDIN(SELF,
    'INTEGRATED_CNC_SCHEMA.PROPERTY_DEFINITION.DEFINITION')| NOT
    (SIZEOF(QUERY (impl_rep <* QUERY (pdr <* USEDIN(pd,
    'INTEGRATED_CNC_SCHEMA.' +
    'PROPERTY_DEFINITION_REPRESENTATION.DEFINITION')| (
    'INTEGRATED_CNC_SCHEMA.' +
    'SHAPE_REPRESENTATION_WITH_PARAMETERS' IN TYPEOF(pdr.
    used_representation)))| NOT (SIZEOF(QUERY (it <* impl_rep.
    used_representation.items| (SIZEOF([
    'INTEGRATED_CNC_SCHEMA.MEASURE_REPRESENTATION_ITEM',
    'INTEGRATED_CNC_SCHEMA.LENGTH_MEASURE_WITH_UNIT' ] * TYPEOF(
    it)) = 2) AND (it.name = 'width'))) = 1))) = 0))) = 0;
WR6: SIZEOF(QUERY (pd <* USEDIN(SELF,
    'INTEGRATED_CNC_SCHEMA.PROPERTY_DEFINITION.DEFINITION')| NOT
    (SIZEOF(QUERY (pdr <* USEDIN(pd, 'INTEGRATED_CNC_SCHEMA.' +
    'PROPERTY_DEFINITION_REPRESENTATION.DEFINITION')| (
    'INTEGRATED_CNC_SCHEMA.PLANAR_SHAPE_REPRESENTATION' IN TYPEOF
    (pdr.used_representation)) AND (pdr.used_representation.name
    = 'profile limit'))) <= 1))) = 0;
```

```
        WR7: SIZEOF(QUERY (pd <* USEDIN(SELF,
            'INTEGRATED_CNC_SCHEMA.PROPERTY_DEFINITION.DEFINITION')| NOT
            (SIZEOF(QUERY (impl_rep <* QUERY (pdr <* USEDIN(pd,
            'INTEGRATED_CNC_SCHEMA.' +
            'PROPERTY_DEFINITION_REPRESENTATION.DEFINITION')| (
            'INTEGRATED_CNC_SCHEMA.' +
            'SHAPE_REPRESENTATION_WITH_PARAMETERS' IN TYPEOF(pdr.
            used_representation)))| NOT (SIZEOF(QUERY (it <* impl_rep.
            used_representation.items| (SIZEOF([
            'INTEGRATED_CNC_SCHEMA.MEASURE_REPRESENTATION_ITEM',
            'INTEGRATED_CNC_SCHEMA.LENGTH_MEASURE_WITH_UNIT' ] * TYPEOF(
            it)) = 2) AND (it.name = 'depth'))) <= 1))) = 0))) = 0;
    END_ENTITY; -- 10303-522: aic_machining_feature
    ENTITY roundness_tolerance
        SUBTYPE OF (geometric_tolerance);
        WHERE
            WR1: NOT ('INTEGRATED_CNC_SCHEMA.' +
            'GEOMETRIC_TOLERANCE_WITH_DATUM_REFERENCE' IN TYPEOF(SELF));
    END_ENTITY; -- 10303-519: aic_geometric_tolerances
    ENTITY runout_zone_definition
        SUBTYPE OF (tolerance_zone_definition);
        orientation : runout_zone_orientation;
    END_ENTITY; -- 10303-47: shape_tolerance_schema
    ENTITY runout_zone_orientation;
        angle : measure_with_unit;
    END_ENTITY; -- 10303-47: shape_tolerance_schema
    ENTITY runout_zone_orientation_reference_direction
        SUBTYPE OF (runout_zone_orientation);
        orientation_defining_relationship : shape_aspect_relationship;
    END_ENTITY; -- 10303-47: shape_tolerance_schema
    ENTITY seam_curve
        SUBTYPE OF (surface_curve);
        WHERE
            WR1: SIZEOF(SELF\surface_curve.associated_geometry) = 2;
            WR2: associated_surface(SELF\surface_curve.associated_geometry[1]) =
                associated_surface(SELF\surface_curve.associated_geometry[2]);
            WR3: 'INTEGRATED_CNC_SCHEMA.PCURVE' IN TYPEOF(SELF\surface_curve.
                associated_geometry[1]);
            WR4: 'INTEGRATED_CNC_SCHEMA.PCURVE' IN TYPEOF(SELF\surface_curve.
                associated_geometry[2]);
    END_ENTITY; -- 10303-42: geometry_schema
    ENTITY security_classification;
        name : label;
        purpose : text;
        security_level : security_classification_level;
    END_ENTITY; -- 10303-41: security_classification_schema
    ENTITY security_classification_assignment
        ABSTRACT SUPERTYPE;
```

```
    assigned_security_classification : security_classification;
    DERIVE
        role : object_role := get_role(SELF);
    WHERE
        WR1: SIZEOF(USEDIN(SELF, 'INTEGRATED_CNC_SCHEMA.' +
         'ROLE_ASSOCIATION.ITEM_WITH_ROLE')) <= 1;
END_ENTITY; -- 10303-41: management_resources_schema
ENTITY security_classification_level;
    name : label;
END_ENTITY; -- 10303-41: security_classification_schema
ENTITY sequential_method
    SUBTYPE OF (serial_action_method);
    sequence_position : count_measure;
END_ENTITY; -- 10303-49: method_definition_schema
ENTITY serial_action_method
    SUBTYPE OF (action_method_relationship);
END_ENTITY; -- 10303-49: method_definition_schema
ENTITY shape_aspect;
    name : label;
    description : OPTIONAL text;
    of_shape : product_definition_shape;
    product_definitional : LOGICAL;
    DERIVE
        id : identifier := get_id_value(SELF);
    WHERE
        WR1: SIZEOF(USEDIN(SELF, 'INTEGRATED_CNC_SCHEMA.' +
         'ID_ATTRIBUTE.IDENTIFIED_ITEM')) <= 1;
END_ENTITY; -- 10303-41: product_property_definition_schema
ENTITY shape_aspect_deriving_relationship
    SUBTYPE OF (shape_aspect_relationship);
    WHERE
        WR1: 'INTEGRATED_CNC_SCHEMA.DERIVED_SHAPE_ASPECT' IN TYPEOF(SELF\
         shape_aspect_relationship.relating_shape_aspect);
END_ENTITY; -- 10303-47: shape_aspect_definition_schema
ENTITY shape_aspect_relationship;
    name : label;
    description : OPTIONAL text;
    relating_shape_aspect : shape_aspect;
    related_shape_aspect : shape_aspect;
    DERIVE
        id : identifier := get_id_value(SELF);
    WHERE
        WR1: SIZEOF(USEDIN(SELF, 'INTEGRATED_CNC_SCHEMA.' +
         'ID_ATTRIBUTE.IDENTIFIED_ITEM')) <= 1;
END_ENTITY; -- 10303-41: product_property_definition_schema
ENTITY shape_defining_relationship
    SUBTYPE OF (shape_aspect_relationship);
END_ENTITY; -- 10303-522: aic_machining_feature
```

```
ENTITY shape_definition_representation
    SUBTYPE OF (property_definition_representation);
    WHERE
        WR1: ('INTEGRATED_CNC_SCHEMA.PRODUCT_DEFINITION_SHAPE' IN TYPEOF(SELF.
         definition)) OR ('INTEGRATED_CNC_SCHEMA.SHAPE_DEFINITION' IN
         TYPEOF(SELF.definition.definition));
        WR2: 'INTEGRATED_CNC_SCHEMA.SHAPE_REPRESENTATION' IN TYPEOF(SELF.
         used_representation);
END_ENTITY; -- 10303-41: product_property_representation_schema
ENTITY shape_dimension_representation
    SUBTYPE OF (shape_representation);
    WHERE
        WR1: SIZEOF(QUERY (temp <* SELF\representation.items| NOT (
         'INTEGRATED_CNC_SCHEMA.MEASURE_REPRESENTATION_ITEM' IN TYPEOF
         (temp)))) = 0;
        WR2: SIZEOF(SELF\representation.items) <= 3;
        WR3: SIZEOF(QUERY (pos_mri <* QUERY (real_mri <* SELF\representation.
         items| ('REAL' IN TYPEOF(real_mri\measure_with_unit.
         value_component)))| NOT (pos_mri\measure_with_unit.
         value_component > 0.0))) = 0;
END_ENTITY; -- 10303-47: shape_dimension_schema
ENTITY shape_representation
    SUBTYPE OF (representation);
END_ENTITY; -- 10303-41: product_property_representation_schema
ENTITY shape_representation_relationship
    SUBTYPE OF (representation_relationship);
    WHERE
        WR1: 'INTEGRATED_CNC_SCHEMA.SHAPE_REPRESENTATION' IN TYPEOF(SELF\
         representation_relationship.rep_1) + TYPEOF(SELF\
         representation_relationship.rep_2);
END_ENTITY; -- 10303-41: product_property_representation_schema
ENTITY shape_representation_with_parameters
    SUBTYPE OF (shape_representation);
    WHERE
        WR1: SIZEOF(QUERY (it <* SELF.items| NOT (SIZEOF([
         'INTEGRATED_CNC_SCHEMA.PLACEMENT',
         'INTEGRATED_CNC_SCHEMA.MEASURE_REPRESENTATION_ITEM',
         'INTEGRATED_CNC_SCHEMA.DESCRIPTIVE_REPRESENTATION_ITEM'] *
         TYPEOF(it)) = 1))) = 0;
END_ENTITY; -- 10303-522: aic_machining_feature
ENTITY shell_based_surface_model
    SUBTYPE OF (geometric_representation_item);
    sbsm_boundary : SET [1:?] OF shell;
    WHERE
        WR1: constraints_geometry_shell_based_surface_model(SELF);
END_ENTITY; -- 10303-42: geometric_model_schema
ENTITY shell_based_wireframe_model
    SUBTYPE OF (geometric_representation_item);
```

```
    sbwm_boundary : SET [1:?] OF shell;
    WHERE
        WR1: constraints_geometry_shell_based_wireframe_model(SELF);
END_ENTITY; -- 10303-42: geometric_model_schema
ENTITY shell_based_wireframe_shape_representation
    SUBTYPE OF (shape_representation);
    WHERE
        WR1: SIZEOF(QUERY (it <* SELF.items| NOT (SIZEOF([
         'INTEGRATED_CNC_SCHEMA.SHELL_BASED_WIREFRAME_MODEL',
         'INTEGRATED_CNC_SCHEMA.MAPPED_ITEM',
         'INTEGRATED_CNC_SCHEMA.AXIS2_PLACEMENT_3D' ] * TYPEOF(it)) =
         1))) = 0;
        WR2: SIZEOF(QUERY (it <* SELF.items| (SIZEOF([
         'INTEGRATED_CNC_SCHEMA.SHELL_BASED_WIREFRAME_MODEL',
         'INTEGRATED_CNC_SCHEMA.MAPPED_ITEM' ] * TYPEOF(it)) = 1))) >= 1;
        WR3: SIZEOF(QUERY (sbwm <* QUERY (it <* SELF.items| (
         'INTEGRATED_CNC_SCHEMA.SHELL_BASED_WIREFRAME_MODEL' IN
    TYPEOF
         (it)))| NOT (SIZEOF(QUERY (ws <* QUERY (sb <* sbwm\
         shell_based_wireframe_model.sbwm_boundary| (
         'INTEGRATED_CNC_SCHEMA.WIRE_SHELL' IN TYPEOF(sb)))| NOT (
         SIZEOF(QUERY (eloop <* QUERY (wsb <* ws\wire_shell.
         wire_shell_extent| ('INTEGRATED_CNC_SCHEMA.EDGE_LOOP' IN
         TYPEOF(wsb)))| NOT (SIZEOF(QUERY (el <* eloop\path.edge_list|
         NOT ('INTEGRATED_CNC_SCHEMA.EDGE_CURVE' IN TYPEOF(el.
         edge_element)))) = 0))) = 0))) = 0))) = 0;
        WR4: SIZEOF(QUERY (sbwm <* QUERY (it <* SELF.items| (
         'INTEGRATED_CNC_SCHEMA.SHELL_BASED_WIREFRAME_MODEL' IN
    TYPEOF
         (it)))| NOT (SIZEOF(QUERY (ws <* QUERY (sb <* sbwm\
         shell_based_wireframe_model.sbwm_boundary| (
         'INTEGRATED_CNC_SCHEMA.WIRE_SHELL' IN TYPEOF(sb)))| NOT (
         SIZEOF(QUERY (eloop <* QUERY (wsb <* ws\wire_shell.
         wire_shell_extent| ('INTEGRATED_CNC_SCHEMA.EDGE_LOOP' IN
         TYPEOF(wsb)))| NOT (SIZEOF(QUERY (pline_el <* QUERY (el <*
         eloop\path.edge_list| ('INTEGRATED_CNC_SCHEMA.POLYLINE' IN
         TYPEOF(el.edge_element\edge_curve.edge_geometry)))| NOT (
         SIZEOF(pline_el.edge_element\edge_curve.edge_geometry\
         polyline.points) > 2))) = 0))) = 0))) = 0))) = 0;
        WR5: SIZEOF(QUERY (sbwm <* QUERY (it <* SELF.items| (
         'INTEGRATED_CNC_SCHEMA.SHELL_BASED_WIREFRAME_MODEL' IN
    TYPEOF
         (it)))| NOT (SIZEOF(QUERY (ws <* QUERY (sb <* sbwm\
         shell_based_wireframe_model.sbwm_boundary| (
         'INTEGRATED_CNC_SCHEMA.WIRE_SHELL' IN TYPEOF(sb)))| NOT (
         SIZEOF(QUERY (eloop <* QUERY (wsb <* ws\wire_shell.
         wire_shell_extent| ('INTEGRATED_CNC_SCHEMA.EDGE_LOOP' IN
         TYPEOF(wsb)))| NOT (SIZEOF(QUERY (el <* eloop\path.edge_list|
```

```
NOT valid_wireframe_edge_curve(el.edge_element\edge_curve.
edge_geometry))) = 0))) = 0))) = 0))) = 0;
WR6: SIZEOF(QUERY (sbwm <* QUERY (it <* SELF.items| (
'INTEGRATED_CNC_SCHEMA.SHELL_BASED_WIREFRAME_MODEL' IN
TYPEOF
(it)))| NOT (SIZEOF(QUERY (ws <* QUERY (sb <* sbwm\
shell_based_wireframe_model.sbwm_boundary| (
'INTEGRATED_CNC_SCHEMA.WIRE_SHELL' IN TYPEOF(sb)))| NOT (
SIZEOF(QUERY (eloop <* QUERY (wsb <* ws\wire_shell.
wire_shell_extent| ('INTEGRATED_CNC_SCHEMA.EDGE_LOOP' IN
TYPEOF(wsb)))| NOT (SIZEOF(QUERY (el <* eloop\path.edge_list|
NOT (('INTEGRATED_CNC_SCHEMA.VERTEX_POINT' IN TYPEOF(el.
edge_element.edge_start)) AND (
'INTEGRATED_CNC_SCHEMA.VERTEX_POINT' IN TYPEOF(el.
edge_element.edge_end))))) = 0))) = 0))) = 0))) = 0;
WR7: SIZEOF(QUERY (sbwm <* QUERY (it <* SELF.items| (
'INTEGRATED_CNC_SCHEMA.SHELL_BASED_WIREFRAME_MODEL' IN
TYPEOF
(it)))| NOT (SIZEOF(QUERY (ws <* QUERY (sb <* sbwm\
shell_based_wireframe_model.sbwm_boundary| (
'INTEGRATED_CNC_SCHEMA.WIRE_SHELL' IN TYPEOF(sb)))| NOT (
SIZEOF(QUERY (eloop <* QUERY (wsb <* ws\wire_shell.
wire_shell_extent| ('INTEGRATED_CNC_SCHEMA.EDGE_LOOP' IN
TYPEOF(wsb)))| NOT (SIZEOF(QUERY (el <* eloop\path.edge_list|
NOT (valid_wireframe_vertex_point(el.edge_element.edge_start
\vertex_point.vertex_geometry) AND
valid_wireframe_vertex_point(el.edge_element.edge_end\
vertex_point.vertex_geometry)))) = 0))) = 0))) = 0))) = 0;
WR8: SIZEOF(QUERY (sbwm <* QUERY (it <* SELF.items| (
'INTEGRATED_CNC_SCHEMA.SHELL_BASED_WIREFRAME_MODEL' IN
TYPEOF
(it)))| NOT (SIZEOF(QUERY (ws <* QUERY (sb <* sbwm\
shell_based_wireframe_model.sbwm_boundary| (
'INTEGRATED_CNC_SCHEMA.WIRE_SHELL' IN TYPEOF(sb)))| NOT (
SIZEOF(QUERY (vloop <* QUERY (wsb <* ws\wire_shell.
wire_shell_extent| ('INTEGRATED_CNC_SCHEMA.VERTEX_LOOP' IN
TYPEOF(wsb)))| NOT ('INTEGRATED_CNC_SCHEMA.VERTEX_POINT' IN
TYPEOF(vloop\vertex_loop.loop_vertex)))) = 0))) = 0))) = 0;
WR9: SIZEOF(QUERY (sbwm <* QUERY (it <* SELF.items| (
'INTEGRATED_CNC_SCHEMA.SHELL_BASED_WIREFRAME_MODEL' IN
TYPEOF
(it)))| NOT (SIZEOF(QUERY (ws <* QUERY (sb <* sbwm\
shell_based_wireframe_model.sbwm_boundary| (
'INTEGRATED_CNC_SCHEMA.WIRE_SHELL' IN TYPEOF(sb)))| NOT (
SIZEOF(QUERY (vloop <* QUERY (wsb <* ws\wire_shell.
wire_shell_extent| ('INTEGRATED_CNC_SCHEMA.VERTEX_LOOP' IN
TYPEOF(wsb)))| NOT valid_wireframe_vertex_point(vloop\
vertex_loop.loop_vertex\vertex_point.vertex_geometry))) = 0))
```

```
        ) = 0))) = 0;
      WR10: SIZEOF(QUERY (sbwm <* QUERY (it <* SELF.items| (
        'INTEGRATED_CNC_SCHEMA.SHELL_BASED_WIREFRAME_MODEL' IN
    TYPEOF
        (it)))| NOT (SIZEOF(QUERY (vs <* QUERY (sb <* sbwm\
        shell_based_wireframe_model.sbwm_boundary| (
        'INTEGRATED_CNC_SCHEMA.VERTEX_SHELL' IN TYPEOF(sb)))| NOT (
        'INTEGRATED_CNC_SCHEMA.VERTEX_POINT' IN TYPEOF(vs\
        vertex_shell.vertex_shell_extent.loop_vertex)))) = 0))) = 0;
      WR11: SIZEOF(QUERY (sbwm <* QUERY (it <* SELF.items| (
        'INTEGRATED_CNC_SCHEMA.SHELL_BASED_WIREFRAME_MODEL' IN
    TYPEOF
        (it)))| NOT (SIZEOF(QUERY (vs <* QUERY (sb <* sbwm\
        shell_based_wireframe_model.sbwm_boundary| (
        'INTEGRATED_CNC_SCHEMA.VERTEX_SHELL' IN TYPEOF(sb)))| NOT
        valid_wireframe_vertex_point(vs\vertex_shell.
        vertex_shell_extent.loop_vertex\vertex_point.vertex_geometry)
        )) = 0))) = 0;
      WR12: SIZEOF(QUERY (mi <* QUERY (it <* SELF.items| (
        'INTEGRATED_CNC_SCHEMA.MAPPED_ITEM' IN TYPEOF(it)))| NOT (
        'INTEGRATED_CNC_SCHEMA.' +
        'SHELL_BASED_WIREFRAME_SHAPE_REPRESENTATION' IN TYPEOF(mi\
        mapped_item.mapping_source.mapped_representation)))) = 0;
      WR13: SELF.context_of_items\geometric_representation_context.
        coordinate_space_dimension = 3;
END_ENTITY; -- 10303-502: aic_shell_based_wireframe
ENTITY si_unit
    SUBTYPE OF (named_unit);
    prefix : OPTIONAL si_prefix;
    name : si_unit_name;
    DERIVE
      SELF\named_unit.dimensions : dimensional_exponents := dimensions_for_si_unit(name);
END_ENTITY; -- 10303-41: measure_schema
ENTITY side_milling_operation
    SUBTYPE OF (milling_type_operation);
    WHERE
      WR1: (SELF.description IN ['roughing','finishing']);
      WR2: (verify_optional_action_property (SELF, 'axial cutting depth'))
        AND (verify_length_measure_action_property (SELF, 'axial cutting depth'));
      WR3: (verify_optional_action_property (SELF, 'radial cutting depth'))
        AND (verify_length_measure_action_property (SELF, 'radial cutting depth'));
      WR4: (verify_optional_action_property (SELF, 'allowance side')) AND
        (verify_length_measure_action_property (SELF, 'allowance side'));
      WR5: NOT (SELF.description = 'roughing') OR
        (verify_required_action_property (SELF, 'allowance side'));
END_ENTITY; -- 10303-238: integrated_cnc_schema
ENTITY simple_generic_expression
    ABSTRACT SUPERTYPE OF (ONEOF(generic_literal, generic_variable))
```

```
    SUBTYPE OF (generic_expression);
END_ENTITY; -- 13584-20: iso13584_generic_expressions_schema
ENTITY simple_numeric_expression
    ABSTRACT SUPERTYPE OF (ONEOF(literal_number, numeric_variable))
    SUBTYPE OF (numeric_expression, simple_generic_expression);
END_ENTITY; -- 13584-20: iso13584_expressions_schema
ENTITY slot
    SUBTYPE OF (feature_definition);
    WHERE
        WR1: SIZEOF(QUERY (pd <* USEDIN(SELF,
         'INTEGRATED_CNC_SCHEMA.PROPERTY_DEFINITION.DEFINITION')| NOT
         (SIZEOF(QUERY (impl_rep <* QUERY (pdr <* USEDIN(pd,
         'INTEGRATED_CNC_SCHEMA.' +
         'PROPERTY_DEFINITION_REPRESENTATION.DEFINITION')| (
         'INTEGRATED_CNC_SCHEMA.' +
         'SHAPE_REPRESENTATION_WITH_PARAMETERS' IN TYPEOF(pdr.
         used_representation)))| NOT (SIZEOF(impl_rep.
         used_representation.items) = 1))) = 0))) = 0;
        WR2: SIZEOF(QUERY (pds <* QUERY (pd <* USEDIN(SELF,
         'INTEGRATED_CNC_SCHEMA.PROPERTY_DEFINITION.DEFINITION')| (
         'INTEGRATED_CNC_SCHEMA.PRODUCT_DEFINITION_SHAPE' IN TYPEOF(pd
         )))| NOT (SIZEOF(QUERY (sa_occ <* USEDIN(pds,
         'INTEGRATED_CNC_SCHEMA.SHAPE_ASPECT.OF_SHAPE')| (sa_occ.
         description = 'swept shape occurrence') AND (SIZEOF(QUERY (
         sdr <* QUERY (sar <* USEDIN(sa_occ,
         'INTEGRATED_CNC_SCHEMA.SHAPE_ASPECT_RELATIONSHIP.' +
         'RELATED_SHAPE_ASPECT')| (sar.description = 'profile usage')
         AND ('INTEGRATED_CNC_SCHEMA.SHAPE_DEFINING_RELATIONSHIP' IN
         TYPEOF(sar)))| (SIZEOF([
         'INTEGRATED_CNC_SCHEMA.SQUARE_U_PROFILE',
         'INTEGRATED_CNC_SCHEMA.PARTIAL_CIRCULAR_PROFILE',
         'INTEGRATED_CNC_SCHEMA.ROUNDED_U_PROFILE',
         'INTEGRATED_CNC_SCHEMA.VEE_PROFILE',
         'INTEGRATED_CNC_SCHEMA.TEE_PROFILE',
         'INTEGRATED_CNC_SCHEMA.OPEN_PATH_PROFILE' ] * TYPEOF(sdr.
         relating_shape_aspect)) = 1))) = 1))) = 1))) = 0;
        WR3: SIZEOF(QUERY (pds <* QUERY (pd <* USEDIN(SELF,
         'INTEGRATED_CNC_SCHEMA.PROPERTY_DEFINITION.DEFINITION')| (
         'INTEGRATED_CNC_SCHEMA.PRODUCT_DEFINITION_SHAPE' IN TYPEOF(pd
         )))| NOT (SIZEOF(QUERY (sa_occ <* USEDIN(pds,
         'INTEGRATED_CNC_SCHEMA.SHAPE_ASPECT.OF_SHAPE')| (sa_occ.
         description = 'course of travel occurrence') AND (SIZEOF(
         QUERY (sdr <* QUERY (sar <* USEDIN(sa_occ,
         'INTEGRATED_CNC_SCHEMA.SHAPE_ASPECT_RELATIONSHIP.' +
         'RELATED_SHAPE_ASPECT')| (sar.description =
         'path feature component usage') AND ((sar.name =
         'course of travel') AND (
         'INTEGRATED_CNC_SCHEMA.SHAPE_DEFINING_RELATIONSHIP' IN TYPEOF
```

```
(sar))))| ('INTEGRATED_CNC_SCHEMA.PATH_FEATURE_COMPONENT' IN
TYPEOF(sdr.relating_shape_aspect)))) = 1))) = 1))) = 0;
WR4: SIZEOF(QUERY (pds <* QUERY (pd <* USEDIN(SELF,
'INTEGRATED_CNC_SCHEMA.PROPERTY_DEFINITION.DEFINITION')| (
'INTEGRATED_CNC_SCHEMA.PRODUCT_DEFINITION_SHAPE' IN TYPEOF(pd
)))| NOT ((SIZEOF(QUERY (sa_occ <* USEDIN(pds,
'INTEGRATED_CNC_SCHEMA.SHAPE_ASPECT.OF_SHAPE')| (sa_occ.
description = 'end condition occurrence') AND (SIZEOF(QUERY (
fcr <* QUERY (sar <* USEDIN(sa_occ, 'INTEGRATED_CNC_SCHEMA.'
+ 'SHAPE_ASPECT_RELATIONSHIP.RELATED_SHAPE_ASPECT')| ((sar.
description = 'slot end usage') AND (sar.name IN [
'course of travel start', 'course of travel end' ])) AND (
'INTEGRATED_CNC_SCHEMA.FEATURE_COMPONENT_RELATIONSHIP' IN
TYPEOF(sar)))| (('INTEGRATED_CNC_SCHEMA.SLOT_END' IN TYPEOF(
fcr.relating_shape_aspect)) AND (fcr.relating_shape_aspect.
description IN [ 'open', 'radiused', 'flat', 'woodruff' ]))
AND ('INTEGRATED_CNC_SCHEMA.SLOT' IN TYPEOF(fcr.
related_shape_aspect.of_shape.definition)))) = 1))) = 2) OR (
SIZEOF(QUERY (sa_occ <* USEDIN(pds,
'INTEGRATED_CNC_SCHEMA.SHAPE_ASPECT.OF_SHAPE')| (sa_occ.
description = 'end condition occurrence') AND (SIZEOF(QUERY (
fcr <* QUERY (sar <* USEDIN(sa_occ, 'INTEGRATED_CNC_SCHEMA.'
+ 'SHAPE_ASPECT_RELATIONSHIP.RELATED_SHAPE_ASPECT')| ((sar.
description = 'slot end usage') AND (sar.name IN [
'course of travel start', 'course of travel end' ])) AND (
'INTEGRATED_CNC_SCHEMA.FEATURE_COMPONENT_RELATIONSHIP' IN
TYPEOF(sar)))| (('INTEGRATED_CNC_SCHEMA.SLOT_END' IN TYPEOF(
fcr.relating_shape_aspect)) AND (fcr.relating_shape_aspect.
description IN [ 'loop' ])) AND ('INTEGRATED_CNC_SCHEMA.SLOT'
IN TYPEOF(fcr.related_shape_aspect.of_shape.definition)))) =
1))) = 1)))) = 0;
WR5: NOT (SIZEOF(QUERY (pds <* QUERY (pd <* USEDIN(SELF,
'INTEGRATED_CNC_SCHEMA.PROPERTY_DEFINITION.DEFINITION')| (
'INTEGRATED_CNC_SCHEMA.PRODUCT_DEFINITION_SHAPE' IN TYPEOF(pd
)))| NOT (SIZEOF(QUERY (sa_occ <* USEDIN(pds,
'INTEGRATED_CNC_SCHEMA.SHAPE_ASPECT.OF_SHAPE')| (sa_occ.
description = 'end condition occurrence') AND (SIZEOF(QUERY (
fcr <* QUERY (sar <* USEDIN(sa_occ,
'INTEGRATED_CNC_SCHEMA.SHAPE_ASPECT_RELATIONSHIP.' +
'RELATED_SHAPE_ASPECT')| ((sar.description = 'slot end usage'
) AND (sar.name IN [ 'course of travel start',
'course of travel end' ])) AND (
'INTEGRATED_CNC_SCHEMA.FEATURE_COMPONENT_RELATIONSHIP' IN
TYPEOF(sar)))| (('INTEGRATED_CNC_SCHEMA.SLOT_END' IN TYPEOF(
fcr.relating_shape_aspect)) AND (fcr.relating_shape_aspect.
description IN [ 'loop' ])) AND ('INTEGRATED_CNC_SCHEMA.SLOT'
IN TYPEOF(fcr.related_shape_aspect.of_shape.definition)))) =
1))) = 1))) = 0) OR (SIZEOF(QUERY (pds <* QUERY (pd <*
```

```
USEDIN(SELF,'INTEGRATED_CNC_SCHEMA.PROPERTY_DEFINITION.DEFINITION')
        | ( 'INTEGRATED_CNC_SCHEMA.PRODUCT_DEFINITION_SHAPE' IN
    TYPEOF(pd)))
        | NOT (SIZEOF(QUERY (sa_occ <* USEDIN(pds,
        'INTEGRATED_CNC_SCHEMA.SHAPE_ASPECT.OF_SHAPE')| (sa_occ.
        description = 'course of travel occurrence') AND (SIZEOF(
        QUERY (sdr <* QUERY (sar <* USEDIN(sa_occ,
        'INTEGRATED_CNC_SCHEMA.SHAPE_ASPECT_RELATIONSHIP.' +
        'RELATED_SHAPE_ASPECT')| (sar.description =
        'path feature component usage') AND ((sar.name =
        'course of travel') AND (
        'INTEGRATED_CNC_SCHEMA.SHAPE_DEFINING_RELATIONSHIP' IN TYPEOF
        (sar)))| ('INTEGRATED_CNC_SCHEMA.PATH_FEATURE_COMPONENT' IN
        TYPEOF(sdr.relating_shape_aspect)) AND (sdr.
        relating_shape_aspect.description IN [ 'complex',
        'complete circular' ]))) = 1))) = 1))) = 0);
       WR6: SIZEOF(QUERY (pdr <* get_property_definition_representations(SELF)
        | ('INTEGRATED_CNC_SCHEMA.PLANAR_SHAPE_REPRESENTATION' IN
        TYPEOF(pdr.used_representation)) AND (pdr.used_representation
        .name = 'maximum feature limit'))) >= 0;
END_ENTITY; -- 10303-522: aic_machining_feature
ENTITY slot_end
    SUBTYPE OF (shape_aspect);
    WHERE
       WR1: 'INTEGRATED_CNC_SCHEMA.FEATURE_COMPONENT_DEFINITION' IN
TYPEOF(
        SELF.of_shape.definition);
       WR2: SELF.description IN [ 'open', 'radiused', 'flat', 'woodruff','loop' ];
       WR3: NOT (SELF.description IN [ 'open', 'radiused', 'loop' ]) OR (
        SIZEOF(QUERY (pd <* USEDIN(SELF,
        'INTEGRATED_CNC_SCHEMA.PROPERTY_DEFINITION.DEFINITION')| NOT
        (SIZEOF(QUERY (pdr <* USEDIN(pd, 'INTEGRATED_CNC_SCHEMA.' +
        'PROPERTY_DEFINITION_REPRESENTATION.DEFINITION')| (
    'INTEGRATED_CNC_SCHEMA.SHAPE_REPRESENTATION_WITH_PARAMETERS'
        IN TYPEOF(pdr.used_representation)))) = 0))) = 0);
       WR4: NOT (SELF.description IN [ 'flat', 'woodruff' ]) OR (SIZEOF(QUERY
        (pd <* USEDIN(SELF,
        'INTEGRATED_CNC_SCHEMA.PROPERTY_DEFINITION.DEFINITION')| NOT
        (SIZEOF(QUERY (pdr <* USEDIN(pd, 'INTEGRATED_CNC_SCHEMA.' +
        'PROPERTY_DEFINITION_REPRESENTATION.DEFINITION')| (

    'INTEGRATED_CNC_SCHEMA.SHAPE_REPRESENTATION_WITH_PARAMETERS'
        IN TYPEOF(pdr.used_representation)))) = 1))) = 0);
       WR5: NOT (SELF.description IN [ 'flat' ]) OR (SIZEOF(QUERY (pd <*
        USEDIN(SELF,
        'INTEGRATED_CNC_SCHEMA.PROPERTY_DEFINITION.DEFINITION')| NOT
        (SIZEOF(QUERY (impl_rep <* QUERY (pdr <* USEDIN(pd,
        'INTEGRATED_CNC_SCHEMA.' +
```

```
   'PROPERTY_DEFINITION_REPRESENTATION.DEFINITION')| (

'INTEGRATED_CNC_SCHEMA.SHAPE_REPRESENTATION_WITH_PARAMETERS'
   IN TYPEOF(pdr.used_representation)))| NOT (SIZEOF(impl_rep.
   used_representation.items) = 2))) = 0))) = 0);
  WR6: NOT (SELF.description = 'flat') OR (SIZEOF(QUERY (pd <* USEDIN(
   SELF, 'INTEGRATED_CNC_SCHEMA.PROPERTY_DEFINITION.DEFINITION')
   | NOT (SIZEOF(QUERY (impl_rep <* QUERY (pdr <* USEDIN(pd,
   'INTEGRATED_CNC_SCHEMA.' +
   'PROPERTY_DEFINITION_REPRESENTATION.DEFINITION')| (

'INTEGRATED_CNC_SCHEMA.SHAPE_REPRESENTATION_WITH_PARAMETERS'
   IN TYPEOF(pdr.used_representation)))| NOT (SIZEOF(QUERY (it
   <* impl_rep.used_representation.items| (SIZEOF([
   'INTEGRATED_CNC_SCHEMA.MEASURE_REPRESENTATION_ITEM',
   'INTEGRATED_CNC_SCHEMA.LENGTH_MEASURE_WITH_UNIT' ] * TYPEOF(
   it)) = 2) AND (it.name = 'first radius'))) = 1))) = 0))) = 0);
  WR7: NOT (SELF.description = 'flat') OR (SIZEOF(QUERY (pd <* USEDIN(
   SELF, 'INTEGRATED_CNC_SCHEMA.PROPERTY_DEFINITION.DEFINITION')
   | NOT (SIZEOF(QUERY (impl_rep <* QUERY (pdr <* USEDIN(pd,
   'INTEGRATED_CNC_SCHEMA.' +
   'PROPERTY_DEFINITION_REPRESENTATION.DEFINITION')| (

'INTEGRATED_CNC_SCHEMA.SHAPE_REPRESENTATION_WITH_PARAMETERS'
   IN TYPEOF(pdr.used_representation)))| NOT (SIZEOF(QUERY (it
   <* impl_rep.used_representation.items| (SIZEOF([
   'INTEGRATED_CNC_SCHEMA.MEASURE_REPRESENTATION_ITEM',
   'INTEGRATED_CNC_SCHEMA.LENGTH_MEASURE_WITH_UNIT' ] * TYPEOF(
   it)) = 2) AND (it.name = 'second radius'))) = 1))) = 0))) = 0);
  WR8: NOT (SELF.description = 'woodruff') OR (SIZEOF(QUERY (pd <* USEDIN
   (SELF, 'INTEGRATED_CNC_SCHEMA.PROPERTY_DEFINITION.DEFINITION'
   )| NOT (SIZEOF(QUERY (impl_rep <* QUERY (pdr <* USEDIN(pd,
   'INTEGRATED_CNC_SCHEMA.' +
   'PROPERTY_DEFINITION_REPRESENTATION.DEFINITION')| (

'INTEGRATED_CNC_SCHEMA.SHAPE_REPRESENTATION_WITH_PARAMETERS'
   IN TYPEOF(pdr.used_representation)))| NOT (SIZEOF(QUERY (it
   <* impl_rep.used_representation.items| (
   'INTEGRATED_CNC_SCHEMA.LENGTH_MEASURE_WITH_UNIT' IN TYPEOF(it
   )) AND (it.name = 'radius'))) = 1))) = 0))) = 0);
  WR9: NOT (SELF.description IN [ 'woodruff' ]) OR (SIZEOF(QUERY (pd <*
   USEDIN(SELF,
   'INTEGRATED_CNC_SCHEMA.PROPERTY_DEFINITION.DEFINITION')| NOT
   (SIZEOF(QUERY (impl_rep <* QUERY (pdr <* USEDIN(pd,
   'INTEGRATED_CNC_SCHEMA.' +
   'PROPERTY_DEFINITION_REPRESENTATION.DEFINITION')| (

'INTEGRATED_CNC_SCHEMA.SHAPE_REPRESENTATION_WITH_PARAMETERS'
```

```
        IN TYPEOF(pdr.used_representation)))| NOT (SIZEOF(impl_rep.
        used_representation.items) = 1))) = 0))) = 0);
       WR10: SIZEOF(QUERY (fcr <* QUERY (sar <* USEDIN(SELF,
        'INTEGRATED_CNC_SCHEMA.SHAPE_ASPECT_RELATIONSHIP.' +
        'RELATING_SHAPE_ASPECT')| ((sar.description =
        'slot end usage') AND (sar.name IN ['course of travel start'
        , 'course of travel end'])) AND (
        'INTEGRATED_CNC_SCHEMA.FEATURE_COMPONENT_RELATIONSHIP' IN
        TYPEOF(sar)))| ((fcr.related_shape_aspect.description =
        'end condition occurrence') AND ('INTEGRATED_CNC_SCHEMA.SLOT'
        IN TYPEOF(fcr.related_shape_aspect.of_shape.definition)))
        AND ('INTEGRATED_CNC_SCHEMA.SLOT_END' IN TYPEOF(fcr.
        relating_shape_aspect)))) >= 1;
END_ENTITY; -- 10303-522: aic_machining_feature
   ENTITY solid_angle_measure_with_unit
   SUBTYPE OF (measure_with_unit);
   WHERE
       WR1: 'INTEGRATED_CNC_SCHEMA.SOLID_ANGLE_UNIT' IN TYPEOF(SELF\
        measure_with_unit.unit_component);
END_ENTITY; -- 10303-41: measure_schema
ENTITY solid_angle_unit
   SUBTYPE OF (named_unit);
   WHERE
       WR1: ((((((SELF\named_unit.dimensions.length_exponent = 0.0) AND (SELF\
        named_unit.dimensions.mass_exponent = 0.0)) AND (SELF\
        named_unit.dimensions.time_exponent = 0.0)) AND (SELF\
        named_unit.dimensions.electric_current_exponent = 0.0)) AND (
        SELF\named_unit.dimensions.thermodynamic_temperature_exponent
         = 0.0)) AND (SELF\named_unit.dimensions.
        amount_of_substance_exponent = 0.0)) AND (SELF\named_unit.
        dimensions.luminous_intensity_exponent = 0.0);
END_ENTITY; -- 10303-41: measure_schema
ENTITY solid_model
   SUPERTYPE OF (manifold_solid_brep)
   SUBTYPE OF (geometric_representation_item);
END_ENTITY; -- 10303-42: geometric_model_schema
ENTITY spherical_cap
   SUBTYPE OF (feature_definition);
   WHERE
       WR1: SIZEOF(QUERY (pd <* USEDIN(SELF,
        'INTEGRATED_CNC_SCHEMA.PROPERTY_DEFINITION.DEFINITION')| NOT
        (SIZEOF(QUERY (impl_rep <* QUERY (pdr <* USEDIN(pd,
        'INTEGRATED_CNC_SCHEMA.' +
        'PROPERTY_DEFINITION_REPRESENTATION.DEFINITION')| (
        'INTEGRATED_CNC_SCHEMA.' +
        'SHAPE_REPRESENTATION_WITH_PARAMETERS' IN TYPEOF(pdr.
        used_representation)))| NOT (SIZEOF(impl_rep.
        used_representation.items) = 3))) = 0))) = 0;
```

```
        WR2: SIZEOF(QUERY (pd <* USEDIN(SELF,
         'INTEGRATED_CNC_SCHEMA.PROPERTY_DEFINITION.DEFINITION')| NOT
         (SIZEOF(QUERY (impl_rep <* QUERY (pdr <* USEDIN(pd,
         'INTEGRATED_CNC_SCHEMA.' +
         'PROPERTY_DEFINITION_REPRESENTATION.DEFINITION')| (
         'INTEGRATED_CNC_SCHEMA.' +
         'SHAPE_REPRESENTATION_WITH_PARAMETERS' IN TYPEOF(pdr.
         used_representation)))| NOT (SIZEOF(QUERY (it <* impl_rep.
         used_representation.items| (SIZEOF([
         'INTEGRATED_CNC_SCHEMA.MEASURE_REPRESENTATION_ITEM',
         'INTEGRATED_CNC_SCHEMA.LENGTH_MEASURE_WITH_UNIT'] * TYPEOF(
         it)) = 2) AND (it.name = 'radius'))) = 1))) = 0))) = 0;
        WR3: SIZEOF(QUERY (pd <* USEDIN(SELF,
         'INTEGRATED_CNC_SCHEMA.PROPERTY_DEFINITION.DEFINITION')| NOT
         (SIZEOF(QUERY (impl_rep <* QUERY (pdr <* USEDIN(pd,
         'INTEGRATED_CNC_SCHEMA.' +
         'PROPERTY_DEFINITION_REPRESENTATION.DEFINITION')| (
         'INTEGRATED_CNC_SCHEMA.' +
         'SHAPE_REPRESENTATION_WITH_PARAMETERS' IN TYPEOF(pdr.
         used_representation)))| NOT (SIZEOF(QUERY (it <* impl_rep.
         used_representation.items| (SIZEOF([
         'INTEGRATED_CNC_SCHEMA.MEASURE_REPRESENTATION_ITEM',
         'INTEGRATED_CNC_SCHEMA.PLANE_ANGLE_MEASURE_WITH_UNIT'] *
         TYPEOF(it)) = 2) AND (it.name = 'internal angle'))) = 1))) =
         0))) = 0;
END_ENTITY; -- 10303-522: aic_machining_feature
ENTITY spherical_surface
    SUBTYPE OF (elementary_surface);
    radius : positive_length_measure;
END_ENTITY; -- 10303-42: geometry_schema
ENTITY square_u_profile
    SUBTYPE OF (shape_aspect);
    WHERE
        WR1: 'INTEGRATED_CNC_SCHEMA.FEATURE_COMPONENT_DEFINITION' IN
TYPEOF(
         SELF.of_shape.definition);
        WR2: SIZEOF(QUERY (pd <* USEDIN(SELF,
         'INTEGRATED_CNC_SCHEMA.PROPERTY_DEFINITION.DEFINITION')| NOT
         (SIZEOF(QUERY (pdr <* USEDIN(pd, 'INTEGRATED_CNC_SCHEMA.' +
         'PROPERTY_DEFINITION_REPRESENTATION.DEFINITION')| (
         'INTEGRATED_CNC_SCHEMA.' +
         'SHAPE_REPRESENTATION_WITH_PARAMETERS' IN TYPEOF(pdr.
         used_representation)))) = 1))) = 0;
        WR3: SIZEOF(QUERY (pd <* USEDIN(SELF,
         'INTEGRATED_CNC_SCHEMA.PROPERTY_DEFINITION.DEFINITION')| NOT
         (SIZEOF(QUERY (impl_rep <* QUERY (pdr <* USEDIN(pd,
         'INTEGRATED_CNC_SCHEMA.' +
         'PROPERTY_DEFINITION_REPRESENTATION.DEFINITION')| (
```

```
'INTEGRATED_CNC_SCHEMA.' +
'SHAPE_REPRESENTATION_WITH_PARAMETERS' IN TYPEOF(pdr.
used_representation)))| NOT (SIZEOF(impl_rep.
used_representation.items) >= 4) AND (SIZEOF(impl_rep.
used_representation.items) <= 7))) = 0))) = 0;
WR4: SIZEOF(QUERY (pd <* USEDIN(SELF,
'INTEGRATED_CNC_SCHEMA.PROPERTY_DEFINITION.DEFINITION')| (
SIZEOF(QUERY (pdr <* USEDIN(pd, 'INTEGRATED_CNC_SCHEMA.' +
'PROPERTY_DEFINITION_REPRESENTATION.DEFINITION')| (
'INTEGRATED_CNC_SCHEMA.' +
'SHAPE_REPRESENTATION_WITH_PARAMETERS' IN TYPEOF(pdr.
used_representation)) AND (SIZEOF(QUERY (srwp_i <* pdr.
used_representation.items| (((((((srwp_i.name = 'orientation'
) OR (srwp_i.name = 'width')) OR (srwp_i.name = 'first angle'
)) OR (srwp_i.name = 'second angle')) OR (srwp_i.name =
'first radius')) OR (srwp_i.name = 'second radius')) OR (
srwp_i.name = 'profile limit')) OR (srwp_i.name = 'depth')))
= SIZEOF(pdr.used_representation.items)))) = 1))) = 1;
WR5: SIZEOF(QUERY (pd <* USEDIN(SELF,
'INTEGRATED_CNC_SCHEMA.PROPERTY_DEFINITION.DEFINITION')| NOT
(SIZEOF(QUERY (impl_rep <* QUERY (pdr <* USEDIN(pd,
'INTEGRATED_CNC_SCHEMA.' +
'PROPERTY_DEFINITION_REPRESENTATION.DEFINITION')| (
'INTEGRATED_CNC_SCHEMA.' +
'SHAPE_REPRESENTATION_WITH_PARAMETERS' IN TYPEOF(pdr.
used_representation)))| NOT (SIZEOF(QUERY (it <* impl_rep.
used_representation.items| ('INTEGRATED_CNC_SCHEMA.PLACEMENT'
IN TYPEOF(it)) AND (it.name = 'orientation'))) = 1))) = 0)))
= 0;
WR6: SIZEOF(QUERY (pd <* USEDIN(SELF,
'INTEGRATED_CNC_SCHEMA.PROPERTY_DEFINITION.DEFINITION')| NOT
(SIZEOF(QUERY (impl_rep <* QUERY (pdr <* USEDIN(pd,
'INTEGRATED_CNC_SCHEMA.' +
'PROPERTY_DEFINITION_REPRESENTATION.DEFINITION')| (
'INTEGRATED_CNC_SCHEMA.' +
'SHAPE_REPRESENTATION_WITH_PARAMETERS' IN TYPEOF(pdr.
used_representation)))| NOT (SIZEOF(QUERY (it <* impl_rep.
used_representation.items| (SIZEOF([
'INTEGRATED_CNC_SCHEMA.MEASURE_REPRESENTATION_ITEM',
'INTEGRATED_CNC_SCHEMA.LENGTH_MEASURE_WITH_UNIT' ] * TYPEOF(
it)) = 2) AND (it.name = 'width'))) = 1))) = 0))) = 0;
WR7: SIZEOF(QUERY (pd <* USEDIN(SELF,
'INTEGRATED_CNC_SCHEMA.PROPERTY_DEFINITION.DEFINITION')| NOT
(SIZEOF(QUERY (impl_rep <* QUERY (pdr <* USEDIN(pd,
'INTEGRATED_CNC_SCHEMA.' +
'PROPERTY_DEFINITION_REPRESENTATION.DEFINITION')| (
'INTEGRATED_CNC_SCHEMA.' +
'SHAPE_REPRESENTATION_WITH_PARAMETERS' IN TYPEOF(pdr.
```

```
used_representation)))| NOT (SIZEOF(QUERY (it <* impl_rep.
used_representation.items| (SIZEOF([
'INTEGRATED_CNC_SCHEMA.MEASURE_REPRESENTATION_ITEM',
'INTEGRATED_CNC_SCHEMA.LENGTH_MEASURE_WITH_UNIT' ] * TYPEOF(
it)) = 2) AND (it.name = 'first radius'))) <= 1))) = 0))) = 0;
WR8: SIZEOF(QUERY (pd <* USEDIN(SELF,
'INTEGRATED_CNC_SCHEMA.PROPERTY_DEFINITION.DEFINITION')| NOT
(SIZEOF(QUERY (impl_rep <* QUERY (pdr <* USEDIN(pd,
'INTEGRATED_CNC_SCHEMA.' +
'PROPERTY_DEFINITION_REPRESENTATION.DEFINITION')| (
'INTEGRATED_CNC_SCHEMA.' +
'SHAPE_REPRESENTATION_WITH_PARAMETERS' IN TYPEOF(pdr.
used_representation)))| NOT (SIZEOF(QUERY (it <* impl_rep.
used_representation.items| (SIZEOF([
'INTEGRATED_CNC_SCHEMA.MEASURE_REPRESENTATION_ITEM',
'INTEGRATED_CNC_SCHEMA.LENGTH_MEASURE_WITH_UNIT' ] * TYPEOF(
it)) = 2) AND (it.name = 'second radius'))) <= 1))) = 0))) =0;
WR9: SIZEOF(QUERY (pd <* USEDIN(SELF,
'INTEGRATED_CNC_SCHEMA.PROPERTY_DEFINITION.DEFINITION')| NOT
(SIZEOF(QUERY (impl_rep <* QUERY (pdr <* USEDIN(pd,
'INTEGRATED_CNC_SCHEMA.' +
'PROPERTY_DEFINITION_REPRESENTATION.DEFINITION')| (
'INTEGRATED_CNC_SCHEMA.' +
'SHAPE_REPRESENTATION_WITH_PARAMETERS' IN TYPEOF(pdr.
used_representation)))| NOT (SIZEOF(QUERY (it <* impl_rep.
used_representation.items| (SIZEOF([
'INTEGRATED_CNC_SCHEMA.MEASURE_REPRESENTATION_ITEM',
'INTEGRATED_CNC_SCHEMA.PLANE_ANGLE_MEASURE_WITH_UNIT' ] *
TYPEOF(it)) = 2) AND (it.name = 'first angle'))) = 1))) = 0))
) = 0;
WR10: SIZEOF(QUERY (pd <* USEDIN(SELF,
'INTEGRATED_CNC_SCHEMA.PROPERTY_DEFINITION.DEFINITION')| NOT
(SIZEOF(QUERY (impl_rep <* QUERY (pdr <* USEDIN(pd,
'INTEGRATED_CNC_SCHEMA.' +
'PROPERTY_DEFINITION_REPRESENTATION.DEFINITION')| (
'INTEGRATED_CNC_SCHEMA.' +
'SHAPE_REPRESENTATION_WITH_PARAMETERS' IN TYPEOF(pdr.
used_representation)))| NOT (SIZEOF(QUERY (it <* impl_rep.
used_representation.items| (SIZEOF([
'INTEGRATED_CNC_SCHEMA.MEASURE_REPRESENTATION_ITEM',
'INTEGRATED_CNC_SCHEMA.PLANE_ANGLE_MEASURE_WITH_UNIT' ] *
TYPEOF(it)) = 2) AND (it.name = 'second angle'))) = 1))) = 0)
)) = 0;
WR11: SIZEOF(QUERY (pd <* USEDIN(SELF,
'INTEGRATED_CNC_SCHEMA.PROPERTY_DEFINITION.' + 'DEFINITION')|
NOT (SIZEOF(QUERY (pdr <* USEDIN(pd,
'INTEGRATED_CNC_SCHEMA.' +
'PROPERTY_DEFINITION_REPRESENTATION.DEFINITION')| (
```

```
          'INTEGRATED_CNC_SCHEMA.PLANAR_SHAPE_REPRESENTATION' IN TYPEOF
          (pdr.used_representation)) AND (pdr.used_representation.name
          = 'profile limit'))) <= 1))) = 0;
        WR12: SIZEOF(QUERY (pd <* USEDIN(SELF,
          'INTEGRATED_CNC_SCHEMA.PROPERTY_DEFINITION.DEFINITION')| NOT
          (SIZEOF(QUERY (impl_rep <* QUERY (pdr <* USEDIN(pd,
          'INTEGRATED_CNC_SCHEMA.' +
          'PROPERTY_DEFINITION_REPRESENTATION.DEFINITION')| (
          'INTEGRATED_CNC_SCHEMA.' +
          'SHAPE_REPRESENTATION_WITH_PARAMETERS' IN TYPEOF(pdr.
          used_representation)))| NOT (SIZEOF(QUERY (it <* impl_rep.
          used_representation.items| (SIZEOF([
          'INTEGRATED_CNC_SCHEMA.MEASURE_REPRESENTATION_ITEM',
          'INTEGRATED_CNC_SCHEMA.LENGTH_MEASURE_WITH_UNIT'] * TYPEOF(
          it)) = 2) AND (it.name = 'depth'))) <= 1))) = 0))) = 0;
END_ENTITY; -- 10303-522: aic_machining_feature
ENTITY standard_uncertainty
    SUPERTYPE OF (expanded_uncertainty)
    SUBTYPE OF (uncertainty_qualifier);
    uncertainty_value : REAL;
END_ENTITY; -- 10303-45: qualified_measure_schema
ENTITY step
    SUBTYPE OF (feature_definition);
    WHERE
        WR1: SIZEOF(QUERY (pd <* USEDIN(SELF,
          'INTEGRATED_CNC_SCHEMA.PROPERTY_DEFINITION.DEFINITION')| NOT
          (SIZEOF(QUERY (impl_rep <* QUERY (pdr <* USEDIN(pd,
          'INTEGRATED_CNC_SCHEMA.' +
          'PROPERTY_DEFINITION_REPRESENTATION.DEFINITION')| (
          'INTEGRATED_CNC_SCHEMA.' +
          'SHAPE_REPRESENTATION_WITH_PARAMETERS' IN TYPEOF(pdr.
          used_representation)))|NOT (SIZEOF(impl_rep.
          used_representation.items) = 1))) = 0))) = 0;
        WR2: SIZEOF(QUERY (pds <* QUERY (pd <* USEDIN(SELF,
          'INTEGRATED_CNC_SCHEMA.PROPERTY_DEFINITION.DEFINITION')| (
          'INTEGRATED_CNC_SCHEMA.PRODUCT_DEFINITION_SHAPE' IN TYPEOF(pd
          )))| NOT (SIZEOF(QUERY (sa_occ <* USEDIN(pds,
          'INTEGRATED_CNC_SCHEMA.SHAPE_ASPECT.OF_SHAPE')| (sa_occ.
          description = 'course of travel occurrence') AND (SIZEOF(
          QUERY (sdr <* QUERY (sar <* USEDIN(sa_occ,
          'INTEGRATED_CNC_SCHEMA.SHAPE_ASPECT_RELATIONSHIP.' +
          'RELATED_SHAPE_ASPECT')| (sar.description =
          'path feature component usage') AND (
          'INTEGRATED_CNC_SCHEMA.SHAPE_DEFINING_RELATIONSHIP' IN TYPEOF
          (sar)))| ('INTEGRATED_CNC_SCHEMA.PATH_FEATURE_COMPONENT' IN
          TYPEOF(sdr.relating_shape_aspect)) AND (sdr.
          relating_shape_aspect.description = 'linear'))) = 1))) = 1)))
          = 0;
```

```
        WR3: SIZEOF(QUERY (pds <* QUERY (pd <* USEDIN(SELF,
        'INTEGRATED_CNC_SCHEMA.PROPERTY_DEFINITION.DEFINITION')| (
        'INTEGRATED_CNC_SCHEMA.PRODUCT_DEFINITION_SHAPE' IN TYPEOF(pd
        )))| NOT (SIZEOF(QUERY (sa_occ <* USEDIN(pds,
        'INTEGRATED_CNC_SCHEMA.SHAPE_ASPECT.OF_SHAPE')| (sa_occ.
        description = 'removal boundary occurrence') AND (SIZEOF(
        QUERY (sdr <* QUERY (sar <* USEDIN(sa_occ,
        'INTEGRATED_CNC_SCHEMA.SHAPE_ASPECT_RELATIONSHIP.' +
        'RELATED_SHAPE_ASPECT')| (sar.description = 'profile usage')
        AND ('INTEGRATED_CNC_SCHEMA.SHAPE_DEFINING_RELATIONSHIP' IN
        TYPEOF(sar)))| ('INTEGRATED_CNC_SCHEMA.VEE_PROFILE' IN TYPEOF
        (sdr.relating_shape_aspect)))) = 1))) = 1))) = 0;
        WR4: SIZEOF(QUERY (pdr <* get_property_definition_representations(SELF)
        | ('INTEGRATED_CNC_SCHEMA.PLANAR_SHAPE_REPRESENTATION' IN
        TYPEOF(pdr.used_representation)) AND (pdr.used_representation
        .name = 'maximum feature limit'))) >= 0;
        WR5: SIZEOF(QUERY (pds <* USEDIN(SELF,
        'INTEGRATED_CNC_SCHEMA.PROPERTY_DEFINITION.DEFINITION')| (
        'INTEGRATED_CNC_SCHEMA.PRODUCT_DEFINITION_SHAPE' IN TYPEOF(
        pds)) AND (SIZEOF(QUERY (csa <* USEDIN(pds,
        'INTEGRATED_CNC_SCHEMA.SHAPE_ASPECT.OF_SHAPE')| ((
        'INTEGRATED_CNC_SCHEMA.COMPOSITE_SHAPE_ASPECT' IN TYPEOF(csa)
        ) AND (csa.name = 'uncut volume')) AND (SIZEOF(QUERY (sar <*
        csa.component_relationships| (
        'INTEGRATED_CNC_SCHEMA.FEATURE_COMPONENT_RELATIONSHIP' IN
        TYPEOF(sar)) AND (SIZEOF(['INTEGRATED_CNC_SCHEMA.BOSS',
        'INTEGRATED_CNC_SCHEMA.PROTRUSION'] * TYPEOF(sar.
        related_shape_aspect)) = 1))) = 1))) <= 1))) = 1;
END_ENTITY; -- 10303-522: aic_machining_feature
ENTITY straightness_tolerance
    SUBTYPE OF (geometric_tolerance);
    WHERE
        WR1: NOT ('INTEGRATED_CNC_SCHEMA.' +
        'GEOMETRIC_TOLERANCE_WITH_DATUM_REFERENCE' IN TYPEOF(SELF));
END_ENTITY; -- 10303-519: aic_geometric_tolerances
ENTITY surface
    SUPERTYPE OF (ONEOF(elementary_surface, swept_surface, bounded_surface,
        offset_surface, surface_replica))
    SUBTYPE OF (geometric_representation_item);
END_ENTITY; -- 10303-42: geometry_schema
ENTITY surface_curve
    SUPERTYPE OF (ONEOF(intersection_curve, seam_curve) ANDOR
    bounded_surface_curve)
    SUBTYPE OF (curve);
    curve_3d : curve;
    associated_geometry : LIST [1:2] OF pcurve_or_surface;
    master_representation : preferred_surface_curve_representation;
    DERIVE
```

```
        basis_surface : SET [1:2] OF surface := get_basis_surface(SELF);
    WHERE
        WR1: curve_3d.dim = 3;
        WR2: ('INTEGRATED_CNC_SCHEMA.PCURVE' IN TYPEOF(associated_geometry[1]))
         OR (master_representation <> pcurve_s1);
        WR3: ('INTEGRATED_CNC_SCHEMA.PCURVE' IN TYPEOF(associated_geometry[2]))
         OR (master_representation <> pcurve_s2);
        WR4: NOT ('INTEGRATED_CNC_SCHEMA.PCURVE' IN TYPEOF(curve_3d));
END_ENTITY; -- 10303-42: geometry_schema
ENTITY surface_of_linear_extrusion
    SUBTYPE OF (swept_surface);
    extrusion_axis : vector;
END_ENTITY; -- 10303-42: geometry_schema
ENTITY surface_of_revolution
    SUBTYPE OF (swept_surface);
    axis_position : axis1_placement;
    DERIVE
        axis_line : line := representation_item('') ||
        geometric_representation_item() || curve() || line(
        axis_position.location, representation_item('') ||
        geometric_representation_item() || vector(axis_position.z, 1.0));
END_ENTITY; -- 10303-42: geometry_schema
ENTITY surface_patch
    SUBTYPE OF (founded_item);
    parent_surface : bounded_surface;
    u_transition : transition_code;
    v_transition : transition_code;
    u_sense : BOOLEAN;
    v_sense : BOOLEAN;
    INVERSE
        using_surfaces : BAG [1:?] OF rectangular_composite_surface FOR segments;
    WHERE
        WR1: NOT ('INTEGRATED_CNC_SCHEMA.CURVE_BOUNDED_SURFACE' IN
TYPEOF(
        parent_surface));
END_ENTITY; -- 10303-42: geometry_schema
ENTITY surface_profile_tolerance
    SUBTYPE OF (geometric_tolerance);
    WHERE
        WR1: NOT ('INTEGRATED_CNC_SCHEMA.' +
         'GEOMETRIC_TOLERANCE_WITH_DATUM_REFERENCE' IN TYPEOF(SELF))
         OR (SIZEOF(SELF\geometric_tolerance_with_datum_reference.
         datum_system) <= 3);
END_ENTITY; -- 10303-519: aic_geometric_tolerances
ENTITY surface_replica
    SUBTYPE OF (surface);
    parent_surface : surface;
    transformation : cartesian_transformation_operator_3d;
```

```
    WHERE
        WR1: acyclic_surface_replica(SELF, parent_surface);
END_ENTITY; - - 10303-42: geometry_schema
ENTITY surface_texture_representation
    SUBTYPE OF (representation);
END_ENTITY; - - 10303-238: integrated_cnc_schema
ENTITY swept_surface
    SUPERTYPE OF (ONEOF(surface_of_linear_extrusion, surface_of_revolution))
    SUBTYPE OF (surface);
    swept_curve : curve;
END_ENTITY; - - 10303-42: geometry_schema
ENTITY symmetric_shape_aspect
    SUBTYPE OF (shape_aspect);
    INVERSE
    basis_relationships : SET [1:?] OF shape_aspect_relationship FOR
    relating_shape_aspect;
    WHERE
        WR1: SIZEOF(QUERY (x <* SELF\symmetric_shape_aspect.basis_relationships
        | ('INTEGRATED_CNC_SCHEMA.CENTRE_OF_SYMMETRY' IN TYPEOF(x\
        shape_aspect_relationship.related_shape_aspect)))) >= 1;
END_ENTITY; - - 10303-47: shape_aspect_definition_schema
ENTITY symmetry_tolerance
    SUBTYPE OF (geometric_tolerance_with_datum_reference);
    WHERE
        WR1: SIZEOF(SELF\geometric_tolerance_with_datum_reference.datum_system) <= 3;
END_ENTITY; - - 10303-519: aic_geometric_tolerances
ENTITY tangent
    SUBTYPE OF (derived_shape_aspect);
    WHERE
        WR1: SIZEOF(SELF\derived_shape_aspect.deriving_relationships) = 1;
END_ENTITY; - - 10303-47: shape_aspect_definition_schema
ENTITY taper
    SUBTYPE OF (shape_aspect);
    WHERE
        WR1: 'INTEGRATED_CNC_SCHEMA.FEATURE_COMPONENT_DEFINITION' IN
TYPEOF(
        SELF.of_shape.definition);
        WR2: SELF.description IN [ 'angle taper', 'diameter taper',
        'directed taper' ];
        WR3: SIZEOF(QUERY (pd <* USEDIN(SELF,
        'INTEGRATED_CNC_SCHEMA.PROPERTY_DEFINITION.DEFINITION')| NOT
        (SIZEOF(QUERY (pdr <* USEDIN(pd, 'INTEGRATED_CNC_SCHEMA.' +
        'PROPERTY_DEFINITION_REPRESENTATION.DEFINITION')| (
        'INTEGRATED_CNC_SCHEMA.' +
        'SHAPE_REPRESENTATION_WITH_PARAMETERS' IN TYPEOF(pdr.
        used_representation)))) = 1))) = 0;
        WR4: SIZEOF(QUERY (pd <* USEDIN(SELF,
        'INTEGRATED_CNC_SCHEMA.PROPERTY_DEFINITION.DEFINITION')| NOT
```

```
 (SIZEOF(QUERY (impl_rep <* QUERY (pdr <* USEDIN(pd,
 'INTEGRATED_CNC_SCHEMA.' +
 'PROPERTY_DEFINITION_REPRESENTATION.DEFINITION')| (
 'INTEGRATED_CNC_SCHEMA.' +
 'SHAPE_REPRESENTATION_WITH_PARAMETERS' IN TYPEOF(pdr.
 used_representation)))| NOT (SIZEOF(impl_rep.
 used_representation.items) = 1))) = 0))) = 0;
WR5: NOT (SELF.description = 'angle taper') OR (SIZEOF(QUERY (pd <*
 USEDIN(SELF,
 'INTEGRATED_CNC_SCHEMA.PROPERTY_DEFINITION.DEFINITION')| NOT
 (SIZEOF(QUERY (impl_rep <* QUERY (pdr <* USEDIN(pd,
 'INTEGRATED_CNC_SCHEMA.' +
 'PROPERTY_DEFINITION_REPRESENTATION.DEFINITION')| (
 'INTEGRATED_CNC_SCHEMA.' +
 'SHAPE_REPRESENTATION_WITH_PARAMETERS' IN TYPEOF(pdr.
 used_representation)))| NOT (SIZEOF(QUERY (it <* impl_rep.
 used_representation.items| (SIZEOF([
 'INTEGRATED_CNC_SCHEMA.MEASURE_REPRESENTATION_ITEM',
 'INTEGRATED_CNC_SCHEMA.PLANE_ANGLE_MEASURE_WITH_UNIT'] *
 TYPEOF(it)) = 2) AND (it.name = 'taper angle'))) = 1))) = 0))
 ) = 0);
WR6: NOT (SELF.description = 'diameter taper') OR (SIZEOF(QUERY (pd <*
 USEDIN(SELF,
 'INTEGRATED_CNC_SCHEMA.PROPERTY_DEFINITION.DEFINITION')| NOT
 (SIZEOF(QUERY (impl_rep <* QUERY (pdr <* USEDIN(pd,
 'INTEGRATED_CNC_SCHEMA.' +
 'PROPERTY_DEFINITION_REPRESENTATION.DEFINITION')| (
 'INTEGRATED_CNC_SCHEMA.' +
 'SHAPE_REPRESENTATION_WITH_PARAMETERS' IN TYPEOF(pdr.
 used_representation)))| NOT (SIZEOF(QUERY (it <* impl_rep.
 used_representation.items| (SIZEOF([
 'INTEGRATED_CNC_SCHEMA.MEASURE_REPRESENTATION_ITEM',
 'INTEGRATED_CNC_SCHEMA.LENGTH_MEASURE_WITH_UNIT'] * TYPEOF(
 it)) = 2) AND (it.name = 'final diameter'))) = 1))) = 0))) = 0);
WR7: NOT (SELF.description = 'directed taper') OR (SIZEOF(QUERY (pd <*
 USEDIN(SELF,
 'INTEGRATED_CNC_SCHEMA.PROPERTY_DEFINITION.DEFINITION')| NOT
 (SIZEOF(QUERY (impl_rep <* QUERY (pdr <* USEDIN(pd,
 'INTEGRATED_CNC_SCHEMA.' +
 'PROPERTY_DEFINITION_REPRESENTATION.DEFINITION')| (
 'INTEGRATED_CNC_SCHEMA.' +
 'SHAPE_REPRESENTATION_WITH_PARAMETERS' IN TYPEOF(pdr.
 used_representation)))| NOT (SIZEOF(QUERY (it <* impl_rep.
 used_representation.items| (SIZEOF([
 'INTEGRATED_CNC_SCHEMA.MEASURE_REPRESENTATION_ITEM',
 'INTEGRATED_CNC_SCHEMA.PLANE_ANGLE_MEASURE_WITH_UNIT'] *
 TYPEOF(it)) = 2) AND (it.name = 'angle'))) = 1))) = 0))) = 0);
WR8: NOT (SELF.description = 'directed taper') OR (SIZEOF(QUERY (pd <*
```

```
USEDIN(SELF,
        'INTEGRATED_CNC_SCHEMA.PROPERTY_DEFINITION.DEFINITION')| NOT
        (SIZEOF(QUERY (pdr <* USEDIN(pd, 'INTEGRATED_CNC_SCHEMA.' +
        'PROPERTY_DEFINITION_REPRESENTATION.DEFINITION')| (
        'INTEGRATED_CNC_SCHEMA.DIRECTION_SHAPE_REPRESENTATION' IN
        TYPEOF(pdr.used_representation)) AND (pdr.used_representation
        .name = 'direction'))) = 1))) = 0);
END_ENTITY; -- 10303-522: aic_machining_feature
ENTITY tapping_operation
    SUBTYPE OF (drilling_type_operation);
    WHERE
        WR1: (SELF.description IN ['tapping','thread drilling']);
        WR2: NOT (SELF.description = 'tapping') OR
         ((verify_optional_action_property (SELF, 'compensation chuck')) AND
         (verify_enumeration_action_property (SELF, 'compensation chuck',
         ['compensation chuck used', 'compensation chuck not used'])));
        WR3: NOT (SELF.description = 'thread drilling') OR
         ((verify_optional_action_property
         (SELF, 'helical movement on forward')) AND
         (verify_enumeration_action_property
         (SELF, 'helical movement on forward',
         ['helical movement on forward', 'no helical movement on forward'])));
END_ENTITY; -- 10303-238: integrated_cnc_schema
ENTITY tee_profile
    SUBTYPE OF (shape_aspect);
    WHERE
        WR1: 'INTEGRATED_CNC_SCHEMA.FEATURE_COMPONENT_DEFINITION' IN
TYPEOF(
         SELF.of_shape.definition);
        WR2: SIZEOF(QUERY (pd <* USEDIN(SELF,
         'INTEGRATED_CNC_SCHEMA.PROPERTY_DEFINITION.DEFINITION')| NOT
         (SIZEOF(QUERY (pdr <* USEDIN(pd, 'INTEGRATED_CNC_SCHEMA.' +
         'PROPERTY_DEFINITION_REPRESENTATION.DEFINITION')| (
         'INTEGRATED_CNC_SCHEMA.' +
         'SHAPE_REPRESENTATION_WITH_PARAMETERS' IN TYPEOF(pdr.
         used_representation)))) = 1))) = 0;
        WR3: SIZEOF(QUERY (pd <* USEDIN(SELF,
         'INTEGRATED_CNC_SCHEMA.PROPERTY_DEFINITION.DEFINITION')| NOT
         (SIZEOF(QUERY (impl_rep <* QUERY (pdr <* USEDIN(pd,
         'INTEGRATED_CNC_SCHEMA.' +
         'PROPERTY_DEFINITION_REPRESENTATION.DEFINITION')| (
         'INTEGRATED_CNC_SCHEMA.' +
         'SHAPE_REPRESENTATION_WITH_PARAMETERS' IN TYPEOF(pdr.
         used_representation)))| NOT (SIZEOF(impl_rep.
         used_representation.items) >= 9) AND (SIZEOF(impl_rep.
         used_representation.items) <= 10))) = 0))) = 0;
        WR4: SIZEOF(QUERY (pd <* USEDIN(SELF,
         'INTEGRATED_CNC_SCHEMA.PROPERTY_DEFINITION.DEFINITION')| (
```

```
SIZEOF(QUERY (pdr <* USEDIN(pd, 'INTEGRATED_CNC_SCHEMA.' +
'PROPERTY_DEFINITION_REPRESENTATION.DEFINITION')| (
'INTEGRATED_CNC_SCHEMA.' +
'SHAPE_REPRESENTATION_WITH_PARAMETERS' IN TYPEOF(pdr.
used_representation)) AND (SIZEOF(QUERY (srwp_i <* pdr.
used_representation.items| ((((((((((srwp_i.name =
'orientation') OR (srwp_i.name = 'width')) OR (srwp_i.name =
'depth')) OR (srwp_i.name = 'cross bar width')) OR (srwp_i.
name = 'cross bar depth')) OR (srwp_i.name = 'first offset'))
OR (srwp_i.name = 'second offset')) OR (srwp_i.name =
'first angle')) OR (srwp_i.name = 'second angle')) OR (srwp_i
.name = 'radius'))) = SIZEOF(pdr.used_representation.items)))
) = 1))) = 1;
WR5: SIZEOF(QUERY (pd <* USEDIN(SELF,
'INTEGRATED_CNC_SCHEMA.PROPERTY_DEFINITION.DEFINITION')| NOT
(SIZEOF(QUERY (impl_rep <* QUERY (pdr <* USEDIN(pd,
'INTEGRATED_CNC_SCHEMA.' +
'PROPERTY_DEFINITION_REPRESENTATION.DEFINITION')| (
'INTEGRATED_CNC_SCHEMA.' +
'SHAPE_REPRESENTATION_WITH_PARAMETERS' IN TYPEOF(pdr.
used_representation)))| NOT (SIZEOF(QUERY (it <* impl_rep.
used_representation.items| ('INTEGRATED_CNC_SCHEMA.PLACEMENT'
IN TYPEOF(it)) AND (it.name = 'orientation'))) = 1))) = 0)))
= 0;
WR6: SIZEOF(QUERY (pd <* USEDIN(SELF,
'INTEGRATED_CNC_SCHEMA.PROPERTY_DEFINITION.DEFINITION')| NOT
(SIZEOF(QUERY (impl_rep <* QUERY (pdr <* USEDIN(pd,
'INTEGRATED_CNC_SCHEMA.' +
'PROPERTY_DEFINITION_REPRESENTATION.DEFINITION')| (
'INTEGRATED_CNC_SCHEMA.' +
'SHAPE_REPRESENTATION_WITH_PARAMETERS' IN TYPEOF(pdr.
used_representation)))| NOT (SIZEOF(QUERY (it <* impl_rep.
used_representation.items| (SIZEOF([
'INTEGRATED_CNC_SCHEMA.MEASURE_REPRESENTATION_ITEM',
'INTEGRATED_CNC_SCHEMA.LENGTH_MEASURE_WITH_UNIT' ] * TYPEOF(
it)) = 2) AND (it.name = 'width'))) = 1))) = 0))) = 0;
WR7: SIZEOF(QUERY (pd <* USEDIN(SELF,
'INTEGRATED_CNC_SCHEMA.PROPERTY_DEFINITION.DEFINITION')| NOT
(SIZEOF(QUERY (impl_rep <* QUERY (pdr <* USEDIN(pd,
'INTEGRATED_CNC_SCHEMA.' +
'PROPERTY_DEFINITION_REPRESENTATION.DEFINITION')| (
'INTEGRATED_CNC_SCHEMA.' +
'SHAPE_REPRESENTATION_WITH_PARAMETERS' IN TYPEOF(pdr.
used_representation)))| NOT (SIZEOF(QUERY (it <* impl_rep.
used_representation.items| (SIZEOF([
'INTEGRATED_CNC_SCHEMA.MEASURE_REPRESENTATION_ITEM',
'INTEGRATED_CNC_SCHEMA.LENGTH_MEASURE_WITH_UNIT' ] * TYPEOF(
it)) = 2) AND (it.name = 'depth'))) = 1))) = 0))) = 0;
```

```
WR8: SIZEOF(QUERY (pd <* USEDIN(SELF,
 'INTEGRATED_CNC_SCHEMA.PROPERTY_DEFINITION.DEFINITION')| NOT
 (SIZEOF(QUERY (impl_rep <* QUERY (pdr <* USEDIN(pd,
 'INTEGRATED_CNC_SCHEMA.' +
 'PROPERTY_DEFINITION_REPRESENTATION.DEFINITION')| (
 'INTEGRATED_CNC_SCHEMA.' +
 'SHAPE_REPRESENTATION_WITH_PARAMETERS' IN TYPEOF(pdr.
 used_representation)))| NOT (SIZEOF(QUERY (it <* impl_rep.
 used_representation.items| (SIZEOF([
 'INTEGRATED_CNC_SCHEMA.MEASURE_REPRESENTATION_ITEM',
 'INTEGRATED_CNC_SCHEMA.LENGTH_MEASURE_WITH_UNIT' ] * TYPEOF(
 it)) = 2) AND (it.name = 'cross bar width'))) = 1))) = 0))) = 0;
WR9: SIZEOF(QUERY (pd <* USEDIN(SELF,
 'INTEGRATED_CNC_SCHEMA.PROPERTY_DEFINITION.DEFINITION')| NOT
 (SIZEOF(QUERY (impl_rep <* QUERY (pdr <* USEDIN(pd,
 'INTEGRATED_CNC_SCHEMA.' +
 'PROPERTY_DEFINITION_REPRESENTATION.DEFINITION')| (
 'INTEGRATED_CNC_SCHEMA.' +
 'SHAPE_REPRESENTATION_WITH_PARAMETERS' IN TYPEOF(pdr.
 used_representation)))| NOT (SIZEOF(QUERY (it <* impl_rep.
 used_representation.items| (SIZEOF([
 'INTEGRATED_CNC_SCHEMA.MEASURE_REPRESENTATION_ITEM',
 'INTEGRATED_CNC_SCHEMA.LENGTH_MEASURE_WITH_UNIT' ] * TYPEOF(
 it)) = 2) AND (it.name = 'cross bar depth'))) = 1))) = 0))) = 0;
WR10: SIZEOF(QUERY (pd <* USEDIN(SELF,
 'INTEGRATED_CNC_SCHEMA.PROPERTY_DEFINITION.DEFINITION')| NOT
 (SIZEOF(QUERY (impl_rep <* QUERY (pdr <* USEDIN(pd,
 'INTEGRATED_CNC_SCHEMA.' +
 'PROPERTY_DEFINITION_REPRESENTATION.DEFINITION')| (
 'INTEGRATED_CNC_SCHEMA.' +
 'SHAPE_REPRESENTATION_WITH_PARAMETERS' IN TYPEOF(pdr.
 used_representation)))| NOT (SIZEOF(QUERY (it <* impl_rep.
 used_representation.items| (SIZEOF([
 'INTEGRATED_CNC_SCHEMA.MEASURE_REPRESENTATION_ITEM',
 'INTEGRATED_CNC_SCHEMA.LENGTH_MEASURE_WITH_UNIT' ] * TYPEOF(
 it)) = 2) AND (it.name = 'first offset'))) = 1))) = 0))) = 0;
WR11: SIZEOF(QUERY (pd <* USEDIN(SELF,
 'INTEGRATED_CNC_SCHEMA.PROPERTY_DEFINITION.DEFINITION')| NOT
 (SIZEOF(QUERY (impl_rep <* QUERY (pdr <* USEDIN(pd,
 'INTEGRATED_CNC_SCHEMA.' +
 'PROPERTY_DEFINITION_REPRESENTATION.DEFINITION')| (
 'INTEGRATED_CNC_SCHEMA.' +
 'SHAPE_REPRESENTATION_WITH_PARAMETERS' IN TYPEOF(pdr.
 used_representation)))| NOT (SIZEOF(QUERY (it <* impl_rep.
 used_representation.items| (SIZEOF([
 'INTEGRATED_CNC_SCHEMA.MEASURE_REPRESENTATION_ITEM',
 'INTEGRATED_CNC_SCHEMA.LENGTH_MEASURE_WITH_UNIT' ] * TYPEOF(
 it)) = 2) AND (it.name = 'second offset'))) = 1))) = 0))) = 0;
```

```
        WR12: SIZEOF(QUERY (pd <* USEDIN(SELF,
         'INTEGRATED_CNC_SCHEMA.PROPERTY_DEFINITION.DEFINITION')| NOT
         (SIZEOF(QUERY (impl_rep <* QUERY (pdr <* USEDIN(pd,
         'INTEGRATED_CNC_SCHEMA.' +
         'PROPERTY_DEFINITION_REPRESENTATION.DEFINITION')| (
         'INTEGRATED_CNC_SCHEMA.' +
         'SHAPE_REPRESENTATION_WITH_PARAMETERS' IN TYPEOF(pdr.
         used_representation)))| NOT (SIZEOF(QUERY (it <* impl_rep.
         used_representation.items| (SIZEOF([
         'INTEGRATED_CNC_SCHEMA.MEASURE_REPRESENTATION_ITEM',
         'INTEGRATED_CNC_SCHEMA.PLANE_ANGLE_MEASURE_WITH_UNIT' ] *
         TYPEOF(it)) = 2) AND (it.name = 'first angle'))) = 1))) = 0))) = 0;
        WR13: SIZEOF(QUERY (pd <* USEDIN(SELF,
         'INTEGRATED_CNC_SCHEMA.PROPERTY_DEFINITION.DEFINITION')| NOT
         (SIZEOF(QUERY (impl_rep <* QUERY (pdr <* USEDIN(pd,
         'INTEGRATED_CNC_SCHEMA.' +
         'PROPERTY_DEFINITION_REPRESENTATION.DEFINITION')| (
         'INTEGRATED_CNC_SCHEMA.' +
         'SHAPE_REPRESENTATION_WITH_PARAMETERS' IN TYPEOF(pdr.
         used_representation)))| NOT (SIZEOF(QUERY (it <* impl_rep.
         used_representation.items| (SIZEOF([
         'INTEGRATED_CNC_SCHEMA.MEASURE_REPRESENTATION_ITEM',
         'INTEGRATED_CNC_SCHEMA.PLANE_ANGLE_MEASURE_WITH_UNIT' ] *
         TYPEOF(it)) = 2) AND (it.name = 'second angle'))) = 1))) = 0)
         )) = 0;
        WR14: SIZEOF(QUERY (pd <* USEDIN(SELF,
         'INTEGRATED_CNC_SCHEMA.PROPERTY_DEFINITION.DEFINITION')| NOT
         (SIZEOF(QUERY (impl_rep <* QUERY (pdr <* USEDIN(pd,
         'INTEGRATED_CNC_SCHEMA.' +
         'PROPERTY_DEFINITION_REPRESENTATION.DEFINITION')| (
         'INTEGRATED_CNC_SCHEMA.' +
         'SHAPE_REPRESENTATION_WITH_PARAMETERS' IN TYPEOF(pdr.
         used_representation)))| NOT (SIZEOF(QUERY (it <* impl_rep.
         used_representation.items| (SIZEOF([
         'INTEGRATED_CNC_SCHEMA.MEASURE_REPRESENTATION_ITEM',
         'INTEGRATED_CNC_SCHEMA.LENGTH_MEASURE_WITH_UNIT' ] * TYPEOF(
         it)) = 2) AND (it.name = 'radius'))) <= 1))) = 0))) = 0;
        WR15: SIZEOF(QUERY (pd <* USEDIN(SELF,
         'INTEGRATED_CNC_SCHEMA.PROPERTY_DEFINITION.' + 'DEFINITION')|
         NOT (SIZEOF(QUERY (pdr <* USEDIN(pd,
         'INTEGRATED_CNC_SCHEMA.' +
         'PROPERTY_DEFINITION_REPRESENTATION.DEFINITION')| (
         'INTEGRATED_CNC_SCHEMA.PLANAR_SHAPE_REPRESENTATION' IN TYPEOF
         (pdr.used_representation)) AND (pdr.used_representation.name
         = 'profile limit'))) <= 1))) = 0;
END_ENTITY; -- 10303-522: aic_machining_feature
ENTITY thread
    SUBTYPE OF (feature_definition);
```

```
WHERE
    WR1: SIZEOF(QUERY (pd <* USEDIN(SELF,
     'INTEGRATED_CNC_SCHEMA.PROPERTY_DEFINITION.DEFINITION')| (
     SIZEOF(QUERY (pdr <* USEDIN(pd, 'INTEGRATED_CNC_SCHEMA.' +
     'PROPERTY_DEFINITION_REPRESENTATION.DEFINITION')| ((
     'INTEGRATED_CNC_SCHEMA.' +
     'SHAPE_REPRESENTATION_WITH_PARAMETERS' IN TYPEOF(pdr.
     used_representation)) AND (8 <= SIZEOF(pdr.
     used_representation.items))) AND (SIZEOF(pdr.
     used_representation.items) <= 11))) = 1))) = 1;
    WR2: SIZEOF(QUERY (pd <* USEDIN(SELF,
     'INTEGRATED_CNC_SCHEMA.PROPERTY_DEFINITION.DEFINITION')| NOT
     (SIZEOF(QUERY (impl_rep <* QUERY (pdr <* USEDIN(pd,
     'INTEGRATED_CNC_SCHEMA.' +
     'PROPERTY_DEFINITION_REPRESENTATION.DEFINITION')| (
     'INTEGRATED_CNC_SCHEMA.' +
     'SHAPE_REPRESENTATION_WITH_PARAMETERS' IN TYPEOF(pdr.
     used_representation)))| NOT (SIZEOF(QUERY (it <* impl_rep.
     used_representation.items| (SIZEOF([
     'INTEGRATED_CNC_SCHEMA.MEASURE_REPRESENTATION_ITEM',
     'INTEGRATED_CNC_SCHEMA.LENGTH_MEASURE_WITH_UNIT'] * TYPEOF(
     it)) = 2) AND (it.name = 'major diameter'))) = 1))) = 0))) = 0;
    WR3: SIZEOF(QUERY (pd <* USEDIN(SELF,
     'INTEGRATED_CNC_SCHEMA.PROPERTY_DEFINITION.DEFINITION')| NOT
     (SIZEOF(QUERY (impl_rep <* QUERY (pdr <* USEDIN(pd,
     'INTEGRATED_CNC_SCHEMA.' +
     'PROPERTY_DEFINITION_REPRESENTATION.DEFINITION')| (
     'INTEGRATED_CNC_SCHEMA.' +
     'SHAPE_REPRESENTATION_WITH_PARAMETERS' IN TYPEOF(pdr.
     used_representation)))| NOT (SIZEOF(QUERY (it <* impl_rep.
     used_representation.items| (SIZEOF([
     'INTEGRATED_CNC_SCHEMA.MEASURE_REPRESENTATION_ITEM',
     'INTEGRATED_CNC_SCHEMA.LENGTH_MEASURE_WITH_UNIT'] * TYPEOF(
     it)) = 2) AND (it.name = 'minor diameter'))) <= 1))) = 0))) = 0;
    WR4: SIZEOF(QUERY (pd <* USEDIN(SELF,
     'INTEGRATED_CNC_SCHEMA.PROPERTY_DEFINITION.DEFINITION')| NOT
     (SIZEOF(QUERY (impl_rep <* QUERY (pdr <* USEDIN(pd,
     'INTEGRATED_CNC_SCHEMA.' +
     'PROPERTY_DEFINITION_REPRESENTATION.DEFINITION')| (
     'INTEGRATED_CNC_SCHEMA.' +
     'SHAPE_REPRESENTATION_WITH_PARAMETERS' IN TYPEOF(pdr.
     used_representation)))| NOT (SIZEOF(QUERY (it <* impl_rep.
     used_representation.items| (SIZEOF([
     'INTEGRATED_CNC_SCHEMA.MEASURE_REPRESENTATION_ITEM',
     'INTEGRATED_CNC_SCHEMA.LENGTH_MEASURE_WITH_UNIT'] * TYPEOF(
     it)) = 2) AND (it.name = 'pitch diameter'))) <= 1))) = 0))) = 0;
    WR5: SIZEOF(QUERY (pd <* USEDIN(SELF,
     'INTEGRATED_CNC_SCHEMA.PROPERTY_DEFINITION.DEFINITION')| NOT
```

```
 (SIZEOF(QUERY (impl_rep <* QUERY (pdr <* USEDIN(pd,
 'INTEGRATED_CNC_SCHEMA.' +
 'PROPERTY_DEFINITION_REPRESENTATION.DEFINITION')| (
 'INTEGRATED_CNC_SCHEMA.' +
 'SHAPE_REPRESENTATION_WITH_PARAMETERS' IN TYPEOF(pdr.
 used_representation)))| NOT (SIZEOF(QUERY (it <* impl_rep.
 used_representation.items| (SIZEOF([
 'INTEGRATED_CNC_SCHEMA.MEASURE_REPRESENTATION_ITEM',
 'INTEGRATED_CNC_SCHEMA.RATIO_MEASURE_WITH_UNIT' ] * TYPEOF(it
 )) = 2) AND (it.name = 'number of threads'))) = 1))) = 0))) = 0;
WR6: SIZEOF(QUERY (pd <* USEDIN(SELF,
 'INTEGRATED_CNC_SCHEMA.PROPERTY_DEFINITION.DEFINITION')| NOT
 (SIZEOF(QUERY (impl_rep <* QUERY (pdr <* USEDIN(pd,
 'INTEGRATED_CNC_SCHEMA.' +
 'PROPERTY_DEFINITION_REPRESENTATION.DEFINITION')| (
 'INTEGRATED_CNC_SCHEMA.' +
 'SHAPE_REPRESENTATION_WITH_PARAMETERS' IN TYPEOF(pdr.
 used_representation)))| NOT (SIZEOF(QUERY (it <* impl_rep.
 used_representation.items| (
 'INTEGRATED_CNC_SCHEMA.DESCRIPTIVE_REPRESENTATION_ITEM' IN
 TYPEOF(it)) AND (it.name = 'fit class'))) = 1))) = 0))) = 0;
WR7: SIZEOF(QUERY (pd <* USEDIN(SELF,
 'INTEGRATED_CNC_SCHEMA.PROPERTY_DEFINITION.DEFINITION')| NOT
 (SIZEOF(QUERY (impl_rep <* QUERY (pdr <* USEDIN(pd,
 'INTEGRATED_CNC_SCHEMA.' +
 'PROPERTY_DEFINITION_REPRESENTATION.DEFINITION')| (
 'INTEGRATED_CNC_SCHEMA.' +
 'SHAPE_REPRESENTATION_WITH_PARAMETERS' IN TYPEOF(pdr.
 used_representation)))| NOT (SIZEOF(QUERY (it <* impl_rep.
 used_representation.items| (
 'INTEGRATED_CNC_SCHEMA.DESCRIPTIVE_REPRESENTATION_ITEM' IN
 TYPEOF(it)) AND (it.name = 'form'))) = 1))) = 0))) = 0;
WR8: SIZEOF(QUERY (pd <* USEDIN(SELF,
 'INTEGRATED_CNC_SCHEMA.PROPERTY_DEFINITION.DEFINITION')| NOT
 (SIZEOF(QUERY (impl_rep <* QUERY (pdr <* USEDIN(pd,
 'INTEGRATED_CNC_SCHEMA.' +
 'PROPERTY_DEFINITION_REPRESENTATION.DEFINITION')| (
 'INTEGRATED_CNC_SCHEMA.' +
 'SHAPE_REPRESENTATION_WITH_PARAMETERS' IN TYPEOF(pdr.
 used_representation)))| NOT (SIZEOF(QUERY (it <* impl_rep.
 used_representation.items| ((
 'INTEGRATED_CNC_SCHEMA.DESCRIPTIVE_REPRESENTATION_ITEM' IN
 TYPEOF(it)) AND (it.name = 'hand')) AND (it.description IN [
 'left', 'right' ]))) = 1))) = 0))) = 0;
WR9: SIZEOF(QUERY (pd <* USEDIN(SELF,
 'INTEGRATED_CNC_SCHEMA.PROPERTY_DEFINITION.DEFINITION')| NOT
 (SIZEOF(QUERY (impl_rep <* QUERY (pdr <* USEDIN(pd,
 'INTEGRATED_CNC_SCHEMA.' +
```

```
'PROPERTY_DEFINITION_REPRESENTATION.DEFINITION')| (
'INTEGRATED_CNC_SCHEMA.' +
'SHAPE_REPRESENTATION_WITH_PARAMETERS' IN TYPEOF(pdr.
used_representation)))| NOT (SIZEOF(QUERY (it <* impl_rep.
used_representation.items| (
'INTEGRATED_CNC_SCHEMA.DESCRIPTIVE_REPRESENTATION_ITEM' IN
TYPEOF(it)) AND (it.name = 'qualifier'))) <= 1))) = 0))) = 0;
WR10: SIZEOF(QUERY (pd <* USEDIN(SELF,
'INTEGRATED_CNC_SCHEMA.PROPERTY_DEFINITION.DEFINITION')| NOT
(SIZEOF(QUERY (impl_rep <* QUERY (pdr <* USEDIN(pd,
'INTEGRATED_CNC_SCHEMA.' +
'PROPERTY_DEFINITION_REPRESENTATION.DEFINITION')| (
'INTEGRATED_CNC_SCHEMA.' +
'SHAPE_REPRESENTATION_WITH_PARAMETERS' IN TYPEOF(pdr.
used_representation)))| NOT (SIZEOF(QUERY (it <* impl_rep.
used_representation.items| ((
'INTEGRATED_CNC_SCHEMA.DESCRIPTIVE_REPRESENTATION_ITEM' IN
TYPEOF(it)) AND (it.name = 'thread side')) AND ((it.
description = 'internal') OR (it.description = 'external'))))
= 1))) = 0))) = 0;
WR11: SIZEOF(QUERY (pd <* USEDIN(SELF,
'INTEGRATED_CNC_SCHEMA.PROPERTY_DEFINITION.DEFINITION')| NOT
(SIZEOF(QUERY (impl_rep <* QUERY (pdr <* USEDIN(pd,
'INTEGRATED_CNC_SCHEMA.' +
'PROPERTY_DEFINITION_REPRESENTATION.DEFINITION')| (
'INTEGRATED_CNC_SCHEMA.' +
'SHAPE_REPRESENTATION_WITH_PARAMETERS' IN TYPEOF(pdr.
used_representation)))| NOT (SIZEOF(QUERY (it <* impl_rep.
used_representation.items| (SIZEOF([
'INTEGRATED_CNC_SCHEMA.MEASURE_REPRESENTATION_ITEM',
'INTEGRATED_CNC_SCHEMA.LENGTH_MEASURE_WITH_UNIT' ] * TYPEOF(
it)) = 2) AND (it.name = 'crest'))) <= 1))) = 0))) = 0;
WR12: SIZEOF(QUERY (pds <* QUERY (pd <* USEDIN(SELF,
'INTEGRATED_CNC_SCHEMA.PROPERTY_DEFINITION.DEFINITION')| (
'INTEGRATED_CNC_SCHEMA.PRODUCT_DEFINITION_SHAPE' IN TYPEOF(pd
)))| NOT (SIZEOF(QUERY (sa_occ <* USEDIN(pds,
'INTEGRATED_CNC_SCHEMA.SHAPE_ASPECT.OF_SHAPE')| (sa_occ.
description = 'partial area occurrence') AND (SIZEOF(QUERY (
sdr <* QUERY (sar <* USEDIN(sa_occ,
'INTEGRATED_CNC_SCHEMA.SHAPE_ASPECT_RELATIONSHIP.' +
'RELATED_SHAPE_ASPECT')| (sar.description =
'applied area usage') AND (
'INTEGRATED_CNC_SCHEMA.SHAPE_DEFINING_RELATIONSHIP' IN TYPEOF
(sar)))| ('INTEGRATED_CNC_SCHEMA.APPLIED_AREA' IN TYPEOF(sdr.
relating_shape_aspect)))) = 1))) = 1))) = 0;
WR13: SIZEOF(QUERY (pds <* QUERY (pd <* USEDIN(SELF,
'INTEGRATED_CNC_SCHEMA.PROPERTY_DEFINITION.DEFINITION')| (
'INTEGRATED_CNC_SCHEMA.PRODUCT_DEFINITION_SHAPE' IN TYPEOF(pd
```

```
    )))| NOT (SIZEOF(QUERY (sa_occ <* USEDIN(pds,
    'INTEGRATED_CNC_SCHEMA.SHAPE_ASPECT.OF_SHAPE')| (SIZEOF(QUERY
    (sdr <* QUERY (sar <* USEDIN(sa_occ,
    'INTEGRATED_CNC_SCHEMA.SHAPE_ASPECT_RELATIONSHIP.' +
    'RELATED_SHAPE_ASPECT')| (sar.description = 'applied shape')
    AND ('INTEGRATED_CNC_SCHEMA.SHAPE_DEFINING_RELATIONSHIP' IN
    TYPEOF(sar)))| ('INTEGRATED_CNC_SCHEMA.SHAPE_ASPECT' IN
    TYPEOF(sdr.relating_shape_aspect)))) = 1))) = 1))) = 0;
   WR14: SIZEOF(QUERY (pd <* USEDIN(SELF,
    'INTEGRATED_CNC_SCHEMA.PROPERTY_DEFINITION.DEFINITION')| NOT
    (SIZEOF(QUERY (impl_rep <* QUERY (pdr <* USEDIN(pd,
    'INTEGRATED_CNC_SCHEMA.' +
    'PROPERTY_DEFINITION_REPRESENTATION.DEFINITION')| (
    'INTEGRATED_CNC_SCHEMA.' +
    'SHAPE_REPRESENTATION_WITH_PARAMETERS' IN TYPEOF(pdr.
    used_representation)))| NOT (SIZEOF(QUERY (it <* impl_rep.
    used_representation.items| (
    'INTEGRATED_CNC_SCHEMA.DESCRIPTIVE_REPRESENTATION_ITEM' IN
    TYPEOF(it)) AND (it.name = 'fit class 2'))) <= 1))) = 0))) = 0;
   WR15: SIZEOF(QUERY (pd <* USEDIN(SELF,
    'INTEGRATED_CNC_SCHEMA.PROPERTY_DEFINITION.DEFINITION')| NOT
    (SIZEOF(QUERY (impl_rep <* QUERY (pdr <* USEDIN(pd,
    'INTEGRATED_CNC_SCHEMA.' +
    'PROPERTY_DEFINITION_REPRESENTATION.DEFINITION')| (
    'INTEGRATED_CNC_SCHEMA.' +
    'SHAPE_REPRESENTATION_WITH_PARAMETERS' IN TYPEOF(pdr.
    used_representation)))| NOT (SIZEOF(QUERY (it <* impl_rep.
    used_representation.items| (SIZEOF([
    'INTEGRATED_CNC_SCHEMA.MEASURE_REPRESENTATION_ITEM',
    'INTEGRATED_CNC_SCHEMA.LENGTH_MEASURE_WITH_UNIT' ] * TYPEOF(
    it)) = 2) AND (it.name = 'nominal size'))) <= 1))) = 0))) = 0;
   WR16: SIZEOF(QUERY (pds <* QUERY (pd <* USEDIN(SELF,
    'INTEGRATED_CNC_SCHEMA.PROPERTY_DEFINITION.DEFINITION')| (
    'INTEGRATED_CNC_SCHEMA.PRODUCT_DEFINITION_SHAPE' IN TYPEOF(pd
    )))| NOT (SIZEOF(QUERY (sa_occ <* USEDIN(pds,
    'INTEGRATED_CNC_SCHEMA.SHAPE_ASPECT.OF_SHAPE')| (sa_occ.
    description = 'thread runout') AND (SIZEOF(QUERY (sdr <*
    QUERY (sar <* USEDIN(sa_occ,
    'INTEGRATED_CNC_SCHEMA.SHAPE_ASPECT_RELATIONSHIP.' +
    'RELATED_SHAPE_ASPECT')| (sar.description =
    'thread runout usage') AND (
    'INTEGRATED_CNC_SCHEMA.SHAPE_DEFINING_RELATIONSHIP' IN TYPEOF
    (sar)))| ('INTEGRATED_CNC_SCHEMA.THREAD_RUNOUT' IN TYPEOF(sdr
    .relating_shape_aspect)))) <= 1))) = 1))) = 0;
END_ENTITY; -- 10303-522: aic_machining_feature
ENTITY thread_runout
    SUBTYPE OF (shape_aspect);
    WHERE
```

```
WR1: 'INTEGRATED_CNC_SCHEMA.PRODUCT_DEFINITION_SHAPE' IN TYPEOF(SELF.
 of_shape);
WR2: SIZEOF(QUERY (pd <* USEDIN(SELF,
 'INTEGRATED_CNC_SCHEMA.PROPERTY_DEFINITION.DEFINITION')| NOT
 (SIZEOF(QUERY (pdr <* USEDIN(pd, 'INTEGRATED_CNC_SCHEMA.' +
 'PROPERTY_DEFINITION_REPRESENTATION.DEFINITION')| (
 'INTEGRATED_CNC_SCHEMA.' +
 'SHAPE_REPRESENTATION_WITH_PARAMETERS' IN TYPEOF(pdr.
 used_representation)))) = 1))) = 0;
WR3: SIZEOF(QUERY (pd <* USEDIN(SELF,
 'INTEGRATED_CNC_SCHEMA.PROPERTY_DEFINITION.DEFINITION')| NOT
 (SIZEOF(QUERY (impl_rep <* QUERY (pdr <* USEDIN(pd,
 'INTEGRATED_CNC_SCHEMA.' +
 'PROPERTY_DEFINITION_REPRESENTATION.DEFINITION')| (
 'INTEGRATED_CNC_SCHEMA.' +
 'SHAPE_REPRESENTATION_WITH_PARAMETERS' IN TYPEOF(pdr.
 used_representation)))| NOT (SIZEOF(impl_rep.
 used_representation.items) = 3))) = 0))) = 0;
WR4: SIZEOF(QUERY (pd <* USEDIN(SELF,
 'INTEGRATED_CNC_SCHEMA.PROPERTY_DEFINITION.DEFINITION')| (
 SIZEOF(QUERY (pdr <* USEDIN(pd, 'INTEGRATED_CNC_SCHEMA.' +
 'PROPERTY_DEFINITION_REPRESENTATION.DEFINITION')| (
 'INTEGRATED_CNC_SCHEMA.' +
 'SHAPE_REPRESENTATION_WITH_PARAMETERS' IN TYPEOF(pdr.
 used_representation)) AND (SIZEOF(QUERY (srwp_i <* pdr.
 used_representation.items| NOT (srwp_i.name IN [
 'length of runout', 'pitch or dimension', 'included or extra'
 ]))) > 0))) = 0))) = 0;
WR5: SIZEOF(QUERY (pd <* USEDIN(SELF,
 'INTEGRATED_CNC_SCHEMA.PROPERTY_DEFINITION.DEFINITION')| NOT
 (SIZEOF(QUERY (impl_rep <* QUERY (pdr <* USEDIN(pd,
 'INTEGRATED_CNC_SCHEMA.' +
 'PROPERTY_DEFINITION_REPRESENTATION.DEFINITION')| (
 'INTEGRATED_CNC_SCHEMA.' +
 'SHAPE_REPRESENTATION_WITH_PARAMETERS' IN TYPEOF(pdr.
 used_representation)))| NOT (SIZEOF(QUERY (it <* impl_rep.
 used_representation.items| (SIZEOF([
 'INTEGRATED_CNC_SCHEMA.MEASURE_REPRESENTATION_ITEM',
 'INTEGRATED_CNC_SCHEMA.LENGTH_MEASURE_WITH_UNIT' ] * TYPEOF(
 it)) = 2) AND (it.name = 'length of runout'))) = 1))) = 0)))
 <= 1;
WR6: SIZEOF(QUERY (pd <* USEDIN(SELF,
 'INTEGRATED_CNC_SCHEMA.PROPERTY_DEFINITION.DEFINITION')| NOT
 (SIZEOF(QUERY (impl_rep <* QUERY (pdr <* USEDIN(pd,
 'INTEGRATED_CNC_SCHEMA.' +
 'PROPERTY_DEFINITION_REPRESENTATION.DEFINITION')| (
 'INTEGRATED_CNC_SCHEMA.' +
 'SHAPE_REPRESENTATION_WITH_PARAMETERS' IN TYPEOF(pdr.
```

```
            used_representation)))| NOT (SIZEOF(QUERY (it <* impl_rep.
            used_representation.items| ((
            'INTEGRATED_CNC_SCHEMA.DESCRIPTIVE_REPRESENTATION_ITEM' IN
            TYPEOF(it)) AND (it.name = 'pitch or dimension')) AND (it.
            description IN [ 'pitch', 'pitch or dimension' ]))) = 1))) =
            0))) = 0;
          WR7: SIZEOF(QUERY (pd <* USEDIN(SELF,
            'INTEGRATED_CNC_SCHEMA.PROPERTY_DEFINITION.DEFINITION')| NOT
            (SIZEOF(QUERY (impl_rep <* QUERY (pdr <* USEDIN(pd,
            'INTEGRATED_CNC_SCHEMA.' +
            'PROPERTY_DEFINITION_REPRESENTATION.DEFINITION')| (
            'INTEGRATED_CNC_SCHEMA.' +
            'SHAPE_REPRESENTATION_WITH_PARAMETERS' IN TYPEOF(pdr.
            used_representation)))| NOT (SIZEOF(QUERY (it <* impl_rep.
            used_representation.items| ((
            'INTEGRATED_CNC_SCHEMA.DESCRIPTIVE_REPRESENTATION_ITEM' IN
            TYPEOF(it)) AND (it.name = 'included or extra')) AND (it.
            description IN [ 'included', 'extra' ]))) = 1))) = 0))) = 0;
  END_ENTITY; -- 10303-522: aic_machining_feature
  ENTITY threading_turning_operation
      SUBTYPE OF (turning_type_operation);
      WHERE
          WR1: (SELF.description IN ['roughing','finishing']);
          WR2: (verify_optional_action_property (SELF, 'allowance')) AND
           (verify_length_measure_action_property (SELF, 'allowance'));
          WR3: NOT (SELF.description = 'roughing') OR
           (verify_required_action_property (SELF, 'allowance'));
  END_ENTITY; -- 10303-238: integrated_cnc_schema
  ENTITY time_measure_with_unit
      SUBTYPE OF (measure_with_unit);
      WHERE
          WR1: 'INTEGRATED_CNC_SCHEMA.TIME_UNIT' IN TYPEOF(SELF\measure_with_unit
           .unit_component);
  END_ENTITY; -- 10303-41: measure_schema
  ENTITY time_unit
      SUBTYPE OF (named_unit);
      WHERE
          WR1: ((((((SELF\named_unit.dimensions.length_exponent = 0.0) AND (SELF\
           named_unit.dimensions.mass_exponent = 0.0)) AND (SELF\
           named_unit.dimensions.time_exponent = 1.0)) AND (SELF\
           named_unit.dimensions.electric_current_exponent = 0.0)) AND (
           SELF\named_unit.dimensions.thermodynamic_temperature_exponent
            = 0.0)) AND (SELF\named_unit.dimensions.
           amount_of_substance_exponent = 0.0)) AND (SELF\named_unit.
           dimensions.luminous_intensity_exponent = 0.0);
  END_ENTITY; -- 10303-41: measure_schema
  ENTITY tolerance_value;
      lower_bound : measure_with_unit;
```

```
    upper_bound : measure_with_unit;
    WHERE
        WR1: upper_bound\measure_with_unit.value_component > lower_bound\
         measure_with_unit.value_component;
        WR2: upper_bound\measure_with_unit.unit_component = lower_bound\
         measure_with_unit.unit_component;
END_ENTITY; -- 10303-47: shape_tolerance_schema
ENTITY tolerance_zone
    SUBTYPE OF (shape_aspect);
    defining_tolerance : SET [1:?] OF geometric_tolerance;
    form : tolerance_zone_form;
END_ENTITY; -- 10303-47: shape_tolerance_schema
ENTITY tolerance_zone_definition
    SUPERTYPE OF (ONEOF(projected_zone_definition, runout_zone_definition));
    zone : tolerance_zone;
    boundaries : SET [1:?] OF shape_aspect;
END_ENTITY; -- 10303-47: shape_tolerance_schema
ENTITY tolerance_zone_form;
    name : label;
END_ENTITY; -- 10303-47: shape_tolerance_schema
ENTITY topological_representation_item
    SUPERTYPE OF (ONEOF(vertex, edge, face_bound, face, vertex_shell,
    wire_shell, connected_edge_set, connected_face_set, loop ANDOR path))
    SUBTYPE OF (representation_item);
END_ENTITY; -- 10303-42: topology_schema
ENTITY toroidal_surface
    SUBTYPE OF (elementary_surface);
    major_radius : positive_length_measure;
    minor_radius : positive_length_measure;
END_ENTITY; -- 10303-42: geometry_schema
ENTITY total_runout_tolerance
    SUBTYPE OF (geometric_tolerance_with_datum_reference);
    WHERE
        WR1: SIZEOF(SELF\geometric_tolerance_with_datum_reference.datum_system)
         <= 2;
END_ENTITY; -- 10303-519: aic_geometric_tolerances
ENTITY transition_feature
    SUPERTYPE OF (ONEOF(chamfer, edge_round, fillet))
    SUBTYPE OF (shape_aspect);
    WHERE
        WR1: SIZEOF([ 'INTEGRATED_CNC_SCHEMA.PRODUCT_DEFINITION',
         'INTEGRATED_CNC_SCHEMA.COMPOUND_FEATURE' ] * TYPEOF(SELF.
         of_shape.definition)) = 1;
        WR2: SIZEOF([ 'INTEGRATED_CNC_SCHEMA.CHAMFER',
         'INTEGRATED_CNC_SCHEMA.EDGE_ROUND',
         'INTEGRATED_CNC_SCHEMA.FILLET' ] * TYPEOF(SELF)) = 1;
END_ENTITY; -- 10303-522: aic_machining_feature
ENTITY trimmed_curve
```

```
    SUBTYPE OF (bounded_curve);
    basis_curve : curve;
    trim_1 : SET [1:2] OF trimming_select;
    trim_2 : SET [1:2] OF trimming_select;
    sense_agreement : BOOLEAN;
    master_representation : trimming_preference;
    WHERE
        WR1: (HIINDEX(trim_1) = 1) OR (TYPEOF(trim_1[1]) <> TYPEOF(trim_1[2]));
        WR2: (HIINDEX(trim_2) = 1) OR (TYPEOF(trim_2[1]) <> TYPEOF(trim_2[2]));
END_ENTITY; -- 10303-42: geometry_schema
ENTITY turned_knurl
    SUBTYPE OF (feature_definition);
    WHERE
        WR1: SELF\characterized_object.description IN [ 'diamond', 'diagonal',
         'straight' ];
        WR2: SIZEOF(QUERY (pd <* USEDIN(SELF,
         'INTEGRATED_CNC_SCHEMA.PROPERTY_DEFINITION.DEFINITION')| (
         SIZEOF(QUERY (pdr <* USEDIN(pd, 'INTEGRATED_CNC_SCHEMA.' +
         'PROPERTY_DEFINITION_REPRESENTATION.DEFINITION')| (
         'INTEGRATED_CNC_SCHEMA.' +
         'SHAPE_REPRESENTATION_WITH_PARAMETERS' IN TYPEOF(pdr.
         used_representation)) AND ((6 <= SIZEOF(pdr.
         used_representation.items)) AND (SIZEOF(pdr.
         used_representation.items) <= 9)))) = 1))) = 1;
        WR3: SIZEOF(QUERY (pd <* USEDIN(SELF,
         'INTEGRATED_CNC_SCHEMA.PROPERTY_DEFINITION.DEFINITION')| NOT
         (SIZEOF(QUERY (impl_rep <* QUERY (pdr <* USEDIN(pd,
         'INTEGRATED_CNC_SCHEMA.' +
         'PROPERTY_DEFINITION_REPRESENTATION.DEFINITION')| (
         'INTEGRATED_CNC_SCHEMA.' +
         'SHAPE_REPRESENTATION_WITH_PARAMETERS' IN TYPEOF(pdr.
         used_representation)))| NOT (SIZEOF(QUERY (it <* impl_rep.
         used_representation.items| ((
         'INTEGRATED_CNC_SCHEMA.MEASURE_REPRESENTATION_ITEM' IN TYPEOF
         (it)) AND ('INTEGRATED_CNC_SCHEMA.COUNT_MEASURE' IN TYPEOF(it
         \measure_with_unit.value_component))) AND (it.name =
         'number of teeth'))) <= 1))) = 0))) = 0;
        WR4: SIZEOF(QUERY (pd <* USEDIN(SELF,
         'INTEGRATED_CNC_SCHEMA.PROPERTY_DEFINITION.DEFINITION')| NOT
         (SIZEOF(QUERY (impl_rep <* QUERY (pdr <* USEDIN(pd,
         'INTEGRATED_CNC_SCHEMA.' +
         'PROPERTY_DEFINITION_REPRESENTATION.DEFINITION')| (
         'INTEGRATED_CNC_SCHEMA.' +
         'SHAPE_REPRESENTATION_WITH_PARAMETERS' IN TYPEOF(pdr.
         used_representation)))| NOT (SIZEOF(QUERY (it <* impl_rep.
         used_representation.items| (SIZEOF([
         'INTEGRATED_CNC_SCHEMA.MEASURE_REPRESENTATION_ITEM',
         'INTEGRATED_CNC_SCHEMA.LENGTH_MEASURE_WITH_UNIT' ] * TYPEOF(
```

```
it)) = 2) AND (it.name = 'major diameter'))) = 1))) = 0))) = 0;
WR5: SIZEOF(QUERY (pd <* USEDIN(SELF,
'INTEGRATED_CNC_SCHEMA.PROPERTY_DEFINITION.DEFINITION')| NOT
(SIZEOF(QUERY (impl_rep <* QUERY (pdr <* USEDIN(pd,
'INTEGRATED_CNC_SCHEMA.' +
'PROPERTY_DEFINITION_REPRESENTATION.DEFINITION')| (
'INTEGRATED_CNC_SCHEMA.' +
'SHAPE_REPRESENTATION_WITH_PARAMETERS' IN TYPEOF(pdr.
used_representation)))| NOT (SIZEOF(QUERY (it <* impl_rep.
used_representation.items| (SIZEOF([
'INTEGRATED_CNC_SCHEMA.MEASURE_REPRESENTATION_ITEM',
'INTEGRATED_CNC_SCHEMA.LENGTH_MEASURE_WITH_UNIT' ] * TYPEOF(
it)) = 2) AND (it.name = 'nominal diameter'))) = 1))) = 0))) = 0;
WR6: SIZEOF(QUERY (pd <* USEDIN(SELF,
'INTEGRATED_CNC_SCHEMA.PROPERTY_DEFINITION.' + 'DEFINITION')|
NOT (SIZEOF(QUERY (impl_rep <* QUERY (pdr <* USEDIN(pd,
'INTEGRATED_CNC_SCHEMA.' +
'PROPERTY_DEFINITION_REPRESENTATION.DEFINITION')| (
'INTEGRATED_CNC_SCHEMA.' +
'SHAPE_REPRESENTATION_WITH_PARAMETERS' IN TYPEOF(pdr.
used_representation)))| NOT (SIZEOF(QUERY (it <* impl_rep.
used_representation.items| (SIZEOF([
'INTEGRATED_CNC_SCHEMA.MEASURE_REPRESENTATION_ITEM',
'INTEGRATED_CNC_SCHEMA.LENGTH_MEASURE_WITH_UNIT' ] * TYPEOF(
it)) = 2) AND (it.name = 'tooth depth'))) <= 1))) = 0))) = 0;
WR7: SIZEOF(QUERY (pd <* USEDIN(SELF,
'INTEGRATED_CNC_SCHEMA.PROPERTY_DEFINITION.DEFINITION')| NOT
(SIZEOF(QUERY (impl_rep <* QUERY (pdr <* USEDIN(pd,
'INTEGRATED_CNC_SCHEMA.' +
'PROPERTY_DEFINITION_REPRESENTATION.DEFINITION')| (
'INTEGRATED_CNC_SCHEMA.' +
'SHAPE_REPRESENTATION_WITH_PARAMETERS' IN TYPEOF(pdr.
used_representation)))| NOT (SIZEOF(QUERY (it <* impl_rep.
used_representation.items| (SIZEOF([
'INTEGRATED_CNC_SCHEMA.MEASURE_REPRESENTATION_ITEM',
'INTEGRATED_CNC_SCHEMA.LENGTH_MEASURE_WITH_UNIT' ] * TYPEOF(
it)) = 2) AND (it.name = 'root fillet'))) <= 1))) = 0))) = 0;
WR8: SIZEOF(QUERY (pd <* USEDIN(SELF,
'INTEGRATED_CNC_SCHEMA.PROPERTY_DEFINITION.DEFINITION')| NOT
(SIZEOF(QUERY (impl_rep <* QUERY (pdr <* USEDIN(pd,
'INTEGRATED_CNC_SCHEMA.' +
'PROPERTY_DEFINITION_REPRESENTATION.DEFINITION')| (
'INTEGRATED_CNC_SCHEMA.' +
'SHAPE_REPRESENTATION_WITH_PARAMETERS' IN TYPEOF(pdr.
used_representation)))| NOT (SIZEOF(QUERY (it <* impl_rep.
used_representation.items| (SIZEOF([
'INTEGRATED_CNC_SCHEMA.MEASURE_REPRESENTATION_ITEM',
'INTEGRATED_CNC_SCHEMA.LENGTH_MEASURE_WITH_UNIT' ] * TYPEOF(
```

```
it)) = 2) AND (it.name = 'diametral pitch'))) = 1))) = 0))) = 0;
WR9: NOT (SELF\characterized_object.description IN [ 'diamond',
'diagonal' ]) OR (SIZEOF(QUERY (pd <* USEDIN(SELF,
'INTEGRATED_CNC_SCHEMA.PROPERTY_DEFINITION.DEFINITION')| NOT
(SIZEOF(QUERY (impl_rep <* QUERY (pdr <* USEDIN(pd,
'INTEGRATED_CNC_SCHEMA.' +
'PROPERTY_DEFINITION_REPRESENTATION.DEFINITION')| (
'INTEGRATED_CNC_SCHEMA.' +
'SHAPE_REPRESENTATION_WITH_PARAMETERS' IN TYPEOF(pdr.
used_representation)))| NOT (SIZEOF(QUERY (it <* impl_rep.
used_representation.items| (SIZEOF([
'INTEGRATED_CNC_SCHEMA.MEASURE_REPRESENTATION_ITEM',
'INTEGRATED_CNC_SCHEMA.PLANE_ANGLE_MEASURE_WITH_UNIT' ] *
TYPEOF(it)) = 2) AND (it.name = 'helix angle'))) = 1))) = 0))
) = 0);
WR10: NOT (SELF\characterized_object.description = 'diagonal') OR (
SIZEOF(QUERY (pd <* USEDIN(SELF,
'INTEGRATED_CNC_SCHEMA.PROPERTY_DEFINITION.DEFINITION')| NOT
(SIZEOF(QUERY (impl_rep <* QUERY (pdr <* USEDIN(pd,
'INTEGRATED_CNC_SCHEMA.' +
'PROPERTY_DEFINITION_REPRESENTATION.DEFINITION')| (
'INTEGRATED_CNC_SCHEMA.' +
'SHAPE_REPRESENTATION_WITH_PARAMETERS' IN TYPEOF(pdr.
used_representation)))| NOT (SIZEOF(QUERY (it <* impl_rep.
used_representation.items| (
'INTEGRATED_CNC_SCHEMA.DESCRIPTIVE_REPRESENTATION_ITEM' IN
TYPEOF(it)) AND (it.name = 'helix hand'))) = 1))) = 0))) = 0);
WR11: SIZEOF(QUERY (pds <* QUERY (pd <* USEDIN(SELF,
'INTEGRATED_CNC_SCHEMA.PROPERTY_DEFINITION.DEFINITION')| (
'INTEGRATED_CNC_SCHEMA.PRODUCT_DEFINITION_SHAPE' IN TYPEOF(pd
)))| NOT (SIZEOF(QUERY (sa_occ <* USEDIN(pds,
'INTEGRATED_CNC_SCHEMA.SHAPE_ASPECT.OF_SHAPE')| (sa_occ.
description = 'partial area occurrence') AND (SIZEOF(QUERY (
sdr <* QUERY (sar <* USEDIN(sa_occ,
'INTEGRATED_CNC_SCHEMA.SHAPE_ASPECT_RELATIONSHIP.' +
'RELATED_SHAPE_ASPECT')| (sar.description =
'applied area usage') AND ('INTEGRATED_CNC_SCHEMA.' +
'SHAPE_DEFINING_RELATIONSHIP' IN TYPEOF(sar)))| (
'INTEGRATED_CNC_SCHEMA.APPLIED_AREA' IN TYPEOF(sdr.
relating_shape_aspect)))) = 1))) = 1))) = 0;
WR12: SIZEOF(QUERY (pds <* QUERY (pd <* USEDIN(SELF,
'INTEGRATED_CNC_SCHEMA.PROPERTY_DEFINITION.DEFINITION')| (
'INTEGRATED_CNC_SCHEMA.PRODUCT_DEFINITION_SHAPE' IN TYPEOF(pd
)))| NOT (SIZEOF(QUERY (sa_occ <* USEDIN(pds,
'INTEGRATED_CNC_SCHEMA.SHAPE_ASPECT.OF_SHAPE')| (SIZEOF(QUERY
(sdr <* QUERY (sar <* USEDIN(sa_occ,
'INTEGRATED_CNC_SCHEMA.SHAPE_ASPECT_RELATIONSHIP.' +
'RELATED_SHAPE_ASPECT')| (sar.description = 'applied shape')
```

```
        AND ('INTEGRATED_CNC_SCHEMA.SHAPE_DEFINING_RELATIONSHIP' IN
        TYPEOF(sar)))| ('INTEGRATED_CNC_SCHEMA.SHAPE_ASPECT' IN
        TYPEOF(sdr.relating_shape_aspect)))) = 1))) = 1))) = 0;
END_ENTITY; -- 10303-522: aic_machining_feature
ENTITY turning_type_operation
    SUBTYPE OF (machining_operation);
    WHERE
        WR1: ((verify_optional_relating_amr_with_name (SELF, 'approach',
        ['INTEGRATED_CNC_SCHEMA.MACHINING_STRATEGY_RELATIONSHIP']))
AND
        (verify_related_type_for_amr_with_name (SELF, 'approach',
        ['INTEGRATED_CNC_SCHEMA.MACHINING_STRATEGY_RELATIONSHIP'],
        ['INTEGRATED_CNC_SCHEMA.MACHINING_APPROACH_RETRACT_STRATEGY'])));

        WR2: ((verify_optional_relating_amr_with_name (SELF, 'retract',
        ['INTEGRATED_CNC_SCHEMA.MACHINING_STRATEGY_RELATIONSHIP']))
AND
        (verify_related_type_for_amr_with_name (SELF, 'retract',
        ['INTEGRATED_CNC_SCHEMA.MACHINING_STRATEGY_RELATIONSHIP'],
        ['INTEGRATED_CNC_SCHEMA.MACHINING_APPROACH_RETRACT_STRATEGY'])));
        WR3: ((verify_optional_relating_amr_with_name (SELF, 'machining',
        ['INTEGRATED_CNC_SCHEMA.MACHINING_STRATEGY_RELATIONSHIP']))
AND
        (verify_related_type_for_amr_with_name (SELF, 'machining',
        ['INTEGRATED_CNC_SCHEMA.MACHINING_STRATEGY_RELATIONSHIP'],
        ['INTEGRATED_CNC_SCHEMA.TURNING_TYPE_STRATEGY']))
        );
END_ENTITY; -- 10303-238: integrated_cnc_schema
ENTITY turning_type_strategy
    SUBTYPE OF (machining_strategy);
    WHERE
        WR1: (SELF.description IN ['unidirectional', 'bidirectional',
        'contour', 'thread', 'grooving', 'multistep grooving',
        'explicit']);
        WR2: ((verify_optional_action_property (SELF, 'overcut length')) AND
        (verify_length_measure_action_property (SELF, 'overcut length'))
        );
        WR3: ((verify_optional_action_property (SELF, 'multiple passes')) AND
        (verify_enumeration_action_property (SELF, 'multiple passes',
        ['multiple passes allowed', 'multiple passes not allowed']))
        );
        WR4: ((verify_optional_action_property (SELF, 'cutting depth')) AND
        (0 = SIZEOF (QUERY (prop <*
        get_action_property (SELF, 'cutting depth') | NOT
        (0 < SIZEOF (QUERY (prep <* USEDIN (prop, 'INTEGRATED_CNC_SCHEMA.' +
        'ACTION_PROPERTY_REPRESENTATION.PROPERTY') |
        (1 = SIZEOF (QUERY (it <* prep.representation.items |
        (('INTEGRATED_CNC_SCHEMA.COMPOUND_REPRESENTATION_ITEM'
```

```
IN TYPEOF(it)) AND
('INTEGRATED_CNC_SCHEMA.LIST_REPRESENTATION_ITEM'
IN TYPEOF(it.item_element)) AND
(0 = SIZEOF (QUERY (ie <* it.item_element | NOT (SIZEOF([
'INTEGRATED_CNC_SCHEMA.MEASURE_REPRESENTATION_ITEM',
'INTEGRATED_CNC_SCHEMA.LENGTH_MEASURE_WITH_UNIT'] *
TYPEOF(ie)) = 2))))
))))
)))
)))
);
WR5: ((verify_optional_action_property (SELF, 'variable feedrate')) AND
(verify_rep_type_for_action_property (SELF, 'variable feedrate',

['INTEGRATED_CNC_SCHEMA.MACHINING_FEED_SPEED_REPRESENTATION'])) AND
(verify_rep_name_for_action_property (SELF, 'variable feedrate',
['relative speed']))
);
WR6: NOT (SELF.description = 'unidirectional') OR
((verify_optional_action_property (SELF, 'feed direction')) AND
(verify_rep_item_for_action_property (SELF, 'feed direction',
['INTEGRATED_CNC_SCHEMA.DIRECTION'])) AND
(verify_optional_action_property (SELF, 'back path direction')) AND
(verify_rep_item_for_action_property (SELF, 'back path direction',
['INTEGRATED_CNC_SCHEMA.DIRECTION'])) AND
(verify_optional_action_property (SELF, 'lift direction')) AND
(verify_rep_item_for_action_property (SELF, 'lift direction',
['INTEGRATED_CNC_SCHEMA.DIRECTION'])) AND
(verify_optional_action_property (SELF, 'stepover direction')) AND
(verify_rep_item_for_action_property (SELF, 'stepover direction',
['INTEGRATED_CNC_SCHEMA.DIRECTION'])) AND
(verify_optional_action_property (SELF, 'lift height')) AND
(verify_length_measure_action_property (SELF, 'lift height')) AND
(verify_optional_action_property (SELF, 'lift feedrate')) AND
(verify_rep_type_for_action_property (SELF, 'lift feedrate',

['INTEGRATED_CNC_SCHEMA.MACHINING_FEED_SPEED_REPRESENTATION'])) AND
(verify_rep_name_for_action_property (SELF, 'lift feedrate',
['feed speed', 'feed per revolution'])) AND
(verify_optional_action_property (SELF, 'stepover feedrate')) AND
(verify_rep_type_for_action_property (SELF, 'stepover feedrate',

['INTEGRATED_CNC_SCHEMA.MACHINING_FEED_SPEED_REPRESENTATION'])) AND
(verify_rep_name_for_action_property (SELF, 'stepover feedrate',
['feed speed', 'feed per revolution']))
);
WR7: NOT (SELF.description = 'bidirectional') OR
((verify_optional_action_property (SELF, 'feed direction')) AND
```

```
    (verify_rep_item_for_action_property (SELF, 'feed direction',
    ['INTEGRATED_CNC_SCHEMA.DIRECTION'])) AND
    (verify_optional_action_property (SELF, 'stepover direction')) AND
    (verify_rep_item_for_action_property (SELF, 'stepover direction',
    ['INTEGRATED_CNC_SCHEMA.DIRECTION'])) AND
    (verify_optional_action_property (SELF, 'stepover feedrate')) AND
    (verify_rep_type_for_action_property (SELF, 'stepover feedrate',

['INTEGRATED_CNC_SCHEMA.MACHINING_FEED_SPEED_REPRESENTATION'])) AND
    (verify_rep_name_for_action_property (SELF, 'stepover feedrate',
    ['feed speed', 'feed per revolution']))
    );
WR8: NOT (SELF.description = 'contour') OR
    ((verify_optional_action_property (SELF, 'feed direction')) AND
    (verify_rep_item_for_action_property (SELF, 'feed direction',
    ['INTEGRATED_CNC_SCHEMA.DIRECTION'])) AND
    (verify_optional_action_property (SELF, 'back path direction')) AND
    (verify_rep_item_for_action_property (SELF, 'back path direction',
    ['INTEGRATED_CNC_SCHEMA.DIRECTION'])) AND
    (verify_optional_action_property (SELF, 'lift direction')) AND
    (verify_rep_item_for_action_property (SELF, 'lift direction',
    ['INTEGRATED_CNC_SCHEMA.DIRECTION'])) AND
    (verify_optional_action_property (SELF, 'stepover direction')) AND
    (verify_rep_item_for_action_property (SELF, 'stepover direction',
    ['INTEGRATED_CNC_SCHEMA.DIRECTION'])) AND
    (verify_optional_action_property (SELF, 'lift height')) AND
    (verify_length_measure_action_property (SELF, 'lift height')) AND
    (verify_optional_action_property (SELF, 'lift feedrate')) AND
    (verify_rep_type_for_action_property (SELF, 'lift feedrate',

['INTEGRATED_CNC_SCHEMA.MACHINING_FEED_SPEED_REPRESENTATION'])) AND
    (verify_rep_name_for_action_property (SELF, 'lift feedrate',
    ['feed speed', 'feed per revolution'])) AND
    (verify_optional_action_property (SELF, 'stepover feedrate')) AND
    (verify_rep_type_for_action_property (SELF, 'stepover feedrate',

['INTEGRATED_CNC_SCHEMA.MACHINING_FEED_SPEED_REPRESENTATION'])) AND
    (verify_rep_name_for_action_property (SELF, 'stepover feedrate',
    ['feed speed', 'feed per revolution'])) AND
    (verify_optional_action_property
    (SELF, 'variable stepover feedrate')) AND
    (verify_rep_type_for_action_property
    (SELF, 'variable stepover feedrate',

['INTEGRATED_CNC_SCHEMA.MACHINING_FEED_SPEED_REPRESENTATION'])) AND
    (verify_rep_name_for_action_property
    (SELF, 'variable stepover feedrate', ['relative speed']))
    );
```

```
        WR9: NOT (SELF.description = 'thread') OR
         ((verify_required_action_property (SELF, 'cut in amount')) AND
         (verify_enumeration_action_property (SELF, 'cut in amount',
         ['constant depth', 'variable depth', 'constant removal amount'])) AND
         (verify_required_action_property (SELF, 'threading direction')) AND
         (verify_enumeration_action_property (SELF, 'threading direction',
         ['left', 'right', 'center', 'left zigzag', 'right zigzag'])) AND
         (verify_optional_action_property (SELF, 'path return angle')) AND
         (verify_angle_measure_action_property (SELF, 'path return angle')) AND
         (verify_optional_action_property (SELF, 'lift height')) AND
         (verify_length_measure_action_property (SELF, 'lift height')));
        WR10: NOT (SELF.description IN ['grooving', 'multistep grooving']) OR
         ((verify_optional_action_property (SELF, 'grooving direction')) AND
         (verify_rep_item_for_action_property (SELF, 'grooving direction',
         ['INTEGRATED_CNC_SCHEMA.DIRECTION'])) AND
         (verify_optional_action_property (SELF, 'travel distance')) AND
         (verify_length_measure_action_property (SELF, 'travel distance')));
        WR11: NOT (SELF.description = 'multistep grooving') OR
         ((verify_optional_action_property (SELF, 'retract distance')) AND
         (verify_length_measure_action_property (SELF, 'retract distance')));
END_ENTITY; -- 10303-238: integrated_cnc_schema
ENTITY type_qualifier;
    name : label;
END_ENTITY; -- 10303-45: qualified_measure_schema
ENTITY unary_boolean_expression
    ABSTRACT SUPERTYPE OF (not_expression)
    SUBTYPE OF (boolean_expression, unary_generic_expression);
END_ENTITY; -- 13584-20: iso13584_expressions_schema
ENTITY unary_generic_expression
    ABSTRACT SUPERTYPE
    SUBTYPE OF (generic_expression);
    operand : generic_expression;
END_ENTITY; -- 13584-20: iso13584_generic_expressions_schema
ENTITY uncertainty_measure_with_unit
    SUBTYPE OF (measure_with_unit);
    name : label;
    description : OPTIONAL text;
    WHERE
        WR1: valid_measure_value(SELF\measure_with_unit.value_component);
END_ENTITY; -- 10303-43: representation_schema
ENTITY uncertainty_qualifier
    SUPERTYPE OF (ONEOF(standard_uncertainty, qualitative_uncertainty));
    measure_name : label;
    description : text;
END_ENTITY; -- 10303-45: qualified_measure_schema
ENTITY uniform_curve
    SUBTYPE OF (b_spline_curve);
END_ENTITY; -- 10303-42: geometry_schema
```

```
ENTITY uniform_surface
    SUBTYPE OF (b_spline_surface);
END_ENTITY; - - 10303-42: geometry_schema
ENTITY value_range
SUBTYPE OF (compound_representation_item);
END_ENTITY; - - 10303-238: integrated_cnc_schema
ENTITY value_representation_item
    SUBTYPE OF (representation_item);
    value_component : measure_value;
    WHERE
        WR1: SIZEOF(QUERY (rep <* using_representations(SELF)| NOT (
        'INTEGRATED_CNC_SCHEMA.GLOBAL_UNIT_ASSIGNED_CONTEXT' IN
        TYPEOF(rep.context_of_items)))) = 0;
END_ENTITY; - - 10303-43: representation_schema
ENTITY variable
    ABSTRACT SUPERTYPE OF (numeric_variable)
    SUBTYPE OF (generic_variable);
END_ENTITY; - - 13584-20: iso13584_expressions_schema
ENTITY variable_semantics
    ABSTRACT SUPERTYPE;
END_ENTITY; - - 13584-20: iso13584_generic_expressions_schema
ENTITY vector
    SUBTYPE OF (geometric_representation_item);
    orientation : direction;
    magnitude : length_measure;
    WHERE
        WR1: magnitude >= 0.0;
END_ENTITY; - - 10303-42: geometry_schema
ENTITY vee_profile
    SUBTYPE OF (shape_aspect);
    WHERE
        WR1: 'INTEGRATED_CNC_SCHEMA.FEATURE_COMPONENT_DEFINITION' IN
TYPEOF(
        SELF.of_shape.definition);
        WR2: SIZEOF(QUERY (pd <* USEDIN(SELF,
        'INTEGRATED_CNC_SCHEMA.PROPERTY_DEFINITION.DEFINITION')| NOT
        (SIZEOF(QUERY (pdr <* USEDIN(pd, 'INTEGRATED_CNC_SCHEMA.' +
        'PROPERTY_DEFINITION_REPRESENTATION.DEFINITION')| (
        'INTEGRATED_CNC_SCHEMA.' +
        'SHAPE_REPRESENTATION_WITH_PARAMETERS' IN TYPEOF(pdr.
        used_representation)))) = 1))) = 0;
        WR3: SIZEOF(QUERY (pd <* USEDIN(SELF,
        'INTEGRATED_CNC_SCHEMA.PROPERTY_DEFINITION.DEFINITION')| NOT
        (SIZEOF(QUERY (impl_rep <* QUERY (pdr <* USEDIN(pd,
        'INTEGRATED_CNC_SCHEMA.' +
        'PROPERTY_DEFINITION_REPRESENTATION.DEFINITION')| (
        'INTEGRATED_CNC_SCHEMA.' +
        'SHAPE_REPRESENTATION_WITH_PARAMETERS' IN TYPEOF(pdr.
```

```
 used_representation)))| NOT (SIZEOF(impl_rep.
 used_representation.items) >= 3) AND (SIZEOF(impl_rep.
 used_representation.items) <= 6))) = 0))) = 0;
WR4: SIZEOF(QUERY (pd <* USEDIN(SELF,
 'INTEGRATED_CNC_SCHEMA.PROPERTY_DEFINITION.DEFINITION')| (
 SIZEOF(QUERY (pdr <* USEDIN(pd, 'INTEGRATED_CNC_SCHEMA.' +
 'PROPERTY_DEFINITION_REPRESENTATION.DEFINITION')| (
 'INTEGRATED_CNC_SCHEMA.' +
 'SHAPE_REPRESENTATION_WITH_PARAMETERS' IN TYPEOF(pdr.
 used_representation)) AND (SIZEOF(QUERY (srwp_i <* pdr.
 used_representation.items| (((((srwp_i.name = 'orientation')
 OR (srwp_i.name = 'profile angle')) OR (srwp_i.name =
 'tilt angle')) OR (srwp_i.name = 'profile radius')) OR (
 srwp_i.name = 'first length')) OR (srwp_i.name =
 'second length'))) = SIZEOF(pdr.used_representation.items))))
  = 1))) = 1;
WR5: SIZEOF(QUERY (pd <* USEDIN(SELF,
 'INTEGRATED_CNC_SCHEMA.PROPERTY_DEFINITION.DEFINITION')| NOT
 (SIZEOF(QUERY (impl_rep <* QUERY (pdr <* USEDIN(pd,
 'INTEGRATED_CNC_SCHEMA.' +
 'PROPERTY_DEFINITION_REPRESENTATION.DEFINITION')| (
 'INTEGRATED_CNC_SCHEMA.' +
 'SHAPE_REPRESENTATION_WITH_PARAMETERS' IN TYPEOF(pdr.
 used_representation)))| NOT (SIZEOF(QUERY (it <* impl_rep.
 used_representation.items| ('INTEGRATED_CNC_SCHEMA.PLACEMENT'
 IN TYPEOF(it)) AND (it.name = 'orientation'))) = 1))) = 0))) = 0;
WR6: SIZEOF(QUERY (pd <* USEDIN(SELF,
 'INTEGRATED_CNC_SCHEMA.PROPERTY_DEFINITION.DEFINITION')| NOT
 (SIZEOF(QUERY (impl_rep <* QUERY (pdr <* USEDIN(pd,
 'INTEGRATED_CNC_SCHEMA.' +
 'PROPERTY_DEFINITION_REPRESENTATION.DEFINITION')| (
 'INTEGRATED_CNC_SCHEMA.' +
 'SHAPE_REPRESENTATION_WITH_PARAMETERS' IN TYPEOF(pdr.
 used_representation)))| NOT (SIZEOF(QUERY (it <* impl_rep.
 used_representation.items| ((
 'INTEGRATED_CNC_SCHEMA.MEASURE_REPRESENTATION_ITEM' IN TYPEOF
 (it)) AND ('INTEGRATED_CNC_SCHEMA.LENGTH_MEASURE_WITH_UNIT'
 IN TYPEOF(it\measure_with_unit.value_component))) AND (it.
 name = 'profile radius'))) <= 1))) = 0))) = 0;
WR7: SIZEOF(QUERY (pd <* USEDIN(SELF,
 'INTEGRATED_CNC_SCHEMA.PROPERTY_DEFINITION.DEFINITION')| NOT
 (SIZEOF(QUERY (impl_rep <* QUERY (pdr <* USEDIN(pd,
 'INTEGRATED_CNC_SCHEMA.' +
 'PROPERTY_DEFINITION_REPRESENTATION.DEFINITION')| (
 'INTEGRATED_CNC_SCHEMA.' +
 'SHAPE_REPRESENTATION_WITH_PARAMETERS' IN TYPEOF(pdr.
 used_representation)))| NOT (SIZEOF(QUERY (it <* impl_rep.
 used_representation.items| (SIZEOF([
```

```
 'INTEGRATED_CNC_SCHEMA.MEASURE_REPRESENTATION_ITEM',
 'INTEGRATED_CNC_SCHEMA.PLANE_ANGLE_MEASURE_WITH_UNIT'] *
 TYPEOF(it)) = 2) AND (it.name = 'profile angle'))) = 1))) = 0
 ))) = 0;
WR8: SIZEOF(QUERY (pd <* USEDIN(SELF,
 'INTEGRATED_CNC_SCHEMA.PROPERTY_DEFINITION.DEFINITION')| NOT
 (SIZEOF(QUERY (impl_rep <* QUERY (pdr <* USEDIN(pd,
 'INTEGRATED_CNC_SCHEMA.' +
 'PROPERTY_DEFINITION_REPRESENTATION.DEFINITION')| (
 'INTEGRATED_CNC_SCHEMA.' +
 'SHAPE_REPRESENTATION_WITH_PARAMETERS' IN TYPEOF(pdr.
 used_representation)))| NOT (SIZEOF(QUERY (it <* impl_rep.
 used_representation.items| (SIZEOF([
 'INTEGRATED_CNC_SCHEMA.MEASURE_REPRESENTATION_ITEM',
 'INTEGRATED_CNC_SCHEMA.PLANE_ANGLE_MEASURE_WITH_UNIT'] *
 TYPEOF(it)) = 2) AND (it.name = 'tilt angle'))) = 1))) = 0)))
 = 0;
WR9: SIZEOF(QUERY (pd <* USEDIN(SELF,
 'INTEGRATED_CNC_SCHEMA.PROPERTY_DEFINITION.DEFINITION')| NOT
 (SIZEOF(QUERY (pdr <* USEDIN(pd, 'INTEGRATED_CNC_SCHEMA.' +
 'PROPERTY_DEFINITION_REPRESENTATION.DEFINITION')| (
 'INTEGRATED_CNC_SCHEMA.PLANAR_SHAPE_REPRESENTATION' IN TYPEOF
 (pdr.used_representation)) AND (pdr.used_representation.name
 = 'profile limit'))) <= 1))) = 0;
WR10: SIZEOF(QUERY (pd <* USEDIN(SELF,
 'INTEGRATED_CNC_SCHEMA.PROPERTY_DEFINITION.DEFINITION')| NOT
 (SIZEOF(QUERY (impl_rep <* QUERY (pdr <* USEDIN(pd,
 'INTEGRATED_CNC_SCHEMA.' +
 'PROPERTY_DEFINITION_REPRESENTATION.DEFINITION')| (
 'INTEGRATED_CNC_SCHEMA.' +
 'SHAPE_REPRESENTATION_WITH_PARAMETERS' IN TYPEOF(pdr.
 used_representation)))| NOT (SIZEOF(QUERY (it <* impl_rep.
 used_representation.items| ((
 'INTEGRATED_CNC_SCHEMA.MEASURE_REPRESENTATION_ITEM' IN TYPEOF
 (it)) AND ('INTEGRATED_CNC_SCHEMA.LENGTH_MEASURE_WITH_UNIT'
 IN TYPEOF(it\measure_with_unit.value_component))) AND (it.
 name = 'first length'))) <= 1))) = 0))) = 0;
WR11: SIZEOF(QUERY (pd <* USEDIN(SELF,
 'INTEGRATED_CNC_SCHEMA.PROPERTY_DEFINITION.DEFINITION')| NOT
 (SIZEOF(QUERY (impl_rep <* QUERY (pdr <* USEDIN(pd,
 'INTEGRATED_CNC_SCHEMA.' +
 'PROPERTY_DEFINITION_REPRESENTATION.DEFINITION')| (
 'INTEGRATED_CNC_SCHEMA.' +
 'SHAPE_REPRESENTATION_WITH_PARAMETERS' IN TYPEOF(pdr.
 used_representation)))| NOT (SIZEOF(QUERY (it <* impl_rep.
 used_representation.items| ((
 'INTEGRATED_CNC_SCHEMA.MEASURE_REPRESENTATION_ITEM' IN TYPEOF
 (it)) AND ('INTEGRATED_CNC_SCHEMA.LENGTH_MEASURE_WITH_UNIT'
```

```
          IN TYPEOF(it\measure_with_unit.value_component))) AND (it.
          name = ´second length´))) <= 1))) = 0))) = 0;
    END_ENTITY; -- 10303-522: aic_machining_feature
    ENTITY vertex
        SUBTYPE OF (topological_representation_item);
    END_ENTITY; -- 10303-42: topology_schema
    ENTITY vertex_loop
        SUBTYPE OF (loop);
        loop_vertex : vertex;
    END_ENTITY; -- 10303-42: topology_schema
    ENTITY vertex_point
        SUBTYPE OF (vertex, geometric_representation_item);
        vertex_geometry : point;
    END_ENTITY; -- 10303-42: topology_schema
    ENTITY vertex_shell
        SUBTYPE OF (topological_representation_item);
        vertex_shell_extent : vertex_loop;
    END_ENTITY; -- 10303-42: topology_schema
    ENTITY week_of_year_and_day_date
        SUBTYPE OF (date);
        week_component : week_in_year_number;
        day_component : OPTIONAL day_in_week_number;
    END_ENTITY; -- 10303-41: date_time_schema
    ENTITY wire_shell
        SUBTYPE OF (topological_representation_item);
        wire_shell_extent : SET [1:?] OF loop;
        WHERE
            WR1: NOT mixed_loop_type_set(wire_shell_extent);
    END_ENTITY; -- 10303-42: topology_schema
    ENTITY xor_expression
        SUBTYPE OF (binary_boolean_expression);
        SELF\binary_generic_expression.operands : LIST [2:2] OF
        boolean_expression;
    END_ENTITY; -- 13584-20: iso13584_expressions_schema
    RULE application_context_requires_ap_definition FOR
    (application_context,application_protocol_definition);
        WHERE
            WR1: (0 = SIZEOF (QUERY (ac <* application_context | NOT
             (1 = SIZEOF (QUERY (apd <* application_protocol_definition |
             (apd.application :=: ac) AND
             (apd.application_interpreted_model_schema_name =
             ´integrated_cnc_schema´))))
             )));
    END_RULE; -- 10303-238: integrated_cnc_schema
    RULE approval_requires_approval_person_organization FOR
        (approval,approval_person_organization);
        WHERE
            WR1: (0 = SIZEOF (QUERY (app <* approval | NOT
```

```
        (1 <= SIZEOF (QUERY (apo <* approval_person_organization |
        (app :=: apo.authorized_approval))))
        )));
END_RULE; -- 10303-238: integrated_cnc_schema
RULE approval_requires_assignment FOR
    (approval,approval_assignment);
    WHERE
        WR1: (0 = SIZEOF (QUERY (app <* approval | NOT
        (1 <= SIZEOF (QUERY (aa <* approval_assignment |
        (app :=: aa.assigned_approval))))
        )));
END_RULE; -- 10303-238: integrated_cnc_schema
RULE chamfer_requires_faces_or_features FOR
    (chamfer,property_definition_representation,
    feature_component_relationship);
    WHERE
       WR1: (0 = SIZEOF (QUERY (cf <* chamfer | NOT (
        -- chamfer relates two sets of faces in AP-224 style
        ((1 = SIZEOF (QUERY (pdr <* property_definition_representation |
        ((pdr.used_representation.name = 'chamfer face') AND
        (pdr.definition.definition :=: cf) AND
        ('INTEGRATED_CNC_SCHEMA.FACE_SHAPE_REPRESENTATION'
        IN TYPEOF (pdr.used_representation)))))) AND
        (1 = SIZEOF (QUERY (fcr <* feature_component_relationship |
        ((fcr.relating_shape_aspect :=: cf) AND
        (fcr.related_shape_aspect.description = 'first offset') AND
        ('INTEGRATED_CNC_SCHEMA.CHAMFER_OFFSET'
        IN TYPEOF (fcr.related_shape_aspect)) AND
        ((1 = SIZEOF (QUERY (pdr <* property_definition_representation |
        ((pdr.used_representation.name = 'first face shape') AND
        (pdr.definition.definition :=: fcr.related_shape_aspect) AND
        ('INTEGRATED_CNC_SCHEMA.FACE_SHAPE_REPRESENTATION'
        IN TYPEOF (pdr.used_representation)))
        )))) )))) AND
        (1 = SIZEOF (QUERY (fcr <* feature_component_relationship |
        ((fcr.relating_shape_aspect :=: cf) AND
        (fcr.related_shape_aspect.description = 'second offset') AND
        ('INTEGRATED_CNC_SCHEMA.CHAMFER_OFFSET'
        IN TYPEOF (fcr.related_shape_aspect)) AND
        ((1 = SIZEOF (QUERY (pdr <* property_definition_representation |
        ((pdr.used_representation.name = 'second face shape') AND
        (pdr.definition.definition :=: fcr.related_shape_aspect) AND
        ('INTEGRATED_CNC_SCHEMA.FACE_SHAPE_REPRESENTATION'
        IN TYPEOF (pdr.used_representation)))
        )))) ))))
        )
        OR
        -- chamfer relates two features in ISO 14649 style
```

```
        ((1 = SIZEOF (QUERY (fcr <* feature_component_relationship |
        ((fcr.name = 'first feature') AND
        (fcr.relating_shape_aspect.of_shape.definition :=: cf) AND
        ('INTEGRATED_CNC_SCHEMA.COMPOSITE_SHAPE_ASPECT'
        IN TYPEOF (fcr.relating_shape_aspect)))))) AND
        (1 = SIZEOF (QUERY (fcr <* feature_component_relationship |
        ((fcr.name = 'second feature') AND
        (fcr.relating_shape_aspect.of_shape.definition :=: cf) AND
        ('INTEGRATED_CNC_SCHEMA.COMPOSITE_SHAPE_ASPECT'
        IN TYPEOF (fcr.relating_shape_aspect)))))))
       ))));
  END_RULE; -- 10303-238: integrated_cnc_schema
  RULE compatible_dimension FOR
      (cartesian_point,direction,representation_context,geometric_representation_con-
text);
      WHERE
          WR1: SIZEOF(QUERY (x <* cartesian_point| (SIZEOF(QUERY (y <*
           geometric_representation_context| item_in_context(x, y) AND (
           HIINDEX(x.coordinates) <> y.coordinate_space_dimension))) > 0
           ))) = 0;
          WR2: SIZEOF(QUERY (x <* direction| (SIZEOF(QUERY (y <*
           geometric_representation_context| item_in_context(x, y) AND (
           HIINDEX(x.direction_ratios) <> y.coordinate_space_dimension))
  ) > 0))) = 0;
  END_RULE; -- 10303-42: geometry_schema
  RULE dependent_instantiable_approval_status FOR
      (approval_status);
      WHERE
          WR1: (0 = SIZEOF (QUERY (ast <* approval_status | NOT
           (1 <= SIZEOF (USEDIN (ast, '')))
           )));
  END_RULE; -- 10303-238: integrated_cnc_schema
  RULE dependent_instantiable_derived_unit FOR
      (derived_unit);
      WHERE
          WR1: (0 = SIZEOF (QUERY (du <* derived_unit | NOT
           (1 <= SIZEOF (USEDIN (du, '')))
           )));
  END_RULE; -- 10303-238: integrated_cnc_schema
  RULE dependent_instantiable_named_unit FOR
      (named_unit);
      WHERE
          WR1: (0 = SIZEOF (QUERY (nu <* named_unit | NOT
           (1 <= SIZEOF (USEDIN (nu, '')))
           )));
  END_RULE; -- 10303-238: integrated_cnc_schema
  RULE edge_round_requires_faces_or_features FOR
      (edge_round,property_definition_representation,feature_component_relationship);
```

```
    WHERE
        WR1: (0 = SIZEOF (QUERY (er <* edge_round | NOT (
         -- edge round relates two sets of faces in AP-224 style
         ((1 = SIZEOF (QUERY (pdr <* property_definition_representation |
         ((pdr.used_representation.name = 'edge round face') AND
         (pdr.definition.definition :=: er) AND
         ('INTEGRATED_CNC_SCHEMA.FACE_SHAPE_REPRESENTATION'
         IN TYPEOF (pdr.used_representation)))))) AND
         (1 = SIZEOF (QUERY (pdr <* property_definition_representation |
         ((pdr.used_representation.name = 'first face shape') AND
         (pdr.definition.definition :=: er) AND
         ('INTEGRATED_CNC_SCHEMA.FACE_SHAPE_REPRESENTATION'
         IN TYPEOF (pdr.used_representation)))))) AND
         (1 = SIZEOF (QUERY (pdr <* property_definition_representation |
         ((pdr.used_representation.name = 'second face shape') AND
         (pdr.definition.definition :=: er) AND
         ('INTEGRATED_CNC_SCHEMA.FACE_SHAPE_REPRESENTATION'
         IN TYPEOF (pdr.used_representation))))))
         )
         OR
         -- edge round relates two features in ISO 14649 style
         ((1 = SIZEOF (QUERY (fcr <* feature_component_relationship |
         ((fcr.name = 'first feature') AND
         (fcr.relating_shape_aspect.of_shape.definition :=: er) AND
         ('INTEGRATED_CNC_SCHEMA.COMPOSITE_SHAPE_ASPECT'
         IN TYPEOF (fcr.relating_shape_aspect)))))) AND
         (1 = SIZEOF (QUERY (fcr <* feature_component_relationship |
         ((fcr.name = 'second feature') AND
         (fcr.relating_shape_aspect.of_shape.definition :=: er) AND
         ('INTEGRATED_CNC_SCHEMA.COMPOSITE_SHAPE_ASPECT'
         IN TYPEOF (fcr.relating_shape_aspect)))))))
         ))));
END_RULE; -- 10303-238: integrated_cnc_schema
RULE feature_optional_machining_property_process FOR
    (shape_aspect,process_property_association);
    WHERE
        WR1: (0 = SIZEOF (QUERY (sa <* shape_aspect |
         (('INTEGRATED_CNC_SCHEMA.FEATURE_DEFINITION' IN TYPEOF (sa)) OR
         ('INTEGRATED_CNC_SCHEMA.TRANSITION_FEATURE' IN TYPEOF (sa)))
         AND NOT
         (1 >= SIZEOF (QUERY (ppa <* process_property_association |
         ((ppa.property_or_shape :=: sa) AND
         (ppa.process.name = 'machining')))))
         )));
END_RULE; -- 10303-238: integrated_cnc_schema
RULE nc_variable_compatible_initial_value FOR
    (expression_representation_item,representation_item_relationship);
    WHERE
```

```
        - - each nc_variable has at most one one initial value
        WR1: (0 = SIZEOF (QUERY (nv <* expression_representation_item |
         ('INTEGRATED_CNC_SCHEMA.NUMERIC_VARIABLE'
         IN TYPEOF (nv)) AND NOT
         (1 >= SIZEOF (QUERY (rir <* representation_item_relationship |
         (rir.description = 'initial value') AND
         (rir.relating_representation_item :=: nv)
         ))))));
         - - the types on either side of the initial value relationship must match
         - - each nc_variable has at most one one initial value
        WR2: (0 = SIZEOF (QUERY (rir <* representation_item_relationship |
         (rir.description = 'initial value') AND
         ('INTEGRATED_CNC_SCHEMA.NUMERIC_VARIABLE'
         IN TYPEOF (rir.relating_representation_item))
         AND NOT
         ((('INTEGRATED_CNC_SCHEMA.INT_NUMERIC_VARIABLE'
         IN TYPEOF (rir.relating_representation_item)) AND
         ('INTEGRATED_CNC_SCHEMA.INT_LITERAL'
         IN TYPEOF (rir.related_representation_item)))
         OR
         ((('INTEGRATED_CNC_SCHEMA.REAL_NUMERIC_VARIABLE'
         IN TYPEOF (rir.relating_representation_item)) AND
         ('INTEGRATED_CNC_SCHEMA.REAL_LITERAL'
         IN TYPEOF (rir.related_representation_item)
         )))))));
END_RULE; - - 10303-238: integrated_cnc_schema
RULE product_requires_version FOR
    (product,product_definition_formation);
    WHERE
        WR1: (0 = SIZEOF (QUERY (prod <* product | NOT
         (1 <= SIZEOF (QUERY (pdf <* product_definition_formation |
         (prod :=: pdf.of_product))))
         )));
END_RULE; - - 10303-238: integrated_cnc_schema
RULE restrict_unneeded_feature_usage FOR (feature_definition);
    WHERE
        WR1: (0 = SIZEOF (QUERY (fd <* feature_definition |
         ('INTEGRATED_CNC_SCHEMA.FILLET' IN TYPEOF(fd)) OR
         ('INTEGRATED_CNC_SCHEMA.GEAR' IN TYPEOF(fd)) OR
         ('INTEGRATED_CNC_SCHEMA.MARKING' IN TYPEOF(fd)) OR
         ('INTEGRATED_CNC_SCHEMA.PROTRUSION' IN TYPEOF(fd)) OR
         ('INTEGRATED_CNC_SCHEMA.RIB_TOP' IN TYPEOF(fd))
         )));
END_RULE; - - 10303-238: integrated_cnc_schema
RULE security_classification_requires_assignment FOR
    (security_classification,security_classification_assignment);
    WHERE
        WR1: (0 = SIZEOF (QUERY (sc <* security_classification | NOT
```

```
        (1 <= SIZEOF (QUERY (sca <* security_classification_assignment |
        (sc :=: sca.assigned_security_classification))))
        )));
END_RULE; -- 10303-238: integrated_cnc_schema
FUNCTION acyclic (
    arg1 : generic_expression;
    arg2 : SET OF generic_expression
    ) : BOOLEAN;
    LOCAL
    result : BOOLEAN;
END_LOCAL;
    IF 'INTEGRATED_CNC_SCHEMA.SIMPLE_GENERIC_EXPRESSION' IN TYPEOF(arg1)
        THEN
        RETURN (TRUE);
    END_IF;
    IF arg1 IN arg2 THEN
        RETURN (FALSE);
    END_IF;
    IF 'INTEGRATED_CNC_SCHEMA.UNARY_GENERIC_EXPRESSION' IN TYPEOF(arg1)
        THEN
    RETURN (acyclic(arg1\unary_generic_expression.operand, arg2 + [ arg1
    ]));
    END_IF;
    IF 'INTEGRATED_CNC_SCHEMA.BINARY_GENERIC_EXPRESSION' IN TYPEOF(arg1)
        THEN
            RETURN (acyclic(arg1\binary_generic_expression.operands[1], (arg2 + [
                arg1 ])) AND acyclic(arg1\binary_generic_expression.operands[2], (
                arg2 + [ arg1 ])));
    END_IF;
    IF 'INTEGRATED_CNC_SCHEMA.MULTIPLE_ARITY_GENERIC_EXPRESSION' IN TYPEOF(
        arg1) THEN
        result := TRUE;
        REPEAT i := 1 TO SIZEOF(arg1\multiple_arity_generic_expression.
        operands);
        result := result AND acyclic(arg1\multiple_arity_generic_expression
        .operands[i], (arg2 + [ arg1 ]));
    END_REPEAT;
    RETURN (result);
    END_IF;
END_FUNCTION; -- 13584-20: iso13584_generic_expressions_schema
FUNCTION acyclic_curve_replica (
    rep : curve_replica;
    parent : curve
    ) : BOOLEAN;
    IF NOT ('INTEGRATED_CNC_SCHEMA.CURVE_REPLICA' IN TYPEOF(parent)) THEN
        RETURN (TRUE);
    END_IF;
    IF parent :=: rep THEN
```

```
        RETURN (FALSE);
    ELSE
        RETURN (acyclic_curve_replica(rep, parent\curve_replica.parent_curve));
    END_IF;
END_FUNCTION; - - 10303-42: geometry_schema
FUNCTION acyclic_mapped_representation (
    parent_set : SET OF representation;
    children_set : SET OF representation_item
    ) : BOOLEAN;
    LOCAL
    x : SET OF representation_item;
    y : SET OF representation_item;
END_LOCAL;
    x := QUERY (z <* children_set| 'INTEGRATED_CNC_SCHEMA.MAPPED_ITEM' IN
    TYPEOF(z));
    IF SIZEOF(x) > 0 THEN
        REPEAT i := 1 TO HIINDEX(x);
        IF x[i]\mapped_item.mapping_source.mapped_representation IN
        parent_set THEN
        RETURN (FALSE);
    END_IF;
    IF NOT acyclic_mapped_representation((parent_set + x[i]\mapped_item
        .mapping_source.mapped_representation), x[i]\mapped_item.
        mapping_source.mapped_representation.items) THEN
        RETURN (FALSE);
    END_IF;
    END_REPEAT;
    END_IF;
    x := children_set - x;
    IF SIZEOF(x) > 0 THEN
        REPEAT i := 1 TO HIINDEX(x);
            y := QUERY (z <* bag_to_set(USEDIN(x[i], ''))|
            'INTEGRATED_CNC_SCHEMA.REPRESENTATION_ITEM' IN TYPEOF(z));
    IF NOT acyclic_mapped_representation(parent_set, y) THEN
        RETURN (FALSE);
    END_IF;
    END_REPEAT;
    END_IF;
    RETURN (TRUE);
END_FUNCTION; - - 10303-43: representation_schema
FUNCTION acyclic_point_replica (
    rep : point_replica;
    parent : point
    ) : BOOLEAN;
    IF NOT ('INTEGRATED_CNC_SCHEMA.POINT_REPLICA' IN TYPEOF(parent)) THEN
        RETURN (TRUE);
    END_IF;
    IF parent :=: rep THEN
```

```
        RETURN (FALSE);
    ELSE
        RETURN (acyclic_point_replica(rep, parent\point_replica.parent_pt));
    END_IF;
END_FUNCTION; - - 10303-42: geometry_schema
FUNCTION acyclic_product_category_relationship (
    relation : product_category_relationship;
    children : SET OF product_category
    ) : BOOLEAN;
    LOCAL
    x : SET OF product_category_relationship;
    local_children : SET OF product_category;
    END_LOCAL;
    REPEAT i : = 1 TO HIINDEX(children);
    IF relation.category : = : children[i] THEN
    RETURN (FALSE);
    END_IF;
    END_REPEAT;
    x : = bag_to_set(USEDIN(relation.category, 'INTEGRATED_CNC_SCHEMA.' +
    'PRODUCT_CATEGORY_RELATIONSHIP.SUB_CATEGORY'));
    local_children : = children + relation.category;
    IF SIZEOF(x) > 0 THEN
        REPEAT i : = 1 TO HIINDEX(x);
        IF NOT acyclic_product_category_relationship(x[i], local_children)
            THEN
        RETURN (FALSE);
    END_IF;
    END_REPEAT;
    END_IF;
    RETURN (TRUE);
END_FUNCTION; - - 10303-41: product_definition_schema
FUNCTION acyclic_product_definition_relationship (
    relation : product_definition_relationship;
    relatives : SET [1:?] OF product_definition;
    specific_relation : STRING
    ) : BOOLEAN;
    LOCAL
    x : SET OF product_definition_relationship;
    END_LOCAL;
    IF relation.relating_product_definition IN relatives THEN
    RETURN (FALSE);
    END_IF;
    x : = QUERY (pd <* bag_to_set(USEDIN(relation.
    relating_product_definition, 'INTEGRATED_CNC_SCHEMA.' +
    'PRODUCT_DEFINITION_RELATIONSHIP.' + 'RELATED_PRODUCT_DEFINITION'))|
    specific_relation IN TYPEOF(pd));
    REPEAT i : = 1 TO HIINDEX(x);
    IF NOT acyclic_product_definition_relationship(x[i], (relatives +
```

```
    relation.relating_product_definition), specific_relation) THEN
    RETURN (FALSE);
    END_IF;
    END_REPEAT;
    RETURN (TRUE);
END_FUNCTION; - - 10303-41: product_definition_schema
FUNCTION acyclic_surface_replica (
    rep : surface_replica;
    parent : surface
    ) : BOOLEAN;
    IF NOT ('INTEGRATED_CNC_SCHEMA.SURFACE_REPLICA' IN TYPEOF(parent)) THEN
    RETURN (TRUE);
    END_IF;
    IF parent : = : rep THEN
    RETURN (FALSE);
    ELSE
    RETURN (acyclic_surface_replica(rep, parent\surface_replica.
    parent_surface));
    END_IF;
END_FUNCTION; - - 10303-42: geometry_schema
FUNCTION associated_surface (
    arg : pcurve_or_surface
    ) : surface;
    LOCAL
    surf : surface;
    END_LOCAL;
    IF 'INTEGRATED_CNC_SCHEMA.PCURVE' IN TYPEOF(arg) THEN
    surf : = arg.basis_surface;
    ELSE
    surf : = arg;
    END_IF;
    RETURN (surf);
END_FUNCTION; - - 10303-42: geometry_schema
FUNCTION bag_to_set (
    the_bag : BAG OF GENERIC : intype
    ) : SET OF GENERIC : intype;
    LOCAL
    the_set : SET OF GENERIC : intype : = [];
    END_LOCAL;
    IF SIZEOF(the_bag) > 0 THEN
    REPEAT i : = 1 TO HIINDEX(the_bag);
    the_set : = the_set + the_bag[i];
    END_REPEAT;
    END_IF;
    RETURN (the_set);
END_FUNCTION; - - 10303-41: support_resource_schema
FUNCTION base_axis (
    dim : INTEGER;
```

```
    axis1 : direction;
    axis2 : direction;
    axis3 : direction
    ) : LIST [2:3] OF direction;
    LOCAL
    u : LIST [2:3] OF direction;
    factor : REAL;
    d1 : direction;
    d2 : direction;
    END_LOCAL;
    IF dim = 3 THEN
        d1 := NVL(normalise(axis3), dummy_gri || direction([ 0.0, 0.0, 1.0 ]));
        d2 := first_proj_axis(d1, axis1);
        u := [ d2, second_proj_axis(d1, d2, axis2), d1 ];
    ELSE
        IF EXISTS(axis1) THEN
        d1 := normalise(axis1);
         u := [ d1, orthogonal_complement(d1) ];
    IF EXISTS(axis2) THEN
        factor := dot_product(axis2, u[2]);
    IF factor < 0.0 THEN
         u[2].direction_ratios[1] := -u[2].direction_ratios[1];
         u[2].direction_ratios[2] := -u[2].direction_ratios[2];
    END_IF;
    END_IF;
    ELSE
    IF EXISTS(axis2) THEN
    d1 := normalise(axis2);
    u := [ orthogonal_complement(d1), d1 ];
    u[1].direction_ratios[1] := -u[1].direction_ratios[1];
    u[1].direction_ratios[2] := -u[1].direction_ratios[2];
    ELSE
    u := [ dummy_gri || direction([ 1.0, 0.0 ]), dummy_gri ||
    direction([ 0.0, 1.0 ]) ];
    END_IF;
    END_IF;
    END_IF;
    RETURN (u);
END_FUNCTION; -- 10303-42: geometry_schema
FUNCTION boolean_choose (
    b : BOOLEAN;
    choice1 : GENERIC : item;
    choice2 : GENERIC : item
    ) : GENERIC : item;
    IF b THEN
    RETURN (choice1);
    ELSE
    RETURN (choice2);
```

```
        END_IF;
    END_FUNCTION; - - 10303-42: topology_schema
    FUNCTION build_2axes (
        ref_direction : direction
        ) : LIST [2:2] OF direction;
        LOCAL
        d : direction := NVL(normalise(ref_direction), dummy_gri || direction([
        1.0, 0.0 ]));
        END_LOCAL;
        RETURN ([ d, orthogonal_complement(d) ]);
    END_FUNCTION; - - 10303-42: geometry_schema
    FUNCTION build_axes (
        axis : direction;
        ref_direction : direction
        ) : LIST [3:3] OF direction;
        LOCAL
        d1 : direction;
        d2 : direction;
        END_LOCAL;
        d1 := NVL(normalise(axis), dummy_gri || direction([ 0.0, 0.0, 1.0 ]));
        d2 := first_proj_axis(d1, ref_direction);
        RETURN ([ d2, normalise(cross_product(d1, d2)).orientation, d1 ]);
    END_FUNCTION; - - 10303-42: geometry_schema
    FUNCTION closed_shell_reversed (
        a_shell : closed_shell
        ) : oriented_closed_shell;
        LOCAL
        the_reverse : oriented_closed_shell;
        END_LOCAL;
        IF 'INTEGRATED_CNC_SCHEMA.ORIENTED_CLOSED_SHELL' IN TYPEOF(a_shell)
        THEN
        the_reverse := dummy_tri || connected_face_set(a_shell\
        connected_face_set.cfs_faces) || closed_shell() ||
        oriented_closed_shell(a_shell\oriented_closed_shell.
        closed_shell_element, NOT a_shell\oriented_closed_shell.orientation
        );
        ELSE
        the_reverse := dummy_tri || connected_face_set(a_shell\
        connected_face_set.cfs_faces) || closed_shell() ||
        oriented_closed_shell(a_shell, FALSE);
        END_IF;
        RETURN (the_reverse);
    END_FUNCTION; - - 10303-42: topology_schema
    FUNCTION conditional_reverse (
        p : BOOLEAN;
        an_item : reversible_topology
        ) : reversible_topology;
        IF p THEN
```

```
    RETURN (an_item);
    ELSE
    RETURN (topology_reversed(an_item));
    END_IF;
END_FUNCTION; - - 10303-42: topology_schema
FUNCTION constraints_composite_curve_on_surface (
    c : composite_curve_on_surface
    ) : BOOLEAN;
    LOCAL
    n_segments : INTEGER := SIZEOF(c.segments);
    END_LOCAL;
    REPEAT k := 1 TO n_segments;
    IF (NOT ('INTEGRATED_CNC_SCHEMA.PCURVE' IN TYPEOF(c\composite_curve.
    segments[k].parent_curve)) AND NOT (
    'INTEGRATED_CNC_SCHEMA.SURFACE_CURVE' IN TYPEOF(c\composite_curve.
    segments[k].parent_curve))) AND NOT (
    'INTEGRATED_CNC_SCHEMA.COMPOSITE_CURVE_ON_SURFACE' IN TYPEOF(c\
    composite_curve.segments[k].parent_curve)) THEN
    RETURN (FALSE);
    END_IF;
    END_REPEAT;
    RETURN (TRUE);
END_FUNCTION; - - 10303-42: geometry_schema
FUNCTION constraints_geometry_shell_based_surface_model (
    m : shell_based_surface_model
    ) : BOOLEAN;
    LOCAL
    result : BOOLEAN := TRUE;
    END_LOCAL;
    REPEAT j := 1 TO SIZEOF(m.sbsm_boundary);
    IF NOT ('INTEGRATED_CNC_SCHEMA.OPEN_SHELL' IN TYPEOF(m.sbsm_boundary[
    j])) AND NOT ('INTEGRATED_CNC_SCHEMA.CLOSED_SHELL' IN TYPEOF(m.
    sbsm_boundary[j])) THEN
    result := FALSE;
    RETURN (result);
    END_IF;
    END_REPEAT;
    RETURN (result);
ND_FUNCTION; - - 10303-42: geometric_model_schema
FUNCTION constraints_geometry_shell_based_wireframe_model (
    m : shell_based_wireframe_model
    ) : BOOLEAN;
    LOCAL
    result : BOOLEAN := TRUE;
    END_LOCAL;
    REPEAT j := 1 TO SIZEOF(m.sbwm_boundary);
    IF NOT ('INTEGRATED_CNC_SCHEMA.WIRE_SHELL' IN TYPEOF(m.sbwm_boundary[
    j])) AND NOT ('INTEGRATED_CNC_SCHEMA.VERTEX_SHELL' IN TYPEOF(m.
```

```
        sbwm_boundary[j])) THEN
        result := FALSE;
        RETURN (result);
        END_IF;
        END_REPEAT;
        RETURN (result);
    END_FUNCTION; -- 10303-42: geometric_model_schema
    FUNCTION constraints_param_b_spline (
        degree : INTEGER;
        up_knots : INTEGER;
        up_cp : INTEGER;
        knot_mult : LIST OF INTEGER;
        knots : LIST OF parameter_value
        ) : BOOLEAN;
        LOCAL
        result : BOOLEAN := TRUE;
        k : INTEGER;
        sum : INTEGER;
        END_LOCAL;
        sum := knot_mult[1];
        REPEAT i := 2 TO up_knots;
        sum := sum + knot_mult[i];
        END_REPEAT;
        IF (((degree < 1) OR (up_knots < 2)) OR (up_cp < degree)) OR (sum <>
        degree + up_cp + 2) THEN
        result := FALSE;
        RETURN (result);
        END_IF;
        k := knot_mult[1];
        IF (k < 1) OR (k > degree + 1) THEN
        result := FALSE;
        RETURN (result);
        END_IF;
        REPEAT i := 2 TO up_knots;
        IF (knot_mult[i] < 1) OR (knots[i] <= knots[(i - 1)]) THEN
        result := FALSE;
        RETURN (result);
        END_IF;
        k := knot_mult[i];
        IF (i < up_knots) AND (k > degree) THEN
        result := FALSE;
        RETURN (result);
        END_IF;
        IF (i = up_knots) AND (k > degree + 1) THEN
        result := FALSE;
        RETURN (result);
        END_IF;
        END_REPEAT;
```

```
    RETURN (result);
END_FUNCTION; - - 10303-42: geometry_schema
FUNCTION constraints_rectangular_composite_surface (
    s : rectangular_composite_surface
    ) : BOOLEAN;
    REPEAT i := 1 TO s.n_u;
    REPEAT j := 1 TO s.n_v;
    IF NOT (('INTEGRATED_CNC_SCHEMA.B_SPLINE_SURFACE' IN TYPEOF(s.
    segments[i][j].parent_surface)) OR (
    'INTEGRATED_CNC_SCHEMA.RECTANGULAR_TRIMMED_SURFACE' IN TYPEOF(s.
    segments[i][j].parent_surface))) THEN
    RETURN (FALSE);
    END_IF;
    END_REPEAT;
    END_REPEAT;
    REPEAT i := 1 TO s.n_u - 1;
    REPEAT j := 1 TO s.n_v;
    IF s.segments[i][j].u_transition = discontinuous THEN
    RETURN (FALSE);
    END_IF;
    END_REPEAT;
    END_REPEAT;
    REPEAT i := 1 TO s.n_u;
    REPEAT j := 1 TO s.n_v - 1;
    IF s.segments[i][j].v_transition = discontinuous THEN
    RETURN (FALSE);
    END_IF;
    END_REPEAT;
    END_REPEAT;
    RETURN (TRUE);
END_FUNCTION; - - 10303-42: geometry_schema
FUNCTION cross_product (
    arg1 : direction;
    arg2 : direction
    ) : vector;
    LOCAL
    mag : REAL;
    res : direction;
    v1 : LIST [3:3] OF REAL;
    v2 : LIST [3:3] OF REAL;
    result : vector;
    END_LOCAL;
    IF (NOT EXISTS(arg1) OR (arg1.dim = 2)) OR (NOT EXISTS(arg2) OR (arg2.
    dim = 2)) THEN
    RETURN (?);
    ELSE
    BEGIN
    v1 := normalise(arg1).direction_ratios;
```

```
      v2 := normalise(arg2).direction_ratios;
      res := dummy_gri || direction([ (v1[2] * v2[3] - v1[3] * v2[2]), (
      v1[3] * v2[1] - v1[1] * v2[3]), (v1[1] * v2[2] - v1[2] * v2[1]) ]
      );
      mag := 0.0;
      REPEAT i := 1 TO 3;
      mag := mag + res.direction_ratios[i] * res.direction_ratios[i];
      END_REPEAT;
      IF mag > 0.0 THEN
      result := dummy_gri || vector(res, sqrt(mag));
      ELSE
      result := dummy_gri || vector(arg1, 0.0);
      END_IF;
      RETURN (result);
      END;
      END_IF;
  END_FUNCTION; -- 10303-42: geometry_schema
  FUNCTION curve_weights_positive (
      b : rational_b_spline_curve
      ) : BOOLEAN;
      LOCAL
      result : BOOLEAN := TRUE;
      END_LOCAL;
      REPEAT i := 0 TO b.upper_index_on_control_points;
      IF b.weights[i] <= 0.0 THEN
      result := FALSE;
      RETURN (result);
      END_IF;
      END_REPEAT;
      RETURN (result);
  END_FUNCTION; -- 10303-42: geometry_schema
  FUNCTION derive_dimensional_exponents (
      x : unit
      ) : dimensional_exponents;
      LOCAL
      result : dimensional_exponents := dimensional_exponents(0.0, 0.0, 0.0,
      0.0, 0.0, 0.0, 0.0);
      END_LOCAL;
      IF 'INTEGRATED_CNC_SCHEMA.DERIVED_UNIT' IN TYPEOF(x) THEN
      REPEAT i := LOINDEX(x.elements) TO HIINDEX(x.elements);
      result.length_exponent := result.length_exponent + x.elements[i].
      exponent * x.elements[i].unit.dimensions.length_exponent;
      result.mass_exponent := result.mass_exponent + x.elements[i].
      exponent * x.elements[i].unit.dimensions.mass_exponent;
      result.time_exponent := result.time_exponent + x.elements[i].
      exponent * x.elements[i].unit.dimensions.time_exponent;
      result.electric_current_exponent := result.
      electric_current_exponent + x.elements[i].exponent * x.elements[i
```

```
    ].unit.dimensions.electric_current_exponent;
    result.thermodynamic_temperature_exponent := result.
    thermodynamic_temperature_exponent + x.elements[i].exponent * x.
    elements[i].unit.dimensions.thermodynamic_temperature_exponent;
    result.amount_of_substance_exponent := result.
    amount_of_substance_exponent + x.elements[i].exponent * x.
    elements[i].unit.dimensions.amount_of_substance_exponent;
    result.luminous_intensity_exponent := result.
    luminous_intensity_exponent + x.elements[i].exponent * x.elements
    [i].unit.dimensions.luminous_intensity_exponent;
    END_REPEAT;
    ELSE
    result := x.dimensions;
    END_IF;
    RETURN (result);
END_FUNCTION; -- 10303-41: measure_schema
FUNCTION dimension_of (
    item : geometric_representation_item
    ) : dimension_count;
    LOCAL
    x : SET OF representation;
    y : representation_context;
    dim : dimension_count;
    END_LOCAL;
    IF 'INTEGRATED_CNC_SCHEMA.CARTESIAN_POINT' IN TYPEOF(item) THEN
    dim := SIZEOF(item\cartesian_point.coordinates);
    RETURN (dim);
    END_IF;
    IF 'INTEGRATED_CNC_SCHEMA.DIRECTION' IN TYPEOF(item) THEN
    dim := SIZEOF(item\direction.direction_ratios);
    RETURN (dim);
    END_IF;
    IF 'INTEGRATED_CNC_SCHEMA.VECTOR' IN TYPEOF(item) THEN
    dim := SIZEOF(item\vector.orientation\direction.direction_ratios);
    RETURN (dim);
    END_IF;
    x := using_representations(item);
    y := x[1].context_of_items;
    dim := y\geometric_representation_context.coordinate_space_dimension;
    RETURN (dim);
END_FUNCTION; -- 10303-42: geometry_schema
FUNCTION dimensions_for_si_unit (
    n : si_unit_name
    ) : dimensional_exponents;
    CASE n OF
    metre :
    RETURN (dimensional_exponents(1.0, 0.0, 0.0, 0.0, 0.0, 0.0, 0.0));
    gram :
```

```
RETURN (dimensional_exponents(0.0, 1.0, 0.0, 0.0, 0.0, 0.0, 0.0));
second :
RETURN (dimensional_exponents(0.0, 0.0, 1.0, 0.0, 0.0, 0.0, 0.0));
ampere :
RETURN (dimensional_exponents(0.0, 0.0, 0.0, 1.0, 0.0, 0.0, 0.0));
kelvin :
RETURN (dimensional_exponents(0.0, 0.0, 0.0, 0.0, 1.0, 0.0, 0.0));
mole :
RETURN (dimensional_exponents(0.0, 0.0, 0.0, 0.0, 0.0, 1.0, 0.0));
candela :
RETURN (dimensional_exponents(0.0, 0.0, 0.0, 0.0, 0.0, 0.0, 1.0));
radian :
RETURN (dimensional_exponents(0.0, 0.0, 0.0, 0.0, 0.0, 0.0, 0.0));
steradian :
RETURN (dimensional_exponents(0.0, 0.0, 0.0, 0.0, 0.0, 0.0, 0.0));
hertz :
RETURN (dimensional_exponents(0.0, 0.0, -1.0, 0.0, 0.0, 0.0, 0.0));
newton :
RETURN (dimensional_exponents(1.0, 1.0, -2.0, 0.0, 0.0, 0.0, 0.0));
pascal :
RETURN (dimensional_exponents(-1.0, 1.0, -2.0, 0.0, 0.0, 0.0, 0.0));
joule :
RETURN (dimensional_exponents(2.0, 1.0, -2.0, 0.0, 0.0, 0.0, 0.0));
watt :
RETURN (dimensional_exponents(2.0, 1.0, -3.0, 0.0, 0.0, 0.0, 0.0));
coulomb :
RETURN (dimensional_exponents(0.0, 0.0, 1.0, 1.0, 0.0, 0.0, 0.0));
volt :
RETURN (dimensional_exponents(2.0, 1.0, -3.0, -1.0, 0.0, 0.0, 0.0));
farad :
RETURN (dimensional_exponents(-2.0, -1.0, 4.0, 1.0, 0.0, 0.0, 0.0));
ohm :
RETURN (dimensional_exponents(2.0, 1.0, -3.0, -2.0, 0.0, 0.0, 0.0));
siemens :
RETURN (dimensional_exponents(-2.0, -1.0, 3.0, 2.0, 0.0, 0.0, 0.0));
weber :
RETURN (dimensional_exponents(2.0, 1.0, -2.0, -1.0, 0.0, 0.0, 0.0));
tesla :
RETURN (dimensional_exponents(0.0, 1.0, -2.0, -1.0, 0.0, 0.0, 0.0));
henry :
RETURN (dimensional_exponents(2.0, 1.0, -2.0, -2.0, 0.0, 0.0, 0.0));
degree_celsius :
RETURN (dimensional_exponents(0.0, 0.0, 0.0, 0.0, 1.0, 0.0, 0.0));
lumen :
RETURN (dimensional_exponents(0.0, 0.0, 0.0, 0.0, 0.0, 0.0, 1.0));
lux :
RETURN (dimensional_exponents(-2.0, 0.0, 0.0, 0.0, 0.0, 0.0, 1.0));
becquerel :
```

```
    RETURN (dimensional_exponents(0.0, 0.0, -1.0, 0.0, 0.0, 0.0, 0.0));
    gray :
    RETURN (dimensional_exponents(2.0, 0.0, -2.0, 0.0, 0.0, 0.0, 0.0));
    sievert :
    RETURN (dimensional_exponents(2.0, 0.0, -2.0, 0.0, 0.0, 0.0, 0.0));
    OTHERWISE :
    RETURN (?);
    END_CASE;
END_FUNCTION; -- 10303-41: measure_schema
FUNCTION dot_product (
    arg1 : direction;
    arg2 : direction
    ) : REAL;
    LOCAL
    scalar : REAL;
    vec1 : direction;
    vec2 : direction;
    ndim : INTEGER;
    END_LOCAL;
    IF NOT EXISTS(arg1) OR NOT EXISTS(arg2) THEN
    scalar := ?;
    ELSE
    IF arg1.dim <> arg2.dim THEN
    scalar := ?;
    ELSE
    BEGIN
    vec1 := normalise(arg1);
    vec2 := normalise(arg2);
    ndim := arg1.dim;
    scalar := 0.0;
    REPEAT i := 1 TO ndim;
    scalar := scalar + vec1.direction_ratios[i] * vec2.
    direction_ratios[i];
    END_REPEAT;
    END;
    END_IF;
    END_IF;
    RETURN (scalar);
END_FUNCTION; -- 10303-42: geometry_schema
FUNCTION edge_reversed (
    an_edge : edge
    ) : oriented_edge;
    LOCAL
    the_reverse : oriented_edge;
    END_LOCAL;
    IF 'INTEGRATED_CNC_SCHEMA.ORIENTED_EDGE' IN TYPEOF(an_edge) THEN
    the_reverse := dummy_tri || edge(an_edge.edge_end, an_edge.edge_start
    ) || oriented_edge(an_edge\oriented_edge.edge_element, NOT an_edge\
```

```
        oriented_edge.orientation);
        ELSE
        the_reverse := dummy_tri || edge(an_edge.edge_end, an_edge.edge_start
        ) || oriented_edge(an_edge, FALSE);
        END_IF;
        RETURN (the_reverse);
    END_FUNCTION; --10303-42: topology_schema
    FUNCTION face_bound_reversed (
        a_face_bound : face_bound
        ) : face_bound;
        LOCAL
        the_reverse : face_bound;
        END_LOCAL;
        IF 'INTEGRATED_CNC_SCHEMA.FACE_OUTER_BOUND' IN TYPEOF(a_face_bound)
        THEN
        the_reverse := dummy_tri || face_bound(a_face_bound\face_bound.bound,
        NOT a_face_bound\face_bound.orientation) || face_outer_bound();
        ELSE
        the_reverse := dummy_tri || face_bound(a_face_bound.bound, NOT
        a_face_bound.orientation);
        END_IF;
        RETURN (the_reverse);
    END_FUNCTION; --10303-42: topology_schema
    FUNCTION face_reversed (
        a_face : face
        ) : oriented_face;
        LOCAL
        the_reverse : oriented_face;
        END_LOCAL;
        IF 'INTEGRATED_CNC_SCHEMA.ORIENTED_FACE' IN TYPEOF(a_face) THEN
        the_reverse := dummy_tri || face(set_of_topology_reversed(a_face.
        bounds)) || oriented_face(a_face\oriented_face.face_element, NOT
        a_face\oriented_face.orientation);
        ELSE
        the_reverse := dummy_tri || face(set_of_topology_reversed(a_face.
        bounds)) || oriented_face(a_face, FALSE);
        END_IF;
        RETURN (the_reverse);
    END_FUNCTION; --10303-42: topology_schema
    FUNCTION first_proj_axis (
        z_axis : direction;
        arg : direction
        ) : direction;
        LOCAL
        x_axis : direction;
        v : direction;
        z : direction;
        x_vec : vector;
```

```
    END_LOCAL;
    IF NOT EXISTS(z_axis) THEN
    RETURN (?);
    ELSE
    z := normalise(z_axis);
    IF NOT EXISTS(arg) THEN
    IF (z.direction_ratios <> [1.0, 0.0, 0.0]) AND (z.
    direction_ratios <> [-1.0, 0.0, 0.0]) THEN
    v := dummy_gri || direction([1.0, 0.0, 0.0]);
    ELSE
    v := dummy_gri || direction([0.0, 1.0, 0.0]);
    END_IF;
    ELSE
    IF arg.dim <> 3 THEN
    RETURN (?);
    END_IF;
    IF cross_product(arg, z).magnitude = 0.0 THEN
    RETURN (?);
    ELSE
    v := normalise(arg);
    END_IF;
    END_IF;
    x_vec := scalar_times_vector(dot_product(v, z), z);
    x_axis := vector_difference(v, x_vec).orientation;
    x_axis := normalise(x_axis);
    END_IF;
    RETURN (x_axis);
END_FUNCTION; -- 10303-42: geometry_schema
FUNCTION gbsf_check_curve (
    cv : representation_item
    ) : BOOLEAN;
    IF SIZEOF([ 'INTEGRATED_CNC_SCHEMA.BOUNDED_CURVE',
    'INTEGRATED_CNC_SCHEMA.CONIC', 'INTEGRATED_CNC_SCHEMA.CURVE_REPLICA',
    'INTEGRATED_CNC_SCHEMA.LINE',
    'INTEGRATED_CNC_SCHEMA.OFFSET_CURVE_3D' ] * TYPEOF(cv)) > 1 THEN
    RETURN (FALSE);
    END_IF;
    IF SIZEOF([ 'INTEGRATED_CNC_SCHEMA.CIRCLE',
    'INTEGRATED_CNC_SCHEMA.ELLIPSE',
    'INTEGRATED_CNC_SCHEMA.TRIMMED_CURVE' ] * TYPEOF(cv)) = 1 THEN
    RETURN (TRUE);
    ELSE
    IF ('INTEGRATED_CNC_SCHEMA.B_SPLINE_CURVE' IN TYPEOF(cv)) AND (cv\
    b_spline_curve.self_intersect = FALSE) OR (cv\b_spline_curve.
    self_intersect = UNKNOWN) THEN
    RETURN (TRUE);
    ELSE
    IF ('INTEGRATED_CNC_SCHEMA.COMPOSITE_CURVE' IN TYPEOF(cv)) AND (cv\
```

```
composite_curve.self_intersect = FALSE) OR (cv\composite_curve.
self_intersect = UNKNOWN) THEN
RETURN (SIZEOF(QUERY (seg <* cv\composite_curve.segments| NOT
gbsf_check_curve(seg.parent_curve))) = 0);
ELSE
IF 'INTEGRATED_CNC_SCHEMA.CURVE_REPLICA' IN TYPEOF(cv) THEN
RETURN (gbsf_check_curve(cv\curve_replica.parent_curve));
ELSE
IF (('INTEGRATED_CNC_SCHEMA.OFFSET_CURVE_3D' IN TYPEOF(cv)) AND
((cv\offset_curve_3d.self_intersect = FALSE) OR (cv\
offset_curve_3d.self_intersect = UNKNOWN))) AND NOT (
'INTEGRATED_CNC_SCHEMA.POLYLINE' IN TYPEOF(cv\offset_curve_3d
.basis_curve)) THEN
RETURN (gbsf_check_curve(cv\offset_curve_3d.basis_curve));
ELSE
IF 'INTEGRATED_CNC_SCHEMA.PCURVE' IN TYPEOF(cv) THEN
RETURN (gbsf_check_curve(cv\pcurve.reference_to_curve\
representation.items[1]) AND gbsf_check_surface(cv\pcurve
.basis_surface));
ELSE
IF 'INTEGRATED_CNC_SCHEMA.POLYLINE' IN TYPEOF(cv) THEN
IF SIZEOF(cv\polyline.points) >= 3 THEN
RETURN (TRUE);
END_IF;
ELSE
IF 'INTEGRATED_CNC_SCHEMA.SURFACE_CURVE' IN TYPEOF(cv)
THEN
IF gbsf_check_curve(cv\surface_curve.curve_3d) THEN
REPEAT i := 1 TO SIZEOF(cv\surface_curve.
associated_geometry);
IF 'INTEGRATED_CNC_SCHEMA.SURFACE' IN TYPEOF(cv\
surface_curve.associated_geometry[i]) THEN
IF NOT gbsf_check_surface(cv\surface_curve.
associated_geometry[i]) THEN
RETURN (FALSE);
END_IF;
ELSE
IF 'INTEGRATED_CNC_SCHEMA.PCURVE' IN TYPEOF(cv\
surface_curve.associated_geometry[i]) THEN
IF NOT gbsf_check_curve(cv\surface_curve.
associated_geometry[i]) THEN
RETURN (FALSE);
END_IF;
END_IF;
END_IF;
END_REPEAT;
RETURN (TRUE);
END_IF;
```

```
    END_IF;
    END_IF;
    END_IF;
    END_IF;
    END_IF;
    END_IF;
    END_IF;
    END_IF;
    RETURN (FALSE);
END_FUNCTION; - - 10303-507: aic_geometrically_bounded_surface
FUNCTION gbsf_check_point (
    pnt : point
    ) : BOOLEAN;
    IF 'INTEGRATED_CNC_SCHEMA.CARTESIAN_POINT' IN TYPEOF(pnt) THEN
    RETURN (TRUE);
    ELSE
    IF 'INTEGRATED_CNC_SCHEMA.POINT_ON_CURVE' IN TYPEOF(pnt) THEN
    RETURN (gbsf_check_curve(pnt\point_on_curve.basis_curve));
    ELSE
    IF 'INTEGRATED_CNC_SCHEMA.POINT_ON_SURFACE' IN TYPEOF(pnt) THEN
    RETURN (gbsf_check_surface(pnt\point_on_surface.basis_surface));
    ELSE
    IF 'INTEGRATED_CNC_SCHEMA.DEGENERATE_PCURVE' IN TYPEOF(pnt) THEN
    RETURN (gbsf_check_curve(pnt\degenerate_pcurve.
    reference_to_curve\representation.items[1]) AND
    gbsf_check_surface(pnt\degenerate_pcurve.basis_surface));
    END_IF;
    END_IF;
    END_IF;
    END_IF;
    RETURN (FALSE);
END_FUNCTION; - - 10303-507: aic_geometrically_bounded_surface
FUNCTION gbsf_check_surface (
    sf : surface
    ) : BOOLEAN;
    IF ('INTEGRATED_CNC_SCHEMA.B_SPLINE_SURFACE' IN TYPEOF(sf)) AND (sf\
    b_spline_surface.self_intersect = FALSE) OR (sf\b_spline_surface.
    self_intersect = UNKNOWN) THEN
    RETURN (TRUE);
    ELSE
    IF SIZEOF([ 'INTEGRATED_CNC_SCHEMA.SPHERICAL_SURFACE',
    'INTEGRATED_CNC_SCHEMA.TOROIDAL_SURFACE',
    'INTEGRATED_CNC_SCHEMA.CURVE_BOUNDED_SURFACE',
    'INTEGRATED_CNC_SCHEMA.RECTANGULAR_TRIMMED_SURFACE' ] * TYPEOF(sf))
     = 1 THEN
    RETURN (TRUE);
    ELSE
    IF ('INTEGRATED_CNC_SCHEMA.OFFSET_SURFACE' IN TYPEOF(sf)) AND (sf\
```

```
    offset_surface.self_intersect = FALSE) OR (sf\offset_surface.
    self_intersect = UNKNOWN) THEN
    RETURN (gbsf_check_surface(sf\offset_surface.basis_surface));
    ELSE
    IF 'INTEGRATED_CNC_SCHEMA.RECTANGULAR_COMPOSITE_SURFACE' IN
    TYPEOF(sf) THEN
    REPEAT i := 1 TO SIZEOF(sf\rectangular_composite_surface.
    segments);
    REPEAT j := 1 TO SIZEOF(sf\rectangular_composite_surface.
    segments[i]);
    IF NOT gbsf_check_surface(sf\rectangular_composite_surface.
    segments[i][j].parent_surface) THEN
    RETURN (FALSE);
    END_IF;
    END_REPEAT;
    END_REPEAT;
    RETURN (TRUE);
    ELSE
    IF 'INTEGRATED_CNC_SCHEMA.SURFACE_REPLICA' IN TYPEOF(sf) THEN
    RETURN (gbsf_check_surface(sf\surface_replica.parent_surface)
    );
    ELSE
    IF 'INTEGRATED_CNC_SCHEMA.SURFACE_OF_REVOLUTION' IN TYPEOF(sf
    ) THEN
    RETURN (gbsf_check_curve(sf\swept_surface.swept_curve));
    END_IF;
    END_IF;
    END_IF;
    END_IF;
    END_IF;
    END_IF;
    RETURN (FALSE);
END_FUNCTION; -- 10303-507: aic_geometrically_bounded_surface
FUNCTION get_action_property (
    cad : characterized_action_definition;
    prop_name : STRING
    ): SET OF action_property;
    RETURN (bag_to_set (QUERY (ap <*
    USEDIN (cad, 'INTEGRATED_CNC_SCHEMA.ACTION_PROPERTY.DEFINITION') |
    (ap.name = prop_name))));
END_FUNCTION; -- 10303-238: integrated_cnc_schema
FUNCTION get_basis_surface (
    c : curve_on_surface
    ) : SET [0:2] OF surface;
    LOCAL
    surfs : SET [0:2] OF surface;
    n : INTEGER;
    END_LOCAL;
```

```
    surfs := [];
    IF 'INTEGRATED_CNC_SCHEMA.PCURVE' IN TYPEOF(c) THEN
    surfs := [ c\pcurve.basis_surface ];
    ELSE
    IF 'INTEGRATED_CNC_SCHEMA.SURFACE_CURVE' IN TYPEOF(c) THEN
    n := SIZEOF(c\surface_curve.associated_geometry);
    REPEAT i := 1 TO n;
    surfs := surfs + associated_surface(c\surface_curve.
    associated_geometry[i]);
    END_REPEAT;
    END_IF;
    END_IF;
    IF 'INTEGRATED_CNC_SCHEMA.COMPOSITE_CURVE_ON_SURFACE' IN TYPEOF(c) THEN
    n := SIZEOF(c\composite_curve.segments);
    surfs := get_basis_surface(c\composite_curve.segments[1].parent_curve
    );
    IF n > 1 THEN
    REPEAT i := 2 TO n;
    surfs := surfs * get_basis_surface(c\composite_curve.segments[i].
    parent_curve);
    END_REPEAT;
    END_IF;
    END_IF;
    RETURN (surfs);
END_FUNCTION; -- 10303-42: geometry_schema
FUNCTION get_count_of_relating_amr (
    am : action_method;
    amr_types : SET OF STRING
    ): INTEGER;
    RETURN (SIZEOF (QUERY (amr <* get_relating_amr (am) |
    (SIZEOF(amr_types * TYPEOF(amr)) =
    SIZEOF(amr_types)) )));
END_FUNCTION; -- 10303-238: integrated_cnc_schema
FUNCTION get_count_of_relating_amr_with_name (
    am : action_method;
    amr_name : STRING;
    amr_types : SET OF STRING
    ): INTEGER;
    RETURN (SIZEOF (QUERY (amr <* get_relating_amr (am) |
    ((amr.name = amr_name) AND
    (SIZEOF(amr_types * TYPEOF(amr)) =
    SIZEOF(amr_types))) )));
END_FUNCTION; -- 10303-238: integrated_cnc_schema
FUNCTION get_description_value (
    obj : description_attribute_select
    ) : text;
    LOCAL
    description_bag : BAG OF description_attribute := USEDIN(obj,
```

```
    'INTEGRATED_CNC_SCHEMA.' + 'DESCRIPTION_ATTRIBUTE.' +
    'DESCRIBED_ITEM');
    END_LOCAL;
    IF SIZEOF(description_bag) = 1 THEN
    RETURN (description_bag[1].attribute_value);
    ELSE
    RETURN (?);
    END_IF;
END_FUNCTION; - - 10303-41: basic_attribute_schema
FUNCTION get_id_value (
    obj : id_attribute_select
    ) : identifier;
    LOCAL
    id_bag : BAG OF id_attribute := USEDIN(obj, 'INTEGRATED_CNC_SCHEMA.' +
    'ID_ATTRIBUTE.' + 'IDENTIFIED_ITEM');
    END_LOCAL;
    IF SIZEOF(id_bag) = 1 THEN
    RETURN (id_bag[1].attribute_value);
    ELSE
    RETURN (?);
    END_IF;
END_FUNCTION; - - 10303-41: basic_attribute_schema
FUNCTION get_name_value (
    obj : name_attribute_select
    ) : label;
    LOCAL
    name_bag : BAG OF name_attribute := USEDIN(obj,
    'INTEGRATED_CNC_SCHEMA.' + 'NAME_ATTRIBUTE.' + 'NAMED_ITEM');
    END_LOCAL;
    IF SIZEOF(name_bag) = 1 THEN
    RETURN (name_bag[1].attribute_value);
    ELSE
    RETURN (?);
    END_IF;
END_FUNCTION; - - 10303-41: basic_attribute_schema
FUNCTION get_property_definition_representations (
    c_def_instance : characterized_definition
    ) : SET OF property_definition_representation;
    LOCAL
    pd_set : SET OF property_definition := [];
    pdr_set : SET OF property_definition_representation := [];
    END_LOCAL;
    pd_set := bag_to_set(USEDIN(c_def_instance,
    'INTEGRATED_CNC_SCHEMA.PROPERTY_DEFINITION.DEFINITION'));
    IF SIZEOF(pd_set) < 1 THEN
    RETURN (pdr_set);
    END_IF;
    REPEAT i := 1 TO HIINDEX(pd_set);
```

```
    pdr_set := pdr_set + bag_to_set(USEDIN(pd_set[i],
    'INTEGRATED_CNC_SCHEMA.PROPERTY_DEFINITION_REPRESENTATION.DEFINITION'
    ));
    END_REPEAT;
    RETURN (pdr_set);
END_FUNCTION; -- 10303-41: product_property_representation_schema
FUNCTION get_relating_amr (
    am : action_method
    ) : SET OF action_method_relationship;
    RETURN (bag_to_set (USEDIN (am,
    'INTEGRATED_CNC_SCHEMA.ACTION_METHOD_RELATIONSHIP.RELATING_METHOD')));
END_FUNCTION; -- 10303-238: integrated_cnc_schema
FUNCTION get_resource_property (
    crd : characterized_resource_definition;
    prop_name : STRING
    ): SET OF resource_property;
    RETURN (bag_to_set (QUERY (rp <*
    USEDIN (crd, 'INTEGRATED_CNC_SCHEMA.RESOURCE_PROPERTY.RESOURCE') |
    (rp.name = prop_name))));
END_FUNCTION; -- 10303-238: integrated_cnc_schema
FUNCTION get_role (
    obj : role_select
    ) : object_role;
    LOCAL
    role_bag : BAG OF role_association := USEDIN(obj,
    'INTEGRATED_CNC_SCHEMA.' + 'ROLE_ASSOCIATION.' + 'ITEM_WITH_ROLE');
    END_LOCAL;
    IF SIZEOF(role_bag) = 1 THEN
    RETURN (role_bag[1].role);
    ELSE
    RETURN (?);
    END_IF;
END_FUNCTION; -- 10303-41: basic_attribute_schema
FUNCTION get_tool_body_item (
    mt : machining_tool;
    prop_name : STRING
    ): SET OF representation_item;
    LOCAL
    props : SET OF resource_property;
    preps : SET OF resource_property_representation;
    items : SET OF representation_item;
    END_LOCAL;
    props := get_resource_property (mt, 'tool body');
    REPEAT i := 1 TO HIINDEX(props);
    preps := preps + USEDIN (props[i], 'INTEGRATED_CNC_SCHEMA.' +
    'RESOURCE_PROPERTY_REPRESENTATION.PROPERTY');
    END_REPEAT;
    REPEAT i := 1 TO HIINDEX(preps);
```

```
        IF ('INTEGRATED_CNC_SCHEMA.MACHINING_TOOL_BODY_REPRESENTATION'
        IN TYPEOF (preps[i].representation))
        THEN
        items := items + preps[i].representation.items;
        END_IF;
        END_REPEAT;
        RETURN (bag_to_set (QUERY (it <* items | (it.name = prop_name))));
    END_FUNCTION; -- 10303-238: integrated_cnc_schema
    FUNCTION is_acyclic (
        arg : generic_expression
        ) : BOOLEAN;
        RETURN (acyclic(arg, []));
    END_FUNCTION; -- 13584-20: iso13584_generic_expressions_schema
    FUNCTION is_int_expr (
        arg : numeric_expression
        ) : BOOLEAN;
        IF 'INTEGRATED_CNC_SCHEMA.INT_LITERAL' IN TYPEOF(arg) THEN
        RETURN (TRUE);
        END_IF;
        IF 'INTEGRATED_CNC_SCHEMA.REAL_LITERAL' IN TYPEOF(arg) THEN
        RETURN (FALSE);
        END_IF;
        IF 'INTEGRATED_CNC_SCHEMA.INT_NUMERIC_VARIABLE' IN TYPEOF(arg) THEN
        RETURN (TRUE);
        END_IF;
        IF 'INTEGRATED_CNC_SCHEMA.REAL_NUMERIC_VARIABLE' IN TYPEOF(arg) THEN
        RETURN (FALSE);
        END_IF;
        RETURN (FALSE);
    END_FUNCTION; -- 13584-20: iso13584_expressions_schema
    FUNCTION is_SQL_mappable (
        arg : expression
        ) : BOOLEAN;
        IF 'INTEGRATED_CNC_SCHEMA.SIMPLE_NUMERIC_EXPRESSION' IN TYPEOF(arg)
        THEN
        RETURN (TRUE);
        END_IF;
        IF 'INTEGRATED_CNC_SCHEMA.NOT_EXPRESSION' IN TYPEOF(arg) THEN
        RETURN (is_SQL_mappable(arg\unary_generic_expression.operand));
        END_IF;
        IF ('INTEGRATED_CNC_SCHEMA.XOR_EXPRESSION' IN TYPEOF(arg)) THEN
        RETURN (FALSE);
        END_IF;
        IF ('INTEGRATED_CNC_SCHEMA.AND_EXPRESSION' IN TYPEOF(arg)) OR (
        'INTEGRATED_CNC_SCHEMA.OR_EXPRESSION' IN TYPEOF(arg)) THEN
        REPEAT i := 1 TO SIZEOF(arg\multiple_arity_boolean_expression.
        operands);
        IF NOT is_SQL_mappable(arg\multiple_arity_boolean_expression.
```

```
    operands[i]) THEN
    RETURN (FALSE);
    END_IF;
    END_REPEAT;
    RETURN (TRUE);
    END_IF;
    IF ((((('INTEGRATED_CNC_SCHEMA.COMPARISON_EQUAL' IN TYPEOF(arg)) OR (
    'INTEGRATED_CNC_SCHEMA.COMPARISON_GREATER' IN TYPEOF(arg))) OR (
    'INTEGRATED_CNC_SCHEMA.COMPARISON_GREATER_EQUAL' IN TYPEOF(arg))) OR
    ('INTEGRATED_CNC_SCHEMA.COMPARISON_LESS' IN TYPEOF(arg))) OR (
    'INTEGRATED_CNC_SCHEMA.COMPARISON_LESS_EQUAL' IN TYPEOF(arg))) OR (
    'INTEGRATED_CNC_SCHEMA.COMPARISON_NOT_EQUAL' IN TYPEOF(arg))) THEN
    RETURN (is_SQL_mappable(arg\comparison_expression.operands[1]) AND
    is_SQL_mappable(arg\comparison_expression.operands[2]));
    END_IF;
    RETURN (FALSE);
END_FUNCTION; -- 13584-20: iso13584_expressions_schema
FUNCTION item_in_context (
    item : representation_item;
    cntxt : representation_context
    ) : BOOLEAN;
    LOCAL
    y : BAG OF representation_item;
    END_LOCAL;
    IF SIZEOF(USEDIN(item, 'INTEGRATED_CNC_SCHEMA.REPRESENTATION.ITEMS') *
    cntxt.representations_in_context) > 0 THEN
    RETURN (TRUE);
    ELSE
    y := QUERY (z <* USEDIN(item, '')|
    'INTEGRATED_CNC_SCHEMA.REPRESENTATION_ITEM' IN TYPEOF(z));
    IF SIZEOF(y) > 0 THEN
    REPEAT i := 1 TO HIINDEX(y);
    IF item_in_context(y[i], cntxt) THEN
    RETURN (TRUE);
    END_IF;
    END_REPEAT;
    END_IF;
    END_IF;
    RETURN (FALSE);
END_FUNCTION; -- 10303-43: representation_schema
FUNCTION leap_year (
    year : year_number
    ) : BOOLEAN;
    IF (year MOD 4 = 0) AND (year MOD 100 <> 0) OR (year MOD 400 = 0) THEN
    RETURN (TRUE);
    ELSE
    RETURN (FALSE);
    END_IF;
```

```
END_FUNCTION; - - 10303-41: date_time_schema
FUNCTION list_face_loops (
    f : face
    ) : LIST [0:?] OF loop;
    LOCAL
    loops : LIST [0:?] OF loop := [];
    END_LOCAL;
    REPEAT i := 1 TO SIZEOF(f.bounds);
    loops := loops + f.bounds[i].bound;
    END_REPEAT;
    RETURN (loops);
END_FUNCTION; - - 10303-42: topology_schema
FUNCTION list_of_topology_reversed (
    a_list : list_of_reversible_topology_item
    ) : list_of_reversible_topology_item;
    LOCAL
    the_reverse : list_of_reversible_topology_item;
    END_LOCAL;
    the_reverse := [];
    REPEAT i := 1 TO SIZEOF(a_list);
    the_reverse := topology_reversed(a_list[i]) + the_reverse;
    END_REPEAT;
    RETURN (the_reverse);
END_FUNCTION; - - 10303-42: topology_schema
FUNCTION list_to_array (
    lis : LIST [0:?] OF GENERIC : T;
    low : INTEGER;
    u : INTEGER
    ) : ARRAY [low:u] OF GENERIC : T;
    LOCAL
    n : INTEGER;
    res : ARRAY [low:u] OF GENERIC : T;
    END_LOCAL;
    n := SIZEOF(lis);
    IF n <> u - low + 1 THEN
    RETURN (?);
    ELSE
    res := [ lis[1] ];
    REPEAT i := 2 TO n;
    res[(low + i - 1)] := lis[i];
    END_REPEAT;
    RETURN (res);
    END_IF;
END_FUNCTION; - - 10303-42: geometry_schema
FUNCTION list_to_set (
    l : LIST [0:?] OF GENERIC : T
    ) : SET OF GENERIC : T;
    LOCAL
```

```
    s : SET OF GENERIC : T := [];
    END_LOCAL;
    REPEAT i := 1 TO SIZEOF(l);
    s := s + l[i];
    END_REPEAT;
    RETURN (s);
END_FUNCTION; -- 10303-42: topology_schema
FUNCTION make_array_of_array (
    lis : LIST [1:?] OF LIST [1:?] OF GENERIC : T;
    low1 : INTEGER;
    u1 : INTEGER;
    low2 : INTEGER;
    u2 : INTEGER
    ) : ARRAY [low1:u1] OF ARRAY [low2:u2] OF GENERIC : T;
    LOCAL
    res : ARRAY [low1:u1] OF ARRAY [low2:u2] OF GENERIC : T;
    END_LOCAL;
    IF u1 - low1 + 1 <> SIZEOF(lis) THEN
    RETURN (?);
    END_IF;
    IF u2 - low2 + 1 <> SIZEOF(lis[1]) THEN
    RETURN (?);
    END_IF;
    res := [ list_to_array(lis[1], low2, u2) ];
    REPEAT i := 2 TO HIINDEX(lis);
    IF u2 - low2 + 1 <> SIZEOF(lis[i]) THEN
    RETURN (?);
    END_IF;
    res[(low1 + i - 1)] := list_to_array(lis[i], low2, u2);
    END_REPEAT;
    RETURN (res);
END_FUNCTION; -- 10303-42: geometry_schema
FUNCTION mixed_loop_type_set (
    l : SET [0:?] OF loop
    ) : LOGICAL;
    LOCAL
    poly_loop_type : LOGICAL;
    END_LOCAL;
    IF SIZEOF(l) <= 1 THEN
    RETURN (FALSE);
    END_IF;
    poly_loop_type := 'INTEGRATED_CNC_SCHEMA.POLY_LOOP' IN TYPEOF(l[1]);
    REPEAT i := 2 TO SIZEOF(l);
    IF ('INTEGRATED_CNC_SCHEMA.POLY_LOOP' IN TYPEOF(l[i])) <>
    poly_loop_type THEN
    RETURN (TRUE);
    END_IF;
    END_REPEAT;
```

```
    RETURN (FALSE);
END_FUNCTION; -- 10303-42: topology_schema
FUNCTION msb_shells (
    brep : manifold_solid_brep
    ) : SET [1:?] OF closed_shell;
    IF SIZEOF(QUERY (msbtype <* TYPEOF(brep)| msbtype LIKE
    '*BREP_WITH_VOIDS')) >= 1 THEN
    RETURN (brep\brep_with_voids.voids + brep.outer);
    ELSE
    RETURN ([ brep.outer ]);
    END_IF;
END_FUNCTION; -- 10303-42: geometric_model_schema
FUNCTION msf_curve_check (
    cv : representation_item
    ) : BOOLEAN;
    IF SIZEOF([ 'INTEGRATED_CNC_SCHEMA.BOUNDED_CURVE',
    'INTEGRATED_CNC_SCHEMA.CONIC', 'INTEGRATED_CNC_SCHEMA.CURVE_REPLICA',
    'INTEGRATED_CNC_SCHEMA.LINE',
    'INTEGRATED_CNC_SCHEMA.OFFSET_CURVE_3D' ] * TYPEOF(cv)) > 1 THEN
    RETURN (FALSE);
    END_IF;
    IF ('INTEGRATED_CNC_SCHEMA.B_SPLINE_CURVE' IN TYPEOF(cv)) AND (cv\
    b_spline_curve.self_intersect = FALSE) OR (cv\b_spline_curve.
    self_intersect = UNKNOWN) THEN
    RETURN (TRUE);
    ELSE
    IF SIZEOF([ 'INTEGRATED_CNC_SCHEMA.CONIC',
    'INTEGRATED_CNC_SCHEMA.LINE' ] * TYPEOF(cv)) = 1 THEN
    RETURN (TRUE);
    ELSE
    IF 'INTEGRATED_CNC_SCHEMA.CURVE_REPLICA' IN TYPEOF(cv) THEN
    RETURN (msf_curve_check(cv\curve_replica.parent_curve));
    ELSE
    IF (('INTEGRATED_CNC_SCHEMA.OFFSET_CURVE_3D' IN TYPEOF(cv)) AND (
    (cv\offset_curve_3d.self_intersect = FALSE) OR (cv\
    offset_curve_3d.self_intersect = UNKNOWN))) AND NOT (
    'INTEGRATED_CNC_SCHEMA.POLYLINE' IN TYPEOF(cv\offset_curve_3d.
    basis_curve)) THEN
    RETURN (msf_curve_check(cv\offset_curve_3d.basis_curve));
    ELSE
    IF 'INTEGRATED_CNC_SCHEMA.PCURVE' IN TYPEOF(cv) THEN
    RETURN (msf_curve_check(cv\pcurve.reference_to_curve\
    representation.items[1]) AND msf_surface_check(cv\pcurve.
    basis_surface));
    ELSE
    IF 'INTEGRATED_CNC_SCHEMA.SURFACE_CURVE' IN TYPEOF(cv) THEN
    IF msf_curve_check(cv\surface_curve.curve_3d) THEN
    REPEAT i := 1 TO SIZEOF(cv\surface_curve.
```

```
    associated_geometry);
    IF 'INTEGRATED_CNC_SCHEMA.SURFACE' IN TYPEOF(cv\
    surface_curve.associated_geometry[i]) THEN
    IF NOT msf_surface_check(cv\surface_curve.
    associated_geometry[i]) THEN
    RETURN (FALSE);
    END_IF;
    ELSE
    IF 'INTEGRATED_CNC_SCHEMA.PCURVE' IN TYPEOF(cv\
    surface_curve.associated_geometry[i]) THEN
    IF NOT msf_curve_check(cv\surface_curve.
    associated_geometry[i]) THEN
    RETURN (FALSE);
    END_IF;
    END_IF;
    END_IF;
    END_REPEAT;
    RETURN (TRUE);
    END_IF;
    ELSE
    IF 'INTEGRATED_CNC_SCHEMA.POLYLINE' IN TYPEOF(cv) THEN
    IF SIZEOF(cv\polyline.points) >= 3 THEN
    RETURN (TRUE);
    END_IF;
    END_IF;
    END_IF;
    END_IF;
    END_IF;
    END_IF;
    END_IF;
    END_IF;
    RETURN (FALSE);
END_FUNCTION; -- 10303-509: aic_manifold_surface
FUNCTION msf_surface_check (
    surf : surface
    ) : BOOLEAN;
    IF 'INTEGRATED_CNC_SCHEMA.ELEMENTARY_SURFACE' IN TYPEOF(surf) THEN
    RETURN (TRUE);
    ELSE
    IF 'INTEGRATED_CNC_SCHEMA.SWEPT_SURFACE' IN TYPEOF(surf) THEN
    RETURN (msf_curve_check(surf\swept_surface.swept_curve));
    ELSE
    IF ('INTEGRATED_CNC_SCHEMA.OFFSET_SURFACE' IN TYPEOF(surf)) AND (
    surf\offset_surface.self_intersect = FALSE) OR (surf\
    offset_surface.self_intersect = UNKNOWN) THEN
    RETURN (msf_surface_check(surf\offset_surface.basis_surface));
    ELSE
    IF 'INTEGRATED_CNC_SCHEMA.SURFACE_REPLICA' IN TYPEOF(surf) THEN
```

```
    RETURN (msf_surface_check(surf\surface_replica.parent_surface))
    ;
    ELSE
    IF ('INTEGRATED_CNC_SCHEMA.B_SPLINE_SURFACE' IN TYPEOF(surf))
    AND (surf\b_spline_surface.self_intersect = FALSE) OR (surf\
    b_spline_surface.self_intersect = UNKNOWN) THEN
    RETURN (TRUE);
    END_IF;
    END_IF;
    END_IF;
    END_IF;
    END_IF;
    RETURN (FALSE);
END_FUNCTION; -- 10303-509: aic_manifold_surface
FUNCTION nmsf_curve_check (
    cv : representation_item
    ) : BOOLEAN;
    IF SIZEOF([ 'INTEGRATED_CNC_SCHEMA.BOUNDED_CURVE',
    'INTEGRATED_CNC_SCHEMA.CONIC', 'INTEGRATED_CNC_SCHEMA.CURVE_REPLICA',
    'INTEGRATED_CNC_SCHEMA.LINE',
    'INTEGRATED_CNC_SCHEMA.OFFSET_CURVE_3D' ] * TYPEOF(cv)) > 1 THEN
    RETURN (FALSE);
    ELSE
    IF ('INTEGRATED_CNC_SCHEMA.B_SPLINE_CURVE' IN TYPEOF(cv)) AND (cv\
    b_spline_curve.self_intersect = FALSE) OR (cv\b_spline_curve.
    self_intersect = UNKNOWN) THEN
    RETURN (TRUE);
    ELSE
    IF SIZEOF([ 'INTEGRATED_CNC_SCHEMA.CONIC',
    'INTEGRATED_CNC_SCHEMA.LINE' ] * TYPEOF(cv)) = 1 THEN
    RETURN (TRUE);
    ELSE
    IF 'INTEGRATED_CNC_SCHEMA.CURVE_REPLICA' IN TYPEOF(cv) THEN
    RETURN (nmsf_curve_check(cv\curve_replica.parent_curve));
    ELSE
    IF (('INTEGRATED_CNC_SCHEMA.OFFSET_CURVE_3D' IN TYPEOF(cv)) AND
    ((cv\offset_curve_3d.self_intersect = FALSE) OR (cv\
    offset_curve_3d.self_intersect = UNKNOWN))) AND NOT (
    'INTEGRATED_CNC_SCHEMA.POLYLINE' IN TYPEOF(cv\offset_curve_3d
    .basis_curve)) THEN
    RETURN (nmsf_curve_check(cv\offset_curve_3d.basis_curve));
    ELSE
    IF 'INTEGRATED_CNC_SCHEMA.PCURVE' IN TYPEOF(cv) THEN
    RETURN (nmsf_curve_check(cv\pcurve.reference_to_curve\
    representation.items[1]) AND nmsf_surface_check(cv\pcurve
    .basis_surface));
    ELSE
    IF 'INTEGRATED_CNC_SCHEMA.SURFACE_CURVE' IN TYPEOF(cv) THEN
```

```
    IF nmsf_curve_check(cv\surface_curve.curve_3d) THEN
    REPEAT i := 1 TO SIZEOF(cv\surface_curve.
    associated_geometry);
    IF 'INTEGRATED_CNC_SCHEMA.SURFACE' IN TYPEOF(cv\
    surface_curve.associated_geometry[i]) THEN
    IF NOT nmsf_surface_check(cv\surface_curve.
    associated_geometry[i]) THEN
    RETURN (FALSE);
    END_IF;
    ELSE
    IF 'INTEGRATED_CNC_SCHEMA.PCURVE' IN TYPEOF(cv\
    surface_curve.associated_geometry[i]) THEN
    IF NOT nmsf_curve_check(cv\surface_curve.
    associated_geometry[i]) THEN
    RETURN (FALSE);
    END_IF;
    END_IF;
    END_IF;
    END_REPEAT;
    RETURN (TRUE);
    END_IF;
    ELSE
    IF 'INTEGRATED_CNC_SCHEMA.POLYLINE' IN TYPEOF(cv) THEN
    IF SIZEOF(cv\polyline.points) >= 3 THEN
    RETURN (TRUE);
    END_IF;
    END_IF;
    END_IF;
    END_IF;
    END_IF;
    END_IF;
    END_IF;
    END_IF;
    END_IF;
    RETURN (FALSE);
END_FUNCTION; -- 10303-508: aic_non_manifold_surface
FUNCTION nmsf_surface_check (
    surf : surface
    ) : BOOLEAN;
    IF 'INTEGRATED_CNC_SCHEMA.ELEMENTARY_SURFACE' IN TYPEOF(surf) THEN
    RETURN (TRUE);
    ELSE
    IF 'INTEGRATED_CNC_SCHEMA.SWEPT_SURFACE' IN TYPEOF(surf) THEN
    RETURN (nmsf_curve_check(surf\swept_surface.swept_curve));
    ELSE
    IF ('INTEGRATED_CNC_SCHEMA.OFFSET_SURFACE' IN TYPEOF(surf)) AND (
    surf\offset_surface.self_intersect = FALSE) OR (surf\
    offset_surface.self_intersect = UNKNOWN) THEN
```

```
    RETURN (nmsf_surface_check(surf\offset_surface.basis_surface));
    ELSE
    IF 'INTEGRATED_CNC_SCHEMA.SURFACE_REPLICA' IN TYPEOF(surf) THEN
    RETURN (nmsf_surface_check(surf\surface_replica.parent_surface)
    );
    ELSE
    IF ('INTEGRATED_CNC_SCHEMA.B_SPLINE_SURFACE' IN TYPEOF(surf))
    AND (surf\b_spline_surface.self_intersect = FALSE) OR (surf\
    b_spline_surface.self_intersect = UNKNOWN) THEN
    RETURN (TRUE);
    END_IF;
    END_IF;
    END_IF;
    END_IF;
    END_IF;
    RETURN (FALSE);
END_FUNCTION; -- 10303-508: aic_non_manifold_surface
FUNCTION normalise (
    arg : vector_or_direction
    ) : vector_or_direction;
    LOCAL
    ndim : INTEGER;
    v : direction;
    result : vector_or_direction;
    vec : vector;
    mag : REAL;
    END_LOCAL;
    IF NOT EXISTS(arg) THEN
    result := ?;
    ELSE
    ndim := arg.dim;
    IF 'INTEGRATED_CNC_SCHEMA.VECTOR' IN TYPEOF(arg) THEN
    BEGIN
    v := dummy_gri || direction(arg.orientation.direction_ratios);
    IF arg.magnitude = 0.0 THEN
    RETURN (?);
    ELSE
    vec := dummy_gri || vector(v, 1.0);
    END_IF;
    END;
    ELSE
    v := dummy_gri || direction(arg.direction_ratios);
    END_IF;
    mag := 0.0;
    REPEAT i := 1 TO ndim;
    mag := mag + v.direction_ratios[i] * v.direction_ratios[i];
    END_REPEAT;
    IF mag > 0.0 THEN
```

```
    mag := sqrt(mag);
    REPEAT i := 1 TO ndim;
    v.direction_ratios[i] := v.direction_ratios[i] / mag;
    END_REPEAT;
    IF 'INTEGRATED_CNC_SCHEMA.VECTOR' IN TYPEOF(arg) THEN
    vec.orientation := v;
    result := vec;
    ELSE
    result := v;
    END_IF;
    ELSE
    RETURN (?);
    END_IF;
    END_IF;
    RETURN (result);
END_FUNCTION; --10303-42: geometry_schema
FUNCTION open_shell_reversed (
    a_shell : open_shell
    ) : oriented_open_shell;
    LOCAL
    the_reverse : oriented_open_shell;
    END_LOCAL;
    IF 'INTEGRATED_CNC_SCHEMA.ORIENTED_OPEN_SHELL' IN TYPEOF(a_shell) THEN
    the_reverse := dummy_tri || connected_face_set(a_shell\
    connected_face_set.cfs_faces) || open_shell() ||
    oriented_open_shell(a_shell\oriented_open_shell.open_shell_element,
    NOT a_shell\oriented_open_shell.orientation);
    ELSE
    the_reverse := dummy_tri || connected_face_set(a_shell\
    connected_face_set.cfs_faces) || open_shell() ||
    oriented_open_shell(a_shell, FALSE);
    END_IF;
    RETURN (the_reverse);
END_FUNCTION; --10303-42: topology_schema
FUNCTION orthogonal_complement (
    vec : direction
    ) : direction;
    LOCAL
    result : direction;
    END_LOCAL;
    IF (vec.dim <> 2) OR NOT EXISTS(vec) THEN
    RETURN (?);
    ELSE
    result := dummy_gri || direction([ -vec.direction_ratios[2], vec.
    direction_ratios[1] ]);
    RETURN (result);
    END_IF;
END_FUNCTION; --10303-42: geometry_schema
```

```
FUNCTION path_head_to_tail (
    a_path : path
    ) : LOGICAL;
    LOCAL
    n : INTEGER;
    p : LOGICAL := TRUE;
    END_LOCAL;
    n := SIZEOF(a_path.edge_list);
    REPEAT i := 2 TO n;
    p := p AND (a_path.edge_list[(i - 1)].edge_end :=: a_path.edge_list[i
    ].edge_start);
    END_REPEAT;
    RETURN (p);
END_FUNCTION; - - 10303-42: topology_schema
FUNCTION path_reversed (
    a_path : path
    ) : oriented_path;
    LOCAL
    the_reverse : oriented_path;
    END_LOCAL;
    IF 'INTEGRATED_CNC_SCHEMA.ORIENTED_PATH' IN TYPEOF(a_path) THEN
    the_reverse := dummy_tri || path(list_of_topology_reversed(a_path.
    edge_list)) || oriented_path(a_path\oriented_path.path_element, NOT
    a_path\oriented_path.orientation);
    ELSE
    the_reverse := dummy_tri || path(list_of_topology_reversed(a_path.
    edge_list)) || oriented_path(a_path, FALSE);
    END_IF;
    RETURN (the_reverse);
END_FUNCTION; - - 10303-42: topology_schema
FUNCTION scalar_times_vector (
    scalar : REAL;
    vec : vector_or_direction
    ) : vector;
    LOCAL
    v : direction;
    mag : REAL;
    result : vector;
    END_LOCAL;
    IF NOT EXISTS(scalar) OR NOT EXISTS(vec) THEN
    RETURN (?);
    ELSE
    IF 'INTEGRATED_CNC_SCHEMA.VECTOR' IN TYPEOF(vec) THEN
    v := dummy_gri || direction(vec.orientation.direction_ratios);
    mag := scalar * vec.magnitude;
    ELSE
    v := dummy_gri || direction(vec.direction_ratios);
    mag := scalar;
```

```
    END_IF;
    IF mag < 0.0 THEN
    REPEAT i := 1 TO SIZEOF(v.direction_ratios);
    v.direction_ratios[i] := -v.direction_ratios[i];
    END_REPEAT;
    mag := -mag;
    END_IF;
    result := dummy_gri || vector(normalise(v), mag);
    END_IF;
    RETURN (result);
END_FUNCTION; -- 10303-42: geometry_schema
FUNCTION second_proj_axis (
    z_axis : direction;
    x_axis : direction;
    arg : direction
    ) : direction;
    LOCAL
    y_axis : vector;
    v : direction;
    temp : vector;
    END_LOCAL;
    IF NOT EXISTS(arg) THEN
    v := dummy_gri || direction([ 0.0, 1.0, 0.0 ]);
    ELSE
    v := arg;
    END_IF;
    temp := scalar_times_vector(dot_product(v, z_axis), z_axis);
    y_axis := vector_difference(v, temp);
    temp := scalar_times_vector(dot_product(v, x_axis), x_axis);
    y_axis := vector_difference(y_axis, temp);
    y_axis := normalise(y_axis);
    RETURN (y_axis.orientation);
END_FUNCTION; -- 10303-42: geometry_schema
FUNCTION set_of_topology_reversed (
    a_set : set_of_reversible_topology_item
    ) : set_of_reversible_topology_item;
    LOCAL
    the_reverse : set_of_reversible_topology_item;
    END_LOCAL;
    the_reverse := [];
    REPEAT i := 1 TO SIZEOF(a_set);
    the_reverse := the_reverse + topology_reversed(a_set[i]);
    END_REPEAT;
    RETURN (the_reverse);
END_FUNCTION; -- 10303-42: topology_schema
FUNCTION shell_reversed (
    a_shell : shell
    ) : shell;
```

```
    IF 'INTEGRATED_CNC_SCHEMA.OPEN_SHELL' IN TYPEOF(a_shell) THEN
    RETURN (open_shell_reversed(a_shell));
    ELSE
    IF 'INTEGRATED_CNC_SCHEMA.CLOSED_SHELL' IN TYPEOF(a_shell) THEN
    RETURN (closed_shell_reversed(a_shell));
    ELSE
    RETURN (?);
    END_IF;
    END_IF;
END_FUNCTION; - - 10303-42: topology_schema
FUNCTION surface_weights_positive (
    b : rational_b_spline_surface
    ) : BOOLEAN;
    LOCAL
    result : BOOLEAN := TRUE;
    END_LOCAL;
    REPEAT i := 0 TO b.u_upper;
    REPEAT j := 0 TO b.v_upper;
    IF b.weights[i][j] <= 0.0 THEN
    result := FALSE;
    RETURN (result);
    END_IF;
    END_REPEAT;
    END_REPEAT;
    RETURN (result);
END_FUNCTION; - - 10303-42: geometry_schema
FUNCTION topology_reversed (
    an_item : reversible_topology
    ) : reversible_topology;
    IF 'INTEGRATED_CNC_SCHEMA.EDGE' IN TYPEOF(an_item) THEN
    RETURN (edge_reversed(an_item));
    END_IF;
    IF 'INTEGRATED_CNC_SCHEMA.PATH' IN TYPEOF(an_item) THEN
    RETURN (path_reversed(an_item));
    END_IF;
    IF 'INTEGRATED_CNC_SCHEMA.FACE_BOUND' IN TYPEOF(an_item) THEN
    RETURN (face_bound_reversed(an_item));
    END_IF;
    IF 'INTEGRATED_CNC_SCHEMA.FACE' IN TYPEOF(an_item) THEN
    RETURN (face_reversed(an_item));
    END_IF;
    IF 'INTEGRATED_CNC_SCHEMA.SHELL' IN TYPEOF(an_item) THEN
    RETURN (shell_reversed(an_item));
    END_IF;
    IF 'SET' IN TYPEOF(an_item) THEN
    RETURN (set_of_topology_reversed(an_item));
    END_IF;
    IF 'LIST' IN TYPEOF(an_item) THEN
```

```
    RETURN (list_of_topology_reversed(an_item));
    END_IF;
    RETURN (?);
END_FUNCTION; - - 10303-42: topology_schema
FUNCTION using_items (
    item : founded_item_select;
    checked_items : SET OF founded_item_select
    ) : SET OF founded_item_select;
    LOCAL
    new_check_items : SET OF founded_item_select;
    result_items : SET OF founded_item_select;
    next_items : SET OF founded_item_select;
    END_LOCAL;
    result_items := [];
    new_check_items := checked_items + item;
    next_items := QUERY (z <* bag_to_set(USEDIN(item, ''))| (
    'INTEGRATED_CNC_SCHEMA.REPRESENTATION_ITEM' IN TYPEOF(z)) OR (
    'INTEGRATED_CNC_SCHEMA.FOUNDED_ITEM' IN TYPEOF(z)));
    IF SIZEOF(next_items) > 0 THEN
    REPEAT i := 1 TO HIINDEX(next_items);
    IF NOT (next_items[i] IN new_check_items) THEN
    result_items := result_items + next_items[i] + using_items(
    next_items[i], new_check_items);
    END_IF;
    END_REPEAT;
    END_IF;
    RETURN (result_items);
END_FUNCTION; - - 10303-43: representation_schema
FUNCTION using_representations (
    item : founded_item_select
    ) : SET OF representation;
    LOCAL
    results : SET OF representation;
    result_bag : BAG OF representation;
    intermediate_items : SET OF founded_item_select;
    END_LOCAL;
    results := [];
    result_bag := USEDIN(item, 'INTEGRATED_CNC_SCHEMA.REPRESENTATION.ITEMS'
    );
    IF SIZEOF(result_bag) > 0 THEN
    REPEAT i := 1 TO HIINDEX(result_bag);
    results := results + result_bag[i];
    END_REPEAT;
    END_IF;
    intermediate_items := using_items(item, []);
    IF SIZEOF(intermediate_items) > 0 THEN
    REPEAT i := 1 TO HIINDEX(intermediate_items);
    result_bag := USEDIN(intermediate_items[i],
```

```
    'INTEGRATED_CNC_SCHEMA.REPRESENTATION.ITEMS');
    IF SIZEOF(result_bag) > 0 THEN
    REPEAT j := 1 TO HIINDEX(result_bag);
    results := results + result_bag[j];
    END_REPEAT;
    END_IF;
    END_REPEAT;
    END_IF;
    RETURN (results);
END_FUNCTION; -- 10303-43: representation_schema
FUNCTION valid_calendar_date (
    date : calendar_date
    ) : LOGICAL;
    CASE date.month_component OF
    1 :
    RETURN ((1 <= date.day_component) AND (date.day_component <= 31))
    ;
    2 :
    BEGIN
    IF leap_year(date.year_component) THEN
    RETURN ((1 <= date.day_component) AND (date.day_component <=
    29));
    ELSE
    RETURN ((1 <= date.day_component) AND (date.day_component <=
    28));
    END_IF;
    END;
    3 :
    RETURN ((1 <= date.day_component) AND (date.day_component <= 31))
    ;
    4 :
    RETURN ((1 <= date.day_component) AND (date.day_component <= 30))
    ;
    5 :
    RETURN ((1 <= date.day_component) AND (date.day_component <= 31))
    ;
    6 :
    RETURN ((1 <= date.day_component) AND (date.day_component <= 30))
    ;
    7 :
    RETURN ((1 <= date.day_component) AND (date.day_component <= 31))
    ;
    8 :
    RETURN ((1 <= date.day_component) AND (date.day_component <= 31))
    ;
    9 :
    RETURN ((1 <= date.day_component) AND (date.day_component <= 30))
    ;
```

```
    10 :
    RETURN ((1 <= date.day_component) AND (date.day_component <= 31))
    ;
    11 :
    RETURN ((1 <= date.day_component) AND (date.day_component <= 30))
    ;
    12 :
    RETURN ((1 <= date.day_component) AND (date.day_component <= 31))
    ;
    END_CASE;
    RETURN (FALSE);
END_FUNCTION; -- 10303-41: date_time_schema
FUNCTION valid_geometrically_bounded_wf_curve (
    crv : curve
    ) : BOOLEAN;
    IF SIZEOF([ 'INTEGRATED_CNC_SCHEMA.POLYLINE',
    'INTEGRATED_CNC_SCHEMA.B_SPLINE_CURVE',
    'INTEGRATED_CNC_SCHEMA.ELLIPSE', 'INTEGRATED_CNC_SCHEMA.CIRCLE' ] *
    TYPEOF(crv)) = 1 THEN
    RETURN (TRUE);
    ELSE
    IF 'INTEGRATED_CNC_SCHEMA.TRIMMED_CURVE' IN TYPEOF(crv) THEN
    IF SIZEOF([ 'INTEGRATED_CNC_SCHEMA.LINE',
    'INTEGRATED_CNC_SCHEMA.PARABOLA',
    'INTEGRATED_CNC_SCHEMA.HYPERBOLA' ] * TYPEOF(crv\trimmed_curve.
    basis_curve)) = 1 THEN
    RETURN (TRUE);
    ELSE
    RETURN (valid_geometrically_bounded_wf_curve(crv\trimmed_curve.
    basis_curve));
    END_IF;
    ELSE
    IF 'INTEGRATED_CNC_SCHEMA.OFFSET_CURVE_3D' IN TYPEOF(crv) THEN
    RETURN (valid_geometrically_bounded_wf_curve(crv\offset_curve_3d.
    basis_curve));
    ELSE
    IF 'INTEGRATED_CNC_SCHEMA.CURVE_REPLICA' IN TYPEOF(crv) THEN
    RETURN (valid_geometrically_bounded_wf_curve(crv\curve_replica.
    parent_curve));
    ELSE
    IF 'INTEGRATED_CNC_SCHEMA.COMPOSITE_CURVE' IN TYPEOF(crv) THEN
    RETURN (SIZEOF(QUERY (ccs <* crv\composite_curve.segments|
    NOT valid_geometrically_bounded_wf_curve(ccs.parent_curve))
    ) = 0);
    END_IF;
    END_IF;
    END_IF;
    END_IF;
```

```
        END_IF;
        RETURN (FALSE);
    END_FUNCTION; - - 10303-510: aic_geometrically_bounded_wireframe
    FUNCTION valid_geometrically_bounded_wf_point (
        pnt : point
        ) : BOOLEAN;
        IF 'INTEGRATED_CNC_SCHEMA.CARTESIAN_POINT' IN TYPEOF(pnt) THEN
        RETURN (TRUE);
        ELSE
        IF 'INTEGRATED_CNC_SCHEMA.POINT_ON_CURVE' IN TYPEOF(pnt) THEN
        RETURN (valid_geometrically_bounded_wf_curve(pnt\point_on_curve.
        basis_curve));
        ELSE
        IF 'INTEGRATED_CNC_SCHEMA.POINT_REPLICA' IN TYPEOF(pnt) THEN
        RETURN (valid_geometrically_bounded_wf_point(pnt\point_replica.
        parent_pt));
        END_IF;
        END_IF;
        END_IF;
        RETURN (FALSE);
    END_FUNCTION; - - 10303-510: aic_geometrically_bounded_wireframe
    FUNCTION valid_measure_value (
        m : measure_value
        ) : BOOLEAN;
        IF 'REAL' IN TYPEOF(m) THEN
        RETURN (m > 0.0);
        ELSE
        IF 'INTEGER' IN TYPEOF(m) THEN
        RETURN (m > 0);
        ELSE
        RETURN (TRUE);
        END_IF;
        END_IF;
    END_FUNCTION; - - 10303-43: representation_schema
    FUNCTION valid_time (
        time : local_time
        ) : BOOLEAN;
        IF EXISTS(time.second_component) THEN
        RETURN (EXISTS(time.minute_component));
        ELSE
        RETURN (TRUE);
        END_IF;
    END_FUNCTION; - - 10303-41: date_time_schema
    FUNCTION valid_units (
        m : measure_with_unit
        ) : BOOLEAN;
        IF 'INTEGRATED_CNC_SCHEMA.LENGTH_MEASURE'
        IN TYPEOF(m.value_component) THEN
```

```
IF derive_dimensional_exponents(m.unit_component) <>
dimensional_exponents(1, 0, 0, 0, 0, 0, 0) THEN
RETURN (FALSE);
END_IF;
END_IF;
IF 'INTEGRATED_CNC_SCHEMA.TIME_MEASURE'
IN TYPEOF(m.value_component) THEN
IF derive_dimensional_exponents(m.unit_component) <>
dimensional_exponents(0, 0, 1, 0, 0, 0, 0) THEN
RETURN (FALSE);
END_IF;
END_IF;
IF 'INTEGRATED_CNC_SCHEMA.PLANE_ANGLE_MEASURE'
IN TYPEOF(m.value_component) THEN
IF derive_dimensional_exponents(m.unit_component) <>
dimensional_exponents(0, 0, 0, 0, 0, 0, 0) THEN
RETURN (FALSE);
END_IF;
END_IF;
IF 'INTEGRATED_CNC_SCHEMA.SOLID_ANGLE_MEASURE'
IN TYPEOF(m.value_component) THEN
IF derive_dimensional_exponents(m.unit_component) <>
dimensional_exponents(0, 0, 0, 0, 0, 0, 0) THEN
RETURN (FALSE);
END_IF;
END_IF;
IF 'INTEGRATED_CNC_SCHEMA.RATIO_MEASURE'
IN TYPEOF(m.value_component)
THEN
IF derive_dimensional_exponents(m.unit_component) <>
dimensional_exponents(0, 0, 0, 0, 0, 0, 0) THEN
RETURN (FALSE);
END_IF;
END_IF;
IF 'INTEGRATED_CNC_SCHEMA.POSITIVE_LENGTH_MEASURE'
IN TYPEOF(m.value_component) THEN
IF derive_dimensional_exponents(m.unit_component) <>
dimensional_exponents(1, 0, 0, 0, 0, 0, 0) THEN
RETURN (FALSE);
END_IF;
END_IF;
IF 'INTEGRATED_CNC_SCHEMA.POSITIVE_PLANE_ANGLE_MEASURE'
IN TYPEOF(m.value_component) THEN
IF derive_dimensional_exponents(m.unit_component) <>
dimensional_exponents(0, 0, 0, 0, 0, 0, 0) THEN
RETURN (FALSE);
END_IF;
END_IF;
```

```
    RETURN (TRUE);
  END_FUNCTION; - - 10303-41: measure_schema
  FUNCTION valid_wireframe_edge_curve (
    crv : curve
    ) : BOOLEAN;
    IF SIZEOF([ 'INTEGRATED_CNC_SCHEMA.LINE', 'INTEGRATED_CNC_SCHEMA.CONIC'
    , 'INTEGRATED_CNC_SCHEMA.B_SPLINE_CURVE',
    'INTEGRATED_CNC_SCHEMA.POLYLINE' ] * TYPEOF(crv)) = 1 THEN
    RETURN (TRUE);
    ELSE
    IF 'INTEGRATED_CNC_SCHEMA.CURVE_REPLICA' IN TYPEOF(crv) THEN
    RETURN (valid_wireframe_edge_curve(crv\curve_replica.parent_curve))
    ;
    ELSE
    IF 'INTEGRATED_CNC_SCHEMA.OFFSET_CURVE_3D' IN TYPEOF(crv) THEN
    RETURN (valid_wireframe_edge_curve(crv\offset_curve_3d.
    basis_curve));
    END_IF;
    END_IF;
    END_IF;
    RETURN (FALSE);
  END_FUNCTION; - - 10303-502: aic_shell_based_wireframe
  FUNCTION valid_wireframe_vertex_point (
    pnt : point
    ) : BOOLEAN;
    IF 'INTEGRATED_CNC_SCHEMA.CARTESIAN_POINT' IN TYPEOF(pnt) THEN
    RETURN (TRUE);
    ELSE
    IF 'INTEGRATED_CNC_SCHEMA.POINT_REPLICA' IN TYPEOF(pnt) THEN
    RETURN (valid_wireframe_vertex_point(pnt\point_replica.parent_pt));
    END_IF;
    END_IF;
    RETURN (FALSE);
  END_FUNCTION; - - 10303-502: aic_shell_based_wireframe
  FUNCTION vector_difference (
    arg1 : vector_or_direction;
    arg2 : vector_or_direction
    ) : vector;
    LOCAL
    result : vector;
    res : direction;
    vec1 : direction;
    vec2 : direction;
    mag : REAL;
    mag1 : REAL;
    mag2 : REAL;
    ndim : INTEGER;
    END_LOCAL;
```

```
    IF (NOT EXISTS(arg1) OR NOT EXISTS(arg2)) OR (arg1.dim <> arg2.dim)
    THEN
    RETURN (?);
    ELSE
    BEGIN
    IF 'INTEGRATED_CNC_SCHEMA.VECTOR' IN TYPEOF(arg1) THEN
    mag1 := arg1.magnitude;
    vec1 := arg1.orientation;
    ELSE
    mag1 := 1.0;
    vec1 := arg1;
    END_IF;
    IF 'INTEGRATED_CNC_SCHEMA.VECTOR' IN TYPEOF(arg2) THEN
    mag2 := arg2.magnitude;
    vec2 := arg2.orientation;
    ELSE
    mag2 := 1.0;
    vec2 := arg2;
    END_IF;
    vec1 := normalise(vec1);
    vec2 := normalise(vec2);
    ndim := SIZEOF(vec1.direction_ratios);
    mag := 0.0;
    res := dummy_gri || direction(vec1.direction_ratios);
    REPEAT i := 1 TO ndim;
    res.direction_ratios[i] := mag1 * vec1.direction_ratios[i] + mag2
     * vec2.direction_ratios[i];
    mag := mag + res.direction_ratios[i] * res.direction_ratios[i];
    END_REPEAT;
    IF mag > 0.0 THEN
    result := dummy_gri || vector(res, sqrt(mag));
    ELSE
    result := dummy_gri || vector(vec1, 0.0);
    END_IF;
    END;
    END_IF;
    RETURN (result);
END_FUNCTION; -- 10303-42: geometry_schema
FUNCTION verify_angle_measure_action_property (
    cad : characterized_action_definition;
    prop_name : STRING
    ): LOGICAL;
    RETURN (verify_rep_item_for_action_property(cad, prop_name,
    ['INTEGRATED_CNC_SCHEMA.MEASURE_REPRESENTATION_ITEM',
    'INTEGRATED_CNC_SCHEMA.PLANE_ANGLE_MEASURE_WITH_UNIT']));
END_FUNCTION; -- 10303-238: integrated_cnc_schema
FUNCTION verify_angle_measure_rep_item (
    rep : representation;
```

```
        prop_name : STRING
        ): LOGICAL;
        RETURN (0 = SIZEOF (QUERY ( it <* rep.items |
        (it.name = prop_name) AND NOT (SIZEOF([
        'INTEGRATED_CNC_SCHEMA.MEASURE_REPRESENTATION_ITEM',
        'INTEGRATED_CNC_SCHEMA.PLANE_ANGLE_MEASURE_WITH_UNIT'] *
        TYPEOF(it)) = 2))));
    END_FUNCTION; -- 10303-238: integrated_cnc_schema
    FUNCTION verify_angle_measure_resource_property (
        crd : characterized_resource_definition;
        prop_name : STRING
        ): LOGICAL;
        RETURN (verify_rep_item_for_resource_property (crd, prop_name,
        ['INTEGRATED_CNC_SCHEMA.MEASURE_REPRESENTATION_ITEM',
        'INTEGRATED_CNC_SCHEMA.PLANE_ANGLE_MEASURE_WITH_UNIT']));
    END_FUNCTION; -- 10303-238: integrated_cnc_schema
    FUNCTION verify_angle_measure_tool_body_item (
        mt : machining_tool;
        prop_name : STRING
        ): LOGICAL;
        RETURN (verify_rep_item_for_tool_body(mt, prop_name,
        ['INTEGRATED_CNC_SCHEMA.MEASURE_REPRESENTATION_ITEM',
        'INTEGRATED_CNC_SCHEMA.PLANE_ANGLE_MEASURE_WITH_UNIT']));
    END_FUNCTION; -- 10303-238: integrated_cnc_schema
    FUNCTION verify_ballnose_endmill_dimensions (
        mt : machining_tool
        ): LOGICAL;
        LOCAL
        rads : SET OF REPRESENTATION_ITEM :=
        get_tool_body_item (mt, 'edge radius');
        dias : SET OF REPRESENTATION_ITEM :=
        get_tool_body_item (mt, 'effective cutting diameter');
        END_LOCAL;
        RETURN ((0 = SIZEOF(rads)) OR
        ((1 = SIZEOF(rads)) AND
        (1 = SIZEOF(dias)) AND
        (rads[1].value_component = dias[1].value_component/2))
        );
    END_FUNCTION; -- 10303-238: integrated_cnc_schema
    FUNCTION verify_bullnose_endmill_dimensions (
        mt : machining_tool
        ): LOGICAL;
        LOCAL
        rads : SET OF REPRESENTATION_ITEM :=
        get_tool_body_item (mt, 'edge radius');
        dias : SET OF REPRESENTATION_ITEM :=
        get_tool_body_item (mt, 'effective cutting diameter');
        END_LOCAL;
```

```
    RETURN ((1 = SIZEOF(rads)) AND
    (1 = SIZEOF(dias)) AND
    (rads[1].value_component < dias[1].value_component/2)
    );
END_FUNCTION; -- 10303-238: integrated_cnc_schema
FUNCTION verify_count_measure_action_property (
    cad : characterized_action_definition;
    prop_name : STRING
    ): LOGICAL;
    -- All properties have matching representations. The reason we test
    -- for "nothing matching the negation" rather than "something matching
    -- the positive" is so that we return true if there are no properties.
    --
    RETURN (0 = SIZEOF (QUERY (prop <* get_action_property (cad, prop_name) |
    -- property has no matching representations
    NOT (
    -- there is at least one rep with matching rep items
    (0 < SIZEOF (QUERY (prep <* USEDIN (prop, 'INTEGRATED_CNC_SCHEMA.' +
    'ACTION_PROPERTY_REPRESENTATION.PROPERTY') |
    -- property representation has at least one matching rep item
    (0 < SIZEOF (QUERY (it <* prep.representation.items |
    (('INTEGRATED_CNC_SCHEMA.MEASURE_REPRESENTATION_ITEM'
    IN TYPEOF(it)) AND
    ('INTEGRATED_CNC_SCHEMA.COUNT_MEASURE'
    IN TYPEOF(it.value_component)))
    )))
    )))
    ))));
END_FUNCTION; -- 10303-238: integrated_cnc_schema
FUNCTION verify_count_measure_rep_item (
    rep : representation;
    prop_name : STRING
    ): LOGICAL;
    RETURN (0 = SIZEOF (QUERY ( it <* rep.items |
    (it.name = prop_name) AND NOT
    (('INTEGRATED_CNC_SCHEMA.MEASURE_REPRESENTATION_ITEM'
    IN TYPEOF(it)) AND
    ('INTEGRATED_CNC_SCHEMA.COUNT_MEASURE'
    IN TYPEOF(it.value_component))))));
END_FUNCTION; -- 10303-238: integrated_cnc_schema
FUNCTION verify_count_measure_resource_property (
    crd : characterized_resource_definition;
    prop_name : STRING
    ): LOGICAL;
    -- All properties have matching representations. The reason we test
    -- for "nothing matching the negation" rather than "something matching
    -- the positive" is so that we return true if there are no properties.
    --
```

```
        RETURN (0 = SIZEOF (QUERY (prop <* get_resource_property (crd, prop_name) |
        -- property has no matching representations
        NOT (
        -- there is at least one rep with matching rep items
        (0 < SIZEOF (QUERY (prep <* USEDIN (prop, 'INTEGRATED_CNC_SCHEMA.' +
        'RESOURCE_PROPERTY_REPRESENTATION.PROPERTY') |
        -- property representation has at least one matching rep item
        (0 < SIZEOF (QUERY (it <* prep.representation.items |
        (('INTEGRATED_CNC_SCHEMA.MEASURE_REPRESENTATION_ITEM'
        IN TYPEOF(it)) AND
        ('INTEGRATED_CNC_SCHEMA.COUNT_MEASURE'
        IN TYPEOF(it.value_component)))
        )))
        )))
        ))));
    END_FUNCTION; -- 10303-238: integrated_cnc_schema
    FUNCTION verify_count_measure_tool_body_item (
        mt : machining_tool;
        prop_name : STRING
        ): LOGICAL;
        RETURN (0 = SIZEOF (QUERY (it <* get_tool_body_item (mt, prop_name) | NOT
        (('INTEGRATED_CNC_SCHEMA.MEASURE_REPRESENTATION_ITEM'
        IN TYPEOF(it)) AND
        ('INTEGRATED_CNC_SCHEMA.COUNT_MEASURE'
        IN TYPEOF(it.value_component)))
        )));
    END_FUNCTION; -- 10303-238: integrated_cnc_schema
    FUNCTION verify_descriptive_action_property (
        cad : characterized_action_definition;
        prop_name : STRING
        ): LOGICAL;
        RETURN (verify_rep_item_for_action_property(cad, prop_name,
        ['INTEGRATED_CNC_SCHEMA.DESCRIPTIVE_REPRESENTATION_ITEM']));
    END_FUNCTION; -- 10303-238: integrated_cnc_schema
    FUNCTION verify_enumeration_action_property (
        cad : characterized_action_definition;
        prop_name : STRING;
        prop_values : SET OF STRING
        ): LOGICAL;
        -- Each action property has at least one representation that contains
        -- a descriptive rep item, and that descriptive rep item has a value
        -- drawn from the prop_values set.
        -- there are no properties that do not have matching representations
        RETURN (0 = SIZEOF (QUERY (prop <* get_action_property (cad, prop_name) |
        NOT (
        -- there is at least one rep with matching rep items
        (0 < SIZEOF (QUERY (prep <* USEDIN (prop, 'INTEGRATED_CNC_SCHEMA.' +
        'ACTION_PROPERTY_REPRESENTATION.PROPERTY') |
```

```
    - - property representation has at least one matching rep item
    (0 < SIZEOF (QUERY (it <* prep.representation.items |
    (('INTEGRATED_CNC_SCHEMA.DESCRIPTIVE_REPRESENTATION_ITEM'
    IN TYPEOF(it)) AND
    (it.description IN prop_values))
    )))
    )))
    ))));
END_FUNCTION; - - 10303-238: integrated_cnc_schema
FUNCTION verify_enumeration_resource_property (
    crd : characterized_resource_definition;
    prop_name : STRING;
    prop_values : SET OF STRING
    ): LOGICAL;
    RETURN (0 = SIZEOF (QUERY (prop <* get_resource_property (crd, prop_name) |
    NOT (
    - - there is at least one rep with matching rep items
    (0 < SIZEOF (QUERY (prep <* USEDIN (prop, 'INTEGRATED_CNC_SCHEMA.' +
    'RESOURCE_PROPERTY_REPRESENTATION.PROPERTY') |
    - - property representation has at least one matching rep item
    (0 < SIZEOF (QUERY (it <* prep.representation.items |
    (('INTEGRATED_CNC_SCHEMA.DESCRIPTIVE_REPRESENTATION_ITEM'
    IN TYPEOF(it)) AND
    (it.description IN prop_values))
    )))
    )))
    ))));
END_FUNCTION; - - 10303-238: integrated_cnc_schema
FUNCTION verify_enumeration_tool_body_item (
    mt : machining_tool;
    prop_name : STRING;
    prop_values : SET OF STRING
    ): LOGICAL;
    RETURN (0 = SIZEOF (QUERY (it <* get_tool_body_item (mt, prop_name) | NOT
    (('INTEGRATED_CNC_SCHEMA.DESCRIPTIVE_REPRESENTATION_ITEM'
    IN TYPEOF(it)) AND
    (it.description IN prop_values))
    )));
END_FUNCTION; - - 10303-238: integrated_cnc_schema
FUNCTION verify_length_measure_action_property (
    cad : characterized_action_definition;
    prop_name : STRING
    ): LOGICAL;
    RETURN (verify_rep_item_for_action_property (cad, prop_name,
    ['INTEGRATED_CNC_SCHEMA.MEASURE_REPRESENTATION_ITEM',
    'INTEGRATED_CNC_SCHEMA.LENGTH_MEASURE_WITH_UNIT']));
END_FUNCTION; - - 10303-238: integrated_cnc_schema
FUNCTION verify_length_measure_rep_item (
```

```
    rep : representation;
    prop_name : STRING
    ): LOGICAL;
    RETURN (0 = SIZEOF (QUERY ( it <* rep.items |
    (it.name = prop_name) AND NOT (SIZEOF([
    'INTEGRATED_CNC_SCHEMA.MEASURE_REPRESENTATION_ITEM',
    'INTEGRATED_CNC_SCHEMA.LENGTH_MEASURE_WITH_UNIT'] *
    TYPEOF(it)) = 2))));
END_FUNCTION; -- 10303-238: integrated_cnc_schema
FUNCTION verify_length_measure_resource_property (
    crd : characterized_resource_definition;
    prop_name : STRING
    ): LOGICAL;
    RETURN (verify_rep_item_for_resource_property (crd, prop_name,
    ['INTEGRATED_CNC_SCHEMA.MEASURE_REPRESENTATION_ITEM',
    'INTEGRATED_CNC_SCHEMA.LENGTH_MEASURE_WITH_UNIT']));
END_FUNCTION; -- 10303-238: integrated_cnc_schema
FUNCTION verify_length_measure_tool_body_item (
    mt : machining_tool;
    prop_name : STRING
    ): LOGICAL;
    RETURN (verify_rep_item_for_tool_body(mt, prop_name,
    ['INTEGRATED_CNC_SCHEMA.MEASURE_REPRESENTATION_ITEM',
    'INTEGRATED_CNC_SCHEMA.LENGTH_MEASURE_WITH_UNIT']));
END_FUNCTION; -- 10303-238: integrated_cnc_schema
FUNCTION verify_linear_speed_measure_rep_item (
    rep : representation;
    prop_name : STRING
    ): LOGICAL;
    RETURN (0 = SIZEOF (QUERY ( it <* rep.items |
    (it.name = prop_name) AND NOT
    (('INTEGRATED_CNC_SCHEMA.MEASURE_REPRESENTATION_ITEM'
    IN TYPEOF(it)) AND
    ('INTEGRATED_CNC_SCHEMA.NUMERIC_MEASURE'
    IN TYPEOF(it.value_component))))));
END_FUNCTION; -- 10303-238: integrated_cnc_schema
FUNCTION verify_numeric_measure_action_property (
    cad : characterized_action_definition;
    prop_name : STRING
    ): LOGICAL;
    -- All properties have matching representations. The reason we test
    -- for "nothing matching the negation" rather than "something matching
    -- the positive" is so that we return true if there are no properties.
    --
    RETURN (0 = SIZEOF (QUERY (prop <* get_action_property (cad, prop_name) |
    -- property has no matching representations
    NOT (
    -- there is at least one rep with matching rep items
```

```
    (0 < SIZEOF (QUERY (prep <* USEDIN (prop, 'INTEGRATED_CNC_SCHEMA.' +
    'ACTION_PROPERTY_REPRESENTATION.PROPERTY') |
    -- property representation has at least one matching rep item
    (0 < SIZEOF (QUERY (it <* prep.representation.items |
    (('INTEGRATED_CNC_SCHEMA.MEASURE_REPRESENTATION_ITEM'
    IN TYPEOF(it)) AND
    ('INTEGRATED_CNC_SCHEMA.NUMERIC_MEASURE'
    IN TYPEOF(it.value_component)))
    )))
    )))
    ))));
END_FUNCTION; -- 10303-238: integrated_cnc_schema
FUNCTION verify_optional_action_property (
    cad : characterized_action_definition;
    prop_name : STRING
    ): LOGICAL;
    RETURN (1 >= SIZEOF (get_action_property (cad, prop_name)));
END_FUNCTION; -- 10303-238: integrated_cnc_schema
FUNCTION verify_optional_in_process_geometry (
    mpe : machining_process_executable
    ): LOGICAL;
    RETURN
    ((verify_optional_action_property (mpe, 'as-is shape')) AND
    (verify_optional_action_property (mpe, 'to-be shape')) AND
    (verify_optional_action_property (mpe, 'removal shape')) AND
    -- All properties need advanced brep shape reps
    (0 = SIZEOF (QUERY (prop <*
    USEDIN (mpe, 'INTEGRATED_CNC_SCHEMA.ACTION_PROPERTY.DEFINITION') |
    ((prop.name IN ['as-is shape', 'to-be shape', 'removal shape']) AND
    (0 = SIZEOF (QUERY (prep <* USEDIN (prop, 'INTEGRATED_CNC_SCHEMA.' +
    'ACTION_PROPERTY_REPRESENTATION.PROPERTY') |
    ('INTEGRATED_CNC_SCHEMA.SHAPE_REPRESENTATION'
    IN TYPEOF (prep.representation))))))
    )))
    );
END_FUNCTION; -- 10303-238: integrated_cnc_schema
FUNCTION verify_optional_relating_amr (
    am : action_method;
    amr_types : SET OF STRING
    ): LOGICAL;
    RETURN (1 >= get_count_of_relating_amr (am, amr_types));
END_FUNCTION; -- 10303-238: integrated_cnc_schema
FUNCTION verify_optional_relating_amr_with_name (
    am : action_method;
    amr_name : STRING;
    amr_types : SET OF STRING
    ): LOGICAL;
    RETURN (1 >= get_count_of_relating_amr_with_name (
```

```
    am, amr_name, amr_types));
END_FUNCTION; -- 10303-238: integrated_cnc_schema
FUNCTION verify_optional_rep_item (
    rep : representation;
    prop_name : STRING
    ): LOGICAL;
    RETURN (1 >= SIZEOF (QUERY ( it <* rep.items |
    (it.name = prop_name))));
END_FUNCTION; -- 10303-238: integrated_cnc_schema
FUNCTION verify_optional_resource_property (
    crd : characterized_resource_definition;
    prop_name : STRING
    ): LOGICAL;
    RETURN (1 >= SIZEOF (get_resource_property (crd, prop_name)));
END_FUNCTION; -- 10303-238: integrated_cnc_schema
FUNCTION verify_optional_tool_body_item (
    mt : machining_tool;
    prop_name : STRING
    ): LOGICAL;
    RETURN (1 >= SIZEOF (get_tool_body_item (mt, prop_name)));
END_FUNCTION; -- 10303-238: integrated_cnc_schema
FUNCTION verify_pressure_measure_action_property (
    cad : characterized_action_definition;
    prop_name : STRING
    ): LOGICAL;
    RETURN (verify_numeric_measure_action_property (cad, prop_name));
END_FUNCTION; -- 10303-238: integrated_cnc_schema
FUNCTION verify_ratio_measure_action_property (
    cad : characterized_action_definition;
    prop_name : STRING
    ): LOGICAL;
    RETURN (verify_rep_item_for_action_property (cad, prop_name,
    ['INTEGRATED_CNC_SCHEMA.MEASURE_REPRESENTATION_ITEM',
    'INTEGRATED_CNC_SCHEMA.RATIO_MEASURE_WITH_UNIT']));
END_FUNCTION; -- 10303-238: integrated_cnc_schema
FUNCTION verify_ratio_measure_rep_item (
    rep : representation;
    prop_name : STRING
    ): LOGICAL;
    RETURN (0 = SIZEOF (QUERY ( it <* rep.items |
    (it.name = prop_name) AND NOT (SIZEOF([
    'INTEGRATED_CNC_SCHEMA.MEASURE_REPRESENTATION_ITEM',
    'INTEGRATED_CNC_SCHEMA.RATIO_MEASURE_WITH_UNIT'] *
    TYPEOF(it)) = 2))));
END_FUNCTION; -- 10303-238: integrated_cnc_schema
FUNCTION verify_related_type_for_amr (
    am : action_method;
    amr_types : SET OF STRING;
```

```
    types : SET OF STRING
    ): LOGICAL;
    RETURN (0 = SIZEOF (QUERY (amr <* get_relating_amr (am) |
    (SIZEOF(amr_types * TYPEOF(amr)) =
    SIZEOF(amr_types)) AND
    NOT
    (SIZEOF(types * TYPEOF(amr.related_method)) =
    SIZEOF(types)) )));
END_FUNCTION; -- 10303-238: integrated_cnc_schema
FUNCTION verify_related_type_for_amr_with_name (
    am : action_method;
    amr_name : STRING;
    amr_types : SET OF STRING;
    types : SET OF STRING
    ): LOGICAL;
    RETURN (0 = SIZEOF (QUERY (amr <* get_relating_amr (am) |
    (amr.name = amr_name) AND
    (SIZEOF(amr_types * TYPEOF(amr)) =
    SIZEOF(amr_types)) AND
    NOT
    (SIZEOF(types * TYPEOF(amr.related_method)) =
    SIZEOF(types)) )));
END_FUNCTION; -- 10303-238: integrated_cnc_schema
FUNCTION verify_rep_item_for_action_property (
    cad : characterized_action_definition;
    prop_name : STRING;
    rep_item_types : SET OF STRING
    ): LOGICAL;
    -- All properties have matching representations. The reason we test
    -- for "nothing matching the negation" rather than "something matching
    -- the positive" is so that we return true if there are no properties.
    --
    RETURN (0 = SIZEOF (QUERY (prop <* get_action_property (cad, prop_name) |
    -- property has no matching representations
    NOT (
    -- there is at least one rep with matching rep items
    (0 < SIZEOF (QUERY (prep <* USEDIN (prop, 'INTEGRATED_CNC_SCHEMA.' +
    'ACTION_PROPERTY_REPRESENTATION.PROPERTY') |
    -- property representation has at least one matching rep item
    (0 < SIZEOF (QUERY (it <* prep.representation.items |
    (SIZEOF (rep_item_types * TYPEOF(it)) =
    SIZEOF (rep_item_types))))
    )))
    ))
    )));
END_FUNCTION; -- 10303-238: integrated_cnc_schema
FUNCTION verify_rep_item_for_resource_property (
    crd : characterized_resource_definition;
```

```
        prop_name : STRING;
        rep_item_types : SET OF STRING
        ): LOGICAL;
        RETURN (0 = SIZEOF (QUERY (prop <* get_resource_property (crd, prop_name) |
        NOT (0 < SIZEOF (QUERY (prep <* USEDIN (prop, 'INTEGRATED_CNC_SCHEMA.' +
        'RESOURCE_PROPERTY_REPRESENTATION.PROPERTY') |
        (0 < SIZEOF (QUERY (it <* prep.representation.items |
        (SIZEOF (rep_item_types * TYPEOF(it)) =
        SIZEOF (rep_item_types)))))
        )))
        )));
    END_FUNCTION; -- 10303-238: integrated_cnc_schema
    FUNCTION verify_rep_item_for_tool_body (
        mt : machining_tool;
        prop_name : STRING;
        rep_item_types : SET OF STRING
        ): LOGICAL;
        RETURN (0 = SIZEOF (QUERY (it <* get_tool_body_item (mt, prop_name) | NOT
        ((SIZEOF (rep_item_types * TYPEOF(it)) =
        SIZEOF (rep_item_types)))
        )));
    END_FUNCTION; -- 10303-238: integrated_cnc_schema
    FUNCTION verify_rep_name_for_action_property (
        cad : characterized_action_definition;
        prop_name : STRING;
        desc_names : SET OF STRING
        ): LOGICAL;
        RETURN (0 = SIZEOF (QUERY (prop <*
        get_action_property (cad, prop_name) | NOT
        (0 < SIZEOF (QUERY (prep <* USEDIN (prop, 'INTEGRATED_CNC_SCHEMA.' +
        'ACTION_PROPERTY_REPRESENTATION.PROPERTY') |
        (prep.representation.name IN desc_names)
        )))
        )));
    END_FUNCTION; -- 10303-238: integrated_cnc_schema
    FUNCTION verify_rep_type_for_action_property (
        cad : characterized_action_definition;
        prop_name : STRING;
        rep_types : SET OF STRING
        ): LOGICAL;
        RETURN (0 = SIZEOF (QUERY (prop <*
        get_action_property (cad, prop_name) | NOT
        (0 < SIZEOF (QUERY (prep <* USEDIN (prop, 'INTEGRATED_CNC_SCHEMA.' +
        'ACTION_PROPERTY_REPRESENTATION.PROPERTY') |
        (SIZEOF(rep_types * TYPEOF(prep.representation)) =
        SIZEOF(rep_types))
        )))
        )));
```

```
END_FUNCTION; -- 10303-238: integrated_cnc_schema
FUNCTION verify_rep_type_for_resource_property (
    crd : characterized_resource_definition;
    prop_name : STRING;
    rep_types : SET OF STRING
    ): LOGICAL;
    RETURN (0 = SIZEOF (QUERY (prop <*
    get_resource_property (crd, prop_name) | NOT
    (0 < SIZEOF (QUERY (prep <* USEDIN (prop, 'INTEGRATED_CNC_SCHEMA.' +
    'RESOURCE_PROPERTY_REPRESENTATION.PROPERTY') |
    (SIZEOF(rep_types * TYPEOF(prep.representation)) =
    SIZEOF(rep_types))
    )))
    )));
END_FUNCTION; -- 10303-238: integrated_cnc_schema
FUNCTION verify_required_action_property (
    cad : characterized_action_definition;
    prop_name : STRING
    ): LOGICAL;
    RETURN (1 = SIZEOF (get_action_property (cad, prop_name)));
END_FUNCTION; -- 10303-238: integrated_cnc_schema
FUNCTION verify_required_relating_amr (
    am : action_method;
    amr_types : SET OF STRING
    ): LOGICAL;
    RETURN (1 = get_count_of_relating_amr (am, amr_types));
END_FUNCTION; -- 10303-238: integrated_cnc_schema
FUNCTION verify_required_relating_amr_with_name (
    am : action_method;
    amr_name : STRING;
    amr_types : SET OF STRING
    ): LOGICAL;
    RETURN (1 = get_count_of_relating_amr_with_name (
    am, amr_name, amr_types));
END_FUNCTION; -- 10303-238: integrated_cnc_schema
FUNCTION verify_required_rep_item (
    rep : representation;
    prop_name : STRING
    ): LOGICAL;
    RETURN (1 = SIZEOF (QUERY ( it <* rep.items |
    (it.name = prop_name))));
END_FUNCTION; -- 10303-238: integrated_cnc_schema
FUNCTION verify_required_resource_property (
    crd : characterized_resource_definition;
    prop_name : STRING
    ): LOGICAL;
    RETURN (1 = SIZEOF (get_resource_property (crd, prop_name)));
END_FUNCTION; -- 10303-238: integrated_cnc_schema
```

```
FUNCTION verify_required_tool_body_item (
    mt : machining_tool;
    prop_name : STRING
    ): LOGICAL;
    RETURN (1 = SIZEOF (get_tool_body_item (mt, prop_name)));
END_FUNCTION; -- 10303-238: integrated_cnc_schema
FUNCTION verify_rotary_speed_measure_rep_item (
    rep : representation;
    prop_name : STRING
    ): LOGICAL;
    RETURN (0 = SIZEOF (QUERY ( it <* rep.items |
    (it.name = prop_name) AND NOT
    (('INTEGRATED_CNC_SCHEMA.MEASURE_REPRESENTATION_ITEM'
    IN TYPEOF(it)) AND
    ('INTEGRATED_CNC_SCHEMA.NUMERIC_MEASURE'
    IN TYPEOF(it.value_component))))));
END_FUNCTION; -- 10303-238: integrated_cnc_schema
FUNCTION verify_time_measure_action_property (
    cad : characterized_action_definition;
    prop_name : STRING
    ): LOGICAL;
    RETURN (verify_rep_item_for_action_property(cad, prop_name,
    ['INTEGRATED_CNC_SCHEMA.MEASURE_REPRESENTATION_ITEM',
    'INTEGRATED_CNC_SCHEMA.TIME_MEASURE_WITH_UNIT']));
END_FUNCTION; -- 10303-238: integrated_cnc_schema
FUNCTION verify_time_measure_rep_item (
    rep : representation;
    prop_name : STRING
    ): LOGICAL;
    RETURN (0 = SIZEOF (QUERY ( it <* rep.items |
    (it.name = prop_name) AND NOT (SIZEOF([
    'INTEGRATED_CNC_SCHEMA.MEASURE_REPRESENTATION_ITEM',
    'INTEGRATED_CNC_SCHEMA.TIME_MEASURE_WITH_UNIT'] *
    TYPEOF(it)) = 2))));
    END_FUNCTION; -- 10303-238: integrated_cnc_schema
FUNCTION verify_time_measure_resource_property (
    crd : characterized_resource_definition;
    prop_name : STRING
    ): LOGICAL;
    RETURN (verify_rep_item_for_resource_property (crd, prop_name,
    ['INTEGRATED_CNC_SCHEMA.MEASURE_REPRESENTATION_ITEM',
    'INTEGRATED_CNC_SCHEMA.TIME_MEASURE_WITH_UNIT']));
END_FUNCTION; -- 10303-238: integrated_cnc_schema
END_SCHEMA; -- integrated_cnc_schema
```

附 录 B
（规范性附录）
AIM 短名

表 B.1 给出了 GB/T 16656 的本部分的 AIM 中规定的实体短名。这些短名的使用要求见 GB/T 16656的实现方法。

表 B.1 AIM 实体短名

实体名	短名
ACTION	ACTION
ACTION_METHOD	ACTMTH
ACTION_METHOD_RELATIONSHIP	ACMTRL
ACTION_METHOD_WITH_ASSOCIATED_DOCUMENTS	AMWAD
ACTION_PROPERTY	ACTPRP
ACTION_PROPERTY_REPRESENTATION	ACPRRP
ACTION_RELATIONSHIP	ACTRLT
ACTION_RESOURCE	ACTRSR
ACTION_RESOURCE_RELATIONSHIP	ACRSRL
ACTION_RESOURCE_REQUIREMENT	ACRSRQ
ACTION_RESOURCE_REQUIREMENT_RELATIONSHIP	ARRR
ACTION_RESOURCE_TYPE	ACRSTY
ADDRESS	ADDRSS
ADVANCED_BREP_SHAPE_REPRESENTATION	ABSR
ADVANCED_FACE	ADVFC
AND_EXPRESSION	ANDEXP
ANGULAR_LOCATION	ANGLCT
ANGULAR_SIZE	ANGSZ
ANGULARITY_TOLERANCE	ANGTLR
APEX	APEX
APPLICATION_CONTEXT	APPCNT
APPLICATION_CONTEXT_ELEMENT	APCNEL

表 B.1（续）

实体名	短名
APPLICATION_PROTOCOL_DEFINITION	APPRDF
APPLIED_APPROVAL_ASSIGNMENT	APAPAS
APPLIED_AREA	APPAR
APPLIED_CLASSIFICATION_ASSIGNMENT	APCLAS
APPLIED_DATE_AND_TIME_ASSIGNMENT	ADATA
APPLIED_DATE_ASSIGNMENT	APDTAS
APPLIED_DOCUMENT_REFERENCE	APDCRF
APPLIED_DOCUMENT_USAGE_CONSTRAINT_ASSIGNMENT	ADUCA
APPLIED_EXTERNAL_IDENTIFICATION_ASSIGNMENT	AEIA
APPLIED_IDENTIFICATION_ASSIGNMENT	APIDAS
APPLIED_ORGANIZATION_ASSIGNMENT	APORAS
APPLIED_PERSON_AND_ORGANIZATION_ASSIGNMENT	APAOA
APPLIED_SECURITY_CLASSIFICATION_ASSIGNMENT	ASCA
APPROVAL	APPRVL
APPROVAL_ASSIGNMENT	APPASS
APPROVAL_DATE_TIME	APDTTM
APPROVAL_PERSON_ORGANIZATION	APPROR
APPROVAL_RELATIONSHIP	APPRLT
APPROVAL_ROLE	APPRL
APPROVAL_STATUS	APPSTT
ASSEMBLY_COMPONENT_USAGE	ASCMUS
AXIS1_PLACEMENT	AX1PLC
AXIS2_PLACEMENT_2D	A2PL2D
AXIS2_PLACEMENT_3D	A2PL3D
B_SPLINE_CURVE	BSPCR
B_SPLINE_CURVE_WITH_KNOTS	BSCWK
B_SPLINE_SURFACE	BSPSR
B_SPLINE_SURFACE_WITH_KNOTS	BSSWK

表 B.1（续）

实体名	短名
BACK_BORING_OPERATION	BCBROP
BEZIER_CURVE	BZRCRV
BEZIER_SURFACE	BZRSRF
BINARY_BOOLEAN_EXPRESSION	BNBLEX
BINARY_GENERIC_EXPRESSION	BNGNEX
BLOCK	BLOCK
BLOCK_SHAPE_REPRESENTATION	BLSHRP
BOOLEAN_EXPRESSION	BLNEXP
BORING_OPERATION	BRNOPR
BOSS	BOSS
BOSS_TOP	BSSTP
BOTTOM_AND_SIDE_MILLING_OPERATION	BASMO
BOUNDARY_CURVE	BNDCR
BOUNDED_CURVE	BNDCRV
BOUNDED_PCURVE	BNDPCR
BOUNDED_SURFACE	BNDSRF
BOUNDED_SURFACE_CURVE	BNSRCR
BREP_WITH_VOIDS	BRWTVD
CALENDAR_DATE	CLNDT
CARTESIAN_POINT	CRTPNT
CARTESIAN_TRANSFORMATION_OPERATOR	CRTROP
CARTESIAN_TRANSFORMATION_OPERATOR_3D	CTO3
CENTRE_OF_SYMMETRY	CNOFSY
CHAMFER	CHMFR
CHAMFER_OFFSET	CHMOFF
CHARACTERIZED_OBJECT	CHROBJ
CIRCLE	CIRCLE
CIRCULAR_CLOSED_PROFILE	CRCLPR

表 B.1（续）

实体名	短名
CIRCULAR_PATTERN	CRCPTT
CIRCULAR_RUNOUT_TOLERANCE	CRRNTL
CLASS	CLASS
CLASSIFICATION_ASSIGNMENT	CLSASS
CLASSIFICATION_ROLE	CLSRL
CLOSED_PATH_PROFILE	CLPTPR
CLOSED_SHELL	CLSSHL
COAXIALITY_TOLERANCE	CXLTLR
COMMON_DATUM	CMMDTM
COMPARISON_EQUAL	CMPEQL
COMPARISON_EXPRESSION	CMPEXP
COMPARISON_GREATER	CMPGRT
COMPARISON_GREATER_EQUAL	CMGREQ
COMPARISON_LESS	CMPLSS
COMPARISON_LESS_EQUAL	CMLSEQ
COMPARISON_NOT_EQUAL	CMNTEQ
COMPOSITE_CURVE	CMPCRV
COMPOSITE_CURVE_ON_SURFACE	CCOS
COMPOSITE_CURVE_SEGMENT	CMCRSG
COMPOSITE_HOLE	CMPHL
COMPOSITE_SHAPE_ASPECT	CMSHAS
COMPOUND_FEATURE	CMPFTR
COMPOUND_REPRESENTATION_ITEM	CMRPIT
CONCENTRICITY_TOLERANCE	CNCTLR
CONCURRENT_ACTION_METHOD	CNACMT
CONIC	CONIC
CONICAL_SURFACE	CNCSRF
CONNECTED_EDGE_SET	CNEDST

表 B.1（续）

实体名	短名
CONNECTED_FACE_SET	CNFCST
CONTEXT_DEPENDENT_SHAPE_REPRESENTATION	CDSR
CONTEXT_DEPENDENT_UNIT	CNDPUN
CONTOURING_TURNING_OPERATION	CNTROP
CONVERSION_BASED_UNIT	CNBSUN
COORDINATED_UNIVERSAL_TIME_OFFSET	CUTO
CURVE	CURVE
CURVE_BOUNDED_SURFACE	CRBNSR
CURVE_REPLICA	CRVRPL
CYLINDRICAL_SHAPE_REPRESENTATION	CYSHRP
CYLINDRICAL_SURFACE	CYLSRF
CYLINDRICITY_TOLERANCE	CYLTLR
DATA_ENVIRONMENT	DTENV
DATE	DATE
DATE_AND_TIME	DTANTM
DATE_AND_TIME_ASSIGNMENT	DATA
DATE_ASSIGNMENT	DTASS
DATE_ROLE	DTRL
DATE_TIME_ROLE	DTTMRL
DATUM	DATUM
DATUM_FEATURE	DTMFTR
DATUM_REFERENCE	DTMRFR
DATUM_TARGET	DTMTRG
DEFINITIONAL_REPRESENTATION	DFNRPR
DEGENERATE_PCURVE	DGNPCR
DEGENERATE_TOROIDAL_SURFACE	DGTRSR
DERIVED_SHAPE_ASPECT	DRSHAS
DERIVED_UNIT	DRVUNT

表 B.1（续）

实体名	短名
DERIVED_UNIT_ELEMENT	DRUNEL
DESCRIPTION_ATTRIBUTE	DSCATT
DESCRIPTIVE_REPRESENTATION_ITEM	DSRPIT
DIMENSION_RELATED_TOLERANCE_ZONE_ELEMENT	DRTZE
DIMENSIONAL_CHARACTERISTIC_REPRESENTATION	DMCHRP
DIMENSIONAL_EXPONENTS	DMNEXP
DIMENSIONAL_LOCATION	DMNLCT
DIMENSIONAL_LOCATION_WITH_PATH	DLWP
DIMENSIONAL_SIZE	DMNSZ
DIMENSIONAL_SIZE_WITH_PATH	DSWP
DIRECTED_DIMENSIONAL_LOCATION	DRDMLC
DIRECTION	DRCTN
DIRECTION_SHAPE_REPRESENTATION	DRSHRP
DOCUMENT	DCMNT
DOCUMENT_FILE	DCMFL
DOCUMENT_REFERENCE	DCMRFR
DOCUMENT_REPRESENTATION_TYPE	DCRPTY
DOCUMENT_TYPE	DCMTYP
DOCUMENT_USAGE_CONSTRAINT	DCUSCN
DOCUMENT_USAGE_CONSTRAINT_ASSIGNMENT	DUCA
DOCUMENT_USAGE_ROLE	DCUSRL
DOCUMENT_WITH_CLASS	DCWTCL
DRILLING_OPERATION	DRLOPR
DRILLING_TYPE_OPERATION	DRTYOP
DRILLING_TYPE_STRATEGY	DRTYST
EDGE	EDGE
EDGE_BASED_WIREFRAME_MODEL	EBWM
EDGE_BASED_WIREFRAME_SHAPE_REPRESENTATION	EBWSR

表 B.1（续）

实体名	短名
EDGE_CURVE	EDGCRV
EDGE_LOOP	EDGLP
EDGE_ROUND	EDGRND
ELEMENTARY_SURFACE	ELMSRF
ELLIPSE	ELLPS
ENVIRONMENT	ENVRNM
EVALUATED_DEGENERATE_PCURVE	EVDGPC
EXPANDED_UNCERTAINTY	EXPUNC
EXPRESSION	EXPRSS
EXPRESSION_REPRESENTATION_ITEM	EXRPIT
EXTENSION	EXTNSN
EXTERNAL_IDENTIFICATION_ASSIGNMENT	EXIDAS
EXTERNAL_SOURCE	EXTSRC
EXTERNALLY_DEFINED_CLASS	EXD0
EXTERNALLY_DEFINED_DIMENSION_DEFINITION	EDDD
EXTERNALLY_DEFINED_FEATURE_DEFINITION	EDFD
EXTERNALLY_DEFINED_GENERAL_PROPERTY	EDGP
EXTERNALLY_DEFINED_ITEM	EXDFIT
EXTERNALLY_DEFINED_ITEM_RELATIONSHIP	EDIR
EXTERNALLY_DEFINED_REPRESENTATION_WITH_PARAMETERS	EDRWP
FACE	FACE
FACE_BASED_SURFACE_MODEL	FBSM
FACE_BOUND	FCBND
FACE_OUTER_BOUND	FCOTBN
FACE_SHAPE_REPRESENTATION	FCSHRP
FACE_SURFACE	FCSRF
FACETED_BREP	FCTBR
FACETED_BREP_SHAPE_REPRESENTATION	FBSR

表 B.1（续）

实体名	短名
FACING_TURNING_OPERATION	FCTROP
FEATURE_COMPONENT_DEFINITION	FTCMDF
FEATURE_COMPONENT_RELATIONSHIP	FTCMRL
FEATURE_DEFINITION	FTRDFN
FEATURE_PATTERN	FTRPTT
FILLET	FILLET
FLAT_FACE	FLTFC
FLATNESS_TOLERANCE	FLTTLR
FOUNDED_ITEM	FNDITM
FREEFORM_MILLING_OPERATION	FRMLOP
FREEFORM_MILLING_STRATEGY	FRMLST
FREEFORM_MILLING_TOLERANCE_REPRESENTATION	FMTR
FUNCTIONALLY_DEFINED_TRANSFORMATION	FNDFTR
GEAR	GEAR
GENERAL_PROPERTY	GNRPRP
GENERAL_PROPERTY_ASSOCIATION	GNPRAS
GENERIC_EXPRESSION	GNREXP
GENERIC_LITERAL	GNRLTR
GENERIC_VARIABLE	GNRVRB
GEOMETRIC_ALIGNMENT	GMTALG
GEOMETRIC_CURVE_SET	GMCRST
GEOMETRIC_INTERSECTION	GMTINT
GEOMETRIC_REPRESENTATION_CONTEXT	GMRPCN
GEOMETRIC_REPRESENTATION_ITEM	GMRPIT
GEOMETRIC_SET	GMTST
GEOMETRIC_TOLERANCE	GMTTLR
GEOMETRIC_TOLERANCE_RELATIONSHIP	GMTLRL
GEOMETRIC_TOLERANCE_WITH_DATUM_REFERENCE	GTWDR

表 B.1（续）

实体名	短名
GEOMETRIC_TOLERANCE_WITH_DEFINED_UNIT	GTWDU
GEOMETRICALLY_BOUNDED_SURFACE_SHAPE_REPRESENTATION	GBSSR
GEOMETRICALLY_BOUNDED_WIREFRAME_SHAPE_—REPRESENTATION	GBWSR
GLOBAL_UNCERTAINTY_ASSIGNED_CONTEXT	GC
GLOBAL_UNIT_ASSIGNED_CONTEXT	GUAC
GROOVING_TURNING_OPERATION	GRTROP
GROUP	GROUP
HOLE_BOTTOM	HLBTT
HYPERBOLA	HYPRBL
ID_ATTRIBUTE	IDATT
IDENTIFICATION_ASSIGNMENT	IDNASS
IDENTIFICATION_ROLE	IDNRL
INSTANCED_FEATURE	INSFTR
INT_LITERAL	INTLTR
INT_NUMERIC_VARIABLE	INNMVR
INTERSECTION_CURVE	INTCRV
ITEM_DEFINED_TRANSFORMATION	ITDFTR
KNOWN_SOURCE	KNWSRC
KNURLING_TURNING_OPERATION	KNTROP
LENGTH_MEASURE_WITH_UNIT	LMWU
LENGTH_UNIT	LNGUNT
LIMITS_AND_FITS	LMANFT
LINE	LINE
LINE_PROFILE_TOLERANCE	LNP0
LINEAR_PROFILE	LNRPRF
LITERAL_NUMBER	LTRNMB
LOCAL_TIME	LCLTM

表 B.1（续）

实体名	短名
LOCATION_SHAPE_REPRESENTATION	LCSHRP
LOOP	LOOP
MACHINING_ADAPTIVE_CONTROL_RELATIONSHIP	MACR
MACHINING_APPROACH_RETRACT_STRATEGY	MARS
MACHINING_CUTTING_COMPONENT	MCCTCM
MACHINING_CUTTING_CORNER_REPRESENTATION	MCCR
MACHINING_DWELL_TIME_REPRESENTATION	MDTR
MACHINING_EXECUTION_RESOURCE	MCEXRS
MACHINING_FEATURE_PROCESS	MCFTPR
MACHINING_FEATURE_RELATIONSHIP	MCFTRL
MACHINING_FEATURE_SEQUENCE_RELATIONSHIP	MFSR
MACHINING_FEED_SPEED_REPRESENTATION	MFS0
MACHINING_FINAL_FEATURE_RELATIONSHIP	MFF0
MACHINING_FUNCTIONS	MCHFNC
MACHINING_FUNCTIONS_RELATIONSHIP	MCFNRL
MACHINING_NC_FUNCTION	MCNCFN
MACHINING_OFFSET_VECTOR_REPRESENTATION	MOVR
MACHINING_OPERATION	MCHOPR
MACHINING_OPERATION_RELATIONSHIP	MCOPRL
MACHINING_OPERATOR_INSTRUCTION	MCOPIN
MACHINING_OPERATOR_INSTRUCTION_RELATIONSHIP	MOI0
MACHINING_PROCESS_BODY_RELATIONSHIP	MPBR
MACHINING_PROCESS_BRANCH_RELATIONSHIP	MPB0
MACHINING_PROCESS_CONCURRENT_RELATIONSHIP	MPCR
MACHINING_PROCESS_EXECUTABLE	MCPREX
MACHINING_PROCESS_MODEL	MCPRMD
MACHINING_PROCESS_MODEL_RELATIONSHIP	MPMR
MACHINING_PROCESS_SEQUENCE_RELATIONSHIP	MPSR

表 B.1（续）

实体名	短名
MACHINING_PROJECT	MCHPRJ
MACHINING_PROJECT_WORKPIECE_RELATIONSHIP	MPWR
MACHINING_RAPID_MOVEMENT	MCRPMV
MACHINING_SETUP	MCH1
MACHINING_SETUP_WORKPIECE_RELATIONSHIP	MSW0
MACHINING_SPINDLE_SPEED_REPRESENTATION	MSS0
MACHINING_STRATEGY	MCHSTR
MACHINING_STRATEGY_RELATIONSHIP	MCSTRL
MACHINING_TECHNOLOGY	MCHTCH
MACHINING_TECHNOLOGY_RELATIONSHIP	MCTCRL
MACHINING_TOOL	MCHTL
MACHINING_TOOL_BODY_REPRESENTATION	MTBR
MACHINING_TOOL_DIRECTION_REPRESENTATION	MTD0
MACHINING_TOOL_USAGE	MCTLUS
MACHINING_TOOLPATH	MCHTLP
MACHINING_TOOLPATH_SEQUENCE_RELATIONSHIP	MTSR
MACHINING_TOOLPATH_SPEED_PROFILE_REPRESENTATION	MTSPR
MACHINING_TOUCH_PROBING	MCTCPR
MACHINING_WORKINGSTEP	MCHWRK
MACHINING_WORKPLAN	MCH0
MAKE_FROM_USAGE_OPTION	MFUO
MANIFOLD_SOLID_BREP	MNSLBR
MANIFOLD_SURFACE_SHAPE_REPRESENTATION	MSSR
MAPPED_ITEM	MPPITM
MARKING	MRKNG
MASS_MEASURE_WITH_UNIT	MMWU
MASS_UNIT	MSSUNT
MATERIAL_DESIGNATION	MTRDSG

表 B.1（续）

实体名	短名
MATERIAL_DESIGNATION_CHARACTERIZATION	MTDSCH
MATERIAL_PROPERTY	MTRPRP
MATERIAL_PROPERTY_REPRESENTATION	MTPRRP
MEASURE_QUALIFICATION	MSRQLF
MEASURE_REPRESENTATION_ITEM	MSRPIT
MEASURE_WITH_UNIT	MSWTUN
MILLING_TYPE_OPERATION	MLTYOP
MILLING_TYPE_STRATEGY	MLTYST
MODIFIED_GEOMETRIC_TOLERANCE	MDGMTL
MODIFIED_PATTERN	MDFPTT
MULTIPLE_ARITY_BOOLEAN_EXPRESSION	MABE
MULTIPLE_ARITY_GENERIC_EXPRESSION	MAGE
NAME_ATTRIBUTE	NMATT
NAMED_UNIT	NMDUNT
NEXT_ASSEMBLY_USAGE_OCCURRENCE	NAUO
NGON_CLOSED_PROFILE	NGCLPR
NGON_SHAPE_REPRESENTATION	NGSHRP
NON_MANIFOLD_SURFACE_SHAPE_REPRESENTATION	NMSSR
NOT_EXPRESSION	NTEXP
NUMERIC_EXPRESSION	NMREXP
NUMERIC_VARIABLE	NMRVRB
OBJECT_ROLE	OBJRL
OFFSET_CURVE_3D	OFCR3D
OFFSET_SURFACE	OFFSRF
OPEN_PATH_PROFILE	OPPTPR
OPEN_SHELL	OPNSHL
OR_EXPRESSION	OREXP
ORDINAL_DATE	ORDDT

表 B.1(续)

实体名	短名
ORGANIZATION	ORGNZT
ORGANIZATION_ASSIGNMENT	ORGASS
ORGANIZATION_ROLE	ORGRL
ORGANIZATIONAL_ADDRESS	ORGADD
ORIENTED_CLOSED_SHELL	ORCLSH
ORIENTED_EDGE	ORNEDG
ORIENTED_FACE	ORNFC
ORIENTED_OPEN_SHELL	OROPSH
ORIENTED_PATH	ORNPTH
OUTER_BOUNDARY_CURVE	OTBNCR
OUTER_ROUND	OTRRND
OUTSIDE_PROFILE	OTSPRF
PARABOLA	PRBL
PARALLEL_OFFSET	PRLOFF
PARALLELISM_TOLERANCE	PRLTLR
PARAMETRIC_REPRESENTATION_CONTEXT	PRRPCN
PARTIAL_CIRCULAR_PROFILE	PRCRPR
PATH	PATH
PATH_FEATURE_COMPONENT	PTFTCM
PATH_SHAPE_REPRESENTATION	PTSHRP
PATTERN_OFFSET_MEMBERSHIP	PTOFMM
PATTERN_OMIT_MEMBERSHIP	PTOMMM
PCURVE	PCURVE
PERPENDICULAR_TO	PRPT
PERPENDICULARITY_TOLERANCE	PRPTLR
PERSON	PERSON
PERSON_AND_ORGANIZATION	PRANOR
PERSON_AND_ORGANIZATION_ASSIGNMENT	PAOA

表 B.1（续）

实体名	短名
PERSON_AND_ORGANIZATION_ROLE	PAOR
PERSONAL_ADDRESS	PRSADD
PLACED_DATUM_TARGET_FEATURE	PDT0
PLACEMENT	PLCMNT
PLANAR_SHAPE_REPRESENTATION	PLSHRP
PLANE	PLANE
PLANE_ANGLE_MEASURE_WITH_UNIT	PAMWU
PLANE_ANGLE_UNIT	PLANUN
PLANE_MILLING_OPERATION	PLMLOP
PLUS_MINUS_TOLERANCE	PLMNTL
POCKET	POCKET
POCKET_BOTTOM	PCKBTT
POINT	POINT
POINT_ON_CURVE	PNONCR
POINT_ON_SURFACE	PNONSR
POINT_REPLICA	PNTRPL
POLY_LOOP	PLYLP
POLYLINE	PLYLN
POSITION_TOLERANCE	PSTTLR
PRE_DEFINED_ITEM	PRDFIT
PRECISION_QUALIFIER	PRCQLF
PROCESS_PRODUCT_ASSOCIATION	PRPRAS
PROCESS_PROPERTY_ASSOCIATION	PRPRS
PRODUCT	PRDCT
PRODUCT_CATEGORY	PRDCTG
PRODUCT_CATEGORY_RELATIONSHIP	PRCTRL
PRODUCT_CONTEXT	PRDCNT
PRODUCT_DEFINITION	PRDDFN

表 B.1（续）

实体名	短名
PRODUCT_DEFINITION_CONTEXT	PRDFCN
PRODUCT_DEFINITION_FORMATION	PRDFFR
PRODUCT_DEFINITION_FORMATION_WITH_SPECIFIED_SOURCE	PDFWSS
PRODUCT_DEFINITION_PROCESS	PRDFPR
PRODUCT_DEFINITION_RELATIONSHIP	PRDFRL
PRODUCT_DEFINITION_SHAPE	PRDFSH
PRODUCT_DEFINITION_USAGE	PRDFUS
PRODUCT_DEFINITION_WITH_ASSOCIATED_DOCUMENTS	PDWAD
PRODUCT_RELATED_PRODUCT_CATEGORY	PRPC
PROFILE_FLOOR	PRFFLR
PROJECTED_ZONE_DEFINITION	PRZNDF
PROPERTY_DEFINITION	PRPDFN
PROPERTY_DEFINITION_REPRESENTATION	PRDFRP
PROPERTY_PROCESS	PRPPRC
PROTRUSION	PRTRSN
QUALIFIED_REPRESENTATION_ITEM	QLRPIT
QUALITATIVE_UNCERTAINTY	QLTUNC
QUASI_UNIFORM_CURVE	QSUNCR
QUASI_UNIFORM_SURFACE	QSUNSR
RATIO_MEASURE_WITH_UNIT	RMWU
RATIO_UNIT	RTUNT
RATIONAL_B_SPLINE_CURVE	RBSC
RATIONAL_B_SPLINE_SURFACE	RBSS
REAL_LITERAL	RLLTR
REAL_NUMERIC_VARIABLE	RLNMVR
RECTANGULAR_CLOSED_PROFILE	RCCLPR
RECTANGULAR_COMPOSITE_SURFACE	RCCMSR
RECTANGULAR_PATTERN	RCTPTT

表 B.1(续)

实体名	短名
RECTANGULAR_TRIMMED_SURFACE	RCTRSR
REFERENCED_MODIFIED_DATUM	RFMDDT
REMOVAL_VOLUME	RMVVLM
REPARAMETRISED_COMPOSITE_CURVE_SEGMENT	RCCS
REPLICATE_FEATURE	RPLFTR
REPRESENTATION	RPRSNT
REPRESENTATION_CONTEXT	RPRCNT
REPRESENTATION_ITEM	RPRITM
REPRESENTATION_ITEM_RELATIONSHIP	RPITRL
REPRESENTATION_MAP	RPRMP
REPRESENTATION_RELATIONSHIP	RPRRLT
REPRESENTATION_RELATIONSHIP_WITH_TRANSFORMATION	RRWT
REQUIREMENT_FOR_ACTION_RESOURCE	RFAR
RESOURCE_PROPERTY	RSRPRP
RESOURCE_PROPERTY_REPRESENTATION	RSPRRP
RESOURCE_REQUIREMENT_TYPE	RSRQTY
REVOLVED_PROFILE	RVLPRF
RIB_TOP	RBTP
RIB_TOP_FLOOR	RBTPFL
RIGHT_CIRCULAR_CYLINDER	RGCRCY
ROLE_ASSOCIATION	RLASS
ROUND_HOLE	RNDHL
ROUNDED_END	RNDEND
ROUNDED_U_PROFILE	RNUPR
ROUNDNESS_TOLERANCE	RNDTLR
RUNOUT_ZONE_DEFINITION	RNZNDF
RUNOUT_ZONE_ORIENTATION	RNZNOR
RUNOUT_ZONE_ORIENTATION_REFERENCE_DIRECTION	RZORD

表 B.1（续）

实体名	短名
SEAM_CURVE	SMCRV
SECURITY_CLASSIFICATION	SCRCLS
SECURITY_CLASSIFICATION_ASSIGNMENT	SCCLAS
SECURITY_CLASSIFICATION_LEVEL	SCCLLV
SEQUENTIAL_METHOD	SQNMTH
SERIAL_ACTION_METHOD	SRACMT
SHAPE_ASPECT	SHPASP
SHAPE_ASPECT_DERIVING_RELATIONSHIP	SADR
SHAPE_ASPECT_RELATIONSHIP	SHASRL
SHAPE_DEFINING_RELATIONSHIP	SHDFRL
SHAPE_DEFINITION_REPRESENTATION	SHDFRP
SHAPE_DIMENSION_REPRESENTATION	SHDMRP
SHAPE_REPRESENTATION	SHPRPR
SHAPE_REPRESENTATION_RELATIONSHIP	SHRPRL
SHAPE_REPRESENTATION_WITH_PARAMETERS	SRWP
SHELL_BASED_SURFACE_MODEL	SBSM
SHELL_BASED_WIREFRAME_MODEL	SBWM
SHELL_BASED_WIREFRAME_SHAPE_REPRESENTATION	SBWSR
SI_UNIT	SUNT
SIDE_MILLING_OPERATION	SDMLOP
SIMPLE_GENERIC_EXPRESSION	SMGNEX
SIMPLE_NUMERIC_EXPRESSION	SMNMEX
SLOT	SLOT
SLOT_END	SLTEND
SOLID_ANGLE_MEASURE_WITH_UNIT	SAMWU
SOLID_ANGLE_UNIT	SLANUN
SOLID_MODEL	SLDMDL
SPHERICAL_CAP	SPHCP

表 B.1（续）

实体名	短名
SPHERICAL_SURFACE	SPHSRF
SQUARE_U_PROFILE	SQUPR
STANDARD_UNCERTAINTY	STNUNC
STEP	STEP
STRAIGHTNESS_TOLERANCE	STRTLR
SURFACE	SRFC
SURFACE_CURVE	SRFCRV
SURFACE_OF_LINEAR_EXTRUSION	SL
SURFACE_OF_REVOLUTION	SROFRV
SURFACE_PATCH	SRFPTC
SURFACE_PROFILE_TOLERANCE	SRPRTL
SURFACE_REPLICA	SRFRPL
SURFACE_TEXTURE_REPRESENTATION	SRTXRP
SWEPT_SURFACE	SWPSRF
SYMMETRIC_SHAPE_ASPECT	SYSHAS
SYMMETRY_TOLERANCE	SYMTLR
TANGENT	TNGNT
TAPER	TAPER
TAPPING_OPERATION	TPPOPR
TEE_PROFILE	TPRF
THREAD	THREAD
THREAD_RUNOUT	THRRNT
THREADING_TURNING_OPERATION	THTROP
TIME_MEASURE_WITH_UNIT	TMWU
TIME_UNIT	TMUNT
TOLERANCE_VALUE	TLRVL
TOLERANCE_ZONE	TLRZN
TOLERANCE_ZONE_DEFINITION	TLZNDF

表 B.1（续）

实体名	短名
TOLERANCE_ZONE_FORM	TLZNFR
TOPOLOGICAL_REPRESENTATION_ITEM	TPRPIT
TOROIDAL_SURFACE	TRDSRF
TOTAL_RUNOUT_TOLERANCE	TTRNTL
TRANSITION_FEATURE	TRNFTR
TRIMMED_CURVE	TRMCRV
TURNED_KNURL	TRNKNR
TURNING_TYPE_OPERATION	TRTYOP
TURNING_TYPE_STRATEGY	TRTYST
TYPE_QUALIFIER	TYPQLF
UNARY_BOOLEAN_EXPRESSION	UNBLEX
UNARY_GENERIC_EXPRESSION	UNGNEX
UNCERTAINTY_MEASURE_WITH_UNIT	UMWU
UNCERTAINTY_QUALIFIER	UNCQLF
UNIFORM_CURVE	UNFCRV
UNIFORM_SURFACE	UNFSRF
VALUE_RANGE	VLRNG
VALUE_REPRESENTATION_ITEM	VLRPIT
VARIABLE	VRBL
VARIABLE_SEMANTICS	VRBSMN
VECTOR	VECTOR
VEE_PROFILE	VPRF
VERTEX	VERTEX
VERTEX_LOOP	VRTLP
VERTEX_POINT	VRTPNT
VERTEX_SHELL	VRTSHL
WEEK_OF_YEAR_AND_DAY_DATE	WOYADD
WIRE_SHELL	WRSHL
XOR_EXPRESSION	XREXP

附 录 C
（规范性附录）
实现方法—特定需求

本实现方法规定了 GB/T 16656 的本部分所要求的交换行为类型。本部分的一致性应在 ISO 10303-21 或 GB/T 16656.28 描述的一个交换结构中实现。

C.1 对 ISO 10303-21 的具体要求

如果实现方法是 ISO 10303-21，它的文件格式应根据 ISO 10303-21 和附录 A 的 AIM 定义的语法和 EXPRESS 语言映射进行编码。通过使用模式名称'integrated_cnc_schema'，交换结构的标题部分标识了对本部分的使用。

C.2 对 GB/T 16656.28 的具体要求

如果实现方法是 GB/T 16656.28，它的文件格式应根据 GB/T 16656.28 和附录 A 定义的语法和 EXPRESS 语言映射进行编码。使用如下所示的 GB/T 16656.28 配置。

```
<? xml version="1.0"? >
<configuration
xmlns="urn:oid:1.0.10303.28.2.1.2"
xmlns:xs="http://www.w3.org/2001/XMLSchema">
<schema targetNamespace="urn:oid:1.0.10303.238.1.0.1" />
<option exp-attribute="attribute-content" tagless="true" />
<uosElement name="iso_10303_28_terse" >
<add_attribute name="schema" type="xs:NMTOKEN" usage="required" />
</uosElement>
</configuration>
```

ISO_10303_28_terse 元素通过名称空间'urn:oid:1.0.10303.238.1.0.1'和'schema'属性值'integrated_cnc_schema'标识了对 GB/T 16656 的本部分的使用。

示例：GB/T 16656.28 配置导致使用"attribute-content"内码编写的实例数据附在 iso_10303_28_terse USO 元素中，如下面片断所示。

```
<? xml version="1.0"? >
<iso_10303_28_terse
xmlns="urn:oid:1.0.10303.238.1.0.1"
xmlns:exp="urn:oid:1.0.10303.28.2.1.1"
xmlns:xsi="http://www.w3.org/2001/XMLSchema-instance"
schema="integrated_cnc_schema">
<exp:header>
<exp:name>dataset</exp:name>
<exp:preprocessor_version>stepnc writer</exp:preprocessor_version>
</exp:header> <! -- instance data -->
<Axis2_placement_3d id="id1" Name="" Location="id2" Axis="id3" Ref_direction="
```

id4"/>

<Cartesian_point id="id2" Name="loc" Coordinates="3.5-3.5-4.16875"/>

<Direction id="id3" Name="Z direction" Direction_ratios="0 0 1"/>

<Direction id="id4" Name="X direction" Direction_ratios="1 0 0"/>

</iso_10303_28_terse>

附　录　D
（规范性附录）
协议实现一致性声明(PICS)问卷

本附录列出了GB/T 16656的本部分的可选择元素。实现也许选择支持这些可选择元素的任意组合。然而，某些选择的组合很可能被一起实现。这些组合叫做一致性类别，并且在本附录的子条目中描述。

本附录以问卷的形式给出。本问卷由实现者填写，并且用于测试实验进行一致性测试。完成的PICS问卷被认为是PICS。

问题：

1. 请为一致性要求的产品或系统提供一个标识符：

　　产品名和当前版本号：__________

2. 请表明选择的实现方法：

　　ISO 10303-21交换结构——预处理器
　　预处理器名和当前版本号：__________
　　ISO 10303-21交换结构——后处理器
　　后处理器名和当前版本号：__________
　　GB/T 16656.28 XML交换结构——预处理器
　　预处理器名和当前版本号：__________
　　GB/T 16656.28 XML交换结构——后处理器
　　后处理器名和当前版本号：__________

3. GB/T 16656定义四个一致性类。每个类包括了先前类规定的所有选择。请表明一致性要求的最高编号类。圈出一个：

CC1：刀具路径编程的一致性类

CC2：闭环编程的一致性类

CC3：基于特征编程的一致性类

CC4：创成式编程的一致性类

4. 如果与CC1一致：要求刀具路径编程的一致性类，回答下列问题。

(a)　表明支撑的加工技术。圈出所有适用的：

　　铣削
　　车削

(b)　表明支撑的刀具路径几何曲线。圈出所有适用的：

　　折线，基于线或圆的合成的或修整的曲线
　　所有的有界曲线类型
　　以下有界曲线类型：__________

5. 如果与CC2一致：要求闭环编程的一致性类，回答下列问题。

(a)　表明支撑的加工技术。圈出所有适用的：

　　铣削
　　车削

(b)　表明支撑的刀具路径曲线几何。圈出所有应用的：

　　折线，基于线或圆的合成的或修整的曲线
　　所有的有界曲线类型

以下有界曲线类型：__________

(c) 表明支撑的工件外观表达。圈出所有应用的：

advanced_brep_shape_representation

edge_based_wireframe_shape_representation

faceted_brep_shape_representation

geometrically_bounded_surface_shape_representation

geometrically_bounded_wireframe_shape_representation

manifold_surface_shape_representation

non_manifold_surface_shape_representation

shell_based_wireframe_shape_representation

6. 如果与 CC3 一致：要求基于特征编程的一致性类，回答下列问题。

(a) 表明支撑的加工技术。圈出所有应用的：

只使用 2.5D 特征碾磨

使用所有特征碾磨

使用以下特征碾磨：__________

使用所有特征旋转

使用以下特征旋转：__________

(b) 表明支撑的工件外观表达。圈出所有应用的：

advanced_brep_shape_representation

edge_based_wireframe_shape_representation

faceted_brep_shape_representation

geometrically_bounded_surface_shape_representation

geometrically_bounded_wireframe_shape_representation

manifold_surface_shape_representation

non_manifold_surface_shape_representation

shell_based_wireframe_shape_representation

7. 如果与 CC4 一致：要求创成式编程的一致性类，回答下列问题。

(a) 表明支撑的加工技术。圈出所有应用的：

只使用 2.5D 特征碾磨

使用所有特征碾磨

使用以下特征碾磨：__________

使用所有特征旋转

使用以下特征旋转：__________

(b) 表明支撑的工件外观表达。圈出所有应用的：

advanced_brep_shape_representation

edge_based_wireframe_shape_representation

faceted_brep_shape_representation

geometrically_bounded_surface_shape_representation

geometrically_bounded_wireframe_shape_representation

manifold_surface_shape_representation

non_manifold_surface_shape_representation

shell_based_wireframe_shape_representation

附 录 E
（规范性附录）
信息对象注册

E.1 文档标识

为了在开放系统中给信息对象提供无二义性的标识，赋予 GB/T 16656 的本部分的对象标识符是：
{ iso standard 10303 part(238) version(1) }

在 GB/T 16262.1 定义了这个值的含义，并在 ISO 10303-1 中描述。

E.2 模式标识

为了在开放信息系统中给 integrated_cnc_schema 提供无二义性的标识，分配的对象标识符如下：
将{ iso standard 10303 part(238) version(1) schema(1) integrated-cnc-schema(1)}

分配给 integrated_cnc_schema 模式（见附录 A）。在 GB/T 16262.1 定义了该值的含义，并在 ISO 10303-1 中进行描述。

附 录 F
（资料性附录）
应用活动模型

为帮助理解应用协议定义的范围和信息需求提供此应用活动模型(AAM)。该应用活动模型在GB/T 19903.1:2005的附录B中给出。

附 录 G
（资料性附录）
应用参考模型

本附录为 GB/T 16656 的本部分提供了应用参考模型。应用参考模型是对本部分第 4 章中规定的各应用对象结构和约束的一种图解表达，包括引自 GB/T 19903.10、GB/T 19903.11、GB/T 19903.12、ISO 14649-111 和 GB/T 19903.121 的应用对象。应用参考模型的图解形式以见 EXPRESS-G 表达。应用参考模型独立于任何实现方法。EXPRESS-G 在 ISO 10303-11:1994 的附录 D 定义。

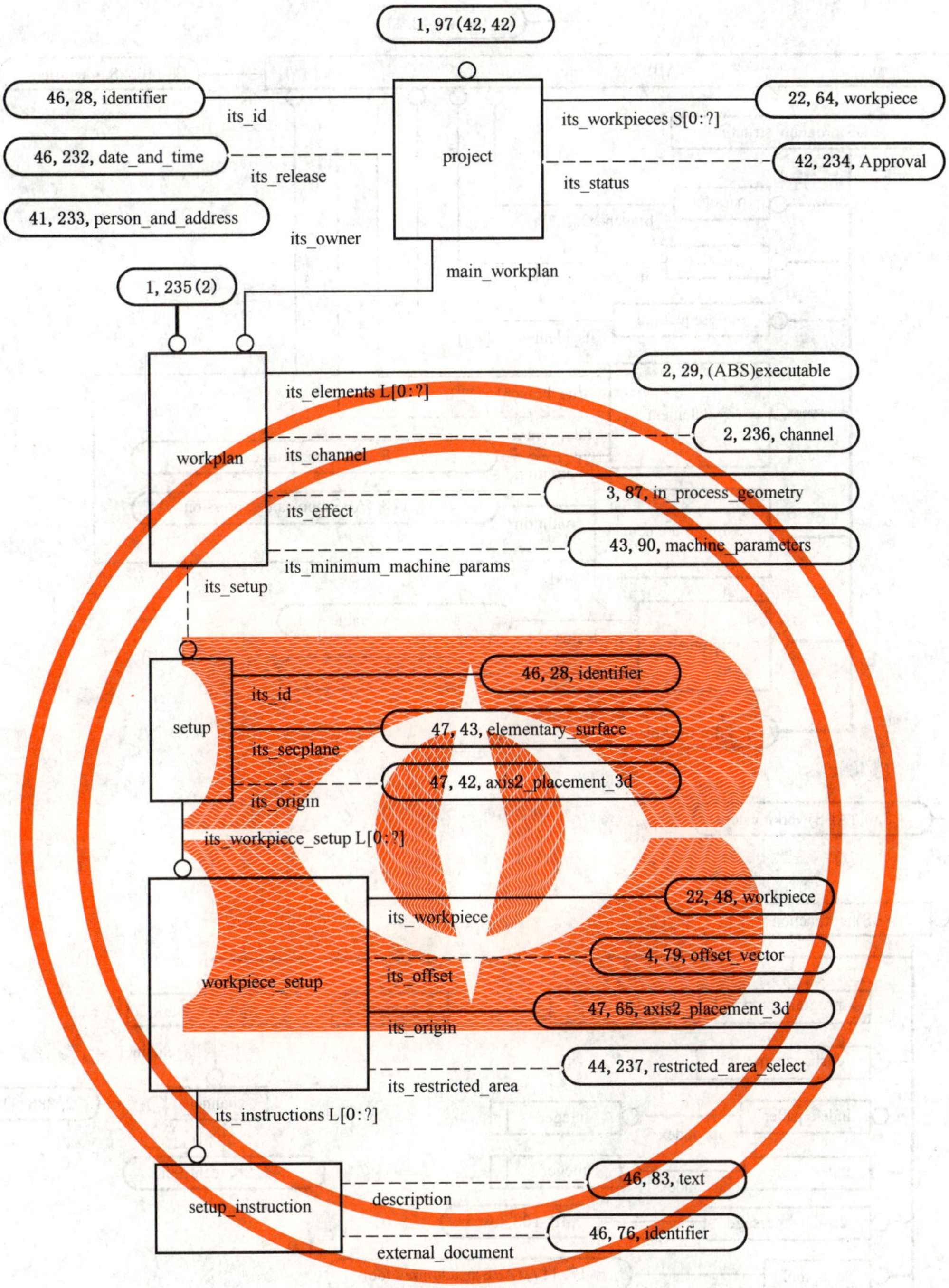
1, 97 (42, 42)
46, 28, identifier
its_id
project
22, 64, workpiece
its_workpieces S[0:?]
46, 232, date_and_time
its_release
42, 234, Approval
its_status
41, 233, person_and_address
its_owner
main_workplan
1, 235 (2)
2, 29, (ABS)executable
its_elements L[0:?]
workplan
2, 236, channel
its_channel
3, 87, in_process_geometry
its_effect
43, 90, machine_parameters
its_minimum_machine_params
its_setup
46, 28, identifier
its_id
setup
47, 43, elementary_surface
its_secplane
47, 42, axis2_placement_3d
its_origin
its_workpiece_setup L[0:?]
22, 48, workpiece
its_workpiece
4, 79, offset_vector
its_offset
workpiece_setup
47, 65, axis2_placement_3d
its_origin
44, 237, restricted_area_select
its_restricted_area
its_instructions L[0:?]
setup_instruction
46, 83, text
description
46, 76, identifier
external_document

图 G.1 ARM 图 48-1

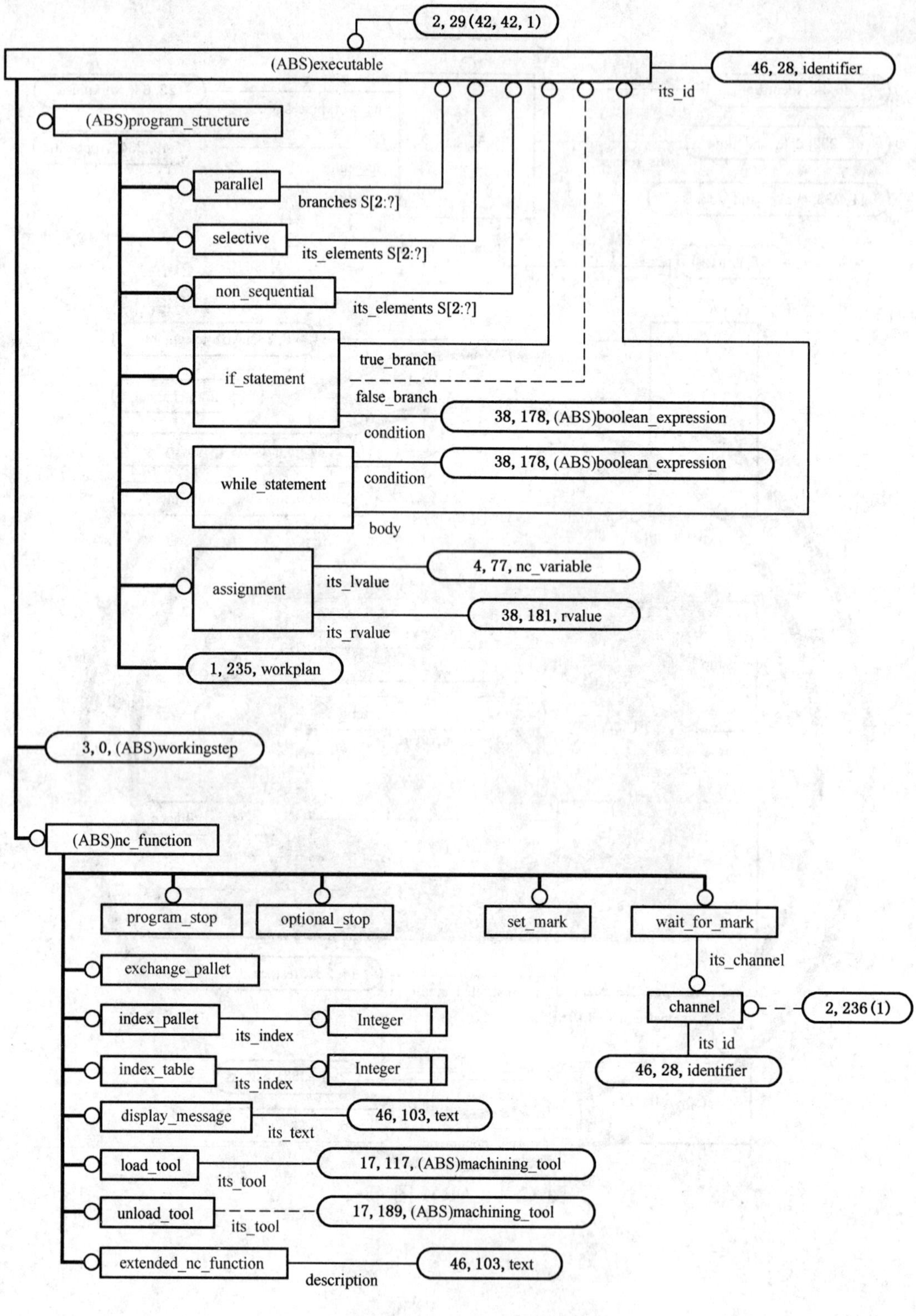

2, 29 (42, 42, 1)
(ABS)executable
46, 28, identifier
its_id
(ABS)program_structure
parallel
branches S[2:?]
selective
its_elements S[2:?]
non_sequential
its_elements S[2:?]
if_statement
true_branch
false_branch
condition
38, 178, (ABS)boolean_expression
while_statement
condition
38, 178, (ABS)boolean_expression
body
assignment
its_lvalue
4, 77, nc_variable
its_rvalue
38, 181, rvalue
1, 235, workplan
3, 0, (ABS)workingstep
(ABS)nc_function
program_stop
optional_stop
set_mark
wait_for_mark
its_channel
channel
2, 236 (1)
its_id
46, 28, identifier
exchange_pallet
index_pallet
its_index
Integer
index_table
its_index
Integer
display_message
its_text
46, 103, text
load_tool
its_tool
17, 117, (ABS)machining_tool
unload_tool
its_tool
17, 189, (ABS)machining_tool
extended_nc_function
description
46, 103, text

图 G.2 ARM 图 48-2

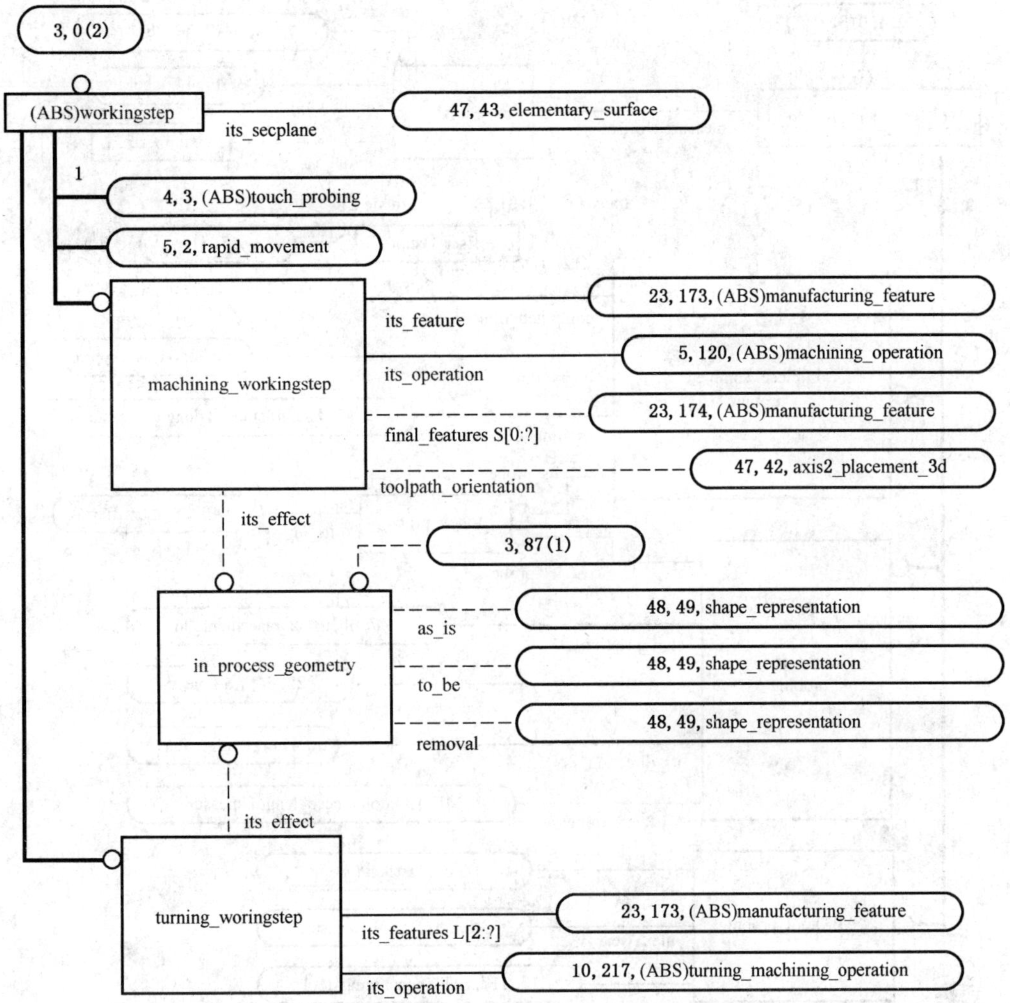
3, 0(2)
(ABS)workingstep
its_secplane
47, 43, elementary_surface
1
4, 3, (ABS)touch_probing
5, 2, rapid_movement
machining_workingstep
its_feature
23, 173, (ABS)manufacturing_feature
its_operation
5, 120, (ABS)machining_operation
final_features S[0:?]
23, 174, (ABS)manufacturing_feature
toolpath_orientation
47, 42, axis2_placement_3d
its_effect
3, 87(1)
in_process_geometry
as_is
48, 49, shape_representation
to_be
48, 49, shape_representation
removal
48, 49, shape_representation
its_effect
turning_woringstep
its_features L[2:?]
23, 173, (ABS)manufacturing_feature
its_operation
10, 217, (ABS)turning_machining_operation

图 G.3　ARM 图 48-3

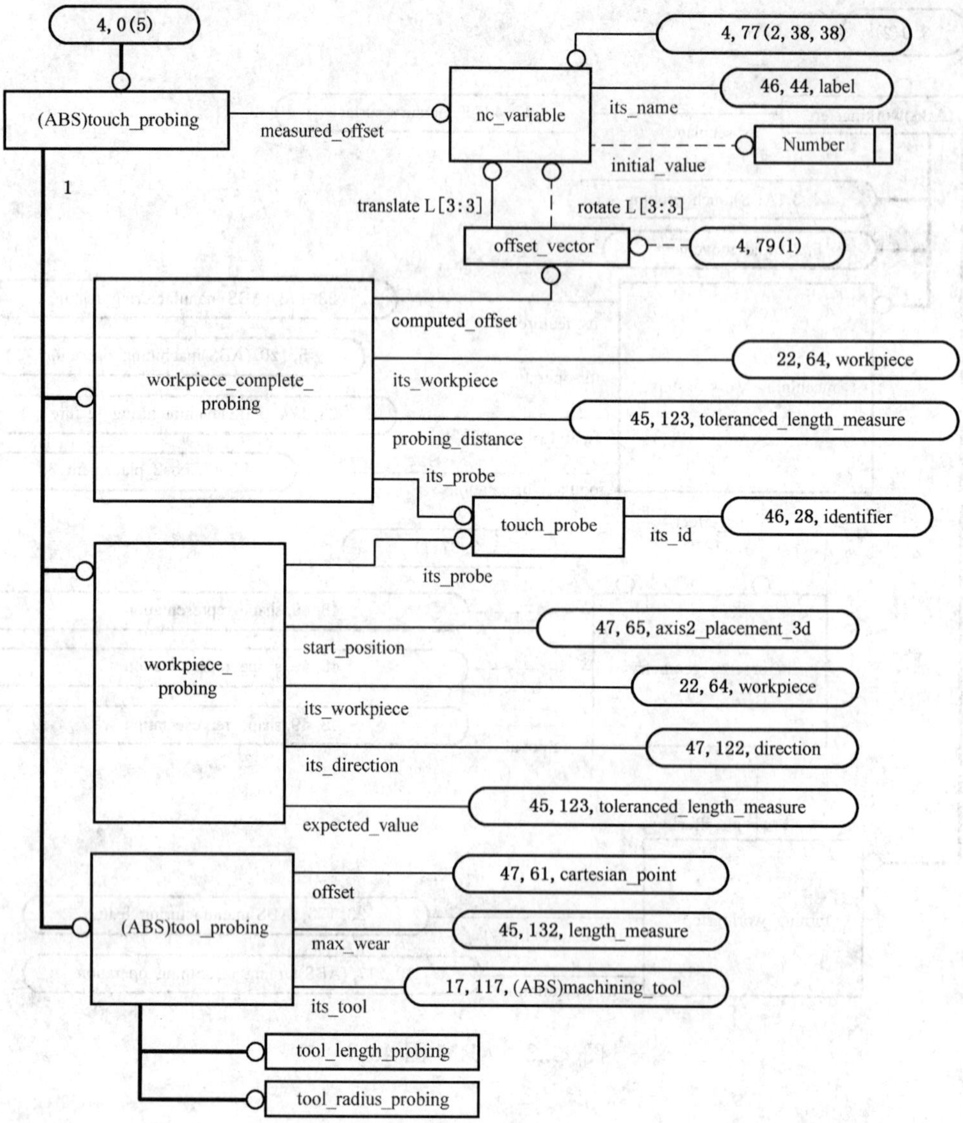
4, 0(5)
(ABS)touch_probing
measured_offset
nc_variable
4, 77(2, 38, 38)
its_name
46, 44, label
Number
initial_value
1
translate L[3:3]
rotate L[3:3]
offset_vector
4, 79(1)
computed_offset
workpiece_complete_
probing
its_workpiece
22, 64, workpiece
probing_distance
45, 123, toleranced_length_measure
its_probe
touch_probe
its_id
46, 28, identifier
its_probe
workpiece_
probing
start_position
47, 65, axis2_placement_3d
its_workpiece
22, 64, workpiece
its_direction
47, 122, direction
expected_value
45, 123, toleranced_length_measure
(ABS)tool_probing
offset
47, 61, cartesian_point
max_wear
45, 132, length_measure
its_tool
17, 117, (ABS)machining_tool
tool_length_probing
tool_radius_probing

图 G.4 ARM 图 48-4

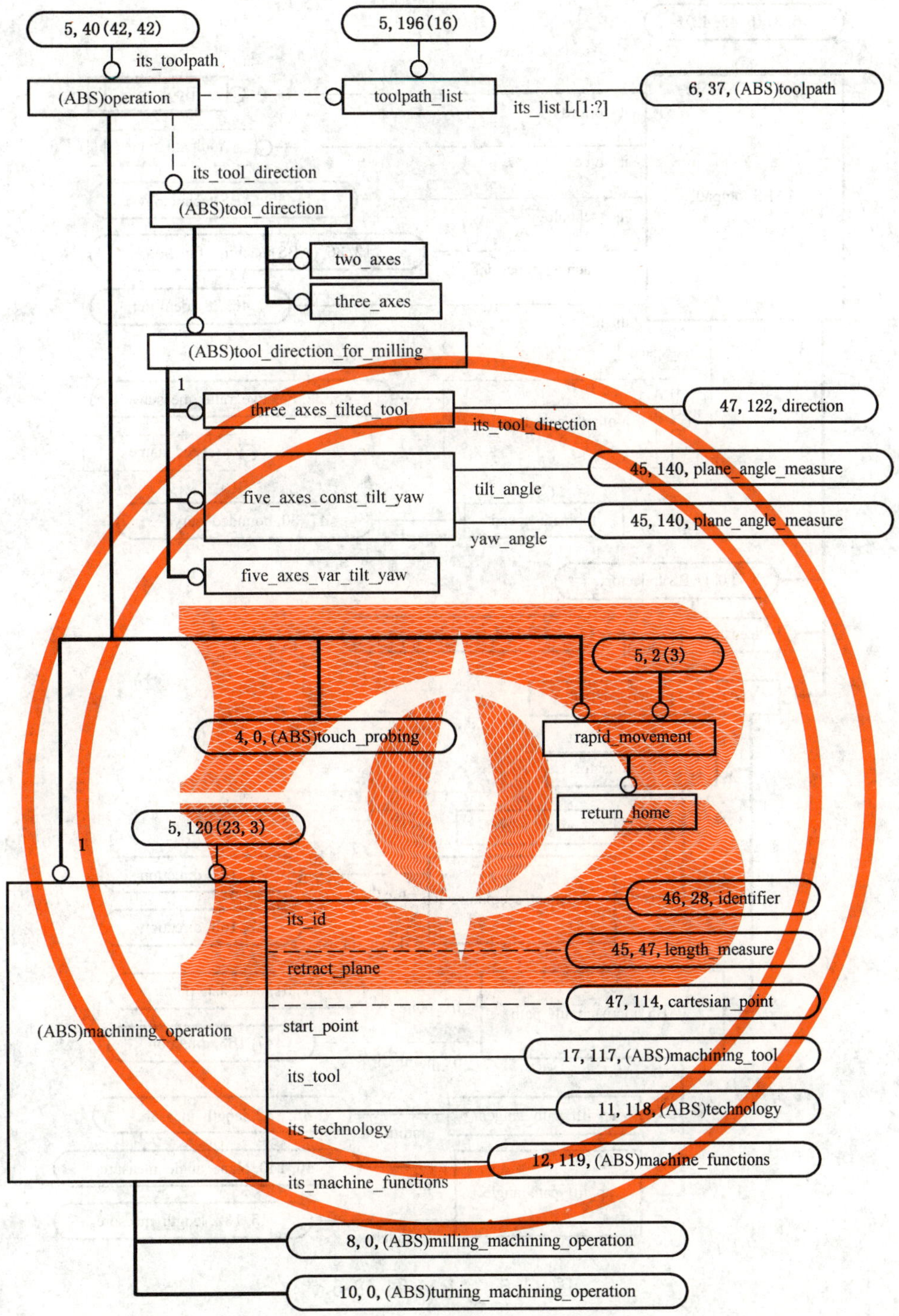

5, 40 (42, 42)
its_toolpath
(ABS)operation
5, 196 (16)
toolpath_list
its_list L[1:?]
6, 37, (ABS)toolpath
its_tool_direction
(ABS)tool_direction
two_axes
three_axes
(ABS)tool_direction_for_milling
1
three_axes_tilted_tool
its_tool_direction
47, 122, direction
five_axes_const_tilt_yaw
tilt_angle
45, 140, plane_angle_measure
yaw_angle
45, 140, plane_angle_measure
five_axes_var_tilt_yaw
5, 2 (3)
4, 0, (ABS)touch_probing
rapid_movement
return_home
5, 120 (23, 3)
1
(ABS)machining_operation
its_id
46, 28, identifier
retract_plane
45, 47, length_measure
start_point
47, 114, cartesian_point
its_tool
17, 117, (ABS)machining_tool
its_technology
11, 118, (ABS)technology
its_machine_functions
12, 119, (ABS)machine_functions
8, 0, (ABS)milling_machining_operation
10, 0, (ABS)turning_machining_operation

图 G.5 ARM 图 48-5

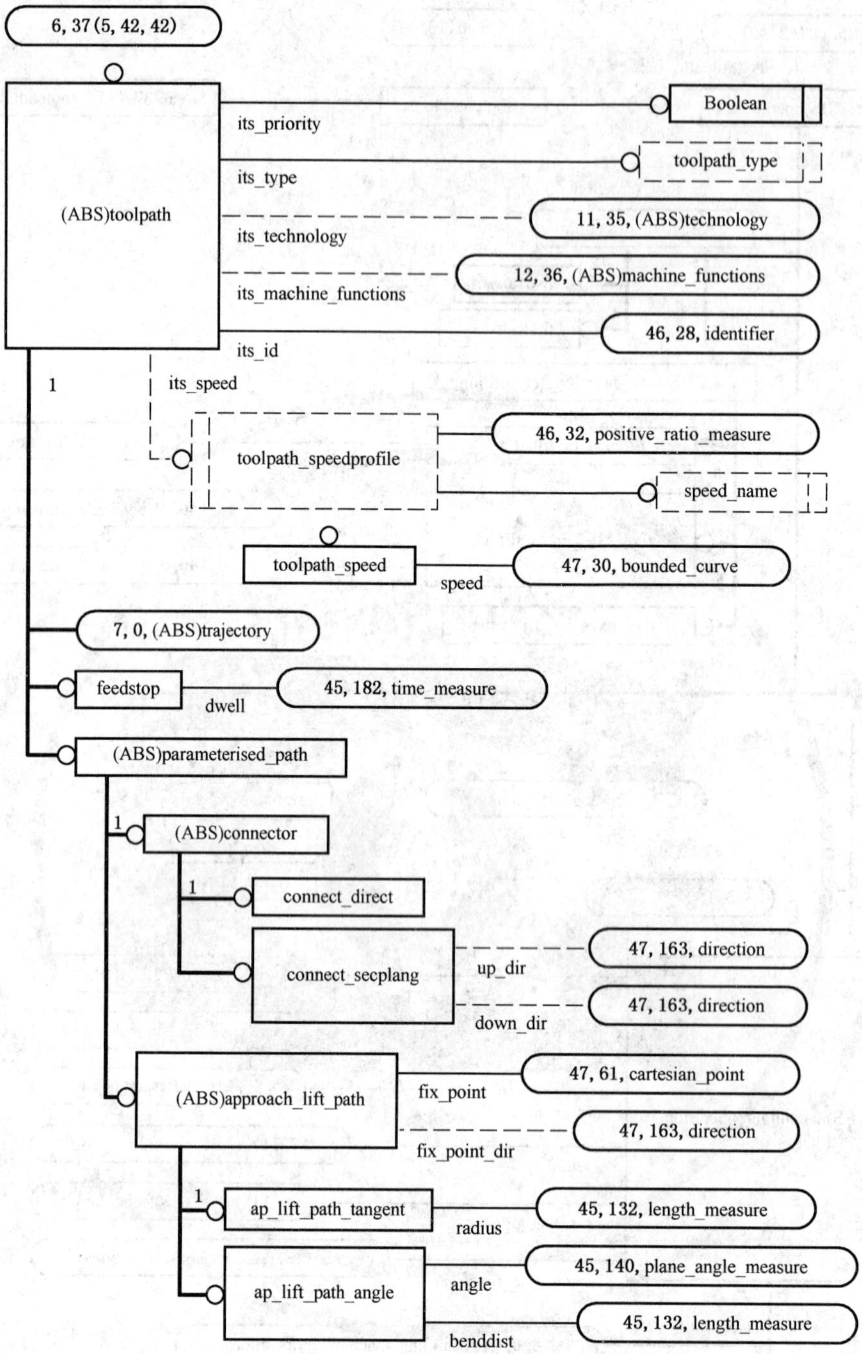
6, 37(5, 42, 42)
(ABS)toolpath
its_priority
Boolean
its_type
toolpath_type
its_technology
11, 35, (ABS)technology
its_machine_functions
12, 36, (ABS)machine_functions
its_id
46, 28, identifier
1
its_speed
toolpath_speedprofile
46, 32, positive_ratio_measure
speed_name
toolpath_speed
speed
47, 30, bounded_curve
7, 0, (ABS)trajectory
feedstop
dwell
45, 182, time_measure
(ABS)parameterised_path
1
(ABS)connector
1
connect_direct
connect_secplang
up_dir
47, 163, direction
down_dir
47, 163, direction
(ABS)approach_lift_path
fix_point
47, 61, cartesian_point
fix_point_dir
47, 163, direction
1
ap_lift_path_tangent
radius
45, 132, length_measure
ap_lift_path_angle
angle
45, 140, plane_angle_measure
benddist
45, 132, length_measure

图 G.6　ARM 图 48-6

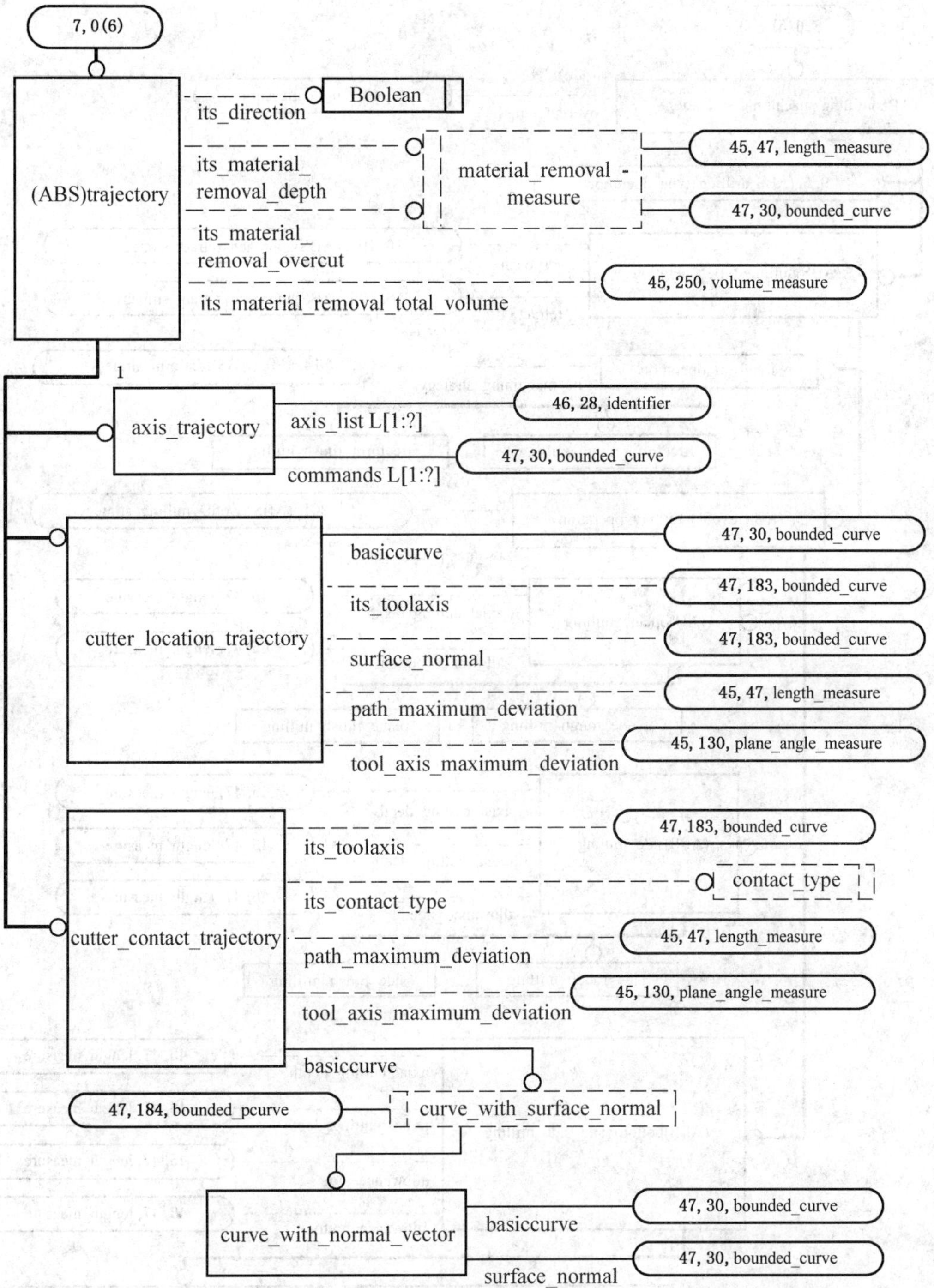
7, 0(6)
(ABS)trajectory
Boolean
its_direction
its_material_
removal_depth
material_removal_-
measure
45, 47, length_measure
47, 30, bounded_curve
its_material_
removal_overcut
45, 250, volume_measure
its_material_removal_total_volume
1
axis_trajectory
axis_list L[1:?]
46, 28, identifier
47, 30, bounded_curve
commands L[1:?]
cutter_location_trajectory
basiccurve
47, 30, bounded_curve
its_toolaxis
47, 183, bounded_curve
surface_normal
47, 183, bounded_curve
path_maximum_deviation
45, 47, length_measure
tool_axis_maximum_deviation
45, 130, plane_angle_measure
cutter_contact_trajectory
its_toolaxis
47, 183, bounded_curve
its_contact_type
contact_type
path_maximum_deviation
45, 47, length_measure
tool_axis_maximum_deviation
45, 130, plane_angle_measure
basiccurve
47, 184, bounded_pcurve
curve_with_surface_normal
curve_with_normal_vector
basiccurve
47, 30, bounded_curve
surface_normal
47, 30, bounded_curve

图 G.7 ARM 图 48-7

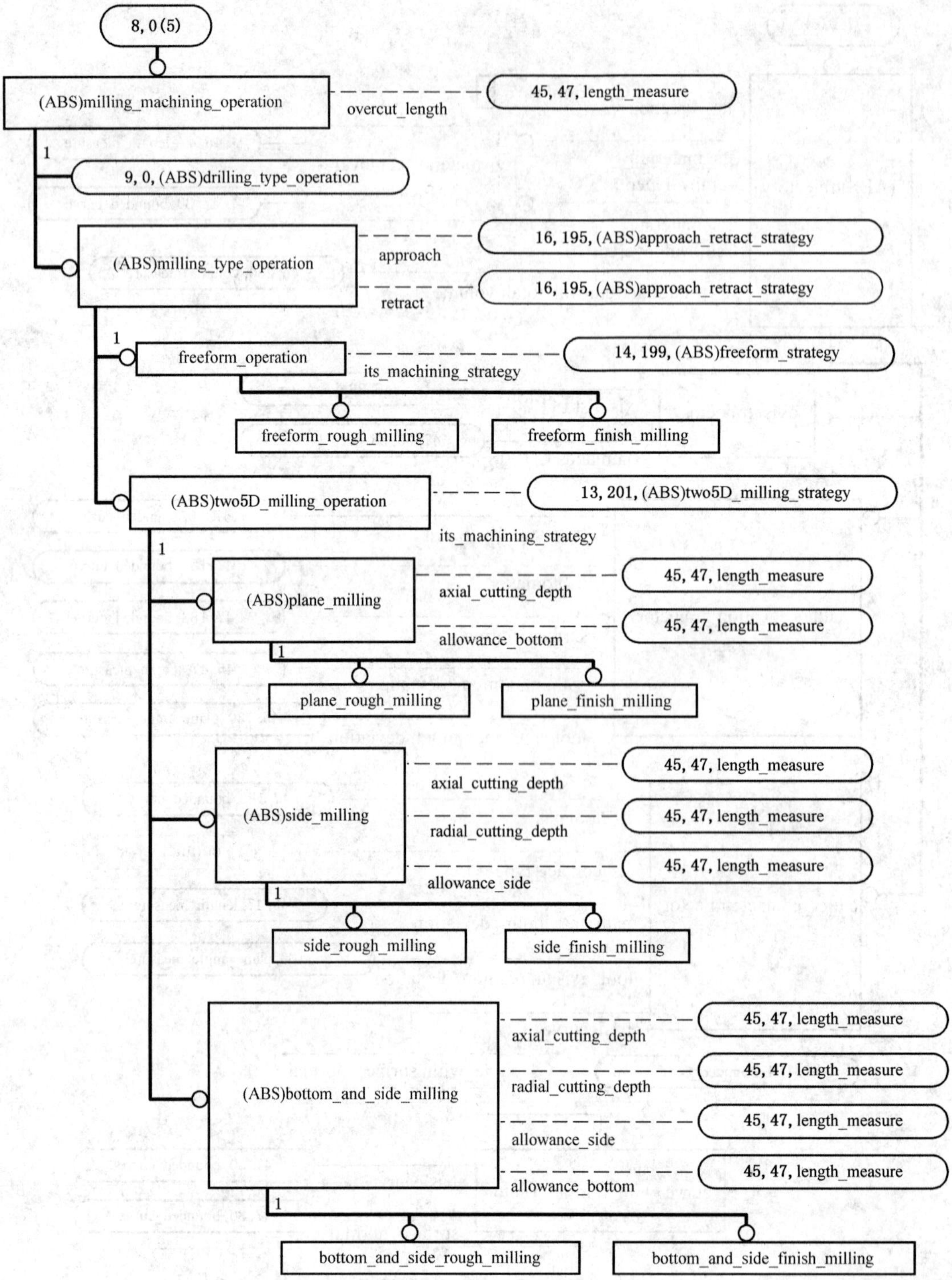
8, 0 (5)
(ABS)milling_machining_operation
overcut_length
45, 47, length_measure
1
9, 0, (ABS)drilling_type_operation
(ABS)milling_type_operation
approach
16, 195, (ABS)approach_retract_strategy
retract
16, 195, (ABS)approach_retract_strategy
1
freeform_operation
its_machining_strategy
14, 199, (ABS)freeform_strategy
freeform_rough_milling
freeform_finish_milling
(ABS)two5D_milling_operation
13, 201, (ABS)two5D_milling_strategy
its_machining_strategy
1
(ABS)plane_milling
axial_cutting_depth
45, 47, length_measure
allowance_bottom
45, 47, length_measure
1
plane_rough_milling
plane_finish_milling
(ABS)side_milling
axial_cutting_depth
45, 47, length_measure
radial_cutting_depth
45, 47, length_measure
allowance_side
45, 47, length_measure
1
side_rough_milling
side_finish_milling
(ABS)bottom_and_side_milling
axial_cutting_depth
45, 47, length_measure
radial_cutting_depth
45, 47, length_measure
allowance_side
45, 47, length_measure
allowance_bottom
45, 47, length_measure
1
bottom_and_side_rough_milling
bottom_and_side_finish_milling

图 G.8 ARM 图 48-8

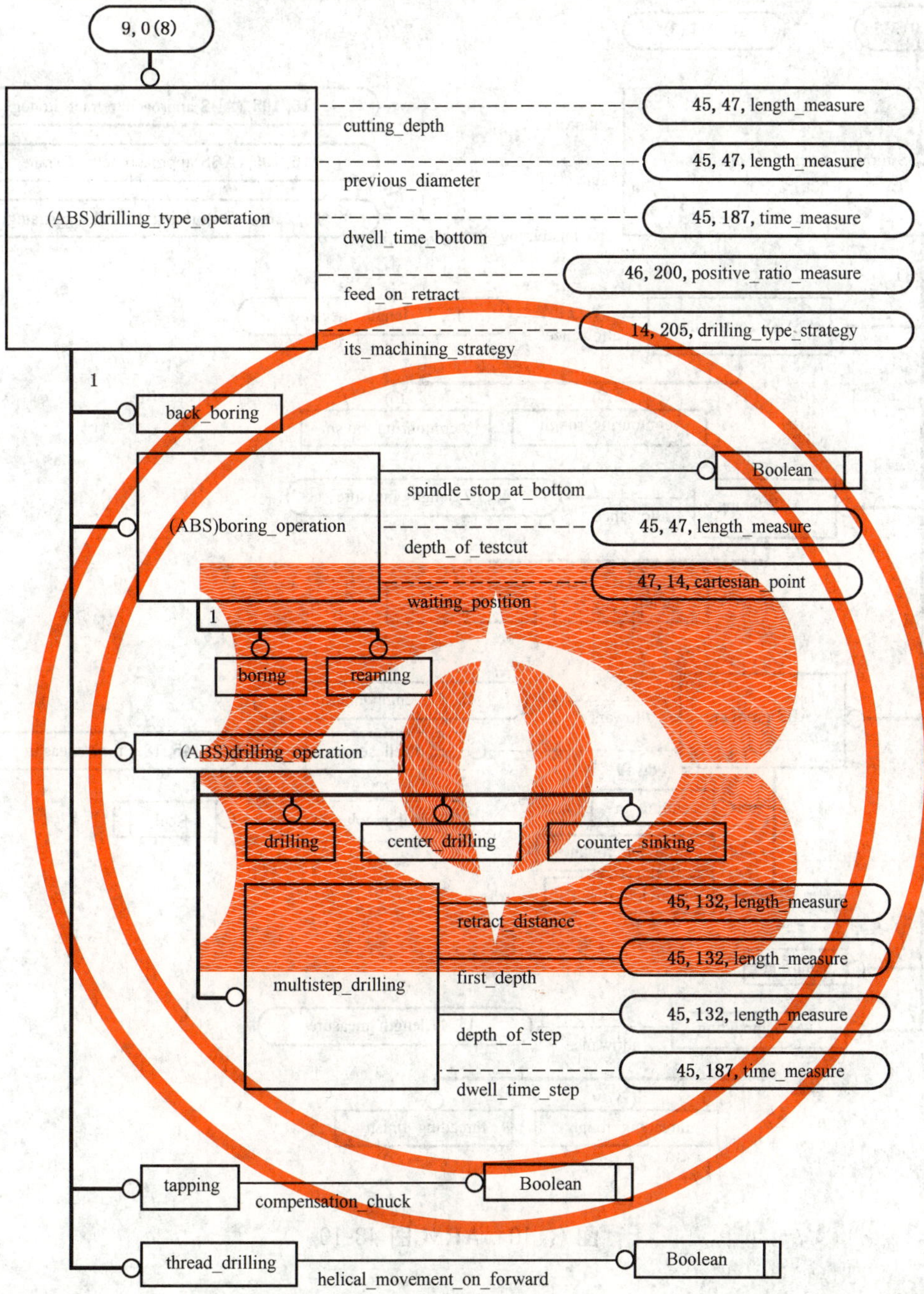
9, 0 (8)
(ABS)drilling_type_operation
cutting_depth
45, 47, length_measure
previous_diameter
45, 47, length_measure
dwell_time_bottom
45, 187, time_measure
feed_on_retract
46, 200, positive_ratio_measure
its_machining_strategy
14, 205, drilling_type_strategy
1
back_boring
(ABS)boring_operation
spindle_stop_at_bottom
Boolean
depth_of_testcut
45, 47, length_measure
waiting_position
47, 14, cartesian_point
1
boring
reaming
(ABS)drilling_operation
drilling
center_drilling
counter_sinking
multistep_drilling
retract_distance
45, 132, length_measure
first_depth
45, 132, length_measure
depth_of_step
45, 132, length_measure
dwell_time_step
45, 187, time_measure
tapping
compensation_chuck
Boolean
thread_drilling
helical_movement_on_forward
Boolean

图 G.9 ARM 图 48-9

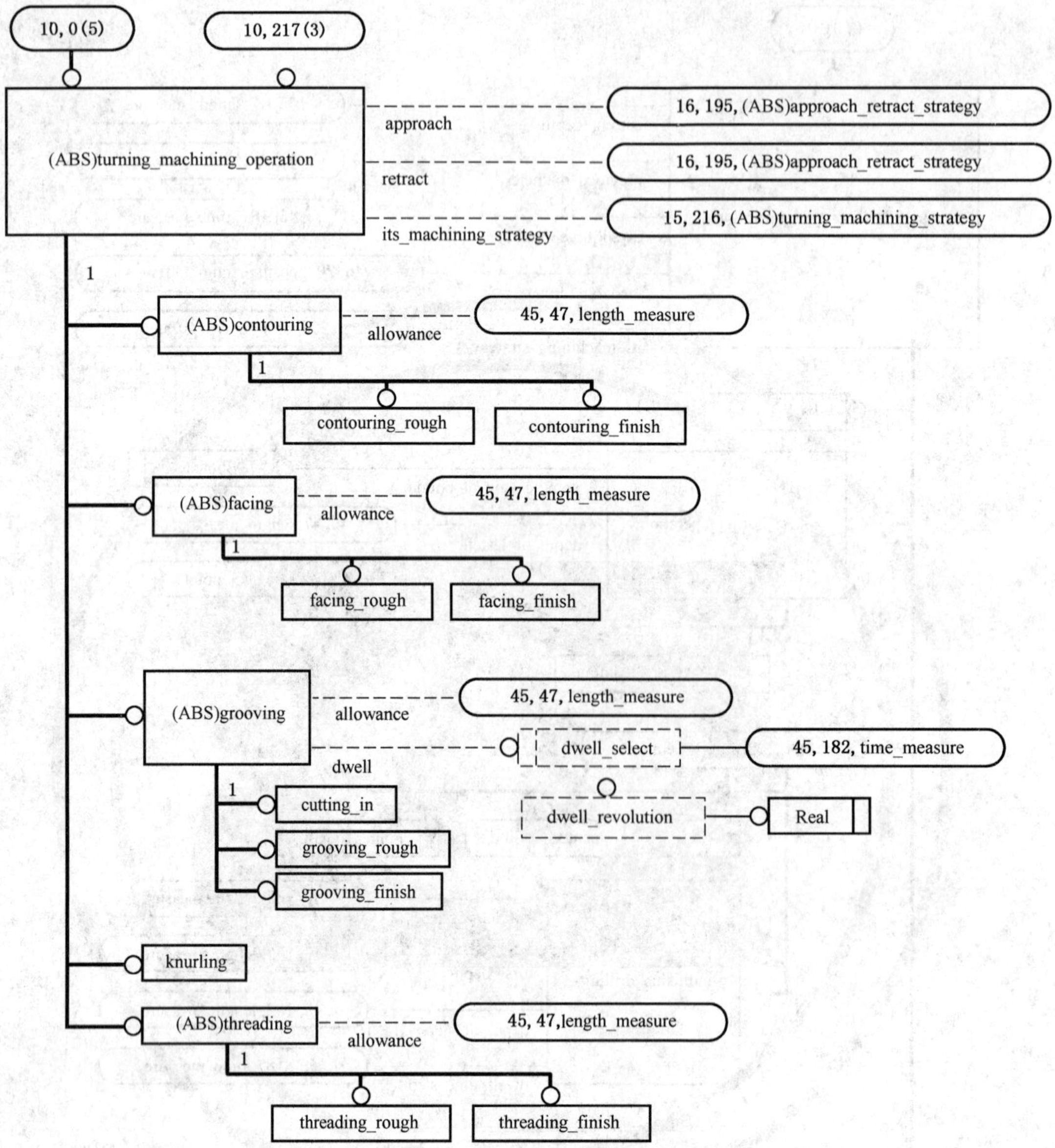

图 G.10　**ARM** 图 48-10

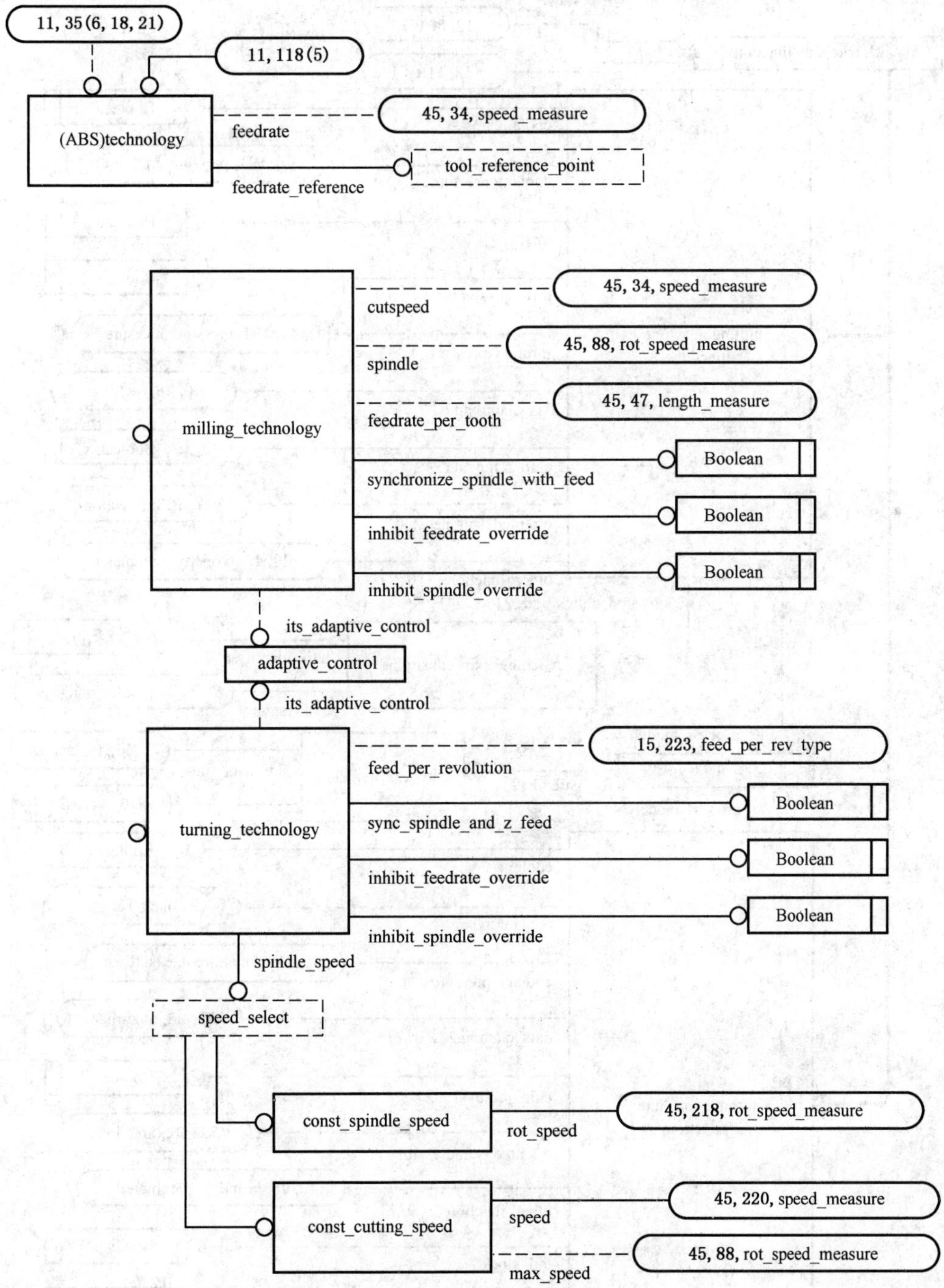

图 G.11 ARM 图 48-11

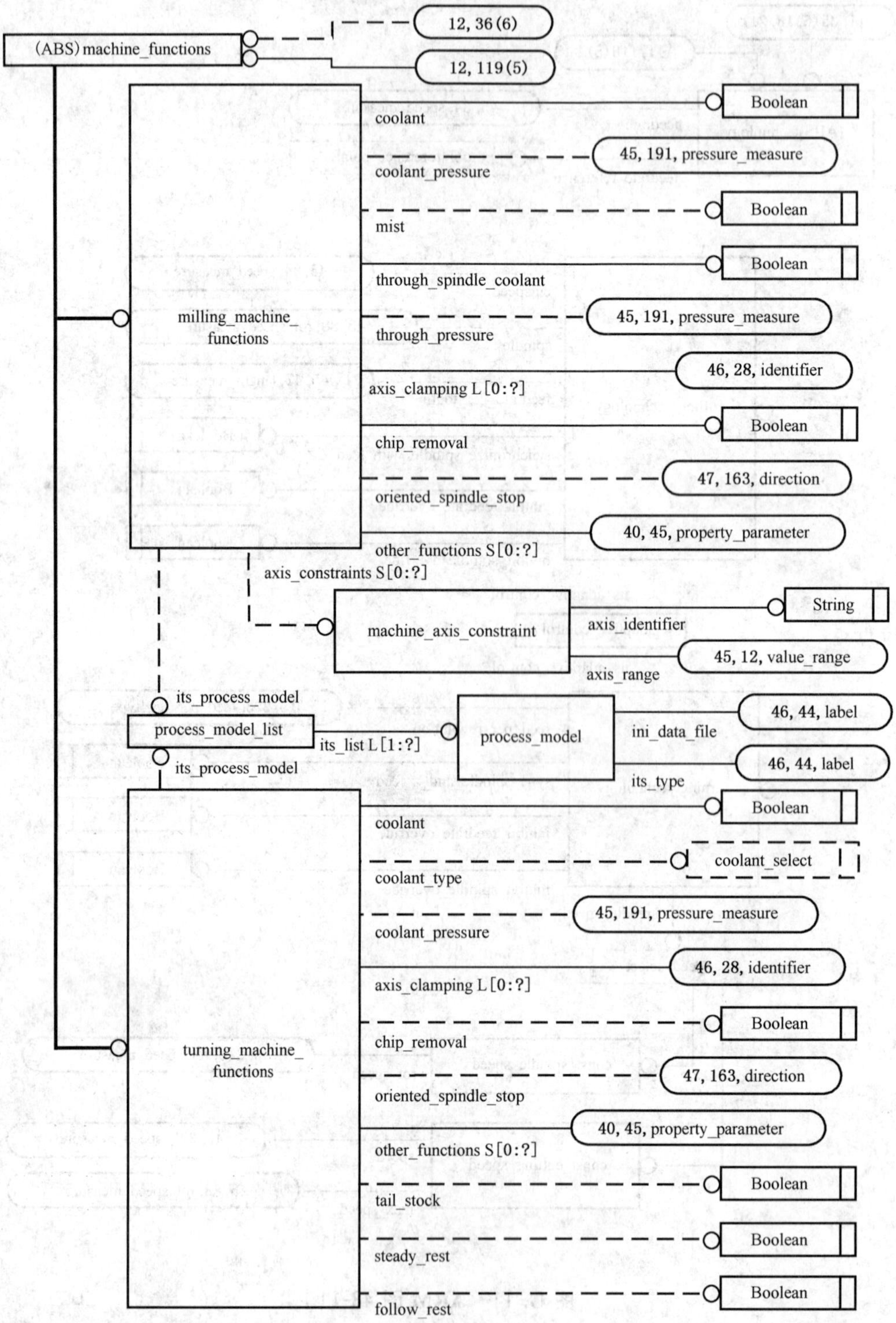

图 G.12 ARM 图 48-12

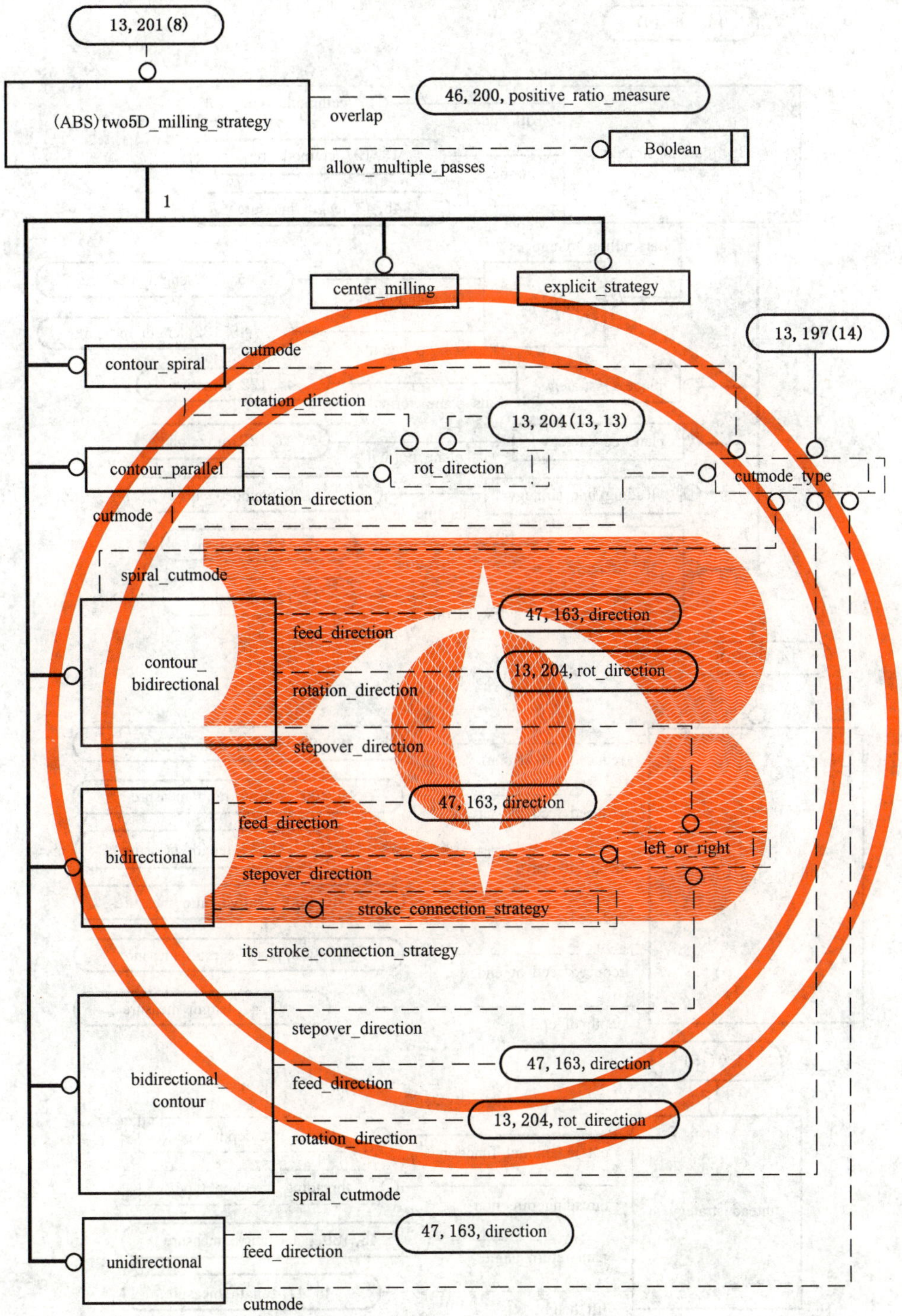

图 G.13 ARM 图 48-13

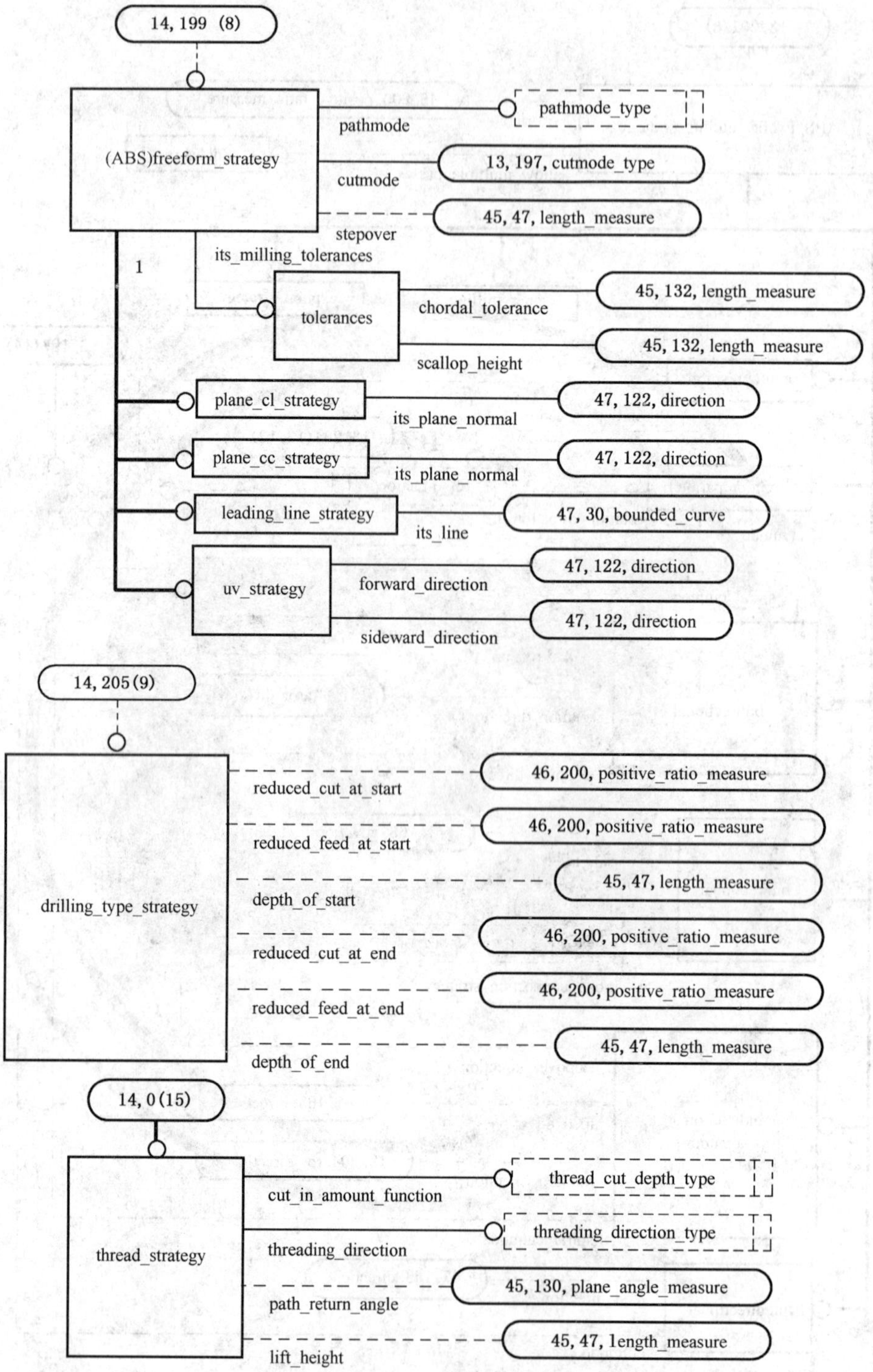

图 G.14 ARM 图 48-14

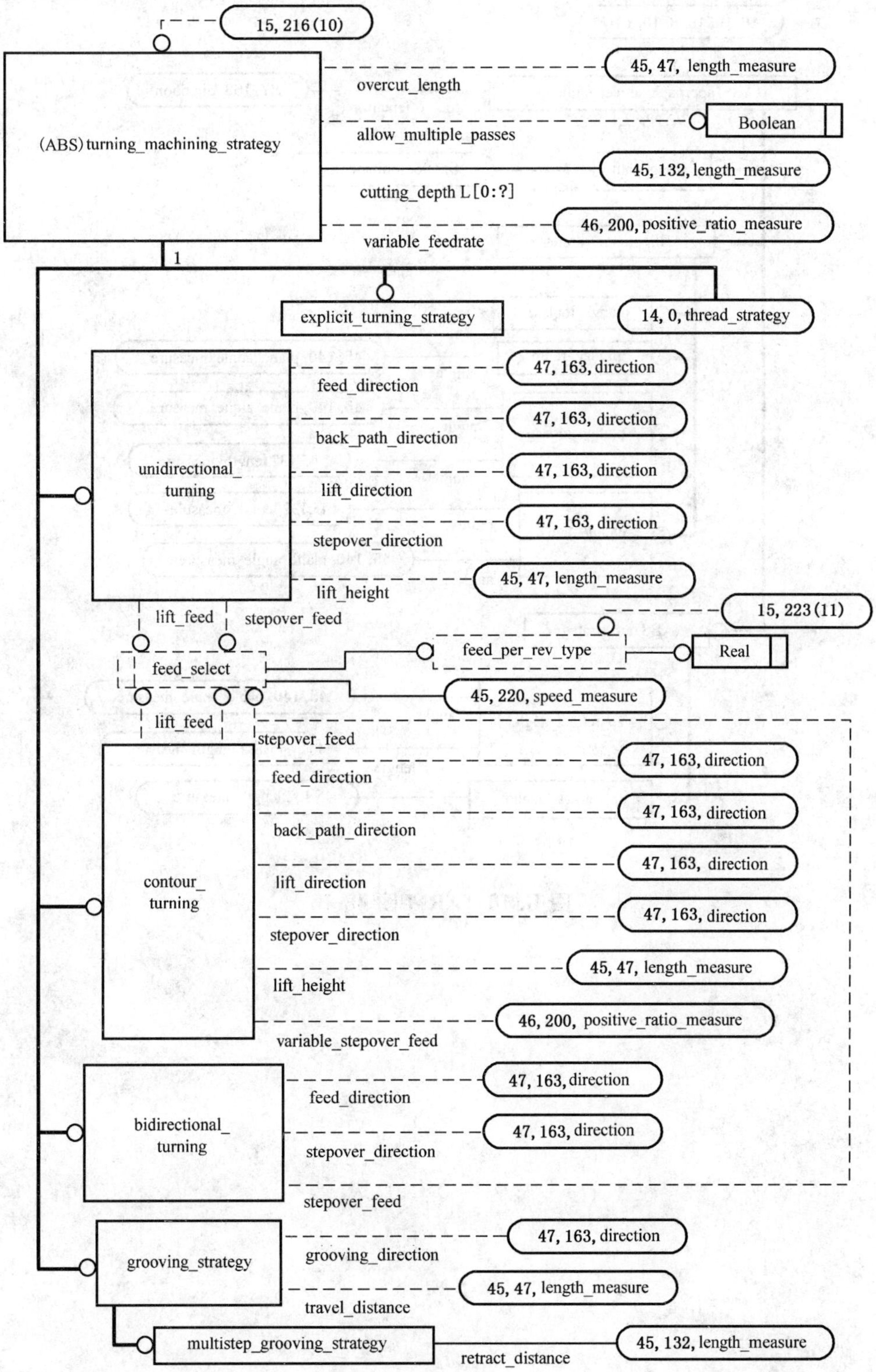

图 G.15　ARM 图 48-15

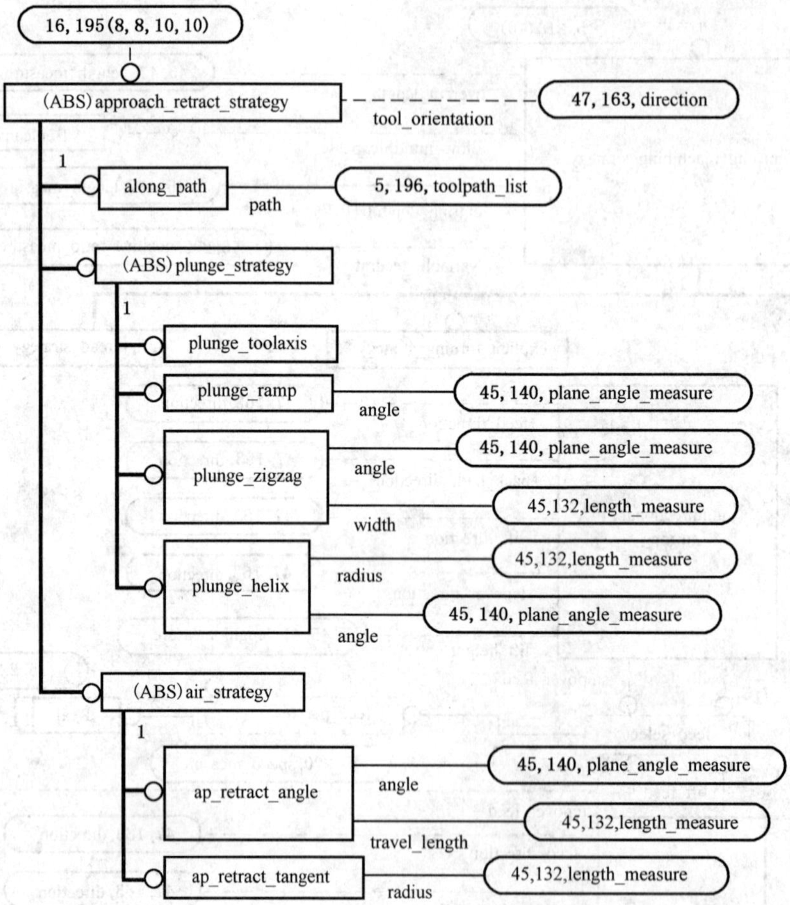

图 G. 16　ARM 图 48-16

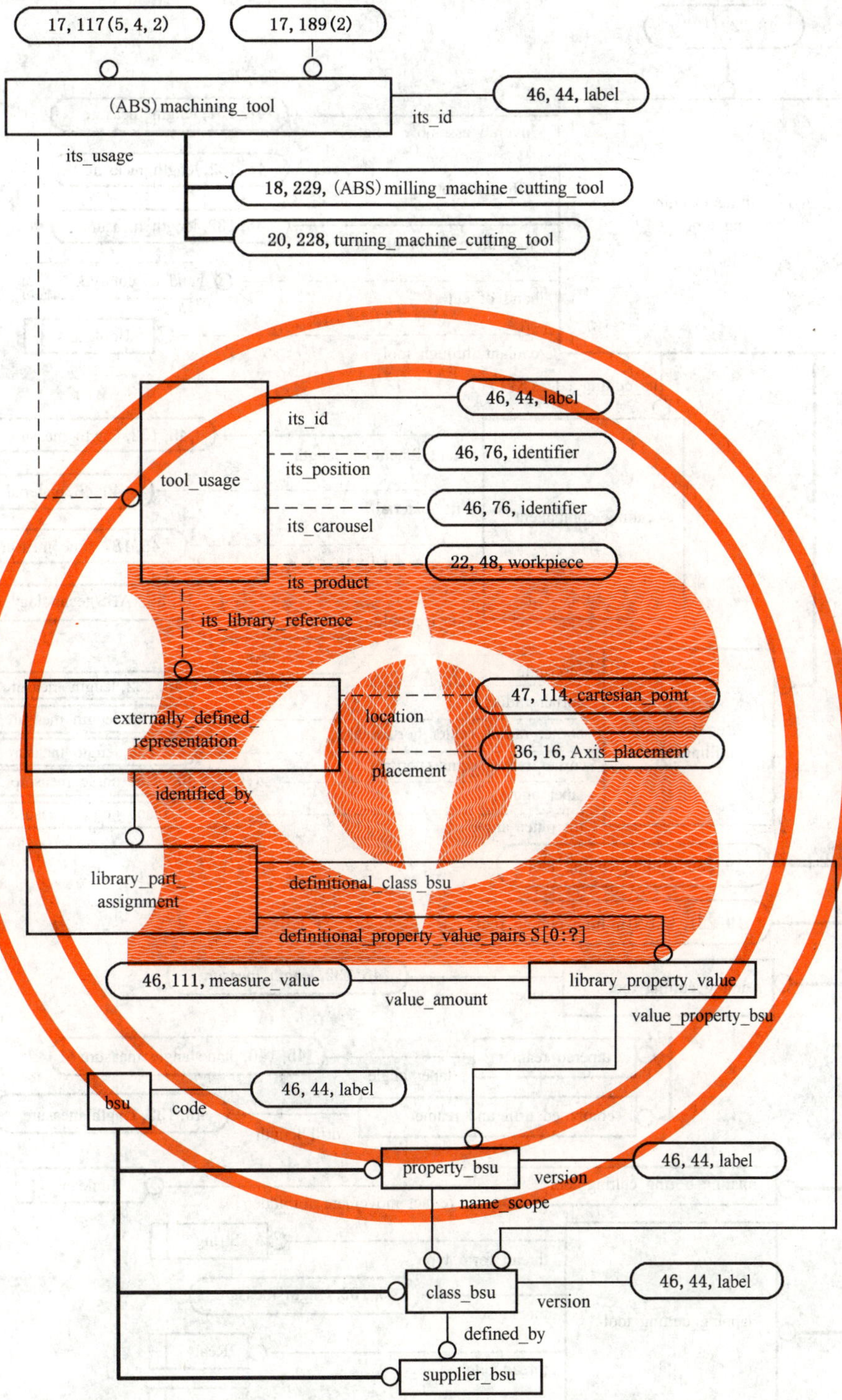

图 G.17 ARM 图 48-17

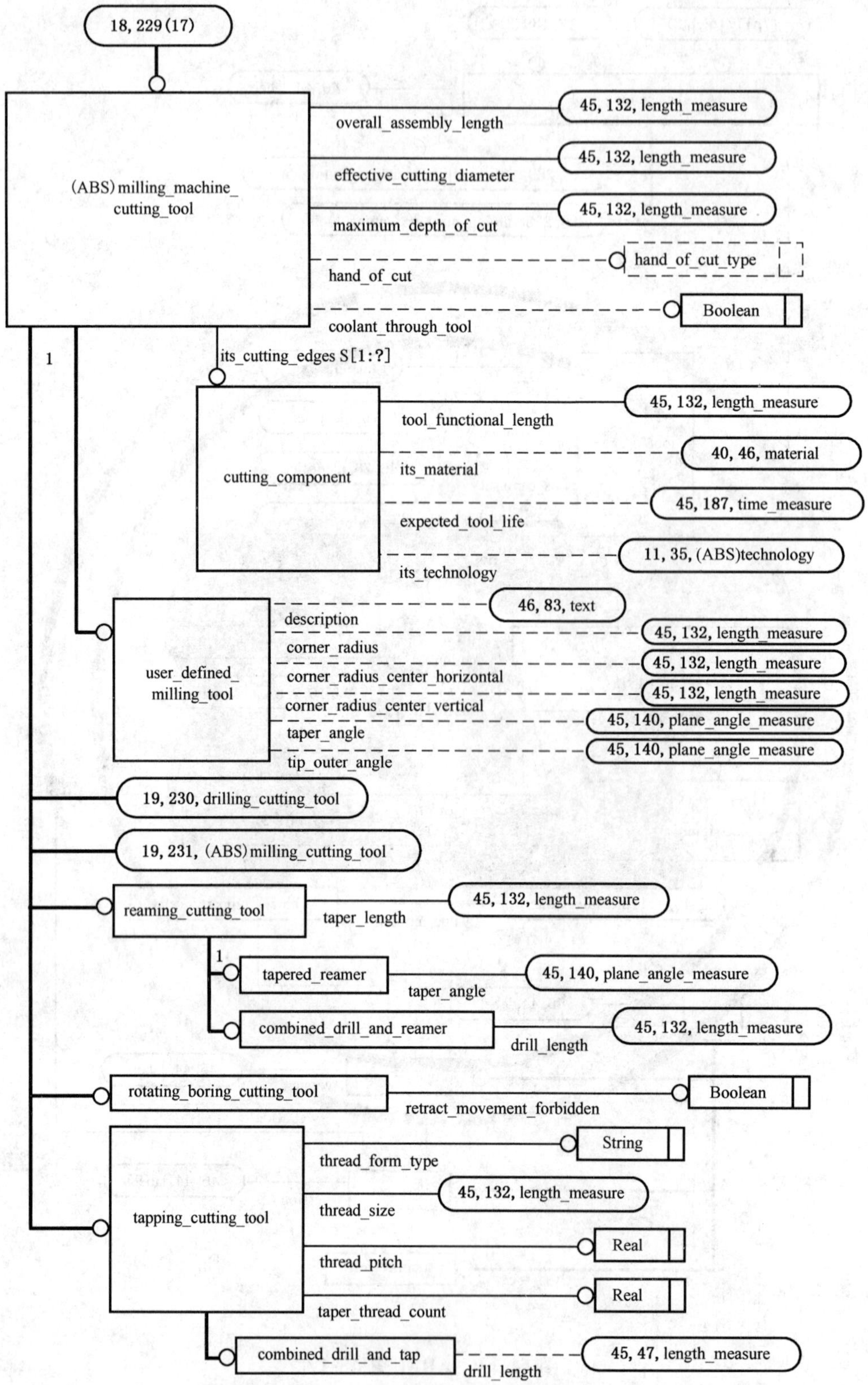

图 G.18 ARM 图 48-18

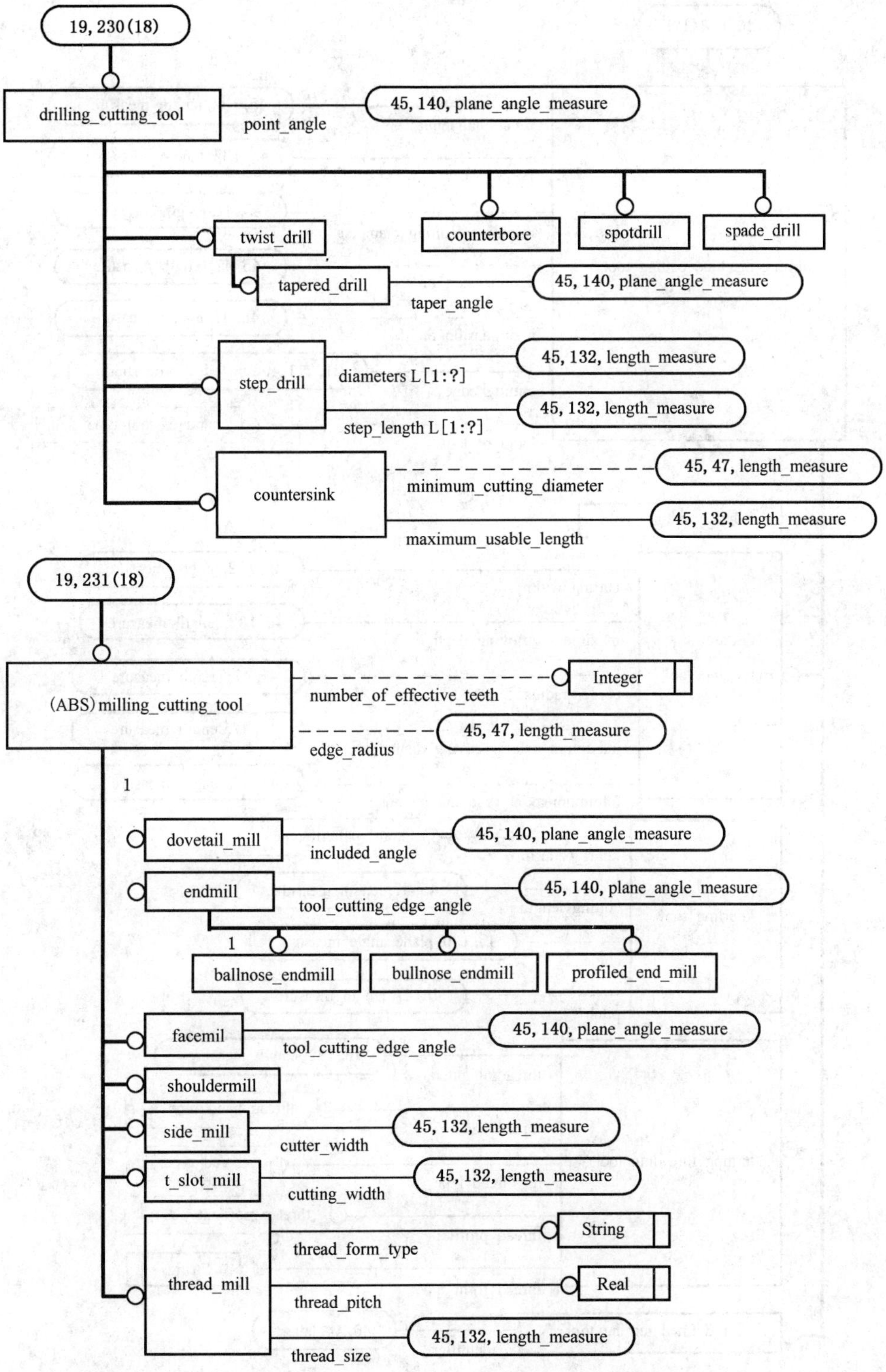

图 G.19 ARM 图 48-19

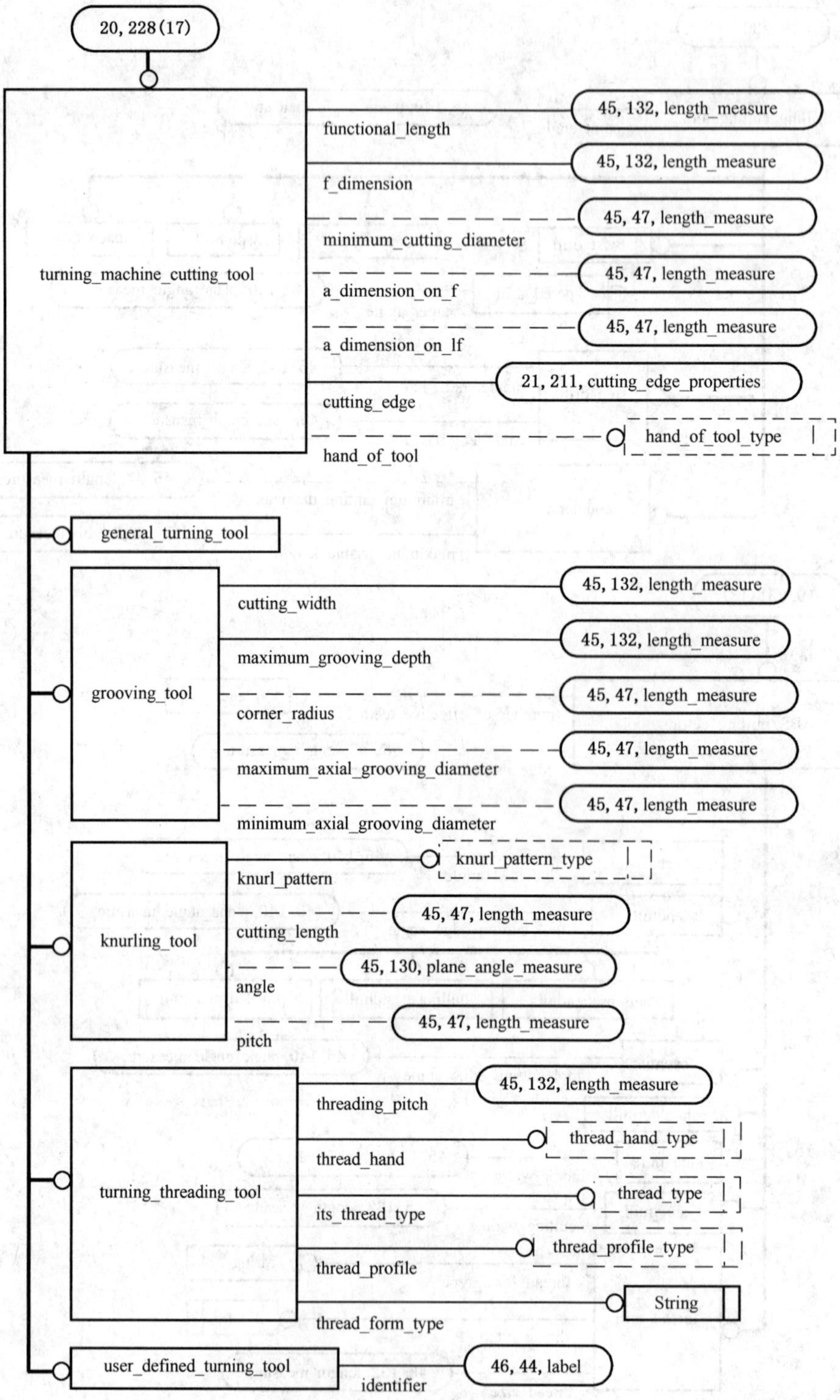

图 G.20 ARM 图 48-20

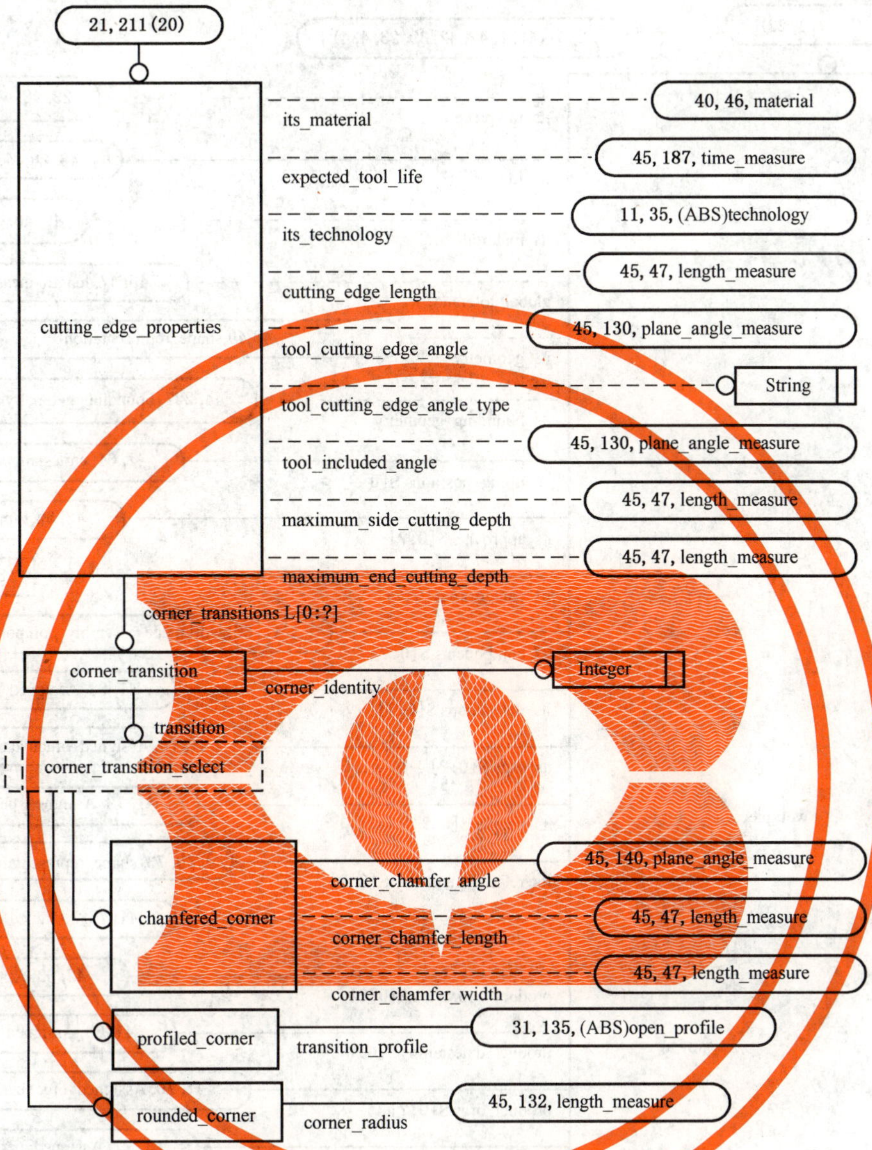

图 G.21 ARM 图 48-21

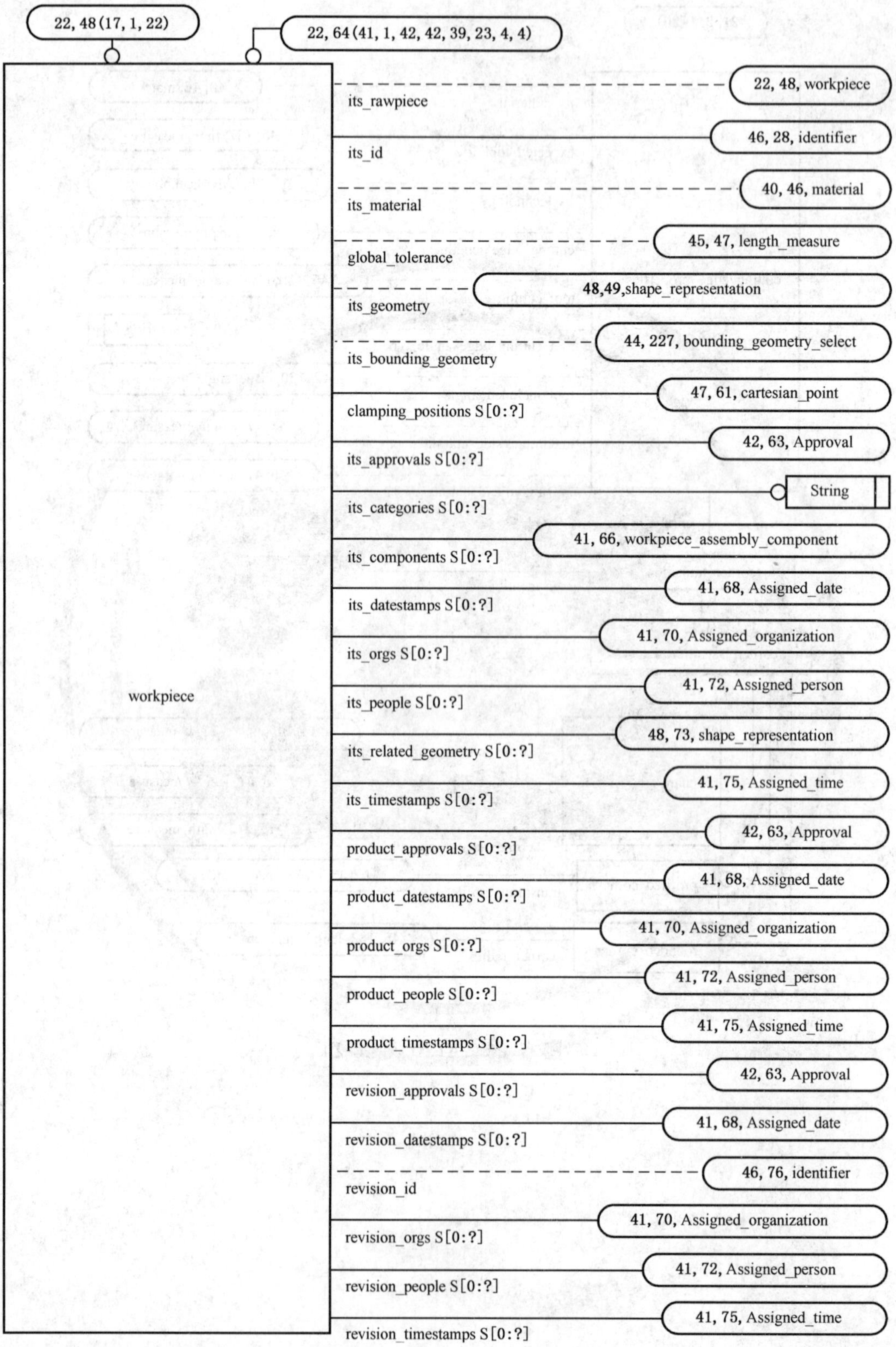

图 G.22 ARM 图 48-22

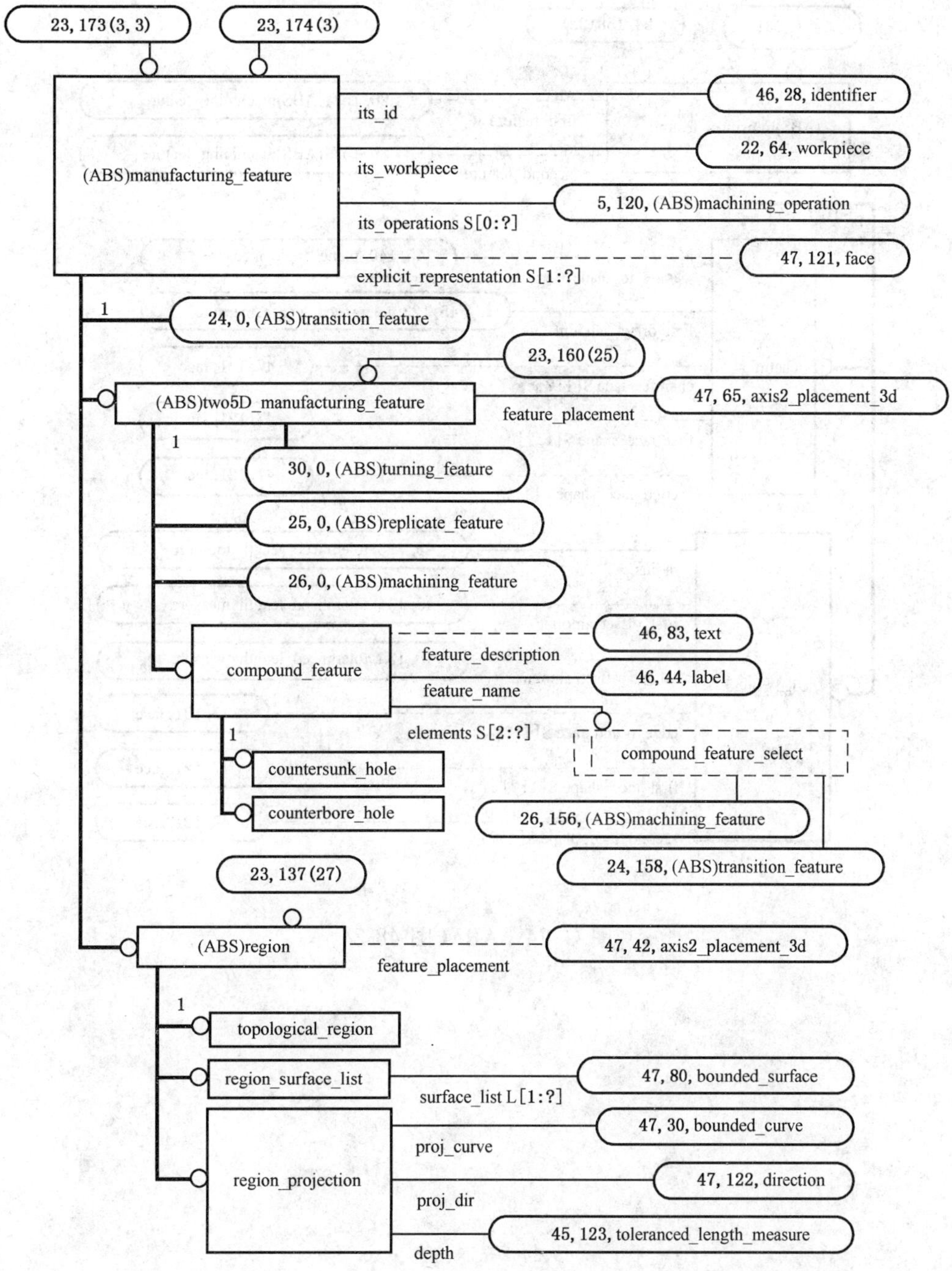

图 G.23　ARM 图 48-23

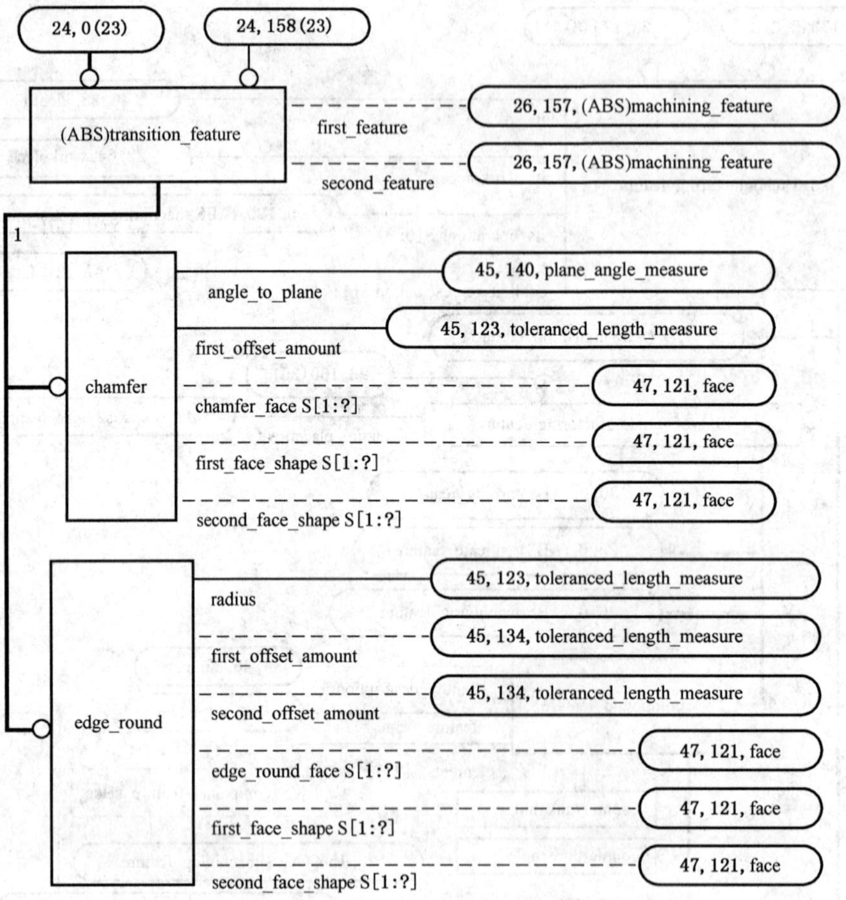

图 G.24　ARM 图 48-24

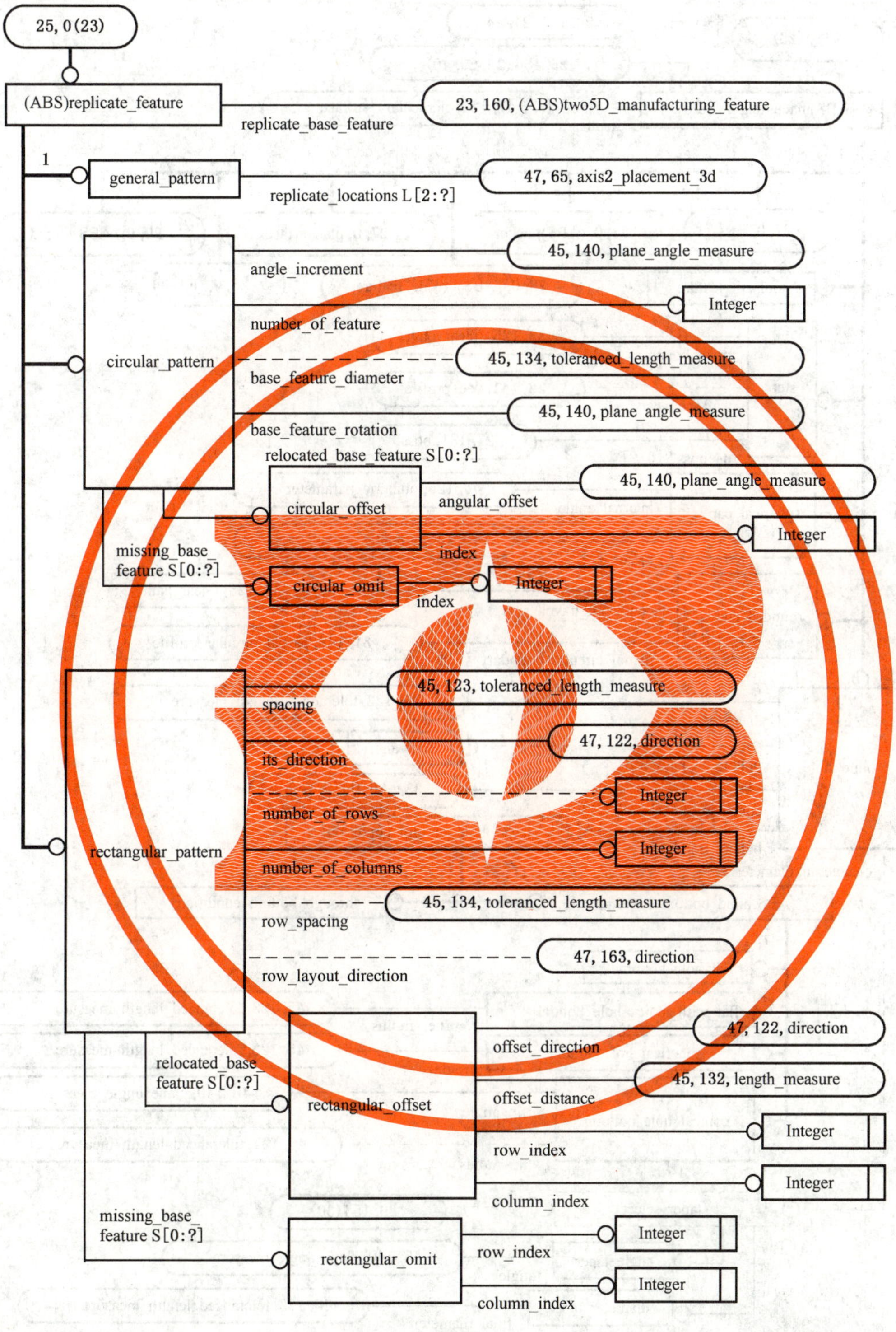

图 G.25 ARM 图 48-25

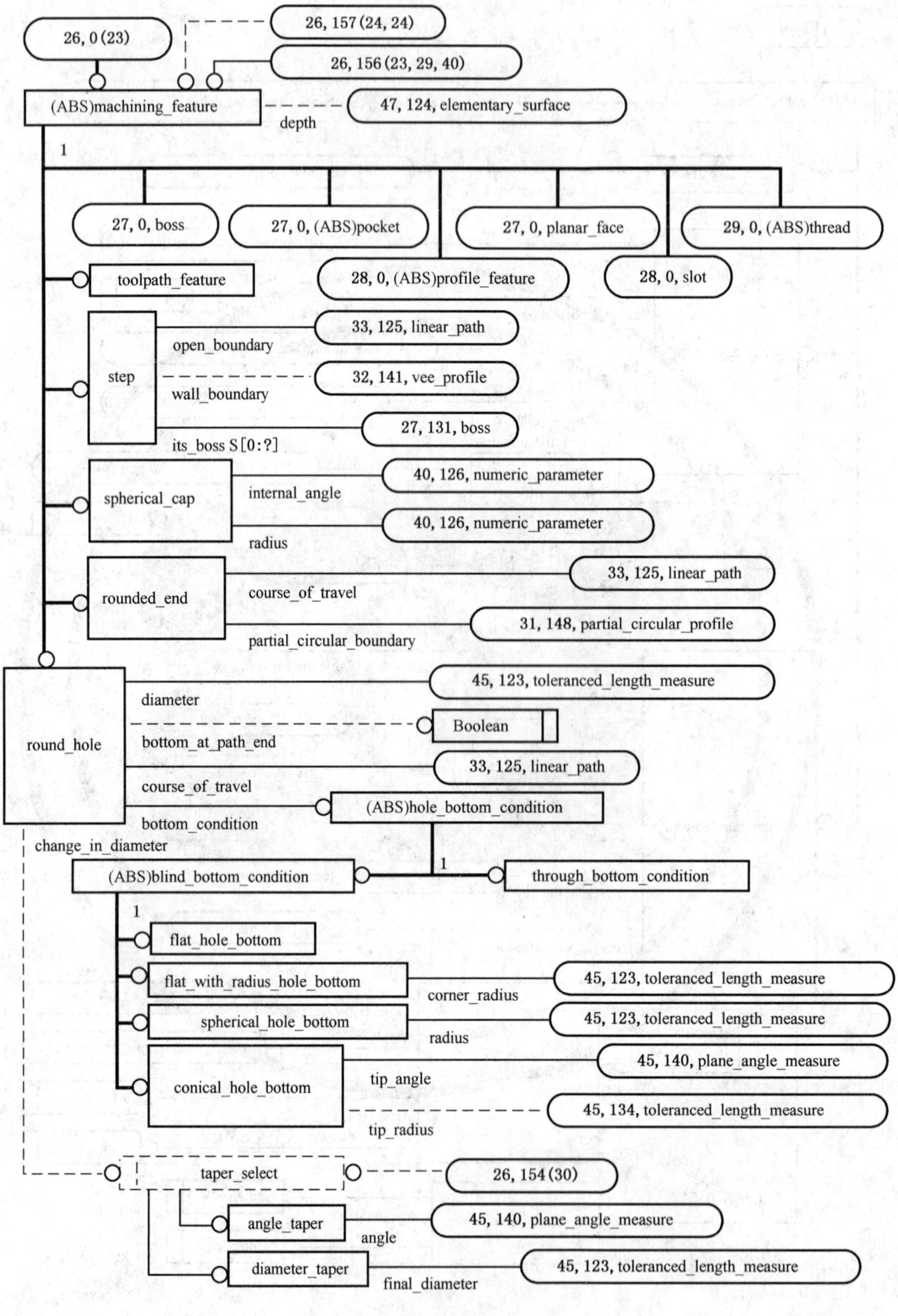

图 G.26　ARM 图 48-26

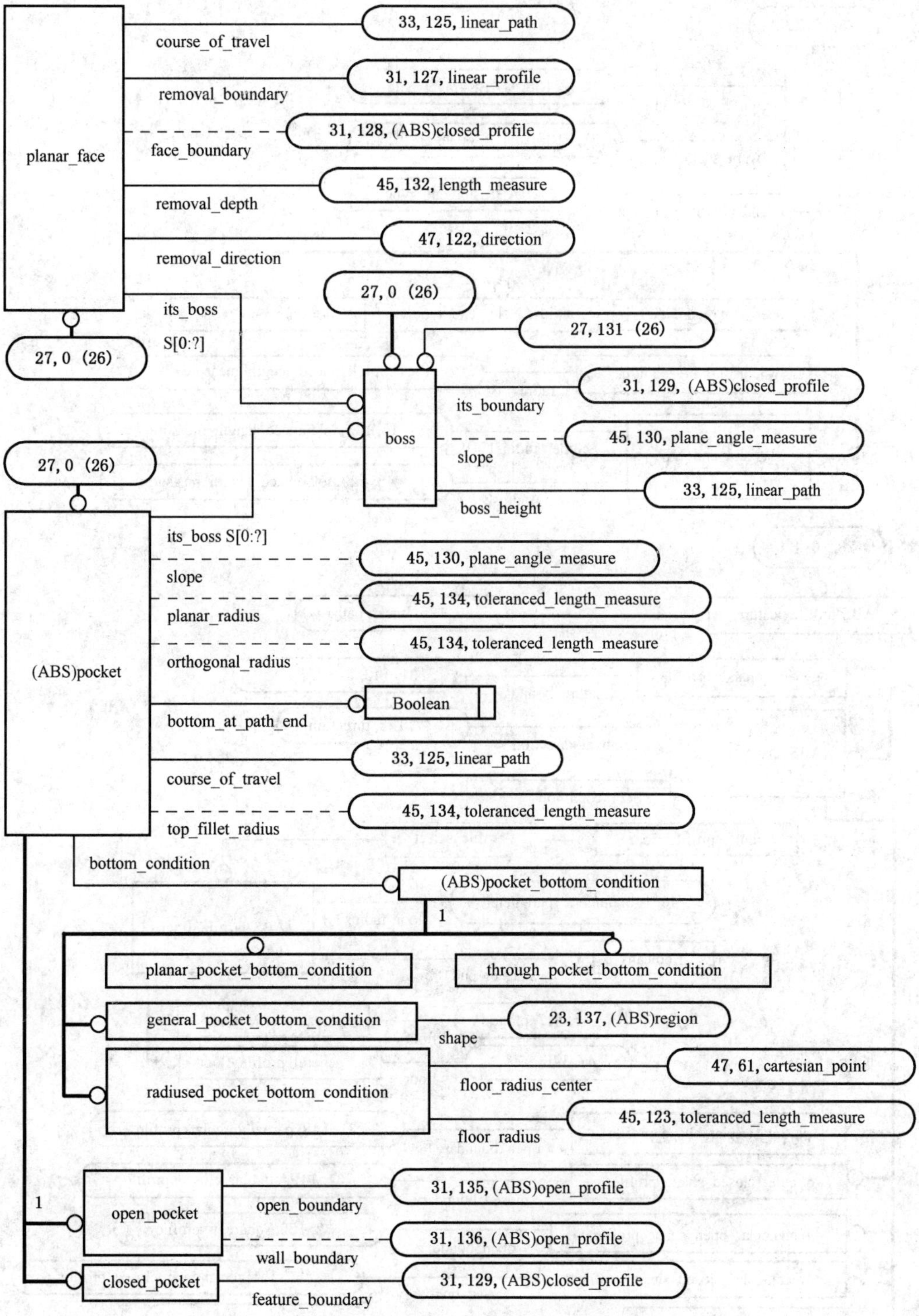

图 G.27 ARM 图 48-27

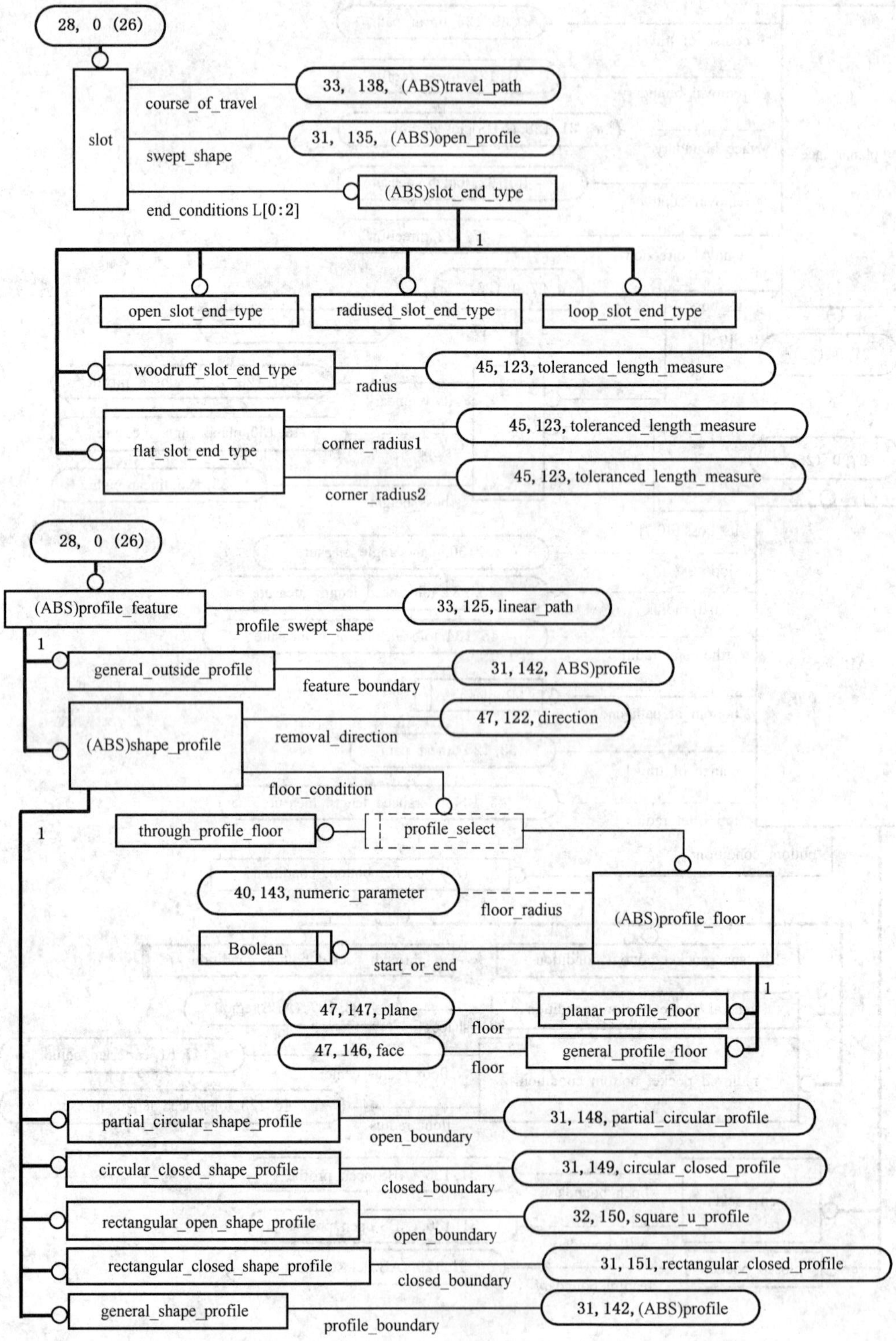

图 G.28 ARM 图 48-28

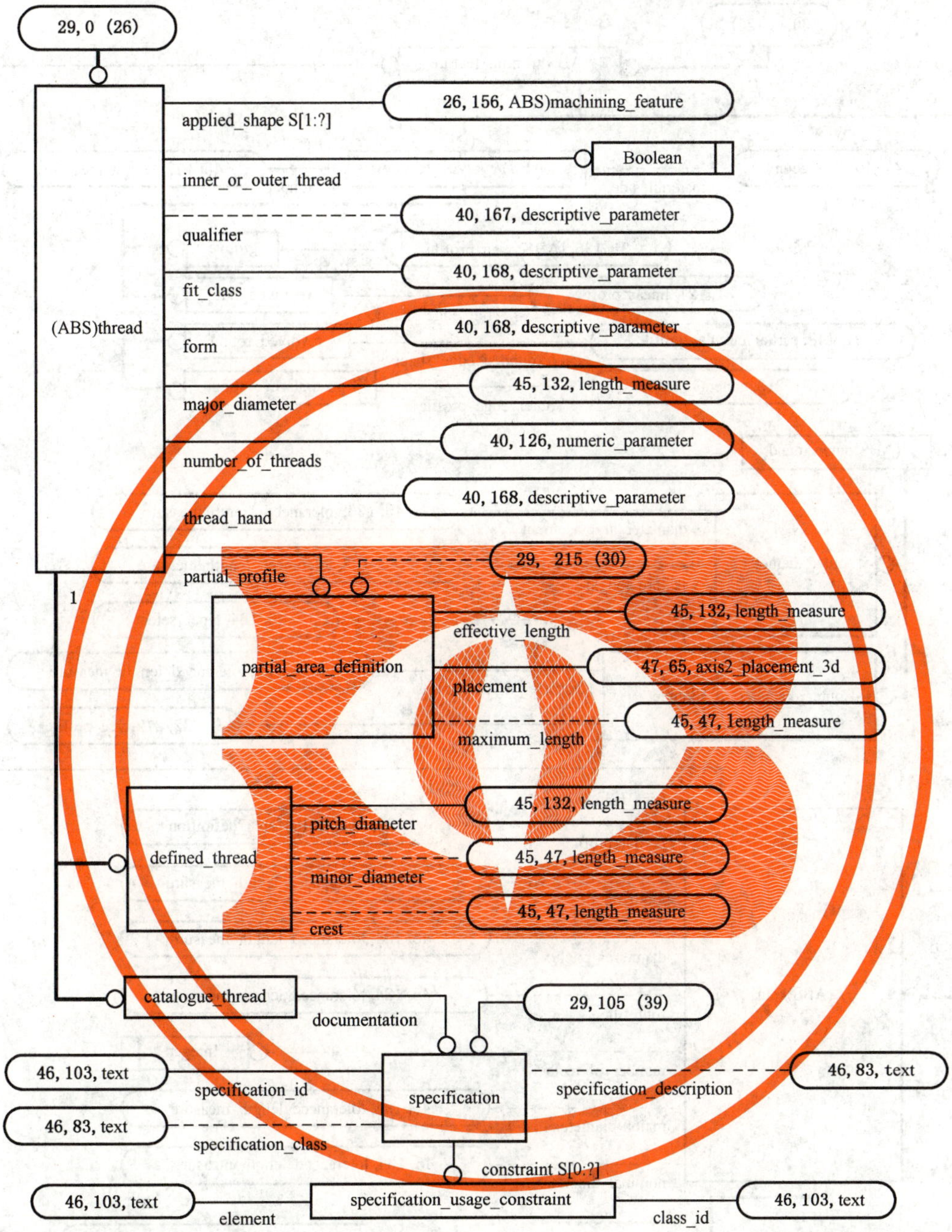

图 G.29 ARM 图 48-29

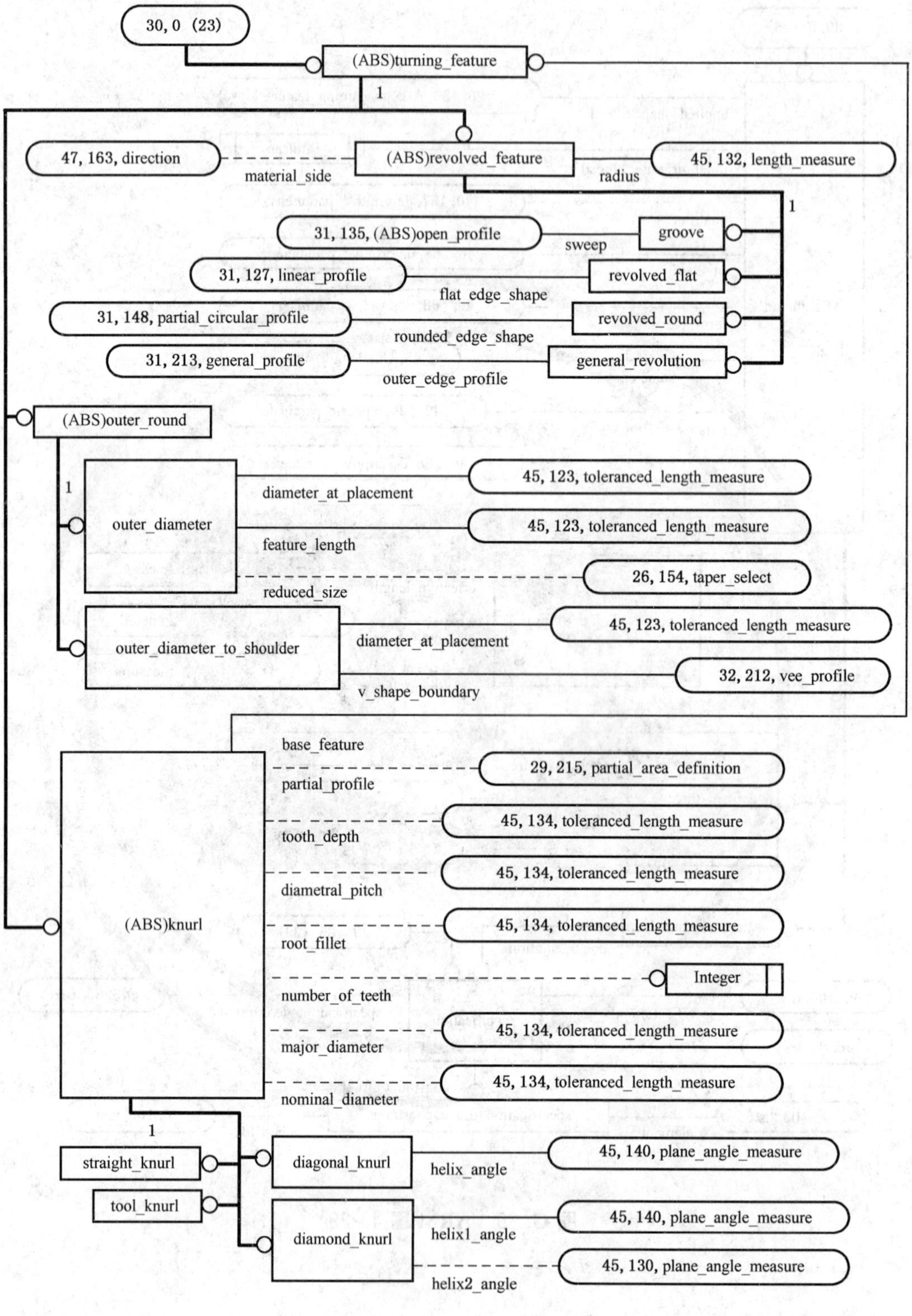

图 G.30 ARM 图 48-30

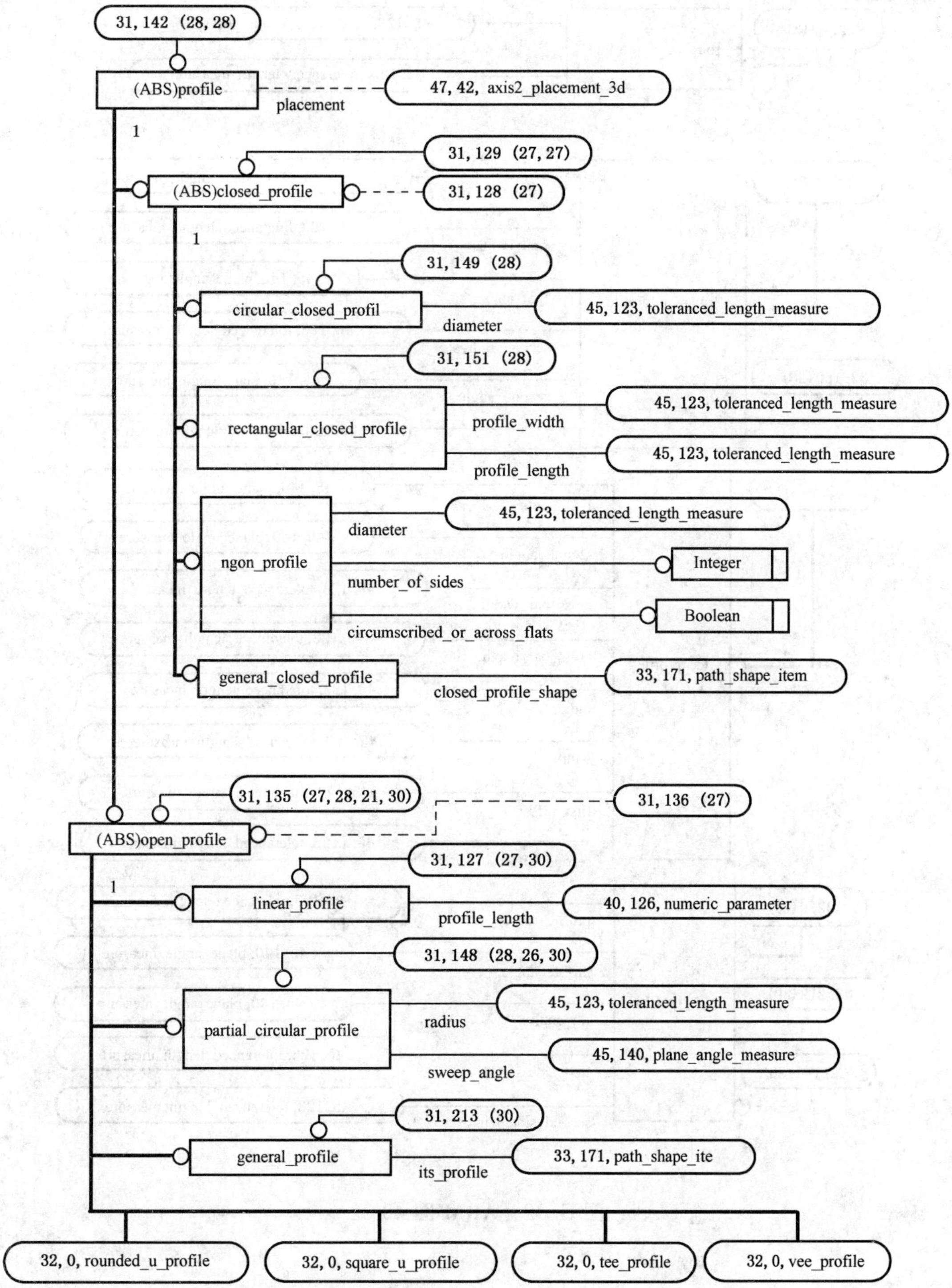

图 G.31 ARM 图 48-31

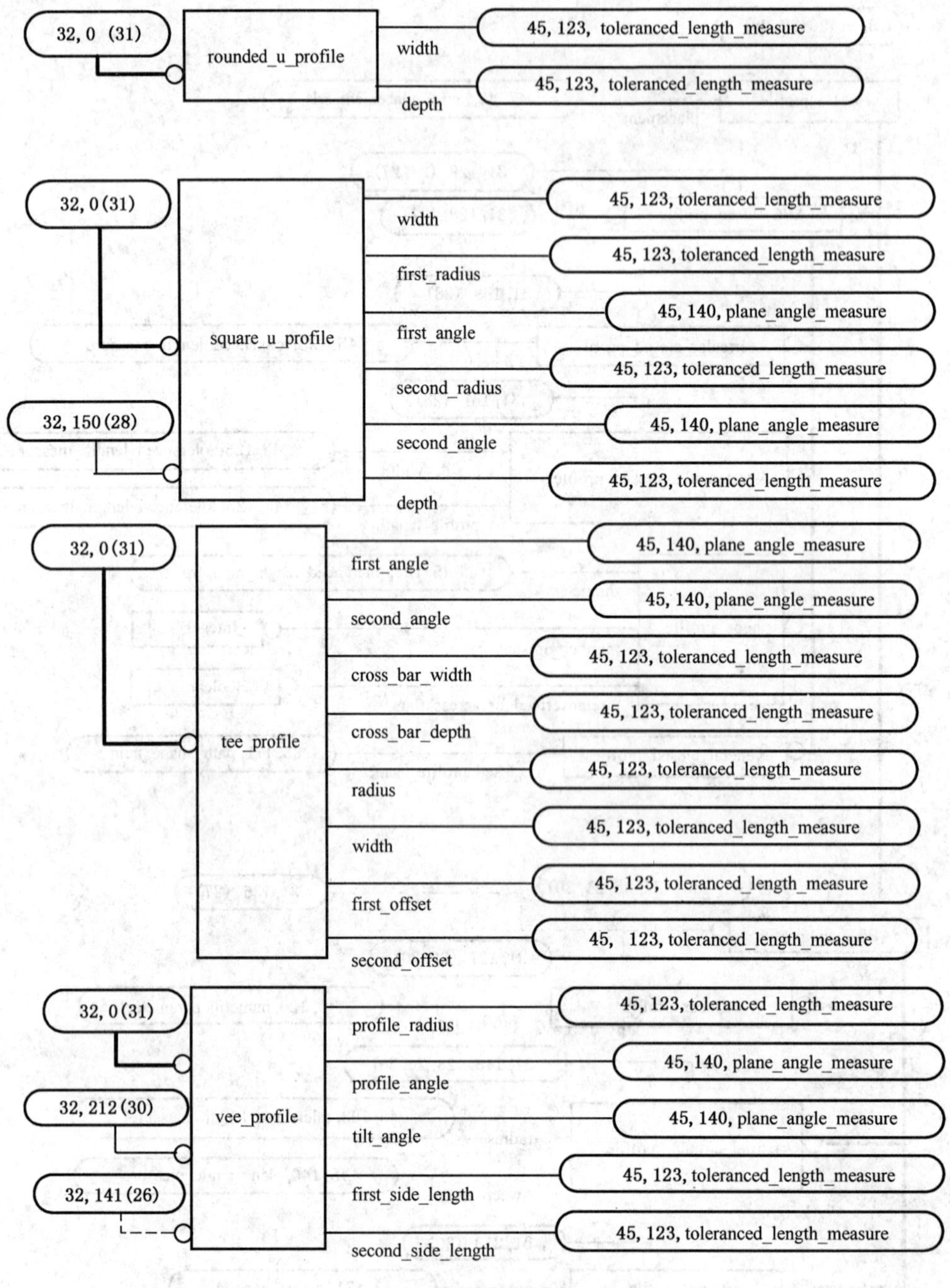

图 G.32 ARM 图 48-32

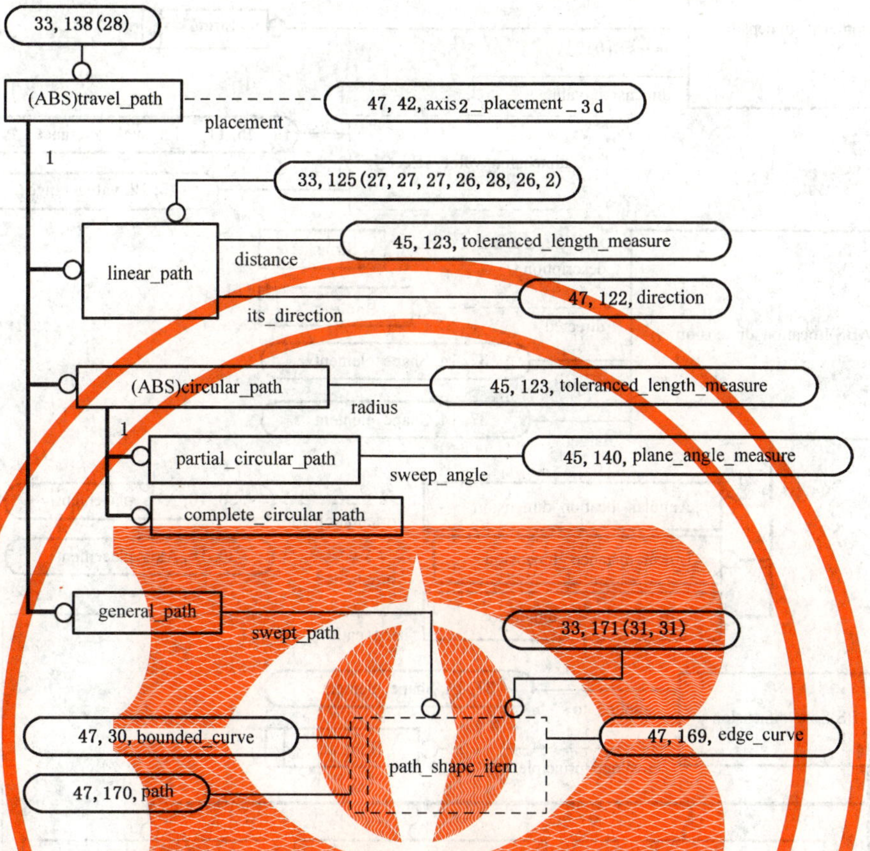

图 G.33　ARM 图 48-33

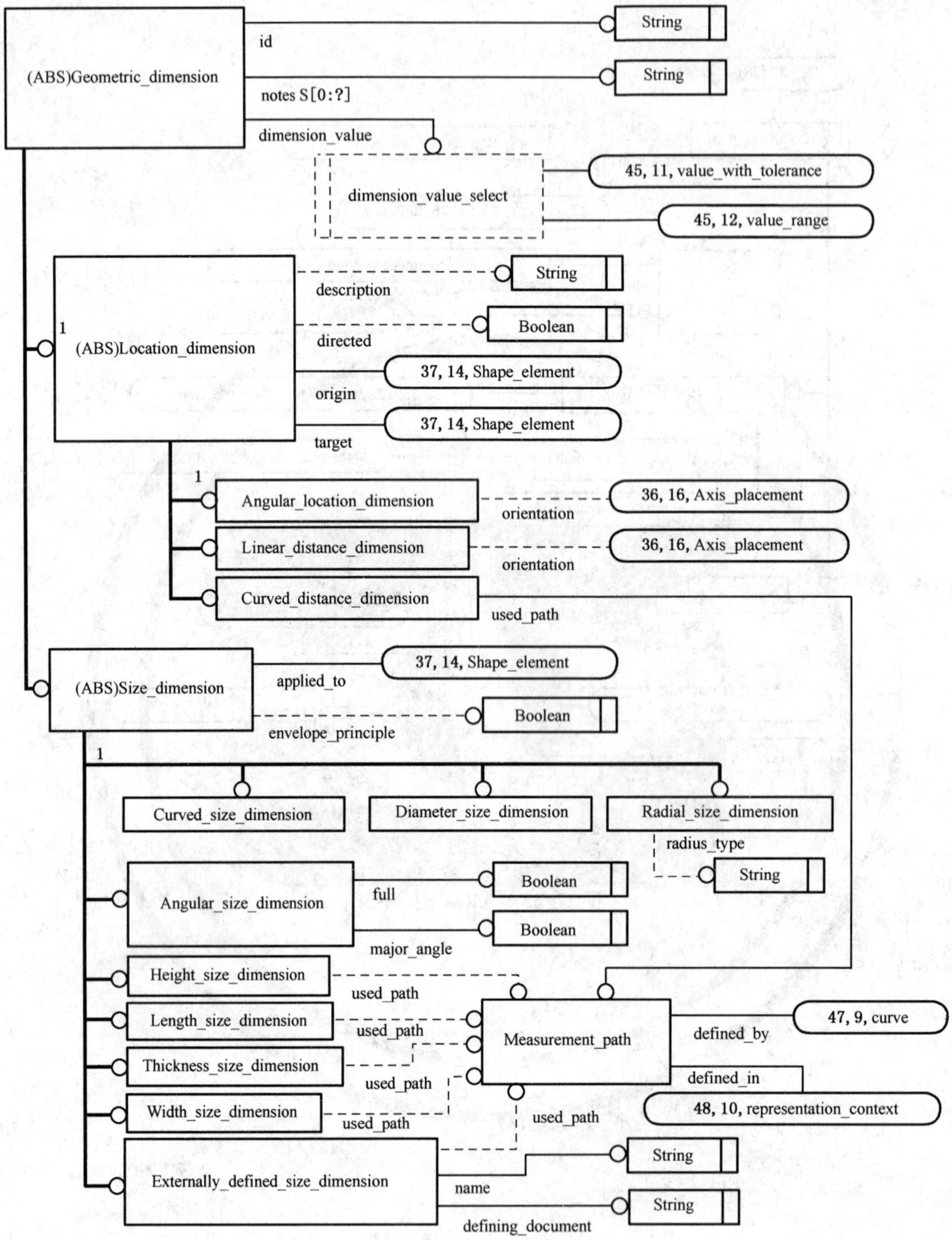

图 G.34　ARM 图 48-34

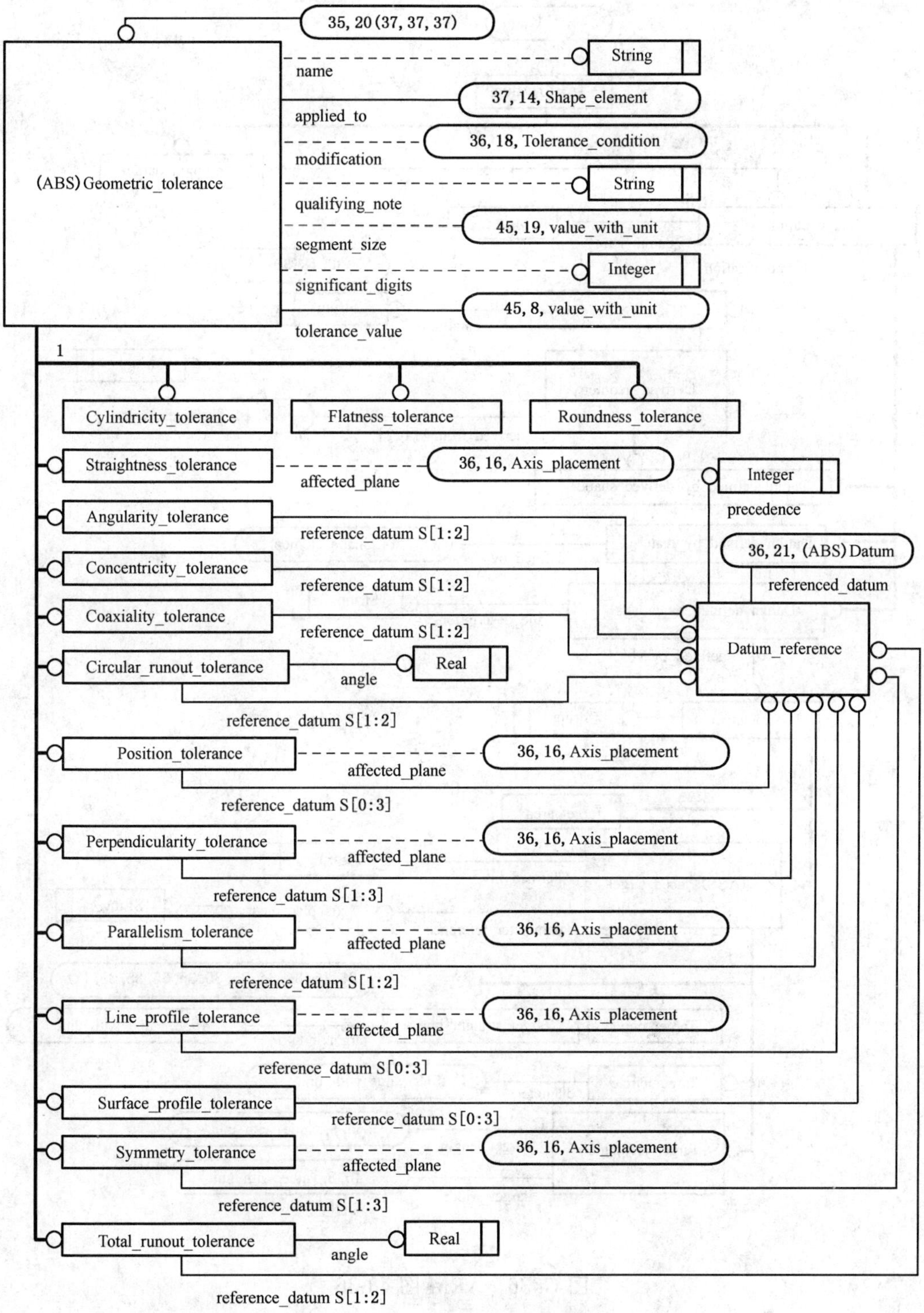

图 G.35 ARM 图 48-35

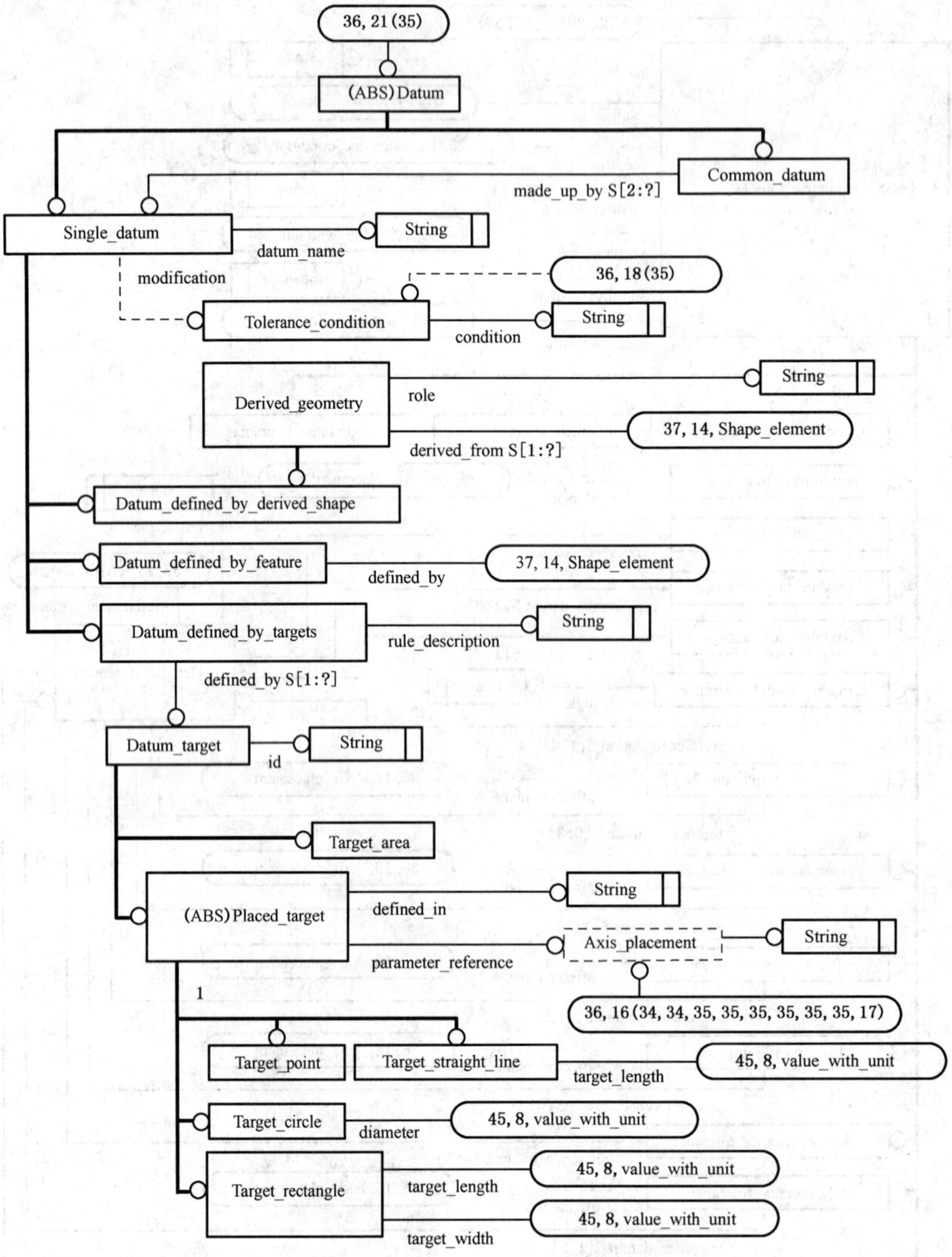

图 G.36 **ARM** 图 48-36

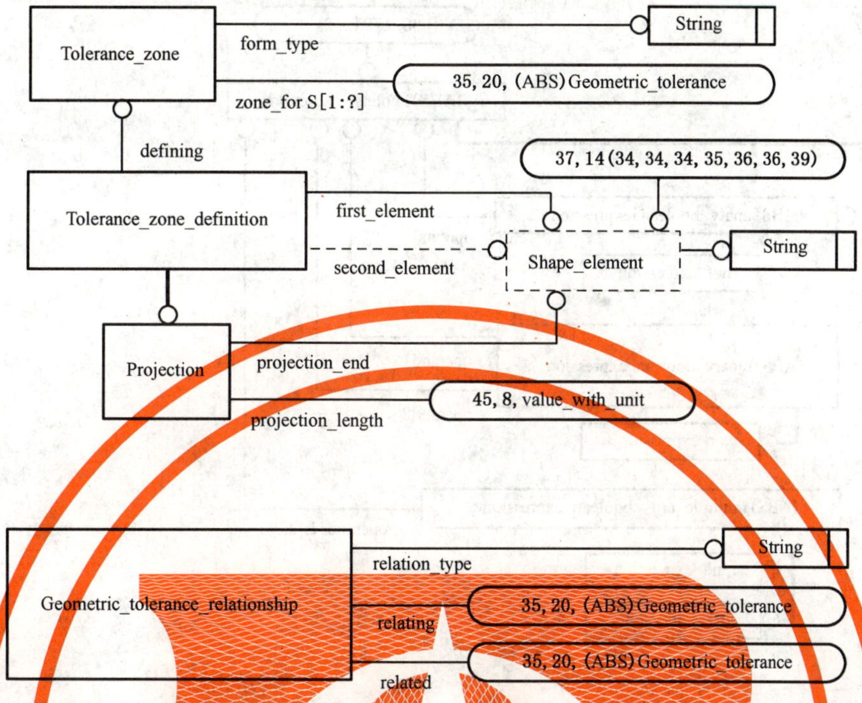

图 G.37　ARM 图 48-37

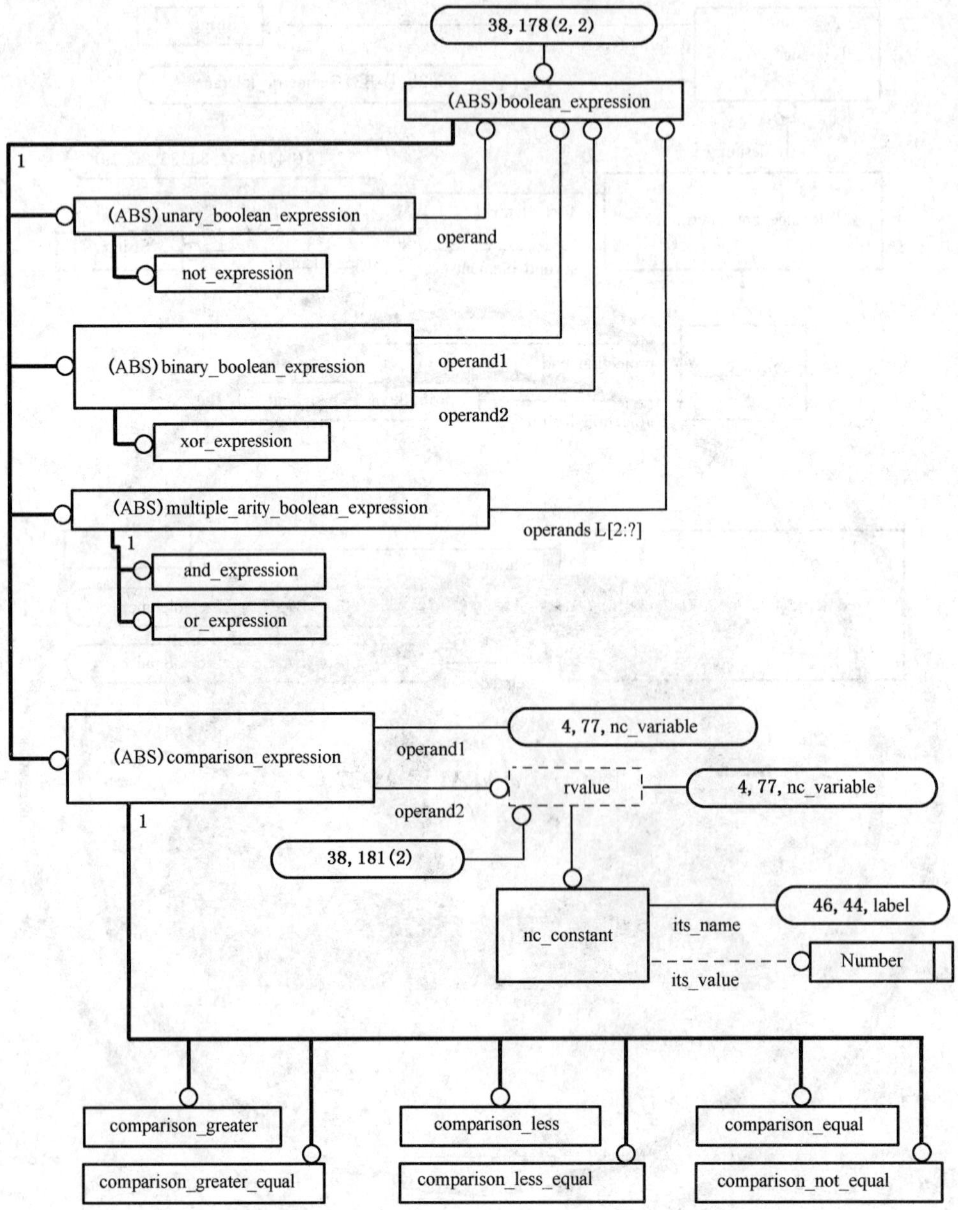

图 G.38　ARM 图 48-38

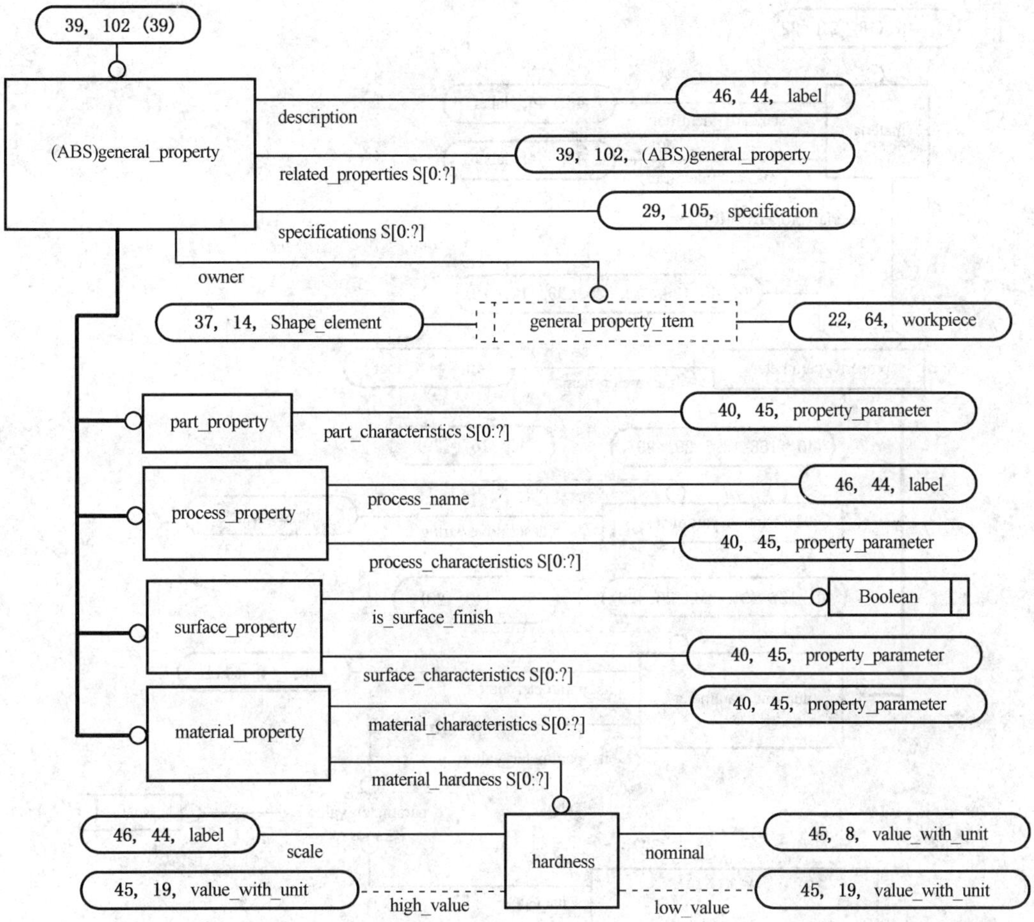

图 G.39 ARM 图 48-39

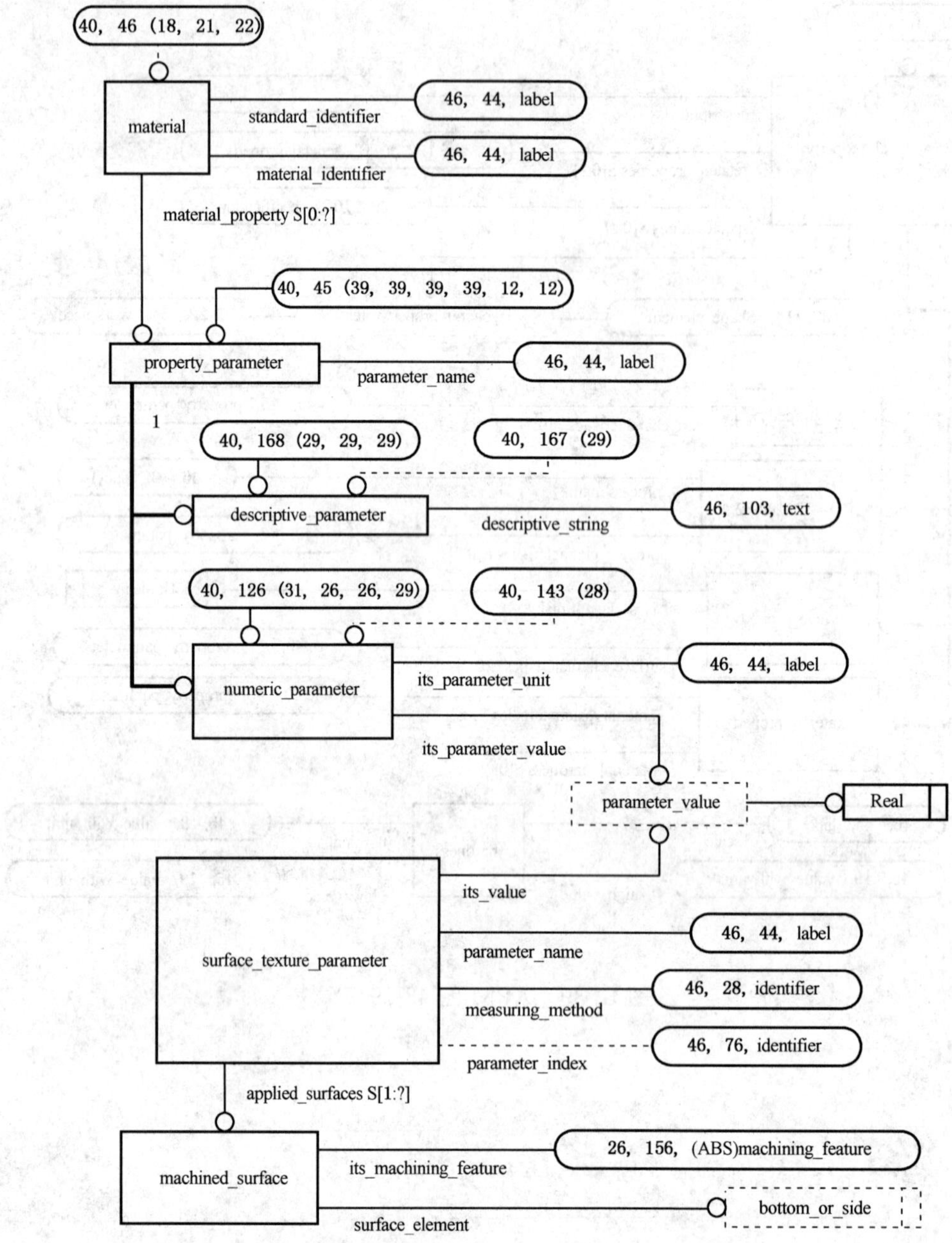

图 G.40 ARM 图 48-40

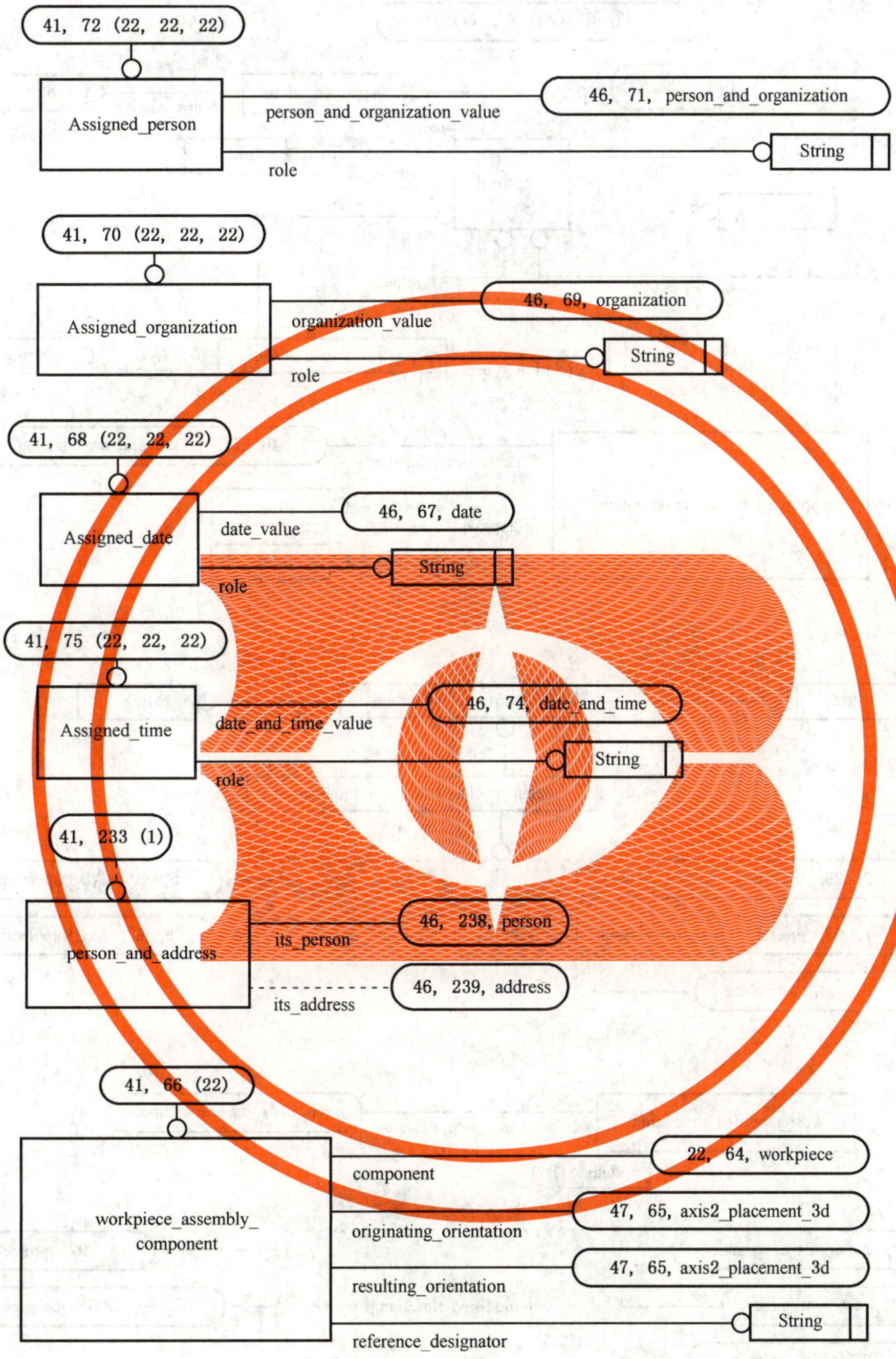

图 G.41 ARM 图 48-41

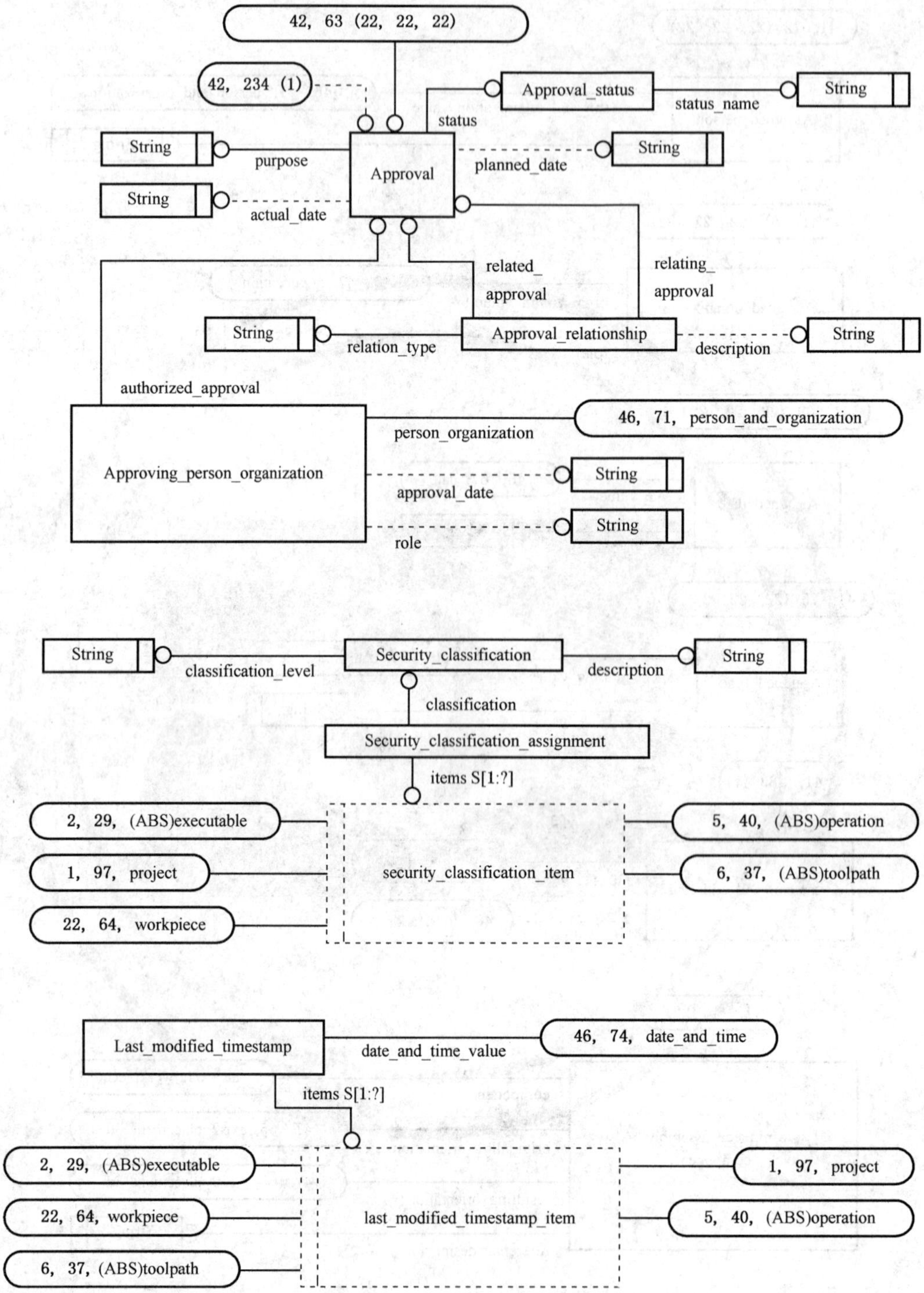

图 G.42　ARM 图 48-42

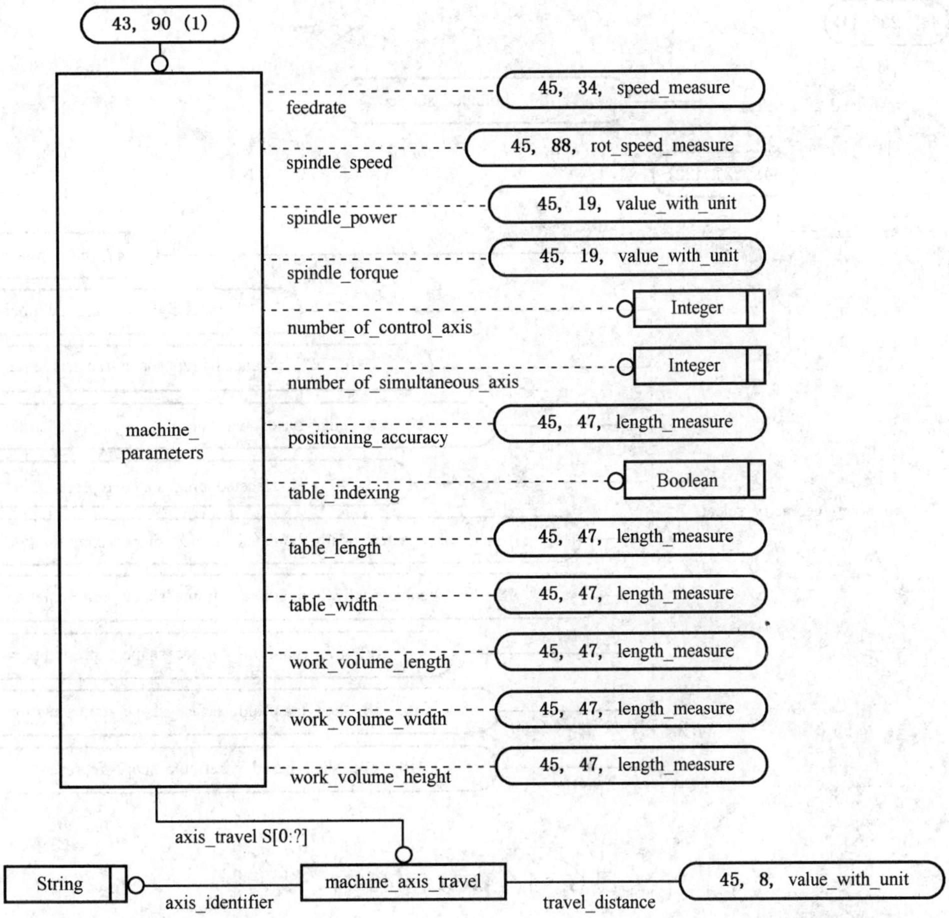

图 G.43　ARM 图 48-43

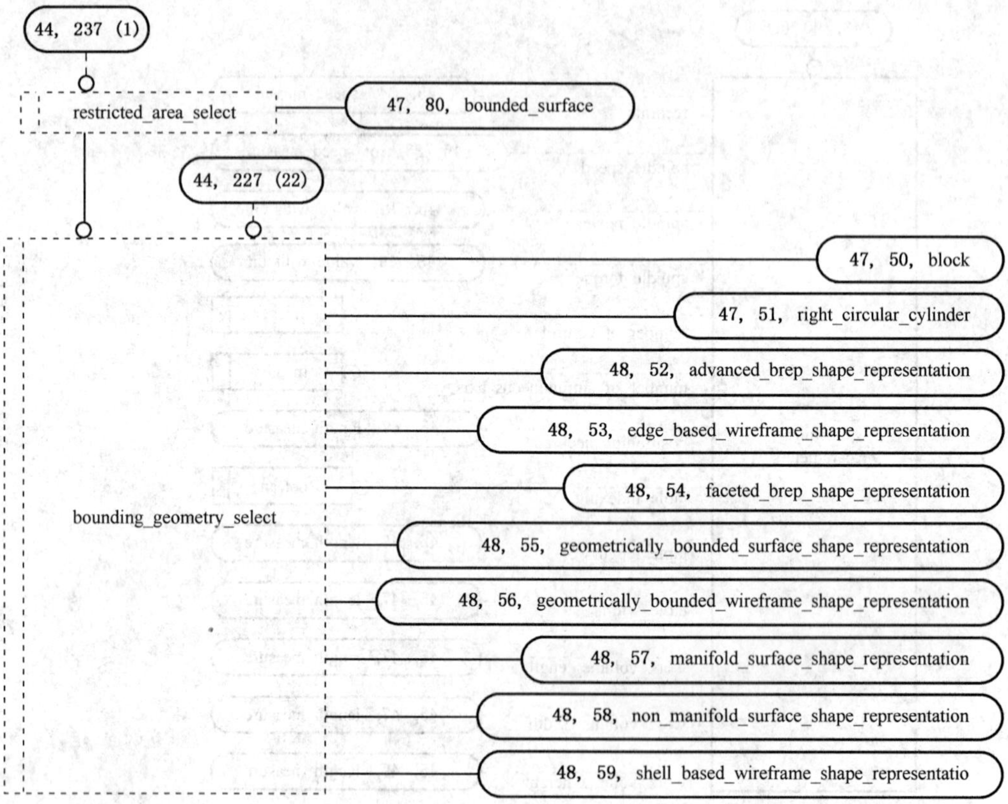

图 G.44 ARM 图 48-44

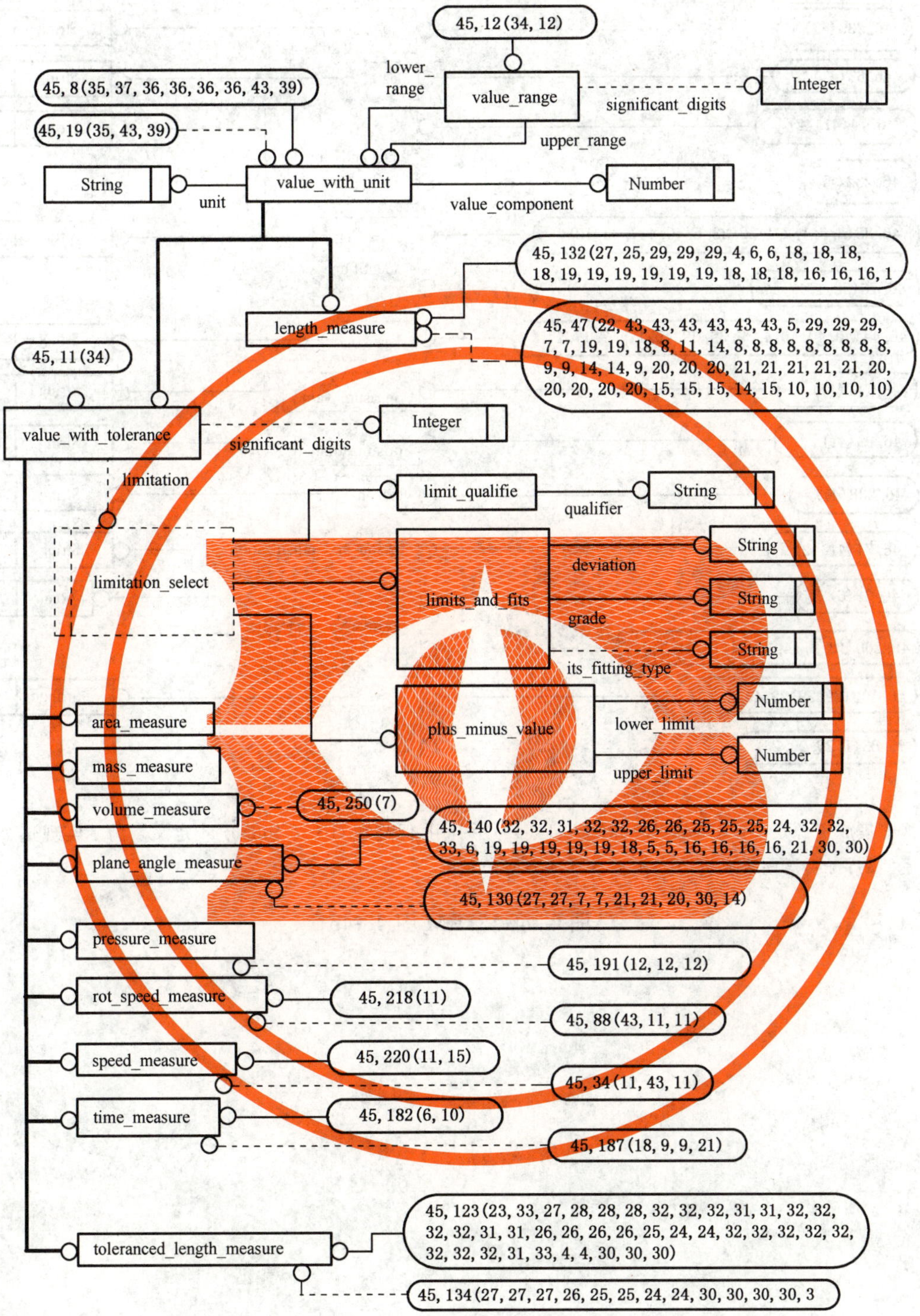

图 G.45 ARM 图 48-45

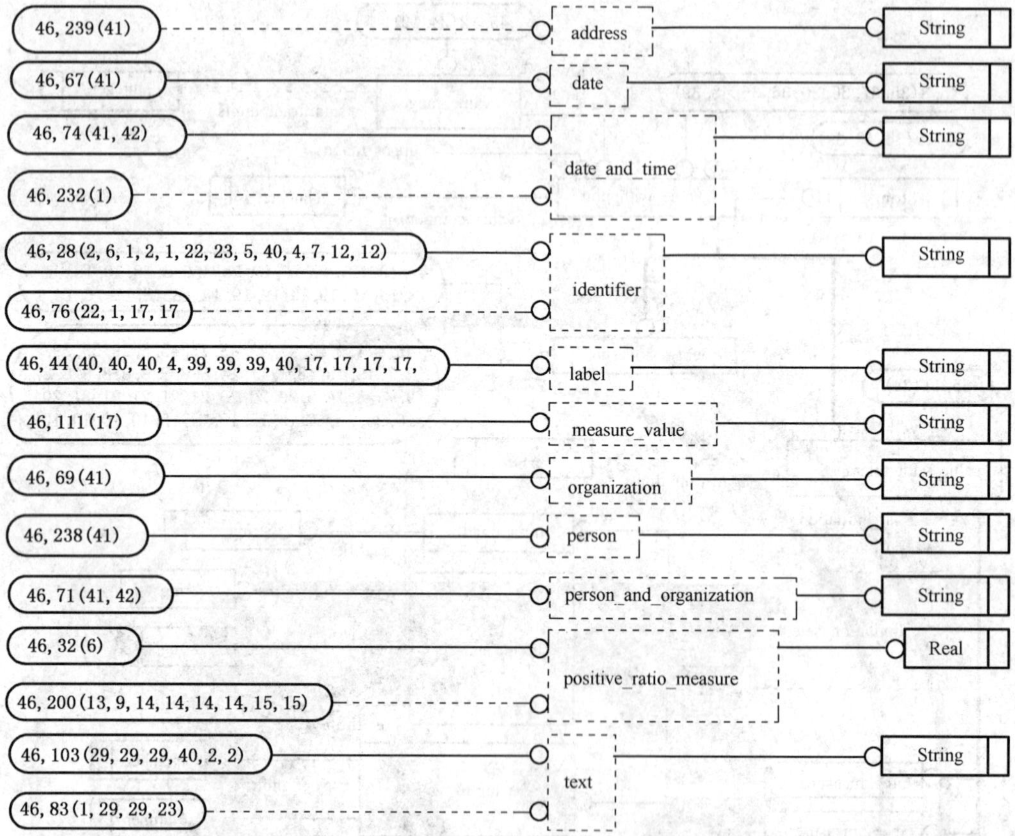

注：这些集成资源定义被 GB/T 19903(ISO 14649)所引用，但是在 GB/T 16656.41 定义。为了实现这个应用参考模型的目的，这些集成资源当作基本原始类型来对待。

图 G.46　ARM 图 48-46

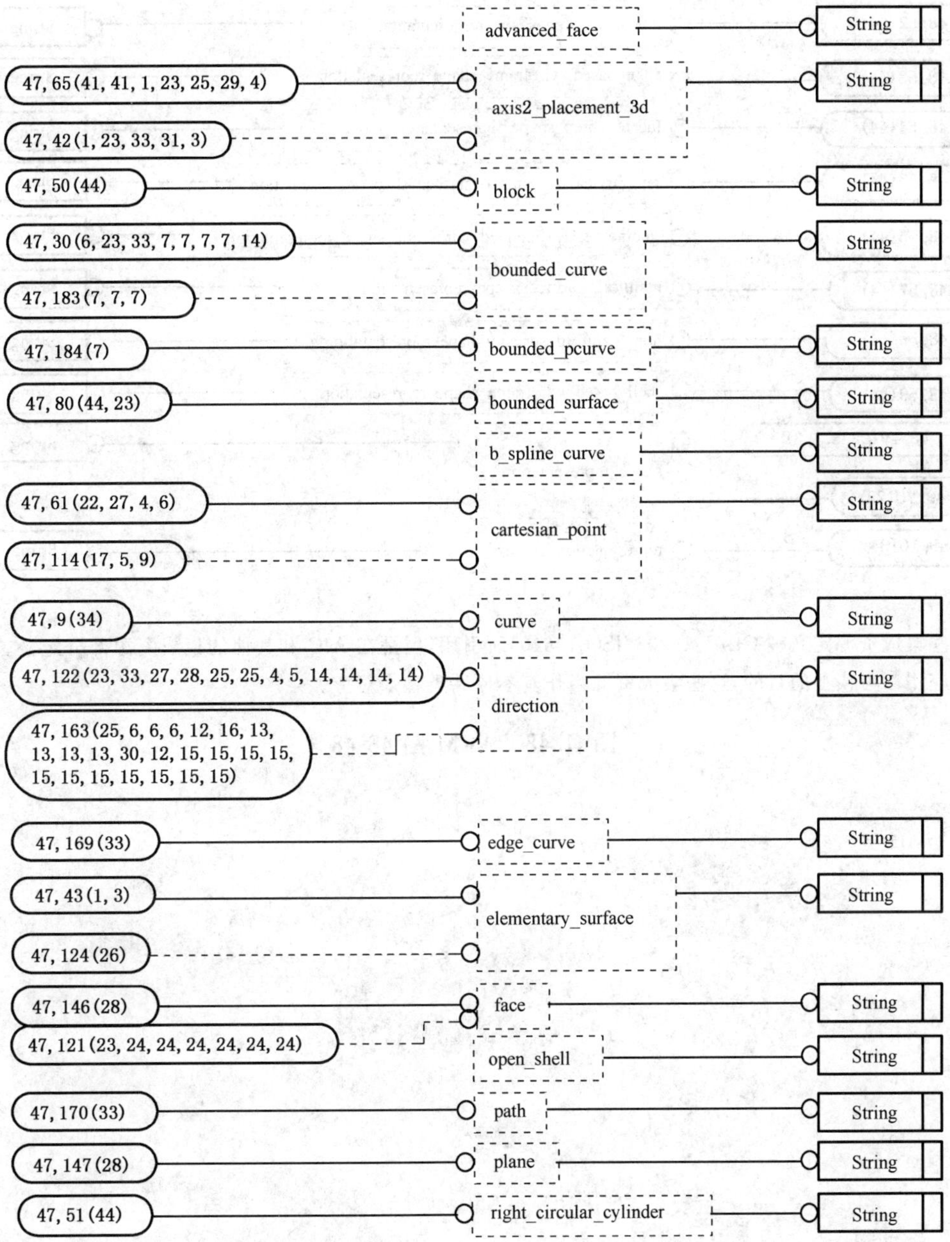

注：这些集成资源定义被 GB/T 19903(ISO 14649)所引用，但是在 GB/T 16656.42 定义。为了实现这个应用参考模型的目的，这些集成资源当作基本原始类型来对待。

图 G.47　ARM 图 48-47

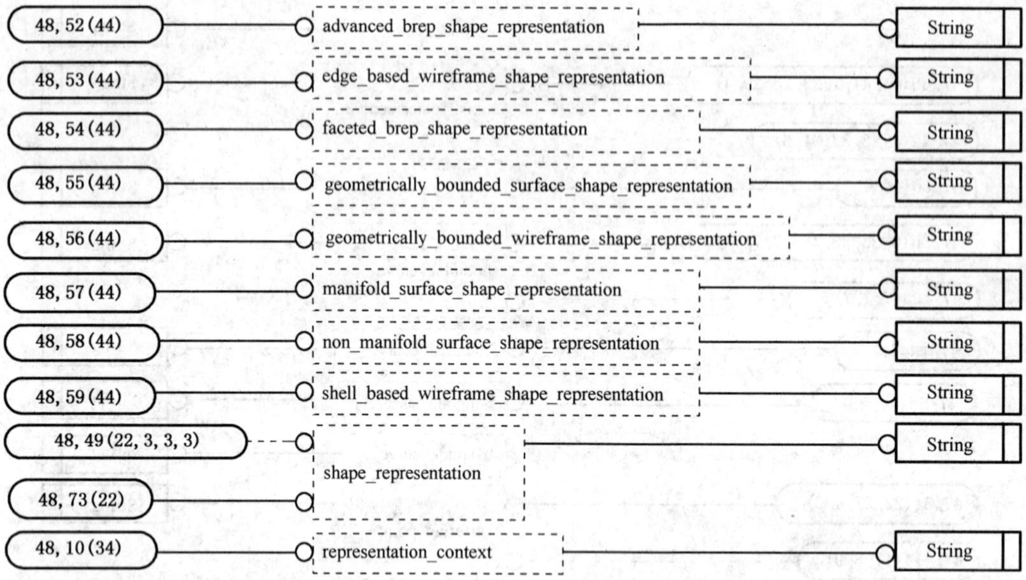

注：这些集成资源定义被 GB/T 19903(ISO 14649)所引用，但是在 AIC 和其他的集成资源部分定义。为了实现这个应用参考模型的目的，这些集成资源当作基本原始类型来对待。

图 G.48　ARM 图 48-48

附　录　H
（资料性附录）
AIM EXPRESS-G

本附录中的图表对应于附录 A 中的 AIM EXPRESS 扩展列表。这些图使用了 EXPRESS 语言的 EXPRESS-G 图解形式。在 ISO 10303-11:1994 的附录 D 定义了 EXPRESS-G。

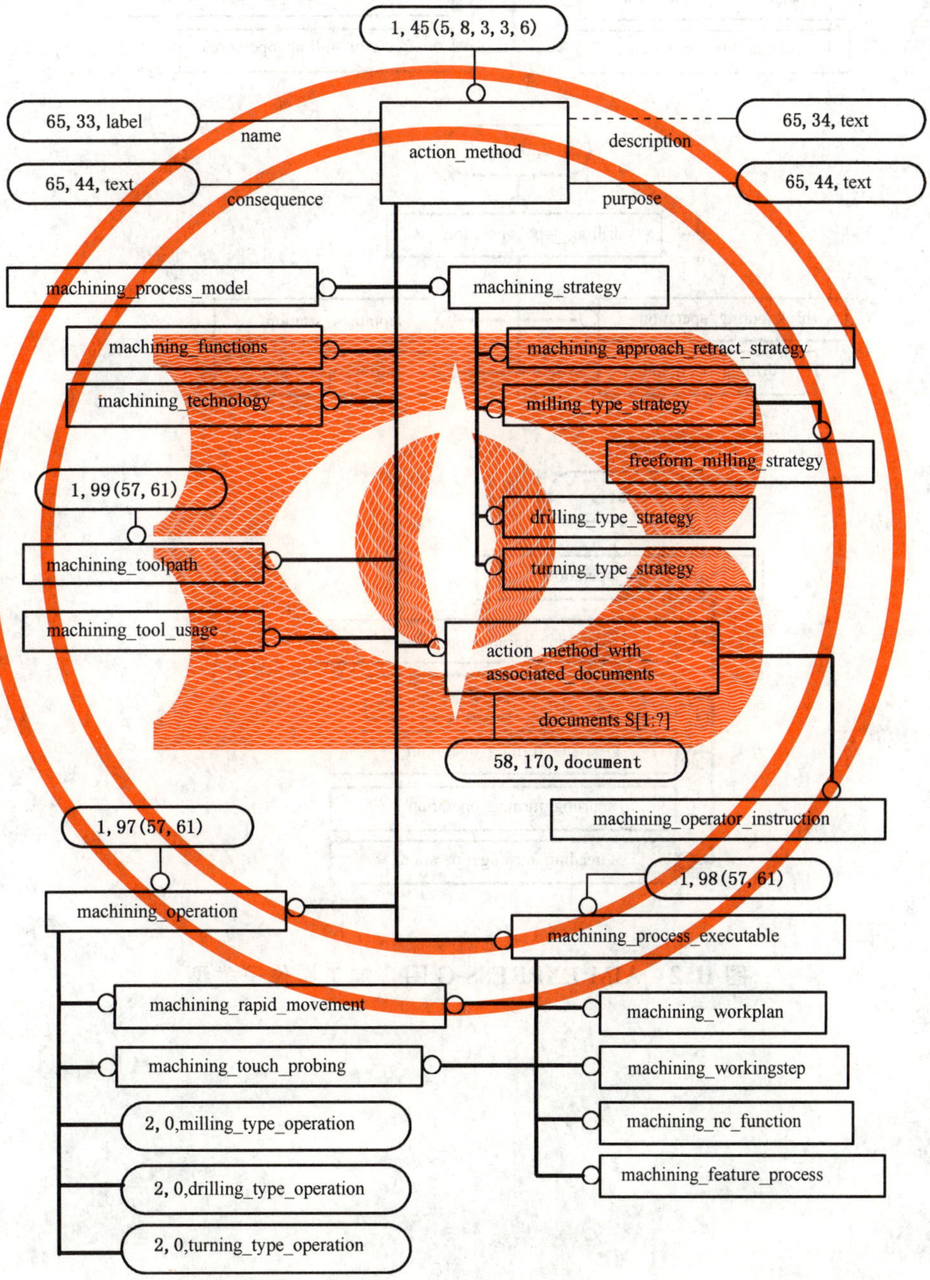

图 H.1　AIM EXPRESS-G 图　行为方法

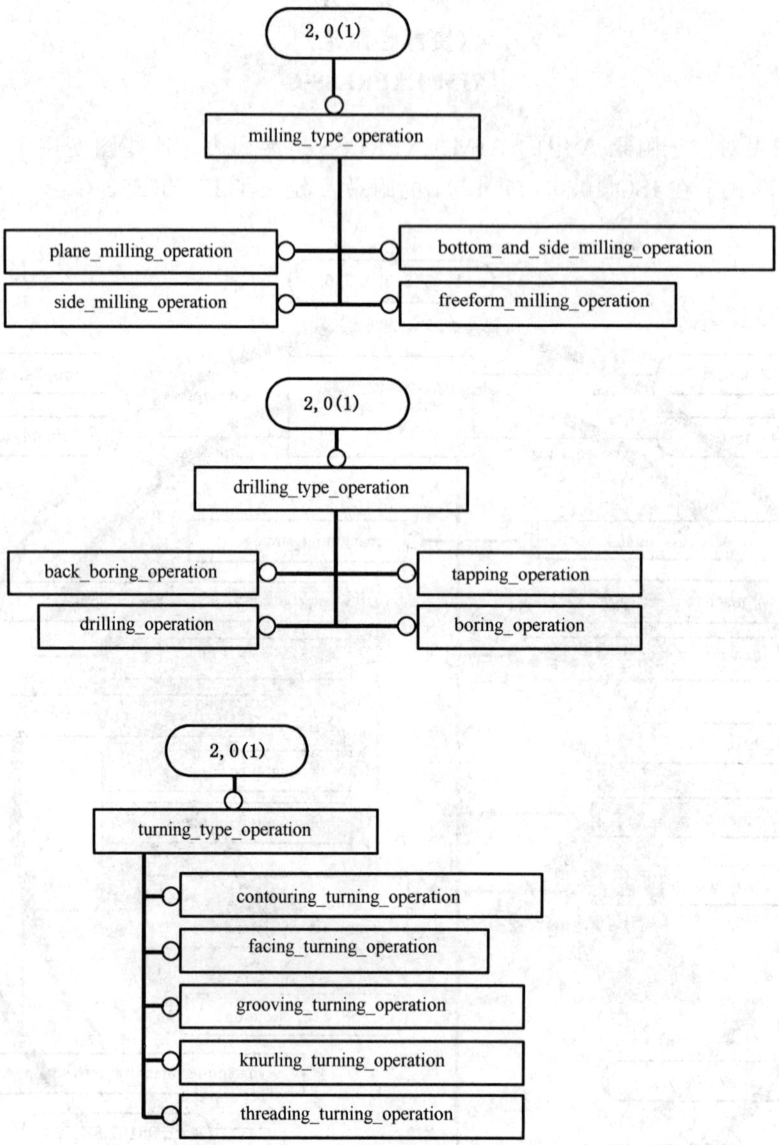

图 H.2 AIM EXPRESS-G 图 加工操作子类型

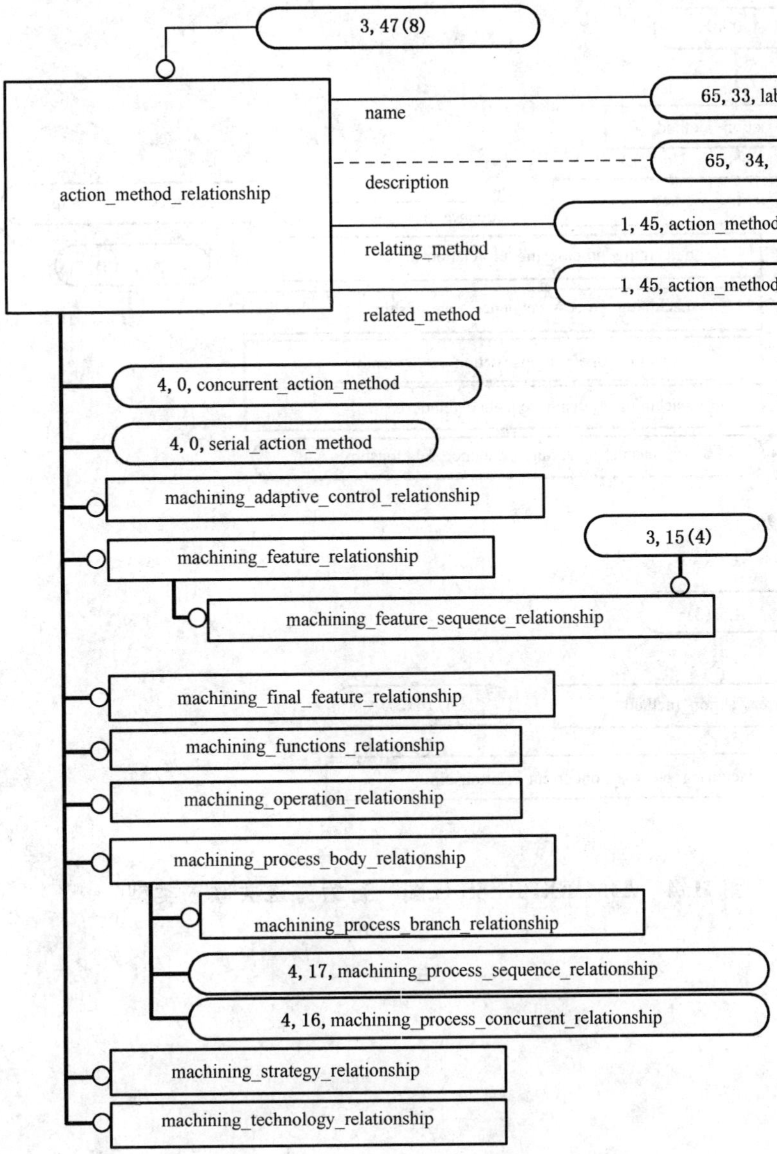

图 H.3 AIM EXPRESS-G 图 行为方法关联

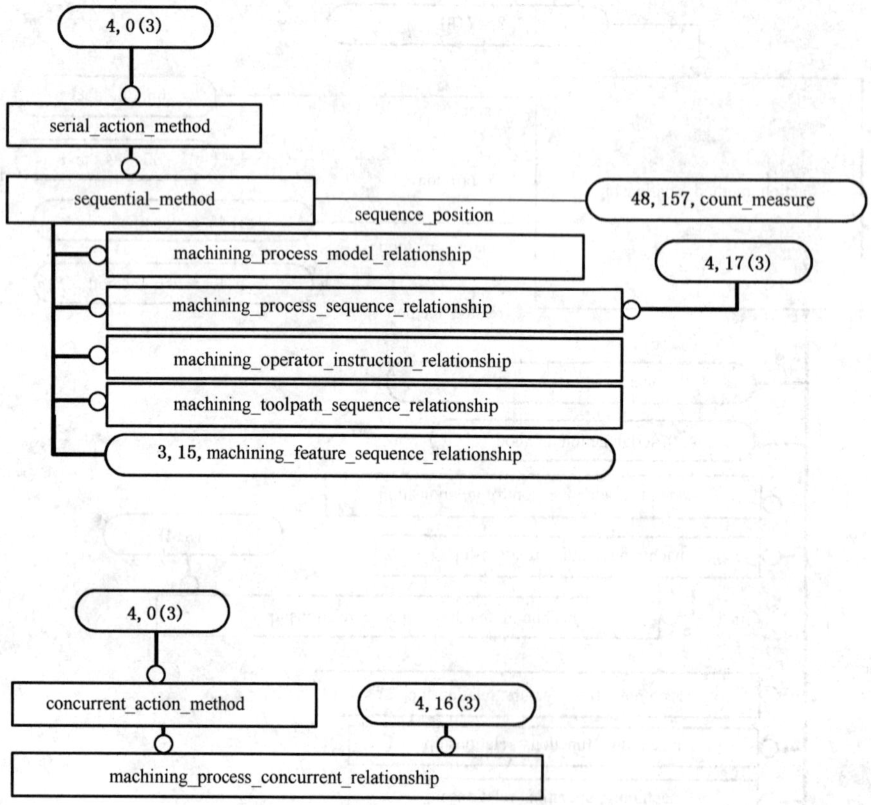

图 H.4 AIM EXPRESS-G 图 行为方法关联子类型

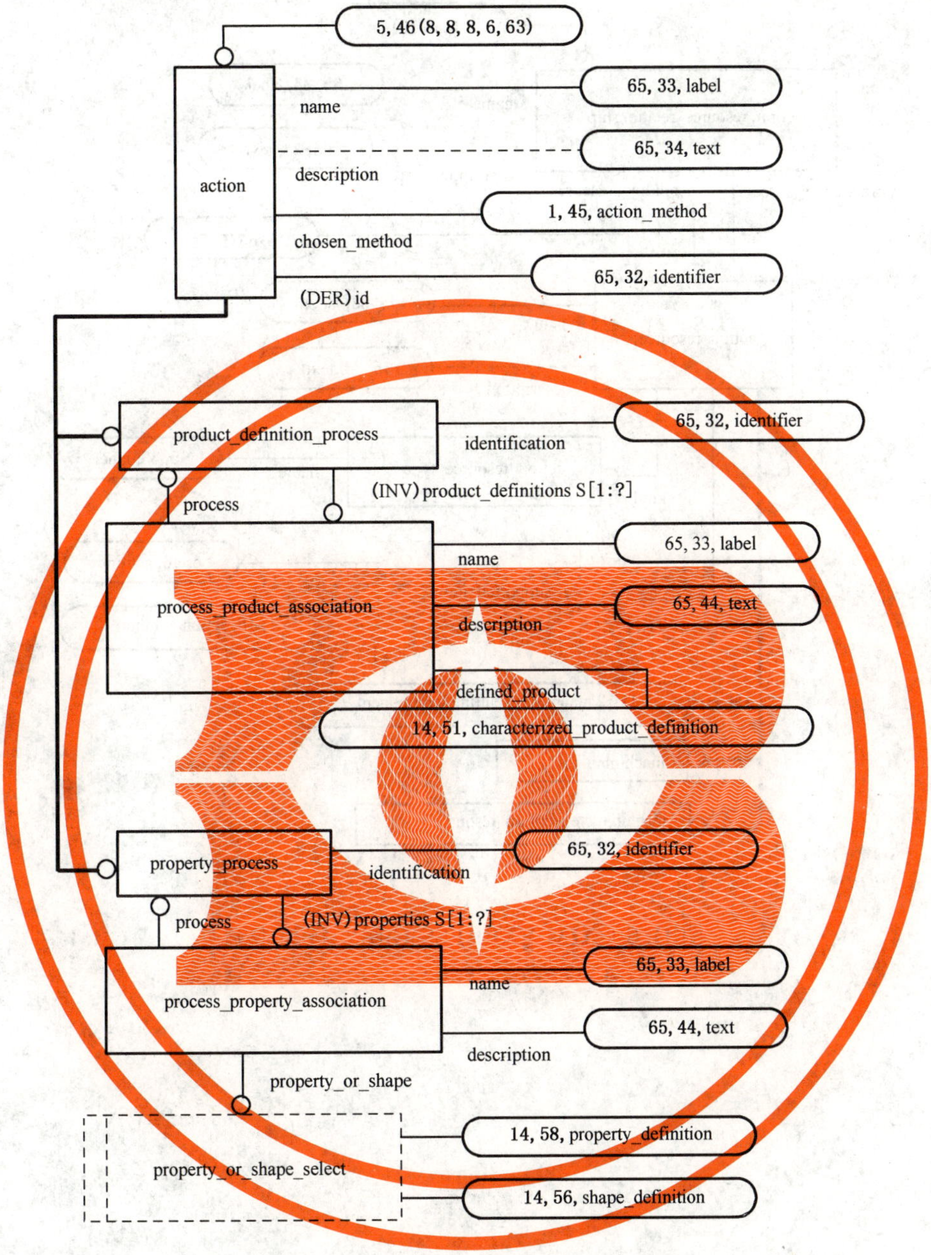

图 H.5 AIM EXPRESS-G 图 行为

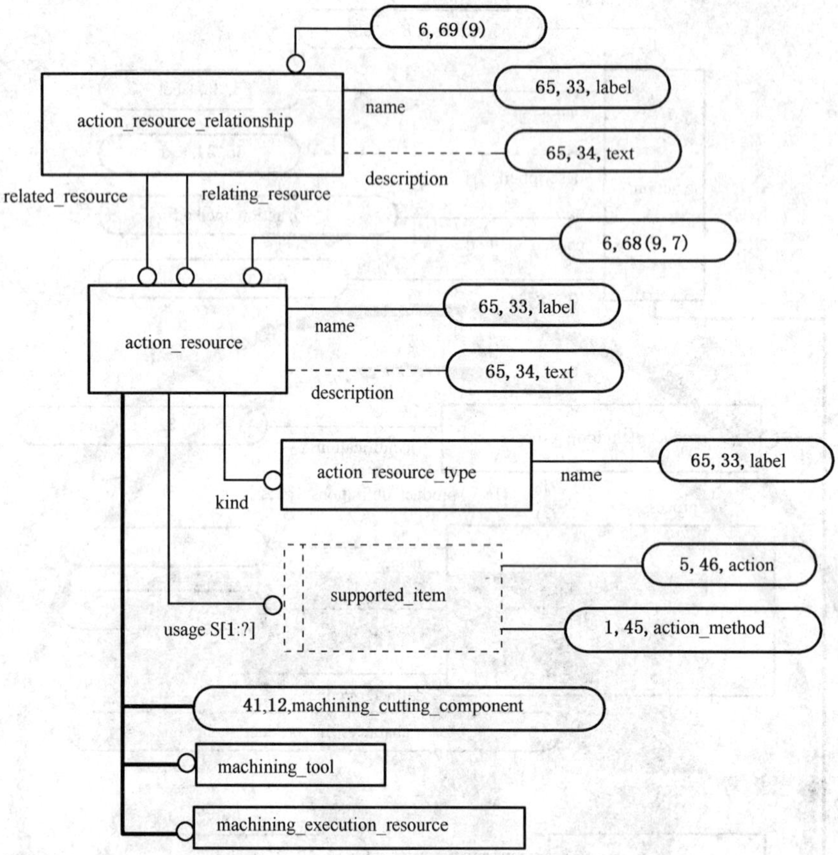

图 H.6　AIM EXPRESS-G 图　行为资源

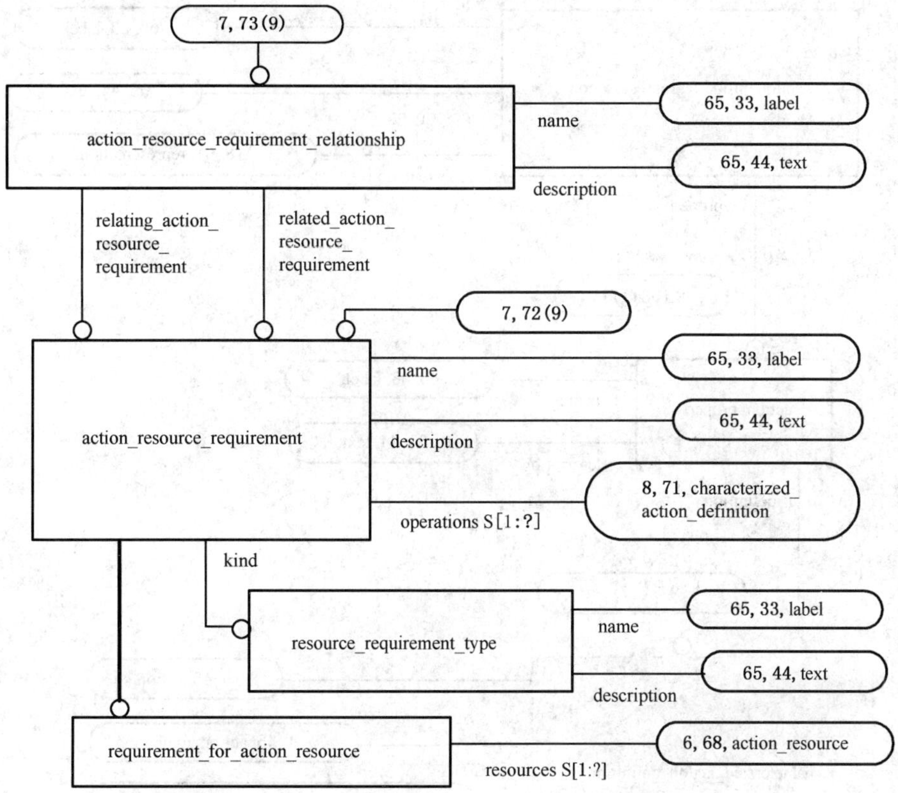

图 H.7 AIM EXPRESS-G 图 行为资源需求

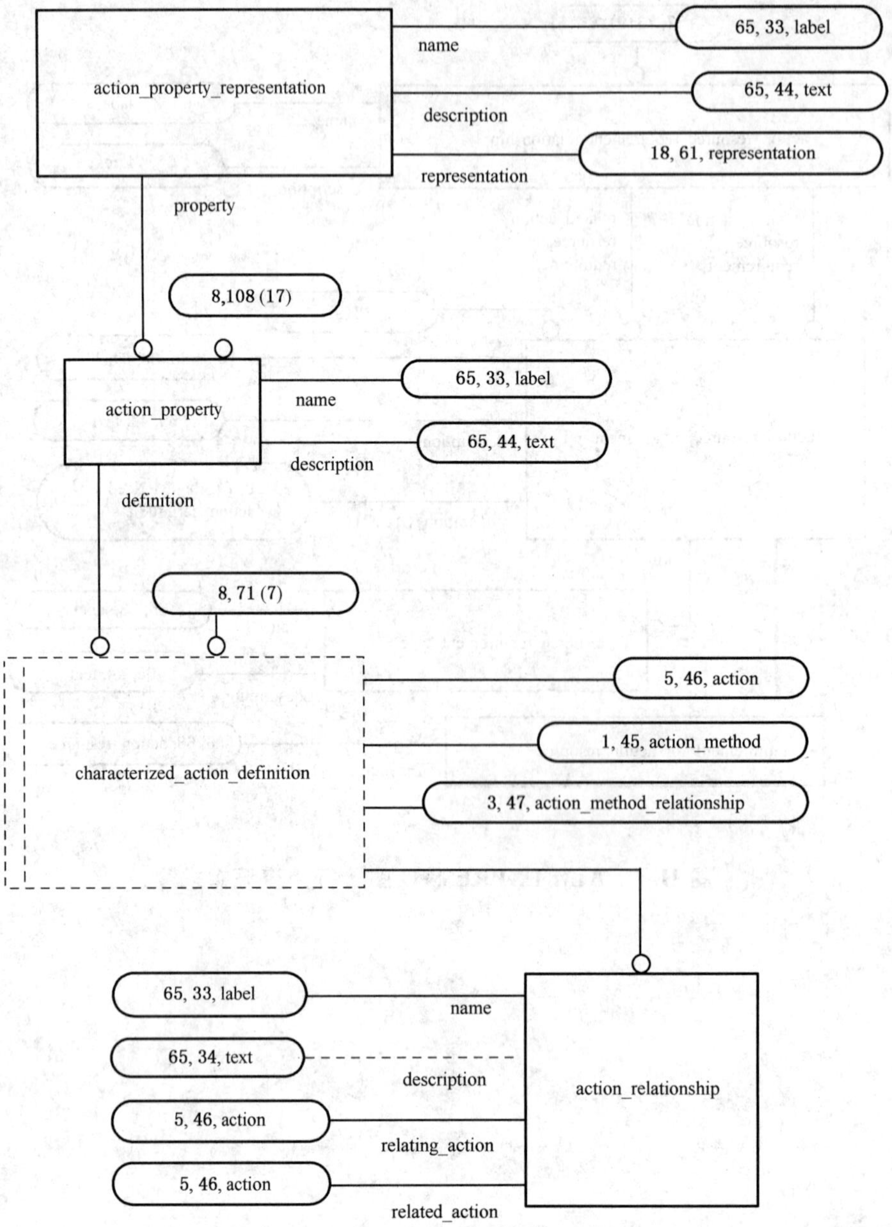

图 H.8　AIM EXPRESS-G 图　行为属性

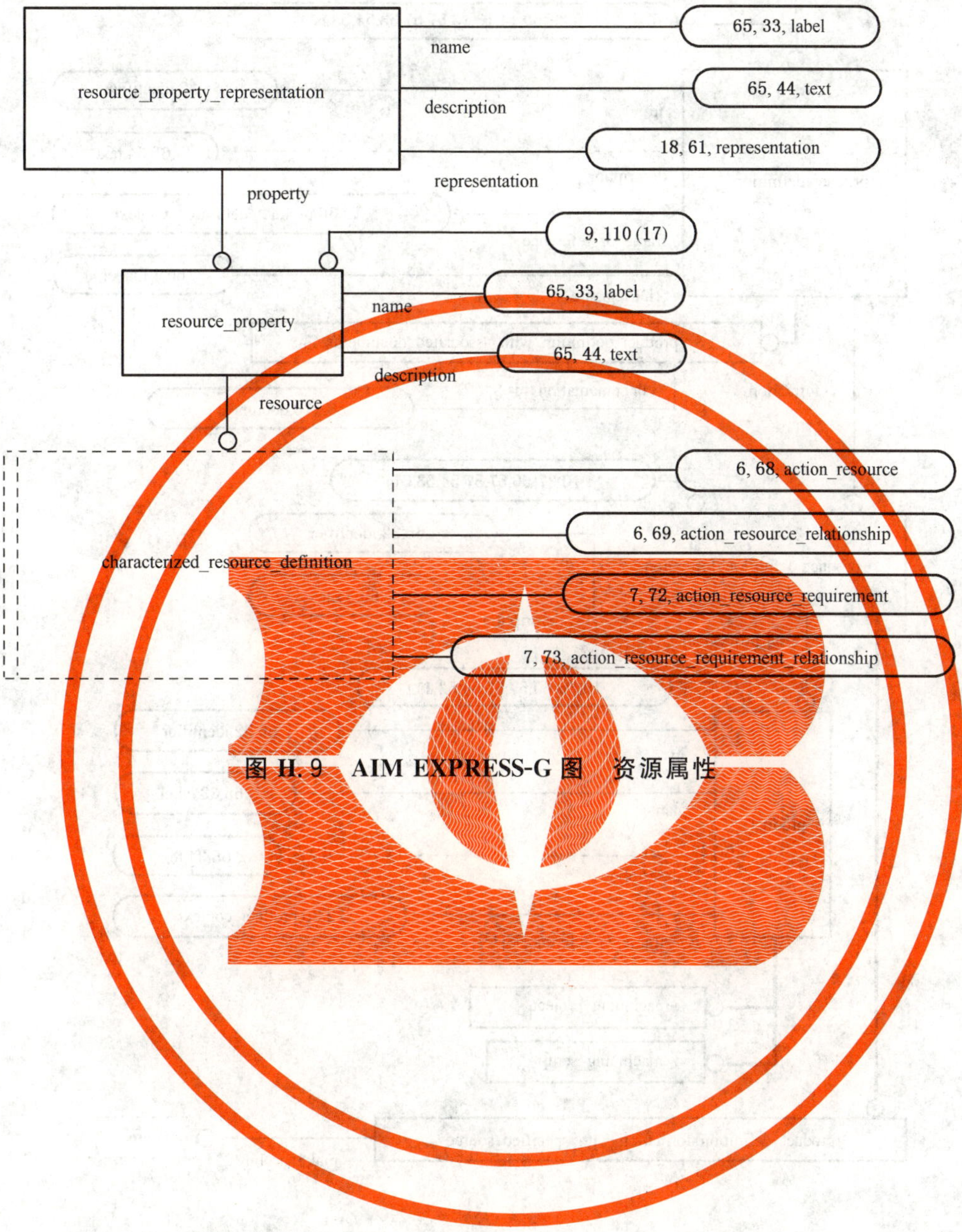

图 H.9　AIM EXPRESS-G 图　资源属性

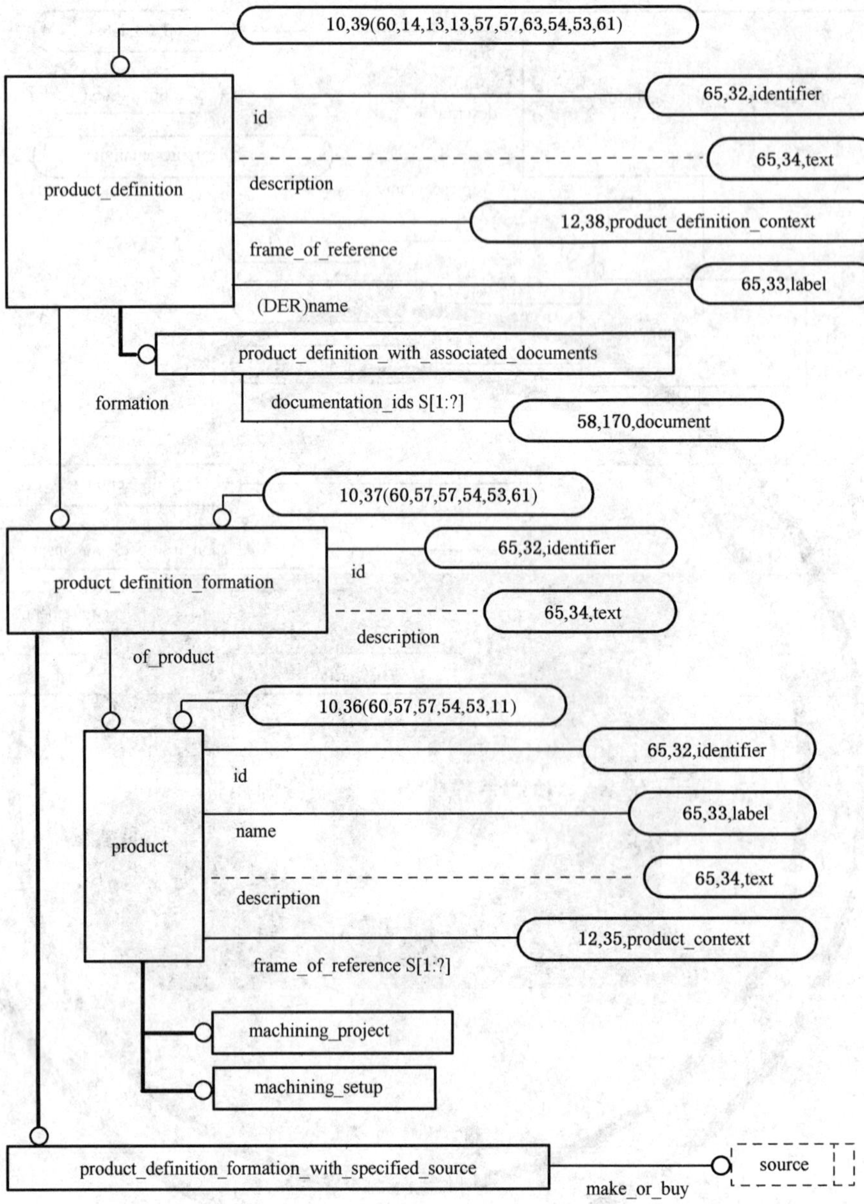

图 H.10 AIM EXPRESS-G 图 产品

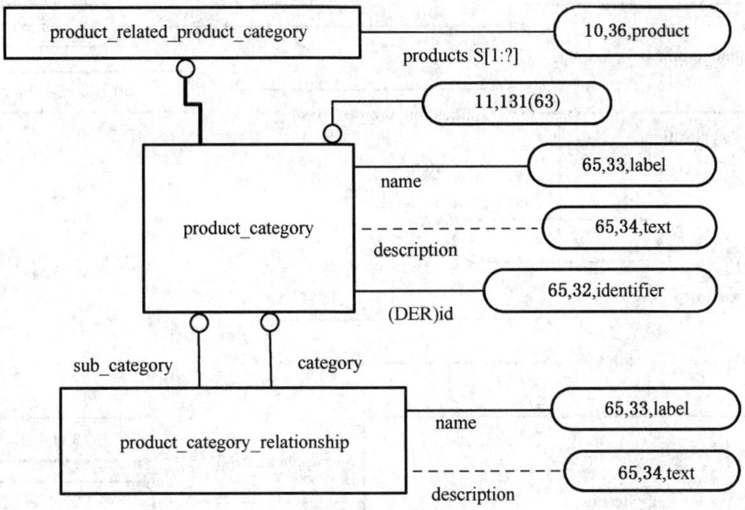

图 H.11 AIM EXPRESS-G 图 产品种类

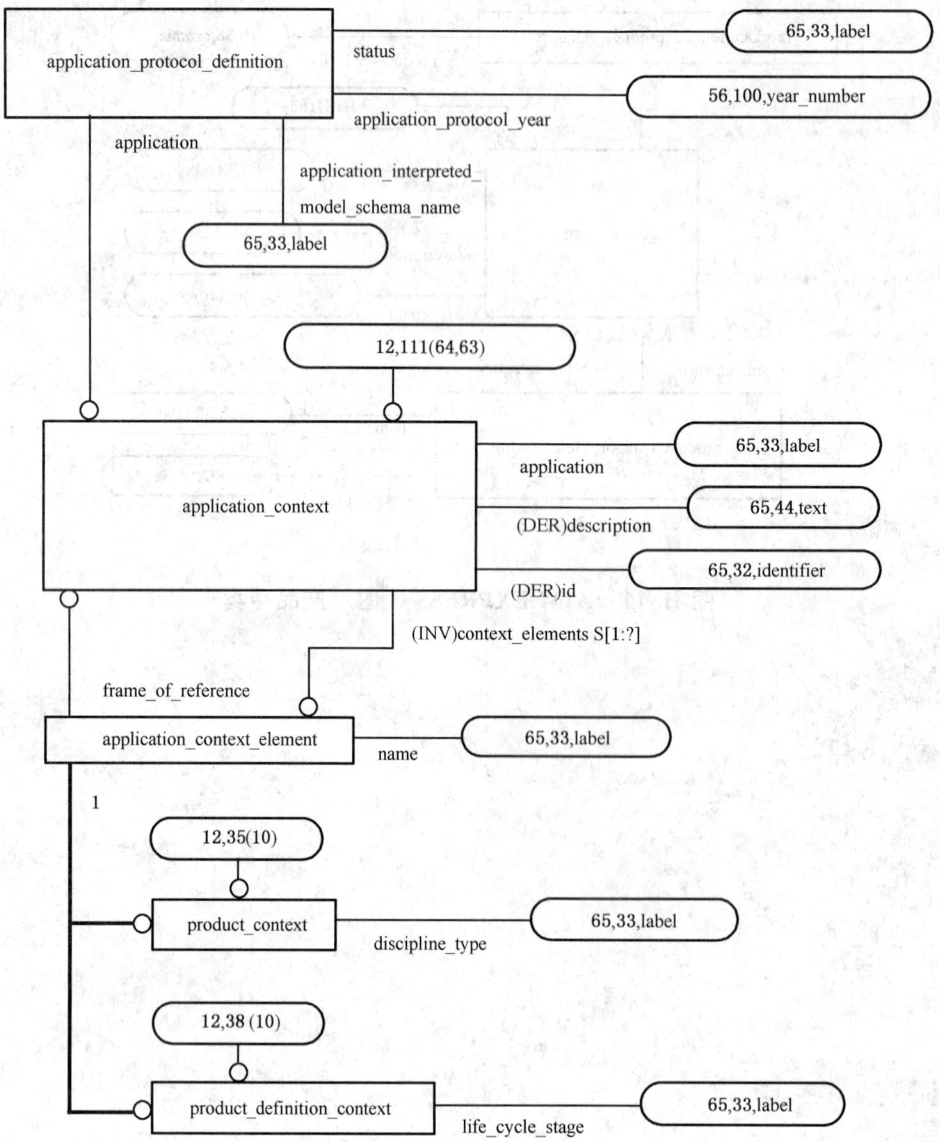

图 H.12 AIM EXPRESS-G 图 产品内容

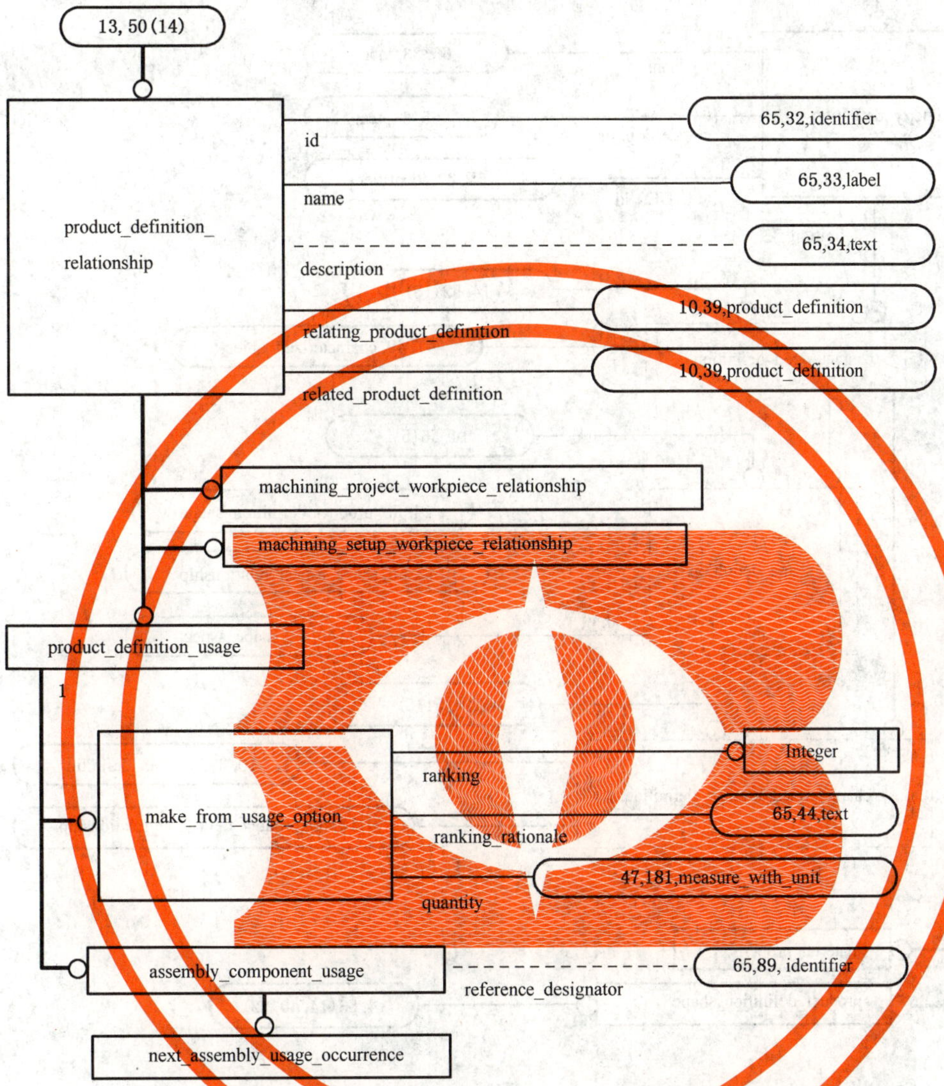

图 H.13 AIM EXPRESS-G 图 产品定义关联

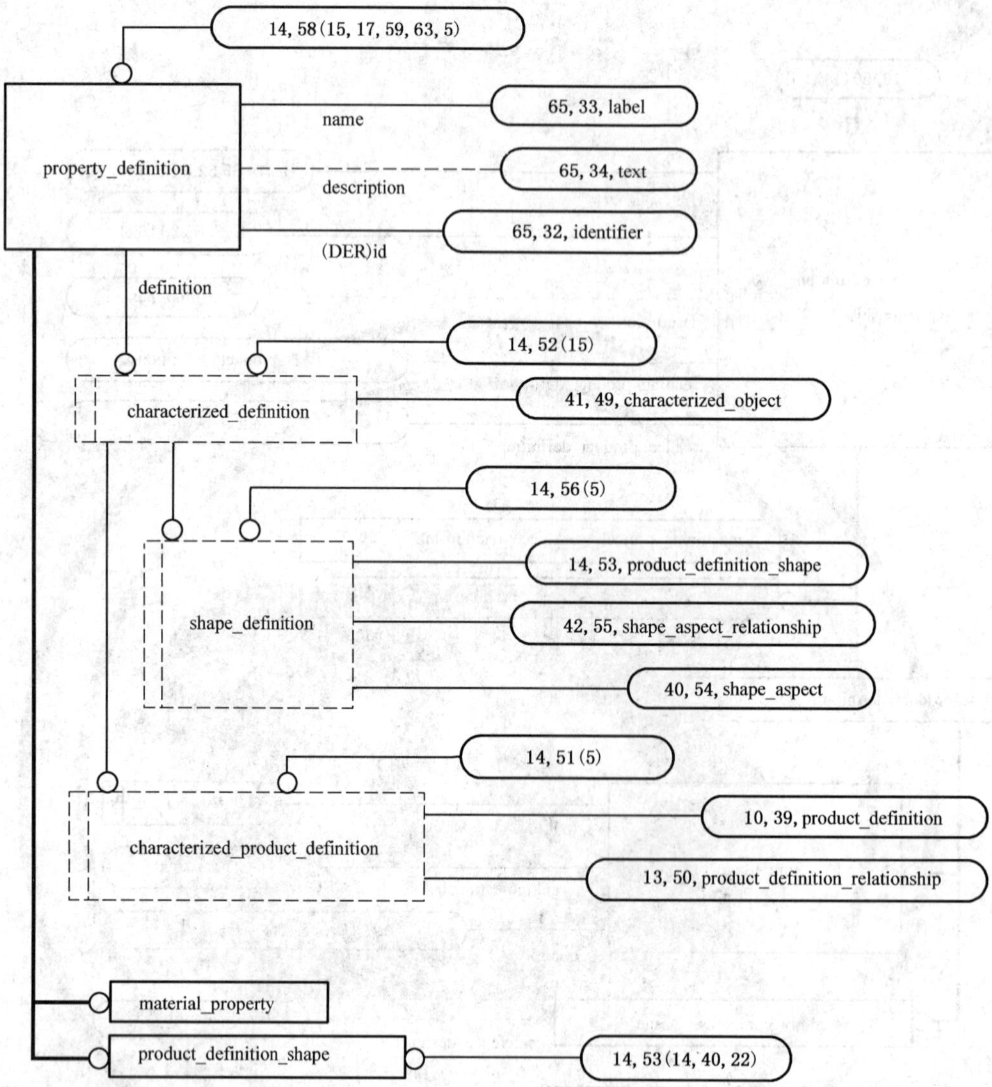

图 H.14　AIM EXPRESS-G 图　属性定义

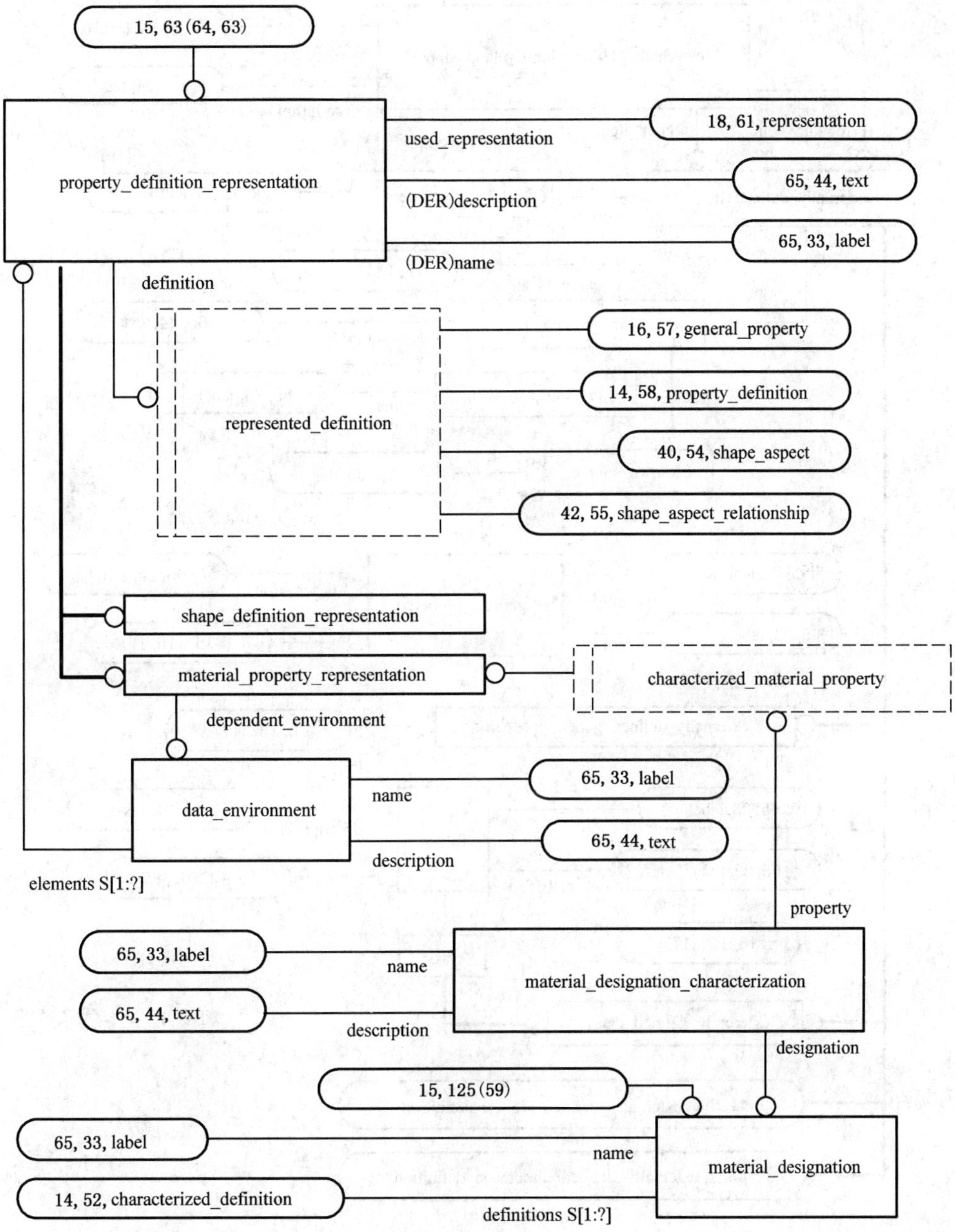

图 H.15 AIM EXPRESS-G 图 属性定义表达

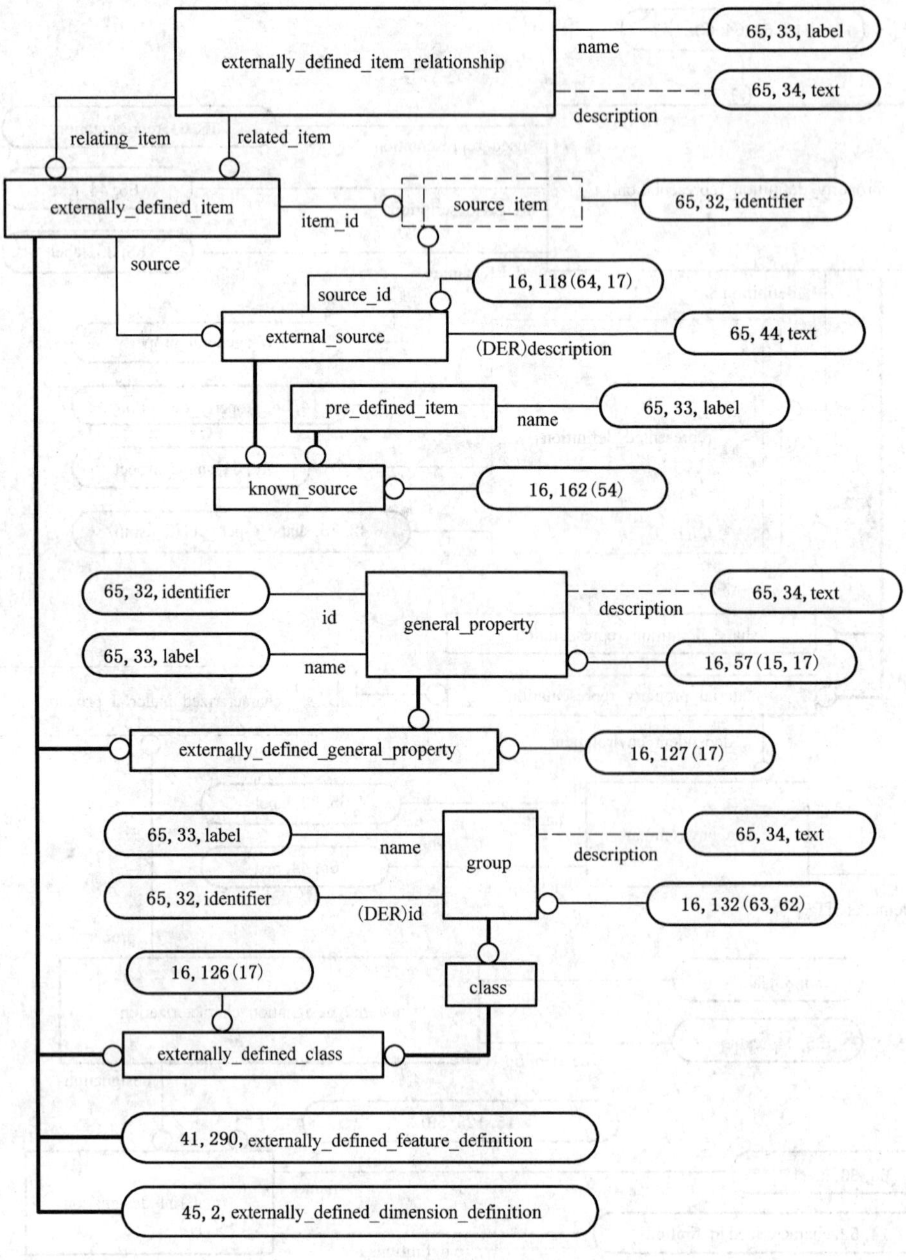

图 H.16　AIM EXPRESS-G 图　外部定义项

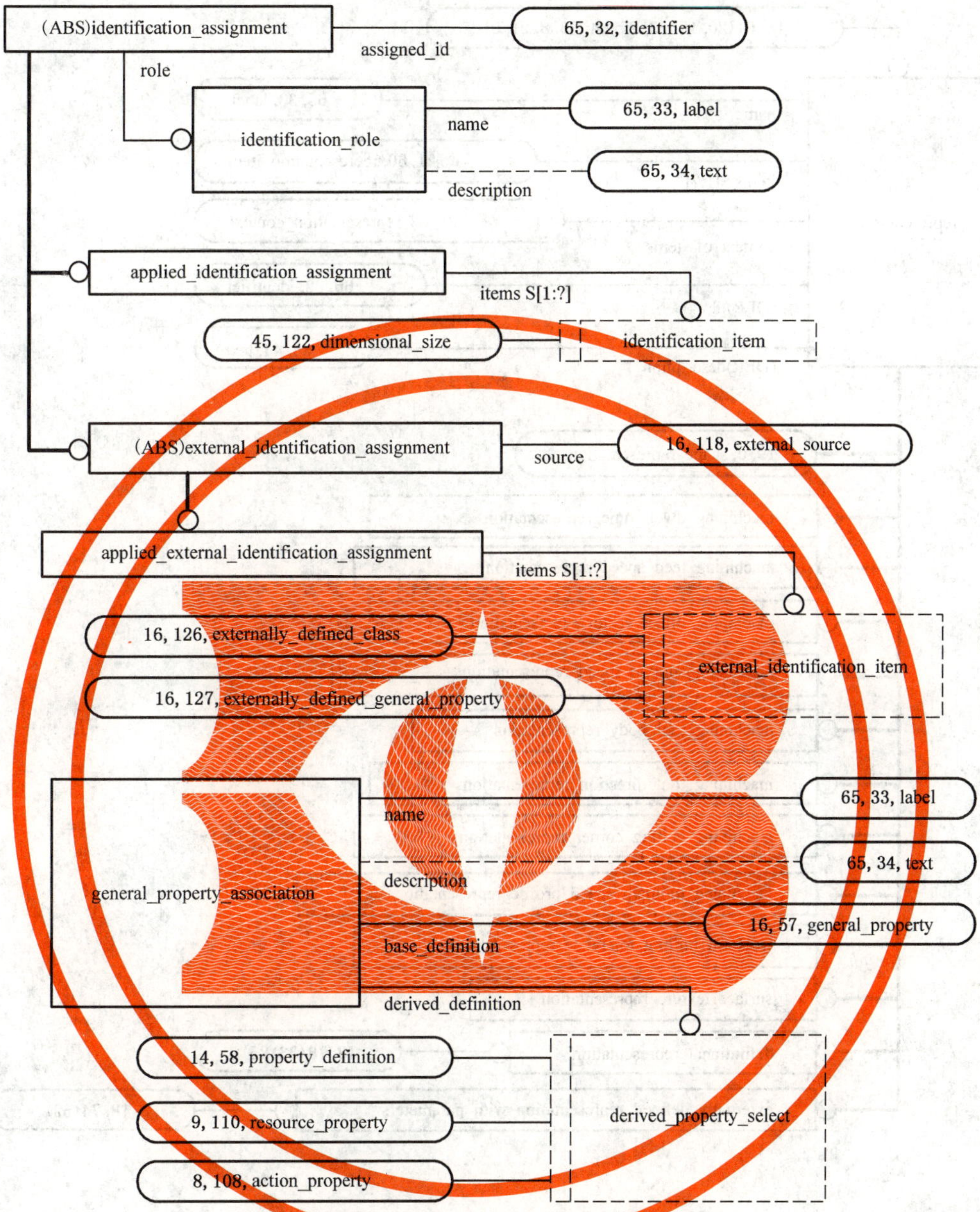

图 H.17 AIM EXPRESS-G 图 标识分配

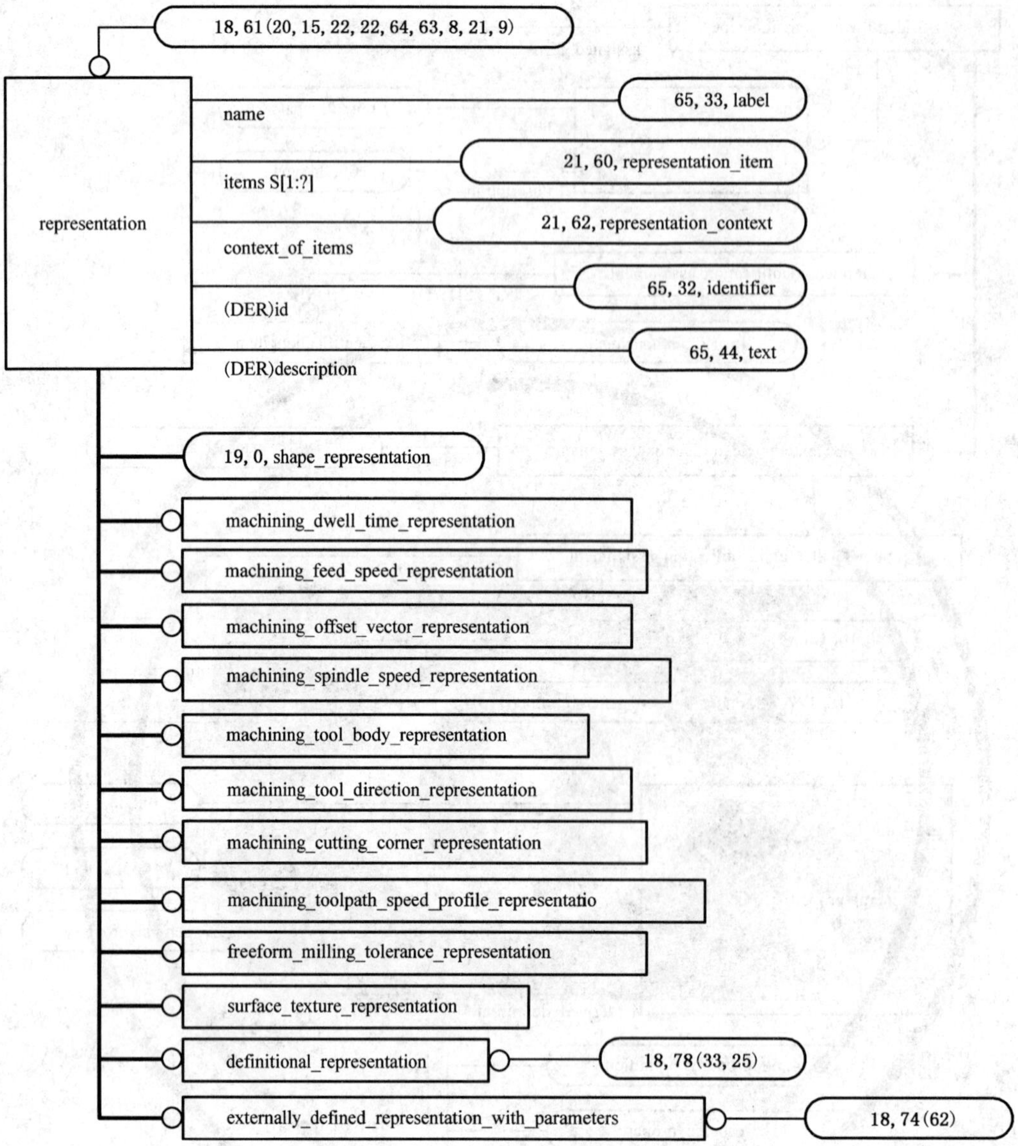

图 H. 18　AIM EXPRESS-G 图　表达

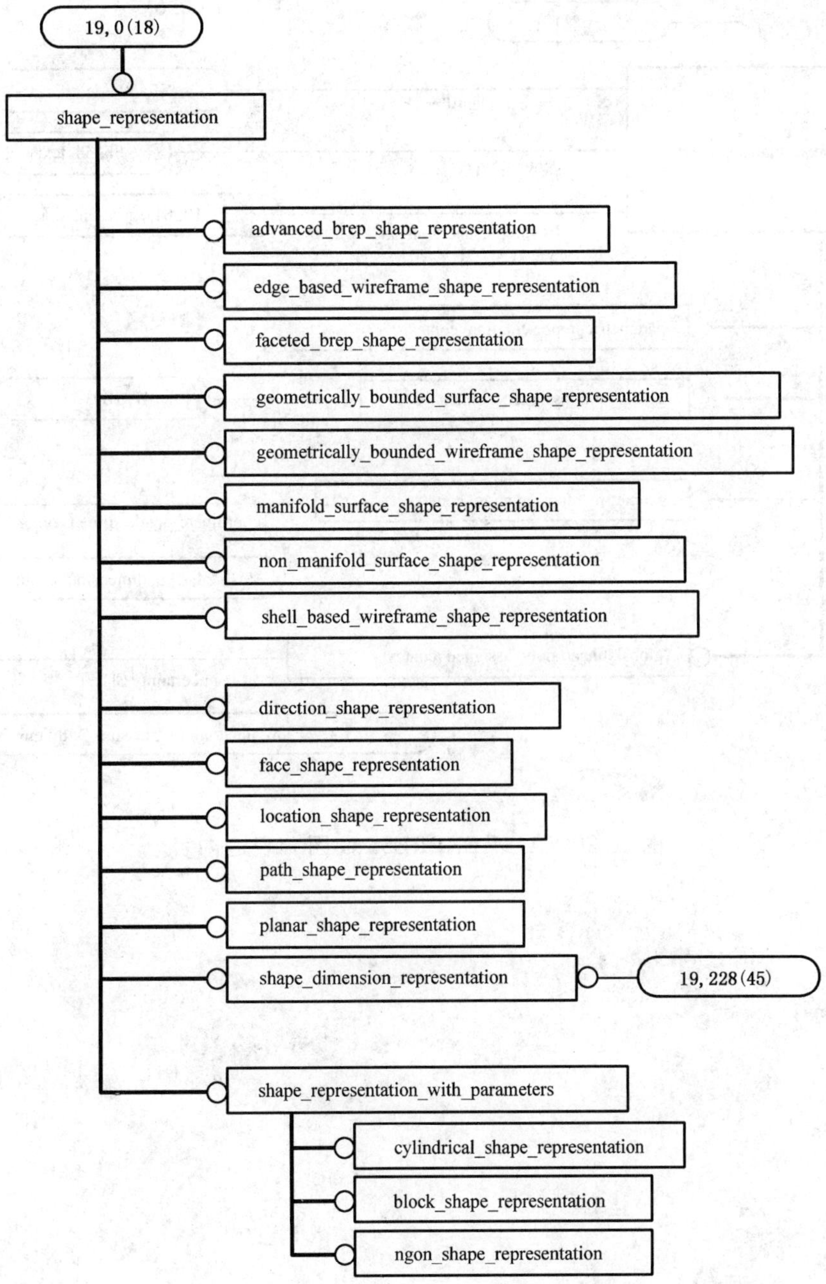

图 H.19 AIM EXPRESS-G 图 外观表达

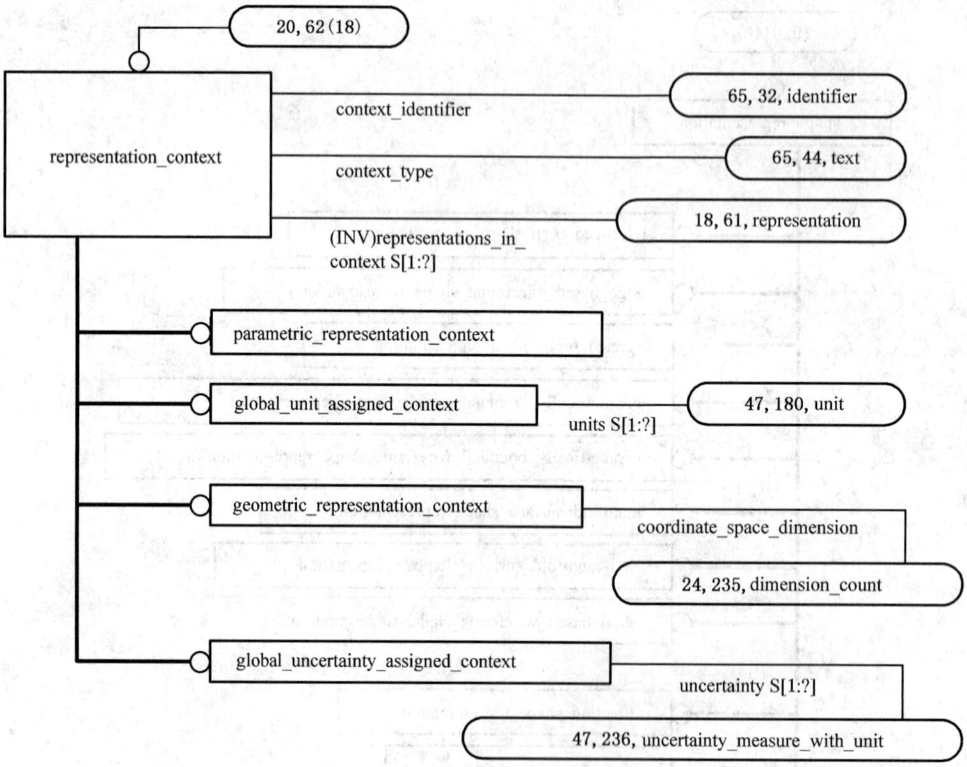

图 H.20　AIM EXPRESS-G 图　表达内容

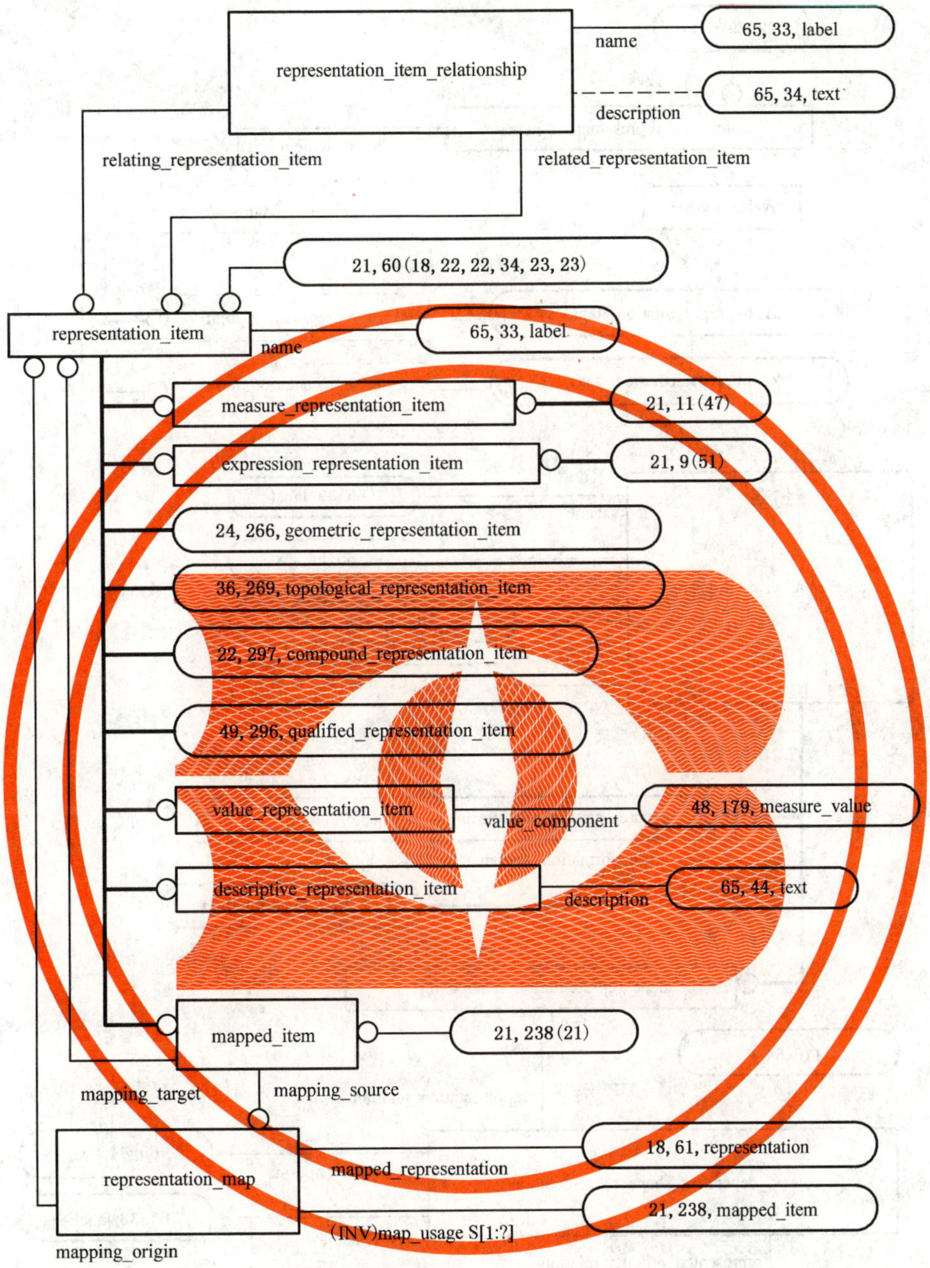

图 H.21 AIM EXPRESS-G 图 表达项

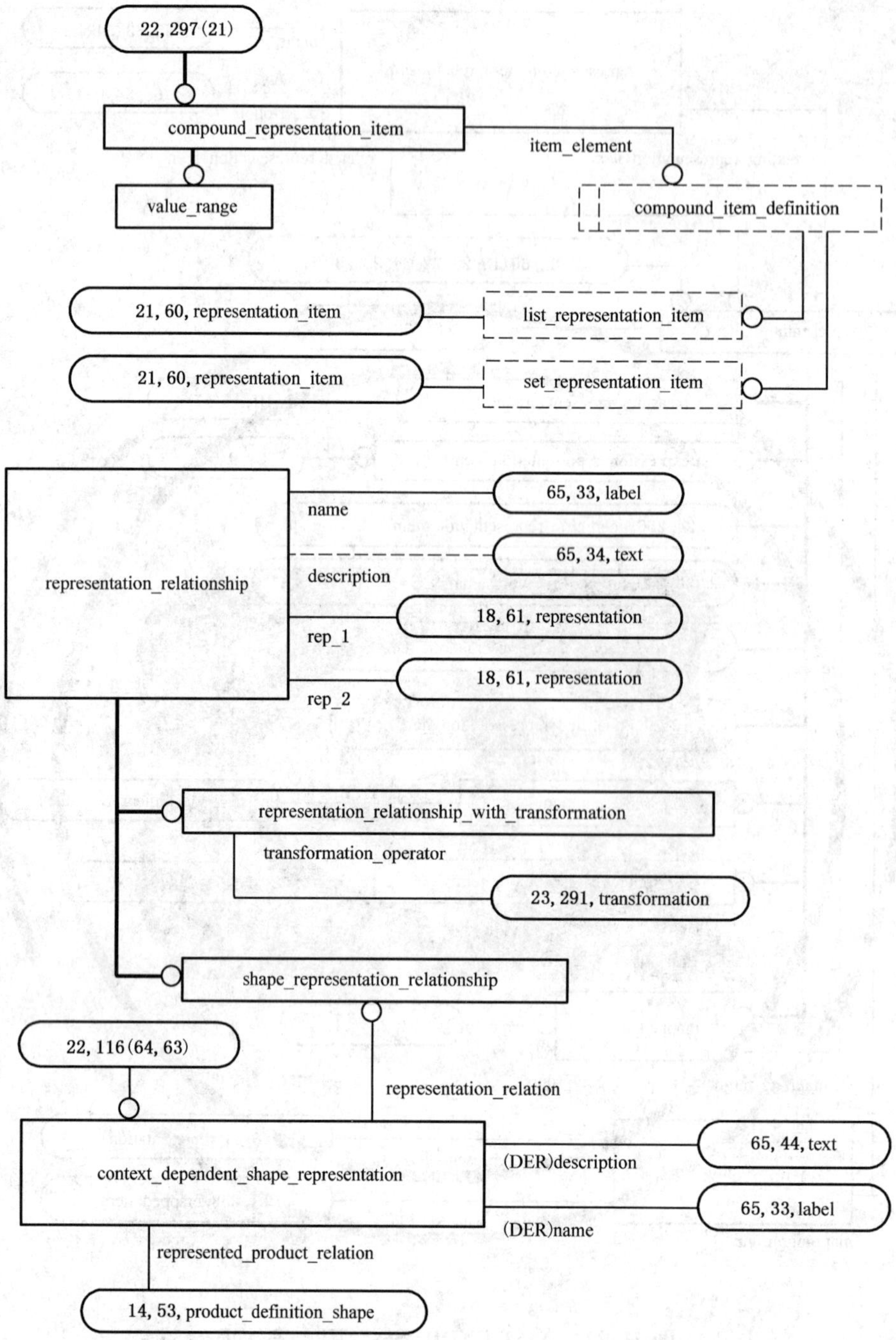

图 H.22　AIM EXPRESS-G 图　表达关联

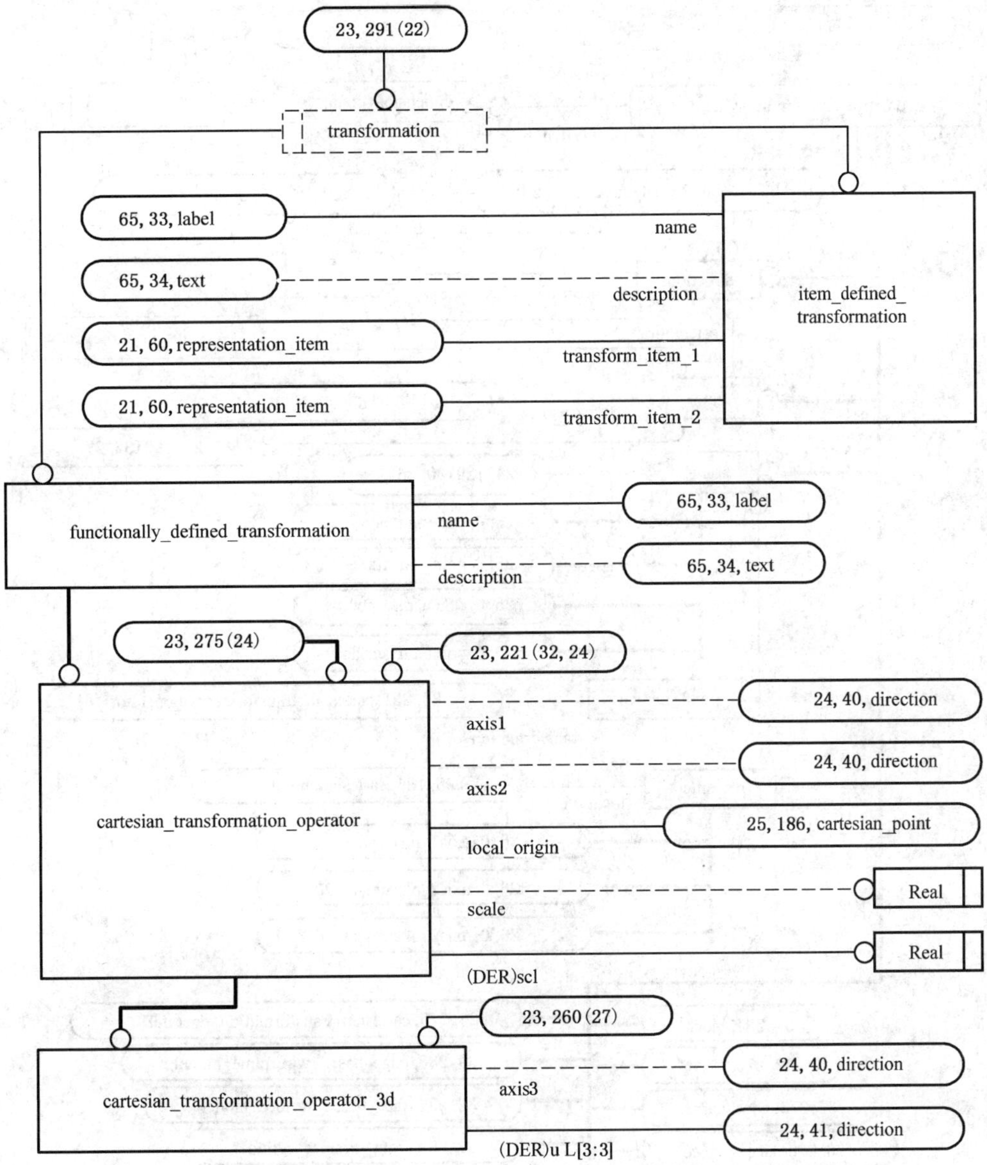

图 H.23　AIM EXPRESS-G 图　变换

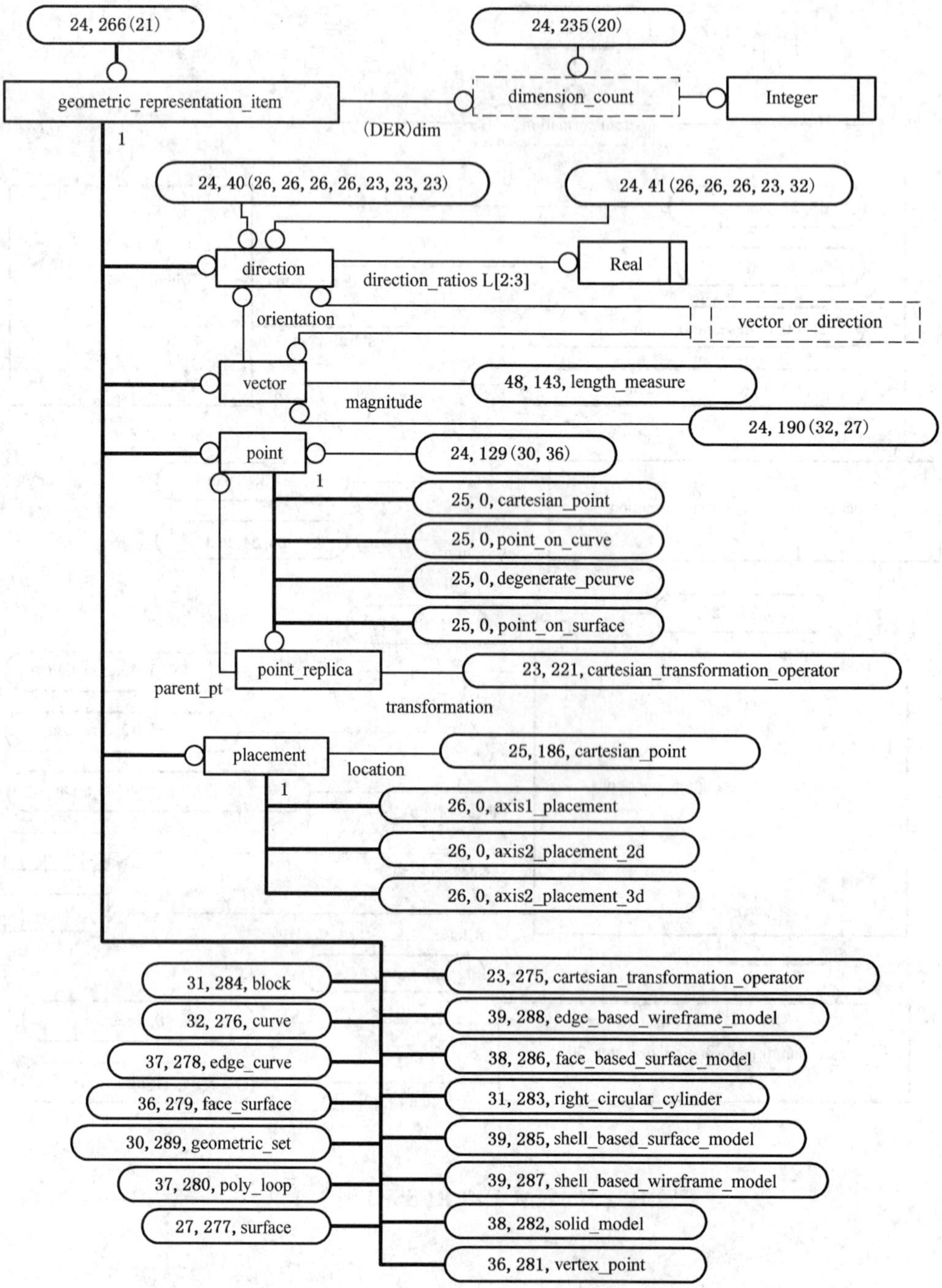

图 H.24　AIM EXPRESS-G 图　几何表达项

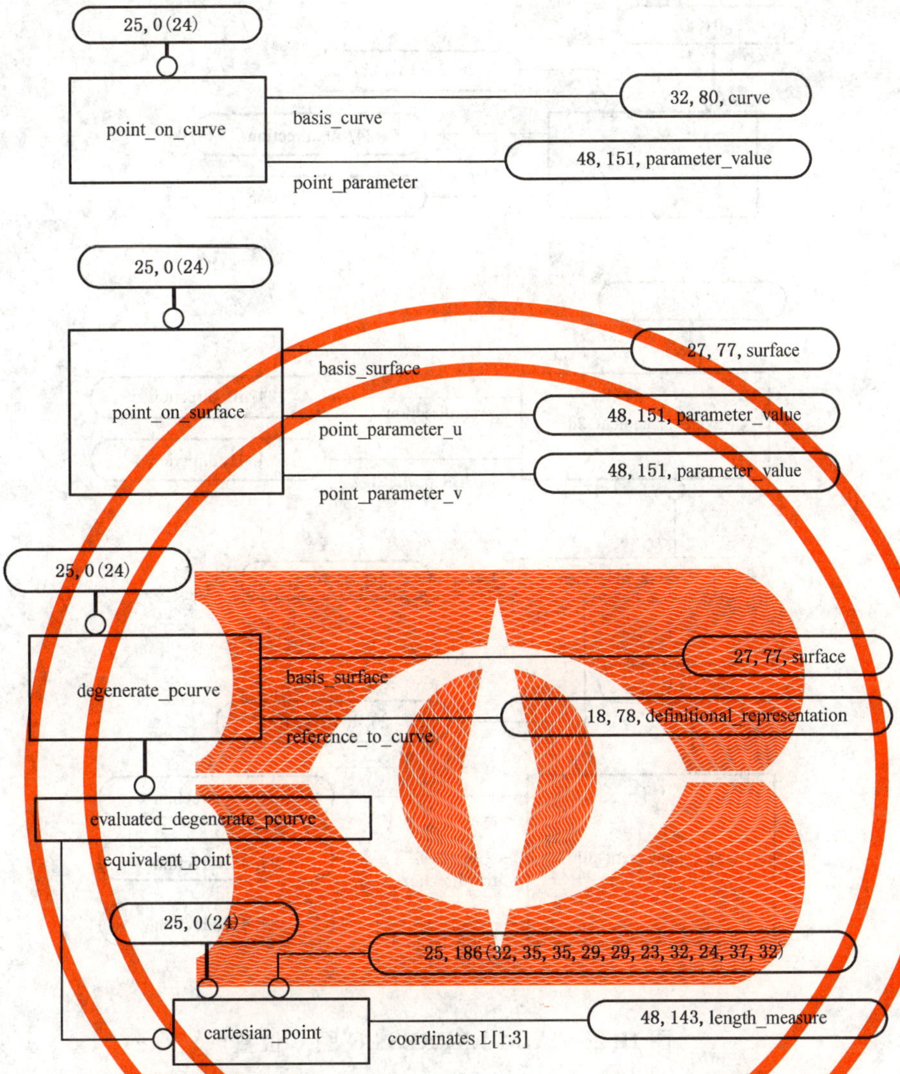

图 H.25 AIM EXPRESS-G 图 点

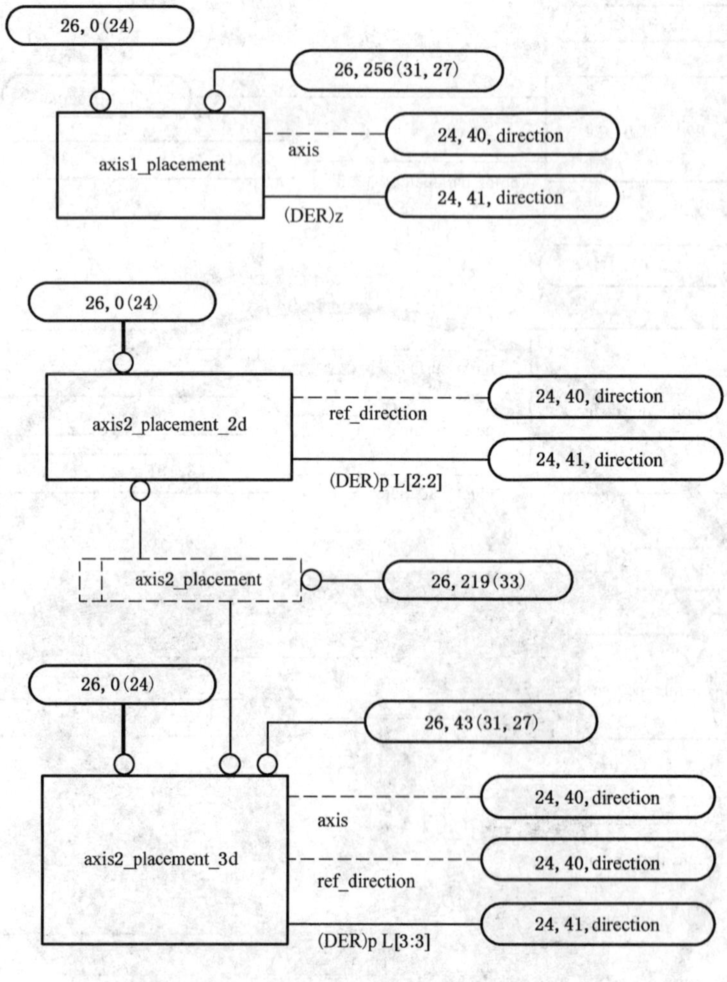

图 H.26　AIM EXPRESS-G 图　位置

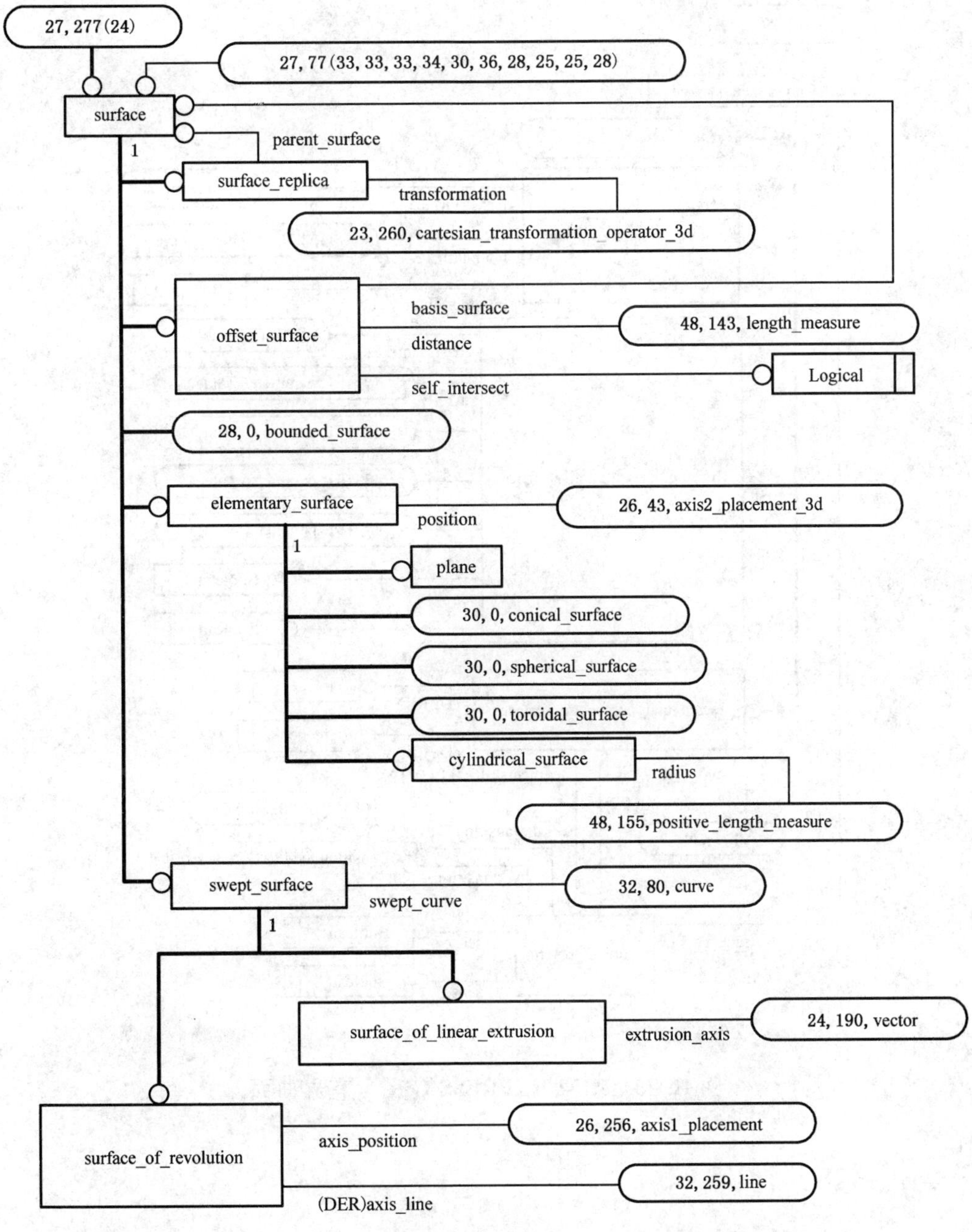

图 H.27　AIM EXPRESS-G 图　曲面

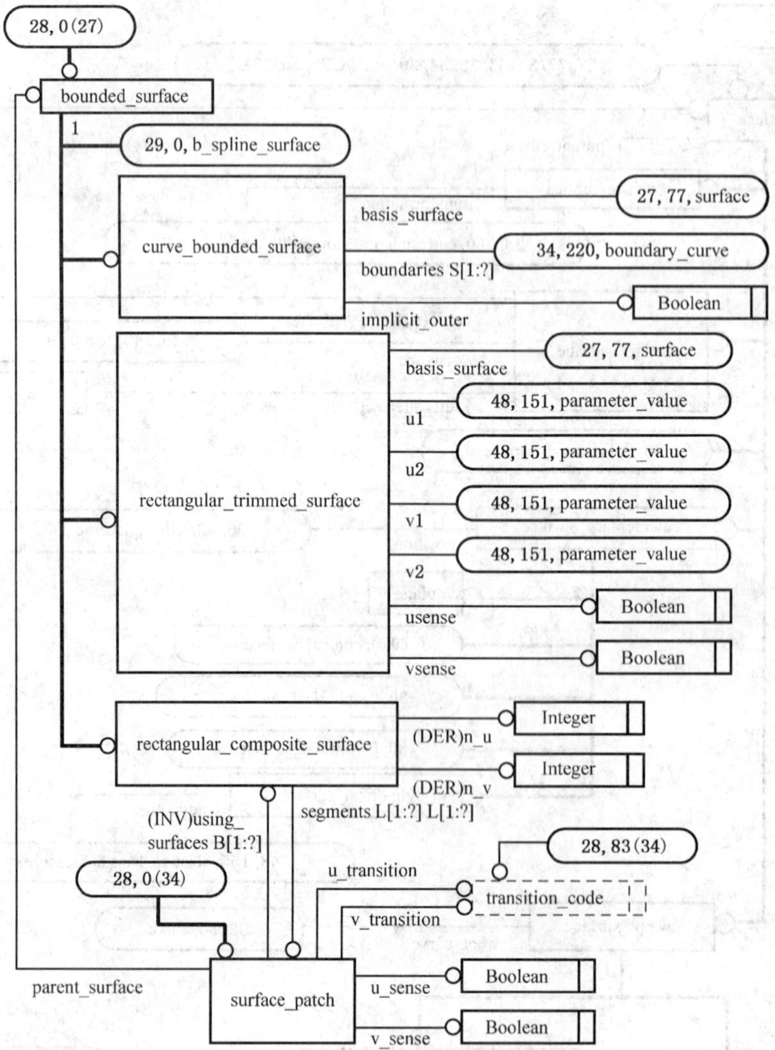

图 H.28 AIM EXPRESS-G 图 有界曲面

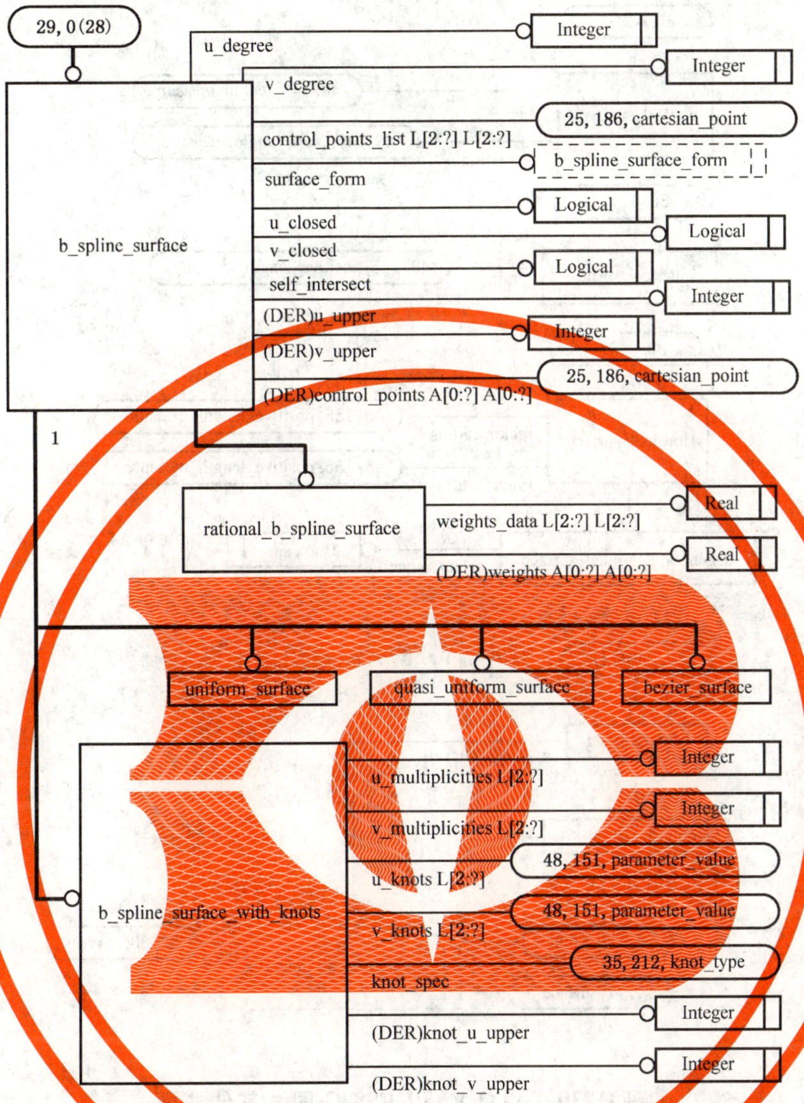

图 H.29 AIM EXPRESS-G 图 b_spline 曲面

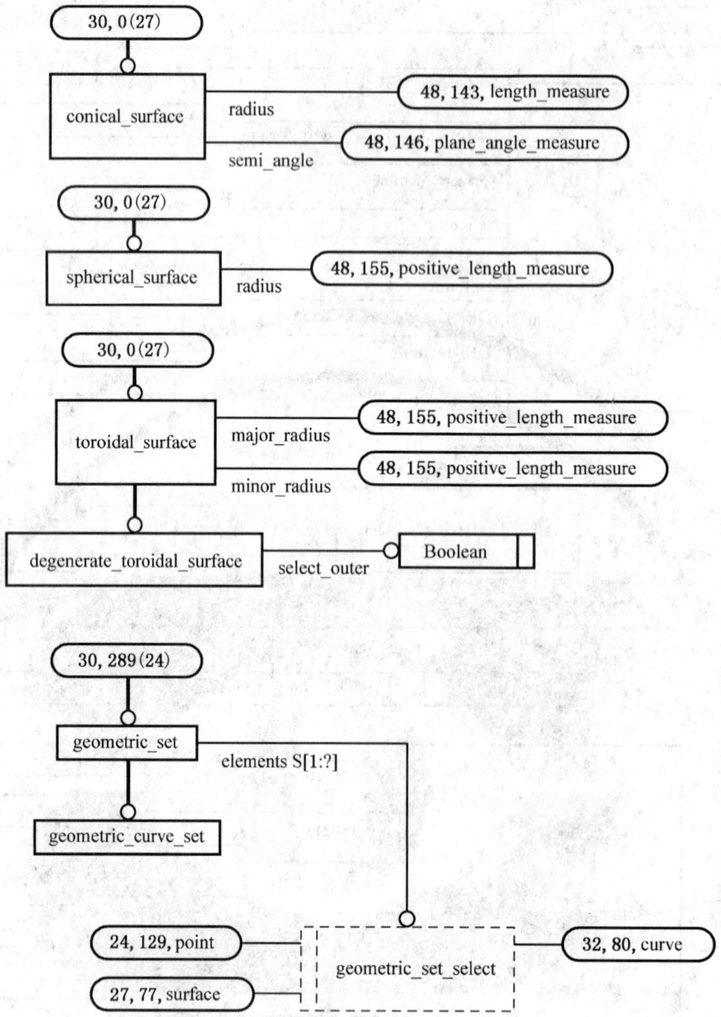

图 H.30　AIM EXPRESS-G 图　其他曲面

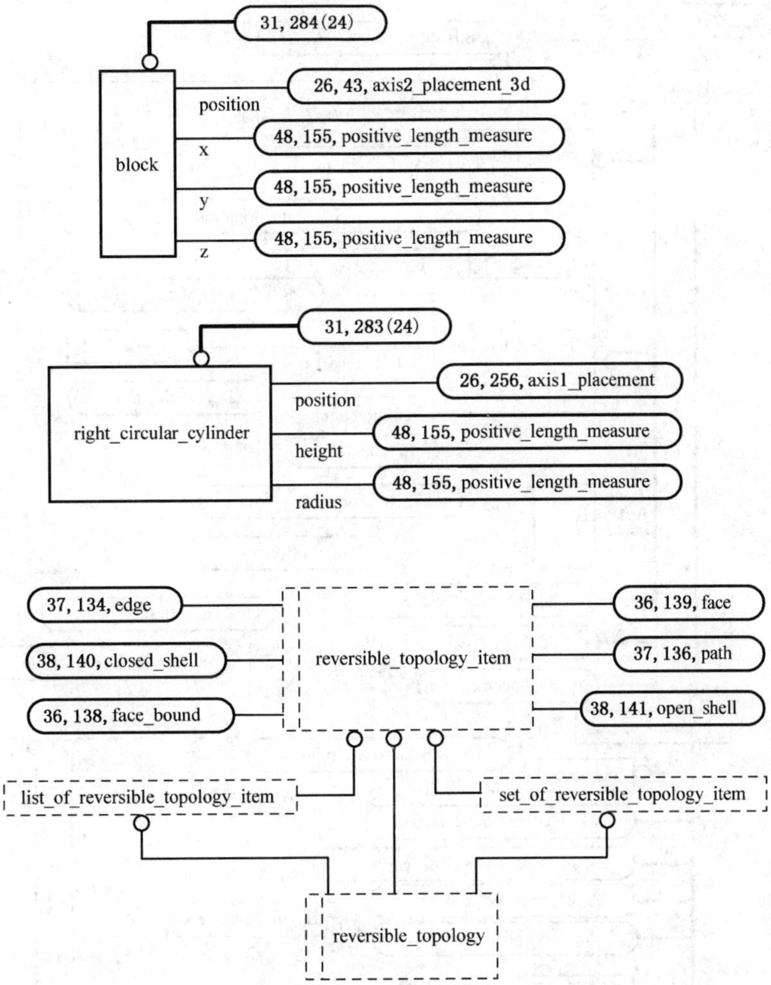

图 H.31 AIM EXPRESS-G 图 方块和圆柱

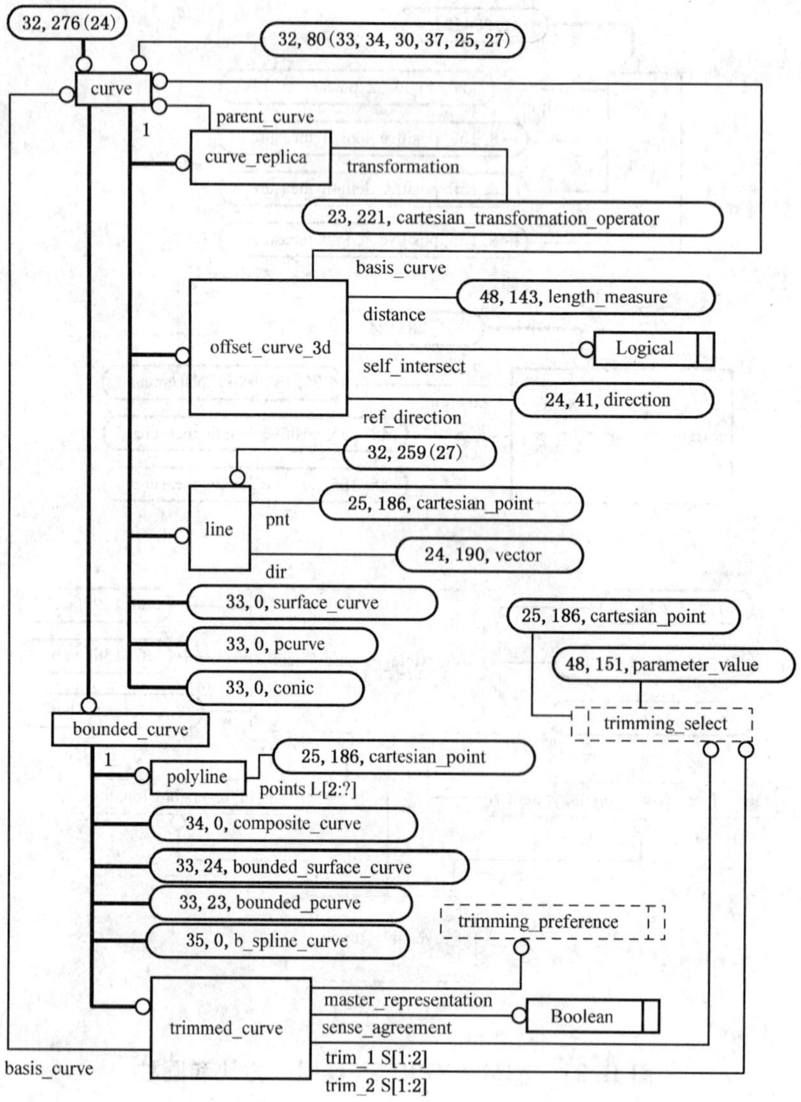

图 H.32 AIM EXPRESS-G 图 曲线

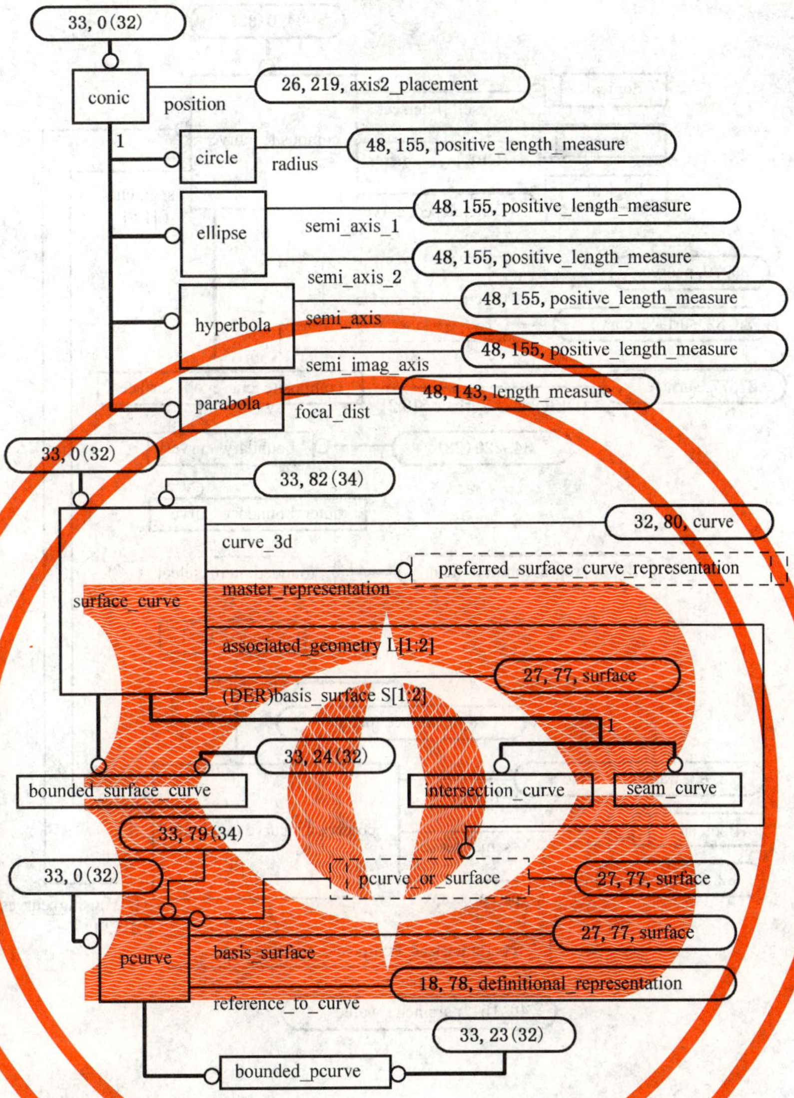

图 H.33 AIM EXPRESS-G 图 圆锥

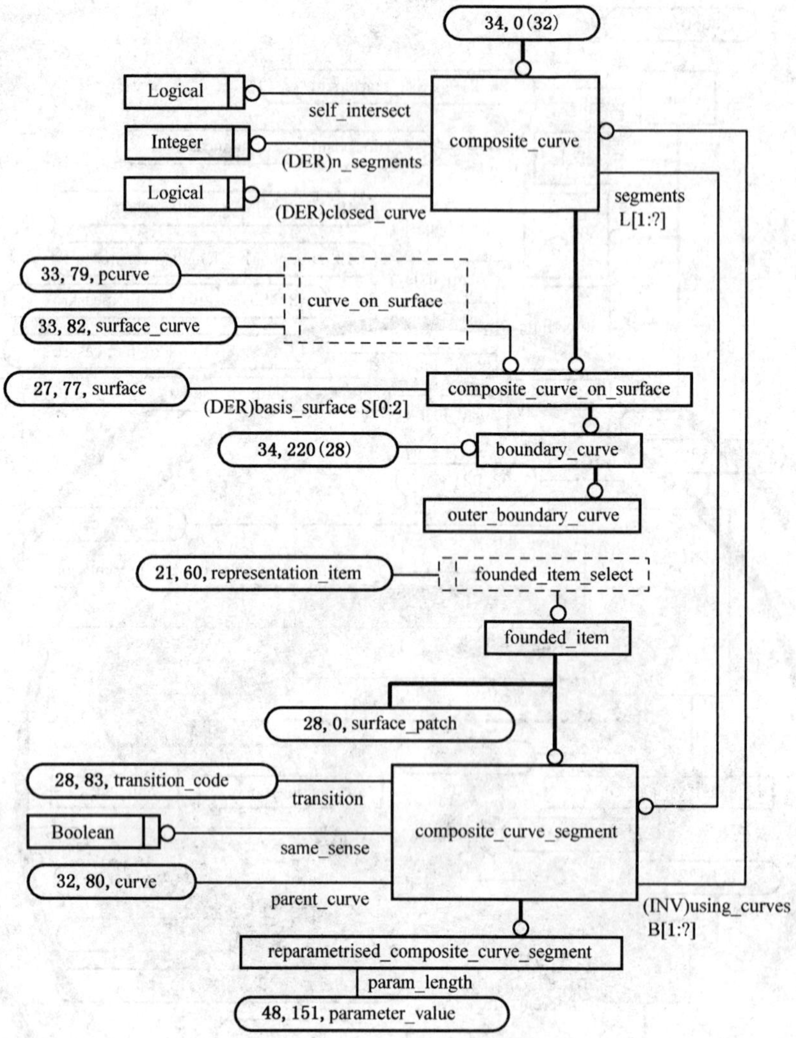

图 H.34　AIM EXPRESS-G 图　复合曲线

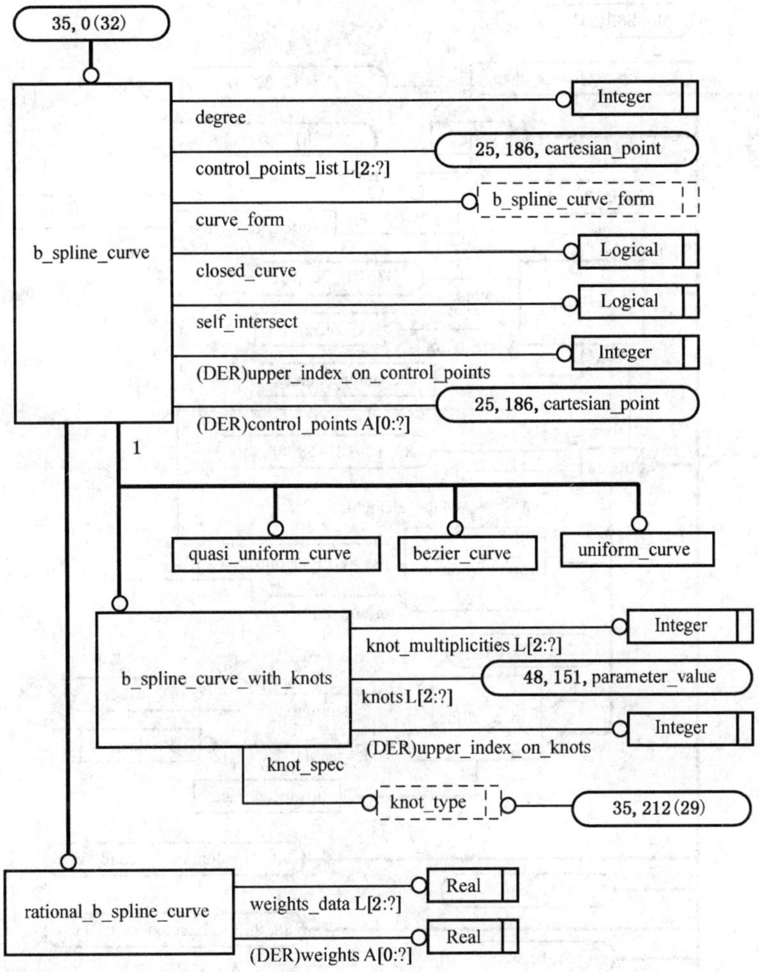

图 H.35 AIM EXPRESS-G 图 b-spline 曲线

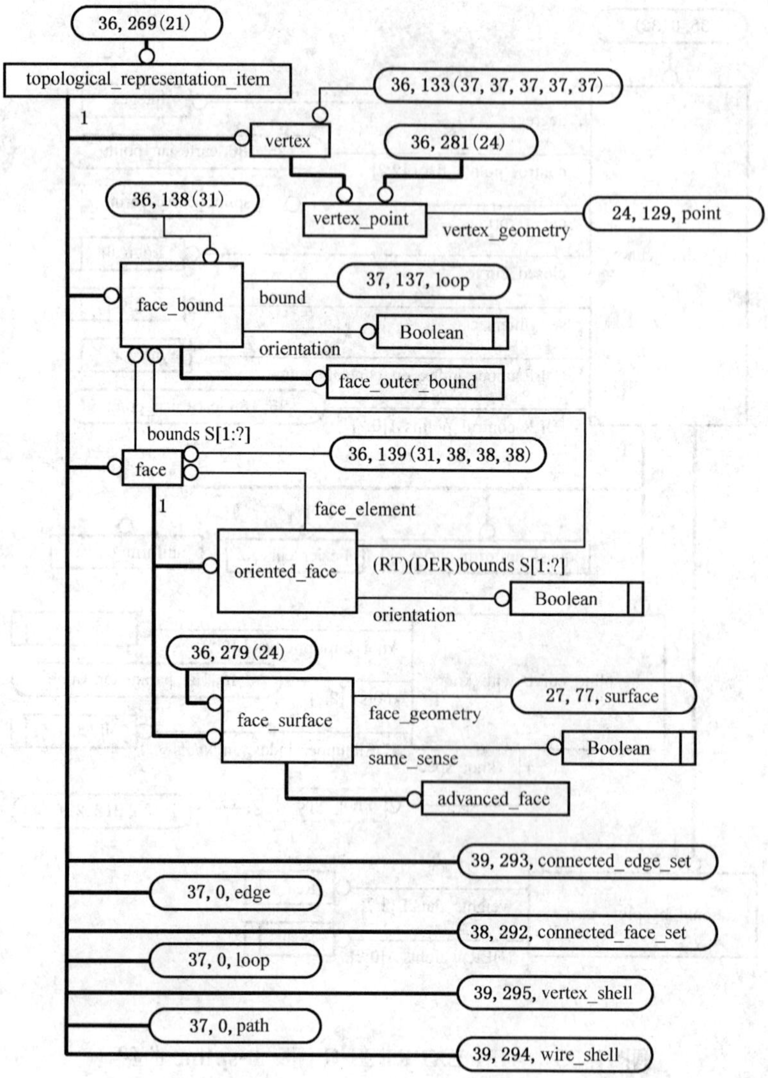

图 H.36　AIM EXPRESS-G 图　拓扑表达项

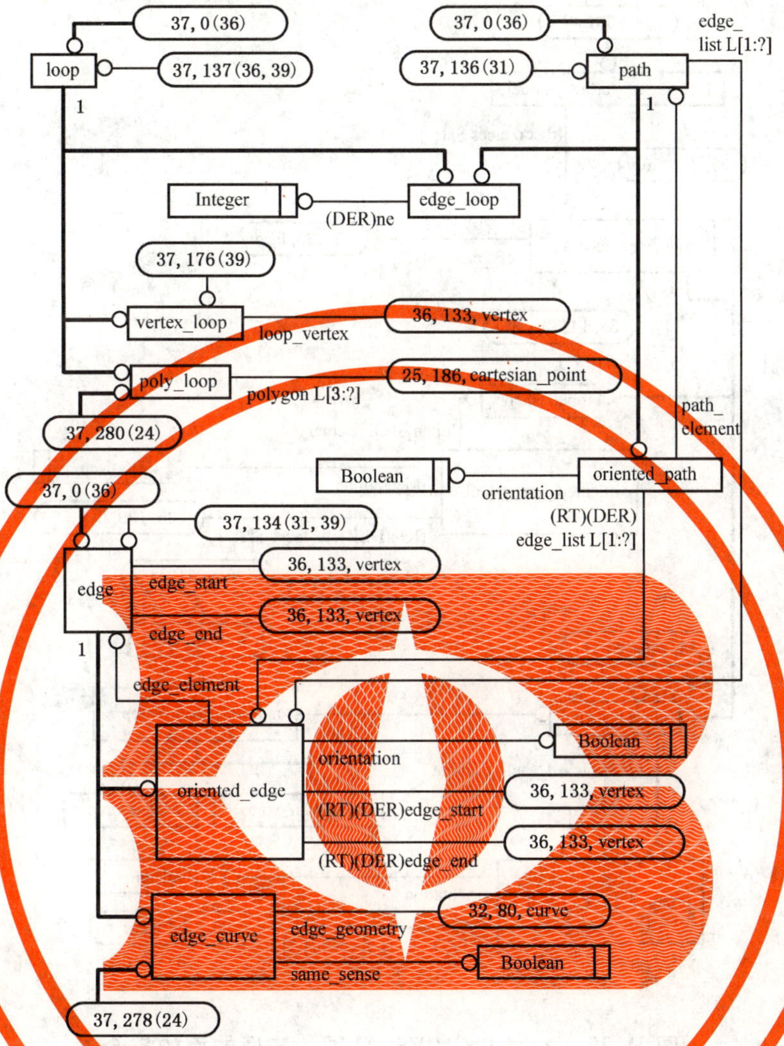

图 H.37 AIM EXPRESS-G 图 边、环和路径

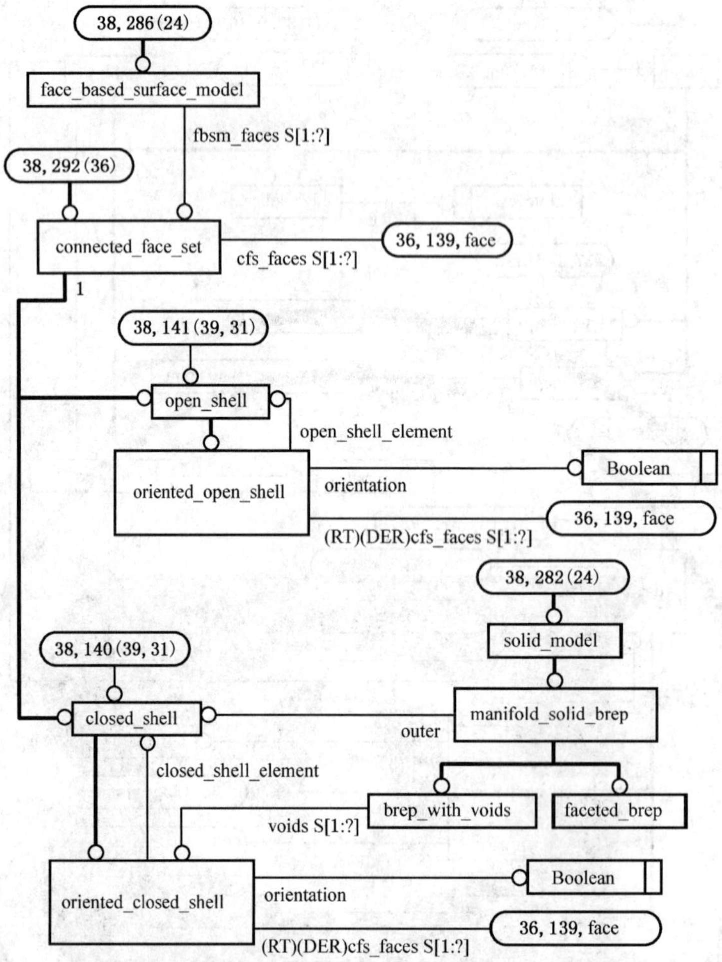

图 H.38 AIM EXPRESS-G 图 连通的面的集合

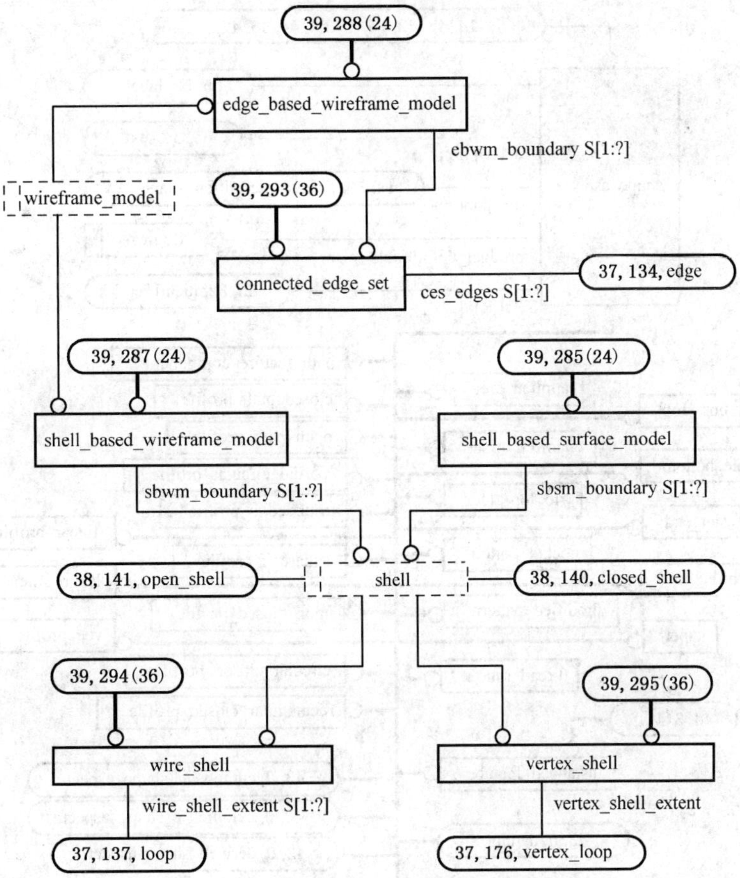

图 H.39 AIM EXPRESS-G 图 型腔

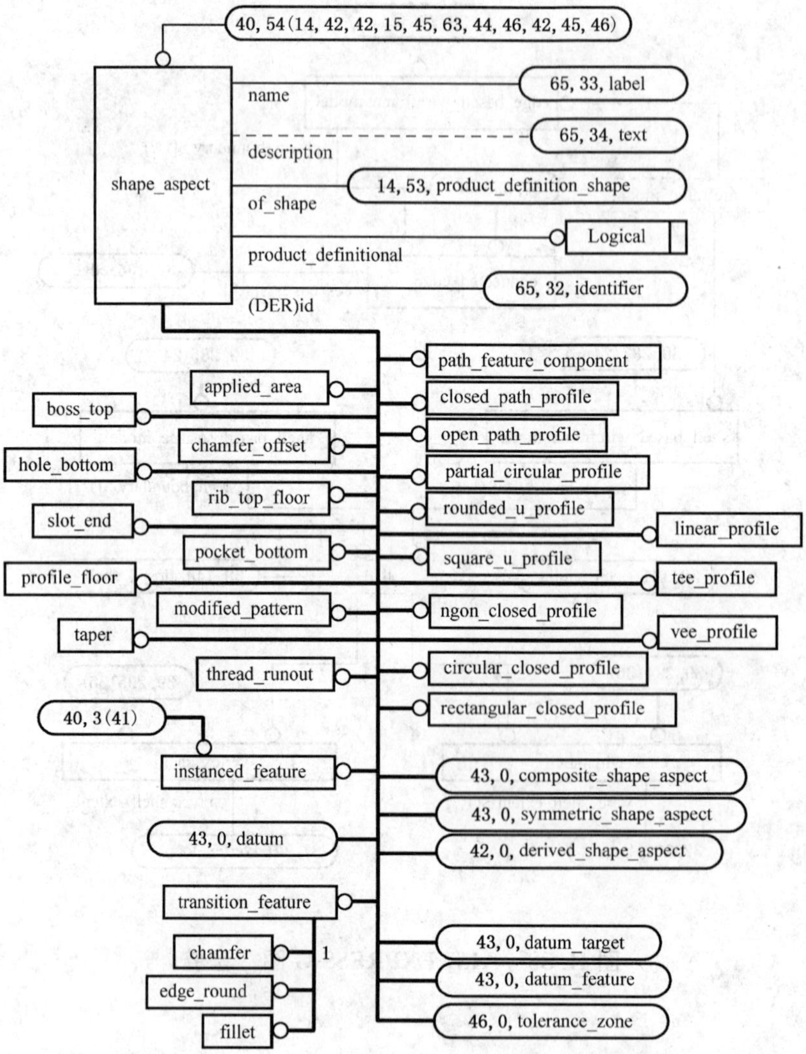

图 H.40 AIM EXPRESS-G 图 外观形状

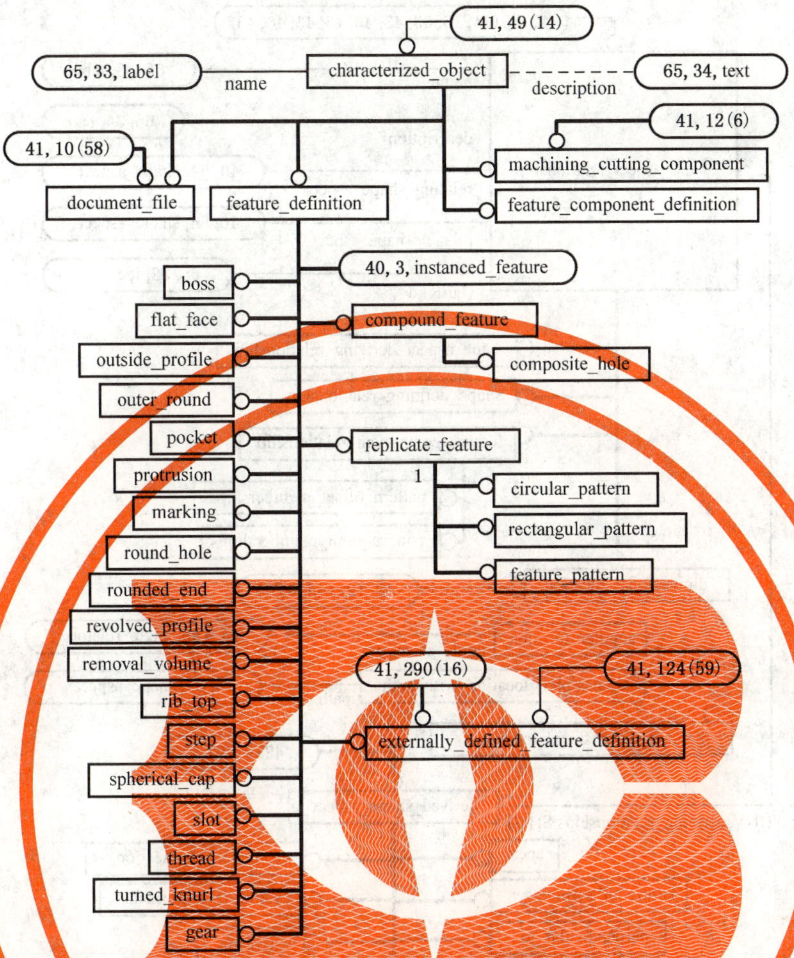

图 H. 41　AIM EXPRESS-G 图　特性化对象

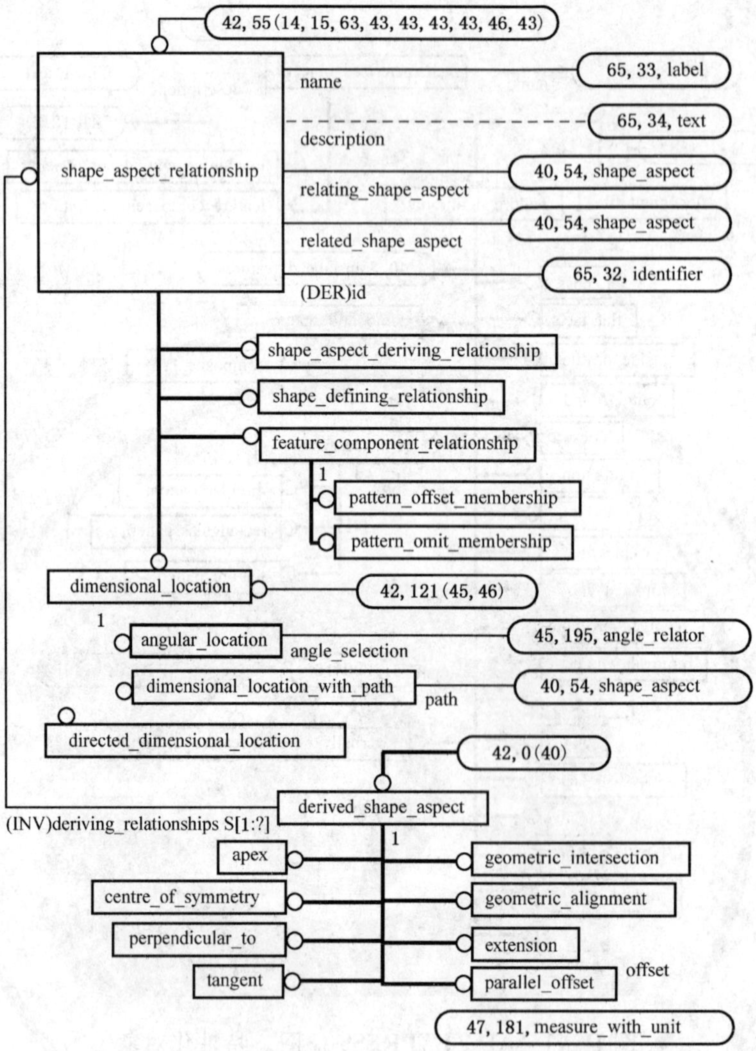

图 H.42　AIM EXPRESS-G 图　外观形状关联

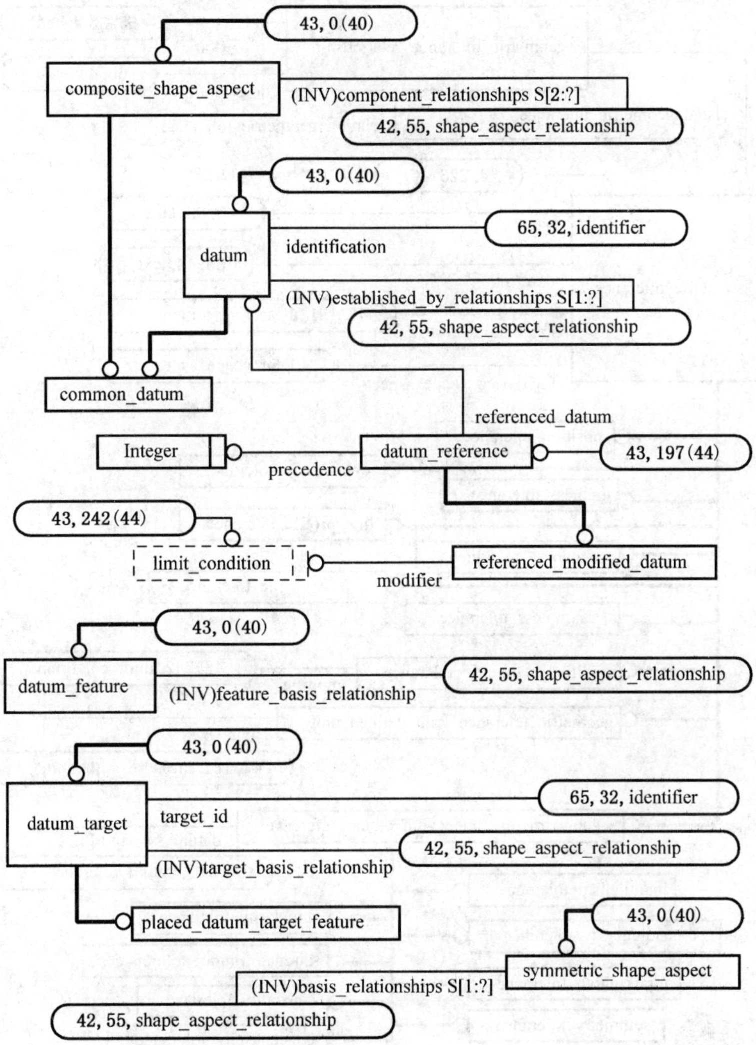

图 H.43 AIM EXPRESS-G 图 数据

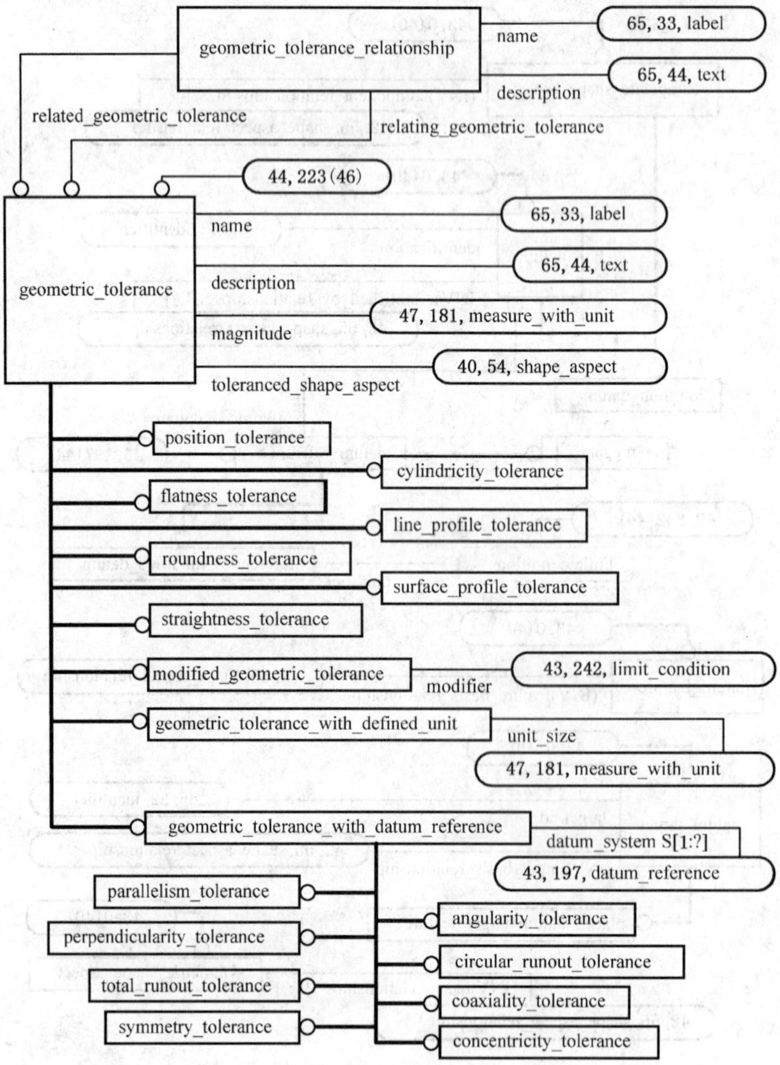

图 H.44 AIM EXPRESS-G 图 几何公差

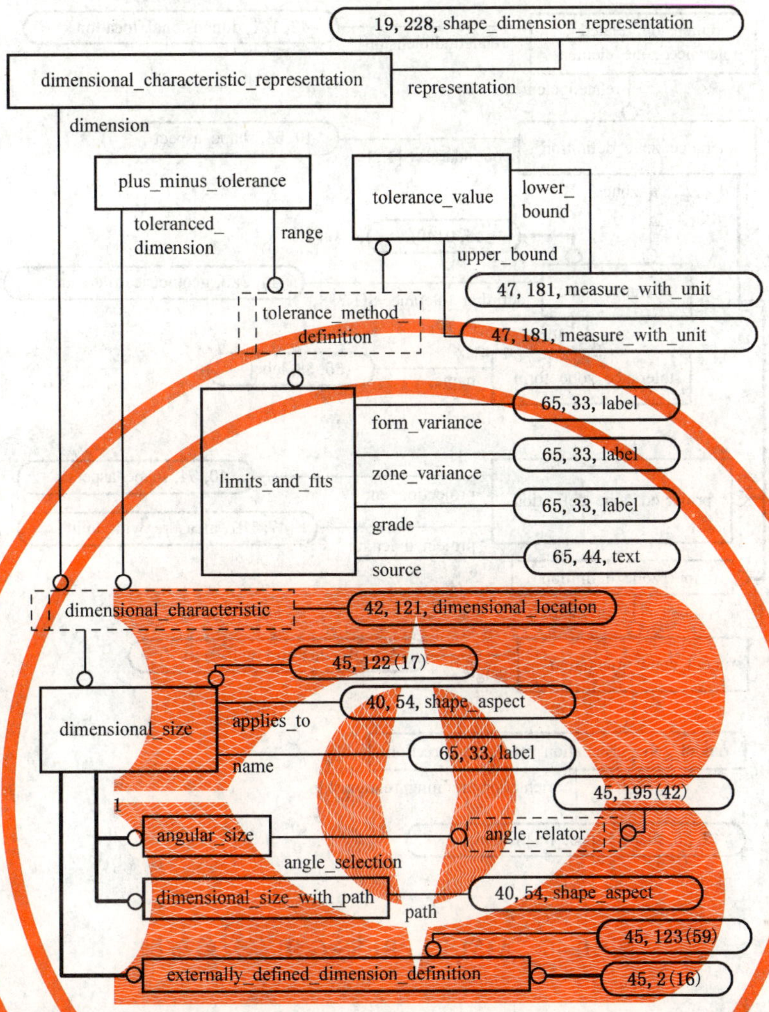

图 H.45 AIM EXPRESS-G 图 尺寸大小

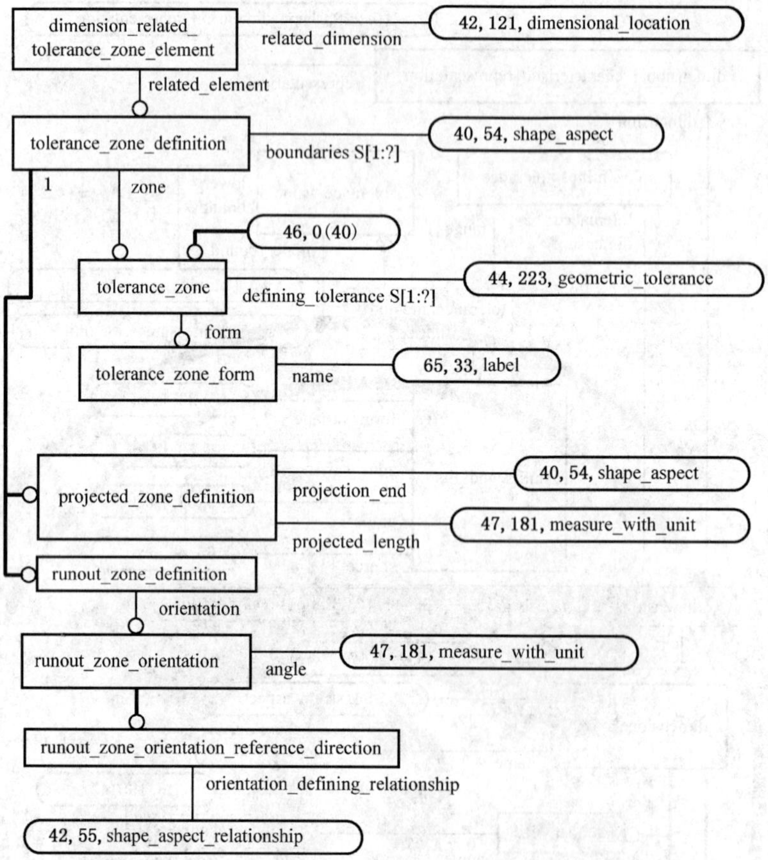

图 H.46　AIM EXPRESS-G 图　公差范围

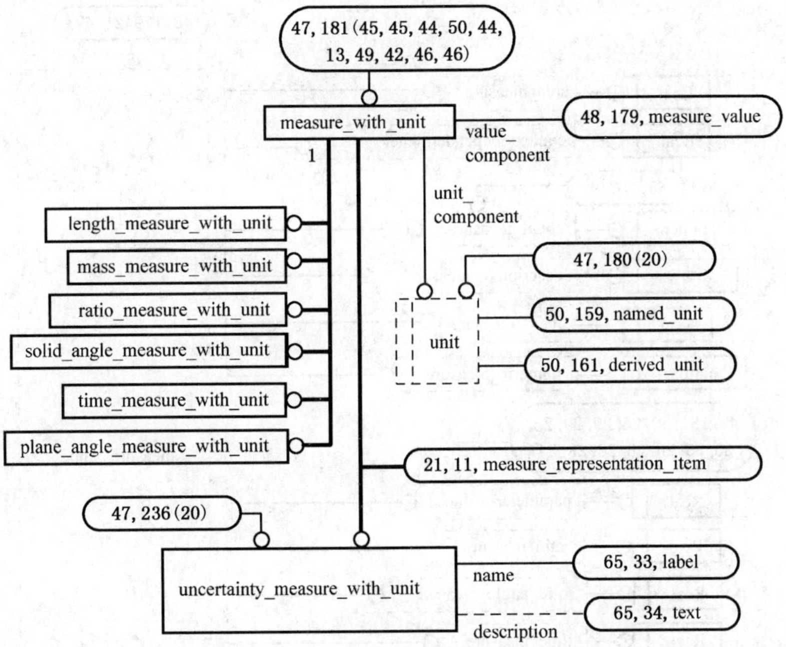

图 H.47 AIM EXPRESS-G 图 带单位的量度

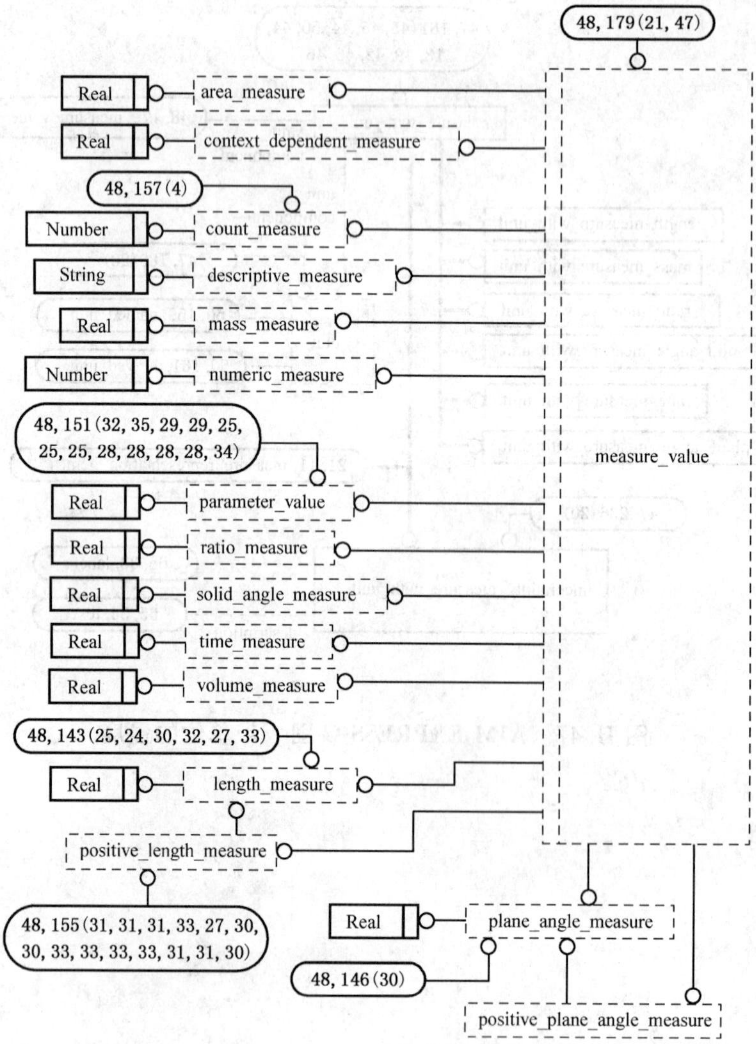

图 H.48 AIM EXPRESS-G 图 度量值

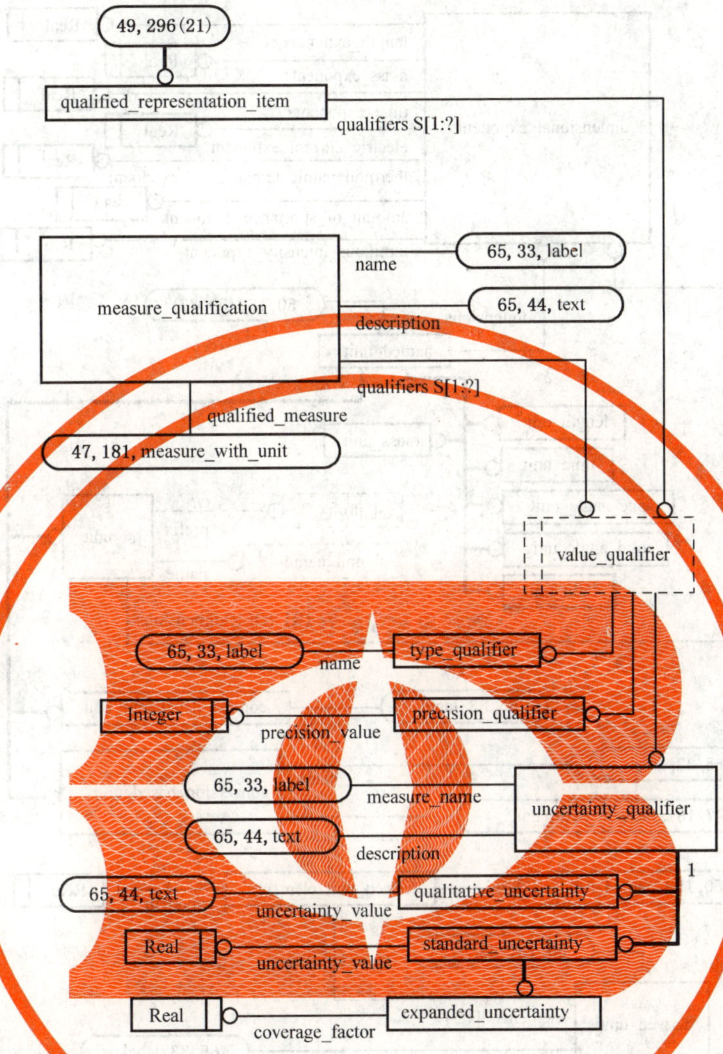

图 H.49　AIM EXPRESS-G 图　合格表达项

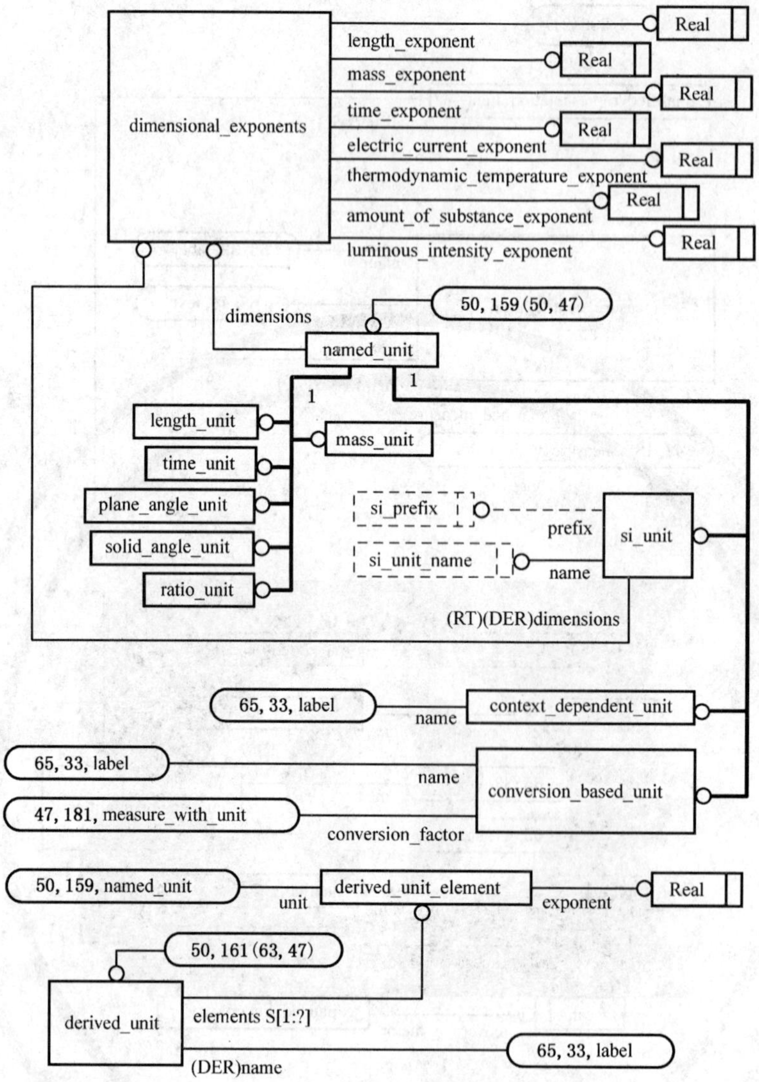

图 H.50　AIM EXPRESS-G 图　单位

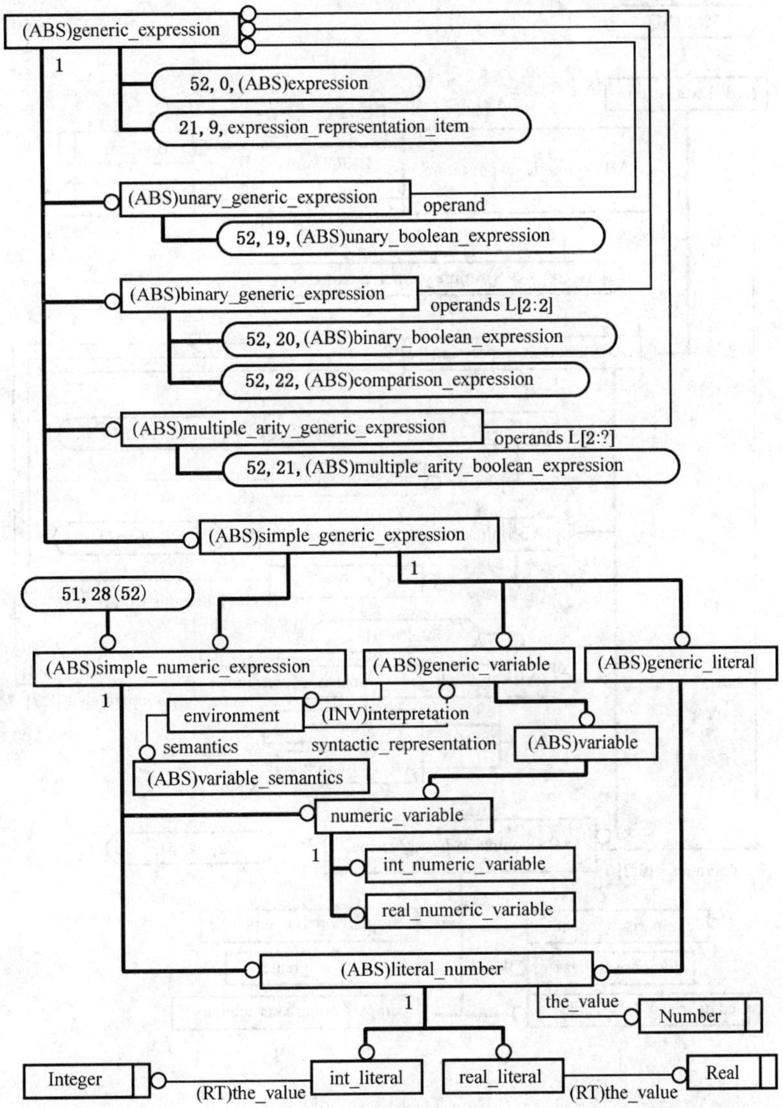

图 H.51 AIM EXPRESS-G 图 一般表达式

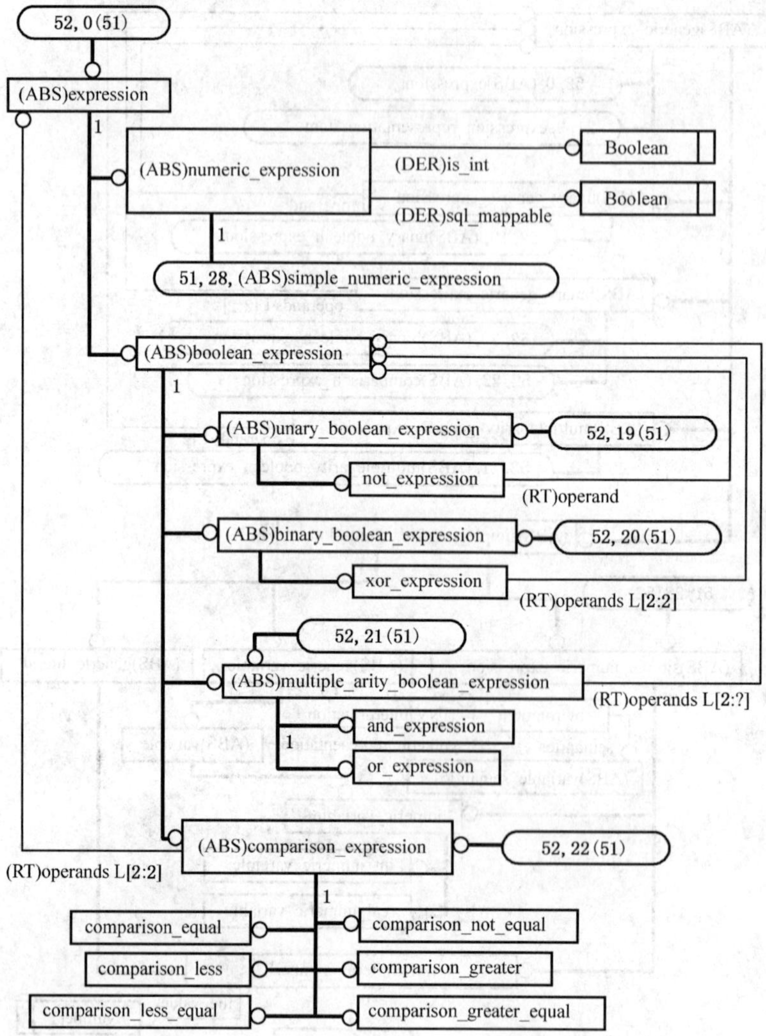

图 H.52 AIM EXPRESS-G 图 表达式

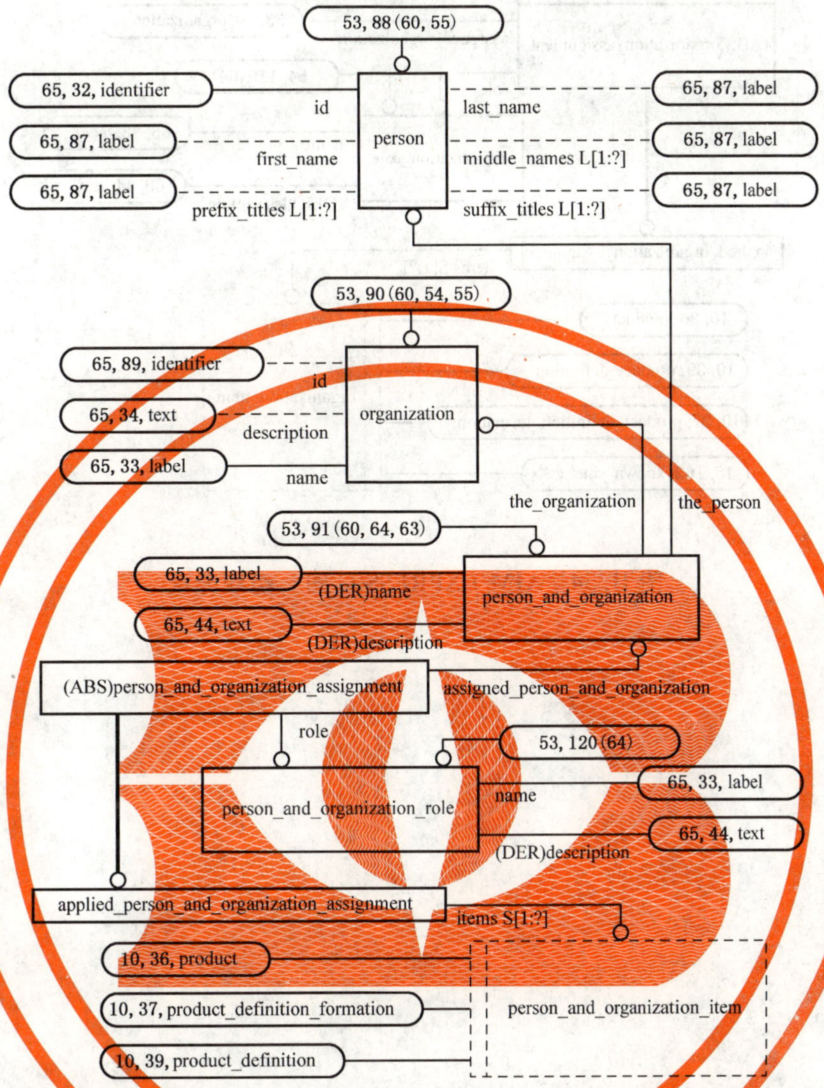

图 H.53　AIM EXPRESS-G 图　个人和组织

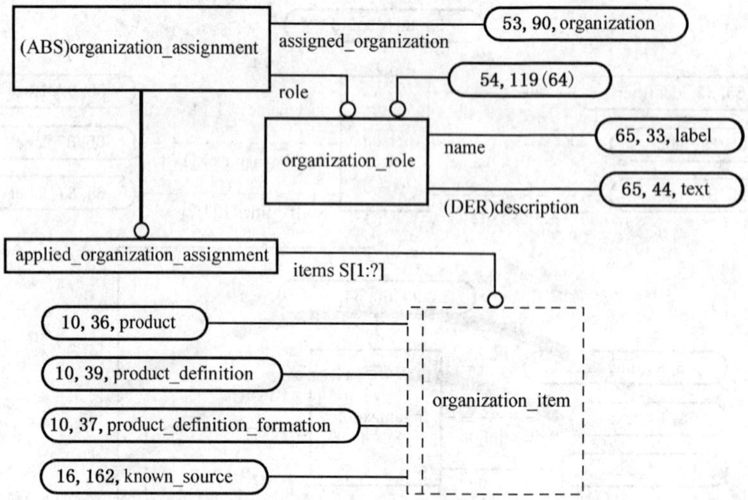

图 H.54 AIM EXPRESS-G 图 组织分配

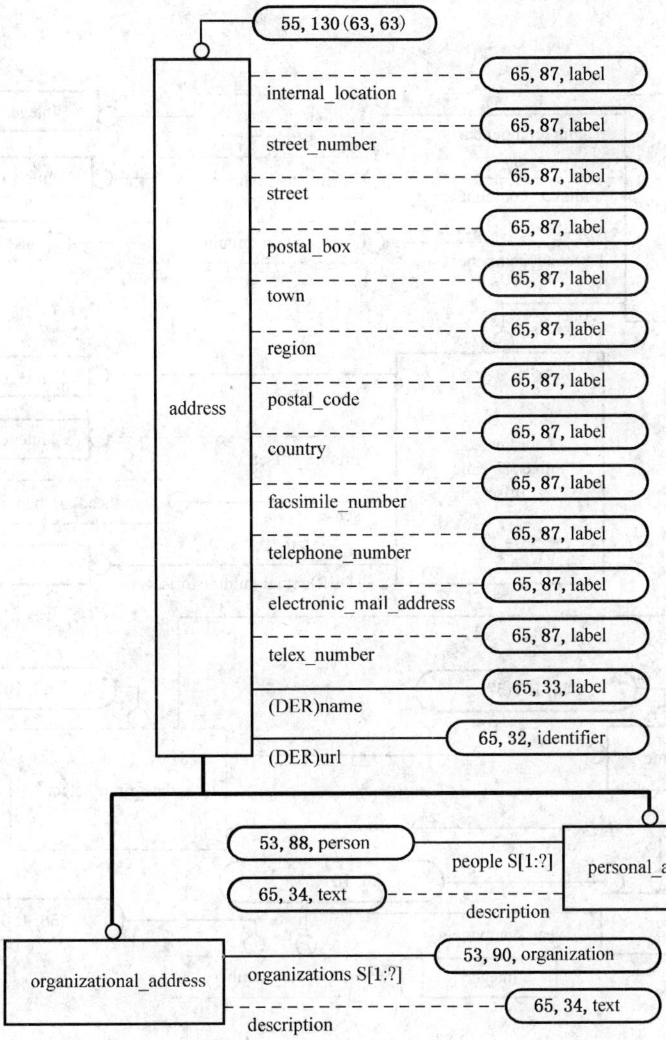

图 H.55 AIM EXPRESS-G 图 地址

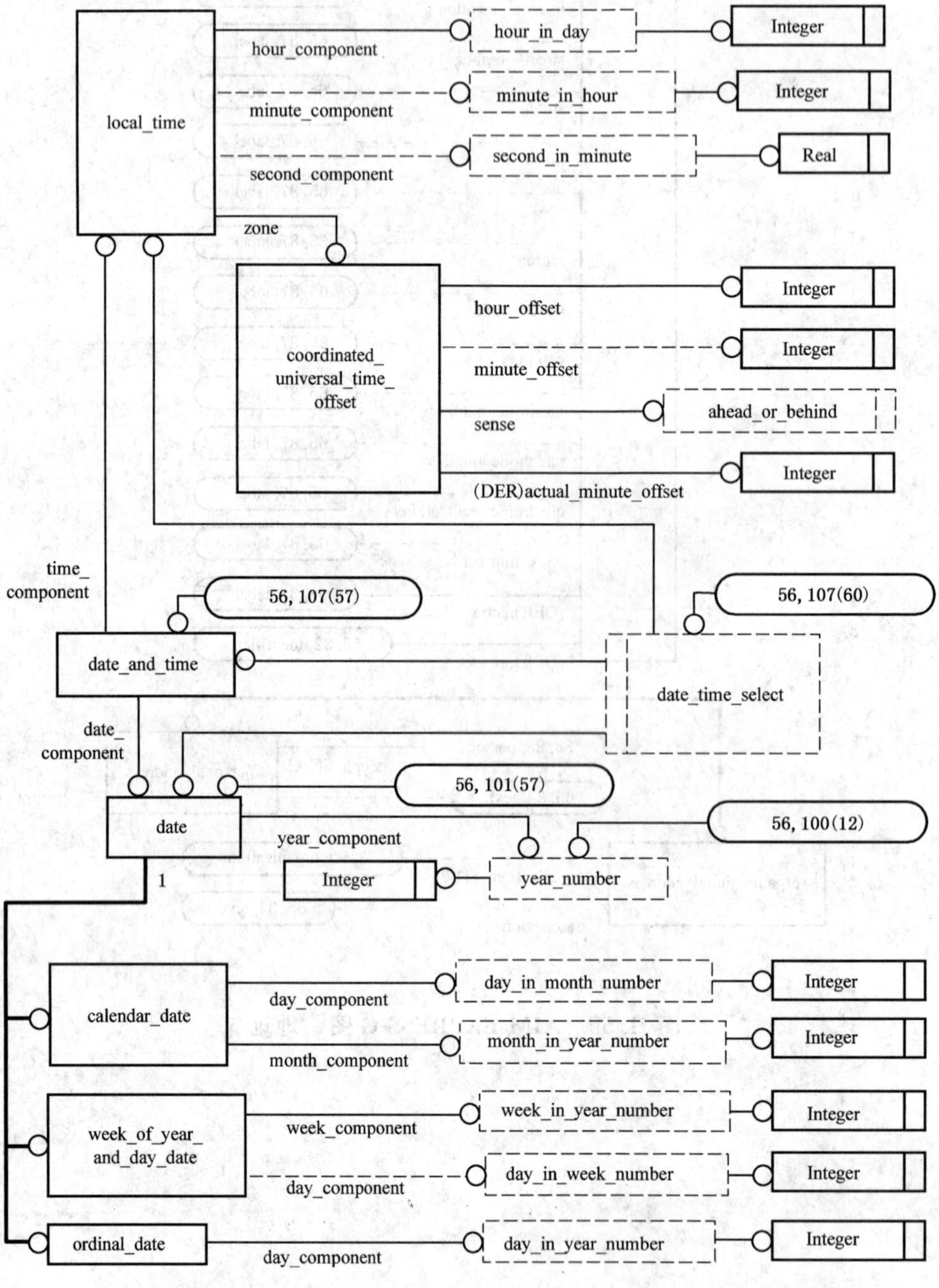

图 H.56　AIM EXPRESS-G 图　日期和时间

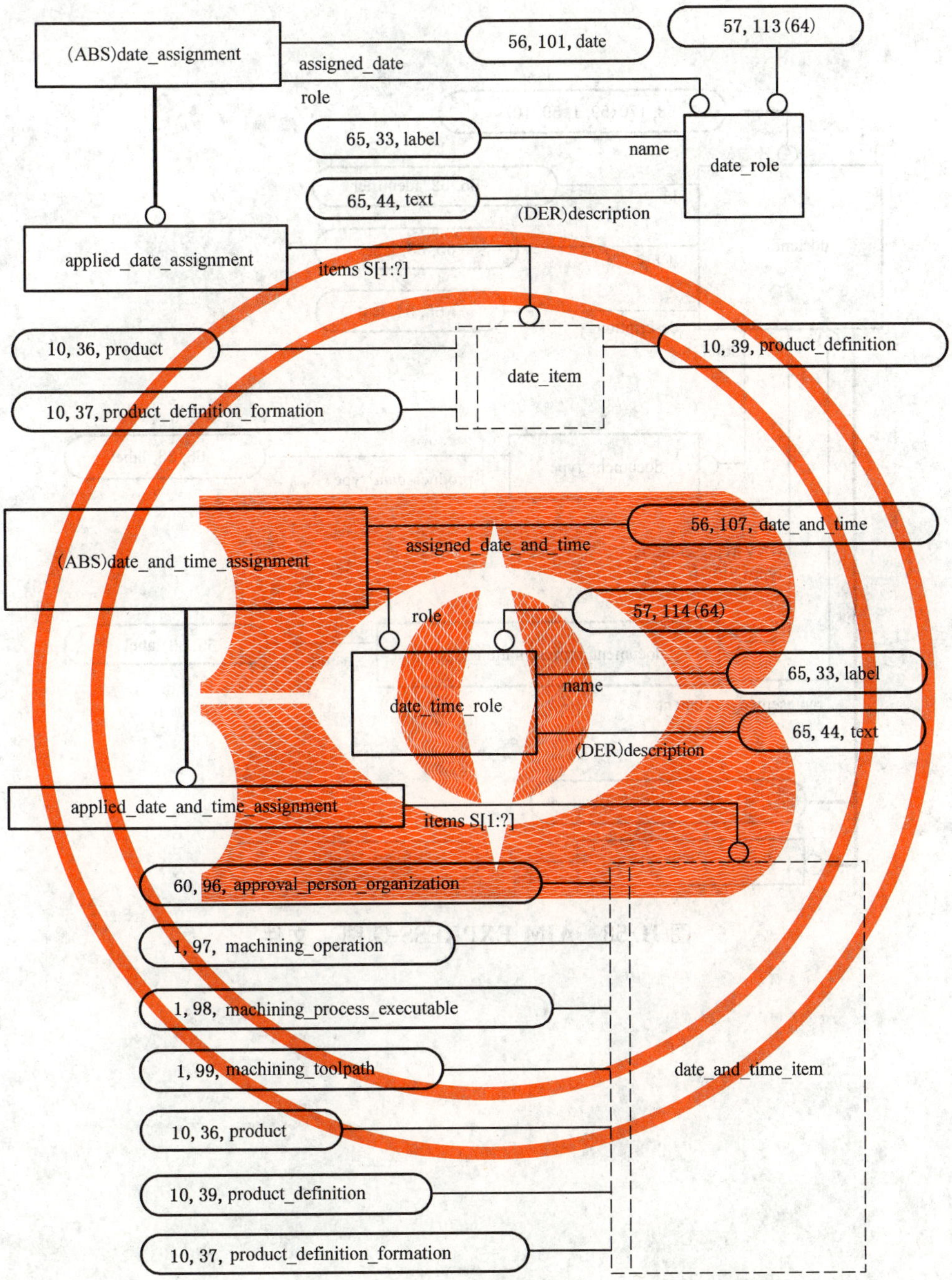

图 H.57 AIM EXPRESS-G 图 日期和时间赋值

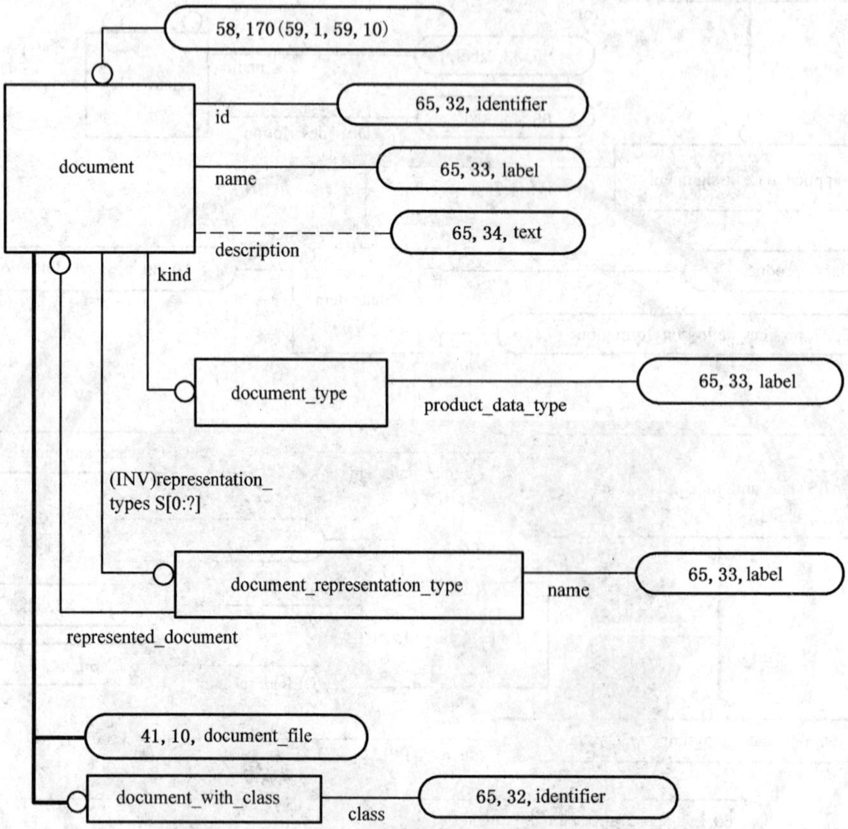

图 H.58 AIM EXPRESS-G 图 文件

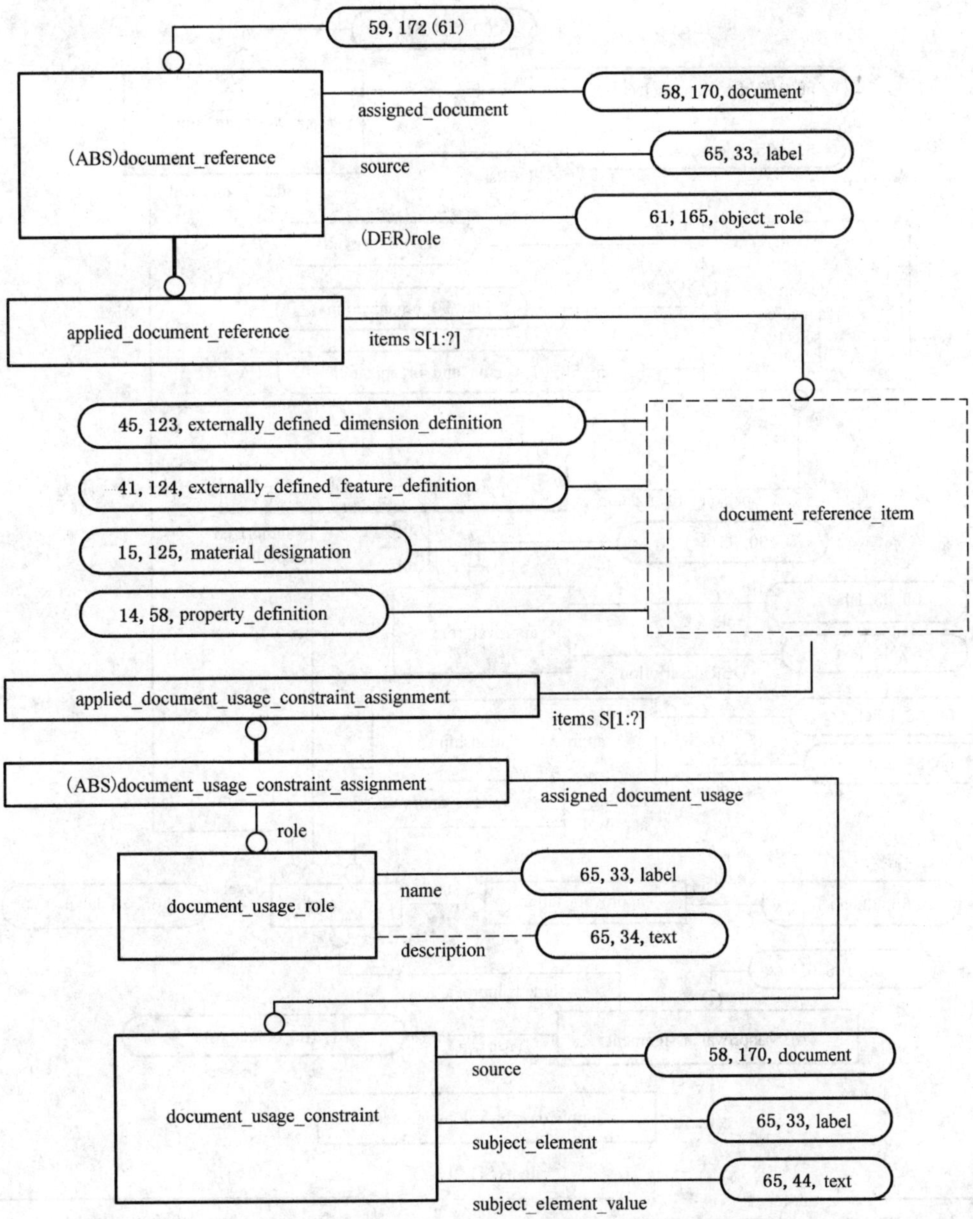

图 H.59 AIM EXPRESS-G 图 文件引用

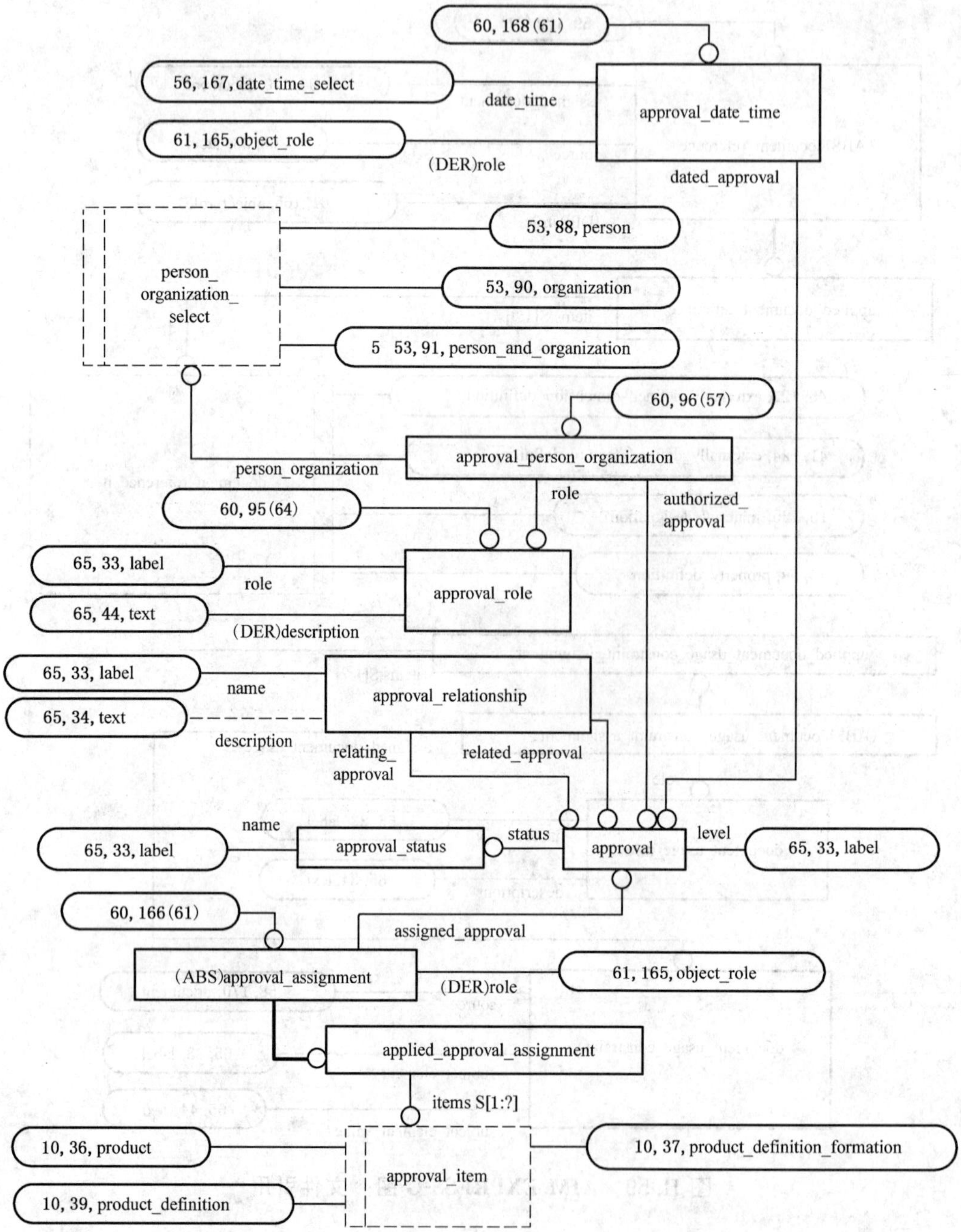

图 H.60 AIM EXPRESS-G 图 批准

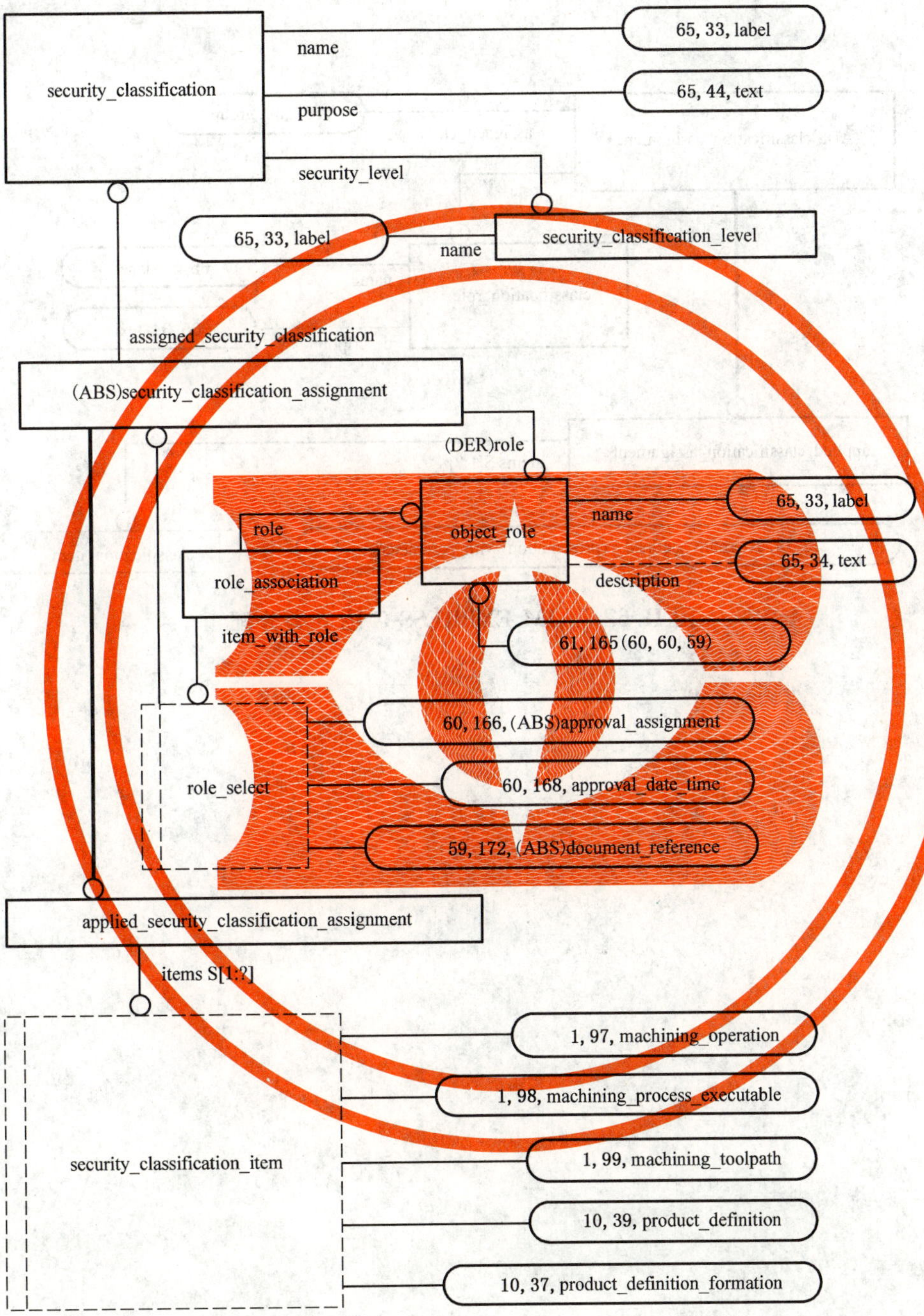

图 H.61 AIM EXPRESS-G 图 安全密级

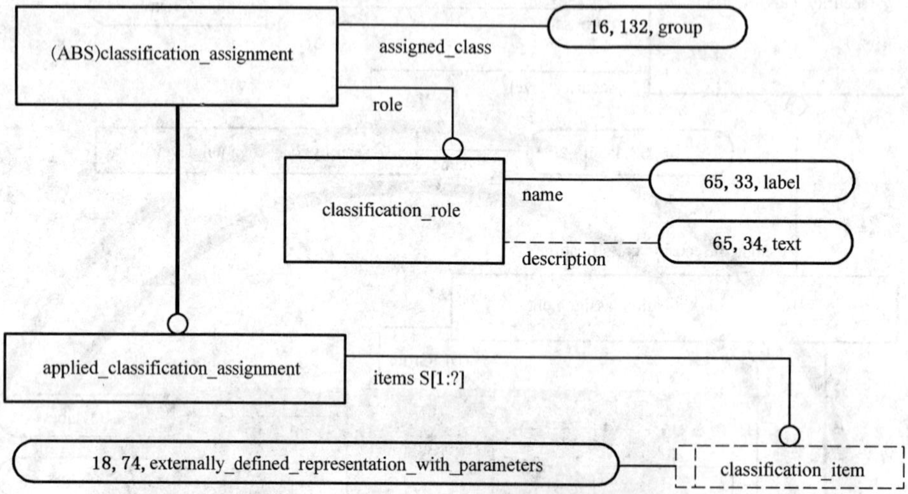

图 H.62　AIM EXPRESS-G 图　类分配

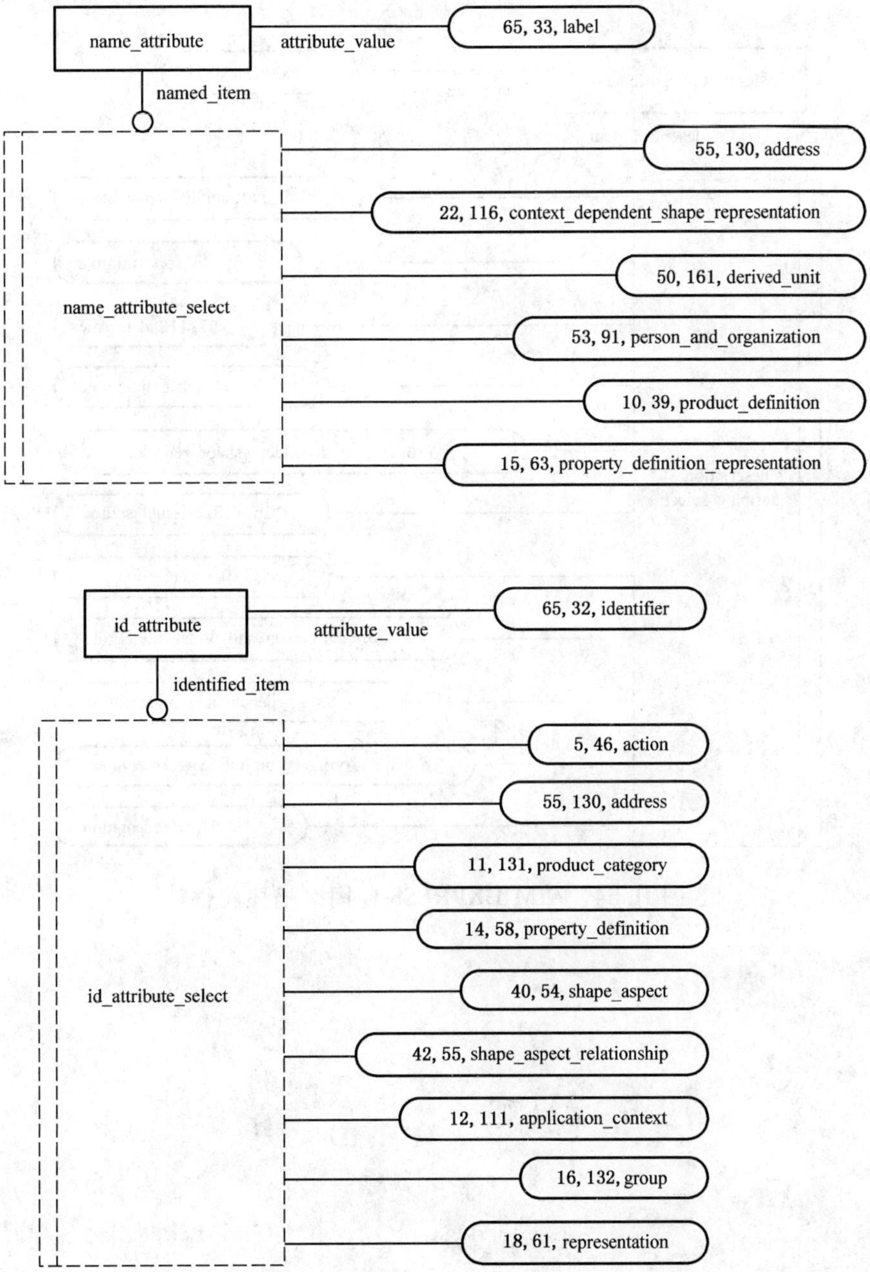

图 H.63 AIM EXPRESS-G 图 名称和标识符属性

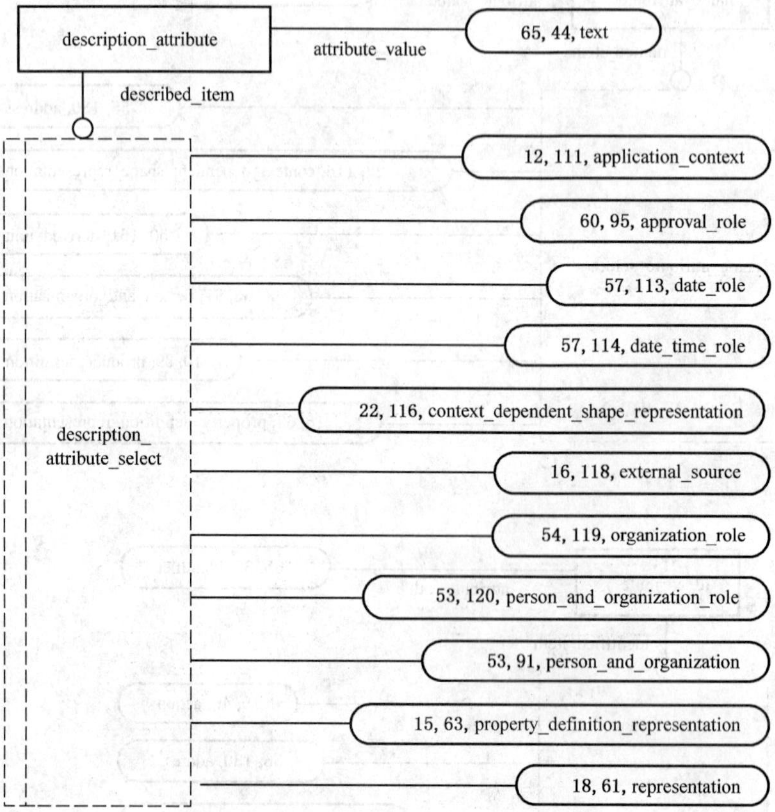

图 H.64　AIM EXPRESS-G 图　描述属性

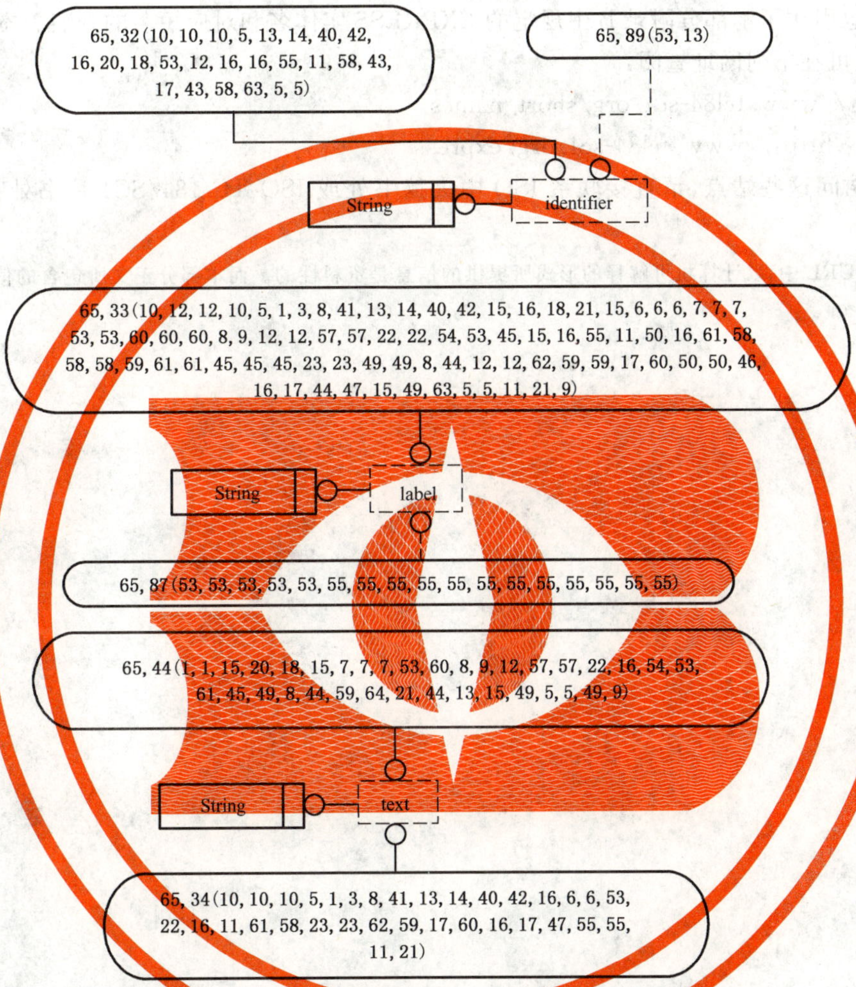

图 H.65　AIM EXPRESS-G 图　附加类型

附 录 I
（资料性附录）
计算机可解释列表

本附录引用了GB/T 16656的本部分附录A中规定的没有注解或其他说明文本的完整EXPRESS模式的列表。也引用了本部分附录B中规定的EXPRESS实体名和对应短名的列表。本附录的内容是计算机可读的，可在下列网址查阅：

短名：http://www.tc184-sc4.org/short_names

EXPRESS：http://www.tc184-sc4.org/express

如果不能访问这些站点，请直接联系ISO中央秘书处或ISO TC 184/SC4秘书处：sc4sec@cme.nist.gov。

注：在以上URL中，以计算机可解释的形式所提供的信息是资料性的。而本部分正文所包含的信息是规范性的。

附 录 J
(资料性附录)
注释示例

J.1 引言

本附录提供了四个示例数据集以帮助使用者了解 GB/T 16656 的本部分的使用和结构。这些示例带有注解以便说明在 4.2 中列出的应用对象概念和根据在 5.1 中列出的映射路径组织的 AIM 实例之间的关系。

第一数据集是一致性类 1 的示例,它描述使用外在刀具路径铣削一个方块的一个简单工作计划。第二数据集是一致性类 2 的示例,它把工件和库存几何描述加到第一个例子上去。第三数据集是一致性类 3 的示例,它描述一个方块上几个特征的一个铣削工作计划。这适合 GB/T 19903.11 中的一个 ARM 示例。第四数据集是一致性类 3 的示例,它描述一个工件上几个特征的一个旋转工作计划。这适合 GB/T 19903.12 中的一个 ARM 示例。

J.2 注释规约

每个数据集按 ISO 10303-21 规定的交换结构进行描述。AIM 实例根据 ARM 应用对象分组,在每个 ARM 应用对象的开始部分有一个注解,解释怎样利用这些实例来描述应用对象和相关参数。

示例:以下实例表示一个 Milling_machining_functions 应用对象。

```
/*****************************************************
* Application object: MILLING_MACHINE_FUNCTIONS (#50)
* THROUGH_SPINDLE_COOLANT: #50, #51, #52, #53, #54: [through spindle coolant off]
* CHIP_REMOVAL: #50, #55, #56, #57, #58: [chip removal off]
* COOLANT: #50, #59, #60, #61, #62: [coolant on]
*/
#50 = MACHINING_FUNCTIONS('','milling','','');
#51 = ACTION_PROPERTY('through spindle coolant','',#50);
#52 = ACTION_PROPERTY_REPRESENTATION('','',#51,#53);
#53 = REPRESENTATION('',(#54),#31);
#54 = DESCRIPTIVE_REPRESENTATION_ITEM('constant','through spindle coolant off');
#55 = ACTION_PROPERTY('chip removal','',#50);
#56 = ACTION_PROPERTY_REPRESENTATION('','',#55,#57);
#57 = REPRESENTATION('',(#58),#31);
#58 = DESCRIPTIVE_REPRESENTATION_ITEM('constant','chip removal off');
#59 = ACTION_PROPERTY('coolant','',#50);
#60 = ACTION_PROPERTY_REPRESENTATION('','',#59,#61);
#61 = REPRESENTATION('',(#62),#31);
#62 = DESCRIPTIVE_REPRESENTATION_ITEM('constant','coolant on');
```

在上面的示例中,注解的第一行指出这些实例描述一个 Milling_machining_functions 应用对象。括号中,实例#50 被确定为应用对象的 AIM 元素,并且引用路径的开始实例在映射表中给出。

在表 8 中,Milling_machine_functions 的映射表输入要求一个 machining_functions 类型的 AIM 元素,并且引用路径如下所示:

```
machining_functions <=
action_method
{ action_method.description = 'milling' }
```

实例＃50在引用路径的开始是 machining_functions 实例。第二行简单地陈述了 machining_functions 是 action_method 的一个子类型。路径的最后一行陈述了描述属性有一个值“milling”。在实例＃50中，第二个属性(ISO 10303-21 语法中的描述属性)是“milling”。

注解的剩余部分指出应用对象参数和形成映射表中引用路径的 AIM 实例。考虑 Milling_machine_functions 冷却液参数和表 8 的相应引用路径：

```
machining_functions <=
action_method
characterized_action_definition = action_method
characterized_action_definition <-
action_property.definition
{ action_property.name = 'coolant'}
action_property <-
action_property_representation.property
action_property_representation
action_property_representation.representation ->
representation
representation.items[i] ->
representation_item =>
descriptive_representation_item
descriptive_representation_item.description
{ (descriptive_representation_item.description = 'coolant on')
(descriptive_representation_item.description = 'coolant off') }
```

注解指出＃50，＃59，＃60，＃61和＃62描述冷却液参数。实例＃50在引用路径开始时是 machining_functions 实例。＃50被＃59引用，＃59是一个名为“coolant”的行为属性。action_property 被＃60引用，＃60是一个 action_property_representation。＃60引用＃61，＃61是一个表达，这个表达在它的项目集里包括 descriptive_representation_item ＃62。引用路径的最后几行包括描述属性的值是“coolant on”或“coolant off”。在实例＃62中，值是“coolant on”，“coolant on”也在注解的最后记录。实现测试显示，在正常使用下，几乎一个文件中所有的数据都是描述工件外观或刀具路径曲线的几何实例。

人们希望这个注解能帮助使用者理解以下示例的应用对象、映射引用路径和相应的集成表达的使用和结构。

J.3 CC1和CC2示例的加工项目

前两个示例描述一个只有单一工作计划和单一工作步骤的加工项目。工作计划规定铣削单个方块的明确的刀具路径，如图 J.1 所示。

工件是一个底为 100 mm 边长正方形，高为 25 mm 的方块，两边有一个 10 mm 宽乘以 10 mm 高的台阶。毛坯是一个底为 100 mm 边长正方形，高为 25 mm 的方块。原点在零件的底部，背对两个台阶的拐角处。产生一个 20 mm 端铣刀的刀具路径，起点是(0,0,40)。图 J.1 说明了虚线刀具路径规定快速进给，实线刀具路径规定一个 250 mm/min 的进给速度。

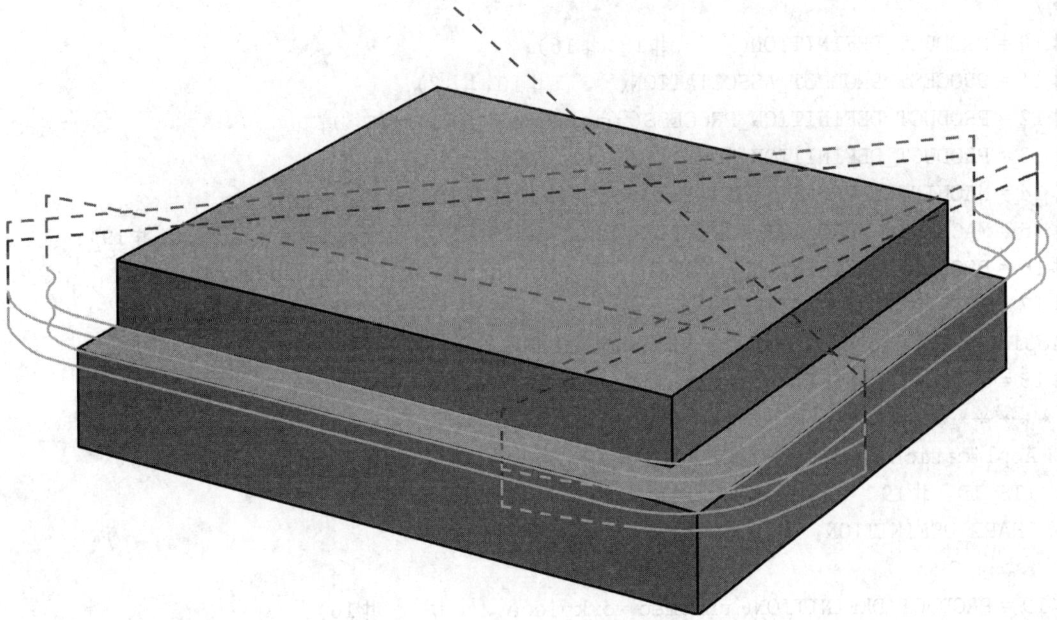

图 J.1 示例工件和刀具路径

J.4 中的示例是一致性类 1 的数据集,并且只包括加工工作计划和刀具路径。J.5 中的示例是一致性类 2 的数据集,并且包括加工工作计划,刀具路径,原件几何和工件几何。

J.4 CC1 示例的数据集

以下示例是 J.3 中描述的项目一致性类 1(CC1)的数据集。它描述带工步的工作规划。这个工步引用一个任意形式的铣削操作,这个铣削操作包括十二个切刀位置刀具路径部分。

```
ISO-10303-21;
HEADER;
FILE_DESCRIPTION(
/* description */ ('AP238 CC1 simple block example'),
/* implementation_level */ '2;1');
FILE_NAME(
/* name */ 'simple_block_cc1',
/* time_stamp */ '2006-07-06T11:54:14-04:00',
/* author */ ('Dave Loffredo (loffredo@steptools.com)'),
/* organization */ (''),
/* preprocessor_version */ 'ST-DEVELOPER v11',
/* originating_system */ 'Various',
/* authorisation */ '');
FILE_SCHEMA (('INTEGRATED_CNC_SCHEMA'));
ENDSEC;
DATA;
/*****************************************************
 * Application object: PROJECT (#10)
 * MAIN_WORKPLAN: #10, #11, #12, #575
 * ITS_ID: #10, #13, #14 ['New Project']
 * ITS_WORKPIECES [*]: #10, #15, #19
```

```
*/
#10 = PRODUCT_DEFINITION('','',#13,#16);
#11 = PROCESS_PRODUCT_ASSOCIATION('','',#10,#12);
#12 = PRODUCT_DEFINITION_PROCESS('machining','',#575,'');
#13 = PRODUCT_DEFINITION_FORMATION('','',#14);
#14 = MACHINING_PROJECT('New Project','',$,(#18));
#15 = MACHINING_PROJECT_WORKPIECE_RELATIONSHIP('','workpiece','',#10,#19);
#16 = PRODUCT_DEFINITION_CONTEXT('CNC Machining',#17,'manufacturing');
#17 = APPLICATION_CONTEXT(
'Application protocol for the exchange of CNC data');
#18 = PRODUCT_CONTEXT('CNC Machining',#17,'manufacturing');
/********************************************************
* Application object: WORKPIECE (#19)
* ITS_ID: #19 ['unnamed workpiece']
* SHAPE_DEFINITION: #19, #20
*/
#19 = PRODUCT_DEFINITION('unnamed workpiece','',#21,#16);
#20 = PRODUCT_DEFINITION_SHAPE('','',#19);
#21 = PRODUCT_DEFINITION_FORMATION('1.0','Workpiece',#22);
#22 = PRODUCT('WP','AP-238 CC1',' ',(#18));
/********************************************************
* Application object: CUTTER_LOCATION_TRAJECTORY (#23)
* ITS_TYPE: #23, #24, #25, #26, #27 ['trajectory path']
* ITS_TECHNOLOGY: #23, #28, #528
* ITS_PRIORITY: #23, #29, #30, #31, #32 ['required']
* RAPID_SPEED: #23, #33, #34, #35, #36 ['true']
* ITS_ID: #23 ['WS 1 TP 1']
* BASICCURVE: #23, #37, #38, #39, #40
*/
#23 = MACHINING_TOOLPATH('WS 1 TP 1','cutter location trajectory','','');
#24 = ACTION_PROPERTY('trajectory type','cutter location trajectory',#23);
#25 = ACTION_PROPERTY_REPRESENTATION('','cutter location trajectory',#24,#26);
#26 = REPRESENTATION('constant',(#27),#41);
#27 = DESCRIPTIVE_REPRESENTATION_ITEM('constant','trajectory path');
#28 = MACHINING_TECHNOLOGY_RELATIONSHIP('','cutter location trajectory',#23,
#528);
#29 = ACTION_PROPERTY('priority','cutter location trajectory',#23);
#30 = ACTION_PROPERTY_REPRESENTATION('','cutter location trajectory',#29,#31);
#31 = REPRESENTATION('constant',(#32),#41);
#32 = DESCRIPTIVE_REPRESENTATION_ITEM('constant','required');
#33 = ACTION_PROPERTY('speed profile','rapid',#23);
#34 = ACTION_PROPERTY_REPRESENTATION('','rapid',#33,#35);
#35 = MACHINING_TOOLPATH_SPEED_PROFILE_REPRESENTATION('',(#36),#41);
#36 = DESCRIPTIVE_REPRESENTATION_ITEM('','rapid');
#37 = ACTION_PROPERTY('basic curve','cutter location trajectory',#23);
#38 = ACTION_PROPERTY_REPRESENTATION('','cutter location trajectory',#37,#39);
#39 = REPRESENTATION('',(#40),#42);
#40 = POLYLINE('basic curve for WS 1 TP 1',(#44,#45,#46));
```

```
#41 = REPRESENTATION_CONTEXT('','units not necessary');
#42 = (
GEOMETRIC_REPRESENTATION_CONTEXT(3)
GLOBAL_UNIT_ASSIGNED_CONTEXT((#554,#551,#558))
REPRESENTATION_CONTEXT('MILLIMETRE DEGREE STERADIAN','')
);
#44 = CARTESIAN_POINT('start point',(0.,0.,40.));
#45 = CARTESIAN_POINT('',(76.6078,112.6997,28.));
#46 = CARTESIAN_POINT('',(76.6078,112.6997,23.));
/**********************************************************
 * Application object: CUTTER_LOCATION_TRAJECTORY (#47)
 * ITS_TYPE: #47, #48, #49, #26, #27 ['trajectory path']
 * ITS_TECHNOLOGY: #47, #50, #537
 * ITS_PRIORITY: #47, #51, #52, #31, #32 ['required']
 * ITS_ID: #47 ['WS 1 TP 2']
 * BASICCURVE: #47, #53, #54, #55, #56
 */
#47 = MACHINING_TOOLPATH('WS 1 TP 2','cutter location trajectory','','');
#48 = ACTION_PROPERTY('trajectory type','cutter location trajectory',#47);
#49 = ACTION_PROPERTY_REPRESENTATION('','cutter location trajectory',#48,#26);
#50 = MACHINING_TECHNOLOGY_RELATIONSHIP('','cutter location trajectory',#47,
#537);
#51 = ACTION_PROPERTY('priority','cutter location trajectory',#47);
#52 = ACTION_PROPERTY_REPRESENTATION('','cutter location trajectory',#51,#31);
#53 = ACTION_PROPERTY('basic curve','cutter location trajectory',#47);
#54 = ACTION_PROPERTY_REPRESENTATION('','cutter location trajectory',#53,#55);
#55 = REPRESENTATION('',(#56),#42);
#56 = COMPOSITE_CURVE('composite curve for WS 1 TP 2',(#57,#61,#69),.F.);
#57 = COMPOSITE_CURVE_SEGMENT(.CONTINUOUS.,.T.,#58);
#58 = POLYLINE('basic curve for WS 1 TP 2',(#46,#59,#60));
#59 = CARTESIAN_POINT('',(76.6078,112.6997,20.));
#60 = CARTESIAN_POINT('',(93.5102,109.6997,20.));
#61 = COMPOSITE_CURVE_SEGMENT(.CONTINUOUS.,.T.,#62);
#62 = TRIMMED_CURVE('Arc for in WS 1 TP 2',#63,(#60),(#68),.F.,.CARTESIAN.);
#63 = CIRCLE('Circle for in WS 1 TP 2',#64,19.8938);
#64 = AXIS2_PLACEMENT_3D('Arc placement for in WS 1 TP 2',#65,#66,#67);
#65 = CARTESIAN_POINT('Arc center for in WS 1 TP 2',(90.0336,90.112,20.));
#66 = DIRECTION('Z direction',(0.,0.,1.));
#67 = DIRECTION('X direction',(1.,0.,0.));
#68 = CARTESIAN_POINT('Arc end for in WS 1 TP 2',(102.0069,105.9992,20.));
#69 = COMPOSITE_CURVE_SEGMENT(.DISCONTINUOUS.,.T.,#70);
#70 = TRIMMED_CURVE('Arc for in WS 1 TP 2',#71,(#68),(#74),.F.,.CARTESIAN.);
#71 = CIRCLE('Circle for in WS 1 TP 2',#72,20.0085);
#72 = AXIS2_PLACEMENT_3D('Arc placement for in WS 1 TP 2',#73,#66,#67);
#73 = CARTESIAN_POINT('Arc center for in WS 1 TP 2',(89.9986,89.9948,20.));
#74 = CARTESIAN_POINT('Arc end for in WS 1 TP 2',(109.6997,93.4889,20.));
/**********************************************************
 * Application object: CUTTER_LOCATION_TRAJECTORY (#75)
```

```
* ITS_TYPE: #75, #76, #77, #26, #27 ['trajectory path']
* ITS_TECHNOLOGY: #75, #78, #537
* ITS_PRIORITY: #75, #79, #80, #31, #32 ['required']
* RAPID_SPEED: #75, #81, #82, #83, #84 ['true']
* ITS_ID: #75 ['WS 1 TP 3']
* BASICCURVE: #75, #85, #86, #87, #88
*/
#75 = MACHINING_TOOLPATH('WS 1 TP 3','cutter location trajectory','','');
#76 = ACTION_PROPERTY('trajectory type','cutter location trajectory',#75);
#77 = ACTION_PROPERTY_REPRESENTATION('','cutter location trajectory',#76,#26);
#78 = MACHINING_TECHNOLOGY_RELATIONSHIP('','cutter location trajectory',#75,
#537);
#79 = ACTION_PROPERTY('priority','cutter location trajectory',#75);
#80 = ACTION_PROPERTY_REPRESENTATION('','cutter location trajectory',#79,#31);
#81 = ACTION_PROPERTY('speed profile','rapid',#75);
#82 = ACTION_PROPERTY_REPRESENTATION('','rapid',#81,#83);
#83 = MACHINING_TOOLPATH_SPEED_PROFILE_REPRESENTATION('',(#84),#41);
#84 = DESCRIPTIVE_REPRESENTATION_ITEM('','rapid');
#85 = ACTION_PROPERTY('basic curve','cutter location trajectory',#75);
#86 = ACTION_PROPERTY_REPRESENTATION('','cutter location trajectory',#85,#87);
#87 = REPRESENTATION('',(#88),#42);
#88 = POLYLINE('basic curve for WS 1 TP 3',(#74,#89,#90,#91,#92,#93));
#89 = CARTESIAN_POINT('',(112.6997,76.5738,20.));
#90 = CARTESIAN_POINT('',(112.6997,76.5738,23.));
#91 = CARTESIAN_POINT('',(112.6997,76.5738,28.));
#92 = CARTESIAN_POINT('',(-12.6979,98.9837,28.));
#93 = CARTESIAN_POINT('',(-12.6979,98.9837,23.));
/*************************************************************
* Application object: CUTTER_LOCATION_TRAJECTORY (#94)
* ITS_TYPE: #94, #95, #96, #26, #27 ['trajectory path']
* ITS_TECHNOLOGY: #94, #97, #537
* ITS_PRIORITY: #94, #98, #99, #31, #32 ['required']
* ITS_ID: #94 ['WS 1 TP 4']
* BASICCURVE: #94, #100, #101, #102, #103
*/
#94 = MACHINING_TOOLPATH('WS 1 TP 4','cutter location trajectory','','');
#95 = ACTION_PROPERTY('trajectory type','cutter location trajectory',#94);
#96 = ACTION_PROPERTY_REPRESENTATION('','cutter location trajectory',#95,#26);
#97 = MACHINING_TECHNOLOGY_RELATIONSHIP('','cutter location trajectory',#94,
#537);
#98 = ACTION_PROPERTY('priority','cutter location trajectory',#94);
#99 = ACTION_PROPERTY_REPRESENTATION('','cutter location trajectory',#98,#31);
#100 = ACTION_PROPERTY('basic curve','cutter location trajectory',#94);
#101 = ACTION_PROPERTY_REPRESENTATION('','cutter location trajectory',#100,
#102);
#102 = REPRESENTATION('',(#103),#42);
#103 = COMPOSITE_CURVE('composite curve for WS 1 TP 4',(#104,#108,#114,#120,
#126,#132,#137,#143),.F.);
```

```
#104 = COMPOSITE_CURVE_SEGMENT(.CONTINUOUS.,.T.,#105);
#105 = POLYLINE('basic curve for WS 1 TP 4',(#93,#106,#107));
#106 = CARTESIAN_POINT('',(-12.6979,98.9837,20.));
#107 = CARTESIAN_POINT('',(-9.5374,101.5877,20.));
#108 = COMPOSITE_CURVE_SEGMENT(.CONTINUOUS.,.T.,#109);
#109 = TRIMMED_CURVE('Arc for in WS 1 TP 4',#110,(#107),(#113),.F.,.CARTESIAN.);
#110 = CIRCLE('Circle for in WS 1 TP 4',#111,14.9775);
#111 = AXIS2_PLACEMENT_3D('Arc placement for in WS 1 TP 4',#112,#66,#67);
#112 = CARTESIAN_POINT('Arc center for in WS 1 TP 4',(-0.0136,90.028,20.));
#113 = CARTESIAN_POINT('Arc end for in WS 1 TP 4',(-1.9146,104.8844,20.));
#114 = COMPOSITE_CURVE_SEGMENT(.CONTINUOUS.,.T.,#115);
#115 = POLYLINE('basic curve for WS 1 TP 4',(#113,#116,#117,#118,#119));
#116 = CARTESIAN_POINT('',(-1.7697,104.9029,20.));
#117 = CARTESIAN_POINT('',(-0.3611,105.0001,20.));
#118 = CARTESIAN_POINT('',(90.4542,105.0001,20.));
#119 = CARTESIAN_POINT('',(90.539,104.9972,20.));
#120 = COMPOSITE_CURVE_SEGMENT(.CONTINUOUS.,.T.,#121);
#121 = TRIMMED_CURVE('Arc for in WS 1 TP 4',#122,(#119),(#125),.F.,.CARTESIAN.);
#122 = CIRCLE('Circle for in WS 1 TP 4',#123,14.8938);
#123 = AXIS2_PLACEMENT_3D('Arc placement for in WS 1 TP 4',#124,#66,#67);
#124 = CARTESIAN_POINT('Arc center for in WS 1 TP 4',(90.0336,90.112,20.));
#125 = CARTESIAN_POINT('Arc end for in WS 1 TP 4',(99.0019,102.003,20.));
#126 = COMPOSITE_CURVE_SEGMENT(.CONTINUOUS.,.T.,#127);
#127 = TRIMMED_CURVE('Arc for in WS 1 TP 4',#128,(#125),(#131),.F.,.CARTESIAN.);
#128 = CIRCLE('Circle for in WS 1 TP 4',#129,15.0085);
#129 = AXIS2_PLACEMENT_3D('Arc placement for in WS 1 TP 4',#130,#66,#67);
#130 = CARTESIAN_POINT('Arc center for in WS 1 TP 4',(89.9986,89.9948,20.));
#131 = CARTESIAN_POINT('Arc end for in WS 1 TP 4',(104.9966,90.5564,20.));
#132 = COMPOSITE_CURVE_SEGMENT(.CONTINUOUS.,.T.,#133);
#133 = POLYLINE('basic curve for WS 1 TP 4',(#131,#134,#135,#136));
#134 = CARTESIAN_POINT('',(105.0001,90.4629,20.));
#135 = CARTESIAN_POINT('',(105.0001,-0.2221,20.));
#136 = CARTESIAN_POINT('',(104.9997,-0.2552,20.));
#137 = COMPOSITE_CURVE_SEGMENT(.CONTINUOUS.,.T.,#138);
#138 = TRIMMED_CURVE('Arc for in WS 1 TP 4',#139,(#136),(#142),.F.,.CARTESIAN.);
#139 = CIRCLE('Circle for in WS 1 TP 4',#140,14.8411);
#140 = AXIS2_PLACEMENT_3D('Arc placement for in WS 1 TP 4',#141,#66,#67);
#141 = CARTESIAN_POINT('Arc center for in WS 1 TP 4',(90.1599,-0.0584,20.));
#142 = CARTESIAN_POINT('Arc end for in WS 1 TP 4',(102.0037,-9.0016,20.));
#143 = COMPOSITE_CURVE_SEGMENT(.DISCONTINUOUS.,.T.,#144);
#144 = TRIMMED_CURVE('Arc for in WS 1 TP 4',#145,(#142),(#148),.F.,.CARTESIAN.);
#145 = CIRCLE('Circle for in WS 1 TP 4',#146,14.9146);
#146 = AXIS2_PLACEMENT_3D('Arc placement for in WS 1 TP 4',#147,#66,#67);
#147 = CARTESIAN_POINT('Arc center for in WS 1 TP 4',(90.0613,-0.0673,20.));
#148 = CARTESIAN_POINT('Arc end for in WS 1 TP 4',(101.5829,-9.5381,20.));
/*************************************************************
* Application object: CUTTER_LOCATION_TRAJECTORY (#149)
* ITS_TYPE: #149, #150, #151, #26, #27 ['trajectory path']
```

```
* ITS_TECHNOLOGY: #149, #152, #537
* ITS_PRIORITY: #149, #153, #154, #31, #32 ['required']
* RAPID_SPEED: #149, #155, #156, #157, #158 ['true']
* ITS_ID: #149 ['WS 1 TP 5']
* BASICCURVE: #149, #159, #160, #161, #162
*/
#149 = MACHINING_TOOLPATH('WS 1 TP 5','cutter location trajectory','','');
#150 = ACTION_PROPERTY('trajectory type','cutter location trajectory',#149);
#151 = ACTION_PROPERTY_REPRESENTATION('','cutter location trajectory',#150,
#26);
#152 = MACHINING_TECHNOLOGY_RELATIONSHIP('','cutter location trajectory',#149,
#537);
#153 = ACTION_PROPERTY('priority','cutter location trajectory',#149);
#154 = ACTION_PROPERTY_REPRESENTATION('','cutter location trajectory',#153,
#31);
#155 = ACTION_PROPERTY('speed profile','rapid',#149);
#156 = ACTION_PROPERTY_REPRESENTATION('','rapid',#155,#157);
#157 = MACHINING_TOOLPATH_SPEED_PROFILE_REPRESENTATION('',(#158),#41);
#158 = DESCRIPTIVE_REPRESENTATION_ITEM('','rapid');
#159 = ACTION_PROPERTY('basic curve','cutter location trajectory',#149);
#160 = ACTION_PROPERTY_REPRESENTATION('','cutter location trajectory',#159,
#161);
#161 = REPRESENTATION('',(#162),#42);
#162 = POLYLINE('basic curve for WS 1 TP 5',(#148,#163,#164,#165,#166,#167));
#163 = CARTESIAN_POINT('',(98.9855,-12.6979,20.));
#164 = CARTESIAN_POINT('',(98.9855,-12.6979,23.));
#165 = CARTESIAN_POINT('',(98.9855,-12.6979,28.));
#166 = CARTESIAN_POINT('',(-12.9971,88.1,28.));
#167 = CARTESIAN_POINT('',(-12.9971,88.1,23.));
/*****************************************************
* Application object: CUTTER_LOCATION_TRAJECTORY (#168)
* ITS_TYPE: #168, #169, #170, #26, #27 ['trajectory path']
* ITS_TECHNOLOGY: #168, #171, #537
* ITS_PRIORITY: #168, #172, #173, #31, #32 ['required']
* ITS_ID: #168 ['WS 1 TP 6']
* BASICCURVE: #168, #174, #175, #176, #177
*/
#168 = MACHINING_TOOLPATH('WS 1 TP 6','cutter location trajectory','','');
#169 = ACTION_PROPERTY('trajectory type','cutter location trajectory',#168);
#170 = ACTION_PROPERTY_REPRESENTATION('','cutter location trajectory',#169,
#26);
#171 = MACHINING_TECHNOLOGY_RELATIONSHIP('','cutter location trajectory',#168,
#537);
#172 = ACTION_PROPERTY('priority','cutter location trajectory',#168);
#173 = ACTION_PROPERTY_REPRESENTATION('','cutter location trajectory',#172,
#31);
#174 = ACTION_PROPERTY('basic curve','cutter location trajectory',#168);
#175 = ACTION_PROPERTY_REPRESENTATION('','cutter location trajectory',#174,
```

```
#176);
#176=REPRESENTATION('',(#177),#42);
#177=COMPOSITE_CURVE('composite curve for WS 1 TP 6',(#178,#181,#187,#193,
#199,#203,#209,#215,#218,#224,#230,#236),.F.);
#178=COMPOSITE_CURVE_SEGMENT(.CONTINUOUS.,.T.,#179);
#179=POLYLINE('basic curve for WS 1 TP 6',(#167,#180));
#180=CARTESIAN_POINT('',(-12.9971,88.1,20.));
#181=COMPOSITE_CURVE_SEGMENT(.CONTINUOUS.,.T.,#182);
#182=TRIMMED_CURVE('Arc for in WS 1 TP 6',#183,(#180),(#186),.T.,.CARTESIAN.);
#183=CIRCLE('Circle for in WS 1 TP 6',#184,7.);
#184=AXIS2_PLACEMENT_3D('Arc placement for in WS 1 TP 6',#185,#66,#67);
#185=CARTESIAN_POINT('Arc center for in WS 1 TP 6',(-16.4813,94.1712,20.));
#186=CARTESIAN_POINT('Arc end for in WS 1 TP 6',(-9.6979,92.4432,20.));
#187=COMPOSITE_CURVE_SEGMENT(.CONTINUOUS.,.T.,#188);
#188=TRIMMED_CURVE('Arc for in WS 1 TP 6',#189,(#186),(#192),.F.,.CARTESIAN.);
#189=CIRCLE('Circle for in WS 1 TP 6',#190,10.2831);
#190=AXIS2_PLACEMENT_3D('Arc placement for in WS 1 TP 6',#191,#66,#67);
#191=CARTESIAN_POINT('Arc center for in WS 1 TP 6',(0.2669,89.9048,20.));
#192=CARTESIAN_POINT('Arc end for in WS 1 TP 6',(-8.8119,94.7336,20.));
#193=COMPOSITE_CURVE_SEGMENT(.CONTINUOUS.,.T.,#194);
#194=TRIMMED_CURVE('Arc for in WS 1 TP 6',#195,(#192),(#198),.F.,.CARTESIAN.);
#195=CIRCLE('Circle for in WS 1 TP 6',#196,9.9775);
#196=AXIS2_PLACEMENT_3D('Arc placement for in WS 1 TP 6',#197,#66,#67);
#197=CARTESIAN_POINT('Arc center for in WS 1 TP 6',(-0.0136,90.028,20.));
#198=CARTESIAN_POINT('Arc end for in WS 1 TP 6',(-1.28,99.9248,20.));
#199=COMPOSITE_CURVE_SEGMENT(.CONTINUOUS.,.T.,#200);
#200=POLYLINE('basic curve for WS 1 TP 6',(#198,#201,#202));
#201=CARTESIAN_POINT('',(-0.1889,100.0001,20.));
#202=CARTESIAN_POINT('',(90.3693,100.0001,20.));
#203=COMPOSITE_CURVE_SEGMENT(.CONTINUOUS.,.T.,#204);
#204=TRIMMED_CURVE('Arc for in WS 1 TP 6',#205,(#202),(#208),.F.,.CARTESIAN.);
#205=CIRCLE('Circle for in WS 1 TP 6',#206,9.8938);
#206=AXIS2_PLACEMENT_3D('Arc placement for in WS 1 TP 6',#207,#66,#67);
#207=CARTESIAN_POINT('Arc center for in WS 1 TP 6',(90.0336,90.112,20.));
#208=CARTESIAN_POINT('Arc end for in WS 1 TP 6',(95.9968,98.0068,20.));
#209=COMPOSITE_CURVE_SEGMENT(.CONTINUOUS.,.T.,#210);
#210=TRIMMED_CURVE('Arc for in WS 1 TP 6',#211,(#208),(#214),.F.,.CARTESIAN.);
#211=CIRCLE('Circle for in WS 1 TP 6',#212,10.0085);
#212=AXIS2_PLACEMENT_3D('Arc placement for in WS 1 TP 6',#213,#66,#67);
#213=CARTESIAN_POINT('Arc center for in WS 1 TP 6',(89.9986,89.9948,20.));
#214=CARTESIAN_POINT('Arc end for in WS 1 TP 6',(100.0001,90.3693,20.));
#215=COMPOSITE_CURVE_SEGMENT(.CONTINUOUS.,.T.,#216);
#216=POLYLINE('basic curve for WS 1 TP 6',(#214,#217));
#217=CARTESIAN_POINT('',(100.0001,-0.1889,20.));
#218=COMPOSITE_CURVE_SEGMENT(.CONTINUOUS.,.T.,#219);
#219=TRIMMED_CURVE('Arc for in WS 1 TP 6',#220,(#217),(#223),.F.,.CARTESIAN.);
#220=CIRCLE('Circle for in WS 1 TP 6',#221,9.8411);
#221=AXIS2_PLACEMENT_3D('Arc placement for in WS 1 TP 6',#222,#66,#67);
```

```
#222 = CARTESIAN_POINT('Arc center for in WS 1 TP 6',(90.1599,-0.0584,20.));
#223 = CARTESIAN_POINT('Arc end for in WS 1 TP 6',(98.0068,-5.9975,20.));
#224 = COMPOSITE_CURVE_SEGMENT(.CONTINUOUS.,.T.,#225);
#225 = TRIMMED_CURVE('Arc for in WS 1 TP 6',#226,(#223),(#229),.F.,.CARTESIAN.);
#226 = CIRCLE('Circle for in WS 1 TP 6',#227,9.9146);
#227 = AXIS2_PLACEMENT_3D('Arc placement for in WS 1 TP 6',#228,#66,#67);
#228 = CARTESIAN_POINT('Arc center for in WS 1 TP 6',(90.0613,-0.0673,20.));
#229 = CARTESIAN_POINT('Arc end for in WS 1 TP 6',(94.7336,-8.8119,20.));
#230 = COMPOSITE_CURVE_SEGMENT(.CONTINUOUS.,.T.,#231);
#231 = TRIMMED_CURVE('Arc for in WS 1 TP 6',#232,(#229),(#235),.F.,.CARTESIAN.);
#232 = CIRCLE('Circle for in WS 1 TP 6',#233,9.6195);
#233 = AXIS2_PLACEMENT_3D('Arc placement for in WS 1 TP 6',#234,#66,#67);
#234 = CARTESIAN_POINT('Arc center for in WS 1 TP 6',(90.1227,-0.3694,20.));
#235 = CARTESIAN_POINT('Arc end for in WS 1 TP 6',(92.4709,-9.6979,20.));
#236 = COMPOSITE_CURVE_SEGMENT(.DISCONTINUOUS.,.T.,#237);
#237 = TRIMMED_CURVE('Arc for in WS 1 TP 6',#238,(#235),(#241),.T.,.CARTESIAN.);
#238 = CIRCLE('Circle for in WS 1 TP 6',#239,7.);
#239 = AXIS2_PLACEMENT_3D('Arc placement for in WS 1 TP 6',#240,#66,#67);
#240 = CARTESIAN_POINT('Arc center for in WS 1 TP 6',(94.1797,-16.4862,20.));
#241 = CARTESIAN_POINT('Arc end for in WS 1 TP 6',(87.6325,-14.0095,20.));
/*************************************************
 * Application object: CUTTER_LOCATION_TRAJECTORY (#242)
 * ITS_TYPE: #242, #243, #244, #26, #27 ['trajectory path']
 * ITS_TECHNOLOGY: #242, #245, #537
 * ITS_PRIORITY: #242, #246, #247, #31, #32 ['required']
 * RAPID_SPEED: #242, #248, #249, #250, #251 ['true']
 * ITS_ID: #242 ['WS 1 TP 7']
 * BASICCURVE: #242, #252, #253, #254, #255
 */
#242 = MACHINING_TOOLPATH('WS 1 TP 7','cutter location trajectory','','');
#243 = ACTION_PROPERTY('trajectory type','cutter location trajectory',#242);
#244 = ACTION_PROPERTY_REPRESENTATION('','cutter location trajectory',#243,
#26);
#245 = MACHINING_TECHNOLOGY_RELATIONSHIP('','cutter location trajectory',#242,
#537);
#246 = ACTION_PROPERTY('priority','cutter location trajectory',#242);
#247 = ACTION_PROPERTY_REPRESENTATION('','cutter location trajectory',#246,
#31);
#248 = ACTION_PROPERTY('speed profile','rapid',#242);
#249 = ACTION_PROPERTY_REPRESENTATION('','rapid',#248,#250);
#250 = MACHINING_TOOLPATH_SPEED_PROFILE_REPRESENTATION('',(#251),#41);
#251 = DESCRIPTIVE_REPRESENTATION_ITEM('','rapid');
#252 = ACTION_PROPERTY('basic curve','cutter location trajectory',#242);
#253 = ACTION_PROPERTY_REPRESENTATION('','cutter location trajectory',#252,
#254);
#254 = REPRESENTATION('',(#255),#42);
#255 = POLYLINE('basic curve for WS 1 TP 7',(#241,#256,#257,#258,#259,#260));
#256 = CARTESIAN_POINT('',(87.6325,-14.0095,23.));
```

```
#257=CARTESIAN_POINT('',(87.6325,-14.0095,31.));
#258=CARTESIAN_POINT('',(76.7996,112.6997,31.));
#259=CARTESIAN_POINT('',(76.7996,112.6997,23.));
#260=CARTESIAN_POINT('',(76.7996,112.6997,18.));
/*****************************************************
* Application object: CUTTER_LOCATION_TRAJECTORY (#261)
* ITS_TYPE: #261, #262, #263, #26, #27 ['trajectory path']
* ITS_TECHNOLOGY: #261, #264, #537
* ITS_PRIORITY: #261, #265, #266, #31, #32 ['required']
* ITS_ID: #261 ['WS 1 TP 8']
* BASICCURVE: #261, #267, #268, #269, #270
*/
#261=MACHINING_TOOLPATH('WS 1 TP 8','cutter location trajectory','','');
#262=ACTION_PROPERTY('trajectory type','cutter location trajectory',#261);
#263=ACTION_PROPERTY_REPRESENTATION('','cutter location trajectory',#262,
#26);
#264=MACHINING_TECHNOLOGY_RELATIONSHIP('','cutter location trajectory',#261,
#537);
#265=ACTION_PROPERTY('priority','cutter location trajectory',#261);
#266=ACTION_PROPERTY_REPRESENTATION('','cutter location trajectory',#265,
#31);
#267=ACTION_PROPERTY('basic curve','cutter location trajectory',#261);
#268=ACTION_PROPERTY_REPRESENTATION('','cutter location trajectory',#267,
#269);
#269=REPRESENTATION('',(#270),#42);
#270=COMPOSITE_CURVE('composite curve for WS 1 TP 8',(#271,#275,#281,#285,
#291,#295),.F.);
#271=COMPOSITE_CURVE_SEGMENT(.CONTINUOUS.,.T.,#272);
#272=POLYLINE('basic curve for WS 1 TP 8',(#260,#273,#274));
#273=CARTESIAN_POINT('',(76.7996,112.6997,15.));
#274=CARTESIAN_POINT('',(93.5151,109.6997,15.));
#275=COMPOSITE_CURVE_SEGMENT(.CONTINUOUS.,.T.,#276);
#276=TRIMMED_CURVE('Arc for in WS 1 TP 8',#277,(#274),(#280),.F.,.CARTESIAN.);
#277=CIRCLE('Circle for in WS 1 TP 8',#278,20.0969);
#278=AXIS2_PLACEMENT_3D('Arc placement for in WS 1 TP 8',#279,#66,#67);
#279=CARTESIAN_POINT('Arc center for in WS 1 TP 8',(89.9649,89.9188,15.));
#280=CARTESIAN_POINT('Arc end for in WS 1 TP 8',(101.6281,106.2851,15.));
#281=COMPOSITE_CURVE_SEGMENT(.CONTINUOUS.,.T.,#282);
#282=POLYLINE('basic curve for WS 1 TP 8',(#280,#283,#284));
#283=CARTESIAN_POINT('',(101.6318,106.2824,15.));
#284=CARTESIAN_POINT('',(101.6356,106.2798,15.));
#285=COMPOSITE_CURVE_SEGMENT(.CONTINUOUS.,.T.,#286);
#286=TRIMMED_CURVE('Arc for in WS 1 TP 8',#287,(#284),(#290),.F.,.CARTESIAN.);
#287=CIRCLE('Circle for in WS 1 TP 8',#288,19.9541);
#288=AXIS2_PLACEMENT_3D('Arc placement for in WS 1 TP 8',#289,#66,#67);
#289=CARTESIAN_POINT('Arc center for in WS 1 TP 8',(90.0404,90.0404,15.));
#290=CARTESIAN_POINT('Arc end for in WS 1 TP 8',(107.6374,99.4484,15.));
#291=COMPOSITE_CURVE_SEGMENT(.CONTINUOUS.,.T.,#292);
```

```
#292 = POLYLINE('basic curve for WS 1 TP 8',(#290,#293,#294));
#293 = CARTESIAN_POINT('',(107.6398,99.4439,15.));
#294 = CARTESIAN_POINT('',(107.6422,99.4394,15.));
#295 = COMPOSITE_CURVE_SEGMENT(.DISCONTINUOUS.,.T.,#296);
#296 = TRIMMED_CURVE('Arc for in WS 1 TP 8',#297,(#294),(#300),.F.,.CARTESIAN.);
#297 = CIRCLE('Circle for in WS 1 TP 8',#298,20.1824);
#298 = AXIS2_PLACEMENT_3D('Arc placement for in WS 1 TP 8',#299,#66,#67);
#299 = CARTESIAN_POINT('Arc center for in WS 1 TP 8',(89.8342,89.9419,15.));
#300 = CARTESIAN_POINT('Arc end for in WS 1 TP 8',(109.6997,93.5045,15.));
/*************************************************************
 * Application object: CUTTER_LOCATION_TRAJECTORY (#301)
 * ITS_TYPE: #301, #302, #303, #26, #27 ['trajectory path']
 * ITS_TECHNOLOGY: #301, #304, #537
 * ITS_PRIORITY: #301, #305, #306, #31, #32 ['required']
 * RAPID_SPEED: #301, #307, #308, #309, #310 ['true']
 * ITS_ID: #301 ['WS 1 TP 9']
 * BASICCURVE: #301, #311, #312, #313, #314
 */
#301 = MACHINING_TOOLPATH('WS 1 TP 9','cutter location trajectory','','');
#302 = ACTION_PROPERTY('trajectory type','cutter location trajectory',#301);
#303 = ACTION_PROPERTY_REPRESENTATION('','cutter location trajectory',#302,
#26);
#304 = MACHINING_TECHNOLOGY_RELATIONSHIP('','cutter location trajectory',#301,
#537);
#305 = ACTION_PROPERTY('priority','cutter location trajectory',#301);
#306 = ACTION_PROPERTY_REPRESENTATION('','cutter location trajectory',#305,
#31);
#307 = ACTION_PROPERTY('speed profile','rapid',#301);
#308 = ACTION_PROPERTY_REPRESENTATION('','rapid',#307,#309);
#309 = MACHINING_TOOLPATH_SPEED_PROFILE_REPRESENTATION('',(#310),#41);
#310 = DESCRIPTIVE_REPRESENTATION_ITEM('','rapid');
#311 = ACTION_PROPERTY('basic curve','cutter location trajectory',#301);
#312 = ACTION_PROPERTY_REPRESENTATION('','cutter location trajectory',#311,
#313);
#313 = REPRESENTATION('',(#314),#42);
#314 = POLYLINE('basic curve for WS 1 TP 9',(#300,#315,#316,#317,#318,#319,
#320));
#315 = CARTESIAN_POINT('',(112.6997,76.7764,15.));
#316 = CARTESIAN_POINT('',(112.6997,76.7764,18.));
#317 = CARTESIAN_POINT('',(112.6997,76.7764,31.));
#318 = CARTESIAN_POINT('',(-12.6979,98.9932,31.));
#319 = CARTESIAN_POINT('',(-12.6979,98.9932,23.));
#320 = CARTESIAN_POINT('',(-12.6979,98.9932,18.));
/*************************************************************
 * Application object: CUTTER_LOCATION_TRAJECTORY (#321)
 * ITS_TYPE: #321, #322, #323, #26, #27 ['trajectory path']
 * ITS_TECHNOLOGY: #321, #324, #537
 * ITS_PRIORITY: #321, #325, #326, #31, #32 ['required']
```

```
* ITS_ID: #321 ['WS 1 TP 10']
* BASICCURVE: #321, #327, #328, #329, #330
*/
#321 = MACHINING_TOOLPATH('WS 1 TP 10','cutter location trajectory','','');
#322 = ACTION_PROPERTY('trajectory type','cutter location trajectory',#321);
#323 = ACTION_PROPERTY_REPRESENTATION('','cutter location trajectory',#322,
#26);
#324 = MACHINING_TECHNOLOGY_RELATIONSHIP('','cutter location trajectory',#321,
#537);
#325 = ACTION_PROPERTY('priority','cutter location trajectory',#321);
#326 = ACTION_PROPERTY_REPRESENTATION('','cutter location trajectory',#325,
#31);
#327 = ACTION_PROPERTY('basic curve','cutter location trajectory',#321);
#328 = ACTION_PROPERTY_REPRESENTATION('','cutter location trajectory',#327,
#329);
#329 = REPRESENTATION('',(#330),#42);
#330 = COMPOSITE_CURVE('composite curve for WS 1 TP 10',(#331,#335,#341,#347,
#353,#357,#363,#367,#373,#378,#384),.F.);
#331 = COMPOSITE_CURVE_SEGMENT(.CONTINUOUS.,.T.,#332);
#332 = POLYLINE('basic curve for WS 1 TP 10',(#320,#333,#334));
#333 = CARTESIAN_POINT('',(-12.6979,98.9932,15.));
#334 = CARTESIAN_POINT('',(-9.5364,101.5958,15.));
#335 = COMPOSITE_CURVE_SEGMENT(.CONTINUOUS.,.T.,#336);
#336 = TRIMMED_CURVE('Arc for in WS 1 TP
10',#337,(#334),(#340),.F.,.CARTESIAN.);
#337 = CIRCLE('Circle for in WS 1 TP 10',#338,14.9952);
#338 = AXIS2_PLACEMENT_3D('Arc placement for in WS 1 TP 10',#339,#66,#67);
#339 = CARTESIAN_POINT('Arc center for in WS 1 TP 10',(-0.0061,90.0187,15.));
#340 = CARTESIAN_POINT('Arc end for in WS 1 TP 10',(-1.9172,104.8916,15.));
#341 = COMPOSITE_CURVE_SEGMENT(.CONTINUOUS.,.T.,#342);
#342 = POLYLINE('basic curve for WS 1 TP 10',(#340,#343,#344,#345,#346));
#343 = CARTESIAN_POINT('',(-1.771,104.9104,15.));
#344 = CARTESIAN_POINT('',(-0.3611,105.0076,15.));
#345 = CARTESIAN_POINT('',(90.4695,105.0076,15.));
#346 = CARTESIAN_POINT('',(90.5696,105.0036,15.));
#347 = COMPOSITE_CURVE_SEGMENT(.CONTINUOUS.,.T.,#348);
#348 = TRIMMED_CURVE('Arc for in WS 1 TP
10',#349,(#346),(#352),.F.,.CARTESIAN.);
#349 = CIRCLE('Circle for in WS 1 TP 10',#350,15.0969);
#350 = AXIS2_PLACEMENT_3D('Arc placement for in WS 1 TP 10',#351,#66,#67);
#351 = CARTESIAN_POINT('Arc center for in WS 1 TP 10',(89.9649,89.9188,15.));
#352 = CARTESIAN_POINT('Arc end for in WS 1 TP 10',(98.7264,102.2132,15.));
#353 = COMPOSITE_CURVE_SEGMENT(.CONTINUOUS.,.T.,#354);
#354 = POLYLINE('basic curve for WS 1 TP 10',(#352,#355,#356));
#355 = CARTESIAN_POINT('',(98.7282,102.2119,15.));
#356 = CARTESIAN_POINT('',(98.7301,102.2106,15.));
#357 = COMPOSITE_CURVE_SEGMENT(.CONTINUOUS.,.T.,#358);
#358 = TRIMMED_CURVE('Arc for in WS 1 TP
```

```
10´,#359,(#356),(#362),.F.,.CARTESIAN.);
#359 = CIRCLE(´Circle for in WS 1 TP 10´,#360,14.9541);
#360 = AXIS2_PLACEMENT_3D(´Arc placement for in WS 1 TP 10´,#361,#66,#67);
#361 = CARTESIAN_POINT(´Arc center for in WS 1 TP 10´,(90.0404,90.0404,15.));
#362 = CARTESIAN_POINT(´Arc end for in WS 1 TP 10´,(103.228,97.091,15.));
#363 = COMPOSITE_CURVE_SEGMENT(.CONTINUOUS.,.T.,#364);
#364 = POLYLINE(´basic curve for WS 1 TP 10´,(#362,#365,#366));
#365 = CARTESIAN_POINT(´´,(103.2292,97.0888,15.));
#366 = CARTESIAN_POINT(´´,(103.2304,97.0865,15.));
#367 = COMPOSITE_CURVE_SEGMENT(.CONTINUOUS.,.T.,#368);
#368 = TRIMMED_CURVE(´Arc for in WS 1 TP
10´,#369,(#366),(#372),.F.,.CARTESIAN.);
#369 = CIRCLE(´Circle for in WS 1 TP 10´,#370,15.1824);
#370 = AXIS2_PLACEMENT_3D(´Arc placement for in WS 1 TP 10´,#371,#66,#67);
#371 = CARTESIAN_POINT(´Arc center for in WS 1 TP 10´,(89.8342,89.9419,15.));
#372 = CARTESIAN_POINT(´Arc end for in WS 1 TP 10´,(105.0032,90.5792,15.));
#373 = COMPOSITE_CURVE_SEGMENT(.CONTINUOUS.,.T.,#374);
#374 = POLYLINE(´basic curve for WS 1 TP 10´,(#372,#375,#376,#377));
#375 = CARTESIAN_POINT(´´,(105.0076,90.4743,15.));
#376 = CARTESIAN_POINT(´´,(105.0076,-0.222,15.));
#377 = CARTESIAN_POINT(´´,(105.0072,-0.255,15.));
#378 = COMPOSITE_CURVE_SEGMENT(.CONTINUOUS.,.T.,#379);
#379 = TRIMMED_CURVE(´Arc for in WS 1 TP
10´,#380,(#377),(#383),.F.,.CARTESIAN.);
#380 = CIRCLE(´Circle for in WS 1 TP 10´,#381,14.8322);
#381 = AXIS2_PLACEMENT_3D(´Arc placement for in WS 1 TP 10´,#382,#66,#67);
#382 = CARTESIAN_POINT(´Arc center for in WS 1 TP 10´,(90.1763,-0.059,15.));
#383 = CARTESIAN_POINT(´Arc end for in WS 1 TP 10´,(101.9997,-9.0144,15.));
#384 = COMPOSITE_CURVE_SEGMENT(.DISCONTINUOUS.,.T.,#385);
#385 = TRIMMED_CURVE(´Arc for in WS 1 TP
10´,#386,(#383),(#389),.F.,.CARTESIAN.);
#386 = CIRCLE(´Circle for in WS 1 TP 10´,#387,14.9841);
#387 = AXIS2_PLACEMENT_3D(´Arc placement for in WS 1 TP 10´,#388,#66,#67);
#388 = CARTESIAN_POINT(´Arc center for in WS 1 TP 10´,(90.012,-0.0245,15.));
#389 = CARTESIAN_POINT(´Arc end for in WS 1 TP 10´,(101.589,-9.5375,15.));
/*****************************************************
* Application object: CUTTER_LOCATION_TRAJECTORY (#390)
* ITS_TYPE: #390, #391, #392, #26, #27 [´trajectory path´]
* ITS_TECHNOLOGY: #390, #393, #537
* ITS_PRIORITY: #390, #394, #395, #31, #32 [´required´]
* RAPID_SPEED: #390, #396, #397, #398, #399 [´true´]
* ITS_ID: #390 [´WS 1 TP 11´]
* BASICCURVE: #390, #400, #401, #402, #403
*/
#390 = MACHINING_TOOLPATH(´WS 1 TP 11´,´cutter location trajectory´,´´,´´);
#391 = ACTION_PROPERTY(´trajectory type´,´cutter location trajectory´,#390);
#392 = ACTION_PROPERTY_REPRESENTATION(´´,´cutter location trajectory´,#391,
#26);
```

```
#393 = MACHINING_TECHNOLOGY_RELATIONSHIP('','cutter location trajectory',#390,
#537);
#394 = ACTION_PROPERTY('priority','cutter location trajectory',#390);
#395 = ACTION_PROPERTY_REPRESENTATION('','cutter location trajectory',#394,
#31);
#396 = ACTION_PROPERTY('speed profile','rapid',#390);
#397 = ACTION_PROPERTY_REPRESENTATION('','rapid',#396,#398);
#398 = MACHINING_TOOLPATH_SPEED_PROFILE_REPRESENTATION('',(#399),#41);
#399 = DESCRIPTIVE_REPRESENTATION_ITEM('','rapid');
#400 = ACTION_PROPERTY('basic curve','cutter location trajectory',#390);
#401 = ACTION_PROPERTY_REPRESENTATION('','cutter location trajectory',#400,
#402);
#402 = REPRESENTATION('',(#403),#42);
#403 = POLYLINE('basic curve for WS 1 TP 11',(#389,#404,#405,#406,#407,#408,
#409));
#404 = CARTESIAN_POINT('',(98.992,-12.6979,15.));
#405 = CARTESIAN_POINT('',(98.992,-12.6979,18.));
#406 = CARTESIAN_POINT('',(98.992,-12.6979,31.));
#407 = CARTESIAN_POINT('',(-12.9934,87.8423,31.));
#408 = CARTESIAN_POINT('',(-12.9934,87.8423,23.));
#409 = CARTESIAN_POINT('',(-12.9934,87.8423,18.));
/**********************************************************
* Application object: CUTTER_LOCATION_TRAJECTORY (#410)
* ITS_TYPE: #410, #411, #412, #26, #27 ['trajectory path']
* ITS_TECHNOLOGY: #410, #413, #537
* ITS_PRIORITY: #410, #414, #415, #31, #32 ['required']
* ITS_ID: #410 ['WS 1 TP 12']
* BASICCURVE: #410, #416, #417, #418, #419
*/
#410 = MACHINING_TOOLPATH('WS 1 TP 12','cutter location trajectory','','');
#411 = ACTION_PROPERTY('trajectory type','cutter location trajectory',#410);
#412 = ACTION_PROPERTY_REPRESENTATION('','cutter location trajectory',#411,
#26);
#413 = MACHINING_TECHNOLOGY_RELATIONSHIP('','cutter location trajectory',#410,
#537);
#414 = ACTION_PROPERTY('priority','cutter location trajectory',#410);
#415 = ACTION_PROPERTY_REPRESENTATION('','cutter location trajectory',#414,
#31);
#416 = ACTION_PROPERTY('basic curve','cutter location trajectory',#410);
#417 = ACTION_PROPERTY_REPRESENTATION('','cutter location trajectory',#416,
#418);
#418 = REPRESENTATION('',(#419),#42);
#419 = COMPOSITE_CURVE('composite curve for WS 1 TP 12',(#420,#423,#429,#434,
#440,#444,#450,#456,#462,#465,#471,#477),.F.);
#420 = COMPOSITE_CURVE_SEGMENT(.CONTINUOUS.,.T.,#421);
#421 = POLYLINE('basic curve for WS 1 TP 12',(#409,#422));
#422 = CARTESIAN_POINT('',(-12.9934,87.8423,15.));
#423 = COMPOSITE_CURVE_SEGMENT(.CONTINUOUS.,.T.,#424);
```

```
#424 = TRIMMED_CURVE('Arc for in WS 1 TP
12',#425,(#422),(#428),.T.,.CARTESIAN.);
#425 = CIRCLE('Circle for in WS 1 TP 12',#426,7.);
#426 = AXIS2_PLACEMENT_3D('Arc placement for in WS 1 TP 12',#427,#66,#67);
#427 = CARTESIAN_POINT('Arc center for in WS 1 TP 12',(-16.5527,93.8698,15.));
#428 = CARTESIAN_POINT('Arc end for in WS 1 TP 12',(-9.6979,92.4515,15.));
#429 = COMPOSITE_CURVE_SEGMENT(.CONTINUOUS.,.T.,#430);
#430 = POLYLINE('basic curve for WS 1 TP 12',(#428,#431,#432,#433));
#431 = CARTESIAN_POINT('',(-9.6772,92.5514,15.));
#432 = CARTESIAN_POINT('',(-9.316,93.6425,15.));
#433 = CARTESIAN_POINT('',(-8.8194,94.7336,15.));
#434 = COMPOSITE_CURVE_SEGMENT(.CONTINUOUS.,.T.,#435);
#435 = TRIMMED_CURVE('Arc for in WS 1 TP
12',#436,(#433),(#439),.F.,.CARTESIAN.);
#436 = CIRCLE('Circle for in WS 1 TP 12',#437,9.9952);
#437 = AXIS2_PLACEMENT_3D('Arc placement for in WS 1 TP 12',#438,#66,#67);
#438 = CARTESIAN_POINT('Arc center for in WS 1 TP 12',(-0.0061,90.0187,15.));
#439 = CARTESIAN_POINT('Arc end for in WS 1 TP 12',(-1.28,99.9324,15.));
#440 = COMPOSITE_CURVE_SEGMENT(.CONTINUOUS.,.T.,#441);
#441 = POLYLINE('basic curve for WS 1 TP 12',(#439,#442,#443));
#442 = CARTESIAN_POINT('',(-0.1889,100.0076,15.));
#443 = CARTESIAN_POINT('',(90.3693,100.0076,15.));
#444 = COMPOSITE_CURVE_SEGMENT(.CONTINUOUS.,.T.,#445);
#445 = TRIMMED_CURVE('Arc for in WS 1 TP
12',#446,(#443),(#449),.F.,.CARTESIAN.);
#446 = CIRCLE('Circle for in WS 1 TP 12',#447,10.0969);
#447 = AXIS2_PLACEMENT_3D('Arc placement for in WS 1 TP 12',#448,#66,#67);
#448 = CARTESIAN_POINT('Arc center for in WS 1 TP 12',(89.9649,89.9188,15.));
#449 = CARTESIAN_POINT('Arc end for in WS 1 TP 12',(95.8246,98.1414,15.));
#450 = COMPOSITE_CURVE_SEGMENT(.CONTINUOUS.,.T.,#451);
#451 = TRIMMED_CURVE('Arc for in WS 1 TP
12',#452,(#449),(#455),.F.,.CARTESIAN.);
#452 = CIRCLE('Circle for in WS 1 TP 12',#453,9.9541);
#453 = AXIS2_PLACEMENT_3D('Arc placement for in WS 1 TP 12',#454,#66,#67);
#454 = CARTESIAN_POINT('Arc center for in WS 1 TP 12',(90.0404,90.0404,15.));
#455 = CARTESIAN_POINT('Arc end for in WS 1 TP 12',(98.8187,94.7336,15.));
#456 = COMPOSITE_CURVE_SEGMENT(.CONTINUOUS.,.T.,#457);
#457 = TRIMMED_CURVE('Arc for in WS 1 TP
12',#458,(#455),(#461),.F.,.CARTESIAN.);
#458 = CIRCLE('Circle for in WS 1 TP 12',#459,10.1824);
#459 = AXIS2_PLACEMENT_3D('Arc placement for in WS 1 TP 12',#460,#66,#67);
#460 = CARTESIAN_POINT('Arc center for in WS 1 TP 12',(89.8342,89.9419,15.));
#461 = CARTESIAN_POINT('Arc end for in WS 1 TP 12',(100.0076,90.3693,15.));
#462 = COMPOSITE_CURVE_SEGMENT(.CONTINUOUS.,.T.,#463);
#463 = POLYLINE('basic curve for WS 1 TP 12',(#461,#464));
#464 = CARTESIAN_POINT('',(100.0076,-0.1889,15.));
#465 = COMPOSITE_CURVE_SEGMENT(.CONTINUOUS.,.T.,#466);
#466 = TRIMMED_CURVE('Arc for in WS 1 TP
```

```
12′,#467,(#464),(#470),.F.,.CARTESIAN.);
#467 = CIRCLE(′Circle for in WS 1 TP 12′,#468,9.8322);
#468 = AXIS2_PLACEMENT_3D(′Arc placement for in WS 1 TP 12′,#469,#66,#67);
#469 = CARTESIAN_POINT(′Arc center for in WS 1 TP 12′,(90.1763,-0.059,15.));
#470 = CARTESIAN_POINT(′Arc end for in WS 1 TP 12′,(98.0068,-6.005,15.));
#471 = COMPOSITE_CURVE_SEGMENT(.CONTINUOUS.,.T.,#472);
#472 = TRIMMED_CURVE(′Arc for in WS 1 TP
12′,#473,(#470),(#476),.F.,.CARTESIAN.);
#473 = CIRCLE(′Circle for in WS 1 TP 12′,#474,9.9841);
#474 = AXIS2_PLACEMENT_3D(′Arc placement for in WS 1 TP 12′,#475,#66,#67);
#475 = CARTESIAN_POINT(′Arc center for in WS 1 TP 12′,(90.012,-0.0245,15.));
#476 = CARTESIAN_POINT(′Arc end for in WS 1 TP 12′,(92.4833,-9.6979,15.));
#477 = COMPOSITE_CURVE_SEGMENT(.DISCONTINUOUS.,.T.,#478);
#478 = TRIMMED_CURVE(′Arc for in WS 1 TP
12′,#479,(#476),(#482),.T.,.CARTESIAN.);
#479 = CIRCLE(′Circle for in WS 1 TP 12′,#480,7.);
#480 = AXIS2_PLACEMENT_3D(′Arc placement for in WS 1 TP 12′,#481,#66,#67);
#481 = CARTESIAN_POINT(′Arc center for in WS 1 TP 12′,(94.216,-16.4801,15.));
#482 = CARTESIAN_POINT(′Arc end for in WS 1 TP 12′,(87.6601,-14.0265,15.));
/**************************************************
* Application object: DERIVED_UNIT (#483)
* NAME: #483, #484 [′revolution/minute′]
*/
#483 = DERIVED_UNIT((#485));
#484 = NAME_ATTRIBUTE(′revolution/minute′,#483);
#485 = DERIVED_UNIT_ELEMENT(#547,-1.);
/**************************************************
* Application object: DERIVED_UNIT (#486)
* NAME: #486, #487 [′millimetre/minute′]
*/
#486 = DERIVED_UNIT((#488,#489));
#487 = NAME_ATTRIBUTE(′millimetre/minute′,#486);
#488 = DERIVED_UNIT_ELEMENT(#554,1.);
#489 = DERIVED_UNIT_ELEMENT(#547,-1.);
/**************************************************
* Application object: FREEFORM_OPERATION (#490)
* ITS_TOOLPATH [1]: #490, #491, #23
* ITS_TOOLPATH [2]: #490, #492, #47
* ITS_TOOLPATH [3]: #490, #493, #75
* ITS_TOOLPATH [4]: #490, #494, #94
* ITS_TOOLPATH [5]: #490, #495, #149
* ITS_TOOLPATH [6]: #490, #496, #168
* ITS_TOOLPATH [7]: #490, #497, #242
* ITS_TOOLPATH [8]: #490, #498, #261
* ITS_TOOLPATH [9]: #490, #499, #301
* ITS_TOOLPATH [10]: #490, #500, #321
* ITS_TOOLPATH [11]: #490, #501, #390
* ITS_TOOLPATH [12]: #490, #502, #410
```

```
* ITS_TECHNOLOGY: #490, #503, #528
* ITS_MACHINE_FUNCTIONS: #490, #504, #515
* ITS_TOOL: #490, #580
* ITS_ID: #490 ['WS 1']
*/
#490 = FREEFORM_MILLING_OPERATION('WS 1','','','');
#491 = MACHINING_TOOLPATH_SEQUENCE_RELATIONSHIP('','',#490,#23,1.);
#492 = MACHINING_TOOLPATH_SEQUENCE_RELATIONSHIP('','',#490,#47,2.);
#493 = MACHINING_TOOLPATH_SEQUENCE_RELATIONSHIP('','',#490,#75,3.);
#494 = MACHINING_TOOLPATH_SEQUENCE_RELATIONSHIP('','',#490,#94,4.);
#495 = MACHINING_TOOLPATH_SEQUENCE_RELATIONSHIP('','',#490,#149,5.);
#496 = MACHINING_TOOLPATH_SEQUENCE_RELATIONSHIP('','',#490,#168,6.);
#497 = MACHINING_TOOLPATH_SEQUENCE_RELATIONSHIP('','',#490,#242,7.);
#498 = MACHINING_TOOLPATH_SEQUENCE_RELATIONSHIP('','',#490,#261,8.);
#499 = MACHINING_TOOLPATH_SEQUENCE_RELATIONSHIP('','',#490,#301,9.);
#500 = MACHINING_TOOLPATH_SEQUENCE_RELATIONSHIP('','',#490,#321,10.);
#501 = MACHINING_TOOLPATH_SEQUENCE_RELATIONSHIP('','',#490,#390,11.);
#502 = MACHINING_TOOLPATH_SEQUENCE_RELATIONSHIP('','',#490,#410,12.);
#503 = MACHINING_TECHNOLOGY_RELATIONSHIP('','',#490,#528);
#504 = MACHINING_FUNCTIONS_RELATIONSHIP('','',#490,#515);
/*************************************************************
* Application object: MACHINING_WORKINGSTEP (#505)
* ITS_OPERATION: #505, #506, #490
* ITS_ID: #505 ['WS 1']
* ITS_FEATURE: #505, #507, #508, #509, #510, #567
*/
#505 = MACHINING_WORKINGSTEP('WS 1','machining','','');
#506 = MACHINING_OPERATION_RELATIONSHIP('','machining',#505,#490);
#507 = MACHINING_FEATURE_RELATIONSHIP('','machining',#505,#508);
#508 = MACHINING_FEATURE_PROCESS('','machining','','');
#509 = PROPERTY_PROCESS('machining','machining',#508,'');
#510 = PROCESS_PROPERTY_ASSOCIATION('','machining',#509,#567);
/*************************************************************
* Application object: MILLING_MACHINE_FUNCTIONS (#515)
* CHIP_REMOVAL: #515, #516, #517, #518, #519 ['chip removal off']
* COOLANT: #515, #520, #521, #522, #523 ['coolant off']
* THROUGH_SPINDLE_COOLANT: #515, #524, #525, #526, #527 ['through spindle
coolant off']
*/
#515 = MACHINING_FUNCTIONS('','milling','','');
#516 = ACTION_PROPERTY('chip removal','milling',#515);
#517 = ACTION_PROPERTY_REPRESENTATION('','milling',#516,#518);
#518 = REPRESENTATION('constant',(#519),#41);
#519 = DESCRIPTIVE_REPRESENTATION_ITEM('constant','chip removal off');
#520 = ACTION_PROPERTY('coolant','milling',#515);
#521 = ACTION_PROPERTY_REPRESENTATION('','milling',#520,#522);
#522 = REPRESENTATION('constant',(#523),#41);
#523 = DESCRIPTIVE_REPRESENTATION_ITEM('constant','coolant off');
```

```
#524 = ACTION_PROPERTY('through spindle coolant','milling',#515);
#525 = ACTION_PROPERTY_REPRESENTATION('','milling',#524,#526);
#526 = REPRESENTATION('constant',(#527),#41);
#527 = DESCRIPTIVE_REPRESENTATION_ITEM('constant',
'through spindle coolant off');
/***************************************************
* Application object: MILLING_TECHNOLOGY (#528)
* SPINDLE: #528, #529, #530, #531, #532
* FEEDRATE: #528, #533, #534, #535, #536
*/
#528 = MACHINING_TECHNOLOGY('','milling','','');
#529 = ACTION_PROPERTY('spindle','milling',#528);
#530 = ACTION_PROPERTY_REPRESENTATION('rotational speed','milling',#529,#531);
#531 = MACHINING_SPINDLE_SPEED_REPRESENTATION('spindle speed',(#532),#41);
#532 = MEASURE_REPRESENTATION_ITEM('rotational speed',NUMERIC_MEASURE(0.),
#483);
#533 = ACTION_PROPERTY('feedrate','milling',#528);
#534 = ACTION_PROPERTY_REPRESENTATION('feed speed','milling',#533,#535);
#535 = MACHINING_FEED_SPEED_REPRESENTATION('feed speed',(#536),#41);
#536 = MEASURE_REPRESENTATION_ITEM('feed speed',NUMERIC_MEASURE(0.),#486);
/***************************************************
* Application object: MILLING_TECHNOLOGY (#537)
* SPINDLE: #537, #538, #539, #540, #541
* FEEDRATE: #537, #542, #543, #544, #545
*/
#537 = MACHINING_TECHNOLOGY('','milling','','');
#538 = ACTION_PROPERTY('spindle','milling',#537);
#539 = ACTION_PROPERTY_REPRESENTATION('rotational speed','milling',#538,#540);
#540 = MACHINING_SPINDLE_SPEED_REPRESENTATION('spindle speed',(#541),#41);
#541 = MEASURE_REPRESENTATION_ITEM('rotational speed',NUMERIC_MEASURE(0.),
#483);
#542 = ACTION_PROPERTY('feedrate','milling',#537);
#543 = ACTION_PROPERTY_REPRESENTATION('feed speed','milling',#542,#544);
#544 = MACHINING_FEED_SPEED_REPRESENTATION('feed speed',(#545),#41);
#545 = MEASURE_REPRESENTATION_ITEM('feed speed',NUMERIC_MEASURE(250.),#486);
/***************************************************
* Application object: NAMED_UNIT (#546)
*/
#546 = (
NAMED_UNIT(*)
SI_UNIT($,.SECOND.)
TIME_UNIT()
);
/***************************************************
* Application object: NAMED_UNIT (#547)
*/
#547 = (
CONVERSION_BASED_UNIT('minute',#549)
```

```
NAMED_UNIT(#548)
TIME_UNIT()
);
#548 = DIMENSIONAL_EXPONENTS(0.,0.,1.,0.,0.,0.,0.);
#549 = TIME_MEASURE_WITH_UNIT(TIME_MEASURE(60.),#546);
/***********************************************************
 * Application object: NAMED_UNIT (#550)
 */
#550 = (
NAMED_UNIT(*)
PLANE_ANGLE_UNIT()
SI_UNIT($,.RADIAN.)
);
/***********************************************************
 * Application object: NAMED_UNIT (#551)
 */
#551 = (
CONVERSION_BASED_UNIT('degree',#553)
NAMED_UNIT(#552)
PLANE_ANGLE_UNIT()
);
#552 = DIMENSIONAL_EXPONENTS(0.,0.,0.,0.,0.,0.,0.);
#553 = PLANE_ANGLE_MEASURE_WITH_UNIT(PLANE_ANGLE_MEASURE(0.01745329252),#550);
/***********************************************************
 * Application object: NAMED_UNIT (#554)
 */
#554 = (
LENGTH_UNIT()
NAMED_UNIT(*)
SI_UNIT(.MILLI.,.METRE.)
);
/***********************************************************
 * Application object: NAMED_UNIT (#558)
 */
#558 = (
NAMED_UNIT(*)
SI_UNIT($,.STERADIAN.)
SOLID_ANGLE_UNIT()
);
/***********************************************************
 * Application object: TOOLPATH_FEATURE (#567)
 * ITS_WORKPIECE: #567, #20, #19
 * FEATURE_PLACEMENT: #567, #568, #569, #570, #571
 * ITS_ID: #567 ['']
 * ITS_OPERATIONS [*]: #567, #510, #509, #508, #507, #505, #506, #490
 */
#567 = INSTANCED_FEATURE('','toolpath','','toolpath',#20,.F.);
#568 = PRODUCT_DEFINITION_SHAPE('orientation','toolpath',#567);
```

```
#569 = SHAPE_DEFINITION_REPRESENTATION(#568,#570);
#570 = SHAPE_REPRESENTATION_WITH_PARAMETERS('',(#571),#42);
#571 = AXIS2_PLACEMENT_3D('orientation',#572,#66,#67);
#572 = CARTESIAN_POINT('origin',(0.,0.,0.));
/*************************************************
* Application object: WORKPLAN (#575)
* ITS_ELEMENTS [1]: #575, #576, #505
* ITS_ID: #575 ['main workplan']
*/
#575 = MACHINING_WORKPLAN('main workplan','','','');
#576 = MACHINING_PROCESS_SEQUENCE_RELATIONSHIP('','',#575,#505,1.);
/*************************************************
* Application object: ENDMILL (#580)
* ITS_ID: #580 ['1']
* EFFECTIVE_CUTTING_DIAMETER: #580, #582, #583, #584, #585
* MAXIMUM_DEPTH_OF_CUT: #580, #582, #583, #584, #586
* HAND_OF_CUT: #580, #582, #583, #584, #587 ['right']
* EDGE_RADIUS: #580, #582, #583, #584, #588
*/
#580 = MACHINING_TOOL('1','endmill',(#490),#581);
#581 = ACTION_RESOURCE_TYPE('milling cutting tool');
#582 = RESOURCE_PROPERTY('tool body','',#580);
#583 = RESOURCE_PROPERTY_REPRESENTATION('','',#582,#584);
#584 = MACHINING_TOOL_BODY_REPRESENTATION('endmill',(#585,#586,#587,#588),#41);
#585 = (
LENGTH_MEASURE_WITH_UNIT()
MEASURE_REPRESENTATION_ITEM()
MEASURE_WITH_UNIT(LENGTH_MEASURE(20.),#554)
REPRESENTATION_ITEM('effective cutting diameter')
);
#586 = (
LENGTH_MEASURE_WITH_UNIT()
MEASURE_REPRESENTATION_ITEM()
MEASURE_WITH_UNIT(LENGTH_MEASURE(20.),#554)
REPRESENTATION_ITEM('maximum depth of cut')
);
#587 = DESCRIPTIVE_REPRESENTATION_ITEM('hand of cut','right');
#588 = (
LENGTH_MEASURE_WITH_UNIT()
MEASURE_REPRESENTATION_ITEM()
MEASURE_WITH_UNIT(LENGTH_MEASURE(0.),#554)
REPRESENTATION_ITEM('edge radius')
);
#600 = APPLICATION_PROTOCOL_DEFINITION('international standard',
'integrated_cnc_schema',2006,#17);
ENDSEC;
END-ISO-10303-21;
```

J.5 CC2 示例的数据集

以下示例是 J.3 中描述的项目一致性类 2(CC2)的数据集。它描述了和前一个 CC1 例子相同的加工规划和刀具路径,并包括工件和原料的形状描述。

```
ISO-10303-21;
HEADER;
FILE_DESCRIPTION(
/* description */ ('AP238 CC2 simple block example'),
/* implementation_level */ '2;1');
FILE_NAME(
/* name */ 'simple_block_cc2',
/* time_stamp */ '2006-07-06T12:30:22-04:00',
/* author */ ('Dave Loffredo (loffredo@steptools.com)'),
/* organization */ (''),
/* preprocessor_version */ 'ST-DEVELOPER v11',
/* originating_system */ 'Various',
/* authorisation */ '');
FILE_SCHEMA (('INTEGRATED_CNC_SCHEMA'));
ENDSEC;
DATA;
/*****************************************************
 * Application object: PROJECT (#10)
 * MAIN_WORKPLAN: #10, #11, #12, #1134
 * ITS_ID: #10, #13, #14 ['New Project']
 * ITS_WORKPIECES [*]: #10, #15, #19
 */
#10 = PRODUCT_DEFINITION('','',#13,#16);
#11 = PROCESS_PRODUCT_ASSOCIATION('','',#10,#12);
#12 = PRODUCT_DEFINITION_PROCESS('machining','',#1134,'');
#13 = PRODUCT_DEFINITION_FORMATION('','',#14);
#14 = MACHINING_PROJECT('New Project','',$,(#18));
#15 = MACHINING_PROJECT_WORKPIECE_RELATIONSHIP('','workpiece','',#10,#19);
#16 = PRODUCT_DEFINITION_CONTEXT('CNC Machining',#17,'manufacturing');
#17 = APPLICATION_CONTEXT(
'Application protocol for the exchange of CNC data');
#18 = PRODUCT_CONTEXT('CNC Machining',#17,'manufacturing');
/*****************************************************
 * Application object: WORKPIECE (#19)
 * ITS_ID: #19, #24, #25 ['WP']
 * ITS_SUBASSEMBLY [*]: #19, #536
 * ITS_GEOMETRY: #19, #20, #21, #22
 * ITS_RAWPIECE: #19, #23, #315
 */
#19 = PRODUCT_DEFINITION('','',#24,#16);
#20 = PRODUCT_DEFINITION_SHAPE('','',#19);
#21 = SHAPE_DEFINITION_REPRESENTATION(#20,#22);
#22 = SHAPE_REPRESENTATION('parent',(#29),#1026);
```

```
#23 = MAKE_FROM_USAGE_OPTION('','','',#19,#315,0,'',#33);
#24 = PRODUCT_DEFINITION_FORMATION('1.0','Workpiece',#25);
#25 = PRODUCT('WP','AP-238 CC2',' ',(#18));
#29 = AXIS2_PLACEMENT_3D('owner',#30,#31,#32);
#30 = CARTESIAN_POINT('owner',(0.,0.,0.));
#31 = DIRECTION('owner',(0.,0.,1.));
#32 = DIRECTION('owner',(1.,0.,0.));
#33 = MEASURE_WITH_UNIT(COUNT_MEASURE(1.),#1099);
/*************************************************
* Application object: WORKPIECE (#34)
* ITS_ID: #34, #38, #39 ['WORKPIECE COMPONENT']
* ITS_APPROVALS: #34, #44
* ITS_GEOMETRY: #34, #35, #42, #43
* ITS_RELATED_GEOMETRY [*]: #34, #35, #42, #43, #47, #48
* ITS_TIMESTAMPS: #34, #36
* PRODUCT_PEOPLE: #34, #38, #39, #40
* REVISION_APPROVALS: #34, #38, #49, #510
* REVISION_PEOPLE: #34, #38, #45
* REVISION_PEOPLE: #34, #38, #50
*/
#34 = PRODUCT_DEFINITION('WORKPIECE COMPONENT','',#38,#16);
#35 = PRODUCT_DEFINITION_SHAPE('','',#34);
#36 = APPLIED_DATE_AND_TIME_ASSIGNMENT(#37,#52,(#34));
#37 = DATE_AND_TIME(#56,#57);
#38 = PRODUCT_DEFINITION_FORMATION(' ',' ',#39);
#39 = PRODUCT('loffDE0Bxyzt','loffDE0Bxyzt',' ',(#18));
#40 = APPLIED_PERSON_AND_ORGANIZATION_ASSIGNMENT(#41,#53,(#39));
#41 = PERSON_AND_ORGANIZATION(#1101,#59);
#42 = SHAPE_DEFINITION_REPRESENTATION(#35,#43);
#43 = SHAPE_REPRESENTATION('loffDE0Bxyzt-none',(#60),#1026);
#44 = APPLIED_APPROVAL_ASSIGNMENT(#516,(#34));
#45 = APPLIED_PERSON_AND_ORGANIZATION_ASSIGNMENT(#46,#54,(#38));
#46 = PERSON_AND_ORGANIZATION(#1101,#64);
#47 = SHAPE_REPRESENTATION_RELATIONSHIP('none',
'relationship between loffDE0Bxyzt-none and loffDE0Bxyzt-none',#43,#48);
#48 = ADVANCED_BREP_SHAPE_REPRESENTATION('loffDE0Bxyzt-none',(#65),#1026);
#49 = APPLIED_APPROVAL_ASSIGNMENT(#510,(#38));
#50 = APPLIED_PERSON_AND_ORGANIZATION_ASSIGNMENT(#51,#55,(#34,#38));
#51 = PERSON_AND_ORGANIZATION(#1101,#314);
#52 = DATE_TIME_ROLE('creation_date');
#53 = PERSON_AND_ORGANIZATION_ROLE('design_owner');
#54 = PERSON_AND_ORGANIZATION_ROLE('design_supplier');
#55 = PERSON_AND_ORGANIZATION_ROLE('creator');
#56 = CALENDAR_DATE(0,1,1);
#57 = LOCAL_TIME(0,0,0.,#58);
#58 = COORDINATED_UNIVERSAL_TIME_OFFSET(0,0,.BEHIND.);
#59 = ORGANIZATION(' ',' ',' ');
#60 = AXIS2_PLACEMENT_3D('child',#61,#62,#63);
```

```
#61=CARTESIAN_POINT('child',(0.,0.,0.));
#62=DIRECTION('child',(0.,0.,1.));
#63=DIRECTION('child',(1.,0.,0.));
#64=ORGANIZATION(' ',' ',' ');
#65=MANIFOLD_SOLID_BREP('WORKPIECE',#66);
#66=CLOSED_SHELL('',(#67,#123,#170,#208,#232,#249,#261,#285,#302));
#67=ADVANCED_FACE('WPface0',(#68),#118,.T.);
#68=FACE_OUTER_BOUND('',#69,.T.);
#69=EDGE_LOOP('',(#70,#80,#88,#96,#104,#112));
#70=ORIENTED_EDGE('',*,*,#71,.F.);
#71=EDGE_CURVE('',#72,#74,#76,.T.);
#72=VERTEX_POINT('',#73);
#73=CARTESIAN_POINT('',(90.,0.,15.));
#74=VERTEX_POINT('',#75);
#75=CARTESIAN_POINT('',(90.,90.,15.));
#76=LINE('',#77,#78);
#77=CARTESIAN_POINT('',(90.,45.,15.));
#78=VECTOR('',#79,1.);
#79=DIRECTION('',(0.,1.,0.));
#80=ORIENTED_EDGE('',*,*,#81,.F.);
#81=EDGE_CURVE('',#82,#72,#84,.T.);
#82=VERTEX_POINT('',#83);
#83=CARTESIAN_POINT('',(100.,0.,15.));
#84=LINE('',#85,#86);
#85=CARTESIAN_POINT('',(50.,0.,15.));
#86=VECTOR('',#87,1.);
#87=DIRECTION('',(-1.,0.,0.));
#88=ORIENTED_EDGE('',*,*,#89,.F.);
#89=EDGE_CURVE('',#90,#82,#92,.T.);
#90=VERTEX_POINT('',#91);
#91=CARTESIAN_POINT('',(100.,100.,15.));
#92=LINE('',#93,#94);
#93=CARTESIAN_POINT('',(100.,50.,15.));
#94=VECTOR('',#95,1.);
#95=DIRECTION('',(0.,-1.,0.));
#96=ORIENTED_EDGE('',*,*,#97,.F.);
#97=EDGE_CURVE('',#98,#90,#100,.T.);
#98=VERTEX_POINT('',#99);
#99=CARTESIAN_POINT('',(0.,100.,15.));
#100=LINE('',#101,#102);
#101=CARTESIAN_POINT('',(50.,100.,15.));
#102=VECTOR('',#103,1.);
#103=DIRECTION('',(1.,0.,0.));
#104=ORIENTED_EDGE('',*,*,#105,.F.);
#105=EDGE_CURVE('',#106,#98,#108,.T.);
#106=VERTEX_POINT('',#107);
#107=CARTESIAN_POINT('',(0.,90.,15.));
#108=LINE('',#109,#110);
```

```
#109 = CARTESIAN_POINT('',(0.,50.,15.));
#110 = VECTOR('',#111,1.);
#111 = DIRECTION('',(0.,1.,0.));
#112 = ORIENTED_EDGE('',*,*,#113,.F.);
#113 = EDGE_CURVE('',#74,#106,#114,.T.);
#114 = LINE('',#115,#116);
#115 = CARTESIAN_POINT('',(45.,90.,15.));
#116 = VECTOR('',#117,1.);
#117 = DIRECTION('',(-1.,0.,0.));
#118 = PLANE('',#119);
#119 = AXIS2_PLACEMENT_3D('',#120,#121,#122);
#120 = CARTESIAN_POINT('',(50.,50.,15.));
#121 = DIRECTION('',(0.,0.,1.));
#122 = DIRECTION('',(1.,0.,0.));
#123 = ADVANCED_FACE('WPface1',(#124),#165,.T.);
#124 = FACE_OUTER_BOUND('',#125,.T.);
#125 = EDGE_LOOP('',(#126,#134,#135,#143,#151,#159));
#126 = ORIENTED_EDGE('',*,*,#127,.T.);
#127 = EDGE_CURVE('',#128,#82,#130,.T.);
#128 = VERTEX_POINT('',#129);
#129 = CARTESIAN_POINT('',(100.,0.,0.));
#130 = LINE('',#131,#132);
#131 = CARTESIAN_POINT('',(100.,0.,0.));
#132 = VECTOR('',#133,1.);
#133 = DIRECTION('',(0.,0.,1.));
#134 = ORIENTED_EDGE('',*,*,#81,.T.);
#135 = ORIENTED_EDGE('',*,*,#136,.T.);
#136 = EDGE_CURVE('',#72,#137,#139,.T.);
#137 = VERTEX_POINT('',#138);
#138 = CARTESIAN_POINT('',(90.,0.,25.));
#139 = LINE('',#140,#141);
#140 = CARTESIAN_POINT('',(90.,0.,15.));
#141 = VECTOR('',#142,1.);
#142 = DIRECTION('',(0.,0.,1.));
#143 = ORIENTED_EDGE('',*,*,#144,.T.);
#144 = EDGE_CURVE('',#137,#145,#147,.T.);
#145 = VERTEX_POINT('',#146);
#146 = CARTESIAN_POINT('',(0.,0.,25.));
#147 = LINE('',#148,#149);
#148 = CARTESIAN_POINT('',(45.,0.,25.));
#149 = VECTOR('',#150,1.);
#150 = DIRECTION('',(-1.,0.,0.));
#151 = ORIENTED_EDGE('',*,*,#152,.F.);
#152 = EDGE_CURVE('',#153,#145,#155,.T.);
#153 = VERTEX_POINT('',#154);
#154 = CARTESIAN_POINT('',(0.,0.,0.));
#155 = LINE('',#156,#157);
#156 = CARTESIAN_POINT('',(0.,0.,0.));
```

```
#157=VECTOR('',#158,1.);
#158=DIRECTION('',(0.,0.,1.));
#159=ORIENTED_EDGE('',*,*,#160,.T.);
#160=EDGE_CURVE('',#153,#128,#161,.T.);
#161=LINE('',#162,#163);
#162=CARTESIAN_POINT('',(50.,0.,0.));
#163=VECTOR('',#164,1.);
#164=DIRECTION('',(1.,0.,0.));
#165=PLANE('',#166);
#166=AXIS2_PLACEMENT_3D('',#167,#168,#169);
#167=CARTESIAN_POINT('',(50.,0.,0.));
#168=DIRECTION('',(0.,-1.,0.));
#169=DIRECTION('',(0.,0.,-1.));
#170=ADVANCED_FACE('WPface2',(#171),#203,.T.);
#171=FACE_OUTER_BOUND('',#172,.T.);
#172=EDGE_LOOP('',(#173,#174,#182,#188,#189,#197));
#173=ORIENTED_EDGE('',*,*,#152,.T.);
#174=ORIENTED_EDGE('',*,*,#175,.T.);
#175=EDGE_CURVE('',#145,#176,#178,.T.);
#176=VERTEX_POINT('',#177);
#177=CARTESIAN_POINT('',(0.,90.,25.));
#178=LINE('',#179,#180);
#179=CARTESIAN_POINT('',(0.,45.,25.));
#180=VECTOR('',#181,1.);
#181=DIRECTION('',(0.,1.,0.));
#182=ORIENTED_EDGE('',*,*,#183,.F.);
#183=EDGE_CURVE('',#106,#176,#184,.T.);
#184=LINE('',#185,#186);
#185=CARTESIAN_POINT('',(0.,90.,15.));
#186=VECTOR('',#187,1.);
#187=DIRECTION('',(0.,0.,1.));
#188=ORIENTED_EDGE('',*,*,#105,.T.);
#189=ORIENTED_EDGE('',*,*,#190,.F.);
#190=EDGE_CURVE('',#191,#98,#193,.T.);
#191=VERTEX_POINT('',#192);
#192=CARTESIAN_POINT('',(0.,100.,0.));
#193=LINE('',#194,#195);
#194=CARTESIAN_POINT('',(0.,100.,0.));
#195=VECTOR('',#196,1.);
#196=DIRECTION('',(0.,0.,1.));
#197=ORIENTED_EDGE('',*,*,#198,.T.);
#198=EDGE_CURVE('',#191,#153,#199,.T.);
#199=LINE('',#200,#201);
#200=CARTESIAN_POINT('',(0.,50.,0.));
#201=VECTOR('',#202,1.);
#202=DIRECTION('',(0.,-1.,0.));
#203=PLANE('',#204);
#204=AXIS2_PLACEMENT_3D('',#205,#206,#207);
```

```
#205 = CARTESIAN_POINT('',(0.,50.,0.));
#206 = DIRECTION('',(-1.,0.,0.));
#207 = DIRECTION('',(0.,0.,1.));
#208 = ADVANCED_FACE('WPface3',(#209),#227,.T.);
#209 = FACE_OUTER_BOUND('',#210,.T.);
#210 = EDGE_LOOP('',(#211,#212,#213,#221));
#211 = ORIENTED_EDGE('',*,*,#190,.T.);
#212 = ORIENTED_EDGE('',*,*,#97,.T.);
#213 = ORIENTED_EDGE('',*,*,#214,.F.);
#214 = EDGE_CURVE('',#215,#90,#217,.T.);
#215 = VERTEX_POINT('',#216);
#216 = CARTESIAN_POINT('',(100.,100.,0.));
#217 = LINE('',#218,#219);
#218 = CARTESIAN_POINT('',(100.,100.,0.));
#219 = VECTOR('',#220,1.);
#220 = DIRECTION('',(0.,0.,1.));
#221 = ORIENTED_EDGE('',*,*,#222,.T.);
#222 = EDGE_CURVE('',#215,#191,#223,.T.);
#223 = LINE('',#224,#225);
#224 = CARTESIAN_POINT('',(50.,100.,0.));
#225 = VECTOR('',#226,1.);
#226 = DIRECTION('',(-1.,0.,0.));
#227 = PLANE('',#228);
#228 = AXIS2_PLACEMENT_3D('',#229,#230,#231);
#229 = CARTESIAN_POINT('',(50.,100.,0.));
#230 = DIRECTION('',(0.,1.,0.));
#231 = DIRECTION('',(0.,0.,1.));
#232 = ADVANCED_FACE('WPface4',(#233),#244,.T.);
#233 = FACE_OUTER_BOUND('',#234,.T.);
#234 = EDGE_LOOP('',(#235,#241,#242,#243));
#235 = ORIENTED_EDGE('',*,*,#236,.F.);
#236 = EDGE_CURVE('',#128,#215,#237,.T.);
#237 = LINE('',#238,#239);
#238 = CARTESIAN_POINT('',(100.,50.,0.));
#239 = VECTOR('',#240,1.);
#240 = DIRECTION('',(0.,1.,0.));
#241 = ORIENTED_EDGE('',*,*,#160,.F.);
#242 = ORIENTED_EDGE('',*,*,#198,.F.);
#243 = ORIENTED_EDGE('',*,*,#222,.F.);
#244 = PLANE('',#245);
#245 = AXIS2_PLACEMENT_3D('',#246,#247,#248);
#246 = CARTESIAN_POINT('',(50.,50.,0.));
#247 = DIRECTION('',(0.,0.,-1.));
#248 = DIRECTION('',(-1.,0.,0.));
#249 = ADVANCED_FACE('WPface5',(#250),#256,.T.);
#250 = FACE_OUTER_BOUND('',#251,.T.);
#251 = EDGE_LOOP('',(#252,#253,#254,#255));
#252 = ORIENTED_EDGE('',*,*,#236,.T.);
```

```
#253=ORIENTED_EDGE('',*,*,#214,.T.);
#254=ORIENTED_EDGE('',*,*,#89,.T.);
#255=ORIENTED_EDGE('',*,*,#127,.F.);
#256=PLANE('',#257);
#257=AXIS2_PLACEMENT_3D('',#258,#259,#260);
#258=CARTESIAN_POINT('',(100.,50.,0.));
#259=DIRECTION('',(1.,0.,0.));
#260=DIRECTION('',(0.,0.,-1.));
#261=ADVANCED_FACE('WPface6',(#262),#280,.T.);
#262=FACE_OUTER_BOUND('',#263,.T.);
#263=EDGE_LOOP('',(#264,#265,#273,#279));
#264=ORIENTED_EDGE('',*,*,#144,.F.);
#265=ORIENTED_EDGE('',*,*,#266,.F.);
#266=EDGE_CURVE('',#267,#137,#269,.T.);
#267=VERTEX_POINT('',#268);
#268=CARTESIAN_POINT('',(90.,90.,25.));
#269=LINE('',#270,#271);
#270=CARTESIAN_POINT('',(90.,45.,25.));
#271=VECTOR('',#272,1.);
#272=DIRECTION('',(0.,-1.,0.));
#273=ORIENTED_EDGE('',*,*,#274,.F.);
#274=EDGE_CURVE('',#176,#267,#275,.T.);
#275=LINE('',#276,#277);
#276=CARTESIAN_POINT('',(45.,90.,25.));
#277=VECTOR('',#278,1.);
#278=DIRECTION('',(1.,0.,0.));
#279=ORIENTED_EDGE('',*,*,#175,.F.);
#280=PLANE('',#281);
#281=AXIS2_PLACEMENT_3D('',#282,#283,#284);
#282=CARTESIAN_POINT('',(45.,45.,25.));
#283=DIRECTION('',(0.,0.,1.));
#284=DIRECTION('',(1.,0.,0.));
#285=ADVANCED_FACE('WPface7',(#286),#297,.T.);
#286=FACE_OUTER_BOUND('',#287,.T.);
#287=EDGE_LOOP('',(#288,#289,#290,#296));
#288=ORIENTED_EDGE('',*,*,#183,.T.);
#289=ORIENTED_EDGE('',*,*,#274,.T.);
#290=ORIENTED_EDGE('',*,*,#291,.F.);
#291=EDGE_CURVE('',#74,#267,#292,.T.);
#292=LINE('',#293,#294);
#293=CARTESIAN_POINT('',(90.,90.,15.));
#294=VECTOR('',#295,1.);
#295=DIRECTION('',(0.,0.,1.));
#296=ORIENTED_EDGE('',*,*,#113,.T.);
#297=PLANE('',#298);
#298=AXIS2_PLACEMENT_3D('',#299,#300,#301);
#299=CARTESIAN_POINT('',(45.,90.,15.));
#300=DIRECTION('',(0.,1.,0.));
```

```
#301=DIRECTION('',(0.,0.,1.));
#302=ADVANCED_FACE('WPface8',(#303),#309,.T.);
#303=FACE_OUTER_BOUND('',#304,.T.);
#304=EDGE_LOOP('',(#305,#306,#307,#308));
#305=ORIENTED_EDGE('',*,*,#71,.T.);
#306=ORIENTED_EDGE('',*,*,#291,.T.);
#307=ORIENTED_EDGE('',*,*,#266,.T.);
#308=ORIENTED_EDGE('',*,*,#136,.F.);
#309=PLANE('',#310);
#310=AXIS2_PLACEMENT_3D('',#311,#312,#313);
#311=CARTESIAN_POINT('',(90.,45.,15.));
#312=DIRECTION('',(1.,0.,0.));
#313=DIRECTION('',(0.,0.,-1.));
#314=ORGANIZATION(' ',' ',' ');
/*********************************************
* Application object: WORKPIECE (#315)
* ITS_ID: #315, #319, #320 ['RAWPIECE']
* ITS_SUBASSEMBLY [*]: #315, #541
* ITS_GEOMETRY: #315, #316, #317, #318
*/
#315=PRODUCT_DEFINITION('RAW','',#319,#16);
#316=PRODUCT_DEFINITION_SHAPE('','',#315);
#317=SHAPE_DEFINITION_REPRESENTATION(#316,#318);
#318=SHAPE_REPRESENTATION('parent',(#324),#1028);
#319=PRODUCT_DEFINITION_FORMATION('1.0','Workpiece',#320);
#320=PRODUCT('RAW','AP-238 CC2',' ',(#18));
#324=AXIS2_PLACEMENT_3D('owner',#325,#326,#327);
#325=CARTESIAN_POINT('owner',(0.,0.,0.));
#326=DIRECTION('owner',(0.,0.,1.));
#327=DIRECTION('owner',(1.,0.,0.));
/*********************************************
* Application object: WORKPIECE (#328)
* ITS_ID: #328, #332, #333 ['RAWPIECE COMPONENT']
* ITS_APPROVALS: #328, #338
* ITS_GEOMETRY: #328, #329, #336, #337
* ITS_RELATED_GEOMETRY [*]: #328, #329, #336, #337, #341, #342
* ITS_TIMESTAMPS: #328, #330
* PRODUCT_PEOPLE: #328, #332, #333, #334
* REVISION_APPROVALS: #328, #332, #343
* REVISION_PEOPLE: #328, #332, #339
* REVISION_PEOPLE: #328, #332, #344, #345
*/
#328=PRODUCT_DEFINITION('RAWPIECE COMPONENT','',#332,#16);
#329=PRODUCT_DEFINITION_SHAPE('','',#328);
#330=APPLIED_DATE_AND_TIME_ASSIGNMENT(#331,#346,(#328));
#331=DATE_AND_TIME(#350,#351);
#332=PRODUCT_DEFINITION_FORMATION(' ',' ',#333);
#333=PRODUCT('RAWPIECE COMPONENT','loffDE0Bxyzv',' ',(#18));
```

```
#334 = APPLIED_PERSON_AND_ORGANIZATION_ASSIGNMENT(#335,#347,(#333));
#335 = PERSON_AND_ORGANIZATION(#1102,#353);
#336 = SHAPE_DEFINITION_REPRESENTATION(#329,#337);
#337 = SHAPE_REPRESENTATION('loffDE0Bxyzv - none',(#354),#1028);
#338 = APPLIED_APPROVAL_ASSIGNMENT(#523,(#328));
#339 = APPLIED_PERSON_AND_ORGANIZATION_ASSIGNMENT(#340,#348,(#332));
#340 = PERSON_AND_ORGANIZATION(#1102,#358);
#341 = SHAPE_REPRESENTATION_RELATIONSHIP('none',
'relationship between loffDE0Bxyzv - none and loffDE0Bxyzv - none',#337,#342);
#342 = ADVANCED_BREP_SHAPE_REPRESENTATION('loffDE0Bxyzv - none',(#359),#1028);
#343 = APPLIED_APPROVAL_ASSIGNMENT(#517,(#332));
#344 = APPLIED_PERSON_AND_ORGANIZATION_ASSIGNMENT(#345,#349,(#328,#332));
#345 = PERSON_AND_ORGANIZATION(#1102,#509);
#346 = DATE_TIME_ROLE('creation_date');
#347 = PERSON_AND_ORGANIZATION_ROLE('design_owner');
#348 = PERSON_AND_ORGANIZATION_ROLE('design_supplier');
#349 = PERSON_AND_ORGANIZATION_ROLE('creator');
#350 = CALENDAR_DATE(0,1,1);
#351 = LOCAL_TIME(0,0,0.,#352);
#352 = COORDINATED_UNIVERSAL_TIME_OFFSET(0,0,.BEHIND.);
#353 = ORGANIZATION(' ',' ',' ');
#354 = AXIS2_PLACEMENT_3D('child',#355,#356,#357);
#355 = CARTESIAN_POINT('child',(0.,0.,0.));
#356 = DIRECTION('child',(0.,0.,1.));
#357 = DIRECTION('child',(1.,0.,0.));
#358 = ORGANIZATION(' ',' ',' ');
#359 = MANIFOLD_SOLID_BREP('RAWPIECE',#360);
#360 = CLOSED_SHELL('',(#361,#401,#432,#456,#480,#497));
#361 = ADVANCED_FACE('RPface0',(#362),#396,.T.);
#362 = FACE_OUTER_BOUND('',#363,.T.);
#363 = EDGE_LOOP('',(#364,#374,#382,#390));
#364 = ORIENTED_EDGE('',*,*,#365,.F.);
#365 = EDGE_CURVE('',#366,#368,#370,.T.);
#366 = VERTEX_POINT('',#367);
#367 = CARTESIAN_POINT('',(100.,0.,25.));
#368 = VERTEX_POINT('',#369);
#369 = CARTESIAN_POINT('',(0.,0.,25.));
#370 = LINE('',#371,#372);
#371 = CARTESIAN_POINT('',(50.,0.,25.));
#372 = VECTOR('',#373,1.);
#373 = DIRECTION('',(-1.,0.,0.));
#374 = ORIENTED_EDGE('',*,*,#375,.F.);
#375 = EDGE_CURVE('',#376,#366,#378,.T.);
#376 = VERTEX_POINT('',#377);
#377 = CARTESIAN_POINT('',(100.,100.,25.));
#378 = LINE('',#379,#380);
#379 = CARTESIAN_POINT('',(100.,50.,25.));
#380 = VECTOR('',#381,1.);
```

```
#381 = DIRECTION(´´,(0.,-1.,0.));
#382 = ORIENTED_EDGE(´´,*,*,#383,.F.);
#383 = EDGE_CURVE(´´,#384,#376,#386,.T.);
#384 = VERTEX_POINT(´´,#385);
#385 = CARTESIAN_POINT(´´,(0.,100.,25.));
#386 = LINE(´´,#387,#388);
#387 = CARTESIAN_POINT(´´,(50.,100.,25.));
#388 = VECTOR(´´,#389,1.);
#389 = DIRECTION(´´,(1.,0.,0.));
#390 = ORIENTED_EDGE(´´,*,*,#391,.F.);
#391 = EDGE_CURVE(´´,#368,#384,#392,.T.);
#392 = LINE(´´,#393,#394);
#393 = CARTESIAN_POINT(´´,(0.,50.,25.));
#394 = VECTOR(´´,#395,1.);
#395 = DIRECTION(´´,(0.,1.,0.));
#396 = PLANE(´´,#397);
#397 = AXIS2_PLACEMENT_3D(´´,#398,#399,#400);
#398 = CARTESIAN_POINT(´´,(50.,50.,25.));
#399 = DIRECTION(´´,(0.,0.,1.));
#400 = DIRECTION(´´,(1.,0.,0.));
#401 = ADVANCED_FACE(´RPface1´,(#402),#427,.T.);
#402 = FACE_OUTER_BOUND(´´,#403,.T.);
#403 = EDGE_LOOP(´´,(#404,#412,#413,#421));
#404 = ORIENTED_EDGE(´´,*,*,#405,.T.);
#405 = EDGE_CURVE(´´,#406,#366,#408,.T.);
#406 = VERTEX_POINT(´´,#407);
#407 = CARTESIAN_POINT(´´,(100.,0.,0.));
#408 = LINE(´´,#409,#410);
#409 = CARTESIAN_POINT(´´,(100.,0.,0.));
#410 = VECTOR(´´,#411,1.);
#411 = DIRECTION(´´,(0.,0.,1.));
#412 = ORIENTED_EDGE(´´,*,*,#365,.T.);
#413 = ORIENTED_EDGE(´´,*,*,#414,.F.);
#414 = EDGE_CURVE(´´,#415,#368,#417,.T.);
#415 = VERTEX_POINT(´´,#416);
#416 = CARTESIAN_POINT(´´,(0.,0.,0.));
#417 = LINE(´´,#418,#419);
#418 = CARTESIAN_POINT(´´,(0.,0.,0.));
#419 = VECTOR(´´,#420,1.);
#420 = DIRECTION(´´,(0.,0.,1.));
#421 = ORIENTED_EDGE(´´,*,*,#422,.T.);
#422 = EDGE_CURVE(´´,#415,#406,#423,.T.);
#423 = LINE(´´,#424,#425);
#424 = CARTESIAN_POINT(´´,(50.,0.,0.));
#425 = VECTOR(´´,#426,1.);
#426 = DIRECTION(´´,(1.,0.,0.));
#427 = PLANE(´´,#428);
#428 = AXIS2_PLACEMENT_3D(´´,#429,#430,#431);
```

```
#429 = CARTESIAN_POINT('',(50.,0.,0.));
#430 = DIRECTION('',(0.,-1.,0.));
#431 = DIRECTION('',(0.,0.,-1.));
#432 = ADVANCED_FACE('RPface2',(#433),#451,.T.);
#433 = FACE_OUTER_BOUND('',#434,.T.);
#434 = EDGE_LOOP('',(#435,#436,#437,#445));
#435 = ORIENTED_EDGE('',*,*,#414,.T.);
#436 = ORIENTED_EDGE('',*,*,#391,.T.);
#437 = ORIENTED_EDGE('',*,*,#438,.F.);
#438 = EDGE_CURVE('',#439,#384,#441,.T.);
#439 = VERTEX_POINT('',#440);
#440 = CARTESIAN_POINT('',(0.,100.,0.));
#441 = LINE('',#442,#443);
#442 = CARTESIAN_POINT('',(0.,100.,0.));
#443 = VECTOR('',#444,1.);
#444 = DIRECTION('',(0.,0.,1.));
#445 = ORIENTED_EDGE('',*,*,#446,.T.);
#446 = EDGE_CURVE('',#439,#415,#447,.T.);
#447 = LINE('',#448,#449);
#448 = CARTESIAN_POINT('',(0.,50.,0.));
#449 = VECTOR('',#450,1.);
#450 = DIRECTION('',(0.,-1.,0.));
#451 = PLANE('',#452);
#452 = AXIS2_PLACEMENT_3D('',#453,#454,#455);
#453 = CARTESIAN_POINT('',(0.,50.,0.));
#454 = DIRECTION('',(-1.,0.,0.));
#455 = DIRECTION('',(0.,0.,1.));
#456 = ADVANCED_FACE('RPface3',(#457),#475,.T.);
#457 = FACE_OUTER_BOUND('',#458,.T.);
#458 = EDGE_LOOP('',(#459,#460,#461,#469));
#459 = ORIENTED_EDGE('',*,*,#438,.T.);
#460 = ORIENTED_EDGE('',*,*,#383,.T.);
#461 = ORIENTED_EDGE('',*,*,#462,.F.);
#462 = EDGE_CURVE('',#463,#376,#465,.T.);
#463 = VERTEX_POINT('',#464);
#464 = CARTESIAN_POINT('',(100.,100.,0.));
#465 = LINE('',#466,#467);
#466 = CARTESIAN_POINT('',(100.,100.,0.));
#467 = VECTOR('',#468,1.);
#468 = DIRECTION('',(0.,0.,1.));
#469 = ORIENTED_EDGE('',*,*,#470,.T.);
#470 = EDGE_CURVE('',#463,#439,#471,.T.);
#471 = LINE('',#472,#473);
#472 = CARTESIAN_POINT('',(50.,100.,0.));
#473 = VECTOR('',#474,1.);
#474 = DIRECTION('',(-1.,0.,0.));
#475 = PLANE('',#476);
#476 = AXIS2_PLACEMENT_3D('',#477,#478,#479);
```

```
#477 = CARTESIAN_POINT('',(50.,100.,0.));
#478 = DIRECTION('',(0.,1.,0.));
#479 = DIRECTION('',(0.,0.,1.));
#480 = ADVANCED_FACE('RPface4',(#481),#492,.T.);
#481 = FACE_OUTER_BOUND('',#482,.T.);
#482 = EDGE_LOOP('',(#483,#489,#490,#491));
#483 = ORIENTED_EDGE('',*,*,#484,.F.);
#484 = EDGE_CURVE('',#406,#463,#485,.T.);
#485 = LINE('',#486,#487);
#486 = CARTESIAN_POINT('',(100.,50.,0.));
#487 = VECTOR('',#488,1.);
#488 = DIRECTION('',(0.,1.,0.));
#489 = ORIENTED_EDGE('',*,*,#422,.F.);
#490 = ORIENTED_EDGE('',*,*,#446,.F.);
#491 = ORIENTED_EDGE('',*,*,#470,.F.);
#492 = PLANE('',#493);
#493 = AXIS2_PLACEMENT_3D('',#494,#495,#496);
#494 = CARTESIAN_POINT('',(50.,50.,0.));
#495 = DIRECTION('',(0.,0.,-1.));
#496 = DIRECTION('',(-1.,0.,0.));
#497 = ADVANCED_FACE('RPface5',(#498),#504,.T.);
#498 = FACE_OUTER_BOUND('',#499,.T.);
#499 = EDGE_LOOP('',(#500,#501,#502,#503));
#500 = ORIENTED_EDGE('',*,*,#484,.T.);
#501 = ORIENTED_EDGE('',*,*,#462,.T.);
#502 = ORIENTED_EDGE('',*,*,#375,.T.);
#503 = ORIENTED_EDGE('',*,*,#405,.F.);
#504 = PLANE('',#505);
#505 = AXIS2_PLACEMENT_3D('',#506,#507,#508);
#506 = CARTESIAN_POINT('',(100.,50.,0.));
#507 = DIRECTION('',(1.,0.,0.));
#508 = DIRECTION('',(0.,0.,-1.));
#509 = ORGANIZATION('','','');
/*************************************************************
* Application object: APPROVAL (#510)
* PURPOSE: #510 ['']
* APPROVAL_DATE_TIME: #510, #511, #512
* STATUS: #510, #524
*/
#510 = APPROVAL(#524,'');
#511 = APPROVAL_DATE_TIME(#512,#510);
#512 = DATE_AND_TIME(#513,#514);
#513 = CALENDAR_DATE(0,1,1);
#514 = LOCAL_TIME(0,0,0.,#515);
#515 = COORDINATED_UNIVERSAL_TIME_OFFSET(0,0,.BEHIND.);
/*************************************************************
* Application object: APPROVAL (#516)
* PURPOSE: #516 ['']
```

```
 * STATUS: #516, #525
 */
#516 = APPROVAL(#525,'');
/****************************************************
 * Application object: APPROVAL (#517)
 * PURPOSE: #517 ['']
 * APPROVAL_DATE_TIME: #517, #518, #519
 * STATUS: #517, #526
 */
#517 = APPROVAL(#526,'');
#518 = APPROVAL_DATE_TIME(#519,#517);
#519 = DATE_AND_TIME(#520,#521);
#520 = CALENDAR_DATE(0,1,1);
#521 = LOCAL_TIME(0,0,0.,#522);
#522 = COORDINATED_UNIVERSAL_TIME_OFFSET(0,0,.BEHIND.);
/****************************************************
 * Application object: APPROVAL (#523)
 * PURPOSE: #523 ['']
 * STATUS: #523, #527
 */
#523 = APPROVAL(#527,'');
/****************************************************
 * Application object: APPROVAL_STATUS (#524)
 * STATUS_NAME: #524 ['']
 */
#524 = APPROVAL_STATUS('');
/****************************************************
 * Application object: APPROVAL_STATUS (#525)
 * STATUS_NAME: #525 ['not_yet_approved']
 */
#525 = APPROVAL_STATUS('not_yet_approved');
/****************************************************
 * Application object: APPROVAL_STATUS (#526)
 * STATUS_NAME: #526 ['']
 */
#526 = APPROVAL_STATUS('');
/****************************************************
 * Application object: APPROVAL_STATUS (#527)
 * STATUS_NAME: #527 ['not_yet_approved']
 */
#527 = APPROVAL_STATUS('not_yet_approved');
/****************************************************
 * Application object: APPROVING_PERSON_ORGANIZATION (#528)
 * ROLE: #528, #529 ['approver']
 * PERSON_ORGANIZATION: #528, #530
 * AUTHORIZED_APPROVAL: #528, #510
 */
#528 = APPROVAL_PERSON_ORGANIZATION(#530,#510,#529);
```

```
#529 = APPROVAL_ROLE('approver');
#530 = PERSON_AND_ORGANIZATION(#1101,#531);
#531 = ORGANIZATION('','','');
/*************************************************
* Application object: APPROVING_PERSON_ORGANIZATION (#532)
* ROLE: #532, #533 ['approver']
* PERSON_ORGANIZATION: #532, #534
* AUTHORIZED_APPROVAL: #532, #517
*/
#532 = APPROVAL_PERSON_ORGANIZATION(#534,#517,#533);
#533 = APPROVAL_ROLE('approver');
#534 = PERSON_AND_ORGANIZATION(#1102,#535);
#535 = ORGANIZATION('','','');
/*************************************************
* Application object: ASSEMBLY (#536)
* ITEM_TRANSFORM: #536, #537, #538, #539, #540
* CHILD_WORKPIECE: #536, #34
*/
#536 = NEXT_ASSEMBLY_USAGE_OCCURRENCE('','','',#19,#34,'');
#537 = PRODUCT_DEFINITION_SHAPE('','',#536);
#538 = CONTEXT_DEPENDENT_SHAPE_REPRESENTATION(#539,#537);
#539 = (
REPRESENTATION_RELATIONSHIP('','',#43,#22)
REPRESENTATION_RELATIONSHIP_WITH_TRANSFORMATION(#540)
SHAPE_REPRESENTATION_RELATIONSHIP()
);
#540 = ITEM_DEFINED_TRANSFORMATION('','',#60,#29);
/*************************************************
* Application object: ASSEMBLY (#541)
* ITEM_TRANSFORM: #541, #542, #543, #544, #545
* CHILD_WORKPIECE: #541, #328
*/
#541 = NEXT_ASSEMBLY_USAGE_OCCURRENCE('','','',#315,#328,'');
#542 = PRODUCT_DEFINITION_SHAPE('','',#541);
#543 = CONTEXT_DEPENDENT_SHAPE_REPRESENTATION(#544,#542);
#544 = (
REPRESENTATION_RELATIONSHIP('','',#337,#318)
REPRESENTATION_RELATIONSHIP_WITH_TRANSFORMATION(#545)
SHAPE_REPRESENTATION_RELATIONSHIP()
);
#545 = ITEM_DEFINED_TRANSFORMATION('','',#354,#324);
/*************************************************
* Application object: CUTTER_LOCATION_TRAJECTORY (#546)
* ITS_TYPE: #546, #547, #548, #549, #550 ['trajectory path']
* ITS_TECHNOLOGY: #546, #551, #1053
* ITS_PRIORITY: #546, #552, #553, #554, #555 ['required']
* RAPID_SPEED: #546, #556, #557, #558, #559 ['true']
* ITS_ID: #546 ['WS 1 TP 1']
```

```
 * BASICCURVE: #546, #560, #561, #562, #563
 */
 #546 = MACHINING_TOOLPATH('WS 1 TP 1','cutter location trajectory','','');
 #547 = ACTION_PROPERTY('trajectory type','cutter location trajectory',#546);
 #548 = ACTION_PROPERTY_REPRESENTATION('','cutter location trajectory',#547,
 #549);
 #549 = REPRESENTATION('constant',(#550),#564);
 #550 = DESCRIPTIVE_REPRESENTATION_ITEM('constant','trajectory path');
 #551 = MACHINING_TECHNOLOGY_RELATIONSHIP('','cutter location trajectory',#546,
 #1053);
 #552 = ACTION_PROPERTY('priority','cutter location trajectory',#546);
 #553 = ACTION_PROPERTY_REPRESENTATION('','cutter location trajectory',#552,
 #554);
 #554 = REPRESENTATION('constant',(#555),#564);
 #555 = DESCRIPTIVE_REPRESENTATION_ITEM('constant','required');
 #556 = ACTION_PROPERTY('speed profile','rapid',#546);
 #557 = ACTION_PROPERTY_REPRESENTATION('','rapid',#556,#558);
 #558 = MACHINING_TOOLPATH_SPEED_PROFILE_REPRESENTATION('',(#559),#564);
 #559 = DESCRIPTIVE_REPRESENTATION_ITEM('','rapid');
 #560 = ACTION_PROPERTY('basic curve','cutter location trajectory',#546);
 #561 = ACTION_PROPERTY_REPRESENTATION('','cutter location trajectory',#560,
 #562);
 #562 = REPRESENTATION('',(#563),#565);
 #563 = POLYLINE('basic curve for WS 1 TP 1',(#567,#568,#569));
 #564 = REPRESENTATION_CONTEXT('','units not necessary');
 #565 = (
GEOMETRIC_REPRESENTATION_CONTEXT(3)
GLOBAL_UNIT_ASSIGNED_CONTEXT((#1071,#1075,#1091))
REPRESENTATION_CONTEXT('MILLIMETRE DEGREE STERADIAN','')
);
 #567 = CARTESIAN_POINT('start point',(0.,0.,40.));
 #568 = CARTESIAN_POINT('',(76.6078,112.6997,28.));
 #569 = CARTESIAN_POINT('',(76.6078,112.6997,23.));
/***********************************************************
 * Application object: CUTTER_LOCATION_TRAJECTORY (#570)
 * ITS_TYPE: #570, #571, #572, #549, #550 ['trajectory path']
 * ITS_TECHNOLOGY: #570, #573, #1062
 * ITS_PRIORITY: #570, #574, #575, #554, #555 ['required']
 * ITS_ID: #570 ['WS 1 TP 2']
 * BASICCURVE: #570, #576, #577, #578, #579
 */
 #570 = MACHINING_TOOLPATH('WS 1 TP 2','cutter location trajectory','','');
 #571 = ACTION_PROPERTY('trajectory type','cutter location trajectory',#570);
 #572 = ACTION_PROPERTY_REPRESENTATION('','cutter location trajectory',#571,
 #549);
 #573 = MACHINING_TECHNOLOGY_RELATIONSHIP('','cutter location trajectory',#570,
 #1062);
 #574 = ACTION_PROPERTY('priority','cutter location trajectory',#570);
```

```
#575 = ACTION_PROPERTY_REPRESENTATION('','cutter location trajectory',#574,
#554);
#576 = ACTION_PROPERTY('basic curve','cutter location trajectory',#570);
#577 = ACTION_PROPERTY_REPRESENTATION('','cutter location trajectory',#576,
#578);
#578 = REPRESENTATION('',(#579),#565);
#579 = COMPOSITE_CURVE('composite curve for WS 1 TP 2',(#580,#584,#592),.F.);
#580 = COMPOSITE_CURVE_SEGMENT(.CONTINUOUS.,.T.,#581);
#581 = POLYLINE('basic curve for WS 1 TP 2',(#569,#582,#583));
#582 = CARTESIAN_POINT('',(76.6078,112.6997,20.));
#583 = CARTESIAN_POINT('',(93.5102,109.6997,20.));
#584 = COMPOSITE_CURVE_SEGMENT(.CONTINUOUS.,.T.,#585);
#585 = TRIMMED_CURVE('Arc for in WS 1 TP 2',#586,(#583),(#591),.F.,.CARTESIAN.);
#586 = CIRCLE('Circle for in WS 1 TP 2',#587,19.8938);
#587 = AXIS2_PLACEMENT_3D('Arc placement for in WS 1 TP 2',#588,#589,#590);
#588 = CARTESIAN_POINT('Arc center for in WS 1 TP 2',(90.0336,90.112,20.));
#589 = DIRECTION('Z direction',(0.,0.,1.));
#590 = DIRECTION('X direction',(1.,0.,0.));
#591 = CARTESIAN_POINT('Arc end for in WS 1 TP 2',(102.0069,105.9992,20.));
#592 = COMPOSITE_CURVE_SEGMENT(.DISCONTINUOUS.,.T.,#593);
#593 = TRIMMED_CURVE('Arc for in WS 1 TP 2',#594,(#591),(#597),.F.,.CARTESIAN.);
#594 = CIRCLE('Circle for in WS 1 TP 2',#595,20.0085);
#595 = AXIS2_PLACEMENT_3D('Arc placement for in WS 1 TP 2',#596,#589,#590);
#596 = CARTESIAN_POINT('Arc center for in WS 1 TP 2',(89.9986,89.9948,20.));
#597 = CARTESIAN_POINT('Arc end for in WS 1 TP 2',(109.6997,93.4889,20.));
/*********************************************************
* Application object: CUTTER_LOCATION_TRAJECTORY (#598)
* ITS_TYPE: #598, #599, #600, #549, #550 ['trajectory path']
* ITS_TECHNOLOGY: #598, #601, #1062
* ITS_PRIORITY: #598, #602, #603, #554, #555 ['required']
* RAPID_SPEED: #598, #604, #605, #606, #607 ['true']
* ITS_ID: #598 ['WS 1 TP 3']
* BASICCURVE: #598, #608, #609, #610, #611
*/
#598 = MACHINING_TOOLPATH('WS 1 TP 3','cutter location trajectory','','');
#599 = ACTION_PROPERTY('trajectory type','cutter location trajectory',#598);
#600 = ACTION_PROPERTY_REPRESENTATION('','cutter location trajectory',#599,
#549);
#601 = MACHINING_TECHNOLOGY_RELATIONSHIP('','cutter location trajectory',#598,
#1062);
#602 = ACTION_PROPERTY('priority','cutter location trajectory',#598);
#603 = ACTION_PROPERTY_REPRESENTATION('','cutter location trajectory',#602,
#554);
#604 = ACTION_PROPERTY('speed profile','rapid',#598);
#605 = ACTION_PROPERTY_REPRESENTATION('','rapid',#604,#606);
#606 = MACHINING_TOOLPATH_SPEED_PROFILE_REPRESENTATION('',(#607),#564);
#607 = DESCRIPTIVE_REPRESENTATION_ITEM('','rapid');
#608 = ACTION_PROPERTY('basic curve','cutter location trajectory',#598);
```

```
#609 = ACTION_PROPERTY_REPRESENTATION('','cutter location trajectory',#608,
#610);
#610 = REPRESENTATION('',(#611),#565);
#611 = POLYLINE('basic curve for WS 1 TP 3',(#597,#612,#613,#614,#615,#616));
#612 = CARTESIAN_POINT('',(112.6997,76.5738,20.));
#613 = CARTESIAN_POINT('',(112.6997,76.5738,23.));
#614 = CARTESIAN_POINT('',(112.6997,76.5738,28.));
#615 = CARTESIAN_POINT('',(-12.6979,98.9837,28.));
#616 = CARTESIAN_POINT('',(-12.6979,98.9837,23.));
/************************************************
* Application object: CUTTER_LOCATION_TRAJECTORY (#617)
* ITS_TYPE: #617, #618, #619, #549, #550 ['trajectory path']
* ITS_TECHNOLOGY: #617, #620, #1062
* ITS_PRIORITY: #617, #621, #622, #554, #555 ['required']
* ITS_ID: #617 ['WS 1 TP 4']
* BASICCURVE: #617, #623, #624, #625, #626
*/
#617 = MACHINING_TOOLPATH('WS 1 TP 4','cutter location trajectory','','');
#618 = ACTION_PROPERTY('trajectory type','cutter location trajectory',#617);
#619 = ACTION_PROPERTY_REPRESENTATION('','cutter location trajectory',#618,
#549);
#620 = MACHINING_TECHNOLOGY_RELATIONSHIP('','cutter location trajectory',#617,
#1062);
#621 = ACTION_PROPERTY('priority','cutter location trajectory',#617);
#622 = ACTION_PROPERTY_REPRESENTATION('','cutter location trajectory',#621,
#554);
#623 = ACTION_PROPERTY('basic curve','cutter location trajectory',#617);
#624 = ACTION_PROPERTY_REPRESENTATION('','cutter location trajectory',#623,
#625);
#625 = REPRESENTATION('',(#626),#565);
#626 = COMPOSITE_CURVE('composite curve for WS 1 TP 4',(#627,#631,#637,#643,
#649,#655,#660,#666),.F.);
#627 = COMPOSITE_CURVE_SEGMENT(.CONTINUOUS.,.T.,#628);
#628 = POLYLINE('basic curve for WS 1 TP 4',(#616,#629,#630));
#629 = CARTESIAN_POINT('',(-12.6979,98.9837,20.));
#630 = CARTESIAN_POINT('',(-9.5374,101.5877,20.));
#631 = COMPOSITE_CURVE_SEGMENT(.CONTINUOUS.,.T.,#632);
#632 = TRIMMED_CURVE('Arc for in WS 1 TP 4',#633,(#630),(#636),.F.,.CARTESIAN.);
#633 = CIRCLE('Circle for in WS 1 TP 4',#634,14.9775);
#634 = AXIS2_PLACEMENT_3D('Arc placement for in WS 1 TP 4',#635,#589,#590);
#635 = CARTESIAN_POINT('Arc center for in WS 1 TP 4',(-0.0136,90.028,20.));
#636 = CARTESIAN_POINT('Arc end for in WS 1 TP 4',(-1.9146,104.8844,20.));
#637 = COMPOSITE_CURVE_SEGMENT(.CONTINUOUS.,.T.,#638);
#638 = POLYLINE('basic curve for WS 1 TP 4',(#636,#639,#640,#641,#642));
#639 = CARTESIAN_POINT('',(-1.7697,104.9029,20.));
#640 = CARTESIAN_POINT('',(-0.3611,105.0001,20.));
#641 = CARTESIAN_POINT('',(90.4542,105.0001,20.));
#642 = CARTESIAN_POINT('',(90.539,104.9972,20.));
```

```
#643 = COMPOSITE_CURVE_SEGMENT(.CONTINUOUS.,.T.,#644);
#644 = TRIMMED_CURVE('Arc for in WS 1 TP 4',#645,(#642),(#648),.F.,.CARTESIAN.);
#645 = CIRCLE('Circle for in WS 1 TP 4',#646,14.8938);
#646 = AXIS2_PLACEMENT_3D('Arc placement for in WS 1 TP 4',#647,#589,#590);
#647 = CARTESIAN_POINT('Arc center for in WS 1 TP 4',(90.0336,90.112,20.));
#648 = CARTESIAN_POINT('Arc end for in WS 1 TP 4',(99.0019,102.003,20.));
#649 = COMPOSITE_CURVE_SEGMENT(.CONTINUOUS.,.T.,#650);
#650 = TRIMMED_CURVE('Arc for in WS 1 TP 4',#651,(#648),(#654),.F.,.CARTESIAN.);
#651 = CIRCLE('Circle for in WS 1 TP 4',#652,15.0085);
#652 = AXIS2_PLACEMENT_3D('Arc placement for in WS 1 TP 4',#653,#589,#590);
#653 = CARTESIAN_POINT('Arc center for in WS 1 TP 4',(89.9986,89.9948,20.));
#654 = CARTESIAN_POINT('Arc end for in WS 1 TP 4',(104.9966,90.5564,20.));
#655 = COMPOSITE_CURVE_SEGMENT(.CONTINUOUS.,.T.,#656);
#656 = POLYLINE('basic curve for WS 1 TP 4',(#654,#657,#658,#659));
#657 = CARTESIAN_POINT('',(105.0001,90.4629,20.));
#658 = CARTESIAN_POINT('',(105.0001,-0.2221,20.));
#659 = CARTESIAN_POINT('',(104.9997,-0.2552,20.));
#660 = COMPOSITE_CURVE_SEGMENT(.CONTINUOUS.,.T.,#661);
#661 = TRIMMED_CURVE('Arc for in WS 1 TP 4',#662,(#659),(#665),.F.,.CARTESIAN.);
#662 = CIRCLE('Circle for in WS 1 TP 4',#663,14.8411);
#663 = AXIS2_PLACEMENT_3D('Arc placement for in WS 1 TP 4',#664,#589,#590);
#664 = CARTESIAN_POINT('Arc center for in WS 1 TP 4',(90.1599,-0.0584,20.));
#665 = CARTESIAN_POINT('Arc end for in WS 1 TP 4',(102.0037,-9.0016,20.));
#666 = COMPOSITE_CURVE_SEGMENT(.DISCONTINUOUS.,.T.,#667);
#667 = TRIMMED_CURVE('Arc for in WS 1 TP 4',#668,(#665),(#671),.F.,.CARTESIAN.);
#668 = CIRCLE('Circle for in WS 1 TP 4',#669,14.9146);
#669 = AXIS2_PLACEMENT_3D('Arc placement for in WS 1 TP 4',#670,#589,#590);
#670 = CARTESIAN_POINT('Arc center for in WS 1 TP 4',(90.0613,-0.0673,20.));
#671 = CARTESIAN_POINT('Arc end for in WS 1 TP 4',(101.5829,-9.5381,20.));
/*************************************************
* Application object: CUTTER_LOCATION_TRAJECTORY (#672)
* ITS_TYPE: #672, #673, #674, #549, #550 ['trajectory path']
* ITS_TECHNOLOGY: #672, #675, #1062
* ITS_PRIORITY: #672, #676, #677, #554, #555 ['required']
* RAPID_SPEED: #672, #678, #679, #680, #681 ['true']
* ITS_ID: #672 ['WS 1 TP 5']
* BASICCURVE: #672, #682, #683, #684, #685
*/
#672 = MACHINING_TOOLPATH('WS 1 TP 5','cutter location trajectory','','');
#673 = ACTION_PROPERTY('trajectory type','cutter location trajectory',#672);
#674 = ACTION_PROPERTY_REPRESENTATION('','cutter location trajectory',#673,
#549);
#675 = MACHINING_TECHNOLOGY_RELATIONSHIP('','cutter location trajectory',#672,
#1062);
#676 = ACTION_PROPERTY('priority','cutter location trajectory',#672);
#677 = ACTION_PROPERTY_REPRESENTATION('','cutter location trajectory',#676,
#554);
#678 = ACTION_PROPERTY('speed profile','rapid',#672);
```

```
#679 = ACTION_PROPERTY_REPRESENTATION('','rapid',#678,#680);
#680 = MACHINING_TOOLPATH_SPEED_PROFILE_REPRESENTATION('',(#681),#564);
#681 = DESCRIPTIVE_REPRESENTATION_ITEM('','rapid');
#682 = ACTION_PROPERTY('basic curve','cutter location trajectory',#672);
#683 = ACTION_PROPERTY_REPRESENTATION('','cutter location trajectory',#682,
#684);
#684 = REPRESENTATION('',(#685),#565);
#685 = POLYLINE('basic curve for WS 1 TP 5',(#671,#686,#687,#688,#689,#690));
#686 = CARTESIAN_POINT('',(98.9855,-12.6979,20.));
#687 = CARTESIAN_POINT('',(98.9855,-12.6979,23.));
#688 = CARTESIAN_POINT('',(98.9855,-12.6979,28.));
#689 = CARTESIAN_POINT('',(-12.9971,88.1,28.));
#690 = CARTESIAN_POINT('',(-12.9971,88.1,23.));
/********************************************************
* Application object: CUTTER_LOCATION_TRAJECTORY (#691)
* ITS_TYPE: #691, #692, #693, #549, #550 ['trajectory path']
* ITS_TECHNOLOGY: #691, #694, #1062
* ITS_PRIORITY: #691, #695, #696, #554, #555 ['required']
* ITS_ID: #691 ['WS 1 TP 6']
* BASICCURVE: #691, #697, #698, #699, #700
*/
#691 = MACHINING_TOOLPATH('WS 1 TP 6','cutter location trajectory','','');
#692 = ACTION_PROPERTY('trajectory type','cutter location trajectory',#691);
#693 = ACTION_PROPERTY_REPRESENTATION('','cutter location trajectory',#692,
#549);
#694 = MACHINING_TECHNOLOGY_RELATIONSHIP('','cutter location trajectory',#691,
#1062);
#695 = ACTION_PROPERTY('priority','cutter location trajectory',#691);
#696 = ACTION_PROPERTY_REPRESENTATION('','cutter location trajectory',#695,
#554);
#697 = ACTION_PROPERTY('basic curve','cutter location trajectory',#691);
#698 = ACTION_PROPERTY_REPRESENTATION('','cutter location trajectory',#697,
#699);
#699 = REPRESENTATION('',(#700),#565);
#700 = COMPOSITE_CURVE('composite curve for WS 1 TP 6',(#701,#704,#710,#716,
#722,#726,#732,#738,#741,#747,#753,#759),.F.);
#701 = COMPOSITE_CURVE_SEGMENT(.CONTINUOUS.,.T.,#702);
#702 = POLYLINE('basic curve for WS 1 TP 6',(#690,#703));
#703 = CARTESIAN_POINT('',(-12.9971,88.1,20.));
#704 = COMPOSITE_CURVE_SEGMENT(.CONTINUOUS.,.T.,#705);
#705 = TRIMMED_CURVE('Arc for in WS 1 TP 6',#706,(#703),(#709),.T.,.CARTESIAN.);
#706 = CIRCLE('Circle for in WS 1 TP 6',#707,7.);
#707 = AXIS2_PLACEMENT_3D('Arc placement for in WS 1 TP 6',#708,#589,#590);
#708 = CARTESIAN_POINT('Arc center for in WS 1 TP 6',(-16.4813,94.1712,20.));
#709 = CARTESIAN_POINT('Arc end for in WS 1 TP 6',(-9.6979,92.4432,20.));
#710 = COMPOSITE_CURVE_SEGMENT(.CONTINUOUS.,.T.,#711);
#711 = TRIMMED_CURVE('Arc for in WS 1 TP 6',#712,(#709),(#715),.F.,.CARTESIAN.);
#712 = CIRCLE('Circle for in WS 1 TP 6',#713,10.2831);
```

```
#713 = AXIS2_PLACEMENT_3D('Arc placement for in WS 1 TP 6',#714,#589,#590);
#714 = CARTESIAN_POINT('Arc center for in WS 1 TP 6',(0.2669,89.9048,20.));
#715 = CARTESIAN_POINT('Arc end for in WS 1 TP 6',(-8.8119,94.7336,20.));
#716 = COMPOSITE_CURVE_SEGMENT(.CONTINUOUS.,.T.,#717);
#717 = TRIMMED_CURVE('Arc for in WS 1 TP 6',#718,(#715),(#721),.F.,.CARTESIAN.);
#718 = CIRCLE('Circle for in WS 1 TP 6',#719,9.9775);
#719 = AXIS2_PLACEMENT_3D('Arc placement for in WS 1 TP 6',#720,#589,#590);
#720 = CARTESIAN_POINT('Arc center for in WS 1 TP 6',(-0.0136,90.028,20.));
#721 = CARTESIAN_POINT('Arc end for in WS 1 TP 6',(-1.28,99.9248,20.));
#722 = COMPOSITE_CURVE_SEGMENT(.CONTINUOUS.,.T.,#723);
#723 = POLYLINE('basic curve for WS 1 TP 6',(#721,#724,#725));
#724 = CARTESIAN_POINT('',(-0.1889,100.0001,20.));
#725 = CARTESIAN_POINT('',(90.3693,100.0001,20.));
#726 = COMPOSITE_CURVE_SEGMENT(.CONTINUOUS.,.T.,#727);
#727 = TRIMMED_CURVE('Arc for in WS 1 TP 6',#728,(#725),(#731),.F.,.CARTESIAN.);
#728 = CIRCLE('Circle for in WS 1 TP 6',#729,9.8938);
#729 = AXIS2_PLACEMENT_3D('Arc placement for in WS 1 TP 6',#730,#589,#590);
#730 = CARTESIAN_POINT('Arc center for in WS 1 TP 6',(90.0336,90.112,20.));
#731 = CARTESIAN_POINT('Arc end for in WS 1 TP 6',(95.9968,98.0068,20.));
#732 = COMPOSITE_CURVE_SEGMENT(.CONTINUOUS.,.T.,#733);
#733 = TRIMMED_CURVE('Arc for in WS 1 TP 6',#734,(#731),(#737),.F.,.CARTESIAN.);
#734 = CIRCLE('Circle for in WS 1 TP 6',#735,10.0085);
#735 = AXIS2_PLACEMENT_3D('Arc placement for in WS 1 TP 6',#736,#589,#590);
#736 = CARTESIAN_POINT('Arc center for in WS 1 TP 6',(89.9986,89.9948,20.));
#737 = CARTESIAN_POINT('Arc end for in WS 1 TP 6',(100.0001,90.3693,20.));
#738 = COMPOSITE_CURVE_SEGMENT(.CONTINUOUS.,.T.,#739);
#739 = POLYLINE('basic curve for WS 1 TP 6',(#737,#740));
#740 = CARTESIAN_POINT('',(100.0001,-0.1889,20.));
#741 = COMPOSITE_CURVE_SEGMENT(.CONTINUOUS.,.T.,#742);
#742 = TRIMMED_CURVE('Arc for in WS 1 TP 6',#743,(#740),(#746),.F.,.CARTESIAN.);
#743 = CIRCLE('Circle for in WS 1 TP 6',#744,9.8411);
#744 = AXIS2_PLACEMENT_3D('Arc placement for in WS 1 TP 6',#745,#589,#590);
#745 = CARTESIAN_POINT('Arc center for in WS 1 TP 6',(90.1599,-0.0584,20.));
#746 = CARTESIAN_POINT('Arc end for in WS 1 TP 6',(98.0068,-5.9975,20.));
#747 = COMPOSITE_CURVE_SEGMENT(.CONTINUOUS.,.T.,#748);
#748 = TRIMMED_CURVE('Arc for in WS 1 TP 6',#749,(#746),(#752),.F.,.CARTESIAN.);
#749 = CIRCLE('Circle for in WS 1 TP 6',#750,9.9146);
#750 = AXIS2_PLACEMENT_3D('Arc placement for in WS 1 TP 6',#751,#589,#590);
#751 = CARTESIAN_POINT('Arc center for in WS 1 TP 6',(90.0613,-0.0673,20.));
#752 = CARTESIAN_POINT('Arc end for in WS 1 TP 6',(94.7336,-8.8119,20.));
#753 = COMPOSITE_CURVE_SEGMENT(.CONTINUOUS.,.T.,#754);
#754 = TRIMMED_CURVE('Arc for in WS 1 TP 6',#755,(#752),(#758),.F.,.CARTESIAN.);
#755 = CIRCLE('Circle for in WS 1 TP 6',#756,9.6195);
#756 = AXIS2_PLACEMENT_3D('Arc placement for in WS 1 TP 6',#757,#589,#590);
#757 = CARTESIAN_POINT('Arc center for in WS 1 TP 6',(90.1227,-0.3694,20.));
#758 = CARTESIAN_POINT('Arc end for in WS 1 TP 6',(92.4709,-9.6979,20.));
#759 = COMPOSITE_CURVE_SEGMENT(.DISCONTINUOUS.,.T.,#760);
#760 = TRIMMED_CURVE('Arc for in WS 1 TP 6',#761,(#758),(#764),.T.,.CARTESIAN.);
```

```
#761=CIRCLE('Circle for in WS 1 TP 6',#762,7.);
#762=AXIS2_PLACEMENT_3D('Arc placement for in WS 1 TP 6',#763,#589,#590);
#763=CARTESIAN_POINT('Arc center for in WS 1 TP 6',(94.1797,-16.4862,20.));
#764=CARTESIAN_POINT('Arc end for in WS 1 TP 6',(87.6325,-14.0095,20.));
/***********************************************************
* Application object: CUTTER_LOCATION_TRAJECTORY (#765)
* ITS_TYPE: #765, #766, #767, #549, #550 ['trajectory path']
* ITS_TECHNOLOGY: #765, #768, #1062
* ITS_PRIORITY: #765, #769, #770, #554, #555 ['required']
* RAPID_SPEED: #765, #771, #772, #773, #774 ['true']
* ITS_ID: #765 ['WS 1 TP 7']
* BASICCURVE: #765, #775, #776, #777, #778
*/
#765=MACHINING_TOOLPATH('WS 1 TP 7','cutter location trajectory','','');
#766=ACTION_PROPERTY('trajectory type','cutter location trajectory',#765);
#767=ACTION_PROPERTY_REPRESENTATION('','cutter location trajectory',#766,
#549);
#768=MACHINING_TECHNOLOGY_RELATIONSHIP('','cutter location trajectory',#765,
#1062);
#769=ACTION_PROPERTY('priority','cutter location trajectory',#765);
#770=ACTION_PROPERTY_REPRESENTATION('','cutter location trajectory',#769,
#554);
#771=ACTION_PROPERTY('speed profile','rapid',#765);
#772=ACTION_PROPERTY_REPRESENTATION('','rapid',#771,#773);
#773=MACHINING_TOOLPATH_SPEED_PROFILE_REPRESENTATION('',(#774),#564);
#774=DESCRIPTIVE_REPRESENTATION_ITEM('','rapid');
#775=ACTION_PROPERTY('basic curve','cutter location trajectory',#765);
#776=ACTION_PROPERTY_REPRESENTATION('','cutter location trajectory',#775,
#777);
#777=REPRESENTATION('',(#778),#565);
#778=POLYLINE('basic curve for WS 1 TP 7',(#764,#779,#780,#781,#782,#783));
#779=CARTESIAN_POINT('',(87.6325,-14.0095,23.));
#780=CARTESIAN_POINT('',(87.6325,-14.0095,31.));
#781=CARTESIAN_POINT('',(76.7996,112.6997,31.));
#782=CARTESIAN_POINT('',(76.7996,112.6997,23.));
#783=CARTESIAN_POINT('',(76.7996,112.6997,18.));
/***********************************************************
* Application object: CUTTER_LOCATION_TRAJECTORY (#784)
* ITS_TYPE: #784, #785, #786, #549, #550 ['trajectory path']
* ITS_TECHNOLOGY: #784, #787, #1062
* ITS_PRIORITY: #784, #788, #789, #554, #555 ['required']
* ITS_ID: #784 ['WS 1 TP 8']
* BASICCURVE: #784, #790, #791, #792, #793
*/
#784=MACHINING_TOOLPATH('WS 1 TP 8','cutter location trajectory','','');
#785=ACTION_PROPERTY('trajectory type','cutter location trajectory',#784);
#786=ACTION_PROPERTY_REPRESENTATION('','cutter location trajectory',#785,
#549);
```

#787 = MACHINING_TECHNOLOGY_RELATIONSHIP('','cutter location trajectory',#784,#1062);
#788 = ACTION_PROPERTY('priority','cutter location trajectory',#784);
#789 = ACTION_PROPERTY_REPRESENTATION('','cutter location trajectory',#788,#554);
#790 = ACTION_PROPERTY('basic curve','cutter location trajectory',#784);
#791 = ACTION_PROPERTY_REPRESENTATION('','cutter location trajectory',#790,#792);
#792 = REPRESENTATION('',(#793),#565);
#793 = COMPOSITE_CURVE('composite curve for WS 1 TP 8',(#794,#798,#804,#808,#814,#818),.F.);
#794 = COMPOSITE_CURVE_SEGMENT(.CONTINUOUS.,.T.,#795);
#795 = POLYLINE('basic curve for WS 1 TP 8',(#783,#796,#797));
#796 = CARTESIAN_POINT('',(76.7996,112.6997,15.));
#797 = CARTESIAN_POINT('',(93.5151,109.6997,15.));
#798 = COMPOSITE_CURVE_SEGMENT(.CONTINUOUS.,.T.,#799);
#799 = TRIMMED_CURVE('Arc for in WS 1 TP 8',#800,(#797),(#803),.F.,.CARTESIAN.);
#800 = CIRCLE('Circle for in WS 1 TP 8',#801,20.0969);
#801 = AXIS2_PLACEMENT_3D('Arc placement for in WS 1 TP 8',#802,#589,#590);
#802 = CARTESIAN_POINT('Arc center for in WS 1 TP 8',(89.9649,89.9188,15.));
#803 = CARTESIAN_POINT('Arc end for in WS 1 TP 8',(101.6281,106.2851,15.));
#804 = COMPOSITE_CURVE_SEGMENT(.CONTINUOUS.,.T.,#805);
#805 = POLYLINE('basic curve for WS 1 TP 8',(#803,#806,#807));
#806 = CARTESIAN_POINT('',(101.6318,106.2824,15.));
#807 = CARTESIAN_POINT('',(101.6356,106.2798,15.));
#808 = COMPOSITE_CURVE_SEGMENT(.CONTINUOUS.,.T.,#809);
#809 = TRIMMED_CURVE('Arc for in WS 1 TP 8',#810,(#807),(#813),.F.,.CARTESIAN.);
#810 = CIRCLE('Circle for in WS 1 TP 8',#811,19.9541);
#811 = AXIS2_PLACEMENT_3D('Arc placement for in WS 1 TP 8',#812,#589,#590);
#812 = CARTESIAN_POINT('Arc center for in WS 1 TP 8',(90.0404,90.0404,15.));
#813 = CARTESIAN_POINT('Arc end for in WS 1 TP 8',(107.6374,99.4484,15.));
#814 = COMPOSITE_CURVE_SEGMENT(.CONTINUOUS.,.T.,#815);
#815 = POLYLINE('basic curve for WS 1 TP 8',(#813,#816,#817));
#816 = CARTESIAN_POINT('',(107.6398,99.4439,15.));
#817 = CARTESIAN_POINT('',(107.6422,99.4394,15.));
#818 = COMPOSITE_CURVE_SEGMENT(.DISCONTINUOUS.,.T.,#819);
#819 = TRIMMED_CURVE('Arc for in WS 1 TP 8',#820,(#817),(#823),.F.,.CARTESIAN.);
#820 = CIRCLE('Circle for in WS 1 TP 8',#821,20.1824);
#821 = AXIS2_PLACEMENT_3D('Arc placement for in WS 1 TP 8',#822,#589,#590);
#822 = CARTESIAN_POINT('Arc center for in WS 1 TP 8',(89.8342,89.9419,15.));
#823 = CARTESIAN_POINT('Arc end for in WS 1 TP 8',(109.6997,93.5045,15.));
/***
* Application object: CUTTER_LOCATION_TRAJECTORY (#824)
* ITS_TYPE: #824, #825, #826, #549, #550 ['trajectory path']
* ITS_TECHNOLOGY: #824, #827, #1062
* ITS_PRIORITY: #824, #828, #829, #554, #555 ['required']
* RAPID_SPEED: #824, #830, #831, #832, #833 ['true']
* ITS_ID: #824 ['WS 1 TP 9']

```
* BASICCURVE: #824, #834, #835, #836, #837
*/
#824 = MACHINING_TOOLPATH('WS 1 TP 9','cutter location trajectory','','');
#825 = ACTION_PROPERTY('trajectory type','cutter location trajectory',#824);
#826 = ACTION_PROPERTY_REPRESENTATION('','cutter location trajectory',#825,
#549);
#827 = MACHINING_TECHNOLOGY_RELATIONSHIP('','cutter location trajectory',#824,
#1062);
#828 = ACTION_PROPERTY('priority','cutter location trajectory',#824);
#829 = ACTION_PROPERTY_REPRESENTATION('','cutter location trajectory',#828,
#554);
#830 = ACTION_PROPERTY('speed profile','rapid',#824);
#831 = ACTION_PROPERTY_REPRESENTATION('','rapid',#830,#832);
#832 = MACHINING_TOOLPATH_SPEED_PROFILE_REPRESENTATION('',(#833),#564);
#833 = DESCRIPTIVE_REPRESENTATION_ITEM('','rapid');
#834 = ACTION_PROPERTY('basic curve','cutter location trajectory',#824);
#835 = ACTION_PROPERTY_REPRESENTATION('','cutter location trajectory',#834,
#836);
#836 = REPRESENTATION('',(#837),#565);
#837 = POLYLINE('basic curve for WS 1 TP 9',(#823,#838,#839,#840,#841,#842,
#843));
#838 = CARTESIAN_POINT('',(112.6997,76.7764,15.));
#839 = CARTESIAN_POINT('',(112.6997,76.7764,18.));
#840 = CARTESIAN_POINT('',(112.6997,76.7764,31.));
#841 = CARTESIAN_POINT('',(-12.6979,98.9932,31.));
#842 = CARTESIAN_POINT('',(-12.6979,98.9932,23.));
#843 = CARTESIAN_POINT('',(-12.6979,98.9932,18.));
/*********************************************************
* Application object: CUTTER_LOCATION_TRAJECTORY (#844)
* ITS_TYPE: #844, #845, #846, #549, #550 ['trajectory path']
* ITS_TECHNOLOGY: #844, #847, #1062
* ITS_PRIORITY: #844, #848, #849, #554, #555 ['required']
* ITS_ID: #844 ['WS 1 TP 10']
* BASICCURVE: #844, #850, #851, #852, #853
*/
#844 = MACHINING_TOOLPATH('WS 1 TP 10','cutter location trajectory','','');
#845 = ACTION_PROPERTY('trajectory type','cutter location trajectory',#844);
#846 = ACTION_PROPERTY_REPRESENTATION('','cutter location trajectory',#845,
#549);
#847 = MACHINING_TECHNOLOGY_RELATIONSHIP('','cutter location trajectory',#844,
#1062);
#848 = ACTION_PROPERTY('priority','cutter location trajectory',#844);
#849 = ACTION_PROPERTY_REPRESENTATION('','cutter location trajectory',#848,
#554);
#850 = ACTION_PROPERTY('basic curve','cutter location trajectory',#844);
#851 = ACTION_PROPERTY_REPRESENTATION('','cutter location trajectory',#850,
#852);
#852 = REPRESENTATION('',(#853),#565);
```

```
#853 = COMPOSITE_CURVE('composite curve for WS 1 TP 10',(#854,#858,#864,#870,
#876,#880,#886,#890,#896,#901,#907),.F.);
#854 = COMPOSITE_CURVE_SEGMENT(.CONTINUOUS.,.T.,#855);
#855 = POLYLINE('basic curve for WS 1 TP 10',(#843,#856,#857));
#856 = CARTESIAN_POINT('',(-12.6979,98.9932,15.));
#857 = CARTESIAN_POINT('',(-9.5364,101.5958,15.));
#858 = COMPOSITE_CURVE_SEGMENT(.CONTINUOUS.,.T.,#859);
#859 = TRIMMED_CURVE('Arc for in WS 1 TP
10',#860,(#857),(#863),.F.,.CARTESIAN.);
#860 = CIRCLE('Circle for in WS 1 TP 10',#861,14.9952);
#861 = AXIS2_PLACEMENT_3D('Arc placement for in WS 1 TP 10',#862,#589,#590);
#862 = CARTESIAN_POINT('Arc center for in WS 1 TP 10',(-0.0061,90.0187,15.));
#863 = CARTESIAN_POINT('Arc end for in WS 1 TP 10',(-1.9172,104.8916,15.));
#864 = COMPOSITE_CURVE_SEGMENT(.CONTINUOUS.,.T.,#865);
#865 = POLYLINE('basic curve for WS 1 TP 10',(#863,#866,#867,#868,#869));
#866 = CARTESIAN_POINT('',(-1.771,104.9104,15.));
#867 = CARTESIAN_POINT('',(-0.3611,105.0076,15.));
#868 = CARTESIAN_POINT('',(90.4695,105.0076,15.));
#869 = CARTESIAN_POINT('',(90.5696,105.0036,15.));
#870 = COMPOSITE_CURVE_SEGMENT(.CONTINUOUS.,.T.,#871);
#871 = TRIMMED_CURVE('Arc for in WS 1 TP
10',#872,(#869),(#875),.F.,.CARTESIAN.);
#872 = CIRCLE('Circle for in WS 1 TP 10',#873,15.0969);
#873 = AXIS2_PLACEMENT_3D('Arc placement for in WS 1 TP 10',#874,#589,#590);
#874 = CARTESIAN_POINT('Arc center for in WS 1 TP 10',(89.9649,89.9188,15.));
#875 = CARTESIAN_POINT('Arc end for in WS 1 TP 10',(98.7264,102.2132,15.));
#876 = COMPOSITE_CURVE_SEGMENT(.CONTINUOUS.,.T.,#877);
#877 = POLYLINE('basic curve for WS 1 TP 10',(#875,#878,#879));
#878 = CARTESIAN_POINT('',(98.7282,102.2119,15.));
#879 = CARTESIAN_POINT('',(98.7301,102.2106,15.));
#880 = COMPOSITE_CURVE_SEGMENT(.CONTINUOUS.,.T.,#881);
#881 = TRIMMED_CURVE('Arc for in WS 1 TP
10',#882,(#879),(#885),.F.,.CARTESIAN.);
#882 = CIRCLE('Circle for in WS 1 TP 10',#883,14.9541);
#883 = AXIS2_PLACEMENT_3D('Arc placement for in WS 1 TP 10',#884,#589,#590);
#884 = CARTESIAN_POINT('Arc center for in WS 1 TP 10',(90.0404,90.0404,15.));
#885 = CARTESIAN_POINT('Arc end for in WS 1 TP 10',(103.228,97.091,15.));
#886 = COMPOSITE_CURVE_SEGMENT(.CONTINUOUS.,.T.,#887);
#887 = POLYLINE('basic curve for WS 1 TP 10',(#885,#888,#889));
#888 = CARTESIAN_POINT('',(103.2292,97.0888,15.));
#889 = CARTESIAN_POINT('',(103.2304,97.0865,15.));
#890 = COMPOSITE_CURVE_SEGMENT(.CONTINUOUS.,.T.,#891);
#891 = TRIMMED_CURVE('Arc for in WS 1 TP
10',#892,(#889),(#895),.F.,.CARTESIAN.);
#892 = CIRCLE('Circle for in WS 1 TP 10',#893,15.1824);
#893 = AXIS2_PLACEMENT_3D('Arc placement for in WS 1 TP 10',#894,#589,#590);
#894 = CARTESIAN_POINT('Arc center for in WS 1 TP 10',(89.8342,89.9419,15.));
#895 = CARTESIAN_POINT('Arc end for in WS 1 TP 10',(105.0032,90.5792,15.));
```

```
#896 = COMPOSITE_CURVE_SEGMENT(.CONTINUOUS.,.T.,#897);
#897 = POLYLINE('basic curve for WS 1 TP 10',(#895,#898,#899,#900));
#898 = CARTESIAN_POINT('',(105.0076,90.4743,15.));
#899 = CARTESIAN_POINT('',(105.0076,-0.222,15.));
#900 = CARTESIAN_POINT('',(105.0072,-0.255,15.));
#901 = COMPOSITE_CURVE_SEGMENT(.CONTINUOUS.,.T.,#902);
#902 = TRIMMED_CURVE('Arc for in WS 1 TP
10',#903,(#900),(#906),.F.,.CARTESIAN.);
#903 = CIRCLE('Circle for in WS 1 TP 10',#904,14.8322);
#904 = AXIS2_PLACEMENT_3D('Arc placement for in WS 1 TP 10',#905,#589,#590);
#905 = CARTESIAN_POINT('Arc center for in WS 1 TP 10',(90.1763,-0.059,15.));
#906 = CARTESIAN_POINT('Arc end for in WS 1 TP 10',(101.9997,-9.0144,15.));
#907 = COMPOSITE_CURVE_SEGMENT(.DISCONTINUOUS.,.T.,#908);
#908 = TRIMMED_CURVE('Arc for in WS 1 TP
10',#909,(#906),(#912),.F.,.CARTESIAN.);
#909 = CIRCLE('Circle for in WS 1 TP 10',#910,14.9841);
#910 = AXIS2_PLACEMENT_3D('Arc placement for in WS 1 TP 10',#911,#589,#590);
#911 = CARTESIAN_POINT('Arc center for in WS 1 TP 10',(90.012,-0.0245,15.));
#912 = CARTESIAN_POINT('Arc end for in WS 1 TP 10',(101.589,-9.5375,15.));
/*********************************************
* Application object: CUTTER_LOCATION_TRAJECTORY (#913)
* ITS_TYPE: #913, #914, #915, #549, #550 ['trajectory path']
* ITS_TECHNOLOGY: #913, #916, #1062
* ITS_PRIORITY: #913, #917, #918, #554, #555 ['required']
* RAPID_SPEED: #913, #919, #920, #921, #922 ['true']
* ITS_ID: #913 ['WS 1 TP 11']
* BASICCURVE: #913, #923, #924, #925, #926
*/
#913 = MACHINING_TOOLPATH('WS 1 TP 11','cutter location trajectory','','');
#914 = ACTION_PROPERTY('trajectory type','cutter location trajectory',#913);
#915 = ACTION_PROPERTY_REPRESENTATION('','cutter location trajectory',#914,
#549);
#916 = MACHINING_TECHNOLOGY_RELATIONSHIP('','cutter location trajectory',#913,
#1062);
#917 = ACTION_PROPERTY('priority','cutter location trajectory',#913);
#918 = ACTION_PROPERTY_REPRESENTATION('','cutter location trajectory',#917,
#554);
#919 = ACTION_PROPERTY('speed profile','rapid',#913);
#920 = ACTION_PROPERTY_REPRESENTATION('','rapid',#919,#921);
#921 = MACHINING_TOOLPATH_SPEED_PROFILE_REPRESENTATION('',(#922),#564);
#922 = DESCRIPTIVE_REPRESENTATION_ITEM('','rapid');
#923 = ACTION_PROPERTY('basic curve','cutter location trajectory',#913);
#924 = ACTION_PROPERTY_REPRESENTATION('','cutter location trajectory',#923,
#925);
#925 = REPRESENTATION('',(#926),#565);
#926 = POLYLINE('basic curve for WS 1 TP 11',(#912,#927,#928,#929,#930,#931,
#932));
#927 = CARTESIAN_POINT('',(98.992,-12.6979,15.));
```

```
#928 = CARTESIAN_POINT('',(98.992,-12.6979,18.));
#929 = CARTESIAN_POINT('',(98.992,-12.6979,31.));
#930 = CARTESIAN_POINT('',(-12.9934,87.8423,31.));
#931 = CARTESIAN_POINT('',(-12.9934,87.8423,23.));
#932 = CARTESIAN_POINT('',(-12.9934,87.8423,18.));
/*****************************************************
* Application object: CUTTER_LOCATION_TRAJECTORY (#933)
* ITS_TYPE: #933, #934, #935, #549, #550 ['trajectory path']
* ITS_TECHNOLOGY: #933, #936, #1062
* ITS_PRIORITY: #933, #937, #938, #554, #555 ['required']
* ITS_ID: #933 ['WS 1 TP 12']
* BASICCURVE: #933, #939, #940, #941, #942
*/
#933 = MACHINING_TOOLPATH('WS 1 TP 12','cutter location trajectory','','');
#934 = ACTION_PROPERTY('trajectory type','cutter location trajectory',#933);
#935 = ACTION_PROPERTY_REPRESENTATION('','cutter location trajectory',#934,
#549);
#936 = MACHINING_TECHNOLOGY_RELATIONSHIP('','cutter location trajectory',#933,
#1062);
#937 = ACTION_PROPERTY('priority','cutter location trajectory',#933);
#938 = ACTION_PROPERTY_REPRESENTATION('','cutter location trajectory',#937,
#554);
#939 = ACTION_PROPERTY('basic curve','cutter location trajectory',#933);
#940 = ACTION_PROPERTY_REPRESENTATION('','cutter location trajectory',#939,
#941);
#941 = REPRESENTATION('',(#942),#565);
#942 = COMPOSITE_CURVE('composite curve for WS 1 TP 12',(#943,#946,#952,#957,
#963,#967,#973,#979,#985,#988,#994,#1000),.F.);
#943 = COMPOSITE_CURVE_SEGMENT(.CONTINUOUS.,.T.,#944);
#944 = POLYLINE('basic curve for WS 1 TP 12',(#932,#945));
#945 = CARTESIAN_POINT('',(-12.9934,87.8423,15.));
#946 = COMPOSITE_CURVE_SEGMENT(.CONTINUOUS.,.T.,#947);
#947 = TRIMMED_CURVE('Arc for in WS 1 TP
12',#948,(#945),(#951),.T.,.CARTESIAN.);
#948 = CIRCLE('Circle for in WS 1 TP 12',#949,7.);
#949 = AXIS2_PLACEMENT_3D('Arc placement for in WS 1 TP 12',#950,#589,#590);
#950 = CARTESIAN_POINT('Arc center for in WS 1 TP 12',(-16.5527,93.8698,15.));
#951 = CARTESIAN_POINT('Arc end for in WS 1 TP 12',(-9.6979,92.4515,15.));
#952 = COMPOSITE_CURVE_SEGMENT(.CONTINUOUS.,.T.,#953);
#953 = POLYLINE('basic curve for WS 1 TP 12',(#951,#954,#955,#956));
#954 = CARTESIAN_POINT('',(-9.6772,92.5514,15.));
#955 = CARTESIAN_POINT('',(-9.316,93.6425,15.));
#956 = CARTESIAN_POINT('',(-8.8194,94.7336,15.));
#957 = COMPOSITE_CURVE_SEGMENT(.CONTINUOUS.,.T.,#958);
#958 = TRIMMED_CURVE('Arc for in WS 1 TP
12',#959,(#956),(#962),.F.,.CARTESIAN.);
#959 = CIRCLE('Circle for in WS 1 TP 12',#960,9.9952);
#960 = AXIS2_PLACEMENT_3D('Arc placement for in WS 1 TP 12',#961,#589,#590);
```

```
#961 = CARTESIAN_POINT('Arc center for in WS 1 TP 12',(-0.0061,90.0187,15.));
#962 = CARTESIAN_POINT('Arc end for in WS 1 TP 12',(-1.28,99.9324,15.));
#963 = COMPOSITE_CURVE_SEGMENT(.CONTINUOUS.,.T.,#964);
#964 = POLYLINE('basic curve for WS 1 TP 12',(#962,#965,#966));
#965 = CARTESIAN_POINT('',(-0.1889,100.0076,15.));
#966 = CARTESIAN_POINT('',(90.3693,100.0076,15.));
#967 = COMPOSITE_CURVE_SEGMENT(.CONTINUOUS.,.T.,#968);
#968 = TRIMMED_CURVE('Arc for in WS 1 TP
12',#969,(#966),(#972),.F.,.CARTESIAN.);
#969 = CIRCLE('Circle for in WS 1 TP 12',#970,10.0969);
#970 = AXIS2_PLACEMENT_3D('Arc placement for in WS 1 TP 12',#971,#589,#590);
#971 = CARTESIAN_POINT('Arc center for in WS 1 TP 12',(89.9649,89.9188,15.));
#972 = CARTESIAN_POINT('Arc end for in WS 1 TP 12',(95.8246,98.1414,15.));
#973 = COMPOSITE_CURVE_SEGMENT(.CONTINUOUS.,.T.,#974);
#974 = TRIMMED_CURVE('Arc for in WS 1 TP
12',#975,(#972),(#978),.F.,.CARTESIAN.);
#975 = CIRCLE('Circle for in WS 1 TP 12',#976,9.9541);
#976 = AXIS2_PLACEMENT_3D('Arc placement for in WS 1 TP 12',#977,#589,#590);
#977 = CARTESIAN_POINT('Arc center for in WS 1 TP 12',(90.0404,90.0404,15.));
#978 = CARTESIAN_POINT('Arc end for in WS 1 TP 12',(98.8187,94.7336,15.));
#979 = COMPOSITE_CURVE_SEGMENT(.CONTINUOUS.,.T.,#980);
#980 = TRIMMED_CURVE('Arc for in WS 1 TP
12',#981,(#978),(#984),.F.,.CARTESIAN.);
#981 = CIRCLE('Circle for in WS 1 TP 12',#982,10.1824);
#982 = AXIS2_PLACEMENT_3D('Arc placement for in WS 1 TP 12',#983,#589,#590);
#983 = CARTESIAN_POINT('Arc center for in WS 1 TP 12',(89.8342,89.9419,15.));
#984 = CARTESIAN_POINT('Arc end for in WS 1 TP 12',(100.0076,90.3693,15.));
#985 = COMPOSITE_CURVE_SEGMENT(.CONTINUOUS.,.T.,#986);
#986 = POLYLINE('basic curve for WS 1 TP 12',(#984,#987));
#987 = CARTESIAN_POINT('',(100.0076,-0.1889,15.));
#988 = COMPOSITE_CURVE_SEGMENT(.CONTINUOUS.,.T.,#989);
#989 = TRIMMED_CURVE('Arc for in WS 1 TP
12',#990,(#987),(#993),.F.,.CARTESIAN.);
#990 = CIRCLE('Circle for in WS 1 TP 12',#991,9.8322);
#991 = AXIS2_PLACEMENT_3D('Arc placement for in WS 1 TP 12',#992,#589,#590);
#992 = CARTESIAN_POINT('Arc center for in WS 1 TP 12',(90.1763,-0.059,15.));
#993 = CARTESIAN_POINT('Arc end for in WS 1 TP 12',(98.0068,-6.005,15.));
#994 = COMPOSITE_CURVE_SEGMENT(.CONTINUOUS.,.T.,#995);
#995 = TRIMMED_CURVE('Arc for in WS 1 TP
12',#996,(#993),(#999),.F.,.CARTESIAN.);
#996 = CIRCLE('Circle for in WS 1 TP 12',#997,9.9841);
#997 = AXIS2_PLACEMENT_3D('Arc placement for in WS 1 TP 12',#998,#589,#590);
#998 = CARTESIAN_POINT('Arc center for in WS 1 TP 12',(90.012,-0.0245,15.));
#999 = CARTESIAN_POINT('Arc end for in WS 1 TP 12',(92.4833,-9.6979,15.));
#1000 = COMPOSITE_CURVE_SEGMENT(.DISCONTINUOUS.,.T.,#1001);
#1001 = TRIMMED_CURVE('Arc for in WS 1 TP
12',#1002,(#999),(#1005),.T.,.CARTESIAN.);
#1002 = CIRCLE('Circle for in WS 1 TP 12',#1003,7.);
```

```
#1003 = AXIS2_PLACEMENT_3D('Arc placement for in WS 1 TP 12',#1004,#589,#590);
#1004 = CARTESIAN_POINT('Arc center for in WS 1 TP 12',(94.216,-16.4801,15.));
#1005 = CARTESIAN_POINT('Arc end for in WS 1 TP 12',(87.6601,-14.0265,15.));
/****************************************************
* Application object: DERIVED_UNIT (#1006)
*/
#1006 = DERIVED_UNIT((#1007));
#1007 = DERIVED_UNIT_ELEMENT(#1095,-1.);
/****************************************************
* Application object: DERIVED_UNIT (#1008)
*/
#1008 = DERIVED_UNIT((#1009,#1010));
#1009 = DERIVED_UNIT_ELEMENT(#1071,1.);
#1010 = DERIVED_UNIT_ELEMENT(#1095,-1.);
/****************************************************
* Application object: FREEFORM_OPERATION (#1011)
* ITS_TOOLPATH [1]: #1011, #1012, #546
* ITS_TOOLPATH [2]: #1011, #1013, #570
* ITS_TOOLPATH [3]: #1011, #1014, #598
* ITS_TOOLPATH [4]: #1011, #1015, #617
* ITS_TOOLPATH [5]: #1011, #1016, #672
* ITS_TOOLPATH [6]: #1011, #1017, #691
* ITS_TOOLPATH [7]: #1011, #1018, #765
* ITS_TOOLPATH [8]: #1011, #1019, #784
* ITS_TOOLPATH [9]: #1011, #1020, #824
* ITS_TOOLPATH [10]: #1011, #1021, #844
* ITS_TOOLPATH [11]: #1011, #1022, #913
* ITS_TOOLPATH [12]: #1011, #1023, #933
* ITS_TECHNOLOGY: #1011, #1024, #1053
* ITS_MACHINE_FUNCTIONS: #1011, #1025, #1040
* ITS_TOOL: #1011, #1150
* ITS_ID: #1011 ['WS 1']
*/
#1011 = FREEFORM_MILLING_OPERATION('WS 1','','','');
#1012 = MACHINING_TOOLPATH_SEQUENCE_RELATIONSHIP('','',#1011,#546,1.);
#1013 = MACHINING_TOOLPATH_SEQUENCE_RELATIONSHIP('','',#1011,#570,2.);
#1014 = MACHINING_TOOLPATH_SEQUENCE_RELATIONSHIP('','',#1011,#598,3.);
#1015 = MACHINING_TOOLPATH_SEQUENCE_RELATIONSHIP('','',#1011,#617,4.);
#1016 = MACHINING_TOOLPATH_SEQUENCE_RELATIONSHIP('','',#1011,#672,5.);
#1017 = MACHINING_TOOLPATH_SEQUENCE_RELATIONSHIP('','',#1011,#691,6.);
#1018 = MACHINING_TOOLPATH_SEQUENCE_RELATIONSHIP('','',#1011,#765,7.);
#1019 = MACHINING_TOOLPATH_SEQUENCE_RELATIONSHIP('','',#1011,#784,8.);
#1020 = MACHINING_TOOLPATH_SEQUENCE_RELATIONSHIP('','',#1011,#824,9.);
#1021 = MACHINING_TOOLPATH_SEQUENCE_RELATIONSHIP('','',#1011,#844,10.);
#1022 = MACHINING_TOOLPATH_SEQUENCE_RELATIONSHIP('','',#1011,#913,11.);
#1023 = MACHINING_TOOLPATH_SEQUENCE_RELATIONSHIP('','',#1011,#933,12.);
#1024 = MACHINING_TECHNOLOGY_RELATIONSHIP('','',#1011,#1053);
#1025 = MACHINING_FUNCTIONS_RELATIONSHIP('','',#1011,#1040);
```

```
/*************************************************
 * Application object: GEOMETRIC_CONTEXT (#1026)
 * LENGTH_UNIT: #1026, #1072 ['millimetre']
 * PLANE_ANGLE_UNIT: #1026, #1078 ['degree']
 * SOLID_ANGLE_UNIT: #1026, #1092 ['steradian']
 * DIMENSIONS: #1026 [3]
 */
#1026 = (
GEOMETRIC_REPRESENTATION_CONTEXT(3)
GLOBAL_UNCERTAINTY_ASSIGNED_CONTEXT((#1027))
GLOBAL_UNIT_ASSIGNED_CONTEXT((#1071,#1075,#1091))
REPRESENTATION_CONTEXT('simple_block_workpiece',
'TOP_LEVEL_ASSEMBLY_PART')
);
#1027 = UNCERTAINTY_MEASURE_WITH_UNIT(LENGTH_MEASURE(2.E-005),#1071,
'DISTANCE_ACCURACY_VALUE','Maximum Tolerance applied to model');
/*************************************************
 * Application object: GEOMETRIC_CONTEXT (#1028)
 * LENGTH_UNIT: #1028, #1074 ['millimetre']
 * PLANE_ANGLE_UNIT: #1028, #1084 ['degree']
 * SOLID_ANGLE_UNIT: #1028, #1094 ['steradian']
 * DIMENSIONS: #1028 [3]
 */
#1028 = (
GEOMETRIC_REPRESENTATION_CONTEXT(3)
GLOBAL_UNCERTAINTY_ASSIGNED_CONTEXT((#1029))
GLOBAL_UNIT_ASSIGNED_CONTEXT((#1071,#1075,#1091))
REPRESENTATION_CONTEXT('simple_block_rawpiece','TOP_LEVEL_ASSEMBLY_PART')
);
#1029 = UNCERTAINTY_MEASURE_WITH_UNIT(LENGTH_MEASURE(2.E-005),#1071,
'DISTANCE_ACCURACY_VALUE','Maximum Tolerance applied to model');
/*************************************************
 * Application object: MACHINING_WORKINGSTEP (#1030)
 * ITS_OPERATION: #1030, #1031, #1011
 * ITS_ID: #1030 ['WS 1']
 * ITS_FEATURE: #1030, #1032, #1033, #1034, #1035, #1117
 */
#1030 = MACHINING_WORKINGSTEP('WS 1','machining','','');
#1031 = MACHINING_OPERATION_RELATIONSHIP('','machining',#1030,#1011);
#1032 = MACHINING_FEATURE_RELATIONSHIP('','machining',#1030,#1033);
#1033 = MACHINING_FEATURE_PROCESS('','machining','','');
#1034 = PROPERTY_PROCESS('machining','machining',#1033,'');
#1035 = PROCESS_PROPERTY_ASSOCIATION('','machining',#1034,#1117);
/*************************************************
 * Application object: MILLING_MACHINE_FUNCTIONS (#1040)
 * CHIP_REMOVAL: #1040, #1041, #1042, #1043, #1044 ['chip removal off']
 * COOLANT: #1040, #1045, #1046, #1047, #1048 ['coolant off']
 * THROUGH_SPINDLE_COOLANT: #1040, #1049, #1050, #1051, #1052 ['through spindle
```

```
coolant off']
*/
#1040 = MACHINING_FUNCTIONS('','milling','','');
#1041 = ACTION_PROPERTY('chip removal','milling',#1040);
#1042 = ACTION_PROPERTY_REPRESENTATION('','milling',#1041,#1043);
#1043 = REPRESENTATION('constant',(#1044),#564);
#1044 = DESCRIPTIVE_REPRESENTATION_ITEM('constant','chip removal off');
#1045 = ACTION_PROPERTY('coolant','milling',#1040);
#1046 = ACTION_PROPERTY_REPRESENTATION('','milling',#1045,#1047);
#1047 = REPRESENTATION('constant',(#1048),#564);
#1048 = DESCRIPTIVE_REPRESENTATION_ITEM('constant','coolant off');
#1049 = ACTION_PROPERTY('through spindle coolant','milling',#1040);
#1050 = ACTION_PROPERTY_REPRESENTATION('','milling',#1049,#1051);
#1051 = REPRESENTATION('constant',(#1052),#564);
#1052 = DESCRIPTIVE_REPRESENTATION_ITEM('constant',
'through spindle coolant off');
/*****************************************************
* Application object: MILLING_TECHNOLOGY (#1053)
* SPINDLE: #1053, #1054, #1055, #1056, #1057
* FEEDRATE: #1053, #1058, #1059, #1060, #1061
*/
#1053 = MACHINING_TECHNOLOGY('','milling','','');
#1054 = ACTION_PROPERTY('spindle','milling',#1053);
#1055 = ACTION_PROPERTY_REPRESENTATION('rotational speed','milling',#1054,
#1056);
#1056 = MACHINING_SPINDLE_SPEED_REPRESENTATION('spindle speed',(#1057),#564);
#1057 = MEASURE_REPRESENTATION_ITEM('rotational speed',NUMERIC_MEASURE(0.),
#1006);
#1058 = ACTION_PROPERTY('feedrate','milling',#1053);
#1059 = ACTION_PROPERTY_REPRESENTATION('feed speed','milling',#1058,#1060);
#1060 = MACHINING_FEED_SPEED_REPRESENTATION('feed speed',(#1061),#564);
#1061 = MEASURE_REPRESENTATION_ITEM('feed speed',NUMERIC_MEASURE(0.),#1008);
/*****************************************************
* Application object: MILLING_TECHNOLOGY (#1062)
* SPINDLE: #1062, #1063, #1064, #1065, #1066
* FEEDRATE: #1062, #1067, #1068, #1069, #1070
*/
#1062 = MACHINING_TECHNOLOGY('','milling','','');
#1063 = ACTION_PROPERTY('spindle','milling',#1062);
#1064 = ACTION_PROPERTY_REPRESENTATION('rotational speed','milling',#1063,
#1065);
#1065 = MACHINING_SPINDLE_SPEED_REPRESENTATION('spindle speed',(#1066),#564);
#1066 = MEASURE_REPRESENTATION_ITEM('rotational speed',NUMERIC_MEASURE(0.),
#1006);
#1067 = ACTION_PROPERTY('feedrate','milling',#1062);
#1068 = ACTION_PROPERTY_REPRESENTATION('feed speed','milling',#1067,#1069);
#1069 = MACHINING_FEED_SPEED_REPRESENTATION('feed speed',(#1070),#564);
#1070 = MEASURE_REPRESENTATION_ITEM('feed speed',NUMERIC_MEASURE(250.),#1008);
```

```
/**********************************************
 * Application object: NAMED_UNIT (#1071)
 */
#1071 = (
LENGTH_UNIT()
NAMED_UNIT(*)
SI_UNIT(.MILLI.,.METRE.)
);
/**********************************************
 * Application object: NAMED_UNIT (#1075)
 */
#1075 = (
CONVERSION_BASED_UNIT('degree',#1077)
NAMED_UNIT(#1076)
PLANE_ANGLE_UNIT()
);
#1076 = DIMENSIONAL_EXPONENTS(0.,0.,0.,0.,0.,0.,0.);
#1077 = PLANE_ANGLE_MEASURE_WITH_UNIT(PLANE_ANGLE_MEASURE(0.01745329252),#1087);
/**********************************************
 * Application object: NAMED_UNIT (#1087)
 */
#1087 = (
NAMED_UNIT(*)
PLANE_ANGLE_UNIT()
SI_UNIT($,.RADIAN.)
);
/**********************************************
 * Application object: NAMED_UNIT (#1091)
 */
#1091 = (
NAMED_UNIT(*)
SI_UNIT($,.STERADIAN.)
SOLID_ANGLE_UNIT()
);
/**********************************************
 * Application object: NAMED_UNIT (#1095)
 */
#1095 = (
CONVERSION_BASED_UNIT('minute',#1097)
NAMED_UNIT(#1096)
TIME_UNIT()
);
#1096 = DIMENSIONAL_EXPONENTS(0.,0.,1.,0.,0.,0.,0.);
#1097 = TIME_MEASURE_WITH_UNIT(TIME_MEASURE(60.),#1098);
/**********************************************
 * Application object: NAMED_UNIT (#1098)
 */
#1098 = (
```

```
NAMED_UNIT( * )
SI_UNIT( $ ,. SECOND. )
TIME_UNIT()
);
/********************************************************
 * Application object: NAMED_UNIT (#1099)
 */
#1099 = CONTEXT_DEPENDENT_UNIT(#1100,'count');
#1100 = DIMENSIONAL_EXPONENTS(0.,0.,0.,0.,0.,0.,0.);
/********************************************************
 * Application object: PERSON_AND_ADDRESS (#1101)
 */
#1101 = PERSON(' ',' ',' ',(' '), $ , $ );
/********************************************************
 * Application object: PERSON_AND_ADDRESS (#1102)
 */
#1102 = PERSON(' ',' ',' ',(' '), $ , $ );
/********************************************************
 * Application object: TOOLPATH_FEATURE (#1111)
 * ITS_WORKPIECE: #1111, #20, #19
 * FEATURE_PLACEMENT: #1111, #1112, #1113, #1114, #1115
 * ITS_ID: #1111 ['']
 */
#1111 = INSTANCED_FEATURE('','toolpath','','toolpath',#20,.F.);
#1112 = PRODUCT_DEFINITION_SHAPE('orientation','toolpath',#1111);
#1113 = SHAPE_DEFINITION_REPRESENTATION(#1112,#1114);
#1114 = SHAPE_REPRESENTATION_WITH_PARAMETERS('',(#1115),#565);
#1115 = AXIS2_PLACEMENT_3D('orientation',#1116,#589,#590);
#1116 = CARTESIAN_POINT('origin',(0.,0.,0.));
/********************************************************
 * Application object: TOOLPATH_FEATURE (#1117)
 * ITS_WORKPIECE: #1117, #20, #19
 * FEATURE_PLACEMENT: #1117, #1118, #1119, #1120, #1121
 * ITS_ID: #1117 ['']
 * ITS_OPERATIONS [*]: #1117, #1122, #1123, #1124, #1125, #1126, #1127, #1011
 * ITS_OPERATIONS [*]: #1117, #1035, #1034, #1033, #1032, #1030, #1031, #1011
 */
#1117 = INSTANCED_FEATURE('','toolpath','','toolpath',#20,.F.);
#1118 = PRODUCT_DEFINITION_SHAPE('orientation','toolpath',#1117);
#1119 = SHAPE_DEFINITION_REPRESENTATION(#1118,#1120);
#1120 = SHAPE_REPRESENTATION_WITH_PARAMETERS('',(#1121),#1128);
#1121 = AXIS2_PLACEMENT_3D('orientation',#1129,#1130,#1131);
#1122 = PROCESS_PROPERTY_ASSOCIATION('','toolpath',#1123,#1117);
#1123 = PROPERTY_PROCESS('machining','toolpath',#1124,'');
#1124 = MACHINING_FEATURE_PROCESS('','toolpath','','');
#1125 = MACHINING_FEATURE_RELATIONSHIP('','toolpath',#1126,#1124);
#1126 = MACHINING_WORKINGSTEP('','toolpath','','');
#1127 = MACHINING_OPERATION_RELATIONSHIP('','toolpath',#1126,#1011);
```

```
#1128 = (
GEOMETRIC_REPRESENTATION_CONTEXT(3)
GLOBAL_UNIT_ASSIGNED_CONTEXT((#1071,#1075,#1091))
REPRESENTATION_CONTEXT('MILLIMETRE DEGREE STERADIAN','')
);
#1129 = CARTESIAN_POINT('origin',(0.,0.,0.));
#1130 = DIRECTION('Z direction',(0.,0.,1.));
#1131 = DIRECTION('X direction',(1.,0.,0.));
/*********************************************************
* Application object: WORKPLAN (#1134)
* ITS_ELEMENTS [1]: #1134, #1135, #1030
* ITS_ID: #1134 ['main workplan']
*/
#1134 = MACHINING_WORKPLAN('main workplan','','','');
#1135 = MACHINING_PROCESS_SEQUENCE_RELATIONSHIP('','',#1134,#1030,1.);
/*********************************************************
* Application object: ENDMILL (#1150)
* ITS_ID: #1150 ['1']
* EFFECTIVE_CUTTING_DIAMETER: #1150, #1152, #1153, #1154, #1155
* MAXIMUM_DEPTH_OF_CUT: #1150, #1152, #1153, #1154, #1156
* HAND_OF_CUT: #1150, #1152, #1153, #1154, #1157 ['right']
* EDGE_RADIUS: #1150, #1152, #1153, #1154, #1158
*/
#1150 = MACHINING_TOOL('1','endmill',(#1011),#1151);
#1151 = ACTION_RESOURCE_TYPE('milling cutting tool');
#1152 = RESOURCE_PROPERTY('tool body','',#1150);
#1153 = RESOURCE_PROPERTY_REPRESENTATION('','',#1152,#1154);
#1154 = MACHINING_TOOL_BODY_REPRESENTATION('endmill',(#1155,#1156,#1157,
#1158),#564);
#1155 = (
LENGTH_MEASURE_WITH_UNIT()
MEASURE_REPRESENTATION_ITEM()
MEASURE_WITH_UNIT(LENGTH_MEASURE(20.),#1071)
REPRESENTATION_ITEM('effective cutting diameter')
);
#1156 = (
LENGTH_MEASURE_WITH_UNIT()
MEASURE_REPRESENTATION_ITEM()
MEASURE_WITH_UNIT(LENGTH_MEASURE(20.),#1071)
REPRESENTATION_ITEM('maximum depth of cut')
);
#1157 = DESCRIPTIVE_REPRESENTATION_ITEM('hand of cut','right');
#1158 = (
LENGTH_MEASURE_WITH_UNIT()
MEASURE_REPRESENTATION_ITEM()
MEASURE_WITH_UNIT(LENGTH_MEASURE(0.),#1071)
REPRESENTATION_ITEM('edge radius')
);
```

```
#1160 = APPLICATION_PROTOCOL_DEFINITION('international standard',
'integrated_cnc_schema',2006,#17);
ENDSEC;
END-ISO-10303-21;
```

J.6 GB/T 19903.11 例#1的数据集(CC3)

下面的测试用例是由GB/T 19903.11—2008的附录E定义的。它为一个单元定义了一个简单的加工项目,这个单元包括一个孔和一个型腔,这在下面的图J.2中显示。数据集遵照应用对象实例在GB/T 19903.11例子中的加工顺序。这个例子是一个一致性类3的文件,不包含刀具路径。为了加工这个部件,加工系统必须从所提供的特征中产生出刀具路径。

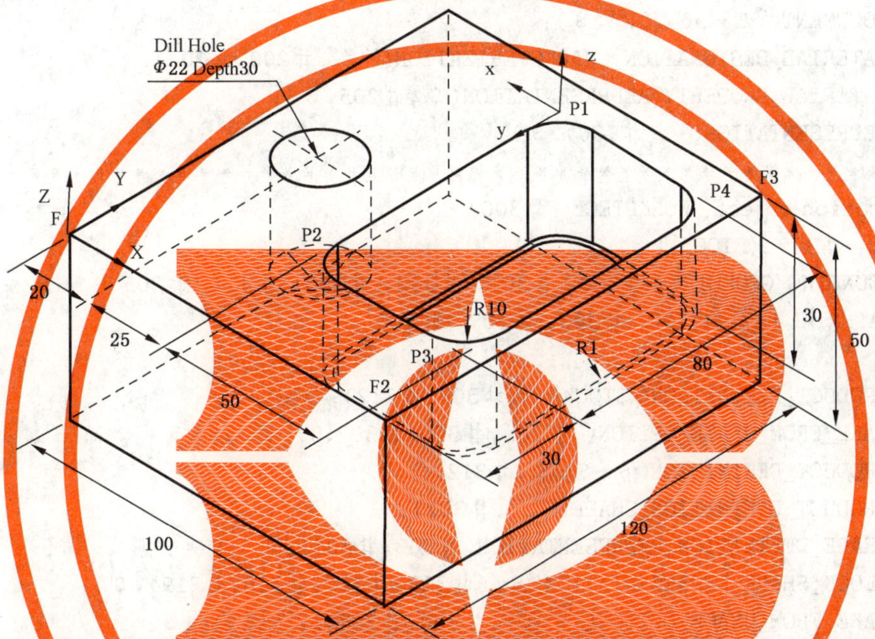

图J.2 GB/T 19903.11例#1的工件

```
ISO-10303-21;
HEADER;
FILE_DESCRIPTION(
/* description */ ('AP238 AIM version of ISO14649-11 example #1'),
/* implementation_level */ '2;1');
FILE_NAME(
/* name */ 'p11_example1_aim',
/* time_stamp */ '2006-06-22T10:50:52-04:00',
/* author */ ('Dave Loffredo (loffredo@steptools.com)'),
/* organization */ (''),
/* preprocessor_version */ 'ST-DEVELOPER v11',
/* originating_system */ '',
/* authorisation */ '');
FILE_SCHEMA (('INTEGRATED_CNC_SCHEMA'));
ENDSEC;
DATA;
/*****************************************************
* Application object: PROPERTY_PARAMETER (#100)
```

```
* PARAMETER_NAME: #100 ['E = 200000N/M2']
*/
#100 = REPRESENTATION_ITEM('E = 200000N/M2');
/*****************************************************
* Application object: MATERIAL (#200)
* MATERIAL_IDENTIFIER: #200 ['STEEL']
* STANDARD_IDENTIFIER: #200, #201, #202 ['ST - 50']
* MATERIAL_PROPERTY [*]: #200, #203, #204, #205, #100
*/
#200 = MATERIAL_DESIGNATION('STEEL',(#307,#407));
#201 = APPLIED_DOCUMENT_REFERENCE(#202,'',(#200));
#202 = DOCUMENT('ST - 50','','',$);
#203 = MATERIAL_DESIGNATION_CHARACTERIZATION('','',#200,#204);
#204 = MATERIAL_PROPERTY_REPRESENTATION($,#205,$);
#205 = REPRESENTATION('',(#100),$);
/*****************************************************
* Application object: WORKPIECE (#300)
* ITS_ID: #300 ['STOCK']
* ITS_BOUNDING_GEOMETRY: #300, #301, #302, #303, #304, #305
* ITS_MATERIAL [1]: #300, #306, #307, #200
*/
#300 = PRODUCT_DEFINITION('STOCK','',#308,#312);
#301 = MAKE_FROM_USAGE_OPTION('','','',#300,#302,0,'',$);
#302 = PRODUCT_DEFINITION($,$,$,#312);
#303 = PRODUCT_DEFINITION_SHAPE('','',#302);
#304 = SHAPE_DEFINITION_REPRESENTATION(#303,#305);
#305 = BLOCK_SHAPE_REPRESENTATION($,(#313,#317,#318,#319),$);
#306 = MAKE_FROM_USAGE_OPTION('','','',#300,#307,1,'',$);
#307 = PRODUCT_DEFINITION('','',$,$);
#308 = PRODUCT_DEFINITION_FORMATION('1.0','Workpiece',#309);
#309 = PRODUCT('WP','AP - 238 CC1',' ',(#310));
#310 = PRODUCT_CONTEXT('CNC Machining',#311,'manufacturing');
#311 = APPLICATION_CONTEXT(
'Application protocol for the exchange of CNC data');
#312 = PRODUCT_DEFINITION_CONTEXT('CNC Machining',#311,'manufacturing');
#313 = AXIS2_PLACEMENT_3D('orientation',#314,#315,#316);
#314 = CARTESIAN_POINT('',(0.,0.,0.));
#315 = DIRECTION('',(0.,0.,1.));
#316 = DIRECTION('',(1.,0.,0.));
#317 = (
LENGTH_MEASURE_WITH_UNIT()
MEASURE_REPRESENTATION_ITEM()
MEASURE_WITH_UNIT(LENGTH_MEASURE(100.),#1601)
REPRESENTATION_ITEM('length')
);
#318 = (
LENGTH_MEASURE_WITH_UNIT()
MEASURE_REPRESENTATION_ITEM()
```

```
MEASURE_WITH_UNIT(LENGTH_MEASURE(100.),#1601)
REPRESENTATION_ITEM('width')
);
#319=(
LENGTH_MEASURE_WITH_UNIT()
MEASURE_REPRESENTATION_ITEM()
MEASURE_WITH_UNIT(LENGTH_MEASURE(100.),#1601)
REPRESENTATION_ITEM('height')
);
#320=APPLICATION_PROTOCOL_DEFINITION('international standard',
'integrated_cnc_schema',2006,#311);
/*************************************************
 * Application object: WORKPIECE (#400)
 * ITS_ID: #400 ['SIMPLE WORKPIECE']
 * GLOBAL_TOLERANCE: #400, #402, #403, #404, #405
 * ITS_MATERIAL [1]: #400, #406, #407, #200
 * CLAMPING_POSITIONS [*]: #400, #408, #409, #410, #411
 * CLAMPING_POSITIONS [*]: #400, #408, #409, #410, #415
 * CLAMPING_POSITIONS [*]: #400, #408, #409, #410, #419
 * CLAMPING_POSITIONS [*]: #400, #408, #409, #410, #423
 * ITS_RAWPIECE: #400, #424, #300
 * SHAPE_DEFINITION: #400, #401
 */
#400=PRODUCT_DEFINITION('SIMPLE WORKPIECE','',#425,#312);
#401=PRODUCT_DEFINITION_SHAPE('','',#400);
#402=PROPERTY_DEFINITION('global tolerance','',#400);
#403=PROPERTY_DEFINITION_REPRESENTATION(#402,#404);
#404=SHAPE_REPRESENTATION('',(#405),#427);
#405=(
LENGTH_MEASURE_WITH_UNIT()
MEASURE_REPRESENTATION_ITEM()
MEASURE_WITH_UNIT(LENGTH_MEASURE(0.01),#1601)
REPRESENTATION_ITEM('')
);
#406=MAKE_FROM_USAGE_OPTION('','','',#400,#407,1,'',$);
#407=PRODUCT_DEFINITION('','',$,$);
#408=PROPERTY_DEFINITION('clamping position','',#400);
#409=PROPERTY_DEFINITION_REPRESENTATION(#408,#410);
#410=SHAPE_REPRESENTATION('',(#411,#415,#419,#423),#427);
#411=CARTESIAN_POINT('CLAMPING_POSITION1',(0.,20.,25.));
#415=CARTESIAN_POINT('CLAMPING_POSITION2',(100.,20.,25.));
#419=CARTESIAN_POINT('CLAMPING_POSITION3',(0.,100.,25.));
#423=CARTESIAN_POINT('CLAMPING_POSITION4',(100.,100.,25.));
#424=MAKE_FROM_USAGE_OPTION('','','',#400,#300,0,'',#433);
#425=PRODUCT_DEFINITION_FORMATION('1.0','Workpiece',#426);
#426=PRODUCT('WP','AP-238 CC1',' ',(#310));
#427=(
GEOMETRIC_REPRESENTATION_CONTEXT(3)
```

```
GLOBAL_UNIT_ASSIGNED_CONTEXT((#1601,#428,#432))
REPRESENTATION_CONTEXT('MILLIMETRE DEGREE STERADIAN','')
);
#428=(
CONVERSION_BASED_UNIT('degree',#430)
NAMED_UNIT(#429)
PLANE_ANGLE_UNIT()
);
#429=DIMENSIONAL_EXPONENTS(0.,0.,0.,0.,0.,0.,0.);
#430=PLANE_ANGLE_MEASURE_WITH_UNIT(PLANE_ANGLE_MEASURE(0.01745329252),#431);
#431=(
NAMED_UNIT(*)
PLANE_ANGLE_UNIT()
SI_UNIT($,.RADIAN.)
);
#432=(
NAMED_UNIT(*)
SI_UNIT($,.STERADIAN.)
SOLID_ANGLE_UNIT()
);
#433=MEASURE_WITH_UNIT(COUNT_MEASURE(1.),#434);
#434=CONTEXT_DEPENDENT_UNIT(#435,'count');
#435=DIMENSIONAL_EXPONENTS(0.,0.,0.,0.,0.,0.,0.);
/***********************************************
 * Application object: CUTTING_COMPONENT (#500)
 * TOOL_OFFSET_LENGTH: #500, #501, #502, #503, #504
 */
#500=MACHINING_CUTTING_COMPONENT('','',$,$,'','');
#501=RESOURCE_PROPERTY('offset length','',#500);
#502=RESOURCE_PROPERTY_REPRESENTATION('','',#501,#503);
#503=REPRESENTATION('',(#504),#505);
#504=(
LENGTH_MEASURE_WITH_UNIT()
MEASURE_REPRESENTATION_ITEM()
MEASURE_WITH_UNIT(LENGTH_MEASURE(80.),#1601)
REPRESENTATION_ITEM('')
);
#505=REPRESENTATION_CONTEXT('','units not necessary');
/***********************************************
 * Application object: ENDMILL (#600)
 * ITS_ID: #600 ['MILL 20MM']
 * ITS_CUTTING_EDGE [*]: #600, #605, #500
 * ITS_CUTTING_EDGE [*]: #600, #606, #500
 * ITS_CUTTING_EDGE [*]: #600, #607, #500
 * ITS_CUTTING_EDGE [*]: #600, #608, #500
 * OVERALL_ASSEMBLY_LENGTH: #600, #609, #610, #700, #704
 * EFFECTIVE_CUTTING_DIAMETER: #600, #609, #610, #700, #705
 * MAXIMUM_DEPTH_OF_CUT: #600, #609, #610, #700, #706
```

```
* HAND_OF_CUT: #600, #609, #610, #700, #702 ['right']
* COOLANT_THROUGH_TOOL: #600, #609, #610, #700, #701 ['not supported']
* NUMBER_OF_EFFECTIVE_TEETH: #600, #609, #610, #700, #703 [4]
* EDGE_RADIUS: #600, #609, #610, #700, #707
*/
#600 = MACHINING_TOOL('MILL 20MM','endmill',(#4300,#4000,#1300),#611);
#605 = ACTION_RESOURCE_RELATIONSHIP('','',#600,#500);
#606 = ACTION_RESOURCE_RELATIONSHIP('','',#600,#500);
#607 = ACTION_RESOURCE_RELATIONSHIP('','',#600,#500);
#608 = ACTION_RESOURCE_RELATIONSHIP('','',#600,#500);
#609 = RESOURCE_PROPERTY('tool body','',#600);
#610 = RESOURCE_PROPERTY_REPRESENTATION('','',#609,#700);
#611 = ACTION_RESOURCE_TYPE('milling cutting tool');
#700 = MACHINING_TOOL_BODY_REPRESENTATION('endmill',(#702,#701,#703,#704,
#705,#706,#707),#505);
#701 = DESCRIPTIVE_REPRESENTATION_ITEM('coolant through tool',
'not supported');
#702 = DESCRIPTIVE_REPRESENTATION_ITEM('hand of cut','right');
#703 = MEASURE_REPRESENTATION_ITEM('number of effective teeth',
COUNT_MEASURE(4.),#434);
#704 = (
LENGTH_MEASURE_WITH_UNIT()
MEASURE_REPRESENTATION_ITEM()
MEASURE_WITH_UNIT(LENGTH_MEASURE(80.),#1601)
REPRESENTATION_ITEM('overall assembly length')
);
#705 = (
LENGTH_MEASURE_WITH_UNIT()
MEASURE_REPRESENTATION_ITEM()
MEASURE_WITH_UNIT(LENGTH_MEASURE(20.),#1601)
REPRESENTATION_ITEM('effective cutting diameter')
);
#706 = (
LENGTH_MEASURE_WITH_UNIT()
MEASURE_REPRESENTATION_ITEM()
MEASURE_WITH_UNIT(LENGTH_MEASURE(30.),#1601)
REPRESENTATION_ITEM('maximum depth of cut')
);
#707 = (
LENGTH_MEASURE_WITH_UNIT()
MEASURE_REPRESENTATION_ITEM()
MEASURE_WITH_UNIT(LENGTH_MEASURE(0.05),#1601)
REPRESENTATION_ITEM('edge radius')
);
/*************************************************
* Application object: MILLING_TECHNOLOGY (#800)
* SYNCHRONIZE_SPINDLE_WITH_FEED: #800, #801, #802, #803, #804 ['not
synchronized']
```

```
* FEEDRATE_PER_TOOTH: #800, #805, #806, #807, #808
* SPINDLE: #800, #809, #810, #811, #812
* CUTSPEED: #800, #813, #814, #815, #816
* INHIBIT_FEEDRATE_OVERRIDE: #800, #817, #818, #819, #820 ['override not allowed']
* FEEDRATE: #800, #821, #822, #823, #824
* FEEDRATE_REFERENCE: #800, #825, #826, #827, #828 ['tool center point']
* INHIBIT_SPINDLE_OVERRIDE: #800, #829, #830, #831, #832 ['override not allowed']
*/
#800=MACHINING_TECHNOLOGY('','milling','','');
#801=ACTION_PROPERTY('synchronize spindle with feed','milling',#800);
#802=ACTION_PROPERTY_REPRESENTATION('','milling',#801,#803);
#803=REPRESENTATION('',(#804),#505);
#804=DESCRIPTIVE_REPRESENTATION_ITEM('','not synchronized');
#805=ACTION_PROPERTY('feedrate','milling',#800);
#806=ACTION_PROPERTY_REPRESENTATION('feed per tooth','milling',#805,#807);
#807=MACHINING_FEED_SPEED_REPRESENTATION('feed per tooth',(#808),#505);
#808=MEASURE_REPRESENTATION_ITEM('feed per tooth',$,#833);
#809=ACTION_PROPERTY('spindle','milling',#800);
#810=ACTION_PROPERTY_REPRESENTATION('rotational speed','milling',#809,#811);
#811=MACHINING_SPINDLE_SPEED_REPRESENTATION('spindle speed',(#812),#505);
#812=MEASURE_REPRESENTATION_ITEM('rotational speed',NUMERIC_MEASURE(12.),
#837);
#813=ACTION_PROPERTY('spindle','milling',#800);
#814=ACTION_PROPERTY_REPRESENTATION('surface speed','milling',#813,#815);
#815=MACHINING_SPINDLE_SPEED_REPRESENTATION('cutting speed',(#816),#505);
#816=MEASURE_REPRESENTATION_ITEM('surface speed',$,#837);
#817=ACTION_PROPERTY('inhibit feedrate override','milling',#800);
#818=ACTION_PROPERTY_REPRESENTATION('','milling',#817,#819);
#819=REPRESENTATION('',(#820),#505);
#820=DESCRIPTIVE_REPRESENTATION_ITEM('','override not allowed');
#821=ACTION_PROPERTY('feedrate','milling',#800);
#822=ACTION_PROPERTY_REPRESENTATION('feed speed','milling',#821,#823);
#823=MACHINING_FEED_SPEED_REPRESENTATION('feed speed',(#824),#505);
#824=MEASURE_REPRESENTATION_ITEM('feed speed',NUMERIC_MEASURE(0.04),#833);
#825=ACTION_PROPERTY('feedrate reference','milling',#800);
#826=ACTION_PROPERTY_REPRESENTATION('','milling',#825,#827);
#827=REPRESENTATION('',(#828),#505);
#828=DESCRIPTIVE_REPRESENTATION_ITEM('','tool center point');
#829=ACTION_PROPERTY('inhibit spindle override','milling',#800);
#830=ACTION_PROPERTY_REPRESENTATION('','milling',#829,#831);
#831=REPRESENTATION('',(#832),#505);
#832=DESCRIPTIVE_REPRESENTATION_ITEM('','override not allowed');
#833=DERIVED_UNIT((#834,#835));
#834=DERIVED_UNIT_ELEMENT(#1601,1.);
#835=DERIVED_UNIT_ELEMENT(#836,-1.);
#836=(
```

```
NAMED_UNIT( * )
SI_UNIT( $ ,. SECOND. )
TIME_UNIT()
);
#837 = DERIVED_UNIT((#838));
#838 = DERIVED_UNIT_ELEMENT(#836, -1.);
#839 = NAME_ATTRIBUTE('millimetre/second', #833);
#840 = NAME_ATTRIBUTE('rotation/second', #837);
/*************************************************************
 * Application object: MILLING_MACHINE_FUNCTIONS (#900)
 * CHIP_REMOVAL: #900, #901, #902, #903, #904 ['chip removal on']
 * COOLANT: #900, #905, #906, #907, #908 ['coolant on']
 * THROUGH_SPINDLE_COOLANT: #900, #909, #910, #911, #912 ['through spindle
coolant off']
 */
#900 = MACHINING_FUNCTIONS('','milling','','');
#901 = ACTION_PROPERTY('chip removal','milling', #900);
#902 = ACTION_PROPERTY_REPRESENTATION('','milling', #901, #903);
#903 = REPRESENTATION('constant',(#904), #505);
#904 = DESCRIPTIVE_REPRESENTATION_ITEM('constant','chip removal on');
#905 = ACTION_PROPERTY('coolant','milling', #900);
#906 = ACTION_PROPERTY_REPRESENTATION('','milling', #905, #907);
#907 = REPRESENTATION('constant',(#908), #505);
#908 = DESCRIPTIVE_REPRESENTATION_ITEM('constant','coolant on');
#909 = ACTION_PROPERTY('through spindle coolant','milling', #900);
#910 = ACTION_PROPERTY_REPRESENTATION('','milling', #909, #911);
#911 = REPRESENTATION('constant',(#912), #505);
#912 = DESCRIPTIVE_REPRESENTATION_ITEM('constant',
'through spindle coolant off');
/*************************************************************
 * Application object: PLUNGE_RAMP (#1000)
 * ANGLE: #1000, #1001, #1002, #1003, #1004
 */
#1000 = MACHINING_APPROACH_RETRACT_STRATEGY('','plunge ramp','','');
#1001 = ACTION_PROPERTY('plunge angle','plunge ramp', #1000);
#1002 = ACTION_PROPERTY_REPRESENTATION('','plunge ramp', #1001, #1003);
#1003 = REPRESENTATION('',(#1004), #505);
#1004 = (
MEASURE_REPRESENTATION_ITEM()
MEASURE_WITH_UNIT(PLANE_ANGLE_MEASURE(45.), #428)
PLANE_ANGLE_MEASURE_WITH_UNIT()
REPRESENTATION_ITEM('')
);
/*************************************************************
 * Application object: PLUNGE_RAMP (#1100)
 * ANGLE: #1100, #1101, #1102, #1103, #1104
 */
#1100 = MACHINING_APPROACH_RETRACT_STRATEGY('','plunge ramp','','');
```

```
#1101 = ACTION_PROPERTY('plunge angle','plunge ramp',#1100);
#1102 = ACTION_PROPERTY_REPRESENTATION('','plunge ramp',#1101,#1103);
#1103 = REPRESENTATION('',(#1104),#505);
#1104 = (
MEASURE_REPRESENTATION_ITEM()
MEASURE_WITH_UNIT(PLANE_ANGLE_MEASURE(45.),#428)
PLANE_ANGLE_MEASURE_WITH_UNIT()
REPRESENTATION_ITEM('')
);
/*****************************************************
 * Application object: BIDIRECTIONAL (#1200)
 * FEED_DIRECTION: #1200, #1201, #1202, #1203, #1204
 * STEPOVER_DIRECTION: #1200, #1205, #1206, #1207, #1208 ['left']
 * OVERLAP: #1200, #1209, #1210, #1211, #1212
 * ALLOW_MULTIPLE_PASSES: #1200, #1213, #1214, #1215, #1216 ['multiple passes
allowed']
 */
#1200 = MILLING_TYPE_STRATEGY('','bidirectional','','');
#1201 = ACTION_PROPERTY('feed direction','bidirectional',#1200);
#1202 = ACTION_PROPERTY_REPRESENTATION('','bidirectional',#1201,#1203);
#1203 = REPRESENTATION('',(#1204),#505);
#1204 = DIRECTION('STRATEGY PLANAR FACE1: 1.DIRECTION',(0.,1.,0.));
#1205 = ACTION_PROPERTY('stepover direction','bidirectional',#1200);
#1206 = ACTION_PROPERTY_REPRESENTATION('','bidirectional',#1205,#1207);
#1207 = REPRESENTATION('',(#1208),#505);
#1208 = DESCRIPTIVE_REPRESENTATION_ITEM('','left');
#1209 = ACTION_PROPERTY('overlap ratio','bidirectional',#1200);
#1210 = ACTION_PROPERTY_REPRESENTATION('','bidirectional',#1209,#1211);
#1211 = REPRESENTATION('',(#1212),#505);
#1212 = (
MEASURE_REPRESENTATION_ITEM()
MEASURE_WITH_UNIT(RATIO_MEASURE(5.),#1217)
RATIO_MEASURE_WITH_UNIT()
REPRESENTATION_ITEM('')
);
#1213 = ACTION_PROPERTY('multiple passes','bidirectional',#1200);
#1214 = ACTION_PROPERTY_REPRESENTATION('','bidirectional',#1213,#1215);
#1215 = REPRESENTATION('',(#1216),#505);
#1216 = DESCRIPTIVE_REPRESENTATION_ITEM('','multiple passes allowed');
#1217 = RATIO_UNIT(#1218);
#1218 = DIMENSIONAL_EXPONENTS(0.,0.,0.,0.,0.,0.,0.);
/*****************************************************
 * Application object: PLANE_FINISH_MILLING (#1300)
 * RETRACT: #1300, #1301, #1100
 * APPROACH: #1300, #1302, #1000
 * ITS_TECHNOLOGY: #1300, #1303, #800
 * OVERCUT_LENGTH: #1300, #1304, #1305, #1306, #1307
 * ITS_TOOL: #1300, #600
```

```
* RETRACT_PLANE: #1300, #1308, #1309, #1310, #1311
* AXIAL_CUTTING_DEPTH: #1300, #1312, #1313, #1314, #1315
* ITS_MACHINING_STRATEGY: #1300, #1316, #1200
* ALLOWANCE_BOTTOM: #1300, #1317, #1318, #1319, #1320
* ITS_MACHINE_FUNCTIONS: #1300, #1321, #900
* ITS_ID: #1300 ['FINISH PLANAR FACE1']
*/
#1300 = PLANE_MILLING_OPERATION('FINISH PLANAR FACE1','finishing','','');
#1301 = MACHINING_STRATEGY_RELATIONSHIP('retract','finishing',#1300,#1100);
#1302 = MACHINING_STRATEGY_RELATIONSHIP('approach','finishing',#1300,#1000);
#1303 = MACHINING_TECHNOLOGY_RELATIONSHIP('','finishing',#1300,#800);
#1304 = ACTION_PROPERTY('overcut length','finishing',#1300);
#1305 = ACTION_PROPERTY_REPRESENTATION('','finishing',#1304,#1306);
#1306 = REPRESENTATION('',(#1307),#505);
#1307 = (
LENGTH_MEASURE_WITH_UNIT()
MEASURE_REPRESENTATION_ITEM()
MEASURE_WITH_UNIT(LENGTH_MEASURE(5.),#1601)
REPRESENTATION_ITEM('')
);
#1308 = ACTION_PROPERTY('retract plane','finishing',#1300);
#1309 = ACTION_PROPERTY_REPRESENTATION('','finishing',#1308,#1310);
#1310 = REPRESENTATION('',(#1311),#505);
#1311 = (
LENGTH_MEASURE_WITH_UNIT()
MEASURE_REPRESENTATION_ITEM()
MEASURE_WITH_UNIT(LENGTH_MEASURE(10.),#1601)
REPRESENTATION_ITEM('')
);
#1312 = ACTION_PROPERTY('axial cutting depth','finishing',#1300);
#1313 = ACTION_PROPERTY_REPRESENTATION('','finishing',#1312,#1314);
#1314 = REPRESENTATION('',(#1315),#505);
#1315 = (
LENGTH_MEASURE_WITH_UNIT()
MEASURE_REPRESENTATION_ITEM()
MEASURE_WITH_UNIT(LENGTH_MEASURE(2.5),#1601)
REPRESENTATION_ITEM('')
);
#1316 = MACHINING_STRATEGY_RELATIONSHIP('machining','finishing',#1300,#1200);
#1317 = ACTION_PROPERTY('allowance bottom','finishing',#1300);
#1318 = ACTION_PROPERTY_REPRESENTATION('','finishing',#1317,#1319);
#1319 = REPRESENTATION('',(#1320),#505);
#1320 = (
LENGTH_MEASURE_WITH_UNIT()
MEASURE_REPRESENTATION_ITEM()
MEASURE_WITH_UNIT($,#1601)
REPRESENTATION_ITEM('')
);
```

```
#1321 = MACHINING_FUNCTIONS_RELATIONSHIP('','finishing',#1300,#900);
/**********************************************************
* Application object: TOLERANCED_LENGTH_MEASURE (#1400)
* VALUE_COMPONENT: #1400 [120]
**********************************************************
* Application object: QUALIFIED_PLUS_MINUS_VALUE (#1400)
* UPPER_LIMIT: #1400, #1401 [0.3]
* LOWER_LIMIT: #1400, #1402 [0.3]
*/
#1400 = (
LENGTH_MEASURE_WITH_UNIT()
MEASURE_REPRESENTATION_ITEM()
MEASURE_WITH_UNIT(LENGTH_MEASURE(120.),#1601)
QUALIFIED_REPRESENTATION_ITEM((#1402,#1401))
REPRESENTATION_ITEM('distance')
);
#1401 = STANDARD_UNCERTAINTY('upper limit','',0.3);
#1402 = STANDARD_UNCERTAINTY('lower limit','',0.3);
/**********************************************************
* Application object: LINEAR_PATH (#1500)
* ITS_DIRECTION: #1500, #1501, #1502, #1503, #1504
* DISTANCE: #1500, #1505, #1506, #1507, #1400
*/
#1500 = PATH_FEATURE_COMPONENT('','linear',#1509,.F.);
#1501 = PROPERTY_DEFINITION('','linear',#1500);
#1502 = PROPERTY_DEFINITION_REPRESENTATION(#1501,#1503);
#1503 = DIRECTION_SHAPE_REPRESENTATION('',(#1504),#505);
#1504 = DIRECTION('COURSE OF TRAVEL DIRECTION',(0.,1.,0.));
#1505 = PROPERTY_DEFINITION('','linear',#1500);
#1506 = SHAPE_DEFINITION_REPRESENTATION(#1505,#1507);
#1507 = SHAPE_REPRESENTATION_WITH_PARAMETERS('',(#1400),#427);
#1508 = FEATURE_COMPONENT_DEFINITION('feature component','shared by all');
#1509 = PRODUCT_DEFINITION_SHAPE('feature component',$,#1508);
/**********************************************************
* Application object: NUMERIC_PARAMETER (#1600)
* ITS_PARAMETER_UNIT: #1600, #1601
* ITS_PARAMETER_VALUE: #1600 [100]
* PARAMETER_NAME: #1600 ['PROFILE LENGTH']
*/
#1600 = MEASURE_REPRESENTATION_ITEM('PROFILE LENGTH',NUMERIC_MEASURE(100.),
#1601);
#1601 = (
LENGTH_UNIT()
NAMED_UNIT(*)
SI_UNIT(.MILLI.,.METRE.)
);
/**********************************************************
* Application object: LINEAR_PROFILE (#1700)
```

```
* PROFILE_LENGTH: #1700, #1701, #1702, #1703, #1600
*/
#1700 = LINEAR_PROFILE('','',#1509,.F.);
#1701 = PROPERTY_DEFINITION('profile length','',#1700);
#1702 = SHAPE_DEFINITION_REPRESENTATION(#1701,#1703);
#1703 = SHAPE_REPRESENTATION_WITH_PARAMETERS('',(#1600),#427);
/*********************************************
* Application object: PLANAR_FACE (#1800)
* FEATURE_PLACEMENT: #1800, #1801, #1802, #1803, #1804
* COURSE_OF_TRAVEL: #1800, #1801, #1805, #1806, #1500
* REMOVAL_DEPTH: #1800, #1801, #1802, #1803, #1807
* ITS_WORKPIECE: #1800, #401, #400
* DEPTH: #1800, #1801, #1808, #1809, #1810
* REMOVAL_BOUNDARY: #1800, #1801, #1811, #1812, #1700
* ITS_ID: #1800 ['PLANAR FACE1']
*/
#1800 = (
CHARACTERIZED_OBJECT('','')
FEATURE_DEFINITION()
FLAT_FACE()
INSTANCED_FEATURE()
SHAPE_ASPECT('PLANAR FACE1','',#401,.T.)
);
#1801 = PRODUCT_DEFINITION_SHAPE('','',#1800);
#1802 = SHAPE_DEFINITION_REPRESENTATION(#1801,#1803);
#1803 = SHAPE_REPRESENTATION_WITH_PARAMETERS('',(#1804,#1807),#427);
#1804 = AXIS2_PLACEMENT_3D('orientation',#1813,#1814,#1815);
#1805 = SHAPE_ASPECT('','course of travel occurrence',#1801,.F.);
#1806 = SHAPE_DEFINING_RELATIONSHIP('course of travel',
'path feature component usage',#1500,#1805);
#1807 = (
LENGTH_MEASURE_WITH_UNIT()
MEASURE_REPRESENTATION_ITEM()
MEASURE_WITH_UNIT($,#1601)
REPRESENTATION_ITEM('removal depth')
);
#1808 = SHAPE_DEFINITION_REPRESENTATION(#1801,#1809);
#1809 = SHAPE_REPRESENTATION('maximum feature limit',(#1810),#427);
#1810 = PLANE('PLANAR FACE1 - DEPTH PLANE',#1816);
#1811 = SHAPE_ASPECT('','removal boundary occurrence',#1801,.F.);
#1812 = SHAPE_DEFINING_RELATIONSHIP('removal boundary','profile usage',#1700,
#1811);
#1813 = CARTESIAN_POINT('PLANAR FACE1:LOCATION ',(0.,0.,5.));
#1814 = DIRECTION(' AXIS ',(0.,0.,1.));
#1815 = DIRECTION(' REF_DIRECTION',(1.,0.,0.));
#1816 = AXIS2_PLACEMENT_3D('PLANAR FACE1',#1817,#1818,#1819);
#1817 = CARTESIAN_POINT('PLANAR FACE1:DEPTH ',(0.,0.,-5.));
#1818 = DIRECTION(' AXIS ',(0.,0.,1.));
```

```
#1819 = DIRECTION(' REF_DIRECTION',(1.,0.,0.));
/************************************************
 * Application object: MACHINING_WORKINGSTEP (#1900)
 * ITS_OPERATION: #1900, #1901, #1300
 * ITS_FEATURE: #1900, #1902, #1903, #1904, #1905, #1800
 * ITS_SECPLANE: #1900, #1906, #1907, #1908, #1909
 * ITS_ID: #1900 ['WS FINISH PLANAR FACE1']
 */
#1900 = MACHINING_WORKINGSTEP('WS FINISH PLANAR FACE1','machining','','');
#1901 = MACHINING_OPERATION_RELATIONSHIP('','machining',#1900,#1300);
#1902 = MACHINING_FEATURE_RELATIONSHIP('','machining',#1900,#1903);
#1903 = MACHINING_FEATURE_PROCESS('','machining','','');
#1904 = PROPERTY_PROCESS('machining','machining',#1903,'');
#1905 = PROCESS_PROPERTY_ASSOCIATION('','machining',#1904,#1800);
#1906 = ACTION_PROPERTY('security plane','machining',#1900);
#1907 = ACTION_PROPERTY_REPRESENTATION('','machining',#1906,#1908);
#1908 = REPRESENTATION('',(#1909),#505);
#1909 = PLANE('SECURITY PLANE',#1910);
#1910 = AXIS2_PLACEMENT_3D('PLANE1',#1911,#1912,#1913);
#1911 = CARTESIAN_POINT('SECPLANE1: LOCATION ',(0.,0.,30.));
#1912 = DIRECTION(' AXIS ',(0.,0.,1.));
#1913 = DIRECTION(' REF_DIRECTION',(1.,0.,0.));
/************************************************
 * Application object: DRILLING_CUTTING_TOOL (#2000)
 * ITS_ID: #2000 ['DRILL 20MM']
 * OVERALL_ASSEMBLY_LENGTH: #2000, #2005, #2006, #2100, #2104
 * EFFECTIVE_CUTTING_DIAMETER: #2000, #2005, #2006, #2100, #2105
 * MAXIMUM_DEPTH_OF_CUT: #2000, #2005, #2006, #2100, #2106
 * HAND_OF_CUT: #2000, #2005, #2006, #2100, #2102 ['right']
 * COOLANT_THROUGH_TOOL: #2000, #2005, #2006, #2100, #2103 ['not supported']
 * POINT_ANGLE: #2000, #2005, #2006, #2100, #2107
 */
#2000 = MACHINING_TOOL('DRILL 20MM','drill',(#2500),#2007);
#2005 = RESOURCE_PROPERTY('tool body','',#2000);
#2006 = RESOURCE_PROPERTY_REPRESENTATION('','',#2005,#2100);
#2007 = ACTION_RESOURCE_TYPE('milling cutting tool');
#2100 = MACHINING_TOOL_BODY_REPRESENTATION('drill', (#2102,
#2103,#2104,#2105,#2106,#2107),#505);
#2102 = DESCRIPTIVE_REPRESENTATION_ITEM('hand of cut','right');
#2103 = DESCRIPTIVE_REPRESENTATION_ITEM('coolant through tool',
'not supported');
#2104 = (
LENGTH_MEASURE_WITH_UNIT()
MEASURE_REPRESENTATION_ITEM()
MEASURE_WITH_UNIT(LENGTH_MEASURE(90.),#1601)
REPRESENTATION_ITEM('overall assembly length')
);
#2105 = (
```

```
LENGTH_MEASURE_WITH_UNIT()
MEASURE_REPRESENTATION_ITEM()
MEASURE_WITH_UNIT(LENGTH_MEASURE(20.),#1601)
REPRESENTATION_ITEM('effective cutting diameter')
);
#2106=(
LENGTH_MEASURE_WITH_UNIT()
MEASURE_REPRESENTATION_ITEM()
MEASURE_WITH_UNIT(LENGTH_MEASURE(70.),#1601)
REPRESENTATION_ITEM('maximum depth of cut')
);
#2107=(
MEASURE_REPRESENTATION_ITEM()
MEASURE_WITH_UNIT(PLANE_ANGLE_MEASURE(120.),#428)
PLANE_ANGLE_MEASURE_WITH_UNIT()
REPRESENTATION_ITEM('point angle')
);
/**************************************************
 * Application object: MILLING_TECHNOLOGY (#2300)
 * SYNCHRONIZE_SPINDLE_WITH_FEED: #2300, #2301, #2302, #2303, #2304 ['not
synchronized']
 * FEEDRATE_PER_TOOTH: #2300, #2305, #2306, #2307, #2308
 * SPINDLE: #2300, #2309, #2310, #2311, #2312
 * CUTSPEED: #2300, #2313, #2314, #2315, #2316
 * INHIBIT_FEEDRATE_OVERRIDE: #2300, #2317, #2318, #2319, #2320 ['override not
allowed']
 * FEEDRATE: #2300, #2321, #2322, #2323, #2324
 * FEEDRATE_REFERENCE: #2300, #2325, #2326, #2327, #2328 ['tool center point']
 * INHIBIT_SPINDLE_OVERRIDE: #2300, #2329, #2330, #2331, #2332 ['override not
allowed']
 */
#2300=MACHINING_TECHNOLOGY('','milling','','');
#2301=ACTION_PROPERTY('synchronize spindle with feed','milling',#2300);
#2302=ACTION_PROPERTY_REPRESENTATION('','milling',#2301,#2303);
#2303=REPRESENTATION('',(#2304),#505);
#2304=DESCRIPTIVE_REPRESENTATION_ITEM('','not synchronized');
#2305=ACTION_PROPERTY('feedrate','milling',#2300);
#2306=ACTION_PROPERTY_REPRESENTATION('feed per tooth','milling',#2305,#2307);
#2307=MACHINING_FEED_SPEED_REPRESENTATION('feed per tooth',(#2308),#505);
#2308=MEASURE_REPRESENTATION_ITEM('feed per tooth',$,#833);
#2309=ACTION_PROPERTY('spindle','milling',#2300);
#2310=ACTION_PROPERTY_REPRESENTATION('rotational speed','milling',#2309,
#2311);
#2311=MACHINING_SPINDLE_SPEED_REPRESENTATION('spindle speed',(#2312),#505);
#2312=MEASURE_REPRESENTATION_ITEM('rotational speed',NUMERIC_MEASURE(16.),
#837);
#2313=ACTION_PROPERTY('spindle','milling',#2300);
#2314=ACTION_PROPERTY_REPRESENTATION('surface speed','milling',#2313,#2315);
```

```
#2315 = MACHINING_SPINDLE_SPEED_REPRESENTATION('cutting speed',(#2316),#505);
#2316 = MEASURE_REPRESENTATION_ITEM('surface speed', $ ,#837);
#2317 = ACTION_PROPERTY('inhibit feedrate override','milling',#2300);
#2318 = ACTION_PROPERTY_REPRESENTATION('','milling',#2317,#2319);
#2319 = REPRESENTATION('',(#2320),#505);
#2320 = DESCRIPTIVE_REPRESENTATION_ITEM('','override not allowed');
#2321 = ACTION_PROPERTY('feedrate','milling',#2300);
#2322 = ACTION_PROPERTY_REPRESENTATION('feed speed','milling',#2321,#2323);
#2323 = MACHINING_FEED_SPEED_REPRESENTATION('feed speed',(#2324),#505);
#2324 = MEASURE_REPRESENTATION_ITEM('feed speed',NUMERIC_MEASURE(0.03),#833);
#2325 = ACTION_PROPERTY('feedrate reference','milling',#2300);
#2326 = ACTION_PROPERTY_REPRESENTATION('','milling',#2325,#2327);
#2327 = REPRESENTATION('',(#2328),#505);
#2328 = DESCRIPTIVE_REPRESENTATION_ITEM('','tool center point');
#2329 = ACTION_PROPERTY('inhibit spindle override','milling',#2300);
#2330 = ACTION_PROPERTY_REPRESENTATION('','milling',#2329,#2331);
#2331 = REPRESENTATION('',(#2332),#505);
#2332 = DESCRIPTIVE_REPRESENTATION_ITEM('','override not allowed');
/***********************************************
 * Application object: DRILLING_TYPE_STRATEGY (#2400)
 * REDUCED_CUT_AT_END: #2400, #2401, #2402, #2403, #2404
 * REDUCED_CUT_AT_START: #2400, #2405, #2406, #2407, #2408
 * DEPTH_OF_END: #2400, #2409, #2410, #2411, #2412
 * REDUCED_FEED_AT_END: #2400, #2413, #2414, #2415, #2416
 * DEPTH_OF_START: #2400, #2417, #2418, #2419, #2420
 * REDUCED_FEED_AT_START: #2400, #2421, #2422, #2423, #2424
 */
#2400 = DRILLING_TYPE_STRATEGY('','','','');
#2401 = ACTION_PROPERTY('reduced cut at end','',#2400);
#2402 = ACTION_PROPERTY_REPRESENTATION('relative speed','',#2401,#2403);
#2403 = MACHINING_SPINDLE_SPEED_REPRESENTATION('relative speed',(#2404),#505);
#2404 = (
MEASURE_REPRESENTATION_ITEM()
MEASURE_WITH_UNIT(RATIO_MEASURE(50.),#1217)
RATIO_MEASURE_WITH_UNIT()
REPRESENTATION_ITEM('relative speed')
);
#2405 = ACTION_PROPERTY('reduced cut at start','',#2400);
#2406 = ACTION_PROPERTY_REPRESENTATION('relative speed','',#2405,#2407);
#2407 = MACHINING_SPINDLE_SPEED_REPRESENTATION('relative speed',(#2408),#505);
#2408 = (
MEASURE_REPRESENTATION_ITEM()
MEASURE_WITH_UNIT(RATIO_MEASURE(75.),#1217)
RATIO_MEASURE_WITH_UNIT()
REPRESENTATION_ITEM('relative speed')
);
#2409 = ACTION_PROPERTY('depth of end','',#2400);
#2410 = ACTION_PROPERTY_REPRESENTATION('','',#2409,#2411);
```

```
#2411 = REPRESENTATION('',(#2412),#505);
#2412 = (
LENGTH_MEASURE_WITH_UNIT()
MEASURE_REPRESENTATION_ITEM()
MEASURE_WITH_UNIT(LENGTH_MEASURE(8.),#1601)
REPRESENTATION_ITEM('')
);
#2413 = ACTION_PROPERTY('reduced feedrate at end','',#2400);
#2414 = ACTION_PROPERTY_REPRESENTATION('relative speed','',#2413,#2415);
#2415 = MACHINING_FEED_SPEED_REPRESENTATION('relative speed',(#2416),#505);
#2416 = (
MEASURE_REPRESENTATION_ITEM()
MEASURE_WITH_UNIT(RATIO_MEASURE(75.),#1217)
RATIO_MEASURE_WITH_UNIT()
REPRESENTATION_ITEM('relative speed')
);
#2417 = ACTION_PROPERTY('depth of start','',#2400);
#2418 = ACTION_PROPERTY_REPRESENTATION('','',#2417,#2419);
#2419 = REPRESENTATION('',(#2420),#505);
#2420 = (
LENGTH_MEASURE_WITH_UNIT()
MEASURE_REPRESENTATION_ITEM()
MEASURE_WITH_UNIT(LENGTH_MEASURE(2.),#1601)
REPRESENTATION_ITEM('')
);
#2421 = ACTION_PROPERTY('reduced feedrate at start','',#2400);
#2422 = ACTION_PROPERTY_REPRESENTATION('relative speed','',#2421,#2423);
#2423 = MACHINING_FEED_SPEED_REPRESENTATION('relative speed',(#2424),#505);
#2424 = (
MEASURE_REPRESENTATION_ITEM()
MEASURE_WITH_UNIT(RATIO_MEASURE(50.),#1217)
RATIO_MEASURE_WITH_UNIT()
REPRESENTATION_ITEM('relative speed')
);
/*****************************************************
 * Application object: DRILLING (#2500)
 * RETRACT_PLANE: #2500, #2501, #2502, #2503, #2504
 * ITS_TECHNOLOGY: #2500, #2505, #2300
 * ITS_ID: #2500 ['DRILL HOLE1']
 * ITS_TOOL: #2500, #2000
 * CUTTING_DEPTH: #2500, #2506, #2507, #2508, #2509
 * PREVIOUS_DIAMETER: #2500, #2510, #2511, #2512, #2513
 * OVERCUT_LENGTH: #2500, #2514, #2515, #2516, #2517
 * FEED_ON_RETRACT: #2500, #2518, #2519, #2520, #2521
 * ITS_MACHINING_STRATEGY: #2500, #2522, #2400
 * ITS_MACHINE_FUNCTIONS: #2500, #2523, #900
 */
#2500 = DRILLING_OPERATION('DRILL HOLE1','drilling','','');
```

```
#2501 = ACTION_PROPERTY('retract plane','drilling',#2500);
#2502 = ACTION_PROPERTY_REPRESENTATION('','drilling',#2501,#2503);
#2503 = REPRESENTATION('',(#2504),#505);
#2504 = (
LENGTH_MEASURE_WITH_UNIT()
MEASURE_REPRESENTATION_ITEM()
MEASURE_WITH_UNIT(LENGTH_MEASURE(10.),#1601)
REPRESENTATION_ITEM('')
);
#2505 = MACHINING_TECHNOLOGY_RELATIONSHIP('','drilling',#2500,#2300);
#2506 = ACTION_PROPERTY('cutting depth','drilling',#2500);
#2507 = ACTION_PROPERTY_REPRESENTATION('','drilling',#2506,#2508);
#2508 = REPRESENTATION('',(#2509),#505);
#2509 = (
LENGTH_MEASURE_WITH_UNIT()
MEASURE_REPRESENTATION_ITEM()
MEASURE_WITH_UNIT(LENGTH_MEASURE(30.),#1601)
REPRESENTATION_ITEM('')
);
#2510 = ACTION_PROPERTY('previous diameter','drilling',#2500);
#2511 = ACTION_PROPERTY_REPRESENTATION('','drilling',#2510,#2512);
#2512 = REPRESENTATION('',(#2513),#505);
#2513 = (
LENGTH_MEASURE_WITH_UNIT()
MEASURE_REPRESENTATION_ITEM()
MEASURE_WITH_UNIT(LENGTH_MEASURE(0.),#1601)
REPRESENTATION_ITEM('')
);
#2514 = ACTION_PROPERTY('overcut length','drilling',#2500);
#2515 = ACTION_PROPERTY_REPRESENTATION('','drilling',#2514,#2516);
#2516 = REPRESENTATION('',(#2517),#505);
#2517 = (
LENGTH_MEASURE_WITH_UNIT()
MEASURE_REPRESENTATION_ITEM()
MEASURE_WITH_UNIT($,#1601)
REPRESENTATION_ITEM('')
);
#2518 = ACTION_PROPERTY('feedrate on retract','drilling',#2500);
#2519 = ACTION_PROPERTY_REPRESENTATION('relative speed','drilling',#2518,#2520);
#2520 = MACHINING_FEED_SPEED_REPRESENTATION('relative speed',(#2521),#505);
#2521 = (
MEASURE_REPRESENTATION_ITEM()
MEASURE_WITH_UNIT(RATIO_MEASURE(0.),#1217)
RATIO_MEASURE_WITH_UNIT()
REPRESENTATION_ITEM('relative speed')
);
#2522 = MACHINING_STRATEGY_RELATIONSHIP('machining','drilling',#2500,#2400);
#2523 = MACHINING_FUNCTIONS_RELATIONSHIP('','drilling',#2500,#900);
```

```
/*************************************************
* Application object：REAMING_CUTTING_TOOL（#2600）
* ITS_ID：#2600［'REAMER 22MM'］
* ITS_CUTTING_EDGE［*］：#2600，#2601，#500
* ITS_CUTTING_EDGE［*］：#2600，#2602，#500
* ITS_CUTTING_EDGE［*］：#2600，#2603，#500
* ITS_CUTTING_EDGE［*］：#2600，#2604，#500
* OVERALL_ASSEMBLY_LENGTH：#2600，#2605，#2606，#2700，#2703
* EFFECTIVE_CUTTING_DIAMETER：#2600，#2605，#2606，#2700，#2704
* MAXIMUM_DEPTH_OF_CUT：#2600，#2605，#2606，#2700，#2705
* HAND_OF_CUT：#2600，#2605，#2606，#2700，#2701［'right'］
* COOLANT_THROUGH_TOOL：#2600，#2605，#2606，#2700，#2702［'not supported'］
*/
#2600=MACHINING_TOOL('REAMER 22MM','reamer',(#3000),#2607);
#2601=ACTION_RESOURCE_RELATIONSHIP('','',#2600,#500);
#2602=ACTION_RESOURCE_RELATIONSHIP('','',#2600,#500);
#2603=ACTION_RESOURCE_RELATIONSHIP('','',#2600,#500);
#2604=ACTION_RESOURCE_RELATIONSHIP('','',#2600,#500);
#2605=RESOURCE_PROPERTY('tool body','',#2600);
#2606=RESOURCE_PROPERTY_REPRESENTATION('','',#2605,#2700);
#2607=ACTION_RESOURCE_TYPE('milling cutting tool');
#2700=MACHINING_TOOL_BODY_REPRESENTATION('reamer',(#2701,#2702,#2703,
#2704,#2705),#505);
#2701=DESCRIPTIVE_REPRESENTATION_ITEM('hand of cut','right');
#2702=DESCRIPTIVE_REPRESENTATION_ITEM('coolant through tool',
'not supported');
#2703=(
LENGTH_MEASURE_WITH_UNIT()
MEASURE_REPRESENTATION_ITEM()
MEASURE_WITH_UNIT(LENGTH_MEASURE(100.),#1601)
REPRESENTATION_ITEM('overall assembly length')
);
#2704=(
LENGTH_MEASURE_WITH_UNIT()
MEASURE_REPRESENTATION_ITEM()
MEASURE_WITH_UNIT(LENGTH_MEASURE(22.),#1601)
REPRESENTATION_ITEM('effective cutting diameter')
);
#2705=(
LENGTH_MEASURE_WITH_UNIT()
MEASURE_REPRESENTATION_ITEM()
MEASURE_WITH_UNIT(LENGTH_MEASURE(60.),#1601)
REPRESENTATION_ITEM('maximum depth of cut')
);
/*************************************************
* Application object：MILLING_TECHNOLOGY（#2800）
* SYNCHRONIZE_SPINDLE_WITH_FEED：#2800，#2801，#2802，#2803，#2804［'not
synchronized'］
```

```
* FEEDRATE_PER_TOOTH: #2800, #2805, #2806, #2807, #2808
* SPINDLE: #2800, #2809, #2810, #2811, #2812
* CUTSPEED: #2800, #2813, #2814, #2815, #2816
* INHIBIT_FEEDRATE_OVERRIDE: #2800, #2817, #2818, #2819, #2820 ['override not
allowed']
* FEEDRATE: #2800, #2821, #2822, #2823, #2824
* FEEDRATE_REFERENCE: #2800, #2825, #2826, #2827, #2828 ['tool center point']
* INHIBIT_SPINDLE_OVERRIDE: #2800, #2829, #2830, #2831, #2832 ['override not
allowed']
*/
#2800 = MACHINING_TECHNOLOGY('','milling','','');
#2801 = ACTION_PROPERTY('synchronize spindle with feed','milling',#2800);
#2802 = ACTION_PROPERTY_REPRESENTATION('','milling',#2801,#2803);
#2803 = REPRESENTATION('',(#2804),#505);
#2804 = DESCRIPTIVE_REPRESENTATION_ITEM('','not synchronized');
#2805 = ACTION_PROPERTY('feedrate','milling',#2800);
#2806 = ACTION_PROPERTY_REPRESENTATION('feed per tooth','milling',#2805,#2807);
#2807 = MACHINING_FEED_SPEED_REPRESENTATION('feed per tooth',(#2808),#505);
#2808 = MEASURE_REPRESENTATION_ITEM('feed per tooth', $ ,#833);
#2809 = ACTION_PROPERTY('spindle','milling',#2800);
#2810 = ACTION_PROPERTY_REPRESENTATION('rotational speed','milling',#2809,
#2811);
#2811 = MACHINING_SPINDLE_SPEED_REPRESENTATION('spindle speed',(#2812),#505);
#2812 = MEASURE_REPRESENTATION_ITEM('rotational speed',NUMERIC_MEASURE(18.),
#837);
#2813 = ACTION_PROPERTY('spindle','milling',#2800);
#2814 = ACTION_PROPERTY_REPRESENTATION('surface speed','milling',#2813,#2815);
#2815 = MACHINING_SPINDLE_SPEED_REPRESENTATION('cutting speed',(#2816),#505);
#2816 = MEASURE_REPRESENTATION_ITEM('surface speed', $ ,#837);
#2817 = ACTION_PROPERTY('inhibit feedrate override','milling',#2800);
#2818 = ACTION_PROPERTY_REPRESENTATION('','milling',#2817,#2819);
#2819 = REPRESENTATION('',(#2820),#505);
#2820 = DESCRIPTIVE_REPRESENTATION_ITEM('','override not allowed');
#2821 = ACTION_PROPERTY('feedrate','milling',#2800);
#2822 = ACTION_PROPERTY_REPRESENTATION('feed speed','milling',#2821,#2823);
#2823 = MACHINING_FEED_SPEED_REPRESENTATION('feed speed',(#2824),#505);
#2824 = MEASURE_REPRESENTATION_ITEM('feed speed',NUMERIC_MEASURE(0.03),#833);
#2825 = ACTION_PROPERTY('feedrate reference','milling',#2800);
#2826 = ACTION_PROPERTY_REPRESENTATION('','milling',#2825,#2827);
#2827 = REPRESENTATION('',(#2828),#505);
#2828 = DESCRIPTIVE_REPRESENTATION_ITEM('','tool center point');
#2829 = ACTION_PROPERTY('inhibit spindle override','milling',#2800);
#2830 = ACTION_PROPERTY_REPRESENTATION('','milling',#2829,#2831);
#2831 = REPRESENTATION('',(#2832),#505);
#2832 = DESCRIPTIVE_REPRESENTATION_ITEM('','override not allowed');
/*****************************************************
* Application object: DRILLING_TYPE_STRATEGY (#2900)
* REDUCED_CUT_AT_END: #2900, #2901, #2902, #2903, #2904
```

```
* REDUCED_CUT_AT_START: #2900, #2905, #2906, #2907, #2908
* DEPTH_OF_END: #2900, #2909, #2910, #2911, #2912
* REDUCED_FEED_AT_END: #2900, #2913, #2914, #2915, #2916
* DEPTH_OF_START: #2900, #2917, #2918, #2919, #2920
* REDUCED_FEED_AT_START: #2900, #2921, #2922, #2923, #2924
*/
#2900 = DRILLING_TYPE_STRATEGY('','','','');
#2901 = ACTION_PROPERTY('reduced cut at end','',#2900);
#2902 = ACTION_PROPERTY_REPRESENTATION('relative speed','',#2901,#2903);
#2903 = MACHINING_SPINDLE_SPEED_REPRESENTATION('relative speed',(#2904),#505);
#2904 = (
MEASURE_REPRESENTATION_ITEM()
MEASURE_WITH_UNIT( $ ,#1217)
RATIO_MEASURE_WITH_UNIT()
REPRESENTATION_ITEM('relative speed')
);
#2905 = ACTION_PROPERTY('reduced cut at start','',#2900);
#2906 = ACTION_PROPERTY_REPRESENTATION('relative speed','',#2905,#2907);
#2907 = MACHINING_SPINDLE_SPEED_REPRESENTATION('relative speed',(#2908),#505);
#2908 = (
MEASURE_REPRESENTATION_ITEM()
MEASURE_WITH_UNIT( $ ,#1217)
RATIO_MEASURE_WITH_UNIT()
REPRESENTATION_ITEM('relative speed')
);
#2909 = ACTION_PROPERTY('depth of end','',#2900);
#2910 = ACTION_PROPERTY_REPRESENTATION('','',#2909,#2911);
#2911 = REPRESENTATION('',(#2912),#505);
#2912 = (
LENGTH_MEASURE_WITH_UNIT()
MEASURE_REPRESENTATION_ITEM()
MEASURE_WITH_UNIT( $ ,#1601)
REPRESENTATION_ITEM('')
);
#2913 = ACTION_PROPERTY('reduced feedrate at end','',#2900);
#2914 = ACTION_PROPERTY_REPRESENTATION('relative speed','',#2913,#2915);
#2915 = MACHINING_FEED_SPEED_REPRESENTATION('relative speed',(#2916),#505);
#2916 = (
MEASURE_REPRESENTATION_ITEM()
MEASURE_WITH_UNIT( $ ,#1217)
RATIO_MEASURE_WITH_UNIT()
REPRESENTATION_ITEM('relative speed')
);
#2917 = ACTION_PROPERTY('depth of start','',#2900);
#2918 = ACTION_PROPERTY_REPRESENTATION('','',#2917,#2919);
#2919 = REPRESENTATION('',(#2920),#505);
#2920 = (
LENGTH_MEASURE_WITH_UNIT()
```

```
MEASURE_REPRESENTATION_ITEM()
MEASURE_WITH_UNIT( $ ,#1601)
REPRESENTATION_ITEM('')
);
#2921 = ACTION_PROPERTY('reduced feedrate at start','',#2900);
#2922 = ACTION_PROPERTY_REPRESENTATION('relative speed','',#2921,#2923);
#2923 = MACHINING_FEED_SPEED_REPRESENTATION('relative speed',(#2924),#505);
#2924 = (
MEASURE_REPRESENTATION_ITEM()
MEASURE_WITH_UNIT( $ ,#1217)
RATIO_MEASURE_WITH_UNIT()
REPRESENTATION_ITEM('relative speed')
);
/****************************************************
* Application object: REAMING (#3000)
* ITS_MACHINE_FUNCTIONS: #3000, #3001, #900
* RETRACT_PLANE: #3000, #3002, #3003, #3004, #3005
* ITS_TOOL: #3000, #2600
* FEED_ON_RETRACT: #3000, #3006, #3007, #3008, #3009
* PREVIOUS_DIAMETER: #3000, #3010, #3011, #3012, #3013
* ITS_MACHINING_STRATEGY: #3000, #3014, #2900
* ITS_ID: #3000 ['REAM HOLE1']
* ITS_TECHNOLOGY: #3000, #3015, #2800
* OVERCUT_LENGTH: #3000, #3016, #3017, #3018, #3019
* CUTTING_DEPTH: #3000, #3020, #3021, #3022, #3023
* DEPTH_OF_TESTCUT: #3000, #3024, #3025, #3026, #3027
*/
#3000 = BORING_OPERATION('REAM HOLE1','reaming','','');
#3001 = MACHINING_FUNCTIONS_RELATIONSHIP('','reaming',#3000,#900);
#3002 = ACTION_PROPERTY('retract plane','reaming',#3000);
#3003 = ACTION_PROPERTY_REPRESENTATION('','reaming',#3002,#3004);
#3004 = REPRESENTATION('',(#3005),#505);
#3005 = (
LENGTH_MEASURE_WITH_UNIT()
MEASURE_REPRESENTATION_ITEM()
MEASURE_WITH_UNIT(LENGTH_MEASURE(10.),#1601)
REPRESENTATION_ITEM('')
);
#3006 = ACTION_PROPERTY('feedrate on retract','reaming',#3000);
#3007 = ACTION_PROPERTY_REPRESENTATION('relative speed','reaming',#3006,#3008);
#3008 = MACHINING_FEED_SPEED_REPRESENTATION('relative speed',(#3009),#505);
#3009 = (
MEASURE_REPRESENTATION_ITEM()
MEASURE_WITH_UNIT(RATIO_MEASURE(1.),#1217)
RATIO_MEASURE_WITH_UNIT()
REPRESENTATION_ITEM('relative speed')
);
```

```
#3010 = ACTION_PROPERTY('previous diameter','reaming',#3000);
#3011 = ACTION_PROPERTY_REPRESENTATION('','reaming',#3010,#3012);
#3012 = REPRESENTATION('',(#3013),#505);
#3013 = (
LENGTH_MEASURE_WITH_UNIT()
MEASURE_REPRESENTATION_ITEM()
MEASURE_WITH_UNIT(LENGTH_MEASURE(20.),#1601)
REPRESENTATION_ITEM('')
);
#3014 = MACHINING_STRATEGY_RELATIONSHIP('machining','reaming',#3000,#2900);
#3015 = MACHINING_TECHNOLOGY_RELATIONSHIP('','reaming',#3000,#2800);
#3016 = ACTION_PROPERTY('overcut length','reaming',#3000);
#3017 = ACTION_PROPERTY_REPRESENTATION('','reaming',#3016,#3018);
#3018 = REPRESENTATION('',(#3019),#505);
#3019 = (
LENGTH_MEASURE_WITH_UNIT()
MEASURE_REPRESENTATION_ITEM()
MEASURE_WITH_UNIT($,#1601)
REPRESENTATION_ITEM('')
);
#3020 = ACTION_PROPERTY('cutting depth','reaming',#3000);
#3021 = ACTION_PROPERTY_REPRESENTATION('','reaming',#3020,#3022);
#3022 = REPRESENTATION('',(#3023),#505);
#3023 = (
LENGTH_MEASURE_WITH_UNIT()
MEASURE_REPRESENTATION_ITEM()
MEASURE_WITH_UNIT(LENGTH_MEASURE(30.),#1601)
REPRESENTATION_ITEM('')
);
#3024 = ACTION_PROPERTY('testcut depth','reaming',#3000);
#3025 = ACTION_PROPERTY_REPRESENTATION('','reaming',#3024,#3026);
#3026 = REPRESENTATION('',(#3027),#505);
#3027 = (
LENGTH_MEASURE_WITH_UNIT()
MEASURE_REPRESENTATION_ITEM()
MEASURE_WITH_UNIT(LENGTH_MEASURE(5.),#1601)
REPRESENTATION_ITEM('')
);
/*****************************************************
* Application object: TOLERANCED_LENGTH_MEASURE (#3100)
* VALUE_COMPONENT: #3100 [22]
*****************************************************
* Application object: QUALIFIED_PLUS_MINUS_VALUE (#3100)
*/
#3100 = (
LENGTH_MEASURE_WITH_UNIT()
MEASURE_REPRESENTATION_ITEM()
MEASURE_WITH_UNIT(LENGTH_MEASURE(22.),#1601)
```

```
QUALIFIED_REPRESENTATION_ITEM( $ )
REPRESENTATION_ITEM('diameter')
);
/**********************************************************
 * Application object: THROUGH_BOTTOM_CONDITION ( #3200)
 */
#3200 = HOLE_BOTTOM('','through', #1509,.F.);
/**********************************************************
 * Application object: ROUND_HOLE ( #3300)
 * ITS_WORKPIECE: #3300, #401, #400
 * ITS_ID: #3300 ['HOLE1 D = 22MM']
 * COURSE_OF_TRAVEL: #3300, #3301, #3302, #3303, #3500
 * FEATURE_PLACEMENT: #3300, #3301, #3304, #3305, #3306
 * DEPTH: #3300, #3301, #3307, #3308, #3309
 * DIAMETER: #3300, #3301, #3310, #3311, #3400
 * BOTTOM_CONDITION: #3300, #3301, #3312, #3313, #3200
 */
#3300 = (
CHARACTERIZED_OBJECT('','')
FEATURE_DEFINITION()
INSTANCED_FEATURE()
ROUND_HOLE()
SHAPE_ASPECT('HOLE1 D = 22MM','', #401,.T.)
);
#3301 = PRODUCT_DEFINITION_SHAPE('','', #3300);
#3302 = SHAPE_ASPECT('','hole depth occurrence', #3301,.F.);
#3303 = SHAPE_DEFINING_RELATIONSHIP('hole depth',
'path feature component usage', #3500, #3302);
#3304 = SHAPE_DEFINITION_REPRESENTATION( #3301, #3305);
#3305 = SHAPE_REPRESENTATION_WITH_PARAMETERS('',( #3306), #427);
#3306 = AXIS2_PLACEMENT_3D('orientation', #3314, #3507, $ );
#3307 = SHAPE_DEFINITION_REPRESENTATION( #3301, #3308);
#3308 = SHAPE_REPRESENTATION('maximum feature limit',( #3309), #427);
#3309 = PLANE('DEPTH SURFACE FOR ROUND HOLE1', #3315);
#3310 = SHAPE_ASPECT('','diameter occurrence', #3301,.F.);
#3311 = SHAPE_DEFINING_RELATIONSHIP('diameter','profile usage', #3400, #3310);
#3312 = SHAPE_ASPECT('','bottom condition occurrence', #3301,.F.);
#3313 = FEATURE_COMPONENT_RELATIONSHIP('','hole bottom usage', #3200, #3312);
#3314 = CARTESIAN_POINT('HOLE1: LOCATION ',(20.,60.,0.));
#3315 = AXIS2_PLACEMENT_3D('HOLE1', #3316, #3317, #3318);
#3316 = CARTESIAN_POINT('HOLE1: DEPTH ',(0.,0.,-30.));
#3317 = DIRECTION(' AXIS ',(0.,0.,1.));
#3318 = DIRECTION(' REF_DIRECTION',(1.,0.,0.));
/**********************************************************
* Application object: CIRCULAR_CLOSED_PROFILE ( #3400)
* PLACEMENT: #3400, #3401, #3402, #3403, #3306
* DIAMETER: #3400, #3401, #3402, #3403, 3100
*/
```

```
#3400 = CIRCULAR_CLOSED_PROFILE('','',#1509,.F.);
#3401 = PROPERTY_DEFINITION('','',#3400);
#3402 = SHAPE_DEFINITION_REPRESENTATION(#3401,#3403);
#3403 = SHAPE_REPRESENTATION_WITH_PARAMETERS('',(#3100,#3306),#427);
/***********************************************
* Application object: LINEAR_PATH (#3500)
* PLACEMENT: #3500, #3501, #3502, #3503, #3306
* ITS_DIRECTION: #3500, #3504, #3505, #3506, #3507
* DISTANCE: #3500, #3501, #3502, #3503, #3508
*/
#3500 = PATH_FEATURE_COMPONENT('','linear',#1509,.F.);
#3501 = PROPERTY_DEFINITION('','linear',#3500);
#3502 = SHAPE_DEFINITION_REPRESENTATION(#3501,#3503);
#3503 = SHAPE_REPRESENTATION_WITH_PARAMETERS('',(#3508,#3306),#427);
#3504 = PROPERTY_DEFINITION('','linear',#3500);
#3505 = PROPERTY_DEFINITION_REPRESENTATION(#3504,#3506);
#3506 = DIRECTION_SHAPE_REPRESENTATION('',(#3507),#505);
#3507 = DIRECTION(' AXIS ',(0.,0.,1.));
#3508 = (
LENGTH_MEASURE_WITH_UNIT()
MEASURE_REPRESENTATION_ITEM()
MEASURE_WITH_UNIT(LENGTH_MEASURE(30.),#1601)
REPRESENTATION_ITEM('distance')
);
/***********************************************
* Application object: MACHINING_WORKINGSTEP (#3600)
* ITS_OPERATION: #3600, #3601, #2500
* ITS_FEATURE: #3600, #3602, #3603, #3604, #3605, #3300
* ITS_SECPLANE: #3600, #3606, #3607, #3608, #1909
* ITS_ID: #3600 ['WS DRILL HOLE1']
*/
#3600 = MACHINING_WORKINGSTEP('WS DRILL HOLE1','machining','','');
#3601 = MACHINING_OPERATION_RELATIONSHIP('','machining',#3600,#2500);
#3602 = MACHINING_FEATURE_RELATIONSHIP('','machining',#3600,#3603);
#3603 = MACHINING_FEATURE_PROCESS('','machining','','');
#3604 = PROPERTY_PROCESS('machining','machining',#3603,'');
#3605 = PROCESS_PROPERTY_ASSOCIATION('','machining',#3604,#3300);
#3606 = ACTION_PROPERTY('security plane','machining',#3600);
#3607 = ACTION_PROPERTY_REPRESENTATION('','machining',#3606,#3608);
#3608 = REPRESENTATION('',(#1909),#505);
/***********************************************
* Application object: MACHINING_WORKINGSTEP (#3700)
* ITS_OPERATION: #3700, #3701, #3000
* ITS_FEATURE: #3700, #3702, #3703, #3704, #3705, #3300
* ITS_SECPLANE: #3700, #3706, #3707, #3708, #1909
* ITS_ID: #3700 ['WS REAM HOLE1']
*/
#3700 = MACHINING_WORKINGSTEP('WS REAM HOLE1','machining','','');
```

```
#3701 = MACHINING_OPERATION_RELATIONSHIP('','machining',#3700,#3000);
#3702 = MACHINING_FEATURE_RELATIONSHIP('','machining',#3700,#3703);
#3703 = MACHINING_FEATURE_PROCESS('','machining','','');
#3704 = PROPERTY_PROCESS('machining','machining',#3703,'');
#3705 = PROCESS_PROPERTY_ASSOCIATION('','machining',#3704,#3300);
#3706 = ACTION_PROPERTY('security plane','machining',#3700);
#3707 = ACTION_PROPERTY_REPRESENTATION('','machining',#3706,#3708);
#3708 = REPRESENTATION('',(#1909),#505);
/**********************************************************
 * Application object: MILLING_TECHNOLOGY (#3800)
 * SYNCHRONIZE_SPINDLE_WITH_FEED: #3800, #3801, #3802, #3803, #3804 ['not
synchronized']
 * FEEDRATE_PER_TOOTH: #3800, #3805, #3806, #3807, #3808
 * SPINDLE: #3800, #3809, #3810, #3811, #3812
 * CUTSPEED: #3800, #3813, #3814, #3815, #3816
 * INHIBIT_FEEDRATE_OVERRIDE: #3800, #3817, #3818, #3819, #3820 ['override not
allowed']
 * FEEDRATE: #3800, #3821, #3822, #3823, #3824
 * FEEDRATE_REFERENCE: #3800, #3825, #3826, #3827, #3828 ['tool center point']
 * INHIBIT_SPINDLE_OVERRIDE: #3800, #3829, #3830, #3831, #3832 ['override not
allowed']
 */
#3800 = MACHINING_TECHNOLOGY('','milling','','');
#3801 = ACTION_PROPERTY('synchronize spindle with feed','milling',#3800);
#3802 = ACTION_PROPERTY_REPRESENTATION('','milling',#3801,#3803);
#3803 = REPRESENTATION('',(#3804),#505);
#3804 = DESCRIPTIVE_REPRESENTATION_ITEM('','not synchronized');
#3805 = ACTION_PROPERTY('feedrate','milling',#3800);
#3806 = ACTION_PROPERTY_REPRESENTATION('feed per tooth','milling',#3805,#3807);
#3807 = MACHINING_FEED_SPEED_REPRESENTATION('feed per tooth',(#3808),#505);
#3808 = MEASURE_REPRESENTATION_ITEM('feed per tooth',$,#833);
#3809 = ACTION_PROPERTY('spindle','milling',#3800);
#3810 = ACTION_PROPERTY_REPRESENTATION('rotational speed','milling',#3809,
#3811);
#3811 = MACHINING_SPINDLE_SPEED_REPRESENTATION('spindle speed',(#3812),#505);
#3812 = MEASURE_REPRESENTATION_ITEM('rotational speed',NUMERIC_MEASURE(20.),
#837);
#3813 = ACTION_PROPERTY('spindle','milling',#3800);
#3814 = ACTION_PROPERTY_REPRESENTATION('surface speed','milling',#3813,#3815);
#3815 = MACHINING_SPINDLE_SPEED_REPRESENTATION('cutting speed',(#3816),#505);
#3816 = MEASURE_REPRESENTATION_ITEM('surface speed',$,#837);
#3817 = ACTION_PROPERTY('inhibit feedrate override','milling',#3800);
#3818 = ACTION_PROPERTY_REPRESENTATION('','milling',#3817,#3819);
#3819 = REPRESENTATION('',(#3820),#505);
#3820 = DESCRIPTIVE_REPRESENTATION_ITEM('','override not allowed');
#3821 = ACTION_PROPERTY('feedrate','milling',#3800);
#3822 = ACTION_PROPERTY_REPRESENTATION('feed speed','milling',#3821,#3823);
#3823 = MACHINING_FEED_SPEED_REPRESENTATION('feed speed',(#3824),#505);
```

```
#3824 = MEASURE_REPRESENTATION_ITEM('feed speed', $ ,#833);
#3825 = ACTION_PROPERTY('feedrate reference','milling',#3800);
#3826 = ACTION_PROPERTY_REPRESENTATION('','milling',#3825,#3827);
#3827 = REPRESENTATION('',(#3828),#505);
#3828 = DESCRIPTIVE_REPRESENTATION_ITEM('','tool center point');
#3829 = ACTION_PROPERTY('inhibit spindle override','milling',#3800);
#3830 = ACTION_PROPERTY_REPRESENTATION('','milling',#3829,#3831);
#3831 = REPRESENTATION('',(#3832),#505);
#3832 = DESCRIPTIVE_REPRESENTATION_ITEM('','override not allowed');
/**************************************************
* Application object: CONTOUR_BIDIRECTIONAL (#3900)
* OVERLAP: #3900, #3901, #3902, #3903, #3904
*/
#3900 = MILLING_TYPE_STRATEGY('','contour bidirectional','','');
#3901 = ACTION_PROPERTY('overlap ratio','contour bidirectional',#3900);
#3902 = ACTION_PROPERTY_REPRESENTATION('','contour bidirectional',#3901,#3903);
#3903 = REPRESENTATION('',(#3904),#505);
#3904 = (
MEASURE_REPRESENTATION_ITEM()
MEASURE_WITH_UNIT( $ ,#1217)
RATIO_MEASURE_WITH_UNIT()
REPRESENTATION_ITEM('')
);
/**************************************************
* Application object: BOTTOM_AND_SIDE_ROUGH_MILLING (#4000)
* OVERCUT_LENGTH: #4000, #4001, #4002, #4003, #4004
* RADIAL_CUTTING_DEPTH: #4000, #4005, #4006, #4007, #4008
* ITS_ID: #4000 ['ROUGH POCKET1']
* ALLOWANCE_SIDE: #4000, #4009, #4010, #4011, #4012
* AXIAL_CUTTING_DEPTH: #4000, #4013, #4014, #4015, #4016
* RETRACT_PLANE: #4000, #4017, #4018, #4019, #4020
* ITS_TOOL: #4000, #600
* ITS_MACHINING_STRATEGY: #4000, #4021, #3900
* ITS_TECHNOLOGY: #4000, #4022, #3800
* ITS_MACHINE_FUNCTIONS: #4000, #4023, #900
* ALLOWANCE_BOTTOM: #4000, #4024, #4025, #4026, #4027
*/
#4000 = BOTTOM_AND_SIDE_MILLING_OPERATION('ROUGH POCKET1','roughing','','');
#4001 = ACTION_PROPERTY('overcut length','roughing',#4000);
#4002 = ACTION_PROPERTY_REPRESENTATION('','roughing',#4001,#4003);
#4003 = REPRESENTATION('',(#4004),#505);
#4004 = (
LENGTH_MEASURE_WITH_UNIT()
MEASURE_REPRESENTATION_ITEM()
MEASURE_WITH_UNIT( $ ,#1601)
REPRESENTATION_ITEM('')
);
#4005 = ACTION_PROPERTY('radial cutting depth','roughing',#4000);
```

```
#4006 = ACTION_PROPERTY_REPRESENTATION('','roughing',#4005,#4007);
#4007 = REPRESENTATION('',(#4008),#505);
#4008 = (
LENGTH_MEASURE_WITH_UNIT()
MEASURE_REPRESENTATION_ITEM()
MEASURE_WITH_UNIT(LENGTH_MEASURE(5.),#1601)
REPRESENTATION_ITEM('')
);
#4009 = ACTION_PROPERTY('allowance side','roughing',#4000);
#4010 = ACTION_PROPERTY_REPRESENTATION('','roughing',#4009,#4011);
#4011 = REPRESENTATION('',(#4012),#505);
#4012 = (
LENGTH_MEASURE_WITH_UNIT()
MEASURE_REPRESENTATION_ITEM()
MEASURE_WITH_UNIT(LENGTH_MEASURE(1.),#1601)
REPRESENTATION_ITEM('')
);
#4013 = ACTION_PROPERTY('axial cutting depth','roughing',#4000);
#4014 = ACTION_PROPERTY_REPRESENTATION('','roughing',#4013,#4015);
#4015 = REPRESENTATION('',(#4016),#505);
#4016 = (
LENGTH_MEASURE_WITH_UNIT()
MEASURE_REPRESENTATION_ITEM()
MEASURE_WITH_UNIT(LENGTH_MEASURE(2.5),#1601)
REPRESENTATION_ITEM('')
);
#4017 = ACTION_PROPERTY('retract plane','roughing',#4000);
#4018 = ACTION_PROPERTY_REPRESENTATION('','roughing',#4017,#4019);
#4019 = REPRESENTATION('',(#4020),#505);
#4020 = (
LENGTH_MEASURE_WITH_UNIT()
MEASURE_REPRESENTATION_ITEM()
MEASURE_WITH_UNIT(LENGTH_MEASURE(15.),#1601)
REPRESENTATION_ITEM('')
);
#4021 = MACHINING_STRATEGY_RELATIONSHIP('machining','roughing',#4000,#3900);
#4022 = MACHINING_TECHNOLOGY_RELATIONSHIP('','roughing',#4000,#3800);
#4023 = MACHINING_FUNCTIONS_RELATIONSHIP('','roughing',#4000,#900);
#4024 = ACTION_PROPERTY('allowance bottom','roughing',#4000);
#4025 = ACTION_PROPERTY_REPRESENTATION('','roughing',#4024,#4026);
#4026 = REPRESENTATION('',(#4027),#505);
#4027 = (
LENGTH_MEASURE_WITH_UNIT()
MEASURE_REPRESENTATION_ITEM()
MEASURE_WITH_UNIT(LENGTH_MEASURE(0.5),#1601)
REPRESENTATION_ITEM('')
);
/*************************************************
```

```
* Application object: MILLING_TECHNOLOGY (#4100)
* SYNCHRONIZE_SPINDLE_WITH_FEED: #4100, #4101, #4102, #4103, #4104 ['not synchronized']
* FEEDRATE_PER_TOOTH: #4100, #4105, #4106, #4107, #4108
* SPINDLE: #4100, #4109, #4110, #4111, #4112
* CUTSPEED: #4100, #4113, #4114, #4115, #4116
* INHIBIT_FEEDRATE_OVERRIDE: #4100, #4117, #4118, #4119, #4120 ['override not allowed']
* FEEDRATE: #4100, #4121, #4122, #4123, #4124
* FEEDRATE_REFERENCE: #4100, #4125, #4126, #4127, #4128 ['tool center point']
* INHIBIT_SPINDLE_OVERRIDE: #4100, #4129, #4130, #4131, #4132 ['override not allowed']
*/
#4100 = MACHINING_TECHNOLOGY('','milling','','');
#4101 = ACTION_PROPERTY('synchronize spindle with feed','milling',#4100);
#4102 = ACTION_PROPERTY_REPRESENTATION('','milling',#4101,#4103);
#4103 = REPRESENTATION('',(#4104),#505);
#4104 = DESCRIPTIVE_REPRESENTATION_ITEM('','not synchronized');
#4105 = ACTION_PROPERTY('feedrate','milling',#4100);
#4106 = ACTION_PROPERTY_REPRESENTATION('feed per tooth','milling',#4105,#4107);
#4107 = MACHINING_FEED_SPEED_REPRESENTATION('feed per tooth',(#4108),#505);
#4108 = MEASURE_REPRESENTATION_ITEM('feed per tooth', $ ,#833);
#4109 = ACTION_PROPERTY('spindle','milling',#4100);
#4110 = ACTION_PROPERTY_REPRESENTATION('rotational speed','milling',#4109,
#4111);
#4111 = MACHINING_SPINDLE_SPEED_REPRESENTATION('spindle speed',(#4112),#505);
#4112 = MEASURE_REPRESENTATION_ITEM('rotational speed',NUMERIC_MEASURE(20.),
#837);
#4113 = ACTION_PROPERTY('spindle','milling',#4100);
#4114 = ACTION_PROPERTY_REPRESENTATION('surface speed','milling',#4113,#4115);
#4115 = MACHINING_SPINDLE_SPEED_REPRESENTATION('cutting speed',(#4116),#505);
#4116 = MEASURE_REPRESENTATION_ITEM('surface speed', $ ,#837);
#4117 = ACTION_PROPERTY('inhibit feedrate override','milling',#4100);
#4118 = ACTION_PROPERTY_REPRESENTATION('','milling',#4117,#4119);
#4119 = REPRESENTATION('',(#4120),#505);
#4120 = DESCRIPTIVE_REPRESENTATION_ITEM('','override not allowed');
#4121 = ACTION_PROPERTY('feedrate','milling',#4100);
#4122 = ACTION_PROPERTY_REPRESENTATION('feed speed','milling',#4121,#4123);
#4123 = MACHINING_FEED_SPEED_REPRESENTATION('feed speed',(#4124),#505);
#4124 = MEASURE_REPRESENTATION_ITEM('feed speed', $ ,#833);
#4125 = ACTION_PROPERTY('feedrate reference','milling',#4100);
#4126 = ACTION_PROPERTY_REPRESENTATION('','milling',#4125,#4127);
#4127 = REPRESENTATION('',(#4128),#505);
#4128 = DESCRIPTIVE_REPRESENTATION_ITEM('','tool center point');
#4129 = ACTION_PROPERTY('inhibit spindle override','milling',#4100);
#4130 = ACTION_PROPERTY_REPRESENTATION('','milling',#4129,#4131);
#4131 = REPRESENTATION('',(#4132),#505);
#4132 = DESCRIPTIVE_REPRESENTATION_ITEM('','override not allowed');
```

```
/*************************************************
 * Application object: CONTOUR_PARALLEL (#4200)
 * CUTMODE: #4200, #4201, #4202, #4203, #4204 ['conventional']
 * ROTATION_DIRECTION: #4200, #4205, #4206, #4207, #4208 ['clockwise']
 * ALLOW_MULTIPLE_PASSES: #4200, #4209, #4210, #4211, #4212 ['multiple passes
allowed']
 * OVERLAP: #4200, #4213, #4214, #4215, #4216
 */
 #4200 = MILLING_TYPE_STRATEGY('','contour parallel','','');
 #4201 = ACTION_PROPERTY('cutmode','contour parallel',#4200);
 #4202 = ACTION_PROPERTY_REPRESENTATION('','contour parallel',#4201,#4203);
 #4203 = REPRESENTATION('',(#4204),#505);
 #4204 = DESCRIPTIVE_REPRESENTATION_ITEM('','conventional');
 #4205 = ACTION_PROPERTY('rotation direction','contour parallel',#4200);
 #4206 = ACTION_PROPERTY_REPRESENTATION('','contour parallel',#4205,#4207);
 #4207 = REPRESENTATION('',(#4208),#505);
 #4208 = DESCRIPTIVE_REPRESENTATION_ITEM('','clockwise');
 #4209 = ACTION_PROPERTY('multiple passes','contour parallel',#4200);
 #4210 = ACTION_PROPERTY_REPRESENTATION('','contour parallel',#4209,#4211);
 #4211 = REPRESENTATION('',(#4212),#505);
 #4212 = DESCRIPTIVE_REPRESENTATION_ITEM('','multiple passes allowed');
 #4213 = ACTION_PROPERTY('overlap ratio','contour parallel',#4200);
 #4214 = ACTION_PROPERTY_REPRESENTATION('','contour parallel',#4213,#4215);
 #4215 = REPRESENTATION('',(#4216),#505);
 #4216 = (
MEASURE_REPRESENTATION_ITEM()
MEASURE_WITH_UNIT(RATIO_MEASURE(5.),#1217)
RATIO_MEASURE_WITH_UNIT()
REPRESENTATION_ITEM('')
);
/*************************************************
 * Application object: BOTTOM_AND_SIDE_FINISH_MILLING (#4300)
 * AXIAL_CUTTING_DEPTH: #4300, #4301, #4302, #4303, #4304
 * ALLOWANCE_SIDE: #4300, #4305, #4306, #4307, #4308
 * RETRACT_PLANE: #4300, #4309, #4310, #4311, #4312
 * ALLOWANCE_BOTTOM: #4300, #4313, #4314, #4315, #4316
 * ITS_MACHINING_STRATEGY: #4300, #4317, #4200
 * ITS_ID: #4300 ['FINISHPOCKET1']
 * RADIAL_CUTTING_DEPTH: #4300, #4318, #4319, #4320, #4321
 * OVERCUT_LENGTH: #4300, #4322, #4323, #4324, #4325
 * ITS_MACHINE_FUNCTIONS: #4300, #4326, #900
 * ITS_TOOL: #4300, #600
 * ITS_TECHNOLOGY: #4300, #4327, #4100
 */
#4300 = BOTTOM_AND_SIDE_MILLING_OPERATION('FINISHPOCKET1','finishing','',
'');
#4301 = ACTION_PROPERTY('axial cutting depth','finishing',#4300);
#4302 = ACTION_PROPERTY_REPRESENTATION('','finishing',#4301,#4303);
```

```
#4303 = REPRESENTATION('',(#4304),#505);
#4304 = (
LENGTH_MEASURE_WITH_UNIT()
MEASURE_REPRESENTATION_ITEM()
MEASURE_WITH_UNIT(LENGTH_MEASURE(2.),#1601)
REPRESENTATION_ITEM('')
);
#4305 = ACTION_PROPERTY('allowance side','finishing',#4300);
#4306 = ACTION_PROPERTY_REPRESENTATION('','finishing',#4305,#4307);
#4307 = REPRESENTATION('',(#4308),#505);
#4308 = (
LENGTH_MEASURE_WITH_UNIT()
MEASURE_REPRESENTATION_ITEM()
MEASURE_WITH_UNIT($,#1601)
REPRESENTATION_ITEM('')
);
#4309 = ACTION_PROPERTY('retract plane','finishing',#4300);
#4310 = ACTION_PROPERTY_REPRESENTATION('','finishing',#4309,#4311);
#4311 = REPRESENTATION('',(#4312),#505);
#4312 = (
LENGTH_MEASURE_WITH_UNIT()
MEASURE_REPRESENTATION_ITEM()
MEASURE_WITH_UNIT(LENGTH_MEASURE(15.),#1601)
REPRESENTATION_ITEM('')
);
#4313 = ACTION_PROPERTY('allowance bottom','finishing',#4300);
#4314 = ACTION_PROPERTY_REPRESENTATION('','finishing',#4313,#4315);
#4315 = REPRESENTATION('',(#4316),#505);
#4316 = (
LENGTH_MEASURE_WITH_UNIT()
MEASURE_REPRESENTATION_ITEM()
MEASURE_WITH_UNIT($,#1601)
REPRESENTATION_ITEM('')
);
#4317 = MACHINING_STRATEGY_RELATIONSHIP('machining','finishing',#4300,#4200);
#4318 = ACTION_PROPERTY('radial cutting depth','finishing',#4300);
#4319 = ACTION_PROPERTY_REPRESENTATION('','finishing',#4318,#4320);
#4320 = REPRESENTATION('',(#4321),#505);
#4321 = (
LENGTH_MEASURE_WITH_UNIT()
MEASURE_REPRESENTATION_ITEM()
MEASURE_WITH_UNIT(LENGTH_MEASURE(10.),#1601)
REPRESENTATION_ITEM('')
);
#4322 = ACTION_PROPERTY('overcut length','finishing',#4300);
#4323 = ACTION_PROPERTY_REPRESENTATION('','finishing',#4322,#4324);
#4324 = REPRESENTATION('',(#4325),#505);
#4325 = (
```

```
LENGTH_MEASURE_WITH_UNIT()
MEASURE_REPRESENTATION_ITEM()
MEASURE_WITH_UNIT( $ ,#1601)
REPRESENTATION_ITEM('')
);
#4326 = MACHINING_FUNCTIONS_RELATIONSHIP('','finishing',#4300,#900);
#4327 = MACHINING_TECHNOLOGY_RELATIONSHIP('','finishing',#4300,#4100);
/*************************************************
* Application object: PLANAR_POCKET_BOTTOM_CONDITION (#4400)
*/
#4400 = POCKET_BOTTOM('','planar',#1509,.F.);
/*************************************************
* Application object: TOLERANCED_LENGTH_MEASURE (#4500)
* VALUE_COMPONENT: #4500 [1]
* UPPER_LIMIT: #4500, #4501 [0.1]
* LOWER_LIMIT: #4500, #4502 [0.1]
*/
#4500 = (
LENGTH_MEASURE_WITH_UNIT()
MEASURE_REPRESENTATION_ITEM()
MEASURE_WITH_UNIT(LENGTH_MEASURE(1.),#1601)
QUALIFIED_REPRESENTATION_ITEM((#4502,#4501))
REPRESENTATION_ITEM('fillet radius')
);
#4501 = STANDARD_UNCERTAINTY('upper limit','',0.1);
#4502 = STANDARD_UNCERTAINTY('lower limit','',0.1);
/*************************************************
* Application object: TOLERANCED_LENGTH_MEASURE (#4600)
* VALUE_COMPONENT: #4600 [10]
*************************************************
* Application object: QUALIFIED_PLUS_MINUS_VALUE (#4600)
* UPPER_LIMIT: #4600, #4601 [0.1]
* LOWER_LIMIT: #4600, #4602 [0.1]
*/
#4600 = (
LENGTH_MEASURE_WITH_UNIT()
MEASURE_REPRESENTATION_ITEM()
MEASURE_WITH_UNIT(LENGTH_MEASURE(10.),#1601)
QUALIFIED_REPRESENTATION_ITEM((#4602,#4601))
REPRESENTATION_ITEM('orthogonal fillet radius')
);
#4601 = STANDARD_UNCERTAINTY('upper limit','',0.1);
#4602 = STANDARD_UNCERTAINTY('lower limit','',0.1);
/*************************************************
* Application object: GENERAL_CLOSED_PROFILE (#4700)
* CLOSED_PROFILE_SHAPE: #4700, #4701, #4702, #4703, #4704
*/
#4700 = CLOSED_PATH_PROFILE('','',#1509,.F.);
```

```
#4701=PROPERTY_DEFINITION('','',#4700);
#4702=PROPERTY_DEFINITION_REPRESENTATION(#4701,#4703);
#4703=PATH_SHAPE_REPRESENTATION('',(#4704),#427);
#4704=POLYLINE('CONTOUR OF POCKET1',(#4705,#4706,#4707,#4708,#4705));
#4705=CARTESIAN_POINT('P1',(0.,0.,0.));
#4706=CARTESIAN_POINT('P2',(0.,80.,0.));
#4707=CARTESIAN_POINT('P3',(-50.,80.,0.));
#4708=CARTESIAN_POINT('P4',(-50.,0.,0.));
/**********************************************
* Application object: CLOSED_POCKET (#4800)
* ITS_WORKPIECE: #4800, #401, #400
* BOTTOM_CONDITION: #4800, #4801, #4802, #4803, #4400
* ORTHOGONAL_RADIUS: #4800, #4801, #4804, #4805, #4600
* ITS_ID: #4800 ['POCKET1']
* FEATURE_BOUNDARY: #4800, #4801, #4806, #4807, #4700
* FEATURE_PLACEMENT: #4800, #4801, #4804, #4805, #4808
* DEPTH: #4800, #4801, #4809, #4810, #4811
* COURSE_OF_TRAVEL: #4800, #4801, #4812, #4813, #4900
* BASE_RADIUS: #4800, #4801, #4804, #4805, #4500
*/
#4800=(
CHARACTERIZED_OBJECT('','')
FEATURE_DEFINITION()
INSTANCED_FEATURE()
POCKET()
SHAPE_ASPECT('POCKET1','',#401,.T.)
);
#4801=PRODUCT_DEFINITION_SHAPE('','',#4800);
#4802=SHAPE_ASPECT('','bottom condition occurrence',#4801,.F.);
#4803=FEATURE_COMPONENT_RELATIONSHIP('pocket depth end',
'pocket bottom usage',#4400,#4802);
#4804=SHAPE_DEFINITION_REPRESENTATION(#4801,#4805);
#4805=SHAPE_REPRESENTATION_WITH_PARAMETERS('',(#4808,#4500,#4600),#427);
#4806=SHAPE_ASPECT('','boundary occurrence',#4801,.F.);
#4807=SHAPE_DEFINING_RELATIONSHIP('','profile usage',#4700,#4806);
#4808=AXIS2_PLACEMENT_3D('orientation',#4814,#4907,#4815);
#4809=SHAPE_DEFINITION_REPRESENTATION(#4801,#4810);
#4810=SHAPE_REPRESENTATION('maximum feature limit',(#4811),#427);
#4811=PLANE('DEPTH SURFACE FOR POCKET1',#4816);
#4812=SHAPE_ASPECT('','pocket depth occurrence',#4801,.F.);
#4813=SHAPE_DEFINING_RELATIONSHIP('pocket depth',
'path feature component usage',#4900,#4812);
#4814=CARTESIAN_POINT('POCKET1: LOCATION',(45.,110.,0.));
#4815=DIRECTION(' REF_DIRECTION',(-1.,0.,0.));
#4816=AXIS2_PLACEMENT_3D('POCKET1',#4817,#4818,#4819);
#4817=CARTESIAN_POINT('POCKET1: DEPTH',(0.,0.,-30.));
#4818=DIRECTION(' AXIS',(0.,0.,1.));
#4819=DIRECTION(' REF_DIRECTION',(1.,0.,0.));
```

```
/*********************************************************
 * Application object: LINEAR_PATH (#4900)
 * PLACEMENT: #4900, #4901, #4902, #4903, #4808
 * ITS_DIRECTION: #4900, #4904, #4905, #4906, #4907
 * DISTANCE: #4900, #4901, #4902, #4903, #4908
 */
#4900 = PATH_FEATURE_COMPONENT('','linear',#1509,.F.);
#4901 = PROPERTY_DEFINITION('','linear',#4900);
#4902 = SHAPE_DEFINITION_REPRESENTATION(#4901,#4903);
#4903 = SHAPE_REPRESENTATION_WITH_PARAMETERS('',(#4908,#4808),#427);
#4904 = PROPERTY_DEFINITION('','linear',#4900);
#4905 = PROPERTY_DEFINITION_REPRESENTATION(#4904,#4906);
#4906 = DIRECTION_SHAPE_REPRESENTATION('',(#4907),#505);
#4907 = DIRECTION(' AXIS ',(0.,0.,-1.));
#4908 = (
LENGTH_MEASURE_WITH_UNIT()
MEASURE_REPRESENTATION_ITEM()
MEASURE_WITH_UNIT(LENGTH_MEASURE(30.),#1601)
REPRESENTATION_ITEM('distance')
);
/*********************************************************
 * Application object: MACHINING_WORKINGSTEP (#5000)
 * ITS_OPERATION: #5000, #5001, #4000
 * ITS_FEATURE: #5000, #5002, #5003, #5004, #5005, #4800
 * ITS_SECPLANE: #5000, #5006, #5007, #5008, #1909
 * ITS_ID: #5000 ['WS ROUGH POCKET1']
 */
#5000 = MACHINING_WORKINGSTEP('WS ROUGH POCKET1','machining','','');
#5001 = MACHINING_OPERATION_RELATIONSHIP('','machining',#5000,#4000);
#5002 = MACHINING_FEATURE_RELATIONSHIP('','machining',#5000,#5003);
#5003 = MACHINING_FEATURE_PROCESS('','machining','','');
#5004 = PROPERTY_PROCESS('machining','machining',#5003,'');
#5005 = PROCESS_PROPERTY_ASSOCIATION('','machining',#5004,#4800);
#5006 = ACTION_PROPERTY('security plane','machining',#5000);
#5007 = ACTION_PROPERTY_REPRESENTATION('','machining',#5006,#5008);
#5008 = REPRESENTATION('',(#1909),#505);
/*********************************************************
 * Application object: MACHINING_WORKINGSTEP (#5100)
 * ITS_OPERATION: #5100, #5101, #4300
 * ITS_FEATURE: #5100, #5102, #5103, #5104, #5105, #4800
 * ITS_SECPLANE: #5100, #5106, #5107, #5108, #1909
 * ITS_ID: #5100 ['WS FINISH POCKET1']
 */
#5100 = MACHINING_WORKINGSTEP('WS FINISH POCKET1','machining','','');
#5101 = MACHINING_OPERATION_RELATIONSHIP('','machining',#5100,#4300);
#5102 = MACHINING_FEATURE_RELATIONSHIP('','machining',#5100,#5103);
#5103 = MACHINING_FEATURE_PROCESS('','machining','','');
#5104 = PROPERTY_PROCESS('machining','machining',#5103,'');
```

```
#5105 = PROCESS_PROPERTY_ASSOCIATION('','machining',#5104,#4800);
#5106 = ACTION_PROPERTY('security plane','machining',#5100);
#5107 = ACTION_PROPERTY_REPRESENTATION('','machining',#5106,#5108);
#5108 = REPRESENTATION('',(#1909),#505);
/***************************************************
* Application object: REAL_VARIABLE (#5200)
* ITS_NAME: #5200 ['']
*/
#5200 = (
EXPRESSION()
EXPRESSION_REPRESENTATION_ITEM()
GENERIC_EXPRESSION()
GENERIC_VARIABLE()
NUMERIC_EXPRESSION()
NUMERIC_VARIABLE()
REAL_NUMERIC_VARIABLE()
REPRESENTATION_ITEM('')
SIMPLE_GENERIC_EXPRESSION()
SIMPLE_NUMERIC_EXPRESSION()
VARIABLE()
);
/***************************************************
* Application object: REAL_VARIABLE (#5300)
* ITS_NAME: #5300 ['']
*/
#5300 = (
EXPRESSION()
EXPRESSION_REPRESENTATION_ITEM()
GENERIC_EXPRESSION()
GENERIC_VARIABLE()
NUMERIC_EXPRESSION()
NUMERIC_VARIABLE()
REAL_NUMERIC_VARIABLE()
REPRESENTATION_ITEM('')
SIMPLE_GENERIC_EXPRESSION()
SIMPLE_NUMERIC_EXPRESSION()
VARIABLE()
);
/***************************************************
* Application object: OFFSET_VECTOR (#5400)
* TRANSLATE [*]: #5400, #5401, #5200
* TRANSLATE [*]: #5400, #5402, #5200
* TRANSLATE [*]: #5400, #5403, #5200
* ROTATE [*]: #5400, #5404, #5300
* ROTATE [*]: #5400, #5405, #5300
* ROTATE [*]: #5400, #5406, #5300
*/
#5400 = MACHINING_OFFSET_VECTOR_REPRESENTATION('',(#5401,#5402,#5403,#5404,
```

```
#5405,#5406),#427);
#5401=COMPOUND_REPRESENTATION_ITEM('translate',LIST_REPRESENTATION_ITEM((#5200)
));
#5402=COMPOUND_REPRESENTATION_ITEM('translate',LIST_REPRESENTATION_ITEM((#5200)
));
#5403=COMPOUND_REPRESENTATION_ITEM('translate',LIST_REPRESENTATION_ITEM((#5200)
));
#5404=COMPOUND_REPRESENTATION_ITEM('rotate',LIST_REPRESENTATION_ITEM((#5300)));
#5405=COMPOUND_REPRESENTATION_ITEM('rotate',LIST_REPRESENTATION_ITEM((#5300)));
#5406=COMPOUND_REPRESENTATION_ITEM('rotate',LIST_REPRESENTATION_ITEM((#5300)));
/*****************************************************
 * Application object: WORKPIECE_SETUP (#5500)
 * ITS_OFFSET: #5500, #5501, #5502, #5400
 * ITS_WORKPIECE: #5500, #400
 * ITS_ORIGIN: #5500, #5503, #5504, #5505, #5506, #5507
 */
#5500=MACHINING_SETUP_WORKPIECE_RELATIONSHIP('','','',#5600,#400);
#5501=PROPERTY_DEFINITION('computed offset','',#5500);
#5502=PROPERTY_DEFINITION_REPRESENTATION(#5501,#5400);
#5503=PRODUCT_DEFINITION_SHAPE('','',#5500);
#5504=CONTEXT_DEPENDENT_SHAPE_REPRESENTATION(#5505,#5503);
#5505=(
REPRESENTATION_RELATIONSHIP('','',$,$)
REPRESENTATION_RELATIONSHIP_WITH_TRANSFORMATION(#5506)
SHAPE_REPRESENTATION_RELATIONSHIP()
);
#5506=ITEM_DEFINED_TRANSFORMATION('','',$,#5507);
#5507=AXIS2_PLACEMENT_3D('WORKPIECE',#5508,#5509,#5510);
#5508=CARTESIAN_POINT('WORKPIECE1:LOCATION ',(0.,0.,0.));
#5509=DIRECTION(' AXIS ',(0.,0.,1.));
#5510=DIRECTION(' REF_DIRECTION',(1.,0.,0.));
/*****************************************************
 * Application object: SETUP (#5600)
 * ITS_ID: #5600, #5601, #5602 ['SETUP1']
 * ITS_WORKPIECE_SETUP [*]: #5600, #5500
 * ITS_SECPLANE: #5600, #5603, #5604, #5605, #1909
 * ITS_ORIGIN: #5600, #5606, #5607, #5608, #5609
 */
#5600=PRODUCT_DEFINITION('','',#5601,#312);
#5601=PRODUCT_DEFINITION_FORMATION('','',#5602);
#5602=MACHINING_SETUP('SETUP1','',$,(#310));
#5603=PROPERTY_DEFINITION('security plane','',#5600);
#5604=PROPERTY_DEFINITION_REPRESENTATION(#5603,#5605);
#5605=REPRESENTATION('',(#1909),#505);
#5606=PRODUCT_DEFINITION_SHAPE('orientation','',#5600);
#5607=SHAPE_DEFINITION_REPRESENTATION(#5606,#5608);
#5608=REPRESENTATION('',(#5609),#505);
#5609=AXIS2_PLACEMENT_3D('orientation',#5610,#5611,#5612);
```

```
#5610 = CARTESIAN_POINT('SETUP1: LOCATION ',(150.,90.,40.));
#5611 = DIRECTION(' AXIS ',(0.,0.,1.));
#5612 = DIRECTION(' REF_DIRECTION',(1.,0.,0.));
/*************************************************************
 * Application object: WORKPLAN (#5700)
 * ITS_SETUP: #5700, #5701, #5702, #5600
 * ITS_ELEMENTS [1]: #5700, #5703, #1900
 * ITS_ELEMENTS [2]: #5700, #5704, #3600
 * ITS_ELEMENTS [3]: #5700, #5705, #3700
 * ITS_ELEMENTS [4]: #5700, #5706, #5000
 * ITS_ELEMENTS [5]: #5700, #5707, #5100
 * ITS_ID: #5700 ['MAIN WORKPLAN']
 */
#5700 = MACHINING_WORKPLAN('MAIN WORKPLAN','','','');
#5701 = PRODUCT_DEFINITION_PROCESS('setup','',#5700,'');
#5702 = PROCESS_PRODUCT_ASSOCIATION('','',#5600,#5701);
#5703 = MACHINING_PROCESS_SEQUENCE_RELATIONSHIP('','',#5700,#1900,1.);
#5704 = MACHINING_PROCESS_SEQUENCE_RELATIONSHIP('','',#5700,#3600,2.);
#5705 = MACHINING_PROCESS_SEQUENCE_RELATIONSHIP('','',#5700,#3700,3.);
#5706 = MACHINING_PROCESS_SEQUENCE_RELATIONSHIP('','',#5700,#5000,4.);
#5707 = MACHINING_PROCESS_SEQUENCE_RELATIONSHIP('','',#5700,#5100,5.);
/*************************************************************
 * Application object: PROJECT (#5800)
 * MAIN_WORKPLAN: #5800, #5801, #5802, #5700
 * ITS_ID: #5800, #5803, #5804 ['EXECUTE EXAMPLE1']
 * ITS_WORKPIECES [*]: #5800, #5805, #400
 */
#5800 = PRODUCT_DEFINITION('','',#5803,#312);
#5801 = PROCESS_PRODUCT_ASSOCIATION('','',#5800,#5802);
#5802 = PRODUCT_DEFINITION_PROCESS('machining','',#5700,'');
#5803 = PRODUCT_DEFINITION_FORMATION('','',#5804);
#5804 = MACHINING_PROJECT('EXECUTE EXAMPLE1','',$,(#310));
#5805 = MACHINING_PROJECT_WORKPIECE_RELATIONSHIP('','workpiece','',#5800,#400);
ENDSEC;
END-ISO-10303-21;
```

J.7 GB/T 19903.12 例#1的数据集(CC3)

下面的例子由 GB/T 19903.12—2008 附录 D 定义,它为一个车削部件描述一个加工项目。这个车削部件包括特征,在图 J.3 中显示。数据集遵照应用对象实例在 GB/T 19903.12 例子中的原来顺序。这个例子是一个一致性类 3 的文件,不包含刀具路径。为了加工这个部件,加工系统必须从所提供的特征中产生出刀具路径。

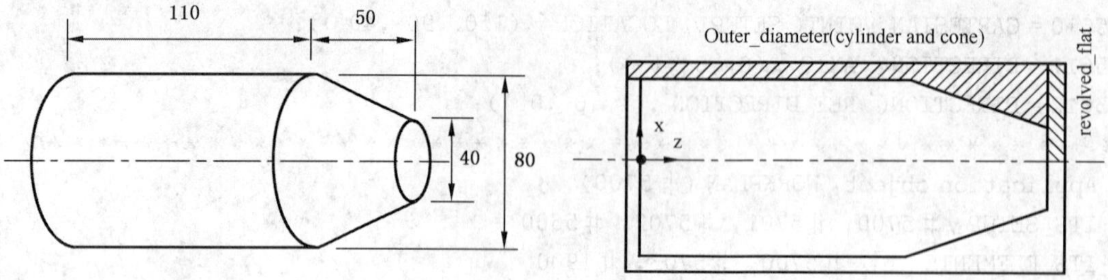

图 J.3 GB/T 19903.12 例 #1 的工件

```
ISO-10303-21;
HEADER;
FILE_DESCRIPTION(
/* description */ ('AP238 AIM version of ISO14649-12 example #1'),
/* implementation_level */ '2;1');
FILE_NAME(
/* name */ 'p12_example1_aim',
/* time_stamp */ '2006-06-15T16:49:14-04:00',
/* author */ ('Dave Loffredo (loffredo@steptools.com)'),
/* organization */ (''),
/* preprocessor_version */ 'ST-DEVELOPER v11',
/* originating_system */ '',
/* authorisation */ '');
FILE_SCHEMA (('INTEGRATED_CNC_SCHEMA'));
ENDSEC;
DATA;
/************************************************
 * Application object: WORKPIECE (#100)
 * ITS_MATERIAL [1]: #100, #102, #103, #200
 * ITS_ID: #100 ['SIMPLE WORKPIECE']
 * SHAPE_DEFINITION: #100, #101
 * GLOBAL_TOLERANCE: #100, #104, #105, #106, #107
 */
#100 = PRODUCT_DEFINITION('SIMPLE WORKPIECE','',#108,#112);
#101 = PRODUCT_DEFINITION_SHAPE('','',#100);
#102 = MAKE_FROM_USAGE_OPTION('','','',#100,#103,1,'',$);
#103 = PRODUCT_DEFINITION('','',$,$);
#104 = PROPERTY_DEFINITION('global tolerance','',#100);
#105 = PROPERTY_DEFINITION_REPRESENTATION(#104,#106);
#106 = SHAPE_REPRESENTATION('',(#107),#113);
#107 = (
LENGTH_MEASURE_WITH_UNIT()
MEASURE_REPRESENTATION_ITEM()
MEASURE_WITH_UNIT(LENGTH_MEASURE(0.01),#119)
REPRESENTATION_ITEM('')
);
#108 = PRODUCT_DEFINITION_FORMATION('1.0','Workpiece',#109);
#109 = PRODUCT('WP','AP-238 CC1',' ',(#110));
#110 = PRODUCT_CONTEXT('CNC Machining',#111,'manufacturing');
```

```
#111 = APPLICATION_CONTEXT(
'Application protocol for the exchange of CNC data');
#112 = PRODUCT_DEFINITION_CONTEXT('CNC Machining',#111,'manufacturing');
#113 = (
GEOMETRIC_REPRESENTATION_CONTEXT(3)
GLOBAL_UNIT_ASSIGNED_CONTEXT((#119,#114,#118))
REPRESENTATION_CONTEXT('MILLIMETRE DEGREE STERADIAN','')
);
#114 = (
CONVERSION_BASED_UNIT('degree',#116)
NAMED_UNIT(#115)
PLANE_ANGLE_UNIT()
);
#115 = DIMENSIONAL_EXPONENTS(0.,0.,0.,0.,0.,0.,0.);
#116 = PLANE_ANGLE_MEASURE_WITH_UNIT(PLANE_ANGLE_MEASURE(0.01745329252),#117);
#117 = (
NAMED_UNIT(*)
PLANE_ANGLE_UNIT()
SI_UNIT($,.RADIAN.)
);
#118 = (
NAMED_UNIT(*)
SI_UNIT($,.STERADIAN.)
SOLID_ANGLE_UNIT()
);
#119 = (
LENGTH_UNIT()
NAMED_UNIT(*)
SI_UNIT(.MILLI.,.METRE.)
);
#120 = (
NAMED_UNIT(*)
SI_UNIT($,.SECOND.)
TIME_UNIT()
);
#121 = APPLICATION_PROTOCOL_DEFINITION('international standard',
'integrated_cnc_schema',2006,#111);
/*****************************************************
* Application object: MATERIAL (#200)
* MATERIAL_PROPERTY [*]: #200, #201, #202, #203, #300
* MATERIAL_IDENTIFIER: #200 ['E 295']
* STANDARD_IDENTIFIER: #200, #204, #205 ['DIN EN 10027-1']
*/
#200 = MATERIAL_DESIGNATION('E 295',(#103));
#201 = MATERIAL_DESIGNATION_CHARACTERIZATION('','',#200,#202);
#202 = MATERIAL_PROPERTY_REPRESENTATION($,#203,$);
#203 = REPRESENTATION('',(#300),$);
#204 = APPLIED_DOCUMENT_REFERENCE(#205,'',(#200));
```

```
#205 = DOCUMENT('DIN EN 10027 - 1','','', $ );
/**********************************************
* Application object: NUMERIC_PARAMETER (#300)
* ITS_PARAMETER_VALUE: #300 [2e + 011]
* ITS_PARAMETER_UNIT: #300, #301
* PARAMETER_NAME: #300 ['ELASTIC MODULUS']
*/
#300 = MEASURE_REPRESENTATION_ITEM('ELASTIC
MODULUS',NUMERIC_MEASURE(200000000000.),
#301);
#301 = SI_UNIT( * , $ ,.PASCAL.);
/**********************************************
* Application object: REVOLVED_FLAT (#400)
* FLAT_EDGE_SHAPE: #400, #401, #402, #403, #3800
* RADIUS: #400, #404, #405, #406, #407
* MATERIAL_SIDE: #400, #408, #409, #410, #411
* ITS_ID: #400 ['END FACE']
* ITS_WORKPIECE: #400, #101, #100
* FEATURE_PLACEMENT: #400, #404, #405, #406, #412
*/
#400 = (
CHARACTERIZED_OBJECT('','flat')
FEATURE_DEFINITION()
INSTANCED_FEATURE()
REVOLVED_PROFILE()
SHAPE_ASPECT('END FACE','flat',#101,.F.)
);
#401 = PRODUCT_DEFINITION_SHAPE('','flat edge shape',#400);
#402 = SHAPE_ASPECT('','flat edge shape occurrence',#401,.F.);
#403 = SHAPE_DEFINING_RELATIONSHIP('','profile usage',#3800,#402);
#404 = PRODUCT_DEFINITION_SHAPE('','flat',#400);
#405 = SHAPE_DEFINITION_REPRESENTATION(#404,#406);
#406 = SHAPE_REPRESENTATION_WITH_PARAMETERS('',(#412,#407),#113);
#407 = (
LENGTH_MEASURE_WITH_UNIT()
MEASURE_REPRESENTATION_ITEM()
MEASURE_WITH_UNIT(LENGTH_MEASURE(0.),#119)
REPRESENTATION_ITEM('radius')
);
#408 = PRODUCT_DEFINITION_SHAPE('','flat',#400);
#409 = PROPERTY_DEFINITION_REPRESENTATION(#408,#410);
#410 = DIRECTION_SHAPE_REPRESENTATION('removal direction',(#411),#113);
#411 = DIRECTION('END FACE: FRONT',(0.,0.,-1.));
#412 = AXIS2_PLACEMENT_3D('orientation',#414, $ , $ );
#413 = REPRESENTATION_CONTEXT('','units not necessary');
#414 = CARTESIAN_POINT('END FACE: LOCATION',(0.,0.,160.));
/**********************************************
* Application object: OUTER_DIAMETER (#500)
```

```
* ITS_ID: #500 ['CONE']
* REDUCED_SIZE: #500, #501, #502, #503, #4100
* FEATURE_LENGTH: #500, #504, #505, #506, #4000
* FEATURE_PLACEMENT: #500, #504, #505, #506, #507
* ITS_WORKPIECE: #500, #101, #100
* DIAMETER_AT_PLACEMENT: #500, #504, #505, #506, #3700
*/
#500 = (
CHARACTERIZED_OBJECT('','outer diameter')
FEATURE_DEFINITION()
INSTANCED_FEATURE()
OUTER_ROUND()
SHAPE_ASPECT('CONE','outer diameter',#101,.F.)
);
#501 = PRODUCT_DEFINITION_SHAPE('','outer diameter',#500);
#502 = SHAPE_ASPECT('','reduced size occurrence',#501,.F.);
#503 = FEATURE_COMPONENT_RELATIONSHIP('reduced size','taper usage',#4100,#502);
#504 = PRODUCT_DEFINITION_SHAPE('','outer diameter',#500);
#505 = SHAPE_DEFINITION_REPRESENTATION(#504,#506);
#506 = SHAPE_REPRESENTATION_WITH_PARAMETERS('',(#507,#3700,#4000),#113);
#507 = AXIS2_PLACEMENT_3D('orientation',#508,$,$);
#508 = CARTESIAN_POINT('CONE: LOCATION',(0.,0.,160.));
/*************************************************************
* Application object: OUTER_DIAMETER (#600)
* ITS_ID: #600 ['CYLINDER']
* FEATURE_LENGTH: #600, #601, #602, #603, #3600
* FEATURE_PLACEMENT: #600, #601, #602, #603, #604
* ITS_WORKPIECE: #600, #101, #100
* DIAMETER_AT_PLACEMENT: #600, #601, #602, #603, #3500
*/
#600 = (
CHARACTERIZED_OBJECT('','outer diameter')
FEATURE_DEFINITION()
INSTANCED_FEATURE()
OUTER_ROUND()
SHAPE_ASPECT('CYLINDER','outer diameter',#101,.F.)
);
#601 = PRODUCT_DEFINITION_SHAPE('','outer diameter',#600);
#602 = SHAPE_DEFINITION_REPRESENTATION(#601,#603);
#603 = SHAPE_REPRESENTATION_WITH_PARAMETERS('',(#604,#3500,#3600),#113);
#604 = AXIS2_PLACEMENT_3D('orientation',#605,$,$);
#605 = CARTESIAN_POINT('CYLINDER: LOCATION',(0.,0.,110.));
/*************************************************************
* Application object: FACING_ROUGH (#700)
* ITS_TECHNOLOGY: #700, #701, #2000
* RETRACT: #700, #702, #3100
* ALLOWANCE: #700, #703, #704, #705, #706
* ITS_ID: #700 ['ROUGH END FACE']
```

```
* APPROACH: #700, #707, #3000
* ITS_TOOL: #700, #4300
* ITS_MACHINING_STRATEGY: #700, #708, #2800
* ITS_MACHINE_FUNCTIONS: #700, #709, #1900
*/
#700 = FACING_TURNING_OPERATION('ROUGH END FACE','roughing','','');
#701 = MACHINING_TECHNOLOGY_RELATIONSHIP('','roughing',#700,#2000);
#702 = MACHINING_STRATEGY_RELATIONSHIP('retract','roughing',#700,#3100);
#703 = ACTION_PROPERTY('allowance','roughing',#700);
#704 = ACTION_PROPERTY_REPRESENTATION('','roughing',#703,#705);
#705 = REPRESENTATION('',(#706),#413);
#706 = (
LENGTH_MEASURE_WITH_UNIT()
MEASURE_REPRESENTATION_ITEM()
MEASURE_WITH_UNIT(LENGTH_MEASURE(0.5),#119)
REPRESENTATION_ITEM('')
);
#707 = MACHINING_STRATEGY_RELATIONSHIP('approach','roughing',#700,#3000);
#708 = MACHINING_STRATEGY_RELATIONSHIP('machining','roughing',#700,#2800);
#709 = MACHINING_FUNCTIONS_RELATIONSHIP('','roughing',#700,#1900);
/**************************************************
* Application object: FACING_FINISH (#800)
* APPROACH: #800, #801, #3000
* ALLOWANCE: #800, #802, #803, #804, #805
* ITS_TOOL: #800, #4600
* ITS_TECHNOLOGY: #800, #806, #2100
* ITS_MACHINE_FUNCTIONS: #800, #807, #1900
* ITS_MACHINING_STRATEGY: #800, #808, #2900
* ITS_ID: #800 ['FINISH END FACE']
* RETRACT: #800, #809, #3100
*/
#800 = FACING_TURNING_OPERATION('FINISH END FACE','finishing','','');
#801 = MACHINING_STRATEGY_RELATIONSHIP('approach','finishing',#800,#3000);
#802 = ACTION_PROPERTY('allowance','finishing',#800);
#803 = ACTION_PROPERTY_REPRESENTATION('','finishing',#802,#804);
#804 = REPRESENTATION('',(#805),#413);
#805 = (
LENGTH_MEASURE_WITH_UNIT()
MEASURE_REPRESENTATION_ITEM()
MEASURE_WITH_UNIT(LENGTH_MEASURE(0.),#119)
REPRESENTATION_ITEM('')
);
#806 = MACHINING_TECHNOLOGY_RELATIONSHIP('','finishing',#800,#2100);
#807 = MACHINING_FUNCTIONS_RELATIONSHIP('','finishing',#800,#1900);
#808 = MACHINING_STRATEGY_RELATIONSHIP('machining','finishing',#800,#2900);
#809 = MACHINING_STRATEGY_RELATIONSHIP('retract','finishing',#800,#3100);
/**************************************************
* Application object: CONTOURING_ROUGH (#900)
```

```
* APPROACH: #900, #901, #3400
* RETRACT: #900, #902, #3400
* ITS_TOOL: #900, #4300
* ITS_ID: #900 ['ROUGH CONTOUR']
* ALLOWANCE: #900, #903, #904, #905, #906
* ITS_MACHINING_STRATEGY: #900, #907, #3200
* ITS_MACHINE_FUNCTIONS: #900, #908, #1900
* ITS_TECHNOLOGY: #900, #909, #2200
*/
#900 = CONTOURING_TURNING_OPERATION('ROUGH CONTOUR','roughing','','');
#901 = MACHINING_STRATEGY_RELATIONSHIP('approach','roughing',#900,#3400);
#902 = MACHINING_STRATEGY_RELATIONSHIP('retract','roughing',#900,#3400);
#903 = ACTION_PROPERTY('allowance','roughing',#900);
#904 = ACTION_PROPERTY_REPRESENTATION('','roughing',#903,#905);
#905 = REPRESENTATION('',(#906),#413);
#906 = (
LENGTH_MEASURE_WITH_UNIT()
MEASURE_REPRESENTATION_ITEM()
MEASURE_WITH_UNIT(LENGTH_MEASURE(0.5),#119)
REPRESENTATION_ITEM('')
);
#907 = MACHINING_STRATEGY_RELATIONSHIP('machining','roughing',#900,#3200);
#908 = MACHINING_FUNCTIONS_RELATIONSHIP('','roughing',#900,#1900);
#909 = MACHINING_TECHNOLOGY_RELATIONSHIP('','roughing',#900,#2200);
/*********************************************
* Application object: CONTOURING_FINISH (#1000)
* ITS_MACHINING_STRATEGY: #1000, #1001, #3300
* ITS_ID: #1000 ['FINISH CONTOUR']
* APPROACH: #1000, #1002, #3400
* ITS_MACHINE_FUNCTIONS: #1000, #1003, #1900
* ITS_TOOL: #1000, #4600
* ITS_TECHNOLOGY: #1000, #1004, #2300
* ALLOWANCE: #1000, #1005, #1006, #1007, #1008
* RETRACT: #1000, #1009, #3400
*/
#1000 = CONTOURING_TURNING_OPERATION('FINISH CONTOUR','finishing','','');
#1001 = MACHINING_STRATEGY_RELATIONSHIP('machining','finishing',#1000,#3300);
#1002 = MACHINING_STRATEGY_RELATIONSHIP('approach','finishing',#1000,#3400);
#1003 = MACHINING_FUNCTIONS_RELATIONSHIP('','finishing',#1000,#1900);
#1004 = MACHINING_TECHNOLOGY_RELATIONSHIP('','finishing',#1000,#2300);
#1005 = ACTION_PROPERTY('allowance','finishing',#1000);
#1006 = ACTION_PROPERTY_REPRESENTATION('','finishing',#1005,#1007);
#1007 = REPRESENTATION('',(#1008),#413);
#1008 = (
LENGTH_MEASURE_WITH_UNIT()
MEASURE_REPRESENTATION_ITEM()
MEASURE_WITH_UNIT(LENGTH_MEASURE(0.),#119)
REPRESENTATION_ITEM('')
```

```
);
#1009 = MACHINING_STRATEGY_RELATIONSHIP('retract','finishing',#1000,#3400);
/**************************************************************
* Application object: PROJECT (#1100)
* MAIN_WORKPLAN: #1100, #1101, #1102, #1200
* ITS_ID: #1100, #1103, #1104 ['TURNING EXAMPLE 1']
* ITS_WORKPIECES [*]: #1100, #1105, #100
*/
#1100 = PRODUCT_DEFINITION('','',#1103,#112);
#1101 = PROCESS_PRODUCT_ASSOCIATION('','',#1100,#1102);
#1102 = PRODUCT_DEFINITION_PROCESS('machining','',#1200,'');
#1103 = PRODUCT_DEFINITION_FORMATION('','',#1104);
#1104 = MACHINING_PROJECT('TURNING EXAMPLE 1','',$,(#110));
#1105 = MACHINING_PROJECT_WORKPIECE_RELATIONSHIP('','workpiece','',#1100,#100);
/**************************************************************
* Application object: WORKPLAN (#1200)
* ITS_ID: #1200 ['MAIN WORKPLAN']
* ITS_SETUP: #1200, #1201, #1202, #1700
* ITS_ELEMENTS [1]: #1200, #1203, #1300
* ITS_ELEMENTS [2]: #1200, #1204, #1400
* ITS_ELEMENTS [3]: #1200, #1205, #1500
* ITS_ELEMENTS [4]: #1200, #1206, #1600
*/
#1200 = MACHINING_WORKPLAN('MAIN WORKPLAN','','','');
#1201 = PRODUCT_DEFINITION_PROCESS('setup','',#1200,'');
#1202 = PROCESS_PRODUCT_ASSOCIATION('','',#1700,#1201);
#1203 = MACHINING_PROCESS_SEQUENCE_RELATIONSHIP('','',#1200,#1300,1.);
#1204 = MACHINING_PROCESS_SEQUENCE_RELATIONSHIP('','',#1200,#1400,2.);
#1205 = MACHINING_PROCESS_SEQUENCE_RELATIONSHIP('','',#1200,#1500,3.);
#1206 = MACHINING_PROCESS_SEQUENCE_RELATIONSHIP('','',#1200,#1600,4.);
/**************************************************************
* Application object: MACHINING_WORKINGSTEP (#1300)
* ITS_FEATURE: #1300, #1301, #1302, #1303, #1304, #400
* ITS_ID: #1300 ['WS ROUGH END FACE']
* ITS_SECPLANE: #1300, #1305, #1306, #1307, #1308
* ITS_OPERATION: #1300, #1309, #700
*/
#1300 = MACHINING_WORKINGSTEP('WS ROUGH END FACE','machining','','');
#1301 = MACHINING_FEATURE_RELATIONSHIP('','machining',#1300,#1302);
#1302 = MACHINING_FEATURE_PROCESS('','machining','','');
#1303 = PROPERTY_PROCESS('machining','machining',#1302,'');
#1304 = PROCESS_PROPERTY_ASSOCIATION('','machining',#1303,#400);
#1305 = ACTION_PROPERTY('security plane','machining',#1300);
#1306 = ACTION_PROPERTY_REPRESENTATION('','machining',#1305,#1307);
#1307 = REPRESENTATION('',(#1308),#413);
#1308 = PLANE('SECURITY PLANE',#1310);
#1309 = MACHINING_OPERATION_RELATIONSHIP('','machining',#1300,#700);
#1310 = AXIS2_PLACEMENT_3D('SECURITY PLANE',#1311,$,$);
```

```
#1311 = CARTESIAN_POINT('SECPLANE: LOCATION',(90.,0.,200.));
/****************************************************
* Application object: MACHINING_WORKINGSTEP (#1400)
* ITS_FEATURE: #1400, #1401, #1402, #1403, #1404, #400
* ITS_ID: #1400 ['WS FINISH END FACE']
* ITS_SECPLANE: #1400, #1405, #1406, #1407, #1308
* ITS_OPERATION: #1400, #1408, #800
*/
#1400 = MACHINING_WORKINGSTEP('WS FINISH END FACE','machining','','');
#1401 = MACHINING_FEATURE_RELATIONSHIP('','machining',#1400,#1402);
#1402 = MACHINING_FEATURE_PROCESS('','machining','','');
#1403 = PROPERTY_PROCESS('machining','machining',#1402,'');
#1404 = PROCESS_PROPERTY_ASSOCIATION('','machining',#1403,#400);
#1405 = ACTION_PROPERTY('security plane','machining',#1400);
#1406 = ACTION_PROPERTY_REPRESENTATION('','machining',#1405,#1407);
#1407 = REPRESENTATION('',(#1308),#413);
#1408 = MACHINING_OPERATION_RELATIONSHIP('','machining',#1400,#800);
/****************************************************
* Application object: TURNING_WORKINGSTEP (#1500)
* ITS_ID: #1500 ['WS ROUGH CONTOUR']
* ITS_SECPLANE: #1500, #1501, #1502, #1503, #1308
* ITS_OPERATION: #1500, #1504, #900
* ITS_FEATURES[*]: #1500, #1505, #1506, #1507, #1508, #500
* ITS_FEATURES[*]: #1500, #1509, #1510, #1511, #1512, #600
*/
#1500 = MACHINING_WORKINGSTEP('WS ROUGH CONTOUR','turning','','');
#1501 = ACTION_PROPERTY('security plane','turning',#1500);
#1502 = ACTION_PROPERTY_REPRESENTATION('','turning',#1501,#1503);
#1503 = REPRESENTATION('',(#1308),#413);
#1504 = MACHINING_OPERATION_RELATIONSHIP('','turning',#1500,#900);
#1505 = MACHINING_FEATURE_SEQUENCE_RELATIONSHIP('','turning',#1500,#1506,0.);
#1506 = MACHINING_FEATURE_PROCESS('','turning','','');
#1507 = PROPERTY_PROCESS('machining','turning',#1506,'');
#1508 = PROCESS_PROPERTY_ASSOCIATION('','turning',#1507,#500);
#1509 = MACHINING_FEATURE_SEQUENCE_RELATIONSHIP('','turning',#1500,#1510,0.);
#1510 = MACHINING_FEATURE_PROCESS('','turning','','');
#1511 = PROPERTY_PROCESS('machining','turning',#1510,'');
#1512 = PROCESS_PROPERTY_ASSOCIATION('','turning',#1511,#600);
/****************************************************
* Application object: TURNING_WORKINGSTEP (#1600)
* ITS_ID: #1600 ['WS FINISH CONTOUR']
* ITS_SECPLANE: #1600, #1601, #1602, #1603, #1308
* ITS_OPERATION: #1600, #1604, #1000
* ITS_FEATURES[*]: #1600, #1605, #1606, #1607, #1608, #500
* ITS_FEATURES[*]: #1600, #1609, #1610, #1611, #1612, #600
*/
#1600 = MACHINING_WORKINGSTEP('WS FINISH CONTOUR','turning','','');
#1601 = ACTION_PROPERTY('security plane','turning',#1600);
```

```
#1602 = ACTION_PROPERTY_REPRESENTATION('','turning',#1601,#1603);
#1603 = REPRESENTATION('',(#1308),#413);
#1604 = MACHINING_OPERATION_RELATIONSHIP('','turning',#1600,#1000);
#1605 = MACHINING_FEATURE_SEQUENCE_RELATIONSHIP('','turning',#1600,#1606,0.);
#1606 = MACHINING_FEATURE_PROCESS('','turning','','');
#1607 = PROPERTY_PROCESS('machining','turning',#1606,'');
#1608 = PROCESS_PROPERTY_ASSOCIATION('','turning',#1607,#500);
#1609 = MACHINING_FEATURE_SEQUENCE_RELATIONSHIP('','turning',#1600,#1610,0.);
#1610 = MACHINING_FEATURE_PROCESS('','turning','','');
#1611 = PROPERTY_PROCESS('machining','turning',#1610,'');
#1612 = PROCESS_PROPERTY_ASSOCIATION('','turning',#1611,#600);
/**********************************************
 * Application object: SETUP (#1700)
 * ITS_SECPLANE: #1700, #1701, #1702, #1703, #1308
 * ITS_WORKPIECE_SETUP[*]: #1700, #1800
 * ITS_ID: #1700, #1704, #1705 ['SETUP FOR TURNING EXAMPLE 1']
 */
#1700 = PRODUCT_DEFINITION('','',#1704,#112);
#1701 = PROPERTY_DEFINITION('security plane','',#1700);
#1702 = PROPERTY_DEFINITION_REPRESENTATION(#1701,#1703);
#1703 = REPRESENTATION('',(#1308),#413);
#1704 = PRODUCT_DEFINITION_FORMATION('','',#1705);
#1705 = MACHINING_SETUP('SETUP FOR TURNING EXAMPLE 1','',$,(#110));
/**********************************************
 * Application object: WORKPIECE_SETUP (#1800)
 * ITS_ORIGIN: #1800, #1801, #1802, #1803, #1804, #1805
 * ITS_WORKPIECE: #1800, #100
 */
#1800 = MACHINING_SETUP_WORKPIECE_RELATIONSHIP('','','',#1700,#100);
#1801 = PRODUCT_DEFINITION_SHAPE('','',#1800);
#1802 = CONTEXT_DEPENDENT_SHAPE_REPRESENTATION(#1803,#1801);
#1803 = (
REPRESENTATION_RELATIONSHIP('','',$,$)
REPRESENTATION_RELATIONSHIP_WITH_TRANSFORMATION(#1804)
SHAPE_REPRESENTATION_RELATIONSHIP()
);
#1804 = ITEM_DEFINED_TRANSFORMATION('','',$,#1805);
#1805 = AXIS2_PLACEMENT_3D('WORKPIECE',#1806,#1807,#1808);
#1806 = CARTESIAN_POINT('WORKPIECE: LOCATION',(0.,0.,0.));
#1807 = DIRECTION('WORKPIECE: AXIS',(0.,0.,1.));
#1808 = DIRECTION('WORKPIECE: REF_DIRECTION',(1.,0.,0.));
/**********************************************
 * Application object: TURNING_MACHINE_FUNCTIONS (#1900)
 * COOLANT: #1900, #1901, #1902, #1903, #1904 ['coolant on']
 * CHIP_REMOVAL: #1900, #1905, #1906, #1907, #1908 ['chip removal off']
 */
#1900 = MACHINING_FUNCTIONS('','turning','','');
#1901 = ACTION_PROPERTY('coolant','turning',#1900);
```

```
#1902 = ACTION_PROPERTY_REPRESENTATION('','turning',#1901,#1903);
#1903 = REPRESENTATION('',(#1904),#413);
#1904 = DESCRIPTIVE_REPRESENTATION_ITEM('','coolant on');
#1905 = ACTION_PROPERTY('chip removal','turning',#1900);
#1906 = ACTION_PROPERTY_REPRESENTATION('','turning',#1905,#1907);
#1907 = REPRESENTATION('',(#1908),#413);
#1908 = DESCRIPTIVE_REPRESENTATION_ITEM('','chip removal off');
/*****************************************************
 * Application object: TURNING_TECHNOLOGY (#2000)
 * INHIBIT_SPINDLE_OVERRIDE: #2000, #2001, #2002, #2003, #2004 ['override not
allowed']
 * SYNC_SPINDLE_AND_Z_FEED: #2000, #2005, #2006, #2007, #2008 ['not
synchronized']
 * FEEDRATE_PER_REVOLUTION: #2000, #2009, #2010, #2011, #2012
 * FEEDRATE_REFERENCE: #2000, #2013, #2014, #2015, #2016 ['tool center point']
 * INHIBIT_FEEDRATE_OVERRIDE: #2000, #2017, #2018, #2019, #2020 ['override not
allowed']
 * SPINDLE_SPEED: #2000, #2021, #2022, #2400
 */
#2000 = MACHINING_TECHNOLOGY('','turning','','');
#2001 = ACTION_PROPERTY('inhibit spindle override','turning',#2000);
#2002 = ACTION_PROPERTY_REPRESENTATION('','turning',#2001,#2003);
#2003 = REPRESENTATION('',(#2004),#413);
#2004 = DESCRIPTIVE_REPRESENTATION_ITEM('','override not allowed');
#2005 = ACTION_PROPERTY('synchronize spindle with z feed','turning',#2000);
#2006 = ACTION_PROPERTY_REPRESENTATION('','turning',#2005,#2007);
#2007 = REPRESENTATION('',(#2008),#413);
#2008 = DESCRIPTIVE_REPRESENTATION_ITEM('','not synchronized');
#2009 = ACTION_PROPERTY('feedrate','turning',#2000);
#2010 = ACTION_PROPERTY_REPRESENTATION('feed per revolution','turning',#2009,
#2011);
#2011 = MACHINING_FEED_SPEED_REPRESENTATION('feed per revolution',(#2012),
#413);
#2012 = MEASURE_REPRESENTATION_ITEM('feed per revolution',NUMERIC_MEASURE(0.3),
#2023);
#2013 = ACTION_PROPERTY('feedrate reference','turning',#2000);
#2014 = ACTION_PROPERTY_REPRESENTATION('','turning',#2013,#2015);
#2015 = REPRESENTATION('',(#2016),#413);
#2016 = DESCRIPTIVE_REPRESENTATION_ITEM('','tool center point');
#2017 = ACTION_PROPERTY('inhibit feedrate override','turning',#2000);
#2018 = ACTION_PROPERTY_REPRESENTATION('','turning',#2017,#2019);
#2019 = REPRESENTATION('',(#2020),#413);
#2020 = DESCRIPTIVE_REPRESENTATION_ITEM('','override not allowed');
#2021 = ACTION_PROPERTY('spindle','turning',#2000);
#2022 = ACTION_PROPERTY_REPRESENTATION('spindle speed','turning',#2021,#2400);
#2023 = DERIVED_UNIT((#2024,#2025));
#2024 = DERIVED_UNIT_ELEMENT(#119,1.);
#2025 = DERIVED_UNIT_ELEMENT(#120,-1.);
```

```
#2026 = NAME_ATTRIBUTE('millimetre/second',#2023);
/*********************************************
 * Application object: TURNING_TECHNOLOGY (#2100)
 * INHIBIT_SPINDLE_OVERRIDE: #2100, #2101, #2102, #2103, #2104 ['override not
allowed']
 * SYNC_SPINDLE_AND_Z_FEED: #2100, #2105, #2106, #2107, #2108 ['not
synchronized']
 * FEEDRATE_PER_REVOLUTION: #2100, #2109, #2110, #2111, #2112
 * FEEDRATE_REFERENCE: #2100, #2113, #2114, #2115, #2116 ['tool center point']
 * INHIBIT_FEEDRATE_OVERRIDE: #2100, #2117, #2118, #2119, #2120 ['override not
allowed']
 * SPINDLE_SPEED: #2100, #2121, #2122, #2500
 */
#2100 = MACHINING_TECHNOLOGY('','turning','','');
#2101 = ACTION_PROPERTY('inhibit spindle override','turning',#2100);
#2102 = ACTION_PROPERTY_REPRESENTATION('','turning',#2101,#2103);
#2103 = REPRESENTATION('',(#2104),#413);
#2104 = DESCRIPTIVE_REPRESENTATION_ITEM('','override not allowed');
#2105 = ACTION_PROPERTY('synchronize spindle with z feed','turning',#2100);
#2106 = ACTION_PROPERTY_REPRESENTATION('','turning',#2105,#2107);
#2107 = REPRESENTATION('',(#2108),#413);
#2108 = DESCRIPTIVE_REPRESENTATION_ITEM('','not synchronized');
#2109 = ACTION_PROPERTY('feedrate','turning',#2100);
#2110 = ACTION_PROPERTY_REPRESENTATION('feed per revolution','turning',#2109,
#2111);
#2111 = MACHINING_FEED_SPEED_REPRESENTATION('feed per revolution',(#2112),
#413);
#2112 = MEASURE_REPRESENTATION_ITEM('feed per revolution',NUMERIC_MEASURE(0.2),
#2023);
#2113 = ACTION_PROPERTY('feedrate reference','turning',#2100);
#2114 = ACTION_PROPERTY_REPRESENTATION('','turning',#2113,#2115);
#2115 = REPRESENTATION('',(#2116),#413);
#2116 = DESCRIPTIVE_REPRESENTATION_ITEM('','tool center point');
#2117 = ACTION_PROPERTY('inhibit feedrate override','turning',#2100);
#2118 = ACTION_PROPERTY_REPRESENTATION('','turning',#2117,#2119);
#2119 = REPRESENTATION('',(#2120),#413);
#2120 = DESCRIPTIVE_REPRESENTATION_ITEM('','override not allowed');
#2121 = ACTION_PROPERTY('spindle','turning',#2100);
#2122 = ACTION_PROPERTY_REPRESENTATION('spindle speed','turning',#2121,#2500);
/*********************************************
 * Application object: TURNING_TECHNOLOGY (#2200)
 * INHIBIT_SPINDLE_OVERRIDE: #2200, #2201, #2202, #2203, #2204 ['override not
allowed']
 * SYNC_SPINDLE_AND_Z_FEED: #2200, #2205, #2206, #2207, #2208 ['not
synchronized']
 * FEEDRATE_PER_REVOLUTION: #2200, #2209, #2210, #2211, #2212
 * FEEDRATE_REFERENCE: #2200, #2213, #2214, #2215, #2216 ['tool center point']
 * INHIBIT_FEEDRATE_OVERRIDE: #2200, #2217, #2218, #2219, #2220 ['override not
```

```
allowed´]
 * SPINDLE_SPEED: #2200, #2221, #2222, #2600
 */
#2200 = MACHINING_TECHNOLOGY(´´,´turning´,´´,´´);
#2201 = ACTION_PROPERTY(´inhibit spindle override´,´turning´,#2200);
#2202 = ACTION_PROPERTY_REPRESENTATION(´´,´turning´,#2201,#2203);
#2203 = REPRESENTATION(´´,(#2204),#413);
#2204 = DESCRIPTIVE_REPRESENTATION_ITEM(´´,´override not allowed´);
#2205 = ACTION_PROPERTY(´synchronize spindle with z feed´,´turning´,#2200);
#2206 = ACTION_PROPERTY_REPRESENTATION(´´,´turning´,#2205,#2207);
#2207 = REPRESENTATION(´´,(#2208),#413);
#2208 = DESCRIPTIVE_REPRESENTATION_ITEM(´´,´not synchronized´);
#2209 = ACTION_PROPERTY(´feedrate´,´turning´,#2200);
#2210 = ACTION_PROPERTY_REPRESENTATION(´feed per revolution´,´turning´,#2209,
#2211);
#2211 = MACHINING_FEED_SPEED_REPRESENTATION(´feed per revolution´,(#2212),
#413);
#2212 = MEASURE_REPRESENTATION_ITEM(´feed per revolution´,NUMERIC_MEASURE(0.3),
#2023);
#2213 = ACTION_PROPERTY(´feedrate reference´,´turning´,#2200);
#2214 = ACTION_PROPERTY_REPRESENTATION(´´,´turning´,#2213,#2215);
#2215 = REPRESENTATION(´´,(#2216),#413);
#2216 = DESCRIPTIVE_REPRESENTATION_ITEM(´´,´tool center point´);
#2217 = ACTION_PROPERTY(´inhibit feedrate override´,´turning´,#2200);
#2218 = ACTION_PROPERTY_REPRESENTATION(´´,´turning´,#2217,#2219);
#2219 = REPRESENTATION(´´,(#2220),#413);
#2220 = DESCRIPTIVE_REPRESENTATION_ITEM(´´,´override not allowed´);
#2221 = ACTION_PROPERTY(´spindle´,´turning´,#2200);
#2222 = ACTION_PROPERTY_REPRESENTATION(´spindle speed´,´turning´,#2221,#2600);
/*************************************************
 * Application object: TURNING_TECHNOLOGY (#2300)
 * INHIBIT_SPINDLE_OVERRIDE: #2300, #2301, #2302, #2303, #2304 [´override not
allowed´]
 * SYNC_SPINDLE_AND_Z_FEED: #2300, #2305, #2306, #2307, #2308 [´not
synchronized´]
 * FEEDRATE_PER_REVOLUTION: #2300, #2309, #2310, #2311, #2312
 * FEEDRATE_REFERENCE: #2300, #2313, #2314, #2315, #2316 [´tool center point´]
 * INHIBIT_FEEDRATE_OVERRIDE: #2300, #2317, #2318, #2319, #2320 [´override not
allowed´]
 * SPINDLE_SPEED: #2300, #2321, #2322, #2700
 */
#2300 = MACHINING_TECHNOLOGY(´´,´turning´,´´,´´);
#2301 = ACTION_PROPERTY(´inhibit spindle override´,´turning´,#2300);
#2302 = ACTION_PROPERTY_REPRESENTATION(´´,´turning´,#2301,#2303);
#2303 = REPRESENTATION(´´,(#2304),#413);
#2304 = DESCRIPTIVE_REPRESENTATION_ITEM(´´,´override not allowed´);
#2305 = ACTION_PROPERTY(´synchronize spindle with z feed´,´turning´,#2300);
#2306 = ACTION_PROPERTY_REPRESENTATION(´´,´turning´,#2305,#2307);
```

```
#2307 = REPRESENTATION('',(#2308),#413);
#2308 = DESCRIPTIVE_REPRESENTATION_ITEM('','not synchronized');
#2309 = ACTION_PROPERTY('feedrate','turning',#2300);
#2310 = ACTION_PROPERTY_REPRESENTATION('feed per revolution','turning',#2309,
#2311);
#2311 = MACHINING_FEED_SPEED_REPRESENTATION('feed per revolution',(#2312),
#413);
#2312 = MEASURE_REPRESENTATION_ITEM('feed per revolution',NUMERIC_MEASURE(0.2),
#2023);
#2313 = ACTION_PROPERTY('feedrate reference','turning',#2300);
#2314 = ACTION_PROPERTY_REPRESENTATION('','turning',#2313,#2315);
#2315 = REPRESENTATION('',(#2316),#413);
#2316 = DESCRIPTIVE_REPRESENTATION_ITEM('','tool center point');
#2317 = ACTION_PROPERTY('inhibit feedrate override','turning',#2300);
#2318 = ACTION_PROPERTY_REPRESENTATION('','turning',#2317,#2319);
#2319 = REPRESENTATION('',(#2320),#413);
#2320 = DESCRIPTIVE_REPRESENTATION_ITEM('','override not allowed');
#2321 = ACTION_PROPERTY('spindle','turning',#2300);
#2322 = ACTION_PROPERTY_REPRESENTATION('spindle speed','turning',#2321,#2700);
/*************************************************
* Application object: CONST_SPINDLE_SPEED (#2400)
* ROT_SPEED: #2400, #2401
*/
#2400 = MACHINING_SPINDLE_SPEED_REPRESENTATION('spindle speed',(#2401),#413);
#2401 = MEASURE_REPRESENTATION_ITEM('rotational speed',NUMERIC_MEASURE(5.),
#2402);
#2402 = DERIVED_UNIT((#2403));
#2403 = DERIVED_UNIT_ELEMENT(#120,-1.);
#2404 = NAME_ATTRIBUTE('revolution/second',#2402);
/*************************************************
* Application object: CONST_CUTTING_SPEED (#2500)
* SPEED: #2500, #2501
* MAX_SPEED: #2500, #2502
*/
#2500 = MACHINING_SPINDLE_SPEED_REPRESENTATION('spindle speed',(#2501,#2502),
#413);
#2501 = MEASURE_REPRESENTATION_ITEM('surface speed',NUMERIC_MEASURE(2.5),#2023);
#2502 = MEASURE_REPRESENTATION_ITEM('maximum rotational
speed',NUMERIC_MEASURE(10.),#2023);
/*************************************************
* Application object: CONST_CUTTING_SPEED (#2600)
* SPEED: #2600, #2601
* MAX_SPEED: #2600, #2602
*/
#2600 = MACHINING_SPINDLE_SPEED_REPRESENTATION('spindle speed',(#2601,#2602),
#413);
#2601 = MEASURE_REPRESENTATION_ITEM('surface speed',NUMERIC_MEASURE(2.5),#2023);
#2602 = MEASURE_REPRESENTATION_ITEM('maximum rotational
```

```
speed´,NUMERIC_MEASURE(10.),
#2023);
/*************************************************
* Application object: CONST_CUTTING_SPEED (#2700)
* SPEED: #2700, #2701
* MAX_SPEED: #2700, #2702
*/
#2700 = MACHINING_SPINDLE_SPEED_REPRESENTATION(´spindle speed´,(#2701,#2702),
#413);
#2701 = MEASURE_REPRESENTATION_ITEM(´surface speed´,NUMERIC_MEASURE(2.2),#2023);
#2702 = MEASURE_REPRESENTATION_ITEM(´maximum rotational
speed´,NUMERIC_MEASURE(10.),
#2023);
/*************************************************
* Application object: UNIDIRECTIONAL_TURNING (#2800)
* LIFT_HEIGHT: #2800, #2801, #2802, #2803, #2804
* CUTTING_DEPTH [*]: #2800, #2805, #2806, #2807, #2808, #2809
* BACK_PATH_DIRECTION: #2800, #2810, #2811, #2812, #2813
*/
#2800 = TURNING_TYPE_STRATEGY(´´,´unidirectional´,´´,´´);
#2801 = ACTION_PROPERTY(´lift height´,´unidirectional´,#2800);
#2802 = ACTION_PROPERTY_REPRESENTATION(´´,´unidirectional´,#2801,#2803);
#2803 = REPRESENTATION(´´,(#2804),#413);
#2804 = (
LENGTH_MEASURE_WITH_UNIT()
MEASURE_REPRESENTATION_ITEM()
MEASURE_WITH_UNIT(LENGTH_MEASURE(2.),#119)
REPRESENTATION_ITEM(´´)
);
#2805 = ACTION_PROPERTY(´cutting depth´,´unidirectional´,#2800);
#2806 = ACTION_PROPERTY_REPRESENTATION(´´,´unidirectional´,#2805,#2807);
#2807 = REPRESENTATION(´´,(#2808),$);
#2808 = COMPOUND_REPRESENTATION_ITEM(´´,LIST_REPRESENTATION_ITEM((#2809)));
#2809 = (
LENGTH_MEASURE_WITH_UNIT()
MEASURE_REPRESENTATION_ITEM()
MEASURE_WITH_UNIT(LENGTH_MEASURE(3.),#119)
REPRESENTATION_ITEM(´´)
);
#2810 = ACTION_PROPERTY(´back path direction´,´unidirectional´,#2800);
#2811 = ACTION_PROPERTY_REPRESENTATION(´´,´unidirectional´,#2810,#2812);
#2812 = REPRESENTATION(´´,(#2813),#413);
#2813 = DIRECTION(´FACING DIRECTION´,(-1.,0.,0.));
/*************************************************
* Application object: UNIDIRECTIONAL_TURNING (#2900)
* LIFT_HEIGHT: #2900, #2901, #2902, #2903, #2904
* CUTTING_DEPTH [*]: #2900, #2905, #2906, #2907, #2908, #2909
* BACK_PATH_DIRECTION: #2900, #2910, #2911, #2912, #2813
```

```
*/
#2900 = TURNING_TYPE_STRATEGY('','unidirectional','','');
#2901 = ACTION_PROPERTY('lift height','unidirectional',#2900);
#2902 = ACTION_PROPERTY_REPRESENTATION('','unidirectional',#2901,#2903);
#2903 = REPRESENTATION('',(#2904),#413);
#2904 = (
LENGTH_MEASURE_WITH_UNIT()
MEASURE_REPRESENTATION_ITEM()
MEASURE_WITH_UNIT(LENGTH_MEASURE(2.),#119)
REPRESENTATION_ITEM('')
);
#2905 = ACTION_PROPERTY('cutting depth','unidirectional',#2900);
#2906 = ACTION_PROPERTY_REPRESENTATION('','unidirectional',#2905,#2907);
#2907 = REPRESENTATION('',(#2908),$);
#2908 = COMPOUND_REPRESENTATION_ITEM('',LIST_REPRESENTATION_ITEM((#2909)));
#2909 = (
LENGTH_MEASURE_WITH_UNIT()
MEASURE_REPRESENTATION_ITEM()
MEASURE_WITH_UNIT(LENGTH_MEASURE(0.5),#119)
REPRESENTATION_ITEM('')
);
#2910 = ACTION_PROPERTY('back path direction','unidirectional',#2900);
#2911 = ACTION_PROPERTY_REPRESENTATION('','unidirectional',#2910,#2912);
#2912 = REPRESENTATION('',(#2813),#413);
/****************************************************
* Application object: AP_RETRACT_TANGENT (#3000)
* RADIUS: #3000, #3001, #3002, #3003, #3004
*/
#3000 = MACHINING_APPROACH_RETRACT_STRATEGY('','approach retract tangent',
'','');
#3001 = ACTION_PROPERTY('travel radius','approach retract tangent',#3000);
#3002 = ACTION_PROPERTY_REPRESENTATION('','approach retract tangent',#3001,
#3003);
#3003 = REPRESENTATION('',(#3004),#413);
#3004 = (
LENGTH_MEASURE_WITH_UNIT()
MEASURE_REPRESENTATION_ITEM()
MEASURE_WITH_UNIT(LENGTH_MEASURE(60.),#119)
REPRESENTATION_ITEM('')
);
/****************************************************
* Application object: AP_RETRACT_ANGLE (#3100)
* ANGLE: #3100, #3101, #3102, #3103, #3104
* TRAVEL_LENGTH: #3100, #3105, #3106, #3107, #3108
*/
#3100 = MACHINING_APPROACH_RETRACT_STRATEGY('','approach retract angle','',
'');
#3101 = ACTION_PROPERTY('travel angle','approach retract angle',#3100);
```

```
#3102 = ACTION_PROPERTY_REPRESENTATION('','approach retract angle',#3101,#3103);
#3103 = REPRESENTATION('',(#3104),#413);
#3104 = (
MEASURE_REPRESENTATION_ITEM()
MEASURE_WITH_UNIT(PLANE_ANGLE_MEASURE(100.),#114)
PLANE_ANGLE_MEASURE_WITH_UNIT()
REPRESENTATION_ITEM('')
);
#3105 = ACTION_PROPERTY('travel length','approach retract angle',#3100);
#3106 = ACTION_PROPERTY_REPRESENTATION('','approach retract angle',#3105,#3107);
#3107 = REPRESENTATION('',(#3108),#413);
#3108 = (
LENGTH_MEASURE_WITH_UNIT()
MEASURE_REPRESENTATION_ITEM()
MEASURE_WITH_UNIT(LENGTH_MEASURE(2.),#119)
REPRESENTATION_ITEM('')
);
/*********************************************************
 * Application object: UNIDIRECTIONAL_TURNING (#3200)
 * LIFT_HEIGHT: #3200, #3201, #3202, #3203, #3204
 * CUTTING_DEPTH [*]: #3200, #3205, #3206, #3207, #3208, #3209
 */
#3200 = TURNING_TYPE_STRATEGY('','unidirectional','','');
#3201 = ACTION_PROPERTY('lift height','unidirectional',#3200);
#3202 = ACTION_PROPERTY_REPRESENTATION('','unidirectional',#3201,#3203);
#3203 = REPRESENTATION('',(#3204),#413);
#3204 = (
LENGTH_MEASURE_WITH_UNIT()
MEASURE_REPRESENTATION_ITEM()
MEASURE_WITH_UNIT(LENGTH_MEASURE(2.),#119)
REPRESENTATION_ITEM('')
);
#3205 = ACTION_PROPERTY('cutting depth','unidirectional',#3200);
#3206 = ACTION_PROPERTY_REPRESENTATION('','unidirectional',#3205,#3207);
#3207 = REPRESENTATION('',(#3208),$);
#3208 = COMPOUND_REPRESENTATION_ITEM('',LIST_REPRESENTATION_ITEM((#3209)));
#3209 = (
LENGTH_MEASURE_WITH_UNIT()
MEASURE_REPRESENTATION_ITEM()
MEASURE_WITH_UNIT(LENGTH_MEASURE(3.),#119)
REPRESENTATION_ITEM('')
);
/*********************************************************
 * Application object: CONTOUR_TURNING (#3300)
 * CUTTING_DEPTH [*]: #3300, #3301, #3302, #3303, #3304, #3305
 * LIFT_DIRECTION: #3300, #3306, #3307, #3308, #3309
 */
#3300 = TURNING_TYPE_STRATEGY('','contour','','');
```

```
#3301 = ACTION_PROPERTY('cutting depth','contour',#3300);
#3302 = ACTION_PROPERTY_REPRESENTATION('','contour',#3301,#3303);
#3303 = REPRESENTATION('',(#3304),$);
#3304 = COMPOUND_REPRESENTATION_ITEM('',LIST_REPRESENTATION_ITEM((#3305)));
#3305 = (
LENGTH_MEASURE_WITH_UNIT()
MEASURE_REPRESENTATION_ITEM()
MEASURE_WITH_UNIT(LENGTH_MEASURE(0.5),#119)
REPRESENTATION_ITEM('')
);
#3306 = ACTION_PROPERTY('lift direction','contour',#3300);
#3307 = ACTION_PROPERTY_REPRESENTATION('','contour',#3306,#3308);
#3308 = REPRESENTATION('',(#3309),#413);
#3309 = DIRECTION('STEPOVER DIRECTION FOR CONTOUR',(1.,0.,0.));
/**************************************************
 * Application object: AP_RETRACT_ANGLE (#3400)
 * ANGLE: #3400, #3401, #3402, #3403, #3404
 * TRAVEL_LENGTH: #3400, #3405, #3406, #3407, #3408
 */
#3400 = MACHINING_APPROACH_RETRACT_STRATEGY('','approach retract angle','',
'');
#3401 = ACTION_PROPERTY('travel angle','approach retract angle',#3400);
#3402 = ACTION_PROPERTY_REPRESENTATION('','approach retract angle',#3401,#3403);
#3403 = REPRESENTATION('',(#3404),#413);
#3404 = (
MEASURE_REPRESENTATION_ITEM()
MEASURE_WITH_UNIT(PLANE_ANGLE_MEASURE(45.),#114)
PLANE_ANGLE_MEASURE_WITH_UNIT()
REPRESENTATION_ITEM('')
);
#3405 = ACTION_PROPERTY('travel length','approach retract angle',#3400);
#3406 = ACTION_PROPERTY_REPRESENTATION('','approach retract angle',#3405,#3407);
#3407 = REPRESENTATION('',(#3408),#413);
#3408 = (
LENGTH_MEASURE_WITH_UNIT()
MEASURE_REPRESENTATION_ITEM()
MEASURE_WITH_UNIT(LENGTH_MEASURE(4.),#119)
REPRESENTATION_ITEM('')
);
/**************************************************
 * Application object: TOLERANCED_LENGTH_MEASURE (#3500)
 * VALUE_COMPONENT: #3500 [80]
 **************************************************
 * Application object: QUALIFIED_PLUS_MINUS_VALUE (#3500)
 * LOWER_LIMIT: #3500, #3501 [0.1]
 * UPPER_LIMIT: #3500, #3502 [0.1]
 */
#3500 = (
```

```
LENGTH_MEASURE_WITH_UNIT()
MEASURE_REPRESENTATION_ITEM()
MEASURE_WITH_UNIT(LENGTH_MEASURE(80.),#119)
QUALIFIED_REPRESENTATION_ITEM((#3501,#3502))
REPRESENTATION_ITEM('diameter')
);
#3501 = STANDARD_UNCERTAINTY('lower limit','',0.1);
#3502 = STANDARD_UNCERTAINTY('upper limit','',0.1);
/*************************************************
* Application object: TOLERANCED_LENGTH_MEASURE (#3600)
* VALUE_COMPONENT: #3600 [110]
*************************************************
* Application object: QUALIFIED_PLUS_MINUS_VALUE (#3600)
* LOWER_LIMIT: #3600, #3601 [0.1]
* UPPER_LIMIT: #3600, #3602 [0.1]
*/
#3600 = (
LENGTH_MEASURE_WITH_UNIT()
MEASURE_REPRESENTATION_ITEM()
MEASURE_WITH_UNIT(LENGTH_MEASURE(110.),#119)
QUALIFIED_REPRESENTATION_ITEM((#3601,#3602))
REPRESENTATION_ITEM('length')
);
#3601 = STANDARD_UNCERTAINTY('lower limit','',0.1);
#3602 = STANDARD_UNCERTAINTY('upper limit','',0.1);
/*************************************************
* Application object: TOLERANCED_LENGTH_MEASURE (#3700)
* VALUE_COMPONENT: #3700 [40]
*************************************************
* Application object: QUALIFIED_PLUS_MINUS_VALUE (#3700)
* LOWER_LIMIT: #3700, #3701 [0]
* UPPER_LIMIT: #3700, #3702 [0.2]
*/
#3700 = (
LENGTH_MEASURE_WITH_UNIT()
MEASURE_REPRESENTATION_ITEM()
MEASURE_WITH_UNIT(LENGTH_MEASURE(40.),#119)
QUALIFIED_REPRESENTATION_ITEM((#3701,#3702))
REPRESENTATION_ITEM('diameter')
);
#3701 = STANDARD_UNCERTAINTY('lower limit','',0.);
#3702 = STANDARD_UNCERTAINTY('upper limit','',0.2);
/*************************************************
* Application object: LINEAR_PROFILE (#3800)
* PROFILE_LENGTH: #3800, #3801, #3802, #3803, #3900
*/
#3800 = LINEAR_PROFILE('','flat edge shape',#3805,.F.);
#3801 = PRODUCT_DEFINITION_SHAPE('profile length','',#3800);
```

```
#3802 = SHAPE_DEFINITION_REPRESENTATION(#3801,#3803);
#3803 = SHAPE_REPRESENTATION_WITH_PARAMETERS('',(#3900),#113);
#3804 = FEATURE_COMPONENT_DEFINITION('feature component','shared by all');
#3805 = PRODUCT_DEFINITION_SHAPE('feature component', $ ,#3804);
/**************************************************
 * Application object: NUMERIC_PARAMETER (#3900)
 * ITS_PARAMETER_VALUE: #3900 [20]
 * ITS_PARAMETER_UNIT: #3900, #119
 * PARAMETER_NAME: #3900 ['LINEAR PROFILE LENGTH']
 */
#3900 = MEASURE_REPRESENTATION_ITEM('LINEAR PROFILE LENGTH',NUMERIC_MEASURE(20.),#119);
/**************************************************
 * Application object: TOLERANCED_LENGTH_MEASURE (#4000)
 * VALUE_COMPONENT: #4000 [50]
 *************************************************
 * Application object: QUALIFIED_PLUS_MINUS_VALUE (#4000)
 * LOWER_LIMIT: #4000, #4001 [0.1]
 * UPPER_LIMIT: #4000, #4002 [0.1]
 */
#4000 = (
LENGTH_MEASURE_WITH_UNIT()
MEASURE_REPRESENTATION_ITEM()
MEASURE_WITH_UNIT(LENGTH_MEASURE(50.),#119)
QUALIFIED_REPRESENTATION_ITEM((#4001,#4002))
REPRESENTATION_ITEM('length')
);
#4001 = STANDARD_UNCERTAINTY('lower limit','',0.1);
#4002 = STANDARD_UNCERTAINTY('upper limit','',0.1);
/**************************************************
 * Application object: DIAMETER_TAPER (#4100)
 * FINAL_DIAMETER: #4100, #4101, #4102, #4103, #4200
 */
#4100 = TAPER('','diameter taper',#4104,.F.);
#4101 = PRODUCT_DEFINITION_SHAPE('final diameter','diameter taper',#4100);
#4102 = SHAPE_DEFINITION_REPRESENTATION(#4101,#4103);
#4103 = SHAPE_REPRESENTATION_WITH_PARAMETERS('',(#4200),#113);
#4104 = PRODUCT_DEFINITION_SHAPE('','diameter taper',#4105);
#4105 = FEATURE_COMPONENT_DEFINITION('','diameter taper');
/**************************************************
 * Application object: TOLERANCED_LENGTH_MEASURE (#4200)
 * VALUE_COMPONENT: #4200 [80]
 *************************************************
 * Application object: QUALIFIED_PLUS_MINUS_VALUE (#4200)
 * LOWER_LIMIT: #4200, #4201 [0.1]
 * UPPER_LIMIT: #4200, #4202 [0.1]
 */
#4200 = (
LENGTH_MEASURE_WITH_UNIT()
```

```
MEASURE_REPRESENTATION_ITEM()
MEASURE_WITH_UNIT(LENGTH_MEASURE(80.),#119)
QUALIFIED_REPRESENTATION_ITEM((#4201,#4202))
REPRESENTATION_ITEM('final diameter')
);
#4201 = STANDARD_UNCERTAINTY('lower limit','',0.1);
#4202 = STANDARD_UNCERTAINTY('upper limit','',0.1);
/*************************************************************
 * Application object: GENERAL_TURNING_TOOL (#4300)
 * ITS_ID: #4300 ['ROUGHING TOOL']
 * FUNCTIONAL_LENGTH: #4300, #4301, #4302, #4400, #4402 [120]
 * F_DIMENSION: #4300, #4301, #4302, #4400, #4403 [45]
 * CUTTING_EDGE: #4300, #4404, #4450
 * HAND_OF_TOOL: #4300, 4301, #4302, #4400, #4401 ['left']
 */
#4300 = MACHINING_TOOL('ROUGHING TOOL','general turning tool',
(#900,#700),#4303);
#4301 = RESOURCE_PROPERTY('tool body','',#4300);
#4302 = RESOURCE_PROPERTY_REPRESENTATION('','',#4301,#4400);
#4303 = ACTION_RESOURCE_TYPE('turning cutting tool');
#4400 = MACHINING_TOOL_BODY_REPRESENTATION('',(#4401,#4402,#4403),#413);
#4401 = DESCRIPTIVE_REPRESENTATION_ITEM('hand of cut','left');
#4402 = (
LENGTH_MEASURE_WITH_UNIT()
MEASURE_REPRESENTATION_ITEM()
MEASURE_WITH_UNIT(LENGTH_MEASURE(120.),#119)
REPRESENTATION_ITEM('functional length')
);
#4403 = (
LENGTH_MEASURE_WITH_UNIT()
MEASURE_REPRESENTATION_ITEM()
MEASURE_WITH_UNIT(LENGTH_MEASURE(45.),#119)
REPRESENTATION_ITEM('f dimension')
);
#4404 = ACTION_RESOURCE_RELATIONSHIP('', $ , #4300, #4450);
/*************************************************************
 * Application object: CUTTING_EDGE_PROPERTIES (#4450)
 * ITS_MATERIAL: #4450, #4500
 * CUTTING_EDGE_LENGTH: #4450, #4453, #4454, #4455, #4456 [10.0]
 * TOOL_CUTTING_EDGE_ANGLE: #4450, #4457, #4458, #4459, #4460 [110.0]
 * TOOL_INCLUDED_ANGLE: #4450, #4461, #4462, #4463, #4464 [25.0]
 */
#4450 = MACHINING_CUTTING_COMPONENT('','',(),#4452,'', $ );
#4452 = ACTION_RESOURCE_TYPE('turning cutting edge');
#4453 = RESOURCE_PROPERTY('cutting edge length','',#4450);
#4454 = RESOURCE_PROPERTY_REPRESENTATION('','',#4453,#4455);
#4455 = REPRESENTATION('',(#4456),#413);
#4456 = (
```

```
LENGTH_MEASURE_WITH_UNIT()
MEASURE_REPRESENTATION_ITEM()
MEASURE_WITH_UNIT(LENGTH_MEASURE(10.),#119)
REPRESENTATION_ITEM('')
);
#4457 = RESOURCE_PROPERTY('cutting edge angle','',#4450);
#4458 = RESOURCE_PROPERTY_REPRESENTATION('','',#4457,#4459);
#4459 = REPRESENTATION('',(#4460),#413);
#4460 = (
MEASURE_REPRESENTATION_ITEM()
MEASURE_WITH_UNIT(PLANE_ANGLE_MEASURE(110.),#114)
PLANE_ANGLE_MEASURE_WITH_UNIT()
REPRESENTATION_ITEM('')
);
#4461 = RESOURCE_PROPERTY('tool included angle','',#4450);
#4462 = RESOURCE_PROPERTY_REPRESENTATION('','',#4461,#4463);
#4463 = REPRESENTATION('',(#4464),#413);
#4464 = (
MEASURE_REPRESENTATION_ITEM()
MEASURE_WITH_UNIT(PLANE_ANGLE_MEASURE(25.),#114)
PLANE_ANGLE_MEASURE_WITH_UNIT()
REPRESENTATION_ITEM('')
);
/************************************************************
 * Application object: MATERIAL (#4500)
 * MATERIAL_IDENTIFIER: #4500 ['TIN']
 * STANDARD_IDENTIFIER: #4500, #4501, #4502 ['TIN']
 */
#4500 = MATERIAL_DESIGNATION('TIN',(#4450));
#4501 = APPLIED_DOCUMENT_REFERENCE(#4502,'',(#4500));
#4502 = DOCUMENT('TIN','','',$);
/************************************************************
 * Application object: GENERAL_TURNING_TOOL (#4600)
 * ITS_ID: #4600 ['FINISHING TOOL']
 * FUNCTIONAL_LENGTH: #4600, #4601, #4602, #4700, #4702 [120]
 * F_DIMENSION: #4600, #4601, #4602, #4700, #4703 [45]
 * CUTTING_EDGE: #4600, #4704, #4750
 * HAND_OF_TOOL: #4600, #4601, #4602, #4700, #4701 ['left']
 */
#4600 = MACHINING_TOOL('FINISHING TOOL','general turning tool',
(#1000,#800),#4303);
#4601 = RESOURCE_PROPERTY('tool body','',#4600);
#4602 = RESOURCE_PROPERTY_REPRESENTATION('','',#4601,#4700);
#4700 = MACHINING_TOOL_BODY_REPRESENTATION('',(#4701,#4702,#4703),#413);
#4701 = DESCRIPTIVE_REPRESENTATION_ITEM('hand of cut','left');
#4702 = (
LENGTH_MEASURE_WITH_UNIT()
MEASURE_REPRESENTATION_ITEM()
```

```
MEASURE_WITH_UNIT(LENGTH_MEASURE(120.0),#119)
REPRESENTATION_ITEM('functional length')
);
#4703=(
LENGTH_MEASURE_WITH_UNIT()
MEASURE_REPRESENTATION_ITEM()
MEASURE_WITH_UNIT(LENGTH_MEASURE(45.),#119)
REPRESENTATION_ITEM('f dimension')
);
#4704=ACTION_RESOURCE_RELATIONSHIP('',$,#4600,#4750);
/*****************************************************
* Application object: CUTTING_EDGE_PROPERTIES (#4750)
* ITS_MATERIAL: #4750, #4800
* CUTTING_EDGE_LENGTH: #4750, #4753, #4754, #4755, #4756 [15.0]
* TOOL_CUTTING_EDGE_ANGLE: #4750, #4757, #4758, #4759, #4760 [110.0]
* TOOL_INCLUDED_ANGLE: #4750, #4761, #4762, #4763, #4764 [15.0]
*/
#4750=MACHINING_CUTTING_COMPONENT('','',(),#4452,'',$);
#4753=RESOURCE_PROPERTY('cutting edge length','',#4750);
#4754=RESOURCE_PROPERTY_REPRESENTATION('','',#4753,#4755);
#4755=REPRESENTATION('',(#4756),#413);
#4756=(
LENGTH_MEASURE_WITH_UNIT()
MEASURE_REPRESENTATION_ITEM()
MEASURE_WITH_UNIT(LENGTH_MEASURE(15.),#119)
REPRESENTATION_ITEM('')
);
#4757=RESOURCE_PROPERTY('cutting edge angle','',#4750);
#4758=RESOURCE_PROPERTY_REPRESENTATION('','',#4757,#4759);
#4759=REPRESENTATION('',(#4760),#413);
#4760=(
MEASURE_REPRESENTATION_ITEM()
MEASURE_WITH_UNIT(PLANE_ANGLE_MEASURE(110.),#114)
PLANE_ANGLE_MEASURE_WITH_UNIT()
REPRESENTATION_ITEM('')
);
#4761=RESOURCE_PROPERTY('tool included angle','',#4750);
#4762=RESOURCE_PROPERTY_REPRESENTATION('','',#4761,#4763);
#4763=REPRESENTATION('',(#4764),#413);
#4764=(
MEASURE_REPRESENTATION_ITEM()
MEASURE_WITH_UNIT(PLANE_ANGLE_MEASURE(15.),#114)
PLANE_ANGLE_MEASURE_WITH_UNIT()
REPRESENTATION_ITEM('')
);
/*****************************************************
* Application object: MATERIAL (#4800)
* MATERIAL_IDENTIFIER: #4800 ['TIN']
```

```
* STANDARD_IDENTIFIER: #4800, #4801, #4802 ['TIN']
*/
#4800 = MATERIAL_DESIGNATION('TIN',(#4750));
#4801 = APPLIED_DOCUMENT_REFERENCE(#4802,'',(#4800));
#4802 = DOCUMENT('TIN','','',$);
ENDSEC;
END-ISO-10303-21;
```